大规模时滞电力系统特征值计算

(第二版)

Eigenvalue Computation for Large-Scale Time-Delayed Power Systems

叶　华　刘玉田　著

科 学 出 版 社

北　京

内 容 简 介

时滞是一种普遍存在的现象，是导致控制器性能变差和系统失稳的重要因素。随着电力系统规模增大，新能源发电占比提高，控制响应趋快，电力系统发输配用环节、控制器执行机构及信息通信的时滞效应愈发显著。特征值计算是揭示时滞对电力系统稳定性影响机理和优化设计控制器以消除时滞不利影响的基础。本书将电力系统与数值计算和矩阵理论深度融合，系统地论述了基于谱离散化的大规模时滞电力系统特征值计算理论和关键技术，反映了该领域的最新进展。本书分5篇，共23章，基础篇建立了时滞电力系统的小干扰稳定性分析模型，方法篇提出了基于谱离散化的大规模时滞电力系统特征值计算框架和系列算法，测试篇给出了算法在电力系统仿真分析软件中的实现并验证了它们的准确性、高效性和对系统规模的适应性，应用篇给出了时滞系统特征值计算方法的两个应用，包括时滞/参数变化时的特征值追踪和基于特征值优化的广域阻尼控制器参数整定。

本书可供从事电力系统稳定性分析与控制的科研人员，以及高等院校电气工程专业高年级学生和研究生参考。

图书在版编目(CIP)数据

大规模时滞电力系统特征值计算=Eigenvalue Computation for Large-Scale Time-Delayed Power Systems/叶华，刘玉田著. —2版. —北京：科学出版社，2023.9

ISBN 978-7-03-075089-1

Ⅰ. ①大…　Ⅱ. ①叶…　②刘…　Ⅲ. ①时滞系统-电力系统-特征值-计算　Ⅳ. ①TM7

中国国家版本馆CIP数据核字(2023) 第041214号

责任编辑：范运年 / 责任校对：王萌萌
责任印制：吴兆东 / 封面设计：陈　敬

科学出版社 出版
北京东黄城根北街16号
邮政编码：100717
http://www.sciencep.com

涿州市般润文化传播有限公司印刷
科学出版社发行　各地新华书店经销

*

2023年9月第　二　版　开本: 720×1000　1/16
2024年7月第二次印刷　印张: 35
字数: 706 000

定价: 198.00元

(如有印装质量问题，我社负责调换)

序

电力系统中的时滞,由测量元件或测量过程引入,以及控制元件和执行元件的固有特性所造成。考虑时滞后，电力系统动态的演化趋势不仅依赖于当前时刻系统的状态，还依赖于过去一段时间内系统的状态。时滞效应是导致控制器性能变差和系统失稳的一个重要因素。人们对电力系统的时滞效应很早就有所认识，而真正引起电力系统学术界和工程界极大关注的则是源于本世纪初广域同步相量测量系统在电力系统的广泛应用。在利用广域信息解决大型互联电网出现的弱阻尼区间低频功率振荡问题时，通信时滞是广域阻尼控制器设计必须要考虑的重要影响因素。随着可再生能源和电力电子设备广泛接入电网，系统惯量降低，控制响应速度趋快，时滞就成为影响系统稳定性的一个重要因素，导致新型电力系统振荡事件时有发生。例如，在世界范围内，基于模块化多电平技术的柔性直流输电系统就频繁发生了由控制链路时滞导致的高频振荡。针对时滞电力系统的稳定性分析和控制问题，国内外学者和工程技术人员在特征值计算与分析、时滞稳定裕度求取、镇定控制器设计等多个方面进行了广泛的研究，取得了许多重要成果。

对于线性时不变动力系统，其稳定性可通过研究系统特征值的分布来确定。然而，对于时滞电力系统，其特征方程是含有指数项的超越方程，理论上具有无穷多个特征值，这对系统的动态特性分析和调控带来极大的挑战。针对时滞电力系统特征值的准确和高效计算这一极具挑战性的问题，该书作者所带领的团队开展了十余年的研究工作，建立了基于谱离散化的大规模时滞电力系统特征值计算理论与技术体系。该书系统地总结了团队在该领域的研究成果，主要包括以下三个方面的内容。① 在时滞电力系统的低复杂度动态建模方面：提出并证明了时滞合并定理，构建了具有最少时滞常数和时滞变量的微分-代数方程模型，为时滞电力系统特征值的准确、高效求取奠定了基础。② 在时滞电力系统特征值计算的理论与方法方面：提出了基于谱离散化的时滞电力系统特征值计算理论框架、关键技术和系列算法，实现了大规模时滞电力系统关键特征值的准确、高效求取。③ 在时滞电力系统广域阻尼控制器优化设计方面：综合运用特征值计算、特征值追踪、梯度采样和非光滑优化技术，提出了基于特征值优化的广域阻尼控制器设计方法。

该书不仅具有理论上的创新性和系统性，还具有工程技术上的实用性。主要体现在以下几个方面：① 提出的基于谱离散化的时滞电力系统特征值计算理论,包括谱映射、谱离散化、谱变换、谱估计和谱校正五个核心部分，将时滞系统的特征值映射为两个半群算子的特征值，实现了对时滞系统特征函数的拟合，在理论上具有谱精度，解决了时滞电力系统特征值精确计算的可行性问题。② 提出的低复杂度动态建模、部分谱离散化、特征方程预处理、克罗内克积变换等关键技术，可将谱离散化矩阵的维数降低一个数量级，接近于实际系统状态变量的维数，还充分利用了时滞电力系统状态矩阵的高度稀疏特性，突破了万节点级大规模时滞电力系统特征值精确求取的计算效率瓶颈。③ 开发出商用程序 SSAP-PEIGD，给出了基于 PSASP 和 PowerFactory 软件开发万节点级大规模时滞电力系统特征值计算程序的可行思路和实现方法。测试结果表明，基于谱离散化的时滞电力系统特征值计算方法准确、高效且适用于大规模电力系统，可以支撑相关技术的应用和推广。

该书理论性强、内容翔实，对于应用数学和电力系统领域从事相关研究工作的读者具有很高的参考价值。一方面，该书将求解矩阵微分方程的数值方法 (包括伪谱法、龙格-库塔法和线性多步法) 与时滞系统特征值计算问题关联起来，加强了应用数学多领域的融合。另一方面，该书充分利用和借鉴了传统无时滞电力系统特征值分析领域丰富的理论和成果，拓展和完善了电力系统小干扰稳定性的特征值分析理论和技术体系。希望该书的出版能促进学术界和工程界对时滞电力系统稳定性分析和控制领域的研究和技术发展。

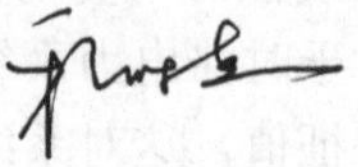

2023 年 1 月于华中科技大学

第二版前言

本书第一版将应用数学领域中基于谱离散化的时滞系统特征值计算方法引入电力系统，建立了基于谱离散化的大规模时滞电力系统特征值计算理论与技术体系。首先将时滞电力系统的特征值问题转化为两个半群算子的有限维离散化矩阵的特征值问题，然后结合预处理、克罗内克积变换、稀疏特征值计算等关键技术，最终实现大规模时滞电力系统关键特征值的准确和高效求取，并已应用于考虑时滞影响的电力系统稳定性分析与控制。然而，在实际应用中，谱离散化矩阵维数巨大，而且有些谱离散化方法涉及迭代求解矩阵逆-向量乘积运算 (MIVP)。这些问题已成为制约谱离散化特征值计算方法计算效率的主要瓶颈。

鉴于此，作者所在科研团队近年来提出了基于时滞微分-代数方程 (DDAE) 的部分谱离散化的大规模时滞电力系统特征值计算框架和系列算法，突破了制约特征值计算效率的瓶颈，实现了更加高效和可靠地计算大规模时滞电力系统关键特征值。其核心思想有两点。

(1) DDAE 建模：构造增广形式的时滞系统动态模型，避免因消去时滞代数变量而引入大量的伪时滞状态变量，系统时滞增广状态矩阵总是高度稀疏的。此外，基于 DDAE 的部分谱离散化矩阵或子矩阵与系统增广状态矩阵具有相同的稀疏结构，可直接、高效地求解其逆矩阵与向量的乘积运算，减少了内存占用，提高了计算效率。

(2) 部分谱离散化：当前时刻系统的状态仅受时滞变量在过去时刻状态的影响，故仅需对时滞变量而不是所有变量进行离散化。与全部变量均被离散化的特征值计算方法相比，采用部分谱离散化技术所生成的谱离散化矩阵的维数显著降低，计算效率得到极大提升。此外，因不涉及任何简化，算法保持高精度。

本书在第一版的基础上做了较大篇幅的扩充，以更完整地展示作者科研团队在大规模时滞电力系统特征值计算、分析与控制领域所取得的新进展。

首先，新增了如下 10 章内容。

(1) 第 12 章给出了基于 DDAE 的部分谱离散化特征值计算的框架。

(2) 第 13, 14 章和第 15 ~ 18 章分别提出了基于 DDAE 的无穷小生成元和解算子部分离散化特征值计算系列方法。

(3) 第 19 章给出了谱离散化方法在电力系统仿真分析软件中的实现。

(4) 第 22 章和第 23 章构成应用篇，给出了时滞系统特征值计算方法的两个应用，包括基于不变子空间延拓的时滞电力系统特征值追踪方法和基于特征值优化的广域阻尼控制器参数整定方法。

其次，对第一版中的内容还做了以下更新。

(1) 第 1 章，在 1.1.2 节新增了一个典型的时滞信息物理融合系统——基于模块化多电平换流器的柔性直流输电 (MMC-HVDC) 系统。

(2) 第 2 章，重新组织了 2.3 节和 2.4 节并更新了各节标题；新增了 2.4.6 节，对时滞代数变量反馈导致的伪时滞状态变量问题进行了简要说明。

(3) 第 3 章，重写 3.1.2 节，介绍了时滞电力系统特征值分布的渐近特性；扩充了 3.1.3 节，深入分析了特征值相对于控制回路反馈时滞和控制时滞灵敏度的性质，给出并证明了时滞合并定理；重写了 3.2.1 节“PS 法”，全面梳理了第一和第二类切比雪夫多项式及其性质，并将第 6 章的相关内容调整到该节。

(4) 第 4 章，重写了 4.4.1 节“位移–逆变换”，增加了位移–逆变换的 DS 方案，新增了 4.4.2 节“凯莱变换”；重写了 4.5.2 节“IRA 算法”，新增了 4.5.3 节“Krylov-Schur 方法”。

(5) 新增 8.3 节，推导得到结构化的解算子伪谱配置离散化矩阵；在 8.4.2 节 (原 8.3.2 节) 中分析了旋转-放大预处理两种实现方法的异同并证明了两者的等价关系；在 8.4.3 节 (原 8.3.3 节) 中将稀疏特征值计算过程中涉及的 MIVP 由迭代求解更新为直接求解。

(6) 新增第 9 章，提出了基于解算子伪谱差分离散化的大规模时滞电力系统特征值计算方法 (SOD-PS-Ⅱ)。

(7) 在 11.2.2 节 (原 10.2.2 节) 中将稀疏特征值计算过程中涉及的 MIVP 由迭代求解更新为直接求解。

(8) 第 20 章 (原 11 章) 中新增了对 SOD-PS-Ⅱ 方法以及第 13 ~ 18 章中部分谱离散化方法的性能分析。

此外，本书第一版中存在多处笔误，借再版之机也已修正，不一一赘述。

本书的研究工作受到国家自然科学基金 (编号：51677107，52077126)、山东大学齐鲁青年学者项目和山东省泰山学者青年专家项目的资助。本书在撰写过程中，受到国内外众多老师、同事和朋友的关爱与帮助，山东大学电气工程学院和电网智能化调度与控制教育部重点实验室的领导及老师给予了大力支持。牟倩颖副研究员、硕士研究生李泰然和祝翰兴整理了部分章节的素材，博士研究生贾小凡承担了部分章节的文字编辑工作并校读了全书的初稿。在本书付梓之际，对他们的辛勤付出表示诚挚的谢意！

全书由作者使用 LaTeX 撰写并排版。书中难免存在疏漏和不足之处，恳请读者指正。

作　者

2022 年 8 月于山东大学

第一版前言

现代电力系统的运行和控制无时无刻不依赖于一个可靠的信息系统。基于计算机技术、通信技术和传感技术的电力信息系统与电力一次系统紧密而有机地结合在一起。电力系统本质上是一个信息物理融合的动力系统。20 世纪 90 年代以来，基于相量测量单元的广域测量系统得到迅猛发展，已能够实时、同步、高速采集地理上分布在数千公里范围内的系统的动态信息，为大规模互联电力系统的状态感知、广域保护和协调控制提供了新的信息平台。广域阻尼控制通过引入有效反映区间低频振荡模式的广域反馈信号，如发电机相对转速和功角、联络线功率等，能够显著增强对制约大规模互联电网输电能力的区间低频振荡的控制能力。然而，广域测量信号在采集、路由、传输和处理过程中存在数十到几百毫秒的时延，对广域阻尼控制器的性能产生重要影响并为电力系统带来运行风险。考虑通信时滞影响后，电力系统成为时滞信息物理融合的动力系统，需要相应的建模、分析、优化和控制方法体系。

广域阻尼控制提出的初衷在于解决大规模互联电力系统中出现的区间低频振荡问题。大规模电力系统的应用背景对已有的考虑时滞影响的电力系统稳定性分析方法在规模的适应性、计算的准确性和分析的高效性等方面提出更高的要求。目前，考虑时滞影响电力系统稳定性分析方法主要有函数变换法和基于 Lyapunov 理论的时滞依赖稳定性判据。函数变换法利用有理多项式等直接对时滞系统特征方程中的指数项进行变换或近似，存在一定的不足。例如，基于 Rekasius 变换只能求解得到系统位于虚轴上的部分特征值，而 Padé 有理多项式在对大时滞 (500ms 以上) 进行逼近时存在较大的近似误差。时滞依赖稳定性判据一方面存在一定程度的固有保守性，另一方面待求变量多、计算量大的特点使得其仅适用于较小规模 (100 阶左右) 的系统。

鉴于此，本书将应用数学领域中基于谱离散化的时滞系统特征值计算方法引入到电力系统，用于大规模时滞电力系统的小干扰稳定性分析与控制。谱离散化方法的核心思想是，利用两个半群算子——解算子和无穷小生成元，建立时滞系统的转移方程并将描述系统动态的时滞微分方程转化为常微分方程。进而，将时滞系统的特征值转化为解算子和无穷小生成元的谱，避免了时滞电力系统特征方程中指数项导致的特征值求解困难。本书针对广域阻尼控制中的通信时滞问题，总结作者所在科研团队在大规模时滞电力系统特征值计算方面的部分研究成果。特色在于，其继承了基于特征值的电力系统小干扰稳定性分析完善的理论框架和丰富的理论成果，提出考虑通信时滞影响的大规模电力系统部分关键特征值的高效计算方法，为深入揭示广域通信时滞对广域阻尼控制的影响机理、优化设计广域阻尼控制器等奠定基础。

本书的研究工作得到下列基金的资助：高等学校博士学科点专项科研基金新教师基金资助课题 (编号：20100131120038)，国家自然科学基金青年基金项目 (编号：51107073)、面上项目 (编号：51677107)，山东大学青年学者未来计划资助课题 (编号：2016WLJH06)。

本书撰写的过程中，受到国内外众多老师、同事和朋友的关爱与帮助，山东大学电气工程学院和电网智能化调度与控制教育部重点实验室的领导及老师给予了大力支持。博士研究生牟倩颖和硕士研究生王燕燕、高卫康参与了部分研究工作。牟倩颖帮助整理了第 11 章算例结果并绘制了书中部分插图。多位研究生参与了文字编辑和校对工作。在此谨对他们表示衷心的感谢。

由于作者学识有限，书中难免存在不足之处，恳请读者批评指正。

作　者

2017 年 10 月于山东大学

主要符号表

$\boldsymbol{A}$, $\boldsymbol{B}$, $\boldsymbol{C}$, $\boldsymbol{D}$	电力系统增广状态矩阵
$\tilde{\boldsymbol{A}}$	电力系统状态矩阵
$\boldsymbol{J}_i$, $\boldsymbol{A}_i$, $\boldsymbol{B}_i$, $\boldsymbol{C}_0$, $\boldsymbol{D}_0$ $(i=0, 1, \cdots, m)$	时滞电力系统增广状态矩阵
$\tilde{\boldsymbol{A}}_i$ $(i=0, 1, \cdots, m)$	时滞电力系统状态矩阵
$\boldsymbol{J}_0^{(1)}$, $\boldsymbol{J}_i^{(2)}$ $(i=0, 1, \cdots, m)$	时滞电力系统增广状态子矩阵
$\tilde{\boldsymbol{A}}_0^{(1)}$, $\tilde{\boldsymbol{A}}_i^{(2)}$ $(i=0, 1, \cdots, m)$	时滞电力系统状态子矩阵
$\Delta\boldsymbol{x}$, $\Delta\boldsymbol{y}$	系统状态变量，系统代数变量
$\Delta\hat{\boldsymbol{x}}$	系统增广状态变量
$\Delta\boldsymbol{x}^{(1)}$, $\Delta\boldsymbol{x}^{(2)}$	系统非时滞状态变量，系统时滞状态变量
$\Delta\boldsymbol{y}^{(1)}$, $\Delta\boldsymbol{y}^{(2)}$	系统非时滞代数变量，系统时滞代数变量
$\Delta\hat{\boldsymbol{x}}^{(1)}$, $\Delta\hat{\boldsymbol{x}}^{(2)}$	系统增广非时滞状态变量，系统增广时滞状态变量
$\boldsymbol{\varphi}$, $\boldsymbol{\psi}$	系统状态值和相应的导数值
s	隐式龙格-库塔方法的级数 / IDR(s) 算法中“阴影”子空间维数
α	旋转-放大预处理中的放大倍数
θ	滞后时间 $\theta \in [-\tau_{\max}, 0]$ / 坐标轴旋转角度
h	解算子转移步长 / 隐式龙格库塔法、线性多步法的步长
k	线性多步法的步数
m	时滞个数
n, l	状态变量维数，代数变量维数
d	增广状态变量维数
n_1, n_2	非时滞状态变量维数，时滞状态变量维数
l_1, l_2	非时滞代数变量维数，时滞代数变量维数
d_1, d_2	增广非时滞状态变量维数，增广时滞状态变量维数

λ, $\boldsymbol{u}$, $\boldsymbol{v}$	特征值，左特征向量，右特征向量
λ_{s}	位移点
$\tau_i\ (i=1,\ 2,\ \cdots,\ m)$	时滞常数，满足 $\tau_1<\tau_2<\cdots<\tau_m\triangleq\tau_{\max}$
$\mathcal{A}$	无穷小生成元
$\mathcal{A}_N$，$\mathcal{A}_{Ns}$	无穷小生成元离散化矩阵
$\hat{\mathcal{A}}_N$，$\hat{\mathcal{A}}_{Nm}$，$\hat{\mathcal{A}}_{Ns}$	无穷小生成元部分离散化矩阵
$\mathcal{T}(h)$	解算子
$\boldsymbol{T}_{M,N}$，$\boldsymbol{T}_M$，$\boldsymbol{T}_N$，$\boldsymbol{T}_{Ns}$	解算子离散化矩阵
$\hat{\boldsymbol{T}}_{M,N}$，$\hat{\boldsymbol{T}}_M$，$\hat{\boldsymbol{T}}_N$，$\hat{\boldsymbol{T}}_{Ns}$	解算子部分离散化矩阵
N_{MVP}	形成一个 Krylov 向量过程中需要进行 $\tilde{\boldsymbol{A}}_0$ 与向量乘积运算的次数
L	利用迭代法 (如 IDR(s)) 求解谱离散化矩阵或子矩阵的逆矩阵与向量乘积运算时所需要的总迭代次数
R	求解 $\tilde{\boldsymbol{A}}_0$ 的逆矩阵与向量乘积运算和其本身与向量乘积运算的计算量之比
T	求解 $\boldsymbol{J}_0$ 的逆矩阵与向量乘积运算与求解 $\tilde{\boldsymbol{A}}_0$ 与向量乘积运算的计算量之比

首字母缩略词表

首字母缩写	英文全称	中文全称
AB	Adams-Bashforth (explicit Adams)	亚当斯–巴什福思 (显式亚当斯)
AFDE	advanced functional differential equation	超前型泛函微分方程
AM	Adams-Moulton (implicit Adams)	亚当斯–莫尔顿 (隐式亚当斯)
API	application programming interface	应用程序接口
BC	boundary condition	边界条件
BDF	backward differentiation formulae	反向差分公式
Bi-CGSTAB	bi-conjugate gradient stabilized	稳定双共轭梯度
BVP	boundary value problem	边值问题
CIS	continuation of invariant subspace	不变子空间延拓
CPPS	cyber-physical power system	信息物理融合电力系统
DAE	differential-algebraic equation	微分–代数方程
DDAE	delayed differential-algebraic equation	时滞微分–代数方程
DDE	delayed differential equation	时滞微分方程
DCPPS	delayed cyber-physical power system	时滞信息物理融合电力系统 (时滞电力系统)
EMS	energy management system	能量管理系统
EIGD	explicit infinitesimal generator discretization	显式无穷小生成元离散化

续表

首字母缩写	英文全称	中文全称
FACTS	flexible alternative current transmission system	柔性交流输电系统
FDE	functional differential equation	泛函微分方程
FDM	frequency-delay multiplication	频率和时滞的乘积
GMRES	generalized minimal residual	广义最小残差
GPS	global positioning system	全球定位系统
HVDC	high voltage direct current	高压直流输电
IC	initial condition	初始条件
IDR(s)	induced dimension reduction	诱导降维
IGD	infinitesimal generator discretization	无穷小生成元离散化
IGD-IRK	IGD with implicit Runge-Kutta	无穷小生成元隐式龙格–库塔离散化
IGD-LMS	IGD with linear multi-step	无穷小生成元线性多步离散化
IGD-PS	IGD with pseudo-spectral	无穷小生成元伪谱离散化
IIGD	iterative IGD	迭代无穷小生成元离散化
IRA	implicitly restarted Arnoldi algorithm	隐式重启动 Arnoldi 算法
IRK	implicit Runge-Kutta method	隐式龙格–库塔法
LFC	load frequency control	负荷频率控制
LKF	Lyapunov-krasovskii functional	Lypunov-krasovkii 泛函
LMI	linear matrix inequality	线性矩阵不等式
LMS	linear multi-step method	线性多步法

续表

首字母缩写	英文全称	中文全称
LQR	linear quadratic regulator	线性二次型调节器
MIVP	matrix inversion-vector product	矩阵逆-向量乘积
MMC	modular multilevel converter	模块化多电平换流器
MTDC	multi-terminal direct current	多端直流输电
MVP	matrix-vector product	矩阵–向量乘积
NFDE	neutral FDE	中立型泛函微分方程
NLM	nearest level modulation	最近电平逼近调制
ODE	ordinary differential equation	常微分方程
PCP	pole control and protection	极控制保护
PDC	phasor data concentrator	相量数据集中器
PDE	partial differential equation	偏微分方程
PIGD	partial IGD	无穷小生成元部分离散化
PMU	phasor measurement unit	相量测量单元
PS	pseudo-spectral method (collocation method)	伪谱法 (配置法)
PSASP	power system analysis software package	电力系统分析综合程序
PSO	particle swarm optimization	粒子群优化算法
PSOD	partial SOD	解算子部分离散化
PSS	power system stabilizer	电力系统稳定器
RFDE	retarded functional differential equation	滞后型泛函微分方程
RTU	remote terminal unit	远方终端单元
SCADA	supervisory control and data acquisition	数据采集与监视控制

续表

首字母缩写	英文全称	中文全称
SM	sub-module	子模块
SMC	SM controller	子模块控制器
SOD	solution operator discretization	解算子离散化
SOD-IRK	SOD with implicit Runge-Kutta	解算子隐式龙格–库塔离散化
SOD-LMS	SOD with linear multi-step	解算子线性多步离散化
SOD-PS	SOD with pseudo-spectral	解算子伪谱离散化
SVC	static var compensator	静止无功补偿器
TCSC	thyristor controlled series compensator	可控串联补偿器
UD	user defined	用户自定义
VBC	value base control	阀基控制
VCP	value control and protection	阀控制保护
WAMS	wide-area measurement system	广域测量系统
WADC	wide-area damping controller	广域阻尼控制器

目　录

方 法 篇 (I)

方 法 篇 (Ⅱ)

测 试 篇

应 用 篇

插 图 目 录

表格目录

基 础 篇

第 1 章　时滞电力系统小干扰稳定性分析方法

1.1　典型的时滞电力系统

现代电力系统的运行和控制无时无刻不依赖于一个可靠的信息系统。基于计算机技术、通信技术和传感技术的电力信息系统与电力一次系统紧密而有机地结合在一起。电力系统在本质上是一个信息物理融合的电力系统 (cyber-physical power system，CPPS) [1–3]。考虑时滞影响后，信息物理融合电力系统变为时滞信息物理融合电力系统 (delayed CPPS，DCPPS)，需要建立相应的建模、分析、优化和控制方法体系 [4–6]。针对大规模时滞电力系统，本书研究适用于小干扰稳定性分析和控制的特征值计算方法。为了表述方便，本书将“时滞信息物理融合电力系统”简称为“时滞电力系统”。本节介绍两种典型的时滞电力系统。

1.1.1　广域测量系统

现代电力系统的能量管理系统 (energy management system，EMS) 利用数据采集与监视控制 (supervisory control and data acquisition，SCADA) 系统提供的信息实现对电力系统的在线安全监视，并根据调度指令完成对电力系统设备的远程操作和调节。20 世纪 90 年代以来，卫星授时系统的诞生、电力通信网络和数字信号处理技术的不断发展，使基于相量测量单元 (phasor measurement unit，PMU) 的广域测量系统 (wide-area measurement system，WAMS) 得到迅猛发展，为大规模互联电力系统的状态感知提供了新的信息平台，为广域保护和协调控制提供了新的实现手段 [7]。

随着电力系统规模的不断增长和智能电网的深入建设，国内外的 WAMS 均取得了长足的发展。截至 2013 年底，我国所有省级电力调度与控制中心均建成了 WAMS，其中有超过 2400 套 PMU 在所有 500kV 及以上电压等级的厂站中运行 [8]。美国能源部的报告指出，至 2013 年底美国共计有 1126 套 PMU 在电网中运行 [9]。WAMS 以 PMU 为底层测量单元，经通信系统将测量值高速地传送到相量数据集中器 (phasor data concentrator，PDC)，经过一定的数据处理后对电力系统进行动态监测并实现其他高级应用 [7,10]。PMU 利用全球定位系统 (global positioning system，GPS) 的授时功能，以相量形式高速采样 ($30\sim60$Hz，最高可达 $120\sim240$Hz) 系统元件的状态，并为采样数据提供唯一的时间标签。与基于远方终端单元 (remote terminal unit，RTU) 的 SCADA 系统 $2\sim4$s 的采样周期不同，WAMS 能够实时同步采集地理上分布在数千公里范围内系统的动态信息。基于 WAMS 可以实现的高级应用包括：电力系统动态监测与状态估计、参数辨识、稳定性监测与评估、低频振荡辨识和广域阻尼控制、故障定位与广域保护等 [11]。

20 多年以来，国内外学者针对基于广域测量信息的电力系统分析与控制开展了大量研究 [12–16]。作为 WAMS 的一项高级应用，基于广域测量信息的广域阻尼控制，通过引入有效反映区间低频振荡模式的广域反馈信号，如发电机相对转速和功角、联络线功率等，能够显著地增强对制约大规模互联电网输电能力的区间低频振荡问题的控制能力 [17–21]。广域阻尼控制器 (wide-area damping controller, WADC) 与抑制局部或本地低频振荡的电力系统稳定器 (power system stabilizer, PSS) 一起，可以形成"本地 + 广域"的分层递阶控制结构 [19,22,23]。利用直流输电系统的快速功率调制能力和对区间低频振荡良好的可控性，直流输电系统的附加广域阻尼控制能有效地提升系统的动态稳定水平 [24–26]。2008 年中国南方电网有限责任公司 (简称南方电网) 就建成了世界上第一套附加在多回高压直流输电 (high voltage direct current, HVDC) 系统上的广域阻尼控制系统，显著地提高南方电网中关键区间振荡模式的阻尼水平和关键断面上的静稳极限 [11,27]。美国西部电网 (Western Interconnection) 于 2016 年开始建设并闭环投运了太平洋直流输电系统附加广域阻尼控制，显著地提升了关键区间低频振荡模式的阻尼水平 [16]。

然而，时滞 (time delay)，也称为时延 (latency)，是信息系统的固有特性 [28]。广域测量信号在采集、路由、传输和处理过程中存在数十到几百毫秒的时滞 [29]。如图 1.1 所示，广域阻尼控制回路中的时滞由四部分组成：测量时滞 τ_{m} (包括电流/电压互感器采集时滞、相量计算时滞、数据封装时滞)、通信时滞 (包括上行链路时滞 τ_{up} 和下行链路时滞 τ_{down})、计算时滞 τ_{cal} (控制器生成广域阻尼控制信号的时滞) 和控制时滞 τ_{c} (执行单元执行控制信号的时滞) [30–32]。τ_{m} 为 PMU 产生的时滞，由几乎恒定的同步采样、相量计算以及数据打包时滞和抖动的数据发送时滞组成。τ_{cal} 由 PMU 数据同步造成的随机时滞和恒定的计算时滞组成。控制时滞 τ_{c} 包括信号通过 WADC 的时滞与被控设备收到控制信号到其响应的时滞，为数值很小的固定时滞。τ_{up} 和 τ_{down} 分别为 PMU 数据在上行通道和下行通道中传输的通信时滞，是广域阻尼控制回路产生时滞的主要原因，由串行时滞 (serial delay)、路由时滞 (routing delay) 和传播时滞 (propagation delay) 组成 [32,33]。串行时滞取决于数据包的长度和链路的传输速率。链路的传输速度的单位是 bit/s，例如某以太网专线的传输速率为 2Mbit/s。路由时滞包括节点处理时滞和排队时滞。路由器的优劣对处理时滞起决定性的作用，而排队时滞取决于网络的拥堵程度。传播时滞取决于传播距离及传播速度。传播速度取决于该链路的物理媒介 (光纤、双绞线、卫星等)，一般等于或者小于光速，单位是 m/s。考虑到来自远方的反馈信号在各种测量设备、通信信道和计算机系统中的路由时间、不同区域信号的同步等待时间等，当通信网络的结构比较复杂并且有大量数据需要传输时，实际的通信时滞往往在 100ms 以上[34]。现场实测结果表明，我国南方电网广域阻尼控制回路的通信时滞约为 110ms[35]，美国西部电网太平洋直流输电附加广域阻尼控制回路的通信时滞最高达 113ms[16]。此外，美国电科院曾开展不同 WAMS 通信结构 (单点/多点传送, unicast/multicast) 和不同采样频率 (30/60Hz) 下 WAMS 的通信时滞测试。结果表明，WAMS 的最大时滞可达 460ms[36]。

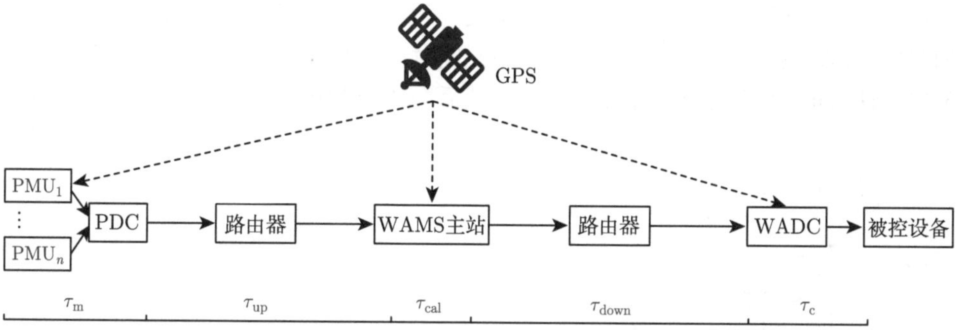

图 1.1 广域阻尼控制回路时滞

传统电力系统采用本地状态量或测量量构成局部控制器，通常忽略 10ms 左右时滞带来的影响。因而，可以采用不同的理论与方法对电力系统和信息系统分别进行研究。然而，广域阻尼控制回路中数百毫秒的时滞对控制器的性能产生重要影响，并为电力系统带来运行风险[37]。例如，我国南方电网多直流附加广域阻尼控制系统中，广域信号的通信时滞导致 5.5Hz 左右的高频振荡[8,11]。因此，利用广域测量信息进行电力系统阻尼控制时，必须计及时滞的影响。

1.1.2 MMC-HVDC 系统

随着我国碳达峰碳中和战略的实施和以新能源为主体的新型电力系统建设的推进，以风电、光伏为代表的新能源必将实现更大规模的并网，逐渐替代传统化石能源。基于模块化多电平换流器 (modular multilevel converter，MMC) 的柔性直流输电技术具有模块化程度高、有功无功解耦控制、输出电压畸变小、无换相失败问题、可向无源系统供电、具有黑启动能力、适合构成多端直流输电 (multi-terminal direct current，MTDC) 系统等独特优势[38,39]，已在新能源并网、电网异步互联、孤岛和弱系统供电等领域获得了广泛的工程应用。近十年来，我国投运和建设了世界上数量最多的 MMC-HVDC 工程，并朝着大容量、远距离、特高压、多端、混合级联等方向发展。例如，我国于 2020 年投运的张北四端柔性直流输电工程是目前世界上电压等级最高 (±500kV)、输送容量最大 (张北 3000 + 康保 1500MW) 的多端柔性直流电网 (MMC-MTDC grid) 工程。该工程显著提升了张家口新能源外送能力，为北京 2022 年冬奥会提供了安全稳定的绿色电能。柔性直流输电技术正成为破解大规模新能源并网和消纳难题的关键技术和有效手段之一。

MMC 每个桥臂的子模块 (sub-module，SM) 高达数百个，多个控制环节无法由单一控制器完成。考虑到 MMC-HVDC 控制系统的可靠性和冗余要求，各电气量采样、极控、阀控等环节均独立组屏。MMC-HVDC 控制系统的各控制环节的功能多，不同控制环节之间的通信量大，导致系统的控制链路时滞较大 [40,41]。MMC-HVDC 控制系统的结构、功能和控制时序，如图 1.2 所示。下面首先介绍 MMC-HVDC 控制系统各部分的功能，然后分析控制链路的时滞。

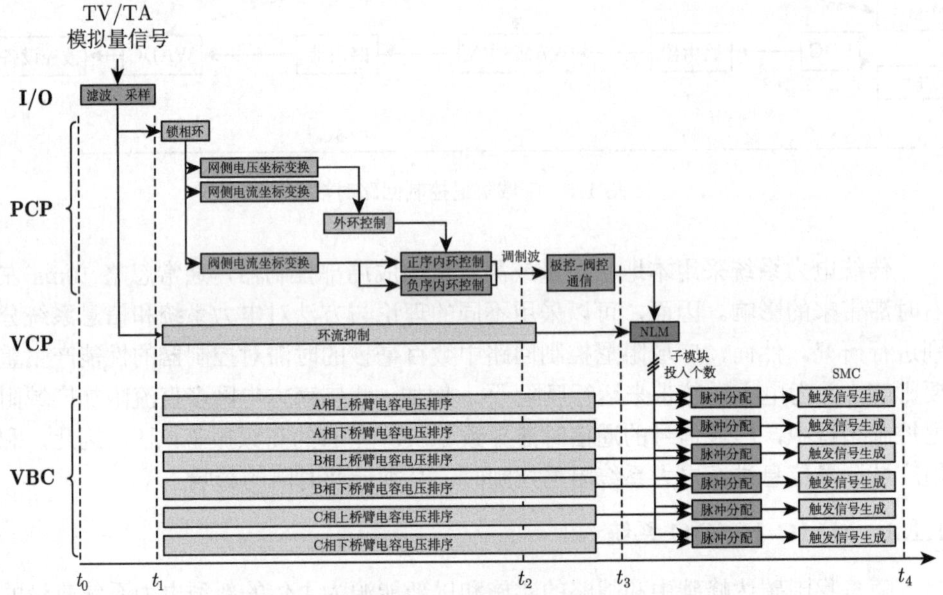

图 1.2　MMC-HVDC 控制系统的结构、功能和控制时序

如前所述，MMC-HVDC 控制系统主要由电气量采样、极控和阀控三部分组成 [42–44]。① 电气量采样由输入/输出 (I/O) 装置实现，负责对电压和电流互感器 (TV/TA) 测量得到的模拟量信号进行滤波和 A/D 采样，输出离散的数字量采样码值。② 极控由极控制和保护 (pole control and protection，PCP) 装置实现，负责极功率控制、直流电压控制、调制波计算和顺控联锁等，并将生成的调制波信号发送到阀控。③ 阀控包括阀控制保护 (value control and protection，VCP) 装

置、阀基控制 (value base control，VBC) 装置和子模块控制器 (SM controller，SMC)。其中，VCP 装置主要负责环流抑制和子模块投入个数计算等，并将六个桥臂的子模块投入个数发送到 VBC 装置；VBC 装置主要负责子模块电容均压、命令计算和故障处理等，并将每个子模块的触发信号发送到 SMC；SMC 主要负责根据 VBC 装置的命令驱动子模块投入或切除。

MMC-HVDC 控制链路时滞主要包括 4 部分 [45]：采样时滞 τ_{sample}、极控时滞 τ_{pole}、通信时滞 τ_{com} 和阀控时滞 τ_{valve}。① τ_{sample} 包括采样电路中低通滤波器和运算放大器等系统硬件产生的时滞。$\tau_{\text{sample}} = t_1 - t_0$，一般小于 70μs。② τ_{pole} 由极控内部数据传递、锁相环、坐标变换、外环功率/电压控制、内环电流控制等过程产生 [46]。$\tau_{\text{pole}} = t_2 - t_1$，其中极控内部数据传递时滞不超过 20μs，因此 τ_{pole} 主要由剩余部分决定。③ τ_{com} 是调制波信号经通信网络从极控系统到阀控系统所产生的通信时滞。$\tau_{\text{com}} = t_3 - t_2$，一般只有几十微秒 [47]。④ τ_{valve} 包括坐标变换、环流抑制、最近电平逼近调制 (nearest level modulation，NLM)、电容均压和排序、脉冲分配等过程产生的时滞。$\tau_{\text{valve}} = t_4 - t_3$，一般在 50μs 左右。

MMC-HVDC 控制链路时滞，会显著改变柔性直流输电系统的阻抗特性，进而恶化系统的动态稳定水平，导致高频振荡频发 [48,49]。因此，在对包含 MMC-HVDC 的系统进行稳定性分析，尤其是在分析高频振荡时，必须计及控制链路时滞的影响。例如，对于我国南方电网鲁西背靠背异步联网柔性直流工程，实测的极控时滞约为 350.8μs，阀控时滞约为 180μs [45]。在调试直流经长交流线路联网场景下，系统发生了 1270Hz 的高频振荡。因此，现有柔性直流工程中对 MMC 控制链路时滞大小的要求进一步提高。在南方电网昆柳龙直流工程中，极控时滞约为 150μs，阀控时滞约为 50μs。

1.2 小干扰稳定性分析方法

1.2.1 函数变换法

时滞电力系统属于典型的无穷维系统，其特征方程中的指数项表明其为超越方程并有无穷多个特征值。为了避免直接求解的困难，函数变换法利用诸如 Rekasius 变换 (也称为双线性变换) [50–57]、Lambert-W 函数 [58–61]、Padé 近似 [18,62–66] 等，将指数项变换为有理多项式或 Lambert 函数。基于 Rekasius 变换并根据纯虚特征值相对于临界时滞灵敏度不变的特性，文献 [67] 和 [68] 提出了基于特征根聚类的时滞系统有限个不稳定特征值求解方法和大范围时滞稳定域求取方法。文献 [69] 利用 Rekasius 变换的幅角方程关于频率和伪时滞的单调性，提出了频域中判别时滞系统小干扰稳定性的充分性条件，进而利用该判据求取得到系统的时滞裕度的保守下界。应用 Padé 近似后，超越的时滞特征方程被转化为常规的代数方程，进而可以利用传统的特征值计算方法求解系统的部分关键特征值。由于原理简单、应用方便，现有的研究大都采用 Padé 有理多项式来近似时滞，进而用经典和现代控制理论设计 WADC [64]，如广域 PSS [64,70]、鲁棒控制器 [71–74]、线性最优控制器 [26,75] 等。

函数变换法存在如下不足：① Rekasius 变换方法只能计算得到虚轴上所有特征值，而无法得到复平面上其他特征值的分布。此外，对于含有 m 个时滞的系统，当利用 Rekasius 变换求取系统的时滞稳定域时，需要在时滞和伪时滞空间 $[0,\ +\infty)^{m+1}$ 或者频率与时滞的乘积 (frequency-delay multiplication，FDM) 空间 $\boldsymbol{\nu}' \in [0,\ 2\pi]^m$ 进行网格划分和扫点搜索，计算量大。② Lambert-W 函数存在较强的前提和假设条件，即只有当系统存在对称时滞 (commensurate delay) 且系统矩阵能被三角化时 [59]，系统的谱才可以用 Lambert-W 函数显式表示。③ 由于缺乏时滞电力系统精确特征值计算方法作为比较对象，Padé 近似的精确性未在大规模多重时滞电力系统上验证。此外，近似误差对阻尼控制器设计的影响也未见报道。

1.2.2 时域法

时域法主要是指利用 Krasovskii 和 Razumikhin 定理构建时滞依赖稳定性判据，进而判定系统的时滞稳定性。此外，基于时滞依赖稳定性判据，利用线性矩阵不等式 (linear matrix inequality，LMI) 处理技术，还可以方便地设计附加阻尼控制器 [76,77] 和优化负荷频率控制 (load frequency control，LFC) 系统 [78,79]，能够在保证系统稳定性的同时，得到系统能够承受的时滞上限和时滞裕度 [76,80,81]。

根据是否依赖于时滞，可将时滞动力系统的稳定性分为两类：时滞独立 (delay-independent) 稳定性和时滞依赖 (delay-dependent) 稳定性。如果对于所有大于零的时滞常数，时滞动力系统均能稳定，则称系统具有时滞独立稳定性。如果时滞动力系统仅对部分大于零的时滞常数能保持稳定，则称系统具有时滞依赖稳定性，即系统的稳定性依赖于时滞的特性。

由于时滞系统是无穷维系统，要得到判断系统具有时滞稳定性的充要条件是非常困难的。鉴于此，学术界提出了许多判断时滞稳定性的充分条件。当时滞较小时，时滞独立稳定性的充分条件具有较大的保守性，很多情况下甚至不可能得到满足闭环系统时滞独立稳定性的一组控制器参数。因此，许多学者开展基于 Lyapunov 理论的时滞依赖稳定性判据研究。这类条件须首先假设当时滞 $\tau = 0$ 时系统是稳定的，因为系统对时滞 τ 连续依赖，则一定存在一个时滞上界 $\bar{\tau}$，使系统对任意的 $\tau \in [0,\ \bar{\tau}]$ 均是稳定的 [82]。

Lyapunov-Krasovskii 稳定性定理 [82] 给出了构造时滞依赖稳定性判据的有效方法。其主要思想是，首先构造一个有界正定 Lyapunov-Krasovskii 泛函 (Lyapunov-

Krasovskii functional，LKF) $V(t,\ \Delta\boldsymbol{x}_t)$，沿时滞动力系统轨迹，如果 $V(t,\ \Delta\boldsymbol{x}_t)$ 的导函数负定，则可判定系统渐近稳定。利用模型变换并通过松弛化等手段，可将 LKF 转换为标准的 LMI 问题 (包括可行性问题、特征值问题和广域特征值问题) 进行求解。

基于 Lyapunov 理论的时滞依赖稳定性判据，仅是系统稳定的充分而非必要条件。为了降低时滞依赖稳定性判据的保守性，可以通过寻求保守性低的 LFK[83,84]，或者寻求更好的放大函数或者避免放大操作，如采用自由权矩阵[85–87]，最大可能地获得时滞上界 $\bar{\tau}$。自由权矩阵方法在 LKF 的导函数中引入自由权矩阵以表征函数各项系数间的关系，能够获得保守性小的时滞依赖稳定性判据[82,88,89]。然而，与采用固定权矩阵的时滞稳定性判据相比，自由权矩阵方法的计算量大、求解效率低。

时域法的优点在于可以分析具有时变时滞的系统稳定性。其不足主要体现在 4 个方面：① LKF 一阶微分负定的证明往往需要对泛函进行放大，若放大后的泛函上界被证明负定即保证了时滞系统的渐近稳定性。然而，证明过程中对泛函的放大往往导致了最终结论的保守性。② 因待求变量多导致对电力系统规模的适应能力有限，应用于实际大规模电力系统时必须进行模型降阶。模型降阶的准确性必然会对控制器的性能带来影响。③ 目前大部分时滞依赖稳定性判据仅适用于单个固定或时变时滞 [85,90] 情况，适用于多重时滞情况的稳定性判据 (如文献 [77]、[91] 和 [92]) 还很少。④ 只能求得系统的时滞裕度，无法求取时滞在大范围变化时系统的时滞稳定域。

近年来，基于时域法的时滞稳定性研究的重点是：① 降低时滞依赖稳定性判据的保守性，如采用 Wirtinger 不等式[93,94] 和 Bessel-Legendre 不等式[95,96] 等。② 针对含有时滞和采样-保持特性的离散时间系统开展稳定性分析和控制方法研究，如文献 [97] ~ [100]。

1.2.3 预测补偿法

预测法包括 Smith 预估器和模型预测。它们对受控对象的动态特性进行估计，用一个预估模型进行补偿，从而反馈一个没有时滞的被调节量到控制器，使整个系统的控制犹如没有时滞环节。Smith 预估器将时滞环节移到了闭环之外，使控制品质大大提高[101–103]。模型预测利用系统模型对系统未来的轨迹进行预测[104–106]。两种方法最大的不足在于太过依赖精确的数学模型。当估计模型和实际对象有误差时，控制品质会显著恶化，导致整个闭环系统的鲁棒性较差。与时域法类似，基于 Smith 预估器和模型预测设计电力系统附加 WADC 时，同样需要对系统模型进行降阶处理或降阶辨识。降阶误差也会影响控制器的性能。除了 Smith 预估器和模型预测，文献 [31]、[107] ~ [110] 还提出了轨迹外推和相位补偿方法来克服通信时滞对广域阻尼控制的不利影响。

1.2.4 值集法

值集法 (value set method) 用于分析时滞和参数变化情况下系统的小干扰稳定性[111]。该方法将复平面上任意稳定区域和高维参数空间映射为复平面上系统特征多项式的值集，然后利用剔零原理判别系统的小干扰稳定性。

浙江大学甘德强教授团队在值集法应用于实际大规模电力系统的低频振荡分析和控制方面开展了深入研究[112–116]。具体地，首先在 [0.1, 2.0]Hz 低频范围内逐点计算控制器参数空间对应的系统特征多项式值集，然后根据值集是否包含原点以判断系统的小干扰稳定性，进而优化设计控制器参数。文献 [117] 提出了一种基于保护映射理论的电力系统小干扰参数稳定域的计算方法。文献 [118] 基于值集法提出了一种解算子离散化 (solution operator discretization，SOD) 最大步长的启发式确定方法。然而，考虑时滞和控制器参数具有多项式不确定性结构时，利用棱边定理和映射定理难以直接计算得到系统特征准多项式的精确值集，只能得到其保守估计。为此，文献 [119] 首先应用棱边定理和映射定理计算值集的外、内估计值，然后采用分支定界的方法间接判别系统特征多项式的精确值集是否包络原点，从而求解得到时滞电力系统的小干扰时滞和参数稳定域。

值集法的优点主要有两个方面：① 避免求解系统特征多项式的零点或系统的特征值。以系统特征多项式的值集为有力工具，利用剔零原理将时滞控制器参数在大范围内变化情况下电力系统的小干扰稳定性问题转化为值集是否包络原点的问题。② 降低搜索空间。应用棱边定理和映射定理，将系统特征多项式值集的求取转化为不确定性空间顶点、不确定性平面顶点和棱边的像 (image) 的计算，避免了对高维时滞和控制器参数空间的网格划分、扫点和反复求解特征准多项式的零点或系统特征值。值集法应用的难点和关键在于如何高效计算得到大规模电力系统的特征 (准) 多项式[120]。

1.2.5 特征值分析法

特征值分析法是电力系统小干扰稳定性分析最基本而有效的方法，已经形成了比较成熟和完善的理论[121]。如果能够计算得到时滞电力系统的特征值，则可以沿用经典的特征分析的思路和理论框架来分析系统的小干扰稳定性，揭示系统动态行为的机理，进而优化设计 WADC 参数。不同于函数变换法和时域法，特征值分析法不对时滞环节进行多项式拟合也不对系统模型进行任何降阶，而是直接、准确地计算得到系统的部分关键特征值。因此，特征值分析法是时滞电力系统稳定性分析的最理想的工具。

文献 [68]、[122] ~ [125] 提出了有效搜索虚轴上或特定边界上 (特征值实部或阻尼比等于给定常数) 的时滞电力系统部分关键特征值的方法。从原理上讲，该方法相当于在以给定步长遍历 FDM 空间 $[0,\ 2\pi]^m$ (m 为时滞个数) 的过程中反复计算系统矩阵的全部特征值。由于计算量大，该方法难以用于大规模电力系统。为了满足大规模、多重时滞电力系统分析和控制的需要，必须寻找新的时滞动力系统稳定性分析理论。

近年来，数值分析和计算数学领域研究并提出了基于谱离散化的时滞系统特征值计算方法。文献 [126] 首次将其中的无穷小生成元离散化 (infinitesimal generator discretization，IGD) 方法用于计算多重时滞情况下电力系统最右侧的部分特征值。文献 [127] ~ [129] 利用该方法分析了考虑通信时滞影响的微电网的小干扰稳定性。文献 [126] 开创性工作的不足之处在于没有利用系统增广状态矩阵的稀疏特性，当其用于大规模时滞电力系统时，计算量较大甚至计算失败。

因此，需要深刻理解数值分析和计算领域基于谱离散化特征值计算方法的思想、充分挖掘经典特征值分析理论的潜力，形成适用于时滞电力系统小干扰稳定性分析和控制的理论与方法。

1.3 本书的章节安排

本书总结了作者科研团队近年来在基于谱离散化特征值计算的大规模时滞电力系统小干扰稳定性分析和控制方面的理论研究成果，反映目前考虑时滞影响的电力系统特征值计算的最新进展。本书共 23 章，分为基础篇、方法篇 (I)、方法篇 (II)、测试篇和应用篇。本书的结构示意图如图 1.3 所示。

基础篇包括第 1 ~ 3 章，是方法篇的理论基础。第 1 章首先介绍时滞电力系统，然后论述对其进行小干扰稳定性分析的主要方法。第 2 章阐述时滞电力系统小干扰稳定性分析的建模理论。第 3 章首先围绕时滞特征方程阐述时滞电力系统的谱特性、特征值的灵敏度和摄动，然后给出谱离散化涉及的 3 类数值方法。

方法篇 (I) 包括第 4 ~ 11 章。首先，第 4 章建立基于谱离散化的大规模时滞电力系统特征值计算框架。基于该框架，第 5 ~ 7 章依次给出 4 种基于 IGD 的特征值计算方法的基本原理，包括迭代无穷小生成元离散化 (iterative infinitesimal generator discretization，IIGD) 方法、显式无穷小生成元离散化 (explicit infinitesimal generator discretization，EIGD) 方法、无穷小生成元线性多步离散化 (infinitesimal generator discretization with linear multi-step，IGD-LMS) 方法和无穷小生成元隐式龙格-库塔离散化 (infinitesimal generator discretization with implicit Runge-Kutta，IGD-IRK) 方法。第 8 ~ 11 章分别阐述 4 种基于 SOD 的特征值计算方法的基本原理，包括解算子伪谱离散化 (solution operator discretization with

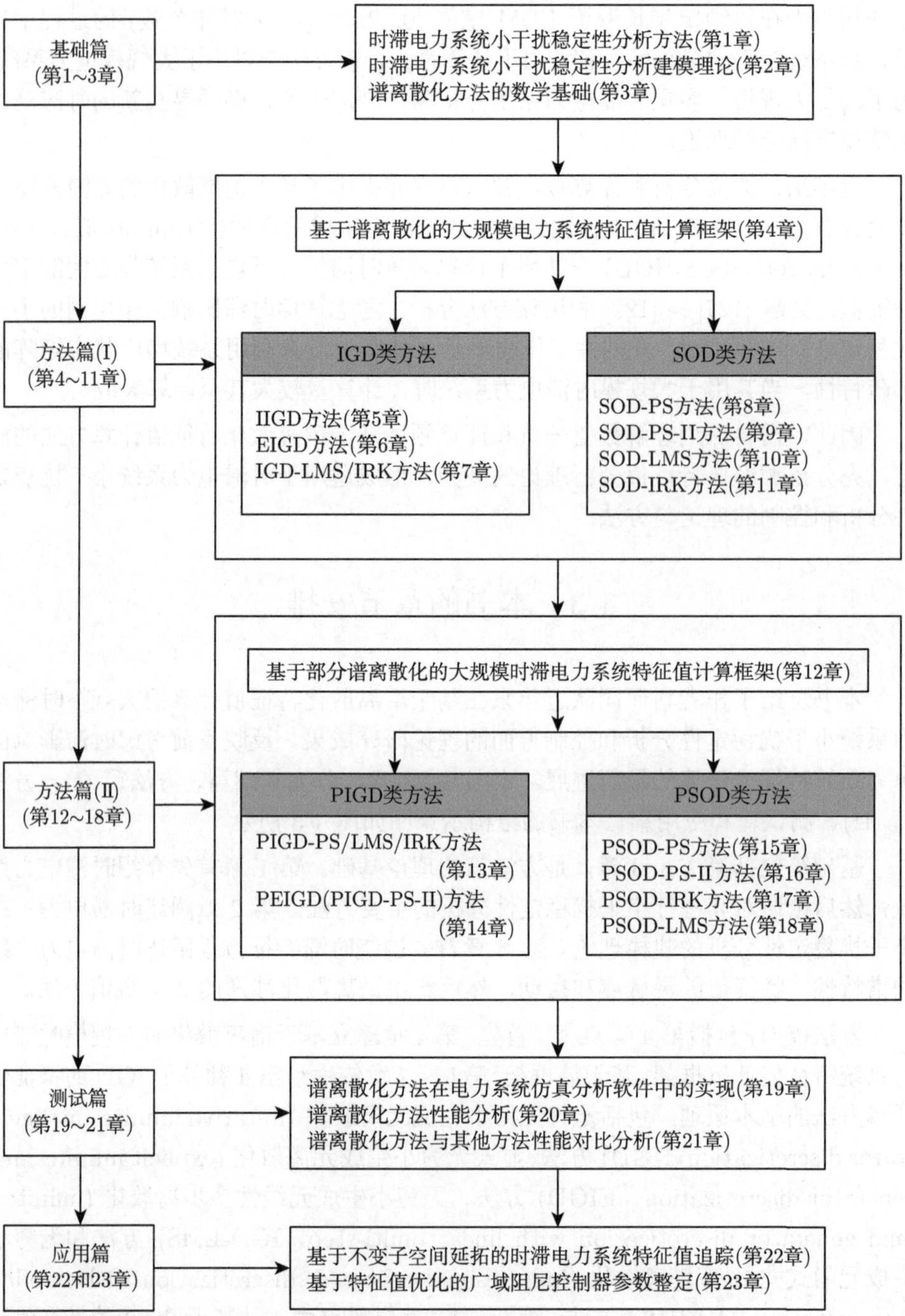
基础篇
(第1~3章)
时滞电力系统小干扰稳定性分析方法(第1章)
时滞电力系统小干扰稳定性分析建模理论(第2章)
谱离散化方法的数学基础(第3章)
方法篇(I)
(第4~11章)
基于谱离散化的大规模电力系统特征值计算框架(第4章)
IGD类方法
IIGD方法(第5章)
EIGD方法(第6章)
IGD-LMS/IRK方法(第7章)
SOD类方法
SOD-PS方法(第8章)
SOD-PS-II方法(第9章)
SOD-LMS方法(第10章)
SOD-IRK方法(第11章)
方法篇(II)
(第12~18章)
基于部分谱离散化的大规模时滞电力系统特征值计算框架(第12章)
PIGD类方法
PIGD-PS/LMS/IRK方法
(第13章)
PEIGD(PIGD-PS-II)方法
(第14章)
PSOD类方法
PSOD-PS方法(第15章)
PSOD-PS-II方法(第16章)
PSOD-IRK方法(第17章)
PSOD-LMS方法(第18章)
测试篇
(第19~21章)
谱离散化方法在电力系统仿真分析软件中的实现(第19章)
谱离散化方法性能分析(第20章)
谱离散化方法与其他方法性能对比分析(第21章)
应用篇
(第22和23章)
基于不变子空间延拓的时滞电力系统特征值追踪(第22章)
基于特征值优化的广域阻尼控制器参数整定(第23章)

图 1.3　本书结构框架图

pseudo-spectral，SOD-PS) 方法、解算子伪谱差分离散化 (solution operator discretization with pseudo-spectral differencing，SOD-PS-II) 方法、解算子线性多步离散化 (solution operator discretization with linear multi-step，SOD-LMS) 方法和解算子隐式龙格-库塔离散化 (solution operator discretization with implicit Runge-Kutta，SOD-IRK) 方法。

方法篇 (II) 包括第 12 ~ 18 章。首先，第 12 章建立基于部分谱离散化的大规模时滞电力系统特征值计算框架。基于该框架，第 13 和 14 章给出 4 种基于无穷小生成元部分离散化 (partial infinitesimal generator discretization，PIGD) 的特征值计算方法，即 PIGD-PS/LMS/IRK 方法和 PIGD-PS-II (PEIGD) 方法，分别为第 5 ~ 7 章中 IIGD 方法、IGD-LMS/IRK 方法和 EIGD 方法的改进。第 15 ~ 18 章分别阐述 4 种基于解算子部分离散化 (partial solution operator discretization，PSOD) 的特征值计算方法，即 PSOD-PS/PS-II/IRK/LMS 方法，分别为第 8 ~ 11 章中 SOD-PS/PS-II/IRK/LMS 方法的改进。

测试篇包括第 19 ~ 21 章。首先，第 19 章给出基于谱离散化的时滞特征值计算方法在常用电力系统仿真分析软件 PSD-BPA、PSASP 和 DIgSILENT/PowerFactory 中的实现技术。然后，第 20 和 21 章从两个方面分别测试和验证基于谱离散化和部分谱离散化的时滞电力系统特征值计算方法的准确性、高效性和对大规模系统的适应能力。具体地，第 20 章针对考虑时滞影响的广域阻尼控制系统，全面测试、分析和比较基于谱离散化和部分谱离散化的特征值计算方法的性能。第 21 章将基于部分谱离散化的特征值计算方法与 LKF 方法和 Padé 近似方法进行深入对比。

应用篇包括第 22 和 23 章，分别提出基于不变子空间延拓的时滞电力系统特征值追踪方法和基于特征值优化的广域阻尼控制器参数整定方法，并在实际电网上验证了方法的有效性。

第 2 章　时滞电力系统小干扰稳定性分析建模理论

本章旨在建立时滞电力系统的小干扰稳定性分析模型。首先给出电力系统最重要的动态元件——同步发电机组的动态模型，然后建立了开环电力系统的小干扰稳定性分析的微分-代数方程 (differential-algebraic equations，DAE) 模型，接着给出了将指数不为 1 海森伯格形式 (the non-index-1 Hessenberg form) 的时滞微分-代数方程 (delay differential-algebraic equation，DDAE) 转化为时滞微分方程 (delayed differential equation，DDE) 的推导和证明，最后建立了闭环时滞电力系统小干扰稳定性分析模型，包括指数为 1 海森伯格形式 (the index-1 Hessenberg form) 的 DDAE 模型和相应的 DDE 模型。尤其值得指出的是，本章 2.4 节提出的时滞合并定理，在不改变时滞电力系统模型精度的前提下，将系统的总时滞个数 (时滞空间维数) 减少一半以上。此外，DDAE 模型保留了系统中实际的时滞状态变量和时滞代数变量，避免了 DDE 模型因消去时滞代数变量而引入大量的伪时滞状态变量。总起来说，本章构建的时滞电力系统低复杂度模型，为基于谱离散化的大规模时滞电力系统特征值的准确、高效求取奠定了坚实的模型基础。

2.1　电力系统动态模型

2.1.1　系统模型概述

在电力系统稳定性分析和控制中，多机电力系统数学模型框架如图 2.1 所示。整个系统包括描述同步发电机、与同步发电机相关的励磁系统和原动机及其调速系统、负荷、HVDC 和柔性交流输电系统 (flexible alternative current transmission system，FACTS) 设备 (如静止无功补偿器 (static var compensator，SVC)、可控串联补偿器 (thyristor controlled series compensator，TCSC) 等动态元件的数学模型以及电力网络方程。同步发电机机组和其他动态元件都是相互独立的，是电力网络将它们联系在一起。

多机电力系统动态模型可以用一般形式的 DAE 来描述[130–132]：

$$\begin{cases}\dot{\boldsymbol{x}}=\boldsymbol{f}(\boldsymbol{x},\ \boldsymbol{y})\\ \boldsymbol{0}=\boldsymbol{g}(\boldsymbol{x},\ \boldsymbol{y})\end{cases}\tag{2.1}$$

式中，$\boldsymbol{f}$ 为描述系统动态特性的微分方程组；$\boldsymbol{g}$ 为描述系统静态特性的代数方程组；$\boldsymbol{x} \in \mathbb{R}^{n\times 1}$ 为系统的状态变量形成的向量；$\boldsymbol{y} \in \mathbb{R}^{l\times 1}$ 为系统的代数变量 (运行参量) 形成的向量。

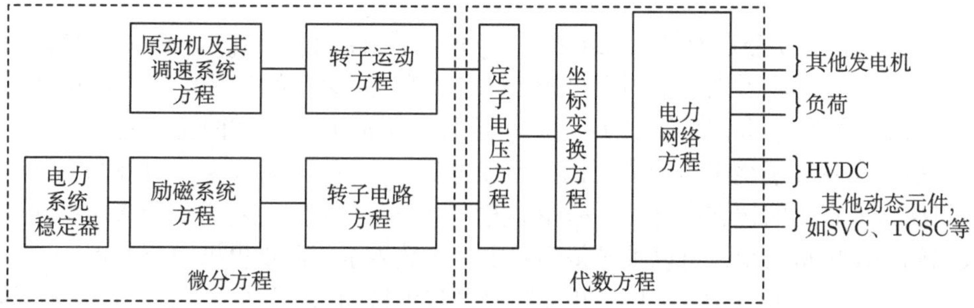

图 2.1 多机电力系统动态模型框架

具体地，微分方程组 $\boldsymbol{f}$ 包括如下方程。

(1) 描述同步发电机转子运动的摇摆方程。

(2) 描述同步发电机转子绕组暂态和次暂态电磁过程的微分方程。

(3) 描述同步发电机组中励磁调节系统动态特性的微分方程。

(4) 描述同步发电机组中原动机及其调速系统动态特性的微分方程。

(5) 描述感应电动机和同步电动机负荷动态特性的微分方程。

(6) 描述 HVDC 输电系统动态特性的微分方程。

(7) 描述 FACTS 设备动态特性的微分方程。

代数方程组 $\boldsymbol{g}$ 包括如下方程：

(1) 同步发电机定子电压方程。

(2) 同步发电机自身 d-q 坐标系与公共参考 x-y 坐标系之间的变换方程。

(3) 电力网络方程，即描述 x-y 坐标系下节点电压与节点注入电流之间的关系的方程。

(4) HVDC 输电线路的电压方程。

(5) 负荷的电压静态特性方程等。

2.1.2 动态元件模型

本节只给出同步发电机组 (包括同步发电机、励磁系统、PSS、原动机及其调速系统) 的微分方程组和代数方程组，即微分方程组 $\boldsymbol{f}$ 中的 (1) ~ (4) 和代数方程组 $\boldsymbol{g}$ 中的 (1)。其他类型的动态元件的模型可以参考有关文献，如文献 [133] ~ [136]。

1. 同步发电机

在 d-q 坐标系下，假设 X_{ad} 基值系统下各绕组互感对应的电抗之间满足如下条件 [133]：

$$X_{af}X_D = X_{aD}X_{fD}，\quad X_{ag}X_Q = X_{aQ}X_{gQ} \tag{2.2}$$

式中，X_D 和 X_Q 分别为阻尼绕组 D 和 Q 的自感抗；X_{af}、X_{aD}、X_{ag} 和 X_{aQ} 分别为 d 轴绕组和励磁绕组 f、阻尼绕组 (D、g 和 Q) 之间的互感抗；X_{fD} 和 X_{gQ} 分别为励磁绕组 f 和阻尼绕组 D 之间、阻尼绕组 g 和 Q 之间的互感抗。

引入与各转子绕组电流成正比的空载电势 e_{q1}、e_{q2}、e_{d1}、e_{d2} 以及与各转子绕组磁链成正比的暂态电势 e'_q、e'_d 和次暂态电势 e''_q、e''_d，并将它们代入用标幺值表示的同步电机模型，可以推导得到用电机参数表示的同步电机微分方程。

式 (2.3) ~ 式 (2.16) 给出了描述隐极同步电机动态特性的 6 阶精确模型。其考虑了同步电机转子 d 轴上励磁绕组 f 及阻尼绕组 D 的次暂态和暂态电磁过程，并计及了 q 轴上阻尼绕组 Q 及 g 的次暂态和暂态电磁过程。

$$\psi_d = -X_d i_d + e_{q1} + e_{q2} \tag{2.3}$$

$$\psi_q = -X_q i_q - e_{d1} - e_{d2} \tag{2.4}$$

$$e'_q = -\left(X_d - X'_d\right) i_d + e_{q1} + \frac{X_d - X'_d}{X_d - X''_d} e_{q2} \tag{2.5}$$

$$e''_q = -\left(X_d - X''_d\right) i_d + e_{q1} + e_{q2} \tag{2.6}$$

$$e'_d = \left(X_q - X'_q\right) i_q + e_{d1} + \frac{X_q - X'_q}{X_q - X''_q} e_{d2} \tag{2.7}$$

$$e''_d = \left(X_q - X''_q\right) i_q + e_{d1} + e_{d2} \tag{2.8}$$

$$u_d = \frac{\mathrm{d}\psi_d}{\mathrm{d}t} - \omega\psi_q - R_a i_d \tag{2.9}$$

$$u_q = \frac{\mathrm{d}\psi_q}{\mathrm{d}t} + \omega\psi_d - R_a i_q \tag{2.10}$$

$$T'_{d0}\frac{\mathrm{d}e'_q}{\mathrm{d}t} = E_{fq} - e_{q1} \tag{2.11}$$

$$T''_{d0}\frac{\mathrm{d}e''_q}{\mathrm{d}t} = -\frac{X'_d - X''_d}{X_d - X''_d} e_{q2} \tag{2.12}$$

$$T'_{q0}\frac{\mathrm{d}e'_d}{\mathrm{d}t} = -e_{d1} \tag{2.13}$$

$$T''_{q0}\frac{\mathrm{d}e''_d}{\mathrm{d}t}=-\frac{X'_q-X''_q}{X_q-X''_q}e_{d2} \tag{2.14}$$

同步发电机转子运动方程为

$$\frac{\mathrm{d}\delta}{\mathrm{d}t}=\omega-1 \tag{2.15}$$

$$\frac{\mathrm{d}\omega}{\mathrm{d}t}=\frac{1}{T_\mathrm{J}}(-D\omega+T_\mathrm{m}-T_\mathrm{e})=\frac{1}{T_\mathrm{J}}\left(-D\omega+\frac{P_\mathrm{m}}{\omega}-\frac{P_\mathrm{e}}{\omega}\right) \tag{2.16}$$

式 (2.3) ~ 式 (2.14) 中，各物理量 (包括时间和时间常数) 均为标幺值。X_d (X_q)、X'_d (X'_q) 和 X''_d (X''_q) 分别为 d 轴 (q 轴) 同步电抗、暂态电抗和次暂态电抗；T'_{d0} (T'_{q0}) 和 T''_{d0} (T''_{q0}) 分别为 d 轴 (q 轴) 开路暂态时间常数和次暂态时间常数；ψ_d (ψ_q)、i_d (i_q) 和 u_d (u_q) 分别为 d 轴 (q 轴) 的定子磁链、电流和电压；R_a 为定子绕组电阻；E_{fq} 为同步电机稳态空载时的定子电压。令 U_f 为同步电机的励磁电压，则 $E_{fq}=\dfrac{X_{af}}{R_f}U_f$。当采用单位励磁电压/单位定子电压基准值系统时，$X_{af}$ 和 R_f 的标幺值相等，从而有 $E_{fq}=U_f$。

式 (2.15) 和式 (2.16) 中，δ 为同步电机转子 q 轴与以同步速度旋转的系统参考轴 x 之间的电角度；ω 为同步电机的电角速度；T_J 为同步电机的惯性时间常数；T_m (P_m) 和 T_e (P_e) 分别为原动机输入的机械转矩 (功率) 和发电机输出的电磁转矩 (功率) 的标幺值；D 为风阻系数。

在实际应用中，通常根据不同的精度要求对上述同步电机模型进行简化。

(1) 对于凸极同步电机，往往不考虑 q 轴阻尼绕组 g。在式 (2.3) ~ 式 (2.14) 中，令 $e_{d1}=0$，$X'_q=X_q$，去掉式 (2.7) 和式 (2.13)，得到描述凸极电机的 5 阶模型。

(2) 不考虑阻尼绕组的影响，只计及 d 轴励磁绕组 f 的电磁暂态过程。在式 (2.3) ~ 式 (2.14) 中，令 $e_{q2}=e_{d1}=e_{d2}=0$，去掉式 (2.6) ~ 式 (2.8) 和式 (2.12) ~ 式 (2.14)，得到考虑暂态电势 e'_q 变化及转子运动方程的 3 阶模型。

(3) 不考虑阻尼绕组的影响，假定暂态电势 e'_q 恒定，近似模拟励磁调节器的作用。在式 (2.3) ~ 式 (2.14) 中，令 $e_{q2}=e_{d1}=e_{d2}=0$，去掉式 (2.6) ~ 式 (2.8) 和式 (2.12) ~ 式 (2.14)，令式 (2.11) 右边恒等于 0，得到只考虑转子运动方程的 2 阶模型。

(4) 假定 X'_d 后的虚构电势 e' 恒定。在式 (2.3) ~ 式 (2.14) 中，令 $X_q=X'_d$，去掉式 (2.5) ~ 式 (2.8) 和式 (2.11) ~ 式 (2.14)，得到经典 2 阶模型。

(5) 忽略定子回路的电磁暂态过程，即令 $\dfrac{\mathrm{d}\psi_d}{\mathrm{d}t}=\dfrac{\mathrm{d}\psi_q}{\mathrm{d}t}=0$，式 (2.9)、式 (2.10)

变为

$$u_d = -\omega\psi_q - R_a i_d \tag{2.17}$$

$$u_q = \omega\psi_d - R_a i_q \tag{2.18}$$

(6) 忽略定子回路的电磁暂态过程，不计转速变化，即令 $\omega = 1$，则定子电压方程式 (2.9)、式 (2.10) 变为

$$u_d = -\psi_q - R_a i_d \tag{2.19}$$

$$u_q = \psi_d - R_a i_q \tag{2.20}$$

(7) 假设在电力系统各种稳定控制措施的作用下，ω 变化不大，近似取为 1，从而认为转矩的标幺值与功率的标幺值相等，即 $P_{\rm m} = T_{\rm m}$，$P_{\rm e} = T_{\rm e}$。

基于以上分析，这里列出同步发电机的 6 阶数学模型，并以此为例建立电力系统的动态模型。对于各电气量，用大写字母 U、I 和 E 分别代替小写字母 u、i 和 e，以表示它们的稳态值。

同步发电机的 6 阶数学模型包括转子运动方程和转子电磁暂态方程等微分方程，以及定子电压方程等代数方程。

转子运动方程：

$$\begin{cases} \dfrac{\mathrm{d}\delta}{\mathrm{d}t} = \omega - 1 \\ \dfrac{\mathrm{d}\omega}{\mathrm{d}t} = \dfrac{1}{T_{\rm J}}\left\{P_{\rm m} - \left[E_q'' I_q + E_d'' I_d - \left(X_d'' - X_q''\right) I_d I_q\right] - D\omega\right\} \end{cases} \tag{2.21}$$

转子电磁暂态方程：

$$\begin{cases} \dfrac{\mathrm{d}E_q'}{\mathrm{d}t} = \dfrac{1}{T_{d0}'}\left[E_{fq} - k_d E_q' + (k_d - 1)E_q''\right] \\ \dfrac{\mathrm{d}E_q''}{\mathrm{d}t} = \dfrac{1}{T_{d0}''}\left[E_q' - E_q'' - (X_d' - X_d'')\, I_d\right] \\ \dfrac{\mathrm{d}E_d'}{\mathrm{d}t} = \dfrac{1}{T_{q0}'}\left[-k_q E_d' + (k_q - 1)E_d''\right] \\ \dfrac{\mathrm{d}E_d''}{\mathrm{d}t} = \dfrac{1}{T_{q0}''}\left[E_d' - E_d'' + \left(X_q' - X_q''\right) I_q\right] \end{cases} \tag{2.22}$$

式中，$k_d = \dfrac{X_d - X_d''}{X_d' - X_d''}$；$k_q = \dfrac{X_q - X_q''}{X_q' - X_q''}$。

定子电压方程：

$$\begin{cases} U_d = E_d'' - R_a I_d + X_q'' I_q \\ U_q = E_q'' - X_d'' I_d - R_a I_q \end{cases} \tag{2.23}$$

2. *励磁系统*

同步发电机励磁系统有很多种类型，以图 2.2 中所示采用可控硅调节器的直流励磁机励磁系统为例，首先忽略综合放大环节的输出限幅，然后根据系统的传递函数框图列出相应的微分方程。

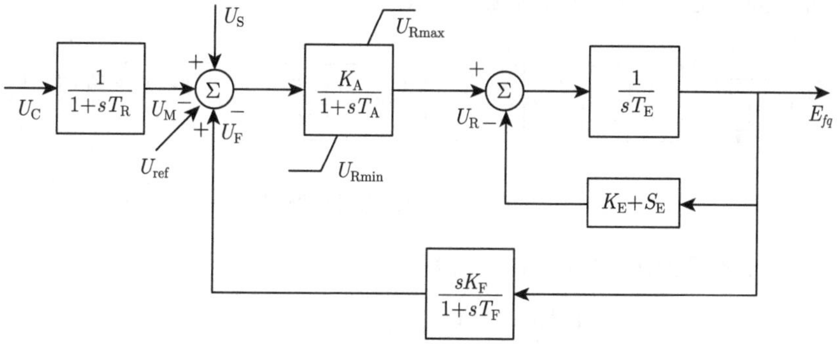

图 2.2 采用可控硅调节器的直流励磁机励磁系统传递函数框图

$$\begin{cases} \dfrac{\mathrm{d}E_{fq}}{\mathrm{d}t} = \dfrac{1}{T_E}[U_R - (K_E + S_E)E_{fq}] \\ \dfrac{\mathrm{d}U_R}{\mathrm{d}t} = \dfrac{1}{T_A}[K_A(U_{ref} - U_F + U_S - U_M) - U_R] \\ \dfrac{\mathrm{d}U_F}{\mathrm{d}t} = \dfrac{1}{T_F}\left(K_F\dfrac{\mathrm{d}E_{fq}}{\mathrm{d}t} - U_F\right) \\ \dfrac{\mathrm{d}U_M}{\mathrm{d}t} = \dfrac{1}{T_R}(U_C - U_M) \end{cases} \tag{2.24}$$

式中，T_R 为测量环节的时间常数；U_C 为负载补偿环节的输出；U_M 为发电机端电压的测量值；U_S 为励磁系统的附加控制信号；U_{ref} 为设定的电压参考值；K_A 和 T_A 分别为综合放大环节的增益和时间常数；U_R 为综合放大环节的输出 (直流励磁机的励磁电压)，其上限值和下限值分别为 U_{Rmax} 和 U_{Rmin}；U_F 为励磁电压软负反馈环节的输出；K_F 和 T_F 分别为软负反馈环节的增益和时间常数；K_E 和 T_E 分别为励磁机的增益和时间常数；S_E 为励磁机的饱和系数。令 X_C 表示负载补偿环节的电抗，则有

$$S_{\mathrm{E}} = c_{\mathrm{E}} E_{fq}^{n_{\mathrm{E}}-1} \tag{2.25}$$

式中，c_{E} 和 n_{E} 为饱和参数。

$$U_{\mathrm{C}} = \sqrt{(U_d - X_{\mathrm{C}} I_q)^2 + (U_q + X_{\mathrm{C}} I_d)^2} \tag{2.26}$$

3. PSS

PSS 是广泛用于励磁控制的辅助调节器，其功能是抑制电力系统低频振荡或增加系统阻尼。其基本原理是通过对励磁调节器提供一个辅助的控制信号而使发电机产生一个与转子电角速度偏差同相位的电磁转矩分量。PSS 有多种形式，一种常用形式的传递函数框图如图 2.3 所示。

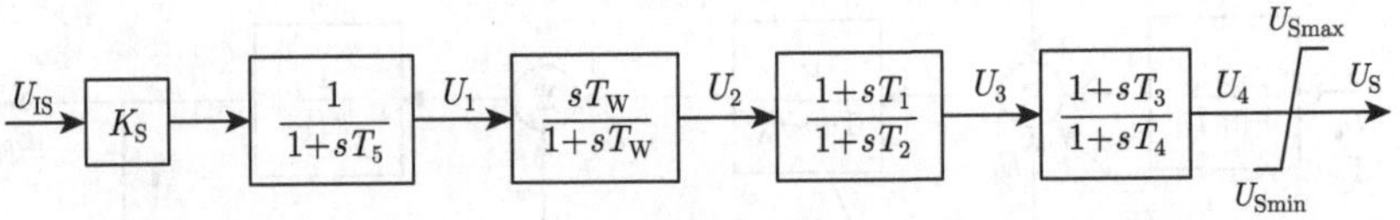

图 2.3 PSS 的传递函数框图

根据图 2.3 可列出 PSS 的微分方程：

$$\begin{cases} \dfrac{\mathrm{d}U_1}{\mathrm{d}t} = \dfrac{1}{T_5}(K_{\mathrm{S}} U_{\mathrm{IS}} - U_1) \\ \dfrac{\mathrm{d}(U_1 - U_2)}{\mathrm{d}t} = \dfrac{1}{T_{\mathrm{W}}} U_2 \\ \dfrac{\mathrm{d}(T_1 U_2 - T_2 U_3)}{\mathrm{d}t} = U_3 - U_2 \\ \dfrac{\mathrm{d}(T_3 U_3 - T_4 U_4)}{\mathrm{d}t} = U_4 - U_3 \end{cases} \tag{2.27}$$

PSS 输出的限制为

$$U_{\mathrm{S}} = \begin{cases} U_{\mathrm{Smax}}, & U_4 \geqslant U_{\mathrm{Smax}} \\ U_4, & U_{\mathrm{Smin}} < U_4 < U_{\mathrm{Smax}} \\ U_{\mathrm{Smin}}, & U_4 \leqslant U_{\mathrm{Smin}} \end{cases} \tag{2.28}$$

式中，U_{IS} 为 PSS 的输入信号，通常选为发电机的电角速度、端电压、电磁功率和系统频率中的一个或它们的组合；K_{S} 为 PSS 的增益；T_5 为测量环节的时间常数；T_{W} 为隔直环节的时间常数；T_1、T_2、T_3 和 T_4 分别为两个超前-滞后环节的时间常数；U_{S} 为 PSS 的输出信号，作为励磁系统附加控制的输入信号；U_{Smax} 和 U_{Smin} 分别为 U_{S} 的上限值和下限值。

4. 原动机及其调速系统

以图 2.4 所示的水轮机及其调速系统为例，根据其传递函数框图列出相应的微分和代数方程。

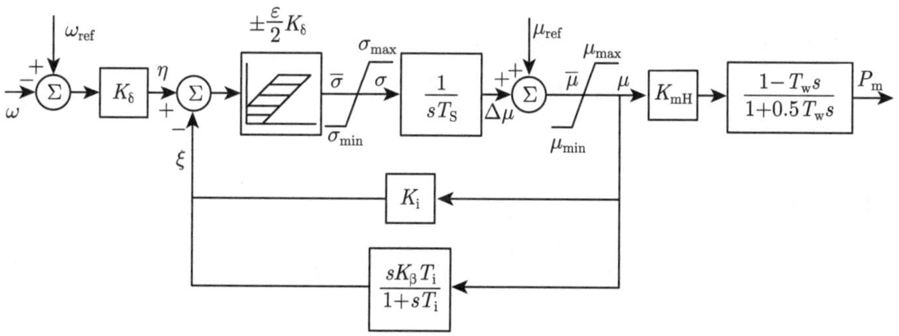

图 2.4 水轮机及其调速系统的传递函数框图

离心飞摆机构：

$$\eta = K_\delta(\omega_{ref} - \omega) \tag{2.29}$$

配压阀失灵区：

$$\bar{\sigma} = \begin{cases} 0, & -\dfrac{\varepsilon K_\delta}{2} < \eta - \xi < \dfrac{\varepsilon K_\delta}{2} \\ \eta - \xi - \dfrac{\varepsilon K_\delta}{2}, & \eta - \xi \geqslant \dfrac{\varepsilon K_\delta}{2} \\ \eta - \xi + \dfrac{\varepsilon K_\delta}{2}, & \eta - \xi \leqslant -\dfrac{\varepsilon K_\delta}{2} \end{cases} \tag{2.30}$$

配压阀行程的限制：

$$\sigma = \begin{cases} \bar{\sigma}, & \sigma_{min} < \bar{\sigma} < \sigma_{max} \\ \sigma_{max}, & \bar{\sigma} \geqslant \sigma_{max} \\ \sigma_{min}, & \bar{\sigma} \leqslant \sigma_{min} \end{cases} \tag{2.31}$$

伺服机构：

$$\frac{d\bar{\mu}}{dt} = \frac{\sigma}{T_S} \tag{2.32}$$

阀门开度的限制：

$$\mu = \begin{cases} \bar{\mu}, & \mu_{\min} < \bar{\mu} < \mu_{\max} \\ \mu_{\max}, & \bar{\mu} \geqslant \mu_{\max} \\ \mu_{\min}, & \bar{\mu} \leqslant \mu_{\min} \end{cases} \tag{2.33}$$

反馈环节：

$$\frac{\mathrm{d}[\xi - (K_\beta + K_\mathrm{i})\mu]}{\mathrm{d}t} = \frac{1}{T_\mathrm{i}}(K_\mathrm{i}\mu - \xi) \tag{2.34}$$

水轮机：

$$\frac{\mathrm{d}(P_\mathrm{m} + 2K_\mathrm{mH}\mu)}{\mathrm{d}t} = \frac{2}{T_\mathrm{w}}(K_\mathrm{mH}\mu - P_\mathrm{m}) \tag{2.35}$$

式中，ω_ref 为参考转速；η 为飞摆套筒的相对位移；K_δ 为比例系数；σ 为配压阀活塞的位移；$\sigma_{\max}$ 和 $\sigma_{\min}$ 分别为 σ 的上限值和下限值；T_S 为接力器时间常数；μ 为接力器活塞的位移；$\bar{\mu}$ 为接力器活塞位移的参考值；$\mu_{\max}$ 和 $\mu_{\min}$ 分别为 μ 的上限值和下限值；K_β 和 T_i 分别为软反馈的增益和时间常数；K_i 为硬反馈的增益；ξ 为对 μ 负反馈的位移量；K_mH 为发电机额定功率与系统基准容量之比；T_w 为等值水锤效应时间常数；P_m 为原动机输出的机械功率。

2.2 开环电力系统小干扰稳定性分析模型

本节首先对 2.1 节给出的电力系统动态模型进行线性化，然后结合网络方程和负荷模型，构建常规无时滞开环电力系统的小干扰稳定性分析的 DAE 模型。

2.2.1 小干扰稳定性分析原理

电力系统小干扰稳定性分析的思想是根据 Lyapunov 第一法，用线性化系统的稳定性来分析实际非线性电力系统在某个平衡点附近的局部稳定性。具体地，首先将描述系统动态行为的非线性 DAE 在稳态平衡点附近线性化，得到系统的线性化 DAE；然后列写线性化 DAE 的状态矩阵，并依据矩阵的特征值来分析系统的稳定性。

首先，在稳态平衡点 $(\boldsymbol{x}_0, \boldsymbol{y}_0)$ 处对式 (2.1) 进行线性化并写成矩阵形式，得

$$\begin{bmatrix} \Delta\dot{\boldsymbol{x}} \\ \boldsymbol{0} \end{bmatrix} = \begin{bmatrix} \boldsymbol{A} & \boldsymbol{B} \\ \boldsymbol{C} & \boldsymbol{D} \end{bmatrix} \begin{bmatrix} \Delta\boldsymbol{x} \\ \Delta\boldsymbol{y} \end{bmatrix} \tag{2.36}$$

式中，$\boldsymbol{A} \in \mathbb{R}^{n\times n}$、$\boldsymbol{B} \in \mathbb{R}^{n\times l}$、$\boldsymbol{C} \in \mathbb{R}^{l\times n}$ 和 $\boldsymbol{D} \in \mathbb{R}^{l\times l}$ 为雅可比矩阵。

$$
\begin{cases}
\boldsymbol{A} = \left.\dfrac{\partial \boldsymbol{f}}{\partial \boldsymbol{x}}\right|_{\substack{\boldsymbol{x}=\boldsymbol{x}_0\\ \boldsymbol{y}=\boldsymbol{y}_0}} = \left.\begin{bmatrix} \dfrac{\partial f_1}{\partial x_1} & \cdots & \dfrac{\partial f_1}{\partial x_n} \\ \vdots & & \vdots \\ \dfrac{\partial f_n}{\partial x_1} & \cdots & \dfrac{\partial f_n}{\partial x_n} \end{bmatrix}\right|_{\substack{\boldsymbol{x}=\boldsymbol{x}_0\\ \boldsymbol{y}=\boldsymbol{y}_0}} \\
\boldsymbol{B} = \left.\dfrac{\partial \boldsymbol{f}}{\partial \boldsymbol{y}}\right|_{\substack{\boldsymbol{x}=\boldsymbol{x}_0\\ \boldsymbol{y}=\boldsymbol{y}_0}} = \left.\begin{bmatrix} \dfrac{\partial f_1}{\partial y_1} & \cdots & \dfrac{\partial f_1}{\partial y_l} \\ \vdots & & \vdots \\ \dfrac{\partial f_n}{\partial y_1} & \cdots & \dfrac{\partial f_n}{\partial y_l} \end{bmatrix}\right|_{\substack{\boldsymbol{x}=\boldsymbol{x}_0\\ \boldsymbol{y}=\boldsymbol{y}_0}} \\
\boldsymbol{C} = \left.\dfrac{\partial \boldsymbol{g}}{\partial \boldsymbol{x}}\right|_{\substack{\boldsymbol{x}=\boldsymbol{x}_0\\ \boldsymbol{y}=\boldsymbol{y}_0}} = \left.\begin{bmatrix} \dfrac{\partial g_1}{\partial x_1} & \cdots & \dfrac{\partial g_1}{\partial x_n} \\ \vdots & & \vdots \\ \dfrac{\partial g_l}{\partial x_1} & \cdots & \dfrac{\partial g_l}{\partial x_n} \end{bmatrix}\right|_{\substack{\boldsymbol{x}=\boldsymbol{x}_0\\ \boldsymbol{y}=\boldsymbol{y}_0}} \\
\boldsymbol{D} = \left.\dfrac{\partial \boldsymbol{g}}{\partial \boldsymbol{y}}\right|_{\substack{\boldsymbol{x}=\boldsymbol{x}_0\\ \boldsymbol{y}=\boldsymbol{y}_0}} = \left.\begin{bmatrix} \dfrac{\partial g_1}{\partial y_1} & \cdots & \dfrac{\partial g_1}{\partial y_l} \\ \vdots & & \vdots \\ \dfrac{\partial g_l}{\partial y_1} & \cdots & \dfrac{\partial g_l}{\partial y_l} \end{bmatrix}\right|_{\substack{\boldsymbol{x}=\boldsymbol{x}_0\\ \boldsymbol{y}=\boldsymbol{y}_0}}
\end{cases}
$$

式 (2.36) 右侧的系数矩阵称为系统的增广状态矩阵。本书有时也直接将雅可比矩阵 $\boldsymbol{A}$、$\boldsymbol{B}$、$\boldsymbol{C}$ 和 $\boldsymbol{D}$ 称为系统的增广状态矩阵，请读者根据上下文进行辨别，不再一一赘述。

由于 $\boldsymbol{D}$ 非奇异，消去式 (2.36) 中的代数变量 $\Delta\boldsymbol{y}$，则可得到系统的状态矩阵 $\tilde{\boldsymbol{A}} \in \mathbb{R}^{n\times n}$：

$$\tilde{\boldsymbol{A}} = \boldsymbol{A} - \boldsymbol{B}\boldsymbol{D}^{-1}\boldsymbol{C} \tag{2.37}$$

根据 $\tilde{\boldsymbol{A}}$ 的特征值可以判断式 (2.1) 所描述的非线性系统在稳态平衡点 $(\boldsymbol{x}_0, \boldsymbol{y}_0)$ 处的小干扰稳定性。如果 $\tilde{\boldsymbol{A}}$ 的所有特征值的实部均为负，那么系统在平衡点处是渐近稳定的或小干扰稳定的；如果 $\tilde{\boldsymbol{A}}$ 的所有特征值中至少有一个实部为正，那么系统在平衡点处是小干扰不稳定的；如果 $\tilde{\boldsymbol{A}}$ 的所有特征值中无实部为正的特征值，但至少有一个实部为零的特征值，那么不能根据状态矩阵判断系统的小干扰稳定性。

为了建立系统的状态矩阵并进行小干扰稳定性分析，本节首先给出电力系统同步发电机组 (包括同步发电机、励磁系统、PSS、原动机及其调速系统) 的线性化微分方程，然后推导电力系统的线性化代数方程，最后建立多机系统的线性化 DAE。

2.2.2 线性化微分方程

1. 同步发电机

在稳态平衡点处，对同步发电机的微分方程式 (2.21) 和式 (2.22) 进行线性化，得

$$
\begin{cases}
\dfrac{\mathrm{d}\Delta\delta}{\mathrm{d}t} = \Delta\omega \\
\dfrac{\mathrm{d}\Delta\omega}{\mathrm{d}t} = \dfrac{1}{T_{\mathrm{J}}}\Big\{\Delta P_{\mathrm{m}} - D\Delta\omega - I_{q(0)}\Delta E_q'' - I_{d(0)}\Delta E_d'' \\
\qquad - \left[E_{d(0)}'' - \left(X_d'' - X_q''\right) I_{q(0)}\right]\Delta I_d \\
\qquad - \left[E_{q(0)}'' - \left(X_d'' - X_q''\right) I_{d(0)}\right]\Delta I_q\Big\} \\
\dfrac{\mathrm{d}\Delta E_q'}{\mathrm{d}t} = \dfrac{1}{T_{d0}'}\left[\Delta E_{fq} - k_d\Delta E_q' + (k_d - 1)\Delta E_q''\right] \\
\dfrac{\mathrm{d}\Delta E_q''}{\mathrm{d}t} = \dfrac{1}{T_{d0}''}\left[\Delta E_q' - \Delta E_q'' - (X_d' - X_d'')\Delta I_d\right] \\
\dfrac{\mathrm{d}\Delta E_d'}{\mathrm{d}t} = \dfrac{1}{T_{q0}'}\left[-k_q\Delta E_d' + (k_q - 1)\Delta E_d''\right] \\
\dfrac{\mathrm{d}\Delta E_d''}{\mathrm{d}t} = \dfrac{1}{T_{q0}''}\left[\Delta E_d' - \Delta E_d'' + \left(X_q' - X_q''\right)\Delta I_q\right]
\end{cases}
\tag{2.38}
$$

式中，变量下标中的“(0)”表示其稳态值。

2. 励磁系统

根据式 (2.24)，可以列出如图 2.2 所示励磁系统的线性化微分方程：

$$
\begin{cases}
\dfrac{\mathrm{d}\Delta E_{fq}}{\mathrm{d}t}=-\dfrac{1}{T_{\mathrm{E}}}\left(K_{\mathrm{E}}+n_{\mathrm{E}}c_{\mathrm{E}}E_{fq(0)}^{n_{\mathrm{E}}-1}\right)\Delta E_{fq}+\dfrac{1}{T_{\mathrm{E}}}\Delta U_{\mathrm{R}}\\
\dfrac{\mathrm{d}\Delta U_{\mathrm{R}}}{\mathrm{d}t}=-\dfrac{1}{T_{\mathrm{A}}}\Delta U_{\mathrm{R}}-\dfrac{K_{\mathrm{A}}}{T_{\mathrm{A}}}\Delta U_{\mathrm{F}}-\dfrac{K_{\mathrm{A}}}{T_{\mathrm{A}}}\Delta U_{\mathrm{M}}+\dfrac{K_{\mathrm{A}}}{T_{\mathrm{A}}}\Delta U_{\mathrm{S}}\\
\dfrac{\mathrm{d}\Delta U_{\mathrm{F}}}{\mathrm{d}t}=-\dfrac{K_{\mathrm{F}}}{T_{\mathrm{E}}T_{\mathrm{F}}}\left(K_{\mathrm{E}}+n_{\mathrm{E}}c_{\mathrm{E}}E_{fq(0)}^{n_{\mathrm{E}}-1}\right)\Delta E_{fq}+\dfrac{K_{\mathrm{F}}}{T_{\mathrm{E}}T_{\mathrm{F}}}\Delta U_{\mathrm{R}}-\dfrac{1}{T_{\mathrm{F}}}\Delta U_{\mathrm{F}}\\
\dfrac{\mathrm{d}\Delta U_{\mathrm{M}}}{\mathrm{d}t}=-\dfrac{1}{T_{\mathrm{R}}}\Delta U_{\mathrm{M}}+\dfrac{K_{\mathrm{C}q}X_{\mathrm{C}}}{T_{\mathrm{R}}}\Delta I_d-\dfrac{K_{\mathrm{C}d}X_{\mathrm{C}}}{T_{\mathrm{R}}}\Delta I_q+\dfrac{K_{\mathrm{C}d}}{T_{\mathrm{R}}}\Delta U_d+\dfrac{K_{\mathrm{C}q}}{T_{\mathrm{R}}}\Delta U_q
\end{cases}
\tag{2.39}
$$

式中

$$
\begin{cases}
K_{\mathrm{C}d}=\left(U_{d(0)}-X_{\mathrm{C}}I_{q(0)}\right)/U_{\mathrm{C}(0)}\\
K_{\mathrm{C}q}=\left(U_{q(0)}+X_{\mathrm{C}}I_{d(0)}\right)/U_{\mathrm{C}(0)}\\
U_{\mathrm{C}(0)}=\sqrt{\left(U_{d(0)}-X_{\mathrm{C}}I_{q(0)}\right)^2+\left(U_{q(0)}+X_{\mathrm{C}}I_{d(0)}\right)^2}
\end{cases}
\tag{2.40}
$$

3. PSS

将 PSS 的输入信号选为转速偏差，并忽略图 2.3 中的输出限幅环节，根据式 (2.27) 可列出 PSS 的线性化微分方程：

$$
\begin{cases}
\dfrac{\mathrm{d}\Delta U_1}{\mathrm{d}t}=\dfrac{K_{\mathrm{S}}}{T_5}\Delta\omega-\dfrac{1}{T_5}\Delta U_1\\
\dfrac{\mathrm{d}\Delta U_2}{\mathrm{d}t}=\dfrac{K_{\mathrm{S}}}{T_5}\Delta\omega-\dfrac{1}{T_5}\Delta U_1-\dfrac{1}{T_{\mathrm{W}}}\Delta U_2\\
\dfrac{\mathrm{d}\Delta U_3}{\mathrm{d}t}=\dfrac{K_{\mathrm{S}}T_1}{T_2T_5}\Delta\omega-\dfrac{T_1}{T_2T_5}\Delta U_1-\dfrac{T_1-T_{\mathrm{W}}}{T_2T_{\mathrm{W}}}\Delta U_2-\dfrac{1}{T_2}\Delta U_3\\
\dfrac{\mathrm{d}\Delta U_{\mathrm{S}}}{\mathrm{d}t}=\dfrac{K_{\mathrm{S}}T_1T_3}{T_2T_4T_5}\Delta\omega-\dfrac{T_1T_3}{T_2T_4T_5}\Delta U_1-\dfrac{T_3(T_1-T_{\mathrm{W}})}{T_2T_4T_{\mathrm{W}}}\Delta U_2\\
\qquad\qquad -\dfrac{T_3-T_2}{T_2T_4}\Delta U_3-\dfrac{1}{T_4}\Delta U_{\mathrm{S}}
\end{cases}
\tag{2.41}
$$

4. 原动机及其调速系统

根据式 (2.29) ~ 式 (2.35)，并忽略其中的测量失灵区、配压阀行程限制环节和阀门开度限制环节，可得图 2.4 所示水轮机及其调速系统的线性化微分方程：

$$\begin{cases} \dfrac{\mathrm{d}\Delta\mu}{\mathrm{d}t} = -\dfrac{K_\delta}{T_\mathrm{S}}\Delta\omega - \dfrac{1}{T_\mathrm{S}}\Delta\xi \\ \dfrac{\mathrm{d}\Delta\xi}{\mathrm{d}t} = -\dfrac{K_\delta(K_\mathrm{i}+K_\beta)}{T_\mathrm{S}}\Delta\omega + \dfrac{K_\mathrm{i}}{T_\mathrm{i}}\Delta\mu - \left(\dfrac{1}{T_\mathrm{i}} + \dfrac{K_\mathrm{i}+K_\beta}{T_\mathrm{S}}\right)\Delta\xi \\ \dfrac{\mathrm{d}\Delta P_\mathrm{m}}{\mathrm{d}t} = \dfrac{2K_\mathrm{mH}K_\delta}{T_\mathrm{S}}\Delta\omega + \dfrac{2K_\mathrm{mH}}{T_\mathrm{w}}\Delta\mu + \dfrac{2K_\mathrm{mH}}{T_\mathrm{S}}\Delta\xi - \dfrac{2}{T_\mathrm{w}}\Delta P_\mathrm{m} \end{cases} \tag{2.42}$$

5. 线性化微分方程

将式 (2.38) ~ 式 (2.42) 所示的同步发电机组的线性化微分方程写成矩阵形式，得

$$\frac{\mathrm{d}\Delta \boldsymbol{x}_\mathrm{g}}{\mathrm{d}t} = \bar{\boldsymbol{A}}_\mathrm{g}\Delta\boldsymbol{x}_\mathrm{g} + \bar{\boldsymbol{B}}_{I\mathrm{g}}\Delta\boldsymbol{I}_{dq\mathrm{g}} + \bar{\boldsymbol{B}}_{U\mathrm{g}}\Delta\boldsymbol{U}_{dq\mathrm{g}} \tag{2.43}$$

式中，$\bar{\boldsymbol{A}}_\mathrm{g} \in \mathbb{R}^{17\times17}$; $\bar{\boldsymbol{B}}_{I\mathrm{g}} \in \mathbb{R}^{17\times2}$; $\bar{\boldsymbol{B}}_{U\mathrm{g}} \in \mathbb{R}^{17\times2}$。

$$\begin{cases} \Delta\boldsymbol{x}_\mathrm{g} = \big[\Delta\delta,\ \Delta\omega,\ \Delta E_q',\ \Delta E_q'',\ \Delta E_d',\ \Delta E_d'',\ \Delta E_{fq},\ \Delta U_\mathrm{R}, \\ \qquad\quad \Delta U_\mathrm{F},\ \Delta U_\mathrm{M},\ \Delta U_1,\ \Delta U_2,\ \Delta U_3,\ \Delta U_\mathrm{S},\ \Delta\mu,\ \Delta\xi,\ \Delta P_\mathrm{m}\big]^\mathrm{T} \in \mathbb{R}^{17\times1} \\ \Delta\boldsymbol{U}_{dq\mathrm{g}} = [\Delta U_d,\ \Delta U_q]^\mathrm{T} \in \mathbb{R}^{2\times1} \\ \Delta\boldsymbol{I}_{dq\mathrm{g}} = [\Delta I_d,\ \Delta I_q]^\mathrm{T} \in \mathbb{R}^{2\times1} \end{cases} \tag{2.44}$$

根据式 (2.43) 和式 (2.44)，可得多机电力系统中全部发电机组的线性化微分方程：

$$\frac{\mathrm{d}\Delta \boldsymbol{x}_\mathrm{G}}{\mathrm{d}t} = \bar{\boldsymbol{A}}_\mathrm{G}\Delta\boldsymbol{x}_\mathrm{G} + \bar{\boldsymbol{B}}_{I\mathrm{G}}\Delta\boldsymbol{I}_{dq\mathrm{G}} + \bar{\boldsymbol{B}}_{U\mathrm{G}}\Delta\boldsymbol{U}_{dq\mathrm{G}} \tag{2.45}$$

式中

$$
\begin{cases}
\bar{\boldsymbol{A}}_{\mathrm{G}} = \mathrm{diag}\{\bar{\boldsymbol{A}}_{\mathrm{g}1},\ \bar{\boldsymbol{A}}_{\mathrm{g}2},\ \cdots\} \\
\bar{\boldsymbol{B}}_{I\mathrm{G}} = \mathrm{diag}\{\bar{\boldsymbol{B}}_{I\mathrm{g}1},\ \bar{\boldsymbol{B}}_{I\mathrm{g}2},\ \cdots\} \\
\bar{\boldsymbol{B}}_{U\mathrm{G}} = \mathrm{diag}\{\bar{\boldsymbol{B}}_{U\mathrm{g}1},\ \bar{\boldsymbol{B}}_{U\mathrm{g}2},\ \cdots\} \\
\Delta\boldsymbol{x}_{\mathrm{G}} = \left[\boldsymbol{x}_{\mathrm{g}1}^{\mathrm{T}},\ \boldsymbol{x}_{\mathrm{g}2}^{\mathrm{T}},\ \cdots\right]^{\mathrm{T}} \\
\Delta\boldsymbol{I}_{dq\mathrm{G}} = \left[\Delta\boldsymbol{I}_{dq\mathrm{g}1}^{\mathrm{T}},\ \Delta\boldsymbol{I}_{dq\mathrm{g}2}^{\mathrm{T}},\ \cdots\right]^{\mathrm{T}} \\
\Delta\boldsymbol{U}_{dq\mathrm{G}} = \left[\Delta\boldsymbol{U}_{dq\mathrm{g}1}^{\mathrm{T}},\ \Delta\boldsymbol{U}_{dq\mathrm{g}2}^{\mathrm{T}},\ \cdots\right]^{\mathrm{T}}
\end{cases}
\tag{2.46}
$$

2.2.3 线性化代数方程

1. 定子电压方程

同步发电机的线性化定子电压方程为

$$
\begin{cases}
\Delta U_d = \Delta E_d'' - R_a \Delta I_d + X_q'' \Delta I_q \\
\Delta U_q = \Delta E_q'' - X_d'' \Delta I_d - R_a \Delta I_q
\end{cases}
\tag{2.47}
$$

定义 $\bar{\boldsymbol{P}}_{\mathrm{g}} \in \mathbb{R}^{2\times 17}$ 和 $\bar{\boldsymbol{Z}}_{\mathrm{g}} \in \mathbb{R}^{2\times 2}$：

$$
\bar{\boldsymbol{P}}_{\mathrm{g}} = \left[\begin{array}{c:c:c:c:c:c:c:c:c:c:c:c:c:c:c:c:c}
 & & & & & 1 & & & & & & & & & & & \\ \hdashline
 & & & 1 & & & & & & & & & & & & &
\end{array}\right],\
\bar{\boldsymbol{Z}}_{\mathrm{g}} = \begin{bmatrix} -R_a & X_q'' \\ -X_d'' & -R_a \end{bmatrix}
\tag{2.48}
$$

则式 (2.47) 可简写为

$$
\Delta\boldsymbol{U}_{dq\mathrm{g}} = \bar{\boldsymbol{P}}_{\mathrm{g}} \Delta\boldsymbol{x}_{\mathrm{g}} + \bar{\boldsymbol{Z}}_{\mathrm{g}} \Delta\boldsymbol{I}_{dq\mathrm{g}}
\tag{2.49}
$$

多机电力系统中全部发电机组的线性化定子电压方程为

$$
\Delta\boldsymbol{U}_{dq\mathrm{G}} = \bar{\boldsymbol{P}}_{\mathrm{G}} \Delta\boldsymbol{x}_{\mathrm{G}} + \bar{\boldsymbol{Z}}_{\mathrm{G}} \Delta\boldsymbol{I}_{dq\mathrm{G}}
\tag{2.50}
$$

式中

$$
\begin{cases}
\bar{\boldsymbol{P}}_{\mathrm{G}} = \mathrm{diag}\{\bar{\boldsymbol{P}}_{\mathrm{g}1},\ \bar{\boldsymbol{P}}_{\mathrm{g}2},\ \cdots\} \\
\bar{\boldsymbol{Z}}_{\mathrm{G}} = \mathrm{diag}\{\bar{\boldsymbol{Z}}_{\mathrm{g}1},\ \bar{\boldsymbol{Z}}_{\mathrm{g}2},\ \cdots\}
\end{cases}
\tag{2.51}
$$

2. dq-xy 坐标变换方程

式 (2.43) 和式 (2.49) 中的 $\Delta\boldsymbol{U}_{dq\mathrm{g}}$ 和 $\Delta\boldsymbol{I}_{dq\mathrm{g}}$ 为各发电机自身 d-q 坐标系下的电压和电流偏差向量，因此必须把它们转换成公共参考 x-y 坐标系下的相应分量，

以便将它们和电力网络联系起来。

$$\begin{bmatrix} I_d \\ I_q \end{bmatrix} = \begin{bmatrix} \sin\delta & -\cos\delta \\ \cos\delta & \sin\delta \end{bmatrix} \begin{bmatrix} I_x \\ I_y \end{bmatrix} \tag{2.52}$$

$$\begin{bmatrix} U_d \\ U_q \end{bmatrix} = \begin{bmatrix} \sin\delta & -\cos\delta \\ \cos\delta & \sin\delta \end{bmatrix} \begin{bmatrix} U_x \\ U_y \end{bmatrix} \tag{2.53}$$

将式 (2.52) 和式 (2.53) 在稳态值 (对应各变量的下标“(0)”) 附近线性化，得

$$\begin{bmatrix} \Delta I_d \\ \Delta I_q \end{bmatrix} = \begin{bmatrix} \sin\delta_{(0)} & -\cos\delta_{(0)} \\ \cos\delta_{(0)} & \sin\delta_{(0)} \end{bmatrix} \begin{bmatrix} \Delta I_x \\ \Delta I_y \end{bmatrix} + \begin{bmatrix} I_{q(0)} \\ -I_{d(0)} \end{bmatrix} \Delta\delta \tag{2.54}$$

$$\begin{bmatrix} \Delta U_d \\ \Delta U_q \end{bmatrix} = \begin{bmatrix} \sin\delta_{(0)} & -\cos\delta_{(0)} \\ \cos\delta_{(0)} & \sin\delta_{(0)} \end{bmatrix} \begin{bmatrix} \Delta U_x \\ \Delta U_y \end{bmatrix} + \begin{bmatrix} U_{q(0)} \\ -U_{d(0)} \end{bmatrix} \Delta\delta \tag{2.55}$$

定义 $\boldsymbol{I}_{\mathrm{g}} \in \mathbb{R}^{2\times1}$、$\boldsymbol{T}_{\mathrm{g}(0)} \in \mathbb{R}^{2\times2}$ 和 $\boldsymbol{R}_{I\mathrm{g}} \in \mathbb{R}^{2\times17}$：

$$\boldsymbol{I}_{\mathrm{g}} = \begin{bmatrix} \Delta I_x \\ \Delta I_y \end{bmatrix},\quad \boldsymbol{T}_{\mathrm{g}(0)} = \begin{bmatrix} \sin\delta_{(0)} & -\cos\delta_{(0)} \\ \cos\delta_{(0)} & \sin\delta_{(0)} \end{bmatrix},\quad \boldsymbol{R}_{I\mathrm{g}} = \begin{bmatrix} I_{q(0)} & 0 & \cdots & 0 \\ -I_{d(0)} & 0 & \cdots & 0 \end{bmatrix} \tag{2.56}$$

以及 $\boldsymbol{U}_{\mathrm{g}} \in \mathbb{R}^{2\times1}$ 和 $\boldsymbol{R}_{U\mathrm{g}} \in \mathbb{R}^{2\times17}$：

$$\boldsymbol{U}_{\mathrm{g}} = \begin{bmatrix} \Delta U_x \\ \Delta U_y \end{bmatrix},\quad \boldsymbol{R}_{U\mathrm{g}} = \begin{bmatrix} U_{q(0)} & 0 & \cdots & 0 \\ -U_{d(0)} & 0 & \cdots & 0 \end{bmatrix} \tag{2.57}$$

则式 (2.54) 和式 (2.55) 可简写为

$$\Delta\boldsymbol{I}_{dq\mathrm{g}} = \boldsymbol{T}_{\mathrm{g}(0)}\Delta\boldsymbol{I}_{\mathrm{g}} + \boldsymbol{R}_{I\mathrm{g}}\Delta\boldsymbol{x}_{\mathrm{g}} \tag{2.58}$$

$$\Delta\boldsymbol{U}_{dq\mathrm{g}} = \boldsymbol{T}_{\mathrm{g}(0)}\Delta\boldsymbol{U}_{\mathrm{g}} + \boldsymbol{R}_{U\mathrm{g}}\Delta\boldsymbol{x}_{\mathrm{g}} \tag{2.59}$$

多机电力系统中全部发电机组的坐标变换方程为

$$\Delta\boldsymbol{I}_{dq\mathrm{G}} = \boldsymbol{T}_{\mathrm{G}(0)}\Delta\boldsymbol{I}_{\mathrm{G}} + \boldsymbol{R}_{I\mathrm{G}}\Delta\boldsymbol{x}_{\mathrm{G}} \tag{2.60}$$

$$\Delta\boldsymbol{U}_{dq\mathrm{G}} = \boldsymbol{T}_{\mathrm{G}(0)}\Delta\boldsymbol{U}_{\mathrm{G}} + \boldsymbol{R}_{U\mathrm{G}}\Delta\boldsymbol{x}_{\mathrm{G}} \tag{2.61}$$

式中

$$\begin{cases} \boldsymbol{I}_{\mathrm{G}} = \left[\boldsymbol{I}_{\mathrm{g1}}^{\mathrm{T}},\ \boldsymbol{I}_{\mathrm{g2}}^{\mathrm{T}},\ \cdots\right]^{\mathrm{T}} \\ \boldsymbol{U}_{\mathrm{G}} = \left[\boldsymbol{U}_{\mathrm{g1}}^{\mathrm{T}},\ \boldsymbol{U}_{\mathrm{g2}}^{\mathrm{T}},\ \cdots\right]^{\mathrm{T}} \\ \boldsymbol{T}_{\mathrm{G(0)}} = \mathrm{diag}\left\{\boldsymbol{T}_{\mathrm{g1(0)}},\ \boldsymbol{T}_{\mathrm{g2(0)}},\ \cdots\right\} \\ \boldsymbol{R}_{I\mathrm{G}} = \mathrm{diag}\left\{\boldsymbol{R}_{I\mathrm{g1}},\ \boldsymbol{R}_{I\mathrm{g2}},\ \cdots\right\} \\ \boldsymbol{R}_{U\mathrm{G}} = \mathrm{diag}\left\{\boldsymbol{R}_{U\mathrm{g1}},\ \boldsymbol{R}_{U\mathrm{g2}},\ \cdots\right\} \end{cases} \tag{2.62}$$

3. 网络和静态负荷方程

电力网络将电力系统中所有动态元件联系起来。设电力网络中有 k 个节点，不考虑网络的电磁暂态过程，直接用增广导纳矩阵来表示节点电压偏差和节点注入电流偏差之间的关系：

$$\begin{bmatrix} \Delta\boldsymbol{I}_1 \\ \vdots \\ \Delta\boldsymbol{I}_i \\ \vdots \\ \Delta\boldsymbol{I}_k \end{bmatrix} = \begin{bmatrix} \boldsymbol{Y}_{11} & \cdots & \boldsymbol{Y}_{1i} & \cdots & \boldsymbol{Y}_{1k} \\ \vdots & & \vdots & & \vdots \\ \boldsymbol{Y}_{i1} & \cdots & \boldsymbol{Y}_{ii} & \cdots & \boldsymbol{Y}_{ik} \\ \vdots & & \vdots & & \vdots \\ \boldsymbol{Y}_{k1} & \cdots & \boldsymbol{Y}_{ki} & \cdots & \boldsymbol{Y}_{kk} \end{bmatrix} \begin{bmatrix} \Delta\boldsymbol{U}_1 \\ \vdots \\ \Delta\boldsymbol{U}_i \\ \vdots \\ \Delta\boldsymbol{U}_k \end{bmatrix} \tag{2.63}$$

式中，$\Delta\boldsymbol{I}_i \in \mathbb{R}^{2\times1}$，$\Delta\boldsymbol{U}_i \in \mathbb{R}^{2\times1}$，$\boldsymbol{Y}_{ij} \in \mathbb{R}^{2\times2}$，$i,\ j = 1,\ 2,\ \cdots,\ k$。

$$\Delta\boldsymbol{I}_i = \begin{bmatrix} \Delta I_{xi} \\ \Delta I_{yi} \end{bmatrix},\quad \Delta\boldsymbol{U}_i = \begin{bmatrix} \Delta U_{xi} \\ \Delta U_{yi} \end{bmatrix},\quad \boldsymbol{Y}_{ij} = \begin{bmatrix} G_{ij} & -B_{ij} \\ B_{ij} & G_{ij} \end{bmatrix} \tag{2.64}$$

其中，G_{ij} 和 B_{ij} 分别为线路 i-j 的电导和电纳。

当考虑电压静态特性时，负荷节点注入的电流与节点电压的偏差关系可以写成如下形式：

$$\Delta\boldsymbol{I}_\ell = \boldsymbol{Y}_\ell \Delta\boldsymbol{U}_\ell \tag{2.65}$$

式中，$\Delta\boldsymbol{I}_\ell \in \mathbb{R}^{2\times1}$，$\Delta\boldsymbol{U}_\ell \in \mathbb{R}^{2\times1}$，$\boldsymbol{Y}_\ell \in \mathbb{R}^{2\times2}$。

$$\Delta\boldsymbol{I}_\ell = \begin{bmatrix} \Delta I_x \\ \Delta I_y \end{bmatrix},\quad \Delta\boldsymbol{U}_\ell = \begin{bmatrix} \Delta U_x \\ \Delta U_y \end{bmatrix},\quad \boldsymbol{Y}_\ell = \begin{bmatrix} G_{xx} & B_{xy} \\ -B_{yx} & G_{yy} \end{bmatrix} \tag{2.66}$$

其中，G_{xx}、B_{xy}、B_{yx} 和 G_{yy} 的表达式依赖于所采用的负荷电压静态特性。具体可参考文献 [132]。

将式 (2.65) 代入式 (2.63)，即可消去负荷节点的电流偏差。设负荷接在节点 i 上，则消去该节点电流偏差后的网络方程仅是对原网络方程式 (2.63) 的简单修正：节点 i 的电流偏差置为零，导纳矩阵中的第 i 个对角块变为 $\boldsymbol{Y}_{ii}-\boldsymbol{Y}_{\ell i}$，而其他元素不变。

$$\begin{bmatrix} \Delta \boldsymbol{I}_1 \\ \vdots \\ \boldsymbol{0} \\ \vdots \\ \Delta \boldsymbol{I}_k \end{bmatrix} = \begin{bmatrix} \boldsymbol{Y}_{11} & \cdots & \boldsymbol{Y}_{1i} & \cdots & \boldsymbol{Y}_{1k} \\ \vdots & & \vdots & & \vdots \\ \boldsymbol{Y}_{i1} & \cdots & \boldsymbol{Y}_{ii}-\boldsymbol{Y}_{\ell i} & \cdots & \boldsymbol{Y}_{ik} \\ \vdots & & \vdots & & \vdots \\ \boldsymbol{Y}_{k1} & \cdots & \boldsymbol{Y}_{ki} & \cdots & \boldsymbol{Y}_{kk} \end{bmatrix} \begin{bmatrix} \Delta \boldsymbol{U}_1 \\ \vdots \\ \Delta \boldsymbol{U}_i \\ \vdots \\ \Delta \boldsymbol{U}_k \end{bmatrix} \tag{2.67}$$

进一步地，将联络节点的注入电流置为零，式 (2.67) 可写成如下的分块矩阵形式：

$$\begin{bmatrix} \Delta \boldsymbol{I}_{\mathrm{G}} \\ \boldsymbol{0} \end{bmatrix} = \begin{bmatrix} \boldsymbol{Y}_{\mathrm{GG}} & \boldsymbol{Y}_{\mathrm{GL}} \\ \boldsymbol{Y}_{\mathrm{LG}} & \boldsymbol{Y}_{\mathrm{LL}} \end{bmatrix} \begin{bmatrix} \Delta \boldsymbol{U}_{\mathrm{G}} \\ \Delta \boldsymbol{U}_{\mathrm{L}} \end{bmatrix} \tag{2.68}$$

式中，$\Delta \boldsymbol{U}_{\mathrm{L}}$ 为除发电机外其他负荷节点和联络节点电压偏差向量。

2.2.4 DAE 模型

假设电力系统中除同步发电机外无其他动态元件，则式 (2.45) 即为全系统的线性化微分方程，其中所涉及的变量和系数的定义详见式 (2.43)、式 (2.44) 和式 (2.46)。

联立式 (2.50)、式 (2.60)、式 (2.61) 和式 (2.68)，则可形成电力系统的线性化代数方程，其中所涉及的变量和系数的定义详见式 (2.56)、式 (2.57)、式 (2.62) 和式 (2.66)。

将全系统的线性化微分方程和代数方程进行联立，即可得到多机系统的线性化模型式 (2.36)。下面介绍形成式 (2.36) 的两种方法。为了便于分析系统增广状态矩阵的维数，假定系统中有 k 个节点，除 q 台发电机机组外，无其他动态元件。

1. 保留动态元件的代数方程

该方法直接联立式 (2.45)、式 (2.50)、式 (2.60)、式 (2.61) 和式 (2.68) 以形成式 (2.36)，其中

$$\begin{cases} \Delta \boldsymbol{x} \triangleq \Delta \boldsymbol{x}_{\mathrm{G}} \in \mathbb{R}^{17q\times 1} \\ \Delta \boldsymbol{y} \triangleq \left[\Delta \boldsymbol{U}_{dq\mathrm{G}}^{\mathrm{T}},\ \Delta \boldsymbol{I}_{dq\mathrm{G}}^{\mathrm{T}},\ \Delta \boldsymbol{I}_{\mathrm{G}}^{\mathrm{T}},\ \Delta \boldsymbol{U}_{\mathrm{G}}^{\mathrm{T}},\ \Delta \boldsymbol{U}_{\mathrm{L}}^{\mathrm{T}}\right]^{\mathrm{T}} \in \mathbb{R}^{(6q+2k)\times 1} \\ \boldsymbol{A} \triangleq \bar{\boldsymbol{A}}_{\mathrm{G}} \in \mathbb{R}^{17q\times 17q} \\ \boldsymbol{B} \triangleq \left[\bar{\boldsymbol{B}}_{U\mathrm{G}},\ \bar{\boldsymbol{B}}_{I\mathrm{G}},\ \boldsymbol{0},\ \boldsymbol{0},\ \boldsymbol{0}\right] \in \mathbb{R}^{17q\times(6q+2k)} \\ \boldsymbol{C} \triangleq \left[\bar{\boldsymbol{P}}_{\mathrm{G}}^{\mathrm{T}},\ \boldsymbol{R}_{I\mathrm{G}}^{\mathrm{T}},\ \boldsymbol{R}_{U\mathrm{G}}^{\mathrm{T}},\ \boldsymbol{0},\ \boldsymbol{0}\right]^{\mathrm{T}} \in \mathbb{R}^{(6q+2k)\times 17q} \\ \boldsymbol{D} \triangleq \begin{bmatrix} -\boldsymbol{I} & \bar{\boldsymbol{Z}}_{\mathrm{G}} & \boldsymbol{0} & \boldsymbol{0} & \boldsymbol{0} \\ \boldsymbol{0} & -\boldsymbol{I} & \boldsymbol{T}_{\mathrm{G}(0)} & \boldsymbol{0} & \boldsymbol{0} \\ -\boldsymbol{I} & \boldsymbol{0} & \boldsymbol{0} & \boldsymbol{T}_{\mathrm{G}(0)} & \boldsymbol{0} \\ \boldsymbol{0} & \boldsymbol{0} & -\boldsymbol{I} & \boldsymbol{Y}_{\mathrm{GG}} & \boldsymbol{Y}_{\mathrm{GL}} \\ \boldsymbol{0} & \boldsymbol{0} & \boldsymbol{0} & \boldsymbol{Y}_{\mathrm{LG}} & \boldsymbol{Y}_{\mathrm{LL}} \end{bmatrix} \in \mathbb{R}^{(6q+2k)\times(6q+2k)} \end{cases} \tag{2.69}$$

由该方法形成的全系统线性化模型中，线性化微分方程个数为 $n = 17q$，即由各发电机的微分方程组构成；线性化代数方程个数为 $l = 6q + 2k$，其中包括每台发电机的 6 个代数方程和每个节点的 2 个电压方程 (网络方程)。

2. 消去动态元件的代数方程

消去动态元件的代数方程，使全系统的代数方程仅为网络方程 [132]。具体做法如下。首先，将同步发电机坐标变换方程式 (2.60) 和式 (2.61) 代入定子电压方程式 (2.50) 消去 $\Delta \boldsymbol{I}_{dq\mathrm{G}}$ 和 $\Delta \boldsymbol{U}_{dq\mathrm{G}}$，并考虑到 $\boldsymbol{T}_{\mathrm{g}(0)}^{-1} = \boldsymbol{T}_{\mathrm{g}(0)}^{\mathrm{T}}$，得

$$\Delta \boldsymbol{I}_{\mathrm{G}} = \boldsymbol{C}_{\mathrm{G}} \Delta \boldsymbol{x}_{\mathrm{G}} + \boldsymbol{D}_{\mathrm{G}} \Delta \boldsymbol{U}_{\mathrm{G}} \tag{2.70}$$

式中

$$\begin{cases} \boldsymbol{C}_{\mathrm{g}} = \boldsymbol{T}_{\mathrm{g}(0)}^{\mathrm{T}} \left[\bar{\boldsymbol{Z}}_{\mathrm{g}}^{-1} (\boldsymbol{R}_{U\mathrm{g}} - \bar{\boldsymbol{P}}_{\mathrm{g}}) - \boldsymbol{R}_{I\mathrm{g}}\right],\ \ \boldsymbol{D}_{\mathrm{g}} = \boldsymbol{T}_{\mathrm{g}(0)}^{\mathrm{T}} \bar{\boldsymbol{Z}}_{\mathrm{g}}^{-1} \boldsymbol{T}_{\mathrm{g}(0)} \\ \boldsymbol{C}_{\mathrm{G}} = \mathrm{diag}\{\boldsymbol{C}_{\mathrm{g}1},\ \boldsymbol{C}_{\mathrm{g}2},\ \cdots\},\ \ \boldsymbol{D}_{\mathrm{G}} = \mathrm{diag}\{\boldsymbol{D}_{\mathrm{g}1},\ \boldsymbol{D}_{\mathrm{g}2},\ \cdots\} \end{cases} \tag{2.71}$$

将式 (2.48)、式 (2.56) 和式 (2.57) 代入式 (2.71) 中，可得式 (2.70) 所示 $\Delta \boldsymbol{I}_{\mathrm{G}}$ 的元素 $\Delta \boldsymbol{I}_{\mathrm{g}}$ 的表达式：

$$\begin{aligned} \Delta \boldsymbol{I}_{\mathrm{g}} &= \boldsymbol{C}_{\mathrm{g}} \Delta \boldsymbol{x}_{\mathrm{g}} + \boldsymbol{D}_{\mathrm{g}} \Delta \boldsymbol{U}_{\mathrm{g}} \\ &= \begin{bmatrix} a_\delta \\ b_\delta \end{bmatrix} \Delta\delta + \begin{bmatrix} g_d & b_q \\ b_d & g_q \end{bmatrix} \begin{bmatrix} \Delta E_d'' \\ \Delta E_q'' \end{bmatrix} + \begin{bmatrix} g_{xx} & b_{xy} \\ b_{yx} & g_{yy} \end{bmatrix} \Delta \boldsymbol{U}_{\mathrm{g}} \end{aligned} \tag{2.72}$$

式中

$$\begin{cases} a_\delta = \dfrac{X_d'' \cos^2\delta_{(0)} + X_q'' \sin^2\delta_{(0)}}{R_a^2 + X_d'' X_q''} U_{x(0)} \\ \qquad + \dfrac{-R_a + \left(X_d'' - X_q''\right)\sin\delta_{(0)}\cos\delta_{(0)}}{R_a^2 + X_d'' X_q''} U_{y(0)} - I_{y(0)} \\ b_\delta = \dfrac{R_a + \left(X_d'' - X_q''\right)\sin\delta_{(0)}\cos\delta_{(0)}}{R_a^2 + X_d'' X_q''} U_{x(0)} \\ \qquad + \dfrac{X_d'' \sin^2\delta_{(0)} + X_q'' \cos^2\delta_{(0)}}{R_a^2 + X_d'' X_q''} U_{y(0)} + I_{x(0)} \\ g_d = \dfrac{R_a \sin\delta_{(0)} - X_d'' \cos\delta_{(0)}}{R_a^2 + X_d'' X_q''},\ b_q = \dfrac{R_a \cos\delta_{(0)} + X_q'' \sin\delta_{(0)}}{R_a^2 + X_d'' X_q''} \\ b_d = \dfrac{-R_a \cos\delta_{(0)} - X_d'' \sin\delta_{(0)}}{R_a^2 + X_d'' X_q''},\ g_q = \dfrac{R_a \sin\delta_{(0)} - X_q'' \cos\delta_{(0)}}{R_a^2 + X_d'' X_q''} \\ g_{xx} = \dfrac{-R_a + \left(X_d'' - X_q''\right)\sin\delta_{(0)}\cos\delta_{(0)}}{R_a^2 + X_d'' X_q''},\ b_{xy} = -\dfrac{X_d'' \cos^2\delta_{(0)} + X_q'' \sin^2\delta_{(0)}}{R_a^2 + X_d'' X_q''} \\ b_{yx} = \dfrac{X_d'' \sin^2\delta_{(0)} + X_q'' \cos^2\delta_{(0)}}{R_a^2 + X_d'' X_q''},\ g_{yy} = -\dfrac{R_a + \left(X_d'' - X_q''\right)\sin\delta_{(0)}\cos\delta_{(0)}}{R_a^2 + X_d'' X_q''} \end{cases} \tag{2.73}$$

其次，将式 (2.60) 和式 (2.61) 代入式 (2.45)，消去 $\Delta \boldsymbol{I}_{dq\mathrm{G}}$ 和 $\Delta \boldsymbol{U}_{dq\mathrm{G}}$，进而利用式 (2.70) 消去引入的 $\Delta \boldsymbol{I}_{\mathrm{G}}$。最终，式 (2.45) 变为

$$\frac{\mathrm{d}\Delta \boldsymbol{x}_{\mathrm{G}}}{\mathrm{d}t} = \boldsymbol{A}_{\mathrm{G}} \Delta \boldsymbol{x}_{\mathrm{G}} + \boldsymbol{B}_{\mathrm{G}} \Delta \boldsymbol{U}_{\mathrm{G}} \tag{2.74}$$

式中

$$\begin{cases} \boldsymbol{A}_{\mathrm{g}} = \bar{\boldsymbol{A}}_{\mathrm{g}} + \bar{\boldsymbol{B}}_{I\mathrm{g}} \bar{\boldsymbol{Z}}_{\mathrm{g}}^{-1} \left(\boldsymbol{R}_{U\mathrm{g}} - \bar{\boldsymbol{P}}_{\mathrm{g}}\right) + \bar{\boldsymbol{B}}_{U\mathrm{g}} \boldsymbol{R}_{U\mathrm{g}} \\ \boldsymbol{B}_{\mathrm{g}} = \left(\bar{\boldsymbol{B}}_{I\mathrm{g}} \bar{\boldsymbol{Z}}_{\mathrm{g}}^{-1} + \bar{\boldsymbol{B}}_{U\mathrm{g}}\right) \boldsymbol{T}_{\mathrm{g}(0)} \\ \boldsymbol{A}_{\mathrm{G}} = \mathrm{diag}\{\boldsymbol{A}_{\mathrm{g}1},\ \boldsymbol{A}_{\mathrm{g}2},\ \cdots\},\ \ \boldsymbol{B}_{\mathrm{G}} = \mathrm{diag}\{\boldsymbol{B}_{\mathrm{g}1},\ \boldsymbol{B}_{\mathrm{g}2},\ \cdots\} \end{cases} \tag{2.75}$$

再次，将式 (2.70) 代入电力网络方程式 (2.68) 消去 $\Delta \boldsymbol{I}_{\mathrm{G}}$，得

$$\mathbf{0}=\begin{bmatrix}-\boldsymbol{C}_{\mathrm{G}}\\ \mathbf{0}\end{bmatrix}\Delta\boldsymbol{x}_{\mathrm{G}}+\begin{bmatrix}\boldsymbol{Y}_{\mathrm{GG}}-\boldsymbol{D}_{\mathrm{G}} & \boldsymbol{Y}_{\mathrm{GL}}\\ \boldsymbol{Y}_{\mathrm{LG}} & \boldsymbol{Y}_{\mathrm{LL}}\end{bmatrix}\begin{bmatrix}\Delta\boldsymbol{U}_{\mathrm{G}}\\ \Delta\boldsymbol{U}_{\mathrm{L}}\end{bmatrix} \tag{2.76}$$

最后，联立式 (2.74) 和式 (2.76)，即可形成式 (2.36)。其中，

$$\begin{cases}\Delta\boldsymbol{x}\triangleq\Delta\boldsymbol{x}_{\mathrm{G}}\in\mathbb{R}^{17q\times 1},\quad \Delta\boldsymbol{y}\triangleq\left[\Delta\boldsymbol{U}_{\mathrm{G}}^{\mathrm{T}},\ \Delta\boldsymbol{U}_{\mathrm{L}}^{\mathrm{T}}\right]^{\mathrm{T}}\in\mathbb{R}^{2k\times 1}\\ \boldsymbol{A}\triangleq\boldsymbol{A}_{\mathrm{G}}\in\mathbb{R}^{17q\times 17q},\quad \boldsymbol{B}\triangleq[\boldsymbol{B}_{\mathrm{G}},\ \mathbf{0}]\in\mathbb{R}^{17q\times 2k}\\ \boldsymbol{C}\triangleq\begin{bmatrix}-\boldsymbol{C}_{\mathrm{G}}\\ \mathbf{0}\end{bmatrix}\in\mathbb{R}^{2k\times 17q},\quad \boldsymbol{D}\triangleq\begin{bmatrix}\boldsymbol{Y}_{\mathrm{GG}}-\boldsymbol{D}_{\mathrm{G}} & \boldsymbol{Y}_{\mathrm{GL}}\\ \boldsymbol{Y}_{\mathrm{LG}} & \boldsymbol{Y}_{\mathrm{LL}}\end{bmatrix}\in\mathbb{R}^{2k\times 2k}\end{cases} \tag{2.77}$$

由该方法形成的全系统线性化模型中，线性化微分方程即为各同步发电机的微分方程，方程的个数为 $n=17q$；线性化代数方程即为电力网络方程，方程的个数为 $l=2k$。

3. 两种方法的比较

两种方法形成的系统线性化模型中，矩阵 $\boldsymbol{A}$ 是完全一样的。但是，第一种方法中全系统代数方程的阶数比第二种方法多 $6q$。与第二种方法相比，第一种方法具有如下优点：① 代数方程的系数矩阵 $\boldsymbol{C}$ 和 $\boldsymbol{D}$ 更加稀疏。利用稀疏特征值技术求解系统部分关键特征值时不会增加过多的计算量，而且编程简单；② 当动态元件的输入信号改变时，可以通过设置冗余的代数变量，避免过多的公式推导。例如，如果将图 2.3 中 PSS 的输入信号改为所在同步发电机的输出功率偏差 ΔP_{e}，那么可以在原有系统线性化模型的基础上，在 $\Delta\boldsymbol{y}$ 中增加一个代数变量 ΔP_{e} 并增加一个计算 ΔP_{e} 的代数方程，然后用矩阵 $\bar{\boldsymbol{A}}_{\mathrm{g}}$ 中 PSS 状态变量所在行和 $\Delta\omega$ 所在列的元素，简单替换矩阵 $\boldsymbol{B}$ 中 PSS 状态变量所在行和 ΔP_{e} 所在列的元素，即可得到新的全系统线性化模型。鉴于此，中国电力科学研究院有限公司开发的电力系统分析综合程序 (power system analysis software package，PSASP) 就采用了与第一种方法相同的思想，形成系统小干扰稳定性分析的线性化模型。

4. 系统增广状态矩阵的稀疏性

系统增广状态矩阵 $\boldsymbol{A}$ 为分块对角矩阵，其每一个对角子块对应一个动态元件；矩阵 $\boldsymbol{B}$、$\boldsymbol{C}$ 和 $\boldsymbol{D}$ 为分块稀疏矩阵。尤其地，当采用第二种方法形成系统线性化模型时，矩阵 $\boldsymbol{D}$ 和系统导纳矩阵具有相同的稀疏结构，其每个非对角 2×2 子块均由导纳矩阵非零元素的实部和虚部增广得到[137,138]。需要指出的是，随着

系统规模 (状态变量维数 n，节点数 k) 的增大，系统增广状态矩阵 $\boldsymbol{A}$、$\boldsymbol{B}$、$\boldsymbol{C}$ 和 $\boldsymbol{D}$ 的稀疏性更加突出，如图 2.5 所示。

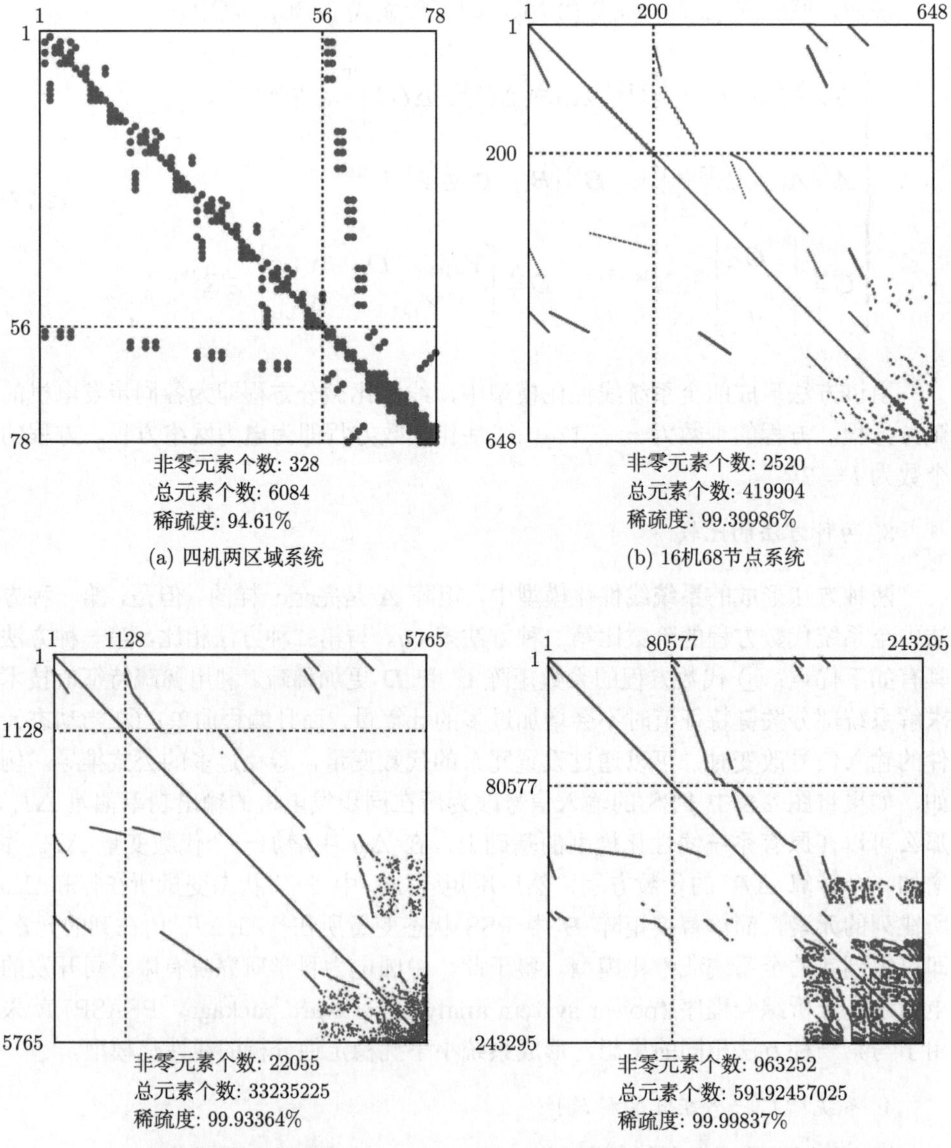

(a) 四机两区域系统

(b) 16机68节点系统

(c) 某水平年山东电网

(d) 某水平年华北–华中特高压电网

图 2.5 系统增广状态矩阵的稀疏结构

2.3 DDAE 转化为 DDE

如 2.1 节和 2.2 节所述,电力系统的动态模型通常用 DAE 描述,其中微分方程用来描述系统的动态特性,代数方程用来描述系统的静态特性。当考虑时滞效应后,DAE 模型变为 DDAE 模型。在对时滞电力系统进行小干扰稳定性分析时,通常将 DDAE 模型转化为 DDE 模型,进而求解得到系统的部分关键特征值。

2.3.1 概述

首先简要说明 DDAE 的微分指数 (differentiation index) 或指数 (index) 的概念。其与 DAE 的微分指数或指数概念完全相同。一般来说,DAE 可以通过对自变量 t 进行微分,转换为一组常微分方程 (ordinary differential equation, ODE)。对于一般形如 $F(t, x, x') = 0$ 的 DAE,其微分指数是指对 DAE 进行微分以获得 ODE 所需的最小微分次数。对于指数高于 1 的 DAE,需要通过微分进行指数约减 (index reduction) 至指数 1,进而再通过一次微分转换为 ODE 的形式。值得注意的是,文献中有多种关于 DAE 指数的定义,如文献 [139] 指出,对于常系数 DAE,其微分指数与相应的矩阵束 (matrix pencil) 的幂零指数 (index of nilpotency)[140] 是相同的。

从文献上看,在电气工程领域建立的电力系统的 DDAE 模型可分为两类:指数为 1 海森伯格形式的 DDAE 和指数不为 1 海森伯格形式的 DDAE。① 指数为 1 海森伯格形式的 DDAE。文献 [141] 和 [142] 首先假设电力系统的代数方程 g 不依赖于任何时滞状态变量和时滞代数变量,即具有 $g(x, y) = 0$ 的形式,其中 x 和 y 分别为系统状态变量和代数变量。在此情况下,系统 DDAE 为滞后型 (retarded type),指数为 1。通过对 g 进行微分并消去代数变量 y,从而可将系统的 DDAE 转化为 DDE。文献 [143] ~ [147] 将考虑广域阻尼控制回路通信时滞的电力系统建模为指数为 1 海森伯格形式的 DDAE,求解得到系统的部分关键特征值。文献 [126] 和 [148] 针对考虑励磁控制回路时滞影响的电力系统,假设代数方程的形式为 $g(x, y, x_d) = 0$,即 g 不仅依赖当前时刻系统状态变量 x 和代数变量 y,还依赖于时滞代数变量 x_d。此时,系统是指数为 1 海森伯格形式的 DDAE[149,150]。② 指数不为 1 海森伯格形式的 DDAE。文献 [151] 和 [152] 将采用分布参数的长输电线路的动态特性用 DDAE 来描述。其中,代数方程形如 $g(x, y, x_d, y_d) = 0$,即 g 同时依赖于时滞状态变量和时滞代数变量。此时,电力系统的数学模型从形式上看类似于指数为 1 的滞后型 DDAE,实际上对 g 进行两次微分后可以发现其是关于代数变量 y 的中立型 DDE[149]。此时,电力系统 DDAE 的指数不为 1。通过指数约减得到的 DDE 具有无穷多个时滞项。

2.3.2 指数不为 1 海森伯格形式的 DDAE 转化为 DDE

1. 指数不为 1 海森伯格形式的 DDAE

指数不为 1 海森伯格形式的 DDAE 可以表示如下[152]：

$$\begin{cases}\dot{\boldsymbol{x}}=\boldsymbol{f}(\boldsymbol{x},\ \boldsymbol{y},\ \boldsymbol{x}_{\mathrm{d}1},\ \boldsymbol{y}_{\mathrm{d}1},\ \cdots,\ \boldsymbol{x}_{\mathrm{d}m},\ \boldsymbol{y}_{\mathrm{d}m})\\ \boldsymbol{0}=\boldsymbol{g}(\boldsymbol{x},\ \boldsymbol{y},\ \boldsymbol{x}_{\mathrm{d}1},\ \boldsymbol{y}_{\mathrm{d}1},\ \cdots,\ \boldsymbol{x}_{\mathrm{d}m},\ \boldsymbol{y}_{\mathrm{d}m})\end{cases} \tag{2.78}$$

式中，$\boldsymbol{f}\in\mathbb{R}^{n\times1}$ 和 $\boldsymbol{g}\in\mathbb{R}^{l\times1}$ 分别表示微分方程和代数方程；$\boldsymbol{x}=\boldsymbol{x}(t)\in\mathbb{R}^{n\times1}$ 和 $\boldsymbol{y}=\boldsymbol{y}(t)\in\mathbb{R}^{l\times1}$ 分别为系统的状态变量和代数变量。$\boldsymbol{x}_{\mathrm{d}i}$ 和 $\boldsymbol{y}_{\mathrm{d}i}$ 分别为时滞状态变量和时滞代数变量：

$$\boldsymbol{x}_{\mathrm{d}i}=\boldsymbol{x}(t-\tau_i),\ \ \boldsymbol{y}_{\mathrm{d}i}=\boldsymbol{y}(t-\tau_i),\ \ i=1,\ 2,\ \cdots,\ m \tag{2.79}$$

其中，$\tau_i>0\ (i=1,\ 2,\ \cdots,\ m)$ 为系统的时滞常数。

值得注意的是，式 (2.78) 中的代数方程 $\boldsymbol{g}$ 依赖于 $\boldsymbol{y}_{\mathrm{d}i}$，$i=1,\ 2,\ \cdots,\ m$。这使得不能通过有限次的微分和变量替换消去微分方程 $\boldsymbol{f}$ 中的代数变量。因此，式 (2.78) 是一个指数不为 1 海森伯格形式的 DDAE。此外，如前所述，式 (2.78) 虽然在形式上看起来像滞后型的 DDAE，但实际上是中立型 DDAE[149]。

将式 (2.78) 在平衡点 $(\bar{\boldsymbol{x}},\ \bar{\boldsymbol{y}})=\left(\boldsymbol{x}^{(0)},\ \boldsymbol{y}^{(0)},\ \boldsymbol{x}_{\mathrm{d}1}^{(0)},\ \boldsymbol{y}_{\mathrm{d}1}^{(0)},\ \cdots,\ \boldsymbol{x}_{\mathrm{d}m}^{(0)},\ \boldsymbol{y}_{\mathrm{d}m}^{(0)}\right)$ 处进行线性化，可得

$$\Delta\dot{\boldsymbol{x}}=\boldsymbol{A}_0\Delta\boldsymbol{x}+\boldsymbol{B}_0\Delta\boldsymbol{y}+\boldsymbol{A}_1\Delta\boldsymbol{x}_{\mathrm{d}1}+\boldsymbol{B}_1\Delta\boldsymbol{y}_{\mathrm{d}1}+\cdots+\boldsymbol{A}_m\Delta\boldsymbol{x}_{\mathrm{d}m}+\boldsymbol{B}_m\Delta\boldsymbol{y}_{\mathrm{d}m} \tag{2.80}$$

$$\boldsymbol{0}=\boldsymbol{C}_0\Delta\boldsymbol{x}+\boldsymbol{D}_0\Delta\boldsymbol{y}+\boldsymbol{C}_1\Delta\boldsymbol{x}_{\mathrm{d}1}+\boldsymbol{D}_1\Delta\boldsymbol{y}_{\mathrm{d}1}+\cdots+\boldsymbol{C}_m\Delta\boldsymbol{x}_{\mathrm{d}m}+\boldsymbol{D}_m\Delta\boldsymbol{y}_{\mathrm{d}m} \tag{2.81}$$

式中，$\boldsymbol{A}_0=\left.\dfrac{\partial\boldsymbol{f}}{\partial\boldsymbol{x}}\right|_{(\bar{\boldsymbol{x}},\bar{\boldsymbol{y}})}$，$\boldsymbol{B}_0=\left.\dfrac{\partial\boldsymbol{f}}{\partial\boldsymbol{y}}\right|_{(\bar{\boldsymbol{x}},\bar{\boldsymbol{y}})}$，$\boldsymbol{C}_0=\left.\dfrac{\partial\boldsymbol{g}}{\partial\boldsymbol{x}}\right|_{(\bar{\boldsymbol{x}},\bar{\boldsymbol{y}})}$，$\boldsymbol{D}_0=\left.\dfrac{\partial\boldsymbol{g}}{\partial\boldsymbol{y}}\right|_{(\bar{\boldsymbol{x}},\bar{\boldsymbol{y}})}$，$\boldsymbol{A}_i=\left.\dfrac{\partial\boldsymbol{f}}{\partial\boldsymbol{x}_{\mathrm{d}i}}\right|_{(\bar{\boldsymbol{x}},\bar{\boldsymbol{y}})}$，$\boldsymbol{B}_i=\left.\dfrac{\partial\boldsymbol{f}}{\partial\boldsymbol{y}_{\mathrm{d}i}}\right|_{(\bar{\boldsymbol{x}},\bar{\boldsymbol{y}})}$，$\boldsymbol{C}_i=\left.\dfrac{\partial\boldsymbol{g}}{\partial\boldsymbol{x}_{\mathrm{d}i}}\right|_{(\bar{\boldsymbol{x}},\bar{\boldsymbol{y}})}$，$\boldsymbol{D}_i=\left.\dfrac{\partial\boldsymbol{g}}{\partial\boldsymbol{y}_{\mathrm{d}i}}\right|_{(\bar{\boldsymbol{x}},\bar{\boldsymbol{y}})}$ $(i=1,\ 2,\ \cdots,\ m)$ 为雅可比矩阵，也被称为系统增广状态矩阵。

2. 将 DDAE 转化为包含二阶及以上时滞项的 DDE

定理 1 式 (2.80) 和式 (2.81) 表示的 DDAE 可以转化为如下所示的 DDE：

$$\Delta \dot{\boldsymbol{x}} = \tilde{\boldsymbol{A}}_0 \Delta \boldsymbol{x} + \sum_{i=1}^{m} \tilde{\boldsymbol{A}}_i \Delta \boldsymbol{x}_{\mathrm{d}i} + \sum_{k=2}^{\infty} \sum_{d_1,d_2,\cdots,d_k=1}^{m} \tilde{\boldsymbol{A}}_{\mathrm{d}\Sigma k} \Delta \boldsymbol{x}_{\mathrm{d}\Sigma k} \tag{2.82}$$

式中，$\Delta \boldsymbol{x}_{\mathrm{d}\Sigma k}$ 为第 k $(k \geqslant 2)$ 阶系统时滞状态变量；$\tilde{\boldsymbol{A}}_0$ 为系统状态矩阵 (无时滞)；$\tilde{\boldsymbol{A}}_i$ 为系统一阶时滞状态矩阵；$\tilde{\boldsymbol{A}}_{\mathrm{d}\Sigma k}$ 为系统第 k 阶时滞状态矩阵；d_i 为指示时滞的变量，$d_i = 1, 2, \cdots, m$。$\Delta \boldsymbol{x}_{\mathrm{d}\Sigma k}$、$\tilde{\boldsymbol{A}}_i$ $(i = 0, 1, \cdots, m)$ 和 $\tilde{\boldsymbol{A}}_{\mathrm{d}\Sigma k}$ 可分别表示为

$$\Delta \boldsymbol{x}_{\mathrm{d}\Sigma k} = \Delta \boldsymbol{x}(t - \tau_{d_1} - \tau_{d_2} - \cdots - \tau_{d_k}) = \Delta \boldsymbol{x}\left(t - \sum_{i=1}^{k} \tau_{d_i}\right) \tag{2.83}$$

$$\tilde{\boldsymbol{A}}_0 = \boldsymbol{A}_0 + \boldsymbol{B}_0 \boldsymbol{K}_0 \tag{2.84}$$

$$\tilde{\boldsymbol{A}}_i = \boldsymbol{A}_i + \boldsymbol{B}_i \boldsymbol{K}_{0,\mathrm{d}i} + \boldsymbol{B}_0 \boldsymbol{M}_{i,\mathrm{d}i} \tag{2.85}$$

$$\tilde{\boldsymbol{A}}_{\mathrm{d}\Sigma k} = \boldsymbol{N}_{d_1} \prod_{j=2}^{k-1} \boldsymbol{L}_{d_j,\mathrm{d}\Sigma(j-1)} \boldsymbol{M}_{d_k,\mathrm{d}\Sigma k} \tag{2.86}$$

式中

$$\begin{cases} \boldsymbol{K}_0 = -\boldsymbol{D}_0^{-1} \boldsymbol{C}_0 \\ \boldsymbol{K}_i = -\boldsymbol{D}_0^{-1} \boldsymbol{C}_i \\ \boldsymbol{L}_i = -\boldsymbol{D}_0^{-1} \boldsymbol{D}_i \\ \boldsymbol{N}_i = \boldsymbol{B}_i + \boldsymbol{B}_0 \boldsymbol{L}_i \\ \boldsymbol{K}_{0,\mathrm{d}j} = -\boldsymbol{D}_{0,\mathrm{d}j}^{-1} \boldsymbol{C}_{0,\mathrm{d}j},\ \boldsymbol{K}_{0,\mathrm{d}\Sigma k} = -\boldsymbol{D}_{0,\mathrm{d}\Sigma k}^{-1} \boldsymbol{C}_{0,\mathrm{d}\Sigma k} \\ \boldsymbol{K}_{i,\mathrm{d}j} = -\boldsymbol{D}_{0,\mathrm{d}j}^{-1} \boldsymbol{C}_{i,\mathrm{d}j},\ \boldsymbol{K}_{i,\mathrm{d}\Sigma k} = -\boldsymbol{D}_{0,\mathrm{d}\Sigma k}^{-1} \boldsymbol{C}_{i,\mathrm{d}\Sigma k} \\ \boldsymbol{L}_{i,\mathrm{d}j} = -\boldsymbol{D}_{0,\mathrm{d}j}^{-1} \boldsymbol{D}_{i,\mathrm{d}j},\ \boldsymbol{L}_{i,\mathrm{d}\Sigma k} = -\boldsymbol{D}_{0,\mathrm{d}\Sigma k}^{-1} \boldsymbol{D}_{i,\mathrm{d}\Sigma k} \\ \boldsymbol{M}_{i,\mathrm{d}i} = \boldsymbol{K}_i + \boldsymbol{L}_i \boldsymbol{K}_{0,\mathrm{d}i},\ \boldsymbol{M}_{i,\mathrm{d}\Sigma k} = \boldsymbol{K}_{i,\mathrm{d}\Sigma(k-1)} + \boldsymbol{L}_{i,\mathrm{d}\Sigma(k-1)} \boldsymbol{K}_{0,\mathrm{d}\Sigma k} \end{cases} \tag{2.87}$$

其中，$\boldsymbol{C}_{0,\mathrm{d}j}$、$\boldsymbol{D}_{0,\mathrm{d}j}$、$\boldsymbol{C}_{i,\mathrm{d}j}$ 和 $\boldsymbol{D}_{i,\mathrm{d}j}$ $(i = 1, 2, \cdots, m)$ 分别为在时滞平衡点 $(\bar{\boldsymbol{x}}(t - \tau_j), \bar{\boldsymbol{y}}(t - \tau_j))$ 处式 (2.78) 中代数方程 $\boldsymbol{g}$ 相对于状态变量 $\boldsymbol{x}$、代数变量 $\boldsymbol{y}$、时滞状态变量 $\boldsymbol{x}_{\mathrm{d}i}$ 和时滞代数变量 $\boldsymbol{y}_{\mathrm{d}i}$ 的雅可比矩阵；$\boldsymbol{C}_{0,\mathrm{d}\Sigma k}$、$\boldsymbol{D}_{0,\mathrm{d}\Sigma k}$、$\boldsymbol{C}_{i,\mathrm{d}\Sigma k}$ 和 $\boldsymbol{D}_{i,\mathrm{d}\Sigma k}$ $(i = 1, 2, \cdots, m;\ k = 2, 3, \cdots)$ 分别为在时滞平衡点 $\left(\bar{\boldsymbol{x}}\left(t - \sum_{j=1}^{k} \tau_{d_j}\right), \bar{\boldsymbol{y}}\left(t - \sum_{j=1}^{k} \tau_{d_j}\right)\right)$ 处 $\boldsymbol{g}$ 相对于 $\boldsymbol{x}$、$\boldsymbol{y}$、$\boldsymbol{x}_{\mathrm{d}i}$ 和 $\boldsymbol{y}_{\mathrm{d}i}$ 的雅可比矩阵。

这些矩阵可具体表示为

$$\begin{cases} \boldsymbol{C}_{0,\mathrm{d}j}=\left.\dfrac{\partial \boldsymbol{g}}{\partial \boldsymbol{x}}\right|_{(\bar{\boldsymbol{x}}(t-\tau_j),\bar{\boldsymbol{y}}(t-\tau_j))}, \quad \boldsymbol{D}_{0,\mathrm{d}j}=\left.\dfrac{\partial \boldsymbol{g}}{\partial \boldsymbol{y}}\right|_{(\bar{\boldsymbol{x}}(t-\tau_j),\bar{\boldsymbol{y}}(t-\tau_j))} \\ \boldsymbol{C}_{i,\mathrm{d}j}=\left.\dfrac{\partial \boldsymbol{g}}{\partial \boldsymbol{x}_{\mathrm{d}i}}\right|_{(\bar{\boldsymbol{x}}(t-\tau_j),\bar{\boldsymbol{y}}(t-\tau_j))}, \quad \boldsymbol{D}_{i,\mathrm{d}j}=\left.\dfrac{\partial \boldsymbol{g}}{\partial \boldsymbol{y}_{\mathrm{d}i}}\right|_{(\bar{\boldsymbol{x}}(t-\tau_j),\bar{\boldsymbol{y}}(t-\tau_j))} \\ \boldsymbol{C}_{0,\mathrm{d}\Sigma k}=\left.\dfrac{\partial \boldsymbol{g}}{\partial \boldsymbol{x}}\right|_{\left(\bar{\boldsymbol{x}}\left(t-\sum\limits_{j=1}^{k}\tau_{d_j}\right),\bar{\boldsymbol{y}}\left(t-\sum\limits_{j=1}^{k}\tau_{d_j}\right)\right)} \\ \boldsymbol{D}_{0,\mathrm{d}\Sigma k}=\left.\dfrac{\partial \boldsymbol{g}}{\partial \boldsymbol{y}}\right|_{\left(\bar{\boldsymbol{x}}\left(t-\sum\limits_{j=1}^{k}\tau_{d_j}\right),\bar{\boldsymbol{y}}\left(t-\sum\limits_{j=1}^{k}\tau_{d_j}\right)\right)} \\ \boldsymbol{C}_{i,\mathrm{d}\Sigma k}=\left.\dfrac{\partial \boldsymbol{g}}{\partial \boldsymbol{x}_{\mathrm{d}i}}\right|_{\left(\bar{\boldsymbol{x}}\left(t-\sum\limits_{j=1}^{k}\tau_{d_j}\right),\bar{\boldsymbol{y}}\left(t-\sum\limits_{j=1}^{k}\tau_{d_j}\right)\right)} \\ \boldsymbol{D}_{i,\mathrm{d}\Sigma k}=\left.\dfrac{\partial \boldsymbol{g}}{\partial \boldsymbol{y}_{\mathrm{d}i}}\right|_{\left(\bar{\boldsymbol{x}}\left(t-\sum\limits_{j=1}^{k}\tau_{d_j}\right),\bar{\boldsymbol{y}}\left(t-\sum\limits_{j=1}^{k}\tau_{d_j}\right)\right)} \end{cases}$$

这表明时滞系统的 DDAE (式 (2.80) 和式 (2.81)) 已经被转化为含有无穷多项的 DDE (式 (2.82))。

式 (2.82) 对应的特征方程为

$$|\Delta(\lambda)|=0 \tag{2.88}$$

式中

$$\Delta(\lambda)=\lambda \boldsymbol{I}_n-\tilde{\boldsymbol{A}}_0-\sum_{i=1}^{m}\tilde{\boldsymbol{A}}_i\mathrm{e}^{-\lambda\tau_i}-\sum_{k=2}^{\infty}\sum_{d_1,d_2,\cdots,d_k=1}^{m}\tilde{\boldsymbol{A}}_{\mathrm{d}\Sigma k}\mathrm{e}^{-\lambda\sum\limits_{i=1}^{k}\tau_{d_i}} \tag{2.89}$$

3. 式 (2.84) 和式 (2.85) 的证明

由于 $\boldsymbol{D}_0$ 非奇异，由式 (2.81) 可解得 $\Delta\boldsymbol{y}$。利用式 (2.87) 中的定义，得

$$\Delta\boldsymbol{y}=\boldsymbol{K}_0\Delta\boldsymbol{x}+\sum_{i=1}^{m}\boldsymbol{K}_i\Delta\boldsymbol{x}_{\mathrm{d}i}+\sum_{i=1}^{m}\boldsymbol{L}_i\Delta\boldsymbol{y}_{\mathrm{d}i} \tag{2.90}$$

值得注意的是，式 (2.90) 实际上表示的是关于 $\Delta\boldsymbol{y}_{\mathrm{d}i}$ 的递归。类似地，在 $t-\tau_i$ 和 $t-\tau_i-\tau_j$ $(i,\ j=1,\ 2,\ \cdots,\ m)$ 时刻，可解得 $\Delta\boldsymbol{y}_{\mathrm{d}i}$ 和 $\Delta\boldsymbol{y}_{\mathrm{d}\Sigma 2}$：

$$\Delta\boldsymbol{y}_{\mathrm{d}i}=\boldsymbol{K}_{0,\mathrm{d}i}\Delta\boldsymbol{x}_{\mathrm{d}i}+\sum_{j=1}^{m}\boldsymbol{K}_{j,\mathrm{d}i}\Delta\boldsymbol{x}_{\mathrm{d}\Sigma 2}+\sum_{j=1}^{m}\boldsymbol{L}_{j,\mathrm{d}i}\Delta\boldsymbol{y}_{\mathrm{d}\Sigma 2},\ i=1,\ 2,\ \cdots,\ m \tag{2.91}$$

$$\Delta \boldsymbol{y}_{\mathrm{d}\Sigma2}=\boldsymbol{K}_{0,\mathrm{d}\Sigma2}\Delta \boldsymbol{x}_{\mathrm{d}\Sigma2}+\sum_{k=1}^{m}\boldsymbol{K}_{k,\mathrm{d}\Sigma2}\Delta \boldsymbol{x}_{\mathrm{d}\Sigma3}+\sum_{k=1}^{m}\boldsymbol{L}_{k,\mathrm{d}\Sigma2}\Delta \boldsymbol{y}_{\mathrm{d}\Sigma3},\ i,\ j=1,\ 2,\ \cdots,\ m \tag{2.92}$$

式中，$\Delta \boldsymbol{x}_{\mathrm{d}\Sigma2}=\Delta \boldsymbol{x}(t-\tau_i-\tau_j)=\Delta \boldsymbol{x}\left(t-\tau_{d_1}-\tau_{d_2}\right)$，$\Delta \boldsymbol{y}_{\mathrm{d}\Sigma2}=\Delta \boldsymbol{y}(t-\tau_i-\tau_j)=\Delta \boldsymbol{y}\left(t-\tau_{d_1}-\tau_{d_2}\right)$，$\Delta \boldsymbol{x}_{\mathrm{d}\Sigma3}=\Delta \boldsymbol{x}(t-\tau_i-\tau_j-\tau_k)=\Delta \boldsymbol{x}\left(t-\tau_{d_1}-\tau_{d_2}-\tau_{d_3}\right)$，$\Delta \boldsymbol{y}_{\mathrm{d}\Sigma3}=\Delta \boldsymbol{y}(t-\tau_i-\tau_j-\tau_k)=\Delta \boldsymbol{y}\left(t-\tau_{d_1}-\tau_{d_2}-\tau_{d_3}\right)$，$i,\ j,\ k=1,\ 2,\ \cdots,\ m$。

将式 (2.90) 和式 (2.91) 代入式 (2.80) 中，得

$$\begin{aligned}
\Delta \dot{\boldsymbol{x}}=&(\boldsymbol{A}_0+\boldsymbol{B}_0\boldsymbol{K}_0)\Delta \boldsymbol{x}+\sum_{i=1}^{m}((\boldsymbol{A}_i+\boldsymbol{B}_0\boldsymbol{K}_i)+(\boldsymbol{B}_i+\boldsymbol{B}_0\boldsymbol{L}_i)\boldsymbol{K}_{0,\mathrm{d}i})\Delta \boldsymbol{x}_{\mathrm{d}i}\\
&+\sum_{i=1}^{m}\sum_{j=1}^{m}(\boldsymbol{B}_i+\boldsymbol{B}_0\boldsymbol{L}_i)\boldsymbol{K}_{j,\mathrm{d}i}\Delta \boldsymbol{x}_{\mathrm{d}\Sigma2}+\sum_{i=1}^{m}\sum_{j=1}^{m}(\boldsymbol{B}_i+\boldsymbol{B}_0\boldsymbol{L}_i)\boldsymbol{L}_{j,\mathrm{d}i}\Delta \boldsymbol{y}_{\mathrm{d}\Sigma2}\\
=&(\boldsymbol{A}_0+\boldsymbol{B}_0\boldsymbol{K}_0)\Delta \boldsymbol{x}+\sum_{i=1}^{m}(\boldsymbol{A}_i+\boldsymbol{B}_i\boldsymbol{K}_{0,\mathrm{d}i}+\boldsymbol{B}_0\boldsymbol{M}_{i,\mathrm{d}i})\Delta \boldsymbol{x}_{\mathrm{d}i}\\
&+\sum_{i=1}^{m}\sum_{j=1}^{m}(\boldsymbol{B}_i+\boldsymbol{B}_0\boldsymbol{L}_i)\boldsymbol{K}_{j,\mathrm{d}i}\Delta \boldsymbol{x}_{\mathrm{d}\Sigma2}+\sum_{i=1}^{m}\sum_{j=1}^{m}(\boldsymbol{B}_i+\boldsymbol{B}_0\boldsymbol{L}_i)\boldsymbol{L}_{j,\mathrm{d}i}\Delta \boldsymbol{y}_{\mathrm{d}\Sigma2}
\end{aligned} \tag{2.93}$$

按照类似的方式，将式 (2.92) 代入式 (2.93) 中消去代数变量 $\Delta \boldsymbol{y}_{\mathrm{d}\Sigma2}$，得

$$\begin{aligned}
\Delta \dot{\boldsymbol{x}}=&(\boldsymbol{A}_0+\boldsymbol{B}_0\boldsymbol{K}_0)\Delta \boldsymbol{x}+\sum_{i=1}^{m}(\boldsymbol{A}_i+\boldsymbol{B}_i\boldsymbol{K}_{0,\mathrm{d}i}+\boldsymbol{B}_0\boldsymbol{M}_{i,\mathrm{d}i})\Delta \boldsymbol{x}_{\mathrm{d}i}\\
&+\sum_{d_1,d_2=1}^{m}\boldsymbol{N}_{d_1}\boldsymbol{M}_{d_2,\mathrm{d}\Sigma2}\Delta \boldsymbol{x}_{\mathrm{d}\Sigma2}+\sum_{d_1,d_2,d_3=1}^{m}\boldsymbol{N}_{d_1}\boldsymbol{L}_{d_2,\mathrm{d}d_1}\boldsymbol{K}_{d_3,\mathrm{d}\Sigma2}\Delta \boldsymbol{x}_{\mathrm{d}\Sigma3}\\
&+\sum_{d_1,d_2,d_3=1}^{m}\boldsymbol{N}_{d_1}\boldsymbol{L}_{d_2,\mathrm{d}d_1}\boldsymbol{L}_{d_3,\mathrm{d}\Sigma2}\Delta \boldsymbol{y}_{\mathrm{d}\Sigma3}
\end{aligned} \tag{2.94}$$

由式 (2.93) 和式 (2.94) 可知，系统代数变量 (无时滞) 和一阶时滞代数变量已经被消去。从而，由等式右侧第一项和第二项可以得到系统状态矩阵 $\tilde{\boldsymbol{A}}_0$ 和一阶时滞状态矩阵 $\tilde{\boldsymbol{A}}_i$：

$$\begin{cases}\tilde{\boldsymbol{A}}_0=\boldsymbol{A}_0+\boldsymbol{B}_0\boldsymbol{K}_0\\ \tilde{\boldsymbol{A}}_i=\boldsymbol{A}_i+\boldsymbol{B}_i\boldsymbol{K}_{0,\mathrm{d}i}+\boldsymbol{B}_0\boldsymbol{M}_{i,\mathrm{d}i}\end{cases}$$

从而，式 (2.84) 和式 (2.85) 得证。 ■

4. 式 (2.86) 的证明

引理 1　$\Delta\dot{\boldsymbol{x}}$ 的第 k 阶和第 $k+1$ 阶 $(k \geqslant 2)$ 时滞项之和具有如下形式:

$$\begin{aligned}&\sum_{d_1,d_2,\cdots,d_k=1}^{m} \boldsymbol{N}_{d_1}\prod_{j=2}^{k-1}\boldsymbol{L}_{d_j,\mathrm{d}\Sigma(j-1)}\boldsymbol{M}_{d_k,\mathrm{d}\Sigma k}\Delta\boldsymbol{x}_{\mathrm{d}\Sigma k}\\&+\sum_{d_1,d_2,\cdots,d_{k+1}=1}^{m} \boldsymbol{N}_{d_1}\prod_{j=2}^{k}\boldsymbol{L}_{d_j,\mathrm{d}\Sigma(j-1)}\boldsymbol{K}_{d_{k+1},\mathrm{d}\Sigma k}\Delta\boldsymbol{x}_{\mathrm{d}\Sigma(k+1)}\\&+\sum_{d_1,d_2,\cdots,d_{k+1}=1}^{m} \boldsymbol{N}_{d_1}\prod_{j=2}^{k+1}\boldsymbol{L}_{d_j,\mathrm{d}\Sigma(j-1)}\Delta\boldsymbol{y}_{\mathrm{d}\Sigma(k+1)}\end{aligned}\tag{2.95}$$

证明　下面应用数学归纳法对上述引理进行证明。

(1) 令 $k=2$，则式 (2.95) 为

$$\begin{aligned}&\sum_{d_1,d_2=1}^{m}\boldsymbol{N}_{d_1}\boldsymbol{M}_{d_2,\mathrm{d}\Sigma 2}\Delta\boldsymbol{x}_{\mathrm{d}\Sigma 2}+\sum_{d_1,d_2,d_3=1}^{m}\boldsymbol{N}_{d_1}\boldsymbol{L}_{d_2,\mathrm{d}d_1}\boldsymbol{K}_{d_3,\mathrm{d}\Sigma 2}\Delta\boldsymbol{x}_{\mathrm{d}\Sigma 3}\\&+\sum_{d_1,d_2,d_3=1}^{m}\boldsymbol{N}_{d_1}\boldsymbol{L}_{d_2,\mathrm{d}d_1}\boldsymbol{L}_{d_3,\mathrm{d}\Sigma 2}\Delta\boldsymbol{y}_{\mathrm{d}\Sigma 3}\end{aligned}\tag{2.96}$$

对比可知，式 (2.96) 与式 (2.94) 的最后三项完全一致。

(2) 式 (2.95) 的第二项和第三项分别为 $\Delta\boldsymbol{x}$ 和 $\Delta\boldsymbol{y}$ 的第 $k+1$ 阶时滞项。下面通过消去式 (2.95) 第三项中的代数变量 $\Delta\boldsymbol{y}_{\mathrm{d}\Sigma(k+1)}$，进一步推导 $\Delta\boldsymbol{x}$ 的第 $k+1$ 阶和第 $k+2$ 阶时滞项之和的表达式，从而证明式 (2.95) 的正确性。

首先，对式 (2.90) 中的 $\Delta\boldsymbol{y}$ 分别延迟 $\sum\limits_{i=1}^{k+1}\tau_{d_i}$ ($d_i=1$, 2, $\cdots$, m，共计 m^{k+1} 个延时操作)，得

$$\begin{aligned}\Delta\boldsymbol{y}_{\mathrm{d}\Sigma(k+1)}=&\boldsymbol{K}_{0,\mathrm{d}\Sigma(k+1)}\Delta\boldsymbol{x}_{\mathrm{d}\Sigma(k+1)}+\sum_{d_{k+2}=1}^{m}\boldsymbol{K}_{d_{k+2},\mathrm{d}\Sigma(k+1)}\Delta\boldsymbol{x}_{\mathrm{d}\Sigma(k+2)}\\&+\sum_{d_{k+2}=1}^{m}\boldsymbol{L}_{d_{k+2},\mathrm{d}\Sigma(k+1)}\Delta\boldsymbol{y}_{\mathrm{d}\Sigma(k+2)}\end{aligned}\tag{2.97}$$

然后，将式 (2.97) 代入式 (2.95) 中，则其第二项和第三项之和可写为

$$\sum_{d_1,d_2,\cdots,d_{k+1}=1}^{m}\boldsymbol{N}_{d_1}\prod_{j=2}^{k}\boldsymbol{L}_{d_j,\mathrm{d}\Sigma(j-1)}\boldsymbol{K}_{d_{k+1},\mathrm{d}\Sigma k}\Delta\boldsymbol{x}_{\mathrm{d}\Sigma(k+1)}$$

$$
\begin{aligned}
&+\sum_{d_1,d_2,\cdots,d_{k+1}=1}^{m} \boldsymbol{N}_{d_1}\prod_{j=2}^{k+1}\boldsymbol{L}_{d_j,\mathrm{d}\Sigma(j-1)}\Delta\boldsymbol{y}_{\mathrm{d}\Sigma(k+1)}\\
=&\sum_{d_1,d_2,\cdots,d_{k+1}=1}^{m} \boldsymbol{N}_{d_1}\prod_{j=2}^{k}\boldsymbol{L}_{d_j,\mathrm{d}\Sigma(j-1)}\boldsymbol{K}_{d_{k+1},\mathrm{d}\Sigma k}\Delta\boldsymbol{x}_{\mathrm{d}\Sigma(k+1)}\\
&+\sum_{d_1,d_2,\cdots,d_{k+1}=1}^{m} \boldsymbol{N}_{d_1}\prod_{j=2}^{k+1}\boldsymbol{L}_{d_j,\mathrm{d}\Sigma(j-1)}\left(\boldsymbol{K}_{0,\mathrm{d}\Sigma(k+1)}\Delta\boldsymbol{x}_{\mathrm{d}\Sigma(k+1)}\right.\\
&\left.+\sum_{d_{k+2}=1}^{m}\boldsymbol{K}_{d_{k+2},\mathrm{d}\Sigma(k+1)}\Delta\boldsymbol{x}_{\mathrm{d}\Sigma(k+2)}+\sum_{d_{k+2}=1}^{m}\boldsymbol{L}_{d_{k+2},\mathrm{d}\Sigma(k+1)}\Delta\boldsymbol{y}_{\mathrm{d}\Sigma(k+2)}\right)\\
=&\sum_{d_1,d_2,\cdots,d_{k+1}=1}^{m} \boldsymbol{N}_{d_1}\prod_{j=2}^{k}\boldsymbol{L}_{d_j,\mathrm{d}\Sigma(j-1)}\left(\boldsymbol{K}_{d_{k+1},\mathrm{d}\Sigma k}+\boldsymbol{L}_{d_{k+1},\mathrm{d}\Sigma k}\boldsymbol{K}_{0,\mathrm{d}\Sigma(k+1)}\right)\Delta\boldsymbol{x}_{\mathrm{d}\Sigma(k+1)}\\
&+\sum_{d_1,d_2,\cdots,d_{k+1}=1}^{m} \boldsymbol{N}_{d_1}\prod_{j=2}^{k+1}\boldsymbol{L}_{d_j,\mathrm{d}\Sigma(j-1)}\sum_{d_{k+2}=1}^{m}\boldsymbol{K}_{d_{k+2},\mathrm{d}\Sigma(k+1)}\Delta\boldsymbol{x}_{\mathrm{d}\Sigma(k+2)}\\
&+\sum_{d_1,d_2,\cdots,d_{k+1}=1}^{m} \boldsymbol{N}_{d_1}\prod_{j=2}^{k+1}\boldsymbol{L}_{d_j,\mathrm{d}\Sigma(j-1)}\sum_{d_{k+2}=1}^{m}\boldsymbol{L}_{d_{k+2},\mathrm{d}\Sigma(k+1)}\Delta\boldsymbol{y}_{\mathrm{d}\Sigma(k+2)}\\
=&\sum_{d_1,d_2,\cdots,d_{k+1}=1}^{m} \boldsymbol{N}_{d_1}\prod_{j=2}^{k}\boldsymbol{L}_{d_j,\mathrm{d}\Sigma(j-1)}\boldsymbol{M}_{d_{k+1},\mathrm{d}\Sigma(k+1)}\Delta\boldsymbol{x}_{\mathrm{d}\Sigma(k+1)}\\
&+\sum_{d_1,d_2,\cdots,d_{k+2}=1}^{m} \boldsymbol{N}_{d_1}\prod_{j=2}^{k+1}\boldsymbol{L}_{d_j,\mathrm{d}\Sigma(j-1)}\boldsymbol{K}_{d_{k+2},\mathrm{d}\Sigma(k+1)}\Delta\boldsymbol{x}_{\mathrm{d}\Sigma(k+2)}\\
&+\sum_{d_1,d_2,\cdots,d_{k+2}=1}^{m} \boldsymbol{N}_{d_1}\prod_{j=2}^{k+2}\boldsymbol{L}_{d_j,\mathrm{d}\Sigma(j-1)}\Delta\boldsymbol{y}_{\mathrm{d}\Sigma(k+2)}
\end{aligned}\tag{2.98}
$$

对比式 (2.98) 和式 (2.95) 可知，两者具有完全相同的形式，差别之处在于 k 变为 $k+1$。这表明式 (2.95) 就是 $\Delta\dot{\boldsymbol{x}}$ 的第 k 阶和第 $k+1$ 阶 $(k\geqslant 2)$ 时滞项之和，引理 1 得证。 ■

根据引理 1，可直接推导得到式 (2.86)。于是，$\Delta\dot{\boldsymbol{x}}$ 的第 k $(k\geqslant 2)$ 阶时滞项的表达式为

$$
\sum_{d_1,d_2,\cdots,d_k=1}^{m}\tilde{\boldsymbol{A}}_{\mathrm{d}\Sigma k}\Delta\boldsymbol{x}_{\mathrm{d}\Sigma k}\triangleq\sum_{d_1,d_2,\cdots,d_k=1}^{m}\boldsymbol{N}_{d_1}\prod_{j=2}^{k-1}\boldsymbol{L}_{d_j,\mathrm{d}\Sigma(j-1)}\boldsymbol{M}_{d_k,\mathrm{d}\Sigma k}\Delta\boldsymbol{x}_{\mathrm{d}\Sigma k}\tag{2.99}
$$

需要说明的是, 由于式 (2.91)、式 (2.92) 和式 (2.97) 表示的时滞代数方程是通过式 (2.90) 经过时延操作得到的，故有 $\boldsymbol{C}_0 = \boldsymbol{C}_{0,\mathrm{d}j} = \cdots = \boldsymbol{C}_{0,\mathrm{d}\Sigma k}$，$\boldsymbol{D}_0 = \boldsymbol{D}_{0,\mathrm{d}j} = \cdots = \boldsymbol{D}_{0,\mathrm{d}\Sigma k}$，$\boldsymbol{C}_i = \boldsymbol{C}_{i,\mathrm{d}j} = \cdots = \boldsymbol{C}_{i,\mathrm{d}\Sigma k}$，$\boldsymbol{D}_i = \boldsymbol{D}_{i,\mathrm{d}j} = \cdots = \boldsymbol{D}_{i,\mathrm{d}\Sigma k}$，$i = 1, 2, \cdots, m$; $k = 2, 3, \cdots$。于是，式 (2.85) 和式 (2.86) 表示的 $\tilde{\boldsymbol{A}}_i$ 和 $\tilde{\boldsymbol{A}}_{\mathrm{d}\Sigma k}$ 分别变为

$$\begin{cases}\tilde{\boldsymbol{A}}_i = \boldsymbol{A}_i + \boldsymbol{B}_i\boldsymbol{D}_0^{-1}\boldsymbol{C}_0 - \boldsymbol{B}_0\boldsymbol{D}_0^{-1}\boldsymbol{C}_i + \boldsymbol{B}_0\boldsymbol{D}_0^{-1}\boldsymbol{D}_i^{-1}\boldsymbol{D}_0\boldsymbol{C}_0 \\ \tilde{\boldsymbol{A}}_{\mathrm{d}\Sigma k} = -\left(\boldsymbol{B}_{d_1} - \boldsymbol{B}_0\boldsymbol{D}_0^{-1}\boldsymbol{D}_{d_1}\right)\prod_{j=2}^{k-1}\left(\boldsymbol{D}_0^{-1}\boldsymbol{D}_{d_j}\right)\left(\boldsymbol{D}_0^{-1}\boldsymbol{C}_i - \boldsymbol{D}_0^{-1}\boldsymbol{D}_i^{-1}\boldsymbol{D}_0\boldsymbol{C}_0\right)\end{cases}$$

5. 由无时滞项和一阶时滞项表示的 DDE

定理 2 当 $\boldsymbol{C}_0 = \boldsymbol{C}_i$ 且 $\boldsymbol{D}_0 = \boldsymbol{D}_i$ $(i = 1, 2, \cdots, m)$ 时，则式 (2.82) 不存在二阶及以上时滞项，即

$$\Delta\dot{\boldsymbol{x}} = \tilde{\boldsymbol{A}}_0\Delta\boldsymbol{x} + \sum_{i=1}^{m}\tilde{\boldsymbol{A}}_i\Delta\boldsymbol{x}_{\mathrm{d}i} \tag{2.100}$$

式中

$$\tilde{\boldsymbol{A}}_0 = \boldsymbol{A}_0 + \boldsymbol{B}_0\boldsymbol{K}_0 \tag{2.101}$$

$$\tilde{\boldsymbol{A}}_i = \boldsymbol{A}_i + \boldsymbol{B}_i\boldsymbol{K}_0 \tag{2.102}$$

$$\boldsymbol{K}_0 = -\boldsymbol{D}_0^{-1}\boldsymbol{C}_0 \tag{2.103}$$

证明 当满足 $\boldsymbol{C}_0 = \boldsymbol{C}_i$ 且 $\boldsymbol{D}_0 = \boldsymbol{D}_i$ $(i = 1, 2, \cdots, m)$，式 (2.87) 变为

$$\begin{cases}\boldsymbol{K}_0 = -\boldsymbol{D}_0^{-1}\boldsymbol{C}_0 \\ \boldsymbol{K}_i = -\boldsymbol{D}_0^{-1}\boldsymbol{C}_0 = \boldsymbol{K}_0 \\ \boldsymbol{L}_i = -\boldsymbol{D}_0^{-1}\boldsymbol{D}_0 = -\boldsymbol{I}_l \\ \boldsymbol{N}_i = \boldsymbol{B}_0\boldsymbol{L}_i + \boldsymbol{B}_i = -\boldsymbol{B}_0 + \boldsymbol{B}_i \\ \boldsymbol{K}_{0,\mathrm{d}j} = \boldsymbol{K}_{0,\mathrm{d}\Sigma k} = \boldsymbol{K}_{i,\mathrm{d}j} = \boldsymbol{K}_{i,\mathrm{d}\Sigma k} = -\boldsymbol{D}_0^{-1}\boldsymbol{C}_0 = \boldsymbol{K}_0 \\ \boldsymbol{L}_{i,\mathrm{d}j} = \boldsymbol{L}_{i,\mathrm{d}\Sigma k} = -\boldsymbol{D}_0^{-1}\boldsymbol{D}_0 = -\boldsymbol{I}_l \\ \boldsymbol{M}_{i,\mathrm{d}i} = \boldsymbol{M}_{i,\mathrm{d}\Sigma k} = \boldsymbol{K}_0 + \boldsymbol{L}_i\boldsymbol{K}_0 = \boldsymbol{0}\end{cases} \tag{2.104}$$

将式 (2.104) 代入式 (2.84) ~ 式 (2.86) 中，得

$$\tilde{\boldsymbol{A}}_0 = \boldsymbol{A}_0 + \boldsymbol{B}_0\boldsymbol{K}_0 \tag{2.105}$$

$$\tilde{\boldsymbol{A}}_i = \boldsymbol{A}_i + \boldsymbol{B}_i\boldsymbol{K}_{0,\mathrm{d}i} + \boldsymbol{B}_0\boldsymbol{M}_{i,\mathrm{d}i} = \boldsymbol{A}_i + \boldsymbol{B}_i\boldsymbol{K}_0 \tag{2.106}$$

$$\tilde{\boldsymbol{A}}_{\mathrm{d}\Sigma k} = \boldsymbol{N}_{d_1}\prod_{j=2}^{k-1}\boldsymbol{L}_{d_j,\mathrm{d}\Sigma(j-1)}\boldsymbol{M}_{d_k,\mathrm{d}\Sigma k} = \boldsymbol{0} \tag{2.107}$$

由式 (2.107) 可知，所有二阶及以上时滞项均被消去。因此，$\Delta\dot{\boldsymbol{x}}$ 可以完全由无时滞项与一阶时滞项来表示，即

$$\Delta\dot{\boldsymbol{x}} = \tilde{\boldsymbol{A}}_0\Delta\boldsymbol{x} + \sum_{i=1}^{m}\tilde{\boldsymbol{A}}_i\Delta\boldsymbol{x}_{\mathrm{d}i}$$

式中，$\tilde{\boldsymbol{A}}_i$ $(i = 0,\ 1,\ \cdots,\ m)$ 由式 (2.105) ~ 式 (2.107) 确定。 ■

式 (2.100) 对应的特征方程为

$$|\Delta(\lambda)| = 0 \tag{2.108}$$

式中

$$\Delta(\lambda) = \lambda\boldsymbol{I}_n - \tilde{\boldsymbol{A}}_0 - \sum_{i=1}^{m}\tilde{\boldsymbol{A}}_i\mathrm{e}^{-\lambda\tau_i} \tag{2.109}$$

2.3.3 指数为 1 海森伯格形式的 DDAE 转化为 DDE

由 2.2.4 节可知，消去辅助或中间的代数变量和代数方程，最终得到的数目最少的一组代数方程就是系统的网络方程，相应的代数变量为节点电压。如前所述，对于长输电线路，在采用分布参数的情况下，电力网络的动态可以用一组 DDAE 来描述 [151,152]。考虑到大多数电力线路一般不是很长，在实际的电力系统稳定性分析中，通常不考虑线路的分布参数特性，从而采用集中参数模型并用代数方程 $\boldsymbol{g}(\boldsymbol{x},\boldsymbol{y}) = \boldsymbol{0}$ 予以描述。此时，代数方程只由某一个时刻系统的状态变量和代数变量决定。于是，式 (2.78) 变为

$$\begin{cases}\dot{\boldsymbol{x}} = \boldsymbol{f}(\boldsymbol{x},\ \boldsymbol{y},\ \boldsymbol{x}_{\mathrm{d}1},\ \boldsymbol{y}_{\mathrm{d}1},\ \cdots,\ \boldsymbol{x}_{\mathrm{d}m},\ \boldsymbol{y}_{\mathrm{d}m}) \\ \boldsymbol{0} = \boldsymbol{g}(\boldsymbol{x},\ \boldsymbol{y}) \\ \boldsymbol{0} = \boldsymbol{g}(\boldsymbol{x}_{\mathrm{d}1},\ \boldsymbol{y}_{\mathrm{d}1}) \\ \vdots \\ \boldsymbol{0} = \boldsymbol{g}(\boldsymbol{x}_{\mathrm{d}m},\ \boldsymbol{y}_{\mathrm{d}m})\end{cases} \tag{2.110}$$

相应地，式 (2.81) 可以解耦为 1 个无时滞代数方程和 m 个含单一时滞的代

数方程。进而，与式 (2.80) 联立，可得到解耦形式的 DDAE [141, 143, 145]：

$$\begin{cases}\Delta\dot{\boldsymbol{x}} = \boldsymbol{A}_0\Delta\boldsymbol{x} + \boldsymbol{B}_0\Delta\boldsymbol{y} + \boldsymbol{A}_1\Delta\boldsymbol{x}_{\mathrm{d}1} + \boldsymbol{B}_1\Delta\boldsymbol{y}_{\mathrm{d}1} + \cdots + \boldsymbol{A}_m\Delta\boldsymbol{x}_{\mathrm{d}m} + \boldsymbol{B}_m\Delta\boldsymbol{y}_{\mathrm{d}m} \\ \boldsymbol{0} = \boldsymbol{C}_0\Delta\boldsymbol{x} + \boldsymbol{D}_0\Delta\boldsymbol{y} \\ \boldsymbol{0} = \boldsymbol{C}_i\Delta\boldsymbol{x}_{\mathrm{d}i} + \boldsymbol{D}_i\Delta\boldsymbol{y}_{\mathrm{d}i},\quad i = 1,\ 2,\ \cdots,\ m\end{cases} \tag{2.111}$$

由于 $\boldsymbol{D}_i\ (i = 0,\ 1,\ \cdots,\ m)$ 非奇异，消去式 (2.111) 中的代数变量 $\Delta\boldsymbol{y}$ 和 $\Delta\boldsymbol{y}_{\mathrm{d}i}\ (i = 1,\ 2,\ \cdots,\ m)$，可得如下 DDE (也即式 (2.100))：

$$\Delta\dot{\boldsymbol{x}} = \tilde{\boldsymbol{A}}_0\Delta\boldsymbol{x} + \sum_{i=1}^{m}\tilde{\boldsymbol{A}}_i\Delta\boldsymbol{x}_{\mathrm{d}i}$$

式中

$$\begin{cases}\tilde{\boldsymbol{A}}_0 = \boldsymbol{A}_0 - \boldsymbol{B}_0\boldsymbol{D}_0^{-1}\boldsymbol{C}_0 \\ \tilde{\boldsymbol{A}}_i = \boldsymbol{A}_i - \boldsymbol{B}_i\boldsymbol{D}_i^{-1}\boldsymbol{C}_i,\quad i = 1,\ 2,\ \cdots,\ m\end{cases} \tag{2.112}$$

实际上，式 (2.111) 中的时滞代数方程可以通过无时滞代数方程经过延时操作得到。因此，有 $\boldsymbol{C}_0 = \boldsymbol{C}_1 = \cdots = \boldsymbol{C}_m$，$\boldsymbol{D}_0 = \boldsymbol{D}_1 = \cdots = \boldsymbol{D}_m$。于是，式 (2.112) 变为

$$\tilde{\boldsymbol{A}}_i = \boldsymbol{A}_i - \boldsymbol{B}_i\boldsymbol{D}_0^{-1}\boldsymbol{C}_0,\quad i = 0,\ 1,\ \cdots,\ m \tag{2.113}$$

本节分别给出了将电力系统指数不为 1 海森伯格形式和指数为 1 海森伯格形式的 DDAE 转化为 DDE 的方法。它们之间的逻辑关系总结如图 2.6 所示。

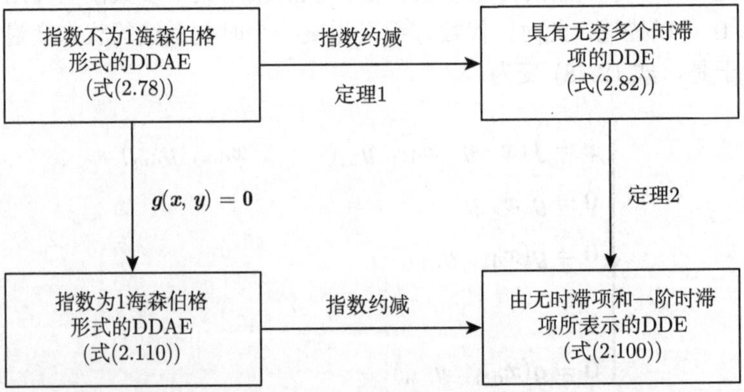

图 2.6　将 DDAE 转化为 DDE 的两种思路

2.3.2 节首先针对指数不为 1 海森伯格形式的 DDAE (式 (2.78))，通过指数约减，转化为具有无穷多个时滞项 DDE (式 (2.82))，然后根据定理 2，消去 DDE 中二阶及以上时滞项。2.3.3 节中，当输电线路采用集中参数模型时，可将电力网络建模为仅依赖于当前时刻系统状态的代数方程，从而指数不为 1 海森伯格形式的 DDAE 可以转化为指数为 1 海森伯格形式的 DDAE (式 (2.110))，然后通过一次指数约减转化为 DDE。

2.4 闭环时滞电力系统小干扰稳定性分析模型

本节在 2.2 节建立的开环电力系统模型的基础上，加入描述开环电力系统与控制器之间输入、输出关系的相关变量和接口，进而建立闭环时滞电力系统的数学模型，包括指数为 1 海森伯格形式的 DDAE 模型和相应的 DDE 模型。由此，可以确定式 (2.101) ~ 式 (2.103) 中的 $\boldsymbol{A}_i$、$\boldsymbol{B}_i$、$\boldsymbol{C}_0$、$\boldsymbol{D}_0$ 以及 $\tilde{\boldsymbol{A}}_i$ $(i = 0, 1, \cdots, m)$。

2.4.1 DDAE 模型

不失一般性地，假设图 2.7 所示电力系统已经存在 $m-1$ 个时滞环节，并将此电力系统称为开环电力系统。进而，将包含第 m 个控制器的电力系统称为闭环电力系统。

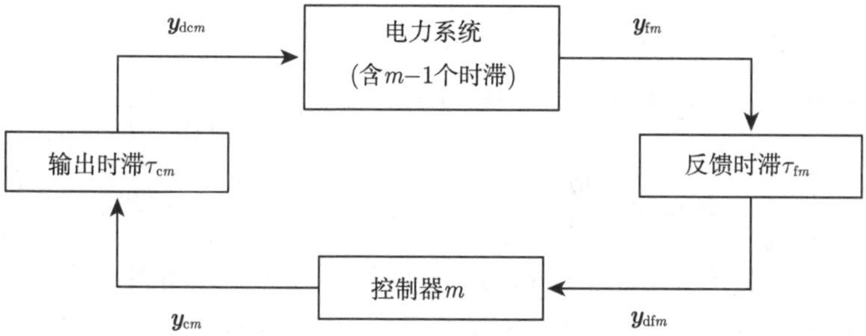

图 2.7 时滞电力系统示意图

如图 2.7 所示，$\boldsymbol{y}_{\mathrm{f}m}$ 为开环电力系统的输出，$\boldsymbol{y}_{\mathrm{df}m}$ 为考虑时滞 $\tau_{\mathrm{f}m}$ 之后的反馈信号并作为控制器的输入，$\boldsymbol{y}_{\mathrm{c}m}$ 为控制器的输出，$\boldsymbol{y}_{\mathrm{dc}m}$ 为考虑时滞 $\tau_{\mathrm{c}m}$ 之后的控制信号并作为开环电力系统的输入。

1. 开环电力系统模型

考虑第 m 个控制器后，在式 (2.110) 中加入时滞控制输入变量 $\boldsymbol{y}_{\mathrm{dc}m}$，然后添加描述开环电力系统输出或控制器反馈输入的代数方程，从而得到如下 DDAE:

$$
\begin{cases}
\dot{\boldsymbol{x}}=\boldsymbol{f}(\boldsymbol{x},\ \boldsymbol{y},\ \boldsymbol{x}_{\mathrm{d}1},\ \boldsymbol{y}_{\mathrm{d}1},\ \cdots,\ \boldsymbol{x}_{\mathrm{d}(m-1)},\ \boldsymbol{y}_{\mathrm{d}(m-1)},\ \boldsymbol{y}_{\mathrm{d}cm}) \\
\boldsymbol{0}=\boldsymbol{g}(\boldsymbol{x},\ \boldsymbol{y}) \\
\boldsymbol{0}=\boldsymbol{g}(\boldsymbol{x}_{\mathrm{d}i},\ \boldsymbol{y}_{\mathrm{d}i}),\quad i=1,\ 2,\ \cdots,\ m-1 \\
\boldsymbol{0}=\boldsymbol{g}(\boldsymbol{x}(t-\tau_{\mathrm{c}m}),\ \boldsymbol{y}(t-\tau_{\mathrm{c}m})) \\
\boldsymbol{y}_{\mathrm{f}m}=\boldsymbol{g}_{\mathrm{f}m}(\boldsymbol{x},\ \boldsymbol{y}) \\
\boldsymbol{y}_{\mathrm{df}m}=\boldsymbol{g}_{\mathrm{f}m}(\boldsymbol{x}(t-\tau_{\mathrm{f}m}),\ \boldsymbol{y}(t-\tau_{\mathrm{f}m}))
\end{cases}
\tag{2.114}
$$

式中，$\boldsymbol{g}_{\mathrm{f}m}$ 为描述电力系统输出或第 m 个控制器输入的代数方程。

在稳态运行点 $(\bar{\boldsymbol{x}},\ \bar{\boldsymbol{y}})$ 处，对式 (2.114) 进行线性化，得

$$
\begin{cases}
\Delta\dot{\boldsymbol{x}}=\boldsymbol{A}_0\Delta\boldsymbol{x}+\boldsymbol{B}_0\Delta\boldsymbol{y}+\displaystyle\sum_{i=1}^{m-1}(\boldsymbol{A}_i\Delta\boldsymbol{x}_{\mathrm{d}i}+\boldsymbol{B}_i\Delta\boldsymbol{y}_{\mathrm{d}i})+\boldsymbol{E}_m\Delta\boldsymbol{y}_{\mathrm{d}cm} \\
\boldsymbol{0}=\boldsymbol{C}_0\Delta\boldsymbol{x}+\boldsymbol{D}_0\Delta\boldsymbol{y} \\
\boldsymbol{0}=\boldsymbol{C}_i\Delta\boldsymbol{x}_{\mathrm{d}i}+\boldsymbol{D}_i\Delta\boldsymbol{y}_{\mathrm{d}i},\quad i=1,\ 2,\ \cdots,\ m-1 \\
\boldsymbol{0}=\boldsymbol{C}_{\mathrm{d}cm}\Delta\boldsymbol{x}(t-\tau_{\mathrm{c}m})+\boldsymbol{D}_{\mathrm{d}cm}\Delta\boldsymbol{y}(t-\tau_{\mathrm{c}m}) \\
\Delta\boldsymbol{y}_{\mathrm{f}m}=\boldsymbol{K}_{1m}\Delta\boldsymbol{x}+\boldsymbol{K}_{2m}\Delta\boldsymbol{y} \\
\Delta\boldsymbol{y}_{\mathrm{df}m}=\boldsymbol{K}_{1m}\Delta\boldsymbol{x}(t-\tau_{\mathrm{f}m})+\boldsymbol{K}_{2m}\Delta\boldsymbol{y}(t-\tau_{\mathrm{f}m})
\end{cases}
\tag{2.115}
$$

式中，雅可比矩阵 $\boldsymbol{A}_i$、$\boldsymbol{B}_i$、$\boldsymbol{C}_i$ 和 $\boldsymbol{D}_i$ $(i=0,\ 1,\ \cdots,\ m-1)$ 的定义详见式 (2.36)，其具体表达详见式 (2.69) 或式 (2.77)。$\boldsymbol{C}_{\mathrm{d}cm}=\left.\dfrac{\partial\boldsymbol{g}}{\partial\boldsymbol{x}(t-\tau_{\mathrm{c}m})}\right|_{(\bar{\boldsymbol{x}},\bar{\boldsymbol{y}})}$，$\boldsymbol{D}_{\mathrm{d}cm}=\left.\dfrac{\partial\boldsymbol{g}}{\partial\boldsymbol{y}(t-\tau_{\mathrm{c}m})}\right|_{(\bar{\boldsymbol{x}},\bar{\boldsymbol{y}})}$，$\boldsymbol{K}_{1m}=\left.\dfrac{\partial\boldsymbol{g}_{\mathrm{f}m}}{\partial\boldsymbol{x}}\right|_{(\bar{\boldsymbol{x}},\bar{\boldsymbol{y}})}$，$\boldsymbol{K}_{2m}=\left.\dfrac{\partial\boldsymbol{g}_{\mathrm{f}m}}{\partial\boldsymbol{y}}\right|_{(\bar{\boldsymbol{x}},\bar{\boldsymbol{y}})}$，$\boldsymbol{E}_m=\left.\dfrac{\partial\boldsymbol{f}}{\partial\boldsymbol{y}_{\mathrm{d}cm}}\right|_{(\bar{\boldsymbol{x}},\bar{\boldsymbol{y}})}$。

$\boldsymbol{E}_m$ 中的非零元素表征了控制器与被附加控制的系统动态元件 (发电机励磁调节器、HVDC 输电系统、FACTS 设备等) 之间的连接关系。$\boldsymbol{E}_m$ 中非零元素所在的行对应着控制设备中放大环节的输出变量在开环电力系统状态变量 $\boldsymbol{x}$ 中的位置，非零元素值为放大环节的放大倍数与时间常数的比值。

2. 控制器

设第 m 个控制器为动态控制器，其动态及输出可由如下 DAE 表示：

$$
\begin{cases}
\dot{\boldsymbol{x}}_{\mathrm{c}m}=\boldsymbol{f}_{\mathrm{c}m}(\boldsymbol{x}_{\mathrm{c}m},\ \boldsymbol{y}_{\mathrm{df}m}) \\
\boldsymbol{y}_{\mathrm{c}m}=\boldsymbol{g}_{\mathrm{c}m}(\boldsymbol{x}_{\mathrm{c}m},\ \boldsymbol{y}_{\mathrm{df}m}) \\
\boldsymbol{y}_{\mathrm{d}cm}=\boldsymbol{g}_{\mathrm{c}m}(\boldsymbol{x}_{\mathrm{c}m}(t-\tau_{\mathrm{c}m}),\ \boldsymbol{y}_{\mathrm{df}m}(t-\tau_{\mathrm{c}m}))
\end{cases}
\tag{2.116}
$$

式中，$\boldsymbol{f}_{\mathrm{c}m}$ 为描述控制器 m 动态特性的微分方程；$\boldsymbol{g}_{\mathrm{c}m}$ 为描述控制器 m 输出或电力系统控制输入的代数方程；$\boldsymbol{x}_{\mathrm{c}m} \in \mathbb{R}^{n_{\mathrm{c}} \times 1}$ 为控制器 m 的状态变量。

方程 (2.116) 对应的线性化方程为

$$
\begin{cases}
\Delta \dot{\boldsymbol{x}}_{\mathrm{c}m} = \boldsymbol{A}_{\mathrm{c}m} \Delta \boldsymbol{x}_{\mathrm{c}m} + \boldsymbol{B}_{\mathrm{c}m} \Delta \boldsymbol{y}_{\mathrm{df}m} \\
\Delta \boldsymbol{y}_{\mathrm{c}m} = \boldsymbol{C}_{\mathrm{c}m} \Delta \boldsymbol{x}_{\mathrm{c}m} + \boldsymbol{D}_{\mathrm{c}m} \Delta \boldsymbol{y}_{\mathrm{df}m} \\
\Delta \boldsymbol{y}_{\mathrm{dc}m} = \boldsymbol{C}_{\mathrm{c}m} \Delta \boldsymbol{x}_{\mathrm{c}m}(t-\tau_{\mathrm{c}m}) + \boldsymbol{D}_{\mathrm{c}m} \Delta \boldsymbol{y}_{\mathrm{df}m}(t-\tau_{\mathrm{c}m})
\end{cases}
\tag{2.117}
$$

式中，$\boldsymbol{A}_{\mathrm{c}m} = \left.\dfrac{\partial \boldsymbol{f}_{\mathrm{c}m}}{\partial \boldsymbol{x}_{\mathrm{c}m}}\right|_{(\bar{\boldsymbol{x}}_{\mathrm{c}m}, \bar{\boldsymbol{y}}_{\mathrm{df}m})}$；$\boldsymbol{B}_{\mathrm{c}m} = \left.\dfrac{\partial \boldsymbol{f}_{\mathrm{c}m}}{\partial \boldsymbol{y}_{\mathrm{df}m}}\right|_{(\bar{\boldsymbol{x}}_{\mathrm{c}m}, \bar{\boldsymbol{y}}_{\mathrm{df}m})}$；$\boldsymbol{C}_{\mathrm{c}m} = \left.\dfrac{\partial \boldsymbol{g}_{\mathrm{c}m}}{\partial \boldsymbol{x}_{\mathrm{c}m}}\right|_{(\bar{\boldsymbol{x}}_{\mathrm{c}m}, \bar{\boldsymbol{y}}_{\mathrm{df}m})}$；$\boldsymbol{D}_{\mathrm{c}m} = \left.\dfrac{\partial \boldsymbol{g}_{\mathrm{c}m}}{\partial \boldsymbol{y}_{\mathrm{df}m}}\right|_{(\bar{\boldsymbol{x}}_{\mathrm{c}m}, \bar{\boldsymbol{y}}_{\mathrm{df}m})}$。

3. 闭环电力系统模型

令 $\boldsymbol{f}' = \left[\boldsymbol{f}^{\mathrm{T}},\ \boldsymbol{f}_{\mathrm{c}m}^{\mathrm{T}}\right]^{\mathrm{T}}$，$\boldsymbol{x}' = \left[\boldsymbol{x}^{\mathrm{T}},\ \boldsymbol{x}_{\mathrm{c}m}^{\mathrm{T}}\right]^{\mathrm{T}}$，则考虑控制器 m 的反馈时滞 $\tau_{\mathrm{f}m}$ 和输出时滞 $\tau_{\mathrm{c}m}$ 后，闭环时滞电力系统可由如下 DDAE 描述：

$$
\begin{cases}
\dot{\boldsymbol{x}}' = \boldsymbol{f}'\big(\boldsymbol{x}',\ \boldsymbol{y},\ \boldsymbol{x}'_{\mathrm{d}1},\ \boldsymbol{y}_{\mathrm{d}1},\ \cdots,\ \boldsymbol{x}'_{\mathrm{d}(m-1)},\ \boldsymbol{y}_{\mathrm{d}(m-1)},\ \boldsymbol{x}'(t-\tau_{\mathrm{f}m}),\ \boldsymbol{y}(t-\tau_{\mathrm{f}m}), \\
\qquad \boldsymbol{x}'(t-\tau_{\mathrm{c}m}),\ \boldsymbol{y}(t-\tau_{\mathrm{c}m}),\ \boldsymbol{x}'(t-\tau_{\mathrm{f}m}-\tau_{\mathrm{c}m}),\ \boldsymbol{y}(t-\tau_{\mathrm{f}m}-\tau_{\mathrm{c}m})\big) \\
\boldsymbol{0} = \boldsymbol{g}\left(\boldsymbol{x}',\ \boldsymbol{y}\right) \\
\boldsymbol{0} = \boldsymbol{g}\left(\boldsymbol{x}'_{\mathrm{d}i},\ \boldsymbol{y}_{\mathrm{d}i}\right), \quad i = 1,\ 2,\ \cdots,\ m-1 \\
\boldsymbol{0} = \boldsymbol{g}\left(\boldsymbol{x}'(t-\tau_{\mathrm{f}m}),\ \boldsymbol{y}(t-\tau_{\mathrm{f}m})\right) \\
\boldsymbol{0} = \boldsymbol{g}\left(\boldsymbol{x}'(t-\tau_{\mathrm{c}m}),\ \boldsymbol{y}(t-\tau_{\mathrm{c}m})\right) \\
\boldsymbol{0} = \boldsymbol{g}\left(\boldsymbol{x}'(t-\tau_{\mathrm{f}m}-\tau_{\mathrm{c}m}),\ \boldsymbol{y}(t-\tau_{\mathrm{f}m}-\tau_{\mathrm{c}m})\right)
\end{cases}
\tag{2.118}
$$

与式 (2.118) 对应的线性化模型可以通过如下步骤得到。

(1) 将式 (2.117) 的第 3 式代入式 (2.115) 的第 1 式消去 $\Delta \boldsymbol{y}_{\mathrm{dc}m}$，并将 $\Delta \boldsymbol{y}_{\mathrm{df}m}$ 作为一个独立的代数变量，得

$$
\begin{aligned}
\Delta \dot{\boldsymbol{x}} =& \boldsymbol{A}_0 \Delta \boldsymbol{x} + \boldsymbol{B}_0 \Delta \boldsymbol{y} + \sum_{i=1}^{m-1} \left(\boldsymbol{A}_i \Delta \boldsymbol{x}_{\mathrm{d}i} + \boldsymbol{B}_i \Delta \boldsymbol{y}_{\mathrm{d}i}\right) \\
& + \boldsymbol{E}_m \boldsymbol{C}_{\mathrm{c}m} \Delta \boldsymbol{x}_{\mathrm{c}m}(t-\tau_{\mathrm{c}m}) + \boldsymbol{E}_m \boldsymbol{D}_{\mathrm{c}m} \Delta \boldsymbol{y}_{\mathrm{df}m}(t-\tau_{\mathrm{c}m})
\end{aligned}
\tag{2.119}
$$

(2) 将式 (2.115) 的第 6 式代入式 (2.119) 消去 $\Delta \boldsymbol{y}_{\mathrm{df}m}$，得

$$
\begin{aligned}
\Delta\dot{\boldsymbol{x}} =& \boldsymbol{A}_0\Delta\boldsymbol{x} + \boldsymbol{B}_0\Delta\boldsymbol{y} + \sum_{i=1}^{m-1}(\boldsymbol{A}_i\Delta\boldsymbol{x}_{\mathrm{d}i} + \boldsymbol{B}_i\Delta\boldsymbol{y}_{\mathrm{d}i}) + \boldsymbol{E}_m\boldsymbol{C}_{\mathrm{c}m}\Delta\boldsymbol{x}_{\mathrm{c}m}(t-\tau_{\mathrm{c}m}) \\
&+ \boldsymbol{E}_m\boldsymbol{D}_{\mathrm{c}m}\boldsymbol{K}_{1m}\Delta\boldsymbol{x}(t-\tau_{\mathrm{f}m}-\tau_{\mathrm{c}m}) + \boldsymbol{E}_m\boldsymbol{D}_{\mathrm{c}m}\boldsymbol{K}_{2m}\Delta\boldsymbol{y}(t-\tau_{\mathrm{f}m}-\tau_{\mathrm{c}m})
\end{aligned} \tag{2.120}
$$

(3) 将式 (2.115) 的第 6 式代入式 (2.117) 的第 1 式消去 $\Delta\boldsymbol{y}_{\mathrm{df}m}$，得

$$
\Delta\dot{\boldsymbol{x}}_{\mathrm{c}m} = \boldsymbol{A}_{\mathrm{c}m}\Delta\boldsymbol{x}_{\mathrm{c}m} + \boldsymbol{B}_{\mathrm{c}m}\boldsymbol{K}_{1m}\Delta\boldsymbol{x}(t-\tau_{\mathrm{f}m}) + \boldsymbol{B}_{\mathrm{c}m}\boldsymbol{K}_{2m}\Delta\boldsymbol{y}(t-\tau_{\mathrm{f}m}) \tag{2.121}
$$

(4) 联立式 (2.120) 和式 (2.121)，可得闭环电力系统的线性化微分方程：

$$
\begin{aligned}
\Delta\dot{\boldsymbol{x}}' =& \boldsymbol{A}_0'\Delta\boldsymbol{x}' + \boldsymbol{B}_0'\Delta\boldsymbol{y} + \sum_{i=1}^{m-1}\left(\boldsymbol{A}_i'\Delta\boldsymbol{x}_{\mathrm{d}i}' + \boldsymbol{B}_i'\Delta\boldsymbol{y}_{\mathrm{d}i}\right) + \boldsymbol{A}_{\mathrm{df}m}'\Delta\boldsymbol{x}'(t-\tau_{\mathrm{f}m}) \\
&+ \boldsymbol{B}_{\mathrm{df}m}'\Delta\boldsymbol{y}(t-\tau_{\mathrm{f}m}) + \boldsymbol{A}_{\mathrm{dc}m}'\Delta\boldsymbol{x}'(t-\tau_{\mathrm{c}m}) \\
&+ \boldsymbol{A}_{\mathrm{dfc}m}'\Delta\boldsymbol{x}'(t-\tau_{\mathrm{f}m}-\tau_{\mathrm{c}m}) + \boldsymbol{B}_{\mathrm{dfc}m}'\Delta\boldsymbol{y}(t-\tau_{\mathrm{f}m}-\tau_{\mathrm{c}m})
\end{aligned} \tag{2.122}
$$

式中

$$
\left\{
\begin{aligned}
&\boldsymbol{A}_0' = \left.\frac{\partial \boldsymbol{f}'}{\partial \boldsymbol{x}'}\right|_{(\bar{\boldsymbol{x}}',\bar{\boldsymbol{y}})} = \begin{bmatrix} \boldsymbol{A}_0 & \boldsymbol{0} \\ \boldsymbol{0} & \boldsymbol{A}_{\mathrm{c}m} \end{bmatrix},\ \boldsymbol{B}_0' = \left.\frac{\partial \boldsymbol{f}'}{\partial \boldsymbol{y}}\right|_{(\bar{\boldsymbol{x}}',\bar{\boldsymbol{y}})} = \begin{bmatrix} \boldsymbol{B}_0 \\ \boldsymbol{0} \end{bmatrix} \\
&\boldsymbol{A}_i' = \left.\frac{\partial \boldsymbol{f}'}{\partial \boldsymbol{x}_{\mathrm{d}i}'}\right|_{(\bar{\boldsymbol{x}}',\bar{\boldsymbol{y}})} = \begin{bmatrix} \boldsymbol{A}_i & \boldsymbol{0} \\ \boldsymbol{0} & \boldsymbol{0} \end{bmatrix},\ i=1,\ 2,\ \cdots,\ m-1 \\
&\boldsymbol{B}_i' = \left.\frac{\partial \boldsymbol{f}'}{\partial \boldsymbol{y}_{\mathrm{d}i}}\right|_{(\bar{\boldsymbol{x}}',\bar{\boldsymbol{y}})} = \begin{bmatrix} \boldsymbol{B}_i \\ \boldsymbol{0} \end{bmatrix},\ i=1,\ 2,\ \cdots,\ m-1 \\
&\boldsymbol{A}_{\mathrm{df}m}' = \left.\frac{\partial \boldsymbol{f}'}{\partial \boldsymbol{x}'(t-\tau_{\mathrm{f}m})}\right|_{(\bar{\boldsymbol{x}}',\bar{\boldsymbol{y}})} = \begin{bmatrix} \boldsymbol{0} & \boldsymbol{0} \\ \boldsymbol{B}_{\mathrm{c}m}\boldsymbol{K}_{1m} & \boldsymbol{0} \end{bmatrix} \\
&\boldsymbol{B}_{\mathrm{df}m}' = \left.\frac{\partial \boldsymbol{f}'}{\partial \boldsymbol{y}(t-\tau_{\mathrm{f}m})}\right|_{(\bar{\boldsymbol{x}}',\bar{\boldsymbol{y}})} = \begin{bmatrix} \boldsymbol{0} \\ \boldsymbol{B}_{\mathrm{c}m}\boldsymbol{K}_{2m} \end{bmatrix} \\
&\boldsymbol{A}_{\mathrm{dc}m}' = \left.\frac{\partial \boldsymbol{f}'}{\partial \boldsymbol{x}'(t-\tau_{\mathrm{c}m})}\right|_{(\bar{\boldsymbol{x}}',\bar{\boldsymbol{y}})} = \begin{bmatrix} \boldsymbol{0} & \boldsymbol{E}_m\boldsymbol{C}_{\mathrm{c}m} \\ \boldsymbol{0} & \boldsymbol{0} \end{bmatrix} \\
&\boldsymbol{A}_{\mathrm{dfc}m}' = \left.\frac{\partial \boldsymbol{f}'}{\partial \boldsymbol{x}'(t-\tau_{\mathrm{f}m}-\tau_{\mathrm{c}m})}\right|_{(\bar{\boldsymbol{x}}',\bar{\boldsymbol{y}})} = \begin{bmatrix} \boldsymbol{E}_m\boldsymbol{D}_{\mathrm{c}m}\boldsymbol{K}_{1m} & \boldsymbol{0} \\ \boldsymbol{0} & \boldsymbol{0} \end{bmatrix} \\
&\boldsymbol{B}_{\mathrm{dfc}m}' = \left.\frac{\partial \boldsymbol{f}'}{\partial \boldsymbol{y}(t-\tau_{\mathrm{f}m}-\tau_{\mathrm{c}m})}\right|_{(\bar{\boldsymbol{x}}',\bar{\boldsymbol{y}})} = \begin{bmatrix} \boldsymbol{E}_m\boldsymbol{D}_{\mathrm{c}m}\boldsymbol{K}_{2m} \\ \boldsymbol{0} \end{bmatrix}
\end{aligned}
\right. \tag{2.123}
$$

闭环电力系统的代数方程与开环电力系统完全一样。然而，由于闭环电力系统的状态变量在开环电力系统状态变量的基础上进行了增广，于是闭环电力系统的代数方程可写为

$$\begin{cases}\boldsymbol{C}_0'\Delta\boldsymbol{x}'+\boldsymbol{D}_0'\Delta\boldsymbol{y}=\boldsymbol{0}\\ \boldsymbol{C}_i'\Delta\boldsymbol{x}_{\mathrm{d}i}'+\boldsymbol{D}_i'\Delta\boldsymbol{y}_{\mathrm{d}i}=\boldsymbol{0},\quad i=1,\ 2,\ \cdots,\ m-1\\ \boldsymbol{C}_{\mathrm{df}m}'\Delta\boldsymbol{x}'(t-\tau_{\mathrm{f}m})+\boldsymbol{D}_{\mathrm{df}m}'\Delta\boldsymbol{y}(t-\tau_{\mathrm{f}m})=\boldsymbol{0}\\ \boldsymbol{C}_{\mathrm{dc}m}'\Delta\boldsymbol{x}'(t-\tau_{\mathrm{c}m})+\boldsymbol{D}_{\mathrm{dc}m}'\Delta\boldsymbol{y}(t-\tau_{\mathrm{c}m})=\boldsymbol{0}\\ \boldsymbol{C}_{\mathrm{dfc}m}'\Delta\boldsymbol{x}'(t-\tau_{\mathrm{f}m}-\tau_{\mathrm{c}m})+\boldsymbol{D}_{\mathrm{dfc}m}'\Delta\boldsymbol{y}(t-\tau_{\mathrm{f}m}-\tau_{\mathrm{c}m})=\boldsymbol{0}\end{cases}\tag{2.124}$$

式中，$\boldsymbol{C}_0'=\left.\dfrac{\partial\boldsymbol{g}}{\partial\boldsymbol{x}'}\right|_{(\bar{\boldsymbol{x}}',\bar{\boldsymbol{y}})}$；$\boldsymbol{D}_0'=\left.\dfrac{\partial\boldsymbol{g}}{\partial\boldsymbol{y}}\right|_{(\bar{\boldsymbol{x}}',\bar{\boldsymbol{y}})}$；$\boldsymbol{C}_i'=\left.\dfrac{\partial\boldsymbol{g}}{\partial\boldsymbol{x}_{\mathrm{d}i}'}\right|_{(\bar{\boldsymbol{x}}',\bar{\boldsymbol{y}})}$；$\boldsymbol{D}_i'=\left.\dfrac{\partial\boldsymbol{g}}{\partial\boldsymbol{y}_{\mathrm{d}i}}\right|_{(\bar{\boldsymbol{x}}',\bar{\boldsymbol{y}})}$；$i=1,\ 2,\ \cdots,\ m-1$；$\boldsymbol{C}_{\mathrm{df}m}'=\left.\dfrac{\partial\boldsymbol{g}}{\partial\boldsymbol{x}'(t-\tau_{\mathrm{f}m})}\right|_{(\bar{\boldsymbol{x}}',\bar{\boldsymbol{y}})}$；$\boldsymbol{D}_{\mathrm{df}m}'=\left.\dfrac{\partial\boldsymbol{g}}{\partial\boldsymbol{y}(t-\tau_{\mathrm{f}m})}\right|_{(\bar{\boldsymbol{x}}',\bar{\boldsymbol{y}})}$；$\boldsymbol{C}_{\mathrm{dc}m}'=\left.\dfrac{\partial\boldsymbol{g}}{\partial\boldsymbol{x}'(t-\tau_{\mathrm{c}m})}\right|_{(\bar{\boldsymbol{x}}',\bar{\boldsymbol{y}})}$；$\boldsymbol{D}_{\mathrm{dc}m}'=\left.\dfrac{\partial\boldsymbol{g}}{\partial\boldsymbol{y}(t-\tau_{\mathrm{c}m})}\right|_{(\bar{\boldsymbol{x}}',\bar{\boldsymbol{y}})}$；$\boldsymbol{C}_{\mathrm{dfc}m}'=\left.\dfrac{\partial\boldsymbol{g}}{\partial\boldsymbol{x}'(t-\tau_{\mathrm{f}m}-\tau_{\mathrm{c}m})}\right|_{(\bar{\boldsymbol{x}}',\bar{\boldsymbol{y}})}$；$\boldsymbol{D}_{\mathrm{dfc}m}'=\left.\dfrac{\partial\boldsymbol{g}}{\partial\boldsymbol{y}(t-\tau_{\mathrm{f}m}-\tau_{\mathrm{c}m})}\right|_{(\bar{\boldsymbol{x}}',\bar{\boldsymbol{y}})}$。此外，有 $\boldsymbol{C}_i'=\boldsymbol{C}_{\mathrm{df}m}'=\boldsymbol{C}_{\mathrm{dc}m}'=\boldsymbol{C}_{\mathrm{dfc}m}'=[\boldsymbol{C}_0,\ \boldsymbol{0}]$，$\boldsymbol{D}_i'=\boldsymbol{D}_{\mathrm{df}m}'=\boldsymbol{D}_{\mathrm{dc}m}'=\boldsymbol{D}_{\mathrm{dfc}m}'=\boldsymbol{D}_0$，$i=0,\ 1,\ \cdots,\ m-1$。

综上，式 (2.122) ~ 式 (2.124) 就形成了闭环电力系统的小干扰稳定性分析模型，即 DDAE 模型。

令 $\Delta\hat{\boldsymbol{x}}=\left[(\Delta\boldsymbol{x}')^{\mathrm{T}},\ \Delta\boldsymbol{y}^{\mathrm{T}}\right]^{\mathrm{T}}\in\mathbb{R}^{(n+n_{\mathrm{c}}+l)\times 1}$ 为系统的增广状态向量。于是，闭环时滞电力系统的 DDAE 模型可以写成如下形式：

$$\begin{aligned}\boldsymbol{E}\Delta\dot{\hat{\boldsymbol{x}}}=&\boldsymbol{J}_0\Delta\hat{\boldsymbol{x}}+\sum_{i=1}^{m-1}\boldsymbol{J}_i\Delta\hat{\boldsymbol{x}}_{\mathrm{d}i}+\boldsymbol{J}_{\mathrm{df}m}\Delta\hat{\boldsymbol{x}}(t-\tau_{\mathrm{f}m})+\boldsymbol{J}_{\mathrm{dc}m}\Delta\hat{\boldsymbol{x}}(t-\tau_{\mathrm{c}m})\\&+\boldsymbol{J}_{\mathrm{dfc}m}\Delta\hat{\boldsymbol{x}}(t-\tau_{\mathrm{fc}m})\end{aligned}\tag{2.125}$$

式中

$$\begin{cases} \boldsymbol{E}=\begin{bmatrix} \boldsymbol{I}_{n+n_{\mathrm{c}}} & \boldsymbol{0} \\ \boldsymbol{0} & \boldsymbol{I}_l \end{bmatrix},\ \boldsymbol{J}_0=\begin{bmatrix} \boldsymbol{A}_0' & \boldsymbol{B}_0' \\ \boldsymbol{C}_0' & \boldsymbol{D}_0 \end{bmatrix} \\ \boldsymbol{J}_i=\begin{bmatrix} \boldsymbol{A}_i' & \boldsymbol{B}_i' \\ \boldsymbol{0} & \boldsymbol{0} \end{bmatrix},\quad i=1,\ 2,\ \cdots,\ m-1 \\ \boldsymbol{J}_{\mathrm{df}m}=\begin{bmatrix} \boldsymbol{A}_{\mathrm{df}m}' & \boldsymbol{B}_{\mathrm{df}m}' \\ \boldsymbol{0} & \boldsymbol{0} \end{bmatrix},\ \boldsymbol{J}_{\mathrm{dc}m}=\begin{bmatrix} \boldsymbol{A}_{\mathrm{dc}m}' & \boldsymbol{B}_{\mathrm{dc}m}' \\ \boldsymbol{0} & \boldsymbol{0} \end{bmatrix} \\ \boldsymbol{J}_{\mathrm{dfc}m}=\begin{bmatrix} \boldsymbol{A}_{\mathrm{dfc}m}' & \boldsymbol{B}_{\mathrm{dfc}m}' \\ \boldsymbol{0} & \boldsymbol{0} \end{bmatrix} \end{cases} \tag{2.126}$$

2.4.2 DDE 模型

消去式 (2.122) 和式 (2.124) 中的代数变量，闭环时滞电力系统的 DDAE 模型即转化为 DDE 模型：

$$\begin{aligned} \Delta\dot{\boldsymbol{x}}' =& \tilde{\boldsymbol{A}}_0\Delta\boldsymbol{x}'+\sum_{i=1}^{m-1}\tilde{\boldsymbol{A}}_i\Delta\boldsymbol{x}_{\mathrm{d}i}'+\tilde{\boldsymbol{A}}_{\mathrm{df}m}\Delta\boldsymbol{x}'(t-\tau_{\mathrm{f}m}) \\ &+\tilde{\boldsymbol{A}}_{\mathrm{dc}m}\Delta\boldsymbol{x}'(t-\tau_{\mathrm{c}m})+\tilde{\boldsymbol{A}}_{\mathrm{dfc}m}\Delta\boldsymbol{x}'(t-\tau_{\mathrm{f}m}-\tau_{\mathrm{c}m}) \end{aligned} \tag{2.127}$$

式中

$$\begin{cases} \boldsymbol{K}_0=-\left(\boldsymbol{D}_0'\right)^{-1}\boldsymbol{C}_0'=\begin{bmatrix} -\boldsymbol{D}_0^{-1}\boldsymbol{C}_0 & \boldsymbol{0} \end{bmatrix} \\ \tilde{\boldsymbol{A}}_0=\boldsymbol{A}_0'+\boldsymbol{B}_0'\boldsymbol{K}_0=\begin{bmatrix} \boldsymbol{A}_0-\boldsymbol{B}_0\boldsymbol{D}_0^{-1}\boldsymbol{C}_0 & \boldsymbol{0} \\ \boldsymbol{0} & \boldsymbol{A}_{\mathrm{c}m} \end{bmatrix} \\ \tilde{\boldsymbol{A}}_i=\boldsymbol{A}_i'+\boldsymbol{B}_i'\boldsymbol{K}_0=\begin{bmatrix} \boldsymbol{A}_i-\boldsymbol{B}_i\boldsymbol{D}_0^{-1}\boldsymbol{C}_0 & \boldsymbol{0} \\ \boldsymbol{0} & \boldsymbol{0} \end{bmatrix},\quad i=1,\ 2,\ \cdots,\ m-1 \\ \tilde{\boldsymbol{A}}_{\mathrm{df}m}=\boldsymbol{A}_{\mathrm{df}m}'+\boldsymbol{B}_{\mathrm{df}m}'\boldsymbol{K}_0=\begin{bmatrix} \boldsymbol{0} & \boldsymbol{0} \\ \boldsymbol{B}_{\mathrm{c}m}\left(\boldsymbol{K}_{1m}-\boldsymbol{K}_{2m}\boldsymbol{D}_0^{-1}\boldsymbol{C}_0\right) & \boldsymbol{0} \end{bmatrix} \\ \tilde{\boldsymbol{A}}_{\mathrm{dc}m}=\boldsymbol{A}_{\mathrm{dc}m}'+\boldsymbol{B}_{\mathrm{dc}m}'\boldsymbol{K}_0=\begin{bmatrix} \boldsymbol{0} & \boldsymbol{E}_m\boldsymbol{C}_{\mathrm{c}m} \\ \boldsymbol{0} & \boldsymbol{0} \end{bmatrix} \\ \tilde{\boldsymbol{A}}_{\mathrm{dfc}m}=\boldsymbol{A}_{\mathrm{dfc}m}'+\boldsymbol{B}_{\mathrm{dfc}m}'\boldsymbol{K}_0=\begin{bmatrix} \boldsymbol{E}_m\boldsymbol{D}_{\mathrm{c}m}\left(\boldsymbol{K}_{1m}-\boldsymbol{K}_{2m}\boldsymbol{D}_0^{-1}\boldsymbol{C}_0\right) & \boldsymbol{0} \\ \boldsymbol{0} & \boldsymbol{0} \end{bmatrix} \end{cases} \tag{2.128}$$

2.4.3 时滞合并性质

式 (2.122) ~ 式 (2.125) 给出的闭环电力系统稳定性分析模型具有定理 3 所述的控制回路时滞合并性质 [153]，从而可以进一步简化系统模型。

定理 3 当反馈控制器 m 为线性控制器时，可将控制回路 m 中的反馈时滞 $\tau_{\mathrm{f}m}$ 和控制时滞 $\tau_{\mathrm{c}m}$ 合并为一个综合时滞，即 $\tau_m = \tau_{\mathrm{f}m} + \tau_{\mathrm{c}m}$。

证明 证明思路如下。首先，推导当控制回路 m 同时存在反馈时滞 $\tau_{\mathrm{f}m}$ 和控制时滞 $\tau_{\mathrm{c}m}$ 时闭环电力系统的多项式方程；然后，从特征多项式入手，分析第 m 个控制回路时滞对系统特征多项式的影响。

将式 (2.128) 代入闭环电力系统的特征多项式 (2.109) 中，得

$$
\begin{aligned}
&|\Delta(\lambda)| \\
=&\left|\lambda \boldsymbol{I}_{n+n_{\mathrm{c}}}-\tilde{\boldsymbol{A}}_0-\sum_{i=1}^{m-1} \tilde{\boldsymbol{A}}_i \mathrm{e}^{-\lambda \tau_i}-\tilde{\boldsymbol{A}}_{\mathrm{df}m} \mathrm{e}^{-\lambda \tau_{\mathrm{f}m}}-\tilde{\boldsymbol{A}}_{\mathrm{dc}m} \mathrm{e}^{-\lambda \tau_{\mathrm{c}m}}-\tilde{\boldsymbol{A}}_{\mathrm{dfc}m} \mathrm{e}^{-\lambda\left(\tau_{\mathrm{f}m}+\tau_{\mathrm{c}m}\right)}\right| \\
=&\left|\begin{array}{c:c}
\begin{array}{c}
\lambda \boldsymbol{I}_n-\left(\boldsymbol{A}_0-\boldsymbol{B}_0 \boldsymbol{D}_0^{-1} \boldsymbol{C}_0\right)-\sum\limits_{i=1}^{m-1}\left(\boldsymbol{A}_i-\boldsymbol{B}_i \boldsymbol{D}_0^{-1} \boldsymbol{C}_0\right) \mathrm{e}^{-\lambda \tau_i} \\
-\boldsymbol{E}_m \boldsymbol{D}_{\mathrm{c}m}\left(\boldsymbol{K}_{1m}-\boldsymbol{K}_{2m} \boldsymbol{D}_0^{-1} \boldsymbol{C}_0\right) \mathrm{e}^{-\lambda\left(\tau_{\mathrm{f}m}+\tau_{\mathrm{c}m}\right)}
\end{array} & -\boldsymbol{E}_m \boldsymbol{C}_{\mathrm{c}m} \mathrm{e}^{-\lambda \tau_{\mathrm{c}m}} \\
\hdashline
-\boldsymbol{B}_{\mathrm{c}m}\left(\boldsymbol{K}_{1m}-\boldsymbol{K}_{2m} \boldsymbol{D}_0^{-1} \boldsymbol{C}_0\right) \mathrm{e}^{-\lambda \tau_{\mathrm{f}m}} & \lambda \boldsymbol{I}_{n_{\mathrm{c}}}-\boldsymbol{A}_{\mathrm{c}m}
\end{array}\right|
\end{aligned} \tag{2.129}
$$

为了对式 (2.129) 进一步化简，引出分块矩阵行列式的 Schur 公式。

引理 2 (Schur 公式) 如果方阵 $\boldsymbol{J}$ 被分割成 $\boldsymbol{J}=\begin{bmatrix}\boldsymbol{J}_1 & \boldsymbol{J}_2 \\ \boldsymbol{J}_3 & \boldsymbol{J}_4\end{bmatrix}$，其中 $\boldsymbol{J}_1$ 和 $\boldsymbol{J}_4$ 都是方阵，且 $\det(\boldsymbol{J}_4) \neq 0$，则有 $\det(\boldsymbol{J})=\det(\boldsymbol{J}_4)\det\left(\boldsymbol{J}_1-\boldsymbol{J}_2 \boldsymbol{J}_4^{-1} \boldsymbol{J}_3\right)$。

据此可得

$$
\begin{aligned}
&|\Delta(\lambda)| \\
=&\left|\lambda \boldsymbol{I}_{n_{\mathrm{c}}}-\boldsymbol{A}_{\mathrm{c}m}\right| \\
&\times\left|\begin{array}{c}
\lambda \boldsymbol{I}_n-\left(\boldsymbol{A}_0-\boldsymbol{B}_0 \boldsymbol{D}_0^{-1} \boldsymbol{C}_0\right)-\sum\limits_{i=1}^{m-1}\left(\boldsymbol{A}_i-\boldsymbol{B}_i \boldsymbol{D}_0^{-1} \boldsymbol{C}_0\right) \mathrm{e}^{-\lambda \tau_i} \\
-\boldsymbol{E}_m\left[\boldsymbol{C}_{\mathrm{c}m}\left(\lambda \boldsymbol{I}_{n_{\mathrm{c}}}-\boldsymbol{A}_{\mathrm{c}m}\right)^{-1} \boldsymbol{B}_{\mathrm{c}m}+\boldsymbol{D}_{\mathrm{c}m}\right]\left(\boldsymbol{K}_{1m}-\boldsymbol{K}_{2m} \boldsymbol{D}_0^{-1} \boldsymbol{C}_0\right) \mathrm{e}^{-\lambda\left(\tau_{\mathrm{f}m}+\tau_{\mathrm{c}m}\right)}
\end{array}\right|
\end{aligned} \tag{2.130}
$$

式 (2.130) 中右侧第二个行列式中 $-\boldsymbol{E}_m\left[\boldsymbol{C}_{\mathrm{c}m}\left(\lambda \boldsymbol{I}_{n_{\mathrm{c}}}-\boldsymbol{A}_{\mathrm{c}m}\right)^{-1} \boldsymbol{B}_{\mathrm{c}m}+\boldsymbol{D}_{\mathrm{c}m}\right]$ $(\boldsymbol{K}_{1m}-\boldsymbol{K}_{2m}\boldsymbol{D}_0^{-1}\boldsymbol{C}_0)\mathrm{e}^{-\lambda(\tau_{\mathrm{f}m}+\tau_{\mathrm{c}m})}$ 刻画了第 m 个控制回路时滞对系统特征多项

式的影响。由此可知，当 $\tau_m=\tau_{\mathrm{f}m}+\tau_{\mathrm{c}m}$ 恒定时，闭环电力系统的特征多项式保持不变。从而，定理 3 得证。■

按照与定理 3 的证明过程相同的思路，可以推导得到当控制回路 m 仅存在反馈时滞 $\tau_{\mathrm{f}m}$ 或仅存在控制时滞 $\tau_{\mathrm{c}m}$ 时，闭环电力系统的特征多项式。

当控制回路 m 仅存在反馈时滞 $\tau_{\mathrm{f}m}$ 时，闭环电力系统可由如下 DDE 描述：

$$\Delta\dot{\boldsymbol{x}}'=\tilde{\boldsymbol{A}}_0\Delta\boldsymbol{x}'+\sum_{i=1}^{m-1}\tilde{\boldsymbol{A}}_i\Delta\boldsymbol{x}'_{\mathrm{d}i}+\tilde{\boldsymbol{A}}_{\mathrm{df}m}\Delta\boldsymbol{x}'(t-\tau_{\mathrm{f}m}) \tag{2.131}$$

式中

$$\begin{cases}\boldsymbol{K}_0=-\left(\boldsymbol{D}'_0\right)^{-1}\boldsymbol{C}'_0=\left[-\boldsymbol{D}_0^{-1}\boldsymbol{C}_0\ \ \boldsymbol{0}\right]\\ \tilde{\boldsymbol{A}}_0=\left(\boldsymbol{A}'_0+\boldsymbol{A}'_{\mathrm{dc}m}\right)+\left(\boldsymbol{B}'_0+\boldsymbol{B}'_{\mathrm{dc}m}\right)\boldsymbol{K}_0=\begin{bmatrix}\boldsymbol{A}_0-\boldsymbol{B}_0\boldsymbol{D}_0^{-1}\boldsymbol{C}_0 & \boldsymbol{E}_m\boldsymbol{C}_{\mathrm{c}m}\\ \boldsymbol{0} & \boldsymbol{A}_{\mathrm{c}m}\end{bmatrix}\\ \tilde{\boldsymbol{A}}_i=\boldsymbol{A}'_i+\boldsymbol{B}'_i\boldsymbol{K}_0=\begin{bmatrix}\boldsymbol{A}_i-\boldsymbol{B}_i\boldsymbol{D}_0^{-1}\boldsymbol{C}_0 & \boldsymbol{0}\\ \boldsymbol{0} & \boldsymbol{0}\end{bmatrix},\ \ i=1,\ 2,\ \cdots,\ m-1\\ \tilde{\boldsymbol{A}}_{\mathrm{df}m}=\boldsymbol{A}'_{\mathrm{df}m}+\boldsymbol{B}'_{\mathrm{df}m}\boldsymbol{K}_0=\begin{bmatrix}\boldsymbol{E}_m\boldsymbol{D}_{\mathrm{c}m}\left(\boldsymbol{K}_{1m}-\boldsymbol{K}_{2m}\boldsymbol{D}_0^{-1}\boldsymbol{C}_0\right) & \boldsymbol{0}\\ \boldsymbol{B}_{\mathrm{c}m}\left(\boldsymbol{K}_{1m}-\boldsymbol{K}_{2m}\boldsymbol{D}_0^{-1}\boldsymbol{C}_0\right) & \boldsymbol{0}\end{bmatrix}\end{cases} \tag{2.132}$$

此时，闭环电力系统的特征多项式为

$$\begin{aligned}&|\Delta(\lambda)|\\ =&\left|\lambda\boldsymbol{I}_{n+n_{\mathrm{c}}}-\tilde{\boldsymbol{A}}_0-\sum_{i=1}^{m-1}\tilde{\boldsymbol{A}}_i\mathrm{e}^{-\lambda\tau_i}-\tilde{\boldsymbol{A}}_{\mathrm{df}m}\mathrm{e}^{-\lambda\tau_{\mathrm{f}m}}\right|\\ =&\left|\begin{array}{c:c}\begin{gathered}\lambda\boldsymbol{I}_n-\left(\boldsymbol{A}_0-\boldsymbol{B}_0\boldsymbol{D}_0^{-1}\boldsymbol{C}_0\right)-\sum_{i=1}^{m-1}\left(\boldsymbol{A}_i-\boldsymbol{B}_i\boldsymbol{D}_0^{-1}\boldsymbol{C}_0\right)\mathrm{e}^{-\lambda\tau_i}\\ -\boldsymbol{E}_m\boldsymbol{D}_{\mathrm{c}m}\left(\boldsymbol{K}_{1m}-\boldsymbol{K}_{2m}\boldsymbol{D}_0^{-1}\boldsymbol{C}_0\right)\mathrm{e}^{-\lambda\tau_{\mathrm{f}m}}\end{gathered} & -\boldsymbol{E}_m\boldsymbol{C}_{\mathrm{c}m}\\ \hdashline -\boldsymbol{B}_{\mathrm{c}m}\left(\boldsymbol{K}_{1m}-\boldsymbol{K}_{2m}\boldsymbol{D}_0^{-1}\boldsymbol{C}_0\right)\mathrm{e}^{-\lambda\tau_{\mathrm{f}m}} & \lambda\boldsymbol{I}_{n_{\mathrm{c}}}-\boldsymbol{A}_{\mathrm{c}m}\end{array}\right|\\ =&\left|\lambda\boldsymbol{I}_{n_{\mathrm{c}}}-\boldsymbol{A}_{\mathrm{c}m}\right|\left|\begin{gathered}\lambda\boldsymbol{I}_n-\left(\boldsymbol{A}_0-\boldsymbol{B}_0\boldsymbol{D}_0^{-1}\boldsymbol{C}_0\right)-\sum_{i=1}^{m-1}\left(\boldsymbol{A}_i-\boldsymbol{B}_i\boldsymbol{D}_0^{-1}\boldsymbol{C}_0\right)\mathrm{e}^{-\lambda\tau_i}\\ -\boldsymbol{E}_m\left[\boldsymbol{C}_{\mathrm{c}m}\left(\lambda\boldsymbol{I}_{n_{\mathrm{c}}}-\boldsymbol{A}_{\mathrm{c}m}\right)^{-1}\boldsymbol{B}_{\mathrm{c}m}+\boldsymbol{D}_{\mathrm{c}m}\right]\\ \times\left(\boldsymbol{K}_{1m}-\boldsymbol{K}_{2m}\boldsymbol{D}_0^{-1}\boldsymbol{C}_0\right)\mathrm{e}^{-\lambda\tau_{\mathrm{f}m}}\end{gathered}\right|\end{aligned} \tag{2.133}$$

当控制回路 m 仅存在控制时滞 $\tau_{\mathrm{c}m}$ 时，闭环电力系统可由如下 DDE 描述：

$$\Delta\dot{\boldsymbol{x}}' = \tilde{\boldsymbol{A}}_0\Delta\boldsymbol{x}' + \sum_{i=1}^{m-1}\tilde{\boldsymbol{A}}_i\Delta\boldsymbol{x}'_{\mathrm{d}i} + \tilde{\boldsymbol{A}}_{\mathrm{dc}m}\Delta\boldsymbol{x}'(t-\tau_{\mathrm{c}m}) \tag{2.134}$$

式中

$$\begin{cases}\boldsymbol{K}_0 = -\left(\boldsymbol{D}'_0\right)^{-1}\boldsymbol{C}'_0 = \left[-\boldsymbol{D}_0^{-1}\boldsymbol{C}_0 \;\; \boldsymbol{0}\right] \\ \tilde{\boldsymbol{A}}_0 = \left(\boldsymbol{A}'_0 + \boldsymbol{A}'_{\mathrm{df}m}\right) + \left(\boldsymbol{B}'_0 + \boldsymbol{B}'_{\mathrm{df}m}\right)\boldsymbol{K}_0 = \begin{bmatrix}\boldsymbol{A}_0 - \boldsymbol{B}_0\boldsymbol{D}_0^{-1}\boldsymbol{C}_0 & \boldsymbol{0} \\ \boldsymbol{B}_{\mathrm{c}m}\left(\boldsymbol{K}_{1m} - \boldsymbol{K}_{2m}\boldsymbol{D}_0^{-1}\boldsymbol{C}_0\right) & \boldsymbol{A}_{\mathrm{c}m}\end{bmatrix} \\ \tilde{\boldsymbol{A}}_i = \boldsymbol{A}'_i + \boldsymbol{B}'_i\boldsymbol{K}_0 = \begin{bmatrix}\boldsymbol{A}_i - \boldsymbol{B}_i\boldsymbol{D}_0^{-1}\boldsymbol{C}_0 & \boldsymbol{0} \\ \boldsymbol{0} & \boldsymbol{0}\end{bmatrix},\quad i = 1,\ 2,\ \cdots,\ m-1 \\ \tilde{\boldsymbol{A}}_{\mathrm{dc}m} = \boldsymbol{A}'_{\mathrm{dc}m} + \boldsymbol{B}'_{\mathrm{dc}m}\boldsymbol{K}_0 = \begin{bmatrix}\boldsymbol{E}_m\boldsymbol{D}_{\mathrm{c}m}\left(\boldsymbol{K}_{1m} - \boldsymbol{K}_{2m}\boldsymbol{D}_0^{-1}\boldsymbol{C}_0\right) & \boldsymbol{E}_m\boldsymbol{C}_{\mathrm{c}m} \\ \boldsymbol{0} & \boldsymbol{0}\end{bmatrix}\end{cases} \tag{2.135}$$

于是，闭环电力系统的特征多项式可写为

$$\begin{aligned}&|\Delta(\lambda)| \\ =&\left|\lambda\boldsymbol{I}_{n+n_{\mathrm{c}}} - \tilde{\boldsymbol{A}}_0 - \sum_{i=1}^{m-1}\tilde{\boldsymbol{A}}_i\mathrm{e}^{-\lambda\tau_i} - \tilde{\boldsymbol{A}}_{\mathrm{dc}m}\mathrm{e}^{-\lambda\tau_{\mathrm{c}m}}\right| \\ =&\left|\begin{array}{c:c}\begin{array}{c}\lambda\boldsymbol{I}_n - \left(\boldsymbol{A}_0 - \boldsymbol{B}_0\boldsymbol{D}_0^{-1}\boldsymbol{C}_0\right) - \sum\limits_{i=1}^{m-1}\left(\boldsymbol{A}_i - \boldsymbol{B}_i\boldsymbol{D}_0^{-1}\boldsymbol{C}_0\right)\mathrm{e}^{-\lambda\tau_i} \\ -\boldsymbol{E}_m\boldsymbol{D}_{\mathrm{c}m}\left(\boldsymbol{K}_{1m} - \boldsymbol{K}_{2m}\boldsymbol{D}_0^{-1}\boldsymbol{C}_0\right)\mathrm{e}^{-\lambda\tau_{\mathrm{c}m}}\end{array} & -\boldsymbol{E}_m\boldsymbol{C}_{\mathrm{c}m}\mathrm{e}^{-\lambda\tau_{\mathrm{c}m}} \\ \hdashline -\boldsymbol{B}_{\mathrm{c}m}\left(\boldsymbol{K}_{1m} - \boldsymbol{K}_{2m}\boldsymbol{D}_0^{-1}\boldsymbol{C}_0\right) & \lambda\boldsymbol{I}_{n_{\mathrm{c}}} - \boldsymbol{A}_{\mathrm{c}m}\end{array}\right| \\ =&\left|\lambda\boldsymbol{I}_{n_{\mathrm{c}}} - \boldsymbol{A}_{\mathrm{c}m}\right| \\ &\times\left|\begin{array}{c}\lambda\boldsymbol{I}_n - \left(\boldsymbol{A}_0 - \boldsymbol{B}_0\boldsymbol{D}_0^{-1}\boldsymbol{C}_0\right) - \sum\limits_{i=1}^{m-1}\left(\boldsymbol{A}_i - \boldsymbol{B}_i\boldsymbol{D}_0^{-1}\boldsymbol{C}_0\right)\mathrm{e}^{-\lambda\tau_i} \\ -\boldsymbol{E}_m\left[\boldsymbol{C}_{\mathrm{c}m}\left(\lambda\boldsymbol{I}_{n_{\mathrm{c}}} - \boldsymbol{A}_{\mathrm{c}m}\right)^{-1}\boldsymbol{B}_{\mathrm{c}m} + \boldsymbol{D}_{\mathrm{c}m}\right]\left(\boldsymbol{K}_{1m} - \boldsymbol{K}_{2m}\boldsymbol{D}_0^{-1}\boldsymbol{C}_0\right)\mathrm{e}^{-\lambda\tau_{\mathrm{c}m}}\end{array}\right|\end{aligned} \tag{2.136}$$

对比式 (2.130)、式 (2.133) 和式 (2.136) 可知，同时存在 $\tau_{\mathrm{f}m}$ 和 $\tau_{\mathrm{c}m}$、仅存在 $\tau_{\mathrm{f}m}$ 以及仅存在 $\tau_{\mathrm{c}m}$ 三种情况下，闭环电力系统特征多项式的形式完全相同，差别仅在于第二个行列式最后一项中的时滞常数不同，其分别为 $\tau_{\mathrm{f}m}+\tau_{\mathrm{c}m}$、$\tau_{\mathrm{f}m}$ 和 $\tau_{\mathrm{c}m}$。

2.4.4 三种情况下 DDE 模型

1. 闭环电力系统模型 ($\boldsymbol{D}_{\mathrm{c}m}=\mathbf{0}$)

当系统没有直通环节时，$\boldsymbol{D}_{\mathrm{c}m}=\mathbf{0}$，$\Delta\boldsymbol{y}_{\mathrm{c}m}=\boldsymbol{C}_{\mathrm{c}m}\Delta\boldsymbol{x}_{\mathrm{c}m}$，闭环电力系统可由如下 DDE 描述：

$$\Delta\dot{\boldsymbol{x}}'=\tilde{\boldsymbol{A}}_0\Delta\boldsymbol{x}'+\sum_{i=1}^{m-1}\tilde{\boldsymbol{A}}_i\Delta\boldsymbol{x}'_{\mathrm{d}i}+\tilde{\boldsymbol{A}}_{\mathrm{df}m}\Delta\boldsymbol{x}'(t-\tau_{\mathrm{f}m})+\tilde{\boldsymbol{A}}_{\mathrm{dc}m}\Delta\boldsymbol{x}'(t-\tau_{\mathrm{c}m}) \tag{2.137}$$

式中

$$\begin{cases}\boldsymbol{K}_0=-\left(\boldsymbol{D}'_0\right)^{-1}\boldsymbol{C}'_0=\begin{bmatrix}-\boldsymbol{D}_0^{-1}\boldsymbol{C}_0 & \mathbf{0}\end{bmatrix}\\ \tilde{\boldsymbol{A}}_0=\boldsymbol{A}'_0+\boldsymbol{B}'_0\boldsymbol{K}_0=\begin{bmatrix}\boldsymbol{A}_0-\boldsymbol{B}_0\boldsymbol{D}_0^{-1}\boldsymbol{C}_0 & \mathbf{0}\\ \mathbf{0} & \boldsymbol{A}_{\mathrm{c}m}\end{bmatrix}\\ \tilde{\boldsymbol{A}}_i=\boldsymbol{A}'_i+\boldsymbol{B}'_i\boldsymbol{K}_0=\begin{bmatrix}\boldsymbol{A}_i-\boldsymbol{B}_i\boldsymbol{D}_0^{-1}\boldsymbol{C}_0 & \mathbf{0}\\ \mathbf{0} & \mathbf{0}\end{bmatrix},\ i=1,\ 2,\ \cdots,\ m-1\\ \tilde{\boldsymbol{A}}_{\mathrm{df}m}=\boldsymbol{A}'_{\mathrm{df}m}+\boldsymbol{B}'_{\mathrm{df}m}\boldsymbol{K}_0=\begin{bmatrix}\mathbf{0} & \mathbf{0}\\ \boldsymbol{B}_{\mathrm{c}m}\left(\boldsymbol{K}_{1m}-\boldsymbol{K}_{2m}\boldsymbol{D}_0^{-1}\boldsymbol{C}_0\right) & \mathbf{0}\end{bmatrix}\\ \tilde{\boldsymbol{A}}_{\mathrm{dc}m}=\boldsymbol{A}'_{\mathrm{dc}m}+\boldsymbol{B}'_{\mathrm{dc}m}\boldsymbol{K}_0=\begin{bmatrix}\mathbf{0} & \boldsymbol{E}_m\boldsymbol{C}_{\mathrm{c}m}\\ \mathbf{0} & \mathbf{0}\end{bmatrix}\end{cases} \tag{2.138}$$

2. 闭环电力系统模型 ($\boldsymbol{C}_{\mathrm{c}m}=\mathbf{0}$)

当控制器没有动态环节时，$\boldsymbol{C}_{\mathrm{c}m}=\mathbf{0}$，$\Delta\boldsymbol{y}_{\mathrm{c}m}=\boldsymbol{D}_{\mathrm{c}m}\Delta\boldsymbol{y}_{\mathrm{df}m}$，式 (2.117) 的第 1 式不存在。因此，联立式 (2.115) 的第 1、2、3、6 式和式 (2.117) 的第 3 式以及式 (2.124) 的第 4 式，得

$$\Delta\dot{\boldsymbol{x}}=\tilde{\boldsymbol{A}}_0\Delta\boldsymbol{x}+\sum_{i=1}^{m-1}\tilde{\boldsymbol{A}}_i\Delta\boldsymbol{x}_{\mathrm{d}i}+\tilde{\boldsymbol{A}}_{\mathrm{dfc}m}\Delta\boldsymbol{x}_{\mathrm{c}m}(t-\tau_{\mathrm{f}m}-\tau_{\mathrm{c}m}) \tag{2.139}$$

式中

$$\begin{cases}\boldsymbol{K}_0=-\boldsymbol{D}_0^{-1}\boldsymbol{C}_0\\ \tilde{\boldsymbol{A}}_0=\boldsymbol{A}_0-\boldsymbol{B}_0\boldsymbol{D}_0^{-1}\boldsymbol{C}_0\\ \tilde{\boldsymbol{A}}_i=\boldsymbol{A}_i-\boldsymbol{B}_i\boldsymbol{D}_0^{-1}\boldsymbol{C}_0,\ i=0,\ 1,\ \cdots,\ m-1\\ \tilde{\boldsymbol{A}}_{\mathrm{dfc}m}=\boldsymbol{A}'_{\mathrm{dfc}m}+\boldsymbol{B}'_{\mathrm{dfc}m}\boldsymbol{K}_0=\boldsymbol{E}_m\boldsymbol{D}_{\mathrm{c}m}\left(\boldsymbol{K}_{1m}-\boldsymbol{K}_{2m}\boldsymbol{D}_0^{-1}\boldsymbol{C}_0\right)\end{cases} \tag{2.140}$$

值得注意的是，式 (2.140) 中 $\tilde{\boldsymbol{A}}_{\mathrm{dfc}m}$ 为式 (2.128) 中 $\tilde{\boldsymbol{A}}_{\mathrm{dfc}m}$ 的左上分块。式 (2.139) 表明，在控制器没有动态环节情况下对闭环电力系统进行建模时，需要将控制回路的反馈时滞 $\tau_{\mathrm{f}m}$ 和控制时滞 $\tau_{\mathrm{c}m}$ 合并为一个时滞 $\tau_m=\tau_{\mathrm{f}m}+\tau_{\mathrm{c}m}$ 进行处理。

3. 闭环电力系统模型 ($\boldsymbol{C}_{\mathrm{c}m}\neq\boldsymbol{0}$，$\boldsymbol{D}_{\mathrm{c}m}\neq\boldsymbol{0}$)

对于 $\boldsymbol{C}_{\mathrm{c}m}\neq\boldsymbol{0}$ 和 $\boldsymbol{D}_{\mathrm{c}m}\neq\boldsymbol{0}$ 的情况，由定理 3 可知，当合并时滞 $\tau_m=\tau_{\mathrm{f}m}+\tau_{\mathrm{c}m}$ 保持不变时，系统的特征值保持不变。因此，可令 $\tau_{\mathrm{f}m}=\tau_m$，$\tau_{\mathrm{c}m}=0$ 或 $\tau_{\mathrm{f}m}=0$，$\tau_{\mathrm{c}m}=\tau_m$。时滞合并后，式 (2.127) 变为

$$\Delta\dot{\boldsymbol{x}}'=\left(\tilde{\boldsymbol{A}}_0+\tilde{\boldsymbol{A}}_{0m}\right)\Delta\boldsymbol{x}'+\sum_{i=1}^{m-1}\tilde{\boldsymbol{A}}_i\Delta\boldsymbol{x}'_{\mathrm{d}i}+\tilde{\boldsymbol{A}}_{\mathrm{d}m}\Delta\boldsymbol{x}'_{\mathrm{d}m} \tag{2.141}$$

当 $\tau_{\mathrm{f}m}=\tau_m$，$\tau_{\mathrm{c}m}=0$ 时，式 (2.141) 中矩阵由式 (2.128) 得到。

$$\begin{cases}\boldsymbol{K}_0=-\left(\boldsymbol{D}'_0\right)^{-1}\boldsymbol{C}'_0=\left[-\boldsymbol{D}_0^{-1}\boldsymbol{C}_0\ \ \boldsymbol{0}\right]\\ \tilde{\boldsymbol{A}}_0=\boldsymbol{A}'_0+\boldsymbol{B}'_0\boldsymbol{K}_0=\begin{bmatrix}\boldsymbol{A}_0-\boldsymbol{B}_0\boldsymbol{D}_0^{-1}\boldsymbol{C}_0 & \boldsymbol{0}\\ \boldsymbol{0} & \boldsymbol{A}_{\mathrm{c}m}\end{bmatrix}\\ \tilde{\boldsymbol{A}}_i=\boldsymbol{A}'_i+\boldsymbol{B}'_i\boldsymbol{K}_0=\begin{bmatrix}\boldsymbol{A}_i-\boldsymbol{B}_i\boldsymbol{D}_0^{-1}\boldsymbol{C}_0 & \boldsymbol{0}\\ \boldsymbol{0} & \boldsymbol{0}\end{bmatrix},\quad i=1,\ 2,\ \cdots,\ m-1\\ \tilde{\boldsymbol{A}}_{0m}=\tilde{\boldsymbol{A}}_{\mathrm{dc}m}=\begin{bmatrix}\boldsymbol{0} & \boldsymbol{E}_m\boldsymbol{C}_{\mathrm{c}m}\\ \boldsymbol{0} & \boldsymbol{0}\end{bmatrix}\\ \tilde{\boldsymbol{A}}_{\mathrm{d}m}=\tilde{\boldsymbol{A}}_{\mathrm{df}m}+\tilde{\boldsymbol{A}}_{\mathrm{dfc}m}=\begin{bmatrix}\boldsymbol{E}_m\boldsymbol{D}_{\mathrm{c}m}\left(\boldsymbol{K}_{1m}-\boldsymbol{K}_{2m}\boldsymbol{D}_0^{-1}\boldsymbol{C}_0\right) & \boldsymbol{0}\\ \boldsymbol{B}_{\mathrm{c}m}\left(\boldsymbol{K}_{1m}-\boldsymbol{K}_{2m}\boldsymbol{D}_0^{-1}\boldsymbol{C}_0\right) & \boldsymbol{0}\end{bmatrix}\end{cases} \tag{2.142}$$

当 $\tau_{\mathrm{f}m}=0$，$\tau_{\mathrm{c}m}=\tau_m$ 时，式 (2.141) 中矩阵由式 (2.128) 计算为

$$\begin{cases}\boldsymbol{K}_0=-\left(\boldsymbol{D}'_0\right)^{-1}\boldsymbol{C}'_0=\left[-\boldsymbol{D}_0^{-1}\boldsymbol{C}_0\ \ \boldsymbol{0}\right]\\ \tilde{\boldsymbol{A}}_0=\boldsymbol{A}'_0+\boldsymbol{B}'_0\boldsymbol{K}_0=\begin{bmatrix}\boldsymbol{A}_0-\boldsymbol{B}_0\boldsymbol{D}_0^{-1}\boldsymbol{C}_0 & \boldsymbol{0}\\ \boldsymbol{0} & \boldsymbol{A}_{\mathrm{c}m}\end{bmatrix}\\ \tilde{\boldsymbol{A}}_i=\boldsymbol{A}'_i+\boldsymbol{B}'_i\boldsymbol{K}_0=\begin{bmatrix}\boldsymbol{A}_i-\boldsymbol{B}_i\boldsymbol{D}_0^{-1}\boldsymbol{C}_0 & \boldsymbol{0}\\ \boldsymbol{0} & \boldsymbol{0}\end{bmatrix},\quad i=1,\ 2,\ \cdots,\ m-1\\ \tilde{\boldsymbol{A}}_{0m}=\tilde{\boldsymbol{A}}_{\mathrm{df}m}=\begin{bmatrix}\boldsymbol{0} & \boldsymbol{0}\\ \boldsymbol{B}_{\mathrm{c}m}\left(\boldsymbol{K}_{1m}-\boldsymbol{K}_{2m}\boldsymbol{D}_0^{-1}\boldsymbol{C}_0\right) & \boldsymbol{0}\end{bmatrix}\\ \tilde{\boldsymbol{A}}_{\mathrm{d}m}=\tilde{\boldsymbol{A}}_{\mathrm{dc}m}+\tilde{\boldsymbol{A}}_{\mathrm{dfc}m}=\begin{bmatrix}\boldsymbol{E}_m\boldsymbol{D}_{\mathrm{c}m}\left(\boldsymbol{K}_{1m}-\boldsymbol{K}_{2m}\boldsymbol{D}_0^{-1}\boldsymbol{C}_0\right) & \boldsymbol{E}_m\boldsymbol{C}_{\mathrm{c}m}\\ \boldsymbol{0} & \boldsymbol{0}\end{bmatrix}\end{cases} \tag{2.143}$$

2.4.5 WADC 模型

本节给出两种典型的 WADC 的线性化模型，包括广域 PSS 和广域二次线性调节器。

1. 广域 PSS

假设发电机 i 的励磁系统附加与传统 PSS 具有相同超前-滞后环节的广域 PSS。典型的三种广域反馈信号分别为：发电机 j 相对于发电机 i 的功角偏差 $\Delta\delta_{ji}=\Delta\delta_j-\Delta\delta_i$；发电机 j 相对于发电机 i 的转速偏差 $\Delta\omega_{ji}=\Delta\omega_j-\Delta\omega_i$；联络线 i-j 上的有功功率偏差 ΔP_{ij}。考虑到单输入-单输出的性质，广域 PSS 的输入信号为上述三种信号中的任意一种。

根据图 2.3 和式 (2.41)，可以直接得到广域 PSS 的线性化模型：

$$\left\{\begin{aligned}&\boldsymbol{A}_{cm}=\begin{bmatrix}-\dfrac{1}{T_5} & & & \\ -\dfrac{1}{T_5} & -\dfrac{1}{T_{\mathrm{W}}} & & \\ -\dfrac{T_1}{T_2T_5} & -\dfrac{T_1-T_{\mathrm{W}}}{T_2T_{\mathrm{W}}} & -\dfrac{1}{T_2} & \\ -\dfrac{T_1T_3}{T_2T_4T_5} & -\dfrac{T_3(T_1-T_{\mathrm{W}})}{T_2T_4T_{\mathrm{W}}} & -\dfrac{T_3-T_2}{T_2T_4} & -\dfrac{1}{T_4}\end{bmatrix},\quad \boldsymbol{B}_{cm}=\begin{bmatrix}\dfrac{K_{\mathrm{S}}}{T_5}\\ \dfrac{K_{\mathrm{S}}}{T_5}\\ \dfrac{K_{\mathrm{S}}T_1}{T_2T_5}\\ \dfrac{K_{\mathrm{S}}T_1T_3}{T_2T_4T_5}\end{bmatrix}\\ &\boldsymbol{C}_{cm}=[0,\ \ 0,\ \ 0,\ \ 1],\quad D_{cm}=0\end{aligned}\right. \tag{2.144}$$

考虑到 $D_{cm}=0$，于是将式 (2.144) 代入式 (2.138) 中，可得矩阵分块 $\boldsymbol{E}_m\boldsymbol{C}_{cm}$、$\boldsymbol{K}_{1m}$ 和 $\boldsymbol{K}_{2m}$ 的表达式：

$$\boldsymbol{E}_m\boldsymbol{C}_{cm}=\begin{array}{c}U_{\mathrm{S}gi}\\ \downarrow\\ \begin{bmatrix}\vdots & \vdots & \vdots\\ \vdots & \dfrac{K_{\mathrm{A}}}{T_{\mathrm{A}}} & \vdots\\ \vdots & \vdots & \vdots\end{bmatrix}\leftarrow U_{\mathrm{R}i}\end{array} \tag{2.145}$$

$$\boldsymbol{K}_{1m}=[\ \cdots\ \ \underset{\delta_i}{-1}\ \cdots\ \underset{\delta_j}{1}\ \ \cdots\ ]\ 或\ [\ \cdots\ \ \underset{\omega_i}{-1}\ \cdots\ \underset{\omega_j}{1}\ \ \cdots\ ],\quad \boldsymbol{K}_{2m}=\boldsymbol{0} \tag{2.146}$$

或

$$
\boldsymbol{K}_{1m}=\mathbf{0},\quad \boldsymbol{K}_{2m}=\begin{bmatrix} \vdots \\ G_{ij}(2U_{xi}-U_{xj})+B_{ij}U_{yj} \\ G_{ij}(2U_{yi}-U_{yj})-B_{ij}U_{xj} \\ \vdots \\ -G_{ij}U_{xi}-B_{ij}U_{yi} \\ -G_{ij}U_{yi}+B_{ij}U_{xi} \\ \vdots \end{bmatrix}^{\mathrm{T}} \begin{matrix} \\ \leftarrow U_{xi} \\ \leftarrow U_{yi} \\ \\ \leftarrow U_{xj} \\ \leftarrow U_{yj} \\ \\ \end{matrix} \tag{2.147}
$$

式中，箭头 ($\rightarrow$) 为矩阵元素所在行 (列) 对应的变量，省略号 ($\cdots$) 为零元素；为了与发电机 i 的 PSS 输出变量 $U_{\mathrm{S}i}$ 相区别，发电机 i 上 WADC 的输出变量用 $U_{\mathrm{Sg}i}$ 表示 (g 表示全局 (global) 信号)；$U_{\mathrm{R}i}$ 为发电机 i 励磁系统综合放大环节的输出变量，K_{A} 和 T_{A} 为放大环节的增益和时间常数 (图 2.2)；G_{ij} 和 B_{ij} 分别为线路 i-j 的电导和电纳，U_{xi}、U_{yi}、U_{xj} 和 U_{yj} 分别为节点 i 和 j 电压的实部与虚部。

2. 广域线性二次型调节器

假设发电机 i 的励磁系统附加广域线性二次型调节器 (linear quadratic regulator, LQR)[26]，并设 k_1、k_2 和 k_3 分别为三种广域反馈信号 $\Delta\delta_{ji}$、$\Delta\omega_{ji}$ 和 ΔP_{ij} 的最优增益。此时，有 $\boldsymbol{C}_{\mathrm{c}m}=0, \boldsymbol{D}_{\mathrm{c}m}=[k_1,k_2,k_3]$。

根据式 (2.146) 和式 (2.147)，并经过进一步推导，可以得到式 (2.140) 中矩阵 $\boldsymbol{A}'_{\mathrm{dfc}m}$ 和 $\boldsymbol{B}'_{\mathrm{dfc}m}$ 的表达式：

$$
\begin{cases}
\boldsymbol{A}'_{\mathrm{dfc}m}=\boldsymbol{E}_m\boldsymbol{D}_{\mathrm{c}m}\boldsymbol{K}_{1m} \\
\qquad\qquad\qquad \begin{matrix} & & \delta_i & & \delta_j & & \omega_i & & \omega_j & \\ & & \downarrow & & \downarrow & & \downarrow & & \downarrow & \end{matrix} \\
\quad =\dfrac{K_{\mathrm{A}}}{T_{\mathrm{A}}}\begin{bmatrix} \cdots & \cdots & \cdots & \cdots & \cdots & \cdots & \cdots & \cdots & \cdots \\ \cdots & -k_1 & \cdots & k_1 & \cdots & -k_2 & \cdots & k_2 & \cdots \\ \cdots & \cdots & \cdots & \cdots & \cdots & \cdots & \cdots & \cdots & \cdots \end{bmatrix} \leftarrow U_{\mathrm{R}i} \\
\boldsymbol{B}'_{\mathrm{dfc}m}=\mathbf{0}
\end{cases} \tag{2.148}
$$

或

$$
\begin{cases}
\boldsymbol{A}'_{\mathrm{dfc}m}=\boldsymbol{0} \\
\boldsymbol{B}'_{\mathrm{dfc}m}=\boldsymbol{E}_m\boldsymbol{D}_{\mathrm{c}m}\boldsymbol{K}_{2m}=\dfrac{k_3K_{\mathrm{A}}}{T_{\mathrm{A}}}
\begin{array}{c} \\ \\ \\ \end{array}
\overset{\displaystyle U_{\mathrm{R}i}\atop\displaystyle\downarrow}{\begin{bmatrix}
\vdots & \vdots & \vdots \\
\vdots & G_{ij}(2U_{xi}-U_{xj})+B_{ij}U_{yj} & \vdots \\
\vdots & G_{ij}(2U_{yi}-U_{yj})-B_{ij}U_{xj} & \vdots \\
\vdots & \vdots & \vdots \\
\vdots & -G_{ij}U_{xi}-B_{ij}U_{yi} & \vdots \\
\vdots & -G_{ij}U_{yi}+B_{ij}U_{xi} & \vdots \\
\vdots & \vdots & \vdots
\end{bmatrix}^{\mathrm{T}}}
\begin{array}{l} \\ \leftarrow U_{xi} \\ \leftarrow U_{yi} \\ \\ \leftarrow U_{xj} \\ \leftarrow U_{yj} \\ \\ \end{array}
\end{cases}
\tag{2.149}
$$

2.4.6　伪时滞状态变量说明

在 2.4.5 节的基础上，本节针对不同类型的 WADC 广域反馈信号，分析系统时滞状态矩阵的稀疏程度差异。同时指出，当广域反馈信号包含时滞代数变量时，DDAE 转化为 DDE 时会引入大量的伪时滞状态变量。

(1) 若广域反馈信号只含包含时滞状态变量，如两台同步发电机之间的转速差或功角差，则如式 (2.123)、式 (2.146) 和式 (2.148) 所示，$\boldsymbol{K}_{2m}$、$\boldsymbol{B}'_{\mathrm{df}m}$ 和 $\boldsymbol{B}'_{\mathrm{dfc}m}$ 皆为零矩阵。于是，由式 (2.128) 可知，$\tilde{\boldsymbol{A}}_{\mathrm{df}m}=\boldsymbol{A}'_{\mathrm{df}m}$，$\tilde{\boldsymbol{A}}_{\mathrm{dfc}m}=\boldsymbol{A}'_{\mathrm{dfc}m}$，且仅在时滞状态变量 δ_i、δ_j、ω_i 和 ω_j 所在列上有少量非零元素，为高度稀疏的矩阵。在利用稀疏特征值算法计算系统关键特征值时，与 $\tilde{\boldsymbol{A}}_0$ 相比，$\tilde{\boldsymbol{A}}_{\mathrm{df}m}$ 和 $\tilde{\boldsymbol{A}}_{\mathrm{dcf}m}$ 与向量乘积的计算量可忽略不计。

(2) 若广域反馈信号含有至少一个时滞代数变量，如联络线有功功率，则如式 (2.123) 和式 (2.147) 以及式 (2.149) 所示，$\boldsymbol{K}_{2m}$、$\boldsymbol{B}'_{\mathrm{df}m}$ 和 $\boldsymbol{B}'_{\mathrm{dfc}m}$ 仅在时滞代数变量 U_{xi}、U_{yi}、U_{xj} 和 U_{yj} 所在列上有少量非零元素。由式 (2.128) 可知，$\tilde{\boldsymbol{A}}_{\mathrm{df}m}$ 和 $\tilde{\boldsymbol{A}}_{\mathrm{dfc}m}$ 的非零列对应矩阵 $\boldsymbol{C}_0$ 的非零列。由式 (2.72) 进一步可知，这些非零列为所有发电机的 δ、$\boldsymbol{E}''_q$ (或 $\boldsymbol{E}'_q$) 和 $\boldsymbol{E}''_d$ (或 $\boldsymbol{E}'_d$) 所在的列。也就是说，消去时滞代数变量会引入大量的伪时滞状态变量。与上述情况 (1) 相比，虽然 $\tilde{\boldsymbol{A}}_{\mathrm{df}m}$ 和 $\tilde{\boldsymbol{A}}_{\mathrm{dfc}m}$ 仍然为稀疏矩阵，但因具有更多的非零元素，它们与向量乘积的计算量稍有增加。

第 3 章 谱离散化方法的数学基础

本章旨在阐述基于谱离散化的时滞系统特征值计算方法的数学基础。首先给出时滞特征方程并推导特征值的灵敏度和一阶摄动量，然后总结了谱离散化涉及的伪谱配置法和各种数值积分方法。

3.1 时滞系统特征方程、特征值灵敏度和摄动

本节首先给出时滞系统的特征方程，这是本书所要解决问题的数学描述，然后围绕该方程阐述时滞系统的谱特性，并推导特征值灵敏度和一阶摄动量。

3.1.1 时滞系统的特征方程

通过第 2 章的理论推导和分析可知,时滞电力系统小干扰稳定性分析的 DDAE 模型如下：

$$
\begin{cases}
\boldsymbol{E}\Delta\dot{\hat{\boldsymbol{x}}}(t)=\boldsymbol{J}_0\Delta\hat{\boldsymbol{x}}(t)+\displaystyle\sum_{i=1}^{m}\boldsymbol{J}_i\Delta\hat{\boldsymbol{x}}(t-\tau_i), & t\geqslant 0\\
\Delta\hat{\boldsymbol{x}}(t)=\hat{\boldsymbol{\varphi}}(t), & t\in[-\tau_{\max},\ 0]
\end{cases}
\tag{3.1}
$$

式中，$\Delta\hat{\boldsymbol{x}}(t)=\left[\Delta\boldsymbol{x}^{\mathrm{T}}(t),\ \Delta\boldsymbol{y}^{\mathrm{T}}(t)\right]^{\mathrm{T}}\in\mathbb{R}^{d\times 1}$ 为系统增广状态变量，其中 $\Delta\boldsymbol{x}\in\mathbb{R}^{n\times 1}$ 和 $\Delta\boldsymbol{y}\in\mathbb{R}^{l\times 1}$ 分别为系统状态变量和代数变量，$d=n+l$；$\boldsymbol{E}\in\mathbb{R}^{d\times d}$ 为系数矩阵；$\boldsymbol{J}_0\in\mathbb{R}^{d\times d}$ 和 $\boldsymbol{J}_i\in\mathbb{R}^{d\times d}$ $(i=1,\ 2,\ \cdots,\ m)$ 分别为高度稀疏的系统增广状态矩阵和增广时滞状态矩阵；$\hat{\boldsymbol{\varphi}}(t)=\left[\boldsymbol{\varphi}_x^{\mathrm{T}}(t),\ \boldsymbol{\varphi}_y^{\mathrm{T}}(t)\right]^{\mathrm{T}}\in\mathbb{R}^{d\times 1}$ 为系统的增广初始状态，其中 $\boldsymbol{\varphi}_x\in\mathbb{R}^{n\times 1}$ 和 $\boldsymbol{\varphi}_y\in\mathbb{R}^{l\times 1}$ 分别对应于 $\Delta\boldsymbol{x}$ 和 $\Delta\boldsymbol{y}$；$\tau_i>0$ $(i=1,\ 2,\ \cdots,\ m)$ 为时滞常数。对 τ_i 和 $\tilde{\boldsymbol{A}}_i$ $(i=1,\ 2,\ \cdots,\ m)$ 进行排序，使得 $0<\tau_1<\cdots<\tau_i<\cdots<\tau_m\triangleq\tau_{\max}$，其中 $\tau_{\max}$ 表示最大的时滞。

$$
\boldsymbol{E}=\begin{bmatrix}\boldsymbol{I}_n & \boldsymbol{0}_{n\times l}\\ \boldsymbol{0}_{l\times n} & \boldsymbol{0}_l\end{bmatrix},\ \boldsymbol{J}_0=\begin{bmatrix}\boldsymbol{A}_0 & \boldsymbol{B}_0\\ \boldsymbol{C}_0 & \boldsymbol{D}_0\end{bmatrix},\ \boldsymbol{J}_i=\begin{bmatrix}\boldsymbol{A}_i & \boldsymbol{B}_i\\ \boldsymbol{0}_{l\times n} & \boldsymbol{0}_l\end{bmatrix},\quad i=1,\ 2,\ \cdots,\ m \tag{3.2}
$$

式中，$\boldsymbol{A}_i\in\mathbb{R}^{n\times n}$，$\boldsymbol{B}_i\in\mathbb{R}^{n\times l}$，$\boldsymbol{C}_0\in\mathbb{R}^{l\times n}$，$\boldsymbol{D}_0\in\mathbb{R}^{l\times l}$，$i=0,\ 1,\ \cdots,\ m$。

式 (3.1) 对应的特征方程为

$$
\left(\boldsymbol{J}_0+\sum_{i=1}^{m}\boldsymbol{J}_i\mathrm{e}^{-\lambda\tau_i}\right)\hat{\boldsymbol{v}}=\lambda\boldsymbol{E}\hat{\boldsymbol{v}} \tag{3.3}
$$

式中，$\lambda \in \mathbb{C}$ 和 $\hat{\boldsymbol{v}} \in \mathbb{C}^{d\times 1}$ 分别为系统的特征值和对应的增广右特征向量。

将式 (3.3) 改写为

$$\begin{bmatrix} \boldsymbol{A}'(\lambda) & \boldsymbol{B}'(\lambda) \\ \boldsymbol{C}_0 & \boldsymbol{D}_0 \end{bmatrix} \begin{bmatrix} \boldsymbol{v} \\ \boldsymbol{w} \end{bmatrix} = \boldsymbol{0} \tag{3.4}$$

式中，$\boldsymbol{v} \in \mathbb{C}^{n\times 1}$ 为右特征向量；$\boldsymbol{w} \in \mathbb{C}^{l\times 1}$ 为中间向量；$\boldsymbol{A}'(\lambda) \in \mathbb{C}^{n\times n}$，$\boldsymbol{B}'(\lambda) \in \mathbb{C}^{n\times l}$。

$$\boldsymbol{A}'(\lambda) = \boldsymbol{A}_0 - \lambda \boldsymbol{I}_n + \sum_{i=1}^{m} \boldsymbol{A}_i \mathrm{e}^{-\lambda\tau_i} \tag{3.5}$$

$$\boldsymbol{B}'(\lambda) = \boldsymbol{B}_0 + \sum_{i=1}^{m} \boldsymbol{B}_i \mathrm{e}^{-\lambda\tau_i} \tag{3.6}$$

由于 $\boldsymbol{D}_0$ 非奇异，可以从式 (3.1) 中解得 $\Delta\boldsymbol{y}$。然后，将 $\Delta\boldsymbol{y}$ 分别延迟 τ_i ($i = 1, 2, \cdots, m$) 时刻，得

$$\begin{cases} \Delta\boldsymbol{y} = -\boldsymbol{D}_0^{-1}\boldsymbol{C}_0\Delta\boldsymbol{x} \\ \Delta\boldsymbol{y}_{\mathrm{d}i} = -\boldsymbol{D}_0^{-1}\boldsymbol{C}_0\Delta\boldsymbol{x}_{\mathrm{d}i}, \quad i = 1, 2, \cdots, m \end{cases} \tag{3.7}$$

式中，$\Delta\boldsymbol{x}_{\mathrm{d}i} = \Delta\boldsymbol{x}(t-\tau_i)$，$\Delta\boldsymbol{y}_{\mathrm{d}i} = \Delta\boldsymbol{y}(t-\tau_i)$，$i = 1, 2, \cdots, m$。

将式 (3.7) 代入式 (3.1)，消去 $\Delta\boldsymbol{y}$ 和 $\Delta\boldsymbol{y}_{\mathrm{d}i}$ ($i = 1, 2, \cdots, m$)，从而可得时滞电力系统的 DDE 模型。

$$\begin{cases} \Delta\dot{\boldsymbol{x}}(t) = \tilde{\boldsymbol{A}}_0\Delta\boldsymbol{x}(t) + \sum\limits_{i=1}^{m} \tilde{\boldsymbol{A}}_i\Delta\boldsymbol{x}(t-\tau_i), & t \geqslant 0 \\ \Delta\boldsymbol{x}(t) = \boldsymbol{\varphi}(t), & t \in [-\tau_{\max}, 0] \end{cases} \tag{3.8}$$

式中，$\boldsymbol{\varphi}(t) = \boldsymbol{\varphi}_x(t)$；$\tilde{\boldsymbol{A}}_0 \in \mathbb{R}^{n\times n}$ 为稠密的系统状态矩阵；$\tilde{\boldsymbol{A}}_i \in \mathbb{R}^{n\times n}$ ($i = 1, 2, \cdots, m$) 为系统时滞状态矩阵。

$$\begin{cases} \tilde{\boldsymbol{A}}_0 = \boldsymbol{A}_0 - \boldsymbol{B}_0\boldsymbol{D}_0^{-1}\boldsymbol{C}_0 \\ \tilde{\boldsymbol{A}}_i = \boldsymbol{A}_i - \boldsymbol{B}_i\boldsymbol{D}_0^{-1}\boldsymbol{C}_0, \quad i = 1, 2, \cdots, m \end{cases} \tag{3.9}$$

式 (3.8) 对应的特征方程为

$$\left(\tilde{\boldsymbol{A}}_0 + \sum_{i=1}^{m} \tilde{\boldsymbol{A}}_i \mathrm{e}^{-\lambda\tau_i}\right)\boldsymbol{v} = \lambda\boldsymbol{v} \tag{3.10}$$

3.1.2 时滞系统的谱特性

1. 特征值分布的一般特性

由于指数项的存在，滞后型时滞系统的特征方程存在无穷多个零解 (系统特征值)。在常规无时滞系统的基础上，即使引入一个非常小的时滞，系统也会新增加无穷多个特征值。这些特征值位于左半复平面，负实部和正虚部趋向于无穷 [154–156]。这里给出时滞系统特征值分布的一般特性。

(1) 如果特征方程式 (3.10) 存在一组零解 $\{\lambda_k\}_{k\geqslant 1}$ 使

$$\lim_{k\to\infty}|\lambda_k|\to+\infty \tag{3.11}$$

则有

$$\lim_{k\to\infty}\mathrm{Re}(\lambda_k)\to-\infty \tag{3.12}$$

(2) 复平面上任意一条垂直带 $[\alpha,\ \beta]$ 内只有有限个特征值，即

$$\{\lambda\in\mathbb{C}:\ \alpha<\mathrm{Re}(\lambda)<\beta\} \tag{3.13}$$

式中，$\alpha,\ \beta\in\mathbb{R}$ 且 $\alpha<\beta$。

(3) 复平面上存在某个实数 $\gamma\in\mathbb{R}$，使得系统所有的特征值均位于 γ 左侧，即

$$\{\lambda\in\mathbb{C}:\ \mathrm{Re}(\lambda)<\gamma\} \tag{3.14}$$

2. 特征值分布的渐近特性

本节根据文献 [157]，从时滞系统的特征准多项式出发，进一步分析时滞系统特征值分布在复平面上远离原点的区域内的渐近特性。

式 (3.8) 对应的特征准多项式为

$$h(s)=\det\left(s\boldsymbol{I}_n-\tilde{\boldsymbol{A}}_0-\sum_{i=1}^{m}\tilde{\boldsymbol{A}}_i\mathrm{e}^{-\lambda\tau_i}\right)=\sum_{j=0}^{N}p_j(s)\mathrm{e}^{-\beta_j s} \tag{3.15}$$

式中，$\det(\cdot)$ 表示求取矩阵的行列式；$p_j(s)$ $(j=0,\ 1,\ \cdots,\ N)$ 为 m_j 次多项式；$\beta_0>\beta_1>\cdots>\beta_{N-1}>\beta_N=0$ 为从 m 个时滞常数 τ_i $(i=1,\ 2,\ \cdots,\ m)$ 中任意选取 k 个进行求和、排序后得到的时滞序列，$0\leqslant k\leqslant m$。考虑到 $p_j(s)$ 可能等于零的情况，$N\leqslant C_m^0+C_m^1+\cdots+C_m^m=2^m$。

$$p_j(s)=\sum_{k=0}^{m_j}p_{j,k}s^k=p_{j,0}+p_{j,1}s+\cdots+p_{j,m_j}s^{m_j}=p_{j,m_j}s^{m_j}(1+\varepsilon_j(s)) \tag{3.16}$$

式中，$m_j \leqslant n$；$p_{j,k}$ 为各项的系数；$\lim_{|s|\to\infty}|\varepsilon_j(s)| = 0$，$j = 0, 1, \cdots, N; k = 0, 1, \cdots, m_j$。

$$\varepsilon_j(s) = \frac{\sum\limits_{k=0}^{m_j-1} p_{j,k}s^k}{p_{j,m_j}s^{m_j}} \tag{3.17}$$

由于 $\mathrm{e}^{\beta_0 s}$ 在整个复平面都不存在零点，则 $g(s) \triangleq h(s)\mathrm{e}^{\beta_0 s}$ 和 $h(s)$ 具有相同的零点。

$$g(s) = \sum_{j=0}^{N} p_j(s)\mathrm{e}^{\theta_j s} = \sum_{j=0}^{N} p_{j,m_j}s^{m_j}(1+\varepsilon_j(s))\mathrm{e}^{\theta_j s} \tag{3.18}$$

式中，$\theta_j = \beta_0 - \beta_j$，$0 = \theta_0 < \theta_1 < \cdots < \theta_{N-1} < \theta_N = \beta_0$。

利用离散点集合 $\boldsymbol{P} = \{P_j|(\theta_j, m_j), j = 0, 1, \cdots, N\}$ 可以刻画时滞系统特征值的分布[157,158]。为此，构造一条连接 P_0 和 P_N 的折线 L，其满足以下特征：

(1) 折线 L 上的点全部属于集合 $\boldsymbol{P}$。

(2) 折线 L 上凸，且不存在集合 $\boldsymbol{P}$ 中的点位于折线 L 上方。

(3) 折线 L 用 $L_1, L_2, \cdots, L_r$ 分段表示，从左到右依次编号，并满足下标 $r \leqslant N-1$。令 N_r 表示 L_r 分段上离散点 P_j 的个数，一般情况下 $N_r = 2$。

以式 (3.19) 所示的准多项式为例，根据上述原则构造的折线 L 如图 3.1 所示。

$$\begin{aligned} h(s) =& 51.7\mathrm{e}^{-24.99s} + (0.03s^3 - 0.1s + 1.5)\mathrm{e}^{-23.35s} + 0.5s^3\mathrm{e}^{-19.9s} \\ &+ (0.15s^5 + 0.2s^4)\mathrm{e}^{-18.52s} + 0.8s^6\mathrm{e}^{-13.52s} + (-8.7s^4 + 19.3s)\mathrm{e}^{-10.33s} \\ &+ (s^7 - 1.1s^5 + 6.7)\mathrm{e}^{-8.52s} + 29.1\mathrm{e}^{-4.61s} + (0.2s^8 - 1.8s) \end{aligned} \tag{3.19}$$

对应每一个分段 L_r $(r = 1, 2, \cdots)$，当 $|s| \to \infty$ 时，$g(s)$ 的零点趋近于式 (3.20) 所示多项式 $g_r(s)$ 的零点。

$$g_r(s) = \sum_{Nr} p_{j,m_j}s^{m_j}\mathrm{e}^{\theta_j s} \tag{3.20}$$

式中，N_r 个求和项对应 L_r 分段上的 N_r 个离散点 P_j。

定义 $m_{r,\min}$ 与 $\theta_{r,\min}$ 分别表示 L_r $(r = 1, 2, \cdots)$ 分段上最左侧的离散点 P_j 对应的 m_j 与 θ_j 值，即 $m_{r,\min} = \min\limits_{N_r}\{m_j\}$，$\theta_{r,\min} = \min\limits_{N_r}\{\theta_j\}$。然后，将式 (3.20)

两边同时乘以 $s^{-m_{r,\min}}\mathrm{e}^{-\theta_{r,\min}s}$，得

$$\bar{g}_r(s) = g_r(s)s^{-m_{r,\min}}\mathrm{e}^{-\theta_{r,\min}s} = \sum_{Nr} p_{j,m_j} s^{\bar{m}_j}\mathrm{e}^{\bar{\theta}_j s} \tag{3.21}$$

式中，$\bar{m}_j = m_j - m_{r,\min}$；$\bar{\theta}_j = \theta_j - \theta_{r,\min}$。

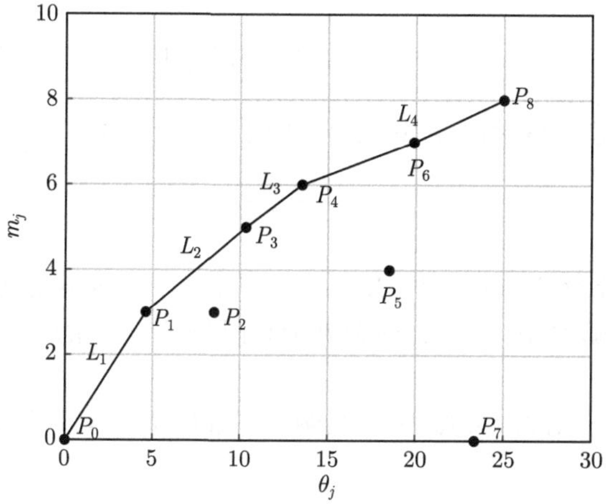

图 3.1 根据准多项式 (3.19) 构造的的折线 L

由于 L_r 分段上各离散点 P_j 所对应的 $\bar{m}_j$ 与 $\bar{\theta}_j$ 之比相等且等于该分段的斜率 γ_r，即 $\gamma_r = \dfrac{\bar{m}_j}{\bar{\theta}_j}$，式 (3.21) 可以写为

$$\bar{g}_r(s) = \sum_{Nr} p_{j,m_j}\mathrm{e}^{\bar{\theta}_j s + \bar{m}_j \ln s} = \sum_{Nr} p_{j,m_j}\mathrm{e}^{\bar{\theta}_j w} \tag{3.22}$$

式中，$w = s + \gamma_r \ln s$。

定义 $z = \mathrm{e}^{w/\gamma_r}$，则式 (3.22) 可进一步改写为

$$f_r(z) = \sum_{Nr} p_{j,m_j} z^{\bar{m}_j} \tag{3.23}$$

至此，式 (3.20) 所示的准多项式 $g_r(s)$ 等价地改写为如式 (3.23) 所示的一般多项式 $f_r(z)$。进而，可以采用各种经典方法求解得到 $f_r(z)$ 的所有零点 z，最后利用复变对数函数从 $z = \mathrm{e}^{w/\gamma_r}$ 中解得 w。

$$w = \gamma_r \mathrm{Ln} z = \gamma_r \ln|z| + \mathrm{j}\gamma_r(\arg(z) + 2k\pi), \quad k = 0,\ \pm 1,\ \pm 2,\ \cdots \tag{3.24}$$

由式 (3.24) 可知，对于分段 L_r 相应多项式 $f_r(z)$ $(r=1,\ 2,\ \cdots)$ 的每一个零点 z，w 表现为复平面上平行于虚轴的直线 $\mathrm{Re}=\gamma_r \ln|z|$。

令 $s=\alpha+\mathrm{j}\omega$，考虑到 $w=s+\gamma_r \ln s$ 并结合式 (3.24)，有

$$\mathrm{Re}(w)=\mathrm{Re}(s+\gamma_r \ln s)=\alpha+\gamma_r \ln|s|=\gamma_r \ln|z| \tag{3.25}$$

考虑到 $|s|\to\infty$ 时，$|s|\to|\omega|$，式 (3.25) 变为[157]

$$\alpha+\gamma_r \ln|\omega|=\gamma_r \ln|z| \tag{3.26}$$

根据式 (3.26)，可解得 ω，其为复平面上的指数函数。

$$\omega=\pm \mathrm{e}^{-\frac{\alpha}{\gamma_r}+\ln|z|} \tag{3.27}$$

对应每一个分段 L_r $(r=1,\ 2,\ \cdots)$，其斜率 γ_r 是确定的，$h(s)$ 的零点 s，即系统特征值 λ 随着 $|s|\to\infty$ 而趋近于有限条 ($f_r(z)$ 的零点相对绝对值个数，$\leqslant \bar{m}_j$) 指数曲线。

以式 (3.19) 所示准多项式 $h(s)$ 为例，其准确零点 s 的分布与零点渐近曲线如图 3.2 所示。

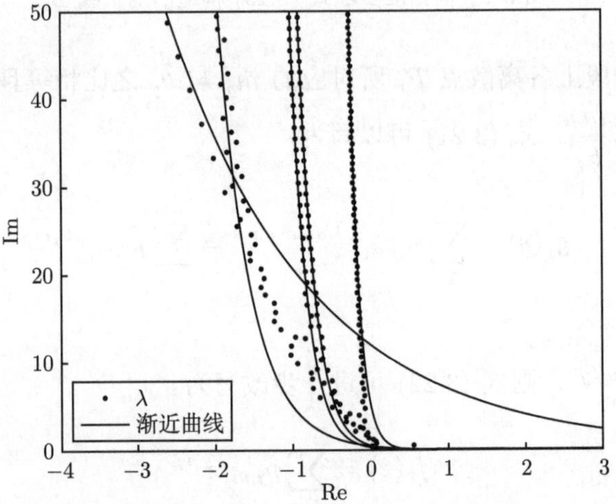

图 3.2 准多项式 (3.19) 的零点渐近曲线

需要说明的是，式 (3.20) ~ 式 (3.27) 成立的条件是 $|s|\to\infty$ 且 $|\varepsilon_j(s)|=0$ $(j=0,\ 1,\ \cdots,\ N)$。也就是说，仅考虑了时滞系统特征准多项式中指数项 $\mathrm{e}^{-\beta_j s}$ 的系数多项式 $p_j(s)$ $(j=0,\ 1,\ \cdots,\ N)$ 的最高次项。因此，时滞系统特征值的

渐近曲线和准确特征值的分布之间存在一定偏差。具体而言，远离原点的区域中特征值趋近于式 (3.27) 所示的指数曲线簇的程度高；在原点附近的区域，准确特征值的渐近特征不明显。

3. 特征值分布与时滞系统的渐近稳定性之间的关系

时滞系统的稳定性，通常是指时滞区间 $[-\tau_{\max}, 0]$ 上系统的渐近稳定性[155,156]。与常规无时滞系统相同，系统渐近稳定性的充要条件是所有的特征值均位于左半复平面。具体地，若式 (3.1) 和式 (3.8) 表示的时滞系统的全部特征值都具有负实部，则式 (2.118) 表示的时滞电力系统在稳态运行点处是小干扰稳定的；反之，若至少存在一个具有正实部的特征值，则系统在该运行点处是小干扰不稳定的。

由上述滞后型时滞系统的谱特性可知，时滞系统只可能存在位于右半复平面的有限个特征值。考虑到滞后型时滞系统对时滞的连续依赖性，当 $\tau_{\max}=0$ 时，式 (3.8) 所示的时滞系统退化为常规无时滞系统 $\Delta\dot{\boldsymbol{x}}(t)=\left(\tilde{\boldsymbol{A}}_0+\sum\limits_{i=1}^{m}\tilde{\boldsymbol{A}}_i\right)\Delta\boldsymbol{x}(t)$。换句话说，当 $\tau_{\max}$ 从 $0\to0^+$ 时，系统位于右半复平面的特征值的数量保持不变。

3.1.3 特征值对时滞的灵敏度

1. 特征值对时滞的灵敏度

式 (3.10) 两边对 τ_j 求偏导，有

$$\frac{\partial\left(\left(\tilde{\boldsymbol{A}}_0+\sum\limits_{i=1}^{m}\tilde{\boldsymbol{A}}_i\mathrm{e}^{-\lambda\tau_i}\right)\boldsymbol{v}\right)}{\partial\tau_j}=\frac{\partial(\lambda\boldsymbol{v})}{\partial\tau_j} \tag{3.28}$$

由于 λ 和 $\boldsymbol{v}$ 都是 τ_j 的变量，式 (3.28) 左边和右边可分别进一步展开为

$$\begin{aligned}
&\frac{\partial\left(\tilde{\boldsymbol{A}}_0+\sum\limits_{i=1}^{m}\tilde{\boldsymbol{A}}_i\mathrm{e}^{-\lambda\tau_i}\right)}{\partial\tau_j}\boldsymbol{v}+\left(\tilde{\boldsymbol{A}}_0+\sum_{i=1}^{m}\tilde{\boldsymbol{A}}_i\mathrm{e}^{-\lambda\tau_i}\right)\frac{\partial\boldsymbol{v}}{\partial\tau_j}\\
=&\left(\sum_{i=1}^{m}\tilde{\boldsymbol{A}}_i\frac{\partial\mathrm{e}^{-\lambda\tau_i}}{\partial\tau_j}\right)\boldsymbol{v}+\left(\tilde{\boldsymbol{A}}_0+\sum_{i=1}^{m}\tilde{\boldsymbol{A}}_i\mathrm{e}^{-\lambda\tau_i}\right)\frac{\partial\boldsymbol{v}}{\partial\tau_j}\\
=&\left(-\tilde{\boldsymbol{A}}_j\lambda\mathrm{e}^{-\lambda\tau_j}-\sum_{i=1}^{m}\tilde{\boldsymbol{A}}_i\tau_i\mathrm{e}^{-\lambda\tau_i}\frac{\partial\lambda}{\partial\tau_j}\right)\boldsymbol{v}+\left(\tilde{\boldsymbol{A}}_0+\sum_{i=1}^{m}\tilde{\boldsymbol{A}}_i\mathrm{e}^{-\lambda\tau_i}\right)\frac{\partial\boldsymbol{v}}{\partial\tau_j}
\end{aligned} \tag{3.29}$$

和

$$\frac{\partial(\lambda \boldsymbol{v})}{\partial \tau_j}=\frac{\partial \lambda}{\partial \tau_j}\boldsymbol{v}+\lambda\frac{\partial \boldsymbol{v}}{\partial \tau_j} \tag{3.30}$$

结合式 (3.29) 和式 (3.30)，得

$$\begin{aligned}&\left(-\tilde{\boldsymbol{A}}_j\lambda \mathrm{e}^{-\lambda\tau_j}-\sum_{i=1}^{m}\tilde{\boldsymbol{A}}_i\tau_i\mathrm{e}^{-\lambda\tau_i}\frac{\partial \lambda}{\partial \tau_j}\right)\boldsymbol{v}+\left(\tilde{\boldsymbol{A}}_0+\sum_{i=1}^{m}\tilde{\boldsymbol{A}}_i\mathrm{e}^{-\lambda\tau_i}\right)\frac{\partial \boldsymbol{v}}{\partial \tau_j}\\&=\frac{\partial \lambda}{\partial \tau_j}\boldsymbol{v}+\lambda\frac{\partial \boldsymbol{v}}{\partial \tau_j}\end{aligned} \tag{3.31}$$

设 $\boldsymbol{u}\in\mathbb{C}^{n\times 1}$ 为 λ 对应的左特征向量，即 $\boldsymbol{u}$ 满足

$$\boldsymbol{u}^{\mathrm{T}}\left(\tilde{\boldsymbol{A}}_0+\sum_{i=1}^{m}\tilde{\boldsymbol{A}}_i\mathrm{e}^{-\lambda\tau_i}\right)=\lambda\boldsymbol{u}^{\mathrm{T}} \tag{3.32}$$

式 (3.31) 两边分别左乘 $\boldsymbol{u}^{\mathrm{T}}$，得

$$\begin{aligned}&\boldsymbol{u}^{\mathrm{T}}\left(-\tilde{\boldsymbol{A}}_j\lambda \mathrm{e}^{-\lambda\tau_j}-\sum_{i=1}^{m}\tilde{\boldsymbol{A}}_i\tau_i\mathrm{e}^{-\lambda\tau_i}\frac{\partial \lambda}{\partial \tau_j}\right)\boldsymbol{v}+\boldsymbol{u}^{\mathrm{T}}\left(\tilde{\boldsymbol{A}}_0+\sum_{i=1}^{m}\tilde{\boldsymbol{A}}_i\mathrm{e}^{-\lambda\tau_i}\right)\frac{\partial \boldsymbol{v}}{\partial \tau_j}\\&=\frac{\partial \lambda}{\partial \tau_j}\boldsymbol{u}^{\mathrm{T}}\boldsymbol{v}+\lambda\boldsymbol{u}^{\mathrm{T}}\frac{\partial \boldsymbol{v}}{\partial \tau_j}\end{aligned} \tag{3.33}$$

将式 (3.32) 代入式 (3.33)，得

$$\boldsymbol{u}^{\mathrm{T}}\left(-\tilde{\boldsymbol{A}}_j\lambda \mathrm{e}^{-\lambda\tau_j}-\sum_{i=1}^{m}\tilde{\boldsymbol{A}}_i\tau_i\mathrm{e}^{-\lambda\tau_i}\frac{\partial \lambda}{\partial \tau_j}\right)\boldsymbol{v}=\frac{\partial \lambda}{\partial \tau_j}\boldsymbol{u}^{\mathrm{T}}\boldsymbol{v} \tag{3.34}$$

整理后，可得 λ 对 τ_j $(j=1,\ 2,\ \cdots,\ m)$ 的灵敏度：

$$\frac{\partial \lambda}{\partial \tau_j}=-\frac{\lambda \mathrm{e}^{-\lambda\tau_j}\boldsymbol{u}^{\mathrm{T}}\tilde{\boldsymbol{A}}_j\boldsymbol{v}}{\boldsymbol{u}^{\mathrm{T}}\left(\boldsymbol{I}_n+\sum\limits_{i=1}^{m}\tilde{\boldsymbol{A}}_i\tau_i\mathrm{e}^{-\lambda\tau_i}\right)\boldsymbol{v}} \tag{3.35}$$

2. 特征值对时滞灵敏度的性质

针对图 2.7 所示包含第 m 个控制器的闭环时滞电力系统，下面定理 1 和定理 2 给出了特征值 λ 相对于控制回路中反馈时滞 $\tau_{\mathrm{f}m}$ 和控制时滞 $\tau_{\mathrm{c}m}$ 灵敏度的性质[153]。这里记 $\tau_{\mathrm{f}m}+\tau_{\mathrm{c}m}=\tau_m$。

定理 1 给定特征值 λ，其对反馈时滞 $\tau_{\mathrm{f}m}$ 和控制时滞 $\tau_{\mathrm{c}m}$ 的灵敏度相等，即

$$\frac{\partial \lambda}{\partial \tau_{\mathrm{f}m}}=\frac{\partial \lambda}{\partial \tau_{\mathrm{c}m}} \tag{3.36}$$

证明 式 (2.127) 对应的特征方程为

$$\boldsymbol{u}^{\mathrm{T}}\left(\tilde{\boldsymbol{A}}_0+\sum_{i=1}^{m-1}\tilde{\boldsymbol{A}}_i\mathrm{e}^{-\lambda\tau_i}+\tilde{\boldsymbol{A}}_{\mathrm{df}m}\mathrm{e}^{-\lambda\tau_{\mathrm{f}m}}+\tilde{\boldsymbol{A}}_{\mathrm{dc}m}\mathrm{e}^{-\lambda\tau_{\mathrm{c}m}}+\tilde{\boldsymbol{A}}_{\mathrm{dfc}m}\mathrm{e}^{-\lambda\tau_m}\right)=\lambda\boldsymbol{u}^{\mathrm{T}} \tag{3.37}$$

$$\left(\tilde{\boldsymbol{A}}_0+\sum_{i=1}^{m-1}\tilde{\boldsymbol{A}}_i\mathrm{e}^{-\lambda\tau_i}+\tilde{\boldsymbol{A}}_{\mathrm{df}m}\mathrm{e}^{-\lambda\tau_{\mathrm{f}m}}+\tilde{\boldsymbol{A}}_{\mathrm{dc}m}\mathrm{e}^{-\lambda\tau_{\mathrm{c}m}}+\tilde{\boldsymbol{A}}_{\mathrm{dfc}m}\mathrm{e}^{-\lambda\tau_m}\right)\boldsymbol{v}=\lambda\boldsymbol{v} \tag{3.38}$$

采用推导式 (3.35) 相同的方法，可由式 (3.38) 推导得到 λ 对 $\tau_{\mathrm{f}m}$ 和 $\tau_{\mathrm{c}m}$ 的灵敏度。

$$\frac{\partial \lambda}{\partial \tau_{\mathrm{f}m}}=\frac{N_1}{D},\ \frac{\partial \lambda}{\partial \tau_{\mathrm{c}m}}=\frac{N_2}{D} \tag{3.39}$$

式中

$$N_1=-\lambda\boldsymbol{u}^{\mathrm{T}}\left(\tilde{\boldsymbol{A}}_{\mathrm{df}m}\mathrm{e}^{-\lambda\tau_{\mathrm{f}m}}+\tilde{\boldsymbol{A}}_{\mathrm{dfc}m}\mathrm{e}^{-\lambda\tau_m}\right)\boldsymbol{v} \tag{3.40}$$

$$N_2=-\lambda\boldsymbol{u}^{\mathrm{T}}\left(\tilde{\boldsymbol{A}}_{\mathrm{dc}m}\mathrm{e}^{-\lambda\tau_{\mathrm{c}m}}+\tilde{\boldsymbol{A}}_{\mathrm{dfc}m}\mathrm{e}^{-\lambda\tau_m}\right)\boldsymbol{v} \tag{3.41}$$

$$\begin{aligned}D=&\boldsymbol{u}^{\mathrm{T}}\boldsymbol{v}+\boldsymbol{u}^{\mathrm{T}}\left(\sum_{i=1}^{m-1}\tau_i\tilde{\boldsymbol{A}}_i\mathrm{e}^{-\lambda\tau_i}+\tau_{\mathrm{f}m}\tilde{\boldsymbol{A}}_{\mathrm{df}m}\mathrm{e}^{-\lambda\tau_{\mathrm{f}m}}\right.\\&\left.+\tau_{\mathrm{c}m}\tilde{\boldsymbol{A}}_{\mathrm{dc}m}\mathrm{e}^{-\lambda\tau_{\mathrm{c}m}}+\tau_m\tilde{\boldsymbol{A}}_{\mathrm{dfc}m}\mathrm{e}^{-\lambda\tau_m}\right)\boldsymbol{v}\end{aligned} \tag{3.42}$$

由式 (3.39) 可知，二者的分母相同，不同之处在于分子。因此，要想证明式 (3.36)，只需证明它们的分子相同即可，即 $N_1=N_2$。

将 $\boldsymbol{u}$ 和 $\boldsymbol{v}$ 划分成两部分，即

$$\boldsymbol{u}=\left[\boldsymbol{u}_1^{\mathrm{T}},\ \boldsymbol{u}_2^{\mathrm{T}}\right]^{\mathrm{T}},\ \boldsymbol{v}=\left[\boldsymbol{v}_1^{\mathrm{T}},\ \boldsymbol{v}_2^{\mathrm{T}}\right]^{\mathrm{T}} \tag{3.43}$$

其中，$\boldsymbol{u}_1$，$\boldsymbol{v}_1\in\mathbb{C}^{n\times 1}$，$\boldsymbol{u}_2$，$\boldsymbol{v}_2\in\mathbb{C}^{n_{\mathrm{c}}\times 1}$。

将式 (2.128) 和式 (3.43) 代入式 (3.37) 和式 (3.38)，得

$$\boldsymbol{u}_1^{\mathrm{T}}\boldsymbol{E}_m\boldsymbol{C}_{\mathrm{c}m}\mathrm{e}^{-\lambda\tau_{\mathrm{c}m}}+\boldsymbol{u}_2^{\mathrm{T}}\boldsymbol{A}_{\mathrm{c}m}=\lambda\boldsymbol{u}_2^{\mathrm{T}} \tag{3.44}$$

$$\boldsymbol{B}_{\mathrm{cm}}\left(\boldsymbol{K}_{1m}-\boldsymbol{K}_{2m}\boldsymbol{D}_0^{-1}\boldsymbol{C}_0\right)\boldsymbol{v}_1\mathrm{e}^{-\lambda\tau_{\mathrm{f}m}}+\boldsymbol{A}_{\mathrm{cm}}\boldsymbol{v}_2=\lambda\boldsymbol{v}_2 \tag{3.45}$$

将式 (2.128) 和式 (3.43) 代入式 (3.40) 和式 (3.41)，并考虑到式 (3.45) 和式 (3.44)，得

$$\begin{aligned}
N_1=&-\lambda\boldsymbol{u}^{\mathrm{T}}\left(\tilde{\boldsymbol{A}}_{\mathrm{df}m}\mathrm{e}^{-\lambda\tau_{\mathrm{f}m}}+\tilde{\boldsymbol{A}}_{\mathrm{dfc}m}\mathrm{e}^{-\lambda\tau_m}\right)\boldsymbol{v}\\
=&-\lambda\begin{bmatrix}\boldsymbol{u}_1^{\mathrm{T}} & \boldsymbol{u}_2^{\mathrm{T}}\end{bmatrix}\begin{bmatrix}\boldsymbol{0} & \boldsymbol{0}\\ \boldsymbol{B}_{\mathrm{c}m}\left(\boldsymbol{K}_{1m}-\boldsymbol{K}_{2m}\boldsymbol{D}_0^{-1}\boldsymbol{C}_0\right)\mathrm{e}^{-\lambda\tau_{\mathrm{f}m}} & \boldsymbol{0}\end{bmatrix}\begin{bmatrix}\boldsymbol{v}_1\\ \boldsymbol{v}_2\end{bmatrix}\\
&-\lambda\begin{bmatrix}\boldsymbol{u}_1^{\mathrm{T}} & \boldsymbol{u}_2^{\mathrm{T}}\end{bmatrix}\begin{bmatrix}\boldsymbol{E}_m\boldsymbol{D}_{\mathrm{cm}}\left(\boldsymbol{K}_{1m}-\boldsymbol{K}_{2m}\boldsymbol{D}_0^{-1}\boldsymbol{C}_0\right)\mathrm{e}^{-\lambda\tau_m} & \boldsymbol{0}\\ \boldsymbol{0} & \boldsymbol{0}\end{bmatrix}\begin{bmatrix}\boldsymbol{v}_1\\ \boldsymbol{v}_2\end{bmatrix}\\
=&-\lambda\boldsymbol{u}_2^{\mathrm{T}}\boldsymbol{B}_{\mathrm{cm}}\left(\boldsymbol{K}_{1m}-\boldsymbol{K}_{2m}\boldsymbol{D}_0^{-1}\boldsymbol{C}_0\right)\mathrm{e}^{-\lambda\tau_{\mathrm{f}m}}\boldsymbol{v}_1\\
&-\lambda\boldsymbol{u}_1^{\mathrm{T}}\boldsymbol{E}_m\boldsymbol{D}_{\mathrm{cm}}\left(\boldsymbol{K}_{1m}-\boldsymbol{K}_{2m}\boldsymbol{D}_0^{-1}\boldsymbol{C}_0\right)\mathrm{e}^{-\lambda\tau_m}\boldsymbol{v}_1\\
=&-\lambda\boldsymbol{u}_2^{\mathrm{T}}\left(\lambda\boldsymbol{I}_{n_{\mathrm{c}}}-\boldsymbol{A}_{\mathrm{cm}}\right)\boldsymbol{v}_2-\lambda\boldsymbol{u}_1^{\mathrm{T}}\boldsymbol{E}_m\boldsymbol{D}_{\mathrm{cm}}\left(\boldsymbol{K}_{1m}-\boldsymbol{K}_{2m}\boldsymbol{D}_0^{-1}\boldsymbol{C}_0\right)\mathrm{e}^{-\lambda\tau_m}\boldsymbol{v}_1
\end{aligned} \tag{3.46}$$

$$\begin{aligned}
N_2=&-\lambda\boldsymbol{u}^{\mathrm{T}}\left(\tilde{\boldsymbol{A}}_{\mathrm{dc}m}\mathrm{e}^{-\lambda\tau_{\mathrm{c}m}}+\tilde{\boldsymbol{A}}_{\mathrm{dfc}m}\mathrm{e}^{-\lambda\tau_m}\right)\boldsymbol{v}\\
=&-\lambda\begin{bmatrix}\boldsymbol{u}_1^{\mathrm{T}} & \boldsymbol{u}_2^{\mathrm{T}}\end{bmatrix}\begin{bmatrix}\boldsymbol{0} & \boldsymbol{E}_m\boldsymbol{C}_{\mathrm{c}m}\mathrm{e}^{-\lambda\tau_{\mathrm{c}m}}\\ \boldsymbol{0} & \boldsymbol{0}\end{bmatrix}\begin{bmatrix}\boldsymbol{v}_1\\ \boldsymbol{v}_2\end{bmatrix}\\
&-\lambda\begin{bmatrix}\boldsymbol{u}_1^{\mathrm{T}} & \boldsymbol{u}_2^{\mathrm{T}}\end{bmatrix}\begin{bmatrix}\boldsymbol{E}_m\boldsymbol{D}_{\mathrm{cm}}\left(\boldsymbol{K}_{1m}-\boldsymbol{K}_{2m}\boldsymbol{D}_0^{-1}\boldsymbol{C}_0\right)\mathrm{e}^{-\lambda\tau_m} & \boldsymbol{0}\\ \boldsymbol{0} & \boldsymbol{0}\end{bmatrix}\begin{bmatrix}\boldsymbol{v}_1\\ \boldsymbol{v}_2\end{bmatrix}\\
=&-\lambda\boldsymbol{u}_1^{\mathrm{T}}\boldsymbol{E}_m\boldsymbol{C}_{\mathrm{c}m}\mathrm{e}^{-\lambda\tau_{\mathrm{c}m}}\boldsymbol{v}_2-\lambda\boldsymbol{u}_1^{\mathrm{T}}\boldsymbol{E}_m\boldsymbol{D}_{\mathrm{cm}}\left(\boldsymbol{K}_{1m}-\boldsymbol{K}_{2m}\boldsymbol{D}_0^{-1}\boldsymbol{C}_0\right)\mathrm{e}^{-\lambda\tau_m}\boldsymbol{v}_1\\
=&-\lambda\boldsymbol{u}_2^{\mathrm{T}}\left(\lambda\boldsymbol{I}_{n_{\mathrm{c}}}-\boldsymbol{A}_{\mathrm{cm}}\right)\boldsymbol{v}_2-\lambda\boldsymbol{u}_1^{\mathrm{T}}\boldsymbol{E}_m\boldsymbol{D}_{\mathrm{cm}}\left(\boldsymbol{K}_{1m}-\boldsymbol{K}_{2m}\boldsymbol{D}_0^{-1}\boldsymbol{C}_0\right)\mathrm{e}^{-\lambda\tau_m}\boldsymbol{v}_1
\end{aligned} \tag{3.47}$$

由式 (3.46) 和式 (3.47) 可知：$N_1=N_2$，故式 (3.36) 成立。至此，定理 1 证明完毕。■

此外，将式 (2.128) 和式 (3.43) 代入式 (3.42)，并考虑到式 (3.44) 和式 (3.45)，得

$$\begin{aligned}
D=&\boldsymbol{u}^{\mathrm{T}}\boldsymbol{v}+\boldsymbol{u}^{\mathrm{T}}\left(\sum_{i=1}^{m-1}\tau_i\tilde{\boldsymbol{A}}_i\mathrm{e}^{-\lambda\tau_i}+\tau_{\mathrm{f}m}\tilde{\boldsymbol{A}}_{\mathrm{df}m}\mathrm{e}^{-\lambda\tau_{\mathrm{f}m}}\right.\\
&\left.+\tau_{\mathrm{c}m}\tilde{\boldsymbol{A}}_{\mathrm{dc}m}\mathrm{e}^{-\lambda\tau_{\mathrm{c}m}}+\tau_m\tilde{\boldsymbol{A}}_{\mathrm{dfc}m}\mathrm{e}^{-\lambda\tau_m}\right)\boldsymbol{v}
\end{aligned}$$

$$
\begin{aligned}
&=\begin{bmatrix}\boldsymbol{u}_1^{\mathrm{T}} & \boldsymbol{u}_2^{\mathrm{T}}\end{bmatrix}\begin{bmatrix}\boldsymbol{v}_1\\ \boldsymbol{v}_2\end{bmatrix}+\begin{bmatrix}\boldsymbol{u}_1^{\mathrm{T}} & \boldsymbol{u}_2^{\mathrm{T}}\end{bmatrix}\sum_{i=1}^{m-1}\begin{bmatrix}\left(\boldsymbol{A}_i-\boldsymbol{B}_i\boldsymbol{D}_0^{-1}\boldsymbol{C}_0\right)\tau_i\mathrm{e}^{-\lambda\tau_i} & \mathbf{0}\\ \mathbf{0} & \mathbf{0}\end{bmatrix}\begin{bmatrix}\boldsymbol{v}_1\\ \boldsymbol{v}_2\end{bmatrix}\\
&\quad+\begin{bmatrix}\boldsymbol{u}_1^{\mathrm{T}} & \boldsymbol{u}_2^{\mathrm{T}}\end{bmatrix}\begin{bmatrix}\mathbf{0} & \mathbf{0}\\ \boldsymbol{B}_{\mathrm{c}m}\left(\boldsymbol{K}_{1m}-\boldsymbol{K}_{2m}\boldsymbol{D}_0^{-1}\boldsymbol{C}_0\right)\tau_{\mathrm{f}m}\mathrm{e}^{-\lambda\tau_{\mathrm{f}m}} & \mathbf{0}\end{bmatrix}\begin{bmatrix}\boldsymbol{v}_1\\ \boldsymbol{v}_2\end{bmatrix}\\
&\quad+\begin{bmatrix}\boldsymbol{u}_1^{\mathrm{T}} & \boldsymbol{u}_2^{\mathrm{T}}\end{bmatrix}\begin{bmatrix}\mathbf{0} & \boldsymbol{E}_m\boldsymbol{C}_{\mathrm{c}m}\tau_{\mathrm{c}m}\mathrm{e}^{-\lambda\tau_{\mathrm{c}m}}\\ \mathbf{0} & \mathbf{0}\end{bmatrix}\begin{bmatrix}\boldsymbol{v}_1\\ \boldsymbol{v}_2\end{bmatrix}\\
&\quad+\begin{bmatrix}\boldsymbol{u}_1^{\mathrm{T}} & \boldsymbol{u}_2^{\mathrm{T}}\end{bmatrix}\begin{bmatrix}\boldsymbol{E}_m\boldsymbol{D}_{\mathrm{c}m}\left(\boldsymbol{K}_{1m}-\boldsymbol{K}_{2m}\boldsymbol{D}_0^{-1}\boldsymbol{C}_0\right)\tau_m\mathrm{e}^{-\lambda\tau_m} & \mathbf{0}\\ \mathbf{0} & \mathbf{0}\end{bmatrix}\begin{bmatrix}\boldsymbol{v}_1\\ \boldsymbol{v}_2\end{bmatrix}\\
&=\boldsymbol{u}_1^{\mathrm{T}}\boldsymbol{v}_1+\boldsymbol{u}_2^{\mathrm{T}}\boldsymbol{v}_2+\boldsymbol{u}_1^{\mathrm{T}}\sum_{i=1}^{m-1}\left(\boldsymbol{A}_i-\boldsymbol{B}_i\boldsymbol{D}_0^{-1}\boldsymbol{C}_0\right)\tau_i\mathrm{e}^{-\lambda\tau_i}\boldsymbol{v}_1\\
&\quad+\boldsymbol{u}_2^{\mathrm{T}}\boldsymbol{B}_{\mathrm{c}m}\left(\boldsymbol{K}_{1m}-\boldsymbol{K}_{2m}\boldsymbol{D}_0^{-1}\boldsymbol{C}_0\right)\tau_{\mathrm{f}m}\mathrm{e}^{-\lambda\tau_{\mathrm{f}m}}\boldsymbol{v}_1+\boldsymbol{u}_1^{\mathrm{T}}\boldsymbol{E}_m\boldsymbol{C}_{\mathrm{c}m}\tau_{\mathrm{c}m}\mathrm{e}^{-\lambda\tau_{\mathrm{c}m}}\boldsymbol{v}_2\\
&\quad+\boldsymbol{u}_1^{\mathrm{T}}\boldsymbol{E}_m\boldsymbol{D}_{\mathrm{c}m}\left(\boldsymbol{K}_{1m}-\boldsymbol{K}_{2m}\boldsymbol{D}_0^{-1}\boldsymbol{C}_0\right)\tau_m\mathrm{e}^{-\lambda\tau_m}\boldsymbol{v}_1\\
&=\boldsymbol{u}_1^{\mathrm{T}}\boldsymbol{v}_1+\boldsymbol{u}_2^{\mathrm{T}}\boldsymbol{v}_2+\boldsymbol{u}_1^{\mathrm{T}}\sum_{i=1}^{m-1}\left(\boldsymbol{A}_i-\boldsymbol{B}_i\boldsymbol{D}_0^{-1}\boldsymbol{C}_0\right)\tau_i\mathrm{e}^{-\lambda\tau_i}\boldsymbol{v}_1\\
&\quad+\boldsymbol{u}_2^{\mathrm{T}}\left(\lambda\boldsymbol{I}_{n_{\mathrm{c}}}-\boldsymbol{A}_{\mathrm{c}m}\right)\tau_{\mathrm{f}m}\boldsymbol{v}_2+\boldsymbol{u}_2^{\mathrm{T}}\left(\lambda\boldsymbol{I}_{n_{\mathrm{c}}}-\boldsymbol{A}_{\mathrm{c}m}\right)\tau_{\mathrm{c}m}\boldsymbol{v}_2\\
&\quad+\boldsymbol{u}_1^{\mathrm{T}}\boldsymbol{E}_m\boldsymbol{D}_{\mathrm{c}m}\left(\boldsymbol{K}_{1m}-\boldsymbol{K}_{2m}\boldsymbol{D}_0^{-1}\boldsymbol{C}_0\right)\tau_m\mathrm{e}^{-\lambda\tau_m}\boldsymbol{v}_1\\
&=\boldsymbol{u}_1^{\mathrm{T}}\boldsymbol{v}_1+\boldsymbol{u}_2^{\mathrm{T}}\boldsymbol{v}_2+\boldsymbol{u}_1^{\mathrm{T}}\sum_{i=1}^{m-1}\left(\boldsymbol{A}_i-\boldsymbol{B}_i\boldsymbol{D}_0^{-1}\boldsymbol{C}_0\right)\tau_i\mathrm{e}^{-\lambda\tau_i}\boldsymbol{v}_1\\
&\quad+\boldsymbol{u}_2^{\mathrm{T}}\left(\lambda\boldsymbol{I}_{n_{\mathrm{c}}}-\boldsymbol{A}_{\mathrm{c}m}\right)\tau_m\boldsymbol{v}_2+\boldsymbol{u}_1^{\mathrm{T}}\boldsymbol{E}_m\boldsymbol{D}_{\mathrm{c}m}\left(\boldsymbol{K}_{1m}-\boldsymbol{K}_{2m}\boldsymbol{D}_0^{-1}\boldsymbol{C}_0\right)\tau_m\mathrm{e}^{-\lambda\tau_m}\boldsymbol{v}_1
\end{aligned}
\tag{3.48}
$$

于是，式 (3.36) 可表示为

$$
\frac{\partial\lambda}{\partial\tau_{\mathrm{f}m}}=\frac{\partial\lambda}{\partial\tau_{\mathrm{c}m}}=\frac{N}{D}
\tag{3.49}
$$

式中

$$
\begin{aligned}
D=&\boldsymbol{u}_1^{\mathrm{T}}\boldsymbol{v}_1+\boldsymbol{u}_2^{\mathrm{T}}\boldsymbol{v}_2+\boldsymbol{u}_1^{\mathrm{T}}\sum_{i=1}^{m-1}\left(\boldsymbol{A}_i-\boldsymbol{B}_i\boldsymbol{D}_0^{-1}\boldsymbol{C}_0\right)\tau_i\mathrm{e}^{-\lambda\tau_i}\boldsymbol{v}_1\\
&+\boldsymbol{u}_2^{\mathrm{T}}\left(\lambda\boldsymbol{I}_{n_{\mathrm{c}}}-\boldsymbol{A}_{\mathrm{c}m}\right)\tau_m\boldsymbol{v}_2\\
&+\boldsymbol{u}_1^{\mathrm{T}}\boldsymbol{E}_m\boldsymbol{D}_{\mathrm{c}m}\left(\boldsymbol{K}_{1m}-\boldsymbol{K}_{2m}\boldsymbol{D}_0^{-1}\boldsymbol{C}_0\right)\tau_m\mathrm{e}^{-\lambda\tau_m}\boldsymbol{v}_1
\end{aligned}
\tag{3.50}
$$

$$
\begin{aligned}
N &= N_1 = N_2 \\
&= -\lambda \boldsymbol{u}_2^{\mathrm{T}} \left(\lambda \boldsymbol{I}_{n_c} - \boldsymbol{A}_{cm}\right) \boldsymbol{v}_2 - \lambda \boldsymbol{u}_1^{\mathrm{T}} \boldsymbol{E}_m \boldsymbol{D}_{cm} \left(\boldsymbol{K}_{1m} - \boldsymbol{K}_{2m} \boldsymbol{D}_0^{-1} \boldsymbol{C}_0\right) \mathrm{e}^{-\lambda \tau_m} \boldsymbol{v}_1
\end{aligned} \tag{3.51}
$$

定理 2 对于任意 $\tau'_{\mathrm{f}m} \neq \tau_{\mathrm{f}m} \geqslant 0$ 和 $\tau'_{\mathrm{c}m} \neq \tau_{\mathrm{c}m} \geqslant 0$，当满足 $\tau'_{\mathrm{f}m} + \tau'_{\mathrm{c}m} = \tau_{\mathrm{f}m} + \tau_{\mathrm{c}m} = \tau_m$ 时，有

$$
\frac{\partial \lambda}{\partial \tau_{\mathrm{f}m}} = \frac{\partial \lambda}{\partial \tau_{\mathrm{c}m}} = \frac{\partial \lambda}{\partial \tau'_{\mathrm{f}m}} = \frac{\partial \lambda}{\partial \tau'_{\mathrm{c}m}} = \frac{\partial \lambda}{\partial \tau_m} \tag{3.52}
$$

证明 由 2.4.1 节给出的时滞合并定理可知，当第 m 个控制器的反馈时滞和控制时滞分别为 $\tau'_{\mathrm{f}m}$ 和 $\tau'_{\mathrm{c}m}$ 时，系统的特征值保持不变。令 λ 对应的左、右特征向量分别为 $\boldsymbol{u}'$ 和 $\boldsymbol{v}'$，则系统的特征方程可表示为

$$
(\boldsymbol{u}')^{\mathrm{T}} \left(\tilde{\boldsymbol{A}}_0 + \sum_{i=1}^{m-1} \tilde{\boldsymbol{A}}_i \mathrm{e}^{-\lambda \tau_i} + \tilde{\boldsymbol{A}}_{\mathrm{df}m} \mathrm{e}^{-\lambda \tau'_{\mathrm{f}m}} + \tilde{\boldsymbol{A}}_{\mathrm{dc}m} \mathrm{e}^{-\lambda \tau'_{\mathrm{c}m}} + \tilde{\boldsymbol{A}}_{\mathrm{dfc}m} \mathrm{e}^{-\lambda \tau_m} \right) = \lambda (\boldsymbol{u}')^{\mathrm{T}} \tag{3.53}
$$

$$
\left(\tilde{\boldsymbol{A}}_0 + \sum_{i=1}^{m-1} \tilde{\boldsymbol{A}}_i \mathrm{e}^{-\lambda \tau_i} + \tilde{\boldsymbol{A}}_{\mathrm{df}m} \mathrm{e}^{-\lambda \tau'_{\mathrm{f}m}} + \tilde{\boldsymbol{A}}_{\mathrm{dc}m} \mathrm{e}^{-\lambda \tau'_{\mathrm{c}m}} + \tilde{\boldsymbol{A}}_{\mathrm{dfc}m} \mathrm{e}^{-\lambda \tau_m} \right) \boldsymbol{v}' = \lambda \boldsymbol{v}' \tag{3.54}
$$

采用推导式 (3.35) 相同方法，可由式 (3.54) 推导得 λ 对 $\tau'_{\mathrm{c}m}$ 的灵敏度：

$$
\frac{\partial \lambda}{\partial \tau'_{\mathrm{c}m}} = \frac{N'_2}{D'} \tag{3.55}
$$

式中

$$
N'_2 = -\lambda (\boldsymbol{u}')^{\mathrm{T}} \left(\tilde{\boldsymbol{A}}_{\mathrm{dc}m} \mathrm{e}^{-\lambda \tau'_{\mathrm{c}m}} + \tilde{\boldsymbol{A}}_{\mathrm{dfc}m} \mathrm{e}^{-\lambda \tau_m} \right) \boldsymbol{v}' \tag{3.56}
$$

$$
\begin{aligned}
D' = {} & (\boldsymbol{u}')^{\mathrm{T}} \boldsymbol{v}' + (\boldsymbol{u}')^{\mathrm{T}} \left(\sum_{i=1}^{m-1} \tau_i \tilde{\boldsymbol{A}}_i \mathrm{e}^{-\lambda \tau_i} + \tau'_{\mathrm{f}m} \tilde{\boldsymbol{A}}_{\mathrm{df}m} \mathrm{e}^{-\lambda \tau'_{\mathrm{f}m}} + \tau'_{\mathrm{c}m} \tilde{\boldsymbol{A}}_{\mathrm{dc}m} \mathrm{e}^{-\lambda \tau'_{\mathrm{c}m}} \right. \\
& \left. + \tau_m \tilde{\boldsymbol{A}}_{\mathrm{dfc}m} \mathrm{e}^{-\lambda \tau_m} \right) \boldsymbol{v}'
\end{aligned} \tag{3.57}
$$

将 $\boldsymbol{u}'$ 和 $\boldsymbol{v}'$ 划分成两部分，即

$$
\boldsymbol{u}' = \left[(\boldsymbol{u}'_1)^{\mathrm{T}},\ (\boldsymbol{u}'_2)^{\mathrm{T}} \right]^{\mathrm{T}},\ \boldsymbol{v}' = \left[(\boldsymbol{v}'_1)^{\mathrm{T}},\ (\boldsymbol{v}'_2)^{\mathrm{T}} \right]^{\mathrm{T}} \tag{3.58}
$$

其中，$\boldsymbol{u}'_1$, $\boldsymbol{v}'_1 \in \mathbb{C}^{n \times 1}$；$\boldsymbol{u}'_2$, $\boldsymbol{v}'_2 \in \mathbb{C}^{n_c \times 1}$。

不难发现，式 (3.37) 和式 (3.38) 可以写成式 (3.59) 的形式。同理，式 (3.53) 和式 (3.54) 可以写成式 (3.60) 的形式。

$$\begin{cases}\begin{bmatrix}\boldsymbol{A}_{11} & \boldsymbol{A}_{12}\\ \boldsymbol{A}_{21} & \boldsymbol{A}_{22}\end{bmatrix}\begin{bmatrix}\boldsymbol{v}_1\\ \boldsymbol{v}_2\end{bmatrix}=\lambda\begin{bmatrix}\boldsymbol{v}_1\\ \boldsymbol{v}_2\end{bmatrix}\\ \begin{bmatrix}\boldsymbol{u}_1^{\mathrm{T}} & \boldsymbol{u}_2^{\mathrm{T}}\end{bmatrix}\begin{bmatrix}\boldsymbol{A}_{11} & \boldsymbol{A}_{12}\\ \boldsymbol{A}_{21} & \boldsymbol{A}_{22}\end{bmatrix}=\lambda\begin{bmatrix}\boldsymbol{u}_1^{\mathrm{T}} & \boldsymbol{u}_2^{\mathrm{T}}\end{bmatrix}\end{cases} \tag{3.59}$$

$$\begin{cases}\begin{bmatrix}\boldsymbol{A}_{11} & k\boldsymbol{A}_{12}\\ \dfrac{1}{k}\boldsymbol{A}_{21} & \boldsymbol{A}_{22}\end{bmatrix}\begin{bmatrix}\boldsymbol{v}_1'\\ \boldsymbol{v}_2'\end{bmatrix}=\lambda\begin{bmatrix}\boldsymbol{v}_1'\\ \boldsymbol{v}_2'\end{bmatrix}\\ \begin{bmatrix}(\boldsymbol{u}_1')^{\mathrm{T}} & (\boldsymbol{u}_2')^{\mathrm{T}}\end{bmatrix}\begin{bmatrix}\boldsymbol{A}_{11} & k\boldsymbol{A}_{12}\\ \dfrac{1}{k}\boldsymbol{A}_{21} & \boldsymbol{A}_{22}\end{bmatrix}=\lambda\begin{bmatrix}(\boldsymbol{u}_1')^{\mathrm{T}} & (\boldsymbol{u}_2')^{\mathrm{T}}\end{bmatrix}\end{cases} \tag{3.60}$$

式中

$$\begin{cases}\boldsymbol{A}_{11}=\left(\boldsymbol{A}_0+\displaystyle\sum_{i=1}^{m-1}\boldsymbol{A}_i\mathrm{e}^{-\lambda\tau_i}\right)-\left(\boldsymbol{B}_0+\displaystyle\sum_{i=1}^{m-1}\boldsymbol{B}_i\mathrm{e}^{-\lambda\tau_i}\right)\boldsymbol{D}_0^{-1}\boldsymbol{C}_0\\ \qquad\quad+\boldsymbol{E}_m\boldsymbol{D}_{\mathrm{c}m}\left(\boldsymbol{K}_{1m}-\boldsymbol{K}_{2m}\boldsymbol{D}_0^{-1}\boldsymbol{C}_0\right)\mathrm{e}^{-\lambda\tau_m}\\ \boldsymbol{A}_{12}=\boldsymbol{E}_m\boldsymbol{C}_{\mathrm{c}m}\mathrm{e}^{-\lambda\tau_{\mathrm{c}m}}\\ \boldsymbol{A}_{21}=\boldsymbol{B}_{\mathrm{c}m}\left(\boldsymbol{K}_{1m}-\boldsymbol{K}_{2m}\boldsymbol{D}_0^{-1}\boldsymbol{C}_0\right)\mathrm{e}^{-\lambda\tau_{\mathrm{f}m}}\\ \boldsymbol{A}_{22}=\boldsymbol{A}_{\mathrm{c}m}\\ k=\mathrm{e}^{-\lambda\left(\tau_{\mathrm{c}m}'-\tau_{\mathrm{c}m}\right)}=\mathrm{e}^{-\lambda\left(\tau_{\mathrm{f}m}-\tau_{\mathrm{f}m}'\right)}\end{cases} \tag{3.61}$$

引理 1 式 (3.59) 和式 (3.60) 所示特征方程中特征向量之间满足

$$\begin{cases}\boldsymbol{v}_1'=\dfrac{1}{C_1}\boldsymbol{v}_1\\ \boldsymbol{v}_2'=\dfrac{1}{C_1k}\boldsymbol{v}_2\end{cases} \tag{3.62}$$

$$\begin{cases}(\boldsymbol{u}_1')^{\mathrm{T}}=\dfrac{1}{C_2k}\boldsymbol{u}_1^{\mathrm{T}}\\ (\boldsymbol{u}_2')^{\mathrm{T}}=\dfrac{1}{C_2}\boldsymbol{u}_2^{\mathrm{T}}\end{cases} \tag{3.63}$$

其中，C_1 和 C_2 为不为 0 的任意常数，且满足 $C_1C_2=\dfrac{1}{k}$。

证明　令

$$\boldsymbol{A}=\begin{bmatrix}\boldsymbol{A}_{11} & \boldsymbol{A}_{12}\\ \boldsymbol{A}_{21} & \boldsymbol{A}_{22}\end{bmatrix},\ \boldsymbol{A}'=\begin{bmatrix}\boldsymbol{A}_{11} & k\boldsymbol{A}_{12}\\ \dfrac{1}{k}\boldsymbol{A}_{21} & \boldsymbol{A}_{22}\end{bmatrix} \tag{3.64}$$

由 Schur 定理可知矩阵 $\boldsymbol{A}$ 和 $\boldsymbol{A}'$ 的特征值完全相同。

将式 (3.60) 等价改写为

$$\begin{cases}\begin{bmatrix}\boldsymbol{A}_{11} & \boldsymbol{A}_{12}\\ \boldsymbol{A}_{21} & \boldsymbol{A}_{22}\end{bmatrix}\begin{bmatrix}\boldsymbol{v}_1'\\ k\boldsymbol{v}_2'\end{bmatrix}=\lambda\begin{bmatrix}\boldsymbol{v}_1'\\ k\boldsymbol{v}_2'\end{bmatrix}\\ \begin{bmatrix}k\left(\boldsymbol{u}_1'\right)^{\mathrm{T}} & \left(\boldsymbol{u}_2'\right)^{\mathrm{T}}\end{bmatrix}\begin{bmatrix}\boldsymbol{A}_{11} & \boldsymbol{A}_{12}\\ \boldsymbol{A}_{21} & \boldsymbol{A}_{22}\end{bmatrix}=\lambda\begin{bmatrix}k\left(\boldsymbol{u}_1'\right)^{\mathrm{T}} & \left(\boldsymbol{u}_2'\right)^{\mathrm{T}}\end{bmatrix}\end{cases} \tag{3.65}$$

对比式 (3.59) 和式 (3.65) 可知，向量 $\left[\boldsymbol{u}_1^{\mathrm{T}},\ \boldsymbol{u}_2^{\mathrm{T}}\right]^{\mathrm{T}}$ 和 $\left[k\left(\boldsymbol{u}_1'\right)^{\mathrm{T}},\ \left(\boldsymbol{u}_2'\right)^{\mathrm{T}}\right]^{\mathrm{T}}$ 均为矩阵 $\boldsymbol{A}$ 的特征值 λ 对应的左特征向量，向量 $\left[\boldsymbol{v}_1^{\mathrm{T}},\ \boldsymbol{v}_2^{\mathrm{T}}\right]^{\mathrm{T}}$ 和 $\left[\left(\boldsymbol{v}_1'\right)^{\mathrm{T}},\ k\left(\boldsymbol{v}_2'\right)^{\mathrm{T}}\right]^{\mathrm{T}}$ 均为矩阵 $\boldsymbol{A}$ 的特征值 λ 对应的右特征向量。通过子向量对应相等，即可得到式 (3.62) 和式 (3.63)。

将式 (3.62) 和式 (3.63) 代入 $(\boldsymbol{u}')^{\mathrm{T}}\boldsymbol{v}'$，得

$$\begin{aligned}\left(\boldsymbol{u}'\right)^{\mathrm{T}}\boldsymbol{v}' &= \left(\boldsymbol{u}_1'\right)^{\mathrm{T}}\boldsymbol{v}_1'+\left(\boldsymbol{u}_2'\right)^{\mathrm{T}}\boldsymbol{v}_2'\\ &=\frac{1}{C_1C_2k}\boldsymbol{u}_1^{\mathrm{T}}\boldsymbol{v}_1+\frac{1}{C_1C_2k}\boldsymbol{u}_2^{\mathrm{T}}\boldsymbol{v}_2\\ &=\frac{1}{C_1C_2k}\boldsymbol{u}^{\mathrm{T}}\boldsymbol{v}\end{aligned} \tag{3.66}$$

因此，当 $(\boldsymbol{u}')^{\mathrm{T}}\boldsymbol{v}'=\boldsymbol{u}^{\mathrm{T}}\boldsymbol{v}$ 时，有 $C_1C_2=\dfrac{1}{k}$。引理 1 得证。 ■

下面证明 $\dfrac{\partial\lambda}{\partial\tau_{cm}}=\dfrac{\partial\lambda}{\partial\tau_{cm}'}$。

将式 (3.58) 代入式 (3.53) 和式 (3.54)，得

$$\left(\boldsymbol{u}_1'\right)^{\mathrm{T}}\boldsymbol{E}_m\boldsymbol{C}_{cm}\mathrm{e}^{-\lambda\tau_{cm}'}+\left(\boldsymbol{u}_2'\right)^{\mathrm{T}}\boldsymbol{A}_{cm}=\lambda\left(\boldsymbol{u}_2'\right)^{\mathrm{T}} \tag{3.67}$$

$$\boldsymbol{B}_{cm}\left(\boldsymbol{K}_{1m}-\boldsymbol{K}_{2m}\boldsymbol{D}_0^{-1}\boldsymbol{C}_0\right)\boldsymbol{v}_1'\mathrm{e}^{-\lambda\tau_{fm}'}+\boldsymbol{A}_{cm}\boldsymbol{v}_2'=\lambda\boldsymbol{v}_2' \tag{3.68}$$

将式 (3.62) 和式 (3.63) 分别代入式 (3.56) 和式 (3.57)，并考虑到式 (3.67) 和式 (3.68)，得

$$
\begin{aligned}
D' =&(\boldsymbol{u}')^{\mathrm{T}}\boldsymbol{v}' + (\boldsymbol{u}')^{\mathrm{T}}\left(\sum_{i=1}^{m-1}\tau_i\tilde{\boldsymbol{A}}_i\mathrm{e}^{-\lambda\tau_i} + \tau'_{\mathrm{f}m}\tilde{\boldsymbol{A}}_{\mathrm{df}m}\mathrm{e}^{-\lambda\tau'_{\mathrm{f}m}} + \tau'_{\mathrm{c}m}\tilde{\boldsymbol{A}}_{\mathrm{dc}m}\mathrm{e}^{-\lambda\tau'_{\mathrm{c}m}}\right.\\
&\left.+\tau_m\tilde{\boldsymbol{A}}_{\mathrm{dfc}m}\mathrm{e}^{-\lambda\tau_m}\right)\boldsymbol{v}'\\
=&(\boldsymbol{u}'_1)^{\mathrm{T}}\boldsymbol{v}'_1 + (\boldsymbol{u}'_2)^{\mathrm{T}}\boldsymbol{v}'_2 + (\boldsymbol{u}'_1)^{\mathrm{T}}\sum_{i=1}^{m-1}\left(\boldsymbol{A}_i - \boldsymbol{B}_i\boldsymbol{D}_0^{-1}\boldsymbol{C}_0\right)\tau_i\mathrm{e}^{-\lambda\tau_i}\boldsymbol{v}'_1\\
&+(\boldsymbol{u}'_2)^{\mathrm{T}}(\lambda\boldsymbol{I}_{n_c} - \boldsymbol{A}_{\mathrm{c}m})\tau_m\boldsymbol{v}'_2\\
&+(\boldsymbol{u}'_1)^{\mathrm{T}}\boldsymbol{E}_m\boldsymbol{D}_{\mathrm{c}m}\left(\boldsymbol{K}_{1m} - \boldsymbol{K}_{2m}\boldsymbol{D}_0^{-1}\boldsymbol{C}_0\right)\tau_m\mathrm{e}^{-\lambda\tau_m}\boldsymbol{v}'_1\\
=&\frac{1}{C_1C_2k}\left[\boldsymbol{u}_1^{\mathrm{T}}\boldsymbol{v}_1 + \boldsymbol{u}_2^{\mathrm{T}}\boldsymbol{v}_2 + \boldsymbol{u}_1^{\mathrm{T}}\sum_{i=1}^{m-1}\left(\boldsymbol{A}_i - \boldsymbol{B}_i\boldsymbol{D}_0^{-1}\boldsymbol{C}_0\right)\tau_i\mathrm{e}^{-\lambda\tau_i}\boldsymbol{v}_1\right.\\
&+\boldsymbol{u}_2^{\mathrm{T}}(\lambda\boldsymbol{I}_{n_c} - \boldsymbol{A}_{\mathrm{c}m})\tau_m\boldsymbol{v}_2\\
&\left.+\boldsymbol{u}_1^{\mathrm{T}}\boldsymbol{E}_m\boldsymbol{D}_{\mathrm{c}m}\left(\boldsymbol{K}_{1m} - \boldsymbol{K}_{2m}\boldsymbol{D}_0^{-1}\boldsymbol{C}_0\right)\tau_m\mathrm{e}^{-\lambda\tau_m}\boldsymbol{v}_1\right]\\
=&\boldsymbol{u}_1^{\mathrm{T}}\boldsymbol{v}_1 + \boldsymbol{u}_2^{\mathrm{T}}\boldsymbol{v}_2 + \boldsymbol{u}_1^{\mathrm{T}}\sum_{i=1}^{m-1}\left(\boldsymbol{A}_i - \boldsymbol{B}_i\boldsymbol{D}_0^{-1}\boldsymbol{C}_0\right)\tau_i\mathrm{e}^{-\lambda\tau_i}\boldsymbol{v}_1\\
&+\boldsymbol{u}_2^{\mathrm{T}}(\lambda\boldsymbol{I}_{n_c} - \boldsymbol{A}_{\mathrm{c}m})\tau_m\boldsymbol{v}_2\\
&+\boldsymbol{u}_1^{\mathrm{T}}\boldsymbol{E}_m\boldsymbol{D}_{\mathrm{c}m}\left(\boldsymbol{K}_{1m} - \boldsymbol{K}_{2m}\boldsymbol{D}_0^{-1}\boldsymbol{C}_0\right)\tau_m\mathrm{e}^{-\lambda\tau_m}\boldsymbol{v}_1
\end{aligned}
\tag{3.69}
$$

$$
\begin{aligned}
N'_2 =& -\lambda(\boldsymbol{u}')^{\mathrm{T}}\left(\tilde{\boldsymbol{A}}_{\mathrm{dc}m}\mathrm{e}^{-\lambda\tau'_{\mathrm{c}m}} + \tilde{\boldsymbol{A}}_{\mathrm{dfc}m}\mathrm{e}^{-\lambda\tau_m}\right)\boldsymbol{v}'\\
=& -\lambda(\boldsymbol{u}'_2)^{\mathrm{T}}(\lambda\boldsymbol{I}_{n_c} - \boldsymbol{A}_{\mathrm{c}m})\boldsymbol{v}'_2\\
&-\lambda(\boldsymbol{u}'_1)^{\mathrm{T}}\boldsymbol{E}_m\boldsymbol{D}_{\mathrm{c}m}\left(\boldsymbol{K}_{1m} - \boldsymbol{K}_{2m}\boldsymbol{D}_0^{-1}\boldsymbol{C}_0\right)\mathrm{e}^{-\lambda\tau_m}\boldsymbol{v}'_1\\
=&\frac{1}{C_1C_2k}\left[-\lambda\boldsymbol{u}_2^{\mathrm{T}}(\lambda\boldsymbol{I}_{n_c} - \boldsymbol{A}_{\mathrm{c}m})\boldsymbol{v}_2\right.\\
&\left.-\lambda\boldsymbol{u}_1^{\mathrm{T}}\boldsymbol{E}_m\boldsymbol{D}_{\mathrm{c}m}\left(\boldsymbol{K}_{1m} - \boldsymbol{K}_{2m}\boldsymbol{D}_0^{-1}\boldsymbol{C}_0\right)\mathrm{e}^{-\lambda\tau_m}\boldsymbol{v}_1\right]\\
=& -\lambda\boldsymbol{u}_2^{\mathrm{T}}(\lambda\boldsymbol{I}_{n_c} - \boldsymbol{A}_{\mathrm{c}m})\boldsymbol{v}_2 - \lambda\boldsymbol{u}_1^{\mathrm{T}}\boldsymbol{E}_m\boldsymbol{D}_{\mathrm{c}m}\left(\boldsymbol{K}_{1m} - \boldsymbol{K}_{2m}\boldsymbol{D}_0^{-1}\boldsymbol{C}_0\right)\mathrm{e}^{-\lambda\tau_m}\boldsymbol{v}_1
\end{aligned}
\tag{3.70}
$$

将式 (3.69) 和式 (3.70) 分别与式 (3.50) 和式 (3.51) 进行对比，得

$$D' = D,\ N_2' = N \tag{3.71}$$

将式 (3.71) 代入式 (3.49) 和式 (3.55)，得

$$\frac{\partial \lambda}{\partial \tau_{\mathrm{c}m}} = \frac{\partial \lambda}{\partial \tau'_{\mathrm{c}m}} \tag{3.72}$$

特别地，当 $\tau'_{\mathrm{f}m} = 0$ 时，$\dfrac{\partial \lambda}{\partial \tau_{\mathrm{c}m}} = \dfrac{\partial \lambda}{\partial \tau'_{\mathrm{c}m}} = \dfrac{\partial \lambda}{\partial \tau_m}$。当 $\tau'_{\mathrm{c}m} = 0$ 时，$\dfrac{\partial \lambda}{\partial \tau_{\mathrm{f}m}} = \dfrac{\partial \lambda}{\partial \tau'_{\mathrm{f}m}} = \dfrac{\partial \lambda}{\partial \tau_m}$。

由定理 1 可知

$$\frac{\partial \lambda}{\partial \tau_{\mathrm{f}m}} = \frac{\partial \lambda}{\partial \tau_{\mathrm{c}m}},\ \frac{\partial \lambda}{\partial \tau'_{\mathrm{f}m}} = \frac{\partial \lambda}{\partial \tau'_{\mathrm{c}m}} \tag{3.73}$$

结合式 (3.72) 和式 (3.73)，可得式 (3.52)。定理 2 得证。 ■

3.1.4 特征值对运行参数的灵敏度

式 (3.10) 两边同时对某个运行参数 p 进行求导，可得

$$\begin{aligned}&\left(\frac{\partial \tilde{\boldsymbol{A}}_0}{\partial p} + \sum_{i=1}^{m} \frac{\partial \tilde{\boldsymbol{A}}_i}{\partial p} \mathrm{e}^{-\lambda \tau_i} - \sum_{i=1}^{m} \tilde{\boldsymbol{A}}_i \tau_i \mathrm{e}^{-\lambda \tau_i} \frac{\partial \lambda}{\partial p}\right)\boldsymbol{v} + \left(\tilde{\boldsymbol{A}}_0 + \sum_{i=1}^{m} \tilde{\boldsymbol{A}}_i \mathrm{e}^{-\lambda \tau_i}\right)\frac{\partial \boldsymbol{v}}{\partial p}\\ =&\frac{\partial \lambda}{\partial p}\boldsymbol{v} + \lambda \frac{\partial \boldsymbol{v}}{\partial p}\end{aligned} \tag{3.74}$$

对式 (3.74) 两端左乘 $\boldsymbol{u}^{\mathrm{T}}$，得

$$\begin{aligned}&\boldsymbol{u}^{\mathrm{T}}\left(\frac{\partial \tilde{\boldsymbol{A}}_0}{\partial p} + \sum_{i=1}^{m} \frac{\partial \tilde{\boldsymbol{A}}_i}{\partial p} \mathrm{e}^{-\lambda \tau_i} - \sum_{i=1}^{m} \tilde{\boldsymbol{A}}_i \tau_i \mathrm{e}^{-\lambda \tau_i} \frac{\partial \lambda}{\partial p}\right)\boldsymbol{v} + \boldsymbol{u}^{\mathrm{T}}\left(\tilde{\boldsymbol{A}}_0 + \sum_{i=1}^{m} \tilde{\boldsymbol{A}}_i \mathrm{e}^{-\lambda \tau_i}\right)\frac{\partial \boldsymbol{v}}{\partial p}\\ =&\frac{\partial \lambda}{\partial p}\boldsymbol{u}^{\mathrm{T}}\boldsymbol{v} + \lambda \boldsymbol{u}^{\mathrm{T}} \frac{\partial \boldsymbol{v}}{\partial p}\end{aligned} \tag{3.75}$$

将式 (3.32) 代入式 (3.75)，得

$$\boldsymbol{u}^{\mathrm{T}}\left(\frac{\partial \tilde{\boldsymbol{A}}_0}{\partial p} + \sum_{i=1}^{m} \frac{\partial \tilde{\boldsymbol{A}}_i}{\partial p} \mathrm{e}^{-\lambda \tau_i} - \sum_{i=1}^{m} \tilde{\boldsymbol{A}}_i \tau_i \mathrm{e}^{-\lambda \tau_i} \frac{\partial \lambda}{\partial p}\right)\boldsymbol{v} = \frac{\partial \lambda}{\partial p}\boldsymbol{u}^{\mathrm{T}}\boldsymbol{v} \tag{3.76}$$

整理后，可得 λ 对参数 p 的灵敏度：

$$\frac{\partial\lambda}{\partial p}=\frac{\boldsymbol{u}^{\mathrm{T}}\left(\dfrac{\partial\tilde{\boldsymbol{A}}_0}{\partial p}+\displaystyle\sum_{i=1}^{m}\dfrac{\partial\tilde{\boldsymbol{A}}_i}{\partial p}\mathrm{e}^{-\lambda\tau_i}\right)\boldsymbol{v}}{\boldsymbol{u}^{\mathrm{T}}\left(\boldsymbol{I}_n+\displaystyle\sum_{i=1}^{m}\tilde{\boldsymbol{A}}_i\tau_i\mathrm{e}^{-\lambda\tau_i}\right)\boldsymbol{v}} \tag{3.77}$$

3.1.5 时滞系统特征方程的摄动

1. 以时滞为摄动量

设 ε 为时滞摄动的数量级，则摄动后时滞 τ_i 变为 τ_i'：

$$\tau_i'=\tau_i+\varepsilon\Delta\tau_i,\quad i=1,\ 2,\ \cdots,\ m \tag{3.78}$$

时滞摄动后，系统的特征方程变为

$$\left(\tilde{\boldsymbol{A}}_0+\sum_{i=1}^{m}\tilde{\boldsymbol{A}}_i\mathrm{e}^{-\lambda'\tau_i'}\right)\boldsymbol{v}'=\lambda'\boldsymbol{v}' \tag{3.79}$$

根据摄动理论[159, 160]，摄动后的特征值 λ' 及其相应的右特征向量 $\boldsymbol{v}'$ 可表示为

$$\begin{cases}\lambda'=\lambda+\varepsilon\lambda_1+\varepsilon^2\lambda_2+\cdots\\ \boldsymbol{v}'=\boldsymbol{v}+\varepsilon\boldsymbol{v}_1+\varepsilon^2\boldsymbol{v}_2+\cdots\end{cases} \tag{3.80}$$

式中，$\varepsilon\lambda_1\in\mathbb{C}$ 和 $\varepsilon^2\lambda_2\in\mathbb{C}$ 分别为特征值 λ 的一阶和二阶摄动量；$\varepsilon\boldsymbol{v}_1\in\mathbb{C}^{n\times1}$ 和 $\varepsilon^2\boldsymbol{v}_2\in\mathbb{C}^{n\times1}$ 分别为右特征向量 $\boldsymbol{v}$ 的一阶和二阶摄动量。

将式 (3.78) 和式 (3.80) 代入式 (3.79)，然后对 $\mathrm{e}^{-\varepsilon(\lambda_1\tau_i+\lambda\Delta\tau_i)}$ 进行泰勒级数展开，得

$$\begin{aligned}&\left(\tilde{\boldsymbol{A}}_0+\sum_{i=1}^{m}\tilde{\boldsymbol{A}}_i\mathrm{e}^{-(\lambda+\varepsilon\lambda_1+\cdots)(\tau_i+\varepsilon\Delta\tau_i)}\right)(\boldsymbol{v}+\varepsilon\boldsymbol{v}_1+\cdots)\\ =&\left(\tilde{\boldsymbol{A}}_0+\sum_{i=1}^{m}\tilde{\boldsymbol{A}}_i\mathrm{e}^{-\lambda\tau_i}\mathrm{e}^{-\varepsilon(\lambda_1\tau_i+\lambda\Delta\tau_i)-\cdots}\right)(\boldsymbol{v}+\varepsilon\boldsymbol{v}_1+\cdots)\\ =&\left(\tilde{\boldsymbol{A}}_0+\sum_{i=1}^{m}\tilde{\boldsymbol{A}}_i\mathrm{e}^{-\lambda\tau_i}-\varepsilon\sum_{i=1}^{m}\tilde{\boldsymbol{A}}_i\mathrm{e}^{-\lambda\tau_i}(\lambda_1\tau_i+\lambda\Delta\tau_i)+\cdots\right)(\boldsymbol{v}+\varepsilon\boldsymbol{v}_1+\cdots)\\ =&\left(\tilde{\boldsymbol{A}}_0+\sum_{i=1}^{m}\tilde{\boldsymbol{A}}_i\mathrm{e}^{-\lambda\tau_i}\right)\boldsymbol{v}+\varepsilon\left(\tilde{\boldsymbol{A}}_0+\sum_{i=1}^{m}\tilde{\boldsymbol{A}}_i\mathrm{e}^{-\lambda\tau_i}\right)\boldsymbol{v}_1\end{aligned}$$

$$
\begin{aligned}
&-\varepsilon\sum_{i=1}^{m}\tilde{\boldsymbol{A}}_i\mathrm{e}^{-\lambda\tau_i}(\lambda_1\tau_i+\lambda\Delta\tau_i)\boldsymbol{v}+\cdots\\
=&\lambda\boldsymbol{v}+\varepsilon(\lambda_1\boldsymbol{v}+\lambda\boldsymbol{v}_1)+\cdots
\end{aligned}\tag{3.81}
$$

令式 (3.81) 两端 ε 的同次幂项的系数相等，得

$$
\varepsilon^0:\ \left(\tilde{\boldsymbol{A}}_0+\sum_{i=1}^{m}\tilde{\boldsymbol{A}}_i\mathrm{e}^{-\lambda\tau_i}\right)\boldsymbol{v}\ =\lambda\boldsymbol{v}\tag{3.82}
$$

$$
\varepsilon^1:\ \left(\tilde{\boldsymbol{A}}_0+\sum_{i=1}^{m}\tilde{\boldsymbol{A}}_i\mathrm{e}^{-\lambda\tau_i}\right)\boldsymbol{v}_1-\sum_{i=1}^{m}\tilde{\boldsymbol{A}}_i\mathrm{e}^{-\lambda\tau_i}(\lambda_1\tau_i+\lambda\Delta\tau_i)\boldsymbol{v}=\lambda_1\boldsymbol{v}+\lambda\boldsymbol{v}_1\tag{3.83}
$$

式 (3.83) 两边分别左乘 $\boldsymbol{u}^{\mathrm{T}}$，得

$$
\boldsymbol{u}^{\mathrm{T}}\left(\tilde{\boldsymbol{A}}_0+\sum_{i=1}^{m}\tilde{\boldsymbol{A}}_i\mathrm{e}^{-\lambda\tau_i}\right)\boldsymbol{v}_1-\boldsymbol{u}^{\mathrm{T}}\sum_{i=1}^{m}\tilde{\boldsymbol{A}}_i\mathrm{e}^{-\lambda\tau_i}(\lambda_1\tau_i+\lambda\Delta\tau_i)\boldsymbol{v}=\lambda_1\boldsymbol{u}^{\mathrm{T}}\boldsymbol{v}+\lambda\boldsymbol{u}^{\mathrm{T}}\boldsymbol{v}_1\tag{3.84}
$$

将式 (3.32) 代入式 (3.84)，然后消去左边第一项和右边第二项，得

$$
-\boldsymbol{u}^{\mathrm{T}}\sum_{i=1}^{m}\tilde{\boldsymbol{A}}_i\mathrm{e}^{-\lambda\tau_i}(\lambda_1\tau_i+\lambda\Delta\tau_i)\boldsymbol{v}=\lambda_1\boldsymbol{u}^{\mathrm{T}}\boldsymbol{v}\tag{3.85}
$$

进而，可得 λ 的一阶摄动量：

$$
\varepsilon\lambda_1=-\frac{\boldsymbol{u}^{\mathrm{T}}\left(\sum\limits_{i=1}^{m}\tilde{\boldsymbol{A}}_i\mathrm{e}^{-\lambda\tau_i}\lambda\varepsilon\Delta\tau_i\right)\boldsymbol{v}}{\boldsymbol{u}^{\mathrm{T}}\left(\boldsymbol{I}_n+\sum\limits_{i=1}^{m}\tilde{\boldsymbol{A}}_i\mathrm{e}^{-\lambda\tau_i}\tau_i\right)\boldsymbol{v}}\tag{3.86}
$$

对比式 (3.86) 和式 (3.35) 可知，当时滞 τ_i ($i=1,\ 2,\ \cdots,\ m$) 摄动时，特征值的一阶摄动量 $\varepsilon\lambda_1$ 就等于特征值对时滞的灵敏度 $\dfrac{\partial\lambda}{\partial\tau_i}$ 与时滞摄动量 $\varepsilon\Delta\tau_i$ 的乘积之和。这就是特征值对时滞的灵敏度和特征值的一阶摄动量之间的联系。

2. 以系统参数为摄动量

假设系统参数发生摄动，摄动后的系统状态矩阵分别为 $\tilde{\boldsymbol{A}}_0'$ 和 $\tilde{\boldsymbol{A}}_i'$ ($i=1,\ 2,\ \cdots,\ m$)，其摄动量 $\varepsilon\Delta\tilde{\boldsymbol{A}}_0$ 和 $\varepsilon\Delta\tilde{\boldsymbol{A}}_i$ 分别可表示为

$$
\begin{cases}
\varepsilon\Delta\tilde{\boldsymbol{A}}_0=\tilde{\boldsymbol{A}}_0'-\tilde{\boldsymbol{A}}_0\\
\varepsilon\Delta\tilde{\boldsymbol{A}}_i=\tilde{\boldsymbol{A}}_i'-\tilde{\boldsymbol{A}}_i
\end{cases}\tag{3.87}
$$

式中，ε 为系统状态矩阵摄动的数量级。

参数摄动后，系统的特征方程可表示为

$$\left(\tilde{\boldsymbol{A}}_0'+\sum_{i=1}^{m}\tilde{\boldsymbol{A}}_i'\mathrm{e}^{-\lambda'\tau_i}\right)\boldsymbol{v}'=\lambda'\boldsymbol{v}' \tag{3.88}$$

式中，λ' 和 $\boldsymbol{v}'$ 的表达式与式 (3.80) 完全相同。

将式 (3.87) 和式 (3.80) 代入式 (3.88)，并对 $\mathrm{e}^{-\varepsilon\lambda_1\tau_i}$ 进行泰勒级数展开，得

$$\begin{aligned}
&\left[(\tilde{\boldsymbol{A}}_0+\varepsilon\Delta\tilde{\boldsymbol{A}}_0)+\sum_{i=1}^{m}(\tilde{\boldsymbol{A}}_i+\varepsilon\Delta\tilde{\boldsymbol{A}}_i)\mathrm{e}^{-(\lambda+\varepsilon\lambda_1+\cdots)\tau_i}\right](\boldsymbol{v}+\varepsilon\boldsymbol{v}_1+\cdots)\\
=&\left[(\tilde{\boldsymbol{A}}_0+\varepsilon\Delta\tilde{\boldsymbol{A}}_0)+\sum_{i=1}^{m}(\tilde{\boldsymbol{A}}_i+\varepsilon\Delta\tilde{\boldsymbol{A}}_i)\mathrm{e}^{-\lambda\tau_i}(1-\varepsilon\lambda_1\tau_i+\cdots)\right](\boldsymbol{v}+\varepsilon\boldsymbol{v}_1+\cdots)\\
=&\left(\tilde{\boldsymbol{A}}_0+\sum_{i=1}^{m}\tilde{\boldsymbol{A}}_i\mathrm{e}^{-\lambda\tau_i}\right)\boldsymbol{v}+\varepsilon\left[\left(\tilde{\boldsymbol{A}}_0+\sum_{i=1}^{m}\tilde{\boldsymbol{A}}_i\mathrm{e}^{-\lambda\tau_i}\right)\boldsymbol{v}_1\right.\\
&\left.-\sum_{i=1}^{m}\tilde{\boldsymbol{A}}_i\mathrm{e}^{-\lambda\tau_i}\lambda_1\tau_i\boldsymbol{v}+\left(\Delta\tilde{\boldsymbol{A}}_0+\sum_{i=1}^{m}\Delta\tilde{\boldsymbol{A}}_i\mathrm{e}^{-\lambda\tau_i}\right)\boldsymbol{v}\right]+\cdots\\
=&\lambda\boldsymbol{v}+\varepsilon(\lambda_1\boldsymbol{v}+\lambda\boldsymbol{v}_1)+\cdots
\end{aligned} \tag{3.89}$$

令式 (3.89) 两端 ε 的同次幂项的系数相等，得

$$\varepsilon^0:\ \left(\tilde{\boldsymbol{A}}_0+\sum_{i=1}^{m}\tilde{\boldsymbol{A}}_i\mathrm{e}^{-\lambda\tau_i}\right)\boldsymbol{v}=\lambda\boldsymbol{v} \tag{3.90}$$

$$\begin{aligned}
\varepsilon^1:\ &\left(\tilde{\boldsymbol{A}}_0+\sum_{i=1}^{m}\tilde{\boldsymbol{A}}_i\mathrm{e}^{-\lambda\tau_i}\right)\boldsymbol{v}_1-\sum_{i=1}^{m}\tilde{\boldsymbol{A}}_i\mathrm{e}^{-\lambda\tau_i}\lambda_1\tau_i\boldsymbol{v}+\left(\Delta\tilde{\boldsymbol{A}}_0+\sum_{i=1}^{m}\Delta\tilde{\boldsymbol{A}}_i\mathrm{e}^{-\lambda\tau_i}\right)\boldsymbol{v}\\
&=\lambda_1\boldsymbol{v}+\lambda\boldsymbol{v}_1
\end{aligned} \tag{3.91}$$

式 (3.91) 两边分别左乘 $\boldsymbol{u}^{\mathrm{T}}$，得

$$\begin{aligned}
&\boldsymbol{u}^{\mathrm{T}}\left(\tilde{\boldsymbol{A}}_0+\sum_{i=1}^{m}\tilde{\boldsymbol{A}}_i\mathrm{e}^{-\lambda\tau_i}\right)\boldsymbol{v}_1-\boldsymbol{u}^{\mathrm{T}}\sum_{i=1}^{m}\tilde{\boldsymbol{A}}_i\mathrm{e}^{-\lambda\tau_i}\lambda_1\tau_i\boldsymbol{v}\\
&+\boldsymbol{u}^{\mathrm{T}}\left(\Delta\tilde{\boldsymbol{A}}_0+\sum_{i=1}^{m}\Delta\tilde{\boldsymbol{A}}_i\mathrm{e}^{-\lambda\tau_i}\right)\boldsymbol{v}\\
=&\lambda_1\boldsymbol{u}^{\mathrm{T}}\boldsymbol{v}+\lambda\boldsymbol{u}^{\mathrm{T}}\boldsymbol{v}_1
\end{aligned} \tag{3.92}$$

将式 (3.32) 代入式 (3.92)，然后消去等式左边第一项和右边第二项，得

$$-\lambda_1 \boldsymbol{u}^{\mathrm{T}} \sum_{i=1}^{m} \tilde{\boldsymbol{A}}_i \mathrm{e}^{-\lambda\tau_i} \tau_i \boldsymbol{v} + \boldsymbol{u}^{\mathrm{T}} \left(\Delta\tilde{\boldsymbol{A}}_0 + \sum_{i=1}^{m} \Delta\tilde{\boldsymbol{A}}_i \mathrm{e}^{-\lambda\tau_i} \right) \boldsymbol{v} = \lambda_1 \boldsymbol{u}^{\mathrm{T}} \boldsymbol{v} \tag{3.93}$$

进而，可解得 λ 的一阶摄动量：

$$\varepsilon\lambda_1 = \frac{\boldsymbol{u}^{\mathrm{T}} \left(\varepsilon\Delta\tilde{\boldsymbol{A}}_0 + \sum\limits_{i=1}^{m} \varepsilon\Delta\tilde{\boldsymbol{A}}_i \mathrm{e}^{-\lambda\tau_i} \right) \boldsymbol{v}}{\boldsymbol{u}^{\mathrm{T}} \left(\boldsymbol{I}_n + \sum\limits_{i=1}^{m} \tilde{\boldsymbol{A}}_i \mathrm{e}^{-\lambda\tau_i} \tau_i \right) \boldsymbol{v}} \tag{3.94}$$

通过对比式 (3.94) 和式 (3.77)，可以得到当运行参数摄动时特征值对运行参数的灵敏度 $\dfrac{\partial\lambda}{\partial p}$ 和特征值的一阶摄动量 $\varepsilon\lambda_1$ 之间的联系。具体地，将式 (3.77) 所示系统状态矩阵对运行参数的灵敏度 $\dfrac{\partial\tilde{\boldsymbol{A}}_i}{\partial p}$ $(i = 0,\ 1,\ \cdots,\ m)$ 替换为系统状态矩阵的一阶摄动量 $\varepsilon\Delta\tilde{\boldsymbol{A}}_i$，即可得到式 (3.94)。

3.2 谱离散化中的数值方法

本节介绍谱离散化特征值计算方法中使用的 3 类数值方法，包括：伪谱 (pseudo-spectral，PS) 法、线性多步 (linear multi-step，LMS) 法和隐式龙格-库塔 (implicit Runge-Kutta，IRK) 法。

3.2.1 PS 法

1. 概述

PS 法，又称为谱配置法 (spectral collocation method)，是一种通过满足纯插值约束条件，以求得微分方程近似解的数值方法。值得注意的是，PS 法与伪谱 (pseudo-spectrum) ①无关。区别于有限差分法和有限元法，PS 法给出的近似解是对于整体计算域的近似，并具有所谓的“谱精度”(spectral accuracy，即收敛精度为 N^{-N}，其中 N 为基函数的个数)。PS 法被广泛地应用于数学、物理以

① **伪谱**：对于任意的 $\varepsilon > 0$，矩阵 $\boldsymbol{A} \in \mathbb{C}^{n\times n}$ 的 ε-伪谱 $\sigma_\varepsilon(\boldsymbol{A})$ 为复平面上的一个开子集，是满足预解矩阵 $(\lambda\boldsymbol{I}_n - \boldsymbol{A})^{-1}$ 的范数大于 ε^{-1} 的所有正则点 λ 的集合，即 $\sigma_\varepsilon(\boldsymbol{A}) = \{\lambda \in \mathbb{C} : \|(\lambda\boldsymbol{I}_n - \boldsymbol{A})^{-1}\| > \varepsilon^{-1}\}$。伪谱存在如下 4 种等价的定义，具体内容和证明详见文献 [161]。

当 $\varepsilon = 0$ 时，$\boldsymbol{A}$ 的 ε-伪谱就退化为 $\boldsymbol{A}$ 的谱，即 $\sigma_0(\boldsymbol{A}) = \sigma(\boldsymbol{A}) = \{\lambda \in \mathbb{C} :\ \det(\lambda\boldsymbol{I}_n - \boldsymbol{A}) = 0\}$。当 ε 足够小时，$\boldsymbol{A}$ 的 ε-伪谱为矩阵 $\boldsymbol{A}$ 的特征值周围一簇联通的闭区域。每一个联通闭区域为伪谱的一个联通部分。如果矩阵 $\boldsymbol{A}$ 有 m 个不同的特征值，则 $\boldsymbol{A}$ 至多有 m 个不同的伪谱部分 [162]。

及工程中求解 ODE 和偏微分方程 (partial differential equation，PDE) 的边值问题 (boundary value problem，BVP)，还可以用于简化特征值和伪谱的计算[163]。

选取一组配置点，PS 法通过内插多项式对微分方程进行近似，使其在各配置点处精确成立。以如式 (3.95) 所示的 ODE 为例：

$$\begin{cases} y'(t) = f(t,\ y(t)), \quad t = [t_0,\ t_0 + h] \\ y(t_0) = y_0 \end{cases} \tag{3.95}$$

利用 PS 法求解式 (3.95) 时，首先选择区间 $[t_0,\ t_0 + h]$ 上的一组配置点 $0 \leqslant c_1 < c_2 < \cdots < c_N \leqslant 1$，然后构造 N 次多项式 p 可求解得到 y 的近似解。其中，多项式 p 需在 t_0 点处满足初始条件 $p(t_0) = y_0$，在所有的配置点 $t = t_0 + c_k h\ (k = 1,\ 2,\ \cdots,\ N)$ 满足微分方程 $p'(t) = f(t,\ p(t))$。

需要说明的是，所有的 PS 法实际上都是 IRK 法。龙格-库塔法的 Butcher 表中的系数 c_k 即为 PS 法的配置点。然而，并不是所有的 IRK 法都是 PS 法[164]。

下面令 $N = 2$，利用 PS 法求得式 (3.95) 在 $t = t_0 + h$ 处的解。此时，$c_1 = 0$，$c_2 = 1$，两个配置点分别为 t_0 和 $t_0 + h$。2 次多项式 p 需满足以下条件：

$$\begin{cases} p(t_0) = y_0 \\ p'(t_0) = f(t_0,\ p(t_0)) \\ p'(t_0 + h) = f(t_0 + h,\ p(t_0 + h)) \end{cases} \tag{3.96}$$

通过求解式 (3.96)，可以得到多项式 p 的表达式为

$$p(t) = \alpha(t - t_0)^2 + \beta(t - t_0) + \gamma \tag{3.97}$$

式中

$$\begin{cases} \alpha = \dfrac{1}{2h}\left(f(t_0 + h,\ p(t_0 + h)) - f(t_0,\ p(t_0))\right) \\ \beta = f(t_0,\ p(t_0)) \\ \gamma = y_0 \end{cases} \tag{3.98}$$

由式 (3.97) 可以得到式 (3.95) 所示的 ODE 在 $t = t_0 + h$ 处的近似解为

$$y_1 = p(t_0 + h) = y_0 + \frac{1}{2}h\left(f(t_0 + h,\ y_1) + f(t_0,\ y_0)\right) \tag{3.99}$$

基于切比雪夫多项式的 PS 法，首先以切比雪夫多项式为基函数对某一连续的导数函数进行多项式插值，得到拉格朗日形式的逼近函数；然后以切比雪夫零

点或极点为配置点，通过求导得到函数的离散化形式，即配置方程 (collocation equation)；最后通过求解配置方程得到微分方程的数值解。接下来，本节首先给出几类切比雪夫多项式的定义，然后介绍切比雪夫零点和极点，最后给出切比雪夫差分矩阵。

2. 第一和第二类切比雪夫多项式的定义 [165]

1) T_N 的三角函数定义

当 $x=\cos\theta$ 时，第一类 N 阶切比雪夫多项式 T_N 定义为

$$T_N(x)=\cos(N\theta)=\cos(N\arccos x) \tag{3.100}$$

式中，x 的取值范围为 $[-1,\ 1]$，θ 的取值范围为 $[0,\ \pi]$。x 和 θ 的取值范围反向对应，即当 $x=-1$，$\theta=\pi$；当 $x=1$，$\theta=0$。

由于 $\cos(N\theta)$ 是 $\cos\theta$ 的 N 阶多项式，即

$$\begin{cases}\cos(0\theta)=1,\ \cos(1\theta)=\cos\theta,\ \cos(2\theta)=2\cos^2\theta-1\\ \cos(3\theta)=4\cos^3\theta-3\cos\theta,\ \cos(4\theta)=8\cos^4\theta-8\cos^2\theta+1\\ \cos(5\theta)=16\cos^5\theta-20\cos^3\theta+5\cos\theta\\ \qquad\vdots\end{cases} \tag{3.101}$$

将式 (3.101) 代入式 (3.100)，可以得到 T_N 关于 x 的显式表达式：

$$\begin{cases}T_0(x)=1,\ T_1(x)=x,\ T_2(x)=2x^2-1,\ T_3(x)=4x^3-3x\\ T_4(x)=8x^4-8x^2+1,\ T_5(x)=16x^5-20x^3+5x\\ \qquad\vdots\end{cases} \tag{3.102}$$

当 $N=5$ 时，在区间 $[-1,\ 1]$ 上，$T_5(x)$ 的曲线如图 3.3 所示。

2) U_N 的三角函数定义

当 $x=\cos\theta$ 时，第二类 N 阶切比雪夫多项式 U_N 定义为

$$U_N(x)=\frac{\sin((N+1)\theta)}{\sin\theta} \tag{3.103}$$

式中，x 和 θ 的取值范围与 $T_N(x)$ 中的变量相同。

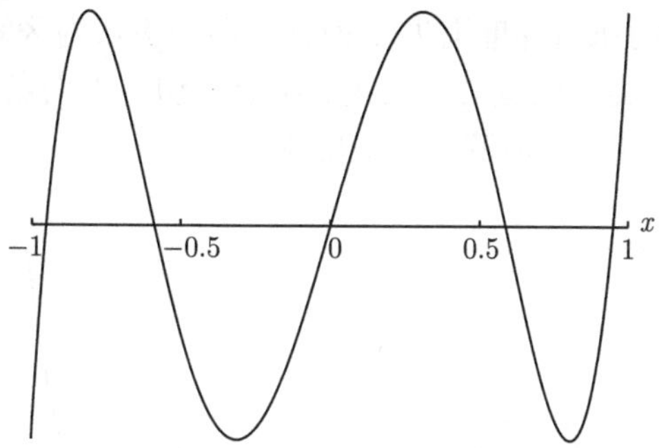

图 3.3 当 $x \in [-1,\ 1]$ 时，$T_5(x)$ 的曲线

将下列初等公式代入式 (3.103)，可将其等号右侧改写为关于 $\cos\theta$ 的 N 阶多项式：

$$
\begin{cases}
\sin(1\theta) = \sin\theta,\ \ \sin(2\theta) = 2\sin\theta\cos\theta,\ \ \sin(3\theta) = \sin\theta\left(4\cos^2\theta - 1\right) \\
\sin(4\theta) = \sin\theta\left(8\cos^3\theta - 4\cos\theta\right) \\
\sin(5\theta) = \sin\theta\left(16\cos^4\theta - 12\cos^2\theta + 1\right) \\
\sin(6\theta) = \sin\theta\left(32\cos^5\theta - 32\cos^3\theta + 6\cos\theta\right) \\
\qquad \vdots
\end{cases}
\tag{3.104}
$$

进而，可得 U_N 关于 x 的显式表达式：

$$
\begin{cases}
U_0(x) = 1,\ U_1(x) = 2x,\ U_2(x) = 4x^2 - 1,\ U_3(x) = 8x^3 - 4x \\
U_4(x) = 16x^4 - 12x^2 + 1,\ U_5(x) = 32x^5 - 32x^3 + 6x \\
\qquad \vdots
\end{cases}
\tag{3.105}
$$

当 $N = 5$ 时，在区间 $[-1,\ 1]$ 上，$U_5(x)$ 的曲线如图 3.4 所示。

在 MATLAB 软件中，第一类 N 阶切比雪夫多项式 T_N 和第二类 N 阶切比雪夫多项式 U_N，即式 (3.102) 和式 (3.105)，可以通过函数 chebyshevT(N, x) 和 chebyshevU(N, x) 得到。

3. 第一和第二类切比雪夫多项式的零点和极点[165]

在区间 $[-1,\ 1]$ 上，任意一类 N 阶切比雪夫多项式均有 N 个零点和 $N+1$ 个极点，如图 3.3 和图 3.4 所示。其中，$N-1$ 个极点在区间 $[-1,\ 1]$ 的内部，对应真正的最大值和最小值 (梯度消失)，而其他两个极点为区间的端点 ±1 (梯度非零)。一般地，称第一类切比雪夫多项式的零点为切比雪夫点。利用切比雪夫点作为多项式插值点，可以有效地避免龙格现象。

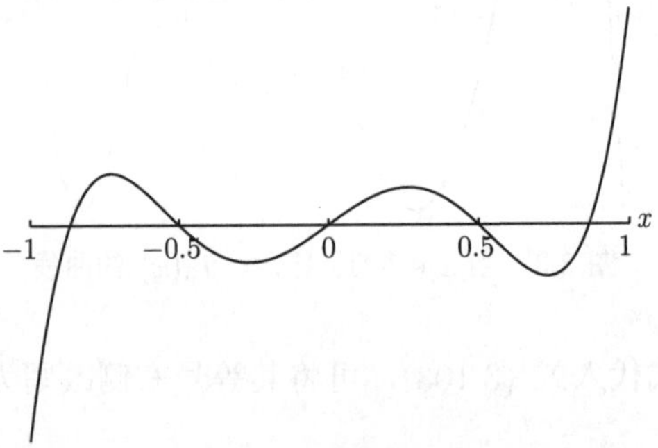

图 3.4 当 $x \in [-1,\ 1]$ 时，$U_5(x)$ 的曲线

1) T_N 的零点

由式 (3.100) 可知，在区间 $[-1,\ 1]$ 上，$T_N(x)$ 的零点对应于 $\cos(N\theta)$ 在区间 $[0,\ \pi]$ 上的零点，故

$$N\theta = \left(k - \frac{1}{2}\right)\pi, \quad k = 1,\ 2,\ \cdots,\ N \tag{3.106}$$

因此，$T_N(x)$ 的零点为

$$x_k = \cos\frac{(2k-1)\pi}{2N}, \quad k = 1,\ 2,\ \cdots,\ N \tag{3.107}$$

从几何角度看，T_N 的零点 x_k 表示上半单位圆上距离为 $\dfrac{\pi}{N}$ 的等距离离散点在区间 $[-1,\ 1]$ 上的投影。随着 k 和 θ 增加，式 (3.107) 所示零点序列 $\{x_k\}$ 以递减的顺序排列。若需将它们以递增的顺序排列，则 x_k 取为

$$x_k = \cos\frac{\left(N - k + \dfrac{1}{2}\right)\pi}{N}, \quad k = 1,\ 2,\ \cdots,\ N \tag{3.108}$$

值得注意的是，当 N 为奇数时，$T_N(x)$ 的零点包含 $x = 0$，但当 N 为偶数时，零点不包含 $x = 0$。此外，$T_N(x)$ 的零点关于 $x = 0$ 对称分布。例如，当 N 取为 4 和 5 时，$T_N(x)$ 的零点分别对应于图 3.5 中“∘”和“□”在区间 $[-1,\ 1]$ 的投影。

2) U_N 的零点

与 $T_N(x)$ 类似，$U_N(x)$ 的零点可以由 $\sin((N+1)\theta)$ 的零点推导得到：

$$x_k = \cos\frac{k\pi}{N+1},\quad k=1,\ 2,\ \cdots,\ N \tag{3.109}$$

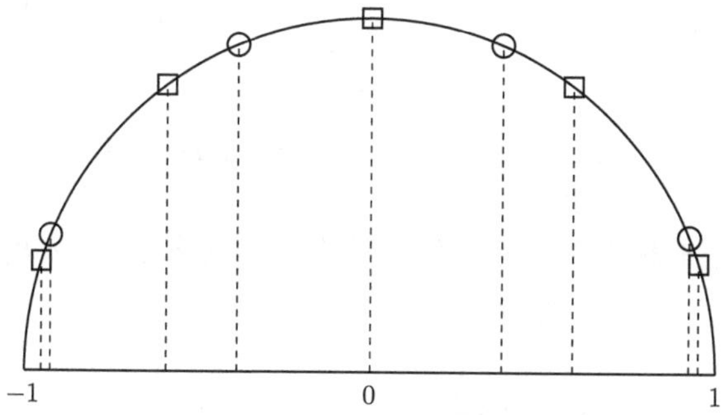

图 3.5 当 $N=4$, 5 时，$T_N(x)$ 的零点

从几何角度看，$U_N(x)$ 的零点表示上半单位圆上距离为 $\dfrac{\pi}{N+1}$ 的等距离离散点在区间 $[-1,\ 1]$ 上的投影。若将零点序列 $\{x_k\}$ 以递增的顺序排列，则 x_k 取为

$$x_k = \cos\frac{(N-k+1)\pi}{N+1},\quad k=1,\ 2,\ \cdots,\ N \tag{3.110}$$

可知，$U_N(x)$ 的零点不包含区间 $[-1,\ 1]$ 的端点。若将式 (3.109) 所示的 $U_N(x)$ 的零点序列 $\{x_k\}$ 扩展为包含点 $x_0=1$ 和 $x_{N+1}=-1$ 的集合，则 x_k 取为

$$x_k = \cos\frac{k\pi}{N+1},\quad k=0,\ 1,\ \cdots,\ N+1 \tag{3.111}$$

实际上，式 (3.111) 中的零点不是多项式 $U_N(x)$ 的零点，而是加权多项式 $(1-x^2)U_N(x)$ 的零点。

3) T_N 的极点

对式 (3.100) 定义的 $T_N(x)$ 进行求导，得

$$\frac{\mathrm{d}}{\mathrm{d}x}T_N(x) = \frac{\mathrm{d}}{\mathrm{d}x}\cos(N\theta) = \frac{\mathrm{d}}{\mathrm{d}\theta}\cos(N\theta)\bigg/\frac{\mathrm{d}}{\mathrm{d}\theta}\cos\theta = \frac{N\sin(N\theta)}{\sin\theta} \tag{3.112}$$

当 $N=5$ 时，$T_N(x)$ 的极点与零点分别对应于图 3.6 中“∘”和“□”在区间 $[-1,\ 1]$ 的投影。

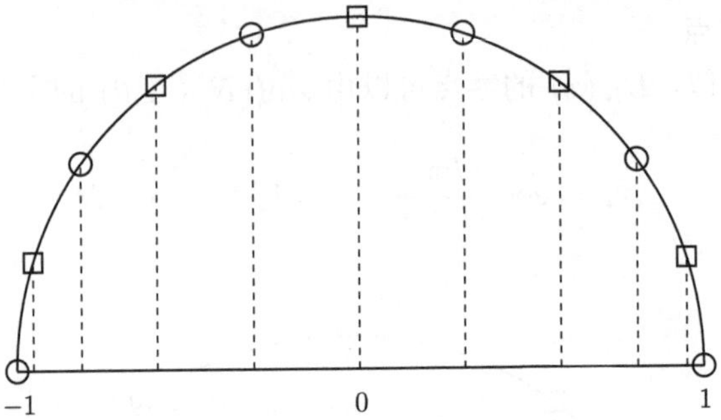

图 3.6　当 $N = 5$ 时，$T_N(x)$ 的极点与零点

可知，$T_N(x)$ 的极点对应 $\cos(N\theta)$ 的极点，也就是 $\sin(N\theta)$ 的零点。在区间 $[-1, 1]$ 上，$T_N(x)$ 的极点 x_k 为

$$x_k = \cos\frac{k\pi}{N},\ \ k = 0,\ 1,\ \cdots,\ N \tag{3.113}$$

$T_N(x)$ 的极点包含区间 $[-1, 1]$ 的端点。此时，极点相对应的上半单位圆上的离散点之间距离为 $\dfrac{\pi}{N}$。以递增的顺序排列的 x_k 取为

$$x_k = \cos\frac{(N-k)\pi}{N},\ \ k = 0,\ 1,\ \cdots,\ N \tag{3.114}$$

对比式 (3.111) 可知，式 (3.113) 和式 (3.114) 所示的 $T_N(x)$ 的极点恰好为多项式 $(1-x^2)U_{N-1}(x)$ 的零点，即式 (3.111) 中的 N 被替换为 $N-1$。

4) $\boldsymbol{U_N}$ 的极点

对式 (3.103) 定义的 $U_N(x)$ 进行求导，得

$$\begin{aligned}\frac{\mathrm{d}}{\mathrm{d}x}U_N(x) &= \frac{\mathrm{d}}{\mathrm{d}x}\frac{\sin((N+1)\theta)}{\sin\theta} \\ &= \frac{-(N+1)\sin\theta\cos((N+1)\theta)+\cos\theta\sin((N+1)\theta)}{\sin^3\theta}\end{aligned} \tag{3.115}$$

$U_N(x)$ 的极点对应的 θ 值满足如下方程：

$$\tan((N+1)\theta) = (N+1)\tan\theta \neq 0 \tag{3.116}$$

实际上，式 (3.116) 为超越方程。因此，$U_N(x)$ 的极点无法像 $T_N(x)$ 的极点一样通过简单的推导得到。然而，可以确定的是，$U_N(x)$ 极值的数量级会随着 $|x|$ 从 0 增大而单调递增，直到在 $x = \pm 1$ 时达到最大。

根据定义式 (3.103)，构造加权多项式

$$\sqrt{1-x^2}U_N(x)=\sin((N+1)\theta) \tag{3.117}$$

其极点存在并可显示表达为

$$x_k=\cos\frac{(2k+1)\pi}{2(N+1)},\quad k=0,\ 1,\ \cdots,\ N \tag{3.118}$$

当 $N=4$ 时，$U_N(x)$ 的极点与零点分别对应于图 3.7 中“○”和“□”在区间 $[-1,\ 1]$ 的投影。

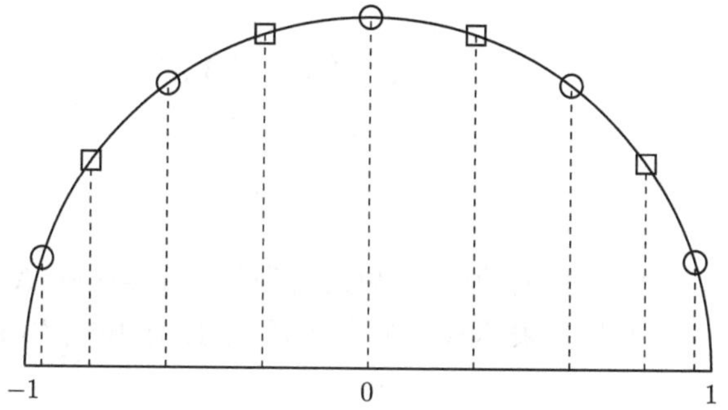

图 3.7 当 $N=4$ 时，$U_N(x)$ 的极点与零点

4. 第一和第二类切比雪夫多项式的递推关系 [165]

第一类 N 阶切比雪夫多项式 $T_N(x)$ 的递推公式为

$$T_{N+1}(x)=2xT_N(x)-T_{N-1}(x),\quad N=1,\ 2,\ \cdots \tag{3.119}$$

其初值为 $T_0(x)=1$，$T_1(x)=x$。

第二类 N 阶切比雪夫多项式 $U_N(x)$ 的递推公式为

$$U_{N+1}(x)=2xU_N(x)-U_{N-1}(x),\quad N=1,\ 2,\ \cdots \tag{3.120}$$

其初值为 $U_0(x)=1$，$U_1(x)=2x$。

此外，$T_N(x)$ 和 $U_N(x)$ 之间还具有以下关系：

$$T_N(x)=U_N(x)-xU_{N-1}(x) \tag{3.121}$$

$$2T_N(x)=U_N(x)-U_{N-2}(x) \tag{3.122}$$

$$T_N'(x)=NU_{N-1}(x) \tag{3.123}$$

5. 第三和第四类切比雪夫多项式[165]

1) 三角函数定义

第三和第四类切比雪夫多项式 V_N 和 W_N 分别与 T_N 和 U_N 相关，但是其三角函数定义中涉及半角 $\dfrac{\theta}{2}$。与 T_N 和 U_N 类似，当 $x=\cos\theta$ 时，V_N 和 W_N 分别定义为

$$V_N(x)=\frac{\cos\left(\left(N+\dfrac{1}{2}\right)\theta\right)}{\cos\dfrac{\theta}{2}} \tag{3.124}$$

$$W_N(x)=\frac{\sin\left(\left(N+\dfrac{1}{2}\right)\theta\right)}{\sin\dfrac{\theta}{2}} \tag{3.125}$$

将式 (3.124) 和式 (3.125) 等号右侧改写为关于 $\cos\theta$ 的 N 阶多项式，进而可以得到 V_N 和 W_N 的显式表达式，分别如式 (3.126) 和式 (3.127) 所示。

$$\begin{cases} V_0(x)=1,\ V_1(x)=2x-1,\ V_2(x)=4x^2-2x-1 \\ V_3(x)=8x^3-4x^2-4x+1,\ V_4(x)=16x^4-8x^3-12x^2+4x+1 \\ V_5(x)=32x^5-16x^4-32x^3+12x^2+6x-1 \\ \qquad\vdots \end{cases} \tag{3.126}$$

$$\begin{cases} V_0(x)=1,\ V_1(x)=2x+1,\ V_2(x)=4x^2+2x-1 \\ V_3(x)=8x^3+4x^2-4x-1,\ V_4(x)=16x^4+8x^3-12x^2-4x+1 \\ V_5(x)=32x^5+16x^4-32x^3-12x^2+6x+1 \\ \qquad\vdots \end{cases} \tag{3.127}$$

当 $N=5$ 时，在区间 $[-1, 1]$ 上，$V_5(x)$ 和 $W_5(x)$ 的曲线如图 3.8 所示。

2) 零点与极点

$V_N(x)$ 和 $W_N(x)$ 的零点分别对应 $\cos\left(\left(N+\dfrac{1}{2}\right)\theta\right)$ 和 $\sin\left(\left(N+\dfrac{1}{2}\right)\theta\right)$

的零点。在区间 $[-1,\ 1]$ 上，$V_N(x)$ 和 $W_N(x)$ 的零点分别为

$$x_k = \cos\frac{\left(k-\dfrac{1}{2}\right)\pi}{N+\dfrac{1}{2}},\quad k=1,\ 2,\ \cdots,\ N \tag{3.128}$$

$$x_k = \cos\frac{k\pi}{N+\dfrac{1}{2}},\quad k=1,\ 2,\ \cdots,\ N \tag{3.129}$$

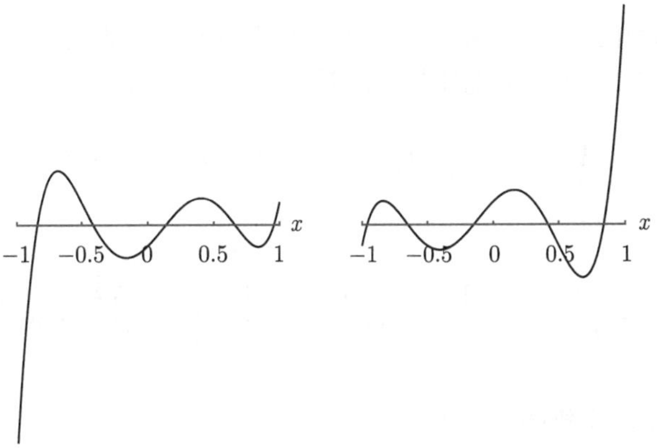

(a) $V_5(x)$ (b) $W_5(x)$

图 3.8 当 $x \in [-1, 1]$ 时，$V_5(x)$ 和 $W_5(x)$ 的曲线

与 $U_N(x)$ 相似，由于涉及到求解超越方程，$V_N(x)$ 和 $W_N(x)$ 的极点无法简单地求解得到。于是，根据定义式 (3.124) 和式 (3.125)，构造如下加权多项式：

$$\sqrt{1+x}V_N(x) = \sqrt{2}\cos\left(\left(N+\frac{1}{2}\right)\theta\right) \tag{3.130}$$

$$\sqrt{1-x}W_N(x) = \sqrt{2}\sin\left(\left(N+\frac{1}{2}\right)\theta\right) \tag{3.131}$$

它们的极点可以显式地表示为

$$x_k = \cos\frac{2k\pi}{2N+1},\ x_k = \cos\frac{(2k+1)\pi}{2N+1},\quad k=0,\ 1,\ \cdots,\ N \tag{3.132}$$

3) 递推关系

第三类 N 阶切比雪夫多项式 $V_N(x)$ 的递推公式为

$$V_{N+1}(x) = 2xV_N(x) - V_{N-1}(x), \quad N = 1,\ 2,\ \cdots \tag{3.133}$$

其初值为 $V_0(x) = 1$，$V_1(x) = 2x - 1$。

第四类 N 阶切比雪夫多项式 $W_N(x)$ 的递推公式为

$$W_{N+1}(x) = 2xW_N(x) - W_{N-1}(x), \quad N = 1,\ 2,\ \cdots \tag{3.134}$$

其初值为 $W_0(x) = 1$，$W_1(x) = 2x + 1$。

6. 四类切比雪夫多项式之间的关系

前面已经介绍了第一和第二类切比雪夫多项式之间的关系，下面分别给出第一和第三类、第二和第四类切比雪夫多项式之间的关系：

$$V_N(x) = u^{-1}T_{2N+1}(u),\ W_N(x) = U_{2N}(t) \tag{3.135}$$

式中

$$u = \left[\frac{1}{2}(1+x)\right]^{\frac{1}{2}} = \cos\frac{\theta}{2},\ t = \left[\frac{1}{2}(1-x)\right]^{\frac{1}{2}} = \sin\frac{\theta}{2} \tag{3.136}$$

7. 切比雪夫差分矩阵[163]

1) 差分矩阵

设连续函数 $u(x)$ 在 $N+1$ 个插值点 $x_0,\ x_1,\ \cdots,\ x_N$ 处的函数值已知，则存在唯一的 N 阶插值多项式 $p(x)$ 且满足 $p(x_j) = u(x_j)$，$j = 0, 1, \cdots, N$。插值多项式 $p(x)$ 的导数为 $p'(x) = \dfrac{\mathrm{d}p(x)}{\mathrm{d}x}$。$p(x)$ 的导数在每个插值点处的值可以由插值点函数值之和表示。将其写成矩阵形式，得

$$\begin{bmatrix} p'(x_0) \\ \vdots \\ p'(x_N) \end{bmatrix} = \boldsymbol{D}_N \begin{bmatrix} p(x_0) \\ \vdots \\ p(x_N) \end{bmatrix} \tag{3.137}$$

式中，$\boldsymbol{D}_N \in \mathbb{R}^{(N+1)(N+1)}$ 为差分矩阵。

当 N 为任意正整数，假设离散点 $x_i (i = 0, 1, \cdots, N)$ 为某 $N+1$ 阶多项式 $P_{N+1}(x)$ 的 $N+1$ 个零点。对于 $j = 0,\ 1,\ \cdots,\ N$，令 $p_j(x) = \dfrac{P_{N+1}(x)}{x - x_j}$。因为 x_j 为 P_{N+1} 的一个零点，所以 $p_j(x)$ 为 N 阶多项式。关于 $p_j(x)$，不难得到如下关系式：

$$p_j(x_j) = P'_{N+1}(x_j) \tag{3.138}$$

$$p_j(x_i) = 0,\ i \neq j \tag{3.139}$$

$$p'_j(x_j) = \frac{1}{2}P''_{N+1}(x_j) \tag{3.140}$$

$$p'_j(x_i) = \frac{P'_{N+1}(x_i)}{x_i - x_j}, \quad i \neq j \tag{3.141}$$

令式 (3.137) 中的 $p(x) = p_j(x)$，则 $\boldsymbol{D}_N$ 的第 j 列元素的表达式为

$$\boldsymbol{D}_N(j,j) = \frac{P''_{N+1}(x_j)}{2P'_{N+1}(x_j)} \tag{3.142}$$

$$\boldsymbol{D}_N(i,j) = \frac{P'_{N+1}(x_i)}{(x_i - x_j)P'_{N+1}(x_j)}, \quad i \neq j \tag{3.143}$$

为了便于理解差分矩阵 $\boldsymbol{D}_N$，下面以 N 取 1 和 2 为例给出 $\boldsymbol{D}_1$ 和 $\boldsymbol{D}_2$ 的详细形成过程。

当 $N = 1$ 时，此时，插值点分别为 $x_0 = 1$ 和 $x_1 = -1$，相应的插值函数值为 $p(x_0) = u_0$ 和 $p(x_1) = u_1$。将区间内的插值多项式改写成拉格朗日形式：

$$p(x) = \frac{1}{2}(1+x)u_0 + \frac{1}{2}(1-x)u_1 \tag{3.144}$$

对式 (3.144) 求导，得

$$p'(x) = \frac{1}{2}u_0 - \frac{1}{2}u_1 \tag{3.145}$$

导数函数对应的差分矩阵 $\boldsymbol{D}_1$ 为

$$\boldsymbol{D}_1 = \begin{bmatrix} \dfrac{1}{2} & -\dfrac{1}{2} \\ \dfrac{1}{2} & -\dfrac{1}{2} \end{bmatrix} \tag{3.146}$$

式 (3.146) 表明：$\boldsymbol{D}_1$ 是 2×2 维的矩阵，它的第一列元素由常数 $\dfrac{1}{2}$ 构成，第二列元素由常数 $-\dfrac{1}{2}$ 构成。

当 $N=2$ 时，此时，插值点分别为 $x_0=1$，$x_1=0$ 和 $x_2=-1$，相应的插值函数值为 $p(x_0)=u_0$，$p(x_1)=u_1$ 和 $p(x_2)=u_2$。区间内的插值多项式是二次的，即

$$p(x)=\frac{1}{2}x(1+x)u_0+(1+x)(1-x)u_1+\frac{1}{2}x(x-1)u_2 \tag{3.147}$$

此时，$p(x)$ 的导数是一个线性多项式：

$$p'(x)=\left(x+\frac{1}{2}\right)u_0-2xu_1+\left(x-\frac{1}{2}\right)u_2 \tag{3.148}$$

导数函数对应的差分矩阵 $\boldsymbol{D}_2$ 为

$$\boldsymbol{D}_2=\begin{bmatrix} \dfrac{3}{2} & -2 & \dfrac{1}{2} \\ \dfrac{1}{2} & 0 & -\dfrac{1}{2} \\ -\dfrac{1}{2} & 2 & -\dfrac{3}{2} \end{bmatrix} \tag{3.149}$$

$\boldsymbol{D}_2$ 是 3×3 维的矩阵，它的第 j 列元素分别等于式 (3.148) 在 $x=1,\ 0,\ -1$ 时第 j 项 u_{j-1} 的系数。

2) 切比雪夫差分矩阵

特别地，取第一类切比雪夫多项式 $T_N(x)$ 在区间 $[-1,\ 1]$ 上的 $N+1$ 个极点作为插值点，即 $y_j=\cos\dfrac{j\pi}{N}, j=0,1,\cdots,N$。如上文所述，这些插值点也为多项式 $P_{N+1}(x)=(1-x^2)\,U_{N-1}(x)$ 的零点。取 $x=\cos\theta$，对 $P_{N+1}(x)$ 中 x 进行代换，得

$$P_{N+1}(x)=\sin\theta\sin(N\theta) \tag{3.150}$$

对 $P_{N+1}(x)$ 关于 x 求一阶导数和二阶导数，得

$$P'_{N+1}(x)=-\frac{\cos\theta\sin(N\theta)+N\sin\theta\cos(N\theta)}{\sin\theta} \tag{3.151}$$

$$P''_{N+1}(x)=-\frac{\cos^2\theta\sin(N\theta)-N\sin\theta\cos\theta\cos(N\theta)+(1+N^2)\sin^2\theta\sin(N\theta)}{\sin^3\theta} \tag{3.152}$$

当 $\theta_j=\dfrac{j\pi}{N}$ 时，$\sin(N\theta_j)=0$，$\cos(N\theta_j)=(-1)^j$。从而，可以解得 $P_{N+1}(x)$ 的一阶导数在插值点 y_j 处的值

$$P'_{N+1}(y_j)=\begin{cases}-(-1)^jN, & 0<j<N\\ -2N, & j=0\\ -2(-1)^NN, & j=N\end{cases} \tag{3.153}$$

同样地，$P_{N+1}(x)$ 的二阶导数在插值点 y_j 处的值为

$$P''_{N+1}(y_j)=\begin{cases}(-1)^jN\dfrac{y_j}{1-y_j^2}, & 0<j<N\\ -2N\dfrac{1+2N^2}{3}, & j=0\\ 2(-1)^NN\dfrac{1+2N^2}{3}, & j=N\end{cases} \tag{3.154}$$

将式 (3.153) 和式 (3.154) 代入式 (3.142) 和式 (3.143)，可得切比雪夫差分矩阵 $\boldsymbol{D}_N$ 各元素的表达式：

$$\boldsymbol{D}_N(i,\ j)=\frac{(-1)^{i-j}}{y_i-y_j},\ 0<i\neq j<N,\ \boldsymbol{D}_N(j,\ j)=\frac{-y_j}{2\left(1-y_j^2\right)},\ 0<j<N \tag{3.155}$$

$$\boldsymbol{D}_N(0,\ 0)=\frac{2N^2+1}{6},\ \boldsymbol{D}_N(N,\ N)=-\frac{2N^2+1}{6} \tag{3.156}$$

$$\boldsymbol{D}_N(0,\ N)=\frac{1}{2}(-1)^N,\ \boldsymbol{D}_N(N,\ 0)=-\frac{1}{2}(-1)^N \tag{3.157}$$

$$\boldsymbol{D}_N(0,\ j)=2\frac{(-1)^j}{1-y_j},\ \boldsymbol{D}_N(N,\ j)=-2\frac{(-1)^{N-j}}{1+y_j},\quad 0<j<N \tag{3.158}$$

$$\boldsymbol{D}_N(i,\ 0)=-\frac{1}{2}\frac{(-1)^i}{1-y_i},\ \boldsymbol{D}_N(i,\ N)=\frac{1}{2}\frac{(-1)^{i-N}}{1+y_i},\quad 0<i<N \tag{3.159}$$

综上，可以得到 $\boldsymbol{D}_N$ 的结构如下：

$$
\boldsymbol{D}_N = \left[\begin{array}{c|c|c}
\dfrac{2N^2+1}{6} & 2\dfrac{(-1)^j}{1-y_j} & \dfrac{1}{2}(-1)^N \\
\hline
-\dfrac{1}{2}\dfrac{(-1)^i}{1-y_i} & \begin{array}{c} \dfrac{(-1)^{i-j}}{y_i-y_j} \\ \dfrac{-y_j}{2(1-y_j^2)} \\ \dfrac{(-1)^{i-j}}{y_i-y_j} \end{array} & \dfrac{1}{2}\dfrac{(-1)^{i-N}}{1+y_i} \\
\hline
-\dfrac{1}{2}(-1)^N & -2\dfrac{(-1)^{N-j}}{1+y_j} & -\dfrac{2N^2+1}{6}
\end{array}\right] \tag{3.160}
$$

值得注意的是,如果插值点的函数值均为 1,即 $p(x_0) = p(x_1) = \cdots = p(x_N) = 1$，则 $p(x)$ 为常函数 $p(x) \equiv 1$ 且 $p'(x) \equiv 0$。因此，矩阵 $\boldsymbol{D}_N$ 的每行元素相加为 0。实际应用中，为了保证 $\boldsymbol{D}_N$ 的数值稳定性，可以利用非对角元素之和来计算 $\boldsymbol{D}_N$ 的对角元：

$$\boldsymbol{D}_N(i,\ i) = -\sum_{j=0,\ j\neq i}^{N} \boldsymbol{D}_N(i,\ j) \tag{3.161}$$

3.2.2 LMS 法

1. LMS 法的系数

给定步长 h，线性 k 步法公式的一般形式如下[139,166]：

$$\alpha_k y_{n+k} + \alpha_{k-1} y_{n+k-1} + \cdots + \alpha_0 y_n = h(\beta_k f_{n+k} + \cdots + \beta_0 f_n) \tag{3.162}$$

或简写为

$$\sum_{j=0}^{k} \alpha_j y_{n+j} = h \sum_{j=0}^{k} \beta_j f(t_{n+j},\ y_{n+j}) \tag{3.163}$$

式中，$t_{n+j} = (n+j)h$；f_{n+j} 和 y_{n+j} 分别为微分方程 $y' = f(t,\ y)$ 及其解 y 在 $n+j$ 时步的估计值；α_j、β_j $(j = 0,\ 1,\ \cdots,\ k)$ 为线性 k 步法的系数，$\alpha_k = 1$。

当 β_k 为 0 时，LMS 法为显式法，反之为隐式法。若令 $n=-k$，则当前时步为 $t=0$。

参考文献 [166] 表 244 (I)、表 244 (Ⅱ)、表 412 (I) 和文献 [167] 式 Ⅲ.1.1.5、式 Ⅲ.1.1.9 和式 Ⅲ.1.1.22，下面总结了 3 种 LMS 法，即 AB (Adams-Bashforth，即 explicit Adams) 方法、AM (Adams-Moulton，即 implicit Adams) 方法和 BDF (backward differentiation formulae) 方法的表达式。

1) AB 方法

AB 方法为显式法。当步数 k 为 $1\sim6$ 时，其表达式如下。

$$\begin{aligned}
k=1:\ & y_{n+1}=y_n+hf_n\\
k=2:\ & y_{n+2}=y_{n+1}+h\left(\frac{3}{2}f_{n+1}-\frac{1}{2}f_n\right)\\
k=3:\ & y_{n+3}=y_{n+2}+h\left(\frac{23}{12}f_{n+2}-\frac{4}{3}f_{n+1}+\frac{5}{12}f_n\right)\\
k=4:\ & y_{n+4}=y_{n+3}+h\left(\frac{55}{24}f_{n+3}-\frac{59}{24}f_{n+2}+\frac{37}{24}f_{n+1}-\frac{3}{8}f_n\right)\\
k=5:\ & y_{n+5}=y_{n+4}+h\left(\frac{1901}{720}f_{n+4}-\frac{1387}{360}f_{n+3}+\frac{109}{30}f_{n+2}\right.\\
& \qquad\left.-\frac{637}{360}f_{n+1}+\frac{251}{720}f_n\right)\\
k=6:\ & y_{n+6}=y_{n+5}+h\left(\frac{4277}{1440}f_{n+5}-\frac{2641}{480}f_{n+4}+\frac{4991}{720}f_{n+3}\right.\\
& \qquad\left.-\frac{3649}{720}f_{n+2}+\frac{959}{480}f_{n+1}-\frac{95}{288}f_n\right)
\end{aligned}\tag{3.164}$$

2) AM 方法

AM 方法为隐式法。当步数 k 为 $0\sim6$ 时，其表达式如下：

$$\begin{aligned}
k=0:\ & y_n=y_{n-1}+hf_n\\
k=1:\ & y_{n+1}=y_n+h\left(\frac{1}{2}f_{n+1}+\frac{1}{2}f_n\right)\\
k=2:\ & y_{n+2}=y_{n+1}+h\left(\frac{5}{12}f_{n+2}+\frac{2}{3}f_{n+1}-\frac{1}{12}f_n\right)
\end{aligned}$$

$$
\begin{aligned}
k=3:\ y_{n+3} &= y_{n+2}+h\left(\frac{3}{8}f_{n+3}+\frac{19}{24}f_{n+2}-\frac{5}{24}f_{n+1}+\frac{1}{24}f_n\right)\\
k=4:\ y_{n+4} &= y_{n+3}+h\left(\frac{251}{720}f_{n+4}+\frac{323}{360}f_{n+3}-\frac{11}{30}f_{n+2}\right.\\
&\quad\left.+\frac{53}{360}f_{n+1}-\frac{19}{720}f_n\right)\\
k=5:\ y_{n+5} &= y_{n+4}+h\left(\frac{95}{288}f_{n+5}+\frac{1427}{1440}f_{n+4}-\frac{133}{240}f_{n+3}\right.\\
&\quad\left.+\frac{241}{720}f_{n+2}-\frac{173}{1440}f_{n+1}+\frac{3}{160}f_n\right)\\
k=6:\ y_{n+6} &= y_{n+5}+h\left(\frac{19087}{60480}f_{n+6}+\frac{2713}{2520}f_{n+5}-\frac{15487}{20160}f_{n+4}\right.\\
&\quad\left.+\frac{586}{945}f_{n+3}-\frac{6737}{20160}f_{n+2}+\frac{263}{2520}f_{n+1}-\frac{863}{60480}f_n\right)
\end{aligned}
\tag{3.165}
$$

3) BDF 方法

BDF 方法为隐式法。当步数 k 为 $1\sim6$ 时，其表达式如下：

$$
\begin{aligned}
&k=1: y_{n+1}-y_n=hf_{n+1}\\
&k=2: y_{n+2}-\frac{4}{3}y_{n+1}+\frac{1}{3}y_n=\frac{2}{3}hf_{n+2}\\
&k=3: y_{n+3}-\frac{18}{11}y_{n+2}+\frac{9}{11}y_{n+1}-\frac{2}{11}y_n=\frac{6}{11}hf_{n+3}\\
&k=4: y_{n+4}-\frac{48}{25}y_{n+3}+\frac{36}{25}y_{n+2}-\frac{16}{25}y_{n+1}+\frac{3}{25}y_n=\frac{12}{25}hf_{n+4}\\
&k=5: y_{n+5}-\frac{300}{137}y_{n+4}+\frac{300}{137}y_{n+3}-\frac{200}{137}y_{n+2}+\frac{75}{137}y_{n+1}\\
&\qquad -\frac{12}{137}y_n=\frac{60}{137}hf_{n+5}\\
&k=6: y_{n+6}-\frac{120}{49}y_{n+5}+\frac{150}{49}y_{n+4}-\frac{400}{147}y_{n+3}+\frac{75}{49}y_{n+2}\\
&\qquad -\frac{24}{49}y_{n+1}+\frac{10}{147}y_n=\frac{20}{49}hf_{n+6}
\end{aligned}
\tag{3.166}
$$

AB、AM 和 BDF 方法的系数如表 3.1 所示。值得注意的是，AB 和 AM 方法的系数为 $\alpha_{k-1}=-1$，$\alpha_{k-2}=\cdots=\alpha_0=0$。另外，对于 AB 和 BDF 方法，其

阶数等于步数，即 $p = k$；而对于 AM 方法，$p = k + 1$。

表 3.1 AB、AM 和 BDF 方法的系数

方法	k	β_6	β_5	β_4	β_3	β_2	β_1	β_0	α_6	α_5	α_4	α_3	α_2	α_1	α_0
AB	1	0	0	0	0	0	0	1	0	0	0	0	0	1	-1
	2	0	0	0	0	0	$\frac{3}{2}$	$-\frac{1}{2}$	0	0	0	0	1	-1	0
	3	0	0	0	0	$\frac{23}{12}$	$-\frac{4}{3}$	$\frac{5}{12}$	0	0	0	1	-1	0	0
	4	0	0	0	$\frac{55}{24}$	$-\frac{59}{24}$	$\frac{37}{24}$	$-\frac{3}{8}$	0	0	1	-1	0	0	0
	5	0	0	$\frac{1901}{720}$	$-\frac{1387}{360}$	$\frac{109}{30}$	$-\frac{637}{360}$	$\frac{251}{720}$	0	1	-1	0	0	0	0
	6	0	$\frac{4277}{1440}$	$-\frac{2641}{480}$	$\frac{4991}{720}$	$-\frac{3649}{720}$	$\frac{959}{480}$	$-\frac{95}{288}$	1	-1	0	0	0	0	0
AM	1	0	0	0	0	0	$\frac{1}{2}$	$\frac{1}{2}$	0	0	0	0	0	1	-1
	2	0	0	0	0	$\frac{5}{12}$	$\frac{2}{3}$	$-\frac{1}{12}$	0	0	0	0	1	-1	0
	3	0	0	0	$\frac{3}{8}$	$\frac{19}{24}$	$-\frac{5}{24}$	$\frac{1}{24}$	0	0	0	1	-1	0	0
	4	0	0	$\frac{251}{720}$	$\frac{323}{360}$	$-\frac{11}{30}$	$\frac{53}{360}$	$-\frac{19}{720}$	0	0	1	-1	0	0	0
	5	0	$\frac{95}{288}$	$\frac{1427}{1440}$	$-\frac{133}{240}$	$\frac{241}{720}$	$-\frac{173}{1440}$	$\frac{3}{160}$	0	1	-1	0	0	0	0
	6	$\frac{19087}{60480}$	$\frac{2713}{2520}$	$-\frac{15487}{20160}$	$\frac{586}{945}$	$-\frac{6737}{20160}$	$\frac{263}{2520}$	$-\frac{863}{60480}$	1	-1	0	0	0	0	0
BDF	1	0	0	0	0	0	1	0	0	0	0	0	0	1	-1
	2	0	0	0	0	$\frac{2}{3}$	0	0	0	0	0	0	1	$-\frac{4}{3}$	$\frac{1}{3}$
	3	0	0	0	$\frac{6}{11}$	0	0	0	0	0	0	1	$-\frac{18}{11}$	$\frac{9}{11}$	$-\frac{2}{11}$
	4	0	0	$\frac{12}{25}$	0	0	0	0	0	0	1	$-\frac{48}{25}$	$\frac{36}{25}$	$-\frac{16}{25}$	$\frac{3}{25}$
	5	0	$\frac{60}{137}$	0	0	0	0	0	0	1	$-\frac{300}{137}$	$\frac{300}{137}$	$-\frac{200}{137}$	$\frac{75}{137}$	$-\frac{12}{137}$
	6	$\frac{20}{49}$	0	0	0	0	0	0	1	$-\frac{120}{49}$	$\frac{150}{49}$	$-\frac{400}{147}$	$\frac{75}{49}$	$-\frac{24}{49}$	$\frac{10}{147}$

2. LMS 法的绝对稳定性 (域)

1) 绝对稳定性

设利用 LMS 法得到第 n 步节点 x_n 处某微分方程初值问题的数值解为 y_n，而实际计算得到的近似值为 $\tilde{y}_n$，称差值 $\delta_n = \tilde{y}_n - y_n$ 为第 n 步数值解的扰动 (误差)。设 $\delta_n \neq 0$，而在以后节点值 y_m $(m > n)$ 上产生的扰动按绝对值均不超过 $|\delta_n|$，即 $|\delta_m| < |\delta_n|$ $(m = n+1,\ n+2,\ \cdots)$，则称 LMS 法是绝对稳定的[168]。简言之，LMS 法的绝对稳定性，是从误差分析的角度考察当步数 n 增大时 δ_n 随 n 的变化情况，即当 n 增大时，δ_n 是增大、减小还是振荡。

2) 绝对稳定的充分和必要条件

设 λ 表示微分方程对应特征方程的根，也即系统的特征值。定义线性 k 步法式 (3.162) 的第一和第二特征多项式为

$$\rho(\lambda) = \sum_{j=0}^{k} \alpha_j \lambda^j,\ \ \sigma(\lambda) = \sum_{j=0}^{k} \beta_j \lambda^j \tag{3.167}$$

对于给定的 $\overline{h} = \lambda h$，如果稳定性多项式

$$\pi\left(\mu;\overline{h}\right) = \sum_{j=0}^{k} \left(\alpha_j - \overline{h}\beta_j\right) \mu^j = \rho(\mu) - \overline{h}\sigma(\mu) = 0 \tag{3.168}$$

的所有特征值 $\mu_j(\overline{h})$ 都满足 $|\mu_j| < 1$ $(j = 1,\ 2,\ \cdots,\ k)$，则称线性 k 步法关于 $\overline{h}$ 绝对稳定。LMS 法绝对稳定的必要条件为 $\mathrm{Re}(\overline{h}) < 0$。

3) 绝对稳定域

将满足式 (3.168) 的 $\overline{h}$ 在 s 平面上的分布区域称为绝对稳定域 (strict stability region)。对式 (3.168) 进行整理，得

$$\overline{h}(\mu) = \frac{\rho(\mu)}{\sigma(\mu)} \tag{3.169}$$

由于 μ 为 z 平面上的特征值，式 (3.169) 就表示 z 平面到 $\overline{h}$ 的映射。将 LMS 法绝对稳定的充分条件，即 z 平面上 $|\mu| < 1$ 的区域 (单位圆内部) 代入式 (3.169) 中，就可以得到 LMS 法的绝对稳定域。

类似地，若要得到 s 平面到 $\overline{h}$ 的映射，需要将 μ 和 λ 之间的关系 $\mu = \mathrm{e}^{\lambda h}$ 代入式 (3.169)，其中 $\lambda \in \mathbb{C}$。由于 h 为实数，$\lambda h \in \mathbb{C}$，于是 $\mu = \mathrm{e}^{\lambda h}$ 可以用 $\mu = \mathrm{e}^{\lambda}$ 代替，从而可得 LMS 映射：

$$\mathrm{LMS}(\lambda)=\frac{\rho\left(\mathrm{e}^{\lambda}\right)}{\sigma\left(\mathrm{e}^{\lambda}\right)}=\frac{\sum\limits_{j=0}^{k}\alpha_j\mathrm{e}^{\lambda j}}{\sum\limits_{j=0}^{k}\beta_j\mathrm{e}^{\lambda j}} \tag{3.170}$$

相应地，LMS 法的绝对稳定域可表示为 $\mathbb{C}\setminus\mathrm{LMS}\left(\mathbb{C}^{+}\right)$，即 LMS(·) 不映射任何在右半复闭平面上的特征值。

4) 绘制绝对稳定域

线性 k 步法的绝对稳定域可以利用其边界进行刻画。将 $\lambda=-\mathrm{j}\xi$ 代入式 (3.165) 中，可得 $\mathrm{LMS}\left(\{\mathrm{j}\xi|\xi\in\mathbb{R}\}\right)$。由于 $\mathrm{e}^{-\mathrm{j}\xi}$ 为周期函数，可以将 ξ 进一步限定为 $\xi\in[0,\ 2\pi]$，即 $\mathrm{LMS}\left(\{\mathrm{j}\xi|\xi\in\mathbb{R}\}\right)=\mathrm{LMS}\left(\{\mathrm{j}\xi|\xi\in[0,\ 2\pi]\}\right)$。进而，利用根轨迹法即可描绘出 LMS 法绝对稳定域的边界。

利用根轨迹法求解得到 AB、AM 和 BDF 方法的绝对稳定域，分别如图 3.9～图 3.11 中阴影部分所示。分析可知，随着步数 k 的增大，3 种方法的绝对稳定域逐渐减小。此外，通过对比可知，BDF 方法的绝对稳定区域较大，基本包含整个左半平面。从误差分析观点来看，该方法的适用性更好，应用范围也比 AB 和 AM 方法更广。

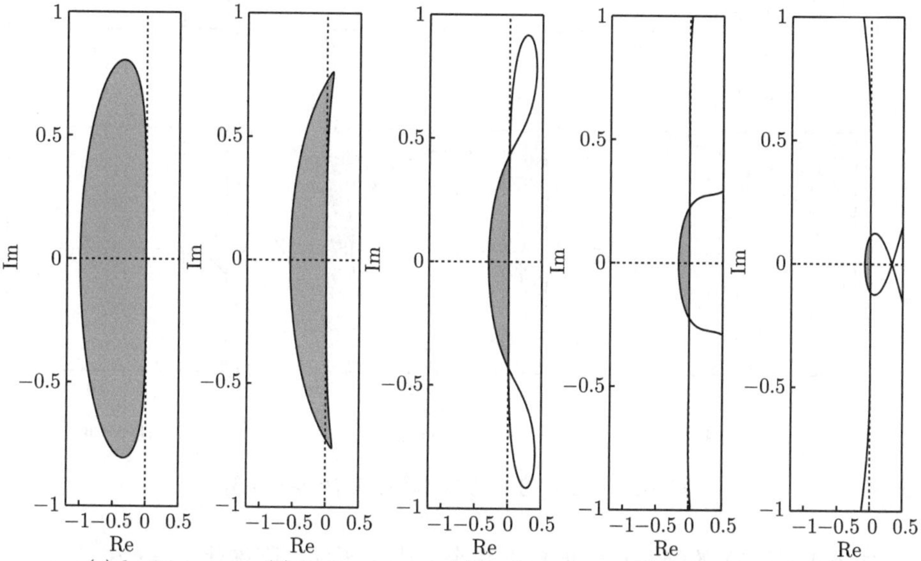

(a) $k=2$ (b) $k=3$ (c) $k=4$ (d) $k=5$ (e) $k=6$

图 3.9 AB 方法的绝对稳定域 ($k=2\sim6$)

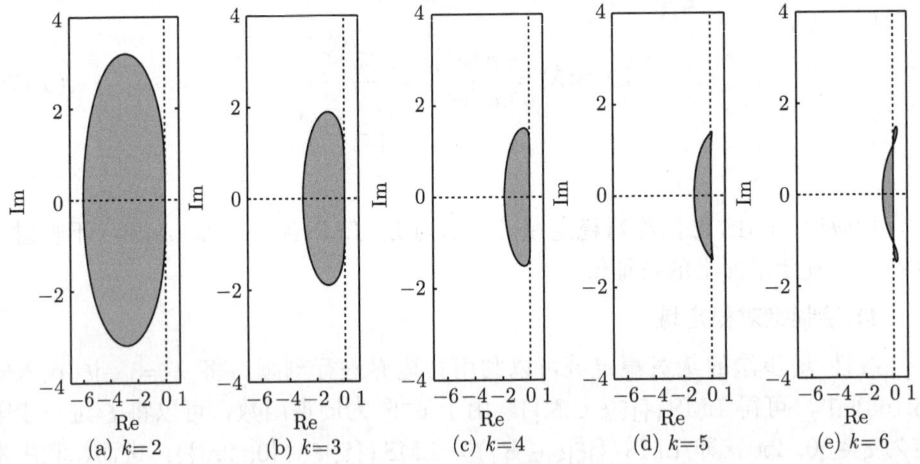

图 3.10　AM 方法的绝对稳定域 ($k = 2 \sim 6$)

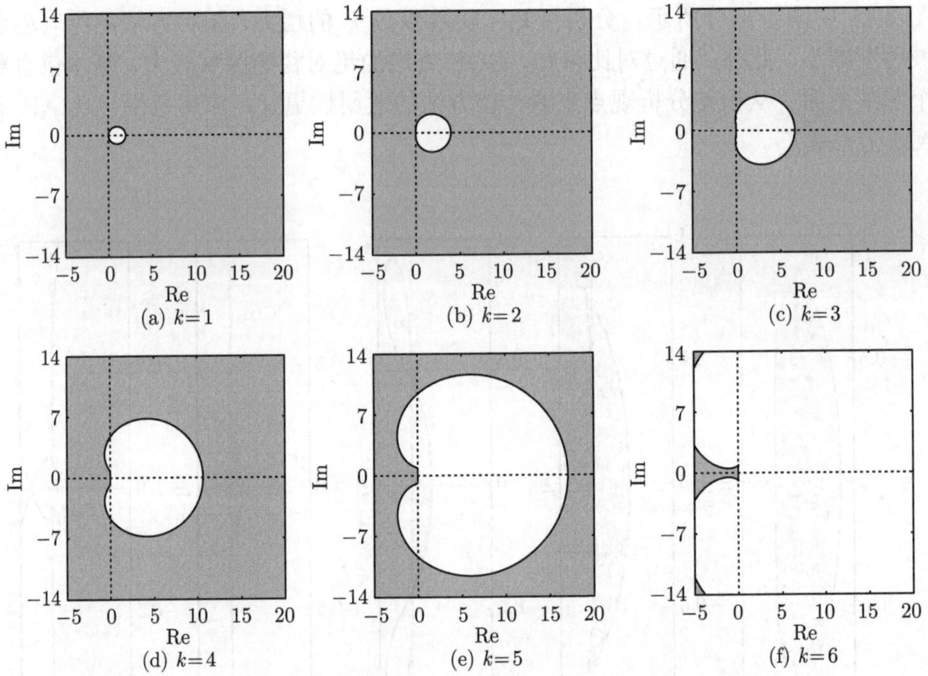

图 3.11　BDF 方法的绝对稳定域 ($k = 1 \sim 6$)

如果 LMS(λ) 的绝对稳定域包含整个左半复平面，则称此 LMS 法具有 A 稳定性。由文献 [139] 可知，所有具有 A 稳定性的 LMS 法的阶数都小于或等于 2，即 $p \leqslant 2$。

3.2.3 IRK 法

1. IRK 法的系数

p 阶 s 级龙格-库塔法递推公式的一般形式如下[139,167]：

$$\begin{cases} y_{n+1} = y_n + h\sum_{i=1}^{s} b_i k_i \\ k_i = f\left(t_n + c_i h,\ y_n + h\sum_{j=1}^{s} a_{ij}k_j\right),\quad i=1,\ 2,\ \cdots,\ s \end{cases} \tag{3.171}$$

令 $\boldsymbol{A}=(a_{ij})_{i,j=1}^{s}$，$\boldsymbol{b}^{\mathrm{T}}=[b_1,\ b_2,\ \cdots,\ b_s]$，$\boldsymbol{c}^{\mathrm{T}}=[c_1,\ c_2,\ \cdots,\ c_s]$。于是，式 (3.171) 中龙格-库塔法的系数 ($\boldsymbol{A}$, $\boldsymbol{b}$, $\boldsymbol{c}$) 可用 Butcher 表 (Butcher's tableau) 表示[166]。

$$\begin{array}{c|c} \boldsymbol{c} & \boldsymbol{A} \\ \hline & \boldsymbol{b}^{\mathrm{T}} \end{array} = \begin{array}{c|cccc} c_1 & a_{11} & a_{12} & \cdots & a_{1s} \\ c_2 & a_{21} & a_{22} & \cdots & a_{2s} \\ \vdots & \vdots & \vdots & & \vdots \\ c_s & a_{s1} & a_{s2} & \cdots & a_{ss} \\ \hline & b_1 & b_2 & \cdots & b_s \end{array} \tag{3.172}$$

下面列出了 9 种常用的 IRK 法的系数，其中方法 (1) ~ 方法 (7) 为 A 稳定 IRK 法，方法 (8) 和方法 (9) 为非 A 稳定 IRK 法。

方法 (1)：2、4、6 阶 Lobatto IIIA 方法 (文献 [167] 表 II.7.7，文献 [139] 表 IV.5.7 和表 IV.5.8)，$p=2s-2$。

$$\begin{array}{c|cc} 0 & 0 & 0 \\ 1 & \frac{1}{2} & \frac{1}{2} \\ \hline & \frac{1}{2} & \frac{1}{2} \end{array} \tag{3.173}$$

$$\begin{array}{c|ccc} 0 & 0 & 0 & 0 \\ \frac{1}{2} & \frac{5}{24} & \frac{1}{3} & -\frac{1}{24} \\ 1 & \frac{1}{6} & \frac{2}{3} & \frac{1}{6} \\ \hline & \frac{1}{6} & \frac{2}{3} & \frac{1}{6} \end{array} \tag{3.174}$$

$$\begin{array}{c|cccc}
0 & 0 & 0 & 0 & 0 \\
\dfrac{5-\sqrt{5}}{10} & \dfrac{11+\sqrt{5}}{120} & \dfrac{25-\sqrt{5}}{120} & \dfrac{25-13\sqrt{5}}{120} & \dfrac{-1+\sqrt{5}}{120} \\
\dfrac{5+\sqrt{5}}{10} & \dfrac{11-\sqrt{5}}{120} & \dfrac{25+13\sqrt{5}}{120} & \dfrac{25+\sqrt{5}}{120} & \dfrac{-1-\sqrt{5}}{120} \\
1 & \dfrac{1}{12} & \dfrac{5}{12} & \dfrac{5}{12} & \dfrac{1}{12} \\
\hline
 & \dfrac{1}{12} & \dfrac{5}{12} & \dfrac{5}{12} & \dfrac{1}{12}
\end{array} \tag{3.175}$$

方法 (2)：2、4、6 阶 Lobatto IIIB 方法 (文献 [139] 表 IV.5.9 和表 IV.5.10)，$p=2s-2$。

$$\begin{array}{c|cc}
0 & \dfrac{1}{2} & 0 \\
1 & \dfrac{1}{2} & 0 \\
\hline
 & \dfrac{1}{2} & \dfrac{1}{2}
\end{array} \tag{3.176}$$

$$\begin{array}{c|ccc}
0 & \dfrac{1}{6} & -\dfrac{1}{6} & 0 \\
\dfrac{1}{2} & \dfrac{1}{6} & \dfrac{1}{3} & 0 \\
1 & \dfrac{1}{6} & \dfrac{5}{6} & 0 \\
\hline
 & \dfrac{1}{6} & \dfrac{2}{3} & \dfrac{1}{6}
\end{array} \tag{3.177}$$

$$\begin{array}{c|cccc}
0 & \dfrac{1}{12} & \dfrac{-1-\sqrt{5}}{24} & \dfrac{-1+\sqrt{5}}{24} & 0 \\
\dfrac{5-\sqrt{5}}{10} & \dfrac{1}{12} & \dfrac{25+\sqrt{5}}{120} & \dfrac{25-13\sqrt{5}}{120} & 0 \\
\dfrac{5+\sqrt{5}}{10} & \dfrac{1}{12} & \dfrac{25+13\sqrt{5}}{120} & \dfrac{25-\sqrt{5}}{120} & 0 \\
1 & \dfrac{1}{12} & \dfrac{11-\sqrt{5}}{24} & \dfrac{11+\sqrt{5}}{24} & 0 \\
\hline
 & \dfrac{1}{12} & \dfrac{5}{12} & \dfrac{5}{12} & \dfrac{1}{12}
\end{array} \tag{3.178}$$

方法 (3)：2、4、6 阶 Lobatto IIIC 方法 (文献 [139] 表 IV.5.11 和表 IV.5.12)，$p=2s-2$。

$$\begin{array}{c|cc} 0 & \frac{1}{2} & -\frac{1}{2} \\ 1 & \frac{1}{2} & \frac{1}{2} \\ \hline & \frac{1}{2} & \frac{1}{2} \end{array} \tag{3.179}$$

$$\begin{array}{c|ccc} 0 & \frac{1}{6} & -\frac{1}{3} & \frac{1}{6} \\ \frac{1}{2} & \frac{1}{6} & \frac{5}{12} & -\frac{1}{12} \\ 1 & \frac{1}{6} & \frac{2}{3} & \frac{1}{6} \\ \hline & \frac{1}{6} & \frac{2}{3} & \frac{1}{6} \end{array} \tag{3.180}$$

$$\begin{array}{c|cccc} 0 & \frac{1}{12} & -\frac{\sqrt{5}}{12} & \frac{\sqrt{5}}{12} & -\frac{1}{12} \\ \frac{5-\sqrt{5}}{10} & \frac{1}{12} & \frac{1}{4} & \frac{10-7\sqrt{5}}{60} & \frac{\sqrt{5}}{60} \\ \frac{5+\sqrt{5}}{10} & \frac{1}{12} & \frac{10+7\sqrt{5}}{60} & \frac{1}{4} & -\frac{\sqrt{5}}{60} \\ 1 & \frac{1}{12} & \frac{5}{12} & \frac{5}{12} & \frac{1}{12} \\ \hline & \frac{1}{12} & \frac{5}{12} & \frac{5}{12} & \frac{1}{12} \end{array} \tag{3.181}$$

方法 (4)：1、3、5 阶 Radau IA 方法 (文献 [139] 表 IV.5.3 和表 IV.5.4)，$p=2s-1$。

$$\begin{array}{c|c} 0 & 1 \\ \hline & 1 \end{array} \tag{3.182}$$

$$\begin{array}{c|cc} 0 & \frac{1}{4} & -\frac{1}{4} \\ \frac{2}{3} & \frac{1}{4} & \frac{5}{12} \\ \hline & \frac{1}{4} & \frac{3}{4} \end{array} \tag{3.183}$$

$$
\begin{array}{c|ccc}
0 & \dfrac{1}{9} & \dfrac{-1-\sqrt{6}}{18} & \dfrac{-1+\sqrt{6}}{18} \\
\dfrac{6-\sqrt{6}}{10} & \dfrac{1}{9} & \dfrac{88+7\sqrt{6}}{360} & \dfrac{88-43\sqrt{6}}{360} \\
\dfrac{6+\sqrt{6}}{10} & \dfrac{1}{9} & \dfrac{88+43\sqrt{6}}{360} & \dfrac{88-7\sqrt{6}}{360} \\
\hline
 & \dfrac{1}{9} & \dfrac{16+\sqrt{6}}{36} & \dfrac{16-\sqrt{6}}{36}
\end{array} \tag{3.184}
$$

方法 (5)：1、3、5 阶 Radau IIA 方法 (文献 [167] 表 II.7.7，文献 [139] 表 IV.5.5 和表 IV.5.6)，$p=2s-1$。

$$
\begin{array}{c|c}
1 & 1 \\
\hline
 & 1
\end{array} \tag{3.185}
$$

$$
\begin{array}{c|cc}
\dfrac{1}{3} & \dfrac{5}{12} & -\dfrac{1}{12} \\
1 & \dfrac{3}{4} & \dfrac{1}{4} \\
\hline
 & \dfrac{3}{4} & \dfrac{1}{4}
\end{array} \tag{3.186}
$$

$$
\begin{array}{c|ccc}
\dfrac{4-\sqrt{6}}{10} & \dfrac{88-7\sqrt{6}}{360} & \dfrac{296-169\sqrt{6}}{1800} & \dfrac{-2+3\sqrt{6}}{225} \\
\dfrac{4+\sqrt{6}}{10} & \dfrac{296+169\sqrt{6}}{1800} & \dfrac{88+7\sqrt{6}}{360} & \dfrac{-2-3\sqrt{6}}{225} \\
1 & \dfrac{16-\sqrt{6}}{36} & \dfrac{16+\sqrt{6}}{36} & \dfrac{1}{9} \\
\hline
 & \dfrac{16-\sqrt{6}}{36} & \dfrac{16+\sqrt{6}}{36} & \dfrac{1}{9}
\end{array} \tag{3.187}
$$

方法 (6)：2、4、6 阶 Gauss-Legendre (或 Hammer-Lollingsworth、Kuntzmann-Butcher) 方法 (文献 [167] 表 II.7.4，文献 [139] 表 IV.5.1 和表 IV.5.2)，$p=2s$。

$$
\begin{array}{c|c}
\dfrac{1}{2} & \dfrac{1}{2} \\
\hline
 & 1
\end{array} \tag{3.188}
$$

$$
\begin{array}{c|cc}
\dfrac{3-\sqrt{3}}{6} & \dfrac{1}{4} & \dfrac{3-2\sqrt{3}}{12} \\
\dfrac{3+\sqrt{3}}{6} & \dfrac{3+2\sqrt{3}}{12} & \dfrac{1}{4} \\
\hline
 & \dfrac{1}{2} & \dfrac{1}{2}
\end{array}
\tag{3.189}
$$

$$
\begin{array}{c|ccc}
\dfrac{5-\sqrt{15}}{10} & \dfrac{5}{36} & \dfrac{10-3\sqrt{15}}{45} & \dfrac{25-6\sqrt{15}}{180} \\
\dfrac{1}{2} & \dfrac{10+3\sqrt{15}}{72} & \dfrac{2}{9} & \dfrac{10-3\sqrt{15}}{72} \\
\dfrac{5+\sqrt{15}}{10} & \dfrac{25+6\sqrt{15}}{180} & \dfrac{10+3\sqrt{15}}{45} & \dfrac{5}{36} \\
\hline
 & \dfrac{5}{18} & \dfrac{4}{9} & \dfrac{5}{18}
\end{array}
\tag{3.190}
$$

方法 (7)：SDIRK 方法 (文献 [167] 表 II.7.2)，$\gamma = \dfrac{3+\sqrt{3}}{6} \geqslant \dfrac{1}{4}$，$p = 2s-1$。

$$
\begin{array}{c|cc}
\gamma & \gamma & 0 \\
1-\gamma & 1-2\gamma & \gamma \\
\hline
 & \dfrac{1}{2} & \dfrac{1}{2}
\end{array}
\Rightarrow
\begin{array}{c|cc}
\dfrac{3+\sqrt{3}}{6} & \dfrac{3+\sqrt{3}}{6} & 0 \\
\dfrac{3-\sqrt{3}}{6} & -\dfrac{\sqrt{3}}{3} & \dfrac{3+\sqrt{3}}{6} \\
\hline
 & \dfrac{1}{2} & \dfrac{1}{2}
\end{array}
\tag{3.191}
$$

方法 (8)：SDIRK 方法 (文献 [167] 表 II.7.2)，$\gamma = \dfrac{3-\sqrt{3}}{6} < \dfrac{1}{4}$，$p = 2s-1$。

$$
\begin{array}{c|cc}
\gamma & \gamma & 0 \\
1-\gamma & 1-2\gamma & \gamma \\
\hline
 & \dfrac{1}{2} & \dfrac{1}{2}
\end{array}
\Rightarrow
\begin{array}{c|cc}
\dfrac{3-\sqrt{3}}{6} & \dfrac{3-\sqrt{3}}{6} & 0 \\
\dfrac{3+\sqrt{3}}{6} & \dfrac{\sqrt{3}}{3} & \dfrac{3-\sqrt{3}}{6} \\
\hline
 & \dfrac{1}{2} & \dfrac{1}{2}
\end{array}
\tag{3.192}
$$

方法 (9)：4、6 阶 Butcher's Lobatto 方法 (文献 [167] 表 II.7.6)，$p = 2s - 2$。

$$\begin{array}{c|ccc} 0 & 0 & 0 & 0 \\ \frac{1}{2} & \frac{1}{4} & \frac{1}{4} & 0 \\ 1 & 0 & 1 & 0 \\ \hline & \frac{1}{6} & \frac{2}{3} & \frac{1}{6} \end{array} \tag{3.193}$$

$$\begin{array}{c|cccc} 0 & 0 & 0 & 0 & 0 \\ \frac{5-\sqrt{5}}{10} & \frac{5+\sqrt{5}}{60} & \frac{1}{6} & \frac{15-7\sqrt{5}}{60} & 0 \\ \frac{5+\sqrt{5}}{10} & \frac{5-\sqrt{5}}{60} & \frac{15+7\sqrt{5}}{60} & \frac{1}{6} & 0 \\ 1 & \frac{1}{6} & \frac{5-\sqrt{5}}{12} & \frac{5+\sqrt{5}}{12} & 0 \\ \hline & \frac{1}{12} & \frac{5}{12} & \frac{5}{12} & \frac{1}{12} \end{array} \tag{3.194}$$

2. IRK 法的绝对稳定域

IRK 法的稳定函数[167]为

$$R(z) = \frac{\det\left(\boldsymbol{I}_s - z\boldsymbol{A} + z\boldsymbol{1}_s b^{\mathrm{T}}\right)}{\det(\boldsymbol{I}_s - z\boldsymbol{A})} \tag{3.195}$$

式中

$$\boldsymbol{1}_s = [1,\ 1,\ \cdots,\ 1]^{\mathrm{T}} \tag{3.196}$$

由文献 [139] 可知，Lobatto IIIA 方法和 Lobatto IIIB 方法的稳定函数为 $(s-1,\ s-1)$ 阶 Padé 有理多项式；Lobatto IIIC 方法的稳定函数为 $(s-2,\ s)$ 阶 Padé 有理多项式；Radau IA 方法和 Radau IIA 方法的稳定函数为 $(s-1,\ s)$ 阶 Padé 有理多项式；Gauss-Legendre 方法的绝对稳定域为 $(s,\ s)$ 阶 Padé 有理多项式。

对于各种 IRK 法，满足 $|R(z)| \leqslant 1$ 的 $z \in \mathbb{C}$ 的取值范围即其绝对稳定域。Lobatto IIIA 方法、Lobatto IIIB 方法和 Gauss-Legendre 方法 $(s = 2 \sim 4)$、Lobatto IIIC 方法 $(s = 2 \sim 4)$、Radau IA 方法和 Radau IIA 方法 $(s = 1 \sim 3)$ 和 SDIRK 方法 $\left(\gamma = \dfrac{3+\sqrt{3}}{6},\ s = 2\right)$ 的绝对稳定域分别如图 3.12 ~ 图 3.15 中阴影部分所示。可见，这些 A 稳定 IRK 法的绝对稳定域都包含整个左半复平面。

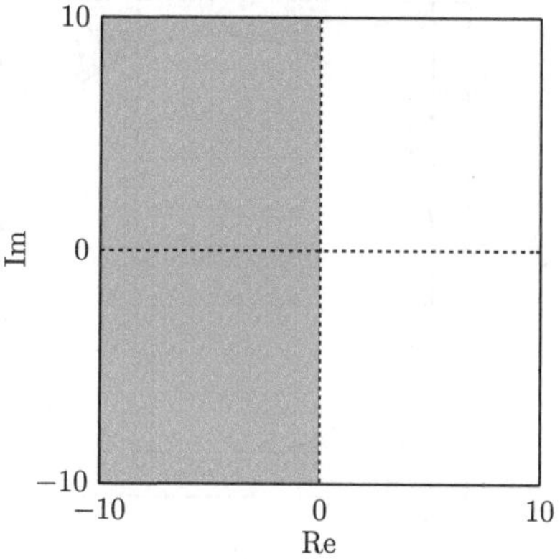

图 3.12 Lobatto IIIA、Lobatto IIIB 和 Gauss-Legendre 方法的绝对稳定域 ($s=2\sim4$)

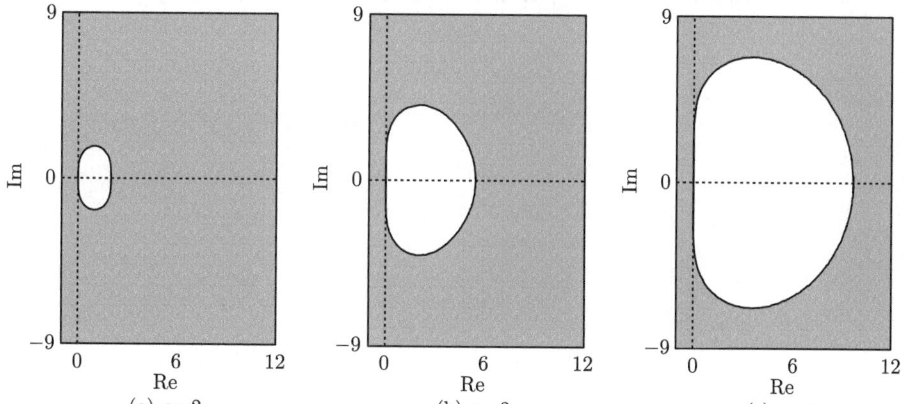

(a) $s=2$ (b) $s=3$ (c) $s=4$

图 3.13 Lobatto IIIC 方法的绝对稳定域 ($s = 2 \sim 4$)

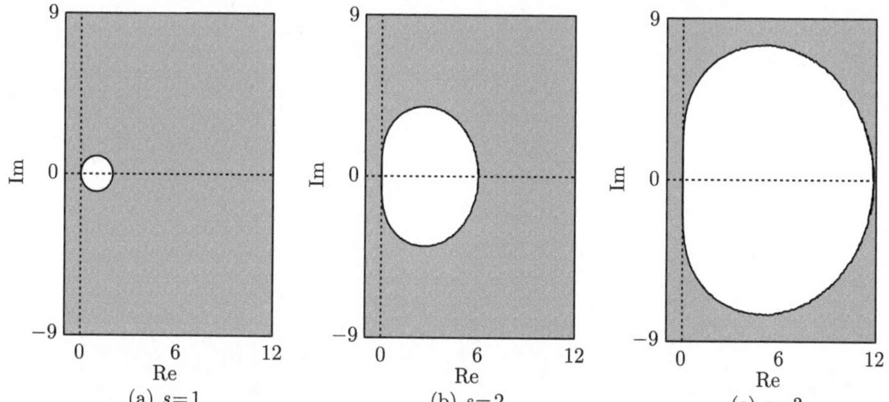

(a) $s=1$ (b) $s=2$ (c) $s=3$

图 3.14 Radau IA 和 Radau IIA 方法的绝对稳定域 ($s = 1 \sim 3$)

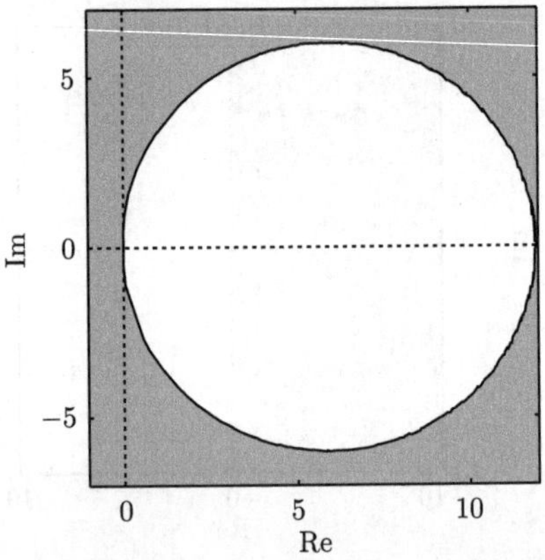

图 3.15　SDIRK 方法的绝对稳定域 ($\gamma = \dfrac{3+\sqrt{3}}{6}$, $s = 2$)

方　法　篇 (I)

第 4 章 大规模时滞电力系统特征值计算框架

基于谱算子离散化的时滞特征值计算方法，是最近十多年在计算数学和数值分析领域建立并发展起来的一种时滞系统的稳定性分析方法。其基本原理是，首先将时滞系统的全部特征值 (谱) 转化为无穷维巴拿赫 (Banach) 空间时滞系统算子的谱，包括微分算子——无穷小生成元 (infinitesimal generator) 和积分算子——解算子 (solution operator)。然后计算这些算子的有限维离散化近似矩阵的部分特征值，并以此作为时滞系统特征值的近似值。本章论述适用于大规模时滞电力系统、基于谱离散化的特征值计算框架，包含 5 个核心要素：谱映射、谱离散化、谱变换、谱估计和谱校正。

4.1 半群算子

时滞系统的半群 (semigroup) [169] 算子主要有两种：微分算子和积分算子，即无穷小生成元和解算子。本节给出了这两种算子的定义。利用这两种算子，可将时滞系统的 DDE 转换为滞后型泛函微分方程 (retarded functional differential equation，RFDE)。

4.1.1 解算子

1. RFDE

由于时滞 τ_i $(i=1, 2, \cdots, m)$ 的出现，式 (3.8) 表示的时滞电力系统呈现出“记忆性”。在 $t=0$ 时刻，系统的解 (系统状态) 不仅取决于 $\Delta\boldsymbol{x}(0)$，而且由整个区间 $\theta\in[-\tau_{\max}, 0]$ 上的解分段 (solution segment) $\boldsymbol{\varphi}(\theta)$ 决定。依次类推，时滞系统在 $t=h$ $(h>0)$ 时刻的解 $\Delta\boldsymbol{x}(h)$，由区间 $\theta\in[h-\tau_{\max}, h]$ 上系统的解分段 $\Delta\boldsymbol{x}(\theta)$ 唯一确定。从另一个角度看，区间 $\theta\in[h-\tau_{\max}, h]$ 上的解分段 $\Delta\boldsymbol{x}(\theta)$，可以看成是区间 $\theta\in[-\tau_{\max}, 0]$ 上的解分段 $\boldsymbol{\varphi}(\theta)$ (初始状态) 向前延伸了 h 时刻，即 $\Delta\boldsymbol{x}(h+\theta)$，$\theta\in[-\tau_{\max}, 0]$。重要的是，此时 $\boldsymbol{\varphi}(\theta)$ 和 $\Delta\boldsymbol{x}(h+\theta)$ 都具有相同的定义域 $\theta\in[-\tau_{\max}, 0]$。

设状态空间 $\boldsymbol{X}:=C([-\tau_{\max}, 0], \mathbb{R}^{n\times1})$ 是由区间 $[-\tau_{\max}, 0]$ 到 n 维实数空间 $\mathbb{R}^{n\times1}$ 映射的连续函数构成的 Banach 空间，并赋有上确界范数 $\sup\limits_{\theta\in[-\tau_{\max}, 0]}|\boldsymbol{\varphi}(\theta)|$。Banach 空间是无穷维空间，其可看成是有限维向量空间的无穷维扩展和推广。

令泛函 $\Delta\boldsymbol{x}_t(\theta)\in\boldsymbol{X}$ 表示时滞系统在 $\theta+t$ 时刻的状态 $\Delta\boldsymbol{x}(t+\theta)$ [170, 171]：

$$\Delta\boldsymbol{x}_t(\theta)\triangleq\Delta\boldsymbol{x}(t+\theta),\quad t\geqslant 0;\ \theta\in[-\tau_{\max},\ 0] \tag{4.1}$$

利用泛函 $\Delta\boldsymbol{x}_t$，可定义线性齐次自治 (linear，homogeneous，autonomous) 的 RFDE

$$\Delta\dot{\boldsymbol{x}}_t=\mathcal{F}(\Delta\boldsymbol{x}_t),\quad t\geqslant 0 \tag{4.2}$$

式中，函数 $\mathcal{F}:[0,+\infty)\times\boldsymbol{X}\to\mathbb{R}^{n\times 1}$；$\Delta\boldsymbol{x}_t$ 为 RFDE 的解或系统状态。

于是，时滞系统的状态方程式 (3.5) 可以写为如下含离散时滞的 RFDE：

$$\Delta\dot{\boldsymbol{x}}_t=\mathcal{F}(\Delta\boldsymbol{x}_t)=\tilde{\boldsymbol{A}}_0\Delta\boldsymbol{x}_t(0)+\sum_{i=1}^{m}\tilde{\boldsymbol{A}}_i\Delta\boldsymbol{x}_t(-\tau_i) \tag{4.3}$$

含离散时滞的 RFDE 在整个泛函微分方程 (functional differential equation，FDE) 家族中的位置如图 4.1 阴影框所示。图 4.1 中，NFDE (neutral functional differential equation) 和 AFDE (advanced functional differential equation) 分别为中立型泛函微分方程和超前型泛函微分方程。

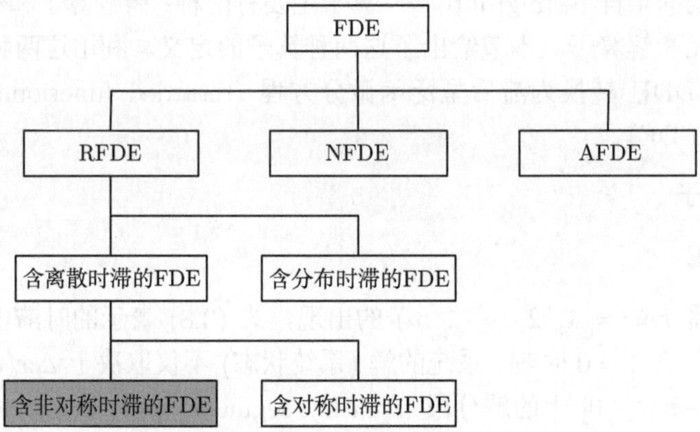

图 4.1 FDE 的分类

在整个区间 $\theta\in[-\tau_{\max},\ 0]$ 上，$\Delta\boldsymbol{x}_t$ 就表示 t 时刻左侧长度为 $\tau_{\max}$ 的系统解分段 [172]。借助于 $\Delta\boldsymbol{x}_t$，可以在相同的空间 $\boldsymbol{X}$ 上分析时滞系统的初始状态 (或解分段) $\boldsymbol{\varphi}(\theta)$ 和不同时刻的系统状态 (或解分段) $\Delta\boldsymbol{x}(t+\theta)$, $\theta\in[-\tau_{\max},\ 0]$。

图 4.2 给出利用泛函 $\Delta\boldsymbol{x}_t$ 将 DDE 转化为 RFDE 的原理示意 [173]。图中上半部分给出系统解函数上的两个分段 $\boldsymbol{\varphi}(\theta)$ 和 $\Delta\boldsymbol{x}(h+\theta)$, $\theta\in[-\tau_{\max},\ 0]$，解函数曲线上的任意一点表示 t 时刻时滞系统的状态 $\Delta\boldsymbol{x}(t)$。图 4.2 下半部分给出系统对

应的 RFDE，即式 (4.3)，其中曲线上任意一点表示 θ 时刻系统的状态 $\Delta \boldsymbol{x}_t(\theta)$，$t$ 分别为 0 和 h，$\theta \in [-\tau_{\max}，0]$。

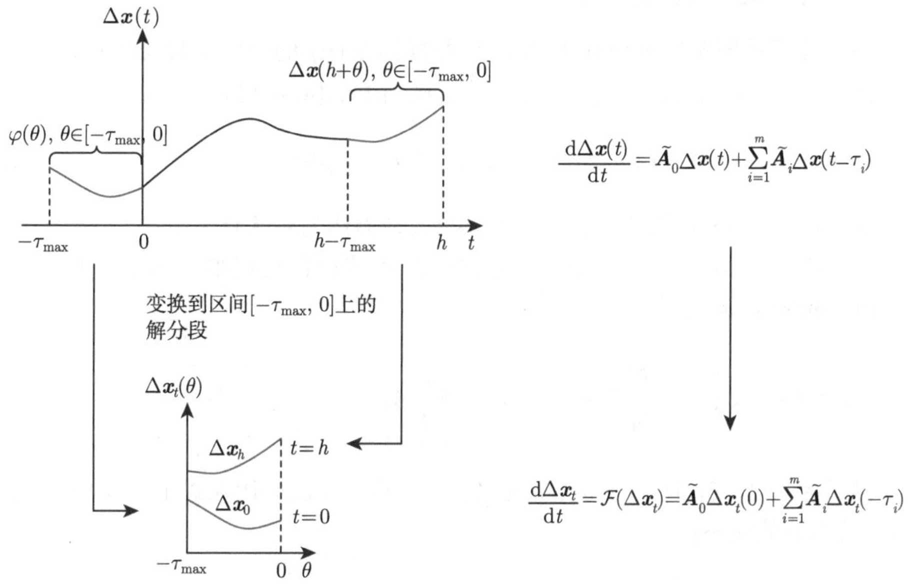

图 4.2 将 DDE 转换为 RFDE 的原理示意

2. 解算子的定义

解算子 $\mathcal{T}(h): \boldsymbol{X} \to \boldsymbol{X}$ 用来表征时滞系统初始状态和不同时刻的状态之间的关系。具体地，其将 θ ($-\tau_{\max} \leqslant \theta \leqslant 0$) 时刻时滞系统的初始状态 $\boldsymbol{\varphi}(\theta) \in \boldsymbol{X}$ 转移到 $\theta + h$ ($h \geqslant 0$) 时刻系统状态 $\Delta \boldsymbol{x}(h+\theta)$ 的线性有界算子。$\mathcal{T}(h)$ 的数学表达式如下：

$$\mathcal{T}(h)\boldsymbol{\varphi} = \Delta \boldsymbol{x}_h, \quad h \geqslant 0 \tag{4.4}$$

或

$$(\mathcal{T}(h)\boldsymbol{\varphi})(\theta) = \Delta \boldsymbol{x}_h(\theta), \quad h \geqslant 0;\ \theta \in [-\tau_{\max}，0] \tag{4.5}$$

式中，h 为转移步长。

当且仅当满足下列条件时，算子簇 $\{\mathcal{T}(h)\}_{h\geqslant 0}$ 为 $\boldsymbol{X}$ 上的一个有界线性强连续 C_0 半群 [154, 169, 172]。

(1) $\mathcal{T}(0) = \boldsymbol{I}$，其中 $\boldsymbol{I}$ 为 $\boldsymbol{X}$ 上的单位算子。

(2) 对任意的 $h \geqslant 0$，$s \geqslant 0$，有 $\mathcal{T}(h+s) = \mathcal{T}(h)\mathcal{T}(s)$。

(3) $\mathcal{T}(h)$ 在 $h=0$ 时是强连续的，即对于任意的 $\varphi \in \boldsymbol{X}$，有 $\lim\limits_{h\to 0^+} \|\mathcal{T}(h)\boldsymbol{\varphi} - \boldsymbol{\varphi}\|_{\boldsymbol{X}} = \mathbf{0}$。

3. 解算子的分段函数表达

下面分两种情况来分析式 (4.5)，从而得到 $\mathcal{T}(h)$ 的分段函数表达式。

(1) 当 $\theta \in [-\tau_{\max},\ -h]$ 时，$\theta + h \leqslant 0$，由式 (4.5) 可知

$$(\mathcal{T}(h)\boldsymbol{\varphi})(\theta) = \Delta \boldsymbol{x}(\theta+h) = \boldsymbol{\varphi}(\theta+h) \tag{4.6}$$

这表明，对 $\boldsymbol{\varphi}$ 施加 $\mathcal{T}(h)$ 后，系统的状态仍然为初始状态 $\boldsymbol{\varphi}$。

(2) 当 $\theta > 0$ 时，式 (3.8) 表示的时滞系统存在全局唯一解 $\Delta \boldsymbol{x}(\theta)$，并由 Picard-Lindelöf 定理 [174] 给出：

$$\Delta \boldsymbol{x}(\theta) = \boldsymbol{\varphi}(0) + \int_0^{\theta} \left(\tilde{\boldsymbol{A}}_0 \Delta \boldsymbol{x}(s) + \sum_{i=1}^{m} \tilde{\boldsymbol{A}}_i \Delta \boldsymbol{x}(s-\tau_i) \right) \mathrm{d}s, \quad \theta > 0 \tag{4.7}$$

当 $\theta \in [-h,\ 0]$ 时，有 $\theta + h \in [0,\ h]$。将式 (4.7) 代入式 (4.5)，可得施加 $\mathcal{T}(h)$ 后系统的状态：

$$\Delta \boldsymbol{x}(\theta+h) = \boldsymbol{\varphi}(0) + \int_0^{\theta+h} \left(\tilde{\boldsymbol{A}}_0 \Delta \boldsymbol{x}(s) + \sum_{i=1}^{m} \tilde{\boldsymbol{A}}_i \Delta \boldsymbol{x}(s-\tau_i) \right) \mathrm{d}s, \quad \theta \in [-h,\ 0] \tag{4.8}$$

综合上述两种情况，可以得到用分段函数表示的解算子显式表达式 (4.9)。其包含两部分：第一部分为常微分方程的初值问题，第二部分为转移。

$$\begin{aligned} \Delta \boldsymbol{x}_h(\theta) &= (\mathcal{T}(h)\boldsymbol{\varphi})(\theta) \\ &= \begin{cases} \boldsymbol{\varphi}(0) + \displaystyle\int_0^{\theta+h} \left(\tilde{\boldsymbol{A}}_0 \Delta \boldsymbol{x}(s) + \sum_{i=1}^{m} \tilde{\boldsymbol{A}}_i \Delta \boldsymbol{x}(s-\tau_i) \right) \mathrm{d}s, & \theta \in [-h,\ 0] \\ \boldsymbol{\varphi}(\theta+h), & \theta \in [-\tau_{\max},\ -h] \end{cases} \end{aligned} \tag{4.9}$$

利用式 (4.1)，可将式 (4.9) 转化为以泛函 $\Delta \boldsymbol{x}_h$ 为状态变量的分段函数表达式。

$$\Delta \boldsymbol{x}_h(\theta) = \begin{cases} \boldsymbol{\varphi}(0) + \displaystyle\int_{-h}^{\theta} \left(\tilde{\boldsymbol{A}}_0 \Delta \boldsymbol{x}_h(s) + \sum_{i=1}^{m} \tilde{\boldsymbol{A}}_i \Delta \boldsymbol{x}_h(s-\tau_i) \right) \mathrm{d}s, & \theta \in [-h,\ 0] \\ \boldsymbol{\varphi}(\theta+h), & \theta \in [-\tau_{\max},\ -h] \end{cases} \tag{4.10}$$

4. 一个简单例子

下面用一个简单的一阶单时滞微分方程[175]来说明解算子 $\mathcal{T}(h)$ 的转移作用，并用于求解系统的解。

$$\begin{cases}\dot{x}(t) = -\dfrac{3}{2}x(t-\tau), & t \geqslant 0 \\ x(t) = \varphi(t), & t \in [-\tau,\ 0]\end{cases} \tag{4.11}$$

由式 (4.7) 可知式 (4.11) 的解为

$$x(t) = \begin{cases}\varphi(0) - \dfrac{3}{2}\displaystyle\int_0^t x(s-\tau)\mathrm{d}s, & t \geqslant 0 \\ \varphi(t), & t \in [-\tau,\ 0]\end{cases} \tag{4.12}$$

为了便于分析，令转移步长 $h = \tau$。由于 $\theta \in [-\tau,\ 0]$，则 $\theta + h = \theta + \tau \geqslant 0$，可知此时解算子可以用积分进行显式表达。根据式 (4.12)，在 $[0,\ h]$ 时间段内系统的状态为

$$\begin{aligned}(\mathcal{T}(h)\varphi)(\theta) &= x_h(\theta) = x(\theta + h) \\ &= \varphi(0) - \frac{3}{2}\int_0^{\theta+h} x(s-\tau)\mathrm{d}s \\ &= \varphi(0) - \frac{3}{2}\int_{-\tau}^{\theta+h-\tau} x(s)\mathrm{d}s \\ &= \varphi(0) - \frac{3}{2}\int_{-\tau}^{\theta} x(s)\mathrm{d}s\end{aligned} \tag{4.13}$$

依次类推，可以得到 $[kh,\ (k+1)h]$ $(k = 1,\ 2,\ \cdots)$ 时间段内系统的状态为

$$\begin{aligned}(\mathcal{T}((k+1)h)\varphi)(\theta) &= x_{(k+1)h}(\theta) = x(\theta + (k+1)h) \\ &= x(kh) - \frac{3}{2}\int_{kh}^{\theta+(k+1)h} x(s-\tau)\mathrm{d}s \\ &= x(kh) - \frac{3}{2}\int_{kh-\tau}^{\theta+(k+1)h-\tau} x(s)\mathrm{d}s \\ &= x(kh) - \frac{3}{2}\int_{kh-\tau}^{\theta+kh} x(s)\mathrm{d}s\end{aligned} \tag{4.14}$$

令 $\tau = 1$，$\varphi = 0.5$，则利用 $\mathcal{T}(h)$ 可以计算得到时滞系统的解分段，具体计算如下。

(1) 在 $t = \theta + h \in [0,\ h] = [0,\ 1]$ 时间段内：

$$\begin{aligned} x(\theta + h) &= (\mathcal{T}(h)\varphi)(\theta) = (\mathcal{T}(1)\varphi)(\theta) \\ &= \varphi(0) - \frac{3}{2}\int_{-1}^{\theta} x(s)\mathrm{d}s = 0.5 - \frac{3}{2}\int_{-1}^{\theta} 0.5\mathrm{d}s = -\frac{1}{4} - \frac{3}{4}\theta \end{aligned} \tag{4.15}$$

(2) 在 $t = \theta + 2h \in [h,\ 2h] = [1,\ 2]$ 时间段内：

$$\begin{aligned} x(\theta + 2h) &= (\mathcal{T}(2h)\varphi)(\theta) = (\mathcal{T}(2)\varphi)(\theta) = \left(\mathcal{T}(1)^2\varphi\right)(\theta) \\ &= x(1) - \frac{3}{2}\int_{1}^{\theta+2} x(s-\tau)\mathrm{d}s \\ &= x(1) - \frac{3}{2}\int_{0}^{\theta+1} x(s)\mathrm{d}s \\ &= x(1) - \frac{3}{2}\int_{0}^{\theta+1} \left(-\frac{1}{4} - \frac{3}{4}\theta\right)\mathrm{d}s \\ &\overset{\theta=s-h}{=} -\frac{1}{4} - \frac{3}{2}\int_{-1}^{\theta} \left(-\frac{1}{4} - \frac{3}{4}\theta\right)\mathrm{d}\theta \\ &= \frac{9}{16}\theta^2 + \frac{3}{8}\theta - \frac{7}{16} \end{aligned} \tag{4.16}$$

(3) 同理，在 $t = \theta + 3h \in [2h,\ 3h] = [2,\ 3]$ 时间段内：

$$\begin{aligned} x(\theta + 3h) &= (\mathcal{T}(3h)\varphi)(\theta) = (\mathcal{T}(3)\varphi)(\theta) = \left(\mathcal{T}(1)^3\varphi_0\right)(\theta) \\ &= x(2) - \frac{3}{2}\int_{2}^{\theta+3} x(s-\tau)\mathrm{d}s \\ &= x(2) - \frac{3}{2}\int_{1}^{\theta+2} x(s)\mathrm{d}s \\ &= x(2) - \frac{3}{2}\int_{1}^{\theta+2} \left(\frac{9}{16}\theta^2 + \frac{3}{8}\theta - \frac{7}{16}\right)\mathrm{d}s \\ &\overset{\theta=s-2h}{=} -\frac{7}{16} - \frac{3}{2}\int_{-1}^{\theta} \left(\frac{9}{16}\theta^2 + \frac{3}{8}\theta - \frac{7}{16}\right)\mathrm{d}\theta \\ &= -\frac{9}{32}\theta^3 - \frac{9}{32}\theta^2 + \frac{21}{32}\theta + \frac{7}{32} \end{aligned} \tag{4.17}$$

基于式 (4.15) ~ 式 (4.17) 可得到 $\mathcal{T}(h)$ 的图解，如图 4.3 所示。将图 4.3 中的 4 个子图进行拼接并考虑拼接点 $t=\theta+kh$ $(k=0,\ 1,\ 2,\ 3)$，即可得到式 (4.11) 的解，如图 4.4 所示，其中的实心圆点表示导数不连续点。

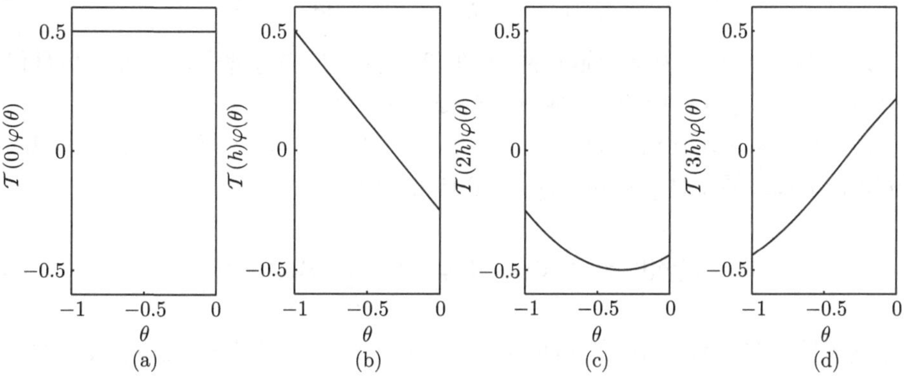

图 4.3 $\mathcal{T}(h)$ 的图解

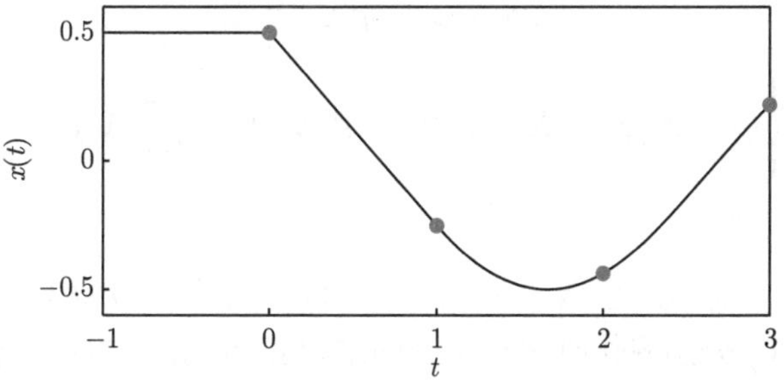

图 4.4 式 (4.11) 的解

4.1.2 无穷小生成元

1. 无穷小生成元的定义

强连续解算子半群 $\{\mathcal{T}(h)\}_{h\geqslant 0}$ 的无穷小生成元 $\mathcal{A}:\boldsymbol{X}\rightarrow\boldsymbol{X}$ 定义为 $\mathcal{T}(h)$ 在 $h=0$ 时刻的导数。

(1) $\mathcal{A}$ 的闭稠定义域 $\mathcal{D}(\mathcal{A})\in\boldsymbol{X}$ 为

$$\mathcal{D}(\mathcal{A})=\left\{\boldsymbol{\varphi}\in\boldsymbol{X}|\text{极限}\lim_{h\rightarrow 0^+}\frac{\mathcal{T}(h)\boldsymbol{\varphi}-\boldsymbol{\varphi}}{h}\text{存在}\right\}\tag{4.18}$$

(2) 对于任意的 $\boldsymbol{\varphi}\in\boldsymbol{X}$，

$$\mathcal{A}\boldsymbol{\varphi}=\lim_{h\rightarrow 0^+}\frac{\mathcal{T}(h)\boldsymbol{\varphi}-\boldsymbol{\varphi}}{h}\tag{4.19}$$

下面推导 $\mathcal{A}$ 的数学定义和定义域。

(1) 当 $h+\theta \leqslant 0$ 时，将式 (4.6) 代入 $\mathcal{A}$ 的定义式 (4.19) 中，可得

$$\mathcal{A}\boldsymbol{\varphi}=\lim_{h\to 0^+}\frac{\mathcal{T}(h)\boldsymbol{\varphi}-\boldsymbol{\varphi}}{h}=\frac{\mathrm{d}\boldsymbol{\varphi}(\theta)}{\mathrm{d}\theta}=\boldsymbol{\varphi}' \tag{4.20}$$

这表明，$\mathcal{A}$ 本质上是初始条件 $\boldsymbol{\varphi}$ 在 θ 方向上的微分算子。此外，当且仅当 $\boldsymbol{\varphi}$ 在区间 $[-\tau_{\max},\ 0]$ 上连续可导时，有 $\boldsymbol{\varphi}\in\mathcal{D}(\mathcal{A})$。

(2) 当 $h+\theta \geqslant 0$ 时，将式 (4.8) 代入式 (4.19) 中，可得拼接条件 (splicing condition) 或边界条件 (boundary condition，BC)：

$$\mathcal{A}\boldsymbol{\varphi}(0)=\boldsymbol{\varphi}'(0)=\tilde{\boldsymbol{A}}_0\boldsymbol{\varphi}(0)+\sum_{i=1}^{m}\tilde{\boldsymbol{A}}_i\boldsymbol{\varphi}(-\tau_i) \tag{4.21}$$

这表明，当且仅当 $\boldsymbol{\varphi}$ 在区间 $[-\tau_{\max},\ 0]$ 上连续可导且式 (4.21) 成立时，有 $\boldsymbol{\varphi}\in\mathcal{D}(\mathcal{A})$。

综合上述两种情况，可得无界线性算子 $\mathcal{A}$ 的数学定义和定义域：

$$\mathcal{A}\boldsymbol{\varphi}=\boldsymbol{\varphi}',\ \ \boldsymbol{\varphi}\in\mathcal{D}(\mathcal{A}) \tag{4.22}$$

$$\mathcal{D}(\mathcal{A})=\left\{\boldsymbol{\varphi}\in\boldsymbol{X}|\boldsymbol{\varphi}'\in\boldsymbol{X},\ \boldsymbol{\varphi}'(0)=\tilde{\boldsymbol{A}}_0\boldsymbol{\varphi}(0)+\sum_{i=1}^{m}\tilde{\boldsymbol{A}}_i\boldsymbol{\varphi}(-\tau_i)\right\} \tag{4.23}$$

2. DDE 转化为 PDE

设系统初始状态 $\boldsymbol{\varphi}\in\boldsymbol{X}$ 满足式 (4.21) 所示的拼接条件，将 t $(\geqslant 0)$ 和 θ $(-\tau_{\max}\leqslant\theta\leqslant 0)$ 分别视作时间维和空间维，则时滞系统的状态方程式 (3.8) 可以转化为以 $\boldsymbol{u}(t,\ \theta)\in C\left([0,\ +\infty]\times[-\tau_{\max},\ 0],\ \mathbb{R}^{n\times 1}\right)$ 为变量的 BVP [155, 175, 176]：

$$\frac{\partial\boldsymbol{u}}{\partial t}(t,\ \theta)=\frac{\partial\boldsymbol{u}}{\partial\theta}(t,\ \theta),\ \ t\geqslant 0;\ \theta\in[-\tau_{\max},\ 0] \tag{4.24}$$

$$\frac{\partial\boldsymbol{u}}{\partial\theta}(t,\ 0)=\boldsymbol{u}'_\theta(t,\ 0)=\tilde{\boldsymbol{A}}_0\boldsymbol{u}(t,\ 0)+\sum_{i=1}^{m}\tilde{\boldsymbol{A}}_i\boldsymbol{u}(t,-\tau_i),\ \ t\geqslant 0 \tag{4.25}$$

$$\boldsymbol{u}(0,\ \theta)=\boldsymbol{\varphi}(\theta),\ \ \theta\in[-\tau_{\max},\ 0] \tag{4.26}$$

式 (4.24) 为双曲型偏微分方程 (hyperbolic PDE)，其表明 $\boldsymbol{u}(t,\ \theta)$ 相对于 t 和 θ 是对称的。式 (4.25) 为边界条件，其表示 $\boldsymbol{u}(t,\ \theta)$ 在 $\theta=0$ 时的导数。式 (4.26) 为初始条件 (initial condition，IC)。

设式 (3.8) 的解为 $\Delta\boldsymbol{x}(t)$ $(t\geqslant 0)$，则由式 (4.24) ~ 式 (4.26) 描述的 BVP 的解为

$$\boldsymbol{u}(t,\ \theta)=\Delta\boldsymbol{x}(t+\theta),\ \ t\geqslant 0;\ \theta\in[-\tau_{\max},\ 0] \tag{4.27}$$

3. PDE 转化为抽象柯西问题

由式 (4.27) 可知，式 (4.24) 所示 PDE 是以 $\Delta\boldsymbol{x}_t$ 为状态变量的线性无穷维系统，即 Banach 空间上的抽象柯西 (abstract Cauchy) 问题[155,177]。下面推导这一结论。

考虑到式 (4.1)，由式 (4.27) 得 $\boldsymbol{u}(t,\ \theta)=\Delta\boldsymbol{x}_t(\theta)$。将其代入式 (4.24)，可得

$$\frac{\mathrm{d}\Delta\boldsymbol{x}_t}{\mathrm{d}t}=\frac{\mathrm{d}\Delta\boldsymbol{x}_t}{\mathrm{d}\theta}(\theta),\quad t\geqslant 0;\ \theta\in[-\tau_{\max},\ 0] \tag{4.28}$$

另外，由式 (4.20) 可知，$\mathcal{A}$ 本质上是初始条件 φ 在 θ 方向上的微分算子，即

$$(\mathcal{A}\Delta\boldsymbol{x}_t)(\theta)=\frac{\mathrm{d}\Delta\boldsymbol{x}_t}{\mathrm{d}\theta}(\theta) \tag{4.29}$$

联立式 (4.28) 和式 (4.29)，可得如下抽象柯西问题：

$$\begin{cases}\dfrac{\mathrm{d}\Delta\boldsymbol{x}_t}{\mathrm{d}t}=\mathcal{A}\Delta\boldsymbol{x}_t,\quad t\geqslant 0\\ \Delta\boldsymbol{x}_0=\boldsymbol{\varphi}\end{cases} \tag{4.30}$$

或

$$\begin{cases}\dfrac{\mathrm{d}\boldsymbol{u}(t)}{\mathrm{d}t}=\mathcal{A}\boldsymbol{u}(t),\quad t\geqslant 0\\ \boldsymbol{u}(0)=\boldsymbol{\varphi}\end{cases} \tag{4.31}$$

式中：$\boldsymbol{u}(t):[0,\ \infty)\to\boldsymbol{X}$ 且 $\boldsymbol{u}(t)=\Delta\boldsymbol{x}_t$。

至此，式 (3.8) 和式 (4.24) 被转化为线性齐次自治的 ODE 式 (4.30) 和式 (4.31)，其系数即为无穷小生成元 $\mathcal{A}$，其状态变量为 $\Delta\boldsymbol{x}_t$。这种转化使关于 PDE 和 ODE 的很多特性都可以应用于 DDE。例如，DDE 在无限维 Banach 空间的几何特性，就可以从有限维空间 ODE 关于流形的性质中推导得到。

4.2 谱 映 射

本节首先给出算子谱的定义，然后根据谱映射定理得到算子 $\mathcal{A}$ 和 $\mathcal{T}(h)$ 的谱与时滞系统的谱之间的映射关系。

4.2.1 算子谱定义

将 4.1 节中的两种线性算子，即 $\mathcal{A}$ 和 $\mathcal{T}(h)$，统一表示为算子 T。设 $\lambda\in\mathbb{C}$ 为任意复数，$\boldsymbol{I}$ 是 $\boldsymbol{X}$ 上的恒等算子，定义线性算子 $T_\lambda:\mathcal{D}(T)\to\boldsymbol{X}$：

$$T_\lambda=T-\lambda\boldsymbol{I} \tag{4.32}$$

如果 T_λ 可逆，则将 T_λ 的逆定义为 T 的预解算子 (resolvent operator)：

$$R_\lambda(T) = T_\lambda^{-1} = (T - \lambda \boldsymbol{I})^{-1} \tag{4.33}$$

如果下列条件满足：① $R_\lambda(T)$ 存在 (existent)；② $R_\lambda(T)$ 有界 (bounded)；③ $R_\lambda(T)$ 在 $\boldsymbol{X}$ 中是稠定的 (domain dense)，则称 λ 为 T 的一个正则点 (normal point)。所有的正则点构成 T 的正则集 (normal set) 或预解集 (resolvent set)：

$$\rho(T) = \{\lambda \in \mathbb{C} : \lambda \text{ 是 } T \text{ 的正则点}\} \tag{4.34}$$

将 T 的预解集 $\rho(T)$ 在 $\mathbb{C}$ 中的补集称为 T 的谱集 (简称谱)，并称 λ 为 T 的一个谱值。

$$\sigma(T) = \mathbb{C} \setminus \rho(T) \tag{4.35}$$

式中，\ 为集合差运算。

$\sigma(T)$ 可分为如下三种互不相交的集合 [154, 155, 170, 171]。

(1) 点谱 (point spectrum) 或离散谱 (discrete spectrum) $\sigma_{\rm p}(T)$：$R_\lambda(T)$ 不存在。此时，称 $\lambda \in \sigma_{\rm p}(T)$ 为 T 的一个特征值。

(2) 连续谱 (consistent spectrum) $\sigma_{\rm c}(T)$：$R_\lambda(T)$ 存在，且 $R_\lambda(T)$ 在 $\boldsymbol{X}$ 上是稠定的，但 $R_\lambda(T)$ 无界。

(3) 剩余谱 (residual spectrum) $\sigma_{\rm r}(T)$：谱集中除点谱和连续谱之外的谱值所构成的集合。此时，$R_\lambda(T)$ 存在，但是无论其是否有界，其在定义域 $\boldsymbol{X}$ 上是非稠定的。

由上述定义可知

$$\mathbb{C} = \rho(T) \cup \sigma(T) = \rho(T) \cup \sigma_{\rm p}(T) \cup \sigma_{\rm c}(T) \cup \sigma_{\rm r}(T) \tag{4.36}$$

设 $\lambda \in \sigma_{\rm p}(T)$，因为 $R_\lambda(T)$ 不存在，即 $T_\lambda = T - \lambda \boldsymbol{I}$ 不可逆，所以此处必存在非零向量 $\boldsymbol{v} \in \mathcal{D}(T)$，使

$$T_\lambda \boldsymbol{v} = (T - \lambda \boldsymbol{I})\boldsymbol{v} = 0 \tag{4.37}$$

相应地，称 $\boldsymbol{v}$ 为 T 的一个特征函数 (对应实分析中的特征向量)。

4.2.2 谱映射

设时滞系统的特征值和对应的右特征向量分别为 λ 和 $\boldsymbol{v}$，则 $\mathcal{A}$ 的特征方程和特征函数分别为

$$\mathcal{A}\boldsymbol{\varphi} = \lambda \boldsymbol{\varphi} \tag{4.38}$$

$$\boldsymbol{\varphi}(\theta) = {\rm e}^{\lambda\theta}\boldsymbol{v},\ \boldsymbol{\varphi} \in \boldsymbol{X};\ \theta \in [-\tau_{\max},\ 0] \tag{4.39}$$

这表明，时滞系统的特征值就是 $\mathcal{A}$ 的特征值，即

$$\lambda \in \sigma(\mathcal{A}) \tag{4.40}$$

式中，$\sigma(\cdot)$ 为矩阵或算子的全部特征值集合，即点谱 $\sigma_{\mathrm{p}}(\cdot)$。

需要说明的是，$\mathcal{A}$ 的特征值与时滞系统的特征值 λ 之间具有一一对应关系。

此外，由谱映射定理①可知，时滞系统 (或 $\mathcal{A}$) 的特征值 λ 与解算子 $\mathcal{T}(h)$ 的非零特征值 μ 之间存在如下关系：

$$\begin{cases} \mu = \mathrm{e}^{\lambda h}, \quad \mu \in \sigma(\mathcal{T}(h)) \setminus \{0\} \\ \lambda = \dfrac{1}{h}\ln\mu = \dfrac{1}{h}(\ln|\mu| + \mathrm{j}\arg\mu) \end{cases} \tag{4.41}$$

式中，$|\cdot|$ 和 $\arg(\cdot)$ 分别为模值和幅角主值。

式 (4.41) 表示的 $\mathcal{T}(h)$ 与时滞系统之间的谱映射关系 [146] 如图 4.5 所示，详细分析如下。

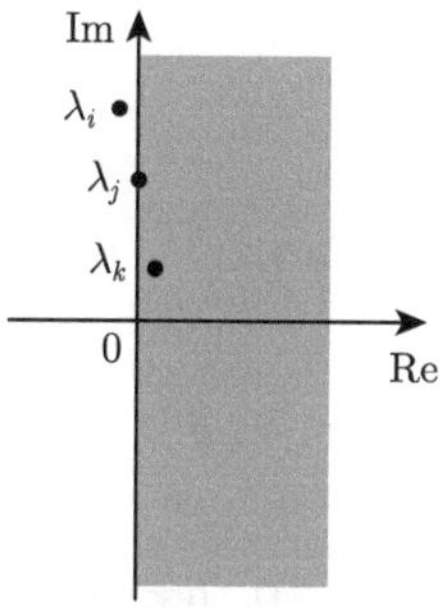

(a) λ

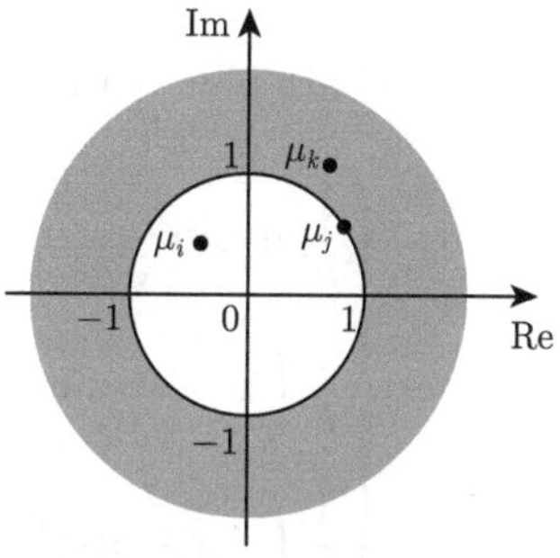

(b) μ

图 4.5 时滞系统特征值 λ 和解算子特征值 μ 之间的映射关系

(1) 给定 h，λ 的实部 $\mathrm{Re}(\lambda)$ 是 $|\mu|$ 的增函数。利用稀疏特征值算法，如隐式重启动 Arnoldi (implicitly restarted Arnoldi，IRA) 算法，可以计算得到 $\mathcal{T}(h)$ 模值最大的部分特征值 μ。进而，根据式 (4.41) 可以得到时滞系统实部最大 (最右侧) 的部分特征值，以分析系统的时滞稳定性，并设计控制器以镇定系统。

① **谱映射定理** [172,178]：设以下条件之一满足：(1) 存在 $h_0 > 0$，使 $\mathcal{T}(h)$ 在 $h = h_0$ 处是范数连续的；(2) 存在 $h_0 > 0$，使 $\mathcal{T}(h_0)$ 是紧算子或 $R_\lambda(\mathcal{T}(h_0)) \subset \mathcal{D}(\mathcal{A})$；(3) $\mathcal{T}(h)$ 是范数连续的 (continuous)，或紧的 (compact)，或可微的 (differentiable)，或解析的 (analytic)，或一致连续的 (uniformly continuous)，则下式成立：

$$\sigma(\mathcal{T}(h)) \setminus \{0\} = \exp(h\sigma(\mathcal{A})) = \left\{\mathrm{e}^{\lambda h} : \lambda \in \sigma(\mathcal{A})\right\}, \quad h > 0$$

(2) $\mathcal{T}(h)$ 将时滞系统的稳定域即左半 s 平面映射为 z 平面的单位圆盘。这时仅计算 $\mathcal{T}(h)$ 模值最大的几个特征值，即可判断时滞系统的稳定性。若 $|\mu| > 1$，则对应的 λ 的实部大于零，即 $\mathrm{Re}(\lambda) > 0$，系统不稳定。若 $|\mu| < 1$，则 $\mathrm{Re}(\lambda) < 0$，系统渐近稳定。若 $|\mu| = 1$，则 $\mathrm{Re}(\lambda) = 0$，系统临界稳定。这个性质类似于凯莱变换 (Cayley transform) [179] 或 $\boldsymbol{S}$ 矩阵法 [180]。

(3) 给定转移步长 h，时滞系统特征值虚部 $\mathrm{Im}(\lambda)$ 的取值范围为

$$\mathrm{Im}(\lambda) \leqslant \frac{\pi}{h} \tag{4.42}$$

式 (4.42) 的推导过程如下。

令 $\lambda = \sigma + \mathrm{j}\omega$ 并代入式 (4.41)，得

$$\mu = \mathrm{e}^{\lambda h} = \mathrm{e}^{(\sigma+\mathrm{j}\omega)h} = \mathrm{e}^{\sigma h}\left(\cos(\omega h) + \mathrm{j}\sin(\omega h)\right) \tag{4.43}$$

如果已知 $\mu = a + \mathrm{j}b$，则根据式 (4.43) 可容易地解得 σ 和 ω [181]:

$$\sigma = \frac{1}{h}\ln|\mu| = \frac{1}{h}\ln\sqrt{a^2+b^2} \tag{4.44}$$

$$\begin{aligned}\omega &= \frac{1}{h}\arg\mu = \frac{1}{h}\arcsin\frac{\mathrm{Im}(\mu)}{|\mu|}\left(\mathrm{mod}\frac{\pi}{h}\right)\\ &= \begin{cases}\dfrac{1}{h}\arcsin\dfrac{b}{\sqrt{a^2+b^2}}, & a \geqslant 0\\ \dfrac{1}{h}\left(\pi - \arcsin\dfrac{b}{\sqrt{a^2+b^2}}\right), & a < 0,\ b \geqslant 0\\ \dfrac{1}{h}\left(-\pi - \arcsin\dfrac{b}{\sqrt{a^2+b^2}}\right), & a < 0,\ b < 0\end{cases}\end{aligned} \tag{4.45}$$

式中，$\omega \in [-\pi,\ \pi]/h$。

类似地，给定 ω 的范围，可以得到最大允许的 h。一般来说，电力系统小干扰稳定性分析和控制中最为关心的机电振荡模式的频率范围为 [0.1, 2.0]Hz，对应的特征值虚部 ω 的范围为 [0.628, 12.56]rad/s。因此，如果要想准确地估计得到时滞电力系统的机电振荡模式，h 的取值不应超过 250ms。

4.3 谱 离 散 化

4.3.1 方法分类

由谱算子与时滞系统之间的谱映射关系可知，可以通过计算谱算子的特征值间接得到时滞系统的部分特征值。然而，计算 $\mathcal{A}$ 和 $\mathcal{T}(h)$ 的特征值是一个无穷维

特征值问题。因此，需要首先对 $\mathcal{A}$ 和 $\mathcal{T}(h)$ 进行离散化，然后计算它们有限维离散化矩阵的特征值，以作为时滞系统特征值的近似值。这就是术语——谱算子离散化 (简称谱离散化) 的由来。

在计算数学和数值分析领域，目前存在多种谱离散化方法 (或方案)。大体上，这些方法可分为两类，如表 4.1 所示。

表 4.1 计算数学和数值分析领域中的谱离散化方法

序号	方法简写	方法名称	文献
1	IGD-Euler	欧拉 (Euler) 法	[176]
2	IGD-LMS	LMS 法	[155], [182]
3	IGD-IRK	IRK 法	[155], [177], [183]
4	IIGD (IGD-PS)	PS 法	[155], [174], [184] [185], [186], [187]
5	EIGD (IGD-PS-II)	PS 法	[156], [188], [189]
6	SOD-LMS	LMS 法	[118], [181], [190] [191], [192]
7	SOD-IRK	IRK 法	[155], [193]
8	SOD-PS	PS 法	[174], [194]
9	SOD-PS-II	PS 法	[155]

1) 按被离散化对象分

方法 1 ~ 方法 5 属于基于 IGD 的特征值计算方法，方法 6 ~ 方法 9 属于基于 SOD 的特征值计算方法。IGD 和 SOD 方法的原理分别总结如下。

(1) IGD 方法。首先，借助 $\mathcal{A}$ 将描述时滞系统动态特性的 DDE 转化为齐次 ODE，即抽象柯西问题 (式 (4.30) 和式 (4.31))；然后，采用不同的数学方法对 $[-\tau_{\max}, 0]$ 进行离散化，推导在各个离散点处 $\Delta\boldsymbol{x}_t$ 与其精确导数之间的解析表达式，进而得到 $\mathcal{A}$ 的有限维离散化近似矩阵 $\mathcal{A}_N$；最后，计算矩阵 $\mathcal{A}_N$ 最右侧的部分特征值作为 $\mathcal{A}$ 和时滞系统的特征值。

(2) SOD 方法。首先，针对 $\mathcal{T}(h)$ 的定义式 (4.5)，采用不同的数学方法对时滞区间 $[-\tau_{\max}, 0]$ 进行离散化；然后，通过推导各个离散点处 $\Delta\boldsymbol{x}(\theta)$ 和 $\Delta\boldsymbol{x}(h+\theta)$ 之间的解析表达式，进而得到 $\mathcal{T}(h)$ 的有限维离散化近似矩阵 $\mathcal{T}_N$；最后，计算矩阵 $\mathcal{T}_N$ 的模值最大的部分特征值作为 $\mathcal{T}(h)$ 的特征值，进而根据谱映射关系式 (4.41) 得到时滞系统最右侧的部分特征值。

2) 按离散化方法分

方法 1 ~ 方法 3、方法 6、方法 7 基于数值积分 (numerical integration 或 time integration) 方法，包括 Euler 法、LMS 法和 IRK 法；方法 4、方法 5、方法 8 和方法 9 依赖于 PS 法。3.2.1 节 ~ 3.2.3 节分别总结了 PS 法、LMS 法和 IRK 法的相关知识。

上述各种谱离散化方法应用于大规模时滞电力系统的稳定性分析和控制是本书的核心内容，将在第 5 ~ 11 章和第 13 ~ 18 章进行详细介绍。

基于谱离散化的特征值计算方法，在对 $\mathcal{A}$ 和 $\mathcal{T}(h)$ 进行离散化的同时，实际上也是在逼近或估计它们对应的特征函数。$\mathcal{A}$ 和 $\mathcal{T}(h)$ 的特征函数是解析的 (analytic)、无穷正则的 (infinitely regular)。在所有的谱离散化方法中，伪谱离散化方法利用了特征函数的这种无穷正则性，并以无穷阶收敛特性 (即谱精度) 逼近谱算子及其对应的特征函数，因此是最有效、最准确的谱离散化方法。相比较而言，其他谱离散化方法以有限阶收敛特性逼近谱算子和其对应的特征函数，精度相对较低。

4.3.2 研究现状述评

接下来，本节依次对各种谱离散化方法进行简要的述评。

文献 [176] 和 [177] 提出了一种不同于传统时域积分的单时滞微分方程的时域解法。首先将 DDE 转化为抽象柯西问题，然后对该问题应用无穷小生成元欧拉离散化 (IGD with Euler，IGD-Euler) 方法和 IGD-IRK 方法进行离散化，最后利用直线解法 (method of lines) 得到 DDE 的时域解。值得指出的是，IGD-Euler 方法对 $\mathcal{A}$ 的估计精度较差 [175]。文献 [182] 和 [183] 针对含有多重离散时滞的微分方程分别提出了 IGD-LMS 方法和 IGD-IRK 方法，进而计算得到系统最右侧的部分特征值。文献 [184]、[185] 和 [187] 分别针对含有多重离散时滞和分布时滞的自治微分方程 (autonomous DDEs with discrete and distributed delays)、带有非局部边界条件中立型时滞微分方程 (neutral DDEs with non-local boundary conditions)、非线性时滞微分方程和更新方程 (non-linear delay differential equations and renewal equations)，提出了无穷小生成元伪谱离散化 (IGD with pseudo-spectral differencing，IGD-PS) 方法，进而计算系统的最右侧的部分特征值。IGD-PS 已在 MATLAB 软件包 TraceDDE [186] 和 eigAM_eigTMN 中实现 [174]。对于含有多重固定时滞的系统，该方法在程序实现上十分简单 [175]。文献 [188] 针对含有多重离散时滞的微分方程，提出了一种新的无穷小生成元伪谱离散化 (称之为 IGD-PS-II) 方法。根据无穷小生成元离散化矩阵的逆矩阵是否具有显式表达特性，在将 IGD-PS 和 IGD-PS-II 方法应用于大规模时滞电力系统的特征值计算时，又分别称这两种方法为：IIGD 方法 [145,195] 和 EIGD 方法 [143,144]。文献 [118] 和 [181] 针对含多重时滞的微分方程提出了基于 SOD-LMS 的特征值计算方法。文献 [192] 又进一步提出了 SOD-LMS 的最高阶 (SOD with maximum order LMS，SOD-LMS-MXO) 方法。这些方法已经在 MATLAB 软件包 DDE-BIFTOOL [190,191] 中实现。文献 [155]、[193] 和 [194] 提出了 SOD-IRK 方法、SOD-PS 方法和 SOD-PS-II 方法。SOD-PS 方法已在 MATLAB 软件包

eigAM_eigTMN 中实现，其详细说明可参考文献 [174]。适用于大规模时滞电力系统关键特征值计算的 SOD-PS 方法[146] 的 MATLAB 代码可以从文献 [196] 提供的网址下载。

4.4 谱 变 换

在电力系统小干扰稳定性分析中，最为关注的是复平面最右侧或表现为负阻尼和弱阻尼的部分特征值。然而，目前特征值计算的序贯法或子空间方法通常优先收敛到矩阵的主导特征值，即模值最大的特征值。因此，必须采用谱变换技术将感兴趣的关键特征值映射为主导特征值，特征向量保持不变，然后通过反变换得到原系统的特征值。本节给出时滞电力系统的 3 种谱变换：位移–逆变换 (shift-invert transform) 、凯莱变换 (Cayley transform) 和旋转–放大预处理 (rotation-and-multiplication preconditioning)。前两种谱变换技术适用于 IGD 类时滞电力系统特征值计算方法，后一种谱变换技术适用于 SOD 类时滞电力系统特征值计算方法。利用这些谱变换对谱算子及其离散化矩阵的特征值分布进行处理，可以很好地改善谱离散化特征值计算方法的收敛性。

4.4.1 位移–逆变换

位移–逆变换将无穷小生成元离散化矩阵 $\mathcal{A}_N$ 最靠近位移点处的特征值映射为主导特征值。这样，可以用序贯法或子空间法计算出变换后矩阵的前 r 个模值递减的特征值，它们是系统中距离位移点由近及远的 r 个特征值的近似值。

1. 位移–逆变换 (DS 方案)

位移–逆变换的 DS (discretization-shift) 方案，是指首先对无穷小生成元 $\mathcal{A}$ 进行离散化，然后对离散化矩阵 $\mathcal{A}_N$ 直接应用位移–逆变换[197]。在该方案下，利用稀疏特征值算法计算得到的特征值中，原点附近的特征值的精度最高。

选取复常数 λ_{s} 为位移点，位移–逆变换可定义为

$$\boldsymbol{S} = (\mathcal{A}_N - \lambda_{\mathrm{s}}\boldsymbol{I})^{-1} \tag{4.46}$$

设矩阵 $\mathcal{A}_N$ 的特征对为 $(\lambda_{\boldsymbol{A}}, \boldsymbol{v}_{\boldsymbol{A}})$，有

$$\begin{cases}(\mathcal{A}_N - \lambda_{\mathrm{s}}\boldsymbol{I})\boldsymbol{v}_{\boldsymbol{A}} = (\lambda_{\boldsymbol{A}} - \lambda_{\mathrm{s}})\boldsymbol{v}_{\boldsymbol{A}} \\ (\mathcal{A}_N - \lambda_{\mathrm{s}}\boldsymbol{I})^{-1}\boldsymbol{v}_{\boldsymbol{A}} = \dfrac{1}{\lambda_{\boldsymbol{A}} - \lambda_{\mathrm{s}}}\boldsymbol{v}_{\boldsymbol{A}}\end{cases} \tag{4.47}$$

矩阵 $\boldsymbol{S}$ 的特征对 $(\lambda_{\boldsymbol{S}}, \boldsymbol{v}_{\boldsymbol{S}})$ 与矩阵 $\mathcal{A}_N$ 的特征对 $(\lambda_{\boldsymbol{A}}, \boldsymbol{v}_{\boldsymbol{A}})$ 之间的关系为

$$\lambda_{\boldsymbol{S}} = \frac{1}{\lambda_{\boldsymbol{A}} - \lambda_{\mathrm{s}}},\ \boldsymbol{v}_{\boldsymbol{S}} = \boldsymbol{v}_{\boldsymbol{A}} \tag{4.48}$$

这表明，位移–逆变换将矩阵 $\mathcal{A}_N$ 中距离位移点 λ_s 最近的特征值映射为矩阵 $\boldsymbol{S}$ 中模值最大的特征值，特征向量保持不变。

2. 位移–逆变换 (SD 方案)

位移–逆变换的 SD (shift-discretization) 方案，是指首先对时滞电力系统进行位移操作，然后对无穷小生成元 $\mathcal{A}'$ 进行离散化，最后对离散化矩阵 $\mathcal{A}'_N$ 进行求逆操作。在该方案下，利用稀疏特征值算法计算得到的特征值中，位移点附近特征值的精度最高。除非特别说明，本书在后续相关章节默认采用位移–逆变换的 SD 方案。

给定位移点 λ_s，将式 (3.10) 中的 λ 用 $\lambda' + \lambda_s$ 代替，则可得到位移操作后系统的特征方程：

$$\left(\tilde{\boldsymbol{A}}_0' + \sum_{i=1}^{m} \tilde{\boldsymbol{A}}_i' \mathrm{e}^{-\lambda' \tau_i}\right)\boldsymbol{v} = \lambda' \boldsymbol{v} \tag{4.49}$$

式中，λ' 为位移操作后无穷小生成元 $\mathcal{A}'$ 的特征值；$\tilde{\boldsymbol{A}}_i'$ $(i = 0, 1, \cdots, m)$ 为位移操作后系统的状态矩阵。

$$\lambda' = \lambda - \lambda_s \tag{4.50}$$

$$\tilde{\boldsymbol{A}}_0' = \boldsymbol{A}_0 - \lambda_s \boldsymbol{I}_n - \boldsymbol{B}_0 \boldsymbol{D}_0^{-1} \boldsymbol{C}_0 \tag{4.51}$$

$$\tilde{\boldsymbol{A}}_i' = \boldsymbol{A}_i \mathrm{e}^{-\lambda_s \tau_i} - \boldsymbol{B}_i \mathrm{e}^{-\lambda_s \tau_i} \boldsymbol{D}_0^{-1} \boldsymbol{C}_0, \quad i = 1, 2, \cdots, m \tag{4.52}$$

对于不同的 IGD 方案，将 $\mathcal{A}$ 的离散化矩阵 $\mathcal{A}_N$ 表达式中的 $\tilde{\boldsymbol{A}}_i$ $(i = 0, 1, \cdots, m)$ 直接用 $\tilde{\boldsymbol{A}}_i'$ $(i = 0, 1, \cdots, m)$ 替换，即可得到位移操作后 $\mathcal{A}$ 的离散化矩阵 $\mathcal{A}'_N$。可见，$\mathcal{A}'_N$ 的逻辑结构与 $\mathcal{A}_N$ 完全相同。

接着，对 $\mathcal{A}'_N$ 进行求逆运算。在某些特殊的 IGD 方案中 (如第 6 章提出的 EIGD 方法)，$\mathcal{A}_N$ 具有特殊的逻辑结构，如分块对角、上/下三角等。此时，$(\mathcal{A}'_N)^{-1}$ 可以显式地表示为时滞系统状态矩阵 $\tilde{\boldsymbol{A}}_i'$ $(i = 0, 1, \cdots, m)$ 的函数，然后通过高效地计算 $(\mathcal{A}'_N)^{-1}$ 与向量 $\boldsymbol{v}$ 的乘积 $(\mathcal{A}'_N)^{-1}\boldsymbol{v}$，最终求得 $(\mathcal{A}'_N)^{-1}$ 的特征值 λ''。然而，在大多数 IGD 方案下，$\mathcal{A}_N$ 不具有前述特殊的逻辑结构。由于不存在直接逆，需要采用迭代方法 [198] 求解 $(\mathcal{A}'_N)^{-1}\boldsymbol{v}$。迭代求解的计算量大，还存在一定的舍入误差，进而影响计算 $(\mathcal{A}'_N)^{-1}$ 特征值的收敛性和精度。

综上，可总结得到 $(\mathcal{A}'_N)^{-1}$、$\mathcal{A}'_N$ 和 $\mathcal{A}_N$ 的特征值 λ''、λ' 和 λ 之间的关系为 $\lambda'' = \dfrac{1}{\lambda'} = \dfrac{1}{\lambda - \lambda_s}$。可见，位移–逆变换将无穷小生成元离散化矩阵 $\mathcal{A}_N$ 最靠近位移点 λ_s ($\mathcal{A}'_N$ 最靠近原点) 的特征值映射为 $(\mathcal{A}'_N)^{-1}$ 模值最大的特征值，并且特征向量保持不变。利用稀疏特征值算法求出 $(\mathcal{A}'_N)^{-1}$ 前 r 个模值递减的特征值，则

根据上述关系即可得到 A_N 到 λ_s 的距离由近到远的 r 个特征值,如图 4.6 所示。它们就是 $\mathcal{A}$ 和系统的特征值估计值。

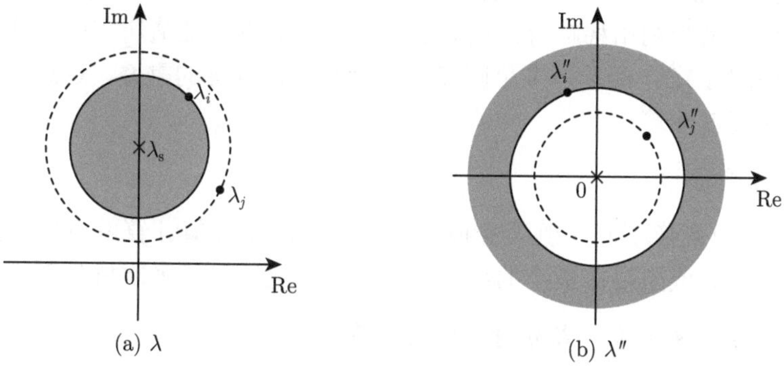

图 4.6 位移–逆变换的原理

3. 特征值扫描

位移–逆变换后,利用 IGD 类方法计算大规模时滞电力系统最右侧的部分特征值的原理如图 4.7 所示。为了不遗漏任何关键机电振荡模式,需要在 [0.1, 2.0]Hz 或 [0.628, 12.56]rad/s 范围内,选取多个位移点 λ_{s_i} $(i = 1, 2, \cdots)$ 以扫描虚轴。假设每次计算 r_i 个特征值,它们位于以 λ_{s_i} 为圆心、以到最远的那个特征值的距离为半径 R_i 的圆盘中。

(a) 阻尼比小于ζ(如3%)的机电振荡模式 (b) 选取位于虚轴上的位移点λ_{s_1}、λ_{s_2}和λ_{s_3} 进行关键特征值计算

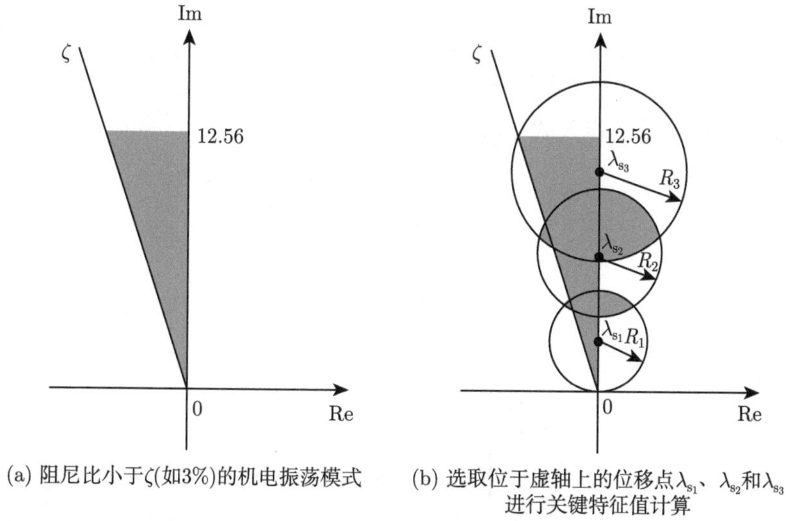

图 4.7 利用 IGD 类方法计算大规模时滞电力系统最右侧部分特征值的原理

基于位移–逆变换的关键特征值计算存在两点不足。一方面，需要对系统关键特征值在复平面上的分布有一定的认识和了解，例如，首先激发系统关键振荡模式，然后选择合适的时域响应进行 Prony 分析[199]，依此选取合适的位移点，可以在很大程度上减少利用稀疏特征值算法计算系统关键特征值所需的迭代次数。另一方面，如图 4.7(b) 所示，多个圆盘之间存在一定程度的重叠，这意味着存在一些冗余的特征值计算。

4.4.2　凯莱变换

与位移–逆变换不同，凯莱变换实现通过一次特征值计算就可以得到时滞电力系统实部最大或阻尼比最小的部分特征值，而无需进行多次特征值扫描。

1. 用于求取实部最大部分特征值的凯莱变换

针对无穷小生成元离散化矩阵 $\mathcal{A}_N$，选取复常数 s_1 和 s_2 ($s_1 \neq s_2$) 为位移点，凯莱变换可定义为

$$\boldsymbol{S} = (\mathcal{A}_N - s_1\boldsymbol{I})(\mathcal{A}_N - s_2\boldsymbol{I})^{-1} \tag{4.53}$$

在实际应用中，通常将 s_1 和 s_2 设置为实常数，且满足 $s_2 > s_1$。

设矩阵 $\mathcal{A}_N$ 的特征对为 $(\lambda_{\boldsymbol{A}}, \boldsymbol{v_A})$，利用式 (4.47)，得

$$(\mathcal{A}_N - s_1\boldsymbol{I})(\mathcal{A}_N - s_2\boldsymbol{I})^{-1}\boldsymbol{v_A} = \frac{\lambda_{\boldsymbol{A}} - s_1}{\lambda_{\boldsymbol{A}} - s_2}\boldsymbol{v_A} \tag{4.54}$$

矩阵 $\boldsymbol{S}$ 的特征对 $(\lambda_{\boldsymbol{S}}, \boldsymbol{v_S})$ 与矩阵 $\mathcal{A}_N$ 的特征对 $(\lambda_{\boldsymbol{A}}, \boldsymbol{v_A})$ 之间的关系为

$$\lambda_{\boldsymbol{S}} = \frac{\lambda_{\boldsymbol{A}} - s_1}{\lambda_{\boldsymbol{A}} - s_2},\ \lambda_{\boldsymbol{A}} = \frac{s_2\lambda_{\boldsymbol{S}} - s_1}{\lambda_{\boldsymbol{S}} - 1},\ \boldsymbol{v_S} = \boldsymbol{v_A} \tag{4.55}$$

令 $\lambda_{\boldsymbol{A}} = \sigma + \mathrm{j}\omega$，代入式 (4.55)，得

$$|\lambda_{\boldsymbol{S}}| = \sqrt{\frac{(\sigma - s_1)^2 + \omega^2}{(\sigma - s_2)^2 + \omega^2}} \tag{4.56}$$

显然，有

$$|\lambda_{\boldsymbol{S}}| \begin{cases} < 1, & \sigma < \dfrac{s_1 + s_2}{2} \\ = 1, & \sigma = \dfrac{s_1 + s_2}{2} \\ > 1, & \sigma > \dfrac{s_1 + s_2}{2} \end{cases} \tag{4.57}$$

这表明，凯莱变换将 s 平面上线段 $\overline{s_1 s_2}$ 的垂直平分线 L (称作中心轴) 被映射到 z 平面单位圆上，s 平面中心轴右侧被映射到 z 平面单位圆之外，s 平面中

心轴左侧被映射到 z 平面单位圆之内，如图 4.8 所示。这使得利用子空间方法进行特征值计算时，可以优先得到系统最右侧部分特征值的估计值。

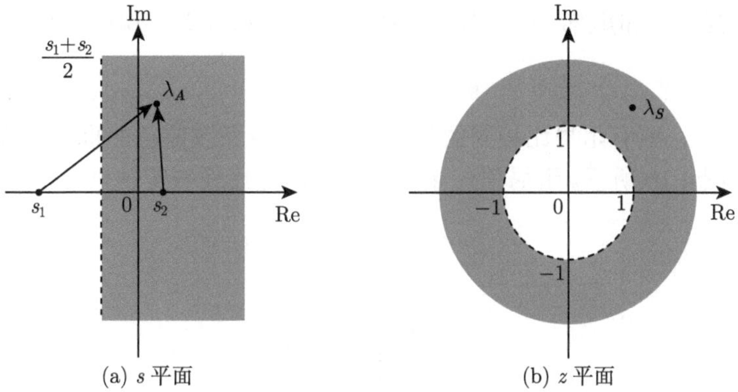

图 4.8　凯莱变换示意图

进一步地，令位移点 $s_1 = -s_2 = -3$，在 s 平面上画出等 $|\lambda_S|$ 曲线簇，如图 4.9 所示。由图可知，矩阵 $\boldsymbol{S}$ 的按模值递减特征值并不与矩阵 $\mathcal{A}_N$ 的按实部递减的特征值完全对应。

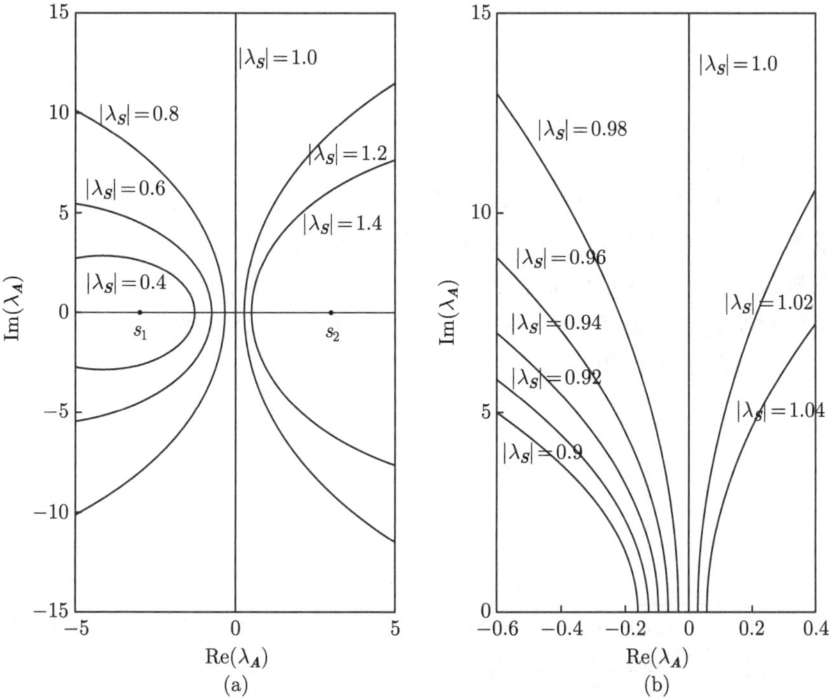

图 4.9　凯莱变换的等 $|\lambda_S|$ 曲线簇及局部放大图

2. 用于求取阻尼比最小部分特征值的凯莱变换

电力系统状态矩阵的一对复共轭特征值 $\lambda = \sigma \pm \mathrm{j}\omega$ 表征了系统的振荡模式，其中实部 σ 和虚部 ω 分别表示振荡的阻尼和频率，相应的阻尼比为 $\zeta = \dfrac{-\sigma}{\sqrt{\sigma^2+\omega^2}}$。

复平面上，所有阻尼比相同的特征值形成了一条过原点的直线，称之为等阻尼比线，如图 4.10 所示。阻尼角 γ 定义为各等阻尼比线与实轴负半轴之间的夹角。

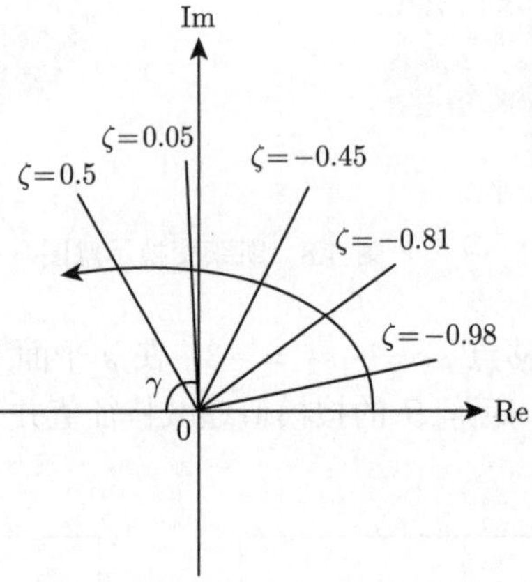

图 4.10 按阻尼比递增的特征子集

在进行电力系统小干扰稳定性分析时，主要关注 $\zeta < 0.05$ 的关键振荡模式。计算按阻尼比递增的特征子集即逆时针扇形搜索各条射线上的特征值，就可以避免大量冗余特征值的计算，加快关键特征值的求取效率。

在凯莱变换中，通过选取适当的复常数 s_1 和 s_2 作为位移点，将图 4.8 中所示的凯莱变换的中心轴 L 设定为某一等阻尼比线 ζ_0。令位移点 $s_2 = a + \mathrm{j}b$，则利用点关于直线的对称点的公式①，可计算得到位移点 s_1。

$$\begin{cases} s_2 = a + \mathrm{j}b \\ c = \zeta_0,\ c_1 = 2c^2 - 1,\ c_2 = 2c\sqrt{1-c^2} \\ s_1 = (ac_1 - bc_2) - \mathrm{j}(ac_2 + bc_1) \end{cases} \tag{4.58}$$

① 设直线 L：$a_1x + a_2y + a_3 = 0$，其中 a_1 和 a_2 至少有一个不为 0，则点 $s_1(a,\ b)$ 关于直线 L 的对称点 s_2 坐标为 $\left(\dfrac{(a_2^2-a_1^2)a - 2a_1a_2b - 2a_1a_3}{a_1^2+a_2^2},\ \dfrac{(a_1^2-a_2^2)a - 2a_1a_2b - 2a_2a_3}{a_1^2+a_2^2}\right)$。等阻尼比线 $L = \zeta_0$ 满足 $a_1 = \cot\theta = \dfrac{\sqrt{\zeta_0^2-1}}{\zeta_0}$，$a_2 = 1$，$a_3 = 0$。

如图 4.11 所示，s 平面中阻尼比 ζ 小于 ζ_0 的所有特征值被映射到 z 平面单位圆之外。这使得利用序贯法或子空间方法进行特征值计算时，可以优先计算得到矩阵 $\boldsymbol{S} = (\mathcal{A}_N - s_1\boldsymbol{I})(\mathcal{A}_N - s_2\boldsymbol{I})^{-1}$ 模值最大的部分特征值 $\lambda_{\boldsymbol{S}}$，其对应矩阵 $\mathcal{A}_N$ 阻尼比小于某一给定值 ζ_0 的部分特征值 $\lambda_{\boldsymbol{A}}$。

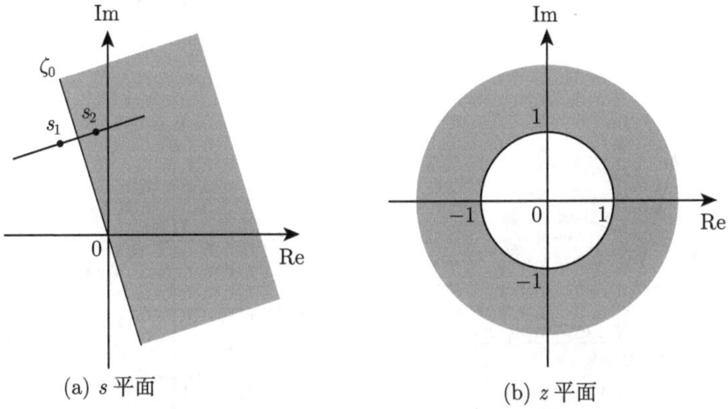

图 4.11 求取阻尼比最小部分特征值的凯莱变换示意图

上述用于求取阻尼比最小部分特征值的凯莱变换，也可以通过带坐标轴旋转的凯莱变换[200,201] 来实现。如图 4.12(a) 所示，将坐标轴沿逆时针方向旋转 $\theta = \dfrac{\pi}{2} - \gamma$ 弧度，其中 γ 为所选定阻尼比 ζ_0 对应的阻尼角，满足 $\zeta_0 = \sin\theta = \cos\gamma$。原标准坐标系 (虚线) 下的矩阵 $\mathcal{A}_N$ 变为旋转后新坐标系 (实线) 下的矩阵 $\mathcal{A}'_N$：

$$\mathcal{A}'_N = \mathcal{A}_N\angle(-\theta) = \mathcal{A}_N\mathrm{e}^{-\mathrm{j}\theta} \tag{4.59}$$

矩阵 $\mathcal{A}'_N$ 与矩阵 $\mathcal{A}_N$ 的特征对之间存在如下关系：

$$\lambda_{\boldsymbol{A}'} = \lambda_{\boldsymbol{A}}\angle(-\theta) = \lambda_{\boldsymbol{A}}\mathrm{e}^{-\mathrm{j}\theta},\ \boldsymbol{v}_{\boldsymbol{A}'} = \boldsymbol{v}_{\boldsymbol{A}} \tag{4.60}$$

坐标轴逆时针旋转操作后，等价于对原标准坐标系下的点进行顺时针旋转操作。因此，图 4.11(a) 中原标准坐标系下对称于等阻尼比线 ζ_0 的位移点 s_1 和 s_2，在旋转后新坐标系下对称于虚轴 (虚线)，如图 4.12(a) 所示。

接着，在旋转后新坐标系下，选择对称于虚轴 (实线) 的位移点 s'_1 和 s'_2 进行凯莱变换，其中 s'_1 和 s'_2 与 s_1 和 s_2 之间具有如下关系：

$$s'_1 = s_1\mathrm{e}^{-\mathrm{j}\theta},\ s'_2 = s_2\mathrm{e}^{-\mathrm{j}\theta} \tag{4.61}$$

于是，原坐标系下阻尼比 ζ 小于 ζ_0 的所有特征值，即旋转后新坐标系下虚轴右侧的所有特征值被映射到单位圆外，如图 4.12(b) 所示。

$$
\begin{aligned}
\left(\mathcal{A}_N' - s_1'\boldsymbol{I}\right)\left(\mathcal{A}_N' - s_2'\boldsymbol{I}\right)^{-1}\boldsymbol{v}_{\boldsymbol{A}'} &= \frac{\lambda_{\boldsymbol{A}'} - s_1'}{\lambda_{\boldsymbol{A}'} - s_2'}\boldsymbol{v}_{\boldsymbol{A}'} = \frac{\lambda_{\boldsymbol{A}} - s_1}{\lambda_{\boldsymbol{A}} - s_2}\boldsymbol{v}_{\boldsymbol{A}} \\
&= (\mathcal{A}_N - s_1\boldsymbol{I})(\mathcal{A}_N - s_2\boldsymbol{I})^{-1}\boldsymbol{v}_{\boldsymbol{A}}
\end{aligned}
\tag{4.62}
$$

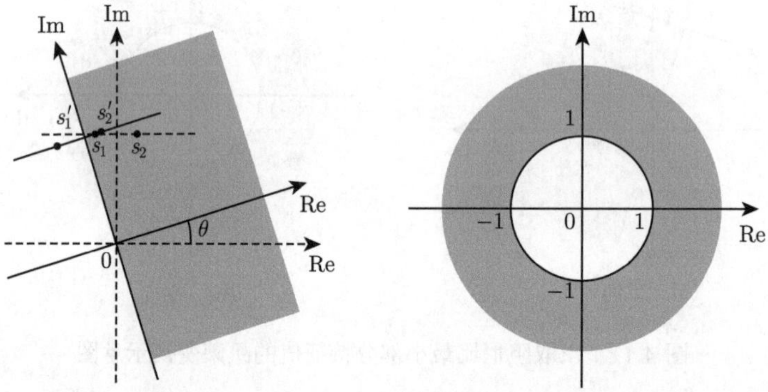

(a) s 平面 (b) z 平面

图 4.12 带坐标轴旋转的凯莱变换示意图

由式 (4.62) 可知：

(1) 图 4.11 与图 4.12 所示的两种求取阻尼比最小部分特征值的凯莱变换是完全等价的。

(2) 矩阵 $\boldsymbol{S} = \left(\mathcal{A}_N' - s_1'\boldsymbol{I}\right)\left(\mathcal{A}_N' - s_2'\boldsymbol{I}\right)^{-1}$ 的特征对 $(\lambda_{\boldsymbol{S}},\ \boldsymbol{v}_{\boldsymbol{S}})$ 与矩阵 $\mathcal{A}_N'$ 的特征对 $(\lambda_{\boldsymbol{A}'},\ \boldsymbol{v}_{\boldsymbol{A}'})$ 之间的关系如下。

$$
\lambda_{\boldsymbol{S}} = \frac{\lambda_{\boldsymbol{A}'} - s_1'}{\lambda_{\boldsymbol{A}'} - s_2'},\ \lambda_{\boldsymbol{A}'} = \frac{s_2'\lambda_{\boldsymbol{S}} - s_1'}{\lambda_{\boldsymbol{S}} - 1},\ \boldsymbol{v}_{\boldsymbol{S}} = \boldsymbol{v}_{\boldsymbol{A}'}
\tag{4.63}
$$

(3) 在计算得到矩阵 $\mathcal{A}_N'$ 的特征值 $\lambda_{\boldsymbol{A}'}$ 之后，可由式 (4.60) 计算得到矩阵 $\mathcal{A}_N$ 的特征值 $\lambda_{\boldsymbol{A}} = \mathrm{e}^{\mathrm{j}\theta}\lambda_{\boldsymbol{A}'}$。

上述两种求取阻尼比最小部分特征值的凯莱变换的谱映射特性，可以用图 4.13 所示的等 $|\lambda_{\boldsymbol{S}}|$ 曲线簇表示。位移点分别选为 $s_1 = -3.2+\mathrm{j}3.85$、$s_2 = 2.8+\mathrm{j}4.15$ 或 $s_1' = -3+\mathrm{j}4$、$s_2' = 3+\mathrm{j}4$，阻尼比 $\zeta_0 = 0.05$。与图 4.9 相比，图 4.13 中的曲线簇被逆时针旋转了 $\theta = \arcsin\zeta_0 = 2.87°$。

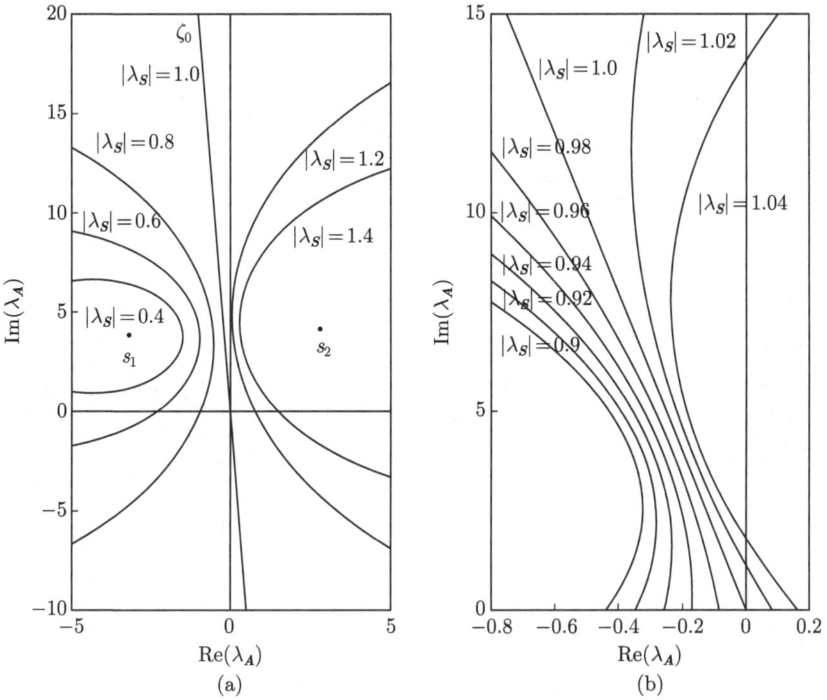

图 4.13 求取阻尼比最小部分特征值的凯莱变换等 $|\lambda_S|$ 曲线簇及局部放大图

4.4.3 旋转–放大预处理

旋转–放大预处理适用于 SOD 类特征值计算方法[146]。与凯莱变换类似，旋转–放大预处理可以实现通过一次特征值计算就可以得到时滞电力系统阻尼比小于给定值的关键特征值。旋转–放大预处理包括两个部分：坐标轴旋转和特征值放大。

1. 不精确坐标轴旋转

坐标-旋转预处理的原理如图 4.14 所示。首先，将阻尼比小于给定常数 ζ ($=\sin\theta$) 的部分特征值 λ 以原点为中心沿顺时针方向旋转 θ 弧度[200,201]，如图 4.14(a) 所示。设旋转后系统的特征值 λ 变为 λ'，它们对应解算子模值最大的部分特征值 μ'，且有 $|\mu'|>1$。实际上，上述对特征值的顺时针旋转操作，等价于对坐标轴以原点为中心沿逆时针方向旋转 θ 弧度，旋转后的虚轴对应着原坐标系中阻尼比为 ζ 的虚线。

将式 (3.10) 中的 λ 用 $\lambda'\mathrm{e}^{\mathrm{j}\theta}$ 代替，可以得到坐标轴旋转后的特征方程：

$$\left(\tilde{\boldsymbol{A}}_0'+\sum_{i=1}^{m}\tilde{\boldsymbol{A}}_i'\mathrm{e}^{-\lambda'\tau_i'}\right)\boldsymbol{v}=\lambda'\boldsymbol{v} \tag{4.64}$$

式中

$$\lambda' = \lambda e^{-j\theta} \tag{4.65}$$

$$\tau_i' = \tau_i e^{j\theta}, \quad i = 1, 2, \cdots, m \tag{4.66}$$

$$\tilde{\boldsymbol{A}}_0' = \tilde{\boldsymbol{A}}_0 e^{-j\theta}, \quad \tilde{\boldsymbol{A}}_i' = \tilde{\boldsymbol{A}}_i e^{-j\theta}, \quad i = 1, 2, \cdots, m \tag{4.67}$$

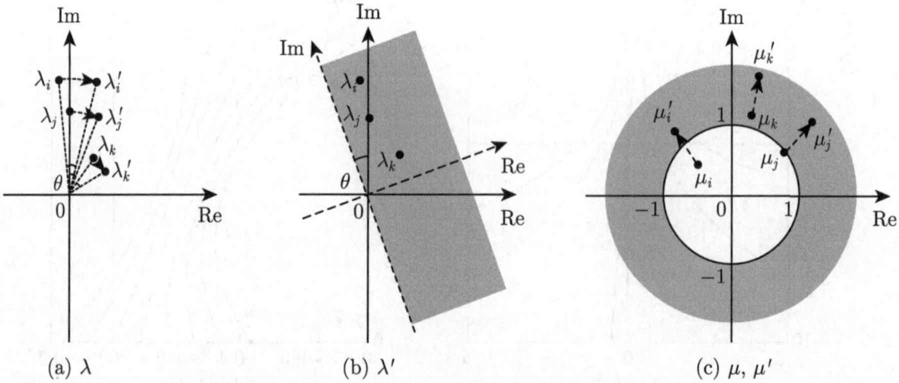

图 4.14 坐标轴旋转后的谱映射关系

由式 (4.66) 可知，当 $\theta \neq 0$ 时，坐标轴旋转后 τ_i' $(i = 1, 2, \cdots, m)$ 变为复数。然而，SOD 类方法要求将时滞区间划分为 N 个长度为 h 的子区间，即 $N = \left\lceil \dfrac{\tau_{\max}'}{h} \right\rceil$。由于 h 是正实数、N 为正整数，这就要求 $\tau_{\max}' = \tau_m'$ 必须为实数。显然，这一要求与 $\tau_{\max}'$ 为复数的实际情况矛盾。为此，对坐标轴旋转后的 τ_i' $(i = 1, 2, \cdots, m)$ 进行必要的近似。将式 (4.66) 近似为

$$\tau_i' = \tau_i e^{j\theta} \approx \tau_i, \quad i = 1, 2, \cdots, m \tag{4.68}$$

相应地，式 (4.64) 变为

$$\left(\tilde{\boldsymbol{A}}_0' + \sum_{i=1}^{m} \tilde{\boldsymbol{A}}_i' e^{-\hat{\lambda}' \tau_i} \right) \hat{\boldsymbol{v}} = \hat{\lambda}' \hat{\boldsymbol{v}} \tag{4.69}$$

式中，$\hat{\lambda}'$ 和 $\hat{\boldsymbol{v}}$ 分别为 λ' 和相应的右特征向量 $\boldsymbol{v}$ 的近似值。

综上所述，式 (4.65)、式 (4.67) 和式 (4.68) 构成了时滞特征方程的不精确坐标轴旋转预处理。在数值上，该预处理的作用归结为系统状态矩阵 $\tilde{\boldsymbol{A}}_i$ $(i = 0, 1, \cdots, m)$ 和特征值 λ 乘以因子 $e^{-j\theta}$，特征向量保持不变。

坐标轴旋转预处理后，λ' 与其 $\mathcal{T}(h)$ 的特征值 μ' 之间的映射关系为

$$\begin{cases}\mu' = \mathrm{e}^{\lambda' h} = \mathrm{e}^{\lambda \mathrm{e}^{-\mathrm{j}\theta} h} = \left(\mathrm{e}^{\lambda h}\right)^{\mathrm{e}^{-\mathrm{j}\theta}} = \mu^{\mathrm{e}^{-\mathrm{j}\theta}} \\ \lambda' = \dfrac{1}{h}\ln \mu' \end{cases} \tag{4.70}$$

虽然适用于 SOD 类特征值算法的坐标轴旋转预处理，与适用于 IGD 类特征值算法的带坐标轴旋转的凯莱变换原理相似，但两者所表示的谱映射关系不同。在复 s 平面上画出等 $|\mu'|$ 曲线簇，如图 4.15 所示，其与图 4.13 明显不同。

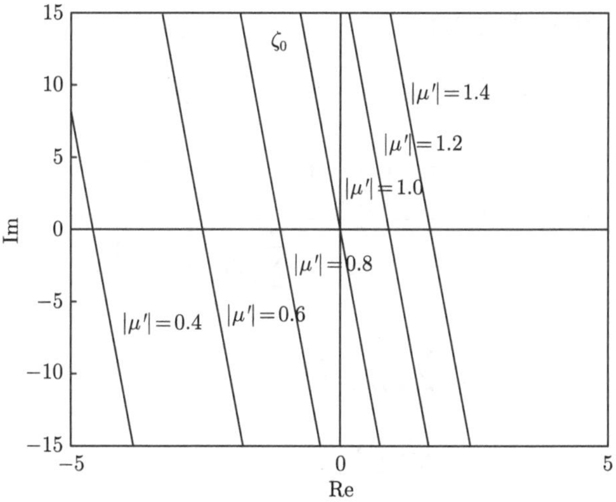

图 4.15 旋转–放大预处理等 $|\mu'|$ 曲线簇

由图 4.15 可见，等 $|\mu'|$ 曲线簇是相互平行的直线簇。这表明，应用坐标轴旋转预处理后，解算子按模值递减特征值与时滞电力系统按阻尼比逐渐增大的特征值之间一一对应。当旋转弧度为零时，解算子按模值递减特征值与系统按实部逐渐减小的特征值一一对应。与凯莱变换相比，应用坐标轴旋转预处理可以序贯地计算得到最右侧或阻尼比最小的关键特征值。

2. 时滞近似对特征值计算的影响分析

根据式 (4.68) 可知，坐标轴旋转预处理中时滞的近似量为

$$\varepsilon\Delta\tau_i = \tau_i - \tau_i' = \tau_i\left(1 - \mathrm{e}^{\mathrm{j}\theta}\right),\quad i = 1,\ 2,\ \cdots,\ m \tag{4.71}$$

式中，ε 为时滞近似 $\Delta\tau_i$ 的数量级。

如果将 $\varepsilon\Delta\tau_i$ $(i = 1,\ 2,\ \cdots,\ m)$ 视为对时滞的摄动，则式 (4.64) 和式 (4.69) 分别为摄动前后时滞电力系统的特征方程。

时滞摄动后，特征值变化量 $\Delta\lambda' = \hat{\lambda}' - \lambda'$ 可以用 λ' 的一阶摄动量来近似表示。由式 (3.86)，得

$$\begin{aligned}\Delta\lambda' &= \hat{\lambda}' - \lambda' \\ &\approx \varepsilon\lambda' = -\frac{\boldsymbol{u}^{\mathrm{T}}\left(\sum\limits_{i=1}^{m}\tilde{\boldsymbol{A}}_i'\mathrm{e}^{-\lambda'\tau_i'}\lambda'\varepsilon\Delta\tau_i\right)\boldsymbol{v}}{\boldsymbol{u}^{\mathrm{T}}\left(\boldsymbol{I}_n + \sum\limits_{i=1}^{m}\tilde{\boldsymbol{A}}_i'\tau_i'\mathrm{e}^{-\lambda'\tau_i'}\right)\boldsymbol{v}}\end{aligned} \tag{4.72}$$

将式 (4.65) 代入式 (4.72)，得

$$\begin{aligned}\Delta\lambda &\triangleq \hat{\lambda} - \lambda \\ &\approx -\frac{\boldsymbol{u}^{\mathrm{T}}\left(\sum\limits_{i=1}^{m}\tilde{\boldsymbol{A}}_i'\mathrm{e}^{-\lambda\tau_i}\lambda\mathrm{e}^{-\mathrm{j}\theta}\varepsilon\Delta\tau_i\right)\boldsymbol{v}}{\boldsymbol{u}^{\mathrm{T}}\left(\boldsymbol{I}_n + \sum\limits_{i=1}^{m}\tilde{\boldsymbol{A}}_i'\tau_i\mathrm{e}^{-\lambda\tau_i}\right)\boldsymbol{v}} \\ &= -\sum_{i=1}^{m}\frac{\partial\lambda}{\partial\tau_i}\varepsilon\Delta\tau_i \\ &= -\sum_{i=1}^{m}\frac{\partial\lambda}{\partial\tau_i}\tau_i\left(1-\mathrm{e}^{\mathrm{j}\theta}\right)\end{aligned} \tag{4.73}$$

由式 (4.73) 可知，时滞近似导致的特征值偏差 $|\Delta\lambda|$，随时滞 τ_i ($i = 1, 2, \cdots, m$) 和旋转角度 θ 的增大而增大，并与特征值对时滞的灵敏度 $\dfrac{\partial\lambda}{\partial\tau_i}$ 成正比。

3. 旋转–放大预处理

由式 (4.70) 和图 4.14 可知，坐标轴旋转后时滞电力系统的模值最大的部分特征值 $\hat{\lambda}'$ 被“压缩”为单位圆附近的 $\mathcal{T}(h)$ 的特征值 μ'。μ' 在单位圆附近密集分布，导致计算 μ' 的稀疏特征值算法难以收敛。理论上，稀疏特征值算法的收敛性取决于特征值之间的相对距离，即 $\dfrac{|\mu_i'| - |\mu_j'|}{|\mu_i'|}$，其中 $|\mu_i'|$ 和 $|\mu_j'|$ 是解算子离散化矩阵的任意两个特征值。因此，为了改善收敛性，可对 μ_i' 和 μ_j' 进行非线性放大，从而增大它们之间的相对距离。

假设对 μ' 进行 α 次乘方，则由式 (4.70) 得

$$\mu'' \triangleq (\mu')^{\alpha} = \mathrm{e}^{\alpha\lambda\mathrm{e}^{-\mathrm{j}\theta}h} \triangleq \mathrm{e}^{\lambda'' h} = \mathrm{e}^{\lambda'(\alpha h)} \tag{4.74}$$

式中

$$\lambda'' = \alpha \mathrm{e}^{-\mathrm{j}\theta}\lambda,\ \lambda = \frac{1}{\alpha}\mathrm{e}^{\mathrm{j}\theta}\lambda'' \tag{4.75}$$

因此，λ'' 可以认为是对系统特征值 λ 首先顺时针旋转 θ 弧度，然后放大 α 倍得到的。因此，称这种对时滞电力系统特征值的处理方式为旋转–放大预处理。由式 (4.75) 还可以知道，时滞电力系统的特征值 λ 可以通过将坐标轴逆时针旋转 θ 弧度，再将坐标轴缩小 α 倍得到。

4. 旋转–放大预处理的实现

旋转–放大预处理有两种实现方法。

(1) 第一种实现方法可归纳为：保持 h 不变，将 τ_i $(i=1,\ 2,\ \cdots,\ m)$ 减小为原来的 $\dfrac{1}{\alpha}$ 倍，将 $\tilde{\boldsymbol{A}}_i'$ $(i=0,\ 1,\ \cdots,\ m)$ 增大 α 倍。将式 (4.75) 代入式 (3.10) 中，将 λ 直接替换为 $\dfrac{1}{\alpha}\mathrm{e}^{\mathrm{j}\theta}\lambda''$ 即可得到该方法。

$$\left(\tilde{\boldsymbol{A}}_0'' + \sum_{i=1}^{m}\tilde{\boldsymbol{A}}_i''\mathrm{e}^{-\hat{\lambda}''\tau_i''}\right)\hat{\boldsymbol{v}} = \hat{\lambda}''\hat{\boldsymbol{v}} \tag{4.76}$$

式中，$\hat{\lambda}''$ 为 λ'' 的近似值。

$$\tau_i'' = \frac{\tau_i\mathrm{e}^{\mathrm{j}\theta}}{\alpha} \approx \frac{\tau_i}{\alpha},\quad i=1,\ 2,\ \cdots,\ m \tag{4.77}$$

$$\tilde{\boldsymbol{A}}_0'' = \alpha\tilde{\boldsymbol{A}}_0\mathrm{e}^{-\mathrm{j}\theta},\ \tilde{\boldsymbol{A}}_i'' = \alpha\tilde{\boldsymbol{A}}_i\mathrm{e}^{-\mathrm{j}\theta},\quad i=1,\ 2,\ \cdots,\ m \tag{4.78}$$

旋转–放大预处理后，λ'' 与解算子的特征值 μ'' 之间的映射关系为

$$\begin{cases}\mu'' = \mathrm{e}^{\lambda'' h} = \mathrm{e}^{\alpha\lambda\mathrm{e}^{-\mathrm{j}\theta}h} = \left(\mathrm{e}^{\lambda h}\right)^{\alpha\mathrm{e}^{-\mathrm{j}\theta}} = \mu^{\alpha\mathrm{e}^{-\mathrm{j}\theta}} \\ \lambda'' = \dfrac{1}{h}\ln\mu'' \end{cases} \tag{4.79}$$

(2) 第二种实现方法直接由式 (4.74) 得到并可概括为保持 $\tilde{\boldsymbol{A}}_i'$ $(i=0,\ 1,\ \cdots,\ m)$ 和 τ_i $(i=1,\ 2,\ \cdots,\ m)$ 不变，将 h 增大 α 倍。换句话说，只需要在式 (4.64) ~ 式 (4.69) 表示的坐标旋转变换的基础上，将式 (4.70) 中的 h 用 αh 代替，即可得到式 (4.80)。这表明，对 μ' 的放大处理，相当于将转移步长 h 增大 α 倍。

$$\begin{cases}\mu'' = \mathrm{e}^{\lambda'(\alpha h)} = \mathrm{e}^{\lambda'' h} \\ \lambda'' = \dfrac{1}{\alpha h}\ln\mu' = \dfrac{1}{h}\ln\mu'' \end{cases} \tag{4.80}$$

5. 参数 α 和 θ 的选取

在旋转–放大预处理中，存在两个参数 α 和 θ。取 $\alpha = 2$ 或 3，即可显著地增加 μ' 之间的相对距离，改善迭代特征值算法的收敛性。值得注意的是，α 的取值还需要满足 $\alpha h \leqslant \tau_{\max}$。

参数 θ 的选取依据包括：待求部分特征值的分布情况和 SOD 类特征值计算方法的应用场景。首先，希望计算得到的电力系统关键特征值位于等阻尼比线 ζ 的右侧。如果待计算特征值在等阻尼比线附近稀疏地分布，则稀疏特征值算法的收敛性较好。其次，如果希望计算系统的全部或大部分特征值以设计控制器来镇定系统，则 θ 应取较大的值，如 $\theta \geqslant 5.74°$，即 $\zeta \geqslant 10\%$。如果希望计算系统最右侧的少量特征值以快速、可靠地判断系统的小干扰稳定性，则 θ 应取较小的值，如 $\theta = 1.72°$ 或 $2.87°$，即 $\zeta = 3\%$ 或 5%。

值得注意的是，当 $\alpha = 1$，则 λ'' 退化为 λ'；如果 $\theta = 0°$，则 λ' 进一步退化为 λ。

4.4.4 特性比较

对比位移–逆变换、凯莱变换与旋转–放大预处理 3 种谱变换方法，可以得到如下结论。

(1) 位移–逆变换和凯莱变换适用于 IGD 类特征值计算方法，旋转–放大预处理适用于 SOD 类特征值计算方法。

(2) 位移–逆变换增大了位移点附近系统关键特征值分布的稀疏性，而凯莱变换和旋转–放大预处理将系统实部最大或阻尼比最小的部分特征值“压缩”到单位圆外侧。对于前者，如果位移点选取得当，则其对待求关键特征值分布的改善效果要优于后者。相应地，用来计算系统关键特征值的稀疏特征值算法所需的迭代次数也较少。

(3) 采用位移–逆变换的 IGD 类特征值计算方法，每次计算仅能得到位移点附近的若干特征值。若要得到系统实部最大的全部特征值，则需要取不同的位移点进行多次计算。相比较而言，采用凯莱变换的 IGD 类和采用旋转–放大预处理的 SOD 类特征值计算方法，实现通过一次计算就能够得到系统实部最大或阻尼比最小的部分特征值，从而可以快速、可靠地判别系统的小干扰稳定性。

4.5 谱 估 计

首先，4.5.1 节给出克罗内克积变换，其将谱算子 $\mathcal{A}$ 和 $\mathcal{T}(h)$ 的离散化矩阵变换为向量 (或矩阵) 与系统状态矩阵的克罗内克积之和的形式。然后，4.5.2 节论述利用稀疏特征值算法计算谱离散化矩阵的部分特征值。

4.5.1 克罗内克积变换

本节提出克罗内克积 (Kronecker product) 变换的思想。将谱算子 $\mathcal{A}$ 和 $\mathcal{T}(h)$ 的离散化矩阵改写为向量 (或矩阵) 与系统状态矩阵的克罗内克积之和的形式，可以大大减少矩阵-向量乘积 (matrix-vector product，MVP) 的运算量，为高效计算时滞电力系统部分特征值奠定重要基础。

1. 克罗内克积的定义

克罗内克积是两个任意大小的矩阵间的运算。克罗内克积是张量积的特殊形式，以德国数学家利奥波德 • 克罗内克 (Leopold Kronecker) 命名。矩阵的克罗内克积运算，又称为直积或张量积，用符号记作 $\otimes$。

设矩阵 $\boldsymbol{A} \in \mathbb{C}^{m\times n}$，$\boldsymbol{B} \in \mathbb{C}^{p\times q}$：

$$\boldsymbol{A} = \begin{bmatrix} a_{11} & a_{12} & \cdots & a_{1n} \\ a_{21} & a_{22} & \cdots & a_{2n} \\ \vdots & \vdots & & \vdots \\ a_{m1} & a_{m2} & \cdots & a_{mn} \end{bmatrix} \quad \boldsymbol{B} = \begin{bmatrix} b_{11} & b_{12} & \cdots & b_{1q} \\ b_{21} & b_{22} & \cdots & b_{2q} \\ \vdots & \vdots & & \vdots \\ b_{p1} & b_{p2} & \cdots & b_{pq} \end{bmatrix}$$

则 $\boldsymbol{A}$ 与 $\boldsymbol{B}$、$\boldsymbol{B}$ 与 $\boldsymbol{A}$ 的克罗内克积分别为 $mp\times nq$ 的分块矩阵：

$$\boldsymbol{A}\otimes\boldsymbol{B} = \begin{bmatrix} a_{11}\boldsymbol{B} & a_{12}\boldsymbol{B} & \cdots & a_{1n}\boldsymbol{B} \\ a_{21}\boldsymbol{B} & a_{22}\boldsymbol{B} & \cdots & a_{2n}\boldsymbol{B} \\ \vdots & \vdots & & \vdots \\ a_{m1}\boldsymbol{B} & a_{m2}\boldsymbol{B} & \cdots & a_{mn}\boldsymbol{B} \end{bmatrix}, \quad \boldsymbol{B}\otimes\boldsymbol{A} = \begin{bmatrix} b_{11}\boldsymbol{A} & b_{12}\boldsymbol{A} & \cdots & b_{1q}\boldsymbol{A} \\ b_{21}\boldsymbol{A} & b_{22}\boldsymbol{A} & \cdots & b_{2q}\boldsymbol{A} \\ \vdots & \vdots & & \vdots \\ b_{p1}\boldsymbol{A} & b_{p2}\boldsymbol{A} & \cdots & b_{pq}\boldsymbol{A} \end{bmatrix} \tag{4.81}$$

2. 克罗内克积的性质

参考文献 [202] 和 [203]，下面不加证明地列出克罗内克积的部分性质。

性质 1 (数乘)：对于任意的常数 α，矩阵 $\boldsymbol{A} \in \mathbb{C}^{m\times n}$ 和 $\boldsymbol{B} \in \mathbb{C}^{p\times q}$，有

$$(\alpha\boldsymbol{A})\otimes\boldsymbol{B} = \boldsymbol{A}\otimes(\alpha\boldsymbol{B}) = \alpha(\boldsymbol{A}\otimes\boldsymbol{B}) \tag{4.82}$$

性质 2 (转置)：对于任意矩阵 $\boldsymbol{A} \in \mathbb{C}^{m\times n}$ 和 $\boldsymbol{B} \in \mathbb{C}^{p\times q}$，有

$$(\boldsymbol{A}\otimes\boldsymbol{B})^{\mathrm{T}} = \boldsymbol{A}^{\mathrm{T}}\otimes\boldsymbol{B}^{\mathrm{T}} \tag{4.83}$$

性质 3 (共轭转置)：对于任意矩阵 $\boldsymbol{A} \in \mathbb{C}^{m\times n}$ 和 $\boldsymbol{B} \in \mathbb{C}^{p\times q}$，有

$$(\boldsymbol{A}\otimes\boldsymbol{B})^{\mathrm{H}} = \boldsymbol{A}^{\mathrm{H}}\otimes\boldsymbol{B}^{\mathrm{H}} \tag{4.84}$$

性质 4 (结合律)：对于任意矩阵 $\boldsymbol{A}\in\mathbb{C}^{m\times n}$、$\boldsymbol{B}\in\mathbb{C}^{p\times q}$ 和 $\boldsymbol{C}\in\mathbb{C}^{k\times l}$，有

$$(\boldsymbol{A}\otimes\boldsymbol{B})\otimes\boldsymbol{C}=\boldsymbol{A}\otimes(\boldsymbol{B}\otimes\boldsymbol{C}) \tag{4.85}$$

性质 5 (右分配律)：对于任意矩阵 $\boldsymbol{A}\in\mathbb{C}^{m\times n}$、$\boldsymbol{B}\in\mathbb{C}^{p\times q}$ 和 $\boldsymbol{C}\in\mathbb{C}^{m\times n}$，有

$$(\boldsymbol{A}+\boldsymbol{C})\otimes\boldsymbol{B}=\boldsymbol{A}\otimes\boldsymbol{B}+\boldsymbol{C}\otimes\boldsymbol{B} \tag{4.86}$$

性质 6 (左分配律)：对于任意矩阵 $\boldsymbol{A}\in\mathbb{C}^{m\times n}$、$\boldsymbol{B}\in\mathbb{C}^{p\times q}$ 和 $\boldsymbol{C}\in\mathbb{C}^{p\times q}$，有

$$\boldsymbol{A}\otimes(\boldsymbol{B}+\boldsymbol{C})=\boldsymbol{A}\otimes\boldsymbol{B}+\boldsymbol{A}\otimes\boldsymbol{C} \tag{4.87}$$

性质 7 (乘积)：对于任意矩阵 $\boldsymbol{A}\in\mathbb{C}^{m\times n}$、$\boldsymbol{B}\in\mathbb{C}^{p\times q}$、$\boldsymbol{C}\in\mathbb{C}^{n\times p}$、$\boldsymbol{D}\in\mathbb{C}^{q\times s}$、$\boldsymbol{X}\in\mathbb{C}^{p\times k}$ 和 $\boldsymbol{Y}\in\mathbb{C}^{s\times l}$，有

$$(\boldsymbol{A}\otimes\boldsymbol{B})(\boldsymbol{C}\otimes\boldsymbol{D})=(\boldsymbol{A}\boldsymbol{C})\otimes(\boldsymbol{B}\boldsymbol{D}) \tag{4.88}$$

$$(\boldsymbol{A}\otimes\boldsymbol{B})(\boldsymbol{C}\otimes\boldsymbol{D})(\boldsymbol{X}\otimes\boldsymbol{Y})=(\boldsymbol{A}\boldsymbol{C}\boldsymbol{X})\otimes(\boldsymbol{B}\boldsymbol{D}\boldsymbol{Y}) \tag{4.89}$$

性质 8 (迹)：对于任意矩阵 $\boldsymbol{A}\in\mathbb{C}^{m\times n}$ 和 $\boldsymbol{B}\in\mathbb{C}^{p\times q}$，有

$$\text{trace}(\boldsymbol{A}\otimes\boldsymbol{B})=\text{trace}(\boldsymbol{B}\otimes\boldsymbol{A})=\text{trace}(\boldsymbol{A})\text{trace}(\boldsymbol{B}) \tag{4.90}$$

性质 9 (行列式)：对于任意方阵 $\boldsymbol{A}\in\mathbb{C}^{m\times m}$ 和 $\boldsymbol{B}\in\mathbb{C}^{n\times n}$，有

$$\det(\boldsymbol{A}\otimes\boldsymbol{B})=\det(\boldsymbol{B}\otimes\boldsymbol{A})=(\det(\boldsymbol{A}))^{n}(\det(\boldsymbol{B}))^{m} \tag{4.91}$$

性质 10 (逆)：对于任意非奇异方阵 $\boldsymbol{A}\in\mathbb{C}^{m\times m}$ 和 $\boldsymbol{B}\in\mathbb{C}^{n\times n}$，有

$$(\boldsymbol{A}\otimes\boldsymbol{B})^{-1}=\boldsymbol{A}^{-1}\otimes\boldsymbol{B}^{-1} \tag{4.92}$$

性质 11 (克罗内克和)：对于任意方阵 $\boldsymbol{A}\in\mathbb{C}^{m\times m}$ 和 $\boldsymbol{B}\in\mathbb{C}^{n\times n}$，有

$$\boldsymbol{A}\oplus\boldsymbol{B}=(\boldsymbol{I}_n\otimes\boldsymbol{A})+(\boldsymbol{B}\otimes\boldsymbol{I}_m) \tag{4.93}$$

性质 12 (矩阵方程的克罗内克积变换)：方程组

$$\boldsymbol{A}\boldsymbol{X}=\boldsymbol{B} \tag{4.94}$$

$$\boldsymbol{A}\boldsymbol{X}+\boldsymbol{X}\boldsymbol{B}=\boldsymbol{C} \tag{4.95}$$

$$\boldsymbol{A}\boldsymbol{X}\boldsymbol{B}=\boldsymbol{C} \tag{4.96}$$

$$\boldsymbol{A}\boldsymbol{X}+\boldsymbol{Y}\boldsymbol{B}=\boldsymbol{C} \tag{4.97}$$

可依次等价变换为

$$(\boldsymbol{I}\otimes\boldsymbol{A})\mathrm{vec}(\boldsymbol{X})=\mathrm{vec}(\boldsymbol{B}) \tag{4.98}$$

$$\left((\boldsymbol{I}\otimes\boldsymbol{A})+\left(\boldsymbol{B}^{\mathrm{T}}\otimes\boldsymbol{I}\right)\right)\mathrm{vec}(\boldsymbol{X})=\left(\boldsymbol{A}\oplus\boldsymbol{B}^{\mathrm{T}}\right)\mathrm{vec}(\boldsymbol{X})=\mathrm{vec}(\boldsymbol{C}) \tag{4.99}$$

$$\left(\boldsymbol{B}^{\mathrm{T}}\otimes\boldsymbol{A}\right)\mathrm{vec}(\boldsymbol{X})=\mathrm{vec}(\boldsymbol{AXB})=\mathrm{vec}(\boldsymbol{C}) \tag{4.100}$$

$$(\boldsymbol{I}\otimes\boldsymbol{A})\mathrm{vec}(\boldsymbol{X})+\left(\boldsymbol{B}^{\mathrm{T}}\otimes\boldsymbol{I}\right)\mathrm{vec}(\boldsymbol{Y})=\mathrm{vec}(\boldsymbol{C}) \tag{4.101}$$

式中，$\mathrm{vec}(\cdot)$ 为向量化运算，它将矩阵按列压缩为一个列向量，即

$$\mathrm{vec}(\boldsymbol{A})=[a_{11},\ \cdots,\ a_{m1},\ a_{12},\ \cdots,\ a_{m2},\ \cdots,\ a_{1n},\ \cdots,\ a_{mn}]^{\mathrm{T}} \tag{4.102}$$

值得注意的是，式 (4.100) 所示克罗内克积这一重要性质将在本书中被反复地使用。

3. 谱算子离散化矩阵的克罗内克积变换

谱算子 $\mathcal{A}$ 和 $\mathcal{T}(h)$ 离散化以后，其对应的离散化矩阵的维数是时滞系统状态矩阵 $\tilde{\boldsymbol{A}}_i$ $(i=0,\ 1,\ \cdots,\ m)$ 维数的十数倍。为了降低求取系统部分特征值的计算量，需要充分利用谱离散化矩阵和时滞系统状态矩阵固有的稀疏性。

谱算子离散化矩阵的稀疏性很容易通过分析矩阵的逻辑结构得到。要想进一步利用时滞电力系统状态矩阵的稀疏性，前提是将谱算子离散化矩阵 (或子矩阵、块行) 表示为系统状态矩阵的显式函数。众所周知，克罗内克积在谱算子离散化矩阵中很常见。受此启发，可以将谱算子离散化矩阵 (或子矩阵、块行) 中与系统状态矩阵相关的部分表示为常数矩阵或向量与时滞电力系统状态矩阵 $\tilde{\boldsymbol{A}}_i$ $(i=0,\ 1,\ \cdots,\ m)$ 的克罗内克积之和的形式。例如，在第 5 章将要给出的 IIGD 方法中，可以将无穷小生成元离散化矩阵 $\mathcal{A}_N$ 的第一个块行 $\boldsymbol{R}_N\in\mathbb{R}^{n\times(N+1)n}$ 表示为拉格朗日向量 $\boldsymbol{\ell}_i\in\mathbb{R}^{1\times(N+1)}$ 与系统状态矩阵 $\tilde{\boldsymbol{A}}_i$ $(i=0,\ 1,\ \cdots,\ m)$ 的克罗内克积之和。

$$\boldsymbol{R}_N=\sum_{i=0}^{m}\boldsymbol{\ell}_i\otimes\tilde{\boldsymbol{A}}_i \tag{4.103}$$

对 $\boldsymbol{R}_N$ 应用克罗内克积变换，大大降低了存储要求，并显著地减少了 $\boldsymbol{R}_N$ 与向量乘积的计算量。在计算谱算子离散化矩阵的特征值过程中，需要计算矩阵 $\boldsymbol{R}_N$ 与向量 $\boldsymbol{v}\in\mathbb{C}^{(N+1)n\times 1}$ 的乘积。为了利用式 (4.100) 所示克罗内克积的重要性质，首先将 $\boldsymbol{v}$ 转化为 $n\times(N+1)$ 维的矩阵 $\boldsymbol{V}$，进而可将 $\boldsymbol{R}_N\boldsymbol{v}$ 转化为 $m+1$ 个 n 维

矩阵与向量的乘积 $\tilde{\boldsymbol{A}}_i\boldsymbol{v}_i$ $(i=0,\ 1,\ \cdots,\ m)$ 之和。

$$\begin{aligned}\boldsymbol{R}_N\boldsymbol{v} &= \left(\sum_{i=0}^{m}\boldsymbol{\ell}_i\otimes\tilde{\boldsymbol{A}}_i\right)\boldsymbol{v}\\ &= \left(\sum_{i=0}^{m}\boldsymbol{\ell}_i\otimes\tilde{\boldsymbol{A}}_i\right)\mathrm{vec}(\boldsymbol{V})\\ &= \sum_{i=0}^{m}\tilde{\boldsymbol{A}}_i\left(\boldsymbol{V}\boldsymbol{\ell}_i^{\mathrm{T}}\right)\\ &\triangleq \sum_{i=0}^{m}\tilde{\boldsymbol{A}}_i\boldsymbol{v}_i\end{aligned} \tag{4.104}$$

利用系统增广状态矩阵 $\boldsymbol{A}_0$、$\boldsymbol{B}_0$、$\boldsymbol{C}_0$ 和 $\boldsymbol{D}_0$ 的稀疏特性，可以进一步降低式 (4.104) 中稠密的系统状态矩阵 $\tilde{\boldsymbol{A}}_0$ 与向量 $\boldsymbol{v}_0$ 的乘积 $\tilde{\boldsymbol{A}}_0\boldsymbol{v}_0$ 的计算量。这将在 4.5.4 节详细论述。

4.5.2 IRA 算法

在对大规模电力系统进行小干扰稳定性分析和控制时，需要快速地从谱算子离散化矩阵中计算出靠近虚轴、阻尼比最小或实部最大的部分特征值。利用 4.4 节提出的谱变换技术，已经将这些关键特征值转化为模值最大的主导特征值，进而利用 Krylov 子空间方法 [204,205] 可以高效地计算出电力系统模值最大的一组特征值和相应的特征向量。一些著名的 Krylov 子空间方法有：IRA 算法 [179,206–210]、Jacobi-Davison 算法 [211–214]、Krylov-Schur 方法 [215,216]、围线积分法 (contour-integral method) [217–220] 等。本节介绍 IRA 算法，接下来的 4.5.3 节将介绍 Krylov-Schur 方法。

1. 基本 Arnoldi 算法

Krylov 子空间的基可写为

$$\mathfrak{B}_k(\boldsymbol{A},\ \boldsymbol{v})=\left\{\boldsymbol{v},\ \boldsymbol{A}\boldsymbol{v},\ \boldsymbol{A}^2\boldsymbol{v},\ \cdots,\ \boldsymbol{A}^{k-1}\boldsymbol{v}\right\} \tag{4.105}$$

随着 k 增大，向量 $\boldsymbol{A}^{k-1}\boldsymbol{v}$ 逐渐收敛到矩阵 $\boldsymbol{A}$ 的主导特征值对应的特征向量，这意味着 $\mathfrak{B}_k(\boldsymbol{A},\ \boldsymbol{v})$ 中的列向量逐渐线性相关，$\mathfrak{B}_k(\boldsymbol{A},\ \boldsymbol{v})$ 形成矩阵的条件数随着 k 增大以指数增长。为了避免上述情况，应该选择一组具有良好特性的基，如正交基。然而，直接对 $\mathfrak{B}_k(\boldsymbol{A},\ \boldsymbol{v})$ 进行正交化会由于计算精度而丢失信息，故采用 Arnoldi 分解隐式地建立正交基。

Arnoldi 分解在最初提出时是作为一种将稠密矩阵约化为上 Hessenberg 矩阵的方法，但后来被发现如果适时截断，可以获得对部分特征值的良好近似，同时可以应用于稀疏矩阵特征值的求解 [205]。

给定 Krylov 子空间 $\mathcal{K}_k(\boldsymbol{A}, \boldsymbol{v}) = \text{span}\left\{\boldsymbol{v}, \boldsymbol{A}\boldsymbol{v}, \boldsymbol{A}^2\boldsymbol{v}, \cdots, \boldsymbol{A}^{k-1}\boldsymbol{v}\right\}$，其中 $\boldsymbol{A} \in \mathbb{C}^{n\times n}$，$\boldsymbol{v} \in \mathbb{C}^{n\times 1}$，可以利用算法 4.1 所示的 Arnoldi 分解生成 $\mathcal{K}_k(\boldsymbol{A}, \boldsymbol{v})$ 的一组标准正交基。

算法 4.1 Arnoldi 分解。

输入：2 范数单位初始向量 $\boldsymbol{v}_1 = \dfrac{\boldsymbol{v}}{\|\boldsymbol{v}\|_2}$。
for $j = 1, 2, \cdots, k$ **do**
  $\boldsymbol{w} = \boldsymbol{A}\boldsymbol{v}_j$
  for $i = 1, 2, \cdots, j$ **do**
    $h_{i,j} = \boldsymbol{v}_i^{\mathrm{H}}\boldsymbol{w}$
    $\boldsymbol{w} = \boldsymbol{w} - h_{i,j}\boldsymbol{v}_i$
  end for
  $h_{j+1,j} = \|\boldsymbol{w}\|_2$
  if $h_{j+1,j} \neq 0$ **then**
    $\boldsymbol{v}_{j+1} = \dfrac{\boldsymbol{w}}{h_{j+1,j}}$
  end if
end for
输出：$\tilde{\boldsymbol{V}}_{k+1} = [\boldsymbol{v}_1, \boldsymbol{v}_2, \cdots, \boldsymbol{v}_k, \boldsymbol{v}_{k+1}] \in \mathbb{C}^{n\times(k+1)}$ 和 $\tilde{\boldsymbol{H}}_k \in \mathbb{C}^{(k+1)\times k}$。

$\tilde{\boldsymbol{H}}_k$ 的一般形式为

$$\tilde{\boldsymbol{H}}_k = \begin{bmatrix} h_{1,1} & h_{1,2} & \cdots & h_{1,k-1} & h_{1,k} \\ h_{2,1} & h_{2,2} & \cdots & h_{2,k-1} & h_{2,k} \\ 0 & h_{3,2} & \ddots & \vdots & \vdots \\ \vdots & & \ddots & \vdots & \vdots \\ \vdots & & & h_{k,k-1} & h_{k,k} \\ 0 & \cdots & \cdots & 0 & h_{k+1,k} \end{bmatrix} \tag{4.106}$$

令 $\boldsymbol{V}_k = [\boldsymbol{v}_1, \boldsymbol{v}_2, \cdots, \boldsymbol{v}_k] \in \mathbb{C}^{n\times k}$ 为 $\tilde{\boldsymbol{V}}_{k+1}$ 前 k 列构成的矩阵。经过 k 步 Arnoldi 分解，可得

$$\boldsymbol{A}\boldsymbol{V}_k = \tilde{\boldsymbol{V}}_{k+1}\tilde{\boldsymbol{H}}_k \tag{4.107}$$

令 $\boldsymbol{H}_k \in \mathbb{C}^{k\times k}$ 为 $\tilde{\boldsymbol{H}}_k$ 的前 k 行构成的上 Hessenberg 矩阵，则式 (4.107) 可表示为

$$\boldsymbol{A}\boldsymbol{V}_k = \boldsymbol{V}_k\boldsymbol{H}_k + h_{k+1,k}\boldsymbol{v}_{k+1}\mathbf{e}_k^{\mathrm{T}} \tag{4.108}$$

式中，$\mathbf{e}_k \in \mathbb{R}^{k\times 1}$ 为第 k 个单位向量。

若 $h_{k+1,k}=0$，则 $\boldsymbol{V}_k$ 构成 $\boldsymbol{A}$ 的不变子空间，$\boldsymbol{H}_k$ 为 $\boldsymbol{A}$ 在 Krylov 子空间上的正交投影，$\boldsymbol{H}_k$ 的所有特征值是 $\boldsymbol{A}$ 的特征值子集，即 $\sigma(\boldsymbol{H}_k)\subseteq\sigma(\boldsymbol{A})$。

若 $h_{k+1,k}\neq 0$，设 $(\tilde{\lambda},\ \boldsymbol{y})$ 为 $\boldsymbol{H}_k$ 的一个特征对，令 $\tilde{\boldsymbol{x}}=\boldsymbol{V}_k\boldsymbol{y}$，则由式 (4.108) 可得

$$\begin{aligned}\left\|\boldsymbol{A}\tilde{\boldsymbol{x}}-\tilde{\lambda}\tilde{\boldsymbol{x}}\right\|_2 &= \left\|\boldsymbol{A}\boldsymbol{V}_k\boldsymbol{y}-\tilde{\lambda}\boldsymbol{V}_k\boldsymbol{y}\right\|_2\\ &= \left\|\boldsymbol{A}\boldsymbol{V}_k\boldsymbol{y}-\boldsymbol{V}_k\boldsymbol{H}_k\boldsymbol{y}\right\|_2\\ &= \left\|h_{k+1,k}\boldsymbol{v}_{k+1}\mathbf{e}_k^{\mathrm{T}}\boldsymbol{y}\right\|_2\\ &= \left\|\boldsymbol{f}_k\mathbf{e}_k^{\mathrm{T}}\boldsymbol{y}\right\|_2\end{aligned} \tag{4.109}$$

式中，$\boldsymbol{f}_k=h_{k+1,k}\boldsymbol{v}_{k+1}$，且有 $\boldsymbol{V}_k^{\mathrm{H}}\boldsymbol{f}_k=\boldsymbol{0}$，则 Ritz 对 $(\tilde{\lambda},\ \tilde{\boldsymbol{x}})$ 是矩阵 $\boldsymbol{A}$ 的特征对 $(\lambda,\ \boldsymbol{x})$ 的较好近似。由式 (4.109) 可以看出，残差 $\left\|\boldsymbol{f}_k\mathbf{e}_k^{\mathrm{T}}\boldsymbol{y}\right\|_2$ 刻画了 Ritz 对对特征对 $(\lambda,\ \boldsymbol{x})$ 的近似程度。

利用算法 4.2 可将 k 步 Arnoldi 分解扩展到 $(k+p)$ 步 Arnoldi 分解，如图 4.16 所示，图中虚线框内元素全部为 0。

$$\boldsymbol{A}\boldsymbol{V}_m = \boldsymbol{V}_m\boldsymbol{H}_m + \boldsymbol{f}_m\mathbf{e}_m^{\mathrm{T}} \tag{4.110}$$

式中，$m=k+p$。

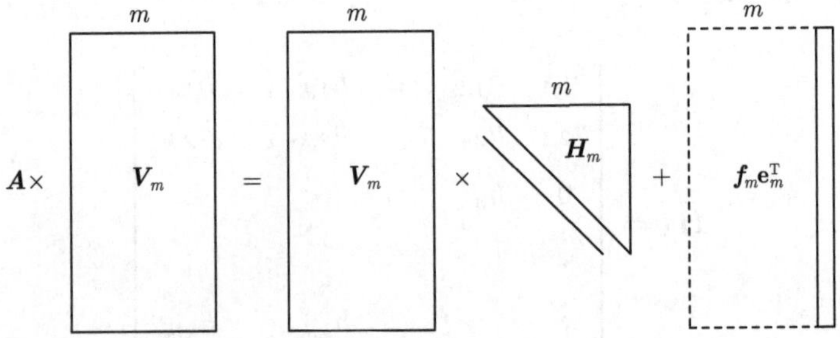

图 4.16　$(k+p)$ 步 Arnoldi 分解

算法 4.2　Arnoldi 分解的 p 步扩展。

1: 输入：$\boldsymbol{V}_k$、$\boldsymbol{H}_k$ 和 $\boldsymbol{f}_k$，满足 $\boldsymbol{A}\boldsymbol{V}_k=\boldsymbol{V}_k\boldsymbol{H}_k+\boldsymbol{f}_k\mathbf{e}_k^{\mathrm{T}}$。

2: **for** $i=k,\ k+1,\ \cdots,\ k+p-1$ **do**

$\quad\beta_i = \|\boldsymbol{f}_i\|_2$；$\boldsymbol{v}_{i+1} = \dfrac{\boldsymbol{f}_i}{\beta_i}$

$\quad\boldsymbol{V}_{i+1} = [\boldsymbol{V}_i,\ \boldsymbol{v}_{i+1}]$；$\boldsymbol{H}_{i+1} = \begin{bmatrix} \boldsymbol{H}_i \\ \beta_i \mathbf{e}_i^{\mathrm{T}} \end{bmatrix}$

$\quad\boldsymbol{h}_{i+1} = \boldsymbol{V}_{i+1}^{\mathrm{H}} \boldsymbol{A} \boldsymbol{v}_{i+1}$；$\boldsymbol{H}_{i+1} = [\boldsymbol{H}_{i+1},\ \boldsymbol{h}_{i+1}]$

$\quad\boldsymbol{f}_{i+1} = \boldsymbol{A}\boldsymbol{v}_{i+1} - \boldsymbol{V}_{i+1}\boldsymbol{h}_{i+1}$

end for

输出：$\boldsymbol{V}_m$、$\boldsymbol{H}_m$ 和 $\boldsymbol{f}_m$，满足 $\boldsymbol{A}\boldsymbol{V}_m = \boldsymbol{V}_m\boldsymbol{H}_m + \boldsymbol{f}_m\mathbf{e}_m^{\mathrm{T}}$。

2. 重启动

Arnoldi 方法的关键问题是：为了获得期望特征值在一定精度下的理想近似，需要进行多少步 Arnoldi 分解。实际上这完全取决于初始向量 $\boldsymbol{v}_1$，且只有当分解步数 k 非常大时，Ritz 对才能满足精度要求。对于大型矩阵的特征值问题，计算量 $\mathcal{O}(n \cdot k^2)$ 和存储量 $\mathcal{O}(n \cdot k)$ 会变得难以接受，同时保持 $\boldsymbol{V}_k$ 中各列向量正交也相当困难。为了解决该问题，可以使用重启动策略迭代更新初始向量 $\boldsymbol{v}_1$，然后进行新的 Arnoldi 分解并将分解长度控制在 k 步。另外，在利用子空间投影方法求解特征值问题时，子空间包含期望特征值的信息越多，则特征值收敛的速度越快，这也是使用重启动策略的原因之一。

假设 Arnoldi 方法进行 m 步后仍未收敛，从已经得到的 m 个正交向量 $\boldsymbol{v}_1$，$\boldsymbol{v}_2$，$\cdots$，$\boldsymbol{v}_m$ 所生成的空间中选取一个向量 $\boldsymbol{v}_+$ 作为新的初始向量，重新进行 Arnoldi 分解。

$\boldsymbol{v}_+$ 可由 $\boldsymbol{v}_1$，$\boldsymbol{v}_2$，$\cdots$，$\boldsymbol{v}_m$ 表示：

$$\boldsymbol{v}_+ = p(\boldsymbol{A})\boldsymbol{v}_1 \tag{4.111}$$

式中，$p(\cdot)$ 为次数不高于 $m-1$ 次的多项式。

在矩阵 $\boldsymbol{A}$ 可对角化的假设下，记矩阵 $\boldsymbol{A}$ 的 n 个特征对为 $(\lambda_i,\ \boldsymbol{x}_i)$ $(i = 1,\ 2,\ \cdots,\ n)$，则 $\boldsymbol{v}_1$ 可表示为矩阵 $\boldsymbol{A}$ 特征向量的线性组合：

$$\boldsymbol{v}_1 = a_1\boldsymbol{x}_1 + a_2\boldsymbol{x}_2 + \cdots + a_n\boldsymbol{x}_n \tag{4.112}$$

将式 (4.112) 代入式 (4.111)，得

$$\boldsymbol{v}_+ = a_1 p(\lambda_1)\boldsymbol{x}_1 + a_2 p(\lambda_2)\boldsymbol{x}_2 + \cdots + a_n p(\lambda_n)\boldsymbol{x}_n \tag{4.113}$$

Arnoldi 方法在 k 步中断时能找到 k 个精确特征对的充要条件为

$$\boldsymbol{v}_1 \in \operatorname{span}\{\boldsymbol{x}_1,\ \boldsymbol{x}_2,\ \cdots,\ \boldsymbol{x}_k\} \tag{4.114}$$

因此，重启动的实质是选择 $\boldsymbol{v}_+$，使它近似等于 $\boldsymbol{x}_1$, $\boldsymbol{x}_2$, $\cdots$, $\boldsymbol{x}_k$ 的线性组合。进一步地，由式 (4.113) 可知，重启动的本质即选择合适的 $p(\lambda)$，使得 $p(\lambda_1)$, $p(\lambda_2)$, $\cdots$, $p(\lambda_k)$ 较大，且 $p(\lambda_{k+1})$, $p(\lambda_{k+2})$, $\cdots$, $p(\lambda_n)$ 近似为零[205]。

重启动分为显式重启动和隐式重启动。显式重启动是通过显式构造新的初始向量 $\boldsymbol{v}_+$ 来实现重启动；隐式重启动则是先进行 p 次隐式位移 QR 步，然后截断重启动。Morgan 在文献 [221] 中对各种重启动策略的优劣做了深入的分析。相比较而言，隐式重启动在数值上更加稳定、效率更高。

3. IRA 算法

1992 年，Sorensen 提出了一种隐式重启动 Arnoldi 过程的方法[222]，即 IRA。其基本思想是利用带位移 QR 步更新初始向量，降低非期望特征值对应的特征向量在初始向量中的权重，从而加速迭代收敛。

选择 p 个位移 μ_i $(i=1,\ 2,\ \cdots,\ p)$，对 $\boldsymbol{H}_m$ 进行 p 次带位移 **QR** 迭代，具体过程如下：

$$\begin{cases}\boldsymbol{H}_m^{(i)}-\mu_i\boldsymbol{I}_m=\boldsymbol{Q}_i\boldsymbol{R}_i\\ \boldsymbol{H}_m^{(i+1)}=\boldsymbol{R}_i\boldsymbol{Q}_i+\mu_i\boldsymbol{I}_m\end{cases}\tag{4.115}$$

式中，$i=1,\ 2,\ \cdots,\ p$；$\boldsymbol{Q}_i\in\mathbb{C}^{m\times m}$ 为酉矩阵；$\boldsymbol{R}_i\in\mathbb{C}^{m\times m}$ 为上三角阵。与 $\boldsymbol{H}_m$ 相同，$\boldsymbol{Q}_i$ 为上 Hessenberg 矩阵。记 $\boldsymbol{Q}=\boldsymbol{Q}_1\boldsymbol{Q}_2\cdots\boldsymbol{Q}_p$，其第 $k-1$ 到第 m 个下对角线元素均为零。

式 (4.110) 右乘 $\boldsymbol{Q}$，得

$$\boldsymbol{A}\boldsymbol{V}_m\boldsymbol{Q}=\boldsymbol{V}_m\boldsymbol{H}_m\boldsymbol{Q}+\boldsymbol{f}_m\mathrm{e}_m^{\mathrm{T}}\boldsymbol{Q}\tag{4.116}$$

进一步改写为

$$\boldsymbol{A}\boldsymbol{V}_m^+=\boldsymbol{V}_m^+\boldsymbol{H}_m^++\boldsymbol{f}_m\mathrm{e}_m^{\mathrm{T}}\boldsymbol{Q}\tag{4.117}$$

式中，$\boldsymbol{V}_m^+=\boldsymbol{V}_m\boldsymbol{Q}$，$\boldsymbol{H}_m^+=\boldsymbol{Q}^{\mathrm{H}}\boldsymbol{H}_m\boldsymbol{Q}$ 为 Hessenberg 矩阵；$\mathrm{e}_m^{\mathrm{T}}\boldsymbol{Q}$ 表示矩阵 $\boldsymbol{Q}$ 的第 m 行，其前 $k-1$ 个元素为零。

此时，式 (4.117) 还不是一个 Arnoldi 分解。将式 (4.117) 截断，如图 4.17 所示，图中阴影表示截断舍去的部分。

$$\boldsymbol{A}\boldsymbol{V}_k^+=\boldsymbol{V}_k^+\boldsymbol{H}_k^++\boldsymbol{f}_k^+\mathrm{e}_k^{\mathrm{T}}\tag{4.118}$$

式中，$\boldsymbol{V}_k^+=\boldsymbol{V}_m^+(1:n,\ 1:k)$，$\boldsymbol{H}_k^+=\boldsymbol{H}_m^+(1:k,\ 1:k)$，$\boldsymbol{f}_k^+=\boldsymbol{Q}(m,\ k)\boldsymbol{f}_m$。

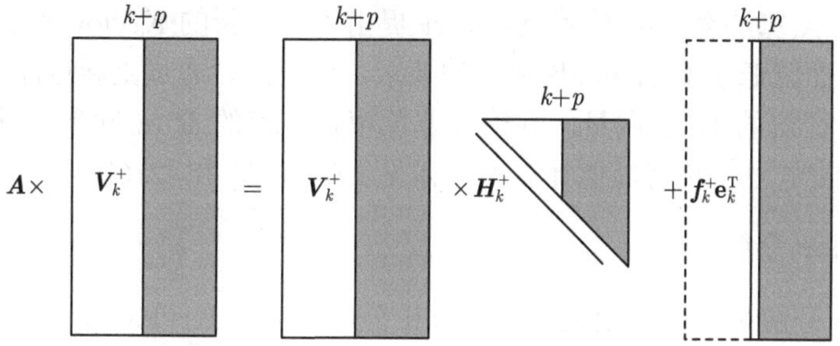

图 4.17 隐式重启动后的 k 步 Arnoldi 分解 $\boldsymbol{AV}_k^+ = \boldsymbol{V}_k^+ \boldsymbol{H}_k^+ + \boldsymbol{f}_k^+ \mathbf{e}_k^{\mathrm{T}}$

此时，式 (4.118) 是矩阵 $\boldsymbol{A}$ 的一个长度为 k 的 Arnoldi 分解，再进行 p 步 Arnoldi 扩展分解后可以得到 $m = k + p$ 步分解。与显式重启动相比，隐式重启动不必从第一步开始，而是从第 $k+1$ 步开始，这就节省了前 k 步基本 Arnoldi 过程的计算量，而相应的代价是对维数较小矩阵 $\boldsymbol{H}_m$ 做了 p 步隐式 QR 迭代。

当 $\boldsymbol{f}_m = \boldsymbol{0}$ 时，截断后的初始向量 $\boldsymbol{v}_1^+$ 具有如下性质：

$$\begin{aligned} \boldsymbol{v}_1^+ &= \boldsymbol{V}_m \boldsymbol{Q} \mathbf{e}_1 \\ &= \alpha \boldsymbol{V}_m (\boldsymbol{H}_m - \mu_1 \boldsymbol{I})(\boldsymbol{H}_m - \mu_2 \boldsymbol{I}) \cdots (\boldsymbol{H}_m - \mu_p \boldsymbol{I}) \mathbf{e}_1 \\ &= \alpha (\boldsymbol{A} - \mu_1 \boldsymbol{I})(\boldsymbol{A} - \mu_2 \boldsymbol{I}) \cdots (\boldsymbol{A} - \mu_p \boldsymbol{I}) \boldsymbol{V}_m \mathbf{e}_1 \end{aligned} \tag{4.119}$$

式中，α 为令 $\|\boldsymbol{v}_1^+\|_2 = 1$ 的归一化因子。

式 (4.119) 具有式 (4.111) 所示的形式，即 $\boldsymbol{v}_1^+ = p(\boldsymbol{A})\boldsymbol{v}_1$，其中多项式 $p(\lambda)$ 为

$$p(\lambda) = \alpha(\lambda - \mu_1)(\lambda - \mu_2) \cdots (\lambda - \mu_p) \tag{4.120}$$

可见，p 个位移 μ_i ($i = 1, 2, \cdots, p$) 为“过滤多项式”$p(\lambda)$ 的零点。

当 $\boldsymbol{f}_m \neq \boldsymbol{0}$ 时，式 (4.111) 不成立，QR 迭代无法完全消去 $\boldsymbol{v}_1^+$ 中的非期望特征值对应特征向量的分量。然而，QR 迭代降低了非期望特征值对应的特征向量在新的初始向量 $\boldsymbol{v}_1^+$ 中的权重，起到了加速收敛的作用。

4.5.3 Krylov-Schur 方法

IRA 算法可以快速、准确、有效地直接求取系统按模值递增的关键特征值，是求解非对称矩阵部分特征值问题最成功的方法之一。但是，该方法存在影响其收敛性的两大不足：一是在迭代过程中必须保持 Arnoldi 分解结构，使得对已收敛的 Ritz 值收敛困难；二是重启动过程需要使用多步带隐式位移的 QR 迭代，其“前向不稳定性”[223] 可能导致非期望特征值的 Ritz 向量继续留在 Arnoldi 分解过程中，从而影响期望 Ritz 值的收敛。

针对 IRA 算法存在的不足，Stewart 提出了一种新的 Krylov-Schur 方法[224]。该方法一方面降低了对 Arnoldi 分解的要求，另一方面通过重新排序进行重启动，锁定期望特征值的 Ritz 向量，并清除非期望特征值的 Ritz 向量。基于 Krylov-Schur 方法的电力系统特征值计算方法详见文献 [215] 和 [216]。

1. Krylov 分解

Krylov 分解是降低了要求的 Arnoldi 分解。k 步 Krylov 分解为

$$\boldsymbol{A}\boldsymbol{U}_k = \boldsymbol{U}_k\boldsymbol{B}_k + \boldsymbol{u}_{k+1}\boldsymbol{b}_{k+1}^{\mathrm{H}} \tag{4.121}$$

式中，$\boldsymbol{A} \in \mathbb{C}^{n\times n}$，$\boldsymbol{U}_k \in \mathbb{C}^{n\times k}$，$\boldsymbol{B}_k \in \mathbb{C}^{k\times k}$，$\boldsymbol{b}_{k+1} \in \mathbb{C}^{k\times 1}$。$[\boldsymbol{U}_k,\ \boldsymbol{u}_{k+1}] \in \mathbb{C}^{n\times (k+1)}$ 各列线性独立，$[\boldsymbol{U}_k,\ \boldsymbol{u}_{k+1}]$ 各列作为基向量张成了 Krylov 子空间。若这些基向量相互正交，则称 Krylov 分解是标准正交分解。式 (4.121) 左乘 $\boldsymbol{U}_k^{\mathrm{H}}$，可得 $\boldsymbol{B}_k = \boldsymbol{U}_k^{\mathrm{H}}\boldsymbol{A}\boldsymbol{U}_k$，称之为 Krylov 分解的 Rayleigh 商。

上述定义几乎完全取消了对 Arnoldi 分解的硬性要求，生成的向量 $[\boldsymbol{U}_k,\ \boldsymbol{u}_{k+1}]$ 无须正交，并且矩阵 $\boldsymbol{B}_k$ 和向量 $\boldsymbol{b}_{k+1}$ 可以是任意的。可以证明，满足式 (4.121) 的向量 $[\boldsymbol{U}_k,\ \boldsymbol{u}_{k+1}]$ 是 Krylov 子空间的一组基。文献 [224] 已经证明：对于任意的 Krylov 分解得到的子空间 $\mathrm{span}\{\boldsymbol{U}_k,\ \boldsymbol{u}_{k+1}\}$，都存在一个 Arnoldi 分解，其子空间 $\mathrm{span}\{\boldsymbol{V}_k,\ \boldsymbol{v}_{k+1}\} = \mathrm{span}\{\boldsymbol{U}_k,\ \boldsymbol{u}_{k+1}\}$。

特别地，当 $\boldsymbol{B}_k$ 为 Schur 矩阵时，式 (4.107) 所示的 Krylov 分解被称为 Krylov-Schur 分解。值得说明的是，Schur 矩阵又称为拟上三角矩阵或分块上三角矩阵。如图 4.18 所示，Schur 矩阵的对角线上为 1×1 和 2×2 分块。这些对角块的特征值也是矩阵的特征值，1×1 分块对应于矩阵的实特征值，2×2 分块对应于矩阵的复共轭特征值对。

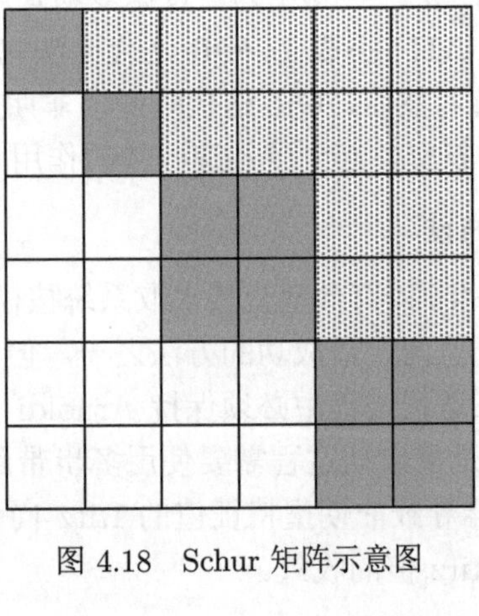

图 4.18　Schur 矩阵示意图

2. Krylov-Schur 方法

k 步 Krylov-Schur 分解是特殊形式的 Krylov 分解：

$$\boldsymbol{A}\boldsymbol{U}_k = \boldsymbol{U}_k\boldsymbol{T}_k + \boldsymbol{u}_{k+1}\boldsymbol{b}_{k+1}^{\mathrm{H}} \tag{4.122}$$

式中，$\boldsymbol{T}_k \in \mathbb{C}^{k\times k}$ 为 Schur 矩阵。

Krylov-Schur 方法的基本思想是：通过 Arnoldi 过程进行扩展分解后，将 Arnoldi 分解式收缩为 Krylov-Schur 分解式。算法 4.3 给出了 Krylov-Schur 方法的计算步骤[224]。

算法 4.3 Krylov-Schur 方法。

1: 输入：2 范数单位初始向量 $\boldsymbol{v}_1 = \dfrac{\boldsymbol{v}}{\|\boldsymbol{v}\|_2}$。
2: Arnoldi 分解。执行算法 4.1，得到 m 步 Arnoldi 分解 $\boldsymbol{A}\boldsymbol{V}_m = \boldsymbol{V}_m\boldsymbol{H}_m + \boldsymbol{f}_m\mathbf{e}_m^{\mathrm{T}}$，其中 $\boldsymbol{f}_m = h_{m+1,m}\boldsymbol{v}_{m+1}$。
3: **while** 获得 k 个近似 Ritz 对 **do**
4: Krylov-Schur 分解。对上 Hessenberg 矩阵 $\boldsymbol{H}_m$ 进行 QR 迭代，得到酉矩阵 $\boldsymbol{Q}_1 \in \mathbb{C}^{m\times m}$，将 $\boldsymbol{H}_m$ 化简为 Schur 矩阵，即 $\boldsymbol{T}_m = \boldsymbol{Q}_1^{\mathrm{H}}\boldsymbol{H}_m\boldsymbol{Q}_1$，实现 m 步 Krylov-Schur 分解 $\boldsymbol{A}\boldsymbol{V}_m\boldsymbol{Q}_1 = \boldsymbol{V}_m\boldsymbol{Q}_1\boldsymbol{T}_m + \boldsymbol{f}_m\mathbf{e}_m^{\mathrm{T}}\boldsymbol{Q}_1$。
5: Schur 排序。构造酉矩阵 $\boldsymbol{Q}_2 \in \mathbb{C}^{m\times m}$，右乘 $\boldsymbol{A}\boldsymbol{V}_m\boldsymbol{Q}_1 = \boldsymbol{V}_m\boldsymbol{Q}_1\boldsymbol{T}_m + \boldsymbol{f}_m\mathbf{e}_m^{\mathrm{T}}\boldsymbol{Q}_1$，使得 $\boldsymbol{A}\boldsymbol{V}_m\boldsymbol{Q}_1\boldsymbol{Q}_2 = \boldsymbol{V}_m\boldsymbol{Q}_1\boldsymbol{Q}_2\begin{bmatrix}\boldsymbol{T}_{\mathrm{w}} & * \\ \boldsymbol{0} & \boldsymbol{T}_{\mathrm{u}}\end{bmatrix} + \boldsymbol{f}_m\mathbf{e}_m^{\mathrm{T}}\boldsymbol{Q}_1\boldsymbol{Q}_2$，其中 $\boldsymbol{T}_{\mathrm{w}} \in \mathbb{C}^{k\times k}$ 和 $\boldsymbol{T}_{\mathrm{u}} \in \mathbb{C}^{p\times p}$ 为 Schur 矩阵，$\sigma(\boldsymbol{T}_{\mathrm{w}})$ 和 $\sigma(\boldsymbol{T}_{\mathrm{u}})$ 分别为期望和非期望的 Ritz 值。
6: 截断。在第 k 列截断 Krylov-Schur 分解式。
7: 子空间扩展。执行算法4.2，将Krylov-Schur分解式扩展到 m 步Krylov分解。
8: 判断 Ritz 值是否收敛，锁定收敛的 Ritz 值。
9: **end while**
10: 输出：k 个近似 Ritz 对。

步骤 4 得到的 Krylov-Schur 分解式为

$$\boldsymbol{A}\boldsymbol{U}_m = \boldsymbol{U}_m\boldsymbol{T}_m + \boldsymbol{u}_{m+1}\boldsymbol{b}_{m+1}^{\mathrm{H}} \tag{4.123}$$

式中，$\boldsymbol{T}_m \in \mathbb{C}^{m\times m}$ 为 Schur 矩阵且满足 $\boldsymbol{H}_m = \boldsymbol{Q}_1\boldsymbol{T}_m\boldsymbol{Q}_1^{\mathrm{H}}$，其中 $\boldsymbol{Q}_1 \in \mathbb{C}^{m\times m}$ 为酉矩阵；$\boldsymbol{U}_m = \boldsymbol{V}_m\boldsymbol{Q}_1 \in \mathbb{C}^{n\times m}$，$\boldsymbol{u}_{m+1} = \boldsymbol{f}_m$，$\boldsymbol{b}_{m+1}^{\mathrm{H}} = \mathbf{e}_m^{\mathrm{T}}\boldsymbol{Q}_1 \in \mathbb{C}^{1\times m}$。

式 (4.123) 的计算过程如图 4.19 所示。

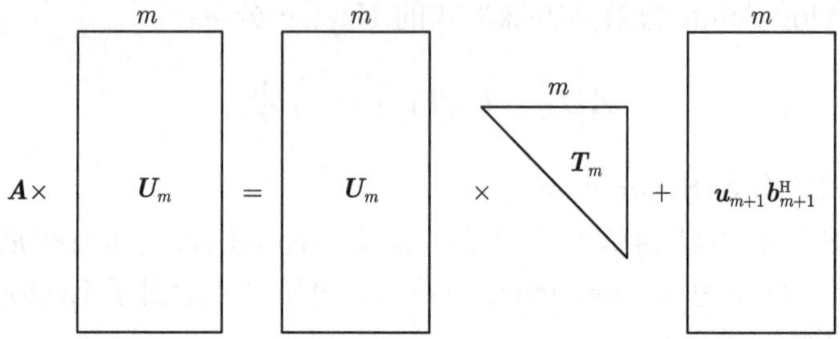

图 4.19　m 步 Krylov-Schur 分解

$\boldsymbol{T}_m$ 对角线上的 Ritz 值可以分为两个子集：子集 $\boldsymbol{\Omega}_{\rm w}$ 包含 $k<m$ 个期望 (如模值递减) 特征值的 Ritz 近似，子集 $\boldsymbol{\Omega}_{\rm u}$ 包含 p 个非期望特征值的 Ritz 近似。

步骤 5 通过酉变换将期望特征值的 Ritz 近似变换到矩阵 $\boldsymbol{T}_m$ 的左上角，重新排列的 Krylov-Schur 分解式表示为

$$\boldsymbol{A}\tilde{\boldsymbol{U}}_m=\tilde{\boldsymbol{U}}_m\tilde{\boldsymbol{T}}_m+\tilde{\boldsymbol{u}}_{m+1}\tilde{\boldsymbol{b}}_{m+1}^{\rm H} \tag{4.124}$$

式中，$\tilde{\boldsymbol{T}}_m\in\mathbb{C}^{m\times m}$ 为 Schur 矩阵且满足 $\boldsymbol{T}_m=\boldsymbol{Q}_2\tilde{\boldsymbol{T}}_m\boldsymbol{Q}_2^{\rm H}$，其中 $\boldsymbol{Q}_2\in\mathbb{C}^{m\times m}$ 为酉矩阵；$\tilde{\boldsymbol{U}}_m=\boldsymbol{U}_m\boldsymbol{Q}_2\in\mathbb{C}^{n\times m}$，$\tilde{\boldsymbol{u}}_{m+1}=\boldsymbol{u}_{m+1}$，$\tilde{\boldsymbol{b}}_{m+1}^{\rm H}=\boldsymbol{b}_{m+1}^{\rm H}\boldsymbol{Q}_2\in\mathbb{C}^{1\times m}$。

式 (4.124) 的计算过程如图 4.20 所示。

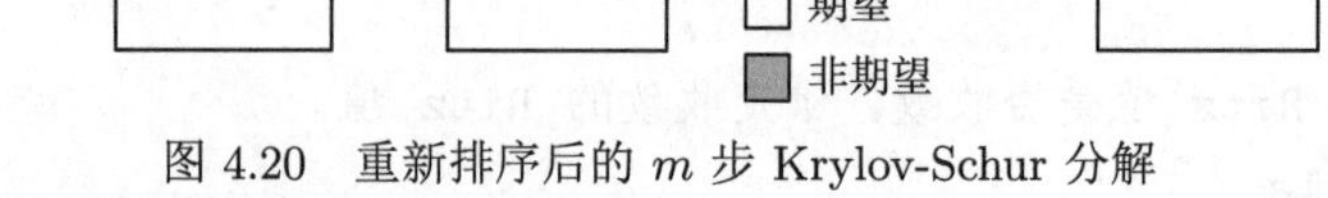

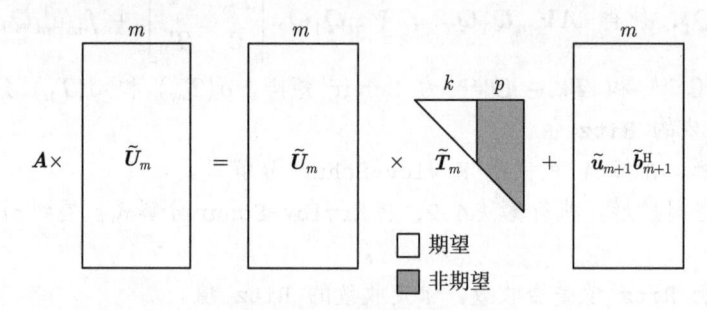

图 4.20　重新排序后的 m 步 Krylov-Schur 分解

将式 (4.124) 进一步写为

$$\boldsymbol{A}\begin{bmatrix}\tilde{\boldsymbol{U}}_k & *\end{bmatrix}=\begin{bmatrix}\tilde{\boldsymbol{U}}_k & *\end{bmatrix}\begin{bmatrix}\boldsymbol{T}_{\rm w} & * \\ \boldsymbol{0} & \boldsymbol{T}_{\rm u}\end{bmatrix}+\tilde{\boldsymbol{u}}_{m+1}\begin{bmatrix}\tilde{\boldsymbol{b}}_{\rm w}^{\rm H} & *\end{bmatrix} \tag{4.125}$$

式中，$\tilde{\boldsymbol{U}}_k=\tilde{\boldsymbol{U}}_m(:,\ 1:k)$；$\boldsymbol{T}_{\rm w}\in\mathbb{C}^{k\times k}$ 和 $\boldsymbol{T}_{\rm u}\in\mathbb{C}^{(m-k)\times(m-k)}$ 为 Schur 矩阵，且有 $\sigma(\boldsymbol{T}_{\rm w})=\boldsymbol{\Omega}_{\rm w}$，$\sigma(\boldsymbol{T}_{\rm u})=\boldsymbol{\Omega}_{\rm u}$；$\tilde{\boldsymbol{b}}_{\rm w}=\tilde{\boldsymbol{b}}_{m+1}(1:k,\ 1)$。

重启动包含截断和子空间扩展两部分。每次重启动都使得 Krylov 分解包含更好的期望特征信息，通过不断地重启动，就可计算得到期望特征值。

步骤 6 得到截断至 k 步的 Krylov-Schur 分解，如图 4.21 所示，其中阴影部分被截断。

$$\boldsymbol{A}\tilde{\boldsymbol{U}}_k = \tilde{\boldsymbol{U}}_k\boldsymbol{T}_{\rm w} + \tilde{\boldsymbol{u}}_{k+1}\tilde{\boldsymbol{b}}_{\rm w}^{\rm H} \tag{4.126}$$

式中，$\tilde{\boldsymbol{u}}_{k+1} = \tilde{\boldsymbol{u}}_{m+1}$。

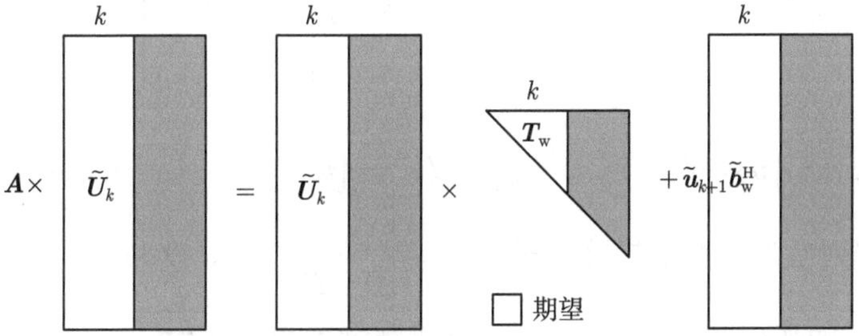

图 4.21 截断后得到的 k 步 Krylov-Schur 分解

可以证明，从式 (4.122) 演变到式 (4.126) 等价于过滤掉 $p = m - k$ 个非期望 Ritz 值的隐式重启动 Arnoldi 分解，但前者不存在前向不稳定性问题，具有更高的数值稳定性。

步骤 7 以 $\tilde{\boldsymbol{u}}_{k+1}$ 为初始向量，通过执行 p 步 Arnoldi 分解，将截断得到的 k 步 Krylov-Schur 分解扩展至 m 步 Krylov 分解，如图 4.22 所示。新的 m 步 Krylov 分解将会包含更好的期望特征值信息。

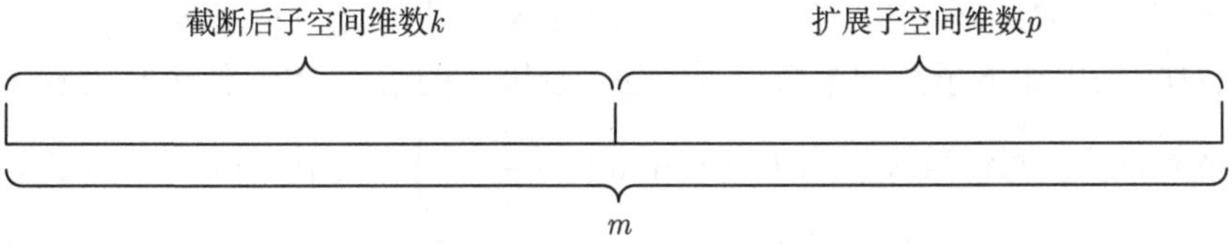

图 4.22 截断和子空间扩展维数示意图

3. 收缩

算法 4.3 中步骤 6 和步骤 7 给出的截断和子空间扩展持续进行，直至得到 k 个收敛的 Ritz 值。当一个 Ritz 值 λ 收敛于某个期望特征值时，应该满足如下条件：

$$\left\|\boldsymbol{A}\left(\tilde{\boldsymbol{U}}_k\boldsymbol{y}\right) - \lambda\left(\tilde{\boldsymbol{U}}_k\boldsymbol{y}\right)\right\|_2 = \left|\tilde{\boldsymbol{b}}_{\rm w}^{\rm H}\boldsymbol{y}\right| \leqslant \varepsilon \times |\lambda| \tag{4.127}$$

式中，$(\lambda,\ \boldsymbol{y})$ 为 $\boldsymbol{T}_{\rm w}$ 的特征对；$\tilde{\boldsymbol{U}}_k\boldsymbol{y}$ 为 λ 对应的 Ritz 向量，$\|\boldsymbol{y}\|_2 = 1$；ε 为计算精度。

然而，在迭代过程中，Ritz 值以不同的速率收敛。如果有一些 Ritz 值已经收敛，则需要将其锁定，并与后续的 Krylov 分解解耦，以避免不必要的计算量。具体过程分析如下。

设有如下 Krylov-Schur 分解：

$$\boldsymbol{A}\left[\tilde{\boldsymbol{u}}_1 \ \ \tilde{\boldsymbol{U}}_{m-1}\right]=\left[\tilde{\boldsymbol{u}}_1 \ \ \tilde{\boldsymbol{U}}_m\right]\left[\begin{array}{cc}\lambda & * \\ \mathbf{0} & \tilde{\boldsymbol{T}}_{m-1} \\ \hdashline \tilde{b}_1 & \tilde{\boldsymbol{b}}_{m-1}^{\mathrm{H}}\end{array}\right] \tag{4.128}$$

式中，$\tilde{\boldsymbol{U}}_{m-1}=\left[\tilde{\boldsymbol{u}}_2, \ \tilde{\boldsymbol{u}}_3, \ \cdots, \ \tilde{\boldsymbol{u}}_m\right]$；$\tilde{\boldsymbol{U}}_m=\left[\tilde{\boldsymbol{u}}_2, \ \tilde{\boldsymbol{u}}_3, \ \cdots, \ \tilde{\boldsymbol{u}}_{m+1}\right]$。$\tilde{\boldsymbol{T}}_m$ 经过酉变换重新排列后为 Schur 矩阵，即 $\tilde{\boldsymbol{T}}_m=\begin{bmatrix}\lambda & * \\ \mathbf{0} & \tilde{\boldsymbol{T}}_{m-1}\end{bmatrix}$。设 $|\tilde{b}_1|=|\tilde{\boldsymbol{b}}_{\mathrm{w}}^{\mathrm{H}}\boldsymbol{y}|$ 满足不等式 (4.127)，即认为此时 Ritz 值 λ 已经收敛到期望特征值，于是 $\tilde{b}_1$ 可用零代替。尽管后续 Krylov-Schur 分解生成的向量必须与 $\tilde{\boldsymbol{u}}_1$ 正交，但是之后的迭代过程完全可以限制在 $\boldsymbol{A}\tilde{\boldsymbol{U}}_{m-1}=\tilde{\boldsymbol{U}}_m\begin{bmatrix}\tilde{\boldsymbol{T}}_{m-1} \\ \tilde{\boldsymbol{b}}_{m-1}^{\mathrm{H}}\end{bmatrix}$ 中进行。这样的收缩方法可以推广至多个 Ritz 值收敛的情况。在迭代过程中，不断将已经收敛的 Ritz 值进行锁定，后续 Krylov-Schur 分解的子空间维数越来越小。这样不仅可以加速收敛，还可以避免大量不必要的计算量。

如果对已经收敛的 Ritz 值进行锁定，则截断后保留的子空间的维数应扩大，重启动 (包含截断和子空间扩展) 应当从新的截断点开始，扩展步数也是动态的。文献 [215] 采用如下子空间维数设置方法：设锁定的收敛 Ritz 值个数为 n_{c}，将截断后保留的子空间维数设置为 $k=\mathrm{round}\left(\dfrac{m+n_{\mathrm{c}}}{2}\right)$，其中 round(·) 为取整函数，同时从 k 步开始扩展 Krylov-Schur 分解至 m 步 Krylov 分解。此时，截断和子空间扩展维数如图 4.23 所示。

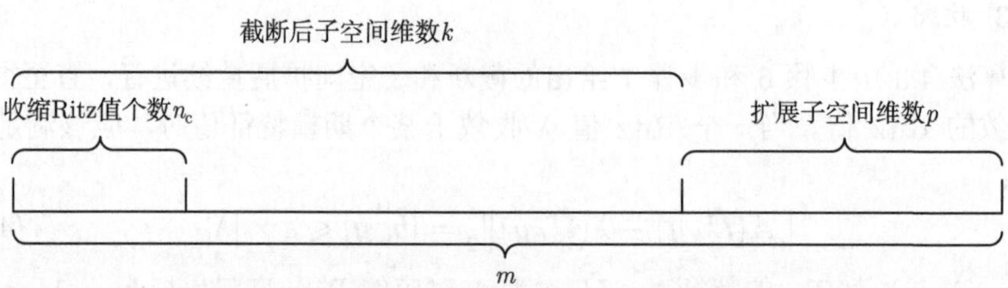

图 4.23 收缩操作后，截断和子空间扩展维数示意图

4.5.4 MVP 和 MIVP 的高效实现

前面给出了利用 IRA 算法计算一般矩阵 $\tilde{\boldsymbol{A}}$ 的模值最大的一组特征值的迭代过程。其中，最核心的运算是 MVP，即算法 4.1 步骤 3。当利用 IRA 算法计算谱算子离散化矩阵的特征值时，该步骤对应 MVP：

$$\boldsymbol{w} = \tilde{\boldsymbol{A}}\boldsymbol{q}_{k+1} \tag{4.129}$$

或矩阵逆-向量乘积 (matrix inversion-vector product，MIVP)：

$$\boldsymbol{w} = \tilde{\boldsymbol{A}}^{-1}\boldsymbol{q}_{k+1} \tag{4.130}$$

式中，$\tilde{\boldsymbol{A}} = \boldsymbol{A}_0' - \boldsymbol{B}_0'\boldsymbol{D}_0^{-1}\boldsymbol{C}_0$；$\boldsymbol{A}_0' = f(\boldsymbol{A}_0)$ 和 $\boldsymbol{B}_0' = f(\boldsymbol{B}_0)$ 分别为系统增广状态矩阵 $\boldsymbol{A}_0$ 和 $\boldsymbol{B}_0$ 的简单函数，并且与 $\boldsymbol{A}_0$ 和 $\boldsymbol{B}_0$ 具有相同的稀疏结构。

下面分别给出式 (4.129) 和式 (4.130) 的高效实现方法。这些方法不显式形成矩阵 $\tilde{\boldsymbol{A}}$。相反地，其通过充分利用系统增广状态矩阵 $\boldsymbol{A}_0$、$\boldsymbol{B}_0$、$\boldsymbol{C}_0$ 和 $\boldsymbol{D}_0$ 的稀疏结构，降低求解的计算量，从而大大提高特征值计算的效率。

1. $\boldsymbol{w} = \tilde{\boldsymbol{A}}\boldsymbol{q}_{k+1}$ 的高效实现

式 (4.129) 中，$\boldsymbol{w} = \tilde{\boldsymbol{A}}\boldsymbol{q}_{k+1} = \left(\boldsymbol{A}_0' - \boldsymbol{B}_0'\boldsymbol{D}_0^{-1}\boldsymbol{C}_0\right)\boldsymbol{q}_{k+1}$。其可以分解为如下两个步骤：

$$\boldsymbol{D}_0\boldsymbol{z} = -\boldsymbol{C}_0\boldsymbol{q}_{k+1} \tag{4.131}$$

$$\boldsymbol{w} = \boldsymbol{A}_0'\boldsymbol{q}_{k+1} + \boldsymbol{B}_0'\boldsymbol{z} \tag{4.132}$$

它们与式 (4.133) 所表达的 $\boldsymbol{w}$ 与 $\boldsymbol{q}_{k+1}$ 之间的关系等价：

$$\begin{bmatrix} \boldsymbol{w} \\ \boldsymbol{0} \end{bmatrix} = \begin{bmatrix} \boldsymbol{A}_0' & \boldsymbol{B}_0' \\ \boldsymbol{C}_0 & \boldsymbol{D}_0 \end{bmatrix} \begin{bmatrix} \boldsymbol{q}_{k+1} \\ \boldsymbol{z} \end{bmatrix} \tag{4.133}$$

在迭代计算式 (4.129) 之前，仅对 $\boldsymbol{D}_0$ 做一次稀疏三角分解，即 $\boldsymbol{D}_0 = \boldsymbol{LU}$。于是，每次迭代中只需要首先通过前推-回代计算得到中间向量 $\boldsymbol{z}$，进而通过稀疏矩阵与向量的乘积得到 $\boldsymbol{w}$。

特别地，对于高度稀疏的系统时滞状态矩阵 $\tilde{\boldsymbol{A}}_i = \boldsymbol{A}_i - \boldsymbol{B}_i\boldsymbol{D}_0^{-1}\boldsymbol{C}_0$ $(i = 1, 2, \cdots, m)$ 与向量 $\boldsymbol{q}_{k+1}$ 的乘积运算，充分利用系统增广时滞状态矩阵 $\boldsymbol{A}_i$ 和 $\boldsymbol{B}_i$ 的稀疏结构，可以高效地显式形成矩阵 $\tilde{\boldsymbol{A}}_i$ $(i = 1, 2, \cdots, m)$ 并直接求解 MVP 运算 $\tilde{\boldsymbol{A}}_i\boldsymbol{q}_{k+1}$，如式 (4.134) 所示。

$$\tilde{\boldsymbol{A}}_i = \boldsymbol{A}_i - \left[\boldsymbol{C}_0^{\mathrm{T}}\left(\left(\boldsymbol{D}_0^{-1}\right)^{\mathrm{T}}\boldsymbol{B}_i^{\mathrm{T}}\right)\right]^{\mathrm{T}} \tag{4.134}$$

2. $\boldsymbol{w} = \tilde{\boldsymbol{A}}^{-1}\boldsymbol{q}_{k+1}$ 的高效实现

为了避免显式形成矩阵 $\tilde{\boldsymbol{A}}$，这里利用矩阵之和的求逆公式[203] 计算 $\tilde{\boldsymbol{A}}^{-1}$：

$$\begin{aligned}\tilde{\boldsymbol{A}}^{-1} &= \left(\boldsymbol{A}_0' - \boldsymbol{B}_0'\boldsymbol{D}_0^{-1}\boldsymbol{C}_0\right)^{-1} \\ &= \left(\boldsymbol{A}_0'\right)^{-1} + \left(\boldsymbol{A}_0'\right)^{-1}\boldsymbol{B}_0'\left(\boldsymbol{D}_0 - \boldsymbol{C}_0\left(\boldsymbol{A}_0'\right)^{-1}\boldsymbol{B}_0'\right)^{-1}\boldsymbol{C}_0\left(\boldsymbol{A}_0'\right)^{-1}\end{aligned} \tag{4.135}$$

于是，式 (4.130) 可以分解为如下两个步骤：

$$\left(\boldsymbol{D}_0 - \boldsymbol{C}_0\left(\boldsymbol{A}_0'\right)^{-1}\boldsymbol{B}_0'\right)\boldsymbol{z} = \boldsymbol{C}_0\left(\boldsymbol{A}_0'\right)^{-1}\boldsymbol{q}_{k+1} \tag{4.136}$$

$$\boldsymbol{w} = \left(\boldsymbol{A}_0'\right)^{-1}\left(\boldsymbol{q}_{k+1} + \boldsymbol{B}_0'\boldsymbol{z}\right) \tag{4.137}$$

每次迭代时，首先计算 $\left(\boldsymbol{A}_0'\right)^{-1}$。由于 $\boldsymbol{A}_0'$ 与 $\boldsymbol{A}_0$ 均为分块对角阵，$\left(\boldsymbol{A}_0'\right)^{-1}$ 可以通过对各对角子块分别直接求逆得到。其次，计算分块稀疏矩阵 $\boldsymbol{D}^* = \boldsymbol{D}_0 - \boldsymbol{C}_0\left(\boldsymbol{A}_0'\right)^{-1}\boldsymbol{B}_0'$，其与 $\boldsymbol{D}_0$ 具有相同的稀疏特性。最后，对 $\boldsymbol{D}^*$ 进行稀疏三角分解。

文献 [225] 也指出，$\boldsymbol{w} = \tilde{\boldsymbol{A}}^{-1}\boldsymbol{q}_{k+1}$ 与式 (4.138) 所表达的 $\boldsymbol{w}$ 与 $\boldsymbol{q}_{k+1}$ 之间的关系等价。据此也可以容易地推得式 (4.136) 和式 (4.137)。

$$\begin{bmatrix}\boldsymbol{A}_0' & \boldsymbol{B}_0' \\ \boldsymbol{C}_0 & \boldsymbol{D}_0\end{bmatrix}\begin{bmatrix}\boldsymbol{w} \\ \boldsymbol{z}\end{bmatrix} = \begin{bmatrix}\boldsymbol{q}_{k+1} \\ \boldsymbol{0}\end{bmatrix} \tag{4.138}$$

4.6 谱 校 正

利用 IRA 算法从谱算子离散化矩阵中计算得到的仅是时滞电力系统的近似特征值。本节将文献 [225] 提出的常规电力系统特征值计算的牛顿法推广至时滞电力系统。利用牛顿法的二次收敛特性，可以高效地得到时滞电力系统的精确特征值和相应的特征向量。

将式 (3.10) 所示的时滞电力系统特征方程进行线性化，可得牛顿法的修正方程式：

$$\tilde{\boldsymbol{A}}'^{(k)}\Delta\boldsymbol{v}^{(k)} + \boldsymbol{g}'^{(k)}\Delta\lambda^{(k)} \triangleq -\boldsymbol{f}'^{(k)} \tag{4.139}$$

式中，$\lambda^{(k)}$ 和 $\boldsymbol{v}^{(k)} \in \mathbb{C}^{n\times 1}$ 分别为第 k 次迭代时的特征值和特征向量；前缀 Δ 为它们各自的修正量；$\boldsymbol{f}'^{(k)} \in \mathbb{C}^{n\times 1}$ 为第 k 次迭代时特征方程的不平衡量。

$$
\begin{cases}
\boldsymbol{A}'\left(\lambda^{(k)}\right) \triangleq \lambda^{(k)} \boldsymbol{I}_n - \boldsymbol{A}_0 - \sum_{i=1}^{m} \boldsymbol{A}_i \mathrm{e}^{-\lambda^{(k)} \tau_i} \\
\boldsymbol{B}'\left(\lambda^{(k)}\right) \triangleq -\boldsymbol{B}_0 - \sum_{i=1}^{m} \boldsymbol{B}_i \mathrm{e}^{-\lambda^{(k)} \tau_i} \\
\tilde{\boldsymbol{A}}'^{(k)} = \boldsymbol{A}'\left(\lambda^{(k)}\right) - \boldsymbol{B}'\left(\lambda^{(k)}\right) \boldsymbol{D}_0^{-1} \boldsymbol{C}_0 \\
\boldsymbol{g}'^{(k)} = \boldsymbol{v}^{(k)} + \sum_{i=1}^{m} \tau_i \mathrm{e}^{-\lambda^{(k)} \tau_i} \tilde{\boldsymbol{A}}_i \boldsymbol{v}^{(k)} \\
\boldsymbol{f}'^{(k)} = \tilde{\boldsymbol{A}}'^{(k)} \boldsymbol{v}^{(k)} = \boldsymbol{A}'\left(\lambda^{(k)}\right) \boldsymbol{v}^{(k)} - \boldsymbol{B}'\left(\lambda^{(k)}\right) \boldsymbol{D}_0^{-1} \boldsymbol{C}_0 \boldsymbol{v}^{(k)}
\end{cases} \tag{4.140}
$$

特征向量的归一化方程为

$$
\tilde{\boldsymbol{v}}^{\mathrm{H}} \boldsymbol{v} - 1 = 0 \tag{4.141}
$$

式中，$\tilde{\boldsymbol{v}} \in \mathbb{C}^{n\times 1}$ 可取为相应的左特征向量，且在迭代过程中保持不变，即 $\tilde{\boldsymbol{v}} = \boldsymbol{v}^{(0)}$。

联立式 (4.139) 和式 (4.141)，得

$$
\begin{bmatrix} \tilde{\boldsymbol{A}}'^{(k)} & \boldsymbol{g}'^{(k)} \\ \tilde{\boldsymbol{v}}^{\mathrm{H}} & 0 \end{bmatrix} \begin{bmatrix} \Delta \boldsymbol{v}^{(k)} \\ \Delta \lambda^{(k)} \end{bmatrix} = - \begin{bmatrix} \boldsymbol{f}'^{(k)} \\ \tilde{\boldsymbol{v}}^{\mathrm{H}} \boldsymbol{v}^{(k)} - 1 \end{bmatrix} \tag{4.142}
$$

为了在迭代过程中充分利用系统增广状态矩阵的稀疏特性并避免矩阵奇异，将式 (4.142) 改写为

$$
\begin{aligned}
&\begin{bmatrix} \tilde{\boldsymbol{A}}'^{(k)} & \boldsymbol{g}'^{(k)} \\ \tilde{\boldsymbol{v}}^{\mathrm{H}} & 0 \end{bmatrix} \begin{bmatrix} \Delta \boldsymbol{v}^{(k)} \\ \Delta \lambda^{(k)} \end{bmatrix} \\
&= \left(\begin{bmatrix} \boldsymbol{A}'\left(\lambda^{(k)}\right) & \boldsymbol{0} \\ \tilde{\boldsymbol{v}}^{\mathrm{H}} & 1 \end{bmatrix} - \begin{bmatrix} \boldsymbol{B}'\left(\lambda^{(k)}\right) \\ \boldsymbol{0} \end{bmatrix} \boldsymbol{D}_0^{-1} [\boldsymbol{C}_0 \ \ \boldsymbol{0}] + \begin{bmatrix} \boldsymbol{g}'^{(k)} \\ -1 \end{bmatrix} \mathbf{e}_1^{\mathrm{T}} \right) \begin{bmatrix} \Delta \boldsymbol{v}^{(k)} \\ \Delta \lambda^{(k)} \end{bmatrix} \\
&\triangleq \left(\tilde{\boldsymbol{A}}^{(k)} + \boldsymbol{g}^{(k)} \mathbf{e}_1^{\mathrm{T}} \right) \begin{bmatrix} \Delta \boldsymbol{v}^{(k)} \\ \Delta \lambda^{(k)} \end{bmatrix} \triangleq -\boldsymbol{f}^{(k)}
\end{aligned} \tag{4.143}
$$

式中，$\mathbf{e}_1^{\mathrm{T}} = [0,\ \cdots,\ 0,\ 1]^{\mathrm{T}} \in \mathbb{R}^{1\times(n+1)}$。

$$\begin{cases} \tilde{\boldsymbol{A}}^{(k)} \triangleq \boldsymbol{A}\left(\lambda^{(k)}\right) - \boldsymbol{B}\left(\lambda^{(k)}\right)\boldsymbol{D}_0^{-1}[\boldsymbol{C}_0 \ \ \boldsymbol{0}] \in \mathbb{C}^{(n+1)\times(n+1)} \\ \boldsymbol{A}\left(\lambda^{(k)}\right) = \begin{bmatrix} \boldsymbol{A}'\left(\lambda^{(k)}\right) & \boldsymbol{0} \\ \tilde{\boldsymbol{v}}^{\mathrm{H}} & 1 \end{bmatrix} \in \mathbb{C}^{(n+1)\times(n+1)} \\ \boldsymbol{B}\left(\lambda^{(k)}\right) = \begin{bmatrix} \boldsymbol{B}'\left(\lambda^{(k)}\right) \\ \boldsymbol{0} \end{bmatrix} \in \mathbb{C}^{(n+1)\times l} \\ \boldsymbol{g}^{(k)} = \begin{bmatrix} \boldsymbol{g}'^{(k)} \\ -1 \end{bmatrix} \in \mathbb{C}^{(n+1)\times 1}, \ \ \boldsymbol{f}^{(k)} = \begin{bmatrix} \boldsymbol{f}'^{(k)} \\ \tilde{\boldsymbol{v}}^{\mathrm{H}}\boldsymbol{v}^{(k)} - 1 \end{bmatrix} \in \mathbb{C}^{(n+1)\times 1} \end{cases} \tag{4.144}$$

利用 Sherman-Morrisony 公式[203]，可从式 (4.143) 中求解得到修正量:

$$\begin{bmatrix} \Delta\boldsymbol{v}^{(k)} \\ \Delta\lambda^{(k)} \end{bmatrix} = -\left(\tilde{\boldsymbol{A}}^{(k)}\right)^{-1}\boldsymbol{f}^{(k)} + \frac{\left(\tilde{\boldsymbol{A}}^{(k)}\right)^{-1}\boldsymbol{g}^{(k)}\mathbf{e}_1^{\mathrm{T}}\left(\tilde{\boldsymbol{A}}^{(k)}\right)^{-1}\boldsymbol{f}^{(k)}}{1+\mathbf{e}_1^{\mathrm{T}}\left(\tilde{\boldsymbol{A}}^{(k)}\right)^{-1}\boldsymbol{g}^{(k)}} \tag{4.145}$$

利用系统增广状态矩阵的稀疏性，上式中涉及的 MIVP 运算 $\left(\tilde{\boldsymbol{A}}^{(k)}\right)^{-1}\boldsymbol{f}^{(k)}$ 和 $\left(\tilde{\boldsymbol{A}}^{(k)}\right)^{-1}\boldsymbol{g}^{(k)}$ 可高效实现如式 (4.146) 所示，其中用 $\boldsymbol{q}$ 表示 $n+1$ 维列向量 $\boldsymbol{f}^{(k)}$ 与 $\boldsymbol{g}^{(k)}$。

$$\begin{cases} [\boldsymbol{L}_1, \ \boldsymbol{U}_1, \ \boldsymbol{P}_1, \ \boldsymbol{Q}_1] = \mathrm{lu}\left(\boldsymbol{A}\left(\lambda^{(k)}\right)\right) \\ \boldsymbol{D}^* = \boldsymbol{D}_0 - [\boldsymbol{C}_0 \ \ \boldsymbol{0}]\boldsymbol{Q}_1\left(\boldsymbol{U}_1\backslash\left(\boldsymbol{L}_1\backslash\left(\boldsymbol{P}_1\boldsymbol{B}\left(\lambda^{(k)}\right)\right)\right)\right) \\ [\boldsymbol{L}_2, \ \boldsymbol{U}_2, \ \boldsymbol{P}_2, \ \boldsymbol{Q}_2] = \mathrm{lu}(\boldsymbol{D}^*) \\ \boldsymbol{p} = -[\boldsymbol{C}_0 \ \ \boldsymbol{0}]\boldsymbol{Q}_1(\boldsymbol{U}_1\backslash(\boldsymbol{L}_1(\backslash\boldsymbol{P}_1\cdot\boldsymbol{q}))) \\ \boldsymbol{w} = \boldsymbol{Q}_2(\boldsymbol{U}_2\backslash(\boldsymbol{L}_2\backslash(\boldsymbol{P}_2\cdot\boldsymbol{p}))) \\ \boldsymbol{r} = \boldsymbol{q} - \boldsymbol{B}\left(\lambda^{(k)}\right)\boldsymbol{w} \\ \left(\tilde{\boldsymbol{A}}^{(k)}\right)^{-1}\boldsymbol{q} = \boldsymbol{Q}_1(\boldsymbol{U}_1\backslash(\boldsymbol{L}_1\backslash(\boldsymbol{P}_1\cdot\boldsymbol{r}))) \end{cases} \tag{4.146}$$

同样地，将式 (3.4) 所示的增广形式的时滞电力系统特征方程进行线性化，可以得到其对应的牛顿法修正方程式:

$$\begin{bmatrix} \boldsymbol{A}'\left(\lambda^{(k)}\right) & \boldsymbol{B}'\left(\lambda^{(k)}\right) \\ -\boldsymbol{C}_0 & -\boldsymbol{D}_0 \end{bmatrix}\begin{bmatrix} \Delta\boldsymbol{v}^{(k)} \\ \Delta\boldsymbol{w}^{(k)} \end{bmatrix} + \begin{bmatrix} \boldsymbol{g}''^{(k)} \\ \boldsymbol{0}_{l\times 1} \end{bmatrix}\Delta\lambda^{(k)} = -\boldsymbol{f}''^{(k)} \tag{4.147}$$

式中，$\boldsymbol{w}^{(k)} = -\boldsymbol{D}_0^{-1}\boldsymbol{C}_0\boldsymbol{v}^{(k)}$ 为第 k 次迭代时的中间向量，前缀 Δ 为其修正量;

$\boldsymbol{f}''^{(k)} \in \mathbb{C}^{(n+l)\times 1}$ 为第 k 次迭代时增广形式特征方程的不平衡量；$\boldsymbol{g}''^{(k)} \in \mathbb{C}^{n\times 1}$。

$$\begin{cases} \boldsymbol{g}''^{(k)} = \boldsymbol{v}^{(k)} + \sum_{i=1}^{m} \tau_i \mathrm{e}^{-\lambda^{(k)}\tau_i}\left(\boldsymbol{A}_i\boldsymbol{v}^{(k)} + \boldsymbol{B}_i\boldsymbol{w}^{(k)}\right) \\ \boldsymbol{f}''^{(k)} = \begin{bmatrix} \boldsymbol{A}'\left(\lambda^{(k)}\right) & \boldsymbol{B}'\left(\lambda^{(k)}\right) \\ -\boldsymbol{C}_0 & -\boldsymbol{D}_0 \end{bmatrix} \begin{bmatrix} \boldsymbol{v}^{(k)} \\ \boldsymbol{w}^{(k)} \end{bmatrix} \end{cases} \tag{4.148}$$

依照式 (4.143)，式 (4.147) 可改写为

$$\begin{aligned} &\left(\begin{bmatrix} \boldsymbol{A}'\left(\lambda^{(k)}\right) & \boldsymbol{B}'\left(\lambda^{(k)}\right) & \boldsymbol{0} \\ -\boldsymbol{C}_0 & -\boldsymbol{D}_0 & \boldsymbol{0} \\ \tilde{\boldsymbol{v}}^{\mathrm{H}} & \tilde{\boldsymbol{w}}^{\mathrm{H}} & 1 \end{bmatrix} + \begin{bmatrix} \boldsymbol{g}''^{(k)} \\ \boldsymbol{0} \\ -1 \end{bmatrix} \mathbf{e}_2^{\mathrm{T}} \right) \begin{bmatrix} \Delta\boldsymbol{v}^{(k)} \\ \Delta\boldsymbol{w}^{(k)} \\ \Delta\lambda^{(k)} \end{bmatrix} \\ &\triangleq \left(\bar{\boldsymbol{J}}^{(k)} + \bar{\boldsymbol{g}}^{(k)}\mathbf{e}_2^{\mathrm{T}}\right) \begin{bmatrix} \Delta\boldsymbol{v}^{(k)} \\ \Delta\boldsymbol{w}^{(k)} \\ \Delta\lambda^{(k)} \end{bmatrix} = -\bar{\boldsymbol{f}}^{(k)} \end{aligned} \tag{4.149}$$

式中，$\mathbf{e}_2^{\mathrm{T}} = [0,\ \cdots,\ 0,\ 1]^{\mathrm{T}} \in \mathbb{R}^{1\times(n+l+1)}$；$\tilde{\boldsymbol{w}} = \boldsymbol{w}^{(0)}$ 且在迭代过程中保持不变。

$$\begin{cases} \bar{\boldsymbol{J}}^{(k)} = \begin{bmatrix} \boldsymbol{A}'\left(\lambda^{(k)}\right) & \boldsymbol{B}'\left(\lambda^{(k)}\right) & \boldsymbol{0} \\ -\boldsymbol{C}_0 & -\boldsymbol{D}_0 & \boldsymbol{0} \\ \tilde{\boldsymbol{v}}^{\mathrm{H}} & \tilde{\boldsymbol{w}}^{\mathrm{H}} & 1 \end{bmatrix} \\ \bar{\boldsymbol{g}}^{(k)} = \begin{bmatrix} \boldsymbol{g}''^{(k)} \\ \boldsymbol{0} \\ -1 \end{bmatrix}, \quad \bar{\boldsymbol{f}}^{(k)} = \begin{bmatrix} \boldsymbol{f}''^{(k)} \\ \begin{bmatrix} \tilde{\boldsymbol{v}}^{\mathrm{H}} & \tilde{\boldsymbol{w}}^{\mathrm{H}} \end{bmatrix} \begin{bmatrix} \boldsymbol{v}^{(k)} \\ \boldsymbol{w}^{(k)} \end{bmatrix} - 1 \end{bmatrix} \end{cases} \tag{4.150}$$

依照式 (4.145)，利用 Sherman-Morrison 公式可从式 (4.149) 中求解得到增广形式牛顿法的修正量。

给定收敛精度 ε_1，则以上两种形式的牛顿法的收敛条件分别为

$$\begin{cases} \max\left\{\left\|(\Delta\boldsymbol{v})^{(k)}\right\|,\ \left|\Delta\lambda^{(k)}\right|\right\} < \varepsilon_1 \text{ 或 } \left\|\boldsymbol{f}^{(k)}\right\| < \varepsilon_1 \\ \max\left\{\left\|(\Delta\boldsymbol{v})^{(k)}\right\|,\ \left\|\Delta\boldsymbol{w}^{(k)}\right\|,\ \left|\Delta\lambda^{(k)}\right|\right\} < \varepsilon_1 \text{ 或 } \left\|\bar{\boldsymbol{f}}^{(k)}\right\| < \varepsilon_1 \end{cases} \tag{4.151}$$

对于某个特征值 λ，牛顿法的迭代次数也可以作为评判基于谱离散化特征值计算方法准确性的一个测度指标。

第 5 章　基于 IIGD 的特征值计算方法

本章首先阐述文献 [155]、[174] 和 [184] 提出的 IGD-PS 方法的基本理论，然后利用基于谱离散化的时滞特征值计算方法的框架，将 IGD-PS 方法改进成为能够适用于大规模时滞电力系统的小干扰稳定性分析方法，即 IIGD 方法 [145,195]。

5.1　IGD-PS 方法

5.1.1　基本原理

1. 拉格朗日插值多项式

设 N 为任意正整数，区间 $[-\tau_{\max},\ 0]$ 上 $N+1$ 个离散点 $\theta_{N,j}$ 形成的集合为 $\Omega_N := \{\theta_{N,j},\ j=0,\ 1,\ \cdots,\ N\}$，且满足 $-\tau_{\max}=\theta_{N,N}<\theta_{N,N-1}<\cdots<\theta_{N,0}=0$。设 $\boldsymbol{X}_N=(\mathbb{R}^{n\times 1})^{\Omega_N}\approx\mathbb{R}^{(N+1)n\times 1}$ 表示集合 Ω_N 上定义的离散函数空间，也即空间 $\boldsymbol{X}$ 的离散化形式。设连续函数 $\boldsymbol{\varphi}\in\mathcal{D}(\mathcal{A})\subset\boldsymbol{X}$ 被离散化为分块向量 $\boldsymbol{\Phi}=\left[\boldsymbol{\varphi}_0^{\mathrm{T}},\ \boldsymbol{\varphi}_1^{\mathrm{T}},\ \cdots,\ \boldsymbol{\varphi}_N^{\mathrm{T}}\right]^{\mathrm{T}}\in\boldsymbol{X}_N$，其中离散函数 $\boldsymbol{\varphi}_j$ $(j=0,\ 1,\ \cdots,\ N)$ 是连续函数 $\boldsymbol{\varphi}$ 在离散点 $\theta_{N,j}$ 处的函数值，即 $\boldsymbol{\varphi}_j=\boldsymbol{\varphi}(\theta_{N,j})\in\mathbb{R}^{n\times 1}$。设 $L_N\boldsymbol{\Phi}$ 表示唯一存在的次数不超过 N 的拉格朗日插值多项式，且满足 $(L_N\boldsymbol{\Phi})\ (\theta_{N,j})=\boldsymbol{\varphi}_j,\ j=0,\ 1,\ \cdots,\ N$。于是，$\boldsymbol{\varphi}$ 被拟合为

$$\boldsymbol{\varphi}(\theta)\approx(L_N\boldsymbol{\Phi})\ (\theta)=\sum_{j=0}^{N}\ell_{N,j}(\theta)\boldsymbol{\varphi}_j,\quad \theta\in[-\tau_{\max},\ 0] \tag{5.1}$$

式中，$\ell_{N,j}(\cdot)$ $(j=0,\ 1,\ \cdots,\ N)$ 为与离散点 $\theta_{N,j}$ 相关的拉格朗日插值系数。

如果令

$$\pi_j=\prod_{k=0,\ k\neq j}^{N}(\theta_{N,j}-\theta_{N,k}) \tag{5.2}$$

则

$$\ell_{N,j}(\theta)=\frac{1}{\pi_j}\prod_{k=0,\ k\neq j}^{N}(\theta-\theta_{N,k}),\quad \theta\in[-\tau_{\max},\ 0] \tag{5.3}$$

特别地，在离散点 $\theta_{N,i}$ $(i=0,\ 1,\ \cdots,\ N)$ 处，有

$$\ell_{N,j}(\theta_{N,i}) = \begin{cases} 1, & i=j \\ 0, & i \neq j \end{cases} \tag{5.4}$$

2. 基本原理

将式 (3.8) 重写如下：

$$\Delta\dot{\boldsymbol{x}}(t) = \boldsymbol{f}(\Delta\boldsymbol{x}_t),\quad t \geqslant 0 \tag{5.5}$$

式中

$$\boldsymbol{f}(\boldsymbol{\varphi}) = \tilde{\boldsymbol{A}}_0\boldsymbol{\varphi}(0) + \sum_{i=1}^{m}\tilde{\boldsymbol{A}}_i\boldsymbol{\varphi}(-\tau_i),\quad \boldsymbol{\varphi} \in \boldsymbol{X} \tag{5.6}$$

然后，将 $\mathcal{A}$ 的定义式 (4.22) 重写如下：

$$\boldsymbol{\varphi}'(\theta_{N,j}) = [\mathcal{A}\boldsymbol{\varphi}]\,(\theta_{N,j}) \tag{5.7}$$

$\mathcal{A}$ 的离散化矩阵 $\mathcal{A}_N : \boldsymbol{X}_N \to \boldsymbol{X}_N$ 定义如式 (5.8) 所示，其本质上就是表征 $\boldsymbol{\psi}_j$ 和 $\boldsymbol{\varphi}_j$ $(j=0,\ 1,\ \cdots,\ N)$ 之间关系的矩阵：

$$\boldsymbol{\varphi}'(\theta_{N,j}) \approx \boldsymbol{\psi}_j = [\mathcal{A}_N\boldsymbol{\Phi}]\,(\theta_{N,j}) \tag{5.8}$$

式中，$\boldsymbol{\psi}_j$ $(j=0,\ 1,\ \cdots,\ N)$ 表示 $\boldsymbol{\varphi}$ 在点 $\theta_{N,j}$ $(j=0,\ 1,\ \cdots,\ N)$ 处精确导数 $\boldsymbol{\varphi}'(\theta_{N,j})$ 的近似值。

将式 (5.1) 代入式 (5.8)，进而利用拉格朗日插值多项式 $L_N\boldsymbol{\Phi}$ 在点 $\theta_{N,j}$ $(j=0,\ 1,\ \cdots,\ N)$ 处的导数对 $\boldsymbol{\varphi}'(\theta_{N,j})$ 进行近似，从而可得[174, 184]

$$\begin{cases} \boldsymbol{\varphi}'(\theta_{N,0}) \approx \boldsymbol{\psi}_0 = [\mathcal{A}_N\boldsymbol{\Phi}]\,(\theta_{N,0}) = \boldsymbol{f}\left(L_N\boldsymbol{\Phi}(\theta_{N,0})\right) \\ \boldsymbol{\varphi}'(\theta_{N,j}) \approx \boldsymbol{\psi}_j = [\mathcal{A}_N\boldsymbol{\Phi}]\,(\theta_{N,j}) = (L_N\boldsymbol{\Phi})'\,(\theta_{N,j}), \quad j=1,\ 2,\ \cdots,\ N \end{cases} \tag{5.9}$$

5.1.2 离散化矩阵

1. 在 $\theta_{N,0}=0$ 处函数 $\boldsymbol{\varphi}$ 导数的估计值 $\boldsymbol{\psi}_0$

在 $\theta_{N,0}=0$ 处，函数 $\boldsymbol{\varphi}$ 的导数并不等于拉格朗日插值多项式 $L_N\boldsymbol{\Phi}$ 的导数，即 $\boldsymbol{\psi}_0 \approx \boldsymbol{\varphi}'(\theta_{N,0}) \neq (L_N\boldsymbol{\Phi})'\,(\theta_{N,0})$。这是因为作为定义在 $\mathcal{D}(\mathcal{A})$ 上的函数 $\boldsymbol{\varphi}$，其必须满足拼接条件。由式 (4.23)，得

$$\boldsymbol{\varphi}'(\theta_{N,0}) = \boldsymbol{\varphi}'(0) = \boldsymbol{f}(\boldsymbol{\varphi}(0)) = \tilde{\boldsymbol{A}}_0\boldsymbol{\varphi}(0) + \sum_{i=1}^{m}\tilde{\boldsymbol{A}}_i\boldsymbol{\varphi}(-\tau_i) \tag{5.10}$$

利用式 (5.1) 计算得到 $\boldsymbol{\varphi}(0)$ 和 $\boldsymbol{\varphi}(-\tau_i)$ $(i=1,\ 2,\ \cdots,\ m)$，然后代入式 (5.10)，得

$$\begin{aligned}\boldsymbol{\psi}_0 &= \boldsymbol{f}\left(L_N\boldsymbol{\Phi}(\theta_{N,0})\right)\\ &= \tilde{\boldsymbol{A}}_0\left(L_N\boldsymbol{\Phi}\right)(0)+\sum_{i=1}^{m}\tilde{\boldsymbol{A}}_i\left(L_N\boldsymbol{\Phi}\right)(-\tau_i)\\ &= \tilde{\boldsymbol{A}}_0\sum_{j=0}^{N}\ell_{N,j}(0)\boldsymbol{\varphi}_j+\sum_{i=1}^{m}\tilde{\boldsymbol{A}}_i\sum_{j=0}^{N}\ell_{N,j}(-\tau_i)\boldsymbol{\varphi}_j\end{aligned} \tag{5.11}$$

将式 (5.11) 改写为矩阵形式：

$$\boldsymbol{\psi}_0=\boldsymbol{R}_N\boldsymbol{\Phi} \tag{5.12}$$

式中

$$\boldsymbol{R}_N=[\boldsymbol{r}_0,\ \boldsymbol{r}_1,\ \cdots,\ \boldsymbol{r}_N]\in\mathbb{R}^{n\times(N+1)n} \tag{5.13}$$

$$\boldsymbol{r}_j=\boldsymbol{f}(\ell_{N,j}(\cdot)\boldsymbol{I}_n)=\tilde{\boldsymbol{A}}_0\ell_{N,j}(0)+\sum_{i=1}^{m}\tilde{\boldsymbol{A}}_i\ell_{N,j}(-\tau_i),\quad j=0,\ 1,\ \cdots,\ N \tag{5.14}$$

2. 在 $\theta_{N,j}$ $(j=1,\ 2,\ \cdots,\ N)$ 处函数 $\boldsymbol{\varphi}$ 导数的估计值 $\boldsymbol{\psi}_j$

在 $\theta_{N,j}$ $(j=1,\ 2,\ \cdots,\ N)$ 处，根据式 (5.1)，可得 $\boldsymbol{\varphi}'(\theta_{N,j})$ 的近似值为

$$\boldsymbol{\varphi}'(\theta_{N,j})\approx\boldsymbol{\psi}_j=\left(L_N\boldsymbol{\Phi}\right)'(\theta_{N,j})=\sum_{i=0}^{N}\ell'_{N,i}(\theta_{N,j})\boldsymbol{\varphi}_i,\quad j=1,\ 2,\ \cdots,\ N \tag{5.15}$$

式中，$\ell'_{N,i}(\theta_{N,j})$ $(i=0,\ 1,\ \cdots,\ N;\ j=1,\ 2,\ \cdots,\ N)$ 的显式表达如式 (5.16) 所示。将元素 $\ell'_{N,i}(\theta_{N,j})$ $(i=0,\ 1,\ \cdots,\ N;\ j=1,\ 2,\ \cdots,\ N)$ 形成的矩阵记为 $\underline{\boldsymbol{D}}_N\in\mathbb{R}^{N\times(N+1)}$，即 $\underline{\boldsymbol{D}}_N(j,\ i)\triangleq\ell'_{N,i}(\theta_{N,j})$。

$$\ell'_{N,i}(\theta_{N,j})=\begin{cases}\dfrac{1}{\pi_i}\displaystyle\prod_{k=0,\ k\neq i,j}^{N}(\theta_{N,j}-\theta_{N,k})=\dfrac{\pi_j}{\pi_i(\theta_{N,j}-\theta_{N,i})}, & j\neq i\\ \displaystyle\sum_{k=0,\ k\neq i}^{N}\dfrac{1}{\theta_{N,i}-\theta_{N,k}}, & j=i\end{cases} \tag{5.16}$$

3. $\mathcal{A}$ 的伪谱离散化矩阵

联立式 (5.10) 和式 (5.15)，进而改写成矩阵形式，得到抽象柯西问题 (式 (4.30) 和式 (4.31)) 的离散形式：

$$\boldsymbol{\Psi}=\mathcal{A}_N\boldsymbol{\Phi} \tag{5.17}$$

式中，$\boldsymbol{\Psi}=\left[(\boldsymbol{\psi}_0)^{\mathrm{T}},\ (\boldsymbol{\psi}_1)^{\mathrm{T}},\ \cdots,\ (\boldsymbol{\psi}_N)^{\mathrm{T}}\right]^{\mathrm{T}}\in\boldsymbol{X}_N$；$\mathcal{A}_N\in\mathbb{R}^{(N+1)n\times(N+1)n}$ 为 $\mathcal{A}$ 的伪谱离散化矩阵。

若选取经位移和归一化处理后第 N 阶第一类切比雪夫多项式的极点作为区间 $[-\tau_{\max},\ 0]$ 上的 $N+1$ 个离散点 $\theta_{N,j}$ $(j=0,\ 1,\ \cdots,\ N)$：

$$\theta_{N,j}=\frac{\tau_{\max}}{2}\left[\cos\left(j\frac{\pi}{N}\right)-1\right] \tag{5.18}$$

则无穷小生成元的伪谱离散化矩阵 $\mathcal{A}_N$ 可以写为

$$\mathcal{A}_N=\begin{bmatrix}\boldsymbol{R}_N\\ \hdashline \underline{\boldsymbol{D}}_N\otimes\boldsymbol{I}_n\end{bmatrix} \tag{5.19}$$

式中，$\underline{\boldsymbol{D}}_N$ 为由切比雪夫差分矩阵 $\boldsymbol{D}_N\in\mathbb{R}^{(N+1)\times(N+1)}$ 的后 N 行形成的子矩阵。由 3.2.1 节可知，$\boldsymbol{D}_N$ 中各元素的表达式为

$$\begin{cases}\boldsymbol{D}_N(0,\ 0)=\dfrac{2N^2+1}{6}\\ \boldsymbol{D}_N(N,\ N)=-\dfrac{2N^2+1}{6}\\ \boldsymbol{D}_N(i,\ i)=-\dfrac{\theta_{N,i}}{2-2\theta_{N,i}^2},\quad i=1,\ 2,\ \cdots,\ N-1\\ \boldsymbol{D}_N(i,\ j)=\dfrac{c_i(-1)^{i+j}}{c_j(\theta_{N,i}-\theta_{N,j})},\quad i\neq j;\ i,\ j=0,\ 1,\ \cdots,\ N\end{cases} \tag{5.20}$$

式中

$$c_i,\ c_j=\begin{cases}2,\quad i,\ j=0,N\\ 1,\quad 其他\end{cases} \tag{5.21}$$

至此，无穷维的无穷小生成元 $\mathcal{A}$ 被转换为有限维的离散化近似矩阵 $\mathcal{A}_N$。当集合 Ω_N 中的离散点 $\theta_{N,j}$ 取为经过位移和归一化处理后第 N 阶第一类切比雪夫多项式的极点 (式 (5.18)) 时，无穷小生成元的伪谱离散化就称为 IGD-PS 方法。文献 [174] 和 [184] 已经证明，$\mathcal{A}_N$ 的特征值 $\hat{\lambda}$ 以谱精度 [163] 逼近 $\mathcal{A}$ 的特征值 λ，即 $|\hat{\lambda}-\lambda|=\mathcal{O}\left(N^{-N}\right)$。

5.2 IIGD 方法

本节首先对 IGD-PS 方法得到的矩阵 $\mathcal{A}_N$ 进行克罗内克积变换，然后对时滞系统 (或 $\mathcal{A}$) 的谱进行位移–逆变换，进而利用稀疏特征值算法计算得到大规模时

滞电力系统的部分关键特征值。文献 [145] 将改进后能适用于大规模时滞电力系统小干扰稳定性分析的 IGD-PS 方法称为 IIGD 方法。

5.2.1　克罗内克积变换

由 $\mathcal{A}_N$ 的显式表达式 (5.19) 可知，矩阵在虚线下方的分块矩阵由稠密矩阵 $\underline{\boldsymbol{D}}_N$ 和单位阵 $\boldsymbol{I}_n$ 的克罗内克积构成。与之对应，可将式 (5.13) 和式 (5.14) 表示的 $\boldsymbol{R}_N$ 变换为常数拉格朗日向量 $\boldsymbol{\ell}_i \in \mathbb{R}^{1\times(N+1)}$ 和系统状态矩阵 $\tilde{\boldsymbol{A}}_i$ $(i = 0,\ 1,\ \cdots,\ m)$ 的克罗内克积之和：

$$\boldsymbol{R}_N = \sum_{i=0}^{m} \boldsymbol{\ell}_i \otimes \tilde{\boldsymbol{A}}_i \tag{5.22}$$

式中

$$\boldsymbol{\ell}_i = \begin{cases} [\ell_{N,0}(0),\ \ell_{N,1}(0),\ \cdots,\ \ell_{N,N}(0)], & i = 0 \\ [\ell_{N,0}(-\tau_i),\ \ell_{N,1}(-\tau_i),\ \cdots,\ \ell_{N,N}(-\tau_i)], & i = 1,\ 2,\ \cdots,\ m \end{cases} \tag{5.23}$$

上述克罗内克积变换的优点是：一方面，降低了对矩阵 $\boldsymbol{R}_N$ 的存储要求；另一方面，为充分利用系统增广状态矩阵 $\boldsymbol{A}_i$、$\boldsymbol{B}_i$、$\boldsymbol{C}_0$ 和 $\boldsymbol{D}_0$ $(i = 0,\ 1,\ \cdots,\ m)$ 的稀疏特性奠定了基础。

5.2.2　位移–逆变换

位移–逆变换的原理详见 4.4.1 节。位移操作后，系统的状态矩阵 $\tilde{\boldsymbol{A}}_i$ 变为 $\tilde{\boldsymbol{A}}_i'$ $(i = 0,\ 1,\ \cdots,\ m)$。相应地，无穷小生成元离散化矩阵 $\mathcal{A}_N$ 变为 $\mathcal{A}_N' \in \mathbb{C}^{(N+1)n\times(N+1)n}$，系统特征值变为 λ'。$\mathcal{A}_N'$ 的逆矩阵为

$$(\mathcal{A}_N')^{-1} = \begin{bmatrix} \boldsymbol{R}_N' \\ \hdashline \underline{\boldsymbol{D}}_N \otimes \boldsymbol{I}_n \end{bmatrix}^{-1} \tag{5.24}$$

式中，$\boldsymbol{R}_N' \in \mathbb{C}^{n\times(N+1)n}$ 通过直接将 $\boldsymbol{R}_N$ 中的 $\tilde{\boldsymbol{A}}_i$ 用 $\tilde{\boldsymbol{A}}_i'$ 替换得到；$\tilde{\boldsymbol{A}}_i'$ $(i = 0,\ 1,\ \cdots,\ m)$ 的详细表达如式 (4.51) 和式 (4.52) 所示。

$$\boldsymbol{R}_N' = \sum_{i=0}^{m} \boldsymbol{\ell}_i \otimes \tilde{\boldsymbol{A}}_i' \tag{5.25}$$

5.2.3　稀疏特征值计算

对于大规模电力系统，通常采用 IRA 算法等稀疏特征值算法计算 $(\mathcal{A}_N')^{-1}$ 模值递减的部分关键特征值。

在 IRA 算法迭代过程中，计算量最大的操作是形成 Krylov 子空间的一组正交基。设第 k 个 Krylov 向量为 $\boldsymbol{q}_k \in \mathbb{C}^{(N+1)n\times 1}$，则第 $k+1$ 个向量 $\boldsymbol{q}_{k+1} \in \mathbb{C}^{(N+1)n\times 1}$ 可由矩阵 $(\mathcal{A}'_N)^{-1}$ 与向量 $\boldsymbol{q}_k$ 的乘积运算得到：

$$\boldsymbol{q}_{k+1} = (\mathcal{A}'_N)^{-1}\boldsymbol{q}_k \tag{5.26}$$

通过分析 $\mathcal{A}'_N$ 的表达式可知，其不具有特殊的逻辑结构。因此，$(\mathcal{A}'_N)^{-1}$ 不能表示为 $\tilde{\boldsymbol{A}}'_i$ $(i=0,\ 1,\ \cdots,\ m)$ 的显函数，也就无法利用系统增广状态矩阵 $\boldsymbol{A}_i$、$\boldsymbol{B}_i$、$\boldsymbol{C}_0$ 和 $\boldsymbol{D}_0$ $(i=0,\ 1,\ \cdots,\ m)$ 的稀疏特性。此外，常用的矩阵求逆方法，如 LU 分解和 Gauss 消元法，对计算机内存也有着较高的要求。当将 IGD-PS 方法用于分析大规模时滞电力系统时，在求取 $(\mathcal{A}'_N)^{-1}$ 过程中，较高的矩阵维数可能导致内存溢出问题。

为了避免直接求解 $(\mathcal{A}'_N)^{-1}$，这里采用迭代方法计算 $\boldsymbol{q}_{k+1}$：

$$\boldsymbol{q}_k = \mathcal{A}'_N\boldsymbol{q}_{k+1}^{(l)} \tag{5.27}$$

式中，$\boldsymbol{q}_{k+1}^{(l)}$ 是第 l 次迭代之后向量 $\boldsymbol{q}_{k+1}$ 的近似解。

这里采用诱导降维 (induced dimension reduction，IDR(s)) 算法[226] 计算 $\boldsymbol{q}_{k+1}^{(l)}$。对于大规模非对称系统的线性方程组，IDR($s$) 算法是鲁棒且高效的子空间算法。其参数 s 表示“阴影”子空间的维数，“阴影”子空间可以在 Krylov 空间内高效地搜索到近似解。在 $s>1$ 时，IDR(s) 比稳定双共轭梯度 (bi-conjugate gradient stabilized，Bi-CGSTAB) 法表现更好。尤其是在迭代过程中，Bi-CGSTAB 法必然引入转置矩阵 $(\mathcal{A}'_N)^{\mathrm{T}}$ 和向量 $\boldsymbol{q}_{k+1}^{(l)}$ 的乘积运算，而 IDR(s) 算法不需要。此外，IDR(s) 算法还有一个良好的特性：在给定相对较大的 s 值时，如 $4\sim 6$，IDR(s) 的收敛速度与广义最小残差 (generalized minimal residual，GMRES) 法基本一致，但是内存需求更低。

为了进一步提高 IDR(s) 算法的计算效率，需要在迭代求解 $\boldsymbol{q}_{k+1}^{(l)}$ 过程中利用 $\mathcal{A}'_N$ 的稀疏性。首先，将 $\boldsymbol{q}_{k+1}^{(l)} \in \mathbb{C}^{(N+1)n\times 1}$ 按照列方向重新排列，得到矩阵 $\boldsymbol{Q}=\left[\tilde{\boldsymbol{q}}_0,\ \tilde{\boldsymbol{q}}_1,\ \cdots,\ \tilde{\boldsymbol{q}}_N\right] \in \mathbb{C}^{n\times(N+1)}$，$\tilde{\boldsymbol{q}}_i \in \mathbb{C}^{n\times 1}$ $(i=0,\ 1,\ \cdots,\ N)$。进而，可以利用式 (4.100) 表示的克罗内克积的特性，高效地计算得到 $\mathcal{A}'_N\boldsymbol{q}_{k+1}^{(l)}$：

$$\mathcal{A}'_N\boldsymbol{q}_{k+1}^{(l)} = \left[\begin{array}{c}\displaystyle\sum_{i=0}^{m}\boldsymbol{\ell}_i\otimes\tilde{\boldsymbol{A}}'_i \\ \hdashline \underline{\boldsymbol{D}}_N\otimes\boldsymbol{I}_n\end{array}\right]\mathrm{vec}(\boldsymbol{Q}) = \left[\begin{array}{c}\displaystyle\sum_{i=0}^{m}\tilde{\boldsymbol{A}}'_i\boldsymbol{p}_i \\ \hdashline \mathrm{vec}\left(\boldsymbol{Q}\underline{\boldsymbol{D}}_N^{\mathrm{T}}\right)\end{array}\right] \tag{5.28}$$

式中，$\boldsymbol{p}_i=\boldsymbol{Q}\boldsymbol{\ell}_i^{\mathrm{T}} \in \mathbb{C}^{n\times 1}$，$i=0,\ 1,\ \cdots,\ N$。

式 (5.28) 中，计算量最大的操作就是求解 $\tilde{\boldsymbol{A}}_0'\boldsymbol{p}_0$。基于 4.5.4 节的思想，充分利用系统增广状态矩阵 $\boldsymbol{A}_0$、$\boldsymbol{B}_0$、$\boldsymbol{C}_0$ 和 $\boldsymbol{D}_0$ 的稀疏特性，$\tilde{\boldsymbol{A}}_0'\boldsymbol{p}_0$ 可高效实现如下：

$$\begin{cases} \boldsymbol{r} = -\boldsymbol{C}_0 \cdot \boldsymbol{p}_0 \\ [\boldsymbol{L}_1,\ \boldsymbol{U}_1,\ \boldsymbol{P}_1,\ \boldsymbol{Q}_1] = \mathrm{lu}(\boldsymbol{D}_0) \\ \boldsymbol{w} = \boldsymbol{Q}_1(\boldsymbol{U}_1\backslash(\boldsymbol{L}_1\backslash(\boldsymbol{P}_1 \cdot (\boldsymbol{r})))) \\ \tilde{\boldsymbol{A}}_0'\boldsymbol{p}_0 = (\boldsymbol{A}_0 - \lambda_{\mathrm{s}}\boldsymbol{I}_n) \cdot \boldsymbol{p}_0 + \boldsymbol{B}_0 \cdot \boldsymbol{w} \end{cases} \tag{5.29}$$

给定收敛精度 ε_1，利用 IDR(s) 算法迭代求解 $\boldsymbol{q}_{k+1}^{(l)}$ 的收敛条件为

$$\|\boldsymbol{q}_k - \mathcal{A}_N'\boldsymbol{q}_{k+1}^{(l)}\| \leqslant \varepsilon_1 \tag{5.30}$$

设由 IRA 算法计算得到 $(\mathcal{A}_N')^{-1}$ 的特征值为 λ''，则 $\mathcal{A}_N$ 的特征值的估计值为

$$\hat{\lambda} = \lambda_{\mathrm{s}} + \frac{1}{\lambda''} = \lambda_{\mathrm{s}} + \lambda' \tag{5.31}$$

与 $\hat{\lambda}$ 对应的 Krylov 向量的前 n 个分量 $\hat{\boldsymbol{v}}$ 是特征向量 $\boldsymbol{v}$ 的良好的估计和近似。将 $\hat{\lambda}$ 和 $\hat{\boldsymbol{v}}$ 作为 4.6 节给出的牛顿法的初始值，通过迭代校正可以得到时滞电力系统的精确特征值 λ 和特征向量 $\boldsymbol{v}$。

5.2.4　特性分析

通过上述分析，可以总结得到 IIGD 方法的特性。

(1) 设利用 IDR(s) 算法求解式 (5.27) 所需的迭代次数为 L，则 IIGD 方法形成每个 Krylov 向量的运算量大约等于利用 IRA 算法对传统无时滞电力系统进行特征值分析计算量的 L 倍。

(2) 将 $(\mathcal{A}_N')^{-1}$ 的子矩阵 $\boldsymbol{R}_N'$ 变换为拉格朗日系数向量 $\boldsymbol{\ell}_i$ $(i = 0,\ 1,\ \cdots,\ m)$ 和系统状态矩阵 $\tilde{\boldsymbol{A}}_i'$ $(i = 0,\ 1,\ \cdots,\ m)$ 的克罗内克积之和，从而为利用系统增广状态矩阵 $\boldsymbol{A}_i$、$\boldsymbol{B}_i$、$\boldsymbol{C}_0$ 和 $\boldsymbol{D}_0$ $(i = 0,\ 1,\ \cdots,\ m)$ 的稀疏特性奠定了基础。

(3) 利用位移–逆变换和选择合适的位移点，将期望计算得到的部分关键特征值转化为 $(\mathcal{A}_N')^{-1}$ 模值最大的部分特征值，加快了稀疏特征值计算的收敛速度，提高了方法的计算效率。

(4) 采用 IDR(s) 算法迭代求解稀疏特征值计算中计算量最大的 MIVP 运算 $(\mathcal{A}_N')^{-1}\boldsymbol{q}_k$，避免了直接矩阵求逆的困难。利用系统增广状态矩阵 $\boldsymbol{A}_i$、$\boldsymbol{B}_i$、$\boldsymbol{C}_0$ 和 $\boldsymbol{D}_0$ $(i = 0,\ 1,\ \cdots,\ m)$ 的稀疏特性，大大降低了 MVP 运算 $\mathcal{A}_N'\boldsymbol{q}_{k+1}^{(l)}$ 的计算量。这是 IGD-PS 方法适用于大规模时滞电力系统的关键。

第 6 章　基于 EIGD 的特征值计算方法

本章首先阐述文献 [156]、[188] 和 [189] 提出的 IGD-PS-II 方法的基本理论，然后利用基于谱离散化的时滞特征值计算方法的框架，将 IGD-PS-II 方法改进成为能够适用于大规模时滞电力系统的小干扰稳定性分析方法，即 EIGD 方法[143,144]。最后，将 EIGD 方法与 IIGD 方法进行对比，总结得到方法的特性。

6.1　IGD-PS-II 方法

6.1.1　基本原理

给定任意正整数 N，区间 $[-\tau_{\max},\ 0]$ 上 $N+1$ 个离散点形成的集合 Ω_N 定义为 $\Omega_N := \{\theta_{N,j},\ \ j=1,\ 2,\ \cdots,\ N+1\}$，且有 $-\tau_{\max} \leqslant \theta_{N,1} < \theta_{N,2} < \cdots < \theta_{N,N+1} = 0$。设 $\boldsymbol{X}_N = (\mathbb{R}^{n\times 1})^{\Omega_N} \approx \mathbb{R}^{(N+1)n\times 1}$ 表示集合 Ω_N 上定义的离散函数空间。因此，$\boldsymbol{X}$ 上的任意连续函数 $\boldsymbol{\varphi} \in \mathcal{D}(\mathcal{A}) \subset \boldsymbol{X}$ 被离散化为分块向量 $\boldsymbol{\Phi} = \left[\boldsymbol{\varphi}_1^{\mathrm{T}},\ \boldsymbol{\varphi}_2^{\mathrm{T}},\ \cdots,\ \boldsymbol{\varphi}_{N+1}^{\mathrm{T}}\right]^{\mathrm{T}} \in \boldsymbol{X}_N$，其中离散函数 $\boldsymbol{\varphi}_j$ $(j=1,\ 2,\ \cdots,\ N+1)$ 是连续函数 $\boldsymbol{\varphi}$ 在离散点 $\theta_{N,j}$ 处的函数值，$\boldsymbol{\varphi}_j = \boldsymbol{\varphi}(\theta_{N,j}) \in \mathbb{R}^{n\times 1}$。设 $L_N\boldsymbol{\Phi}$ 表示唯一存在的次数不超过 N 的拉格朗日插值多项式，且满足 $(L_N\boldsymbol{\Phi})(\theta_{N,j}) = \boldsymbol{\varphi}_j$ $(j=1,\ 2,\ \cdots,\ N+1)$。于是，$\boldsymbol{\varphi}$ 被拟合为

$$\boldsymbol{\varphi}(\theta) \approx (L_N\boldsymbol{\Phi})(\theta) = \sum_{j=1}^{N+1} \ell_{N,j}(\theta)\boldsymbol{\varphi}_j,\ \ \theta \in [-\tau_{\max},\ 0] \tag{6.1}$$

式中，$\ell_{N,j}(\cdot)$ $(j=1,\ 2,\ \cdots,\ N+1)$ 为与离散点 $\theta_{N,j}$ 相关的拉格朗日插值系数，如式 (5.2) ~ 式 (5.4) 所示。

综合式 (4.22) 和式 (4.38)，可知

$$\mathcal{A}\boldsymbol{\varphi} = \boldsymbol{\varphi}' = \lambda\boldsymbol{\varphi} \tag{6.2}$$

令 $\theta_{N,j}$ $(j=1,\ 2,\ \cdots,\ N+1)$ 和 $L_N\boldsymbol{\Phi}$ 分别为式 (6.2) 的配置点 (collocation points) 和配置多项式 (collocation polynomial)。考虑到式 (6.1)，可得如下配置方程 (collocation equation) 或不动点方程 (fixed point equation)：

$$\begin{cases} (L_N\boldsymbol{\Phi})'(\theta_{N,j}) = \lambda (L_N\boldsymbol{\Phi})(\theta_{N,j}), \quad j=1,\ 2,\ \cdots,\ N \\ \tilde{\boldsymbol{A}}_0 (L_N\boldsymbol{\Phi})(0) + \sum_{i=1}^{m} \tilde{\boldsymbol{A}}_i (L_N\boldsymbol{\Phi})(-\tau_i) = \lambda (L_N\boldsymbol{\Phi})(0) \end{cases} \tag{6.3}$$

由式 (6.3) 可以推导得到式 (6.2) 的离散化形式:

$$\mathcal{A}_N\boldsymbol{\Phi} = \lambda\boldsymbol{\Phi} \tag{6.4}$$

式中

$$\mathcal{A}_N = \begin{bmatrix} \boldsymbol{a}_{1,1} & \boldsymbol{a}_{1,2} & \cdots & \boldsymbol{a}_{1,N+1} \\ \boldsymbol{a}_{2,1} & \boldsymbol{a}_{2,2} & \cdots & \boldsymbol{a}_{2,N+1} \\ \vdots & \vdots & & \vdots \\ \boldsymbol{a}_{N+1,1} & \boldsymbol{a}_{N+1,2} & \cdots & \boldsymbol{a}_{N+1,N+1} \end{bmatrix} \in \mathbb{R}^{(N+1)n\times(N+1)n} \tag{6.5}$$

$$\boldsymbol{a}_{i,j} = \ell'_{N,j}(\theta_{N,i})\boldsymbol{I}_n, \quad i=1,\ 2,\ \cdots,\ N;\ j=1,\ 2,\ \cdots,\ N+1 \tag{6.6}$$

$$\begin{aligned} \boldsymbol{a}_{N+1,j} &= f\left(\ell_{N,j}(\cdot)\boldsymbol{I}_n\right) \\ &= \tilde{\boldsymbol{A}}_0\ell_{N,j}(0) + \sum_{i=1}^{m}\tilde{\boldsymbol{A}}_i\ell_{N,j}(-\tau_i), \quad j=1,\ 2,\ \cdots,\ N+1 \end{aligned} \tag{6.7}$$

通过对比可以发现，式 (6.6) 和式 (6.7) 与 IGD-PS 方法中的式 (5.15) 和式 (5.14) 实际上是完全一样的。这表明，5.1 节和 6.1 节从两种不同角度推导了无穷小生成元伪谱离散化矩阵的一般形式。

6.1.2 离散化矩阵

不同于 5.1 节给出的 IGD-PS 方法，文献 [188] 选取不同的离散点 $\theta_{N,j}$ ($j = 1,\ 2,\ \cdots,\ N+1$) 以构造集合 Ω_N，提出一种新的 IGD 方法—IGD-PS-II 方法，生成高度结构化的无穷小生成元离散化矩阵 $\mathcal{A}_N$。下面给出 $\mathcal{A}_N$ 的推导过程。

设配置多项式 $L_N\boldsymbol{\Phi}$ 可由阶数等于或小于 N 的切比雪夫多项式的一组基[165, 227]表示，即

$$(L_N\boldsymbol{\Phi})(t) = \sum_{j=0}^{N}\boldsymbol{c}_jT_j\left(2\frac{t}{\tau_{\max}}+1\right) \tag{6.8}$$

式中，$T_j(\cdot)$ 为第 j 阶第一类切比雪夫多项式；$\boldsymbol{c}_j \in \mathbb{C}^{n\times 1}$ 为常数向量，$j = 0,\ 1,\ \cdots,\ N$。

将式 (6.8) 代入式 (6.3)，并考虑到式 (3.123)，得

$$\begin{cases} \displaystyle\sum_{j=0}^{N} \boldsymbol{c}_j \frac{2j}{\tau_{\max}} U_{j-1}\left(2\frac{\theta_{N,k}}{\tau_{\max}}+1\right) = \lambda \sum_{j=0}^{N} \boldsymbol{c}_j T_j\left(2\frac{\theta_{N,k}}{\tau_{\max}}+1\right), \quad k=1,\ 2,\ \cdots,\ N \\ \displaystyle\left(\tilde{\boldsymbol{A}}_0 - \lambda \boldsymbol{I}_n\right)\sum_{j=0}^{N} \boldsymbol{c}_j T_j(1) + \sum_{j=0}^{N} \boldsymbol{c}_j \sum_{i=1}^{m} \tilde{\boldsymbol{A}}_i T_j\left(2\frac{-\tau_i}{\tau_{\max}}+1\right) = \boldsymbol{0} \end{cases} \tag{6.9}$$

式 (6.9) 可改写为矩阵形式：

$$\left\{\lambda \left[\begin{array}{c:c} [T_0(1) \quad T_1(1) \quad \cdots \quad T_{N-1}(1)] & T_N(1) \\ \hdashline \boldsymbol{\varGamma}_1 & \boldsymbol{\varGamma}_2 \end{array}\right] \otimes \boldsymbol{I}_n - \left[\begin{array}{c:c} \boldsymbol{R}_0 & [\boldsymbol{R}_1 \quad \cdots \quad \boldsymbol{R}_N] \\ \hdashline \boldsymbol{0} & \boldsymbol{U} \otimes \boldsymbol{I}_n \end{array}\right]\right\} \cdot \begin{bmatrix} \boldsymbol{c}_0 \\ \boldsymbol{c}_1 \\ \vdots \\ \boldsymbol{c}_N \end{bmatrix} = \boldsymbol{0} \tag{6.10}$$

式中，$\boldsymbol{\varGamma}_1 \in \mathbb{R}^{N\times N}$、$\boldsymbol{\varGamma}_2 \in \mathbb{R}^{N\times 1}$、$\boldsymbol{U} \in \mathbb{R}^{N\times N}$ 和 $\boldsymbol{R}_j \in \mathbb{R}^{n\times n}$ $(j=0,\ 1,\ \cdots,\ N)$ 的表达式分别如下：

$$\boldsymbol{\varGamma}_1 = \begin{bmatrix} T_0(\alpha_1) & T_1(\alpha_1) & \cdots & T_{N-1}(\alpha_1) \\ T_0(\alpha_2) & T_1(\alpha_2) & \cdots & T_{N-1}(\alpha_2) \\ \vdots & \vdots & & \vdots \\ T_0(\alpha_N) & T_1(\alpha_N) & \cdots & T_{N-1}(\alpha_N) \end{bmatrix} \tag{6.11}$$

$$\boldsymbol{\varGamma}_2 = \begin{bmatrix} T_N(\alpha_1) \\ T_N(\alpha_2) \\ \vdots \\ T_N(\alpha_N) \end{bmatrix} \tag{6.12}$$

$$\boldsymbol{U} = \frac{2}{\tau_{\max}} \begin{bmatrix} U_0(\alpha_1) & 2U_1(\alpha_1) & \cdots & NU_{N-1}(\alpha_1) \\ U_0(\alpha_2) & 2U_1(\alpha_2) & \cdots & NU_{N-1}(\alpha_2) \\ \vdots & \vdots & & \vdots \\ U_0(\alpha_N) & 2U_1(\alpha_N) & \cdots & NU_{N-1}(\alpha_N) \end{bmatrix} \tag{6.13}$$

$$\boldsymbol{R}_j = \tilde{\boldsymbol{A}}_0 + \sum_{i=1}^{m} \tilde{\boldsymbol{A}}_i T_j\left(-2\frac{\tau_i}{\tau_{\max}}+1\right), \quad j=0,\ 1,\ \cdots,\ N \tag{6.14}$$

$$\alpha_k = 2\frac{\theta_{N,k}}{\tau_{\max}} + 1,\quad k = 1,\ 2,\ \cdots,\ N \tag{6.15}$$

由式 (3.120)，可得

$$tU_{j-1}(t) = \frac{1}{2}\left(U_j(t) + U_{j-2}(t)\right) \tag{6.16}$$

将式 (6.16) 代入式 (3.121)，并考虑到 $U_{-1}(t) = 0$，得

$$T_0(t) = U_0(t),\quad T_1(t) = \frac{1}{2}U_1(t),\quad T_j(t) = \frac{1}{2}(U_j(t) - U_{j-2}(t)),\quad j \geqslant 2 \tag{6.17}$$

利用式 (6.17) 和式 (3.105)，可以建立如下关系：

$$\boldsymbol{\Gamma}_1 = \boldsymbol{U}\boldsymbol{\Upsilon}_1 \tag{6.18}$$

式中

$$\boldsymbol{\Upsilon}_1 = \frac{\tau_{\max}}{4}\begin{bmatrix} 2 & 0 & -1 & & 0 \\ & \frac{1}{2} & 0 & \ddots & \\ & & \frac{1}{3} & \ddots & -\frac{1}{N-2} \\ & & & \ddots & 0 \\ & & & & \frac{1}{N} \end{bmatrix} \in \mathbb{R}^{N\times N} \tag{6.19}$$

证明

$$\boldsymbol{\Gamma}_1 = \begin{bmatrix} T_0(\alpha_1) & T_1(\alpha_1) & \cdots & T_{N-1}(\alpha_1) \\ T_0(\alpha_2) & T_1(\alpha_2) & \cdots & T_{N-1}(\alpha_2) \\ \vdots & \vdots & & \vdots \\ T_0(\alpha_N) & T_1(\alpha_N) & \cdots & T_{N-1}(\alpha_N) \end{bmatrix}$$

$$= \frac{1}{2}\begin{bmatrix} U_0(\alpha_1) - U_{-2}(\alpha_1) & U_1(\alpha_1) - U_{-1}(\alpha_1) & \cdots & U_{N-1}(\alpha_1) - U_{N-3}(\alpha_1) \\ U_0(\alpha_2) - U_{-2}(\alpha_2) & U_1(\alpha_2) - U_{-1}(\alpha_2) & \cdots & U_{N-1}(\alpha_2) - U_{N-3}(\alpha_2) \\ \vdots & \vdots & & \vdots \\ U_0(\alpha_N) - U_{-2}(\alpha_N) & U_1(\alpha_N) - U_{-1}(\alpha_N) & \cdots & U_{N-1}(\alpha_N) - U_{N-3}(\alpha_N) \end{bmatrix}$$

$$= \frac{1}{2}\begin{bmatrix} 2U_0(\alpha_1) & U_1(\alpha_1) & U_2(\alpha_1) - U_0(\alpha_1) & \cdots & U_{N-1}(\alpha_1) - U_{N-3}(\alpha_1) \\ 2U_0(\alpha_2) & U_1(\alpha_2) & U_2(\alpha_2) - U_0(\alpha_2) & \cdots & U_{N-1}(\alpha_2) - U_{N-3}(\alpha_2) \\ \vdots & \vdots & \vdots & & \vdots \\ 2U_0(\alpha_N) & U_1(\alpha_N) & U_2(\alpha_N) - U_0(\alpha_N) & \cdots & U_{N-1}(\alpha_N) - U_{N-3}(\alpha_N) \end{bmatrix}$$

$$
=\frac{1}{2}\begin{bmatrix} U_0(\alpha_1) & 2U_1(\alpha_1) & \cdots & NU_{N-1}(\alpha_1) \\ U_0(\alpha_2) & 2U_1(\alpha_2) & \cdots & NU_{N-1}(\alpha_2) \\ \vdots & \vdots & & \vdots \\ U_0(\alpha_N) & 2U_1(\alpha_N) & \cdots & NU_{N-1}(\alpha_N) \end{bmatrix}\begin{bmatrix} 2 & 0 & -1 & & 0 \\ & \frac{1}{2} & 0 & \ddots & \\ & & \frac{1}{3} & \ddots & -\frac{1}{N-2} \\ & & & \ddots & 0 \\ & & & & \frac{1}{N} \end{bmatrix}
$$

$$
=\boldsymbol{U}\boldsymbol{\varUpsilon}_1
$$

■

将式 (6.18) 代入式 (6.10)，得

$$
\left\{\lambda\left[\begin{array}{c:c} [T_0(1) \quad T_1(1) \quad \cdots \quad T_{N-1}(1)] & T_N(1) \\ \hdashline \boldsymbol{\varUpsilon}_1 & \boldsymbol{U}^{-1}\boldsymbol{\varGamma}_2 \end{array}\right]\otimes \boldsymbol{I}_n - \left[\begin{array}{c:c} \boldsymbol{R}_0 & [\boldsymbol{R}_1 \quad \cdots \quad \boldsymbol{R}_N] \\ \hdashline \boldsymbol{0} & \boldsymbol{I}_{Nn} \end{array}\right]\right\}\cdot\begin{bmatrix} \boldsymbol{c}_0 \\ \boldsymbol{c}_1 \\ \vdots \\ \boldsymbol{c}_N \end{bmatrix}=0 \tag{6.20}
$$

将式 (6.11) ~ 式 (6.13) 中的 α_k ($k=1,\ 2,\ \cdots,\ N$) 选择为 N 阶第二类切比雪夫多项式 $U_N(\cdot)$ 的零点，即

$$
\alpha_k=-\cos\left(\frac{\pi k}{N+1}\right) \tag{6.21}
$$

于是，集合 Ω_N 中的非零离散点 $\theta_{N,j}$ ($j=1,\ 2,\ \cdots,\ N$) 为经过归一化和平移处理后的第 N 阶第二类切比雪夫多项式 $U_N(\cdot)$ 的零点，即

$$
\theta_{N,j}=\frac{\tau_{\max}}{2}(\alpha_j-1) \tag{6.22}
$$

利用 U_N 定义式 (3.103)，可得

$$
U_N(\alpha_k)=\frac{\sin((N+1)\pi+\pi k)}{\sin\left(\pi+\frac{\pi k}{N+1}\right)}=0 \tag{6.23}
$$

将式 (6.23) 代入式 (6.17)，则可得

$$
T_N(\alpha_k)=-\frac{1}{2}U_{N-2}(\alpha_k),\quad k=1,\ 2,\ \cdots,\ N;\ N\geqslant 2 \tag{6.24}
$$

于是，$\boldsymbol{U}$ 与 $\boldsymbol{\Gamma}_2$ 之间存在如下关系：

$$\boldsymbol{U}^{-1}\boldsymbol{\Gamma}_2=\left[0,\ 0,\ \cdots,\ 0,\ -\frac{\tau_{\max}}{4(N-1)},\ 0\right]^{\mathrm{T}} \tag{6.25}$$

将式 (6.25) 代入式 (6.20)，并利用第一类切比雪夫多项式的性质 $T_k(1)=1\ (k=0,\ 1,\ \cdots,\ N)$，从而式 (6.9) 就等价转化为一个广义特征值问题：

$$(\boldsymbol{\Sigma}_N-\lambda\boldsymbol{\Pi}_N)\boldsymbol{c}=\boldsymbol{0} \tag{6.26}$$

式中，$\boldsymbol{c}=\left[\boldsymbol{c}_0^{\mathrm{T}},\ \boldsymbol{c}_1^{\mathrm{T}},\ \cdots,\ \boldsymbol{c}_N^{\mathrm{T}}\right]^{\mathrm{T}}\in\mathbb{C}^{(N+1)n\times 1}$；$\boldsymbol{\Pi}_N\in\mathbb{R}^{(N+1)n\times(N+1)n}$ 为伴随矩阵；$\boldsymbol{\Sigma}_N\in\mathbb{R}^{(N+1)n\times(N+1)n}$ 为块上三角矩阵。$\boldsymbol{\Pi}_N$ 和 $\boldsymbol{\Sigma}_N$ 可具体表示为

$$\boldsymbol{\Pi}_N=\frac{\tau_{\max}}{4}\begin{bmatrix}\dfrac{4}{\tau_{\max}} & \dfrac{4}{\tau_{\max}} & \dfrac{4}{\tau_{\max}} & \cdots & & & \dfrac{4}{\tau_{\max}}\\ 2 & 0 & -1 & & & & \\ & \dfrac{1}{2} & 0 & -\dfrac{1}{2} & & & \\ & & \dfrac{1}{3} & 0 & \ddots & & \\ & & & \dfrac{1}{4} & \ddots & -\dfrac{1}{N-2} & \\ & & & & \ddots & 0 & -\dfrac{1}{N-1}\\ & & & & & \dfrac{1}{N} & 0\end{bmatrix}\otimes\boldsymbol{I}_n\triangleq\boldsymbol{\Upsilon}_2\otimes\boldsymbol{I}_n \tag{6.27}$$

$$\boldsymbol{\Sigma}_N=\begin{bmatrix}\boldsymbol{R}_0 & \boldsymbol{R}_1 & \cdots & \boldsymbol{R}_N\\ & \boldsymbol{I}_n & & \\ & & \ddots & \\ & & & \boldsymbol{I}_n\end{bmatrix} \tag{6.28}$$

式中，$\boldsymbol{\Upsilon}_2\in\mathbb{R}^{(N+1)\times(N+1)}$；$\boldsymbol{R}_j\ (j=0,\ 1,\ \cdots,\ N)$ 由系统状态矩阵 $\tilde{\boldsymbol{A}}_i\ (i=0,\ 1,\ \cdots,\ m)$ 经过简单运算得到，即

$$\boldsymbol{R}_j=\tilde{\boldsymbol{A}}_0+\sum_{i=1}^{m}\tilde{\boldsymbol{A}}_iT_j\left(-2\frac{\tau_i}{\tau_{\max}}+1\right) \tag{6.29}$$

由式 (6.26)，可以得到无穷小生成元 $\mathcal{A}$ 的伪谱离散化矩阵 $\mathcal{A}_N:\boldsymbol{X}_N\rightarrow\boldsymbol{X}_N$ 为

$$\mathcal{A}_N=\boldsymbol{\Pi}_N^{-1}\boldsymbol{\Sigma}_N \tag{6.30}$$

至此，无穷维的无穷小生成元 $\mathcal{A}$ 被转换为有限维的离散化矩阵 $\mathcal{A}_N$。

6.1.3 $\mathcal{A}_N$ 的特性分析

IGD-PS-II 方法将集合 Ω_N 中的离散点 $\theta_{N,j}$ ($j=1, 2, \cdots, N+1$) 选择为经过归一化和平移处理后的第 N 阶第二类切比雪夫多项式 $U_N(\cdot)$ 的零点 (式 (6.22))。其生成的无穷小生成元的离散化矩阵 $\mathcal{A}_N$ 具有特殊的结构，并呈现出高度的稀疏性。更为重要的是，$\mathcal{A}_N$ 的逆矩阵 $\mathcal{A}_N^{-1}$ 具有显式表达特性。

1. 结构化与稀疏性

伴随矩阵 $\boldsymbol{\Pi}_N = \boldsymbol{\Upsilon}_2 \otimes \boldsymbol{I}_n$，其中 $\boldsymbol{\Upsilon}_2$ 的非零元素仅分布在矩阵的第一行和上、下次对角线上。$\boldsymbol{\Sigma}_N$ 为分块上三角矩阵，其 $n\times n$ 非零子块位于第一块行和主对角线上。

$\boldsymbol{\Pi}_N$ 和 $\boldsymbol{\Sigma}_N$ 的元素个数均为 $(N+1)^2n^2$，而 $\boldsymbol{\Pi}_N$ 的非零元素个数为 $(3N-1)n$，$\boldsymbol{\Sigma}_N$ 的非零元素个数少于 $(N+1)n^2+Nn$。对于大规模电力系统，由于 $N \ll n$，$\boldsymbol{\Pi}_N$ 和 $\boldsymbol{\Sigma}_N$ 均为高度稀疏的矩阵。

2. 逆矩阵的显式表达特性

当对大规模时滞电力系统进行特征值分析时，需要计算 $\mathcal{A}_N$ 的逆 (或位移–逆) 矩阵 $\mathcal{A}_N^{-1} = \boldsymbol{\Sigma}_N^{-1}\boldsymbol{\Pi}_N$ 模值最大 (递减) 的部分关键特征值。通过分析不难发现，$\boldsymbol{\Sigma}_N^{-1}$ 具有显式表达特性。$\boldsymbol{\Sigma}_N^{-1}$ 和 $\boldsymbol{\Sigma}_N$ 具有完全相同的 $n\times n$ 分块稀疏结构，而且 $\boldsymbol{\Sigma}_N^{-1}$ 的各个非零子块都可以被显式地表达出来。如式 (6.31) 所示，除了第一个对角子块，$\boldsymbol{\Sigma}_N^{-1}$ 的其余对角子块均为 n 阶单位阵；$\boldsymbol{\Sigma}_N^{-1}$ 的第一个块行中，第一个分块为 $\boldsymbol{R}_0^{-1}$，剩余分块为 $-\boldsymbol{R}_0^{-1}\boldsymbol{R}_j$, $j=1, 2, \cdots, N$。

$$\boldsymbol{\Sigma}_N^{-1} = \begin{bmatrix} \boldsymbol{R}_0^{-1} & -\boldsymbol{R}_0^{-1}\boldsymbol{R}_1 & \cdots & -\boldsymbol{R}_0^{-1}\boldsymbol{R}_N \\ & \boldsymbol{I}_n & & \\ & & \ddots & \\ & & & \boldsymbol{I}_n \end{bmatrix} \tag{6.31}$$

考虑到 $\boldsymbol{\Sigma}_N^{-1}$ 具有上述显式表达特性，文献 [143] 和 [144] 又将 IGD-PS-II 算法称为 EIGD 方法。

6.2 EIGD 方法

在位移–逆变换的基础上，本节首先对 IGD-PS-II 方法得到的无穷小生成元的伪谱离散化矩阵 $\mathcal{A}_N$ 进行克罗内克积变换，进而利用稀疏特征值算法高效地计算得到大规模时滞电力系统的部分关键特征值。

6.2.1 克罗内克积变换

首先，将式 (6.31) 重写为

$$\boldsymbol{\Sigma}_N^{-1} \triangleq \left[\begin{array}{c} \boldsymbol{R}_0^{-1}\boldsymbol{\Gamma}_N \\ \hdashline [\boldsymbol{0} \quad \boldsymbol{I}_{Nn}] \end{array}\right] \tag{6.32}$$

式中

$$\boldsymbol{\Gamma}_N = [\boldsymbol{I}_n \ \ -\boldsymbol{R}_1 \ \cdots \ -\boldsymbol{R}_N] \tag{6.33}$$

$$\boldsymbol{R}_0 = \tilde{\boldsymbol{A}}_0 + \sum_{i=1}^{m} \tilde{\boldsymbol{A}}_i = \sum_{i=0}^{m} \left(\boldsymbol{A}_i - \boldsymbol{B}_i \boldsymbol{D}_0^{-1} \boldsymbol{C}_0\right) \tag{6.34}$$

$$\boldsymbol{R}_j = \tilde{\boldsymbol{A}}_0 + \sum_{i=1}^{m} \tilde{\boldsymbol{A}}_i T_j \left(-2\frac{\tau_i}{\tau_{\max}} + 1\right), \ j = 1, 2, \cdots, N \tag{6.35}$$

然后，将式 (6.33) 改写为常数拉格朗日向量 $\boldsymbol{\ell}_i$ 和系统状态矩阵 $\tilde{\boldsymbol{A}}_i$ $(i = 0, 1, \cdots, m)$ 的克罗内克积之和：

$$\boldsymbol{\Gamma}_N = \mathbf{e}_1^{\mathrm{T}} \otimes \boldsymbol{I}_n - \sum_{i=0}^{m} \boldsymbol{\ell}_i^{\mathrm{T}} \otimes \tilde{\boldsymbol{A}}_i \tag{6.36}$$

式中，$\mathbf{e}_1 = [1, 0, \cdots, 0]^{\mathrm{T}} \in \mathbb{R}^{(N+1)\times 1}$；$\boldsymbol{\ell}_i \in \mathbb{R}^{(N+1)\times 1}$ $(i = 0, 1, \cdots, m)$ 为拉格朗日向量：

$$\boldsymbol{\ell}_i = \left[0, \ T_1\left(\frac{-2\tau_i}{\tau_{\max}} + 1\right), \ T_2\left(\frac{-2\tau_i}{\tau_{\max}} + 1\right), \ \cdots, \ T_N\left(\frac{-2\tau_i}{\tau_{\max}} + 1\right)\right]^{\mathrm{T}} \tag{6.37}$$

6.2.2 位移–逆变换

位移操作后，系统的状态矩阵 $\tilde{\boldsymbol{A}}_i$ 变为 $\tilde{\boldsymbol{A}}_i'$ $(i = 0, 1, \cdots, m)$。相应地，无穷小生成元离散化矩阵 $\mathcal{A}_N$ 变为 $\mathcal{A}_N' \in \mathbb{C}^{(N+1)n\times(N+1)n}$，系统特征值变为 λ'。$\mathcal{A}_N'$ 的逆矩阵可表示为

$$\left(\mathcal{A}_N'\right)^{-1} = \left(\boldsymbol{\Sigma}_N'\right)^{-1} \boldsymbol{\Pi}_N \tag{6.38}$$

$\left(\boldsymbol{\Sigma}_N'\right)^{-1}$ 可显式表达为

$$\left(\boldsymbol{\Sigma}_N'\right)^{-1} = \left[\begin{array}{c} \left(\boldsymbol{R}_0'\right)^{-1}\boldsymbol{\Gamma}_N' \\ \hdashline [\boldsymbol{0} \quad \boldsymbol{I}_{Nn}] \end{array}\right] \tag{6.39}$$

式中

$$\boldsymbol{R}_0' = \tilde{\boldsymbol{A}}_0' + \sum_{i=1}^{m} \tilde{\boldsymbol{A}}_i' \triangleq \boldsymbol{A}'(\lambda_{\rm s}) - \boldsymbol{B}'(\lambda_{\rm s})\boldsymbol{D}_0^{-1}\boldsymbol{C}_0 \tag{6.40}$$

$$\boldsymbol{\varGamma}_N' = \begin{bmatrix}\boldsymbol{I}_n & -\boldsymbol{R}_1' & \cdots & -\boldsymbol{R}_N'\end{bmatrix} = \mathbf{e}_1^{\rm T} \otimes \boldsymbol{I}_n - \sum_{i=0}^{m} \boldsymbol{\ell}_i^{\rm T} \otimes \tilde{\boldsymbol{A}}_i' \tag{6.41}$$

其中，$\boldsymbol{R}_j' \in \mathbb{C}^{n\times n}$ $(j=0,\ 1,\ \cdots,\ N)$ 通过直接将 $\boldsymbol{R}_j$ 中的 $\tilde{\boldsymbol{A}}_i$ $(i=0,\ 1,\ \cdots,\ m)$ 用 $\tilde{\boldsymbol{A}}_i'$ 替换得到，$\tilde{\boldsymbol{A}}_i'$ $(i=0,\ 1,\ \cdots,\ m)$ 的详细表达如式 (4.51) 和式 (4.52) 所示；$\boldsymbol{A}'(\lambda_{\rm s}) \in \mathbb{C}^{n\times n}$ 和 $\boldsymbol{B}'(\lambda_{\rm s}) \in \mathbb{C}^{n\times l}$ 可以将式 (3.5) 和式 (3.6) 中的 λ 用位移点 $\lambda_{\rm s}$ 代替后得到。

$$\boldsymbol{R}_j' = \tilde{\boldsymbol{A}}_0' + \sum_{i=1}^{m} \tilde{\boldsymbol{A}}_i' T_j\left(-2\frac{\tau_i}{\tau_{\max}} + 1\right),\quad j=1,\ 2,\ \cdots,\ N \tag{6.42}$$

$$\boldsymbol{A}'(\lambda_{\rm s}) = \boldsymbol{A}_0 - \lambda_{\rm s}\boldsymbol{I}_n + \sum_{i=1}^{m} \boldsymbol{A}_i {\rm e}^{-\lambda_{\rm s}\tau_i} \tag{6.43}$$

$$\boldsymbol{B}'(\lambda_{\rm s}) = \boldsymbol{B}_0 + \sum_{i=1}^{m} \boldsymbol{B}_i {\rm e}^{-\lambda_{\rm s}\tau_i} \tag{6.44}$$

6.2.3 稀疏特征值计算

1. IRA 算法的总体实现

以 IRA 算法为例，本书给出高效计算 $(\mathcal{A}_N')^{-1}$ 模值递减的部分特征值的方法。在 IRA 算法中，计算量最大的操作就是形成 Krylov 向量过程中的 MIVP 运算。设第 k 个 Krylov 向量表示为 $\boldsymbol{p}_k \in \mathbb{C}^{(N+1)n\times 1}$，则第 $k+1$ 个 Krylov 向量 $\boldsymbol{p}_{k+1} \in \mathbb{C}^{(N+1)n\times 1}$ 可由矩阵 $(\mathcal{A}_N')^{-1}$ 与向量 $\boldsymbol{p}_k$ 的乘积运算得到：

$$\boldsymbol{p}_{k+1} = (\mathcal{A}_N')^{-1}\boldsymbol{p}_k = \left(\boldsymbol{\varSigma}_N'\right)^{-1}\boldsymbol{\varPi}_N\boldsymbol{p}_k \tag{6.45}$$

首先，从列的方向上将 $\boldsymbol{p}_k$ 压缩为矩阵 $\boldsymbol{P} = \left[\tilde{\boldsymbol{p}}_0,\ \tilde{\boldsymbol{p}}_1,\ \cdots,\ \tilde{\boldsymbol{p}}_N\right] \in \mathbb{C}^{n\times(N+1)}$，也即 $\boldsymbol{p}_k = {\rm vec}(\boldsymbol{P})$，其中 $\tilde{\boldsymbol{p}}_j \in \mathbb{C}^{n\times 1}$，$j=0,\ 1,\ \cdots,\ N$。将式 (6.27) 代入，然后利用克罗内克积的性质，即式 (4.100)，则有 $\boldsymbol{q} \triangleq \boldsymbol{\varPi}_N\boldsymbol{p}_k = {\rm vec}\left(\boldsymbol{P}\boldsymbol{\varUpsilon}_2^{\rm T}\right) \in \mathbb{C}^{(N+1)n\times 1}$。

然后，从列的方向上将 $\boldsymbol{q}$ 压缩为矩阵 $\boldsymbol{Q} = [\boldsymbol{q}_0,\ \boldsymbol{q}_1,\ \cdots,\ \boldsymbol{q}_N] \in \mathbb{C}^{n\times(N+1)}$，也即 $\boldsymbol{q} = {\rm vec}(\boldsymbol{Q})$，其中 $\boldsymbol{q}_j \in \mathbb{C}^{n\times 1}$，$j=0,\ 1,\ \cdots,\ N$。将式 (6.39) 代入式 (6.45) 中，则 $\boldsymbol{p}_{k+1}$ 可以通过如下 3 个步骤计算得到：

$$\boldsymbol{w} = \boldsymbol{\varGamma}_N'\boldsymbol{q} = \boldsymbol{\varGamma}_N'{\rm vec}(\boldsymbol{Q}) \tag{6.46}$$

$$\boldsymbol{p}_{k+1}(1:n,\ 1)=\left(\boldsymbol{R}_0'\right)^{-1}\boldsymbol{w} \tag{6.47}$$

$$\boldsymbol{p}_{k+1}(n+1:(N+1)n,\ 1)=\boldsymbol{q}(n+1:(N+1)n,\ 1) \tag{6.48}$$

式中，$\boldsymbol{p}_{k+1}(i_1:i_2,1)$ 为抽取 $\boldsymbol{p}_{k+1}$ 的第 $i_1\sim i_2$ 个元素形成的列向量。

2. 式 (6.46) 的高效实现

将式 (6.41) 代入式 (6.46)，然后利用克罗内克积的性质，即式 (4.100)，可得

$$\begin{aligned}\boldsymbol{w}=\boldsymbol{\varGamma}_N'\mathrm{vec}(\boldsymbol{Q})&=\left(\mathbf{e}_1^{\mathrm{T}}\otimes\boldsymbol{I}_n-\sum_{i=0}^{m}\boldsymbol{\ell}_i^{\mathrm{T}}\otimes\tilde{\boldsymbol{A}}_i'\right)\mathrm{vec}(\boldsymbol{Q})\\&=\boldsymbol{Q}\mathbf{e}_1-\sum_{i=0}^{m}\tilde{\boldsymbol{A}}_i'\boldsymbol{Q}\boldsymbol{\ell}_i\\&=\boldsymbol{q}_0-\tilde{\boldsymbol{A}}_0'\boldsymbol{r}_0-\sum_{i=1}^{m}\tilde{\boldsymbol{A}}_i'\boldsymbol{r}_i\end{aligned} \tag{6.49}$$

式中，$\boldsymbol{r}_i\triangleq\boldsymbol{Q}\boldsymbol{\ell}_i\in\mathbb{C}^{n\times1}$, $i=0,\ 1,\ \cdots,\ m$。

由式 (6.49) 可知，对 $\boldsymbol{\varGamma}_N'$ 应用克罗内克积变换后，$\boldsymbol{w}$ 的计算量主要由 $\tilde{\boldsymbol{A}}_0'\boldsymbol{r}_0$ 决定。否则，需要通过计算 $\tilde{\boldsymbol{A}}_0'\boldsymbol{q}_j$ $(j=1,\ 2,\ \cdots,\ N)$ 得到 $\boldsymbol{w}$。通过对比可知，克罗内克积变换的应用将计算 $\boldsymbol{w}$ 的计算量减小为原计算量的 $\dfrac{1}{N}$[144]。进一步地，可利用与式 (5.29) 相同的方法高效求解 $\tilde{\boldsymbol{A}}_0'\boldsymbol{r}_0$，以提高计算效率。

3. 式 (6.47) 的高效实现

基于 4.5.4 节的思想，充分利用系统增广状态矩阵 $\boldsymbol{A}_i$、$\boldsymbol{B}_i$、$\boldsymbol{C}_0$ 和 $\boldsymbol{D}_0$ $(i=0,\ 1,\ \cdots,\ m)$ 的稀疏特性，$\boldsymbol{p}_{k+1}(1:n)=\left(\boldsymbol{R}_0'\right)^{-1}\boldsymbol{w}$ 可高效实现如下：

$$\begin{cases}[\boldsymbol{L}_1,\ \boldsymbol{U}_1,\ \boldsymbol{P}_1,\ \boldsymbol{Q}_1]=\mathrm{lu}\left(\boldsymbol{A}'(\lambda_{\mathrm{s}})\right)\\ \boldsymbol{D}^*=\boldsymbol{D}_0-\boldsymbol{C}_0\boldsymbol{Q}_1\left(\boldsymbol{U}_1\backslash\left(\boldsymbol{L}_1\backslash\left(\boldsymbol{P}_1\boldsymbol{B}'(\lambda_{\mathrm{s}})\right)\right)\right)\\ [\boldsymbol{L}_2,\ \boldsymbol{U}_2,\ \boldsymbol{P}_2,\ \boldsymbol{Q}_2]=\mathrm{lu}\left(\boldsymbol{D}^*\right)\\ \boldsymbol{q}=\boldsymbol{C}_0\boldsymbol{Q}_1(\boldsymbol{U}_1\backslash(\boldsymbol{L}_1\backslash(\boldsymbol{P}_1\cdot\boldsymbol{w})))\\ \boldsymbol{z}=\boldsymbol{Q}_2(\boldsymbol{U}_2\backslash(\boldsymbol{L}_2\backslash(\boldsymbol{P}_2\boldsymbol{q})))\\ \boldsymbol{u}=\boldsymbol{w}+\boldsymbol{B}'(\lambda_{\mathrm{s}})\boldsymbol{z}\\ \boldsymbol{p}_{k+1}(1:n)=\boldsymbol{Q}_1(\boldsymbol{U}_1\backslash(\boldsymbol{L}_1\backslash(\boldsymbol{P}_1\boldsymbol{u})))\end{cases} \tag{6.50}$$

设由 IRA 算法计算得到 $(\mathcal{A}_N')^{-1}$ 的特征值为 λ''，则 $\mathcal{A}_N$ 的特征值的估计值为

$$\hat{\lambda} = \lambda_{\rm s} + \frac{1}{\lambda''} = \lambda_{\rm s} + \lambda' \tag{6.51}$$

与 $\hat{\lambda}$ 对应的 Krylov 向量的前 n 个分量 $\hat{\boldsymbol{v}}$ 是特征向量 $\boldsymbol{v}$ 的良好的估计和近似[188]。将 $\hat{\lambda}$ 和 $\hat{\boldsymbol{v}}$ 作为 4.6 节给出的牛顿法的初始值，通过迭代校正，可以得到时滞电力系统的精确特征值 λ 和特征向量 $\boldsymbol{v}$。

6.2.4 特性分析

通过与第 5 章提出的 IIGD 方法进行对比和分析，可总结得到 EIGD 方法的特性如下。

(1) 将集合 Ω_N 中的离散点 $\theta_{N,j}$ $(j=1,\ 2,\ \cdots,\ N+1)$ 选择为经过归一化和平移处理后的第 N 阶第二类切比雪夫多项式 $U_N(\cdot)$ 的零点 (式 (6.22))，无穷小生成元的离散化矩阵经过位移–逆变换之后得到 $(\mathcal{A}_N')^{-1}$，其第一个块行相对于系统状态矩阵 $\tilde{\boldsymbol{A}}_i'$ $(i=0,\ 1,\ \cdots,\ m)$ 具有显式表达特性。

(2) 克罗内克积变换的作用，为利用系统增广状态矩阵的稀疏特性奠定了基础，从而大大减少稀疏特征值计算的计算量。通过应用克罗内克积变换，式 (6.49) 计算 $\boldsymbol{w}$ 的计算量由 N 次 MVP 运算 $\tilde{\boldsymbol{A}}_0'\boldsymbol{q}_j$ $(j=1,\ 2,\ \cdots,\ N)$ 减少为一次 MVP 运算 $\tilde{\boldsymbol{A}}_0'\boldsymbol{r}_0 = \tilde{\boldsymbol{A}}_0'(\boldsymbol{Q\ell}_0)$。也就是说，变换后的计算量是原计算量的 $\dfrac{1}{N}$ [144]。

(3) 式 (6.45) 的计算量由式 (6.49) 中的 $\tilde{\boldsymbol{A}}_0'\boldsymbol{r}_0$ 和式 (6.47) 中的 $\left(\boldsymbol{R}_0'\right)^{-1}\boldsymbol{w}$ 决定。因此，方法的总计算量大约等于利用幂法和反幂法分别对传统无时滞电力系统进行特征值分析的计算量之和 (求解得到的特征值数量相同)。

第 7 章　基于 IGD-LMS/IRK 的特征值计算方法

本章首先论述文献 [155]、[177]、[182] 和 [183] 提出的 IGD-LMS/IRK 方法的基本理论，详细推导单时滞和多重时滞情况下无穷小生成元离散化矩阵的表达式；然后利用基于谱离散化的时滞特征值计算方法的框架对 IGD-LMS/IRK 方法进行改进，使之适用于大规模时滞电力系统的小干扰稳定性分析。

给定连续函数 $\boldsymbol{\varphi} = \Delta \boldsymbol{x}_t \in \mathcal{D}(\mathcal{A}) \subset \boldsymbol{X}$，令 $\boldsymbol{\psi}$ 表示 $\boldsymbol{\varphi}$ 的精确导数，即 $\boldsymbol{\psi} \triangleq \boldsymbol{\varphi}' = \Delta \dot{\boldsymbol{x}}$。IGD-LMS/IRK 方法将空间 $\boldsymbol{X}$ 上的函数 $\boldsymbol{\varphi}$ 和其精确导数 $\boldsymbol{\psi}$ 之间的关系，类比到求解微分方程初值问题的 LMS 方法和 IRK 方法，并分别替换其中的函数 y 和被积函数 $f(\cdot)$。具体地，在各个时滞子区间上的离散点处，根据 LMS/IRK 方法的迭代公式分别估计 $\boldsymbol{\varphi}$ 和 $\boldsymbol{\psi}$ 的函数值，从而直接推导得到表征 $\boldsymbol{\Psi} = \left[\boldsymbol{\psi}_0^{\mathrm{T}},\ \boldsymbol{\psi}_1^{\mathrm{T}},\ \cdots,\ \boldsymbol{\psi}_N^{\mathrm{T}}\right]^{\mathrm{T}} \in \boldsymbol{X}_N$ 和 $\boldsymbol{\Phi} = \left[\boldsymbol{\varphi}_0^{\mathrm{T}},\ \boldsymbol{\varphi}_1^{\mathrm{T}},\ \cdots,\ \boldsymbol{\varphi}_N^{\mathrm{T}}\right]^{\mathrm{T}} \in \boldsymbol{X}_N$ 之间微分关系的无穷小生成元离散化矩阵。

与 IIGD 方法和 EIGD 方法相比，IGD 方法的 LMS/IRK 离散化方案实质上是一种分段离散化方法 (piecewise method)。该思路同样适用于 IIGD 方法和 EIGD 方法。文献 [155]、[174] 和 [184] 对分段离散化的 IIGD 方法进行了详细介绍和分析。

7.1　IGD-LMS 方法

为了便于理解，本节首先给出基于 LMS (BDF) 的单时滞系统无穷小生成元离散化方法，进而将该方法推广至多重时滞系统。

7.1.1　单时滞情况

1. 离散点集合

给定正整数 N，区间 $[-\tau,\ 0]$ 上间距为 h 的 $N+1$ 个离散点构成的集合为 Ω_N。从而，连续状态空间 $\boldsymbol{X}$ 被转化为离散空间 $\boldsymbol{X}_N = \left(\mathbb{R}^{n\times 1}\right)^{\Omega_N} \approx \mathbb{R}^{(N+1)n\times 1}$，如图 7.1 所示。

$$\begin{cases} \Omega_N = \{\theta_j = -jh,\ j = 0,\ 1,\ \cdots,\ N\} \\ h = \dfrac{\tau}{N} \end{cases} \tag{7.1}$$

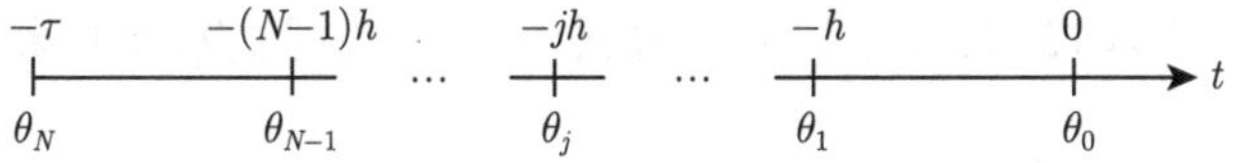

图 7.1 单时滞情况下 IGD-LMS 方法中的离散点集合 Ω_N

2. 在 $\theta_0=0$ 处函数 φ 导数的估计值 ψ_0

在 $\theta_0=0$ 处，φ 的导数 φ' 可由拼接条件式 (4.21) 得到：

$$\psi_0=\varphi'(\theta_0)=[\mathcal{A}\varphi](\theta_0)=\tilde{\boldsymbol{A}}_0\varphi_0+\sum_{i=1}^{m}\tilde{\boldsymbol{A}}_i\varphi_N \tag{7.2}$$

3. 在 θ_j ($j=k,\ k+1,\ \cdots,\ N$) 处函数 φ 导数的估计值 ψ_j

在离散点 θ_j ($j=1,\ 2,\ \cdots,\ N$) 处，函数 φ 导数 φ' 的近似值 $\psi_j\in\mathbb{R}^{n\times1}$ 可以由无穷小生成元 $\mathcal{A}$ 的定义式 (4.22) 得到：

$$\psi_j\approx\varphi'(\theta_j)=[\mathcal{A}\varphi](\theta_j) \tag{7.3}$$

式 (7.3) 的具体表达式可以分为两种情况进行推导。在 θ_j ($j=k,\ k+1,\ \cdots,\ N$) 处，ψ_j 可以通过对式 (3.163) 所示 BDF 方法的一般形式进行整理得到：

$$\varphi'(\theta_j)\approx\psi_j=f(\theta_j,\ \varphi_j)=\sum_{l=0}^{k}\frac{\alpha_l\varphi_{j+l-k}}{h\beta_k},\quad j=k,\ k+1,\ \cdots,\ N \tag{7.4}$$

4. 在 θ_j ($j=1,\ 2,\ \cdots,\ k-1$) 处函数 φ 导数的估计值 ψ_j

在离散点 θ_j ($j=1,\ 2,\ \cdots,\ k-1$) 处，需要采用“启动”方法来计算 ψ_j。此时，假设 ψ_j 具有式 (7.4) 类似的形式，即

$$\varphi'(\theta_j)\approx\psi_j=\sum_{l=0}^{k}\frac{\gamma_{j,l}\varphi_l}{h\beta_k},\quad j=1,\ 2,\ \cdots,\ k-1 \tag{7.5}$$

式中，$\gamma_{j,l}$ ($j=1,\ 2,\ \cdots,\ k-1;\ l=0,\ 1,\ \cdots,\ k$) 为未知的待求系数。下面给出确定 $\gamma_{j,l}$ 的方法。

在 $\varphi(\theta_j)=\varphi_j$ ($j=1,\ 2,\ \cdots,\ k-1$) 附近，将式 (7.5) 中的 φ_l ($l=0,\ 1,\ \cdots,\ k$) 展开成步长为 h、截止误差为 $\mathcal{O}(h^q)$ 的幂级数：

$$\varphi_l=\sum_{p=0}^{q}\frac{1}{p!}(l-j)^p h^p\varphi_j^{(p)},\quad l=0,\ 1,\ \cdots,\ k;\ j=1,\ 2,\ \cdots,\ k-1 \tag{7.6}$$

将式 (7.6) 代入式 (7.5) 中，并令等式两边 h 的同次幂项的系数相等，得

$$\begin{cases} \displaystyle\sum_{l=0}^{k} \gamma_{j,l}(l-j)^p = 0, \quad p = 0,\ 2,\ 3,\ \cdots,\ k \\ \displaystyle\sum_{l=0}^{k} \gamma_{j,l}(l-j) = \beta_k, \quad p = 1 \end{cases} \tag{7.7}$$

式中，$j = 1,\ 2,\ \cdots,\ k-1$。

对于某个特定的 j，未知系数 $\gamma_{j,l}$ $(j = 1,\ 2,\ \cdots,\ k-1;\ l = 0,\ 1,\ \cdots,\ k)$ 可以通过求解一个与式 (7.7) 对应的 $k+1$ 阶线性方程组得到。将系数 $\gamma_{j,l}$ 写成 $(k-1)\times(k+1)$ 矩阵，得

$$\boldsymbol{\Gamma}_k = \begin{bmatrix} \gamma_{1,0} & \gamma_{1,1} & \cdots & \gamma_{1,k} \\ \gamma_{2,0} & \gamma_{2,1} & \cdots & \gamma_{2,k} \\ \vdots & \vdots & & \vdots \\ \gamma_{k-1,0} & \gamma_{k-1,1} & \cdots & \gamma_{k-1,k} \end{bmatrix} \tag{7.8}$$

例如，对于 BDF 方法，当 k 为 3 和 5 时，通过计算可分别得到矩阵 $\boldsymbol{\Gamma}_3$ 和 $\boldsymbol{\Gamma}_5$：

$$\boldsymbol{\Gamma}_3 = \frac{1}{11}\begin{bmatrix} -2 & -3 & 6 & -1 \\ 1 & -6 & 3 & 2 \end{bmatrix} \tag{7.9}$$

$$\boldsymbol{\Gamma}_5 = \frac{1}{137}\begin{bmatrix} -12 & -65 & 120 & -60 & 20 & -3 \\ 3 & -30 & -20 & 60 & -15 & 2 \\ -2 & 15 & -60 & 20 & 30 & -3 \\ 3 & -20 & 60 & -120 & 65 & 12 \end{bmatrix} \tag{7.10}$$

5. 无穷小生成元 $\mathcal{A}$ 的 BDF 离散化矩阵

联立式 (7.2)、式 (7.4) 和式 (7.5)，可以推导得到 $\boldsymbol{\Phi}$ 与 $\boldsymbol{\Psi}$ 之间的关系式：

$$\boldsymbol{\Psi} = \mathcal{A}_N \boldsymbol{\Phi} \tag{7.11}$$

式中，$\mathcal{A}_N : \boldsymbol{X}_N \to \boldsymbol{X}_N$ 为 $(N+1)n \times (N+1)n$ 维无穷小生成元的离散化矩阵：

$$\mathcal{A}_N=\begin{bmatrix}\tilde{\boldsymbol{A}}_0 & \boldsymbol{0} & \cdots & \cdots & \boldsymbol{0} & \boldsymbol{0} & \cdots & \boldsymbol{0} & \tilde{\boldsymbol{A}}_1\\ \dfrac{\gamma_{1,0}\boldsymbol{I}_n}{h\beta_k} & \dfrac{\gamma_{1,1}\boldsymbol{I}_n}{h\beta_k} & \cdots & \cdots & \dfrac{\gamma_{1,k}\boldsymbol{I}_n}{h\beta_k} & \boldsymbol{0} & \cdots & \cdots & \boldsymbol{0}\\ \vdots & & \ddots & & \vdots & \vdots & & & \vdots\\ \dfrac{\gamma_{k-1,0}\boldsymbol{I}_n}{h\beta_k} & \cdots & \cdots & \dfrac{\gamma_{k-1,k-1}\boldsymbol{I}_n}{h\beta_k} & \dfrac{\gamma_{k-1,k}\boldsymbol{I}_n}{h\beta_k} & \boldsymbol{0} & \cdots & \cdots & \boldsymbol{0}\\ \dfrac{\alpha_0\boldsymbol{I}_n}{h\beta_k} & \cdots & \cdots & \cdots & \dfrac{\alpha_k\boldsymbol{I}_n}{h\beta_k} & \boldsymbol{0} & \cdots & \cdots & \boldsymbol{0}\\ \boldsymbol{0} & \ddots & & & & \ddots & \ddots & & \vdots\\ \vdots & \ddots & \ddots & & & & \ddots & \ddots & \vdots\\ \vdots & & \ddots & \ddots & & & & \ddots & \boldsymbol{0}\\ \boldsymbol{0} & \cdots & \cdots & \boldsymbol{0} & \dfrac{\alpha_0\boldsymbol{I}_n}{h\beta_k} & \cdots & \cdots & \cdots & \dfrac{\alpha_k\boldsymbol{I}_n}{h\beta_k}\end{bmatrix} \tag{7.12}$$

7.1.2 多时滞情况

本节将单时滞情况下无穷小生成元 LMS (BDF) 离散化方法扩展到含有 m 个时滞 τ_i $(i=1,\ 2,\ \cdots,\ m)$ 的系统。

1. 离散点集合

首先，在区间 $[-\tau_{\max},\ 0]$ 上建立离散点集合 Ω_N：

$$\Omega_N=\bigcup_{i=1}^{m}\Omega_{N_i} \tag{7.13}$$

式中，$N=\sum\limits_{i=1}^{m}N_i$；$\Omega_{N_i}$ $(i=1,\ 2,\ \cdots,\ m)$ 为区间 $[-\tau_i,\ -\tau_{i-1}]$ 上间距为 h_i 的 N_i+1 个离散点构成的集合，如图 7.2 和式 (7.14) 所示。值得注意的是，为了保证 LMS 方法的可用性，子区间上的离散点数 N_i $(i=1,\ 2,\ \cdots,\ m)$ 必须大于步数 k，即 $N_i>k$。

$$\begin{cases}\Omega_{N_i}=\{\theta_{j,i}=-\tau_{i-1}-jh_i,\ \ j=0,\ 1,\ \cdots,\ N_i\}\\ h_i=\dfrac{\tau_i-\tau_{i-1}}{N_i}\end{cases} \tag{7.14}$$

根据 Ω_N，连续空间 $\boldsymbol{X}$ 被转化为离散空间 $\boldsymbol{X}_N=\left(\mathbb{R}^{n\times1}\right)^{\Omega_N}\approx\mathbb{R}^{(N+1)n\times1}$，且有 $\boldsymbol{\varphi}'(\theta_0)=\boldsymbol{\psi}(\theta_0)\approx\boldsymbol{\psi}_0$，$\boldsymbol{\varphi}'(\theta_{j,i})=\boldsymbol{\psi}(\theta_{j,i})\approx\boldsymbol{\psi}_{j,i}$ $(j=1,\ 2,\ \cdots,\ N_i;\ i=1,\ 2,\ \cdots,\ m)$。

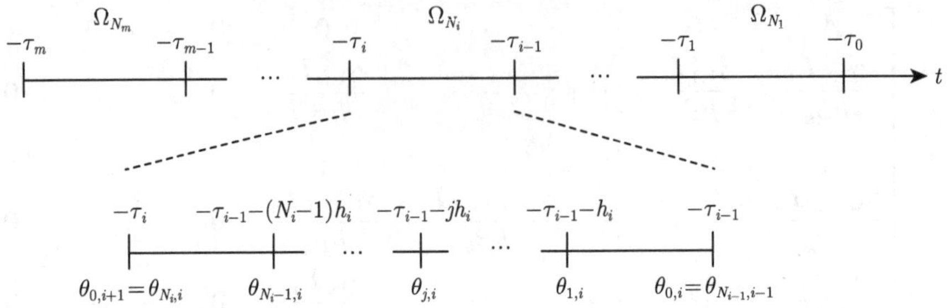

图 7.2 多重时滞情况下 IGD-LMS 方法中的离散点集合 Ω_N

2. 在 $\theta_0 = 0$ 处函数 $\boldsymbol{\varphi}$ 导数的估计值 $\boldsymbol{\psi}_0$

在 $\theta_0 = 0$ 处，函数 $\boldsymbol{\varphi}$ 导数可由式 (4.21) 所示拼接条件得到：

$$\boldsymbol{\psi}_0 = \boldsymbol{\varphi}'(\theta_0) = [\mathcal{A}\boldsymbol{\varphi}](\theta_0) = \tilde{\boldsymbol{A}}_0\boldsymbol{\varphi}_0 + \sum_{i=1}^{m} \tilde{\boldsymbol{A}}_i\boldsymbol{\varphi}_{N_i,i} \tag{7.15}$$

3. 第 i 个子区间 $[-\tau_i,\ -\tau_{i-1}]$ 上离散点

$\theta_{j,i}$ $(j=1,\ 2,\ \cdots,\ N_i;\ i=1,\ 2,\ \cdots,\ m)$ 处函数 $\boldsymbol{\varphi}$ 导数的估计值 $\boldsymbol{\psi}_{j,i}$

对于第 i 个时滞子区间 $[-\tau_i,\ -\tau_{i-1}]$ 上的离散点 $\theta_{j,i}$ $(j=1,\ 2,\ \cdots,\ N_i)$，函数 $\boldsymbol{\varphi}$ 导数的近似值 $\boldsymbol{\psi}_{j,i}$ 可以通过估计无穷小生成元 $\mathcal{A}$ 的定义式 (4.22) 得到：

$$\boldsymbol{\psi}_{j,i} \approx \boldsymbol{\varphi}'(\theta_{j,i}) = [\mathcal{A}\boldsymbol{\varphi}](\theta_{j,i}) \tag{7.16}$$

具体地，在子区间 $[-\tau_i,\ -\tau_{i-1}]$ 上前 $k-1$ 个离散点 $\theta_{j,i}$ $(j=1,\ 2,\ \cdots,\ k-1)$ 处，采用类似于单时滞情况下的“启动”方法计算系数 $\gamma_{j,l}$ $(l=0,\ 1,\ \cdots,\ k)$；在其余的 N_i-k+1 个离散点 $\theta_{j,i}$ $(j=k,\ k+1,\ \cdots,\ N_i)$ 处，直接采用 BDF 方法的系数 α_l $(l=0,\ 1,\ \cdots,\ k)$。于是，式 (7.16) 可具体表示为

$$\boldsymbol{\psi}_{j,i} = \begin{cases} \displaystyle\sum_{l=0}^{k} \frac{\gamma_{j,l}\boldsymbol{\varphi}_{l,i}}{h_i\beta_k}, & j=1,\ 2,\ \cdots,\ k-1 \\ \displaystyle\sum_{l=0}^{k} \frac{\alpha_l\boldsymbol{\varphi}_{j+l-k,i}}{h_i\beta_k}, & j=k,\ k+1,\ \cdots,\ N_i \end{cases} \tag{7.17}$$

令

$$\begin{cases} [\boldsymbol{\psi}]_i = \left[\boldsymbol{\psi}_{1,i}^{\mathrm{T}},\ \boldsymbol{\psi}_{2,i}^{\mathrm{T}},\ \cdots,\ \boldsymbol{\psi}_{N_i,i}^{\mathrm{T}}\right]^{\mathrm{T}} \\ [\boldsymbol{\varphi}]_i = \left[\boldsymbol{\varphi}_{1,i}^{\mathrm{T}},\ \boldsymbol{\varphi}_{2,i}^{\mathrm{T}},\ \cdots,\ \boldsymbol{\varphi}_{N_i,i}^{\mathrm{T}}\right]^{\mathrm{T}} \end{cases} \tag{7.18}$$

则式 (7.17) 可以写成矩阵形式：

$$[\boldsymbol{\psi}]_i = \left(\mathcal{B}_N^i \otimes \boldsymbol{I}_n\right) \cdot \begin{bmatrix} \boldsymbol{\varphi}_{N_{i-1},i-1} \\ [\boldsymbol{\varphi}]_i \end{bmatrix} \tag{7.19}$$

式中，$\mathcal{B}_N^i \in \mathbb{R}^{N_i \times (N_i+1)}$。

$$\mathcal{B}_N^i = \begin{bmatrix} \frac{\gamma_{1,0}}{h_i\beta_k} & \frac{\gamma_{1,1}}{h_i\beta_k} & \cdots & \cdots & \frac{\gamma_{1,k}}{h_i\beta_k} & 0 & \cdots & \cdots & 0 \\ \vdots & & \ddots & & \vdots & \vdots & & & \vdots \\ \frac{\gamma_{k-1,0}}{h_i\beta_k} & \cdots & \cdots & \frac{\gamma_{k-1,k-1}}{h_i\beta_k} & \frac{\gamma_{k-1,k}}{h_i\beta_k} & 0 & \cdots & \cdots & 0 \\ \frac{\alpha_0}{h_i\beta_k} & \cdots & \cdots & \cdots & \frac{\alpha_k}{h_i\beta_k} & 0 & \cdots & \cdots & 0 \\ 0 & \ddots & & & & \ddots & \ddots & & \vdots \\ \vdots & \ddots & \ddots & & & & \ddots & \ddots & \vdots \\ \vdots & & \ddots & \ddots & & & & \ddots & 0 \\ 0 & \cdots & \cdots & 0 & \frac{\alpha_0}{h_i\beta_k} & \cdots & \cdots & \cdots & \frac{\alpha_k}{h_i\beta_k} \end{bmatrix} \tag{7.20}$$

对于所有的时滞子区间 $[-\tau_i,\ -\tau_{i-1}]$ $(i=1,\ 2,\ \cdots,\ m)$ 上的离散点 $\theta_{j,i}$ $(j=1,\ 2,\ \cdots,\ N_i;\ i=1,\ 2,\ \cdots,\ m)$，有

$$\begin{bmatrix} [\boldsymbol{\psi}]_1 \\ [\boldsymbol{\psi}]_2 \\ \vdots \\ [\boldsymbol{\psi}]_m \end{bmatrix} = (\mathcal{B}_N \otimes \boldsymbol{I}_n) \cdot \begin{bmatrix} \boldsymbol{\varphi}_0 \\ [\boldsymbol{\varphi}]_1 \\ [\boldsymbol{\varphi}]_2 \\ \vdots \\ [\boldsymbol{\varphi}]_m \end{bmatrix} \tag{7.21}$$

式中，$\mathcal{B}_N \in \mathbb{R}^{N \times (N+1)}$ 由 m 个矩阵 $\mathcal{B}_N^i$ $(i=1,\ 2,\ \cdots,\ m)$ 在其对角线上按顺序排列而成。具体地，考虑到两个相邻时滞子区间的边界点是重合的，即 $\theta_{0,i+1} = \theta_{N_i,i}$ $(i=1,\ 2,\ \cdots,\ m-1)$，对于 $i=1,\ 2,\ \cdots,\ m$，令 $n_i = \sum\limits_{l=1}^{i} N_l$ 且 $n_0 = 0$，则 $\mathcal{B}_N(n_{i-1}+1:\ n_i,\ n_{i-1}+1:\ n_i+1) = \mathcal{B}_N^i$。

4. 无穷小生成元 $\mathcal{A}$ 的 BDF 离散化矩阵

令

$$\begin{cases}\boldsymbol{\Psi}=\left[\boldsymbol{\psi}_0^{\mathrm{T}},\ [\boldsymbol{\psi}]_1^{\mathrm{T}},\ \cdots,\ [\boldsymbol{\psi}]_m^{\mathrm{T}}\right]^{\mathrm{T}}\in\mathbb{R}^{(N+1)n\times 1}\\ \boldsymbol{\Phi}=\left[\boldsymbol{\varphi}_0^{\mathrm{T}},\ [\boldsymbol{\varphi}]_1^{\mathrm{T}},\ \cdots,\ [\boldsymbol{\varphi}]_m^{\mathrm{T}}\right]^{\mathrm{T}}\in\mathbb{R}^{(N+1)n\times 1}\end{cases}\tag{7.22}$$

联立式 (7.15) 和式 (7.21)，可以推导得到多重时滞情况下 $\boldsymbol{\Psi}$ 与 $\boldsymbol{\Phi}$ 之间的关系式：

$$\boldsymbol{\Psi}=\mathcal{A}_N\boldsymbol{\Phi}\tag{7.23}$$

式中，$\mathcal{A}_N:\boldsymbol{X}_N\to\boldsymbol{X}_N$ 为 $(N+1)n\times(N+1)n$ 维的无穷小生成元离散化矩阵。其第一个块行 $\boldsymbol{\Sigma}_N\in\mathbb{R}^{n\times(N+1)n}$ 可以写成单位向量 $\mathbf{e}_i\in\mathbb{R}^{1\times(N+1)}$ 和系统状态矩阵 $\tilde{\boldsymbol{A}}_i\ (i=0,\ 1,\ \cdots,\ m)$ 的克罗内克积之和。

$$\mathcal{A}_N=\left[\begin{array}{c}\boldsymbol{\Sigma}_N\\ \hdashline \mathcal{B}_N\otimes\boldsymbol{I}_n\end{array}\right]\tag{7.24}$$

$$\boldsymbol{\Sigma}_N=\sum_{i=0}^{m}\mathbf{e}_i\otimes\tilde{\boldsymbol{A}}_i\tag{7.25}$$

$$\mathbf{e}_i=\begin{cases}[1,\ 0,\ \cdots,\ 0], & i=0\\ [0,\ g_1,\ \cdots,\ g_j,\ \cdots,\ 0], & i=1,\ 2,\ \cdots,\ m-1;\ j=1,\ 2,\ \cdots,\ N-1\\ [0,\ 0,\ \cdots,\ 1], & i=m\end{cases}\tag{7.26}$$

$$g_j=\begin{cases}0,\ \ j\neq\displaystyle\sum_{l=1}^{i}N_l,\ i=1,\ 2,\ \cdots,\ m-1;\ j=1,\ 2,\ \cdots,\ N-1\\ 1,\ \ j=\displaystyle\sum_{l=1}^{i}N_l\end{cases}\tag{7.27}$$

7.2　IGD-IRK 方法

采用与 7.1 节相同的思路，本节基于 IRK 法的 Radau IIA 方案，首先给出单时滞系统无穷小生成元离散化方法，进而扩展到含有 m 个时滞 $\tau_i\ (i=1,\ 2,\ \cdots,\ m)$ 的系统。

7.2.1 单时滞情况

1. 离散点集合

首先，将区间 $[-\tau,\ 0]$ 划分为 N 个长度为 h 的子区间，$h=\dfrac{\tau}{N}$；然后，用 s 级 IRK 法的横坐标对每个子区间作进一步划分；最后，得到具有 $Ns+1$ 个离散点的集合 Ω_N，如图 7.3 所示。

$$\begin{cases}\Omega_N=\{\theta_0=0\}\cup\{\theta_j-c_lh,\ j=0,\ 1,\ \cdots,\ N-1;\ l=1,\ 2,\ \cdots,\ s\}\\ \theta_j=-jh,\ \ j=0,\ 1,\ \cdots,\ N\\ h=\dfrac{\tau}{N}\\ 0<c_1<\cdots<c_s=1\end{cases}\tag{7.28}$$

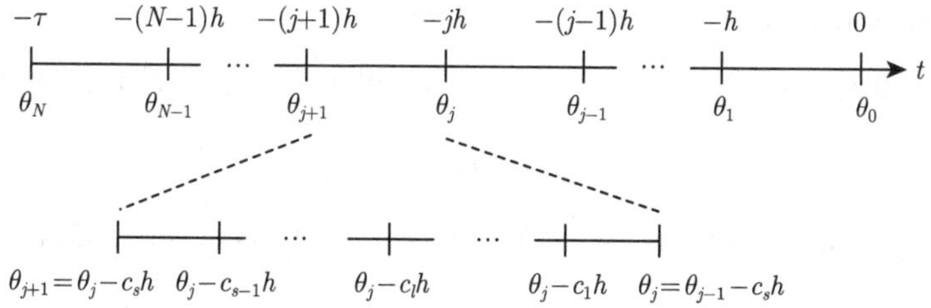

图 7.3 单时滞情况下 IGD-IRK 方法中的离散点集合 Ω_N

2. 变量定义

利用集合 Ω_N，将连续空间 $\boldsymbol{X}$ 转化为离散空间 $\boldsymbol{X}_N=(\mathbb{R}^{n\times1})^{\Omega_N}\approx\mathbb{R}^{(Ns+1)n\times1}$。给定连续函数 $\boldsymbol{\varphi}\in\mathcal{D}(\mathcal{A})$，其离散近似向量为 $\boldsymbol{\Phi}\in\boldsymbol{X}_N$。令 $\boldsymbol{\psi}\triangleq\boldsymbol{\varphi}'\in\boldsymbol{X}$，其离散近似向量为 $\boldsymbol{\Psi}\in\boldsymbol{X}_N$。

$$\boldsymbol{\Phi}=\begin{bmatrix}\boldsymbol{\varphi}_0\\ [\boldsymbol{\varphi}]_1\\ \vdots\\ [\boldsymbol{\varphi}]_N\end{bmatrix},\quad \boldsymbol{\Psi}=\begin{bmatrix}\boldsymbol{\psi}_0\\ [\boldsymbol{\psi}]_1\\ \vdots\\ [\boldsymbol{\psi}]_N\end{bmatrix}\tag{7.29}$$

式中

$$\boldsymbol{\varphi}_0=\boldsymbol{\varphi}(\theta_0)\in\mathbb{R}^{n\times1},\ \ \boldsymbol{\varphi}_j=\boldsymbol{\varphi}(\theta_j)\in\mathbb{R}^{n\times1},\ \ j=1,\ 2,\ \cdots,\ N\tag{7.30}$$

$$[\boldsymbol{\varphi}]_j = \begin{bmatrix} \boldsymbol{\varphi}(\theta_{j-1} - c_1 h) \\ \boldsymbol{\varphi}(\theta_{j-1} - c_2 h) \\ \vdots \\ \boldsymbol{\varphi}(\theta_{j-1} - c_s h) \end{bmatrix} \in \mathbb{R}^{sn\times 1} \tag{7.31}$$

$$\boldsymbol{\psi}_0 \approx [\mathcal{A}\boldsymbol{\varphi}](\theta_0) = \boldsymbol{\varphi}'(\theta_0) \in \mathbb{R}^{n\times 1} \tag{7.32}$$

$$[\boldsymbol{\psi}]_j \approx [\mathcal{A}\boldsymbol{\varphi}] \begin{bmatrix} \theta_{j-1} - c_1 h \\ \theta_{j-1} - c_2 h \\ \vdots \\ \theta_{j-1} - c_s h \end{bmatrix} = \begin{bmatrix} \boldsymbol{\varphi}'(\theta_{j-1} - c_1 h) \\ \boldsymbol{\varphi}'(\theta_{j-1} - c_2 h) \\ \vdots \\ \boldsymbol{\varphi}'(\theta_{j-1} - c_s h) \end{bmatrix} \in \mathbb{R}^{sn\times 1} \tag{7.33}$$

由于 $c_s = 1$，有

$$\boldsymbol{\varphi}(\theta_{j-1} - c_s h) = \boldsymbol{\varphi}(\theta_j) \in \mathbb{R}^{n\times 1},\ \ j = 1,\ 2,\ \cdots,\ N \tag{7.34}$$

3. 在 $\theta_0 = 0$ 处函数 $\boldsymbol{\varphi}$ 导数的估计值 $\boldsymbol{\psi}_0$

在 $\theta_0 = 0$ 处，函数 $\boldsymbol{\varphi}$ 导数的估计值 $\boldsymbol{\psi}_0$ 可由拼接条件式 (4.21) 得到:

$$\boldsymbol{\psi}_0 = \tilde{\boldsymbol{A}}_0 \boldsymbol{\varphi}_0 + \tilde{\boldsymbol{A}}_1 \boldsymbol{\varphi}_N \tag{7.35}$$

4. 在 $\theta_j - c_l h$ $(j = 0,\ 1,\ \cdots,\ N-1;\ l = 1,\ 2,\ \cdots,\ s)$ 处函数 $\boldsymbol{\varphi}$ 导数的估计值 $[\boldsymbol{\psi}]_{j+1}$

在第 $j+1$ 个子区间 $[-(j+1)h,\ -jh]$ $(j = 0,\ 1,\ \cdots,\ N-1)$ 上离散点 $\theta_j - c_l h$ $(j = 0,\ 1,\ \cdots,\ N-1;\ l = 1,\ 2,\ \cdots,\ s)$ 处，将 IRK 迭代公式 (3.171) 中的 y_n 和 y_{n+1} 分别替换为 $\boldsymbol{\varphi}_{j+1}$ 和 $\boldsymbol{\varphi}_j$，得

$$\boldsymbol{\varphi}_j = \boldsymbol{\varphi}(\theta_j - c_s h) + h \sum_{l=1}^{s} b_l k_l,\ \ j = 0,\ 1,\ \cdots,\ N-1 \tag{7.36}$$

对式 (7.36) 进行移项，得

$$\boldsymbol{\varphi}(\theta_j - c_s h) = \boldsymbol{\varphi}_j + h \sum_{l=1}^{s} (-b_l) k_l,\ \ j = 0,\ 1,\ \cdots,\ N-1 \tag{7.37}$$

式中

$$k_l = f\left(\theta_j - c_l h,\ \boldsymbol{\varphi}_j + h \sum_{r=1}^{s} (-a_{lr}) k_r\right),\ \ l = 1,\ 2,\ \cdots,\ s;\ j = 0,\ 1,\ \cdots,\ N-1 \tag{7.38}$$

将式 (7.38) 中的 k_r ($r=1, 2, \cdots, s$) 替换为 $\boldsymbol{\varphi}'(\theta_j-c_rh)$，可得 $\boldsymbol{\varphi}(\theta_j-c_lh)$。

$$\boldsymbol{\varphi}(\theta_j-c_lh)=\boldsymbol{\varphi}_j+h\sum_{r=1}^{s}(-a_{lr})\boldsymbol{\varphi}'(\theta_j-c_rh),\quad l=1, 2, \cdots, s;\ j=0, 1, \cdots, N-1 \tag{7.39}$$

将 $\boldsymbol{\varphi}(\theta_j-c_lh)$ ($l=1, 2, \cdots, s$) 写成向量形式，得

$$\begin{bmatrix}\boldsymbol{\varphi}(\theta_j-c_1h)\\ \boldsymbol{\varphi}(\theta_j-c_2h)\\ \vdots\\ \boldsymbol{\varphi}(\theta_j-c_sh)\end{bmatrix}=\begin{bmatrix}\boldsymbol{\varphi}(\theta_j)\\ \boldsymbol{\varphi}(\theta_j)\\ \vdots\\ \boldsymbol{\varphi}(\theta_j)\end{bmatrix}-h\left(\begin{bmatrix}a_{11} & a_{12} & \cdots & a_{1s}\\ a_{21} & a_{22} & \cdots & a_{2s}\\ \vdots & \vdots & & \vdots\\ a_{s1} & a_{s2} & \cdots & a_{ss}\end{bmatrix}\otimes\boldsymbol{I}_n\right)\begin{bmatrix}\boldsymbol{\varphi}'(\theta_j-c_1h)\\ \boldsymbol{\varphi}'(\theta_j-c_2h)\\ \vdots\\ \boldsymbol{\varphi}'(\theta_j-c_sh)\end{bmatrix} \tag{7.40}$$

令 $\mathbf{1}_s=[1, 1, \cdots, 1]^{\mathrm{T}}\in\mathbb{R}^{s\times1}$，利用式 (7.29) 所列变量定义，式 (7.40) 可简写为

$$[\boldsymbol{\varphi}]_{j+1}=(\mathbf{1}_s\otimes\boldsymbol{I}_n)\boldsymbol{\varphi}_j+h(-\boldsymbol{A}\otimes\boldsymbol{I}_n)[\boldsymbol{\psi}]_{j+1} \tag{7.41}$$

式中，$\boldsymbol{A}\in\mathbb{R}^{s\times s}$ 为 p 阶 s 级 IRK 法的系数矩阵。

式 (7.41) 两边同时左乘 $\dfrac{1}{h}(-\boldsymbol{A}\otimes\boldsymbol{I}_n)^{-1}$ 并移项，得

$$[\boldsymbol{\psi}]_{j+1}=\frac{1}{h}\left(\left(\boldsymbol{A}^{-1}\mathbf{1}_s\otimes\boldsymbol{I}_n\right)\boldsymbol{\varphi}_j+\left(-\boldsymbol{A}^{-1}\otimes\boldsymbol{I}_n\right)[\boldsymbol{\varphi}]_{j+1}\right),\quad j=0, 1, \cdots, N-1 \tag{7.42}$$

令 $\boldsymbol{\omega}=\boldsymbol{A}^{-1}\mathbf{1}_s=[\omega_1, \omega_2, \cdots, \omega_s]^{\mathrm{T}}\in\mathbb{R}^{s\times1}$，$\boldsymbol{W}=-\boldsymbol{A}^{-1}=[\boldsymbol{w}_1, \boldsymbol{w}_2, \ldots, \boldsymbol{w}_s]\in\mathbb{R}^{s\times s}$，可得

$$[\boldsymbol{\psi}]_{j+1}=\frac{1}{h}((\boldsymbol{\omega}\otimes\boldsymbol{I}_n)\boldsymbol{\varphi}_j+(\boldsymbol{W}\otimes\boldsymbol{I}_n)[\boldsymbol{\varphi}]_{j+1}),\quad j=0, 1, \cdots, N-1 \tag{7.43}$$

将 $[\boldsymbol{\psi}]_{j+1}$ ($j=0, 1, \cdots, N-1$) 写成向量形式，得

$$\begin{cases}[\boldsymbol{\psi}]_1=\dfrac{1}{h}((\boldsymbol{\omega}\otimes\boldsymbol{I}_n)\boldsymbol{\varphi}_0+(\boldsymbol{W}\otimes\boldsymbol{I}_n)[\boldsymbol{\varphi}]_1)\\ [\boldsymbol{\psi}]_2=\dfrac{1}{h}((\boldsymbol{\omega}\otimes\boldsymbol{I}_n)\boldsymbol{\varphi}_1+(\boldsymbol{W}\otimes\boldsymbol{I}_n)[\boldsymbol{\varphi}]_2)\\ \qquad\vdots\\ [\boldsymbol{\psi}]_N=\dfrac{1}{h}((\boldsymbol{\omega}\otimes\boldsymbol{I}_n)\boldsymbol{\varphi}_{N-1}+(\boldsymbol{W}\otimes\boldsymbol{I}_n)[\boldsymbol{\varphi}]_N)\end{cases} \tag{7.44}$$

考虑到式 (7.34)，式 (7.44) 可重写为如下简化形式：

$$\begin{bmatrix} [\boldsymbol{\psi}]_1 \\ [\boldsymbol{\psi}]_2 \\ \vdots \\ [\boldsymbol{\psi}]_N \end{bmatrix} = (\mathcal{B}_{Ns} \otimes \boldsymbol{I}_n) \cdot \begin{bmatrix} \boldsymbol{\varphi}_0 \\ [\boldsymbol{\varphi}]_1 \\ [\boldsymbol{\varphi}]_2 \\ \vdots \\ [\boldsymbol{\varphi}]_N \end{bmatrix} \tag{7.45}$$

式中，$\mathcal{B}_{Ns} \in \mathbb{R}^{Ns\times(Ns+1)}$。令 ω_i 表示向量 $\boldsymbol{\omega}$ 的第 i 个元素，$\boldsymbol{w}_i$ 和 w_{ij} 分别表示矩阵 $\boldsymbol{W}$ 中第 i 列和第 $(i,\ j)$ 个元素，则 $\mathcal{B}_{Ns}$ 可显式表示为

$$\begin{aligned}
\mathcal{B}_{Ns} &= \frac{1}{h}\begin{bmatrix} \boldsymbol{\omega} & \boldsymbol{w}_1 & \cdots & \boldsymbol{w}_s & & & & & & & \\ & & & \boldsymbol{\omega} & \boldsymbol{w}_1 & \cdots & \boldsymbol{w}_s & & & & \\ & & & & & & & \ddots & & & \\ & & & & & & & \boldsymbol{\omega} & \boldsymbol{w}_1 & \cdots & \boldsymbol{w}_s \end{bmatrix} \\
&= \frac{1}{h}\begin{bmatrix}
\omega_1 & w_{11} & \cdots & w_{1s} & & & & & & & \\
\vdots & \vdots & & \vdots & & & & & & & \\
\omega_s & w_{s1} & \cdots & w_{ss} & & & & & & & \\
& & & \omega_1 & w_{11} & \cdots & w_{1s} & & & & \\
& & & \vdots & \vdots & & \vdots & & & & \\
& & & \omega_s & w_{s1} & \cdots & w_{ss} & & & & \\
& & & & & & & \ddots & & & \\
& & & & & & & \omega_1 & w_{11} & \cdots & w_{1s} \\
& & & & & & & \vdots & \vdots & & \vdots \\
& & & & & & & \omega_1 & w_{s1} & \cdots & w_{ss}
\end{bmatrix}
\end{aligned} \tag{7.46}$$

5. 无穷小生成元 $\mathcal{A}$ 的 Radau IIA 离散化矩阵

联立式 (7.35) 和式 (7.45)，可以得到无穷小生成元 $\mathcal{A}$ 的离散化矩阵 $\mathcal{A}_{Ns}$：$\boldsymbol{X}_N \to \boldsymbol{X}_N$：

$$\boldsymbol{\varPsi} = \mathcal{A}_{Ns}\boldsymbol{\varPhi} \tag{7.47}$$

式中

$$\mathcal{A}_{Ns} = \left[\begin{array}{c} [\tilde{\boldsymbol{A}}_0 \quad \boldsymbol{0} \quad \cdots \quad \boldsymbol{0} \quad \tilde{\boldsymbol{A}}_1] \\ \hdashline \mathcal{B}_{Ns} \otimes \boldsymbol{I}_n \end{array}\right] \in \mathbb{R}^{(Ns+1)n\times(Ns+1)n} \tag{7.48}$$

7.2.2 多重时滞情况

本节将单时滞情况下无穷小生成元的 IRK 离散化方法扩展到多重时滞系统。

1. 离散点集合

首先，在区间 $[-\tau_{\max}, 0]$ 上建立包含 $Ns+1$ 个离散点的集合 Ω_N：

$$\Omega_N = \{\theta_0 = 0\} \cup \left\{\bigcup_{i=1}^{m} \Omega_{N_i}\right\} \tag{7.49}$$

式中，$N = \sum\limits_{i=1}^{m} N_i$；$\Omega_{N_i}$ $(i = 1, 2, \cdots, m)$ 为区间 $[-\tau_i, -\tau_{i-1}]$ 上 $N_i s+1$ 个离散点构成的集合，如图 7.4 和式 (7.50) 所示。

$$\begin{cases}\Omega_{N_i} = \{\theta_{j,i} - c_l h_i,\ \ i = 1, 2, \cdots, m;\ j = 0, 1, \cdots, N_i - 1;\ l = 1, \cdots, s\} \\ \theta_{j,i} = -\tau_{i-1} - jh_i \\ h_i = \dfrac{\tau_i - \tau_{i-1}}{N_i} \\ 0 < c_1 < \cdots < c_s = 1\end{cases} \tag{7.50}$$

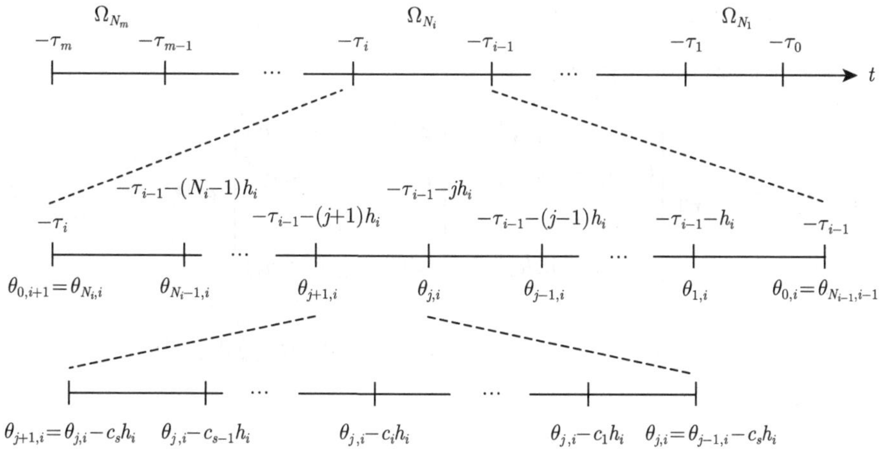

图 7.4 多重时滞情况下 IGD-IRK 方法中的离散点集合 Ω_N

2. 变量定义

利用集合 Ω_N,将连续空间 $\boldsymbol{X}$ 转化为离散空间 $\boldsymbol{X}_N \in (\mathbb{R}^{n\times 1})^{\Omega_N} \approx \mathbb{R}^{(Ns+1)n\times 1}$。给定连续函数 $\varphi \in \mathcal{D}(\mathcal{A})$，其离散近似向量为 $\boldsymbol{\Phi} \in \boldsymbol{X}_N$。令 $\psi \triangleq \varphi' = \Delta\dot{\boldsymbol{x}} \in \boldsymbol{X}$，其

离散近似向量为 $\boldsymbol{\Psi}\in\boldsymbol{X}_N$。

$$\boldsymbol{\Phi}=\begin{bmatrix}\boldsymbol{\varphi}_0\\ [\boldsymbol{\varphi}]_{1,1}\\ \vdots\\ [\boldsymbol{\varphi}]_{N_1,1}\\ [\boldsymbol{\varphi}]_{1,2}\\ \vdots\\ [\boldsymbol{\varphi}]_{N_m,m}\end{bmatrix}\in\mathbb{R}^{(Ns+1)n\times 1},\quad \boldsymbol{\Psi}=\begin{bmatrix}\boldsymbol{\psi}_0\\ [\boldsymbol{\psi}]_{1,1}\\ \vdots\\ [\boldsymbol{\psi}]_{N_1,1}\\ [\boldsymbol{\psi}]_{1,2}\\ \vdots\\ [\boldsymbol{\psi}]_{N_m,m}\end{bmatrix}\in\mathbb{R}^{(Ns+1)n\times 1} \tag{7.51}$$

式中

$$\boldsymbol{\varphi}_0=\boldsymbol{\varphi}(\theta_0)\in\mathbb{R}^{n\times 1},\ \ \boldsymbol{\varphi}_{j,i}=\boldsymbol{\varphi}(\theta_{j,i})\in\mathbb{R}^{n\times 1},$$
$$j=1,\ 2,\ \cdots,\ N_i;\ i=1,\ 2,\ \cdots,\ m \tag{7.52}$$

$$[\boldsymbol{\varphi}]_{j,i}=\begin{bmatrix}\boldsymbol{\varphi}(\theta_{j-1,i}-c_1h_i)\\ \boldsymbol{\varphi}(\theta_{j-1,i}-c_2h_i)\\ \vdots\\ \boldsymbol{\varphi}(\theta_{j-1,i}-c_sh_i)\end{bmatrix}\in\mathbb{R}^{sn\times 1} \tag{7.53}$$

$$\boldsymbol{\psi}_0=[\mathcal{A}\boldsymbol{\varphi}](\theta_0)=\boldsymbol{\varphi}'(\theta_0)\in\mathbb{R}^{n\times 1} \tag{7.54}$$

$$[\boldsymbol{\psi}]_{j,i}\approx[\mathcal{A}\boldsymbol{\varphi}]\begin{bmatrix}\theta_{j-1,i}-c_1h_i\\ \theta_{j-1,i}-c_2h_i\\ \vdots\\ \theta_{j-1,i}-c_sh_i\end{bmatrix}=\begin{bmatrix}\boldsymbol{\varphi}'(\theta_{j-1,i}-c_1h_i)\\ \boldsymbol{\varphi}'(\theta_{j-1,i}-c_2h_i)\\ \vdots\\ \boldsymbol{\varphi}'(\theta_{j-1,i}-c_sh_i)\end{bmatrix}\in\mathbb{R}^{sn\times 1} \tag{7.55}$$

对于区间 $[-\tau_i,\ -\tau_{i-1}]$ $(i=1,\ 2,\ \cdots,\ m)$ 上的离散点，由于 $c_s=1$，于是有如下关系：

$$\boldsymbol{\varphi}(\theta_{j-1,i}-c_sh_i)=\boldsymbol{\varphi}(\theta_{j,i})\in\mathbb{R}^{n\times 1},\ \ j=1,\ 2,\ \cdots,\ N_i;\ i=1,\ 2,\ \cdots,\ m \tag{7.56}$$

此外，由于两个相邻区间 $[-\tau_{i+1},\ -\tau_i]$ 和 $[-\tau_i,\ -\tau_{i-1}]$ 的端点重合，故有如下关系：

$$\boldsymbol{\varphi}(\theta_{0,i})=\boldsymbol{\varphi}(\theta_{N_{i-1},i-1})\in\mathbb{R}^{n\times 1},\ \ i=1,\ 2,\ \cdots,\ m \tag{7.57}$$

3. 在 $\theta_0 = 0$ 处函数 $\boldsymbol{\varphi}$ 导数的估计值 $\boldsymbol{\psi}_0$

在 $\theta_0 = 0$ 处，函数 $\boldsymbol{\varphi}$ 导数的估计值 $\boldsymbol{\psi}_0$ 可由拼接条件式 (4.21) 得到：

$$\boldsymbol{\psi}_0 = \tilde{\boldsymbol{A}}_0 \boldsymbol{\varphi}_0 + \sum_{i=1}^{m} \tilde{\boldsymbol{A}}_i \boldsymbol{\varphi}_{N_i,i} \tag{7.58}$$

4. 第 i 个时滞区间 $[-\tau_i,\ -\tau_{i-1}]$ 上离散点 $\theta_{j,i} - c_l h$ $(l = 1,\ 2,\ \cdots,\ s)$ 处函数 $\boldsymbol{\varphi}$ 导数的估计值 $[\boldsymbol{\psi}]_{j,i}$ $(j = 0,\ 1,\ \cdots,\ N_i - 1)$

如图 7.4 最下部所示，在第 i 个时滞区间 $[-\tau_i,\ -\tau_{i-1}]$ 的第 $j+1$ 个子区间 $[-(j+1)h_i,\ -jh_i]$ $(j = 0,\ 1,\ \cdots,\ N_i - 1)$ 上离散点 $\theta_{j,i} - c_l h_i$ $(l = 1,\ 2,\ \cdots,\ s)$ 处，将 IRK 迭代公式 (3.171) 中的 y_n 和 y_{n+1} 分别替换为 $\boldsymbol{\varphi}(\theta_{j,i} - c_s h_i)$ 和 $\boldsymbol{\varphi}(\theta_{j,i})$，得

$$\boldsymbol{\varphi}(\theta_{j,i}) = \boldsymbol{\varphi}(\theta_{j-1,i} - c_s h_i) = \boldsymbol{\varphi}(\theta_{j,i} - c_s h_i) + h_i \sum_{l=1}^{s} b_l k_l,\quad j = 0,\ 1,\ \cdots,\ N_i - 1 \tag{7.59}$$

对于式 (7.59) 进行移项，得

$$\boldsymbol{\varphi}(\theta_{j,i} - c_s h_i) = \boldsymbol{\varphi}(\theta_{j,i}) + h_i \sum_{l=1}^{s} (-b_l) k_l,\quad j = 0,\ 1,\ \cdots,\ N_i - 1 \tag{7.60}$$

式中

$$\begin{gathered} k_l = f\left(\theta_{j,i} - c_l h_i,\ \boldsymbol{\varphi}(\theta_{j,i}) + h_i \sum_{r=1}^{s} (-a_{lr}) k_r\right), \\ l = 1,\ 2,\ \cdots,\ s;\ j = 0,\ 1,\ \cdots,\ N_i - 1 \end{gathered} \tag{7.61}$$

将式 (7.61) 中的 k_r $(r = 1,\ 2,\ \cdots,\ s)$ 替换为 $\boldsymbol{\varphi}'(\theta_{j,i} - c_r h_i)$，可得 $\boldsymbol{\varphi}(\theta_{j,i} - c_l h_i)$：

$$\begin{gathered} \boldsymbol{\varphi}(\theta_{j,i} - c_l h_i) = \boldsymbol{\varphi}(\theta_{j,i}) + h_i \sum_{r=1}^{s} (-a_{lr}) \boldsymbol{\varphi}'(\theta_{j,i} - c_r h_i), \\ l = 1,\ 2,\ \cdots,\ s;\ j = 0,\ 1,\ \cdots,\ N_i - 1 \end{gathered} \tag{7.62}$$

将 $\boldsymbol{\varphi}(\theta_{j,i} - c_l h_i)$ $(l = 1,\ 2,\ \cdots,\ s)$ 写成向量形式，得

$$\begin{bmatrix}\varphi(\theta_{j,i}-c_1h_i)\\\varphi(\theta_{j,i}-c_2h_i)\\\vdots\\\varphi(\theta_{j,i}-c_sh_i)\end{bmatrix}=\begin{bmatrix}\varphi(\theta_{j,i})\\\varphi(\theta_{j,i})\\\vdots\\\varphi(\theta_{j,i})\end{bmatrix}-h_i\left(\begin{bmatrix}a_{11}&a_{12}&\cdots&a_{1s}\\a_{21}&a_{22}&\cdots&a_{2s}\\\vdots&\vdots&&\vdots\\a_{s1}&a_{s2}&\cdots&a_{ss}\end{bmatrix}\otimes\boldsymbol{I}_n\right)\begin{bmatrix}\varphi'(\theta_{j,i}-c_1h_i)\\\varphi'(\theta_{j,i}-c_2h_i)\\\vdots\\\varphi'(\theta_{j,i}-c_sh_i)\end{bmatrix} \tag{7.63}$$

利用式 (7.51) 所列变量定义，式 (7.63) 可简写为

$$[\boldsymbol{\varphi}]_{j+1,i}=(\mathbf{1}_s\otimes\boldsymbol{I}_n)\boldsymbol{\varphi}_{j,i}+h_i(-\boldsymbol{A}\otimes\boldsymbol{I}_n)[\boldsymbol{\psi}]_{j+1,i},\quad j=0,\ 1,\ \cdots,\ N_i-1 \tag{7.64}$$

式 (7.64) 两边同时左乘 $\dfrac{1}{h_i}(-\boldsymbol{A}\otimes\boldsymbol{I}_n)^{-1}$ 并移项，得

$$[\boldsymbol{\psi}]_{j+1,i}=\frac{1}{h_i}\left(\left(\boldsymbol{A}^{-1}\mathbf{1}_s\otimes\boldsymbol{I}_n\right)\boldsymbol{\varphi}_{j,i}+\left(-\boldsymbol{A}^{-1}\otimes\boldsymbol{I}_n\right)[\boldsymbol{\varphi}]_{j+1,i}\right),\ j=0,\ 1,\ \cdots,\ N_i-1 \tag{7.65}$$

类似于式 (7.43)，式 (7.65) 可简写为

$$[\boldsymbol{\psi}]_{j+1,i}=\frac{1}{h_i}\left((\boldsymbol{\omega}\otimes\boldsymbol{I}_n)\boldsymbol{\varphi}_{j,i}+(\boldsymbol{W}\otimes\boldsymbol{I}_n)[\boldsymbol{\varphi}]_{j+1,i}\right),\ \ j=0,\ 1,\ \cdots,\ N_i-1 \tag{7.66}$$

将 $[\boldsymbol{\psi}]_{j+1,i}$ $(j=0,\ 1,\ \cdots,\ N_i-1)$ 写成向量形式，得

$$\begin{cases}[\boldsymbol{\psi}]_{1,i}=\dfrac{1}{h_i}\left((\boldsymbol{\omega}\otimes\boldsymbol{I}_n)\boldsymbol{\varphi}_{0,i}+(\boldsymbol{W}\otimes\boldsymbol{I}_n)[\boldsymbol{\varphi}]_{1,i}\right)\\[\boldsymbol{\psi}]_{2,i}=\dfrac{1}{h_i}\left((\boldsymbol{\omega}\otimes\boldsymbol{I}_n)\boldsymbol{\varphi}_{1,i}+(\boldsymbol{W}\otimes\boldsymbol{I}_n)[\boldsymbol{\varphi}]_{2,i}\right)\\\qquad\vdots\\[\boldsymbol{\psi}]_{N_i,i}=\dfrac{1}{h_i}\left((\boldsymbol{\omega}\otimes\boldsymbol{I}_n)\boldsymbol{\varphi}_{N_i-1,i}+(\boldsymbol{W}\otimes\boldsymbol{I}_n)[\boldsymbol{\varphi}]_{N_i,i}\right)\end{cases} \tag{7.67}$$

考虑到式 (7.56)，式 (7.67) 可重写为如下简化形式：

$$\begin{bmatrix}[\boldsymbol{\psi}]_{1,i}\\[\boldsymbol{\psi}]_{2,i}\\\vdots\\[\boldsymbol{\psi}]_{N_i,i}\end{bmatrix}=(\mathcal{B}_{Ns}^{i}\otimes\boldsymbol{I}_n)\cdot\begin{bmatrix}\boldsymbol{\varphi}_{N_{i-1},i-1}\\[\boldsymbol{\varphi}]_{1,i}\\[\boldsymbol{\varphi}]_{2,i}\\\vdots\\[\boldsymbol{\varphi}]_{N_i,i}\end{bmatrix} \tag{7.68}$$

式中，$\mathcal{B}_{N_s}^{i}\in\mathbb{R}^{N_is\times(N_is+1)}$。令 $\boldsymbol{w}_i$ 为矩阵 $\boldsymbol{W}$ 中第 i 列元素，则 $\mathcal{B}_{N_s}^{i}$ 可显式地表示为

$$\mathcal{B}_{Ns}^{i}=\frac{1}{h_i}\begin{bmatrix}\boldsymbol{\omega} & \boldsymbol{w}_1 & \cdots & \boldsymbol{w}_s & & & & & & & \\ & & & \boldsymbol{\omega} & \boldsymbol{w}_1 & \cdots & \boldsymbol{w}_s & & & & \\ & & & & & & & \ddots & & & \\ & & & & & & & \boldsymbol{\omega} & \boldsymbol{w}_1 & \cdots & \boldsymbol{w}_s\end{bmatrix} \tag{7.69}$$

5. 所有时滞区间 $[-\tau_i,\ -\tau_{i-1}]$ $(i=1,\ 2,\ \cdots,\ m)$ 上离散点 $\theta_{j,i}-c_l h$ $(l=1,\ 2,\ \cdots,\ s)$ 处函数 φ 导数的估计值 $[\psi]_{j,i}$ $(j=0,\ 1,\ \cdots,\ N_i-1)$

将式 (7.69) 应用于所有的时滞区间 $[-\tau_i,\ -\tau_{i-1}]$ $(i=1,\ 2,\ \cdots,\ m)$，并考虑到式 (7.57)，可得

$$\begin{bmatrix}[\boldsymbol{\psi}]_{1,1}\\ \vdots \\ [\boldsymbol{\psi}]_{N_1,1}\\ [\boldsymbol{\psi}]_{1,2}\\ \vdots \\ [\boldsymbol{\psi}]_{N_m,m}\end{bmatrix}=(\mathcal{B}_{Ns}\otimes \boldsymbol{I}_n)\cdot\begin{bmatrix}\boldsymbol{\varphi}_0\\ [\boldsymbol{\varphi}]_{1,1}\\ \vdots \\ [\boldsymbol{\varphi}]_{N_1,1}\\ [\boldsymbol{\varphi}]_{1,2}\\ \vdots \\ [\boldsymbol{\varphi}]_{N_m,m}\end{bmatrix} \tag{7.70}$$

式中，$\mathcal{B}_{Ns}\in\mathbb{R}^{Ns\times(Ns+1)}$。

对于 $i=1,\ 2,\ \cdots,\ m$，令 $n_i=\sum\limits_{l=1}^{i}N_l s$ 且 $n_0=0$，则 $\mathcal{B}_{Ns}(n_{i-1}+1:\ n_i,\ n_{i-1}+1:\ n_i+1)=\mathcal{B}_{Ns}^{i}$，即

$$\mathcal{B}_{Ns}=\overbrace{\overbrace{\overbrace{\begin{bmatrix}\frac{1}{h_1}\boldsymbol{\omega} & \cdots & \frac{1}{h_1}\boldsymbol{w}_s & & & & & & \\ & & \ddots & & & & & & \\ & & \frac{1}{h_1}\boldsymbol{\omega} & \cdots & \frac{1}{h_1}\boldsymbol{w}_s & & & & \\ & & & & \ddots & & & & \\ & & & & \frac{1}{h_m}\boldsymbol{\omega} & \cdots & \frac{1}{h_m}\boldsymbol{w}_s & & \\ & & & & & & \ddots & & \\ & & & & & & \frac{1}{h_m}\boldsymbol{\omega} & \cdots & \frac{1}{h_m}\boldsymbol{w}_s\end{bmatrix}}^{s+1\text{个列块}}}^{N_1 s+1\text{个列块}}}^{Ns+1\text{个列块}} \tag{7.71}$$

6. 无穷小生成元 $\mathcal{A}$ 的 Radau IIA 离散化矩阵

联立式 (7.58) 和式 (7.70)，可以推导得到多重时滞情况下 $\boldsymbol{\Phi}$ 与 $\boldsymbol{\Psi}$ 之间的关系式：

$$\boldsymbol{\Psi} = \mathcal{A}_{Ns}\boldsymbol{\Phi} \tag{7.72}$$

式中，$\mathcal{A}_{Ns}: \boldsymbol{X}_N \to \boldsymbol{X}_N$ 为 $(Ns+1)n \times (Ns+1)n$ 维的无穷小生成元离散化矩阵。其第一个块行 $\boldsymbol{\Sigma}_{Ns} \in \mathbb{R}^{n\times(Ns+1)n}$ 可以写成单位向量 $\mathbf{e}_i' \in \mathbb{R}^{1\times(Ns+1)}$ 和系统状态矩阵 $\tilde{\boldsymbol{A}}_i$ $(i=0,\ 1,\ \cdots,\ m)$ 的克罗内克积之和。

$$\mathcal{A}_{Ns} = \begin{bmatrix} \boldsymbol{\Sigma}_{Ns} \\ \hdashline \mathcal{B}_{Ns} \otimes \boldsymbol{I}_n \end{bmatrix} \tag{7.73}$$

$$\boldsymbol{\Sigma}_{Ns} = \sum_{i=0}^{m} \mathbf{e}_i' \otimes \tilde{\boldsymbol{A}}_i \tag{7.74}$$

$$\mathbf{e}_i' = \begin{cases} [1,\ 0,\ \cdots,\ 0], & i=0 \\ [0,\ g_1,\ \cdots,\ g_j,\ \cdots,\ 0], & i=1,\ 2,\ \cdots,\ m-1;\ j=1,\ 2,\ \cdots,\ Ns-1 \\ [0,\ 0,\ \cdots,\ 1], & i=m \end{cases} \tag{7.75}$$

$$g_j = \begin{cases} 0, & j \neq \sum\limits_{l=1}^{i} N_l s,\ i=1,\ 2,\ \cdots, m;\ j=1,\ 2,\ \cdots,\ Ns-1 \\ 1, & j = \sum\limits_{l=1}^{i} N_l s \end{cases} \tag{7.76}$$

7.3 大规模时滞电力系统特征值计算

7.3.1 位移–逆变换

位移操作后，IGD-LMS 方法和 IGD-IRK 方法得到的无穷小生成元离散化矩阵 $\mathcal{A}_N$ 和 $\mathcal{A}_{Ns}$ 被分别映射为 $\mathcal{A}_N' \in \mathbb{C}^{(N+1)n\times(N+1)n}$ 和 $\mathcal{A}_{Ns}' \in \mathbb{C}^{(Ns+1)n\times(Ns+1)n}$。进而，它们的逆矩阵可表示为

$$(\mathcal{A}_N')^{-1} = \begin{bmatrix} \boldsymbol{\Sigma}_N' \\ \hdashline \mathcal{B}_N \otimes \boldsymbol{I}_n \end{bmatrix}^{-1},\quad (\mathcal{A}_{Ns}')^{-1} = \begin{bmatrix} \boldsymbol{\Sigma}_{Ns}' \\ \hdashline \mathcal{B}_{Ns} \otimes \boldsymbol{I}_n \end{bmatrix}^{-1} \tag{7.77}$$

式中，$\boldsymbol{\Sigma}'_N \in \mathbb{C}^{n\times(N+1)n}$，$\boldsymbol{\Sigma}'_{Ns} \in \mathbb{C}^{n\times(Ns+1)n}$。

$$\boldsymbol{\Sigma}'_N = \sum_{i=0}^{m} \mathbf{e}_i \otimes \tilde{\boldsymbol{A}}'_i \tag{7.78}$$

$$\boldsymbol{\Sigma}'_{Ns} = \sum_{i=0}^{m} \mathbf{e}'_i \otimes \tilde{\boldsymbol{A}}'_i \tag{7.79}$$

7.3.2 稀疏特征值计算

利用 IRA 算法求取 $(\mathcal{A}'_N)^{-1}$ 和 $(\mathcal{A}'_{Ns})^{-1}$ 模值最大的部分特征值。在 IRA 算法中，计算量最大的操作是利用 $(\mathcal{A}'_N)^{-1}$ 和 $(\mathcal{A}'_{Ns})^{-1}$ 与向量乘积形成 Krylov 子空间。设第 k 个 Krylov 向量分别为 $\boldsymbol{q}_k \in \mathbb{C}^{(N+1)n\times 1}$ 和 $\boldsymbol{q}'_k \in \mathbb{C}^{(Ns+1)n\times 1}$，则第 $k+1$ 个 Krylov 向量 $\boldsymbol{q}_{k+1} \in \mathbb{C}^{(N+1)n\times 1}$ 和 $\boldsymbol{q}'_{k+1} \in \mathbb{C}^{(Ns+1)n\times 1}$ 可分别计算如下：

$$\boldsymbol{q}_{k+1} = (\mathcal{A}'_N)^{-1} \boldsymbol{q}_k \tag{7.80}$$

$$\boldsymbol{q}'_{k+1} = (\mathcal{A}'_{Ns})^{-1} \boldsymbol{q}'_k \tag{7.81}$$

由于矩阵 $\mathcal{B}_N$ 和 $\mathcal{B}_{Ns}$ 不具有特殊的逻辑结构，$(\mathcal{A}'_N)^{-1}$ 和 $(\mathcal{A}'_{Ns})^{-1}$ 不具有显式表达形式。对于大规模时滞电力系统，利用直接求逆方法 (如 LU 分解和 Gauss 消元法) 计算 $\mathcal{A}'_N$ 和 $\mathcal{A}'_{Ns}$ 的逆矩阵时，一方面对内存要求很高，并可能导致内存溢出问题；另一方面，不能充分利用系统增广状态矩阵的稀疏特性。

为了避免直接求解 $(\mathcal{A}'_N)^{-1}$ 和 $(\mathcal{A}'_{Ns})^{-1}$，这里采用迭代方法计算 $\boldsymbol{q}_{k+1}$ 和 $\boldsymbol{q}'_{k+1}$，即将式 (7.80) 和式 (7.81) 转换为

$$\mathcal{A}'_N \boldsymbol{q}_{k+1}^{(l)} = \boldsymbol{q}_k \tag{7.82}$$

$$\mathcal{A}'_{Ns} \boldsymbol{q}_{k+1}^{\prime(l)} = \boldsymbol{q}'_k \tag{7.83}$$

式中，$\boldsymbol{q}_{k+1}^{(l)} \in \mathbb{C}^{(N+1)n\times 1}$ 和 $\boldsymbol{q}_{k+1}^{\prime(l)} \in \mathbb{C}^{(Ns+1)n\times 1}$ 为第 l 次迭代后 $\boldsymbol{q}_{k+1}$ 和 $\boldsymbol{q}'_{k+1}$ 的近似值。

迭代求解的优势在于在求解线性方程组的过程中，不增加任何元素，保持了 $\mathcal{A}'_N$ 和 $\mathcal{A}'_{Ns}$ 的稀疏特性。这里采用 IDR(s) 算法[226] 计算 $\boldsymbol{q}_{k+1}^{(l)}$ 和 $\boldsymbol{q}_{k+1}^{\prime(l)}$，具体步骤如下。

首先，将 $\boldsymbol{q}_{k+1}^{(l)}$ 和 $\boldsymbol{q}_{k+1}^{\prime(l)}$ 中的元素按照列的方向重新排列，得到矩阵 $\boldsymbol{Q} = [\tilde{\boldsymbol{q}}_0,\ \tilde{\boldsymbol{q}}_1,\ \cdots,\ \tilde{\boldsymbol{q}}_N] \in \mathbb{C}^{n\times(N+1)}$ 和 $\boldsymbol{Q}' = [\tilde{\boldsymbol{q}}'_0,\ \tilde{\boldsymbol{q}}'_1,\ \cdots,\ \tilde{\boldsymbol{q}}'_{Ns}] \in \mathbb{C}^{n\times(Ns+1)}$，即 $\boldsymbol{q}_{k+1}^{(l)} = \mathrm{vec}(\boldsymbol{Q})$，$\boldsymbol{q}_{k+1}^{\prime(l)} = \mathrm{vec}(\boldsymbol{Q}')$。其中，$\tilde{\boldsymbol{q}}_j \in \mathbb{C}^{n\times 1}$ $(j = 0,\ 1,\ \cdots,\ N)$，$\tilde{\boldsymbol{q}}'_j \in$

$\mathbb{C}^{n\times 1}$ ($j=0,\ 1,\ \cdots,\ Ns$)。然后，利用克罗内克积的性质，式 (7.82) 和式 (7.83) 的左端可计算为

$$\mathcal{A}'_N \boldsymbol{q}_{k+1}^{(l)} = \left[\begin{array}{c} \sum_{i=0}^{m} \mathbf{e}_i \otimes \tilde{\boldsymbol{A}}_i' \\ \hdashline \mathcal{B}_N \otimes \boldsymbol{I}_n \end{array}\right] \mathrm{vec}(\boldsymbol{Q}) = \left[\begin{array}{c} \sum_{i=0}^{m} \tilde{\boldsymbol{A}}_i' \boldsymbol{p}_i \\ \hdashline \mathrm{vec}\left(\boldsymbol{Q}\mathcal{B}_N^{\mathrm{T}}\right) \end{array}\right] \tag{7.84}$$

$$\mathcal{A}'_{Ns} \boldsymbol{q}_{k+1}^{\prime(l)} = \left[\begin{array}{c} \sum_{i=0}^{m} \mathbf{e}_i' \otimes \tilde{\boldsymbol{A}}_i' \\ \hdashline \mathcal{B}_{Ns} \otimes \boldsymbol{I}_n \end{array}\right] \mathrm{vec}\left(\boldsymbol{Q}'\right) = \left[\begin{array}{c} \sum_{i=0}^{m} \tilde{\boldsymbol{A}}_i' \boldsymbol{p}_i' \\ \hdashline \mathrm{vec}\left(\boldsymbol{Q}'\mathcal{B}_{Ns}^{\mathrm{T}}\right) \end{array}\right] \tag{7.85}$$

式中，$\boldsymbol{p}_i \triangleq \boldsymbol{Q}\mathbf{e}_i^{\mathrm{T}} \in \mathbb{C}^{n\times 1}$，$\boldsymbol{p}_i' \triangleq \boldsymbol{Q}'\left(\mathbf{e}_i'\right)^{\mathrm{T}} \in \mathbb{C}^{n\times 1}$，$i=0,\ 1,\ \cdots,\ m$。

在式 (7.84) 和式 (7.85) 中，计算量最大的操作是 MVP 运算 $\tilde{\boldsymbol{A}}_0'\boldsymbol{p}_0$ 和 $\tilde{\boldsymbol{A}}_0'\boldsymbol{p}_0'$。可采用与式 (5.29) 相同的方法对上述两个 MVP 运算进行高效实现，以提高计算效率。

给定收敛精度 ε_1，则求解 $\boldsymbol{q}_{k+1}^{(l)}$ 和 $\boldsymbol{q}_{k+1}^{\prime(l)}$ 的 IDR(s) 算法的收敛条件为

$$\left\|\boldsymbol{q}_k - \mathcal{A}'_N \boldsymbol{q}_{k+1}^{(l)}\right\| \leqslant \varepsilon_1, \quad \left\|\boldsymbol{q}_k' - \mathcal{A}'_{Ns} \boldsymbol{q}_{k+1}^{\prime(l)}\right\| \leqslant \varepsilon_1 \tag{7.86}$$

设 IRA 算法计算得到的 $\left(\mathcal{A}'_N\right)^{-1}$ 和 $\left(\mathcal{A}'_{Ns}\right)^{-1}$ 的特征值为 λ''，则 $\mathcal{A}_N$ 和 $\mathcal{A}_{Ns}$ 的近似特征值为

$$\hat{\lambda} = \frac{1}{\lambda''} + \lambda_{\mathrm{s}} = \lambda' + \lambda_{\mathrm{s}} \tag{7.87}$$

与 λ'' 对应的 Krylov 向量的前 n 个元素形成的向量 $\hat{\boldsymbol{v}}$ 是精确特征值 λ 对应的特征向量 $\boldsymbol{v}$ 的良好近似。以 $\hat{\lambda}$ 和 $\hat{\boldsymbol{v}}$ 为初始值，利用牛顿法可以迭代得到精确特征值 λ 和对应的特征向量 $\boldsymbol{v}$。

7.3.3 特性分析

IGD-LMS 方法和 IGD-IRK 方法具有相似的特性，具体可参考 5.2.4 节。这里仅强调两点。

(1) 用 L 表示利用 IDR(s) 算法求解式 (7.82) 或式 (7.83) 所需的迭代次数，则 IGD-LMS/IRK 方法形成每个 Krylov 向量的运算量大约等于利用 IRA 算法进对传统无时滞电力系统进行特征值分析计算量的 L 倍。这与 IIGD 方法完全相同。

(2) 与 IIGD 方法相比，IGD-LMS/IRK 方法生成的无穷小生成元离散化矩阵的维数更高，但是它们子矩阵 $\mathcal{B}_N$、$\mathcal{B}_{Ns}$ 的稀疏性却远胜于 IIGD 方法的子矩阵 $\underline{\boldsymbol{D}}_N$。因此，对于单次 IDR 迭代，IGD-LMS/IRK 方法的计算量小于 IIGD 方法。

第 8 章　基于 SOD-PS 的特征值计算方法

本章首先阐述文献 [174] 和 [194] 提出的 SOD-PS 方法的基本理论，详细推导解算子伪谱配置离散化矩阵及其子矩阵的表达式；然后利用基于谱离散化的时滞特征值计算方法的框架对 SOD-PS 方法进行改进，使之能够高效地计算大规模时滞电力系统阻尼比小于给定值的部分关键特征值[146,228]。

8.1　SOD-PS 方法的基本原理

8.1.1　空间 X 的离散化

令 Q 为大于或等于 $\tau_{\max}/h$ 的最小整数，即 $Q=\min\{q|qh\geqslant\tau_{\max},\ q\in\mathbb{N}\}$。令 $\theta_i=-ih\ (i=0,\ 1,\ \cdots,\ Q-1)$，且 $\theta_Q=-\tau_{\max}$。首先，将区间 $[-\tau_{\max},\ 0]$ 分成 Q 个子区间 $[\theta_1,\ \theta_0]$, $[\theta_2,\ \theta_1]$, $\cdots$, $[\theta_Q,\ \theta_{Q-1}]$。然后，利用 M 阶第二类切比雪夫多项式的 $M+1$ 个经过位移和归一化处理后的零点对 Q 个子区间分别进行离散化。最终，得到区间 $[-\tau_{\max},\ 0]$ 上 $QM+1$ 个离散点构成的集合 Ω_M：

$$\Omega_M:=\bigcup_{i=1}^{Q}\{\Omega_{M,i}\} \tag{8.1}$$

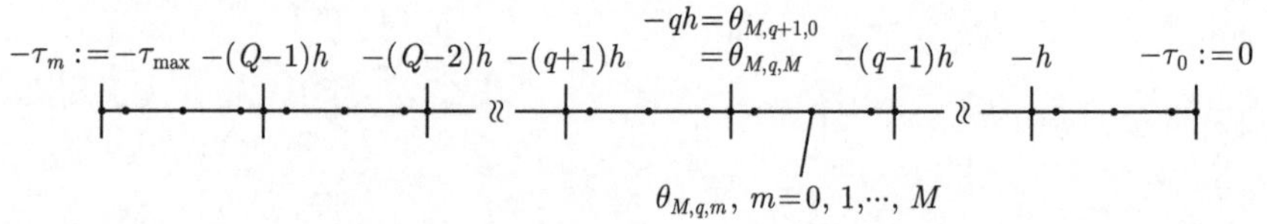

图 8.1　离散点集合 Ω_M

具体地，当 $i=1,\ 2,\ \cdots,\ Q-1$ 时，有

$$\Omega_{M,i}=\left\{\theta_{M,i,j},\ j=0,\ 1,\ \cdots,\ M:\ \theta_{M,i,j}=\frac{h}{2}\left[\cos\left(\frac{j\pi}{M}\right)-2i+1\right]\right\} \tag{8.2}$$

当 $i=Q$ 时，有

$$\Omega_{M,Q}=\left\{\theta_{M,Q,j},\ j=0,\ 1,\ \cdots,\ M:\ \theta_{M,Q,j}\right.\\ \left.=\frac{\tau_{\max}-(Q-1)h}{2}\cos\left(\frac{j\pi}{M}\right)-\frac{\tau_{\max}+(Q-1)h}{2}\right\} \tag{8.3}$$

集合 Ω_M 中各元素具有如下关系：

$$\begin{cases} 0=\theta_0=\theta_{M,1,0}>\cdots>\theta_{M,1,M}=\theta_1 \\ \theta_{i-1}=\theta_{M,i,0}>\cdots>\theta_{M,i,M}=\theta_i,\quad i=2,\ 3,\ \cdots,\ Q-1 \\ \theta_{Q-1}=\theta_{M,Q,0}>\cdots>\theta_{M,Q,M}=\theta_Q=-\tau_{\max} \end{cases} \tag{8.4}$$

由式 (8.4) 可知，集合 Ω_M 中的元素具有如下重叠关系：

$$\theta_{M,i,M}=\theta_i=-ih=\theta_{M,i+1,0},\quad i=1,\ 2,\ \cdots,\ Q-1 \tag{8.5}$$

利用集合 Ω_M，可将连续空间 $\boldsymbol{X}$ 离散化为离散空间 $\boldsymbol{X}_M=(\mathbb{R}^{n\times1})^{\Omega_M}\approx\mathbb{R}^{(QM+1)n\times1}$。在集合 Ω_M 的各离散点上，任意连续函数 $\boldsymbol{\varphi}\in\mathcal{D}(\mathcal{A})\subset\boldsymbol{X}$ 被离散化为分块向量 $\boldsymbol{\Phi}=\left[\boldsymbol{\varphi}_{1,0}^{\mathrm{T}},\ \cdots,\ \boldsymbol{\varphi}_{1,M-1}^{\mathrm{T}},\ \cdots,\ \boldsymbol{\varphi}_{Q,0}^{\mathrm{T}},\ \cdots,\ \boldsymbol{\varphi}_{Q,M-1}^{\mathrm{T}},\ \boldsymbol{\varphi}_{Q,M}^{\mathrm{T}}\right]^{\mathrm{T}}\in\mathbb{R}^{(QM+1)n\times1}$。其中，离散函数 $\boldsymbol{\varphi}_{i,j}\in\mathbb{R}^{n\times1}$ $(i=1,\ 2,\ \cdots,\ Q;\ j=0,\ 1,\ \cdots,\ M)$ 为连续函数 $\boldsymbol{\varphi}$ 在离散点 $\theta_{M,i,j}$ 处的函数值，即 $\boldsymbol{\varphi}_{i,j}=\boldsymbol{\varphi}(\theta_{M,i,j})$。此外，有 $\boldsymbol{\varphi}_{i,M}=\boldsymbol{\varphi}_{i+1,0}$，$i=1,\ 2,\ \cdots,\ Q-1$。

定义约束算子 (restriction operator) $R_M:=\boldsymbol{X}\to\boldsymbol{X}_M$：

$$R_M\boldsymbol{\varphi}=\boldsymbol{\Phi},\quad \boldsymbol{\varphi}\in\boldsymbol{X};\ \boldsymbol{\Phi}\in\boldsymbol{X}_M \tag{8.6}$$

定义延伸算子 (prolongation operator) $P_M:=\boldsymbol{X}_M\to\boldsymbol{X}$ 以拟合第 i 个子区间 $[\theta_i,\ \theta_{i-1}]$ ($i=1,\ 2,\ \cdots,\ Q$) 上的 $\boldsymbol{\varphi}$。

$$\boldsymbol{\varphi}(\theta)\approx(P_M\boldsymbol{\Phi})(\theta)=\sum_{j=0}^{M}\ell_{M,i,j}(\theta)\boldsymbol{\varphi}_{i,j},\quad \boldsymbol{\Phi}\in\boldsymbol{X}_M;\ \boldsymbol{\varphi}_{i,j}\in\mathbb{R}^{n\times1};\\ \theta\in[\theta_i,\ \theta_{i-1}];\ i=1,\ 2,\ \cdots,\ Q \tag{8.7}$$

式中，$\ell_{M,i,j}(\cdot)$ $(i=1,\ 2,\ \cdots,\ Q;\ j=0,\ 1,\ \cdots,\ M)$ 为与离散点 $\theta_{M,i,j}$ 对应的拉格朗日系数，即

$$\ell_{M,i,j}(\theta)=\prod_{k=0,\ k\neq j}^{M}\frac{\theta-\theta_{M,i,k}}{\theta_{M,i,j}-\theta_{M,i,k}},\quad \theta\in[\theta_i,\ \theta_{i-1}];\ i=1,\ 2,\ \cdots,\ Q \tag{8.8}$$

此外，有

$$\ell_{M,i,j}(\theta_{M,i,k}) = \begin{cases} 1, & j = k \\ 0, & j \neq k \end{cases} \tag{8.9}$$

约束算子 R_M 和延伸算子 P_M 之间具有如下关系：

$$\begin{cases} R_M P_M = \boldsymbol{I}_{X_M} \\ P_M R_M = \mathcal{L}_M \end{cases} \tag{8.10}$$

式中，$\mathcal{L}_M := \boldsymbol{X} \to \boldsymbol{X}$ 为与初始条件 $\varphi \in \boldsymbol{X}$ 相对应的分段拉格朗日插值算子。

8.1.2　空间 $\boldsymbol{X}^+$ 的离散化

除了 4.1.1 节已经定义过的 Banach 空间 $\boldsymbol{X}$，这里定义另外两个 Banach 空间 $\boldsymbol{X}^+$ 和 $\boldsymbol{X}^\pm$。令

$$\boldsymbol{z}(t) \triangleq \Delta\dot{\boldsymbol{x}}(t) = \tilde{\boldsymbol{A}}_0 \Delta\boldsymbol{x}(t) + \sum_{i=1}^{m} \tilde{\boldsymbol{A}}_i \Delta\boldsymbol{x}(t - \tau_i) \tag{8.11}$$

则 $\boldsymbol{X}^+ := C([0,\ h], \mathbb{R}^{n\times1})$ 定义为由区间 $[0,\ h]$ 到 n 维实数空间 $\mathbb{R}^{n\times1}$ 映射的连续函数构成的 Banach 空间，并赋有上确界范数 $\|\boldsymbol{z}\| = \sup\limits_{\theta\in[0,\ h]} |\boldsymbol{z}(\theta)|$。定义 $\boldsymbol{X}^\pm := C([-\tau_{\max},\ h], \mathbb{R}^{n\times1})$ 为由区间 $[-\tau_{\max},\ h]$ 到 n 维实数空间 $\mathbb{R}^{n\times1}$ 映射的连续函数构成的 Banach 空间。与 Banach 空间 $\boldsymbol{X}$ 和 $\boldsymbol{X}^+$ 不同的是，$\boldsymbol{X}^\pm$ 空间不需要赋范。

选择 N 阶第一类切比雪夫多项式的 N 个零点，经过位移和归一化处理后，对区间 $[0,\ h]$ 进行离散化，从而得到具有 N 个元素的集合 Ω_N^+：

$$\Omega_N^+ := \left\{ t_{N,i},\ i = 1,\ 2,\ \cdots,\ N : t_{N,i} = \frac{h}{2}\left[1 - \cos\left(\frac{(2i-1)\pi}{2N}\right)\right] \right\} \tag{8.12}$$

式中，$0 < t_{N,1} < \cdots < t_{N,N} < h$。

利用集合 Ω_N^+，可以将空间 $\boldsymbol{X}^+$ 离散化为 $\boldsymbol{X}_N^+ = (\mathbb{R}^{n\times1})^{\Omega_N^+} \approx \mathbb{R}^{Nn\times1}$。

在集合 Ω_N^+ 的各离散点上，任意连续函数 $\boldsymbol{z} \in \boldsymbol{X}^+$ 被离散化为分块向量：

$$\boldsymbol{Z} = \left[\boldsymbol{z}_1^{\mathrm{T}},\ \boldsymbol{z}_2^{\mathrm{T}},\ \cdots,\ \boldsymbol{z}_N^{\mathrm{T}}\right]^{\mathrm{T}} \in \mathbb{R}^{Nn\times1}$$

式中，离散函数 $\boldsymbol{z}_i \in \mathbb{R}^{n\times1}$ $(i = 1,\ 2,\ \cdots,\ N)$ 为连续函数 $\boldsymbol{z}$ 在离散点 $t_{N,i}$ 处的函数值，即 $\boldsymbol{z}_i = \boldsymbol{z}(t_{N,i})$。

定义约束算子 $R_N^+ := \boldsymbol{X}^+ \to \boldsymbol{X}_N^+$ 和延伸算子 $P_N^+ := \boldsymbol{X}_N^+ \to \boldsymbol{X}^+$ 如下：

$$R_N^+ \boldsymbol{z} = \boldsymbol{Z},\quad \boldsymbol{z} \in \boldsymbol{X}^+ \tag{8.13}$$

$$\left(P_N^+ \boldsymbol{Z}\right)(t) = \sum_{i=1}^{N} \ell_{N,i}^+(t)\boldsymbol{z}_i,\quad \boldsymbol{Z} \in \boldsymbol{X}_N^+;\ t \in [0,\ h] \tag{8.14}$$

式中，$\ell_{N,i}^+(\cdot)$ $(i = 1,\ 2,\ \cdots,\ N)$ 为与离散点 $t_{N,i}$ 对应的拉格朗日系数，即

$$\ell_{N,i}^+(t) = \prod_{k=1,\ k\neq i}^{N} \frac{t - t_{N,k}}{t_{N,i} - t_{N,k}},\quad t \in [0,\ h] \tag{8.15}$$

此外，有

$$\ell_{N,i}^+(t_{N,k}) = \begin{cases} 1, & k = i \\ 0, & k \neq i \end{cases} \tag{8.16}$$

R_N^+ 和 P_N^+ 满足如下关系：

$$\begin{cases} R_N^+ P_N^+ = \boldsymbol{I}_{X_N^+} \\ P_N^+ R_N^+ = \mathcal{L}_N^+ \end{cases} \tag{8.17}$$

式中，$\mathcal{L}_N^+ : \boldsymbol{X}^+ \to \boldsymbol{X}^+$ 为与函数 $\boldsymbol{z} \in \boldsymbol{X}^+$ 相对应的拉格朗日插值算子。

8.1.3 解算子的显式表达式

本节将给出一种不同于式 (4.9) 的解算子显式表达式，从而为推导解算子的伪谱配置离散化矩阵奠定基础。具体地，首先定义映射 V，然后推导解算子 $\mathcal{T}(h)$ 的泛函表达。

1. 映射 V

为了表征区间 $\theta \in [-\tau_{\max},\ h]$ 上时滞系统的解 $\Delta\boldsymbol{x}(\theta)$，定义映射 $(V(\boldsymbol{\varphi},\ \boldsymbol{z}))(\theta) : \boldsymbol{X} \times \boldsymbol{X}^+ \to \boldsymbol{X}^\pm$。由式 (4.7)，可得

$$(V(\boldsymbol{\varphi},\ \boldsymbol{z}))(\theta) = \Delta\boldsymbol{x}(\theta) = \begin{cases} \boldsymbol{\varphi}(0) + \displaystyle\int_0^\theta \boldsymbol{z}(s)\mathrm{d}s, & \theta \in [0,\ h] \\ \boldsymbol{\varphi}(\theta), & \theta \in [-\tau_{\max},\ 0] \end{cases} \tag{8.18}$$

式中，$(\boldsymbol{\varphi},\ \boldsymbol{z}) \in \boldsymbol{X} \times \boldsymbol{X}^{+}$，且 $\theta \in [-\tau_{\max},\ h]$。由式 (8.18) 可知，映射 V 将时滞系统的解由定义在区间 $[-\tau_{\max},\ 0]$ 上的初始条件 (状态)$\boldsymbol{\varphi}$ 映射到区间 $[-\tau_{\max},\ h]$ 上。

令 $\boldsymbol{z} = \boldsymbol{0}$ 并代入式 (8.18)，可以得到线性算子 $V_1 : \boldsymbol{X} \rightarrow \boldsymbol{X}^{\pm}$：

$$
\begin{aligned}
(V_1\boldsymbol{\varphi})(\theta) &= (V(\boldsymbol{\varphi},\ \boldsymbol{0}))(\theta),\quad \boldsymbol{\varphi} \in \boldsymbol{X} \\
&= \begin{cases} \boldsymbol{\varphi}(0), & \theta \in [0,\ h] \\ \boldsymbol{\varphi}(\theta), & \theta \in [-\tau_{\max},\ 0] \end{cases}
\end{aligned}
\tag{8.19}
$$

令 $\boldsymbol{\varphi} = \boldsymbol{0}$ 并代入式 (8.18)，可以得到线性算子 $V_2 : \boldsymbol{X}^{+} \rightarrow \boldsymbol{X}^{\pm}$：

$$
\begin{aligned}
(V_2\boldsymbol{z})(\theta) &= (V(\boldsymbol{0},\ \boldsymbol{z}))(\theta),\quad \boldsymbol{z} \in \boldsymbol{X}^{+} \\
&= \begin{cases} \displaystyle\int_0^{\theta} \boldsymbol{z}(s)\mathrm{d}s, & \theta \in [0,\ h] \\ \boldsymbol{0}, & \theta \in [-\tau_{\max},\ 0] \end{cases}
\end{aligned}
\tag{8.20}
$$

利用算子 V_1 和 V_2，可将映射 $V(\boldsymbol{\varphi},\ \boldsymbol{z})$ 分解如下：

$$
V(\boldsymbol{\varphi},\ \boldsymbol{z}) = V_1\boldsymbol{\varphi} + V_2\boldsymbol{z},\quad (\boldsymbol{\varphi},\ \boldsymbol{z}) \in \boldsymbol{X} \times \boldsymbol{X}^{+} \tag{8.21}
$$

2. 解算子 $\mathcal{T}(h)$ 的泛函表达

定义求导算子 $F : \boldsymbol{X}^{\pm} \rightarrow \boldsymbol{X}^{+}$：

$$
F\Delta\boldsymbol{x}(t) = \Delta\dot{\boldsymbol{x}}(t) = \boldsymbol{z}(t) = \tilde{\boldsymbol{A}}_0\Delta\boldsymbol{x}(t) + \sum_{i=1}^{m}\tilde{\boldsymbol{A}}_i\Delta\boldsymbol{x}(t-\tau_i),\quad \Delta\boldsymbol{x} \in \boldsymbol{X}^{\pm};\ t \in [0,\ h] \tag{8.22}
$$

利用求导算子 F 和映射 V，可将解算子 $\mathcal{T}(h)$ 表示为

$$
\mathcal{T}(h)\boldsymbol{\varphi} = V\left(\boldsymbol{\varphi},\ \boldsymbol{z}^{*}\right)_h,\quad \boldsymbol{\varphi} \in \boldsymbol{X};\ \boldsymbol{z}^{*} \in \boldsymbol{X}^{+} \tag{8.23}
$$

式中，当且仅当式 (3.8) 所示时滞系统在区间 $[0,\ h]$ 有解时，$\boldsymbol{z}^{*}$ 是下列不动点方程 (fixed point equation) 或配置方程 (collocation equation) 的唯一解：

$$
\boldsymbol{z}^{*} = FV\left(\boldsymbol{\varphi},\ \boldsymbol{z}^{*}\right),\quad \boldsymbol{z}^{*} \in \boldsymbol{X}^{+} \tag{8.24}
$$

由于求导算子 F 是线性的，并考虑到式 (8.21)，对映射 $V(\boldsymbol{\varphi},\ \boldsymbol{z}^{*})$ 施加导数算子 F 后可得

$$
FV\left(\boldsymbol{\varphi},\ \boldsymbol{z}^{*}\right) = FV_1\boldsymbol{\varphi} + FV_2\boldsymbol{z}^{*} \tag{8.25}
$$

将式 (8.25) 代入式 (8.24)，并考虑到 $(\boldsymbol{I}_{X^+} - FV_2)$ 可逆性，可解得

$$\boldsymbol{z}^* = (\boldsymbol{I}_{\boldsymbol{X}^+} - FV_2)^{-1} FV_1\boldsymbol{\varphi} \tag{8.26}$$

将式 (8.26) 代入式 (8.23)，从而可将解算子 $\mathcal{T}(h)$ 表示为关于 $\boldsymbol{\varphi} \in \boldsymbol{X}$ 的泛函：

$$\mathcal{T}(h)\boldsymbol{\varphi} = (V_1\boldsymbol{\varphi})_h + \left[V_2(\boldsymbol{I}_{\boldsymbol{X}^+} - FV_2)^{-1}FV_1\boldsymbol{\varphi}\right]_h \tag{8.27}$$

8.1.4 伪谱配置离散化

给定正整数 M 和 N，利用约束算子 R_M、R_N^+ 和延伸算子 P_M、P_N^+，可将解算子的表达式 (8.23) 和配置方程式 (8.24) 转化为其相应的离散化形式：

$$\boldsymbol{T}_{M,N}\boldsymbol{\Phi} = R_M V\left(P_M\boldsymbol{\Phi},\ P_N^+\boldsymbol{Z}^*\right)_h,\quad \boldsymbol{\Phi} \in \boldsymbol{X}_M;\ \boldsymbol{Z}^* \in \boldsymbol{X}_N^+ \tag{8.28}$$

$$\boldsymbol{Z}^* = R_N^+FV\left(P_M\boldsymbol{\Phi},\ P_N^+\boldsymbol{Z}^*\right) \tag{8.29}$$

式中，$\boldsymbol{T}_{M,N}$：$\boldsymbol{X}_M \to \boldsymbol{X}_M$ 为解算子 $\mathcal{T}(h)$ 的伪谱配置离散化矩阵。

可以证明，$\boldsymbol{I}_{\boldsymbol{X}_N^+} - R_N^+FV_2P_N^+$ 可逆 [194]，从而由式 (8.29) 可解出 $\boldsymbol{Z}^*$：

$$\boldsymbol{Z}^* = \left(\boldsymbol{I}_{\boldsymbol{X}_N^+} - R_N^+FV_2P_N^+\right)^{-1} R_N^+FV_1P_M\boldsymbol{\Phi} \tag{8.30}$$

将式 (8.30) 代入式 (8.28) 中，可得解算子 $\mathcal{T}(h)$ 的伪谱配置离散化矩阵 $\boldsymbol{T}_{M,N}$：

$$\boldsymbol{T}_{M,N} = \boldsymbol{\Pi}_M + \boldsymbol{\Pi}_{M,N}\left(\boldsymbol{I}_{\boldsymbol{X}_N^+} - \boldsymbol{\Sigma}_N\right)^{-1}\boldsymbol{\Sigma}_{M,N} \tag{8.31}$$

式中，$\boldsymbol{T}_{M,N}$、$\boldsymbol{\Pi}_M$ 为 $(QM+1)n\times(QM+1)n$ 维矩阵；$\boldsymbol{\Pi}_{M,N}$ 为 $(QM+1)n\times Nn$ 维矩阵；$\boldsymbol{\Sigma}_N$ 为 $Nn\times Nn$ 维矩阵；$\boldsymbol{\Sigma}_{M,N}$ 为 $Nn\times(QM+1)n$ 维矩阵。利用算子 F、V_1、V_2、R_M、P_M、R_N^+ 和 P_N^+，这些矩阵可表述如下：

$$\boldsymbol{\Pi}_M\boldsymbol{\Phi} = R_M(V_1P_M\boldsymbol{\Phi})_h \tag{8.32}$$

$$\boldsymbol{\Pi}_{M,N}\boldsymbol{Z}^* = R_M\left(V_2P_N^+\boldsymbol{Z}^*\right)_h \tag{8.33}$$

$$\boldsymbol{Z}^* = \left(\boldsymbol{I}_{X_N^+} - \boldsymbol{\Sigma}_N\right)^{-1}\boldsymbol{\Sigma}_{M,N}\boldsymbol{\Phi} \tag{8.34}$$

$$\boldsymbol{\Sigma}_{M,N}\boldsymbol{\Phi} = R_N^+FV_1P_M\boldsymbol{\Phi} \tag{8.35}$$

$$\boldsymbol{\Sigma}_N\boldsymbol{Z}^* = R_N^+FV_2P_N^+\boldsymbol{Z}^* \tag{8.36}$$

其中，$\boldsymbol{\Pi}_M: \boldsymbol{X}_M \to \boldsymbol{X}_M$；$\boldsymbol{\Pi}_{M,N}: \boldsymbol{X}_N^+ \to \boldsymbol{X}_M$；$\boldsymbol{\Sigma}_N: \boldsymbol{X}_N^+ \to \boldsymbol{X}_N^+$；$\boldsymbol{\Sigma}_{M,N}: \boldsymbol{X}_M \to \boldsymbol{X}_N^+$。

8.2　解算子伪谱配置离散化矩阵

本节将式 (8.32)、式 (8.33)、式 (8.35) 和式 (8.36) 等号右边展开，进而通过详细推导将它们改写为关于 $\boldsymbol{\Phi}$ 和 $\boldsymbol{Z}^*$ 的显式表达式，其系数即为矩阵 $\boldsymbol{\Pi}_M$、$\boldsymbol{\Pi}_{M,N}$、$\boldsymbol{\Sigma}_{M,N}$ 和 $\boldsymbol{\Sigma}_N$。

8.2.1　矩阵 $\boldsymbol{\Pi}_M$

式 (8.32) 中，$(V_1P_M\boldsymbol{\Phi})_h(\theta)=(V_1P_M\boldsymbol{\Phi})(h+\theta)$, $\theta\in[-\tau_{\max},\ 0]$。考虑到算子 V_1 的定义式 (8.19)，可将 $(V_1P_M\boldsymbol{\Phi})_h(\theta)$ 进一步写为

$$(V_1P_M\boldsymbol{\Phi})_h(\theta)=\begin{cases}(P_M\boldsymbol{\Phi})(0), & \theta\in[-h,\ 0];\ h+\theta\geqslant 0\\ (P_M\boldsymbol{\Phi})(h+\theta), & \theta\in[-\tau_{\max},\ -h];\ h+\theta<0\end{cases}\tag{8.37}$$

应用算子 R_M 后，式 (8.37) 的第一个分段变为

$$[R_M(V_1P_M\boldsymbol{\Phi})_h]_{i,k}=[R_M(V_1P_M\boldsymbol{\Phi})_h]_{1,k}=\boldsymbol{\varphi}_{1,0},\quad i=1;\ k=0,\ 1,\ \cdots,\ M\tag{8.38}$$

式中，$[\cdot]_{i,k}$ 与离散点 $\theta_{M,i,k}$ 中的 i 和 k 具有相同的含义。

应用算子 R_M 后，式 (8.37) 的第二个分段变为

$$[R_M(V_1P_M\boldsymbol{\Phi})_h]_{i,k}=P_M\boldsymbol{\Phi}(h+\theta_{M,i,k}),\quad i=2,\ 3,\ \cdots,\ Q;\ k=0,\ 1,\ \cdots,\ M\tag{8.39}$$

$h+\theta_{M,i,k}$ 必然位于区间 $[-\tau_{\max},\ 0]$ 上的第 $i-1$ 个子区间，即 $h+\theta_{M,i,k}\in[-(i-1)h,\ -(i-2)h]$, $i=2,\ 3,\ \cdots,\ Q$; $k=0,\ 1,\ \cdots,\ M$。考虑到式 (8.7)，式 (8.39) 可进一步写为

$$\begin{aligned}P_M\boldsymbol{\Phi}(h+\theta_{M,i,k})=&\sum_{j=0}^{M}\ell_{M,i-1,j}(h+\theta_{M,i,k})\boldsymbol{\varphi}_{i-1,j},\\ &i=2,\ 3,\ \cdots,\ Q;\quad k=0,\ 1,\ \cdots,\ M\end{aligned}\tag{8.40}$$

下面分两种情况进一步分析式 (8.40)。

(1) 当 $i=2,\ 3,\ \cdots,\ Q-1$ 时，考虑到式 (8.2)，有 $h+\theta_{M,i,k}=\theta_{M,i-1,k}$, $k=0,\ 1,\ \cdots,\ M$。于是，式 (8.40) 可进一步写为

$$\begin{aligned}P_M\boldsymbol{\Phi}(h+\theta_{M,i,k})=&\sum_{j=0}^{M}\ell_{M,i-1,j}(\theta_{M,i-1,k})\boldsymbol{\varphi}_{i-1,j},\\ &i=2,\ 3,\ \cdots,\ Q-1;\ k=0,\ 1,\ \cdots,\ M\end{aligned}\tag{8.41}$$

且有

$$t_{i,k,j}=\ell_{M,i-1,j}(\theta_{M,i-1,k})=\begin{cases}1, & k=j\\ 0, & k\neq j\end{cases} \tag{8.42}$$

(2) 当 $i=Q$ 时，$h+\theta_{M,i,k}$ ($k=0,\ 1,\ \cdots,\ M$) 落入区间 $[-\tau_{\max},\ 0]$ 上的第 $Q-1$ 个子区间，即 $h+\theta_{M,i,k}\in[-(Q-1)h,\ -(Q-2)h]$。一般地，第 Q 个子区间的长度小于第 $Q-1$ 个子区间的长度，因此 $h+\theta_{M,Q,k}$ 与 $\theta_{M,Q-1,k}$ 并不重合，即 $h+\theta_{M,Q,k}\neq\theta_{M,Q-1,k}$，$k=0,\ 1,\ \cdots,\ M$。此时，需要计算式 (8.40) 中的拉格朗日插值系数 $\ell_{M,Q-1,j}(h+\theta_{M,Q,k})$，$j=0,\ 1,\ \cdots,\ M$；$k=0,\ 1,\ \cdots,\ M$。注意到，文献 [174] 采用重心拉格朗日插值 (barycentric Lagrange interpolation) 方法 [229] 进行高效计算。

$$t_{Q,k,j}=\ell_{M,Q-1,j}(h+\theta_{M,Q,k})=\prod_{l=0,\ l\neq j}^{M}\frac{h+\theta_{M,Q,k}-\theta_{M,Q-1,l}}{\theta_{M,Q-1,j}-\theta_{M,Q-1,l}},\quad j=0,\ 1,\ \cdots,\ M;\ k=0,\ 1,\ \cdots,\ M \tag{8.43}$$

特别地，当第 Q 个子区间的长度等于第 $Q-1$ 个子区间的长度时，$h+\theta_{M,Q,k}$ 与 $\theta_{M,Q-1,k}$ 完全重合，即 $h+\theta_{M,Q,k}=\theta_{M,Q-1,k}$，$k=0,\ 1,\ \cdots,\ M$。于是，有

$$t_{Q,k,j}=\ell_{M,Q-1,j}(h+\theta_{M,Q,k})=\begin{cases}1, & k=j\\ 0, & k\neq j\end{cases} \tag{8.44}$$

综合式 (8.38) ~ 式 (8.44)，得到以 $\boldsymbol{\Phi}$ 为变量的 $R_M(V_1P_M\boldsymbol{\Phi})_h$ 的显式表达式，其系数就是矩阵 $\boldsymbol{\Pi}_M\in\mathbb{R}^{(QM+1)n\times(QM+1)n}$：

$$\boldsymbol{\Pi}_M=\begin{bmatrix}1 & & & & & & & & & & & & \\ \vdots & & & & & & & & & & & & \\ 1 & & & & & & & & & & & & \\ 1 & \cdots & 0 & & & & & & & & & & \\ \vdots & \ddots & \vdots & & & & & & & & & & \\ 0 & \cdots & 1 & & & & & & & & & & \\ & & & \ddots & & & & & & & & & \\ & & & & 1 & \cdots & 0 & & & & & & \\ & & & & \vdots & \ddots & \vdots & & & & & & \\ & & & & 0 & \cdots & 1 & & & & & & \\ & & & & & & & t_{Q,0,0} & \cdots & t_{Q,0,M-1} & t_{Q,0,M} & 0 & \cdots & 0\\ & & & & & & & t_{Q,1,0} & \cdots & t_{Q,1,M-1} & t_{Q,1,M} & 0 & \cdots & 0\\ & & & & & & & \vdots & & \vdots & \vdots & \vdots & & \vdots\\ & & & & & & & t_{Q,M,0} & \cdots & t_{Q,M,M-1} & t_{Q,M,M} & 0 & \cdots & 0\end{bmatrix}\otimes\boldsymbol{I}_n$$

$$
\begin{aligned}
&\triangleq \begin{bmatrix} \mathbf{1}_{M\times 1} & & & \\ \boldsymbol{I}_{(Q-2)M} & & & \\ & & \boldsymbol{U}'_M & \mathbf{0}_{(M+1)\times M} \end{bmatrix} \otimes \boldsymbol{I}_n \\
&\triangleq \boldsymbol{U}_M \otimes \boldsymbol{I}_n
\end{aligned} \tag{8.45}
$$

式中，$\boldsymbol{U}_M \in \mathbb{R}^{(QM+1)\times(QM+1)}$；$\boldsymbol{U}'_M \in \mathbb{R}^{(M+1)\times(M+1)}$ 为 $\boldsymbol{U}_M$ 的子矩阵。

$$
\boldsymbol{U}'_M = \begin{bmatrix} t_{Q,0,0} & \cdots & t_{Q,0,M-1} & t_{Q,0,M} \\ t_{Q,1,0} & \cdots & t_{Q,1,M-1} & t_{Q,1,M} \\ \vdots & & \vdots & \vdots \\ t_{Q,M,0} & \cdots & t_{Q,M,M-1} & t_{Q,M,M} \end{bmatrix} \tag{8.46}
$$

由式 (8.45) 和式 (8.46) 可知，矩阵 $\boldsymbol{\Pi}_M$ 为高度稀疏的矩阵，并与系统状态矩阵 $\tilde{\boldsymbol{A}}_i\ (i=0,\ 1,\ \cdots,\ m)$ 无关。

8.2.2 矩阵 $\boldsymbol{\Pi}_{M,N}$

式 (8.33) 中，$\left(V_2 P_N^+ \boldsymbol{Z}^*\right)_h(\theta) = \left(V_2 P_N^+ \boldsymbol{Z}^*\right)(h+\theta),\ \theta \in [-\tau_{\max},\ 0]$。考虑到算子 V_2 的定义式 (8.20)，可将 $\left(V_2 P_N^+ \boldsymbol{Z}^*\right)_h(\theta)$ 进一步写为

$$
\begin{aligned}
\left(V_2 P_N^+ \boldsymbol{Z}^*\right)_h(\theta) &= \left(V_2 P_N^+ \boldsymbol{Z}^*\right)(h+\theta) \\
&= \begin{cases} \displaystyle\int_0^{h+\theta} \left(P_N^+ \boldsymbol{Z}^*\right)(s)\mathrm{d}s, & \theta \in [-h,\ 0];\ h+\theta \geqslant 0 \\ \mathbf{0}, & \theta \in [-\tau_{\max},\ -h];\ h+\theta < 0 \end{cases}
\end{aligned} \tag{8.47}
$$

(1) 当 $i=1$ 时，对于区间 $[-\tau_{\max},\ 0]$ 上的第一个子区间 $[-h,\ 0]$ 上的离散点 $\theta_{M,i,k}\ (k=0,\ 1,\ \cdots,\ M)$，有 $h+\theta_{M,i,k} \in [0,\ h]$。于是，应用算子 R_M 并考虑到式 (8.14)，式 (8.47) 的第一个分段变为

$$
\begin{aligned}
\left[R_M \left(V_2 P_N^+ \boldsymbol{Z}^*\right)_h\right]_{i,k} &= \left[R_M \left(V_2 P_N^+ \boldsymbol{Z}^*\right)_h\right]_{1,k} \\
&= \int_0^{h+\theta_{M,1,k}} \sum_{j=1}^{N} \ell_{N,j}^+(s) \boldsymbol{z}_j^* \mathrm{d}s \\
&= \sum_{j=1}^{N} \int_0^{h+\theta_{M,1,k}} \ell_{N,j}^+(s) \boldsymbol{z}_j^* \mathrm{d}s,\quad i=1;\ k=0,\ 1,\ \cdots,\ M
\end{aligned} \tag{8.48}
$$

(2) 当 $i=2,\ 3,\ \cdots,\ Q$ 时，$h+\theta_{M,i,k}$ $(k=0,\ 1,\ \cdots,\ M)$ 落入区间 $[-(Q-1)h,\ 0]$。于是，应用算子 R_M 后，式 (8.47) 的第二个分段变为

$$\left[R_M\left(V_2P_N^+\boldsymbol{Z}^*\right)_h\right]_{i,k}=\boldsymbol{0}_n \tag{8.49}$$

综合式 (8.48) 和式 (8.49)，得到以 $\boldsymbol{Z}^*$ 为变量的 $R_M\left(V_2P_N^+\boldsymbol{Z}^*\right)_h$ 的显式表达式，其系数就是矩阵 $\boldsymbol{\varPi}_{M,N}\in\mathbb{R}^{(QM+1)n\times Nn}$。

$$\boldsymbol{\varPi}_{M,N}=\begin{bmatrix}E_{1,1}&\cdots&E_{1,N}\\ \vdots&&\vdots\\ E_{M,1}&\cdots&E_{M,N}\\ \boldsymbol{0}&\cdots&\boldsymbol{0}\\ \vdots&&\vdots\\ \boldsymbol{0}&\cdots&\boldsymbol{0}\end{bmatrix}\otimes\boldsymbol{I}_n\triangleq\begin{bmatrix}\boldsymbol{U}'_{M,N}\\ \boldsymbol{0}_{((Q-1)M+1)\times N}\end{bmatrix}\otimes\boldsymbol{I}_n\triangleq\boldsymbol{U}_{M,N}\otimes\boldsymbol{I}_n \tag{8.50}$$

式中，$\boldsymbol{U}_{M,N}\in\mathbb{R}^{(QM+1)\times N}$；$\boldsymbol{U}'_{M,N}\in\mathbb{R}^{M\times N}$，其元素 $E_{k+1,j}$ $(k=0,\ 1,\ \cdots,\ M-1;\ j=1,\ 2,\ \cdots,\ N)$ 由拉格朗日插值系数的积分计算得到。

$$E_{k+1,j}=\int_0^{h+\theta_{M,1,k}}\ell_{N,j}^+(s)\mathrm{d}s,\quad k=0,\ 1,\ \cdots,\ M-1;\ j=1,\ 2,\ \cdots,\ N \tag{8.51}$$

由式 (8.50) 和式 (8.51) 可知，矩阵 $\boldsymbol{\varPi}_{M,N}$ 为高度稀疏的矩阵，并与系统状态矩阵 $\tilde{\boldsymbol{A}}_i$ $(i=0,\ 1,\ \cdots,\ m)$ 无关。

8.2.3 矩阵 $\boldsymbol{\varSigma}_{M,N}$

考虑到算子 F 的定义式 (8.22)，式 (8.35) 中 $R_N^+FV_1P_M\boldsymbol{\varPhi}$ 的第 j 个分量 $(j=1,\ 2,\ \cdots,\ N)$ 可写为如下：

$$\begin{aligned}\left[R_N^+FV_1P_M\boldsymbol{\varPhi}\right]_j=&\tilde{\boldsymbol{A}}_0(V_1P_M\boldsymbol{\varPhi})(t_{N,j})\\&+\sum_{i=1}^m\tilde{\boldsymbol{A}}_i(V_1P_M\boldsymbol{\varPhi})(t_{N,j}-\tau_i),\quad j=1,\ 2,\ \cdots,\ N\end{aligned} \tag{8.52}$$

式中，$\boldsymbol{\varPhi}$ 的各个分量的系数矩阵对应着矩阵 $\boldsymbol{\varSigma}_{M,N}\in\mathbb{R}^{Nn\times(QM+1)n}$ 的第 j 个块行。

$$\boldsymbol{\varSigma}_{M,N}=\left[\begin{array}{c:c}\boldsymbol{\varSigma}_{M,N}^{(1,1)}&\boldsymbol{\varSigma}_{M,N}^{(1,2)}\\ \hdashline\boldsymbol{\varSigma}_{M,N}^{(2,1)}&\boldsymbol{\varSigma}_{M,N}^{(2,2)}\end{array}\right] \tag{8.53}$$

式中，$\boldsymbol{\Sigma}_{M,N}^{(1,1)} \in \mathbb{R}^{\hat{N}n\times Mn}$；$\boldsymbol{\Sigma}_{M,N}^{(1,2)} \in \mathbb{R}^{\hat{N}n\times((Q-1)M+1)n}$；$\boldsymbol{\Sigma}_{M,N}^{(2,1)} \in \mathbb{R}^{(N-\hat{N})n\times((Q-1)M+1)n}$；$\boldsymbol{\Sigma}_{M,N}^{(2,2)} \in \mathbb{R}^{(N-\hat{N})n\times Mn}$。

$$\boldsymbol{\Sigma}_{M,N}^{(1,1)} = \begin{bmatrix} \boldsymbol{F}_{1,1,0} & \cdots & \boldsymbol{F}_{1,1,M-1} & \boldsymbol{F}_{1,2,0} & \cdots & \boldsymbol{F}_{1,Q,0} \\ \vdots & & \vdots & \vdots & & \vdots \\ \boldsymbol{F}_{\hat{N},1,0} & \cdots & \boldsymbol{F}_{\hat{N},1,M-1} & \boldsymbol{F}_{\hat{N},2,0} & \cdots & \boldsymbol{F}_{\hat{N},Q,0} \end{bmatrix} \tag{8.54}$$

$$\boldsymbol{\Sigma}_{M,N}^{(1,2)} = \begin{bmatrix} \boldsymbol{F}_{1,Q,1} & \cdots & \boldsymbol{F}_{1,Q,M-1} & \boldsymbol{F}_{1,Q,M} \\ \vdots & & \vdots & \vdots \\ \boldsymbol{F}_{\hat{N},Q,1} & \cdots & \boldsymbol{F}_{\hat{N},Q,M-1} & \boldsymbol{F}_{\hat{N},Q,M} \end{bmatrix} \tag{8.55}$$

$$\boldsymbol{\Sigma}_{M,N}^{(2,1)} = \begin{bmatrix} \boldsymbol{F}_{\hat{N}+1,1,0} & \cdots & \boldsymbol{F}_{\hat{N}+1,1,M-1} & \boldsymbol{F}_{\hat{N}+1,2,0} & \cdots & \boldsymbol{F}_{\hat{N}+1,Q,0} \\ \vdots & & \vdots & \vdots & & \vdots \\ \boldsymbol{F}_{N,1,0} & \cdots & \boldsymbol{F}_{N,1,M-1} & \boldsymbol{F}_{N,2,0} & \cdots & \boldsymbol{F}_{N,Q,0} \end{bmatrix} \tag{8.56}$$

$$\boldsymbol{\Sigma}_{M,N}^{(2,2)} = \begin{bmatrix} \boldsymbol{0} & \cdots & \boldsymbol{0} & \boldsymbol{0} \\ \vdots & & \vdots & \vdots \\ \boldsymbol{0} & \cdots & \boldsymbol{0} & \boldsymbol{0} \end{bmatrix} \tag{8.57}$$

下面详细推导 $\boldsymbol{\Sigma}_{M,N}\boldsymbol{\Phi}$ 的 $QM+1$ 个列块的显式表达式，关键之处在于考虑集合 Ω_M 中相邻两个子区间的端点处离散点存在如式 (8.5) 所示的重叠关系。

1. 变量定义

考虑到算子 V_1 的定义式 (8.19) 包含两个分段，在对式 (8.52) 作进一步推导时，首先需要判断 $t_{N,j}-\tau_i$ $(i=1,\ 2,\ \cdots,\ m)$ 的正负性。

(1) 如果 $t_{N,j}-\tau_i$ $(i=1,\ 2,\ \cdots,\ m)$ 位于区间 $[0,\ h]$，则 $V_1P_M\boldsymbol{\Phi}$ 恒等于 $\boldsymbol{\varphi}_{1,0}$。给定 $t_{N,j}$，为了确定使 $t_{N,j}-\tau_i>0$ 成立的最大的 i，下面引入函数 $i(\cdot)$ 并给出其一般性定义。

对于 $t\in[0,\ \tau_{\max}]$，函数 $i(t)$ 用于指示 t 位于第 $i(t)$ 个和第 $i(t)+1$ 个时滞常数之间，即 $t-\tau_{i(t)}\geqslant 0$，$t-\tau_{i(t)+1}<0$。

$$i(t) = \begin{cases} i, & \tau_i \leqslant t < \tau_{i+1};\ i=0,\ 1,\ \cdots,\ m-1 \\ m, & t=\tau_{\max} \end{cases} \tag{8.58}$$

按照上述定义，给定 $t_{N,j}$ $(j=1,\ 2,\ \cdots,\ N)$，使 $t_{N,j}-\tau_i>0$ 的最大的 i，则可记为 $i(t_{N,j})$。

(2) 如果 $t_{N,j}-\tau_i$ $(i=1,\ 2,\ \cdots,\ m)$ 落入区间 $[-\tau_{\max},\ 0]$，则需要进一步确定 $t_{N,j}-\tau_i$ $(i=i(t_{N,j})+1,\ i(t_{N,j})+2,\ \cdots,\ m)$ 位于区间 $[-\tau_{\max},\ 0]$ 上的哪一个子区间，以便利用相应子区间上离散点处 φ 的函数值构造的拉格朗日插值多项式来估计 $(V_1P_M\boldsymbol{\Phi})(t_{N,j}-\tau_i)$。若要判断 $t_{N,j}-\tau_i$ 是否落入第 k $(k=1,\ 2,\ \cdots,\ Q-1)$ 个子区间，则需判断 $t_{N,j}-\tau_i\in[-kh,\ -(k-1)h]$ 是否成立，如图 8.2(a) 所示。其等价于 $\tau_i\in[(k-1)h+t_{N,j},\ kh+t_{N,j}]$，如图 8.2(b) 所示。对于给定的 $t_{N,j}$，可能有多个 τ_i 落入区间 $[(k-1)h+t_{N,j},\ kh+t_{N,j}]$。利用式 (8.58)，可以将这些时滞常数识别出来，即 $i\in[i((k-1)h+t_{N,j})+1,\ i(kh+t_{N,j})]$。同理，$t_{N,j}-\tau_i$ 落入第 Q 个子区间的时滞常数 τ_i 满足 $i\in[i((Q-1)h+t_{N,j})+1,\ m]$。

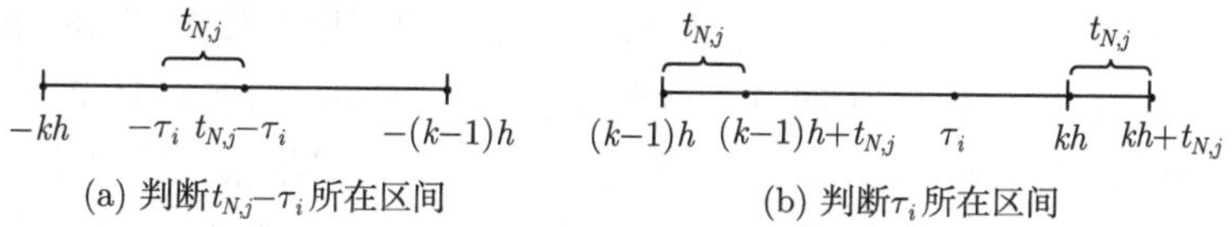

图 8.2 $t_{N,j}-\tau_i$ 落入第 k 个子区间的判别

(3) 考虑到 $t_{N,j}\in(0,\ h)$，$t_{N,j}-\tau_{\max}$ $(j=1,\ 2,\ \cdots,\ N)$ 可能会落入两个相邻的子区间。当 j 取值较小时，$t_{N,j}-\tau_{\max}$ 位于第 Q 个子区间。随着 j 取值增大，$t_{N,j}-\tau_{\max}$ 可能会落入第 $Q-1$ 个子区间，如图 8.3 所示。为此，定义 $\hat{N}$ 以表示集合 $\Omega_N^+-\tau_{\max}$ 中落入第 Q 个子区间的离散点的个数。另外，将 $t_{N,j}-\tau_{\max}$ 所在的子区间的序号记为 k_j。

$$\hat{N}=\begin{cases}0,\quad t_{N,j}\geqslant\tau_{\max}-(Q-1)h,\ \forall j=1,\ 2,\ \cdots,\ N\\ \max\{j|t_{N,j}<\tau_{\max}-(Q-1)h\},\quad t_{N,j}<\tau_{\max}-(Q-1)h\end{cases}\tag{8.59}$$

$$k_j:=\begin{cases}Q,\qquad j=1,\ 2,\ \cdots,\ \hat{N}\\ Q-1,\quad j=\hat{N}+1,\ \hat{N}+2,\ \cdots,\ N\end{cases}\tag{8.60}$$

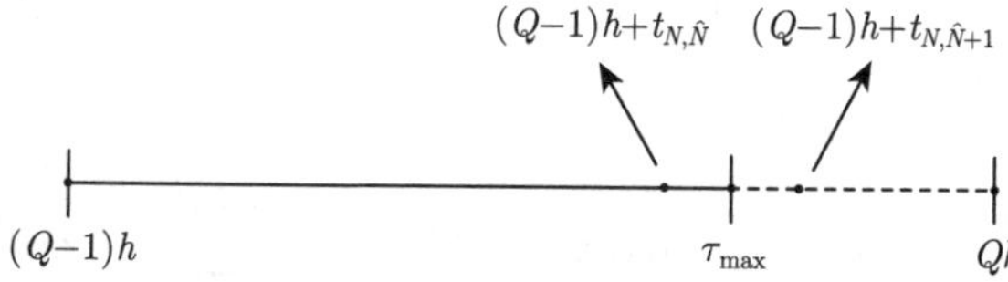

图 8.3 $t_{N,j}-\tau_{\max}$ 落入到第 Q 或第 $Q-1$ 个子区间的判别

特别地，当 $\tau_{\max}\approx(Q-1)h$ 时，集合 $\Omega_N^+-\tau_{\max}$ 中所有的离散点将落入第 $Q-1$

个子区间，$\hat{N}=0$; $k_j=Q-1$, $j=1, 2, \cdots, N$。当 $\tau_{\max}\approx Qh$ 时，集合 $\Omega_N^+-\tau_{\max}$ 中所有的离散点将落入第 Q 个子区间，$\hat{N}=N$; $k_j=Q$, $j=1, 2, \cdots, N$。

(4) 为了表述方便，将 $t_{N,j}$ $(j=1, 2, \cdots, N)$ 向前转移 k 个步长后得到的离散点记为 $t_{N,k,j}$：

$$t_{N,k,j}=\begin{cases}t_{N,j}+kh, & k=0, 1, \cdots, k_j-1\\ \tau_{\max}, & k=k_j\end{cases} \tag{8.61}$$

在 $t_{N,k,j}$ 的两个分段中，k 的取值范围均与 j 有关。在第一个分段中，当 $j=1, 2, \cdots, \hat{N}$ 时，$k=0, 1, \cdots, Q-1$；当 $j=\hat{N}+1, \hat{N}+2, \cdots, N$ 时，$k=0, 1, \cdots, Q-2$。$t_{N,k,j}$ 的第二个分段的作用是作为式 (8.58) 的参数，以利用 $i(t_{N,k_j,j})$ 指示第 m 个时滞 τ_m(即$\tau_{\max}$)。具体地，当 $j=1, 2, \cdots, \hat{N}$ 时，$i(t_{N,Q,j})=i(\tau_{\max})=m, t_{N,j}-\tau_{\max}$ 落入第 Q 个子区间，$\boldsymbol{\Sigma}_{M,N}$ 的第 $(Q-1)M+1\sim QM+1$ 列块中应该包含 $\tilde{\boldsymbol{A}}_m\ell_{N,Q,M}(t_{N,j}-\tau_m)$。当 $j=\hat{N}+1, \hat{N}+2, \cdots, N$ 时，$t_{N,j}-\tau_{\max}$ 落入第 $Q-1$ 个子区间，$i(t_{N,Q-1,j})=i(t_{\max})=m$，$\boldsymbol{\Sigma}_{M,N}$ 的第 $(Q-1)M+1$ 列块中应该包含 $\tilde{\boldsymbol{A}}_m\ell_{N,Q-1,M}(t_{N,j}-\tau_m)$。

2. 第 1 列块 $\boldsymbol{F}_{j,1,0}$

$\boldsymbol{\Sigma}_{M,N}$ 的第 1 列块 $\boldsymbol{F}_{j,1,0}$ $(j=1, 2, \cdots, N)$ 的显式表达式如下：

$$\boldsymbol{F}_{j,1,0}=\tilde{\boldsymbol{A}}_0+\sum_{i=1}^{i(t_{N,j})}\tilde{\boldsymbol{A}}_i+\sum_{i=i(t_{N,j})+1}^{i(t_{N,1,j})}\tilde{\boldsymbol{A}}_i\ell_{M,1,0}(t_{N,j}-\tau_i),\ j=1, 2, \cdots, N \tag{8.62}$$

式 (8.62) 中等式右侧第一、第二项分别对应式 (8.52) 中自变量 $t_{N,j}$, $t_{N,j}-\tau_i\in[0, h]$ 时系统的状态矩阵和时滞状态矩阵；第三项表示使得 $t_{N,j}-\tau_i$ 落入第一个子区间 $[-h, 0]$ 的时滞常数 τ_i 对应的时滞状态矩阵 $\tilde{\boldsymbol{A}}_i$，乘以离散点 $\theta_{M,1,0}$ 或状态向量 $\boldsymbol{\varphi}_{1,0}$ 对应的拉格朗日插值系数。

3. 第 $(k-1)M+1$ 列块 $\boldsymbol{F}_{j,k,0}$

$\boldsymbol{\Sigma}_{M,N}$ 的第 $(k-1)M+1$ $(k=2, 3, \cdots, k_j)$ 列块 $\boldsymbol{F}_{j,k,0}$ $(j=1, 2, \cdots, N)$ 的显式表达式如下：

$$\boldsymbol{F}_{j,k,0}=\sum_{i=i(t_{N,k-2,j})+1}^{i(t_{N,k-1,j})}\tilde{\boldsymbol{A}}_i\ell_{M,k-1,M}(t_{N,j}-\tau_i)+\sum_{i=i(t_{N,k-1,j})+1}^{i(t_{N,k,j})}\tilde{\boldsymbol{A}}_i\ell_{M,k,0}(t_{N,j}-\tau_i),$$
$$j=1, 2, \cdots, N;\ k=2, 3, \cdots, k_j \tag{8.63}$$

式 (8.63) 中第一项表示使 $t_{N,j}-\tau_i$ 落入第 $k-1$ 个子区间 $[-(k-1)h,\ -(k-2)h]$ 的时滞常数 τ_i 对应的状态矩阵 $\tilde{\boldsymbol{A}}_i$，乘以与离散点 $\theta_{M,k-1,M}$ 或状态向量 $\boldsymbol{\varphi}_{k-1,M}$ 对应的拉格朗日插值系数；第二项表示使 $t_{N,j}-\tau_i$ 落入第 k 个子区间 $[-kh,\ -(k-1)h]$ 的时滞常数 τ_i 对应的状态矩阵 $\tilde{\boldsymbol{A}}_i$，乘以与离散点 $\theta_{M,k,0}$ 或状态向量 $\boldsymbol{\varphi}_{k,0}$ 对应的拉格朗日插值系数。由 8.1.1 节可知，$\boldsymbol{\varphi}_{k-1,M}=\boldsymbol{\varphi}_{k,0}$ $(k=2,\ 3,\ \cdots,\ Q)$，所以两者系数的叠加就形成了 $\boldsymbol{F}_{j,k,0}$ $(j=1,\ 2,\ \cdots,\ N;\ k=2,\ 3,\ \cdots,\ k_j)$。

4. 第 $QM+1$ 列块 $\boldsymbol{F}_{j,Q,M}$

$\boldsymbol{\Sigma}_{M,N}$ 第 $1\sim\hat{N}$ 行、第 $QM+1$ 列分块 $\boldsymbol{F}_{j,Q,M}$ $(j=1,\ 2,\ \cdots,\ \hat{N})$ 的显式表达式如下：

$$\boldsymbol{F}_{j,Q,M}=\sum_{i=i(t_{N,Q-1,j})+1}^{m}\tilde{\boldsymbol{A}}_i\ell_{M,Q,M}(t_{N,j}-\tau_i),\quad j=1,\ 2,\ \cdots,\ \hat{N} \tag{8.64}$$

给定 $t_{N,j}$ $(j=1,\ 2,\ \cdots,\ \hat{N})$，$\boldsymbol{F}_{j,Q,M}$ 表示使 $t_{N,j}-\tau_{\max}$ 中落入第 Q 个子区间 $[-\tau_{\max},\ -(Q-1)h]$ 的时滞常数 τ_i 对应的时滞状态矩阵 $\tilde{\boldsymbol{A}}_i$，乘以与离散点 $\theta_{M,Q,M}$ 或状态向量 $\boldsymbol{\varphi}_{Q,M}$ 对应的拉格朗日插值系数。

值得注意的是，当 $j=\hat{N}+1,\ \hat{N}+2,\ \cdots,\ N$ 时，$t_{N,j}-\tau_{\max}$ 中落入第 $Q-1$ 个子区间 $[-(Q-1)h,\ -(Q-2)h]$。此时，$\ell_{M,Q,M}(t_{N,j}-\tau_{\max})=0$，所以 $\boldsymbol{\Sigma}_{M,N}$ 的第 $\hat{N}+1\sim N$ 行、第 $QM+1$ 列分块 $\boldsymbol{F}_{j,Q,M}=\boldsymbol{0}_n$，$j=\hat{N}+1,\ \hat{N}+2,\ \cdots,\ N$。

5. 第 $(Q-1)M+1$ 列块 $\boldsymbol{F}_{j,Q,0}$

$\boldsymbol{\Sigma}_{M,N}$ 第 $\hat{N}+1\sim N$ 行、第 $(Q-1)M+1$ 列分块 $\boldsymbol{F}_{j,Q,0}$ $(j=\hat{N}+1,\ \hat{N}+2,\ \cdots,\ N)$ 的显式表达式如下：

$$\boldsymbol{F}_{j,Q,0}=\sum_{i=i(t_{N,Q-2,j})+1}^{m}\tilde{\boldsymbol{A}}_i\ell_{M,Q-1,M}(t_{N,j}-\tau_i),\quad j=\hat{N}+1,\ \hat{N}+2,\ \cdots,\ N \tag{8.65}$$

给定 $t_{N,j}$ $(j=\hat{N}+1,\ \hat{N}+2,\ \cdots,\ N)$，$\boldsymbol{F}_{j,Q,0}$ 表示使得 $t_{N,j}-\tau_{\max}$ 中落入第 $Q-1$ 个子区间 $[-(Q-1)h,\ -(Q-2)h]$ 的时滞常数 τ_i 对应的时滞状态矩阵 $\tilde{\boldsymbol{A}}_i$，乘以与离散点 $\theta_{M,Q,0}$ 和状态向量 $\boldsymbol{\varphi}_{Q-1,M}(=\boldsymbol{\varphi}_{Q,0})$ 对应的拉格朗日插值系数。

值得注意的是，$j=1,\ 2,\ \cdots,\ \hat{N}$ 时，$t_{N,j}-\tau_{\max}$ 中落入第 Q 个子区间 $[-\tau_{\max},\ -(Q-1)h]$。$\boldsymbol{\Sigma}_{M,N}$ 的第 $1\sim\hat{N}$ 行、第 $(Q-1)M+1$ 列分块 $\boldsymbol{F}_{j,Q,0}$ $(j=1,\ 2,\ \cdots,\ \hat{N})$ 由式 (8.63) 计算得到。

6. 其余列块 $\boldsymbol{F}_{j,k,l}$

$\boldsymbol{\Sigma}_{M,N}$ 其余列块 $\boldsymbol{F}_{j,k,l}$ $(j=1,\ 2,\ \cdots,\ N;\ k=1,\ 2,\ \cdots,\ k_j;\ l=1,\ 2,\ \cdots,\ M-1)$ 的显式表达式如下：

$$\boldsymbol{F}_{j,k,l}=\sum_{i=i(t_{N,k-1,j})+1}^{i(t_{N,k,j})}\tilde{\boldsymbol{A}}_i\ell_{M,k,l}(t_{N,j}-\tau_i) \tag{8.66}$$

给定 $t_{N,j}$ $(j=1,\ 2,\ \cdots,\ N)$，$\boldsymbol{F}_{j,k,l}$ 表示使 $t_{N,j}-\tau_i$ 中落入第 k 个子区间 $[-kh,\ -(k-1)h]$ 的时滞常数 τ_i 对应的时滞状态矩阵 $\tilde{\boldsymbol{A}}_i$，乘以与离散点 $\theta_{M,k,l}$ 或状态向量 $\boldsymbol{\varphi}_{k,l}$ 对应的拉格朗日插值系数。

7. 克罗内克积变换

综合式 (8.62) ~ 式 (8.66) 所示的 $\boldsymbol{F}_{j,1,0}$、$\boldsymbol{F}_{j,k,0}$、$\boldsymbol{F}_{j,Q,M}$、$\boldsymbol{F}_{j,Q,0}$ 和 $\boldsymbol{F}_{j,k,l}$ 的显式表达式可知，矩阵 $\boldsymbol{\Sigma}_{M,N}$ 为与系统状态矩阵 $\tilde{\boldsymbol{A}}_i$ $(i=0,\ 1,\ \cdots,\ m)$ 有关的稠密矩阵。其可以等价地变换为拉格朗日插值系数矩阵 $\boldsymbol{L}_{M,N}^i$ 与系统状态矩阵 $\tilde{\boldsymbol{A}}_i$ 的克罗内克积之和的形式，即

$$\boldsymbol{\Sigma}_{M,N}=\sum_{i=0}^{m}\boldsymbol{L}_{M,N}^i\otimes\tilde{\boldsymbol{A}}_i \tag{8.67}$$

式中，$\boldsymbol{L}_{M,N}^i\in\mathbb{R}^{N\times(QM+1)}$ $(i=0,\ 1,\ \cdots,\ m)$，其元素通过对拉格朗日插值系数进行运算得到。

8.2.4 矩阵 $\boldsymbol{\Sigma}_N$

考虑到算子 F 的定义式 (8.22)，式 (8.36) 中 $R_N^+FV_2P_N^+\boldsymbol{Z}^*$ 的第 j 个分量 $(j=1,\ 2,\ \cdots,\ N)$ 可写为

$$\left[R_N^+FV_2P_N^+\boldsymbol{Z}^*\right]_j=\tilde{\boldsymbol{A}}_0\left(V_2P_N^+\boldsymbol{Z}^*\right)(t_{N,j})+\sum_{i=1}^{m}\tilde{\boldsymbol{A}}_i\left(V_2P_N^+\boldsymbol{Z}^*\right)(t_{N,j}-\tau_i) \tag{8.68}$$

考虑到算子 V_2 的定义式 (8.20) 包含两个分段，在对式 (8.68) 做进一步推导时，需要首先判断 $t_{N,j}-\tau_i$ $(i=1,\ 2,\ \cdots,\ m)$ 的正负性。如果 $t_{N,j}-\tau_i$ $(i=1,\ 2,\ \cdots,\ m)$ 位于区间 $[-\tau_{\max},\ 0]$，则 $V_2P_N^+\boldsymbol{Z}^*=\boldsymbol{0}$。如果 $t_{N,j}-\tau_i$ $(i=1,\ 2,\ \cdots,\ m)$ 位于区间 $[0,\ h]$，则利用该区间上离散点处 $\boldsymbol{z}^*$ 的函数值构造的拉

格朗日插值多项式来估计 $V_2 P_N^+ \boldsymbol{Z}^*(t_{N,j}-\tau_i)$。于是，式 (8.68) 可写为

$$\left[R_N^+ F V_2 P_N^+ \boldsymbol{Z}^*\right]_j = \sum_{k=1}^{N} \tilde{\boldsymbol{A}}_0 \int_0^{t_{N,j}} \ell_{N,k}^+(t) \boldsymbol{z}_k^* \mathrm{d}t + \sum_{k=1}^{N} \sum_{i=1}^{i(t_{N,j})} \tilde{\boldsymbol{A}}_i \int_0^{t_{N,j}-\tau_i} \ell_{N,k}^+(t) \boldsymbol{z}_k^* \mathrm{d}t,$$
$$j = 1,\ 2,\ \cdots,\ N \tag{8.69}$$

由式 (8.69) 可以推导得到以 $\boldsymbol{Z}^*$ 为变量的 $R_N^+ F V_2 P_N^+ \boldsymbol{Z}^*$ 的显式表达式，其系数就是矩阵 $\boldsymbol{\Sigma}_N \in \mathbb{R}^{Nn \times Nn}$：

$$\boldsymbol{\Sigma}_N = \begin{bmatrix} \boldsymbol{G}_{1,1} & \boldsymbol{G}_{1,2} & \cdots & \boldsymbol{G}_{1,N} \\ \boldsymbol{G}_{2,1} & \boldsymbol{G}_{2,2} & \cdots & \boldsymbol{G}_{2,N} \\ \vdots & \vdots & & \vdots \\ \boldsymbol{G}_{N,1} & \boldsymbol{G}_{N,2} & \cdots & \boldsymbol{G}_{N,N} \end{bmatrix} \tag{8.70}$$

式中

$$\boldsymbol{G}_{j,k} = \tilde{\boldsymbol{A}}_0 \int_0^{t_{N,j}} \ell_{N,k}^+(t)\mathrm{d}t + \sum_{i=1}^{i(t_{N,j})} \tilde{\boldsymbol{A}}_i \int_0^{t_{N,j}-\tau_i} \ell_{N,k}^+(t)\mathrm{d}t, \tag{8.71}$$
$$j = 1,\ 2,\ \cdots,\ N;\ k = 1,\ 2,\ \cdots,\ N$$

式 (8.71) 中等号右边的两项表示使得 $t_{N,j}$ 和 $t_{N,j}-\tau_i$ 落入区间 $[0,\ h]$ 的时滞常数 τ_i 对应的状态矩阵 $\tilde{\boldsymbol{A}}_i$，乘以与离散点 $t_{N,j}$ 或状态向量 $\boldsymbol{z}_j^*$ 对应的拉格朗日插值系数的积分。从而可知，矩阵 $\boldsymbol{\Sigma}_N$ 为与系统状态矩阵 $\tilde{\boldsymbol{A}}_i$ $(i = 0,\ 1,\ \cdots,\ m)$ 有关的稠密矩阵。其可以等价地变换为拉格朗日插值系数矩阵 $\boldsymbol{L}_N^i$ 与系统状态矩阵 $\tilde{\boldsymbol{A}}_i$ 的克罗内克积之和的形式，即

$$\boldsymbol{\Sigma}_N = \sum_{i=0}^{m} \boldsymbol{L}_N^i \otimes \tilde{\boldsymbol{A}}_i \tag{8.72}$$

式中，$\boldsymbol{L}_N^i \in \mathbb{R}^{N \times N}$ $(i = 0,\ 1,\ \cdots,\ m)$，其元素通过对拉格朗日插值系数进行运算得到。

8.3 结构化的解算子伪谱配置离散化矩阵

本节基于解算子 $\mathcal{T}(h)$ 的显式表达式 (4.9)，并沿用 8.1 节建立的离散空间 $\boldsymbol{X}_M$ 和 $\boldsymbol{X}_N^+$，推导得到结构化的解算子 $\mathcal{T}(h)$ 伪谱配置离散化矩阵 $\boldsymbol{T}_{M,N}$。这里所谓的“结构化”是指，$\boldsymbol{T}_{M,N}$ 在逻辑结构上由两个块行组成，分别对应式 (4.9) 两个分段函数的离散化。尤其地，$\boldsymbol{T}_{M,N}$ 的第二个块行为高度稀疏的矩阵。

8.3.1 $\mathcal{T}(h)$ 第一个解分段的离散化

解算子 $\mathcal{T}(h)$ 第一个解分段的离散化形式，可以通过估计 $\Delta\boldsymbol{x}_h$ 在区间 $(-h,\ 0]$ 上的各个离散点 $\theta_{M,1,k}\ (k=0,\ 1,\ \cdots,\ M-1)$ 处的状态值 $\Delta\boldsymbol{x}_{1,1,k}\triangleq\Delta\boldsymbol{x}_h(\theta_{M,1,k})=\Delta\boldsymbol{x}(h+\theta_{M,1,k})$ 得到。

具体地，首先利用伪谱配置法求解式 (8.73)，求得区间 $[0,\ h]$ 上集合 Ω_N^+ 各个离散点 $t_{N,j}\ (j=1,2,\cdots,\ N)$ 处 $\boldsymbol{z}_j=\Delta\dot{\boldsymbol{x}}(t_{N,j})$ 的显式表达式；然后，以 $\boldsymbol{z}_j\ (j=1,2,\cdots,\ N)$ 为基函数，得到区间 $[0,\ h]$ 上连续的导数函数 $\boldsymbol{z}$；最后，以为 $\boldsymbol{\varphi}_{1,0}$ 初值，对 $\boldsymbol{z}$ 进行积分得到系统状态 $\Delta\boldsymbol{x}_{1,1,k}\ (k=0,\ 1,\ \cdots,\ M-1)$ 的估计值。

$$\boldsymbol{z}_j=\tilde{\boldsymbol{A}}_0\Delta\boldsymbol{x}_{N,j}+\sum_{i=1}^{m}\tilde{\boldsymbol{A}}_i\Delta\boldsymbol{x}(t_{N,j}-\tau_i),\ j=1,2,\ \cdots,\ N \tag{8.73}$$

式中，$\Delta\boldsymbol{x}_{N,j}$ 为 $\Delta\boldsymbol{x}$ 在集合 Ω_N^+ 的各离散点 $t_{N,j}\ (j=1,2,\ \cdots,\ N)$ 处的估计值，即 $\Delta\boldsymbol{x}_{N,j}=\Delta\boldsymbol{x}(t_{N,j})$。

1. 导数值 $\boldsymbol{z}_j\ (j=1,2,\ \cdots,\ N)$ 的显式表达式

首先，推导式 (8.73) 等号右边第一项。将 $\Delta\boldsymbol{x}_{N,j}$ 用以 $\boldsymbol{\varphi}_{1,0}$ 为初值的积分代替，得

$$\tilde{\boldsymbol{A}}_0\Delta\boldsymbol{x}_{N,j}=\tilde{\boldsymbol{A}}_0\boldsymbol{\varphi}_{1,0}+\int_0^{t_{N,j}}\sum_{k=1}^{N}\ell_{N,k}^+(s)\tilde{\boldsymbol{A}}_0\boldsymbol{z}_k\mathrm{d}s \tag{8.74}$$

式中，$\ell_{N,k}^+\ (k=1,2,\ \cdots,\ N)$ 为与式 (8.14) 所示的延伸算子 P_N^+ 相关的拉格朗日系数。

然后，推导式 (8.73) 等号右边第二项，其中 $\Delta\boldsymbol{x}(t_{N,j}-\tau_i)$ 需要根据 $t_{N,j}-\tau_i\ (i=1,\ 2,\ \cdots,\ m)$ 的正负性分别进行计算。

(1) 当 $i=1,\ 2,\ \cdots,\ i(t_{N,j})$，即 $t_{N,j}-\tau_i$ 位于区间 $(0,\ h]$ 时，将 $\Delta\boldsymbol{x}(t_{N,j}-\tau_i)$ 用以 $\boldsymbol{\varphi}_{1,0}$ 为初值的积分代替，得

$$\sum_{i=1}^{i(t_{N,j})}\tilde{\boldsymbol{A}}_i\Delta\boldsymbol{x}(t_{N,j}-\tau_i)=\sum_{i=1}^{i(t_{N,j})}\left(\tilde{\boldsymbol{A}}_i\boldsymbol{\varphi}_{1,0}+\int_0^{t_{N,j}-\tau_i}\sum_{k=1}^{N}\ell_{N,k}^+(s)\tilde{\boldsymbol{A}}_i\boldsymbol{z}_k\mathrm{d}s\right) \tag{8.75}$$

(2) 当 $i=i(t_{N,j})+1,\ i(t_{N,j})+2,\ \cdots,\ m$ 时，$t_{N,j}-\tau_i$ 落入区间 $[-\tau_{\max},\ 0]$。若 $t_{N,j}-\tau_i$ 落入第 $r\ (r=1,\ 2,\ \cdots,\ Q)$ 个子区间，则利用第 r 个子区间上的延伸算子 P_M 来估计 $\Delta\boldsymbol{x}(t_{N,j}-\tau_i)$。一般情况下，$Q$ 个子区间 $[-\tau_{\max},\ -(Q-1)h]$ 的长度小于第 $Q-1$ 个子区间 $[-(Q-2)h,\ -(Q-1)h]$ 的长度。此时，$t_{N,j}-\tau_{\max}\ (j=1,\ 2,\ \cdots,\ \hat{N})$ 和 $t_{N,j}-\tau_{\max}\ (j=\hat{N}+1,\ \hat{N}+2,\ \cdots,\ N)$ 分别会落入相邻的第 Q 个和第 $Q-1$ 个子区间。

当 $j=1, 2, \cdots, \hat{N}$ 时，有

$$\begin{aligned}\sum_{i=i(t_{N,j})+1}^{m}\tilde{\boldsymbol{A}}_i\Delta\hat{\boldsymbol{x}}(t_{N,j}-\tau_i)=&\sum_{i=i(t_{N,j})+1}^{i(t_{N,1,j})}\tilde{\boldsymbol{A}}_i\sum_{k=0}^{M}\ell_{M,1,k}(t_{N,j}-\tau_i)\boldsymbol{\varphi}_{1,k}+\cdots\\&+\sum_{i=i(t_{N,Q-2,j})+1}^{i(t_{N,Q-1,j})}\tilde{\boldsymbol{A}}_i\sum_{k=0}^{M}\ell_{M,Q-1,k}(t_{N,j}-\tau_i)\boldsymbol{\varphi}_{Q-1,k}\\&+\sum_{i=i(t_{N,Q-1,j})+1}^{m}\tilde{\boldsymbol{A}}_i\sum_{k=0}^{M}\ell_{M,Q,k}(t_{N,j}-\tau_i)\boldsymbol{\varphi}_{Q,k}\end{aligned}\tag{8.76}$$

当 $j=\hat{N}+1, \hat{N}+2, \cdots, N$ 时，有

$$\begin{aligned}\sum_{i=i(t_{N,j})+1}^{m}\tilde{\boldsymbol{A}}_i\Delta\hat{\boldsymbol{x}}(t_{N,j}-\tau_i)=&\sum_{i=i(t_{N,j})+1}^{i(t_{N,1,j})}\tilde{\boldsymbol{A}}_i\sum_{k=0}^{M}\ell_{M,1,k}(t_{N,j}-\tau_i)\boldsymbol{\varphi}_{1,k}+\cdots\\&+\sum_{i=i(t_{N,Q-2,j})+1}^{m}\tilde{\boldsymbol{A}}_i\sum_{k=0}^{M}\ell_{M,Q-1,k}(t_{N,j}-\tau_i)\boldsymbol{\varphi}_{Q-1,k}\end{aligned}\tag{8.77}$$

将式 (8.74) ~ 式 (8.77) 代入式 (8.73) 并移项，得

$$\begin{aligned}&\boldsymbol{z}_j-\int_0^{t_{N,j}}\sum_{k=1}^{N}\ell_{N,k}^{+}(s)\tilde{\boldsymbol{A}}_0\boldsymbol{z}_k\mathrm{d}s-\sum_{i=1}^{i(t_{N,j})}\int_0^{t_{N,j}-\tau_i}\sum_{k=1}^{N}\ell_{N,k}^{+}(s)\tilde{\boldsymbol{A}}_i\boldsymbol{z}_k\mathrm{d}s\\&=\tilde{\boldsymbol{A}}_0\boldsymbol{\varphi}_{1,0}+\sum_{i=1}^{i(t_{N,j})}\tilde{\boldsymbol{A}}_i\boldsymbol{\varphi}_{1,0}+\sum_{i=i(t_{N,j})+1}^{i(t_{N,1,j})}\tilde{\boldsymbol{A}}_i\sum_{k=0}^{M}\ell_{M,1,k}(t_{N,j}-\tau_i)\boldsymbol{\varphi}_{1,k}+\cdots\\&\quad+\sum_{i=i(t_{N,Q-2,j})+1}^{i(t_{N,Q-1,j})}\tilde{\boldsymbol{A}}_i\sum_{k=0}^{M}\ell_{M,Q-1,k}(t_{N,j}-\tau_i)\boldsymbol{\varphi}_{Q-1,k}\\&\quad+\sum_{i=i(t_{N,Q-1,j})+1}^{m}\tilde{\boldsymbol{A}}_i\sum_{k=0}^{M}\ell_{M,Q,k}(t_{N,j}-\tau_i)\boldsymbol{\varphi}_{Q,k},\ j=1,\ 2,\ \cdots,\ \hat{N}\end{aligned}\tag{8.78}$$

及

$$\boldsymbol{z}_j-\int_0^{t_{N,j}}\sum_{k=1}^{N}\ell_{N,k}^{+}(s)\tilde{\boldsymbol{A}}_0\boldsymbol{z}_k\mathrm{d}s-\sum_{i=1}^{i(t_{N,j})}\int_0^{t_{N,j}-\tau_i}\sum_{k=1}^{N}\ell_{N,k}^{+}(s)\tilde{\boldsymbol{A}}_i\boldsymbol{z}_k\mathrm{d}s$$

$$= \tilde{\boldsymbol{A}}_0\boldsymbol{\varphi}_{1,0} + \sum_{i=1}^{i(t_{N,j})} \tilde{\boldsymbol{A}}_i\boldsymbol{\varphi}_{1,0} + \sum_{i=i(t_{N,j})+1}^{i(t_{N,1,j})} \tilde{\boldsymbol{A}}_i \sum_{k=0}^{M} \ell_{M,1,k}(t_{N,j}-\tau_i)\boldsymbol{\varphi}_{1,k} + \cdots$$

$$+ \sum_{i=i(t_{N,Q-2,j})+1}^{m} \tilde{\boldsymbol{A}}_i \sum_{k=0}^{M} \ell_{M,Q-1,k}(t_{N,j}-\tau_i)\boldsymbol{\varphi}_{Q-1,k},\ j=\hat{N}+1,\ \hat{N}+2,\ \cdots,\ N \tag{8.79}$$

下面对式 (8.78) 和式 (8.79) 进行整理。

首先，参考 8.2.4 节将式 (8.78) 和式 (8.79) 等号左边改写为矩阵形式，得

$$\left(\boldsymbol{I}_{Nn} - \sum_{i=0}^{m} \boldsymbol{L}_N^i \otimes \tilde{\boldsymbol{A}}_i\right)\boldsymbol{Z} = (\boldsymbol{I}_{Nn} - \boldsymbol{\Sigma}_N)\,\boldsymbol{Z} \tag{8.80}$$

式中，$\boldsymbol{\Sigma}_N \in \mathbb{R}^{Nn\times Nn}$ 和 $\boldsymbol{L}_N^i \in \mathbb{R}^{N\times N}$ $(i=0,\ 1,\ \cdots,\ m)$ 的具体表达式见式 (8.70) 和式 (8.72)。

然后，参考 8.2.3 节将式 (8.78) 和式 (8.79) 等号右边写成矩阵形式，得

$$\left(\sum_{i=0}^{m} \boldsymbol{L}_{M,N}^i \otimes \tilde{\boldsymbol{A}}_i\right)\boldsymbol{\Phi} = \boldsymbol{\Sigma}_{M,N}\boldsymbol{\Phi} \tag{8.81}$$

式中，$\boldsymbol{\Sigma}_{M,N} \in \mathbb{R}^{Nn\times(QM+1)n}$ 和 $\boldsymbol{L}_{M,N}^i \in \mathbb{R}^{N\times(QM+1)}$ $(i=0,\ 1,\ \cdots,\ m)$ 的具体表达式分别见式 (8.53) 和式 (8.67)。

从而，以 $\boldsymbol{\Phi}$ 为变量，可将区间 $[0,\ h]$ 上导数的导数函数 $\boldsymbol{z}$ 的离散化分块向量 $\boldsymbol{Z}$ 显式表示为

$$\boldsymbol{Z} = (\boldsymbol{I}_{Nn} - \boldsymbol{\Sigma}_N)^{-1}\,\boldsymbol{\Sigma}_{M,N}\boldsymbol{\Phi} \tag{8.82}$$

2. 状态值 $\Delta\boldsymbol{x}_{1,1,k}$ $(k=0,\ 1,\ \cdots,\ M-1)$ 的估计值

利用延伸算子 P_N^+，以式 (8.82) 所示的 $\boldsymbol{z}_j$ $(j=1,\ \cdots,\ N)$ 为基函数，可以拟合得到区间 $[0,\ h]$ 上的连续的导数函数 $\boldsymbol{z}$；然后，以 $\boldsymbol{\varphi}_{1,0}$ 为初值，对 $\boldsymbol{z}$ 进行积分便可得到系统状态 $\Delta\boldsymbol{x}_{1,1,k}$ $(k=0,\ 1,\ \cdots,\ M-1)$ 的估计值。

$$\Delta\boldsymbol{x}_{1,1,k} = \boldsymbol{\varphi}_{1,0} + \sum_{j=1}^{N}\int_0^{h+\theta_{M,1,k}} \ell_{N,j}^+(s)\boldsymbol{z}_j\mathrm{d}s,\quad k=0,\ 1,\ \cdots,\ M-1 \tag{8.83}$$

将式 (8.83) 写成向量形式，便可得到解算子 $\mathcal{T}(h)$ 第一个解分段的伪谱配置

离散化形式。

$$\begin{bmatrix} \Delta\boldsymbol{x}_{1,1,0} \\ \Delta\boldsymbol{x}_{1,1,1} \\ \vdots \\ \Delta\boldsymbol{x}_{1,1,M-1} \end{bmatrix} = \left(\bar{\boldsymbol{\Pi}}_M + \bar{\boldsymbol{\Pi}}_{M,N}\left(\boldsymbol{I}_{Nn} - \boldsymbol{\Sigma}_N\right)^{-1}\boldsymbol{\Sigma}_{M,N}\right)\boldsymbol{\Phi} \tag{8.84}$$

式中，$\bar{\boldsymbol{\Pi}}_M \in \mathbb{R}^{Mn\times(QM+1)n}$ 和 $\bar{\boldsymbol{\Pi}}_{M,N} \in \mathbb{R}^{Mn\times Nn}$ 分别为式 (8.45) 和式 (8.50) 所示 $\boldsymbol{\Pi}_M$ 和 $\boldsymbol{\Pi}_{M,N}$ 的前 Mn 行形成的子矩阵。

$$\bar{\boldsymbol{\Pi}}_M = \begin{bmatrix} \boldsymbol{1}_{M\times 1} & \boldsymbol{0}_{M\times QM} \end{bmatrix} \otimes \boldsymbol{I}_n \tag{8.85}$$

$$\bar{\boldsymbol{\Pi}}_{M,N} = \boldsymbol{U}'_{M,N} \otimes \boldsymbol{I}_n \tag{8.86}$$

其中，$\boldsymbol{U}'_{M,N} \in \mathbb{R}^{M\times N}$ 的详细表达式见式 (8.50) 和式 (8.51)。

8.3.2 $\mathcal{T}(h)$ 第二个解分段的离散化

解算子 $\mathcal{T}(h)$ 第二个解分段 (转移) 的离散化，可以通过估计 $\Delta\boldsymbol{x}_h$ 在区间 $[-\tau_{\max}, -h]$ 上的各个离散点 $\theta_{M,i,k}$ $(i = 2, 3, \cdots, Q;\ k = 0, 1, \cdots, M)$ 处的状态值 $\Delta\boldsymbol{x}_{1,i,k} \triangleq \Delta\boldsymbol{x}_h(\theta_{M,i,k}) = \Delta\boldsymbol{x}(h + \theta_{M,i,k})$ 得到。

(1) 当 $i = 2, 3, \cdots, Q-1$ 时，存在以下关系：

$$\Delta\boldsymbol{x}_{1,i,k} = \boldsymbol{\varphi}_{i-1,k}, \quad i = 2, 3, \cdots, Q-1;\ k = 0, 1, \cdots, M-1 \tag{8.87}$$

(2) 当 $i = Q$ 时，$h + \theta_{M,i,k}$ $(k = 0, 1, \cdots, M)$ 落入区间 $[-\tau_{\max}, 0]$ 上的第 $Q-1$ 个子区间，即 $h + \theta_{M,Q,k} \in [-(Q-1)h, -(Q-2)h]$。一般地，第 Q 个子区间的长度小于第个 $Q-1$ 子区间的长度，因此 $h + \theta_{M,Q,k}$ 和 $\theta_{M,Q-1,k}$ 并不重合，即 $h + \theta_{M,Q,k} \neq \theta_{M,Q-1,k}$，$k = 0, 1, \cdots, M$。此时，可以通过拉格朗日插值方法得到 $\Delta\boldsymbol{x}_{1,Q,k}$，$k = 0, 1, \cdots, M$。

$$\Delta\boldsymbol{x}_{1,Q,k} = \sum_{j=0}^{M} \ell_{M,Q-1,j}(h + \theta_{M,Q,k})\boldsymbol{\varphi}_{Q-1,j}, \quad k = 0, 1, \cdots, M \tag{8.88}$$

综合式 (8.87) 和式 (8.88)，可以得到解算子 $\mathcal{T}(h)$ 第二个解分段的离散化形式如下：

$$\begin{bmatrix} \Delta\boldsymbol{x}_{1,2,0} \\ \Delta\boldsymbol{x}_{1,2,1} \\ \vdots \\ \Delta\boldsymbol{x}_{1,Q,M} \end{bmatrix} = \left(\begin{bmatrix} \boldsymbol{I}_{(Q-2)M} & & \\ & \boldsymbol{U}'_M & \boldsymbol{0}_{(M+1)\times M} \end{bmatrix} \otimes \boldsymbol{I}_n\right)\boldsymbol{\Phi} \tag{8.89}$$

式中，$\boldsymbol{U}'_M \in \mathbb{R}^{(M+1)(M+1)}$ 的详细表达式见式 (8.46)。

8.3.3 解算子伪谱配置离散化矩阵

结合式 (8.84) 和式 (8.89)，可以得到结构化的解算子 $\mathcal{T}(h)$ 的伪谱配置谱离散化矩阵 $\boldsymbol{T}_{M,N} \in \mathbb{R}^{(QM+1)n\times(QM+1)n}$。

$$\boldsymbol{T}_{M,N} = \left[\begin{array}{c} \bar{\boldsymbol{\Pi}}_M + \bar{\boldsymbol{\Pi}}_{M,N}\left(\boldsymbol{I}_{Nn} - \boldsymbol{\Sigma}_N\right)^{-1}\boldsymbol{\Sigma}_{M,N} \\ \hdashline \begin{bmatrix} \boldsymbol{I}_{(Q-2)M} & & \\ & \boldsymbol{U}'_M & \boldsymbol{0}_{(M+1)\times M} \end{bmatrix} \otimes \boldsymbol{I}_n \end{array}\right] \tag{8.90}$$

需要说明的是，8.2 节与 8.3 节所得到的解算子伪谱配置离散化矩阵虽然在形式上略有差异，但在数值上是完全相同的。因此，在后续的 8.4 节，仍以 8.2 节构建的解算子离散化矩阵 $\boldsymbol{T}_{M,N}$ 为对象，给出 SOD-PS 方法应用于大规模时滞电力系统时特征值高效计算的实现方法。

8.4 大规模时滞电力系统特征值计算

8.4.1 坐标旋转预处理

由式 (4.67) 和式 (4.68) 可知，不精确坐标旋转变换只对系统状态矩阵 $\tilde{\boldsymbol{A}}_i$ $(i=0,1,\cdots,m)$ 进行处理。由于 $\boldsymbol{L}^i_{M,N}$、$\boldsymbol{L}^i_N$、$\boldsymbol{U}_{M,N}$ 和 $\boldsymbol{U}_M$ 与 $\tilde{\boldsymbol{A}}_i$ $(i=0,1,\cdots,m)$ 无关，它们在坐标旋转变换前后保持不变。考虑到 $\boldsymbol{\Sigma}_N$ 和 $\boldsymbol{\Sigma}_{M,N}$ 是 $\tilde{\boldsymbol{A}}_i$ $(i=0,1,\cdots,m)$ 的函数，于是将它们分别用式 (4.67) 中的 $\tilde{\boldsymbol{A}}'_i$ $(i=0,1,\cdots,m)$ 代替，得到 $\boldsymbol{\Sigma}'_{M,N} \in \mathbb{C}^{Nn\times(QM+1)n}$ 和 $\boldsymbol{\Sigma}'_N \in \mathbb{C}^{Nn\times Nn}$。

$$\boldsymbol{\Sigma}'_{M,N} = \sum_{i=0}^{m} \boldsymbol{L}^i_{M,N} \otimes \tilde{\boldsymbol{A}}'_i \tag{8.91}$$

$$\boldsymbol{\Sigma}'_N = \sum_{i=0}^{m} \boldsymbol{L}^i_N \otimes \tilde{\boldsymbol{A}}'_i \tag{8.92}$$

相应地，解算子伪谱配置离散化矩阵 $\boldsymbol{T}_{M,N}$ 变为 $\boldsymbol{T}'_{M,N} \in \mathbb{C}^{(QM+1)n\times(QM+1)n}$：

$$\boldsymbol{T}'_{M,N} = \boldsymbol{\Pi}_M + \boldsymbol{\Pi}_{M,N}\left(\boldsymbol{I}_{Nn} - \boldsymbol{\Sigma}'_N\right)^{-1}\boldsymbol{\Sigma}'_{M,N} \tag{8.93}$$

$\boldsymbol{T}'_{M,N}$ 的特征值 μ' 与时滞电力系统的特征值 λ' 之间的关系，参见式 (4.70)。

8.4.2 旋转–放大预处理

本节利用 4.4.4 节所述旋转–放大预处理的两种实现方法，分别构建预处理后的解算子 $\mathcal{T}(h)$ 的伪谱配置离散化矩阵。

1. 第一种实现方法

在旋转–放大预处理第一种实现方法中，τ_i $(i=1, 2, \cdots, m)$ 被变换为原来的 $1/\alpha$，$\tilde{\boldsymbol{A}}_i'$ $(i=0, 1, \cdots, m)$ 被变换为原来的 α 倍 $\left(\tilde{\boldsymbol{A}}_i''\right)$，$h$ 保持不变，如式 (4.77) 和式 (4.78) 所示。旋转–放大预处理后，可以通过如下步骤得到解算子的伪谱配置离散化矩阵。

首先，将空间 $\boldsymbol{X}$ 重新定义为 $\boldsymbol{X} := C([-\tau_{\max}/\alpha, 0], \mathbb{R}^{n\times 1})$。然后，将区间 $[-\tau_{\max}/\alpha, 0]$ 重新划分为长度等于 (或小于) h 的 Q' 个子区间。Q' 为大于或等于 $\tau_{\max}/(\alpha h)$ 的最小整数，即 $Q' = \lceil \tau_{\max}/(\alpha h) \rceil$。进而，利用 $Q'M+1$ 个离散点将空间 $\boldsymbol{X}$ 离散化为 $\boldsymbol{X}_M$。接着，将与空间 $\boldsymbol{X}_M$ 相关的矩阵 $\boldsymbol{U}_M'$、$\boldsymbol{U}_M$、$\boldsymbol{U}_{M,N}'$、$\boldsymbol{U}_{M,N}$、$\boldsymbol{L}_{M,N}^i$ 和 $\boldsymbol{L}_N^i$ 重新形成为 $\boldsymbol{U}_M'' \in \mathbb{R}^{(M+1)\times(M+1)}$、$\tilde{\boldsymbol{U}}_M \in \mathbb{R}^{(Q'M+1)\times(Q'M+1)}$、$\tilde{\boldsymbol{U}}_{M,N}'' \in \mathbb{R}^{M\times N}$、$\tilde{\boldsymbol{U}}_{M,N}' \in \mathbb{R}^{(Q'M+1)\times N}$、$\tilde{\boldsymbol{L}}_{M,N}^i \in \mathbb{R}^{N\times(Q'M+1)}$ 和 $\left(\tilde{\boldsymbol{L}}_N^i\right)' \in \mathbb{R}^{N\times N}$ $(i=0, 1, \cdots, m)$。最后，构建解算子伪谱配置离散化矩阵 $\tilde{\boldsymbol{T}}_{M,N}'' \in \mathbb{C}^{(Q'M+1)n\times(Q'M+1)n}$：

$$\tilde{\boldsymbol{T}}_{M,N}'' = \boldsymbol{\Pi}_M'' + \tilde{\boldsymbol{\Pi}}_{M,N}''\left(\boldsymbol{I}_{Nn} - \tilde{\boldsymbol{\Sigma}}_N''\right)^{-1}\tilde{\boldsymbol{\Sigma}}_{M,N}'' \tag{8.94}$$

式中，$\boldsymbol{\Pi}_M'' \in \mathbb{R}^{(Q'M+1)n\times(Q'M+1)n}$；$\tilde{\boldsymbol{\Pi}}_{M,N}'' \in \mathbb{R}^{(Q'M+1)n\times Nn}$；$\tilde{\boldsymbol{\Sigma}}_N'' \in \mathbb{C}^{Nn\times Nn}$；$\tilde{\boldsymbol{\Sigma}}_{M,N}'' \in \mathbb{C}^{Nn\times(Q'M+1)n}$。它们分别通过更新式 (8.45)、式 (8.50)、式 (8.92) 和式 (8.91) 得到。

$$\boldsymbol{\Pi}_M'' = \begin{bmatrix} \boldsymbol{1}_{M\times 1} & & \\ \boldsymbol{I}_{(Q'-2)M} & & \\ & \boldsymbol{U}_M'' & \boldsymbol{0}_{(M+1)\times M} \end{bmatrix} \otimes \boldsymbol{I}_n = \tilde{\boldsymbol{U}}_M \otimes \boldsymbol{I}_n \tag{8.95}$$

$$\tilde{\boldsymbol{\Pi}}_{M,N}'' = \begin{bmatrix} \tilde{\boldsymbol{U}}_{M,N}'' \\ \boldsymbol{0}_{((Q'-1)M+1)\times N} \end{bmatrix} \otimes \boldsymbol{I}_n = \tilde{\boldsymbol{U}}_{M,N}' \otimes \boldsymbol{I}_n \tag{8.96}$$

$$\tilde{\boldsymbol{\Sigma}}_{M,N}'' = \sum_{i=0}^{m} \tilde{\boldsymbol{L}}_{M,N}^i \otimes \tilde{\boldsymbol{A}}_i'' \tag{8.97}$$

$$\tilde{\boldsymbol{\Sigma}}_N'' = \sum_{i=0}^{m} \left(\tilde{\boldsymbol{L}}_N^i\right)' \otimes \tilde{\boldsymbol{A}}_i'' \tag{8.98}$$

2. 第二种实现方法

在旋转–放大预处理第二种实现方法中，τ_i $(i=1, 2, \cdots, m)$ 和 $\tilde{\boldsymbol{A}}_i'$ $(i=0, 1, \cdots, m)$ 保持不变，h 被变换原来的 α 倍。旋转–放大预处理后，可以通过如下步骤得到解算子的伪谱配置离散化矩阵。

首先，将区间 $[-\tau_{\max},\ 0]$ 重新划分为长度等于 (或小于) αh 的 Q' 个子区间，$Q'=\lceil \tau_{\max}/(\alpha h)\rceil$，从而得到不同于第一种实现方法的离散化空间 $\boldsymbol{X}_M$。其次，将空间 $\boldsymbol{X}^+$ 重新定义为 $\boldsymbol{X}^+ := C\left([0,\ \alpha h],\ \mathbb{R}^{n\times 1}\right)$。然后，利用区间 $[0,\ \alpha h]$ 的 N 个离散点将 $\boldsymbol{X}^+$ 离散化为 $\boldsymbol{X}_N^+$，进而与空间 $\boldsymbol{X}_N^+$ 相关的矩阵 $\boldsymbol{U}'_{M,N}$、$\boldsymbol{U}_{M,N}$、$\boldsymbol{L}_{M,N}^i$ 和 $\boldsymbol{L}_N^i$ 被分别更新为 $\boldsymbol{U}''_{M,N}\in\mathbb{R}^{M\times N}$、$\tilde{\boldsymbol{U}}_{M,N}\in\mathbb{R}^{(Q'M+1)\times N}$、$\tilde{\boldsymbol{L}}_{M,N}^i\in\mathbb{R}^{N\times(Q'M+1)}$ 和 $\tilde{\boldsymbol{L}}_N^i\in\mathbb{R}^{N\times N}$ $(i=0,\ 1,\ \cdots,\ m)$。最终，形成的解算子伪谱配置离散化矩阵 $\boldsymbol{T}''_{M,N}\in\mathbb{C}^{(Q'M+1)n\times(Q'M+1)n}$ 可表示为

$$\boldsymbol{T}''_{M,N}=\boldsymbol{\Pi}''_M+\boldsymbol{\Pi}''_{M,N}\left(\boldsymbol{I}_{Nn}-\boldsymbol{\Sigma}''_N\right)^{-1}\boldsymbol{\Sigma}''_{M,N} \tag{8.99}$$

式中，$\boldsymbol{\Pi}''_{M,N}\in\mathbb{R}^{(Q'M+1)n\times Nn}$；$\boldsymbol{\Sigma}''_{M,N}\in\mathbb{C}^{Nn\times(Q'M+1)n}$；$\boldsymbol{\Sigma}''_N\in\mathbb{C}^{Nn\times Nn}$。它们可分别通过更新式 (8.50)、式 (8.91) 和式 (8.92) 得到。

$$\boldsymbol{\Pi}''_{M,N}=\begin{bmatrix}\boldsymbol{U}''_{M,N}\\ \boldsymbol{0}_{((Q'-1)M+1)\times N}\end{bmatrix}\otimes\boldsymbol{I}_n=\tilde{\boldsymbol{U}}_{M,N}\otimes\boldsymbol{I}_n \tag{8.100}$$

$$\boldsymbol{\Sigma}''_{M,N}=\sum_{i=0}^{m}\tilde{\boldsymbol{L}}_{M,N}^i\otimes\tilde{\boldsymbol{A}}'_i \tag{8.101}$$

$$\boldsymbol{\Sigma}''_N=\sum_{i=0}^{m}\tilde{\boldsymbol{L}}_N^i\otimes\tilde{\boldsymbol{A}}'_i=\sum_{i=0}^{m}\left(\tilde{\boldsymbol{L}}_N^i\right)'\otimes\tilde{\boldsymbol{A}}''_i=\tilde{\boldsymbol{\Sigma}}''_N \tag{8.102}$$

3. 伪谱配置离散化矩阵之间的关系

为了对比解算子伪谱配置离散化旋转–放大预处理的两种实现方法，以及便于理解基于伪谱配置离散化的特征值计算方法的高效实现，现将预处理前后解算子伪谱配置离散化矩阵的符号及维数总结于表 8.1 中。

表 8.1　旋转–放大预处理前后，解算子伪谱配置离散化矩阵

$\boldsymbol{T}_{M,N}=\boldsymbol{\Pi}_M$ $+\boldsymbol{\Pi}_{M,N}(\boldsymbol{I}_{Nn}-\boldsymbol{\Sigma}_N)^{-1}\boldsymbol{\Sigma}_{M,N}$	$\tilde{\boldsymbol{T}}''_{M,N}=\boldsymbol{\Pi}''_M$ $+\tilde{\boldsymbol{\Pi}}''_{M,N}(\boldsymbol{I}_{Nn}-\tilde{\boldsymbol{\Sigma}}''_N)^{-1}\tilde{\boldsymbol{\Sigma}}''_{M,N}$	$\boldsymbol{T}''_{M,N}=\boldsymbol{\Pi}''_M$ $+\boldsymbol{\Pi}''_{M,N}(\boldsymbol{I}_{Nn}-\boldsymbol{\Sigma}''_N)^{-1}\boldsymbol{\Sigma}''_{M,N}$
$\boldsymbol{\Pi}_M\in\mathbb{R}^{(QM+1)n\times(QM+1)n}$	$\boldsymbol{\Pi}''_M\in\mathbb{R}^{(Q'M+1)n\times(Q'M+1)n}$	$\boldsymbol{\Pi}''_M\in\mathbb{R}^{(Q'M+1)n\times(Q'M+1)n}$
$\boldsymbol{U}'_M\in\mathbb{R}^{(M+1)\times(M+1)}$	$\boldsymbol{U}''_M\in\mathbb{R}^{(M+1)\times(M+1)}$	$\boldsymbol{U}''_M\in\mathbb{R}^{(M+1)\times(M+1)}$
$\boldsymbol{U}_M\in\mathbb{R}^{(QM+1)\times(QM+1)}$	$\tilde{\boldsymbol{U}}_M\in\mathbb{R}^{(Q'M+1)\times(Q'M+1)}$	$\tilde{\boldsymbol{U}}_M\in\mathbb{R}^{(Q'M+1)\times(Q'M+1)}$
$\boldsymbol{\Pi}_{M,N}\in\mathbb{R}^{(QM+1)n\times Nn}$	$\tilde{\boldsymbol{\Pi}}''_{M,N}\in\mathbb{R}^{(Q'M+1)n\times Nn}$	$\boldsymbol{\Pi}''_{M,N}\in\mathbb{R}^{(Q'M+1)n\times Nn}$
$\boldsymbol{U}'_{M,N}\in\mathbb{R}^{M\times N}$	$\tilde{\boldsymbol{U}}''_{M,N}\in\mathbb{R}^{M\times N}$	$\boldsymbol{U}''_{M,N}\in\mathbb{R}^{M\times N}$
$\boldsymbol{U}_{M,N}\in\mathbb{R}^{(QM+1)\times N}$	$\tilde{\boldsymbol{U}}'_{M,N}\in\mathbb{R}^{(Q'M+1)\times N}$	$\tilde{\boldsymbol{U}}_{M,N}\in\mathbb{R}^{(Q'M+1)\times N}$
$\boldsymbol{\Sigma}_{M,N}\in\mathbb{R}^{Nn\times(QM+1)n}$	$\tilde{\boldsymbol{\Sigma}}''_{M,N}\in\mathbb{C}^{Nn\times(Q'M+1)n}$	$\boldsymbol{\Sigma}''_{M,N}\in\mathbb{C}^{Nn\times(Q'M+1)n}$
$\boldsymbol{L}_{M,N}^i\in\mathbb{R}^{N\times(QM+1)}$	$\tilde{\boldsymbol{L}}_{M,N}^i\in\mathbb{R}^{N\times(Q'M+1)}$	$\tilde{\boldsymbol{L}}_{M,N}^i\in\mathbb{R}^{N\times(Q'M+1)}$
$\boldsymbol{\Sigma}_N\in\mathbb{R}^{Nn\times Nn}$	$\tilde{\boldsymbol{\Sigma}}''_N\in\mathbb{C}^{Nn\times Nn}$	$\boldsymbol{\Sigma}''_N\in\mathbb{C}^{Nn\times Nn}$
$\boldsymbol{L}_N^i\in\mathbb{R}^{N\times N}$	$\left(\tilde{\boldsymbol{L}}_N^i\right)'\in\mathbb{R}^{N\times N}$	$\tilde{\boldsymbol{L}}_N^i\in\mathbb{R}^{N\times N}$

下面通过分析旋转–放大预处理的两种实现方式下解算子伪谱配置离散化子矩阵的对应关系，证明矩阵 $\tilde{\boldsymbol{T}}''_{M,N}$ 和 $\boldsymbol{T}''_{M,N}$ 之间的相等关系[230]。

1) 矩阵 $\boldsymbol{\Pi}''_M$ 相同

由式 (8.45) 可知，预处理前离散化矩阵 $\boldsymbol{\Pi}_M$ 与系统状态矩阵 $\tilde{\boldsymbol{A}}_i$ $(i=0, 1, \cdots, m)$ 无关。因此，要分析预处理对 $\boldsymbol{\Pi}_M$ 的影响，只需分析由拉格朗日插值系数 $t_{Q,k,j}$ $(k = 0, 1, \cdots, m;\ j = 0, 1, \cdots, m)$ 构成的子矩阵 $\boldsymbol{U}'_M$ 随时滞 τ_i $(i=1, 2, \cdots, m)$ 和步长 h 变化的情况。

在第一种实现方式下，τ_i $(i=1, 2, \cdots, m)$ 变为原来的 $1/\alpha$，h 不变，其子区间个数变为 $Q' = \lceil\tau_{\max}/(\alpha h)\rceil$，离散点 $\theta_{M,i,k}$ $(i=1, 2, \cdots, Q';\ k=0, 1, \cdots, M)$ 的值不变。

第二种实现方式下，τ_i $(i = 1, 2, \cdots, m)$ 不变，h 被变换原来的 α 倍，其子区间个数变为 $Q' = \lceil\tau_{\max}/(\alpha h)\rceil$，离散点 $\theta_{M,i,k}$ $(i = 1, 2, \cdots, Q';\ k = 0, 1, \cdots, M)$ 的值随之变为原来的 α 倍。于是，预处理后式 (8.43) 所示的 $t_{Q,k,j}$ 变为

$$t_{Q',k,j} = \prod_{l=0,\ l\neq j}^{M} \frac{\alpha h + \alpha\theta_{M,Q',k} - \alpha\theta_{M,Q'-1,l}}{\alpha\theta_{M,Q'-1,j} - \alpha\theta_{M,Q'-1,l}} = \prod_{l=0,\ l\neq j}^{M} \frac{h + \theta_{M,Q',k} - \theta_{M,Q'-1,l}}{\theta_{M,Q'-1,j} - \theta_{M,Q'-1,l}},$$
$$k=0, 1, \cdots, M;\ j=0, 1, \cdots, M \tag{8.103}$$

实际上，式 (8.103) 的最后一项也即为第一种实现方式下 $t_{Q',k,j}$ 的表达式。由此可知，在旋转–放大预处理两种实现方式下 $t_{Q,k,j}$ 均变为 $t_{Q',k,j}$，$\boldsymbol{U}''_M$ 和 $\tilde{\boldsymbol{U}}_M$ 均相等。最终，预处理的两种实现方式下得到的离散化矩阵 $\boldsymbol{\Pi}''_M$ 相同。

2) 矩阵 $\boldsymbol{\Pi}''_{M,N} = \alpha\tilde{\boldsymbol{\Pi}}''_{M,N}$

由式 (8.50) 可知，预处理前离散化矩阵 $\boldsymbol{\Pi}_{M,N}$ 与系统状态矩阵 $\tilde{\boldsymbol{A}}_i$ $(i = 0, 1, \cdots, m)$ 也无关。因此，要分析预处理对 $\boldsymbol{\Pi}_{M,N}$ 的影响，只需分析拉格朗日插值系数 $\ell^{+}_{N,j}$ $(j=1, 2, \cdots, N)$ 的积分构成的子矩阵 $\boldsymbol{U}'_{M,N}$ 随时滞 τ_i $(i = 1, 2, \cdots, m)$ 和步长 h 变化而变化的情况。

在第一种实现方式下，h 不变，τ_i $(i = 1, 2, \cdots, m)$ 变为原来的 $1/\alpha$，子区间个数变为 $Q' = \lceil\tau_{\max}/(\alpha h)\rceil$，离散点 $\theta_{M,1,k}$ $(k = 0, 1, \cdots, M)$ 和 $t_{N,i}$ $(i=1, 2, \cdots, N)$ 的值均不变。于是，预处理后式 (8.51) 所示 $\boldsymbol{U}'_{M,N}$ 的元素 $E_{k+1,j}$ $(k=0, 1, \cdots, M-1;\ j=1, 2, \cdots, N)$ 不变。

在第二种实现方式下，h 变为原来的 α 倍，子区间个数变为 $Q' = \lceil\tau_{\max}/(\alpha h)\rceil$，离散点 $\theta_{M,1,k}$ $(k=0, 1, \cdots, M)$ 和 $t_{N,i}$ $(i=1, 2, \cdots, N)$ 的值随之变为原来

的 α 倍。于是，预处理后 $E_{k+1,j}$ 变为

$$
\begin{aligned}
E'_{k+1,j} &= \int_0^{\alpha h+\alpha\theta_{M,1,k}} \prod_{l=1,\ l\neq j}^{N} \frac{s-\alpha t_{N,l}}{\alpha t_{N,j}-\alpha t_{N,l}}\mathrm{d}s \\
&\xlongequal{s=\alpha s_0} \alpha\int_0^{h+\theta_{M,1,k}} \prod_{l=1,\ l\neq j}^{N} \frac{s_0-t_{N,l}}{t_{N,j}-t_{N,l}}\mathrm{d}s_0, \\
&\qquad k=0,\ 1,\ \cdots,\ M-1;\ j=1,\ 2,\ \cdots,\ N
\end{aligned}
\tag{8.104}
$$

由式 (8.51) 和式 (8.104) 可知，$E'_{k+1,j}=\alpha E_{k+1,j}$，从而可知两种实现方式下离散化矩阵之间满足 $\boldsymbol{\Pi}''_{M,N}=\alpha\tilde{\boldsymbol{\Pi}}''_{M,N}$。

3) 矩阵 $\boldsymbol{\Sigma}''_{M,N}=\dfrac{1}{\alpha}\tilde{\boldsymbol{\Sigma}}''_{M,N}$

由式 (8.67) 可知，预处理前离散化矩阵 $\boldsymbol{\Sigma}_{M,N}$ 与系统状态矩阵 $\tilde{\boldsymbol{A}}_i$ $(i=0,\ 1,\ \cdots,\ m)$ 和拉格朗日插值系数 $\ell_{M,k,l}$ $(k=1,\ 2,\ \cdots,\ Q;\ l=0,\ 1,\ \cdots,M)$ 构成的矩阵 $\boldsymbol{L}^i_{M,N}$ $(i=0,\ 1,\ \cdots,\ m)$ 相关。首先分析 $\ell_{M,k,l}$ $(k=1,\ 2,\ \cdots,\ Q;\ l=0,\ 1,\ \cdots,\ M)$ 随时滞 τ_i $(i=1,\ 2,\ \cdots,\ m)$ 和步长 h 变化的情况。

在第一种实现方式下，h 保持不变，τ_i $(i=1,\ 2,\ \cdots,\ m)$ 变为原来的 $1/\alpha$，其子区间个数变为 $Q'=\lceil\tau_{\max}/(\alpha h)\rceil$，离散点 $\theta_{M,i,k}$ $(i=1,\ 2,\ \cdots,\ Q';\ k=0,\ 1,\ \cdots,\ M)$ 和 $t_{N,i}$ $(i=1,\ 2,\ \cdots,\ N)$ 的值均不变。于是，给定 $t_{N,i}$ $(i=1,\ 2,\ \cdots,\ N)$，预处理后式 (8.8) 所示 $\ell_{M,k,l}$ $(k=1,\ 2,\ \cdots,\ Q;\ l=0,\ 1,\ \cdots,\ M)$ 变为

$$
\begin{aligned}
\ell'_{M,k,l}(t_{N,j}-\tau_i/\alpha) &= \prod_{r=0,\ r\neq l}^{M} \frac{t_{N,j}-\tau_i/\alpha-\theta_{M,k,r}}{\theta_{M,k,l}-\theta_{M,k,r}} = \prod_{r=0,\ r\neq l}^{M} \frac{\alpha t_{N,j}-\tau_i-\alpha\theta_{M,k,r}}{\alpha\theta_{M,k,l}-\alpha\theta_{M,k,r}}, \\
&\qquad k=1,\ 2,\ \cdots,\ Q';\ l=0,\ 1,\ \cdots,\ M;\ j=1,\ 2,\ \cdots,\ N
\end{aligned}
\tag{8.105}
$$

实际上，式 (8.105) 的最后一项即为第二种实现方式下、当 h 变为 αh 时 $\ell_{M,k,l}$ $(k=1,\ 2,\ \cdots,\ Q;\ l=0,\ 1,\ \cdots,\ M)$ 的表达式。由此可知，在旋转–放大预处理两种实现方式下，拉格朗日系数矩阵 $\tilde{\boldsymbol{L}}^i_{M,N}$ $(i=0,\ 1,\ \cdots,\ m)$ 相同。然而，由于在第一种实现方式下系统状态矩阵 $\tilde{\boldsymbol{A}}''_i$，是在第二种实现方式下系统状态矩阵 $\tilde{\boldsymbol{A}}'_i$ $(i=0,\ 1,\ \cdots,\ m)$ 的 α 倍。于是，有

$$
\boldsymbol{\Sigma}''_{M,N}=\sum_{i=0}^{m}\tilde{\boldsymbol{L}}^i_{M,N}\otimes\tilde{\boldsymbol{A}}'_i=\frac{1}{\alpha}\tilde{\boldsymbol{L}}^i_{M,N}\otimes\tilde{\boldsymbol{A}}''_i=\frac{1}{\alpha}\tilde{\boldsymbol{\Sigma}}''_{M,N}
\tag{8.106}
$$

4) 矩阵 $\boldsymbol{\Sigma}_N''$ 相同

由式 (8.72) 可知，预处理前离散化矩阵 $\boldsymbol{\Sigma}_N$ 与系统状态矩阵 $\tilde{\boldsymbol{A}}_i$ $(i=0, 1, \cdots, m)$ 和拉格朗日系数 $\ell_{N,k}^+$ $(k=1, 2, \cdots, N)$ 构成的矩阵 $\boldsymbol{L}_N^i$ $(i=0, 1, \cdots, m)$ 相关。首先分析 $\ell_{N,k}^+$ $(k=1, 2, \cdots, N)$ 随时滞 τ_i $(i=1, 2, \cdots, m)$ 和步长 h 变化的情况。

给定 τ_i $(i=0, 1, \cdots, m)$，拉格朗日系数矩阵 $\boldsymbol{L}_N^i$ $(i=0, 1, \cdots, m)$ 中的元素 $g_{j,k}$ $(j=1, 2, \cdots, N;\ k=1, 2, \cdots, N)$ 为

$$g_{j,k} = \int_0^{t_{N,j}-\tau_i} \ell_{N,k}^+ \mathrm{d}t = \int_0^{t_{N,j}-\tau_i} \prod_{l=1,\ l\neq k}^{N} \frac{t-t_{N,l}}{t_{N,k}-t_{N,l}} \mathrm{d}t, \quad j=1, 2, \cdots, N;\ k=1, 2, \cdots, N \tag{8.107}$$

在第一种实现方式下，τ_i $(i=1, 2, \cdots, m)$ 变为原来的 $1/\alpha$，h 保持不变。于是，预处理后 $g_{j,k}$ $(j=1, 2, \cdots, N;\ k=1, 2, \cdots, N)$ 变为

$$g'_{j,k} = \int_0^{t_{N,j}-\tau_i/\alpha} \prod_{l=1,\ l\neq k}^{N} \frac{t-t_{N,l}}{t_{N,k}-t_{N,l}} \mathrm{d}t, \quad j=1, 2, \cdots, N;\ k=1, 2, \cdots, N \tag{8.108}$$

在第二种实现方式下，h 被变换原来的 α 倍，离散点 $t_{N,k}$ $(k=1, 2, \cdots, N)$ 也变为原来的 α 倍。于是，预处理后 $g_{j,k}$ $(j=1, 2, \cdots, N;\ k=1, 2, \cdots, N)$ 变为

$$g''_{j,k} = \int_0^{\alpha t_{N,j}-\tau_i} \prod_{l=1,\ l\neq k}^{N} \frac{t-\alpha t_{N,l}}{\alpha t_{N,k}-\alpha t_{N,l}} \mathrm{d}t \overset{t=\alpha t_0}{=} \alpha \int_0^{t_{N,j}-\tau_i/\alpha} \prod_{l=1,\ l\neq k}^{N} \frac{t_0-t_{N,l}}{t_{N,k}-t_{N,l}} \mathrm{d}t_0, \quad j=1, 2, \cdots, N;\ k=1, 2, \cdots, N \tag{8.109}$$

由式 (8.108) 和式 (8.109) 可知，$g''_{j,k} = \alpha g'_{j,k}$，从而可知两种实现方式下得到的离散化矩阵之间满足 $\tilde{\boldsymbol{L}}_N^i = \alpha(\tilde{\boldsymbol{L}}_N^i)'$。由于在第一种实现方式下系统状态矩阵 $\tilde{\boldsymbol{A}}_i''$，是在第二种实现方式下系统状态矩阵 $\tilde{\boldsymbol{A}}_i'$ $(i=0, 1, \cdots, m)$ 的 α 倍。于是，有

$$\boldsymbol{\Sigma}_N'' = \sum_{i=0}^{m} \tilde{\boldsymbol{L}}_N^i \otimes \tilde{\boldsymbol{A}}_i' = \sum_{i=0}^{m} (\tilde{\boldsymbol{L}}_N^i)' \otimes \tilde{\boldsymbol{A}}_i'' = \tilde{\boldsymbol{\Sigma}}_N'' \tag{8.110}$$

这表明预处理的两种实现方式下得到的离散化矩阵 $\boldsymbol{\Sigma}_N''$ 和 $\tilde{\boldsymbol{\Sigma}}_N''$ 完全相等。

5) 矩阵 $\tilde{\boldsymbol{T}}''_{M,N}$ 和 $\boldsymbol{T}''_{M,N}$ 相等

通过上述各离散化矩阵之间的关系分析可知，旋转–放大预处理的两种实现方式下得到的解算子部分伪谱配置离散化矩阵 $\tilde{\boldsymbol{T}}''_{M,N}$ 和 $\boldsymbol{T}''_{M,N}$ 相等。

综上所述，利用旋转–放大预处理的两种实现方法分别得到相同的解算子伪谱配置离散化矩阵 $\tilde{\boldsymbol{T}}''_{M,N}$ 和 $\boldsymbol{T}''_{M,N}$。然而，通过它们的特征值 μ'' 与电力系统特征值之间的映射关系式 (4.79) 和式 (4.80)，最终计算得到特征值 λ。

此外，$\tilde{\boldsymbol{T}}''_{M,N}$ 和 $\boldsymbol{T}''_{M,N}$ 的维数相同，大约是 $\boldsymbol{T}'_{M,N}$ 和 $\boldsymbol{T}_{M,N}$ 维数的 $1/\alpha$。当放大倍数 $\alpha=1$ 时，$\tilde{\boldsymbol{T}}''_{M,N}$ 和 $\boldsymbol{T}''_{M,N}$ 就退化为 $\boldsymbol{T}'_{M,N}$。当坐标旋转角度 $\theta=0°$ 时，$\boldsymbol{T}'_{M,N}$ 进一步退化为 $\boldsymbol{T}_{M,N}$。

8.4.3　稀疏特征值计算

本节利用 IRA 算法从第二种实现方法得到的 $\boldsymbol{T}''_{M,N}$(式 (8.99)) 中高效地计算得到解算子模值递减的部分近似特征值 μ''，进而根据映射关系式 (4.80)，计算得到电力系统阻尼比小于给定值的部分关键特征值 λ。

1. IRA 算法的总体实现

在 IRA 算法中，计算量最大的操作就是形成 Krylov 向量过程中的 MVP 运算。设第 k 个 Krylov 向量为 $\boldsymbol{v}_k\in\mathbb{C}^{(Q'M+1)n\times 1}$，则第 $k+1$ 个向量 $\boldsymbol{v}_{k+1}\in\mathbb{C}^{(Q'M+1)n\times 1}$ 可由矩阵 $\boldsymbol{T}''_{M,N}$ 与向量 $\boldsymbol{v}_k$ 的乘积运算得到：

$$\boldsymbol{v}_{k+1}=\boldsymbol{T}''_{M,N}\boldsymbol{v}_k=\boldsymbol{\Pi}''_M\boldsymbol{v}_k+\boldsymbol{\Pi}''_{M,N}\left(\boldsymbol{I}_{Nn}-\boldsymbol{\Sigma}''_N\right)^{-1}\boldsymbol{\Sigma}''_{M,N}\boldsymbol{v}_k \tag{8.111}$$

式 (8.111) 可以进一步分解为三个 MVP 运算：

$$\boldsymbol{p}_k=\boldsymbol{\Sigma}''_{M,N}\boldsymbol{v}_k \tag{8.112}$$

$$\boldsymbol{q}_k=\left(\boldsymbol{I}_{Nn}-\boldsymbol{\Sigma}''_N\right)^{-1}\boldsymbol{p}_k \tag{8.113}$$

$$\boldsymbol{v}_{k+1}=\boldsymbol{\Pi}''_M\boldsymbol{v}_k+\boldsymbol{\Pi}''_{M,N}\boldsymbol{q}_k \tag{8.114}$$

式中，$\boldsymbol{p}_k\in\mathbb{C}^{Nn\times 1}$ 和 $\boldsymbol{q}_k\in\mathbb{C}^{Nn\times 1}$ 为中间向量。

2. 式 (8.112) 的高效实现

首先，从列的方向上将向量 $\boldsymbol{v}_k$ 压缩为矩阵 $\boldsymbol{V}=\left[\tilde{\boldsymbol{v}}_1,\ \tilde{\boldsymbol{v}}_2,\ \cdots,\ \tilde{\boldsymbol{v}}_{Q'M+1}\right]\in\mathbb{C}^{n\times(Q'M+1)}$，其中 $\tilde{\boldsymbol{v}}_j\in\mathbb{C}^{n\times 1}$，$j=1,\ 2,\ \cdots,\ Q'M+1$。然后，将式 (8.101) 代入式 (8.112) 中，进而利用式 (4.100) 所示的克罗内克积的性质，得

$$
\begin{aligned}
\boldsymbol{p}_k &= \boldsymbol{\Sigma}''_{M,N}\boldsymbol{v}_k \\
&= \left(\sum_{i=0}^{m} \tilde{\boldsymbol{L}}^{i}_{M,N} \otimes \tilde{\boldsymbol{A}}'_i\right)\mathrm{vec}(\boldsymbol{V}) \\
&= \mathrm{vec}\left(\sum_{i=0}^{m} \tilde{\boldsymbol{A}}'_i \boldsymbol{V}\left(\tilde{\boldsymbol{L}}^{i}_{M,N}\right)^{\mathrm{T}}\right) \\
&= \mathrm{vec}\left(\sum_{i=0}^{m} \left[\tilde{\boldsymbol{A}}'_i\tilde{\boldsymbol{v}}_1,\ \tilde{\boldsymbol{A}}'_i\tilde{\boldsymbol{v}}_2,\ \cdots,\ \tilde{\boldsymbol{A}}'_i\tilde{\boldsymbol{v}}_{Q'M+1}\right]\left(\tilde{\boldsymbol{L}}^{i}_{M,N}\right)^{\mathrm{T}}\right)
\end{aligned}
\tag{8.115}
$$

为了减少复数运算，可将式 (4.67) 代入式 (8.115)，从而可得

$$
\boldsymbol{p}_k = \mathrm{e}^{-\mathrm{j}\theta} \cdot \mathrm{vec}\left(\sum_{i=0}^{m} \left[\tilde{\boldsymbol{A}}_i\tilde{\boldsymbol{v}}_1,\ \tilde{\boldsymbol{A}}_i\tilde{\boldsymbol{v}}_2,\ \cdots,\ \tilde{\boldsymbol{A}}_i\tilde{\boldsymbol{v}}_{Q'M+1}\right]\left(\tilde{\boldsymbol{L}}^{i}_{M,N}\right)^{\mathrm{T}}\right) \tag{8.116}
$$

由于 $\tilde{\boldsymbol{A}}_i\ (i=1,\ 2,\ \cdots,\ m)$ 是高度稀疏的时滞状态矩阵，所以式 (8.115) 的计算量集中表现为稠密矩阵-向量乘积 $\tilde{\boldsymbol{A}}_0\tilde{\boldsymbol{v}}_j\ (j=1,\ 2,\ \cdots,\ Q'M+1)$。可采用与式 (5.29) 相同的方法对上述 MVP 运算进行高效实现，以提高计算效率。

3. 式 (8.113) 的高效实现

高效实现式 (8.113) 的困难在于：一方面，$\boldsymbol{\Sigma}''_N$ 是系统状态矩阵 $\tilde{\boldsymbol{A}}'_i\ (i=0,\ 1,\ \cdots,\ m)$ 的函数，高度稠密且维数是后者的 N 倍。另一方面，$\boldsymbol{I}_{Nn}-\boldsymbol{\Sigma}''_N$ 本质上为克罗内克积之和且不具有特殊的分块结构，通常情况下其逆矩阵没有解析表达形式[231]。若利用传统的矩阵求逆 (如 LU 分解) 方法直接计算 $\left(\boldsymbol{I}_{Nn}-\boldsymbol{\Sigma}''_N\right)^{-1}$，对计算机的内存要求很高，并可能导致内存溢出问题。为此，类似于 IIGD 方法，文献 [146] 采用迭代方法 (如 IDR(s) 算法) 求解 $\boldsymbol{I}_{Nn}-\boldsymbol{\Sigma}''_N$ 的 MIVP 运算。在迭代求解过程中，通过利用系统增广状态矩阵 $\boldsymbol{A}_i$、$\boldsymbol{B}_i$、$\boldsymbol{C}_0$ 和 $\boldsymbol{D}_0\ (i=0,\ 1,\ \cdots,\ m)$ 的稀疏特性，大大降低了计算量。然而，在计算大规模时滞电力系统的关键特征值时，文献 [146] 方法会出现迭代次数较多甚至不收敛的情况，其高效性与可靠性有待进一步改善。

为此，针对形如式 (8.113) 所示的 MIVP，文献 [228] 提出了一种基于 Schur 补分解的高效求解方法。首先，利用如式 (4.89) 所示克罗内克积的乘积性质将 $\boldsymbol{I}_{Nn}-\boldsymbol{\Sigma}''_N$ 改写为 Schur 补的形式[65]。

$$
\begin{aligned}
&\boldsymbol{I}_{Nn}-\boldsymbol{\Sigma}''_N \\
=&\boldsymbol{I}_{Nn}-\sum_{i=0}^{m}\tilde{\boldsymbol{L}}^{i}_{N}\otimes\tilde{\boldsymbol{A}}'_i
\end{aligned}
$$

$$
\begin{aligned}
&= \boldsymbol{I}_{Nn} - \sum_{i=0}^{m} \tilde{\boldsymbol{L}}_N^i \otimes (\boldsymbol{A}_i' - \boldsymbol{B}_i' \boldsymbol{D}_0^{-1} \boldsymbol{C}_0) \qquad (8.117)\\
&= \boldsymbol{I}_{Nn} - \sum_{i=0}^{m} \tilde{\boldsymbol{L}}_N^i \otimes \boldsymbol{A}_i' - \left(- \sum_{i=0}^{m} \tilde{\boldsymbol{L}}_N^i \otimes \boldsymbol{B}_i' \right) (\boldsymbol{I}_N \otimes \boldsymbol{D}_0)^{-1} (\boldsymbol{I}_N \otimes \boldsymbol{C}_0)\\
&\triangleq \boldsymbol{A}_N' - \boldsymbol{B}_N' \boldsymbol{D}_N^{-1} \boldsymbol{C}_N
\end{aligned}
$$

式中，$\boldsymbol{A}_N' \in \mathbb{C}^{Nn\times Nn}$，$\boldsymbol{B}_N' \in \mathbb{C}^{Nn\times Nl}$，$\boldsymbol{C}_N \in \mathbb{R}^{Nl\times Nn}$，$\boldsymbol{D}_N \in \mathbb{R}^{Nl\times Nl}$。

$$
\begin{cases}
\boldsymbol{A}_N' = \boldsymbol{I}_{Nn} - \sum\limits_{i=0}^{m} \tilde{\boldsymbol{L}}_N^i \otimes \boldsymbol{A}_i' \\
\boldsymbol{B}_N' = - \sum\limits_{i=0}^{m} \tilde{\boldsymbol{L}}_N^i \otimes \boldsymbol{B}_i' \\
\boldsymbol{C}_N = \boldsymbol{I}_N \otimes \boldsymbol{C}_0,\ \boldsymbol{D}_N = \boldsymbol{I}_N \otimes \boldsymbol{D}_0
\end{cases} \qquad (8.118)
$$

将式 (8.117) 代入式 (8.113)，得

$$
\boldsymbol{q}_k = \left(\boldsymbol{A}_N' - \boldsymbol{B}_N' \boldsymbol{D}_N^{-1} \boldsymbol{C}_N \right)^{-1} \boldsymbol{p}_k \qquad (8.119)
$$

利用矩阵之和的求逆公式 [203]，式 (8.119) 中的矩阵求逆可显式地表示为

$$
\begin{aligned}
&\left(\boldsymbol{A}_N' - \boldsymbol{B}_N' \boldsymbol{D}_N^{-1} \boldsymbol{C}_N \right)^{-1}\\
&= \left(\boldsymbol{A}_N' \right)^{-1} + \left(\boldsymbol{A}_N' \right)^{-1} \boldsymbol{B}_N' \left(\boldsymbol{D}_N - \boldsymbol{C}_N \left(\boldsymbol{A}_N' \right)^{-1} \boldsymbol{B}_N' \right)^{-1} \boldsymbol{C}_N \left(\boldsymbol{A}_N' \right)^{-1}
\end{aligned} \qquad (8.120)
$$

令 $\boldsymbol{D}^* = \boldsymbol{D}_N - \boldsymbol{C}_N \left(\boldsymbol{A}_N' \right)^{-1} \boldsymbol{B}_N' \in \mathbb{C}^{Nl\times Nl}$。根据式 (8.120)，式 (8.119) 的计算可以分解为以下两个主要步骤：

$$
\boldsymbol{D}^* \boldsymbol{r} = \boldsymbol{C}_N \left(\boldsymbol{A}_N' \right)^{-1} \boldsymbol{p}_k \qquad (8.121)
$$

$$
\boldsymbol{q}_k = \left(\boldsymbol{A}_N' \right)^{-1} \left(\boldsymbol{p}_k + \boldsymbol{B}_N' \boldsymbol{r} \right) \qquad (8.122)
$$

式中，$\boldsymbol{r} \in \mathbb{C}^{Nl\times 1}$ 为中间向量。

1) 计算 $\boldsymbol{p} = \left(\boldsymbol{A}_N' \right)^{-1} \boldsymbol{p}_k \in \mathbb{C}^{Nn\times 1}$

$$
\left[\ \tilde{\boldsymbol{L}}_1,\ \tilde{\boldsymbol{U}}_1,\ \tilde{\boldsymbol{P}}_1,\ \tilde{\boldsymbol{Q}}_1\ \right] = \mathrm{lu}\left(\boldsymbol{A}_N' \right) \qquad (8.123)
$$

$$
\boldsymbol{p} = \tilde{\boldsymbol{Q}}_1 \left(\tilde{\boldsymbol{U}}_1 \backslash \left(\tilde{\boldsymbol{L}}_1 \backslash \left(\tilde{\boldsymbol{P}}_1 \boldsymbol{p}_k \right) \right) \right) \qquad (8.124)
$$

2) 计算 $\boldsymbol{u}=\boldsymbol{C}_N\boldsymbol{p}\in\mathbb{C}^{Nl\times 1}$

从列的方向上将 $\boldsymbol{p}$ 压缩为矩阵 $\boldsymbol{P}\in\mathbb{C}^{n\times N}$，即 $\boldsymbol{p}=\mathrm{vec}(\boldsymbol{P})$，进而利用式 (4.98) 所示克罗内克积的性质，得

$$\boldsymbol{u}=\boldsymbol{C}_N\boldsymbol{p}=\mathrm{vec}(\boldsymbol{C}_0\boldsymbol{P}) \tag{8.125}$$

3) 计算 $\boldsymbol{r}=(\boldsymbol{D}^*)^{-1}\boldsymbol{u}\in\mathbb{C}^{Nl\times 1}$

$$\boldsymbol{D}^*=\boldsymbol{D}_N-\boldsymbol{C}_N\tilde{\boldsymbol{Q}}_1\big(\tilde{\boldsymbol{U}}_1\backslash\big(\tilde{\boldsymbol{L}}_1\backslash\big(\tilde{\boldsymbol{P}}_1\boldsymbol{B}'_N\big)\big)\big) \tag{8.126}$$

$$\big[\ \tilde{\boldsymbol{L}}_2,\ \tilde{\boldsymbol{U}}_2,\ \tilde{\boldsymbol{P}}_2,\ \tilde{\boldsymbol{Q}}_2\ \big]=\mathrm{lu}\,(\boldsymbol{D}^*) \tag{8.127}$$

$$\boldsymbol{z}=\tilde{\boldsymbol{Q}}_2\big(\tilde{\boldsymbol{U}}_2\backslash\big(\tilde{\boldsymbol{L}}_2\backslash\big(\tilde{\boldsymbol{P}}_2\boldsymbol{u}\big)\big)\big) \tag{8.128}$$

4) 计算 $\boldsymbol{w}=\boldsymbol{B}'_N\boldsymbol{r}\in\mathbb{C}^{Nn\times 1}$

从列的方向上将 $\boldsymbol{r}$ 压缩为矩阵 $\boldsymbol{R}\in\mathbb{C}^{l\times N}$，即 $\boldsymbol{r}=\mathrm{vec}(\boldsymbol{R})$，进而利用式 (4.100) 所示克罗内克积的性质，得

$$\boldsymbol{w}=\boldsymbol{B}'_N\boldsymbol{r}=-\mathrm{vec}\left(\sum_{i=0}^{m}\boldsymbol{B}'_i\boldsymbol{R}\left(\tilde{\boldsymbol{L}}_N^i\right)^{\mathrm{T}}\right) \tag{8.129}$$

5) 计算 $\boldsymbol{q}_k=\left(\boldsymbol{A}'_N\right)^{-1}(\boldsymbol{p}_k+\boldsymbol{w})\in\mathbb{C}^{Nn\times 1}$

$$\boldsymbol{q}_k=\left(\boldsymbol{A}'_N\right)^{-1}(\boldsymbol{p}_k+\boldsymbol{w})=\tilde{\boldsymbol{Q}}_1\big(\tilde{\boldsymbol{U}}_1\backslash\big(\tilde{\boldsymbol{L}}_1\backslash(\tilde{\boldsymbol{P}}_1(\boldsymbol{p}_k+\boldsymbol{w}))\big)\big) \tag{8.130}$$

4. 式 (8.114) 的高效实现

将式 (8.95) 和式 (8.100) 代入式 (8.114) 中，得

$$\begin{aligned}\boldsymbol{v}_{k+1}&=\boldsymbol{\Pi}''_M\boldsymbol{v}_k+\boldsymbol{\Pi}''_{M,N}\boldsymbol{q}_k\\&=\big(\tilde{\boldsymbol{U}}_M\otimes\boldsymbol{I}_n\big)\mathrm{vec}(\boldsymbol{V})+\big(\tilde{\boldsymbol{U}}_{M,N}\otimes\boldsymbol{I}_n\big)\mathrm{vec}(\boldsymbol{Q})\\&=\mathrm{vec}\big(\boldsymbol{V}\tilde{\boldsymbol{U}}_M^{\mathrm{T}}\big)+\mathrm{vec}\big(\boldsymbol{Q}\tilde{\boldsymbol{U}}_{M,N}^{\mathrm{T}}\big)\\&=\mathrm{vec}\Bigg(\Big[\underbrace{\tilde{\boldsymbol{v}}_1,\ \cdots,\ \tilde{\boldsymbol{v}}_1}_{M},\ \tilde{\boldsymbol{v}}_1,\ \tilde{\boldsymbol{v}}_2,\ \cdots,\ \tilde{\boldsymbol{v}}_{(Q'-2)M},\ \big[\tilde{\boldsymbol{v}}_{(Q'-2)M+1},\ \cdots,\\&\qquad\tilde{\boldsymbol{v}}_{(Q'-1)M+1}\big]\left(\boldsymbol{U}''_M\right)^{\mathrm{T}}\Big]\Bigg)+\mathrm{vec}\left(\Big[\boldsymbol{Q}\left(\boldsymbol{U}''_{M,N}\right)^{\mathrm{T}},\ \boldsymbol{0}_{n\times((Q'-1)M+1)}\Big]\right)\end{aligned} \tag{8.131}$$

两个 $(Q'M+1)n$ 维的 MVP 运算，被分别转化为 $n\times(M+1)$ 维与 $(M+1)\times(M+1)$ 维的矩阵乘法 $\left[\tilde{\boldsymbol{v}}_{(Q'-2)M+1},\ \tilde{\boldsymbol{v}}_{(Q'-2)M+2},\ \cdots,\ \tilde{\boldsymbol{v}}_{(Q'-1)M+1}\right]\left(\boldsymbol{U}''_M\right)^{\mathrm{T}}$，以及 $n\times N$ 维与 $N\times M$ 维的矩阵乘法 $\boldsymbol{Q}\left(\boldsymbol{U}''_{M,N}\right)^{\mathrm{T}}$。由于 $M,N\ll n$，通过式 (8.131) 的处理，$\boldsymbol{v}_{k+1}$ 的计算量大大降低。

5. 计算复杂性分析

由于 $M,\ N\ll n$，第 $k+1$ 个 Krylov 向量 $\boldsymbol{v}_{k+1}$ 的计算量，大体上可以用稠密系统状态矩阵 $\tilde{\boldsymbol{A}}_0$ 与向量 $\boldsymbol{v}$ 的乘积次数来度量。式 (8.117) 的计算量和系统状态矩阵 $\tilde{\boldsymbol{A}}_0$ 的逆与向量 $\boldsymbol{v}$ 乘积的计算量相当。令 R 为求解 $\tilde{\boldsymbol{A}}_0^{-1}\boldsymbol{v}$ 的计算量与求解 $\tilde{\boldsymbol{A}}_0\boldsymbol{v}$ 计算量的比值，则求解 $\boldsymbol{v}_{k+1}$ 大体上需要 $Q'M+R+1$ 次 $\tilde{\boldsymbol{A}}_0\boldsymbol{v}$ 运算。

因此，在计算相同数量特征值的情况下，SOD-PS 方法进行一次 IRA 迭代的计算量，大致相当于对传统无时滞电力系统进行特征值分析计算量的 $Q'M+R+1$ 倍。

6. 牛顿校正

设由 IRA 算法计算得到 $\boldsymbol{T}''_{M,N}$ 的特征值为 μ''，则由式 (4.80) 可以解得时滞电力系统的特征值的估计值 $\hat{\lambda}$：

$$\hat{\lambda}=\frac{1}{\alpha}\mathrm{e}^{\mathrm{j}\theta}\lambda''=\frac{1}{\alpha h}\mathrm{e}^{\mathrm{j}\theta}\ln\mu'' \tag{8.132}$$

此外，与 μ'' 对应的 Krylov 向量的前 n 个分量 $\hat{\boldsymbol{v}}$ 是特征向量 $\boldsymbol{v}$ 的良好的估计和近似。将 $\hat{\lambda}$ 和 $\hat{\boldsymbol{v}}$ 作为 4.6 节给出的牛顿法的初始值，通过迭代校正，可以得到时滞电力系统的精确特征值 λ 和特征向量 $\boldsymbol{v}$。

一旦计算得到 λ，一方面可以进行模态分析和控制器设计，以镇定系统；另一方面可以快速判别系统的小干扰稳定性。

8.4.4 算法流程及特性分析

1. 算法流程

为了便于对大规模时滞电力系统进行小干扰稳定性分析和控制，以第 2 种实现方法为例，将 SOD-PS 方法的主要步骤总结如下。

(1) 参数赋值。谱离散化参数，包括切比雪夫多项式阶数 M、N，转移步长 h；预处理参数，包括坐标旋转角 θ (或阻尼比 $\zeta=\sin(\theta)$)，放大倍数 α；IRA 算法、IDR(s) 算法和牛顿法参数，包括要求计算的特征值个数 r，收敛精度 ε 以及最大允许迭代次数等。

(2) 系统建模。建立时滞电力系统的小干扰稳定性分析模型，包括系统增广状态矩阵 $\boldsymbol{A}_i$、$\boldsymbol{B}_i$、$\boldsymbol{C}_0$、$\boldsymbol{D}_0$ 和时滞常数 τ_i，$i=0,\ 1,\ \cdots,\ m$。

(3) 形成旋转–放大预处理之后解算子的伪谱配置离散化子矩阵，包括 $\boldsymbol{U}''_M$、$\boldsymbol{U}''_{M,N}$、$\tilde{\boldsymbol{L}}^i_{M,N}$、$\tilde{\boldsymbol{L}}^i_N$，$i=0,\ 1,\ \cdots,\ m$。

(4) 利用 IRA 算法，计算 $\boldsymbol{T}''_{M,N}$ 的特征值 μ''。具体地，利用式 (8.116) 计算 $\boldsymbol{p}_k$，利用式 (8.119) 计算 $\boldsymbol{q}_k$，利用式 (8.131) 计算 $\boldsymbol{v}_{k+1}$。

(5) 利用式 (8.132)，计算系统特征值的估计值 $\hat{\lambda}$。

(6) 利用牛顿法，计算得到系统的精确特征值 λ。

2. 特性分析

下面通过与 EIGD 方法的对比，分析 SOD-PS 方法的特性。

(1) SOD-PS 方法借助于旋转–放大预处理，能够通过一次计算得到阻尼比小于给定值的系统关键特征值，用于快速判断系统稳定性。此外，通过增加求解特征值的个数，还可以计算系统的全部机电振荡模式，进而设计阻尼控制器以镇定系统。

(2) SOD-PS 方法中每个 Krylov 向量的计算量大致相当于 $\tilde{\boldsymbol{A}}_0\boldsymbol{v}$ 计算量的 $Q'M+R+1$ 倍，大于 EIGD 方法的计算量 ($R+1$ 次 $\tilde{\boldsymbol{A}}_0\boldsymbol{v}$ 计算)。此外，考虑到通常情况下，SOD-PS 方法达到收敛所需的迭代次数多于 EIGD 方法。因此，即使考虑到 EIGD 方法在特征值扫描时特征值的重合，在计算相同数量的特征值的情况下，SOD-PS 方法的计算量依然大于 EIGD 方法。

第 9 章　基于 SOD-PS-II 的特征值计算方法

本章首先阐述 SOD-PS-II 方法[155] 的基本理论，详细推导时滞系统解算子的伪谱差分离散化矩阵，然后利用基于谱离散化的时滞特征值计算方法的框架，将 SOD-PS-II 方法改进成为能够适用于大规模时滞电力系统的小干扰稳定性分析方法[228]。

SOD-PS-II 方法采用与 SOD-PS 方法相同的离散点集合 Ω_M 与离散函数空间 $\boldsymbol{X}_M := C\left([-\tau_{\max},\ 0],\ \mathbb{R}^{(QM+1)n\times 1}\right)$。不同之处在于，SOD-PS 方法首先推导 $[0,\ h]$ 区间上各离散点处的导数 $\boldsymbol{z}_j = \Delta\dot{\boldsymbol{x}}(\theta_{N,j})$ $(j = 1,\ 2,\ \cdots,\ N)$ 的显式表达式，然后对其进行积分得到 $[-h,\ 0]$ 区间上各离散点处 $\Delta\boldsymbol{x}_h$ 的估计值 $\Delta\boldsymbol{x}_h(\theta_{M,1,k})$ $(k = 0,\ 1,\ \cdots,\ M-1)$，而 SOD-PS-II 方法直接估计 $[-h,\ 0]$ 区间上各离散点处的状态估计值 $\Delta\boldsymbol{x}_h(\theta_{M,1,k})$ $(k = 0,\ 1,\ \cdots,\ M-1)$。因此，两种方法所构建的解算子离散化矩阵稍有差别。

9.1　SOD-PS-II 方法

9.1.1　基本原理

1. 离散化向量定义

利用离散点集合 $\Omega_M = \{\theta_{M,i,j},\ i = 1,\ 2,\ \cdots,\ Q;\ j = 0,\ 1,\ \cdots,\ M\}$，系统状态变量 $\Delta\boldsymbol{x}$ 在第 i $(i = 1,\ 2,\ \cdots,\ Q)$ 个时滞子区间 $[\theta_i,\ \theta_{i-1}]$ 上可被离散化为分块向量 $\Delta\boldsymbol{x}_{\delta,i} \in \mathbb{R}^{(M+1)n\times 1}$ $(\delta = 0,\ 1;\ i = 1,\ 2,\ \cdots,\ Q)$。

$$\Delta\boldsymbol{x}_{\delta,i} = \left[\Delta\boldsymbol{x}_{\delta,i,0}^{\mathrm{T}},\ \Delta\boldsymbol{x}_{\delta,i,1}^{\mathrm{T}},\ \cdots,\ \Delta\boldsymbol{x}_{\delta,i,M}^{\mathrm{T}}\right]^{\mathrm{T}} \tag{9.1}$$

式中，$\Delta\boldsymbol{x}_{\delta,i,j} = \Delta\boldsymbol{x}(\delta h + \theta_{M,i,j}) \in \mathbb{R}^{n\times 1}$ $(\delta = 0,\ 1;\ i = 1,\ 2,\ \cdots,\ Q;\ j = 0,\ 1,\ \cdots,\ M)$ 为 $\Delta\boldsymbol{x}$ 在离散点 $\delta h + \theta_{M,i,j}$ 处的函数值，并满足 $\Delta\boldsymbol{x}_{\delta,i,M} = \Delta\boldsymbol{x}_{\delta,i+1,0}$，$i = 1,\ 2,\ \cdots,\ Q-1$。

设 $L_M\Delta\boldsymbol{x}_{\delta,i}$ 表示第 i $(i = 1,\ 2,\ \cdots,\ Q)$ 个子区间上唯一存在的次数不超过 M 的拉格朗日插值多项式，且满足 $(L_M\Delta\boldsymbol{x}_{\delta,i})(\delta h + \theta_{M,i,j}) = \Delta\boldsymbol{x}_{\delta,i,j}$ $(j =$

0, 1, $\cdots$, M):

$$\Delta\boldsymbol{x}(\delta h+\theta)=(L_M\Delta\boldsymbol{x}_{\delta,i})(\delta h+\theta)=\sum_{j=0}^{M}\ell_{M,i,j}(\delta h+\theta)\Delta\boldsymbol{x}_{\delta,i,j},\quad \theta\in[\theta_i,\ \theta_{i-1}],\ i=1,\ 2,\ \cdots,\ Q \tag{9.2}$$

式中，$\ell_{M,i,j}$ ($i=1,\ 2,\ \cdots,\ Q;\ j=0,\ 1,\ \cdots,\ M$) 为与离散点 $\theta_{M,i,j}$ 对应的拉格朗日插值多项式系数，即

$$\ell_{M,i,j}(\theta)=\prod_{k=0,k\neq j}^{M}\frac{\theta-\theta_{M,i,k}}{\theta_{M,i,j}-\theta_{M,i,k}},\quad \theta\in[\theta_i,\ \theta_{i-1}];\ i=1,\ 2,\ \cdots,\ Q \tag{9.3}$$

2. 基本思路

总体上说，SOD-PS-II 方法构建解算子 $\mathcal{T}(h)$ 伪谱差分离散化矩阵的过程，可分为以下两个部分。

(1) 对 $\mathcal{T}(h)$ 的第一个解分段进行离散化，即利用伪谱差分法从式 (9.4) 中直接求解得到区间 $(-h,\ 0]$ 上各离散点 $\theta_{M,1,j}$ ($j=0,\ 1,\ \cdots,\ M-1$) 处系统状态 $\Delta\boldsymbol{x}_h$ 的估计值，即 $\Delta\boldsymbol{x}_{1,1,j}=\Delta\boldsymbol{x}_h(\theta_{M,1,j})=\Delta\boldsymbol{x}(h+\theta_{M,1,j})$。

$$\boldsymbol{z}_j=\tilde{\boldsymbol{A}}_0\Delta\boldsymbol{x}_{1,1,j}+\sum_{i=1}^{m}\tilde{\boldsymbol{A}}_i\Delta\boldsymbol{x}(h+\theta_{M,1,j}-\tau_i),\quad j=0,\ 1,\ \cdots,\ M-1 \tag{9.4}$$

式中，$\boldsymbol{z}_j=\Delta\dot{\boldsymbol{x}}_{1,1,j}$，$j=0,\ 1,\ \cdots,\ M-1$。

(2) $\mathcal{T}(h)$ 第二个解分段 (转移) 的离散化形式，可以通过直接估计 $\Delta\boldsymbol{x}_h$ 在区间 $[-\tau_{\max},\ -h]$ 上各离散点 $\theta_{M,i,j}$ ($i=2,\ 3,\ \cdots,\ Q;\ j=0,\ 1,\ \cdots,\ M$) 处的函数值而得到。需要说明的是，由于在时滞区间 $[-\tau_{\max},\ 0]$ 上采用相同的离散函数空间 $\boldsymbol{X}_M$，SOD-PS-II 和 SOD-PS 两种方法中解算子 $\mathcal{T}(h)$ 第二个解分段的离散化是完全相同的。具体过程和推导可参考 8.3.2 节，本章不再赘述。

9.1.2 解算子伪谱差分离散化矩阵

1. 式 (9.4) 等号左边的矩阵形式

首先，将式 (9.2) 代入式 (9.4)，于是其等号左边的 $\boldsymbol{z}_j$ ($j=0,\ 1,\ \cdots,\ M-1$) 可进一步写为

$$\boldsymbol{z}_j=(L_M\Delta\boldsymbol{x}_{1,1})'(h+\theta_{M,1,j})=\sum_{k=0}^{M}\ell'_{M,1,k}(h+\theta_{M,1,j})\Delta\boldsymbol{x}_{1,1,k} \tag{9.5}$$

式中，$\ell'_{M,1,k}(h+\theta_{M,1,j})$ ($k=0,\ 1,\ \cdots,\ M;\ j=0,\ 1,\ \cdots,\ M-1$) 的显式表达如式 (9.6) 所示。

$$\ell'_{M,1,k}(h+\theta_{M,1,j}) = \begin{cases} \prod\limits_{i=0,\ i\neq k,j}^{M} \dfrac{\theta_{M,1,j}-\theta_{M,1,i}}{(\theta_{M,1,k}-\theta_{M,1,i})(\theta_{M,1,j}-\theta_{M,1,k})}, & j\neq k \\ \sum\limits_{i=0,\ i\neq k}^{M} \dfrac{1}{\theta_{M,1,k}-\theta_{M,1,i}}, & j=k \end{cases} \tag{9.6}$$

然后，将式 (9.5) 改写为矩阵形式，得

$$\begin{bmatrix} \boldsymbol{z}_0 \\ \boldsymbol{z}_1 \\ \vdots \\ \boldsymbol{z}_{M-1} \end{bmatrix} = \boldsymbol{D}_M \otimes \begin{bmatrix} \Delta\boldsymbol{x}_{1,1,0} \\ \Delta\boldsymbol{x}_{1,1,1} \\ \vdots \\ \Delta\boldsymbol{x}_{1,1,M} \end{bmatrix} \tag{9.7}$$

式中，$\boldsymbol{D}_M \in \mathbb{R}^{M\times(M+1)}$ 为切比雪夫差分矩阵的子矩阵。

$$\boldsymbol{D}_M = \begin{bmatrix} \ell'_{M,1,0}(t_{M,0}) & \ell'_{M,1,1}(t_{M,0}) & \cdots & \ell'_{M,1,M}(t_{M,0}) \\ \ell'_{M,1,0}(t_{M,1}) & \ell'_{M,1,1}(t_{M,1}) & \cdots & \ell'_{M,1,M}(t_{M,1}) \\ \vdots & \vdots & & \vdots \\ \ell'_{M,1,0}(t_{M,M-1}) & \ell'_{M,1,1}(t_{M,M-1}) & \cdots & \ell'_{M,1,M}(t_{M,M-1}) \end{bmatrix} \tag{9.8}$$

考虑到 $\Delta\boldsymbol{x}_{1,1,M}=\Delta\boldsymbol{x}_{0,1,0}$，式 (9.7) 等号右侧可进一步改写为

$$\tilde{\boldsymbol{D}}_M \otimes \Delta\bar{\boldsymbol{x}}_{1,1} + \boldsymbol{d}_M \otimes \Delta\boldsymbol{x}_{0,1,0} \tag{9.9}$$

式中，$\tilde{\boldsymbol{D}}_M = \boldsymbol{D}_M(:,\ 1:M) \in \mathbb{R}^{M\times M}$；$\boldsymbol{d}_M = \boldsymbol{D}_M(:,\ M+1) \in \mathbb{R}^{M\times 1}$；$\Delta\bar{\boldsymbol{x}}_{1,1} = \left[\Delta\boldsymbol{x}_{1,1,0}^{\mathrm{T}},\ \Delta\boldsymbol{x}_{1,1,1}^{\mathrm{T}},\ \cdots,\ \Delta\boldsymbol{x}_{1,1,M-1}^{\mathrm{T}}\right]^{\mathrm{T}} \in \mathbb{R}^{Mn\times 1}$。

2. 式 (9.4) 等号右边的矩阵形式

将式 (9.4) 等号右边改写为矩阵形式的关键在于确定 $\Delta\boldsymbol{x}(h+\theta_{M,1,j}-\tau_i)$ ($i=1,\ 2,\ \cdots,\ m;\ j=0,\ 1,\ \cdots,\ M-1$) 的估计值。基本思路是：给定离散点 $\theta_{M,1,j}$ ($j=0,\ 1,\ \cdots,\ M-1$)，对于 i ($i=1,\ 2,\ \cdots,\ m$) 个时滞常量 τ_i，首先判断 $h+\theta_{M,1,j}-\tau_i$ 位于区间 $(0,\ h]$ 还是位于 $[-\tau_{\max},\ 0]$ 的哪一个子区间，然后用相应子区间上离散点处 $\Delta\boldsymbol{x}$ 的函数值构造的拉格朗日插值多项式来拟合 $\Delta\boldsymbol{x}(h+\theta_{M,1,j}-\tau_i)$。

为了便于估计 $\Delta\boldsymbol{x}(h+\theta_{M,1,j}-\tau_i)$ $(i=1,\ 2,\ \cdots,\ m;\ j=0,\ 1,\ \cdots,\ M-1)$，需要定义 $i(t)$ $(t\in[-\tau_{\max},\ 0])$、$\hat{M}$、k_j 和 $t_{M,k,j}$ $(j=0,\ 1,\ \cdots,\ M-1;\ k=0,\ 1,\ \cdots,\ k_j)$。它们的详细定义和分析可参考 8.2.3 节，其中 $\hat{M}$ 与式 (8.59) 定义的 $\hat{N}$ 含义相同。为了便于理解并节省篇幅，这里仅总结它们的含义。

(1) 为了判别 $h+\theta_{M,1,j}-\tau_i$ $(i=1,\ 2,\ \cdots,\ m;\ j=0,\ 1,\ \cdots,\ M-1)$ 的正负性，令 $t_{M,j}=h+\theta_{M,1,j}$，并将满足 $t_{M,j}-\tau_i>0$ 的最大的 i 记为 $i(t_{M,j})$。$i(t)$ 的具体定义见式 (8.58)，其表示使 $t-\tau_i>0$ 成立的最大的 i，即满足 $t-\tau_{i(t)}\geqslant 0,\ t-\tau_{i(t)+1}<0$。

(2) $\hat{M}$ 表示 $t_{M,j}-\tau_{\max}$ 落入第 $Q-1$ 个子区间 $[-(Q-1)h,\ -(Q-2)h]$ 的离散点 $\theta_{M,1,j}$ $(j=0,\ 1,\ \cdots,\ M-1)$ 个数，$0\leqslant\hat{M}\leqslant M-1$。$\hat{M}$ 的具体定义为

$$\hat{M}=\begin{cases}0,\quad t_{M,j}<\tau_{\max}-(Q-1)h,\ \forall j=0,\ 1,\ \cdots,\ M-1\\ \max\{j|t_{M,j}\geqslant\tau_{\max}-(Q-1)h\},\quad t_{M,j}>\tau_{\max}-(Q-1)h\end{cases}\tag{9.10}$$

(3) k_j $(j=0,\ 1,\ \cdots,\ M-1)$ 表示 $t_{M,j}-\tau_{\max}$ 所在的子区间的序号。当 $j=0,\ 1,\ \cdots,\ \hat{M}-1$ 时，$k_j=Q-1$；当 $j=\hat{M},\ \hat{M}+1,\ \cdots,\ M-1$ 时，$k_j=Q$。

(4) $t_{M,k,j}$ $(j=0,\ 1,\ \cdots,\ M-1;\ k=0,\ 1,\ \cdots,\ k_j)$ 表示将 $t_{M,j}$ $(j=0,\ 1,\ \cdots,\ M-1)$ 向前转移 k 个步长后得到的离散点，即 $t_{M,k,j}=t_{M,j}+kh$。当 $k=0,\ 1,\ \cdots,\ k_j-1$ 时，$t_{M,k,j}=t_{M,j}+kh$；当 $k=k_j$ 时，$t_{M,k,j}=\tau_{\max}$。

根据 $t_{M,j}-\tau_i$ $(i=1,\ 2,\ \cdots,\ m;\ j=0,\ 1,\ \cdots,\ M-1)$ 的正负性，$\sum\limits_{i=1}^{m}\tilde{\boldsymbol{A}}_i\Delta\boldsymbol{x}(t_{M,j}-\tau_i)$ 的估计值将分为以下两部分予以讨论。

(1) 当 $i=1,\ 2,\ \cdots,\ i(t_{M,j})$ 时，$t_{M,j}-\tau_i$ $(j=0,\ 1,\ \cdots,\ M-1)$ 位于区间 $(0,\ h]$。此时，由式 (9.2)，得

$$\begin{aligned}&\sum_{i=1}^{i(t_{M,j})}\tilde{\boldsymbol{A}}_i\Delta\boldsymbol{x}(t_{M,j}-\tau_i)\\=&\sum_{i=1}^{i(t_{M,j})}\sum_{k=0}^{M}\ell_{M,1,k}(t_{M,j}-\tau_i)\tilde{\boldsymbol{A}}_i\Delta\boldsymbol{x}_{1,1,k},\quad j=0,\ 1,\ \cdots,\ M-1\end{aligned}\tag{9.11}$$

(2) 当 $i=i(t_{M,j})+1,\ i(t_{M,j})+2,\ \cdots,\ m$ 时，$t_{M,j}-\tau_i$ $(j=0,\ 1,\ \cdots,\ M-1)$ 落入区间 $[-\tau_{\max},\ 0]$。若 $t_{M,j}-\tau_i$ 落入第 r $(r=1,\ 2,\ \cdots,\ Q)$ 个子区间，则需要利用该子区间上离散点处 $\Delta\hat{\boldsymbol{x}}$ 的函数值构造的拉格朗日插值多项式来估计 $\Delta\hat{\boldsymbol{x}}(t_{M,j}-\tau_i)$。一般情况下，第 Q 个子区间 $[-\tau_{\max},\ -(Q-1)h]$ 的长度小于第 $Q-1$ 个子区间 $[-(Q-2)h,\ -(Q-1)h]$ 的长度。此时，$t_{M,j}-\tau_{\max}$ $(j=0,\ 1,\ \cdots,\ \hat{M}-1)$

和 $t_{M,j}-\tau_{\max}$ ($j=\hat{M}, \hat{M}+1, \cdots, M-1$) 分别落入第 $Q-1$ 个和第 Q 个子区间。

当 $j=0, 1, \cdots, \hat{M}-1$ 时，有

$$\sum_{i=i(t_{M,j})+1}^{m}\tilde{\boldsymbol{A}}_i\Delta\boldsymbol{x}(t_{M,j}-\tau_i)=\sum_{i=i(t_{M,j})+1}^{i(t_{M,1,j})}\sum_{k=0}^{M}\ell_{M,1,k}(t_{M,j}-\tau_i)\tilde{\boldsymbol{A}}_i\Delta\boldsymbol{x}_{1,1,k}+\cdots+\sum_{i=i(t_{M,Q-2,j})+1}^{m}\sum_{k=0}^{M}\ell_{M,Q-1,k}(t_{M,j}-\tau_i)\tilde{\boldsymbol{A}}_i\Delta\boldsymbol{x}_{1,Q-1,k} \tag{9.12}$$

当 $j=\hat{M}, \hat{M}+1, \cdots, M-1$ 时，有

$$\begin{aligned}\sum_{i=i(t_{M,j})+1}^{m}\tilde{\boldsymbol{A}}_i\Delta\boldsymbol{x}(t_{M,j}-\tau_i)=&\sum_{i=i(t_{M,j})+1}^{i(t_{M,1,j})}\sum_{k=0}^{M}\ell_{M,1,k}(t_{M,j}-\tau_i)\tilde{\boldsymbol{A}}_i\Delta\boldsymbol{x}_{1,1,k}+\cdots\\&+\sum_{i=i(t_{M,Q-2,j})+1}^{i(t_{M,Q-1,j})}\sum_{k=0}^{M}\ell_{M,Q-1,k}(t_{M,j}-\tau_i)\tilde{\boldsymbol{A}}_i\Delta\boldsymbol{x}_{1,Q-1,k}\\&+\sum_{i=i(t_{M,Q-1,j})+1}^{m}\sum_{k=0}^{M}\ell_{M,Q,k}(t_{M,j}-\tau_i)\tilde{\boldsymbol{A}}_i\Delta\boldsymbol{x}_{1,Q,k}\end{aligned} \tag{9.13}$$

3. 式 (9.11) 的矩阵形式

将式 (9.11) 写成矩阵形式，得

$$\begin{bmatrix}\displaystyle\sum_{i=1}^{i(t_{M,0})}\tilde{\boldsymbol{A}}_i\Delta\boldsymbol{x}(t_{M,0}-\tau_i)\\\displaystyle\sum_{i=1}^{i(t_{M,1})}\tilde{\boldsymbol{A}}_i\Delta\boldsymbol{x}(t_{M,1}-\tau_i)\\\vdots\\\displaystyle\sum_{i=1}^{i(t_{M,M-1})}\tilde{\boldsymbol{A}}_i\Delta\boldsymbol{x}(t_{M,M-1}-\tau_i)\end{bmatrix}=\begin{bmatrix}\boldsymbol{E}_{0,0}&\boldsymbol{E}_{0,1}&\cdots&\boldsymbol{E}_{0,M}\\\boldsymbol{E}_{1,0}&\boldsymbol{E}_{1,1}&\cdots&\boldsymbol{E}_{1,M}\\\vdots&\vdots&&\vdots\\\boldsymbol{E}_{M-1,0}&\boldsymbol{E}_{M-1,1}&\cdots&\boldsymbol{E}_{M-1,M}\end{bmatrix}\begin{bmatrix}\Delta\boldsymbol{x}_{1,1,0}\\\Delta\boldsymbol{x}_{1,1,1}\\\vdots\\\Delta\boldsymbol{x}_{1,1,M}\end{bmatrix} \tag{9.14}$$

式中，$[\boldsymbol{E}_{j,l}]\in\mathbb{R}^{Mn\times(M+1)n}$，$j=0, 1, \cdots, M-1$；$l=0, 1, \cdots, M$。

给定 $\theta_{M,1,j}$ ($j=0, 1, \cdots, M-1$)，$\boldsymbol{E}_{j,l}\in\mathbb{R}^{n\times n}$ 的含义为：使 $t_{M,j}-\tau_i>0$ 成立的时滞常数 τ_i ($i=1, 2, \cdots, i(t_{M,j})$) 对应的状态矩阵 $\tilde{\boldsymbol{A}}_i$，与状态向量

$\Delta\boldsymbol{x}_{1,1,l}$ $(l=0,\ 1,\ \cdots,\ M)$ 对应拉格朗日插值系数的乘积之和。

$$\boldsymbol{E}_{j,l}=\sum_{i=1}^{i(t_{M,j})}\tilde{\boldsymbol{A}}_i\ell_{M,1,l}(t_{M,j}-\tau_i) \tag{9.15}$$

将式 (9.14) 的系数矩阵 $[\boldsymbol{E}_{j,l}]$ 等价地变换为拉格朗日插值系数矩阵 $\boldsymbol{L}_M^i\in\mathbb{R}^{M\times M}$ 和 $\boldsymbol{l}_M^i\in\mathbb{R}^{M\times 1}$ 与系统状态矩阵 $\tilde{\boldsymbol{A}}_i$ $(i=1,\ 2,\ \cdots,\ i(t_{M,0}))$ 的克罗内克积之和的形式，并考虑到 $\Delta\boldsymbol{x}_{1,1,M}=\Delta\boldsymbol{x}_{0,1,0}$，则式 (9.14) 等号右侧可进一步改写为

$$\sum_{i=1}^{i(t_{M,0})}(\boldsymbol{L}_M^i\otimes\tilde{\boldsymbol{A}}_i)\Delta\bar{\boldsymbol{x}}_{1,1}+\sum_{i=1}^{i(t_{M,0})}(\boldsymbol{l}_M^i\otimes\tilde{\boldsymbol{A}}_i)\Delta\boldsymbol{x}_{0,1,0} \tag{9.16}$$

需要说明的是，式 (9.16) 求和的上限为 $i(t_{M,0})$。这是因为在所有的 $i(t_{M,j})$ $(j=0,\ 1,\ \cdots,\ M-1)$ 中，$i(t_{M,0})$ 的值最大。

4. 式 (9.12) 和式 (9.13) 的矩阵形式

综合式 (9.12) 和式 (9.13)，然后写成矩阵形式，得

$$\begin{bmatrix}\displaystyle\sum_{i=i(t_{M,0})+1}^{m}\tilde{\boldsymbol{A}}_i\Delta\boldsymbol{x}(t_{M,0}-\tau_i)\\ \displaystyle\sum_{i=i(t_{M,1})+1}^{m}\tilde{\boldsymbol{A}}_i\Delta\boldsymbol{x}(t_{M,1}-\tau_i)\\ \vdots\\ \displaystyle\sum_{i=i(t_{M,M-1})+1}^{m}\tilde{\boldsymbol{A}}_i\Delta\boldsymbol{x}(t_{M,M-1}-\tau_i)\end{bmatrix}$$
$$=\begin{bmatrix}\boldsymbol{F}_{0,1,0} & \boldsymbol{F}_{0,1,1} & \cdots & \boldsymbol{F}_{0,Q,0} & \boldsymbol{0} & \cdots & \boldsymbol{0}\\ \boldsymbol{F}_{1,1,0} & \boldsymbol{F}_{1,1,1} & \cdots & \boldsymbol{F}_{1,Q,0} & \boldsymbol{0} & \cdots & \boldsymbol{0}\\ \vdots & \vdots & & \vdots & \vdots & & \vdots\\ \boldsymbol{F}_{\hat{M}-1,1,0} & \boldsymbol{F}_{\hat{M}-1,1,1} & \cdots & \boldsymbol{F}_{\hat{M}-1,Q,0} & \boldsymbol{0} & \cdots & \boldsymbol{0}\\ \boldsymbol{F}_{\hat{M},1,0} & \boldsymbol{F}_{\hat{M},1,1} & \cdots & \boldsymbol{F}_{\hat{M},Q,0} & \boldsymbol{F}_{\hat{M},Q,1} & \cdots & \boldsymbol{F}_{\hat{M},Q,M}\\ \vdots & \vdots & & \vdots & \vdots & & \vdots\\ \boldsymbol{F}_{M-1,1,0} & \boldsymbol{F}_{M-1,1,1} & \cdots & \boldsymbol{F}_{M-1,Q,0} & \boldsymbol{F}_{M-1,Q,1} & \cdots & \boldsymbol{F}_{M-1,Q,M}\end{bmatrix}\begin{bmatrix}\Delta\boldsymbol{x}_{0,1,0}\\ \Delta\boldsymbol{x}_{0,1,1}\\ \vdots\\ \Delta\boldsymbol{x}_{0,Q,0}\\ \Delta\boldsymbol{x}_{0,Q,1}\\ \vdots\\ \Delta\boldsymbol{x}_{0,Q,M}\end{bmatrix} \tag{9.17}$$

式中，$[\boldsymbol{F}_{j,r,l}]\in\mathbb{R}^{Mn\times(QM+1)n}$，$j=0,\ 1,\ \cdots,\ M-1$；$r=1,\ 2,\ \cdots,\ Q$；$l=0,\ 1,\ \cdots,\ M$。

5. 式 (9.17) 中系数矩阵元素 $\boldsymbol{F}_{j,r,l}$ 的推导

下面分析式 (9.17) 中系数矩阵元素 $\boldsymbol{F}_{j,r,l}$ ($j=0,\ 1,\ \cdots,\ M-1;\ r=1,\ 2,\ \cdots,\ Q;\ l=0,\ 1,\ \cdots,\ M$) 的显式表达式。

1) 第 $(k-1)M+1$ 列块 $\boldsymbol{F}_{j,k,0}$

第 $(k-1)M+1$ ($k=2,\ 3,\ \cdots,\ k_j$) 列块 $\boldsymbol{F}_{j,k,0}$ ($j=0,\ 1,\ \cdots,\ M-1$) 的显式表达式为

$$\boldsymbol{F}_{j,k,0}=\sum_{i=i(t_{M,k-2,j})+1}^{i(t_{M,k-1,j})}\tilde{\boldsymbol{A}}_i\ell_{M,k-1,M}(t_{M,j}-\tau_i)+\sum_{i=i(t_{M,k-1,j})+1}^{i(t_{M,k,j})}\tilde{\boldsymbol{A}}_i\ell_{M,k,0}(t_{M,j}-\tau_i),$$
$$j=0,\ 1,\ \cdots,\ M-1;\ k=2,\ 3,\ \cdots,\ k_j \tag{9.18}$$

式 (9.18) 第一项表示使 $t_{M,j}-\tau_i$ 落入第 $k-1$ 个子区间 $[-(k-1)h,\ -(k-2)h]$ 的时滞常数 τ_i 对应的状态矩阵 $\tilde{\boldsymbol{A}}_i$，与状态向量 $\Delta\boldsymbol{x}_{0,k-1,M}$ 对应拉格朗日插值系数的乘积之和；第二项表示使 $t_{M,j}-\tau_i$ 落入第 k 个子区间 $[-kh,\ -(k-1)h]$ 的时滞常数 τ_i 对应的状态矩阵 $\tilde{\boldsymbol{A}}_i$，与状态向量 $\Delta\boldsymbol{x}_{0,k,0}$ 对应拉格朗日插值系数的乘积之和。由于 $\Delta\boldsymbol{x}_{0,k-1,M}=\Delta\boldsymbol{x}_{0,k,0}$ ($k=2,\ 3,\ \cdots,\ Q$)，所以两者系数的叠加就形成了 $\boldsymbol{F}_{j,k,0}$ ($j=0,\ 1,\ \cdots,\ M-1;\ k=2,\ 3,\ \cdots,\ k_j$)。

2) 第 $QM+1$ 列块 $\boldsymbol{F}_{j,Q,M}$

当 $j=0,\ 1,\ \cdots,\ \hat{M}-1$ 时，$t_{M,j}-\tau_{\max}$ 落入第 $Q-1$ 个子区间 $[-(Q-1)h,\ -(Q-2)h]$。此时，$\ell_{M,Q,M}(t_{M,j}-\tau_{\max})=0$，所以第 1 行 ~ 第 $\hat{M}$ 行、第 $QM+1$ 列分块 $\boldsymbol{F}_{j,Q,M}=\boldsymbol{0}_{n\times n}$，$j=0,\ 1,\ \cdots,\ \hat{M}-1$。

当 $j=\hat{M},\ \hat{M}+1,\ \cdots,\ M-1$ 时，$t_{M,j}-\tau_{\max}$ 落入第 Q 个子区间 $[-\tau_{\max},\ -(Q-1)h]$。此时，$\boldsymbol{F}_{j,Q,M}$ ($j=\hat{M},\ \hat{M}+1,\ \cdots,\ M-1$) 的显式表达式为

$$\boldsymbol{F}_{j,Q,M}=\sum_{i=i(t_{M,Q-1,j})+1}^{m}\tilde{\boldsymbol{A}}_i\ell_{M,Q,M}(t_{M,j}-\tau_i),\ \ j=\hat{M},\ \hat{M}+1,\ \cdots,\ M-1 \tag{9.19}$$

给定 $t_{M,j}$ ($j=\hat{M},\ \hat{M}+1,\ \cdots,\ M-1$)，$\boldsymbol{F}_{j,Q,M}$ 表示使 $t_{M,j}-\tau_{\max}$ 中落入第 Q 个子区间 $[-\tau_{\max},\ -(Q-1)h]$ 的时滞常数 τ_i 对应的滞状态矩阵 $\tilde{\boldsymbol{A}}_i$，与状态向量 $\Delta\boldsymbol{x}_{0,Q,M}$ 对应拉格朗日插值系数的乘积之和。

3) 第 $(Q-1)M+1$ 列块 $\boldsymbol{F}_{j,Q,0}$

当 $j=0,\ 1,\ \cdots,\ \hat{M}-1$ 时，第 $(Q-1)M+1$ 列块 $\boldsymbol{F}_{j,Q,0}$ 的显式表达式为

$$\boldsymbol{F}_{j,Q,0}=\sum_{i=i(t_{M,Q-2,j})+1}^{m}\tilde{\boldsymbol{A}}_i\ell_{M,Q-1,M}(t_{M,j}-\tau_i),\ \ j=0,\ 1,\ \cdots,\ \hat{M}-1 \tag{9.20}$$

给定 $t_{M,j}$ $(j=0,\ 1,\ \cdots,\ \hat{M}-1)$，$\boldsymbol{F}_{j,Q,0}$ 表示使 $t_{M,j}-\tau_{\max}$ 中落入第 $Q-1$ 个子区间 $[-(Q-1)h,\ -(Q-2)h]$ 的时滞常数 τ_i 对应的状态矩阵 $\tilde{\boldsymbol{A}}_i$，与状态向量 $\Delta\boldsymbol{x}_{0,Q-1,M}$ 对应拉格朗日插值系数的乘积之和。

值得注意的是，当 $j=\hat{M},\ \hat{M}+1,\ \cdots,\ M-1$ 时，$t_{M,j}-\tau_{\max}$ 中落入第 Q 个子区间 $[-\tau_{\max},\ -(Q-1)h]$。此时，$\boldsymbol{F}_{j,Q,0}$ $(j=1,\ 2,\ \cdots,\ \hat{N})$ 由式 (9.19) 计算得到。

4) 其余列块 $\boldsymbol{F}_{j,k,l}$

其余列块 $\boldsymbol{F}_{j,k,l}$ $(j=0,\ 1,\ \cdots,\ M-1;\ k=1,\ 2,\ \cdots,\ k_j;\ l=0,\ 1,\ \cdots,\ M-1)$ 的显式表达式如下：

$$\boldsymbol{F}_{j,k,l}=\sum_{i=i(t_{M,k-1,j})+1}^{i=i(t_{M,k,j})}\tilde{\boldsymbol{A}}_i\ell_{M,k,l}(t_{M,j}-\tau_i) \tag{9.21}$$

给定 $t_{M,j}$ $(j=0,\ 1,\ \cdots,\ M-1)$，$\boldsymbol{F}_{j,k,l}$ 表示使 $t_{M,j}-\tau_i$ 落入第 k 个子区间 $[-kh,\ -(k-1)h]$ 的 τ_i 对应的状态矩阵 $\tilde{\boldsymbol{A}}_i$，与状态向量 $\Delta\boldsymbol{x}_{0,k,l}$ 对应拉格朗日插值系数的乘积之和。

综合式 (9.18) ~ 式 (9.21)，可将式 (9.17) 的系数矩阵 $[\boldsymbol{F}_{j,r,l}]$ 等价变换为拉格朗日插值系数矩阵 $\boldsymbol{l}_Q^i\in\mathbb{R}^{M\times 1}$ 和 $\boldsymbol{L}_Q^i\in\mathbb{R}^{M\times QM}$ 与 $\tilde{\boldsymbol{A}}_i$ 的克罗内克积之和的形式，$i=i(t_{M,M-1})+1,\ i(t_{M,M-1})+2,\ \cdots,\ m$。式 (9.17) 等号右侧可进一步改写为

$$\sum_{i=i(t_{M,M-1})+1}^{m}(\boldsymbol{l}_Q^i\otimes\tilde{\boldsymbol{A}}_i)\Delta\boldsymbol{x}_{0,1,0}+\sum_{i=i(t_{M,M-1})+1}^{m}(\boldsymbol{L}_Q^i\otimes\tilde{\boldsymbol{A}}_i)\begin{bmatrix}\Delta\boldsymbol{x}_{0,1,1}\\ \vdots\\ \Delta\boldsymbol{x}_{0,Q,M}\end{bmatrix} \tag{9.22}$$

最后，将本节得到 SOD-PS-II 方法的系数矩阵 $[\boldsymbol{F}_{j,r,l}]$ 与 8.2.3 节 SOD-PS 方法的部分离散化矩阵 $\boldsymbol{\Sigma}_{M,N}$ 进行对比，以定性分析它们的异同。它们之间的差别主要体现在以下三个方面。

(1) $[\boldsymbol{F}_{j,r,l}]$ 的第 1 列块只包含一部分并由式 (9.21) 计算，$\boldsymbol{\Sigma}_{M,N}$ 的第 1 列块由三部分组成，由式 (8.62) 计算。

(2) $i(t_{M,j})$ $(j=0,\ 1,\ \cdots,\ M-1)$ 随着 j 的增加而减小，$i(t_{N,j})$ $(j=1,\ 2,\ \cdots,\ N)$ 随着 j 的增加而增加。这导致两个矩阵元素相关求和项的上、下标随着 j 变化的规律不同。

(3) 在 SOD-PS-II 方法中，当 $j=0,\ 1,\ \cdots,\ \hat{M}-1$ 时，$t_{M,j}-\tau_{\max}$ 中落入第 $Q-1$ 个子区间 $[-(Q-1)h,\ -(Q-2)h]$；在 SOD-PS 方法中，当 $j=\hat{N}+1,\ \hat{N}+2,\ \cdots,\ N$ 时，$t_{N,j}-\tau_{\max}$ 中落入第 $Q-1$ 个子区间 $[-(Q-1)h,\ -(Q-2)h]$。这导

致 $[\boldsymbol{F}_{j,r,l}]$ 的右上 $\hat{M}n\times Mn$ 阶子矩阵为零矩阵，而 $\boldsymbol{\Sigma}_{M,N}$ 的右下 $(N-\hat{N})n\times Mn$ 阶子矩阵为零矩阵。

6. $\mathcal{T}(h)$ 第一个解分段的离散化形式

综合式 (9.9)、式 (9.16) 和式 (9.22)，可以得到式 (9.4) 的矩阵形式：

$$\begin{aligned}&\tilde{\boldsymbol{D}}_M\otimes\Delta\bar{\boldsymbol{x}}_{1,1}+\boldsymbol{d}_M\otimes\Delta\boldsymbol{x}_{0,1,0}\\&=\left(\boldsymbol{I}_M\otimes\tilde{\boldsymbol{A}}_0\right)\Delta\bar{\boldsymbol{x}}_{1,1}+\sum_{i=1}^{i(t_{M,0})}\left(\boldsymbol{L}_M^i\otimes\tilde{\boldsymbol{A}}_i\right)\Delta\bar{\boldsymbol{x}}_{1,1}+\sum_{i=1}^{i(t_{M,0})}\left(\boldsymbol{l}_M^i\otimes\tilde{\boldsymbol{A}}_i\right)\Delta\boldsymbol{x}_{0,1,0}\\&\quad+\sum_{i=i(t_{M,M-1})+1}^{m}\left(\boldsymbol{l}_Q^i\otimes\tilde{\boldsymbol{A}}_i\right)\Delta\boldsymbol{x}_{0,1,0}+\sum_{i=i(t_{M,M-1})+1}^{m}\left(\boldsymbol{L}_Q^i\otimes\tilde{\boldsymbol{A}}_i\right)\begin{bmatrix}\Delta\boldsymbol{x}_{0,1,1}\\\vdots\\\Delta\boldsymbol{x}_{0,Q,M}\end{bmatrix}\end{aligned}\tag{9.23}$$

令 $\boldsymbol{L}_M^0=\boldsymbol{I}_M\in\mathbb{R}^{M\times M}$，将式 (9.23) 等号右侧第一和第二项进行合并。然后，对其他项进行整理，得

$$\begin{aligned}&\left(\tilde{\boldsymbol{D}}_M\otimes\boldsymbol{I}_n-\sum_{i=0}^{i(t_{M,0})}\boldsymbol{L}_M^i\otimes\tilde{\boldsymbol{A}}_i\right)\Delta\bar{\boldsymbol{x}}_{1,1}\\&=\left[\begin{array}{c:c}\displaystyle\sum_{i=1}^{i(t_{M,0})}\boldsymbol{l}_M^i\otimes\tilde{\boldsymbol{A}}_i-\boldsymbol{d}_M\otimes\boldsymbol{I}_n & \\ \displaystyle+\sum_{i=i(t_{M,M-1})+1}^{m}\boldsymbol{l}_Q^i\otimes\tilde{\boldsymbol{A}}_i & \displaystyle\sum_{i=i(t_{M,M-1})+1}^{m}\boldsymbol{L}_Q^i\otimes\tilde{\boldsymbol{A}}_i\end{array}\right]\begin{bmatrix}\Delta\boldsymbol{x}_{0,1,0}\\\vdots\\\Delta\boldsymbol{x}_{0,Q,M}\end{bmatrix}\end{aligned}\tag{9.24}$$

对式 (9.24) 等号左边的系数矩阵求逆，可解得区间 $(-h,\ 0]$ 上各离散点 $\theta_{M,1,j}$ $(j=0,\ 1,\ \cdots,\ M-1)$ 处 $\Delta\boldsymbol{x}_h$ 的估计值，即解算子 $\mathcal{T}(h)$ 第一个解分段的伪谱差分离散化形式：

$$\Delta\bar{\boldsymbol{x}}_{1,1}=\boldsymbol{R}_M^{-1}\boldsymbol{\Sigma}_M\begin{bmatrix}\Delta\boldsymbol{x}_{0,1,0}\\\vdots\\\Delta\boldsymbol{x}_{0,Q,M}\end{bmatrix}\tag{9.25}$$

式中，$\boldsymbol{R}_M\in\mathbb{R}^{Mn\times Mn}$，$\boldsymbol{\Sigma}_M\in\mathbb{R}^{Mn\times(QM+1)n}$。

$$\boldsymbol{R}_M=\tilde{\boldsymbol{D}}_M\otimes\boldsymbol{I}_n-\sum_{i=0}^{i(t_{M,0})}\boldsymbol{L}_M^i\otimes\tilde{\boldsymbol{A}}_i\tag{9.26}$$

$$\boldsymbol{\Sigma}_M = \left[\begin{array}{c:c} \displaystyle\sum_{i=1}^{i(t_{M,0})} \boldsymbol{l}_M^i \otimes \tilde{\boldsymbol{A}}_i - \boldsymbol{d}_M \otimes \boldsymbol{I}_n & \\ \displaystyle + \sum_{i=i(t_{M,M-1})+1}^{m} \boldsymbol{l}_Q^i \otimes \tilde{\boldsymbol{A}}_i & \displaystyle\sum_{i=i(t_{M,M-1})+1}^{m} \boldsymbol{L}_Q^i \otimes \tilde{\boldsymbol{A}}_i \end{array}\right] \tag{9.27}$$

7. $\mathcal{T}(h)$ 的伪谱差分离散化矩阵

联立式 (9.25) 和解算子的第二解分段的离散化形式 (详见 8.3.2 节)，得

$$\begin{bmatrix} \Delta\boldsymbol{x}_{1,1,0} \\ \Delta\boldsymbol{x}_{1,1,1} \\ \vdots \\ \Delta\boldsymbol{x}_{1,Q,M} \end{bmatrix} = \boldsymbol{T}_M \begin{bmatrix} \Delta\boldsymbol{x}_{0,1,0} \\ \Delta\boldsymbol{x}_{0,1,1} \\ \vdots \\ \Delta\boldsymbol{x}_{0,Q,M} \end{bmatrix} \tag{9.28}$$

式中，系数矩阵 $\boldsymbol{T}_M \in \mathbb{R}^{(QM+1)n\times(QM+1)n}$ 即为解算子 $\mathcal{T}(h)$ 的伪谱差分离散化矩阵。

$$\boldsymbol{T}_M = \left[\begin{array}{c} \boldsymbol{R}_M^{-1}\boldsymbol{\Sigma}_M \\ \hdashline \begin{bmatrix} \boldsymbol{I}_{(Q-2)M} & & \\ & \boldsymbol{U}'_M & \boldsymbol{0}_{(M+1)\times M} \end{bmatrix} \otimes \boldsymbol{I}_n \end{array}\right] \tag{9.29}$$

式中，矩阵 $\boldsymbol{U}'_M$ 的具体表达式详见式 (8.46)。

9.2 大规模时滞电力系统特征值计算

9.2.1 旋转–放大预处理

为了提高计算解算子离散化矩阵特征值的 IRA 算法的收敛速度，可利用 4.4.3 节所述方法，构建旋转–放大预处理后解算子 $\mathcal{T}(h)$ 的伪谱差分离散化矩阵。

根据旋转–放大预处理第一种实现方法，τ_i $(i=1, 2, \cdots, m)$ 被变换原来的 $1/\alpha$，$\tilde{\boldsymbol{A}}_i$ $(i=0, 1, \cdots, m)$ 被变换为 $\tilde{\boldsymbol{A}}''_i$，$h$ 保持不变。相应地，区间 $[-\tau_{\max}/\alpha, 0]$ 重新划分为长度等于 h 的 Q' 个子区间，$Q'=\lceil\tau_{\max}/(\alpha h)\rceil$，拉格朗日插值相关的部分矩阵 $\boldsymbol{l}_M^i$、$\boldsymbol{L}_M^i$、$\boldsymbol{l}_Q^i$ 与 $\boldsymbol{L}_Q^i$ $(i=1, 2, \cdots, m)$ 重新形成为 $\tilde{\boldsymbol{l}}_M^i \in \mathbb{R}^{M\times 1}$、$\tilde{\boldsymbol{L}}_M^i \in \mathbb{R}^{M\times M}$、$\tilde{\boldsymbol{l}}_Q^i \in \mathbb{R}^{M\times 1}$ 与 $\tilde{\boldsymbol{L}}_Q^i \in \mathbb{R}^{M\times Q'M}$，$\boldsymbol{U}'_M$ 重新形成为 $\boldsymbol{U}''_M \in \mathbb{R}^{(M+1)\times(M+1)}$。最终，可以得到旋转放大预处理后解算子 $\mathcal{T}(h)$ 的伪谱差

分离散化矩阵 $\boldsymbol{T}'_M \in \mathbb{C}^{(Q'M+1)n\times(Q'M+1)n}$。

$$\boldsymbol{T}'_M = \left[\begin{array}{c} \left(\boldsymbol{R}'_M\right)^{-1}\boldsymbol{\Sigma}'_M \\ \hdashline \begin{bmatrix} \boldsymbol{I}_{(Q'-2)M} & & \\ & \boldsymbol{U}''_M & \boldsymbol{0}_{(M+1)\times M} \end{bmatrix} \otimes \boldsymbol{I}_n \end{array}\right] \tag{9.30}$$

式中，$\boldsymbol{R}'_M \in \mathbb{C}^{Mn\times Mn}$，$\boldsymbol{\Sigma}'_M \in \mathbb{C}^{Mn\times(Q'M+1)n}$。

$$\boldsymbol{R}'_M = \tilde{\boldsymbol{D}}_M \otimes \boldsymbol{I}_n - \sum_{i=0}^{i(t_{M,0})} \tilde{\boldsymbol{L}}_M^i \otimes \tilde{\boldsymbol{A}}''_i \tag{9.31}$$

$$\boldsymbol{\Sigma}'_M = \left[\begin{array}{c:c} \displaystyle\sum_{i=1}^{i(t_{M,0})} \tilde{\boldsymbol{l}}_M^i \otimes \tilde{\boldsymbol{A}}''_i - \boldsymbol{d}_M \otimes \boldsymbol{I}_n & \\ \displaystyle + \sum_{i=i(t_{M,M-1})+1}^{m} \tilde{\boldsymbol{l}}_Q^i \otimes \tilde{\boldsymbol{A}}''_i & \displaystyle\sum_{i=i(t_{M,M-1})+1}^{m} \tilde{\boldsymbol{L}}_Q^i \otimes \tilde{\boldsymbol{A}}''_i \end{array}\right] \tag{9.32}$$

9.2.2 稀疏特征值计算

本节利用 IRA 算法高效地计算 $\boldsymbol{T}'_M$ 中模值最大的部分的近似特征值 μ''，进而根据映射关系式 (4.79) 计算得到电力系统阻尼比小于给定值的部分关键特征值 λ。

1. IRA 算法的总体实现

在 IRA 算法中，最为关键的操作是通过矩阵 $\boldsymbol{T}'_M$ 与第 j 个 Krylov 向量 $\boldsymbol{q}_j \in \mathbb{C}^{(Q'M+1)n\times 1}$ 的乘积运算来形成第 $j+1$ 个 Krylov 向量 $\boldsymbol{q}_{j+1} = \boldsymbol{T}'_M\boldsymbol{q}_j \in \mathbb{C}^{(Q'M+1)n\times 1}$。具体地，$\boldsymbol{q}_{j+1}$ 可进一步分解为以下 3 个 MVP 运算：

$$\boldsymbol{z} = \boldsymbol{\Sigma}'_M \cdot \boldsymbol{q}_j \tag{9.33}$$

$$\boldsymbol{q}_{j+1}(1:Mn,\ 1) = \left(\boldsymbol{R}'_M\right)^{-1} \cdot \boldsymbol{z} \tag{9.34}$$

$$\boldsymbol{q}_{j+1}\left(Mn+1:(Q'M+1)\,n,\ 1\right) = \begin{bmatrix} \boldsymbol{I}_{(Q'-2)M} & & \\ & \boldsymbol{U}''_M & \boldsymbol{0}_{(M+1)\times M} \end{bmatrix} \otimes \boldsymbol{I}_n \cdot \boldsymbol{q}_j \tag{9.35}$$

式中，$\boldsymbol{z} \in \mathbb{C}^{Mn\times 1}$ 为中间向量。

下面将分别分析式 (9.33) ～ 式 (9.35) 的高效实现方法。

2. 式 (9.33) 的高效实现

从列的方向上将向量 $\boldsymbol{q}_j$ 压缩为矩阵 $\boldsymbol{V}=\left[\tilde{\boldsymbol{v}}_1,\ \tilde{\boldsymbol{v}}_2,\ \cdots,\ \tilde{\boldsymbol{v}}_{Q'M+1}\right]\in\mathbb{C}^{n\times(Q'M+1)}$，即 $\mathrm{vec}(\boldsymbol{V})=\boldsymbol{q}_j$，其中 $\tilde{\boldsymbol{v}}_j\in\mathbb{C}^{n\times 1}$，$j=1,\ 2,\ \cdots,\ Q'M+1$。利用克罗内克积的性质，式 (9.33) 可以改写为

$$
\begin{aligned}
\boldsymbol{z}&=\boldsymbol{\Sigma}'_M\boldsymbol{q}_j\\
&=\mathrm{vec}\left(\sum_{i=1}^{i(t_{M,0})}\tilde{\boldsymbol{A}}''_i\boldsymbol{q}_j(1:n,\ 1)\left(\tilde{\boldsymbol{l}}_M^i\right)^{\mathrm{T}}-\boldsymbol{q}_j(1:n,\ 1)\boldsymbol{d}_M^{\mathrm{T}}+\sum_{i=i(t_{M,M-1})+1}^{m}\tilde{\boldsymbol{A}}''_i\boldsymbol{V}\left(\bar{\boldsymbol{L}}_Q^i\right)^{\mathrm{T}}\right)\\
&=\mathrm{vec}\left(\sum_{i=1}^{i(t_{M,0})}\tilde{\boldsymbol{A}}''_i\boldsymbol{q}_j(1:n,\ 1)\left(\tilde{\boldsymbol{l}}_M^i\right)^{\mathrm{T}}-\boldsymbol{q}_j(1:n,\ 1)\boldsymbol{d}_M^{\mathrm{T}}\right.\\
&\qquad\left.+\,\alpha\mathrm{e}^{-\mathrm{j}\theta}\cdot\sum_{i=i(t_{M,M-1})+1}^{m}\left[\tilde{\boldsymbol{A}}_i\tilde{\boldsymbol{v}}_1,\ \tilde{\boldsymbol{A}}_i\tilde{\boldsymbol{v}}_2,\ \cdots,\ \tilde{\boldsymbol{A}}_i\tilde{\boldsymbol{v}}_{Q'M+1}\right]\left(\bar{\boldsymbol{L}}_Q^i\right)^{\mathrm{T}}\right)
\end{aligned}
\tag{9.36}
$$

式中，$\bar{\boldsymbol{L}}_Q^i=\left[\tilde{\boldsymbol{l}}_Q^i,\ \tilde{\boldsymbol{L}}_Q^i\right]\in\mathbb{R}^{M\times(Q'M+1)}$。

由于矩阵 $\boldsymbol{\Sigma}'_M$ 只与稀疏的系统时滞状态矩阵 $\tilde{\boldsymbol{A}}_i$ $(i=1,\ 2,\ \cdots,\ m)$ 有关，与稠密系统状态矩阵 $\tilde{\boldsymbol{A}}_0$ 无关，$\boldsymbol{z}$ 的计算量很小。

3. 式 (9.34) 的高效实现

如式 (9.31) 所示，$\boldsymbol{R}'_M$ 本质上是克罗内克积之和且不具有特殊的分块结构，其逆矩阵 $\left(\boldsymbol{R}'_M\right)^{-1}$ 没有解析表达形式 [231]。这里利用文献 [228] 所提出的 Schur 补分解方法，高效求解式 (9.34) 所示的 MIVP。首先，利用式 (4.89) 所示的克罗内克积的性质，将 $\boldsymbol{R}'_M$ 改写为 Schur 补形式。

$$
\begin{aligned}
\boldsymbol{R}'_M&=\tilde{\boldsymbol{D}}_M\otimes\boldsymbol{I}_n-\sum_{i=0}^{i(t_{M,0})}\tilde{\boldsymbol{L}}_M^i\otimes\tilde{\boldsymbol{A}}''_i\\
&=\tilde{\boldsymbol{D}}_M\otimes\boldsymbol{I}_n-\sum_{i=0}^{i(t_{M,0})}\tilde{\boldsymbol{L}}_M^i\otimes\left(\boldsymbol{A}''_i-\boldsymbol{B}''_i\boldsymbol{D}_0^{-1}\boldsymbol{C}_0\right)\\
&=\tilde{\boldsymbol{D}}_M\otimes\boldsymbol{I}_n-\sum_{i=0}^{i(t_{M,0})}\tilde{\boldsymbol{L}}_M^i\otimes\boldsymbol{A}''_i\\
&\quad-\left(-\sum_{i=0}^{i(t_{M,0})}\tilde{\boldsymbol{L}}_M^i\otimes\boldsymbol{B}''_i\right)(\boldsymbol{I}_M\otimes\boldsymbol{D}_0)^{-1}(\boldsymbol{I}_M\otimes\boldsymbol{C}_0)
\end{aligned}
\tag{9.37}
$$

$$\triangleq \boldsymbol{A}'_M - \boldsymbol{B}'_M \boldsymbol{D}_M^{-1} \boldsymbol{C}_M$$

式中，$\boldsymbol{A}'_M \in \mathbb{C}^{Mn\times Mn}$，$\boldsymbol{B}'_M \in \mathbb{C}^{Mn\times Ml}$，$\boldsymbol{C}_M \in \mathbb{R}^{Ml\times Mn}$，$\boldsymbol{D}_M \in \mathbb{R}^{Ml\times Ml}$。

$$\begin{cases} \boldsymbol{A}'_M = \tilde{\boldsymbol{D}}_M \otimes \boldsymbol{I}_n - \sum\limits_{i=0}^{i(t_{M,0})} \tilde{\boldsymbol{L}}_M^i \otimes \boldsymbol{A}''_i \\ \boldsymbol{B}'_M = -\sum\limits_{i=0}^{i(t_{M,0})} \tilde{\boldsymbol{L}}_M^i \otimes \boldsymbol{B}''_i \\ \boldsymbol{C}_M = \boldsymbol{I}_M \otimes \boldsymbol{C}_0,\ \boldsymbol{D}_N = \boldsymbol{I}_M \otimes \boldsymbol{D}_0 \end{cases} \tag{9.38}$$

将式 (9.37) 代入式 (9.34)，得

$$\boldsymbol{q}_{j+1}(1:Mn,\ 1) = \left(\boldsymbol{R}'_M\right)^{-1} \boldsymbol{z} = \left(\boldsymbol{A}'_M - \boldsymbol{B}'_M \boldsymbol{D}_M^{-1} \boldsymbol{C}_M\right)^{-1} \boldsymbol{z} \tag{9.39}$$

采用 8.4.3 节高效实现式 (8.119) 相同的方法，充分利用系统增广状态矩阵 $\boldsymbol{A}_i$、$\boldsymbol{B}_i$、$\boldsymbol{C}_0$ 和 $\boldsymbol{D}_0$ $(i = 0,\ 1,\ \cdots,\ m)$ 的稀疏特性，可以高效地求解式 (9.34)。具体实现步骤这里不再赘述。

4. 式 (9.35) 的高效实现

利用克罗内克积的性质，式 (9.35) 可重写为

$$\begin{aligned} &\boldsymbol{q}_{j+1}(Mn+1:(Q'M+1)\,n,\ 1) \\ &= \begin{bmatrix} \boldsymbol{I}_{(Q'-2)M} & & \\ & \boldsymbol{U}''_M & \boldsymbol{0}_{(M+1)\times M} \end{bmatrix} \otimes \boldsymbol{I}_n \cdot \boldsymbol{q}_j \\ &= \operatorname{vec}\left(\boldsymbol{V} \cdot \begin{bmatrix} \boldsymbol{I}_{(Q'-2)M} & & \\ & \boldsymbol{U}''_M & \boldsymbol{0}_{(M+1)\times M} \end{bmatrix}^{\mathrm{T}}\right) \\ &= \operatorname{vec}\left(\left[\tilde{\boldsymbol{v}}_1,\ \tilde{\boldsymbol{v}}_2,\ \cdots,\ \tilde{\boldsymbol{v}}_{(Q'-2)M},\ \left[\tilde{\boldsymbol{v}}_{(Q'-2)M+1},\ \cdots,\ \tilde{\boldsymbol{v}}_{(Q'-1)M+1}\right]\left(\boldsymbol{U}''_M\right)^{\mathrm{T}}\right]\right) \end{aligned} \tag{9.40}$$

$\boldsymbol{q}_{j+1}(Mn+1:(Q'M+1)n,\ 1)$ 被转化为 $n\times(M+1)$ 维与 $(M+1)\times(M+1)$ 维的矩阵乘法 $\left[\tilde{\boldsymbol{v}}_{(Q'-2)M+1},\ \tilde{\boldsymbol{v}}_{(Q'-2)M+2},\ \cdots,\ \tilde{\boldsymbol{v}}_{(Q'-1)M+1}\right]\left(\boldsymbol{U}''_M\right)^{\mathrm{T}}$。由于 $M \ll n$，通过上述处理，$\boldsymbol{q}_{j+1}(Mn+1:(Q'M+1)n,\ 1)$ 的计算量大大降低。

5. 计算复杂性分析

由于求解式 (9.33) 和式 (9.35) 的计算量都很小，SOD-PS-II 方法中计算第 $j+1$ 个 Krylov 向量 $\boldsymbol{q}_{j+1}$ 的关键在于求解式 (9.34)，大体上可以用稠密系统状

态矩阵 $\tilde{\boldsymbol{A}}_0$ 与向量 $\boldsymbol{v}$ 的乘积次数来度量。式 (9.39) 的计算量和系统状态矩阵 $\tilde{\boldsymbol{A}}_0$ 的逆与向量 $\boldsymbol{v}$ 乘积的计算量相当。令 R 为求解 $\tilde{\boldsymbol{A}}_0^{-1}\boldsymbol{v}$ 的计算量与求解 $\tilde{\boldsymbol{A}}_0\boldsymbol{v}$ 计算量的比值，则求解 $\boldsymbol{q}_{j+1}(1:Mn,\ 1)$ $(j=1,\ 2,\ \cdots)$ 大体上需要 R 次 $\tilde{\boldsymbol{A}}_0\boldsymbol{v}$ 运算。

因此，在计算相同数量特征值的情况下，SOD-PS-II 方法进行一次 IRA 迭代的计算量，大致相当于对传统无时滞电力系统进行特征值分析计算量的 R 倍。

6. 牛顿校正

设由 IRA 算法计算得到 $\boldsymbol{T}'_M$ 的特征值为 μ''，根据解算子的谱和时滞电力系统特征值之间的谱映射关系可以解得系统特征值的估计值 $\hat{\lambda}$ 为

$$\hat{\lambda}=\frac{1}{\alpha}\mathrm{e}^{\mathrm{j}\theta}\lambda''=\frac{1}{\alpha h}\mathrm{e}^{\mathrm{j}\theta}\ln\mu'' \tag{9.41}$$

以 $\hat{\lambda}$ 为初始值，采用牛顿法迭代可以得到时滞电力系统的精确特征值 λ。

9.2.3 特性分析

下面通过与 SOD-PS 方法的对比，分析得到 SOD-PS-II 方法的特性。

1. 结构化与稀疏性

本章 SOD-PS-II 方法和 SOD-PS 方法的第二种推导 (8.3 节) 所构建的解算子离散化矩阵具有相同的逻辑结构。它们的非零元素位于第一个块行和次对角分块上。对于 SOD-PS-II 方法，离散化矩阵 $\boldsymbol{T}_M$ (或旋转–放大预处理之后的 $\boldsymbol{T}'_M$) 的元素总个数为 $(QM+1)^2n^2$，非零元素个数少于 $(QM^2+2M+1)\,n^2+(Q-2)Mn$。对于大规模电力系统，由于 $Q,M\ll n$，$\boldsymbol{T}_M$ 和 $\boldsymbol{T}'_M$ 均为高度稀疏的矩阵。

2. 计算量低

离散化矩阵 $\boldsymbol{T}_M$ 的子矩阵 $\boldsymbol{\Sigma}_M$，与稠密系统状态矩阵 $\tilde{\boldsymbol{A}}_0$ 无关，但与稀疏的系统时滞状态矩阵 $\tilde{\boldsymbol{A}}_i$ $(i=1,\ 2,\ \cdots,\ m)$ 有关。因此，在生成一个 Krylov 向量时，SOD-PS-II 方法比 SOD-PS 方法减少了 $Q'M+1$ 次系统状态矩阵 $\tilde{\boldsymbol{A}}_0$ 与向量的乘积运算。

第 10 章 基于 SOD-LMS 的特征值计算方法

本章首先阐述 SOD-LMS 方法[118,192]的基本理论，并详细地推导时滞系统解算子的线性多步离散化矩阵；然后，基于时滞独立稳定性的充分性定理，提出离散化参数选择的启发式方法和一般性原则；最后，利用基于谱离散化的时滞特征值计算方法的框架对 SOD-LMS 方法进行改进，使之能够高效地计算大规模时滞电力系统阻尼比小于给定值的部分关键特征值[147]。

10.1 SOD-LMS 方法

10.1.1 LMS 离散化方案

1. 离散状态空间 $\boldsymbol{X}_N$

对于给定转移步长 $h\ (<\tau_{\max})$，首先利用等间距的 $Q+1$ 个离散点 $\theta_j=-jh\,(j=0,\ 1,\ \cdots,\ Q)$ 对区间 $[-\tau_{\max},\ 0]$ 进行离散化。其中，$Q=\lceil\tau_{\max}/h\rceil$，表示大于或等于 $\tau_{\max}/h$ 的最小整数，也即 $Q=\min\{q|qh\geqslant\tau_{\max},\ q\in\mathbb{N}\}$。然后，在 $t=-Qh$ 左侧外插 $k+s_--1$ 个等间距离散点 $\theta_j=-jh\ (j=Q+1,\ Q+2,\ \cdots,\ Q+k+s_--1)$。令 $N=Q+k+s_-$，则由 N 个等间距离散点形成的集合可表示为 $\Omega_N:=\{\theta_j|\theta_j=-jh,\ j=0,\ 1,\ \cdots,\ N-1\}$，如图 10.1 所示。

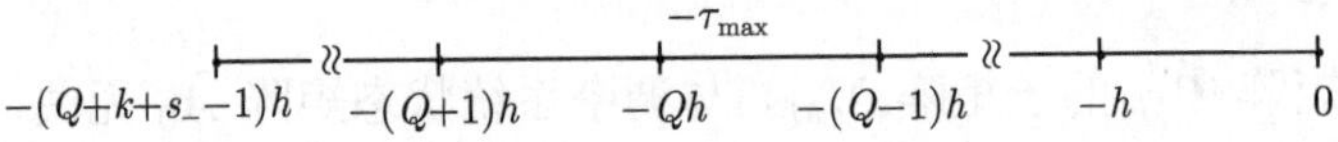

图 10.1 离散点集合 Ω_N

定义 $\boldsymbol{X}:=C\left([-(N-1)h,\ 0],\ \mathbb{R}^{n\times1}\right)$ 为由区间 $[-(N-1)h,\ 0]$ 到 n 维实数空间 $\mathbb{R}^{n\times1}$ 映射的连续函数构成的 Banach 空间。利用集合 Ω_N，将连续空间 $\boldsymbol{X}$ 转化为离散空间 $\boldsymbol{X}_N=\left(\mathbb{R}^{n\times1}\right)^{\Omega_N}\approx\mathbb{R}^{Nn\times1}$。于是，任意的连续函数 $\Delta\boldsymbol{x}\in\boldsymbol{X}$ 可以被离散化为分块向量 $\Delta\boldsymbol{x}_\delta\in\boldsymbol{X}_N\ (\delta=0,\ 1)$：

$$\Delta\boldsymbol{x}_\delta=\left[\Delta\boldsymbol{x}_{\delta,0}^{\mathrm{T}},\ \Delta\boldsymbol{x}_{\delta,1}^{\mathrm{T}},\ \cdots,\ \Delta\boldsymbol{x}_{\delta,N-1}^{\mathrm{T}}\right]^{\mathrm{T}} \tag{10.1}$$

式中，$\Delta\boldsymbol{x}_{\delta,j}$ 表示 $\Delta\boldsymbol{x}$ 在 $\delta h+\theta_j$ 处的近似值，即 $\Delta\boldsymbol{x}_{\delta,j}\approx\Delta\boldsymbol{x}(\delta h+\theta_j)$，$\delta=0,\ 1;\ j=0,\ 1,\ \cdots,\ N-1$。

总体上说，SOD-LMS 方法包含如下两个步骤：首先，在集合 Ω_N 的各个离散点处对算子 $\mathcal{T}(h)$ 的分段函数表达式 (4.9) 进行估值；然后，建立描述 $\Delta \boldsymbol{x}_1$ 与 $\Delta \boldsymbol{x}_0$ 之间转移关系的显式表达式，其系数矩阵就是解算子 $\mathcal{T}(h)$ 的线性多步离散化近似矩阵。

2. $\mathcal{T}(h)$ 第二个解分段的离散化

在过去时刻 $t=\theta_j$ $(j=1, 2, \cdots, N-1)$，通过直接估计 $\Delta \boldsymbol{x}(t+h)$ 即可得到式 (4.9) 所示解算子 $\mathcal{T}(h)$ 的第二个分段 (转移) 的离散化形式：

$$\Delta \boldsymbol{x}_h(t)=\Delta \boldsymbol{x}_h(\theta_j)=\Delta \boldsymbol{x}_{1,j}=\Delta \boldsymbol{x}_{0,j-1}, \quad j=1, 2, \cdots, N-1 \tag{10.2}$$

3. $\mathcal{T}(h)$ 第一个解分段的离散化

在当前时刻 $t=\theta_0$，式 (4.9) 所示解算子 $\mathcal{T}(h)$ 的第一个分段的离散化形式通过采用 LMS 法求解关于 $\Delta \boldsymbol{x}_h$ 的常微分方程的初值问题得到。

$$\boldsymbol{f}(t, \Delta \boldsymbol{x}_h)=\Delta \dot{\boldsymbol{x}}_h(t)=\tilde{\boldsymbol{A}}_0 \Delta \boldsymbol{x}_h(t)+\sum_{i=1}^{m} \tilde{\boldsymbol{A}}_i \Delta \boldsymbol{x}_h(t-\tau_i), \quad t \in [-h, 0] \tag{10.3}$$

由于 $t+h-\tau_i<0$ $(i=1, 2, \cdots, m)$，式 (10.3) 等号右边第二项中的 $\Delta \boldsymbol{x}_h(t-\tau_i)$ 实际上是式 (3.8) 所示时滞系统的初始条件，即 $\Delta \boldsymbol{x}_h(t-\tau_i)=\Delta \boldsymbol{x}(t+h-\tau_i)=\boldsymbol{\varphi}(t+h-\tau_i)$。所以，式 (10.3) 本质上是一个非齐次常微分方程。

对式 (10.3) 应用步长为 h 的线性 k 步法的式 (3.163)，得

$$\sum_{j=0}^{k} \alpha_j \Delta \boldsymbol{x}_{1,k-j}=h \sum_{j=0}^{k} \beta_j \boldsymbol{f}_{k-j} \tag{10.4}$$

式中，α_j、β_j $(j=0, 1, \cdots, k)$ 为线性 k 步法的系数；$\boldsymbol{f}_{k-j}$ 为式 (10.3) 的离散化形式：

$$\boldsymbol{f}_{k-j}=\tilde{\boldsymbol{A}}_0 \Delta \boldsymbol{x}_{1,k-j}+\sum_{i=1}^{m} \tilde{\boldsymbol{A}}_i \Delta \boldsymbol{x}(\theta_{k-j}+h-\tau_i) \tag{10.5}$$

将式 (10.5) 代入式 (10.4) 中得

$$\sum_{j=0}^{k} \alpha_j \Delta \boldsymbol{x}_{1,k-j}=h \sum_{j=0}^{k} \beta_j \left(\tilde{\boldsymbol{A}}_0 \Delta \boldsymbol{x}_{1,k-j}+\sum_{i=1}^{m} \tilde{\boldsymbol{A}}_i \Delta \boldsymbol{x}(\theta_{k-j-1}-\tau_i)\right) \tag{10.6}$$

利用 Nordsieck 插值 [118] 来估计式 (10.6) 中的时滞项 $\Delta \boldsymbol{x}(\theta_{k-j-1}-\tau_i)$，得

$$\sum_{j=0}^{k} \alpha_j \Delta \boldsymbol{x}_{1,k-j}=h \sum_{j=0}^{k} \beta_j \left(\tilde{\boldsymbol{A}}_0 \Delta \boldsymbol{x}_{1,k-j}+\sum_{i=1}^{m} \sum_{l=-s_-}^{s_+} \tilde{\boldsymbol{A}}_i \ell_l(\varepsilon_i) \Delta \boldsymbol{x}_{0,\gamma_i+k-j-l-1}\right) \tag{10.7}$$

式中，$\gamma_i = \lceil \tau_i/h \rceil$, $\varepsilon_i = \gamma_i - \tau_i/h \in [0,\ 1)$, $i = 1,\ 2,\ \cdots,\ m$; $\ell_l\ (l = -s_-,\ -s_- + 1,\ \cdots,\ s_+)$ 为拉格朗日插值的基函数，其中 $s_- \leqslant s_+ \leqslant s_- + 2$:

$$\ell_l(\varepsilon_i) = \prod_{o=-s_-,\ o\neq l}^{s_+} \frac{\varepsilon_i - o}{l - o},\quad \varepsilon_i \in [0,\ 1) \tag{10.8}$$

此外，为了避免用未来时刻的系统状态来估计过去时刻的系统状态，式 (10.7) 中 $\Delta \boldsymbol{x}_{0,\gamma_i+k-j-l-1}$ 的下标须满足 $\gamma_i > s_+$，即

$$\tau_i > (s_+ - \varepsilon_i)h,\quad i = 1,\ 2,\ \cdots,\ m \tag{10.9}$$

对式 (10.7) 进行整理，得

$$\begin{aligned}\Delta \boldsymbol{x}_{1,0} =& \left(\alpha_k \boldsymbol{I}_n - h\beta_k \tilde{\boldsymbol{A}}_0\right)^{-1} \left(\sum_{j=0}^{k-1} \left(-\alpha_j \boldsymbol{I}_n + h\beta_j \tilde{\boldsymbol{A}}_0 \right) \Delta \boldsymbol{x}_{1,k-j} \right.\\ & \left. + h \sum_{j=0}^{k} \sum_{i=1}^{m} \sum_{l=-s_-}^{s^+} \beta_j \tilde{\boldsymbol{A}}_i \ell_l(\varepsilon_i) \boldsymbol{x}_{0,\gamma_i+k-j-l-1} \right)\end{aligned} \tag{10.10}$$

对式 (10.10) 中的 $\Delta \boldsymbol{x}_{1,k-j}\ (j = 0,\ 1,\ \cdots,\ k-1)$ 应用转移特性，得

$$\Delta \boldsymbol{x}_{1,k-j} = \Delta \boldsymbol{x}_{0,k-j-1},\quad j = 0,\ 1,\ \cdots,\ k-1 \tag{10.11}$$

将式 (10.11) 代入式 (10.10)，得

$$\begin{aligned}\Delta \boldsymbol{x}_{1,0} =& \left(\alpha_k \boldsymbol{I}_n - h\beta_k \tilde{\boldsymbol{A}}_0\right)^{-1} \left(\sum_{j=0}^{k-1} \left(-\alpha_j \boldsymbol{I}_n + h\beta_j \tilde{\boldsymbol{A}}_0 \right) \Delta \boldsymbol{x}_{0,k-j-1} \right.\\ & \left. + h \sum_{j=0}^{k} \sum_{i=1}^{m} \sum_{l=-s_-}^{s_+} \beta_j \tilde{\boldsymbol{A}}_i \ell_l(\varepsilon_i) \Delta \boldsymbol{x}_{0,\gamma_i+k-j-l-1} \right)\end{aligned} \tag{10.12}$$

4. 克罗内克积变换

将式 (10.12) 等号右边的两个括号项分别定义为 $\boldsymbol{R}_N \in \mathbb{R}^{n\times n}$ 和 $\boldsymbol{\Sigma}_N \in \mathbb{R}^{n\times Nn}$。尤其地，$\boldsymbol{\Sigma}_N$ 将第二个括号项等价地变换为常数向量 $\boldsymbol{\ell}_i\ (i = 0,\ 1,\ \cdots,\ m)$ 与系统状态矩阵 $\tilde{\boldsymbol{A}}_i$ 的克罗内克积之和的形式，其由拉格朗日插值系数 $\ell_l\ (l = -s_-,\ -s_- + 1,\ \cdots,\ s^+)$，线性 k 步法系数 α_j、$\beta_j\ (j = 0,\ 1,\ \cdots,\ k)$ 和转移步长 h 决定。于是，式 (10.12) 可写为

$$\Delta \boldsymbol{x}_{1,0} = \boldsymbol{R}_N^{-1} \boldsymbol{\Sigma}_N \Delta \boldsymbol{x}_0 \tag{10.13}$$

式中，$\boldsymbol{R}_N \in \mathbb{R}^{n\times n}$，$\boldsymbol{\Sigma}_N \in \mathbb{R}^{n\times Nn}$。

$$\boldsymbol{R}_N = \alpha_k \boldsymbol{I}_n - h\beta_k \tilde{\boldsymbol{A}}_0 \tag{10.14}$$

$$\boldsymbol{\Sigma}_N = \boldsymbol{\ell}_{m+1}^{\mathrm{T}} \otimes \boldsymbol{I}_n + \sum_{i=0}^{m} \boldsymbol{\ell}_i^{\mathrm{T}} \otimes \tilde{\boldsymbol{A}}_i \tag{10.15}$$

5. $\mathcal{T}(h)$ 的线性多步离散化矩阵

结合式 (10.2) 和式 (10.12)，可以推导得到 $\Delta\boldsymbol{x}_1$ 与 $\Delta\boldsymbol{x}_0$ 之间的关系式：

$$\begin{bmatrix} \Delta\boldsymbol{x}_{1,0} \\ \Delta\boldsymbol{x}_{1,1} \\ \vdots \\ \Delta\boldsymbol{x}_{1,Q+k+s_--1} \end{bmatrix} = \boldsymbol{T}_N \begin{bmatrix} \Delta\boldsymbol{x}_{0,0} \\ \Delta\boldsymbol{x}_{0,1} \\ \vdots \\ \Delta\boldsymbol{x}_{0,Q+k+s_--1} \end{bmatrix} \tag{10.16}$$

式中，$Q=\gamma_m$；$\boldsymbol{T}_N:\boldsymbol{X}_N\to\boldsymbol{X}_N$ 为解算子的离散化矩阵。

$$\boldsymbol{T}_N = \begin{bmatrix} \boldsymbol{R}_N^{-1}\boldsymbol{\Sigma}_N \\ \hdashline \begin{bmatrix} \boldsymbol{I}_n & & \boldsymbol{0} \\ & \ddots & \vdots \\ & \boldsymbol{I}_n & \boldsymbol{0} \end{bmatrix} \end{bmatrix} \in \mathbb{R}^{Nn\times Nn} \tag{10.17}$$

特别地，当系统仅含有单个时滞 $(m=1)$ 时，$Q=\lceil\tau_1/h\rceil$。由于解算子的离散化过程中不再涉及拉格朗日插值，所以 $N=Q+k$。此时，$\boldsymbol{\Sigma}_N\in\mathbb{R}^{n\times Nn}$ 可显式地表示为

$$\boldsymbol{\Sigma}_N = [\boldsymbol{\Sigma}_0,\ \boldsymbol{0}_{n\times(Q-k-1)n},\ \boldsymbol{\Sigma}_1] \tag{10.18}$$

式中，$\boldsymbol{\Sigma}_0\in\mathbb{R}^{n\times kn}$，$\boldsymbol{\Sigma}_1\in\mathbb{R}^{n\times(k+1)n}$。

$$\boldsymbol{\Sigma}_0 = -[\alpha_{k-1},\ \alpha_{k-2},\ \cdots,\ \alpha_0]\otimes\boldsymbol{I}_n + h[\beta_{k-1},\ \beta_{k-2},\ \cdots,\ \beta_0]\otimes\tilde{\boldsymbol{A}}_0 \tag{10.19}$$

$$\boldsymbol{\Sigma}_1 = h[\beta_k,\ \beta_{k-1},\ \cdots,\ \beta_0]\otimes\tilde{\boldsymbol{A}}_1 \tag{10.20}$$

至此，求解无穷维解算子 $\mathcal{T}(h)$ 的特征值问题转化为求解近似矩阵 $\boldsymbol{T}_N$ 的特征值问题。

10.1.2 时滞独立稳定性定理

根据文献 [118]，本节将分析 LMS 法的绝对稳定性与时滞系统独立稳定性之间的联系，包括 LMS 法能够保证时滞系统独立稳定性的充分条件和 SOD-LMS 方法计算时滞系统最右侧特征值的收敛精度，从而为选择 LMS 法、步数 k 和步长 h 奠定理论基础。

1. 线性 k 步离散化方程的特征方程

线性 k 步离散化方程式 (10.7) 对应的特征方程为

$$\det\left(\left(\sum_{j=0}^{k}\alpha_j\mu^{j-k}\right)\boldsymbol{I}_n - h\left(\sum_{j=0}^{k}\beta_j\mu^{j-k}\right)\left(\tilde{\boldsymbol{A}}_0+\sum_{i=1}^{m}\sum_{l=-s_-}^{s_+}\tilde{\boldsymbol{A}}_i\ell_l(\varepsilon_i)\mu^{l-\gamma_i}\right)\right)=0 \tag{10.21}$$

式中，$\sum\limits_{j=0}^{k}\alpha_j\mu^j$ 和 $\sum\limits_{j=0}^{k}\beta_j\mu^j$ 不可约。于是，式 (10.21) 可等价表示为

$$\det\left(\frac{1}{h}\cdot\frac{\sum\limits_{j=0}^{k}\alpha_j\mu^j}{\sum\limits_{j=0}^{k}\beta_j\mu^j}\boldsymbol{I}_n-\left(\tilde{\boldsymbol{A}}_0+\sum_{i=1}^{m}\sum_{l=-s_-}^{s_+}\tilde{\boldsymbol{A}}_i\ell_l(\varepsilon_i)\mu^{l-\gamma_i}\right)\right)=0 \tag{10.22}$$

将 $\mu=\mathrm{e}^{\lambda h}$ 代入式 (10.22)，得

$$\det\left(\frac{1}{h}\cdot\frac{\sum\limits_{j=0}^{k}\alpha_j\mathrm{e}^{\lambda hj}}{\sum\limits_{j=0}^{k}\beta_j\mathrm{e}^{\lambda hj}}\boldsymbol{I}_n-\left(\tilde{\boldsymbol{A}}_0+\sum_{i=1}^{m}\sum_{l=-s_-}^{s_+}\tilde{\boldsymbol{A}}_i\ell_l(\varepsilon_i)\mathrm{e}^{-\lambda(\gamma_i-l)h}\right)\right)=0 \tag{10.23}$$

2. 右 (左) 半复闭 (开) 平面

为了便于后续分析，引入一些符号。

令 $\mathbb{C}_0^+$ 和 $\mathbb{C}^+$ 分别表示右半复开平面和右半复闭平面，即

$$\mathbb{C}_0^+=\{\lambda\in\mathbb{C}|\mathrm{Re}(\lambda)>0\},\quad \mathbb{C}^+=\{\lambda\in\mathbb{C}|\mathrm{Re}(\lambda)\geqslant 0\} \tag{10.24}$$

类似地，令 $\mathbb{C}_0^-$ 和 $\mathbb{C}^-$ 分别表示左半复开平面和左半复闭平面，即

$$\mathbb{C}_0^-=\{\lambda\in\mathbb{C}|\mathrm{Re}(\lambda)<0\},\quad \mathbb{C}^-=\{\lambda\in\mathbb{C}|\mathrm{Re}(\lambda)\leqslant 0\} \tag{10.25}$$

3. 值集函数

根据时滞电力系统特征方程式 (3.10) 的左侧,定义依赖于时滞 τ_i ($i=1, 2,\cdots, m$) 的值集函数 (set-valued function)$\varSigma_\tau(\cdot)$ 为

$$\varSigma_\tau(C)=\bigcup_{\lambda\in C}\sigma\left(\tilde{\boldsymbol{A}}_0+\sum_{i=1}^{m}\tilde{\boldsymbol{A}}_i\mathrm{e}^{-\lambda\tau_i}\right) \tag{10.26}$$

式中，$C\subset\mathbb{C}$。

为了研究系统的时滞独立稳定性，定义与时滞无关的值集函数 $\varSigma(\cdot)$ 为

$$\varSigma(C)=\bigcup_{(\lambda_1,\ \lambda_2,\ \cdots,\ \lambda_m)\in C\times C\times\cdots\times C}\sigma\left(\tilde{\boldsymbol{A}}_0+\sum_{i=1}^{m}\tilde{\boldsymbol{A}}_i\mathrm{e}^{-\lambda_i}\right) \tag{10.27}$$

对于 $\varSigma_\tau(\cdot)$ 和 $\varSigma(\cdot)$，有如下关系：

$$\varSigma_\tau\left(\mathbb{C}^+\right)\subseteq\varSigma\left(\mathbb{C}^+\right) \tag{10.28}$$

式中，等号只有在系统仅存在单个时滞 $(m=1)$ 时成立。

例如，含有单个时滞常数的简单 4 阶时滞系统的状态矩阵如式 (10.29) 所示。右半复平面向 $\varSigma(\cdot)$ 的映射，即 $\varSigma(\mathbb{C}^+)$，如图 10.2 阴影部分所示。映射的边界对应 $\varSigma(\mathrm{j}\xi|\xi\in\mathbb{R})$。考虑到 $\mathrm{e}^{\mathrm{j}\xi}$ 是周期函数，则 $\varSigma(\mathrm{j}\xi|\xi\in\mathbb{R})=\varSigma(\mathrm{j}\xi|\xi\in[0,\ 2\pi])$。

$$\tilde{\boldsymbol{A}}_0=\begin{bmatrix}-1&2&0&0\\-2&-1&0&0\\0&0&2&0\\0&0&0&-6\end{bmatrix},\quad \tilde{\boldsymbol{A}}_1=\begin{bmatrix}2&2&2&0\\-2&-1&0&0\\0&0&-0.5&0\\1&1&1&1\end{bmatrix} \tag{10.29}$$

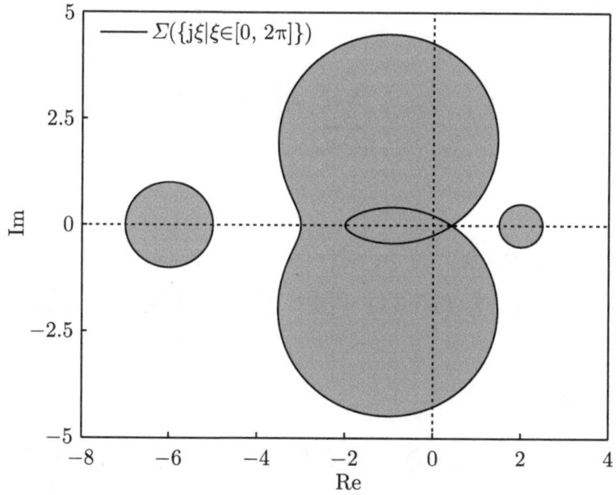

图 10.2 映射 $\varSigma\left(\mathbb{C}^+\right)$ 示例

根据线性 k 步离散化方程式 (10.23) 左侧第二项，定义同时依赖于时滞 $\tau_i\ (i=1,\ 2,\ \cdots,\ m)$ 和转移步长 h 的值集函数 $\varSigma_h(\cdot)$，即式 (10.26) 的离散形式：

$$\varSigma_h(C)=\bigcup_{(\lambda_1,\ \lambda_2,\ \cdots,\ \lambda_m)\in C\times C\times\cdots\times C}\sigma\left(\tilde{\boldsymbol{A}}_0+\sum_{i=1}^{m}\sum_{l=-s_-}^{s_+}\tilde{\boldsymbol{A}}_i\mathrm{e}^{-\lambda\tau_i}\ell_l(\varepsilon_i)\mathrm{e}^{\lambda(l-\varepsilon_i)h}\right) \tag{10.30}$$

对于 $\Sigma(\cdot)$ 和 $\Sigma_h(\cdot)$，有如下关系：

$$\Sigma_h\left(\mathbb{C}^+\right) \subseteq \Sigma\left(\mathbb{C}^+\right) \tag{10.31}$$

为了证明式 (10.31)，首先给出引理 1。

引理 1 z 的多项式

$$\sum_{l=-s_-}^{s_+} \ell_l(\varepsilon) z^{s_+-l} \tag{10.32}$$

将单位圆映射到它本身，其中 $\varepsilon \in [0,\ 1]$，$s_- \leqslant s_+ \leqslant s_- + 2$。用数学表达式表示：

$$|z| \leqslant 1 \Rightarrow \left|\sum_{l=-s_-}^{s_+} \ell_l(\varepsilon) z^{s_+-l}\right| \leqslant 1 \tag{10.33}$$

根据引理 1，可以得出如下结论。

当 $\lambda \in \mathbb{C}^+$ 时，

$$\begin{aligned}
\mathrm{e}^{-\lambda\tau_i} \sum_{l=-s_-}^{s_+} \ell_l(\varepsilon_i) \mathrm{e}^{\lambda(l-\varepsilon_i)h} &= \mathrm{e}^{\lambda(-\tau_i-\varepsilon_i h+s_+h)} \sum_{l=-s_-}^{s_+} \ell_l(\varepsilon_i) \mathrm{e}^{-\lambda(s_+-l)h} \\
&= z_1 \sum_{l=-s_-}^{s_+} \ell_l(\varepsilon_i) z_2^{s_+-l} \\
&= z_1 z_3
\end{aligned} \tag{10.34}$$

根据式 (10.9) 和 $\mathrm{Re}(\lambda) \geqslant 0$，有 $|z_1| \leqslant 1$，$|z_2| \leqslant 1$。进而，根据引理 1 可知，$|z_3| \leqslant 1$。所以，式 (10.34) 可用 $\mathrm{e}^{-\lambda\tau_i}$，$\lambda \in \mathbb{C}^+$ 代替，这样就证明了 $\Sigma_h(\mathbb{C}^+) \subseteq \Sigma(\mathbb{C}^+)$。

4. *右半复平面稳定性*

右半复平面稳定性是指时滞电力系统特征方程式 (3.10) 渐近稳定的充分条件，即

$$\Sigma_\tau\left(\mathbb{C}^+\right) \subseteq \mathbb{C}_0^-,\ \Sigma\left(\mathbb{C}^+\right) \subseteq \mathbb{C}_0^- \tag{10.35}$$

式 (10.35) 表明，如果值集函数 $\Sigma_\tau(\mathbb{C}^+)$ 或 $\Sigma(\mathbb{C}^+)$ 将右半复闭平面 $\mathbb{C}^+$ 映射到左半复开平面 $\mathbb{C}_0^-$，那么特征方程式 (3.10) 在右半复闭平面上没有特征值，进而可判定系统对于任意的时滞 $\boldsymbol{\tau} = (\tau_1,\ \tau_2,\ \cdots,\ \tau_m) > 0$ 是稳定的，即系统是时滞独立稳定的。

类似地，如果

$$\Sigma_\tau\left(\mathbb{C}^+\right) \subseteq \mathbb{C}_0^+,\ \Sigma\left(\mathbb{C}^+\right) \subseteq \mathbb{C}_0^+ \tag{10.36}$$

则系统是时滞独立不稳定的。

此外，$\varSigma(\mathbb{C}^+)$ 是有界的，即

$$\begin{aligned}\lambda\in\varSigma\left(\mathbb{C}^+\right)&\Rightarrow|\lambda|\leqslant\left\|\tilde{\boldsymbol{A}}_0+\sum_{i=1}^{m}\tilde{\boldsymbol{A}}_i\mathrm{e}^{-\lambda_i}\right\|,\quad \mathrm{Re}(\lambda_i)\geqslant 0\\&\Rightarrow|\lambda|\leqslant\left\|\tilde{\boldsymbol{A}}_0\right\|+\sum_{i=1}^{m}\left\|\tilde{\boldsymbol{A}}_i\right\|\left|\mathrm{e}^{-\lambda_i}\right|,\quad \mathrm{Re}(\lambda_i)\geqslant 0\\&\Rightarrow|\lambda|\leqslant\sum_{i=0}^{m}\left\|\tilde{\boldsymbol{A}}_i\right\|\end{aligned}\tag{10.37}$$

这表明 $\varSigma\left(\mathbb{C}^+\right)$ 分布在以坐标原点为圆心，以 $\sum\limits_{i=0}^{m}\left\|\tilde{\boldsymbol{A}}_i\right\|$ 为半径的圆内。

5. 线性多步离散化方程的右半复平面的稳定性

定理 1 给出了式 (3.163) 所示线性多步映射 $\mathrm{LMS}(\lambda)$ 的稳定性与值集函数 $\varSigma_\tau(\cdot)$ 右半复平面稳定性之间的关系。

定理 1 假设线性 k 步法方法是不可约的，且 $\mathrm{LMS}(\mathbb{C}^+)\cap\mathrm{LMS}\left(\mathbb{C}_0^-\right)=\varnothing$。Nordsieck 插值满足 $s_-\leqslant s_+\leqslant s_-+2$。如果通过选择合适的转移步长 $h\in(0,\ h^*]$，则线性多步映射 $\dfrac{1}{h}\mathrm{LMS}(\cdot)$ 可以逼近值集函数对右半复闭平面映射 $\varSigma_h(\mathbb{C}^+)$ 的稳定性，进而也逼近了电力系统的时滞独立稳定性。

(1) 如果 LMS 法的绝对稳定域 $\dfrac{1}{h}\mathrm{LMS}\left(\mathbb{C}_0^-\right)$ 能够包含 $\varSigma_h(\mathbb{C}^+)$，即

$$\varSigma_h\left(\mathbb{C}^+\right)\subset\frac{1}{h}\left(\mathbb{C}\setminus\mathrm{LMS}\left(\mathbb{C}^+\right)\right)=\frac{1}{h}\mathrm{LMS}\left(\mathbb{C}_0^-\right)\tag{10.38}$$

则对于所有时滞 $\boldsymbol{\tau}\geqslant 0$，线性多步离散化方程式 (10.7) 或式 (10.23) 是时滞独立稳定的。

(2) 如果线性多步映射 $\dfrac{1}{h}\mathrm{LMS}(\mathbb{C}^+)$ 能够包含 $\varSigma_h(\mathbb{C}^+)$，即

$$\varSigma_h\left(\mathbb{C}^+\right)\subset\frac{1}{h}\mathrm{LMS}\left(\mathbb{C}^+\right)\tag{10.39}$$

则对于所有时滞 $\boldsymbol{\tau}\geqslant 0$，线性多步离散化方程式 (10.7) 或式 (10.23) 是时滞独立不稳定的。

如果 LMS 法具有 A 稳定性，对于任意转移步长 h，线性多步映射 $\dfrac{1}{h}\mathrm{LMS}(\cdot)$ 均能有效地逼近电力系统的时滞独立稳定性，即式 (10.38) 和式 (10.39) 总是成立

的。3.2.2 节已经阐明，具有 A 稳定性的 LMS 方法必须是隐式的，而且其最高阶数为 2 阶。

6. SOD-LMS 方法的收敛精度

定理 2 对于时滞系统的 v 重特征值 λ，LMS 法的特征多项式 (10.23) (解算子线性多步离散化矩阵 $\boldsymbol{T}_N$) 的 v 个特征值 $\lambda_{h,i}$ ($i=1,\ 2,\ \cdots,\ v$) 逼近 λ 的精度为

$$\max_{1\leqslant i\leqslant v}|\lambda-\lambda_{h,i}|=\mathcal{O}\left(h^{\frac{1}{v}\min\{p,\ s_-+s_++1\}}\right) \tag{10.40}$$

式中，$h\in(0,\ h^*]$，$h^*>0$；p 为 LMS 法的阶数；s_- 和 s_+ 为拉格朗日插值参数 (式 (10.8))。详细证明可参考文献 [118]。

10.1.3 参数选择方法

采用不同的 LMS 法、步数 k 和步长 h 对解算子进行离散化，都会影响矩阵 $\boldsymbol{T}_N$ 逼近 $\mathcal{T}(h)$ 的精度。根据定理 1 和定理 2，下面给出选择这些参数的启发式方法和一般原则。

1. 步长 h

较小的转移步长 h 能够保证 LMS 方法较好的精度。然而，此时 $k,\ s_-\ll Q$，$N=Q+k+s_-\approx\lceil\tau_{\max}/h\rceil$。从而可知，较小的 h 将增加解算子线性多步离散化矩阵 $\boldsymbol{T}_N$ 的维数，加大后续特征值的计算量。在大规模时滞电力系统的特征值分析中，需要为 SOD-LMS 方法选取合适的转移步长，在保证原系统的时滞独立稳定性的同时，降低特征值的计算量。

设 ε 为一个非常小的数，安全半径 $\rho_{\text{LMS},\varepsilon}$ 表示复平面上一个位于原点的圆盘的半径，其定义为

$$\rho_{\text{LMS},\varepsilon}=\min\left\{\rho^-_{\text{LMS},\varepsilon},\ \rho^+_{\text{LMS},\varepsilon}\right\} \tag{10.41}$$

式中

$$\rho^-_{\text{LMS},\varepsilon}=\sup\left\{\rho>\varepsilon\mid|\text{LMS}(\lambda)|<\rho,\ \text{Re}(\text{LMS}(\lambda))<-\varepsilon\Rightarrow\text{Re}(\lambda)<0\right\} \tag{10.42}$$

$$\rho^+_{\text{LMS},\varepsilon}=\sup\left\{\rho>\varepsilon\mid|\text{LMS}(\lambda)|<\rho,\ \text{Re}(\text{LMS}(\lambda))>\varepsilon\Rightarrow\text{Re}(\lambda)>0\right\} \tag{10.43}$$

安全半径 $\rho_{\text{LMS},\varepsilon}$ 的意义为：在以 $\rho_{\text{LMS},\varepsilon}$ 为半径的圆中，LMS 法的稳定域以精度 ε 逼近整个复平面 (除了在虚轴附近 2ε 的区域内)。

以式 (10.29) 所示的单时滞系统为例，当 $\varepsilon=0.1$ 时，按照式 (10.41) 求得的安全半径就对应图 10.3 中虚线圆的半径。图 10.3 中，LMS(·) 表示集合 $\{\text{j}\xi|\xi\in[0,\ 2\pi]\}$ 向 BDF($k=2$) 方法的映射，$\odot\ (0,\ 0,\ \rho_{\text{LMS},0.1})$ 表示以原点为圆心、以 $\rho_{\text{LMS},0.1}$ 为半径的圆。

如果步长 h 满足

$$h \leqslant \frac{0.9\rho_{\mathrm{LMS},\varepsilon}}{\sum\limits_{i=0}^{m}\left\|\tilde{\boldsymbol{A}}_i\right\|} \tag{10.44}$$

则 LMS 法能够逼近系统的时滞独立稳定性到一定的精度 ε。其中，0.9 为安全系数。

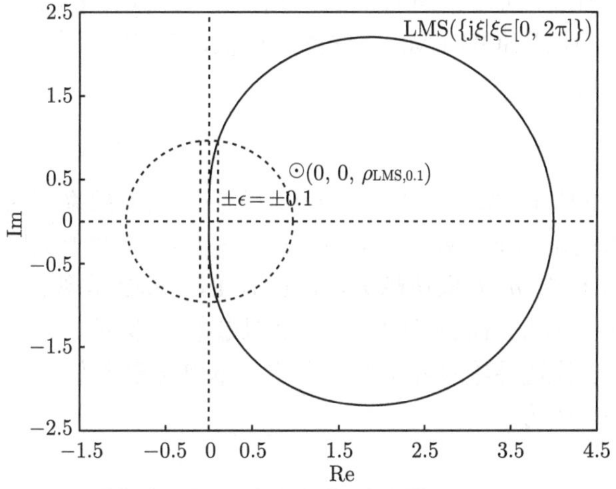

图 10.3 安全半径 $\rho_{\mathrm{LMS},\varepsilon}$ 示例

按照式 (10.44) 选择 h 后，有如下情况。

(1) 如果满足

$$\Sigma_h\left(\mathbb{C}^+\right) \cap \left(\mathbb{C}^- - \frac{\varepsilon}{h}\right) \subset \frac{1}{h}\mathrm{LMS}\left(\mathbb{C}_0^-\right) \tag{10.45}$$

则系统是时滞独立稳定的。

(2) 如果满足

$$\Sigma_h\left(\mathbb{C}^+\right) \cap \left(\mathbb{C}^+ + \frac{\varepsilon}{h}\right) \subset \frac{1}{h}\mathrm{LMS}\left(\mathbb{C}_0^+\right) \tag{10.46}$$

则系统是时滞独立不稳定的。

对于式 (10.29) 所示的单时滞系统状态矩阵，按照式 (10.44) 选择 h 以后，由图 10.4 可见，$\sum\limits_{i=0}^{m}\left\|\tilde{\boldsymbol{A}}_i\right\| < \rho_{\mathrm{LMS},\varepsilon}/h$。进一步地，结合式 (10.37) 可知：$|\lambda| \leqslant \sum\limits_{i=0}^{m}\left\|\tilde{\boldsymbol{A}}_i\right\| < \rho_{\mathrm{LMS},\varepsilon}/h$。

电力系统广域阻尼控制回路的时滞通常不超过 1s [232]。在实际应用中，取 $N \geqslant 10$ 或 $h \leqslant 0.1\text{s}$，就能够保证 SOD-LMS 方法准确地计算得到时滞电力系统的部分关键特征值。

2. 显式/隐式 LMS 法

通过观察时滞电力系统特征值的实部可知，它们的时间尺度相差很大。这表明，时滞电力系统是一个典型的刚性系统。实际上，系统的刚性与时滞大小无关 [118]。由文献 [139] 可知，所有的显式积分方法 (AB 方法) 不能适用于刚性的时滞系统。为了保证 SOD-LMS 方法的适用性，应该使用隐式 LMS 法，如 AM 方法和 BDF 方法。

3. 步数 k

对于孤立特征值 (重数 $v=1$)，式 (10.40) 右端的收敛率变为 $\mathcal{O}(h^p)$。阶数 p 与步数 k 之间的关系如下。对于 AM 方法，$p=k+1$，对于 AB 方法和 BDF 方法，$p=k$。可知，给定 h，k 取值越大，SOD-LMS 方法的收敛精度越好。然而，由 3.2.2 节可知，k 值越大，LMS 法的绝对稳定域越小。因此，为了保证 SOD-LMS 方法的适用性，建议选择绝对稳定域完全或基本包含整个左半复平面的 LMS 法，即 BDF ($k=2\sim4$) 方法。

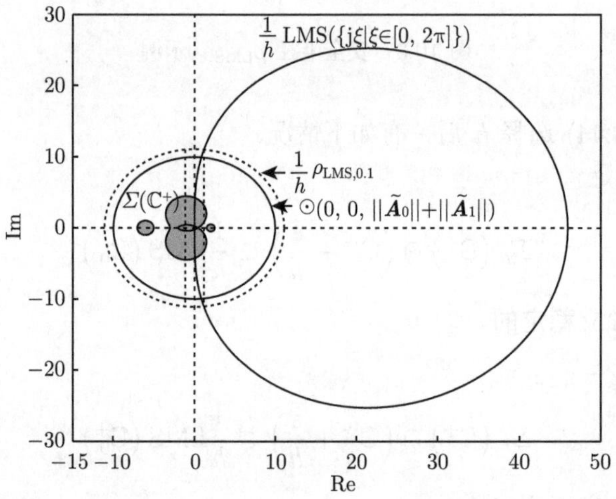

图 10.4 步长 h 选择示例

10.2 大规模时滞电力系统特征值计算

10.2.1 旋转–放大预处理

本节利用 4.4.3 节所述方法，构建旋转–放大预处理后解算子 $\mathcal{T}(h)$ 的线性多步离散化矩阵。考虑到利用旋转–放大预处理的两种实现方法可以形成完全相同的解算子离散化矩阵，下面仅以第二种实现方法为例来说明解算子线性多步离散化矩阵的形成过程及显式表达式。

在旋转–放大预处理第二种实现方法中，τ_i ($i=1, 2, \cdots, m$) 保持不变，$\tilde{\boldsymbol{A}}_i$ ($i=0, 1, \cdots, m$) 变换为 $\tilde{\boldsymbol{A}}_i'=\tilde{\boldsymbol{A}}_i\mathrm{e}^{\mathrm{j}\theta}$，转移步长 h 变换原来的 α 倍，即 αh。区间 $[-\tau_{\max}, 0]$ 被重新划分为长度等于 (或小于) αh 的 Q' 个子区间，即 $Q'=\lceil\tau_{\max}/(\alpha h)\rceil$。接着，在 $t=-Q'h$ 左侧外插 $k+s_--1$ 个长度为 αh 的子区间。N 变为 $N'=Q'+k+s_-$，$\boldsymbol{\ell}_i$ ($i=0, 1, \cdots, m+1$) 被重新形成为 $\boldsymbol{\ell}_i'\in\mathbb{R}^{N'\times 1}$。最终，$\boldsymbol{T}_N$ 变为 $\boldsymbol{T}_N'\in\mathbb{C}^{N'n\times N'n}$：

$$
\boldsymbol{T}_N'=\begin{bmatrix}\left(\boldsymbol{R}_N'\right)^{-1}\boldsymbol{\Sigma}_N' \\ \hdashline \begin{bmatrix}\boldsymbol{I}_n & & \boldsymbol{0}\\ & \ddots & \vdots\\ & \boldsymbol{I}_n & \boldsymbol{0}\end{bmatrix}\end{bmatrix} \tag{10.47}
$$

式中，$\boldsymbol{R}_N'\in\mathbb{C}^{n\times n}$，$\boldsymbol{\Sigma}_N'\in\mathbb{C}^{n\times N'n}$。

$$
\boldsymbol{R}_N'=\alpha_k\boldsymbol{I}_n-\alpha h\beta_k\tilde{\boldsymbol{A}}_0' \tag{10.48}
$$

$$
\boldsymbol{\Sigma}_N'=\left(\boldsymbol{\ell}_{m+1}'\right)^{\mathrm{T}}\otimes\boldsymbol{I}_n+\sum_{i=0}^{m}\left(\boldsymbol{\ell}_i'\right)^{\mathrm{T}}\otimes\tilde{\boldsymbol{A}}_i' \tag{10.49}
$$

10.2.2 稀疏特征值计算

本节利用 IRA 算法从 $\boldsymbol{T}_N'$ 中高效地计算得到解算子模值最大的部分的近似特征值 μ''，进而根据映射关系式 (4.80) 计算得到时滞电力系统阻尼比小于给定值的部分关键特征值 λ。

1. IRA 算法的总体实现

在 IRA 算法中，最关键的操作就是在形成 Krylov 向量过程中的 MVP 运算。设第 j 个 Krylov 向量表示为 $\boldsymbol{q}_j\in\mathbb{C}^{N'n\times 1}$，则第 $j+1$ 个向量 $\boldsymbol{q}_{j+1}\in\mathbb{C}^{N'n\times 1}$ 可由矩阵 $\boldsymbol{T}_N'$ 与向量 $\boldsymbol{q}_j$ 的乘积运算得到:

$$
\boldsymbol{q}_{j+1}=\boldsymbol{T}_N'\boldsymbol{q}_j \tag{10.50}
$$

考虑到 $\boldsymbol{T}'_N$ 所具有的特殊逻辑结构，$\boldsymbol{q}_{j+1}$ 的第 $n+1:N'n$ 个分量等于 $\boldsymbol{q}_j$ 的第 $1:(N'-1)n$ 个分量，即 $\boldsymbol{q}_{j+1}(n+1:N'n,\ 1)=\boldsymbol{q}_j\ (1:(N'-1)n,\ 1)$。$\boldsymbol{q}_{j+1}$ 的第 $1:n$ 个分量 $\boldsymbol{q}_{j+1}(1:n,\ 1)$，可以进一步分解为两个 MVP 运算：

$$\boldsymbol{z}=\boldsymbol{\Sigma}'_N\boldsymbol{q}_j \tag{10.51}$$

$$\boldsymbol{q}_{j+1}(1:n,\ 1)=\left(\boldsymbol{R}'_N\right)^{-1}\boldsymbol{z} \tag{10.52}$$

式中，$\boldsymbol{z}\in\mathbb{C}^{n\times 1}$ 为中间向量。

接下来，本节将重点分析式 (10.51) 和式 (10.52) 的高效实现方法。

2. 式 (10.51) 的高效实现

首先，从列的方向上将向量 $\boldsymbol{q}_j$ 压缩为矩阵 $\boldsymbol{Q}\in\mathbb{C}^{n\times N'}$，即 $\boldsymbol{q}_j=\mathrm{vec}(\boldsymbol{Q})$。然后，将式 (10.49) 代入式 (10.51) 中，进而利用式 (4.100) 所示的克罗内克积的性质，得

$$\begin{aligned}\boldsymbol{z}=\boldsymbol{\Sigma}'_N\cdot\boldsymbol{q}_j&=\left(\left(\boldsymbol{\ell}'_{m+1}\right)^{\mathrm{T}}\otimes\boldsymbol{I}_n+\sum_{i=0}^{m}\left(\boldsymbol{\ell}'_i\right)^{\mathrm{T}}\otimes\tilde{\boldsymbol{A}}'_i\right)\cdot\mathrm{vec}(\boldsymbol{Q})\\&=\boldsymbol{Q}\boldsymbol{\ell}'_{m+1}+\tilde{\boldsymbol{A}}'_0\left(\boldsymbol{Q}\boldsymbol{\ell}'_0\right)+\sum_{i=1}^{m}\tilde{\boldsymbol{A}}'_i\left(\boldsymbol{Q}\boldsymbol{\ell}'_i\right)\end{aligned} \tag{10.53}$$

式 (10.53) 中，$\boldsymbol{z}$ 的计算量主要由稠密矩阵-向量乘积 $\tilde{\boldsymbol{A}}'_0\left(\boldsymbol{Q}\boldsymbol{\ell}'_0\right)$ 决定。为了减少复数运算，将式 (4.67) 代入，则其可以改写为 $\tilde{\boldsymbol{A}}'_0\left(\boldsymbol{Q}\boldsymbol{\ell}'_0\right)=\mathrm{e}^{-\mathrm{j}\theta}\boldsymbol{z}_0$，其中 $\boldsymbol{z}_0=\tilde{\boldsymbol{A}}_0\left(\boldsymbol{Q}\boldsymbol{\ell}'_0\right)\in\mathbb{C}^{n\times 1}$。可采用与式 (5.29) 相同的方法对上述 MVP 运算进行高效实现，以提高计算效率。

3. 式 (10.52) 的高效实现

将式 (4.67) 和式 (3.9) 的第 1 式代入式 (10.48) 中，可得

$$\boldsymbol{R}'_N=\boldsymbol{A}'_N-\boldsymbol{B}'_N\boldsymbol{D}_0^{-1}\boldsymbol{C}_0 \tag{10.54}$$

式中，$\boldsymbol{A}'_N\in\mathbb{C}^{n\times n}$ 和 $\boldsymbol{B}'_N\in\mathbb{C}^{n\times l}$ 分别与 $\boldsymbol{A}_0$ 和 $\boldsymbol{B}_0$ 具有完全相同的稀疏特性。

$$\boldsymbol{A}'_N=\alpha_k\boldsymbol{I}_n-h\beta_k\alpha\boldsymbol{A}_0\mathrm{e}^{-\mathrm{j}\theta} \tag{10.55}$$

$$\boldsymbol{B}'_N=-h\beta_k\alpha\boldsymbol{B}_0\mathrm{e}^{-\mathrm{j}\theta} \tag{10.56}$$

于是，采用与式 (8.119) 相同的方法，充分利用系统增广状态矩阵 $\boldsymbol{A}_0$、$\boldsymbol{B}_0$、$\boldsymbol{C}_0$ 和 $\boldsymbol{D}_0$ 的稀疏特性，可以高效地求解式 (10.52)。

4. 计算复杂性分析

由以上分析可知，在计算相同数量特征值的情况下，SOD-LMS 方法进行一次 IRA 迭代的计算量，大致相当于利用幂法和反幂法对传统无时滞电力系统进行特征值分析的计算量之和。

5. 牛顿校正

设由 IRA 算法计算得到 $\boldsymbol{T}'_N$ 的特征值为 μ''，则由式 (4.80) 的反变换，可以解得时滞电力系统特征值的估计值 $\hat{\lambda}$：

$$\hat{\lambda} = \frac{1}{\alpha}\mathrm{e}^{\mathrm{j}\theta}\lambda'' = \frac{1}{\alpha h}\mathrm{e}^{\mathrm{j}\theta}\ln\mu'' \tag{10.57}$$

此外，与 μ'' 对应的 Krylov 向量的前 n 个分量 $\hat{\boldsymbol{v}}$ 能较好地估计特征向量 $\boldsymbol{v}$。将 $\hat{\lambda}$ 和 $\hat{\boldsymbol{v}}$ 作为 4.6 节给出的牛顿法的初始值，通过迭代，可以得到时滞电力系统精确特征值 λ 和特征向量 $\boldsymbol{v}$。

10.2.3 特性分析

下面通过与 EIGD 方法的对比，分析得到 SOD-LMS 方法的特性。

1. 结构化与稀疏性

解算子的线性多步离散化矩阵 $\boldsymbol{T}_N$ (以及旋转–放大预处理之后的 $\boldsymbol{T}'_N$) 具有特殊的逻辑结构。它们的非零元素位于第一个块行和次对角分块上。它们的元素总个数为 N^2n^2，而非零元素个数少于 $Nn^2+(N-1)n$。对于大规模电力系统，由于 $N \ll n$，它们均为高度稀疏的矩阵。

2. 计算量较低

在所有的 IGD 类方法中，EIGD 方法的计算量最小、效率最高。SOD-LMS 方法形成一个 Krylov 向量的计算量与 EIGD 方法大致相同，相当于利用幂法和反幂法对传统无时滞电力系统进行特征值分析的计算量之和，呈现出很低的计算量。一般地，SOD-LMS 方法进行 IRA 迭代所需的收敛次数大于 EIGD 方法。在计算相同数量的特征值情况下，SOD-LMS 方法的计算量会大于带单个位移点的 EIGD 方法。

第 11 章　基于 SOD-IRK 的特征值计算方法

本章首先阐述文献 [155] 和 [193] 提出的解算子隐式龙格-库塔的 Radau IIA 离散化方案的基本理论；然后，详细地推导其他 IRK 离散化方案下解算子的离散化矩阵的表达式；最后，利用基于谱离散化的时滞特征值计算方法的框架对 SOD-IRK 类方法进行改进，使之能够高效地计算大规模时滞电力系统阻尼比小于给定值的部分关键特征值[147,228]。

11.1　SOD-IRK 方法

11.1.1　离散状态空间 $\boldsymbol{X}_{Ns}$

首先，将时滞区间 $[-\tau_{\max}, 0]$ 划分为长度为 h 的 N 个子区间，即 $h=\tau_{\max}/N$。然后，利用 p 阶 s 级 IRK 法 $(\boldsymbol{A}, \boldsymbol{b}, \boldsymbol{c})$ 的 s 个横坐标 $c_1, c_2, \cdots, c_s$ 对每个子区间进行离散化，从而得到具有 Ns 个元素的集合 Ω_{Ns}，如图 11.1 所示。

$$\begin{cases}\Omega_{Ns}=\{\theta_j+c_qh,\ \ j=1,\ 2,\ \cdots,\ N;\ q=1,\ 2,\ \cdots,\ s\}\\ \theta_j=-jh,\ \ j=1,\ 2,\ \cdots,\ N\\ 0\leqslant c_1<\cdots<c_s\leqslant 1\end{cases}\tag{11.1}$$

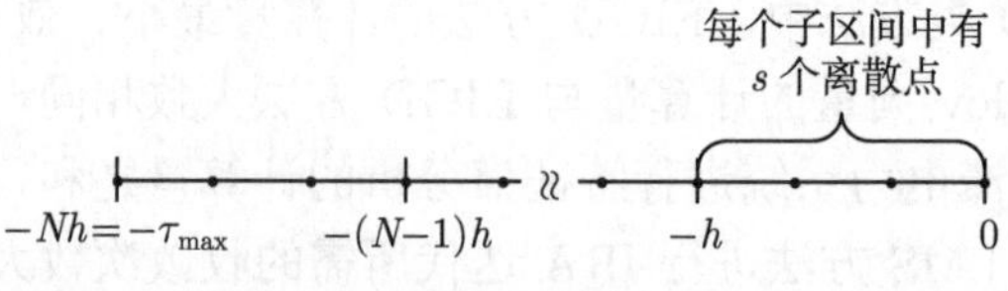

图 11.1　离散点集合 Ω_{Ns}

将时滞区间 $[-\tau_{\max}, 0]$ 用集合 Ω_{Ns} 代替，从而连续空间 $\boldsymbol{X}=C([-\tau_{\max}, 0], \mathbb{R}^n)$ 被转化为离散空间 $\boldsymbol{X}_{Ns}$，即 $\boldsymbol{X}_{Ns}=(\mathbb{R}^n)^{\Omega_{Ns}}\approx\mathbb{R}^{Nsn}$。

令 $t=\delta h+\theta_j+c_qh$ ($\delta=0,\ 1;\ j=1,\ 2,\ \cdots,\ N;\ q=1,\ 2,\ \cdots,\ s$) 处系统状态变量 $\Delta\boldsymbol{x}(t)$ 的近似值为 $\Delta\boldsymbol{x}_{\delta,j,q}\in\mathbb{R}^{n\times 1}$，则 $\boldsymbol{X}_{Ns}$ 上系统状态变量可表示为 $\Delta\boldsymbol{x}_\delta\in\mathbb{R}^{Nsn\times 1}$。$\Delta\boldsymbol{x}_0$ 和 $\Delta\boldsymbol{x}_1$ 分别表示在区间 $[-\tau_{\max}, 0]$ 和 $[h-\tau_{\max}, h]$ 上的系统状态。

$$\begin{cases} \Delta \boldsymbol{x}_{\delta} = \left[\Delta \boldsymbol{x}_{\delta,1}^{\mathrm{T}},\ \Delta \boldsymbol{x}_{\delta,2}^{\mathrm{T}},\ \cdots,\ \Delta \boldsymbol{x}_{\delta,N}^{\mathrm{T}}\right]^{\mathrm{T}} \\ \Delta \boldsymbol{x}_{\delta,j} = \left[\Delta \boldsymbol{x}_{\delta,j,1}^{\mathrm{T}},\ \Delta \boldsymbol{x}_{\delta,j,2}^{\mathrm{T}},\ \cdots,\ \Delta \boldsymbol{x}_{\delta,j,s}^{\mathrm{T}}\right]^{\mathrm{T}} \end{cases} \tag{11.2}$$

式中，$\Delta \boldsymbol{x}_{\delta,j} \in \mathbb{R}^{sn\times 1}$，$\Delta \boldsymbol{x}_{\delta,j,q} \in \mathbb{R}^{n\times 1}$，$\delta = 0,\ 1$；$j = 1,\ 2,\ \cdots,\ N$；$q = 1,\ 2,\ \cdots,\ s$。

11.1.2 方法的基本思路

SOD-IRK 方法的基本原理就是在集合 Ω_{Ns} 的各个离散点处对算子 $\mathcal{T}(h)$ 进行估值，从而建立描述 $\Delta \boldsymbol{x}_1$ 与 $\Delta \boldsymbol{x}_0$ 之间转移关系的显式表达式，其系数矩阵就是解算子 $\mathcal{T}(h)$ 的 IRK 离散化近似矩阵。由式 (4.9) 可知，$\Delta \boldsymbol{x}_h(t)$ 是一个分段函数。因此，在各个离散点处对算子 $\mathcal{T}(h)$ 的估值就可以分为两个部分。

(1) 若 $t \in [-\tau_{\max},\ -h]$，$\Delta \boldsymbol{x}_h(t)$ 为初始状态 $\boldsymbol{\varphi}$。利用解算子的转移特性，可以得到 $t = -jh + c_q h$ $(q = 1,\ 2,\ \cdots,\ s;\ j = 2,\ 3,\ \cdots,\ N)$ 处 $\Delta \boldsymbol{x}_h(t)$ 的估计值为

$$\Delta \boldsymbol{x}_h(t) = \Delta \boldsymbol{x}(h - jh + c_q h) = \Delta \boldsymbol{x}_{1,j,q} = \Delta \boldsymbol{x}_{0,j-1,q} \tag{11.3}$$

将式 (11.3) 写成向量形式，得

$$\Delta \boldsymbol{x}_{1,j} = \Delta \boldsymbol{x}_{0,j-1},\quad j = 2,\ 3,\ \cdots,\ N \tag{11.4}$$

(2) 若 $t \in [-h,\ 0]$，$t + h - \tau_i < 0$，$i = 1,\ 2,\ \cdots,\ m$，$\Delta \boldsymbol{x}_h(t)$ 是以下常微分方程的解：

$$\boldsymbol{f}(t,\ \Delta \boldsymbol{x}_h) = \Delta \dot{\boldsymbol{x}}_h(t) = \tilde{\boldsymbol{A}}_0 \Delta \boldsymbol{x}_h(t) + \sum_{i=1}^{m} \tilde{\boldsymbol{A}}_i \Delta \boldsymbol{x}_h(t - \tau_i),\quad t \in [-h,\ 0] \tag{11.5}$$

其对应的离散化形式为

$$\boldsymbol{f}(-h + c_q h,\ \Delta \boldsymbol{x}_h) = \tilde{\boldsymbol{A}}_0 \Delta \boldsymbol{x}(c_q h) + \sum_{i=1}^{m} \tilde{\boldsymbol{A}}_i \Delta \boldsymbol{x}(c_q h - \tau_i),\quad q = 1,\ 2,\ \cdots,\ s \tag{11.6}$$

SOD-IRK 方法的基本思想就是利用各种 IRK 法求解初值问题式 (11.5)，得到 $t = -h + c_q h$ $(q = 1,\ 2,\ \cdots,\ s)$ 处 $\Delta \boldsymbol{x}_h(t)$ 的估计值 $\Delta \boldsymbol{x}_{1,1,q}$ $(q = 1,\ 2,\ \cdots,\ s)$，进而推导得到 $\Delta \boldsymbol{x}_1$ 与 $\Delta \boldsymbol{x}_0$ 之间的显式表达式。

采用不同的 IRK 离散化方案得到的解算子离散化矩阵 $\boldsymbol{T}_{Ns}$ 是不同的。借鉴 10.1.2 节中时滞独立稳定性定理的思路，考虑到所有的 IRK 方法的绝对稳定域都完全包含整个左半复平面 (3.2.3 节)，从而可知所有的解算子 IRK 离散化方案都适用于求解时滞系统的部分关键特征值。

下面，首先以 Radau IIA 方法为例，详细推导解算子的 IRK 离散化矩阵 $\boldsymbol{T}_{Ns}$ 的表达式；然后给出其他 IRK 离散化方案及相应的解算子离散化矩阵。

11.1.3 Radau IIA 离散化方案

本节介绍文献 [193] 提出的解算子 Radau IIA 离散化方法。Radau IIA 方法递推公式的系数 ($\boldsymbol{A}$, $\boldsymbol{b}$, $\boldsymbol{c}$) 具有如下特点：① $\boldsymbol{A}$ 可逆；② $0 < c_1 < \cdots < c_s = 1$；③ $\boldsymbol{b}^{\mathrm{T}} = [a_{s,1},\ a_{s,2},\ \cdots,\ a_{s,s}]$。

1. 拉格朗日插值

利用 Radau IIA 方法求解式 (11.5)，必须首先计算得到 $\Delta\boldsymbol{x}(c_q h - \tau_i)$ ($i = 1,\ 2,\ \cdots,\ m-1;\ q = 1,\ 2,\ \cdots,\ s$)。然而，在通常情况下，点集 $c_q h - \tau_i$ 并不属于离散集合 Ω_{Ns} 或 $h + \Omega_{Ns}$。因此，需要利用 $c_q h - \tau_i$ 附近的 $p+1$ 个点 $\theta_{\gamma_i - r}$ ($r = 1-\lceil p/2\rceil,\ 2-\lceil p/2\rceil,\ \cdots,\ \lceil p/2\rceil$) 处 $\Delta\boldsymbol{x}$ 的近似解进行中间拉格朗日插值，从而计算得到 $\Delta\boldsymbol{x}(c_q h - \tau_i)$ 的近似值。其中，$\lceil p/2\rceil$ 表示大于或等于 $p/2$ 的最小整数，γ_i 为正整数且满足不等式：

$$\theta_{\gamma_i} \leqslant c_q h - \tau_i < \theta_{\gamma_i - 1} \tag{11.7}$$

值得注意的是，当 h 太大或 τ_i ($i = 1,\ 2,\ \cdots,\ m-1$) 距离 0 或 $\tau_{\max}$ 太近时，按照式 (11.7) 得出的 γ_i 无法在 $[-\tau_{\max},\ 0]$ 范围内得到进行拉格朗日插值计算所需的 $p+1$ 个点。因此，需要对 γ_i 作出相应的改变，以合理地选择得到 $[-\tau_{\max},\ 0]$ 范围内 $p+1$ 个最近的点处 $\Delta\boldsymbol{x}$ 的近似解。

令 $\boldsymbol{z}_{i,q}$ 表示由拉格朗日插值得到的 $\Delta\boldsymbol{x}(c_q h - \tau_i)$ ($i = 1,\ 2,\ \cdots,\ m-1;\ q = 1,\ 2,\ \cdots,\ s$) 的近似值。由于 $\theta_{\gamma_i - r} = -(\gamma_i - r)h = -(\gamma_i - r + 1)h + h = 0 \times h + \theta_{\gamma_i - r + 1} + c_s h$，从而可得

$$\boldsymbol{z}_{i,q} = \sum_{r=1-\lceil p/2\rceil}^{\lceil p/2\rceil} \ell_r(c_q h - \tau_i)\Delta\boldsymbol{x}_{0,\gamma_i - r + 1, s},\quad q = 1,\ 2,\ \cdots,\ s \tag{11.8}$$

式中，$\ell_r(\cdot)$ 为由 $c_q h - \tau_i$ 附近的 $p+1$ 个点 $\theta_{\gamma_i - r}$ ($r = 1-\lceil p/2\rceil,\ 2-\lceil p/2\rceil,\ \cdots,\ \lceil p/2\rceil$) 对应的拉格朗日插值系数。

令 $\boldsymbol{z}_i \in \mathbb{R}^{sn\times 1}$ ($i = 1,\ 2,\ \cdots,\ m-1$)：

$$\boldsymbol{z}_i = \left[\boldsymbol{z}_{i,1}^{\mathrm{T}},\ \boldsymbol{z}_{i,2}^{\mathrm{T}},\ \cdots,\ \boldsymbol{z}_{i,s}^{\mathrm{T}}\right]^{\mathrm{T}} \triangleq \left(\boldsymbol{L}_i^{\mathrm{T}} \otimes \boldsymbol{I}_n\right)\Delta\boldsymbol{x}_0 \tag{11.9}$$

式中，$\boldsymbol{L}_i \in \mathbb{R}^{Ns\times s}$ ($i = 1,\ 2,\ \cdots,\ m-1$) 为由拉格朗日插值系数决定的常数矩阵。

$$\boldsymbol{L}_i^{\mathrm{T}} = \begin{bmatrix} 0 & \cdots & l_{1-\lceil p/2\rceil}(c_1 h - \tau_i) & \cdots & l_{\lceil p/2\rceil}(c_1 h - \tau_i) & \cdots & 0 \\ 0 & \cdots & l_{1-\lceil p/2\rceil}(c_2 h - \tau_i) & \cdots & l_{\lceil p/2\rceil}(c_2 h - \tau_i) & \cdots & 0 \\ \vdots & & \vdots & & \vdots & & \vdots \\ 0 & \cdots & l_{1-\lceil p/2\rceil}(c_s h - \tau_i) & \cdots & l_{\lceil p/2\rceil}(c_s h - \tau_i) & \cdots & 0 \end{bmatrix} \tag{11.10}$$

实际上，式 (11.10) 中 $l_{1-\lceil p/2\rceil}(c_jh-\tau_i)$，$l_{2-\lceil p/2\rceil}(c_jh-\tau_i)$，$\cdots$，$l_{\lceil p/2\rceil}(c_jh-\tau_i)$ $(j=1,\ 2,\ \cdots,\ s)$ 所在列不一定相同，由 c_jh $(j=1,\ 2,\ \cdots,\ s)$ 与 τ_i $(i=1,\ 2,\ \cdots,\ m)$ 的关系决定。

2. $\mathcal{T}(h)$ 第一个解分段的离散化

将式 (11.8) 代入式 (11.6)，用 $\boldsymbol{z}_{i,q}$ 代替 $\Delta\boldsymbol{x}(c_qh-\tau_i)$ $(i=1,\ 2,\ \cdots,\ m-1;\ q=1,\ 2,\ \cdots,\ s)$，然后利用 IRK 法可以计算得到 $\Delta\boldsymbol{x}_{1,1,q}$ $(q=1,\ 2,\ \cdots,\ s)$。具体地，在 IRK 法的递推公式 (3.171) 中，t_n 取为 $-h$ 时刻，y_n 对应 $\Delta\boldsymbol{x}_{1,2,s}$，$y_{n+1}$ 对应 $\Delta\boldsymbol{x}_{1,1,q}$，即

$$\begin{cases}\Delta\boldsymbol{x}_{1,1,q}=\Delta\boldsymbol{x}_{1,2,s}+h\displaystyle\sum_{k=1}^{s}a_{q,k}\boldsymbol{f}_k,\quad q=1,\ 2,\ \cdots,\ s\\ \boldsymbol{f}_k=\boldsymbol{f}\left(-h+c_kh,\ \Delta\boldsymbol{x}_{1,2,s}+h\displaystyle\sum_{j=1}^{s}a_{k,j}\boldsymbol{f}_j\right),\quad k=1,\ 2,\ \cdots,\ s\end{cases}\tag{11.11}$$

将式 (11.6) 代入式 (11.11)，得

$$\begin{aligned}\Delta\boldsymbol{x}_{1,1,q}=&\Delta\boldsymbol{x}_{1,2,s}+h\tilde{\boldsymbol{A}}_0\sum_{k=1}^{s}a_{q,k}\Delta\boldsymbol{x}_{1,1,k}+h\sum_{i=1}^{m-1}\sum_{k=1}^{s}\tilde{\boldsymbol{A}}_ia_{q,k}\boldsymbol{z}_{i,k}\\&+h\tilde{\boldsymbol{A}}_m\sum_{k=1}^{s}a_{q,k}\Delta\boldsymbol{x}_{0,N,k},\quad q=1,\ 2,\ \cdots,\ s\end{aligned}\tag{11.12}$$

将式 (11.12) 写成向量形式，得

$$\begin{aligned}\Delta\boldsymbol{x}_{1,1}=&\left(\boldsymbol{I}_{sn}-h\boldsymbol{A}\otimes\tilde{\boldsymbol{A}}_0\right)^{-1}\Bigg((\boldsymbol{E}_s\otimes\boldsymbol{I}_n)\Delta\boldsymbol{x}_{0,1}+h\sum_{i=1}^{m-1}\left(\boldsymbol{A}\otimes\tilde{\boldsymbol{A}}_i\right)\boldsymbol{z}_i\\&+h\left(\boldsymbol{A}\otimes\tilde{\boldsymbol{A}}_m\right)\Delta\boldsymbol{x}_{0,N}\Bigg)\end{aligned}\tag{11.13}$$

式中，$\boldsymbol{E}_s=\boldsymbol{1}_s\mathbf{e}_s^{\mathrm{T}}\in\mathbb{R}^{s\times s}$ 为常系数矩阵，$\mathbf{e}_s=[0,\ 0,\ \cdots,\ 0,\ 1]^{\mathrm{T}}\in\mathbb{R}^{s\times 1}$，$\boldsymbol{1}_s=[1,\ 1,\ \cdots,\ 1]^{\mathrm{T}}\in\mathbb{R}^{s\times 1}$；$\boldsymbol{I}_{sn}\in\mathbb{R}^{sn\times sn}$ 为单位阵；$\boldsymbol{A}\in\mathbb{R}^{s\times s}$ 为 p 阶 s 级 IRK 法的系数矩阵。

$$\boldsymbol{A}=\begin{bmatrix}a_{1,1}&a_{1,2}&\cdots&a_{1,s}\\a_{2,1}&a_{2,2}&\cdots&a_{2,s}\\\vdots&\vdots&&\vdots\\a_{s,1}&a_{s,2}&\cdots&a_{s,s}\end{bmatrix}\tag{11.14}$$

式 (11.13) 的详细推导过程如下。

首先，对式 (11.12) 进行移项，并结合式 (11.4)，可得

$$\Delta \boldsymbol{x}_{1,1,q} - h\tilde{\boldsymbol{A}}_0 \sum_{k=1}^{s} a_{q,k} \Delta \boldsymbol{x}_{1,1,k}$$
$$= \Delta \boldsymbol{x}_{0,1,s} + h \sum_{i=1}^{m-1} \sum_{k=1}^{s} \tilde{\boldsymbol{A}}_i a_{q,k} \boldsymbol{z}_{i,k} + h\tilde{\boldsymbol{A}}_m \sum_{k=1}^{s} a_{q,k} \Delta \boldsymbol{x}_{0,N,k}, \quad q = 1,\ 2,\ \cdots,\ s \tag{11.15}$$

其次，将式 (11.15) 左边写成矩阵形式，得

$$\begin{bmatrix} \Delta \boldsymbol{x}_{1,1,1} \\ \Delta \boldsymbol{x}_{1,1,2} \\ \vdots \\ \Delta \boldsymbol{x}_{1,1,s} \end{bmatrix} - h \begin{bmatrix} \tilde{\boldsymbol{A}}_0 a_{1,1} & \tilde{\boldsymbol{A}}_0 a_{1,2} & \cdots & \tilde{\boldsymbol{A}}_0 a_{1,s} \\ \tilde{\boldsymbol{A}}_0 a_{2,1} & \tilde{\boldsymbol{A}}_0 a_{2,2} & \cdots & \tilde{\boldsymbol{A}}_0 a_{2,s} \\ \vdots & \vdots & & \vdots \\ \tilde{\boldsymbol{A}}_0 a_{s,1} & \tilde{\boldsymbol{A}}_0 a_{s,2} & \cdots & \tilde{\boldsymbol{A}}_0 a_{s,s} \end{bmatrix} \begin{bmatrix} \Delta \boldsymbol{x}_{1,1,1} \\ \Delta \boldsymbol{x}_{1,1,2} \\ \vdots \\ \Delta \boldsymbol{x}_{1,1,s} \end{bmatrix} \tag{11.16}$$
$$= \Delta \boldsymbol{x}_{1,1} - h\boldsymbol{A} \otimes \tilde{\boldsymbol{A}}_0 \Delta \boldsymbol{x}_{1,1}$$
$$= \left(\boldsymbol{I}_{sn} - h\boldsymbol{A} \otimes \tilde{\boldsymbol{A}}_0\right) \Delta \boldsymbol{x}_{1,1}$$

再次，将式 (11.15) 右边写成矩阵形式，得

$$\begin{bmatrix} \Delta \boldsymbol{x}_{0,1,s} \\ \Delta \boldsymbol{x}_{0,1,s} \\ \vdots \\ \Delta \boldsymbol{x}_{0,1,s} \end{bmatrix} + h \sum_{i=1}^{m-1} \begin{bmatrix} \tilde{\boldsymbol{A}}_i a_{1,1} & \tilde{\boldsymbol{A}}_i a_{1,2} & \cdots & \tilde{\boldsymbol{A}}_i a_{1,s} \\ \tilde{\boldsymbol{A}}_i a_{2,1} & \tilde{\boldsymbol{A}}_i a_{2,2} & \cdots & \tilde{\boldsymbol{A}}_i a_{2,s} \\ \vdots & \vdots & & \vdots \\ \tilde{\boldsymbol{A}}_i a_{s,1} & \tilde{\boldsymbol{A}}_i a_{s,2} & \cdots & \tilde{\boldsymbol{A}}_i a_{s,s} \end{bmatrix} \begin{bmatrix} \boldsymbol{z}_{i,1} \\ \boldsymbol{z}_{i,2} \\ \vdots \\ \boldsymbol{z}_{i,s} \end{bmatrix}$$
$$+ h \begin{bmatrix} \tilde{\boldsymbol{A}}_m a_{1,1} & \tilde{\boldsymbol{A}}_m a_{1,2} & \cdots & \tilde{\boldsymbol{A}}_m a_{1,s} \\ \tilde{\boldsymbol{A}}_m a_{2,1} & \tilde{\boldsymbol{A}}_m a_{2,2} & \cdots & \tilde{\boldsymbol{A}}_m a_{2,s} \\ \vdots & \vdots & & \vdots \\ \tilde{\boldsymbol{A}}_m a_{s,1} & \tilde{\boldsymbol{A}}_m a_{s,2} & \cdots & \tilde{\boldsymbol{A}}_m a_{s,s} \end{bmatrix} \begin{bmatrix} \Delta \boldsymbol{x}_{0,N,1} \\ \Delta \boldsymbol{x}_{0,N,2} \\ \vdots \\ \Delta \boldsymbol{x}_{0,N,s} \end{bmatrix} \tag{11.17}$$
$$= (\boldsymbol{E}_s \otimes \boldsymbol{I}_n) \Delta \boldsymbol{x}_{0,1} + h \sum_{i=1}^{m-1} \left(\boldsymbol{A} \otimes \tilde{\boldsymbol{A}}_i\right) \boldsymbol{z}_i + h\left(\boldsymbol{A} \otimes \tilde{\boldsymbol{A}}_m\right) \Delta \boldsymbol{x}_{0,N}$$

最后，联立式 (11.16) 和式 (11.17)，即得式 (11.13)。

3. 克罗内克积变换

将式 (11.9) 代入式 (11.13)，并利用式 (4.88) 表示的克罗内克积的性质，得

$$
\begin{aligned}
\Delta \boldsymbol{x}_{1,1} =& \left(\boldsymbol{I}_{sn} - h\boldsymbol{A} \otimes \tilde{\boldsymbol{A}}_0\right)^{-1}\left((\boldsymbol{E}_s \otimes \boldsymbol{I}_n)\Delta \boldsymbol{x}_{0,1} + h\sum_{i=1}^{m-1}\left(\boldsymbol{A}\boldsymbol{L}_i^{\mathrm{T}} \otimes \tilde{\boldsymbol{A}}_i\right)\Delta \boldsymbol{x}_0\right. \\
&\left. + h\left(\boldsymbol{A} \otimes \tilde{\boldsymbol{A}}_m\right)\Delta \boldsymbol{x}_{0,N}\right)
\end{aligned}
\tag{11.18}
$$

将式 (11.18) 简写为

$$
\Delta \boldsymbol{x}_{1,1} = \boldsymbol{R}_{Ns}^{-1}\boldsymbol{\Sigma}_{Ns}\Delta \boldsymbol{x}_0 \tag{11.19}
$$

式中，$\boldsymbol{R}_{Ns} \in \mathbb{R}^{sn\times sn}$，$\boldsymbol{\Sigma}_{Ns} \in \mathbb{R}^{sn\times Nsn}$。

$$
\boldsymbol{R}_{Ns} = \boldsymbol{I}_{sn} - h\boldsymbol{A} \otimes \tilde{\boldsymbol{A}}_0 \tag{11.20}
$$

$$
\boldsymbol{\Sigma}_{Ns} = \boldsymbol{L}_0^{\mathrm{T}} \otimes \boldsymbol{I}_n + h\sum_{i=1}^{m}\left(\boldsymbol{A}\boldsymbol{L}_i^{\mathrm{T}}\right) \otimes \tilde{\boldsymbol{A}}_i \tag{11.21}
$$

其中，$\boldsymbol{L}_0$，$\boldsymbol{L}_m \in \mathbb{R}^{Ns\times s}$。

$$
\boldsymbol{L}_0^{\mathrm{T}} = [\boldsymbol{E}_s,\ \boldsymbol{0}_{s\times(N-1)s}] \tag{11.22}
$$

$$
\boldsymbol{L}_m^{\mathrm{T}} = [\boldsymbol{0}_{s\times(N-1)s},\ \boldsymbol{I}_s] \tag{11.23}
$$

4. $\mathcal{T}(h)$ 的 IRK 离散化矩阵

结合式 (11.4) 和式 (11.13)，可以推导得到 $\Delta \boldsymbol{x}_1$ 与 $\Delta \boldsymbol{x}_0$ 之间的关系式：

$$
\begin{bmatrix} \Delta \boldsymbol{x}_{1,1} \\ \Delta \boldsymbol{x}_{1,2} \\ \vdots \\ \Delta \boldsymbol{x}_{1,N} \end{bmatrix} = \boldsymbol{T}_{Ns}\begin{bmatrix} \Delta \boldsymbol{x}_{0,1} \\ \Delta \boldsymbol{x}_{0,2} \\ \vdots \\ \Delta \boldsymbol{x}_{0,N} \end{bmatrix} \tag{11.24}
$$

式中，$\boldsymbol{T}_{Ns} : \boldsymbol{X}_{Ns} \to \boldsymbol{X}_{Ns}$ 为 SOD-IRK 的离散化矩阵：

$$
\boldsymbol{T}_{Ns} = \begin{bmatrix} \boldsymbol{R}_{Ns}^{-1}\boldsymbol{\Sigma}_{Ns} \\ \hdashline \begin{bmatrix} \boldsymbol{I}_{sn} & & & \boldsymbol{0} \\ & \ddots & & \vdots \\ & & \boldsymbol{I}_{sn} & \boldsymbol{0} \end{bmatrix} \end{bmatrix} \in \mathbb{R}^{Nsn\times Nsn} \tag{11.25}
$$

特别地，当系统仅含有单个时滞 ($m = 1$) 时，SOD-IRK 过程中不再涉及拉格朗日插值，则式 (11.12) 等号右边第三项将不存在。于是，$\boldsymbol{\Sigma}_{Ns} \in \mathbb{R}^{sn\times Nsn}$ 可显式地表示如下：

$$
\boldsymbol{\Sigma}_{Ns} = \left[\boldsymbol{\Sigma}_0,\ \boldsymbol{0}_{sn\times(N-2)sn},\ \boldsymbol{\Sigma}_1\right] \tag{11.26}
$$

式中，$\boldsymbol{\Sigma}_0 \in \mathbb{R}^{sn\times sn}$，$\boldsymbol{\Sigma}_1 \in \mathbb{R}^{sn\times sn}$。

$$\boldsymbol{\Sigma}_0 = \boldsymbol{E}_s \otimes \boldsymbol{I}_n \tag{11.27}$$

$$\boldsymbol{\Sigma}_1 = h\boldsymbol{A} \otimes \tilde{\boldsymbol{A}}_m \tag{11.28}$$

11.1.4 其他 IRK 离散化方案

1. 概述

其他 IRK 法与 Radau IIA 法的不同之处可总结为以下两点。

(1) 当 $c_s \neq 1$ 时，无法直接得到每个子区间最右侧端点处系统状态变量的近似值。这类 IRK 法包括 Gauss-Legendre、Hammer、SDIRK 和 Radau IA。

应用这些 IRK 法对解算子进行离散化时，需要做如下处理。首先，当 $c_1 \neq 0$ 时，每个子区间的最右侧都需要增加一个离散点 $c_{s+1} = 1$；当 $c_1 = 0$ 时，只需要在第一个子区间的最右侧增加一个离散点 $c_{s+1} = 1$。经过上述处理后，这些方法的 Butcher 表变为

$$\begin{array}{c|c} \bar{\boldsymbol{c}} & \bar{\boldsymbol{A}} \\ \hline & \bar{\boldsymbol{b}}^{\mathrm{T}} \end{array} = \begin{array}{c|cc} \boldsymbol{c} & \boldsymbol{A} & \boldsymbol{0} \\ 1 & \boldsymbol{b}^{\mathrm{T}} & 0 \\ \hline & \boldsymbol{b}^{\mathrm{T}} & 0 \end{array} \tag{11.29}$$

然后，利用 IRK 法递推公式 (3.171) 的第 1 式计算第一个子区间的最右侧端点，即 $t = h + \theta_1 + c_{s+1}h$ 处 $\Delta\boldsymbol{x}(t)$ 的近似值 $\Delta\boldsymbol{x}_{1,1,s+1}$。

(2) 当 $c_1 = 0$，$c_s = 1$ 或 $c_{s+1} = 1$ 时，第 $j-1$ 个区间的左端点与第 j 个子区间的右端点重合，即

$$\theta_{j-1} + c_1 h = \theta_j + c_s h,\ \ j = 2,\ 3,\ \cdots,\ N \tag{11.30}$$

$$\theta_{j-1} + c_1 h = \theta_j + c_{s+1} h,\ \ j = 2,\ 3,\ \cdots,\ N \tag{11.31}$$

这类 IRK 法包括 Radau IA、Lobatto IIIA/B/C 和 Butcher′s Lobatto。应用这些 IRK 法离散化解算子时，需要在集合 Ω_{Ns} 中去除那些重复的离散点。

下面给出各种 IRK 法的离散化矩阵的表达式。

2. Gauss-Legendre、Hammer 和 SDIRK 方法

这些方法的系数 ($\boldsymbol{A}$, $\boldsymbol{b}$, $\boldsymbol{c}$) 有如下特点：① $0 < c_1 < \cdots < c_s < 1$；② $\boldsymbol{b}^{\mathrm{T}} = [a_{s,1},\ a_{s,2},\ \cdots,\ a_{s,s}]$。在应用这些方法对解算子进行离散化时，需要在每一个子区间增加离散点 $c_{s+1} = 1$。最终，集合 Ω_{Ns} 中共有 $N(s+1)$ 个离散点。在 IRK 法的递推公式 (3.171) 中，t_n 取为 $-h$ 时刻，y_n 对应 $\Delta\boldsymbol{x}_{1,2,s+1}$，$y_{n+1}$ 对应 $\Delta\boldsymbol{x}_{1,1,s+1}$。

$$\begin{cases}\boldsymbol{\Delta x}_{1,1,q}=\Delta\boldsymbol{x}_{1,2,s+1}+h\sum\limits_{k=1}^{s+1}a_{q,k}\boldsymbol{f}_k,\quad q=1,\ 2,\ \cdots,\ s\\ \boldsymbol{\Delta x}_{1,1,s+1}=\Delta\boldsymbol{x}_{1,2,s+1}+h\sum\limits_{k=1}^{s+1}b_k\boldsymbol{f}_k\\ \boldsymbol{f}_k=\boldsymbol{f}\left(-h+c_kh,\ \Delta\boldsymbol{x}_{1,2,s+1}+h\sum\limits_{j=1}^{s+1}a_{k,j}\boldsymbol{f}_j\right),\quad k=1,\ 2,\ \cdots,\ s+1\end{cases}\tag{11.32}$$

定义 $\delta h+\Omega_{Ns}$ 上系统的状态向量 $\Delta\boldsymbol{x}_\delta\in\mathbb{R}^{N(s+1)n\times 1}$ $(\delta=0,\ 1)$:

$$\begin{cases}\Delta\boldsymbol{x}_\delta=\left[\Delta\boldsymbol{x}_{\delta,1}^{\mathrm{T}},\ \Delta\boldsymbol{x}_{\delta,2}^{\mathrm{T}},\ \cdots,\ \Delta\boldsymbol{x}_{\delta,N}^{\mathrm{T}}\right]^{\mathrm{T}}\\ \Delta\boldsymbol{x}_{\delta,j}=\left[\Delta\boldsymbol{x}_{\delta,j,1}^{\mathrm{T}},\ \Delta\boldsymbol{x}_{\delta,j,2}^{\mathrm{T}},\ \cdots,\ \Delta\boldsymbol{x}_{\delta,j,s}^{\mathrm{T}},\ \Delta\boldsymbol{x}_{\delta,j,s+1}^{\mathrm{T}}\right]^{\mathrm{T}}\end{cases}\tag{11.33}$$

式中，$\Delta\boldsymbol{x}_{\delta,j}\in\mathbb{R}^{(s+1)n\times 1}$，$\delta=0,\ 1$；$j=1,\ 2,\ \cdots,\ N$。

将式 (11.6) 代入式 (11.32)，得

$$\begin{cases}\Delta\boldsymbol{x}_{1,1,q}=\Delta\boldsymbol{x}_{1,2,s+1}+h\tilde{\boldsymbol{A}}_0\sum\limits_{k=1}^{s+1}a_{q,k}\Delta\boldsymbol{x}_{1,1,k}+h\sum\limits_{i=1}^{m-1}\sum\limits_{k=1}^{s+1}\tilde{\boldsymbol{A}}_ia_{q,k}\boldsymbol{z}_{i,k}\\ \qquad\qquad+h\tilde{\boldsymbol{A}}_m\sum\limits_{k=1}^{s+1}a_{q,k}\Delta\boldsymbol{x}_{0,N,k},\quad q=1,\ 2,\ \cdots,\ s\\ \Delta\boldsymbol{x}_{1,1,s+1}=\Delta\boldsymbol{x}_{1,2,s+1}+h\tilde{\boldsymbol{A}}_0\sum\limits_{k=1}^{s+1}b_k\Delta\boldsymbol{x}_{1,1,k}+h\sum\limits_{i=1}^{m-1}\sum\limits_{k=1}^{s+1}\tilde{\boldsymbol{A}}_ib_k\boldsymbol{z}_{i,k}\\ \qquad\qquad+h\tilde{\boldsymbol{A}}_m\sum\limits_{k=1}^{s+1}b_k\Delta\boldsymbol{x}_{0,N,k}\end{cases}\tag{11.34}$$

式中，$\boldsymbol{z}_{i,k}$ 为由拉格朗日插值得到的 $\Delta\boldsymbol{x}(c_kh-\tau_i)$ $(i=1,\ 2,\ \cdots,\ m-1;\ k=1,\ 2,\ \cdots,\ s+1)$ 的近似值。由于 $\theta_{\gamma_i-r}=-(\gamma_i-r)h=-(\gamma_i-r+1)h+h=0\times h+\theta_{\gamma_i-r+1}+c_{s+1}h$，从而可得

$$\boldsymbol{z}_{i,k}=\sum_{r=1-\lceil p/2\rceil}^{\lceil p/2\rceil}\ell_r(c_kh-\tau_i)\Delta\boldsymbol{x}_{1,\gamma_i-r+2,s+1}=\sum_{r=1-\lceil p/2\rceil}^{\lceil p/2\rceil}\ell_r(c_kh-\tau_i)\Delta\boldsymbol{x}_{0,\gamma_i-r+1,s+1}\tag{11.35}$$

其中，$\ell_r(\cdot)$ 为由点 $c_kh-\tau_i$ 附近 $p+1$ 个点 θ_{γ_i-r} $(r=1-\lceil p/2\rceil,\ 2-\lceil p/2\rceil,\ \cdots,\ \lceil p/2\rceil)$ 计算得到的第 r 个拉格朗日系数。

定义 $\boldsymbol{z}_i \in \mathbb{R}^{(s+1)n\times 1}\ (i=1,\ 2,\ \cdots,\ m-1)$：

$$\boldsymbol{z}_i = \left[\boldsymbol{z}_{i,1}^{\mathrm{T}},\ \boldsymbol{z}_{i,2}^{\mathrm{T}},\ \cdots,\ \boldsymbol{z}_{i,s+1}^{\mathrm{T}}\right]^{\mathrm{T}} \triangleq \left(\boldsymbol{L}_i^{\mathrm{T}} \otimes \boldsymbol{I}_n\right)\Delta\boldsymbol{x}_0 \tag{11.36}$$

式中，$\boldsymbol{L}_i \in \mathbb{R}^{N(s+1)\times(s+1)}\ (i=1,\ 2,\ \cdots,\ m-1)$ 为由拉格朗日插值系数决定的常数矩阵。

将式 (11.34) 写成向量形式，得 $\Delta\boldsymbol{x}_{1,1}$：

$$\begin{aligned}\Delta\boldsymbol{x}_{1,1} = &\left(\boldsymbol{I}_{(s+1)n} - h\bar{\boldsymbol{A}}\otimes\tilde{\boldsymbol{A}}_0\right)^{-1}\Bigg((\boldsymbol{E}_{s+1}\otimes\boldsymbol{I}_n)\Delta\boldsymbol{x}_{0,1} + h\sum_{i=1}^{m-1}\left(\bar{\boldsymbol{A}}\otimes\tilde{\boldsymbol{A}}_i\right)\boldsymbol{z}_i \\ &+ h\left(\bar{\boldsymbol{A}}\otimes\tilde{\boldsymbol{A}}_m\right)\Delta\boldsymbol{x}_{0,N}\Bigg)\end{aligned} \tag{11.37}$$

式中，$\boldsymbol{E}_{s+1} = \boldsymbol{1}_{s+1}\mathbf{e}_{s+1}^{\mathrm{T}} \in \mathbb{R}^{(s+1)\times(s+1)}$ 为常系数矩阵，$\mathbf{e}_{s+1} = [0,\ 0,\ \cdots,\ 0,\ 1]^{\mathrm{T}} \in \mathbb{R}^{(s+1)\times 1}$，$\boldsymbol{1}_{s+1} = [1,\ 1,\ \cdots,\ 1]^{\mathrm{T}} \in \mathbb{R}^{(s+1)\times 1}$；$\bar{\boldsymbol{A}} \in \mathbb{R}^{(s+1)\times(s+1)}$：

$$\bar{\boldsymbol{A}} = \left[\begin{array}{c|c} \boldsymbol{A} & \boldsymbol{0}_{s\times 1} \\ \hline \boldsymbol{b}^{\mathrm{T}} & 0 \end{array}\right] = \left[\begin{array}{cccc|c} a_{1,1} & a_{1,2} & \cdots & a_{1,s} & 0 \\ a_{2,1} & a_{2,2} & \cdots & a_{2,s} & 0 \\ \vdots & \vdots & & \vdots & \vdots \\ a_{s,1} & a_{s,2} & \cdots & a_{s,s} & 0 \\ \hline b_1 & b_2 & \cdots & b_s & 0 \end{array}\right] \tag{11.38}$$

式 (11.37) 的详细推导如下。首先，对式 (11.34) 进行移项，并结合式 (11.4)，得

$$\left\{\begin{aligned} \Delta\boldsymbol{x}_{1,1,q} - h\tilde{\boldsymbol{A}}_0\sum_{k=1}^{s+1}a_{q,k}\Delta\boldsymbol{x}_{1,1,k} =& \Delta\boldsymbol{x}_{0,1,s+1} + h\sum_{i=1}^{m-1}\sum_{k=1}^{s+1}\tilde{\boldsymbol{A}}_i a_{q,k}\boldsymbol{z}_{i,k} \\ &+ h\tilde{\boldsymbol{A}}_m\sum_{k=1}^{s+1}a_{q,k}\Delta\boldsymbol{x}_{0,N,k},\quad q=1,\ 2,\ \cdots,\ s \\ \Delta\boldsymbol{x}_{1,1,s+1} - h\tilde{\boldsymbol{A}}_0\sum_{k=1}^{s+1}b_k\Delta\boldsymbol{x}_{1,1,k} =& \Delta\boldsymbol{x}_{0,1,s+1} + h\sum_{i=1}^{m-1}\sum_{k=1}^{s+1}\tilde{\boldsymbol{A}}_i b_k\boldsymbol{z}_{i,k} \\ &+ h\tilde{\boldsymbol{A}}_m\sum_{k=1}^{s+1}b_k\Delta\boldsymbol{x}_{0,N,k} \end{aligned}\right. \tag{11.39}$$

其次，将式 (11.39) 左边写成矩阵形式，得

$$\begin{aligned}&\begin{bmatrix}\Delta \boldsymbol{x}_{1,1,1}\\ \Delta \boldsymbol{x}_{1,1,2}\\ \vdots\\ \Delta \boldsymbol{x}_{1,1,s}\\ \Delta \boldsymbol{x}_{1,1,s+1}\end{bmatrix}-h\begin{bmatrix}\tilde{\boldsymbol{A}}_0 a_{1,1} & \tilde{\boldsymbol{A}}_0 a_{1,2} & \cdots & \tilde{\boldsymbol{A}}_0 a_{1,s} & \tilde{\boldsymbol{A}}_0 a_{1,s+1}\\ \tilde{\boldsymbol{A}}_0 a_{2,1} & \tilde{\boldsymbol{A}}_0 a_{2,2} & \cdots & \tilde{\boldsymbol{A}}_0 a_{2,s} & \tilde{\boldsymbol{A}}_0 a_{2,s+1}\\ \vdots & \vdots & & \vdots & \vdots\\ \tilde{\boldsymbol{A}}_0 a_{s,1} & \tilde{\boldsymbol{A}}_0 a_{s,2} & \cdots & \tilde{\boldsymbol{A}}_0 a_{s,s} & \tilde{\boldsymbol{A}}_0 a_{s,s+1}\\ \tilde{\boldsymbol{A}}_0 b_1 & \tilde{\boldsymbol{A}}_0 b_2 & \cdots & \tilde{\boldsymbol{A}}_0 b_s & \tilde{\boldsymbol{A}}_0 b_{s+1}\end{bmatrix}\begin{bmatrix}\Delta \boldsymbol{x}_{1,1,1}\\ \Delta \boldsymbol{x}_{1,1,2}\\ \vdots\\ \Delta \boldsymbol{x}_{1,1,s}\\ \Delta \boldsymbol{x}_{1,1,s+1}\end{bmatrix}\\ =&\Delta \boldsymbol{x}_{1,1}-h\bar{\boldsymbol{A}}\otimes\tilde{\boldsymbol{A}}_0\Delta \boldsymbol{x}_{1,1}\\ =&\big(\boldsymbol{I}_{(s+1)n}-h\bar{\boldsymbol{A}}\otimes\tilde{\boldsymbol{A}}_0\big)\Delta \boldsymbol{x}_{1,1}\end{aligned}\tag{11.40}$$

再次，将式 (11.39) 右边写成矩阵形式，得

$$\begin{aligned}&\begin{bmatrix}\Delta \boldsymbol{x}_{0,1,s+1}\\ \Delta \boldsymbol{x}_{0,1,s+1}\\ \vdots\\ \Delta \boldsymbol{x}_{0,1,s+1}\\ \Delta \boldsymbol{x}_{0,1,s+1}\end{bmatrix}+h\sum_{i=1}^{m-1}\begin{bmatrix}\tilde{\boldsymbol{A}}_i a_{1,1} & \tilde{\boldsymbol{A}}_i a_{1,2} & \cdots & \tilde{\boldsymbol{A}}_i a_{1,s} & \tilde{\boldsymbol{A}}_i a_{1,s+1}\\ \tilde{\boldsymbol{A}}_i a_{2,1} & \tilde{\boldsymbol{A}}_i a_{2,2} & \cdots & \tilde{\boldsymbol{A}}_i a_{2,s} & \tilde{\boldsymbol{A}}_i a_{2,s+1}\\ \vdots & \vdots & & \vdots & \vdots\\ \tilde{\boldsymbol{A}}_i a_{s,1} & \tilde{\boldsymbol{A}}_i a_{s,2} & \cdots & \tilde{\boldsymbol{A}}_i a_{s,s} & \tilde{\boldsymbol{A}}_i a_{s,s+1}\\ \tilde{\boldsymbol{A}}_i b_1 & \tilde{\boldsymbol{A}}_i b_2 & \cdots & \tilde{\boldsymbol{A}}_i b_s & \tilde{\boldsymbol{A}}_i b_{s+1}\end{bmatrix}\begin{bmatrix}\boldsymbol{z}_{i,1}\\ \boldsymbol{z}_{i,2}\\ \vdots\\ \boldsymbol{z}_{i,s}\\ \boldsymbol{z}_{i,s+1}\end{bmatrix}\\ &+h\begin{bmatrix}\tilde{\boldsymbol{A}}_m a_{1,1} & \tilde{\boldsymbol{A}}_m a_{1,2} & \cdots & \tilde{\boldsymbol{A}}_m a_{1,s} & \tilde{\boldsymbol{A}}_m a_{1,s+1}\\ \tilde{\boldsymbol{A}}_m a_{2,1} & \tilde{\boldsymbol{A}}_m a_{2,2} & \cdots & \tilde{\boldsymbol{A}}_m a_{2,s} & \tilde{\boldsymbol{A}}_m a_{2,s+1}\\ \vdots & \vdots & & \vdots & \vdots\\ \tilde{\boldsymbol{A}}_m a_{s,1} & \tilde{\boldsymbol{A}}_m a_{s,2} & \cdots & \tilde{\boldsymbol{A}}_m a_{s,s} & \tilde{\boldsymbol{A}}_m a_{s,s+1}\\ \tilde{\boldsymbol{A}}_m b_1 & \tilde{\boldsymbol{A}}_m b_2 & \cdots & \tilde{\boldsymbol{A}}_m b_s & \tilde{\boldsymbol{A}}_m b_{s+1}\end{bmatrix}\begin{bmatrix}\Delta \boldsymbol{x}_{0,N,1}\\ \Delta \boldsymbol{x}_{0,N,2}\\ \vdots\\ \Delta \boldsymbol{x}_{0,N,s}\\ \Delta \boldsymbol{x}_{0,N,s+1}\end{bmatrix}\\ =&(\boldsymbol{E}_{s+1}\otimes\boldsymbol{I}_n)\Delta \boldsymbol{x}_{0,1}+h\sum_{i=1}^{m-1}\big(\bar{\boldsymbol{A}}\otimes\tilde{\boldsymbol{A}}_i\big)\boldsymbol{z}_i+h\big(\bar{\boldsymbol{A}}\otimes\tilde{\boldsymbol{A}}_m\big)\Delta \boldsymbol{x}_{0,N}\end{aligned}\tag{11.41}$$

最后，联立式 (11.40) 和式 (11.41)，即得式 (11.37)。

结合式 (11.37) 和解算子位移部分的离散化，可得各种 SOD-IRK 矩阵 $\boldsymbol{T}_{Ns}\in\mathbb{R}^{N(s+1)n\times N(s+1)n}$。它们可以统一写成如下形式：

$$\boldsymbol{T}_{Ns}=\left[\begin{array}{c}\boldsymbol{R}_{Ns}^{-1}\boldsymbol{\Sigma}_{Ns}\\ \hdashline \begin{bmatrix}\boldsymbol{I}_{(s+1)n} & & & \boldsymbol{0}_{(s+1)n}\\ & \ddots & & \vdots\\ & & \boldsymbol{I}_{(s+1)n} & \boldsymbol{0}_{(s+1)n}\end{bmatrix}\end{array}\right]\tag{11.42}$$

式中，$\boldsymbol{R}_{Ns}\in\mathbb{R}^{(s+1)n\times(s+1)n}$ 和 $\boldsymbol{\Sigma}_{Ns}\in\mathbb{R}^{(s+1)n\times N(s+1)n}$ 的具体表达式为

$$\boldsymbol{R}_{Ns} = \boldsymbol{I}_{(s+1)n} - h\bar{\boldsymbol{A}} \otimes \tilde{\boldsymbol{A}}_0 \tag{11.43}$$

$$\boldsymbol{\Sigma}_{Ns} = \boldsymbol{L}_0^{\mathrm{T}} \otimes \boldsymbol{I}_n + h\sum_{i=1}^{m}\left(\bar{\boldsymbol{A}}\boldsymbol{L}_i^{\mathrm{T}}\right) \otimes \tilde{\boldsymbol{A}}_i \tag{11.44}$$

式中，$\boldsymbol{L}_0, \boldsymbol{L}_m \in \mathbb{R}^{N(s+1)\times(s+1)}$。

$$\boldsymbol{L}_0^{\mathrm{T}} = \left[\boldsymbol{E}_{s+1},\ \boldsymbol{0}_{(s+1)\times(N-1)(s+1)}\right] \tag{11.45}$$

$$\boldsymbol{L}_m^{\mathrm{T}} = \left[\boldsymbol{0}_{(s+1)\times(N-1)(s+1)},\ \boldsymbol{I}_{s+1}\right] \tag{11.46}$$

特别地，当系统仅含有单个时滞 $(m=1)$ 时，$\boldsymbol{\Sigma}_{Ns} \in \mathbb{R}^{(s+1)n\times N(s+1)n}$ 可显式地表达为以下形式：

$$\boldsymbol{\Sigma}_{Ns} = \left[\boldsymbol{\Sigma}_0,\ \boldsymbol{0}_{(s+1)n\times(N-2)(s+1)n},\ \boldsymbol{\Sigma}_1\right] \tag{11.47}$$

式中，$\boldsymbol{\Sigma}_0 \in \mathbb{R}^{(s+1)n\times(s+1)n}$，$\boldsymbol{\Sigma}_1 \in \mathbb{R}^{(s+1)n\times(s+1)n}$。

$$\boldsymbol{\Sigma}_0 = \boldsymbol{E}_{s+1} \otimes \boldsymbol{I}_n \tag{11.48}$$

$$\boldsymbol{\Sigma}_1 = h\bar{\boldsymbol{A}} \otimes \tilde{\boldsymbol{A}}_m \tag{11.49}$$

3. Radau IA

Radau IA 方法的系数 $(\boldsymbol{A},\ \boldsymbol{b},\ \boldsymbol{c})$ 有如下特点：① $0=c_1<\cdots<c_s<1$；② $\boldsymbol{b}^{\mathrm{T}} \neq [a_{s,1},\ a_{s,2},\ \cdots,\ a_{s,s}]$。在应用该方法对解算子进行离散化时，需要在每一个子区间增加离散点 $c_{s+1}=1$。最终，集合 Ω_{Ns} 中共有 $Ns+1$ 个离散点。在 IRK 法的递推公式 (3.171) 中，t_n 取为 $-h$ 时刻，y_n 对应 $\Delta\boldsymbol{x}_{1,2,s+1}=\Delta\boldsymbol{x}_{1,1,1}$，$y_{n+1}$ 对应 $\Delta\boldsymbol{x}_{1,1,s+1}$：

$$\begin{cases}\Delta\boldsymbol{x}_{1,1,q} = \Delta\boldsymbol{x}_{1,2,s+1} + h\displaystyle\sum_{k=1}^{s} a_{q,k}\boldsymbol{f}_k, \quad q=1,\ 2,\ \cdots,\ s \\ \Delta\boldsymbol{x}_{1,1,s+1} = \Delta\boldsymbol{x}_{1,2,s+1} + h\displaystyle\sum_{k=1}^{s} b_k\boldsymbol{f}_k \\ \boldsymbol{f}_k = \boldsymbol{f}\left(-h+c_k h,\ \Delta\boldsymbol{x}_{1,2,s+1} + h\displaystyle\sum_{j=1}^{s} a_{k,j}\boldsymbol{f}_j\right), \quad k=1,\ 2,\ \cdots,\ s\end{cases} \tag{11.50}$$

由于第 $j-1$ 个区间的左端点与第 j 个子区间的右端点重合，即 $\theta_{j-1}+c_1h=\theta_j+c_{s+1}h\ (j=2,\ 3,\ \cdots,\ N)$，则 $\Delta\boldsymbol{x}_{\delta,j-1,1}=\Delta\boldsymbol{x}_{\delta,j,s+1}\ (j=2,\ 3,\ \cdots,\ N)$。合

并重合的离散点以后，集合 Ω_{Ns} 中共有 $Ns+1$ 个离散点。于是，定义 $\delta h+\Omega_{Ns}$ 上系统的状态向量 $\Delta\boldsymbol{x}_\delta\in\mathbb{R}^{(Ns+1)n\times 1}$ $(\delta=0,\ 1)$：

$$\begin{cases}\Delta\boldsymbol{x}_\delta=\left[(\Delta\boldsymbol{x}_{\delta,1})^{\mathrm{T}},\ (\Delta\boldsymbol{x}_{\delta,2})^{\mathrm{T}},\ \cdots,\ (\Delta\boldsymbol{x}_{\delta,N})^{\mathrm{T}}\right]^{\mathrm{T}}\\ \Delta\boldsymbol{x}_{\delta,1}=\left[(\Delta\boldsymbol{x}_{\delta,1,1})^{\mathrm{T}},\ (\Delta\boldsymbol{x}_{\delta,1,2})^{\mathrm{T}},\ \cdots,\ (\Delta\boldsymbol{x}_{\delta,1,s})^{\mathrm{T}},\ (\Delta\boldsymbol{x}_{\delta,1,s+1})^{\mathrm{T}}\right]^{\mathrm{T}}\\ \Delta\boldsymbol{x}_{\delta,j}=\left[(\Delta\boldsymbol{x}_{\delta,j,1})^{\mathrm{T}},\ (\Delta\boldsymbol{x}_{\delta,j,2})^{\mathrm{T}},\ \cdots,\ (\Delta\boldsymbol{x}_{\delta,j,s})^{\mathrm{T}}\right]^{\mathrm{T}}\end{cases}\tag{11.51}$$

式中，$\Delta\boldsymbol{x}_{\delta,1}\in\mathbb{R}^{(s+1)n\times 1}$，$\Delta\boldsymbol{x}_{\delta,j}\in\mathbb{R}^{sn\times 1}$，$\delta=0,\ 1$；$j=2,\ 3,\ \cdots,\ N$。

将式 (11.6) 代入式 (11.50)，得

$$\begin{cases}\Delta\boldsymbol{x}_{1,1,q}=\Delta\boldsymbol{x}_{1,2,s+1}+h\tilde{\boldsymbol{A}}_0\sum\limits_{k=1}^{s}a_{q,k}\Delta\boldsymbol{x}_{1,1,k}+h\sum\limits_{i=1}^{m-1}\sum\limits_{k=1}^{s}\tilde{\boldsymbol{A}}_i a_{q,k}\boldsymbol{z}_{i,k}\\ \qquad+h\tilde{\boldsymbol{A}}_m\sum\limits_{k=1}^{s}a_{q,k}\Delta\boldsymbol{x}_{0,N,k},\quad q=1,\ 2,\ \cdots,\ s\\ \Delta\boldsymbol{x}_{1,1,s+1}=\Delta\boldsymbol{x}_{1,2,s+1}+h\tilde{\boldsymbol{A}}_0\sum\limits_{k=1}^{s}b_k\Delta\boldsymbol{x}_{1,1,k}+h\sum\limits_{i=1}^{m-1}\sum\limits_{k=1}^{s}\tilde{\boldsymbol{A}}_i b_k\boldsymbol{z}_{i,k}\\ \qquad+h\tilde{\boldsymbol{A}}_m\sum\limits_{k=1}^{s}b_k\Delta\boldsymbol{x}_{0,N,k}\end{cases}\tag{11.52}$$

式中，$\boldsymbol{z}_{i,k}$ 为由拉格朗日插值得到的 $\Delta\boldsymbol{x}(c_kh-\tau_i)$ $(i=1,\ 2,\ \cdots,\ m-1;\ k=1,\ 2,\ \cdots,\ s)$ 的近似值：

$$\boldsymbol{z}_{i,k}=\sum_{r=1-\lceil p/2\rceil}^{\lceil p/2\rceil}\ell_r\left(c_kh-\tau_i\right)\Delta\boldsymbol{x}_{1,\gamma_i-r+2,s+1}=\sum_{r=1-\lceil p/2\rceil}^{\lceil p/2\rceil}\ell_r\left(c_kh-\tau_i\right)\Delta\boldsymbol{x}_{0,\gamma_i-r+1,s+1}\tag{11.53}$$

其中，$\ell_r(\cdot)$ 为由点 $c_kh-\tau_i$ 附近 $p+1$ 个点 θ_{γ_i-r} $(r=1-\lceil p/2\rceil,\ 2-\lceil p/2\rceil,\ \cdots,\ \lceil p/2\rceil)$ 计算得到的第 r 个拉格朗日系数。

定义 $\boldsymbol{z}_i\in\mathbb{R}^{sn\times 1}$ $(i=1,\ 2,\ \cdots,\ m-1)$：

$$\boldsymbol{z}_i=\left[\boldsymbol{z}_{i,1}^{\mathrm{T}},\ \boldsymbol{z}_{i,2}^{\mathrm{T}},\ \cdots,\ \boldsymbol{z}_{i,s}^{\mathrm{T}}\right]^{\mathrm{T}}\triangleq\left(\boldsymbol{L}_i^{\mathrm{T}}\otimes\boldsymbol{I}_n\right)\Delta\boldsymbol{x}_0\tag{11.54}$$

式中，$\boldsymbol{L}_i\in\mathbb{R}^{(Ns+1)\times s}$ $(i=1,\ 2,\ \cdots,\ m-1)$ 为由拉格朗日插值系数决定的常数矩阵。

将式 (11.52) 写成向量形式，得 $\Delta\boldsymbol{x}_{1,1}$：

$$
\begin{aligned}
\Delta \boldsymbol{x}_{1,1} =& \left(\boldsymbol{I}_{(s+1)n} - h\bar{\boldsymbol{A}}_2 \otimes \tilde{\boldsymbol{A}}_0\right)^{-1}\Bigg((\boldsymbol{E}_{s+1} \otimes \boldsymbol{I}_n)\Delta \boldsymbol{x}_{0,1} + h\sum_{i=1}^{m-1}(\bar{\boldsymbol{A}}_1 \otimes \tilde{\boldsymbol{A}}_i)\boldsymbol{z}_i \\
&+ h\left(\bar{\boldsymbol{A}}_1 \otimes \tilde{\boldsymbol{A}}_m\right)\Delta \boldsymbol{x}_{0,N}\Bigg)
\end{aligned} \tag{11.55}
$$

式中，$\bar{\boldsymbol{A}}_1 \in \mathbb{R}^{(s+1)\times s}$，$\bar{\boldsymbol{A}}_2 \in \mathbb{R}^{(s+1)\times(s+1)}$：

$$
\bar{\boldsymbol{A}}_1 = \left[\begin{array}{c} \boldsymbol{A} \\ \hline \boldsymbol{b}^{\mathrm{T}} \end{array}\right],\quad \bar{\boldsymbol{A}}_2 = \left[\begin{array}{c|c} \boldsymbol{A} & \boldsymbol{0}_{s\times 1} \\ \hline \boldsymbol{b}^{\mathrm{T}} & 0 \end{array}\right] = \left[\bar{\boldsymbol{A}}_1 \;\; \boldsymbol{0}_{(s+1)\times 1}\right] \tag{11.56}
$$

式 (11.55) 的详细推导如下。首先，对式 (11.52) 进行移项，并结合式 (11.4)，得

$$
\begin{cases}
\Delta \boldsymbol{x}_{1,1,q} - h\tilde{\boldsymbol{A}}_0 \displaystyle\sum_{k=1}^{s} a_{q,k}\Delta \boldsymbol{x}_{1,1,k} = \Delta \boldsymbol{x}_{0,1,s+1} + h\sum_{i=1}^{m-1}\sum_{k=1}^{s}\tilde{\boldsymbol{A}}_i a_{q,k}\boldsymbol{z}_{i,k} \\
\qquad\qquad + h\tilde{\boldsymbol{A}}_m \displaystyle\sum_{k=1}^{s} a_{q,k}\Delta \boldsymbol{x}_{0,N,k},\quad q = 1,\ 2,\ \cdots,\ s \\
\Delta \boldsymbol{x}_{1,1,s+1} - h\tilde{\boldsymbol{A}}_0 \displaystyle\sum_{k=1}^{s} b_k\Delta \boldsymbol{x}_{1,1,k} = \Delta \boldsymbol{x}_{0,1,s+1} + h\sum_{i=1}^{m-1}\sum_{k=1}^{s}\tilde{\boldsymbol{A}}_i b_k\boldsymbol{z}_{i,k} \\
\qquad\qquad + h\tilde{\boldsymbol{A}}_m \displaystyle\sum_{k=1}^{s} b_k\Delta \boldsymbol{x}_{0,N,k}
\end{cases} \tag{11.57}
$$

其次，将式 (11.57) 左边写成矩阵形式，得

$$
\begin{aligned}
&\begin{bmatrix} \Delta \boldsymbol{x}_{1,1,1} \\ \Delta \boldsymbol{x}_{1,1,2} \\ \vdots \\ \Delta \boldsymbol{x}_{1,1,s} \\ \Delta \boldsymbol{x}_{1,1,s+1} \end{bmatrix} - h\begin{bmatrix} \tilde{\boldsymbol{A}}_0 a_{1,1} & \tilde{\boldsymbol{A}}_0 a_{1,2} & \cdots & \tilde{\boldsymbol{A}}_0 a_{1,s} & \boldsymbol{0}_n \\ \tilde{\boldsymbol{A}}_0 a_{2,1} & \tilde{\boldsymbol{A}}_0 a_{2,2} & \cdots & \tilde{\boldsymbol{A}}_0 a_{2,s} & \boldsymbol{0}_n \\ \vdots & \vdots & & \vdots & \vdots \\ \tilde{\boldsymbol{A}}_0 a_{s,1} & \tilde{\boldsymbol{A}}_0 a_{s,2} & \cdots & \tilde{\boldsymbol{A}}_0 a_{s,s} & \boldsymbol{0}_n \\ \tilde{\boldsymbol{A}}_0 b_1 & \tilde{\boldsymbol{A}}_0 b_2 & \cdots & \tilde{\boldsymbol{A}}_0 b_s & \boldsymbol{0}_n \end{bmatrix}\begin{bmatrix} \Delta \boldsymbol{x}_{1,1,1} \\ \Delta \boldsymbol{x}_{1,1,2} \\ \vdots \\ \Delta \boldsymbol{x}_{1,1,s} \\ \Delta \boldsymbol{x}_{1,1,s+1} \end{bmatrix} \\
=& \Delta \boldsymbol{x}_{1,1} - h\bar{\boldsymbol{A}}_2 \otimes \tilde{\boldsymbol{A}}_0 \Delta \boldsymbol{x}_{1,1} \\
=& \left(\boldsymbol{I}_{(s+1)n} - h\bar{\boldsymbol{A}}_2 \otimes \tilde{\boldsymbol{A}}_0\right)\Delta \boldsymbol{x}_{1,1}
\end{aligned} \tag{11.58}
$$

再次，将式 (11.57) 右边写成矩阵形式，得

$$
\begin{bmatrix}\Delta\boldsymbol{x}_{0,1,s+1}\\ \Delta\boldsymbol{x}_{0,1,s+1}\\ \vdots\\ \Delta\boldsymbol{x}_{0,1,s+1}\\ \Delta\boldsymbol{x}_{0,1,s+1}\end{bmatrix}+h\sum_{i=1}^{m-1}\begin{bmatrix}\tilde{\boldsymbol{A}}_i a_{1,1} & \tilde{\boldsymbol{A}}_i a_{1,2} & \cdots & \tilde{\boldsymbol{A}}_i a_{1,s}\\ \tilde{\boldsymbol{A}}_i a_{2,1} & \tilde{\boldsymbol{A}}_i a_{2,2} & \cdots & \tilde{\boldsymbol{A}}_i a_{2,s}\\ \vdots & \vdots & & \vdots\\ \tilde{\boldsymbol{A}}_i a_{s,1} & \tilde{\boldsymbol{A}}_i a_{s,2} & \cdots & \tilde{\boldsymbol{A}}_i a_{s,s}\\ \tilde{\boldsymbol{A}}_i b_1 & \tilde{\boldsymbol{A}}_i b_2 & \cdots & \tilde{\boldsymbol{A}}_i b_s\end{bmatrix}\begin{bmatrix}\boldsymbol{z}_{i,1}\\ \boldsymbol{z}_{i,2}\\ \vdots\\ \boldsymbol{z}_{i,s}\end{bmatrix}
$$

$$
+h\begin{bmatrix}\tilde{\boldsymbol{A}}_m a_{1,1} & \tilde{\boldsymbol{A}}_m a_{1,2} & \cdots & \tilde{\boldsymbol{A}}_m a_{1,s}\\ \tilde{\boldsymbol{A}}_m a_{2,1} & \tilde{\boldsymbol{A}}_m a_{2,2} & \cdots & \tilde{\boldsymbol{A}}_m a_{2,s}\\ \vdots & \vdots & & \vdots\\ \tilde{\boldsymbol{A}}_m a_{s,1} & \tilde{\boldsymbol{A}}_m a_{s,2} & \cdots & \tilde{\boldsymbol{A}}_m a_{s,s}\\ \tilde{\boldsymbol{A}}_m b_1 & \tilde{\boldsymbol{A}}_m b_2 & \cdots & \tilde{\boldsymbol{A}}_m b_s\end{bmatrix}\begin{bmatrix}\Delta\boldsymbol{x}_{0,N,1}\\ \Delta\boldsymbol{x}_{0,N,2}\\ \vdots\\ \Delta\boldsymbol{x}_{0,N,s}\end{bmatrix}
$$

$$
=(\boldsymbol{E}_{s+1}\otimes\boldsymbol{I}_n)\Delta\boldsymbol{x}_{0,1}+h\sum_{i=1}^{m-1}\left(\bar{\boldsymbol{A}}_1\otimes\tilde{\boldsymbol{A}}_i\right)\boldsymbol{z}_i+h\left(\bar{\boldsymbol{A}}_1\otimes\tilde{\boldsymbol{A}}_m\right)\Delta\boldsymbol{x}_{0,N} \tag{11.59}
$$

最后，联立式 (11.58) 和式 (11.59)，即得式 (11.55)。

结合式 (11.55) 和解算子位移部分的离散化，可得解算子 Radau IA 离散化矩阵 $\boldsymbol{T}_{Ns}\in\mathbb{R}^{(Ns+1)n\times(Ns+1)n}$ 的表达式：

$$
\boldsymbol{T}_{Ns}=\left[\begin{array}{c}\boldsymbol{R}_{Ns}^{-1}\boldsymbol{\Sigma}_{Ns}\\ \hdashline \begin{bmatrix}\boldsymbol{I}_{sn} & \boldsymbol{0}_{sn\times n} & & & \\ & & \boldsymbol{I}_{sn} & & \\ & & & \ddots & \\ & & & & \boldsymbol{I}_{sn} & \boldsymbol{0}_{sn}\end{bmatrix}\end{array}\right] \tag{11.60}
$$

式中，$\boldsymbol{R}_{Ns}\in\mathbb{R}^{(s+1)n\times(s+1)n}$ 和 $\boldsymbol{\Sigma}_{Ns}\in\mathbb{R}^{(s+1)n\times(Ns+1)n}$ 的具体表达式为

$$
\boldsymbol{R}_{Ns}=\boldsymbol{I}_{(s+1)n}-h\bar{\boldsymbol{A}}_2\otimes\tilde{\boldsymbol{A}}_0 \tag{11.61}
$$

$$
\boldsymbol{\Sigma}_{Ns}=\boldsymbol{L}_0^{\mathrm{T}}\otimes\boldsymbol{I}_n+h\sum_{i=1}^{m}\left(\bar{\boldsymbol{A}}_1\boldsymbol{L}_i^{\mathrm{T}}\right)\otimes\tilde{\boldsymbol{A}}_i \tag{11.62}
$$

式中，$\boldsymbol{L}_0^{\mathrm{T}}=[\boldsymbol{E}_{s+1},\ \boldsymbol{0}_{(s+1)\times(N-1)s}]\in\mathbb{R}^{(s+1)\times(Ns+1)}$，$\boldsymbol{L}_m^{\mathrm{T}}=[\boldsymbol{0}_{s\times((N-1)s+1)},\ \boldsymbol{I}_s]\in\mathbb{R}^{s\times(Ns+1)}$。

特别地，当系统仅含有单个时滞 $(m=1)$ 时，$\boldsymbol{\Sigma}_{Ns}\in\mathbb{R}^{(s+1)n\times(Ns+1)n}$ 可显式地表达为以下形式：

$$
\boldsymbol{\Sigma}_{Ns}=\left[\boldsymbol{\Sigma}_0,\ \boldsymbol{0}_{(s+1)n\times(N-2)sn},\ \boldsymbol{\Sigma}_1\right] \tag{11.63}
$$

式中，$\boldsymbol{\Sigma}_0 \in \mathbb{R}^{(s+1)n\times(s+1)n}$，$\boldsymbol{\Sigma}_1 \in \mathbb{R}^{(s+1)n\times sn}$。

$$\boldsymbol{\Sigma}_0 = \boldsymbol{E}_{s+1} \otimes \boldsymbol{I}_n \tag{11.64}$$

$$\boldsymbol{\Sigma}_1 = h\bar{\boldsymbol{A}}_1 \otimes \tilde{\boldsymbol{A}}_m \tag{11.65}$$

4. Lobatto IIIA/C

Lobatto IIIA/C 方法的系数 ($\boldsymbol{A}$, $\boldsymbol{b}$, $\boldsymbol{c}$) 有如下特点：① $0 = c_1 < \cdots < c_s = 1$；② $\boldsymbol{b}^{\mathrm{T}} = [a_{s,1},\ a_{s,2},\ \cdots,\ a_{s,s}]$。在 IRK 法的递推公式 (3.171) 中，$t_n$ 取为 $-h$ 时刻，y_n 对应 $\Delta\boldsymbol{x}_{1,2,s}$，$y_{n+1}$ 对应 $\Delta\boldsymbol{x}_{1,1,s}$，即

$$\begin{cases} \Delta\boldsymbol{x}_{1,1,q} = \Delta\boldsymbol{x}_{1,2,s} + h\displaystyle\sum_{k=1}^{s} a_{q,k}\boldsymbol{f}_k, \quad q = 1,\ 2,\ \cdots,\ s \\ \boldsymbol{f}_k = \boldsymbol{f}\left(-h + c_k h,\ \Delta\boldsymbol{x}_{1,2,s} + h\displaystyle\sum_{j=1}^{s} a_{k,j}\boldsymbol{f}_j\right), \quad k = 1,\ 2,\ \cdots,\ s \end{cases} \tag{11.66}$$

由于第 $j-1$ 个区间的左端点与第 j 个子区间的右端点重合，即 $\theta_{j-1} + c_1 h = \theta_j + c_s h$ $(j = 2,\ 3,\ \cdots,\ N)$，则 $\Delta\boldsymbol{x}_{\delta,j-1,1} = \Delta\boldsymbol{x}_{\delta,j,s}$ $(j = 2,\ 3,\ \cdots,\ N)$。合并重合的离散点以后，集合 Ω_{Ns} 中共有 $Ns - N + 1$ 个离散点。定义 $\delta h + \Omega_{Ns}$ 上系统的状态向量 $\Delta\boldsymbol{x}_\delta \in \mathbb{R}^{(Ns-N+1)n\times 1}$ $(\delta = 0,\ 1)$：

$$\begin{cases} \Delta\boldsymbol{x}_\delta = \left[\Delta\boldsymbol{x}_{\delta,1}^{\mathrm{T}},\ \Delta\boldsymbol{x}_{\delta,2}^{\mathrm{T}},\ \cdots,\ \Delta\boldsymbol{x}_{\delta,N}^{\mathrm{T}}\right]^{\mathrm{T}} \\ \Delta\boldsymbol{x}_{\delta,1} = \left[\Delta\boldsymbol{x}_{\delta,1,1}^{\mathrm{T}},\ \Delta\boldsymbol{x}_{\delta,1,2}^{\mathrm{T}},\ \cdots,\ \Delta\boldsymbol{x}_{\delta,1,s}^{\mathrm{T}}\right]^{\mathrm{T}} \\ \Delta\boldsymbol{x}_{\delta,j} = \left[\Delta\boldsymbol{x}_{\delta,j,1}^{\mathrm{T}},\ \Delta\boldsymbol{x}_{\delta,j,2}^{\mathrm{T}},\ \cdots,\ \Delta\boldsymbol{x}_{\delta,j,s-1}^{\mathrm{T}}\right]^{\mathrm{T}} \end{cases} \tag{11.67}$$

式中，$\Delta\boldsymbol{x}_{\delta,1} \in \mathbb{R}^{sn\times 1}$，$\Delta\boldsymbol{x}_{\delta,j} \in \mathbb{R}^{(s-1)n\times 1}$，$\delta = 0,\ 1$；$j = 2,\ 3,\ \cdots,\ N$。

将式 (11.6) 代入式 (11.66)，得

$$\begin{aligned} \Delta\boldsymbol{x}_{1,1,q} =& \Delta\boldsymbol{x}_{1,2,s} + h\tilde{\boldsymbol{A}}_0 \sum_{k=1}^{s} a_{q,k}\Delta\boldsymbol{x}_{1,1,k} + h\sum_{i=1}^{m-1}\sum_{k=1}^{s}\tilde{\boldsymbol{A}}_i a_{q,k}\boldsymbol{z}_{i,k} \\ &+ h\tilde{\boldsymbol{A}}_m \sum_{k=1}^{s} a_{q,k}\Delta\boldsymbol{x}_{0,N,k}, \quad q = 1,\ 2,\ \cdots,\ s \end{aligned} \tag{11.68}$$

式中，$\boldsymbol{z}_{i,k}$ 表示由拉格朗日插值得到的 $\Delta\boldsymbol{x}(c_k h - \tau_i)$ $(i = 1,\ 2,\ \cdots,\ m-1;\ k = 1,\ 2,\ \cdots,\ s)$ 的近似值：

$$\boldsymbol{z}_{i,k} = \sum_{r=1-\lceil p/2\rceil}^{\lceil p/2\rceil} \ell_r(c_k h - \tau_i)\Delta\boldsymbol{x}_{1,\gamma_i-r+2,s-1} = \sum_{r=1-\lceil p/2\rceil}^{\lceil p/2\rceil} \ell_r(c_k h - \tau_i)\Delta\boldsymbol{x}_{0,\gamma_i-r+1,s-1} \tag{11.69}$$

其中，$\ell_r(\cdot)$ 为由点 $c_k h-\tau_i$ 附近 $p+1$ 个点 θ_{γ_i-r} ($r=1-\lceil p/2\rceil$, $2-\lceil p/2\rceil$, $\cdots$, $\lceil p/2\rceil$) 计算得到的第 r 个拉格朗日系数。

定义 $\boldsymbol{z}_i$, $\boldsymbol{z}'_i\in\mathbb{R}^{(s-1)n\times 1}$ ($i=1, 2, \cdots, m-1$)：

$$\boldsymbol{z}_i=\left[\boldsymbol{z}_{i,1}^{\mathrm{T}},\ \boldsymbol{z}_{i,2}^{\mathrm{T}},\ \cdots,\ \boldsymbol{z}_{i,s-1}^{\mathrm{T}}\right]^{\mathrm{T}}\triangleq\left(\boldsymbol{L}_i^{\mathrm{T}}\otimes\boldsymbol{I}_n\right)\Delta\boldsymbol{x}_0 \tag{11.70}$$

$$\boldsymbol{z}'_i=\left[\left(\boldsymbol{z}'_{i,1}\right)^{\mathrm{T}},\ \left(\boldsymbol{z}'_{i,2}\right)^{\mathrm{T}},\ \cdots,\ \left(\boldsymbol{z}'_{i,s-1}\right)^{\mathrm{T}}\right]^{\mathrm{T}}\triangleq\left(\tilde{\boldsymbol{L}}_i^{\mathrm{T}}\otimes\boldsymbol{I}_n\right)\Delta\boldsymbol{x}_0 \tag{11.71}$$

式中，$\boldsymbol{L}_i\in\mathbb{R}^{(Ns-N+1)\times(s-1)}$ 和 $\tilde{\boldsymbol{L}}_i\in\mathbb{R}^{(Ns-N+1)\times(s-1)}$ ($i=1, 2, \cdots, m-1$) 为由拉格朗日插值系数决定的常数矩阵；$\boldsymbol{z}'_{i,k}$ 表示由拉格朗日插值得到的 $\Delta\boldsymbol{x}(c_k h+h-\tau_i)$ ($i=1, 2, \cdots, m-1$; $k=1, 2, \cdots, s-1$) 的近似值。可知，$\boldsymbol{z}_{i,s}=\boldsymbol{z}'_{i,1}$, $i=1, 2, \cdots, m-1$。

将式 (11.68) 写成向量形式，得 $\Delta\boldsymbol{x}_{1,1}$：

$$\begin{aligned}\Delta\boldsymbol{x}_{1,1}=&\left(\boldsymbol{I}_{sn}-h\boldsymbol{A}\otimes\tilde{\boldsymbol{A}}_0\right)^{-1}\Bigg((\boldsymbol{E}_s\otimes\boldsymbol{I}_n)\Delta\boldsymbol{x}_{0,1}\\&+h\sum_{i=1}^{m-1}\left(\left(\bar{\boldsymbol{A}}_3\otimes\tilde{\boldsymbol{A}}_i\right)\boldsymbol{z}_i+\left(\bar{\boldsymbol{A}}_4\otimes\tilde{\boldsymbol{A}}_i\right)\boldsymbol{z}'_i\right)\\&+h\left(\left(\bar{\boldsymbol{A}}_3\otimes\tilde{\boldsymbol{A}}_m\right)\Delta\boldsymbol{x}_{0,N}+\left(\bar{\boldsymbol{A}}_4\otimes\tilde{\boldsymbol{A}}_m\right)\Delta\boldsymbol{x}_{0,N-1}\right)\Bigg)\end{aligned} \tag{11.72}$$

式中，$\bar{\boldsymbol{A}}_3\in\mathbb{R}^{s\times(s-1)}$，$\bar{\boldsymbol{A}}_4\in\mathbb{R}^{s\times(s-1)}$。

$$\left\{\begin{aligned}&\boldsymbol{A}=\left[\begin{array}{cccc:c}a_{1,1}&a_{1,2}&\cdots&&a_{1,s}\\a_{2,1}&a_{2,2}&\cdots&&a_{2,s}\\\vdots&\vdots&&&\vdots\\a_{s,1}&a_{s,2}&\cdots&&a_{s,s}\end{array}\right]=\left[\bar{\boldsymbol{A}}_3\ \vdots\ \bar{\boldsymbol{A}}_4(:,\ 1)\right]\\&\bar{\boldsymbol{A}}_3=\begin{bmatrix}a_{1,1}&a_{1,2}&\cdots&a_{1,s-1}\\a_{2,1}&a_{2,2}&\cdots&a_{2,s-1}\\\vdots&\vdots&&\vdots\\a_{s,1}&a_{s,2}&\cdots&a_{s,s-1}\end{bmatrix},\quad\bar{\boldsymbol{A}}_4=\begin{bmatrix}a_{1,s}&0&\cdots&0\\a_{2,s}&0&\cdots&0\\\vdots&\vdots&&\vdots\\a_{s,s}&0&\cdots&0\end{bmatrix}\end{aligned}\right. \tag{11.73}$$

式 (11.72) 的详细推导如下。首先，对式 (11.68) 进行移项，并结合式 (11.4)，得

$$
\begin{aligned}
&\Delta \boldsymbol{x}_{1,1,q} - h\tilde{\boldsymbol{A}}_0 \sum_{k=1}^{s} a_{q,k}\Delta \boldsymbol{x}_{1,1,k} \\
=&\Delta \boldsymbol{x}_{0,1,s} + h\sum_{i=1}^{m-1}\sum_{k=1}^{s}\tilde{\boldsymbol{A}}_i a_{q,k}\boldsymbol{z}_{i,k} + h\tilde{\boldsymbol{A}}_m\sum_{k=1}^{s}a_{q,k}\Delta \boldsymbol{x}_{0,N,k},\quad q=1,\ 2,\ \cdots,\ s
\end{aligned}
\tag{11.74}
$$

其次，将式 (11.74) 左边写成矩阵形式，得

$$
\begin{aligned}
&\begin{bmatrix}\Delta \boldsymbol{x}_{1,1,1}\\ \Delta \boldsymbol{x}_{1,1,2}\\ \vdots \\ \Delta \boldsymbol{x}_{1,1,s}\end{bmatrix} - h\begin{bmatrix}\tilde{\boldsymbol{A}}_0 a_{1,1} & \tilde{\boldsymbol{A}}_0 a_{1,2} & \cdots & \tilde{\boldsymbol{A}}_0 a_{1,s}\\ \tilde{\boldsymbol{A}}_0 a_{2,1} & \tilde{\boldsymbol{A}}_0 a_{2,2} & \cdots & \tilde{\boldsymbol{A}}_0 a_{2,s}\\ \vdots & \vdots & & \vdots \\ \tilde{\boldsymbol{A}}_0 a_{s,1} & \tilde{\boldsymbol{A}}_0 a_{s,2} & \cdots & \tilde{\boldsymbol{A}}_0 a_{s,s}\end{bmatrix}\begin{bmatrix}\Delta \boldsymbol{x}_{1,1,1}\\ \Delta \boldsymbol{x}_{1,1,2}\\ \vdots \\ \Delta \boldsymbol{x}_{1,1,s}\end{bmatrix} \\
=&\Delta \boldsymbol{x}_{1,1} - h\boldsymbol{A}\otimes\tilde{\boldsymbol{A}}_0\Delta \boldsymbol{x}_{1,1} \\
=&\left(\boldsymbol{I}_{sn} - h\boldsymbol{A}\otimes\tilde{\boldsymbol{A}}_0\right)\Delta \boldsymbol{x}_{1,1}
\end{aligned}
\tag{11.75}
$$

再次，将式 (11.74) 右边写成矩阵形式：

$$
\begin{aligned}
&\begin{bmatrix}\Delta \boldsymbol{x}_{0,1,s}\\ \Delta \boldsymbol{x}_{0,1,s}\\ \vdots \\ \Delta \boldsymbol{x}_{0,1,s}\end{bmatrix} + h\sum_{i=1}^{m-1}\begin{bmatrix}\tilde{\boldsymbol{A}}_i a_{1,1} & \tilde{\boldsymbol{A}}_i a_{1,2} & \cdots & \tilde{\boldsymbol{A}}_i a_{1,s}\\ \tilde{\boldsymbol{A}}_i a_{2,1} & \tilde{\boldsymbol{A}}_i a_{2,2} & \cdots & \tilde{\boldsymbol{A}}_i a_{2,s}\\ \vdots & \vdots & & \vdots \\ \tilde{\boldsymbol{A}}_i a_{s,1} & \tilde{\boldsymbol{A}}_i a_{s,2} & \cdots & \tilde{\boldsymbol{A}}_i a_{s,s}\end{bmatrix}\begin{bmatrix}\boldsymbol{z}_{i,1}\\ \boldsymbol{z}_{i,2}\\ \vdots \\ \boldsymbol{z}_{i,s}\end{bmatrix} \\
&+h\begin{bmatrix}\tilde{\boldsymbol{A}}_m a_{1,1} & \tilde{\boldsymbol{A}}_m a_{1,2} & \cdots & \tilde{\boldsymbol{A}}_m a_{1,s}\\ \tilde{\boldsymbol{A}}_m a_{2,1} & \tilde{\boldsymbol{A}}_m a_{2,2} & \cdots & \tilde{\boldsymbol{A}}_m a_{2,s}\\ \vdots & \vdots & & \vdots \\ \tilde{\boldsymbol{A}}_m a_{s,1} & \tilde{\boldsymbol{A}}_m a_{s,2} & \cdots & \tilde{\boldsymbol{A}}_m a_{s,s}\end{bmatrix}\begin{bmatrix}\Delta \boldsymbol{x}_{0,N,1}\\ \Delta \boldsymbol{x}_{0,N,2}\\ \vdots \\ \Delta \boldsymbol{x}_{0,N,s}\end{bmatrix} \\
=&\begin{bmatrix}\Delta \boldsymbol{x}_{0,1,s}\\ \Delta \boldsymbol{x}_{0,1,s}\\ \vdots \\ \Delta \boldsymbol{x}_{0,1,s}\end{bmatrix} + h\sum_{i=1}^{m-1}\begin{bmatrix}\tilde{\boldsymbol{A}}_i a_{1,1} & \tilde{\boldsymbol{A}}_i a_{1,2} & \cdots & \tilde{\boldsymbol{A}}_i a_{1,s-1}\\ \tilde{\boldsymbol{A}}_i a_{2,1} & \tilde{\boldsymbol{A}}_i a_{2,2} & \cdots & \tilde{\boldsymbol{A}}_i a_{2,s-1}\\ \vdots & \vdots & & \vdots \\ \tilde{\boldsymbol{A}}_i a_{s,1} & \tilde{\boldsymbol{A}}_i a_{s,2} & \cdots & \tilde{\boldsymbol{A}}_i a_{s,s-1}\end{bmatrix}\begin{bmatrix}\boldsymbol{z}_{i,1}\\ \boldsymbol{z}_{i,2}\\ \vdots \\ \boldsymbol{z}_{i,s-1}\end{bmatrix} \\
&+h\sum_{i=1}^{m-1}\begin{bmatrix}\tilde{\boldsymbol{A}}_i a_{1,s} & \boldsymbol{0}_n & \cdots & \boldsymbol{0}_n\\ \tilde{\boldsymbol{A}}_i a_{2,s} & \boldsymbol{0}_n & \cdots & \boldsymbol{0}_n\\ \vdots & \vdots & & \vdots \\ \tilde{\boldsymbol{A}}_i a_{s,s} & \boldsymbol{0}_n & \cdots & \boldsymbol{0}_n\end{bmatrix}\begin{bmatrix}\boldsymbol{z}'_{i,1}\\ \boldsymbol{z}'_{i,2}\\ \vdots \\ \boldsymbol{z}'_{i,s-1}\end{bmatrix}
\end{aligned}
$$

$$
+h\begin{bmatrix}\tilde{\boldsymbol{A}}_m a_{1,1} & \tilde{\boldsymbol{A}}_m a_{1,2} & \cdots & \tilde{\boldsymbol{A}}_m a_{1,s-1}\\ \tilde{\boldsymbol{A}}_m a_{2,1} & \tilde{\boldsymbol{A}}_m a_{2,2} & \cdots & \tilde{\boldsymbol{A}}_m a_{2,s-1}\\ \vdots & \vdots & & \vdots\\ \tilde{\boldsymbol{A}}_m a_{s,1} & \tilde{\boldsymbol{A}}_m a_{s,2} & \cdots & \tilde{\boldsymbol{A}}_m a_{s,s-1}\end{bmatrix}\begin{bmatrix}\Delta\boldsymbol{x}_{0,N,1}\\ \Delta\boldsymbol{x}_{0,N,2}\\ \vdots\\ \Delta\boldsymbol{x}_{0,N,s-1}\end{bmatrix}
$$

$$
+h\begin{bmatrix}\tilde{\boldsymbol{A}}_m a_{1,s} & \mathbf{0}_n & \cdots & \mathbf{0}_n\\ \tilde{\boldsymbol{A}}_m a_{2,s} & \mathbf{0}_n & \cdots & \mathbf{0}_n\\ \vdots & \vdots & & \vdots\\ \tilde{\boldsymbol{A}}_m a_{s,s} & \mathbf{0}_n & \cdots & \mathbf{0}_n\end{bmatrix}\begin{bmatrix}\Delta\boldsymbol{x}_{0,N-1,1}\\ \Delta\boldsymbol{x}_{0,N-1,2}\\ \vdots\\ \Delta\boldsymbol{x}_{0,N-1,s-1}\end{bmatrix}
$$

$$
\begin{aligned}
&=(\boldsymbol{E}_s\otimes\boldsymbol{I}_n)\Delta\boldsymbol{x}_{0,1}+h\sum_{i=1}^{m-1}\left(\bar{\boldsymbol{A}}_3\otimes\tilde{\boldsymbol{A}}_i\right)\boldsymbol{z}_i+h\sum_{i=1}^{m-1}\left(\bar{\boldsymbol{A}}_4\otimes\tilde{\boldsymbol{A}}_i\right)\boldsymbol{z}_i'\\
&\quad+h\left(\bar{\boldsymbol{A}}_3\otimes\tilde{\boldsymbol{A}}_m\right)\Delta\boldsymbol{x}_{0,N}+h\left(\bar{\boldsymbol{A}}_4\otimes\tilde{\boldsymbol{A}}_m\right)\Delta\boldsymbol{x}_{0,N-1}
\end{aligned}\tag{11.76}
$$

最后，联立式 (11.75) 和式 (11.76)，即得式 (11.72)。

结合式 (11.72) 和解算子位移部分的离散化，可得各种 SOD-IRK 矩阵 $\boldsymbol{T}_{Ns}\in\mathbb{R}^{(Ns-N+1)n\times(Ns-N+1)n}$ 的表达式。它们可以统一写成如下形式：

$$
\boldsymbol{T}_{Ns}=\left[\begin{array}{c}\boldsymbol{R}_{Ns}^{-1}\boldsymbol{\Sigma}_{Ns}\\ \hdashline \begin{bmatrix}\boldsymbol{I}_{(s-1)n} & \mathbf{0}_{(s-1)n\times n} & & & \\ & & \boldsymbol{I}_{(s-1)n} & & \\ & & & \ddots & \\ & & & & \boldsymbol{I}_{(s-1)n} & \mathbf{0}_{(s-1)n}\end{bmatrix}\end{array}\right]\tag{11.77}
$$

式中，$\boldsymbol{R}_{Ns}\in\mathbb{R}^{sn\times sn}$ 和 $\boldsymbol{\Sigma}_{Ns}\in\mathbb{R}^{sn\times(Ns-N+1)n}$ 的具体表达式为

$$
\boldsymbol{R}_{Ns}=\boldsymbol{I}_{sn}-h\boldsymbol{A}\otimes\tilde{\boldsymbol{A}}_0\tag{11.78}
$$

$$
\boldsymbol{\Sigma}_{Ns}=\boldsymbol{L}_0^{\mathrm{T}}\otimes\boldsymbol{I}_n+h\sum_{i=1}^{m}\left(\bar{\boldsymbol{A}}_3\boldsymbol{L}_i^{\mathrm{T}}\right)\otimes\tilde{\boldsymbol{A}}_i+h\sum_{i=1}^{m}\left(\bar{\boldsymbol{A}}_4\tilde{\boldsymbol{L}}_i^{\mathrm{T}}\right)\otimes\tilde{\boldsymbol{A}}_i\tag{11.79}
$$

其中，$\boldsymbol{L}_0^{\mathrm{T}}\in\mathbb{R}^{s\times(Ns-N+1)}$；$\boldsymbol{L}_m^{\mathrm{T}}$，$\tilde{\boldsymbol{L}}_m^{\mathrm{T}}\in\mathbb{R}^{(s-1)\times(Ns-N+1)}$。

$$
\boldsymbol{L}_0^{\mathrm{T}}=[\boldsymbol{E}_s,\ \mathbf{0}_{s\times((N-1)s-N+1)}]\tag{11.80}
$$

$$
\boldsymbol{L}_m^{\mathrm{T}}=[\mathbf{0}_{(s-1)((N-1)s-N+2)},\ \boldsymbol{I}_{s-1}]\tag{11.81}
$$

$$
\tilde{\boldsymbol{L}}_m^{\mathrm{T}}=[\mathbf{0}_{(s-1)((N-2))s-N+3)},\ \boldsymbol{I}_{s-1},\ \mathbf{0}_{s-1}]\tag{11.82}
$$

特别地，当系统仅含有单个时滞 ($m = 1$) 时，$\boldsymbol{\Sigma}_{Ns} \in \mathbb{R}^{sn\times(Ns-N+1)n}$ 可显式地表达为以下形式：

$$\boldsymbol{\Sigma}_{Ns} = [\boldsymbol{\Sigma}_0,\ \mathbf{0}_{sn\times(N-3)(s-1)n},\ \boldsymbol{\Sigma}_2,\ \boldsymbol{\Sigma}_1] \tag{11.83}$$

式中，$\boldsymbol{\Sigma}_0 \in \mathbb{R}^{sn\times sn}$，$\boldsymbol{\Sigma}_1 \in \mathbb{R}^{sn\times(s-1)n}$，$\boldsymbol{\Sigma}_2 \in \mathbb{R}^{sn\times(s-1)n}$。

$$\boldsymbol{\Sigma}_0 = \boldsymbol{E}_s \otimes \boldsymbol{I}_n \tag{11.84}$$

$$\boldsymbol{\Sigma}_1 = h\bar{\boldsymbol{A}}_3 \otimes \tilde{\boldsymbol{A}}_m \tag{11.85}$$

$$\boldsymbol{\Sigma}_2 = h\bar{\boldsymbol{A}}_4 \otimes \tilde{\boldsymbol{A}}_m \tag{11.86}$$

5. Lobatto IIIB 和 Butcher's Lobatto

Lobatto IIIB 和 Butcher's Lobatto 方法的系数 ($\boldsymbol{A}$, $\boldsymbol{b}$, $\boldsymbol{c}$) 有如下特点：① $0 = c_1 < \cdots < c_s = 1$；② $\boldsymbol{b}^{\mathrm{T}} \neq [a_{s,1},\ a_{s,2},\ \cdots,\ a_{s,s}]$。应用这些方法时，需要将系数矩阵 $\boldsymbol{A}$ 的最后一行系数替换为 $\boldsymbol{b}^{\mathrm{T}}$，剩下的公式推导和 Lobatto IIIA/C 方法是一致的。

11.2 大规模时滞电力系统特征值计算

11.2.1 旋转–放大预处理

本节利用 4.4.3 节所述方法，构建旋转–放大预处理后解算子 $\mathcal{T}(h)$ 的 IRK 矩阵。下面仅以 Radau IIA 离散化方案为例，说明基于 IRK 的解算子离散化矩阵的形成过程及显式表达式。

在旋转–放大预处理第一种实现方法中，τ_i ($i = 1,\ 2,\ \cdots,\ m$) 被变换为原来的 $1/\alpha$，$\tilde{\boldsymbol{A}}_i$ ($i = 0,\ 1,\ \cdots,\ m$) 被变换为 $\tilde{\boldsymbol{A}}_i''$，$h$ 保持不变，如式 (4.77) 和式 (4.78) 所示。相应地，区间 $[-\tau_{\max}/\alpha,\ 0]$ 重新划分为长度等于 h 的 N' 个子区间，$N' = \lceil \tau_{\max}/(\alpha h) \rceil$，$\boldsymbol{L}_i$ ($i = 0,\ 1,\ \cdots,\ m$) 重新形成为 $\boldsymbol{L}_i' \in \mathbb{R}^{N's\times s}$。最终，解算子的 IRK 离散化矩阵 $\boldsymbol{T}_{Ns}$ 变为 $\boldsymbol{T}'_{Ns} \in \mathbb{C}^{N'sn\times N'sn}$：

$$\boldsymbol{T}'_{Ns} = \left[\begin{array}{c} (\boldsymbol{R}'_{Ns})^{-1}\boldsymbol{\Sigma}'_{Ns} \\ \hdashline \begin{bmatrix} \boldsymbol{I}_{sn} & & \mathbf{0} \\ & \ddots & \vdots \\ & \boldsymbol{I}_{sn} & \mathbf{0} \end{bmatrix} \end{array}\right] \tag{11.87}$$

式中，$\boldsymbol{R}'_{Ns} \in \mathbb{C}^{sn\times sn}$，$\boldsymbol{\Sigma}'_{Ns} \in \mathbb{C}^{sn\times N'sn}$。

$$\boldsymbol{R}'_{Ns} = \boldsymbol{I}_{sn} - h\boldsymbol{A} \otimes \tilde{\boldsymbol{A}}_0'' \tag{11.88}$$

$$\boldsymbol{\Sigma}'_{Ns} = \left(\boldsymbol{L}'_0\right)^{\mathrm{T}} \otimes \boldsymbol{I}_n + h\sum_{i=1}^{m}\left(\boldsymbol{A}\left(\boldsymbol{L}'_i\right)^{\mathrm{T}}\right) \otimes \tilde{\boldsymbol{A}}''_i \tag{11.89}$$

11.2.2 稀疏特征值计算

本节利用 IRA 算法从 $\boldsymbol{T}'_{Ns}$ 中高效地计算得到解算子模值最大的部分的近似特征值 μ''，进而根据映射关系式 (4.79) 计算得到电力系统阻尼比小于给定值的部分关键特征值 λ。

1. IRA 算法的总体实现

在 IRA 算法中，最关键的操作就是在形成 Krylov 向量过程中的 MVP 运算。设第 j 个 Krylov 向量表示为 $\boldsymbol{q}_j \in \mathbb{C}^{N'sn\times 1}$，则第 $j+1$ 个向量 $\boldsymbol{q}_{j+1} \in \mathbb{C}^{N'sn\times 1}$ 可由矩阵 $\boldsymbol{T}'_{Ns}$ 与向量 $\boldsymbol{q}_j$ 的乘积运算得到。

$$\boldsymbol{q}_{j+1} = \boldsymbol{T}'_{Ns}\boldsymbol{q}_j \tag{11.90}$$

由于 $\boldsymbol{T}'_{Ns}$ 具有的特殊逻辑结构可知，$\boldsymbol{q}_{j+1}$ 的第 $sn+1:N'sn$ 个分量等于 $\boldsymbol{q}_j$ 的第 $1:(N'-1)\,sn$ 个分量，即 $\boldsymbol{q}_{j+1}(sn+1:N'sn,\ 1) = \boldsymbol{q}_j\left(1:(N'-1)\,sn,\ 1\right)$。$\boldsymbol{q}_{j+1}$ 的第 $1:sn$ 个分量 $\boldsymbol{q}_{j+1}(1:sn,\ 1)$，可以进一步分解为两个 MVP 运算：

$$\boldsymbol{z} = \boldsymbol{\Sigma}'_{Ns}\boldsymbol{q}_j \tag{11.91}$$

$$\boldsymbol{q}_{j+1}(1:sn,\ 1) = \left(\boldsymbol{R}'_{Ns}\right)^{-1}\boldsymbol{z} \tag{11.92}$$

式中，$\boldsymbol{z} \in \mathbb{C}^{sn\times 1}$ 为中间向量。

下面将重点分析式 (11.91) 和式 (11.92) 的高效实现方法。

2. 式 (11.91) 的高效实现

首先，从列的方向上将向量 $\boldsymbol{q}_j$ 压缩为矩阵 $\boldsymbol{Q} \in \mathbb{C}^{n\times N's}$，即 $\boldsymbol{q}_j = \mathrm{vec}(\boldsymbol{Q})$。然后，将式 (11.89) 代入式 (11.91) 中，进而利用式 (4.100) 所示的克罗内克积的性质得

$$\begin{aligned}\boldsymbol{z} = \boldsymbol{\Sigma}'_{Ns}\boldsymbol{q}_j &= \left(\left(\boldsymbol{L}'_0\right)^{\mathrm{T}} \otimes \boldsymbol{I}_n + h\sum_{i=1}^{m}\left(\boldsymbol{A}\left(\boldsymbol{L}'_i\right)^{\mathrm{T}}\right) \otimes \tilde{\boldsymbol{A}}''_i\right)\mathrm{vec}(\boldsymbol{Q}) \\ &= \mathrm{vec}\left(\boldsymbol{Q}\boldsymbol{L}'_0\right) + h\sum_{i=1}^{m}\mathrm{vec}\left(\tilde{\boldsymbol{A}}''_i\boldsymbol{Q}\boldsymbol{L}'_i\boldsymbol{A}^{\mathrm{T}}\right)\end{aligned} \tag{11.93}$$

式 (11.93) 等号右端第一项为 $n \times N's$ 维矩阵 $\boldsymbol{Q}$ 与 $N's \times s$ 维矩阵 $\boldsymbol{L}'_0$ 的乘积，等号右端第二项 $n \times n$ 维稀疏矩阵 $\tilde{\boldsymbol{A}}''_i$ $(i = 1,\ 2,\ \cdots,\ m)$ 与 $n \times s$ 维矩阵 $\boldsymbol{Q}\boldsymbol{L}'_i\boldsymbol{A}^{\mathrm{T}}$ 的乘积。由于 $s,\ N' \ll n$,$\boldsymbol{z}$ 的计算量很小。

3. 式 (11.92) 的高效实现

如式 (11.88) 所示，$\boldsymbol{R}_{N's}$ 本质上为克罗内克积之和且不具有特殊的分块结构，其逆矩阵 $\boldsymbol{R}_{N's}^{-1}$ 没有解析表达形式[231]。文献 [147] 采用 IDR(s) 算法[226]) 迭代求解式 (11.92) 直至收敛，但当应用于分析大规模时滞电力系统时会出现迭代次数较多甚至不收敛的情况。这里利用文献 [228] 所提出的 Schur 补分解方法，高效求解式 (11.92) 所示的 MIVP。

利用式 (4.89) 所示的克罗内克积的性质，将 $\boldsymbol{R}'_{Ns}$ 改写为 Schur 补形式，得

$$\begin{aligned}\boldsymbol{R}'_{Ns} &= \boldsymbol{I}_{sn} - h\boldsymbol{A}\otimes\tilde{\boldsymbol{A}}''_0\\&= \boldsymbol{I}_{sn} - h\boldsymbol{A}\otimes\left(\boldsymbol{A}''_0 - \boldsymbol{B}''_0\boldsymbol{D}_0^{-1}\boldsymbol{C}_0\right)\\&= \boldsymbol{I}_{sn} - h\boldsymbol{A}\otimes\boldsymbol{A}''_0 - \left(-h\boldsymbol{A}\otimes\boldsymbol{B}''_0\right)(\boldsymbol{I}_s\otimes\boldsymbol{D}_0)^{-1}(\boldsymbol{I}_s\otimes\boldsymbol{C}_0)\\&\triangleq \boldsymbol{A}'_{Ns} - \boldsymbol{B}'_{Ns}\boldsymbol{D}_{Ns}^{-1}\boldsymbol{C}_{Ns}\end{aligned}\tag{11.94}$$

式中，$\boldsymbol{A}'_{Ns}\in\mathbb{C}^{sn\times sn}$，$\boldsymbol{B}'_{Ns}\in\mathbb{C}^{sn\times sl}$，$\boldsymbol{C}_{Ns}\in\mathbb{R}^{sl\times sn}$，$\boldsymbol{D}_{Ns}\in\mathbb{R}^{sl\times sl}$。

$$\begin{cases}\boldsymbol{A}'_{Ns} = \boldsymbol{I}_{sn} - h\boldsymbol{A}\otimes\boldsymbol{A}''_0,\ \boldsymbol{B}'_{Ns} = h\boldsymbol{A}\otimes\boldsymbol{B}''_0\\\boldsymbol{C}_{Ns} = \boldsymbol{I}_s\otimes\boldsymbol{C}_0,\ \boldsymbol{D}_{Ns} = \boldsymbol{I}_s\otimes\boldsymbol{D}_0\end{cases}\tag{11.95}$$

将式 (11.94) 代入式 (11.92)，得

$$\boldsymbol{q}_{j+1}(1:sn,\ 1) = \left(\boldsymbol{R}'_{Ns}\right)^{-1}\boldsymbol{z} = \left(\boldsymbol{A}'_{Ns} - \boldsymbol{B}'_{Ns}\boldsymbol{D}_{Ns}^{-1}\boldsymbol{C}_{Ns}\right)^{-1}\cdot\boldsymbol{z}\tag{11.96}$$

采用 8.4.3 节高效实现式 (8.119) 相同的方法，充分利用系统增广状态矩阵 $\boldsymbol{A}_0$、$\boldsymbol{B}_0$、$\boldsymbol{C}_0$ 和 $\boldsymbol{D}_0$ 的稀疏特性，可以高效地求解式 (11.92)。具体实现步骤这里不再赘述。

4. 计算复杂性分析

计算第 $j+1$ 个 Krylov 向量 $\boldsymbol{q}_{j+1}$ 的关键在于求解式 (11.92)，大体上可以用稠密系统状态矩阵 $\tilde{\boldsymbol{A}}_0$ 与向量 $\boldsymbol{v}$ 的乘积次数来度量。式 (11.96) 的计算量和系统状态矩阵 $\tilde{\boldsymbol{A}}_0$ 的逆与向量 $\boldsymbol{v}$ 乘积的计算量相当。令 R 为求解 $\tilde{\boldsymbol{A}}_0^{-1}\boldsymbol{v}$ 的计算量与求解 $\tilde{\boldsymbol{A}}_0\boldsymbol{v}$ 计算量的比值，则求解 $\boldsymbol{q}_{j+1}(1:sn,\ 1)$ 大体上需要 R 次 $\tilde{\boldsymbol{A}}_0\boldsymbol{v}$ 运算。

因此，在计算相同数量特征值的情况下，SOD-IRK 方法进行一次 IRA 迭代的计算量，大致相当于对传统无时滞电力系统进行特征值分析计算量的 R 倍。

5. 牛顿校正

设由 IRA 算法计算得到 $\boldsymbol{T}'_{Ns}$ 的特征值为 μ''，则由式 (4.79) 的反变换，可以解得时滞电力系统特征值的估计值 $\hat{\lambda}$：

$$\hat{\lambda} = \frac{1}{\alpha}\mathrm{e}^{\mathrm{j}\theta}\lambda'' = \frac{1}{\alpha h}\mathrm{e}^{\mathrm{j}\theta}\ln\mu'' \tag{11.97}$$

此外，与 μ'' 对应的 Krylov 向量的前 n 个分量 $\hat{\boldsymbol{v}}$ 可作为特征向量 $\boldsymbol{v}$ 的估计值。将 $\hat{\lambda}$ 和 $\hat{\boldsymbol{v}}$ 作为 4.6 节给出的牛顿法的初始值，通过迭代校正，可以得到时滞电力系统的精确特征值 λ 和特征向量 $\boldsymbol{v}$。

11.2.3 特性分析

下面通过与 SOD-PS/PS-II/LMS 方法的对比，分析得到 SOD-IRK 方法的特性。

1. 结构化与稀疏性

SOD-IRK 方法和 SOD-PS-II/LMS 方法生成的解算子离散化矩阵具有相同的逻辑结构。它们的非零元素位于第一个块行和次对角分块上。对于 SOD-IRK 方法,离散化矩阵 $\boldsymbol{T}_{Ns}$ (以及旋转–放大预处理之后的 $\boldsymbol{T}'_{Ns}$) 的元素总个数为 $N^2s^2n^2$，而非零元素个数少于 $Ns^2n^2+(N-1)sn$。对于大规模电力系统，由于 $s,N\ll n$，$\boldsymbol{T}_{Ns}$ 和 $\boldsymbol{T}'_{Ns}$ 均为高度稀疏的矩阵。

2. 离散化矩阵 $\boldsymbol{T}_{Ns}$ 逼近 $\mathcal{T}(h)$ 的精度高

由于所有的配置方法实际上都是 IRK 法，在理论上 SOD-IRK 方法与 SOD-PS/PS-II 方法具有相近的谱精度，而且优于 SOD-LMS 方法。所以，SOD-IRK 方法生成的解算子离散化矩阵 $\boldsymbol{T}_{Ns}$ 能以较高的精度逼近 $\mathcal{T}(h)$。

3. 计算量低

离散化矩阵 $\boldsymbol{T}_{Ns}$ 的子矩阵 $\boldsymbol{R}_{Ns}$ 与稠密系统状态矩阵 $\tilde{\boldsymbol{A}}_0$ 无关，因此，式 (11.91) 的计算量可以忽略不计。在生成一个 Krylov 向量时，SOD-IRK 方法的计算量由式 (11.92) 的计算量决定。

方 法 篇 (II)

第 12 章　基于 DDAE 和部分谱离散化的大规模时滞电力系统特征值计算框架

基于式 (3.8) 所示时滞电力系统的 DDE 模型，第 4 章建立了基于谱离散化的大规模时滞电力系统特征值计算框架，第 5～11 章提出了 IGD 类和 SOD 类共 8 种谱离散化特征值计算方法。具体地，首先将时滞电力系统的特征值问题转化为两个半群算子——无穷小生成元和解算子的有限维离散化矩阵的特征值问题，然后结合谱变换、克罗内克积变换、稀疏特征值计算等关键技术，最终实现大规模时滞电力系统关键特征值的准确和高效求取。然而，在实际应用中，谱离散化矩阵维数巨大，而且有些谱离散化方法涉及迭代求解矩阵的逆与向量的乘积运算 (MIVP)。这些问题已成为制约谱离散化特征值计算方法计算效率的主要瓶颈。为此，本章提出了基于 DDAE 的部分谱离散化大规模时滞电力系统特征值计算框架，以更加高效、可靠地计算系统的关键特征值。

12.1　基于 DDE 的谱离散化方法的计算效率瓶颈

12.1.1　谱离散化矩阵维数高，内存占用量大

表 12.1 总结了第 5～11 章提出的基于 DDE 的谱离散化特征值计算方法的主要参数和性能指标。其中，n 为系统状态变量的维数，$\tau_{\max}$ 为最大时滞，h 为转移步长，M、N、s、s_+、s_- 和 k 均为正整数。

如表 12.1 中第 3 列所示，当离散化参数取典型值时，基于 DDE 的谱离散化特征值计算方法所生成的无穷小生成元或解算子离散化矩阵维数是系统实际状态变量维数的数十倍。尤其是对于大规模时滞电力系统，谱离散化矩阵的维数高，特征值计算过程中内存占用量大，甚至会出现内存溢出问题。此外，当通过增加离散点个数 N、增大步数 k 和级数 s、减小转移步长 h 等方式来提高谱离散化特征值计算方法的精度时，谱离散化矩阵维数巨大导致的内存需求问题愈发突出。因此，在对实际大规模时滞电力系统进行特征值计算时，若能够大幅降低谱离散化矩阵的维数，则特征值计算效率必将得到显著提升。

表 12.1 基于 DDE 的谱离散化方法的主要参数和性能指标

方法	离散化参数	离散化矩阵维数	方法性质	N_{MVP}	文献
IIGD	N	$(N+1)n$	迭代法	L	[145]
IGD-LMS	$N,\ k \leqslant 4$	$(N+1)n$	迭代法	L	[233]
IGD-IRK	$N,\ s \leqslant 4$	$(Ns+1)n$	迭代法	L	[233]
EIGD	N	$(N+1)n$	显式法	$R+1$	[143]
SOD-PS	$h,\ Q=\lceil \tau_{\max}/h \rceil,\ M \geqslant 3,\ N \geqslant 3$	$(QM+1)n$	显式法	$QM+R+1$	[146]
SOD-PS-II	$h,\ Q=\lceil \tau_{\max}/h \rceil,\ M \geqslant 3$	$(QM+1)n$	显式法	R	[146]
SOD-IRK	$N,\ h=\tau_{\max}/N,\ s=2,\ 3$	Nsn	显式法	R	[147], [234]
SOD-LMS	$h,\ Q=\lceil \tau_{\max}/h \rceil,\ s_-=1,\ s_+=1,\ k=2$	$(Q+k+s_-)n$	显式法	$R+1$	[147]

12.1.2 迭代求解 MIVP 运算，计算效率低

利用 Krylov 子空间方法 (见 4.5 节) 高效求解无穷小生成元或解算子离散化矩阵的部分关键特征值时，最耗时的操作是形成 Krylov 向量的过程中离散化矩阵或子矩阵的逆与向量的乘积运算 (MIVP)，即式 (5.26)、式 (6.47)、式 (7.80)、式 (7.81)、式 (8.113)、式 (9.34)、式 (10.53) 和式 (11.93)。下面分别针对 IGD 类和 SOD 类特征值计算方法，深入分析矩阵求逆的根源以及部分 IGD 类特征值计算方法需要迭代求解 MIVP 的原因。

(1) 在 IGD 类特征值计算方法中，通常采用位移-逆变换将距离位移点最近的特征值变换为模值最大的特征值。这就涉及对位移操作后的无穷小生成元离散化矩阵进行求逆操作。对于 EIGD 方法，如式 (6.28) 所示，其生成的无穷小生成元离散化子矩阵 $\boldsymbol{\Sigma}_N$ 具有特殊的逻辑结构——分块上三角形式。因此，$\boldsymbol{\Sigma}_N$ 的逆矩阵亦为分块上三角矩阵，且第一个块行可以显式地表达成系统状态矩阵 $\tilde{\boldsymbol{A}}_i$ $(i=0,\ 1,\ \cdots,\ m)$ 的函数。然而，IIGD 和 IGD-LMS/IRK 方法生成的无穷小生成元离散化矩阵并没有特殊的逻辑结构，其逆矩阵没有解析的表达形式。具体地，IIGD 方法生成的离散化矩阵 $\mathcal{A}_N$ 为稠密矩阵，详见式 (5.19)；IGD-LMS/IRK 方法生成的离散化矩阵 $\mathcal{A}_N$ 和 $\mathcal{A}_{Ns}$ 为准分块上三角矩阵，分别如式 (7.24) 和式 (7.73) 所示。因此，对于 IIGD 和 IGD-LMS/IRK 方法，为了能够在形成 Krylov 向量过程中充分地利用系统增广状态矩阵 $\boldsymbol{A}_i$、$\boldsymbol{B}_i$、$\boldsymbol{C}_0$ 和 $\boldsymbol{D}_0$ $(i=0,\ 1,\ \cdots,\ m)$ 的稀疏特性以减小计算量、提高计算效率，需要采用迭代法 (如 IDR(s)) 求解无穷小生成元离散化矩阵的 MIVP 运算，分别如式 (5.27)、式 (7.82) 和式 (7.83) 所示。

(2) 对于 SOD 类特征值计算方法，在推导解算子 $\mathcal{T}(h)$ 的第一个解分段 $\Delta\boldsymbol{x}_h(\theta)$ $(\theta \in [-h,\ 0])$ 的离散化形式过程中，需要对如式 (8.68)、式 (8.73)、式 (9.4)、式

(10.5) 和式 (11.6) 所示隐式耦联线性方程组的系数矩阵进行求逆，以得到区间 [0, h] 上各离散点处系统状态 $\Delta\boldsymbol{x}$ 或其导数 $\boldsymbol{z}=\Delta\dot{\boldsymbol{x}}$ 的显式表达式。对于 SOD-LMS 方法，由于线性 k 步法只需要一次估计就可以得到 $\Delta\boldsymbol{x}_h(0)$，故其生成的解算子离散化矩阵的子矩阵 $\boldsymbol{R}_N$ 中没有克罗内克积运算，如式 (10.14) 所示。进而，基于 4.5.4 节的思想，实现 $\boldsymbol{R}_N^{-1}$ 与向量乘积的高效计算。SOD-PS/PS-II/IRK 方法生成的解算子离散化矩阵的子矩阵 $\boldsymbol{I}_{Nn}-\boldsymbol{\Sigma}_N$、$\boldsymbol{R}_M$ 和 $\boldsymbol{R}_{Ns}$ 为单位阵与克罗内克积之和或两个克罗内克积之和。此时，可以利用文献 [228] 提出的方法将其转换为 Schur 补的形式，进而利用 4.5.4 节的思想，高效、直接地求解 $(\boldsymbol{I}_{Nn}-\boldsymbol{\Sigma}_N)^{-1}$、$\boldsymbol{R}_M^{-1}$ 和 $\boldsymbol{R}_{Ns}^{-1}$ 与向量的乘积运算，分别如式 (8.119) ~ 式 (8.130)、式 (9.39) 和式 (11.97) 所示。

综上，EIGD 和所有的 SOD 类特征值计算方法可以直接、高效地求解无穷小生成元离散化矩阵和解算子离散化矩阵的子矩阵的 MIVP 运算，故将这些方法归类为显式的谱离散化特征值计算方法，而将 IIGD 和 IGD-LMS/IRK 方法归类为迭代性质的谱离散化特征值计算方法，如表 12.1 第 4 列所示。

表 12.1 第 5 列总结了各谱离散化特征值计算方法的测度指标 N_{MVP}，其表示形成一个 Krylov 向量过程中需要进行稠密的系统状态矩阵 $\tilde{\boldsymbol{A}}_0$ 与向量乘积运算的次数。其中，L 为利用迭代法 (如 IDR(s)) 求解 MIVP 时所需要的迭代次数，$L\geqslant 10$；R 为求解稠密矩阵 $\tilde{\boldsymbol{A}}_0$ 的 MIVP 运算 (式 (4.130)) 和 MVP 运算 (式 (4.129)) 的计算量之比，$R\geqslant 10$。当 IIGD 和 IGD-LMS/IRK 方法用于计算大规模时滞电力系统的关键特征值时，会出现求解 MIVP 迭代次数过多甚至不收敛的情况，方法的高效性与可靠性有待改善。

12.2 基于 DDAE 的部分谱离散化基本思想与关键技术

为了解决 12.1 节所述基于 DDE 的谱离散化特征值方法面临的两个计算效率瓶颈，首先，12.2.1 节提出了基于 DDAE 的部分谱离散化的基本思想；其次，12.2.2 节给出了基于 DDAE 的半群算子的定义及表达式；最后，12.2.3 节 ~ 12.2.5 节详细介绍了增广时滞与增广非时滞状态变量划分、部分谱离散化和谱变换 3 项关键技术。

12.2.1 基于 DDAE 的部分谱离散化基本思想

基于 DDAE 的部分谱离散化方法旨在解决基于 DDE 的谱离散化特征值计算方法面临的两个计算效率瓶颈。其基本思想由以下两部分组成：

(1) 部分谱离散化 [125, 142, 228, 235–237]：由式 (3.1) 所示时滞电力系统的状态方程可知，当前时刻系统的状态仅受到时滞变量在过去时刻状态的影响，而与非时滞变量在过去时刻的状态无关。基于这一事实，本节提出部分谱离散化技术，其核心就是仅对时滞变量而不是所有变量进行离散化。与第 5～11 章所述全部变量均被离散化的方法相比，采用部分谱离散化技术所生成的谱离散化矩阵的维数显著降低，并与系统状态矩阵的维数基本相当。此外，因不涉及任何简化，算法保持原有的高精度。

(2) DDAE 建模[156, 238, 239]：基于 DDAE 模型的无穷小生成元部分离散化矩阵和解算子部分离散化矩阵的子矩阵与系统增广状态矩阵具有相同的稀疏结构，并可以表示为 Schur 补的形式。因此，它们的逆矩阵与向量的乘积运算 (MIVP) 可以基于 4.5.4 节的思想直接、高效地实现。这从根本上解决了基于 DDE 模型的 IIGD 和 IGD-LMS/IRK 方法涉及的迭代求解 MIVP 问题，计算效率得到显著提升。

12.2.2 半群算子

将式 (3.1) 所示时滞电力系统的状态方程式重写如下：

$$\begin{cases}\boldsymbol{E}\Delta\dot{\hat{\boldsymbol{x}}}(t)=\boldsymbol{J}_0\Delta\hat{\boldsymbol{x}}(t)+\displaystyle\sum_{i=1}^{m}\boldsymbol{J}_i\Delta\hat{\boldsymbol{x}}(t-\tau_i), & t\geqslant 0\\ \Delta\hat{\boldsymbol{x}}(t)=\hat{\boldsymbol{\varphi}}(t), & t\in[-\tau_{\max},\ 0]\end{cases} \tag{12.1}$$

式中，$\Delta\hat{\boldsymbol{x}}(t)=\left[\Delta\boldsymbol{x}^{\mathrm{T}}(t),\ \Delta\boldsymbol{y}^{\mathrm{T}}(t)\right]^{\mathrm{T}}\in\mathbb{R}^{d\times 1}$ 为系统增广状态变量，其中 $\Delta\boldsymbol{x}\in\mathbb{R}^{n\times 1}$ 和 $\Delta\boldsymbol{y}\in\mathbb{R}^{l\times 1}$ 分别为系统状态变量和代数变量，$d=n+l$；$\boldsymbol{E}=\mathrm{diag}\{\boldsymbol{I}_n,\ \boldsymbol{0}_l\}\in\mathbb{R}^{d\times d}$ 为系数矩阵；$\boldsymbol{J}_0\in\mathbb{R}^{d\times d}$ 和 $\boldsymbol{J}_i\in\mathbb{R}^{d\times d}$ $(i=1,\ 2,\ \cdots,\ m)$ 分别为高度稀疏的系统增广状态矩阵和增广时滞状态矩阵；$\hat{\boldsymbol{\varphi}}(t)=\left[\boldsymbol{\varphi}_x^{\mathrm{T}}(t),\ \boldsymbol{\varphi}_y^{\mathrm{T}}(t)\right]^{\mathrm{T}}\in\mathbb{R}^{d\times 1}$ 为系统的增广初始状态，其中 $\boldsymbol{\varphi}_x\in\mathbb{R}^{n\times 1}$ 和 $\boldsymbol{\varphi}_y\in\mathbb{R}^{l\times 1}$；$\tau_i$ $(i=1,\ 2,\ \cdots,\ m)$ 为时滞常数，且满足 $0<\tau_1<\cdots<\tau_i<\cdots<\tau_m\stackrel{\Delta}{=}\tau_{\max}$。

$$\boldsymbol{E}=\begin{bmatrix}\boldsymbol{I}_n & \boldsymbol{0}_{n\times l}\\ \boldsymbol{0}_{l\times n} & \boldsymbol{0}_l\end{bmatrix},\ \boldsymbol{J}_0=\begin{bmatrix}\boldsymbol{A}_0 & \boldsymbol{B}_0\\ \boldsymbol{C}_0 & \boldsymbol{D}_0\end{bmatrix},\ \boldsymbol{J}_i=\begin{bmatrix}\boldsymbol{A}_i & \boldsymbol{B}_i\\ \boldsymbol{0}_{l\times n} & \boldsymbol{0}_l\end{bmatrix},\quad i=1,\ 2,\ \cdots,\ m \tag{12.2}$$

式中，$\boldsymbol{A}_i\in\mathbb{R}^{n\times n}$、$\boldsymbol{B}_i\in\mathbb{R}^{n\times l}$、$\boldsymbol{C}_0\in\mathbb{R}^{l\times n}$ 和 $\boldsymbol{D}_0\in\mathbb{R}^{l\times l}$ $(i=0,\ 1,\ \cdots,\ m)$ 为高度稀疏的系统矩阵。

式 (12.2) 中系统增广时滞状态矩阵 $\boldsymbol{J}_i$ $(i=1,\ 2,\ \cdots,\ m)$ 高度稀疏且只有极少的非零元素。其非零列对应时滞状态或代数变量，其非零行对应时滞变量所在动态元件的状态变量。因此，文献 [235] 和 [236] 将 $\boldsymbol{J}_i$ $(i=1,\ 2,\ \cdots,\ m)$ 改写为一组列向量与行向量乘积之和。基于该模型的部分谱离散化方法，虽然能够适应同一变量具有不同时滞常数情况，但是处理起来稍显复杂。故本书在本章以及接下来的第 13～20 章中采用式 (12.1) 所示的 DDAE 模型。

式 (12.1) 对应的特征方程为

$$\left(\boldsymbol{J}_0+\sum_{i=1}^{m}\boldsymbol{J}_i\mathrm{e}^{-\lambda\tau_i}\right)\hat{\boldsymbol{v}}=\lambda\boldsymbol{E}\hat{\boldsymbol{v}} \tag{12.3}$$

式中，$\lambda\in\mathbb{C}$ 和 $\hat{\boldsymbol{v}}\in\mathbb{C}^{d\times1}$ 分别为系统特征值和对应的增广右特征向量。

基于式 (12.1) 所示时滞电力系统的 DDAE 模型，本节重新给出两个半群算子的表达式，包括微分算子——无穷小生成元和积分算子——解算子。

1. 无穷小生成元

设 $\boldsymbol{X}=\mathcal{C}\left([-\tau_{\max},\ 0],\ \mathbb{R}^{d\times1}\right)$ 表示由区间 $[-\tau_{\max},\ 0]$ 到 d 维实数空间 $\mathbb{R}^{d\times1}$ 映射的连续函数构成的巴拿赫 (Banach) 空间，并赋有上确界范数 $\sup\limits_{\theta\in[-\tau_{\max},0]}|\hat{\varphi}(\theta)|$。解算子半群的无穷小生成元 $\mathcal{A}:\boldsymbol{X}\to\boldsymbol{X}$ 定义为

$$\mathcal{A}\hat{\boldsymbol{\varphi}}=\hat{\varphi}',\ \hat{\varphi}\in\mathcal{D}(\mathcal{A}) \tag{12.4}$$

式中，$\mathcal{D}(\mathcal{A})\subseteq\boldsymbol{X}$ 为 $\mathcal{A}$ 的闭稠定义域。

$$\mathcal{D}(\mathcal{A})=\left\{\hat{\varphi}\in\boldsymbol{X}\mid\hat{\varphi}'\in\boldsymbol{X},\ \boldsymbol{E}\hat{\varphi}'(0)=\mathcal{F}(\hat{\varphi})\right\} \tag{12.5}$$

其中，$\mathcal{F}(\hat{\varphi})$ 为拼接条件 (splicing condition)。

$$\mathcal{F}(\hat{\varphi})=\boldsymbol{J}_0\hat{\boldsymbol{\varphi}}(0)+\sum_{i=1}^{m}\boldsymbol{J}_i\hat{\varphi}(-\tau_i) \tag{12.6}$$

利用 $\mathcal{A}$，式 (12.1) 可以转化为如下抽象柯西问题：

$$\begin{cases}\dfrac{\mathrm{d}\Delta\hat{\boldsymbol{x}}_t}{\mathrm{d}t}=\mathcal{A}\Delta\hat{\boldsymbol{x}}_t,\quad t\geqslant0\\ \Delta\hat{\boldsymbol{x}}_0=\hat{\boldsymbol{\varphi}}\end{cases} \tag{12.7}$$

式中，$\Delta\hat{\boldsymbol{x}}_t=\Delta\hat{\boldsymbol{x}}(t+\theta)$ $(\theta\in[-\tau_{\max},\ 0])$ 表示 t 时刻左侧长度为 $\tau_{\max}$ 的系统解分段，$t\geqslant0$。

2. 解算子

令 $\boldsymbol{z}(t)\triangleq\Delta\dot{\boldsymbol{x}}(t)\in\mathbb{R}^{n\times1}$，$\boldsymbol{w}(t)\triangleq\Delta\dot{\boldsymbol{y}}(t)\in\mathbb{R}^{l\times1}$，$t\geqslant0$。于是，将式 (12.1) 的第 1 式改写为

$$\begin{cases}\boldsymbol{z}(t)=[\boldsymbol{A}_0\ \ \boldsymbol{B}_0]\Delta\hat{\boldsymbol{x}}(t)+\sum\limits_{i=1}^{m}[\boldsymbol{A}_i\ \ \boldsymbol{B}_i]\Delta\hat{\boldsymbol{x}}(t-\tau_i)\\ \boldsymbol{C}_0\boldsymbol{z}(t)+\boldsymbol{D}_0\boldsymbol{w}(t)=\boldsymbol{0}\end{cases} \tag{12.8}$$

需要说明的是，式 (12.8) 的第 2 式是通过对式 (12.1) 中的代数方程 $\mathbf{0} = \boldsymbol{C}_0\Delta\boldsymbol{x} + \boldsymbol{D}_0\Delta\boldsymbol{y}$ 进行微分而得到的。

当 $\theta > 0$ 时，式 (12.1) 表示的时滞系统存在全局唯一解 $\Delta\hat{\boldsymbol{x}}(\theta)$，并由 Picard-Lindelöf 定理 [156] 给出：

$$\Delta\hat{\boldsymbol{x}}(\theta) = \begin{cases} \hat{\boldsymbol{\varphi}}(0) + \displaystyle\int_0^{\theta} \begin{bmatrix} \boldsymbol{z}(s) \\ \boldsymbol{w}(s) \end{bmatrix} \mathrm{d}s, & \theta \in [0,\ h] \\ \hat{\boldsymbol{\varphi}}(\theta), & \theta \in [-\tau_{\max},\ 0] \end{cases} \tag{12.9}$$

解算子 $\mathcal{T}(h)$ 定义为将 $\theta\ (-\tau_{\max} \leqslant \theta \leqslant 0)$ 时刻系统的初始状态 $\hat{\varphi}$ 转移到 $\theta + h(h > 0)$ 时刻系统增广状态 $\Delta\hat{\boldsymbol{x}}_h(\theta)$ 的线性算子，即

$$(\mathcal{T}(h)\hat{\boldsymbol{\varphi}})(\theta) = \Delta\hat{\boldsymbol{x}}_h(\theta) = \begin{cases} \hat{\boldsymbol{\varphi}}(0) + \displaystyle\int_0^{\theta+h} \begin{bmatrix} \boldsymbol{z}(s) \\ \boldsymbol{w}(s) \end{bmatrix} \mathrm{d}s, & \theta \in [-h,\ 0) \\ \hat{\boldsymbol{\varphi}}(\theta + h), & \theta \in [-\tau_{\max},\ -h] \end{cases} \tag{12.10}$$

从式 (12.1) 的代数方程中直接解得 $\Delta\boldsymbol{y} = -\boldsymbol{D}_0^{-1}\boldsymbol{C}_0\Delta\boldsymbol{x}$，然后代入式 (12.10)，从而得到其等价形式：

$$(\mathcal{T}(h)\hat{\boldsymbol{\varphi}})(\theta) = \begin{cases} \begin{bmatrix} \boldsymbol{I}_n \\ -\boldsymbol{D}_0^{-1}\boldsymbol{C}_0 \end{bmatrix} \left(\boldsymbol{\varphi}_x(0) + \displaystyle\int_0^{\theta+h} \boldsymbol{z}(s)\mathrm{d}s \right), & \theta \in [-h,\ 0) \\ \hat{\boldsymbol{\varphi}}(\theta + h), & \theta \in [-\tau_{\max},\ -h] \end{cases} \tag{12.11}$$

12.2.3 时滞与非时滞变量划分

根据是否与时滞直接相关，可将系统状态变量 $\Delta\boldsymbol{x}$ 划分为非时滞状态变量 $\Delta\boldsymbol{x}^{(1)} \in \mathbb{R}^{n_1\times 1}$ 和时滞状态变量 $\Delta\boldsymbol{x}^{(2)} \in \mathbb{R}^{n_2\times 1}$ 两部分，其中 $n_1 + n_2 = n$。同理，可将系统代数变量 $\Delta\boldsymbol{y}$ 划分为非时滞代数变量 $\Delta\boldsymbol{y}^{(1)} \in \mathbb{R}^{l_1\times 1}$ 和时滞代数变量 $\Delta\boldsymbol{y}^{(2)} \in \mathbb{R}^{l_2\times 1}$，其中 $l_1 + l_2 = l$。令 $d_1 = n_1 + l_1$，$d_2 = n_2 + l_2$，$d = n + l$。

在实际的时滞电力系统中，只有极少量的变量与时滞相关，其余的大部分变量与时滞无关。尤其地，对于大规模时滞电力系统，$d_2 \ll d_1$ 总是成立的。以装设 WADC 的闭环电力系统为例，时滞状态变量 $\Delta\boldsymbol{x}^{(2)}$ 包括时滞状态反馈信号，例如发电机 j 与 i 的功角 $\Delta\delta_j$、$\Delta\delta_i$ 或转速 $\Delta\omega_j$、$\Delta\omega_i$，以及时滞状态控制信号，例如发电机 i 上附加 WADC 的输出变量 $U_{\mathrm{Sg}i}$；时滞代数变量 $\Delta\boldsymbol{y}^{(2)}$ 包括时滞代数反馈信号，例如与联络线有功功率 ΔP_{ij} 相关的节点 i 和 j 电压的实虚部 U_{xi}、U_{yi}、U_{xj} 和 U_{yj}。

根据时滞与非时滞变量的划分，式 (12.1) 中的 $\Delta\hat{\boldsymbol{x}}$、$\boldsymbol{E}$、$\boldsymbol{J}_i$ $(i=0,\ 1,\ \cdots,\ m)$ 以及 $\hat{\boldsymbol{\varphi}}$ 可分别写成如下分块形式：

$$\Delta\hat{\boldsymbol{x}} = \left[\begin{array}{cc:cc} \left(\Delta\boldsymbol{x}^{(1)}\right)^{\mathrm{T}} & \left(\Delta\boldsymbol{x}^{(2)}\right)^{\mathrm{T}} & \left(\Delta\boldsymbol{y}^{(1)}\right)^{\mathrm{T}} & \left(\Delta\boldsymbol{y}^{(2)}\right)^{\mathrm{T}} \end{array}\right]^{\mathrm{T}} \tag{12.12}$$

$$\boldsymbol{E} = \left[\begin{array}{cc:cc} \boldsymbol{I}_{n_1} & & & \\ & \boldsymbol{I}_{n_2} & & \\ \hdashline & & \mathbf{0}_{l_1} & \\ & & & \mathbf{0}_{l_2} \end{array}\right] \tag{12.13}$$

$$\boldsymbol{J}_0 = \left[\begin{array}{cc:cc} \boldsymbol{A}_0^{(1)} & \boldsymbol{A}_0^{(2)} & \boldsymbol{B}_0^{(1)} & \boldsymbol{B}_0^{(2)} \\ \hdashline \boldsymbol{C}_0^{(1)} & \boldsymbol{C}_0^{(2)} & \boldsymbol{D}_0^{(1)} & \boldsymbol{D}_0^{(2)} \end{array}\right] = \left[\begin{array}{cc:cc} \boldsymbol{A}_{11,0} & \boldsymbol{A}_{12,0} & \boldsymbol{B}_{11,0} & \boldsymbol{B}_{12,0} \\ \boldsymbol{A}_{21,0} & \boldsymbol{A}_{22,0} & \boldsymbol{B}_{21,0} & \boldsymbol{B}_{22,0} \\ \hdashline \boldsymbol{C}_{11,0} & \boldsymbol{C}_{12,0} & \boldsymbol{D}_{11,0} & \boldsymbol{D}_{12,0} \\ \boldsymbol{C}_{21,0} & \boldsymbol{C}_{22,0} & \boldsymbol{D}_{21,0} & \boldsymbol{D}_{22,0} \end{array}\right] \tag{12.14}$$

$$\boldsymbol{J}_i = \left[\begin{array}{cc:cc} \mathbf{0}_{n\times n_1} & \boldsymbol{A}_i^{(2)} & \mathbf{0}_{n\times l_1} & \boldsymbol{B}_i^{(2)} \\ \hdashline \mathbf{0}_{l\times n_1} & \mathbf{0}_{l\times n_2} & \mathbf{0}_{l\times l_1} & \mathbf{0}_{l\times l_2} \end{array}\right] = \left[\begin{array}{cc:cc} \mathbf{0}_{n_1} & \boldsymbol{A}_{12,i} & \mathbf{0}_{n_1\times l_1} & \boldsymbol{B}_{12,i} \\ \mathbf{0}_{n_2\times n_1} & \boldsymbol{A}_{22,i} & \mathbf{0}_{n_2\times l_1} & \boldsymbol{B}_{22,i} \\ \hdashline \mathbf{0}_{l\times n_1} & \mathbf{0}_{l\times n_2} & \mathbf{0}_{l\times l_1} & \mathbf{0}_{l\times l_2} \end{array}\right] \tag{12.15}$$

$$\hat{\boldsymbol{\varphi}} = \left[\begin{array}{cc:cc} \left(\boldsymbol{\varphi}_x^{(1)}\right)^{\mathrm{T}} & \left(\boldsymbol{\varphi}_x^{(2)}\right)^{\mathrm{T}} & \left(\boldsymbol{\varphi}_y^{(1)}\right)^{\mathrm{T}} & \left(\boldsymbol{\varphi}_y^{(2)}\right)^{\mathrm{T}} \end{array}\right]^{\mathrm{T}} \tag{12.16}$$

式中，$\boldsymbol{A}_{11,0}\in\mathbb{R}^{n_1\times n_1}$，$\boldsymbol{A}_{12,i}\in\mathbb{R}^{n_1\times n_2}$，$\boldsymbol{A}_{21,0}\in\mathbb{R}^{n_2\times n_1}$，$\boldsymbol{A}_{22,i}\in\mathbb{R}^{n_2\times n_2}$，$\boldsymbol{B}_{11,0}\in\mathbb{R}^{n_1\times l_1}$，$\boldsymbol{B}_{12,i}\in\mathbb{R}^{n_1\times l_2}$，$\boldsymbol{B}_{21,0}\in\mathbb{R}^{n_2\times l_1}$，$\boldsymbol{B}_{22,i}\in\mathbb{R}^{n_2\times l_2}$，$\boldsymbol{C}_{11,0}\in\mathbb{R}^{l_1\times n_1}$，$\boldsymbol{C}_{12,0}\in\mathbb{R}^{l_1\times n_2}$，$\boldsymbol{C}_{21,0}\in\mathbb{R}^{l_2\times n_1}$，$\boldsymbol{C}_{22,0}\in\mathbb{R}^{l_2\times n_2}$，$\boldsymbol{D}_{11,0}\in\mathbb{R}^{l_1\times l_1}$，$\boldsymbol{D}_{12,0}\in\mathbb{R}^{l_1\times l_2}$，$\boldsymbol{D}_{21,0}\in\mathbb{R}^{l_2\times l_1}$，$\boldsymbol{D}_{22,0}\in\mathbb{R}^{l_2\times l_2}$，$\boldsymbol{A}_0^{(1)}\in\mathbb{R}^{n\times n_1}$，$\boldsymbol{A}_i^{(2)}\in\mathbb{R}^{n\times n_2}$，$\boldsymbol{B}_0^{(1)}\in\mathbb{R}^{n\times l_1}$，$\boldsymbol{B}_i^{(2)}\in\mathbb{R}^{n\times l_2}$，$i=0,\ 1,\ \cdots,\ m$；$\boldsymbol{\varphi}_x^{(1)}\in\mathbb{R}^{n_1\times 1}$，$\boldsymbol{\varphi}_x^{(2)}\in\mathbb{R}^{n_2\times 1}$，$\boldsymbol{\varphi}_y^{(1)}\in\mathbb{R}^{l_1\times 1}$，$\boldsymbol{\varphi}_y^{(2)}\in\mathbb{R}^{l_2\times 1}$。

进一步地，定义 $\Delta\hat{\boldsymbol{x}}^{(1)}\in\mathbb{R}^{d_1\times 1}$，$\Delta\hat{\boldsymbol{x}}^{(2)}\in\mathbb{R}^{d_2\times 1}$，$\hat{\boldsymbol{\varphi}}^{(2)}\in\mathbb{R}^{d_2\times 1}$，$\boldsymbol{J}_i^{(2)}\in\mathbb{R}^{d\times d_2}$，$\boldsymbol{J}_{x,i}^{(2)}\in\mathbb{R}^{d\times n_2}$ 和 $\boldsymbol{J}_{y,i}^{(2)}\in\mathbb{R}^{d\times l_2}$ $(i=1,\ 2,\ \cdots,\ m)$。

$$\Delta\hat{\boldsymbol{x}}^{(1)} = \left[\left(\Delta\boldsymbol{x}^{(1)}\right)^{\mathrm{T}},\ \left(\Delta\boldsymbol{y}^{(1)}\right)^{\mathrm{T}}\right]^{\mathrm{T}} \tag{12.17}$$

$$\Delta\hat{\boldsymbol{x}}^{(2)} = \left[\left(\Delta\boldsymbol{x}^{(2)}\right)^{\mathrm{T}},\ \left(\Delta\boldsymbol{y}^{(2)}\right)^{\mathrm{T}}\right]^{\mathrm{T}} \tag{12.18}$$

$$\hat{\boldsymbol{\varphi}}^{(2)} = \left[\left(\boldsymbol{\varphi}_x^{(2)}\right)^{\mathrm{T}},\ \left(\boldsymbol{\varphi}_y^{(2)}\right)^{\mathrm{T}}\right]^{\mathrm{T}} \tag{12.19}$$

$$\boldsymbol{J}_i^{(2)} = \left[\boldsymbol{J}_{x,i}^{(2)},\ \boldsymbol{J}_{y,i}^{(2)}\right] = \left[\begin{array}{c:c} \boldsymbol{A}_i^{(2)} & \boldsymbol{B}_i^{(2)} \\ \mathbf{0}_{l\times n_2} & \mathbf{0}_{l\times l_2} \end{array}\right] \tag{12.20}$$

12.2.4 部分谱离散化

部分谱离散化是指，仅对系统增广时滞状态变量 $\Delta\hat{\boldsymbol{x}}^{(2)}$ 而不是所有变量进行离散化，从而实现无穷小生成元和解算子的部分离散化，得到维数较低的部分谱离散化矩阵 [228, 235–237]。

1. 无穷小生成元的部分离散化

系统变量划分后，式 (12.7) 所示的抽象柯西问题可改写为

$$\begin{cases} \begin{bmatrix} \mathrm{d}\Delta\hat{\boldsymbol{x}}_t^{(1)}(0)/\mathrm{d}t \\ \mathrm{d}\Delta\hat{\boldsymbol{x}}_t^{(2)}/\mathrm{d}t \end{bmatrix} = \mathcal{A}\begin{bmatrix} \Delta\hat{\boldsymbol{x}}_t^{(1)}(0) \\ \Delta\hat{\boldsymbol{x}}_t^{(2)} \end{bmatrix},\quad t \geqslant 0 \\ \Delta\hat{\boldsymbol{x}}_0^{(1)}(0) = \hat{\boldsymbol{\varphi}}^{(1)}(0) \\ \Delta\hat{\boldsymbol{x}}_0^{(2)} = \hat{\boldsymbol{\varphi}}^{(2)} \end{cases} \tag{12.21}$$

式中，$\Delta\hat{\boldsymbol{x}}_t^{(1)}(\theta)$ 和 $\Delta\hat{\boldsymbol{x}}_t^{(2)}(\theta)$ 分别为 $\theta+t$ 时刻的系统增广非时滞状态变量 $\Delta\hat{\boldsymbol{x}}^{(1)}(\theta+t)$ 和增广时滞状态变量 $\Delta\hat{\boldsymbol{x}}^{(2)}(\theta+t)$，$t\geqslant 0$，$\theta\in[-\tau_{\max},\ 0]$。

相应地，式 (12.6) 所示的拼接条件可改写为

$$\boldsymbol{E}\hat{\boldsymbol{\varphi}}'(0) = \mathcal{F}(\hat{\boldsymbol{\varphi}}) = \boldsymbol{J}_0\hat{\boldsymbol{\varphi}}(0) + \sum_{i=1}^{m}\boldsymbol{J}_i^{(2)}\hat{\boldsymbol{\varphi}}^{(2)}(-\tau_i) \tag{12.22}$$

由式 (12.22) 可知，当前时刻系统的增广状态变量 $\Delta\hat{\boldsymbol{x}}$ 的导数与增广非时滞状态变量 $\Delta\hat{\boldsymbol{x}}^{(1)}$ 在过去时刻的状态无关。因此，对无穷小生成元进行部分离散化时，不需要对增广非时滞状态变量 $\Delta\hat{\boldsymbol{x}}^{(1)}$ 进行离散化，而只需要对增广时滞状态变量 $\Delta\hat{\boldsymbol{x}}^{(2)}$ 在时滞区间 $[-\tau_{\max},\ 0)$ 上进行离散化，如图 12.1 所示。

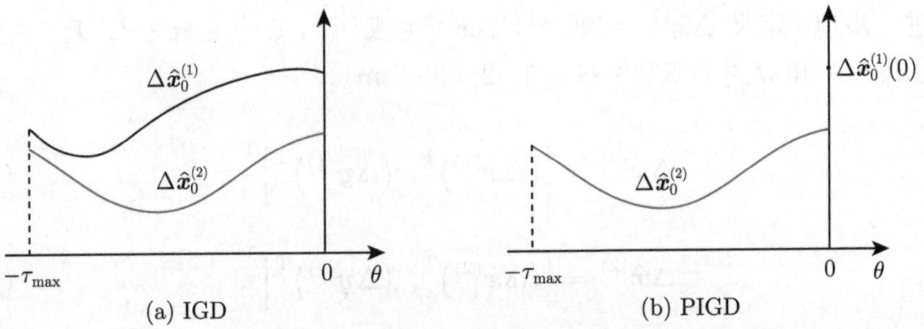

图 12.1　基于 DDAE 的无穷小生成元部分离散化原理示意

首先，在时滞区间 $[-\tau_{\max},\ 0]$ 上选取一组合适的离散点，包括零点和非零离散点。然后，采用不同的数值方法对式 (12.21) 进行部分离散化，从而得到有限维的无穷小生成元部分离散化矩阵。具体地，① 在零点处，根据式 (12.22) 所示的拼接条件对系统增广状态变量 $\Delta\hat{\boldsymbol{x}}_0$ 的导数进行估计；②在非零离散点处，对系统增广时滞状态变量 $\Delta\hat{\boldsymbol{x}}_0^{(2)}$ 的导数进行估计。

不同于第 5～7 章所述的 IGD 类特征值计算方法，基于 DDAE 模型的 PIGD 类特征值计算方法 PIGD-PS 和 PEIGD、PIGD-LMS、PIGD-IRK 分别将无穷小生成元 $\mathcal{A}$ 转换为有限维的部分离散化矩阵束 $(\boldsymbol{E}_N,\ \mathcal{A}_N)$、$(\boldsymbol{E}_N,\ \mathcal{A}_{Nm})$ 和 $(\boldsymbol{E}_N,\ \mathcal{A}_{Ns})$。其中，$\boldsymbol{E}_N$ 与矩阵 $\boldsymbol{E}$ 有关，为奇异矩阵；$\mathcal{A}_N$、$\mathcal{A}_{Nm}$ 和 $\mathcal{A}_{Ns}$ 与系统增广状态矩阵 $\boldsymbol{J}_0$ 具有相似的稀疏结构。将这些矩阵束的特征值问题转化为标准特征值问题进行求解时，其对应的矩阵即为无穷小生成元部分离散化矩阵 $\hat{\mathcal{A}}_N$、$\hat{\mathcal{A}}_{Nm}$ 和 $\hat{\mathcal{A}}_{Ns}$。具体地，在 PIGD-PS/LMS/IRK 方法中，$\hat{\mathcal{A}}_N$、$\hat{\mathcal{A}}_{Nm}$ 和 $\hat{\mathcal{A}}_{Ns}$ 可以表示为 $\boldsymbol{D}_0$ 的 Schur 补，即 $\boldsymbol{A}_N-\boldsymbol{B}_N\boldsymbol{D}_0^{-1}\boldsymbol{C}_N$；在 PEIGD 方法中，$\hat{\mathcal{A}}_N$ 可以表示为 $\boldsymbol{D}_0$ 的 Schur 补与伴随矩阵的乘积形式。

2. 解算子的部分离散化

系统变量划分后，式 (12.10) 和式 (12.11) 所示的解算子表达式可分别改写为

$$\begin{cases}\Delta\hat{\boldsymbol{x}}_h(\theta)=\hat{\boldsymbol{\varphi}}(0)+\displaystyle\int_0^{\theta+h}\begin{bmatrix}\boldsymbol{z}(s)\\\boldsymbol{w}(s)\end{bmatrix}\mathrm{d}s, & \theta\in[-h,\ 0)\\ \Delta\hat{\boldsymbol{x}}_h^{(2)}(\theta)=\hat{\boldsymbol{\varphi}}^{(2)}(\theta+h), & \theta\in[-\tau_{\max},\ -h]\end{cases}\tag{12.23}$$

和

$$\begin{cases}\Delta\hat{\boldsymbol{x}}_h(\theta)=\begin{bmatrix}\boldsymbol{I}_n\\-\boldsymbol{D}_0^{-1}\boldsymbol{C}_0\end{bmatrix}\left(\boldsymbol{\varphi}_x(0)+\displaystyle\int_0^{\theta+h}\boldsymbol{z}(s)\mathrm{d}s\right), & \theta\in[-h,\ 0)\\ \Delta\hat{\boldsymbol{x}}_h^{(2)}(\theta)=\hat{\boldsymbol{\varphi}}^{(2)}(\theta+h), & \theta\in[-\tau_{\max},\ -h]\end{cases}\tag{12.24}$$

式中

$$\begin{cases}\boldsymbol{z}(t)=[\boldsymbol{A}_0\ \ \boldsymbol{B}_0]\Delta\hat{\boldsymbol{x}}(t)+\displaystyle\sum_{i=1}^{m}\begin{bmatrix}\boldsymbol{A}_i^{(2)} & \boldsymbol{B}_i^{(2)}\end{bmatrix}\Delta\hat{\boldsymbol{x}}^{(2)}(t-\tau_i)\\ \boldsymbol{C}_0\boldsymbol{z}(t)+\boldsymbol{D}_0\boldsymbol{w}(t)=\boldsymbol{0}\end{cases}\tag{12.25}$$

由式 (12.23) ~ 式 (12.25) 可知，$t=\theta+h\geqslant 0$ 时刻系统的增广状态变量 $\Delta\hat{\boldsymbol{x}}$ 与增广非时滞状态变量 $\Delta\hat{\boldsymbol{x}}^{(1)}$ 在过去时刻的状态无关。因此，对解算子进行部分

离散化时，不需要对增广非时滞状态变量 $\Delta\hat{\boldsymbol{x}}^{(1)}$ 进行离散化，而只需要对增广时滞状态变量 $\Delta\hat{\boldsymbol{x}}^{(2)}$ 在时滞区间 $[-\tau_{\max},\ 0)$ 上进行离散化，如图 12.2 所示。

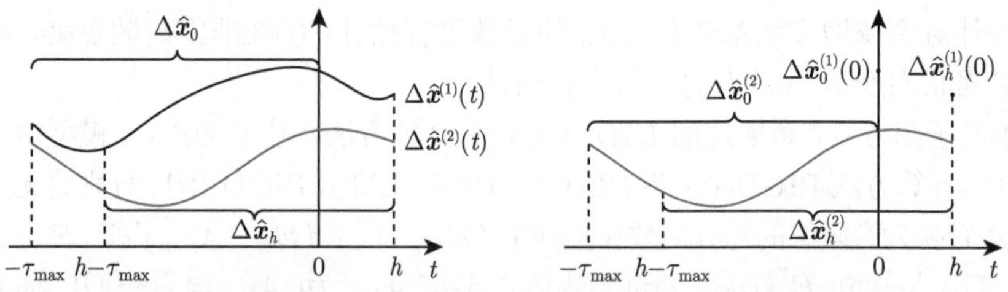

(a) SOD　　　　(b) PSOD

图 12.2　基于 DDAE 的解算子部分离散化原理示意

首先，确定转移步长 h，并在时滞区间 $[-\tau_{\max},\ 0]$ 上选取一组合适的离散点，包括零点和非零离散点。然后，采用不同的数值方法对式 (12.23) 或式 (12.24) 进行部分离散化，从而得到解算子的部分离散化矩阵 $\hat{\boldsymbol{T}}_{M,N}$、$\hat{\boldsymbol{T}}_M$、$\hat{\boldsymbol{T}}_N$ 和 $\hat{\boldsymbol{T}}_{Ns}$。具体地，①利用解算子的转移特性，即式 (12.23) 或式 (12.24) 中的第 2 式，直接估计增广时滞状态变量 $\Delta\hat{\boldsymbol{x}}_h^{(2)}$ 在 $[-\tau_{\max},\ -h)$ 上各个离散点处的状态值。②求解隐式方程式 (12.25)，估计 $\Delta\hat{\boldsymbol{x}}_h^{(1)}$ 在零点以及增广时滞状态变量 $\Delta\hat{\boldsymbol{x}}_h^{(2)}$ 在 $[-h,\ 0]$ 上各离散点处的估计值。总的来说，基于 DDAE 的解算子部分离散化，就是在零点处推导表征 $\Delta\hat{\boldsymbol{x}}_0^{(1)}$ 和 $\Delta\hat{\boldsymbol{x}}_h^{(1)}$ 之间以及在整个时滞区间 $[-\tau_{\max},\ 0]$ 的各个离散点处推导表征 $\Delta\hat{\boldsymbol{x}}_0^{(2)}$ 和 $\Delta\hat{\boldsymbol{x}}_h^{(2)}$ 之间关系的状态转移矩阵。

12.2.5　谱变换

本节介绍两种谱变换方法，包括适用于 PIGD 类特征值计算方法的位移–逆变换和适用于 PSOD 类特征值计算方法的旋转–放大预处理。

1. 位移-逆变换

首先，给定位移点 λ_{s}，将式 (12.3) 中的 λ 用 $\lambda'+\lambda_{\mathrm{s}}$ 代替，即可得到位移操作后的系统特征方程：

$$\left(\boldsymbol{J}_0'+\sum_{i=1}^{m}\boldsymbol{J}_i'\mathrm{e}^{-\lambda'\tau_i}\right)\boldsymbol{v}=\lambda'\boldsymbol{E}\boldsymbol{v} \tag{12.26}$$

式中，$\boldsymbol{J}_i'\in\mathbb{C}^{d\times d}$，$i=0,\ 1,\ \cdots,\ m$。

$$\boldsymbol{J}_0'=\boldsymbol{J}_0-\lambda_{\mathrm{s}}\boldsymbol{E}=\begin{bmatrix}\boldsymbol{A}_0-\lambda_{\mathrm{s}}\boldsymbol{I}_n & \boldsymbol{B}_0\\ \boldsymbol{C}_0 & \boldsymbol{D}_0\end{bmatrix} \tag{12.27}$$

$$\boldsymbol{J}_i' = \boldsymbol{J}_i \mathrm{e}^{-\lambda_{\mathrm{s}}\tau_i} = \begin{bmatrix} \boldsymbol{A}_i \mathrm{e}^{-\lambda_{\mathrm{s}}\tau_i} & \boldsymbol{B}_i \mathrm{e}^{-\lambda_{\mathrm{s}}\tau_i} \\ \boldsymbol{0}_{l\times n} & \boldsymbol{0}_l \end{bmatrix} \tag{12.28}$$

为了方便后续使用，定义矩阵 $\boldsymbol{A}_0' \in \mathbb{C}^{n\times n}$，$\boldsymbol{A}_i' \in \mathbb{C}^{n\times n}$，$\boldsymbol{B}_i' \in \mathbb{C}^{n\times l}$，$\boldsymbol{A}_0'^{(1)} \in \mathbb{C}^{n\times n_1}$，$\boldsymbol{A}_0'^{(2)} \in \mathbb{C}^{n\times n_2}$，$\boldsymbol{A}_i'^{(2)} \in \mathbb{C}^{n\times n_2}$，$\boldsymbol{B}_i'^{(2)} \in \mathbb{C}^{n\times n_2}$，$i=1, 2, \cdots, m$。

$$\begin{cases} \boldsymbol{A}_0' = \boldsymbol{A}_0 - \lambda_{\mathrm{s}} \boldsymbol{I}_n \\ \boldsymbol{A}_i' = \boldsymbol{A}_i \mathrm{e}^{-\lambda_{\mathrm{s}}\tau_i} \\ \boldsymbol{B}_i' = \boldsymbol{B}_i \mathrm{e}^{-\lambda_{\mathrm{s}}\tau_i} \end{cases} \tag{12.29}$$

$$\begin{cases} \boldsymbol{A}_0'^{(1)} = \boldsymbol{A}_0^{(1)} - \begin{bmatrix} \lambda_{\mathrm{s}} \boldsymbol{I}_{n_1} \\ \boldsymbol{0}_{n_2\times n_1} \end{bmatrix} \\ \boldsymbol{A}_0'^{(2)} = \boldsymbol{A}_0^{(2)} - \begin{bmatrix} \boldsymbol{0}_{n_1\times n_2} \\ \lambda_{\mathrm{s}} \boldsymbol{I}_{n_2} \end{bmatrix} \\ \boldsymbol{A}_i'^{(2)} = \boldsymbol{A}_i^{(2)} \mathrm{e}^{-\lambda_{\mathrm{s}}\tau_i} \\ \boldsymbol{B}_i'^{(2)} = \boldsymbol{B}_i^{(2)} \mathrm{e}^{-\lambda_{\mathrm{s}}\tau_i} \end{cases} \tag{12.30}$$

于是，只需将无穷小生成元 $\mathcal{A}$ 的部分离散化矩阵 $\hat{\mathcal{A}}_N$、$\hat{\mathcal{A}}_{Nm}$ 和 $\hat{\mathcal{A}}_{Ns}$ 中的 $\boldsymbol{A}_0^{(1)}$、$\boldsymbol{A}_i$、$\boldsymbol{A}_i^{(2)}$ $(i=0, 1, \cdots, m)$、$\boldsymbol{B}_i$ 和 $\boldsymbol{B}_i^{(2)}$ $(i=1, 2, \cdots, m)$ 分别用 $\boldsymbol{A}_0'^{(1)}$、$\boldsymbol{A}_i'$、$\boldsymbol{A}_i'^{(2)}$ $(i=0, 1, \cdots, m)$、$\boldsymbol{B}_i'$ 和 $\boldsymbol{B}_i'^{(2)}$ $(i=1, 2, \cdots, m)$ 替换，即可得到位移操作后的无穷小生成元部分离散化矩阵 $\hat{\mathcal{A}}_N'$、$\hat{\mathcal{A}}_{Nm}'$ 和 $\hat{\mathcal{A}}_{Ns}'$。

其次，对 $\hat{\mathcal{A}}_N'$、$\hat{\mathcal{A}}_{Nm}'$ 和 $\hat{\mathcal{A}}_{Ns}'$ 进行求逆运算，将最靠近位移点 λ_{s} 的特征值映射为模值最大的特征值。对于 PIGD-PS/LMS/IRK 方法，无穷小生成元部分离散化矩阵 $\hat{\mathcal{A}}_N'$、$\hat{\mathcal{A}}_{Nm}'$ 和 $\hat{\mathcal{A}}_{Ns}'$ 均可表示为 $\boldsymbol{D}_0$ 的 Schur 补形式；对于 PEIGD 方法，其无穷小生成元部分离散化矩阵 $\hat{\mathcal{A}}_N'$ 可表示为 $\boldsymbol{D}_0$ 的 Schur 补与伴随矩阵相乘的形式。因此，利用 4.5.4 节所述思想，就可以高效地计算得到位移-逆变换后无穷小生成元部分离散化矩阵的逆与向量的乘积。

2. 旋转–放大预处理

首先，将式 (12.3) 中的 λ 用 $\lambda'\mathrm{e}^{\mathrm{j}\theta}$ 代替，并根据式 (4.68) 对时滞常数进行必要的近似，即可得到坐标轴旋转后的系统特征方程：

$$\left(\boldsymbol{J}_0' + \sum_{i=1}^{m} \boldsymbol{J}_i' \mathrm{e}^{-\lambda'\tau_i}\right)\hat{\boldsymbol{v}} = \lambda' \boldsymbol{E} \hat{\boldsymbol{v}} \tag{12.31}$$

式中，$\boldsymbol{J}_i' \in \mathbb{C}^{d\times d}$，$i=0, 1, \cdots, m$。

$$\boldsymbol{J}_0' = \begin{bmatrix} \boldsymbol{A}_0 \mathrm{e}^{-\mathrm{j}\theta} & \boldsymbol{B}_0 \mathrm{e}^{-\mathrm{j}\theta} \\ \boldsymbol{C}_0 & \boldsymbol{D}_0 \end{bmatrix} \tag{12.32}$$

$$\boldsymbol{J}_i' = \begin{bmatrix} \boldsymbol{A}_i \mathrm{e}^{-\mathrm{j}\theta} & \boldsymbol{B}_i \mathrm{e}^{-\mathrm{j}\theta} \\ \boldsymbol{0}_{l\times n} & \boldsymbol{0}_l \end{bmatrix} \tag{12.33}$$

为了方便后续使用，定义矩阵 $\boldsymbol{A}_i' \in \mathbb{C}^{n\times n}$，$\boldsymbol{B}_i' \in \mathbb{C}^{n\times l}$，$\boldsymbol{A}_0'^{(1)} \in \mathbb{C}^{n\times n_1}$，$\boldsymbol{B}_0'^{(1)} \in \mathbb{C}^{n\times n_1}$，$\boldsymbol{A}_i'^{(2)} \in \mathbb{C}^{n\times n_2}$ 和 $\boldsymbol{B}_i'^{(2)} \in \mathbb{C}^{n\times n_2}$，$i=0,\ 1,\ \cdots,\ m$。

$$\begin{cases} \boldsymbol{A}_i' = \boldsymbol{A}_i \mathrm{e}^{-\mathrm{j}\theta} \\ \boldsymbol{B}_i' = \boldsymbol{B}_i \mathrm{e}^{-\mathrm{j}\theta} \end{cases} \tag{12.34}$$

$$\begin{cases} \boldsymbol{A}_0'^{(1)} = \boldsymbol{A}_0^{(1)} \mathrm{e}^{-\mathrm{j}\theta} \\ \boldsymbol{B}_0'^{(1)} = \boldsymbol{B}_0^{(1)} \mathrm{e}^{-\mathrm{j}\theta} \\ \boldsymbol{A}_i'^{(2)} = \boldsymbol{A}_i^{(2)} \mathrm{e}^{-\mathrm{j}\theta} \\ \boldsymbol{B}_i'^{(2)} = \boldsymbol{B}_i^{(2)} \mathrm{e}^{-\mathrm{j}\theta} \end{cases} \tag{12.35}$$

然后，将时滞电力系统的特征值 λ 放大 α 倍 (即将 s 平面的坐标轴缩小 α 倍)，以增强 z 平面上单位圆附近解算子特征值 μ 分布的稀疏性。在坐标旋转变换的基础上，放大预处理有两种实现方法：

(1) 首先，保持 h 不变，将 $\tau_i\ (i=1,\ 2,\ \cdots,\ m)$ 变为原来的 $1/\alpha$ 倍，并将区间 $[-\tau_{\max}/\alpha,\ 0]$ 重新划分为长度等于 h 的子区间。其次，根据不同的解算子部分离散化方案，重新形成相关的部分离散化子矩阵。此外，还需要将 $\boldsymbol{A}_i'$、$\boldsymbol{B}_i'$、$\boldsymbol{A}_0'^{(1)}$、$\boldsymbol{B}_0'^{(1)}$、$\boldsymbol{A}_i'^{(2)}$ 和 $\boldsymbol{B}_i'^{(2)}$ $(i=0,\ 1,\ \cdots,\ m)$ 变换为原来的 α 倍 ($\boldsymbol{A}_i'' \in \mathbb{C}^{n\times n}$、$\boldsymbol{B}_i'' \in \mathbb{C}^{n\times l}$、$\boldsymbol{A}_0''^{(1)} \in \mathbb{C}^{n\times n_1}$、$\boldsymbol{B}_0''^{(1)} \in \mathbb{C}^{n\times n_1}$、$\boldsymbol{A}_i''^{(2)} \in \mathbb{C}^{n\times n_2}$ 和 $\boldsymbol{B}_i''^{(2)} \in \mathbb{C}^{n\times n_2}$)。最终，可得旋转–放大预处理后的解算子部分离散化矩阵。

$$\begin{cases} \boldsymbol{A}_i'' = \alpha \boldsymbol{A}_i' = \alpha \boldsymbol{A}_i \mathrm{e}^{-\mathrm{j}\theta} \\ \boldsymbol{B}_i'' = \alpha \boldsymbol{B}_i' = \alpha \boldsymbol{B}_i \mathrm{e}^{-\mathrm{j}\theta} \end{cases} \tag{12.36}$$

$$\begin{cases} \boldsymbol{A}_0''^{(1)} = \alpha \boldsymbol{A}_0'^{(1)} = \alpha \boldsymbol{A}_0^{(1)} \mathrm{e}^{-\mathrm{j}\theta} \\ \boldsymbol{B}_0''^{(1)} = \alpha \boldsymbol{B}_0'^{(1)} = \alpha \boldsymbol{B}_0^{(1)} \mathrm{e}^{-\mathrm{j}\theta} \\ \boldsymbol{A}_i''^{(2)} = \alpha \boldsymbol{A}_i'^{(i)} = \alpha \boldsymbol{A}_i^{(2)} \mathrm{e}^{-\mathrm{j}\theta} \\ \boldsymbol{B}_i''^{(2)} = \alpha \boldsymbol{B}_i'^{(i)} = \alpha \boldsymbol{B}_i^{(2)} \mathrm{e}^{-\mathrm{j}\theta} \end{cases} \tag{12.37}$$

(2) 首先，保持 τ_i $(i=1, 2, \cdots, m)$ 以及 $\boldsymbol{A}_i'$、$\boldsymbol{B}_i'$、$\boldsymbol{A}_0'^{(1)}$、$\boldsymbol{B}_0'^{(1)}$、$\boldsymbol{A}_i'^{(2)}$ 和 $\boldsymbol{B}_i'^{(2)}$ $(i=0, 1, \cdots, m)$ 不变，将 h 增大 α 倍，并将区间 $[-\tau_{\max}, 0]$ 重新划分为长度等于 αh 的子区间。其次，根据不同的解算子部分离散化方案，重新形成相关的部分离散化子矩阵。最终，可得旋转–放大预处理后的解算子部分离散化矩阵。

旋转–放大预处理后，解算子部分离散化矩阵的子矩阵可表示为单位阵与 $\boldsymbol{D}_0$ 克罗内克积的 Schur 补。因此，利用 4.5.4 节所述思想，就可以高效地计算得到预处理后解算子离散化矩阵的子矩阵之逆与向量的乘积。

12.3 基于 DDAE 的部分谱离散化大规模时滞电力系统特征值计算框架

除了 12.2.2 节与 12.2.3 节给出的增广时滞与增广非时滞状态变量划分、部分谱离散化和谱变换，基于 DDAE 的部分谱离散化大规模时滞电力系统特征值计算还包括谱映射、谱估计和谱校正等步骤。完整的计算框架可总结如下。

(1) 变量划分：根据是否与时滞相关，将系统增广状态变量 $\hat{\boldsymbol{x}}$ 划分为增广非时滞状态变量 $\hat{\boldsymbol{x}}^{(1)}$ 和增广时滞状态变量 $\hat{\boldsymbol{x}}^{(2)}$。相应地，将系统增广状态矩阵改写为如式 (12.13) ~ 式 (12.15) 所示的分块形式。

(2) 谱映射：系统的特征值与无穷小生成元 $\mathcal{A}$ 和解算子 $\mathcal{T}(h)$ 的谱之间的映射关系分别如式 (4.40) 和式 (4.41) 所示。

(3) 部分谱离散化：采用不同的离散化方案，包括 PS、IRK 和 LMS，对式 (12.21) 和式 (12.23)/式 (12.24) 分别进行离散化，从而得到无穷小生成元部分离散化矩阵束 $(\boldsymbol{E}_N, \mathcal{A}_N)$ (以 PEIGD 方法为例) 和解算子部分离散化矩阵 $\boldsymbol{T}_{M,N}$ (以 PSOD-PS 方法为例)，即：$\mathcal{A} \to (\boldsymbol{E}_N, \mathcal{A}_N)$，$\mathcal{T}(h) \to \hat{\boldsymbol{T}}_{M,N}$。$\sigma(\mathcal{A})$ 和 $\sigma(\mathcal{T}(h))$ 最右侧的部分，分别为 $\sigma(\mathcal{A})$ 和 $\sigma(\mathcal{T}(h))$ 的子集。

(4) 谱变换：分别采用位移–逆变换和旋转–放大预处理，对无穷小生成元 $\mathcal{A}$ 和解算子 $\mathcal{T}(h)$ 的特征值分布进行处理，构建无穷小生成元和解算子的部分谱离散化矩阵 $\hat{\mathcal{A}}_N'$ (以 PEIGD 方法为例) 和 $\hat{\boldsymbol{T}}_{M,N}'$ (以 PSOD-PS 方法为例)。

(5) 谱估计：采用 Krylov 子空间类特征值算法 (如 IRA 和 Krylov-Schur)，并充分利用系统增广状态矩阵 $\boldsymbol{J}_i$ $(i=0, 1, \cdots, m)$ 固有的稀疏特性，高效地求解部分谱离散化矩阵 $\hat{\mathcal{A}}_N'$ (以 PEIGD 方法为例) 和 $\hat{\boldsymbol{T}}_{M,N}'$ (以 PSOD-PS 方法为例) 的关键特征值。

(6) 谱校正：根据谱映射关系式 (4.40) 和式 (4.41)，得到系统关键特征值的估计值 $\hat{\lambda}$，并将与 $\hat{\lambda}$ 对应的 Krylov 向量的前 n 个分量作为特征向量的估计值 $\hat{\boldsymbol{v}}$。将 $\hat{\lambda}$ 和 $\hat{\boldsymbol{v}}$ 作为牛顿法的初始值，通过迭代最终可得系统的精确特征值 λ 和对应的特征向量 $\boldsymbol{v}$。

第 13 章 基于 PIGD-PS/LMS/IRK 的特征值计算方法

基于 DDAE 的部分谱离散化特征值计算框架，本章提出了大规模时滞电力系统特征值准确、高效计算的 PIGD-PS/LMS/IRK 方法。首先，采用 PS、LMS (BDF) 和 IRK (Radau IIA) 方法对基于 DDAE 的无穷小生成元进行部分离散化，推导得到低阶的无穷小生成元部分离散化矩阵；然后，通过谱变换和谱估计，高效地计算得到大规模时滞电力系统的部分关键特征值；最后，将 PIGD-PS/LMS/IRK 与 IIGD 和 IGD-LMS/IRK 方法进行对比，总结得到方法的特性。

13.1 PIGD-PS 方法

13.1.1 基本原理

1. 离散化向量定义

利用第 5 章定义的离散点集合 $\Omega_N = \{\theta_{N,j},\ j = 0,\ 1,\ \cdots,\ N\}$，可将连续函数 $\boldsymbol{\varphi}_x^{(2)}$ 和 $\boldsymbol{\varphi}_y^{(2)}$ 离散化为分块向量 $\boldsymbol{\Phi}_x^{(2)} \in \mathbb{R}^{(N+1)n_2\times 1}$ 和 $\boldsymbol{\Phi}_y^{(2)} \in \mathbb{R}^{(N+1)l_2\times 1}$。

$$\begin{cases} \boldsymbol{\Phi}_x^{(2)} = \left[\left(\boldsymbol{\varphi}_{x,0}^{(2)}\right)^{\mathrm{T}},\ \left(\boldsymbol{\varphi}_{x,1}^{(2)}\right)^{\mathrm{T}},\ \cdots,\ \left(\boldsymbol{\Phi}_{x,N}^{(2)}\right)^{\mathrm{T}}\right]^{\mathrm{T}} \\ \boldsymbol{\Phi}_y^{(2)} = \left[\left(\boldsymbol{\varphi}_{y,0}^{(2)}\right)^{\mathrm{T}},\ \left(\boldsymbol{\varphi}_{y,1}^{(2)}\right)^{\mathrm{T}},\ \cdots,\ \left(\boldsymbol{\varphi}_{y,N}^{(2)}\right)^{\mathrm{T}}\right]^{\mathrm{T}} \end{cases} \tag{13.1}$$

式中，$\boldsymbol{\varphi}_{x,j}^{(2)} = \boldsymbol{\varphi}_x^{(2)}(\theta_{N,j}) \in \mathbb{R}^{n_2\times 1}$ 和 $\boldsymbol{\varphi}_{y,j}^{(2)} = \boldsymbol{\varphi}_y^{(2)}(\theta_{N,j}) \in \mathbb{R}^{l_2\times 1}$ 分别为 $\boldsymbol{\varphi}_x^{(2)}$ 和 $\boldsymbol{\varphi}_y^{(2)}$ 在离散点 $\theta_{N,j}$ 处的函数值，$j = 0,\ 1,\ \cdots,\ N$。

定义 $\boldsymbol{\varphi}_x^{(2)}$ 和 $\boldsymbol{\varphi}_y^{(2)}$ 在各离散点 $\theta_{N,j}$ 处的导数值分别为 $\boldsymbol{\psi}_{x,j}^{(2)} = \left(\boldsymbol{\varphi}_x^{(2)}\right)'(\theta_{N,j}) \in \mathbb{R}^{n_2\times 1}$ 和 $\boldsymbol{\psi}_{y,j}^{(2)} = \left(\boldsymbol{\varphi}_y^{(2)}\right)'(\theta_{N,j}) \in \mathbb{R}^{l_2\times 1}$，$j = 0,\ 1,\ \cdots,\ N$。对于非时滞状态变量 $\boldsymbol{\varphi}_x^{(1)}$ 和代数变量 $\boldsymbol{\varphi}_y^{(1)}$，定义 $\boldsymbol{\varphi}_{x,0}^{(1)} = \boldsymbol{\varphi}_x^{(1)}(0) \in \mathbb{R}^{n_1\times 1}$，$\boldsymbol{\varphi}_{y,0}^{(1)} = \boldsymbol{\varphi}_y^{(1)}(0) \in \mathbb{R}^{l_1\times 1}$，$\boldsymbol{\psi}_{x,0}^{(1)} = \left(\boldsymbol{\varphi}_x^{(1)}\right)'(0) \in \mathbb{R}^{n_1\times 1}$ 和 $\boldsymbol{\psi}_{y,0}^{(1)} = \left(\boldsymbol{\varphi}_y^{(1)}\right)'(0) \in \mathbb{R}^{l_1\times 1}$。进而，定义离散化分块向量 $\bar{\boldsymbol{\Phi}} \in \mathbb{R}^{(d+Nd_2)\times 1}$：

$$\bar{\boldsymbol{\Phi}} = \Bigg[\left(\boldsymbol{\varphi}_{x,0}^{(1)}\right)^{\mathrm{T}},\ \left(\boldsymbol{\varphi}_{x,0}^{(2)}\right)^{\mathrm{T}},\ \left(\boldsymbol{\varphi}_{y,0}^{(1)}\right)^{\mathrm{T}},\ \left(\boldsymbol{\varphi}_{y,0}^{(2)}\right)^{\mathrm{T}},\ \left(\boldsymbol{\varphi}_{x,1}^{(2)}\right)^{\mathrm{T}},\ \cdots,\ \left(\boldsymbol{\varphi}_{x,N}^{(2)}\right)^{\mathrm{T}},$$
$$\left(\boldsymbol{\varphi}_{y,1}^{(2)}\right)^{\mathrm{T}},\ \cdots,\ \left(\boldsymbol{\varphi}_{y,N}^{(2)}\right)^{\mathrm{T}}\Bigg]^{\mathrm{T}} \tag{13.2}$$

2. 拉格朗日插值多项式

设 $L_N\boldsymbol{\Phi}_x^{(2)}$ 和 $L_N\boldsymbol{\Phi}_y^{(2)}$ 表示唯一存在的次数不超过 N 的拉格朗日插值多项式，分别满足 $L_N\boldsymbol{\Phi}_x^{(2)}(\theta_{N,j}) = \boldsymbol{\Phi}_{x,j}^{(2)}$，$L_N\boldsymbol{\varphi}_y^{(2)}(\theta_{N,j}) = \boldsymbol{\varphi}_{y,j}^{(2)}$，$j = 0,\ 1,\ \cdots,\ N$。

$$\begin{cases} \boldsymbol{\varphi}_x^{(2)}(\theta) \approx \left(L_N\boldsymbol{\Phi}_x^{(2)}\right)(\theta) = \displaystyle\sum_{j=0}^{N} \ell_{N,j}(\theta)\boldsymbol{\varphi}_{x,j}^{(2)} \\ \boldsymbol{\varphi}_y^{(2)}(\theta) \approx \left(L_N\boldsymbol{\Phi}_y^{(2)}\right)(\theta) = \displaystyle\sum_{j=0}^{N} \ell_{N,j}(\theta)\boldsymbol{\varphi}_{y,j}^{(2)} \end{cases} \tag{13.3}$$

式中，$\theta \in [-\tau_{\max},\ 0]$；$\ell_{N,j}(\cdot)$ 为与离散点 $\theta_{N,j}$ 相关的拉格朗日插值系数，$j = 0,\ 1,\ \cdots,\ N$。

$$\ell_{N,j}(\theta) = \prod_{k=0,\ k\neq j}^{N} \frac{\theta - \theta_{N,k}}{\theta_{N,j} - \theta_{N,k}} \tag{13.4}$$

特别地，在离散点 $\theta_{N,i}$ $(i = 0,\ 1,\ \cdots,\ N)$ 处，有

$$\ell_{N,j}(\theta_{N,i}) = \begin{cases} 1, & i = j \\ 0, & i \neq j \end{cases} \tag{13.5}$$

13.1.2 伪谱部分离散化矩阵

利用拉格朗日插值多项式 $L_N\boldsymbol{\Phi}_x^{(2)}$ 和 $L_N\boldsymbol{\Phi}_y^{(2)}$ 估计 $\theta_{N,0} = 0$ 点处系统增广状态变量 $\Delta\hat{\boldsymbol{x}}$ 的导数值以及非零离散点 $\theta_{N,j}$ $(j = 1,\ 2,\ \cdots,\ N)$ 处系统增广时滞状态变量 $\Delta\hat{\boldsymbol{x}}^{(2)}$ 的导数值，可以推导得到无穷小生成元 $\mathcal{A}$ 的伪谱部分离散化矩阵。

1. 在 $\theta_{N,0}$ 处函数 $\hat{\varphi}$ 导数的估计值

函数 $\hat{\boldsymbol{\varphi}}$ 在离散点 $\theta_{N,0}$ 处的导数 $\hat{\boldsymbol{\psi}}_0 = \left[\left(\boldsymbol{\psi}_{x,0}^{(1)}\right)^{\mathrm{T}},\ \left(\boldsymbol{\psi}_{x,0}^{(2)}\right)^{\mathrm{T}},\ \left(\boldsymbol{\psi}_{y,0}^{(1)}\right)^{\mathrm{T}},\ \left(\boldsymbol{\psi}_{y,0}^{(2)}\right)^{\mathrm{T}}\right]^{\mathrm{T}}$ $\in \mathbb{R}^{d\times 1}$ 可由式 (12.22) 所示的拼接条件估计得到。

$$
\begin{aligned}
\boldsymbol{E}\hat{\boldsymbol{\psi}}_0 &\approx \boldsymbol{J}_0 \begin{bmatrix} \boldsymbol{\varphi}_{x,0}^{(1)} \\ \left(L_N \boldsymbol{\Phi}_x^{(2)}\right)(0) \\ \boldsymbol{\varphi}_{y,0}^{(1)} \\ \left(L_N \boldsymbol{\Phi}_y^{(2)}\right)(0) \end{bmatrix} + \sum_{i=1}^{m} \begin{bmatrix} \boldsymbol{J}_{x,i}^{(2)} & \boldsymbol{J}_{y,i}^{(2)} \end{bmatrix} \begin{bmatrix} \left(L_N \boldsymbol{\Phi}_x^{(2)}\right)(-\tau_i) \\ \left(L_N \boldsymbol{\Phi}_y^{(2)}\right)(-\tau_i) \end{bmatrix} \\
&= \boldsymbol{J}_0 \begin{bmatrix} \boldsymbol{\varphi}_{x,0}^{(1)} \\ \sum\limits_{j=0}^{N} \ell_{N,j}(0) \boldsymbol{\varphi}_{x,j}^{(2)} \\ \boldsymbol{\varphi}_{y,0}^{(1)} \\ \sum\limits_{j=0}^{N} \ell_{N,j}(0) \boldsymbol{\varphi}_{y,j}^{(2)} \end{bmatrix} + \sum_{i=1}^{m} \begin{bmatrix} \boldsymbol{J}_{x,i}^{(2)} & \boldsymbol{J}_{y,i}^{(2)} \end{bmatrix} \begin{bmatrix} \sum\limits_{j=0}^{N} \ell_{N,j}(-\tau_i) \boldsymbol{\varphi}_{x,j}^{(2)} \\ \sum\limits_{j=0}^{N} \ell_{N,j}(-\tau_i) \boldsymbol{\varphi}_{y,j}^{(2)} \end{bmatrix}
\end{aligned} \tag{13.6}
$$

将式 (13.6) 等号右侧改写为 $\bar{\boldsymbol{\Phi}}$ 为变量的显式表达式，并代入式 (13.5)，得

$$
\boldsymbol{E}\hat{\boldsymbol{\psi}}_0 = \boldsymbol{R}_N \bar{\boldsymbol{\Phi}} \tag{13.7}
$$

式中

$$
\boldsymbol{R}_N = \begin{bmatrix} \boldsymbol{J}_0 & \boldsymbol{r}_{x,1} & \cdots & \boldsymbol{r}_{x,N} & \boldsymbol{r}_{y,1} & \cdots & \boldsymbol{r}_{y,N} \end{bmatrix} \in \mathbb{R}^{d \times (d+Nd_2)} \tag{13.8}
$$

其中，$\boldsymbol{r}_{x,j} = \sum\limits_{i=1}^{m} \boldsymbol{J}_{x,i}^{(2)} \ell_{N,j}(-\tau_i) \in \mathbb{R}^{d \times n_2}$，$\boldsymbol{r}_{y,j} = \sum\limits_{i=1}^{m} \boldsymbol{J}_{y,i}^{(2)} \ell_{N,j}(-\tau_i) \in \mathbb{R}^{d \times l_2}$，$j = 1, 2, \cdots, N$。

将 $\boldsymbol{R}_N$ 进一步变换为常数拉格朗日向量 $\tilde{\boldsymbol{\ell}}_i \in \mathbb{R}^{1 \times N}$ 与系统增广时滞状态矩阵 $\boldsymbol{J}_{x,i}^{(2)}$ 和 $\boldsymbol{J}_{y,i}^{(2)}$ $(i = 1, 2, \cdots, m)$ 的克罗内克积之和。

$$
\boldsymbol{R}_N = \begin{bmatrix} \boldsymbol{J}_0 & \sum\limits_{i=1}^{m} \tilde{\boldsymbol{\ell}}_i \otimes \boldsymbol{J}_{x,i}^{(2)} & \sum\limits_{i=1}^{m} \tilde{\boldsymbol{\ell}}_i \otimes \boldsymbol{J}_{y,i}^{(2)} \end{bmatrix} \tag{13.9}
$$

式中

$$
\tilde{\boldsymbol{\ell}}_i = \begin{bmatrix} \ell_{N,1}(-\tau_i) & \cdots & \ell_{N,N}(-\tau_i) \end{bmatrix}, \ i = 1, 2, \cdots, m \tag{13.10}
$$

2. 在 $\theta_{N,j}$ $(j = 1, 2, \cdots, N)$ 处函数 $\boldsymbol{\varphi}_x^{(2)}$ 和 $\boldsymbol{\varphi}_y^{(2)}$ 导数的估计值

在 $\theta_{N,j}$ $(j = 1, 2, \cdots, N)$ 处，根据式 (13.3)，可得 $\boldsymbol{\varphi}_x^{(2)}$ 和 $\boldsymbol{\varphi}_y^{(2)}$ 的导数分别为

$$
\begin{cases}
\left(\boldsymbol{\varphi}_x^{(2)}\right)'(\theta_{N,j}) = \boldsymbol{\psi}_{x,j}^{(2)} = \left(L_N \boldsymbol{\Phi}_x^{(2)}\right)'(\theta_{N,j}) = \sum\limits_{i=0}^{N} \ell'_{N,i}(\theta_{N,j}) \boldsymbol{\varphi}_{x,i}^{(2)} \\
\left(\boldsymbol{\varphi}_y^{(2)}\right)'(\theta_{N,j}) = \boldsymbol{\psi}_{y,j}^{(2)} = \left(L_N \boldsymbol{\Phi}_y^{(2)}\right)'(\theta_{N,j}) = \sum\limits_{i=0}^{N} \ell'_{N,i}(\theta_{N,j}) \boldsymbol{\varphi}_{y,i}^{(2)}
\end{cases} \tag{13.11}
$$

式中，$\ell'_{N,i}(\theta_{N,j})$ $(i=0,\ 1,\ \cdots,\ N;\ j=1,\ 2,\ \cdots,\ N)$ 的显式表达为

$$\ell'_{N,i}(\theta_{N,j})=\begin{cases}\displaystyle\sum_{k=0,\ k\neq i}^{N}\frac{1}{\theta_{N,i}-\theta_{N,k}}, & j=i\\ \displaystyle\prod_{k=0,\ k\neq i,j}^{N}\frac{\theta_{N,j}-\theta_{N,k}}{\theta_{N,i}-\theta_{N,k}}=\frac{\theta_{N,j}-\theta_{N,k}}{(\theta_{N,i}-\theta_{N,k})(\theta_{N,j}-\theta_{N,i})}, & j\neq i\end{cases}\tag{13.12}$$

将以 $\ell'_{N,i}(\theta_{N,j})$ $(i=0,\ 1,\ \cdots,\ N;\ j=1,\ 2,\ \cdots,\ N)$ 为元素 $(j,\ i)$ 形成的矩阵记为 $\underline{\boldsymbol{D}}_N\in\mathbb{R}^{N\times(N+1)}$，即 $(\underline{\boldsymbol{D}}_N)(j,\ i)\triangleq\ell'_{N,i}(\theta_{N,j})$。实际上，矩阵 $\underline{\boldsymbol{D}}_N$ 为切比雪夫微分矩阵 $\boldsymbol{D}_N\in\mathbb{R}^{(N+1)\times(N+1)}$ 的后 N 行形成的子矩阵，具体表达式见 3.2.1 节和 5.1.2 节。

3. $\mathcal{A}$ 的伪谱离散化矩阵

联立式 (13.7) 和式 (13.11)，进而改写成矩阵形式，可得式 (12.21) 所示抽象柯西问题的离散化形式：

$$\begin{bmatrix}\boldsymbol{E} & \\ & \boldsymbol{I}_{Nd_2}\end{bmatrix}\begin{bmatrix}\hat{\boldsymbol{\psi}}_0\\ \boldsymbol{\psi}_{x,1}^{(2)}\\ \vdots\\ \boldsymbol{\psi}_{x,N}^{(2)}\\ \boldsymbol{\psi}_{y,1}^{(2)}\\ \vdots\\ \boldsymbol{\psi}_{y,N}^{(2)}\end{bmatrix}$$

$$=\left[\begin{array}{c:c:c:c:c:c}\boldsymbol{A}_0^{(1)} & \boldsymbol{A}_0^{(2)} & \boldsymbol{B}_0^{(1)} & \boldsymbol{B}_0^{(2)} & \displaystyle\sum_{i=1}^{m}\tilde{\ell}_i\otimes\boldsymbol{A}_i^{(2)} & \displaystyle\sum_{i=1}^{m}\tilde{\ell}_i\otimes\boldsymbol{B}_i^{(2)}\\ \hdashline \boldsymbol{C}_0^{(1)} & \boldsymbol{C}_0^{(2)} & \boldsymbol{D}_0^{(1)} & \boldsymbol{D}_0^{(2)} & & \\ \hdashline & \underline{\boldsymbol{D}}_{N,1}\otimes\boldsymbol{I}_{n_2} & & & \tilde{\boldsymbol{D}}_N\otimes\boldsymbol{I}_{n_2} & \\ \hdashline & & \underline{\boldsymbol{D}}_{N,1}\otimes\boldsymbol{I}_{l_2} & & & \tilde{\boldsymbol{D}}_N\otimes\boldsymbol{I}_{l_2}\end{array}\right]\bar{\boldsymbol{\Phi}}\tag{13.13}$$

式中，$\underline{\boldsymbol{D}}_{N,1}=\underline{\boldsymbol{D}}_N(:,\ 1)\in\mathbb{R}^{N\times 1}$，$\tilde{\boldsymbol{D}}_N=\underline{\boldsymbol{D}}_N(:,\ 2:N+1)\in\mathbb{R}^{N\times N}$。

至此，无穷小生成元 $\mathcal{A}$ 被转化为有限维伪谱部分离散化矩阵束 $(\boldsymbol{E}_N,\ \mathcal{A}_N)$，其中 $\boldsymbol{E}_N\in\mathbb{R}^{(d+Nd_2)\times(d+Nd_2)}$ 为奇异矩阵，$\mathcal{A}_N\in\mathbb{R}^{(d+Nd_2)\times(d+Nd_2)}$。

$$
\begin{cases}
\boldsymbol{E}_N = \mathrm{diag}\{\boldsymbol{E},\ \boldsymbol{I}_{Nd_2}\} \\
\mathcal{A}_N = \left[\begin{array}{c:c:c:c:c:c}
\boldsymbol{A}_0^{(1)} & \boldsymbol{A}_0^{(2)} & \boldsymbol{B}_0^{(1)} & \boldsymbol{B}_0^{(2)} & \sum\limits_{i=1}^{m}\tilde{\ell}_i \otimes \boldsymbol{A}_i^{(2)} & \sum\limits_{i=1}^{m}\tilde{\ell}_i \otimes \boldsymbol{B}_i^{(2)} \\
\hdashline
\boldsymbol{C}_0^{(1)} & \boldsymbol{C}_0^{(2)} & \boldsymbol{D}_0^{(1)} & \boldsymbol{D}_0^{(2)} & & \\
\hdashline
 & \underline{\boldsymbol{D}}_{N,1} \otimes \boldsymbol{I}_{n_2} & & & \tilde{\boldsymbol{D}}_N \otimes \boldsymbol{I}_{n_2} & \\
\hdashline
 & & & \underline{\boldsymbol{D}}_{N,1} \otimes \boldsymbol{I}_{l_2} & & \tilde{\boldsymbol{D}}_N \otimes \boldsymbol{I}_{l_2}
\end{array}\right]
\end{cases}
\tag{13.14}
$$

矩阵束 $(\boldsymbol{E}_N,\ \mathcal{A}_N)$ 的特征值问题也被称为广义特征值问题，需转化为标准特征值问题求解。首先，考虑到矩阵 $\boldsymbol{E}$ 的结构，式 (13.13) 可改写为下列差分-代数方程组：

$$
\begin{cases}
\tilde{\boldsymbol{\Psi}} = \boldsymbol{A}_N\tilde{\boldsymbol{\Phi}} + \boldsymbol{B}_N\boldsymbol{\varphi}_{y,0} \\
\boldsymbol{0} = \boldsymbol{C}_N\tilde{\boldsymbol{\Phi}} + \boldsymbol{D}_N\boldsymbol{\varphi}_{y,0}
\end{cases}
\tag{13.15}
$$

式中，离散化分块向量 $\tilde{\boldsymbol{\Psi}} \in \mathbb{R}^{(n+Nd_2)\times 1}$ 和 $\tilde{\boldsymbol{\Phi}} \in \mathbb{R}^{(n+Nd_2)\times 1}$ 分别由系统非时滞状态变量 $\Delta\boldsymbol{x}^{(1)}$ 在 $\theta_0 = 0$ 处和系统增广时滞状态变量 $\Delta\hat{\boldsymbol{x}}^{(2)}$ 在所有离散点处的函数值和导数值组成；$\boldsymbol{\varphi}_{y,0} \in \mathbb{R}^{l\times 1}$ 由系统代数变量 $\Delta\boldsymbol{y}$ 在 $\theta_0 = 0$ 处的函数值组成；$\boldsymbol{A}_N \in \mathbb{R}^{(n+Nd_2)\times(n+Nd_2)}$，$\boldsymbol{B}_N \in \mathbb{R}^{(n+Nd_2)\times l}$，$\boldsymbol{C}_N \in \mathbb{R}^{l\times(n+Nd_2)}$，$\boldsymbol{D}_N \in \mathbb{R}^{l\times l}$。

$$
\begin{cases}
\tilde{\boldsymbol{\Psi}} = \left[\left(\boldsymbol{\psi}_{x,0}^{(1)}\right)^{\mathrm{T}},\ \left(\boldsymbol{\psi}_{x,0}^{(2)}\right)^{\mathrm{T}},\ \left(\boldsymbol{\psi}_{x,1}^{(2)}\right)^{\mathrm{T}},\ \left(\boldsymbol{\psi}_{y,1}^{(2)}\right)^{\mathrm{T}},\ \cdots,\ \left(\boldsymbol{\psi}_{x,N}^{(2)}\right)^{\mathrm{T}},\ \left(\boldsymbol{\psi}_{y,N}^{(2)}\right)^{\mathrm{T}}\right]^{\mathrm{T}} \\
\tilde{\boldsymbol{\Phi}} = \left[\left(\boldsymbol{\varphi}_{x,0}^{(1)}\right)^{\mathrm{T}},\ \left(\boldsymbol{\varphi}_{x,0}^{(2)}\right)^{\mathrm{T}},\ \left(\boldsymbol{\varphi}_{x,1}^{(2)}\right)^{\mathrm{T}},\ \left(\boldsymbol{\varphi}_{y,1}^{(2)}\right)^{\mathrm{T}},\ \cdots,\ \left(\boldsymbol{\varphi}_{x,N}^{(2)}\right)^{\mathrm{T}},\ \left(\boldsymbol{\varphi}_{y,N}^{(2)}\right)^{\mathrm{T}}\right]^{\mathrm{T}} \\
\boldsymbol{\varphi}_{y,0} = \left[\left(\boldsymbol{\varphi}_{y,0}^{(1)}\right)^{\mathrm{T}},\ \left(\boldsymbol{\varphi}_{y,0}^{(2)}\right)^{\mathrm{T}}\right]^{\mathrm{T}}
\end{cases}
\tag{13.16}
$$

$$
\begin{cases}
\boldsymbol{A}_N = \left[\begin{array}{c:c}
\boldsymbol{A}_0 & \sum\limits_{i=1}^{m}\tilde{\boldsymbol{\ell}}_i \otimes \begin{bmatrix}\boldsymbol{A}_i^{(2)} & \boldsymbol{B}_i^{(2)}\end{bmatrix} \\
\hdashline
\boldsymbol{0}_{Nd_2\times n_1} \quad \underline{\boldsymbol{D}}_{N,1} \otimes \begin{bmatrix}\boldsymbol{I}_{n_2} \\ \boldsymbol{0}_{l_2\times n_2}\end{bmatrix} & \tilde{\boldsymbol{D}}_N \otimes \boldsymbol{I}_{d_2}
\end{array}\right] \\
\boldsymbol{B}_N = \left[\begin{array}{c}
\boldsymbol{B}_0 \\
\hdashline
\boldsymbol{0}_{Nd_2\times l_1} \quad \underline{\boldsymbol{D}}_{N,1} \otimes \begin{bmatrix}\boldsymbol{0}_{n_2\times l_2} \\ \boldsymbol{I}_{l_2}\end{bmatrix}
\end{array}\right] \\
\boldsymbol{C}_N = \begin{bmatrix}\boldsymbol{C}_0 & \boldsymbol{0}_{l\times Nd_2}\end{bmatrix},\ \boldsymbol{D}_N = \boldsymbol{D}_0
\end{cases}
\tag{13.17}
$$

然后，消去式 (13.15) 中的 $\boldsymbol{\varphi}_{y,0}$，即可得到下列差分方程：

$$\tilde{\boldsymbol{\Psi}} = \hat{\mathcal{A}}_N \tilde{\boldsymbol{\Phi}} \tag{13.18}$$

式中，$\hat{\mathcal{A}}_N \in \mathbb{R}^{(n+Nd_2)\times(n+Nd_2)}$ 即为 $\mathcal{A}$ 的伪谱部分离散化矩阵。

$$\hat{\mathcal{A}}_N = \boldsymbol{A}_N - \boldsymbol{B}_N \boldsymbol{D}_0^{-1} \boldsymbol{C}_N \tag{13.19}$$

13.2 PIGD-LMS 方法

13.2.1 离散化向量定义

利用 7.1.2 节定义的离散点集合 $\Omega_N = \{\theta_0 = 0\} \cup \{\theta_{j,i},\ j = 0,\ 1,\ \cdots,\ N_i;\ i = 1,\ 2,\ \cdots,\ m\}$，连续函数 $\boldsymbol{\varphi}_x^{(2)}$ 和 $\boldsymbol{\varphi}_y^{(2)}$ 分别被离散化为分块向量 $\boldsymbol{\Phi}_x^{(2)} \in \mathbb{R}^{(N+1)n_2\times 1}$ 和 $\boldsymbol{\Phi}_y^{(2)} \in \mathbb{R}^{(N+1)l_2\times 1}$。

$$\begin{cases} \boldsymbol{\Phi}_x^{(2)} = \left[\left(\boldsymbol{\varphi}_{x,0}^{(2)}\right)^{\mathrm{T}},\ \left[\boldsymbol{\varphi}_x^{(2)}\right]_1^{\mathrm{T}},\ \cdots,\ \left[\boldsymbol{\varphi}_x^{(2)}\right]_m^{\mathrm{T}}\right]^{\mathrm{T}} \\ \boldsymbol{\Phi}_y^{(2)} = \left[\left(\boldsymbol{\varphi}_{y,0}^{(2)}\right)^{\mathrm{T}},\ \left[\boldsymbol{\varphi}_y^{(2)}\right]_1^{\mathrm{T}},\ \cdots,\ \left[\boldsymbol{\varphi}_y^{(2)}\right]_m^{\mathrm{T}}\right]^{\mathrm{T}} \end{cases} \tag{13.20}$$

式中，$\boldsymbol{\varphi}_{x,0}^{(2)} = \boldsymbol{\varphi}_x^{(2)}(0) \in \mathbb{R}^{n_2\times 1}$，$\boldsymbol{\varphi}_{y,0}^{(2)} = \boldsymbol{\varphi}_y^{(2)}(0) \in \mathbb{R}^{l_2\times 1}$；$\left[\boldsymbol{\varphi}_x^{(2)}\right]_i \in \mathbb{R}^{N_i n_2\times 1}$ 和 $\left[\boldsymbol{\varphi}_y^{(2)}\right]_i \in \mathbb{R}^{N_i l_2\times 1}$ 分别为 $\boldsymbol{\varphi}_x^{(2)}$ 和 $\boldsymbol{\varphi}_y^{(2)}$ 在第 i 个时滞区间 $[-\tau_i,\ -\tau_{i-1}]$ 上各离散点处的函数值组成的分块向量，$i = 1,\ 2,\ \cdots,\ m$。

$$\begin{cases} \left[\boldsymbol{\varphi}_x^{(2)}\right]_i = \left[\left(\boldsymbol{\varphi}_{x,1,i}^{(2)}\right)^{\mathrm{T}},\ \left(\boldsymbol{\varphi}_{x,2,i}^{(2)}\right)^{\mathrm{T}},\ \cdots,\ \left(\boldsymbol{\varphi}_{x,N_i,i}^{(2)}\right)^{\mathrm{T}}\right]^{\mathrm{T}} \\ \left[\boldsymbol{\varphi}_y^{(2)}\right]_i = \left[\left(\boldsymbol{\varphi}_{y,1,i}^{(2)}\right)^{\mathrm{T}},\ \left(\boldsymbol{\varphi}_{y,2,i}^{(2)}\right)^{\mathrm{T}},\ \cdots,\ \left(\boldsymbol{\varphi}_{y,N_i,i}^{(2)}\right)^{\mathrm{T}}\right]^{\mathrm{T}} \end{cases} \tag{13.21}$$

式中，$\boldsymbol{\varphi}_{x,j,i}^{(2)} = \boldsymbol{\varphi}_x^{(2)}(\theta_{j,i}) \in \mathbb{R}^{n_2\times 1}$ 和 $\boldsymbol{\varphi}_{y,j,i}^{(2)} = \boldsymbol{\varphi}_y^{(2)}(\theta_{j,i}) \in \mathbb{R}^{l_2\times 1}$ 分别为 $\boldsymbol{\varphi}_x^{(2)}$ 和 $\boldsymbol{\varphi}_y^{(2)}$ 在离散点 $\theta_{j,i}$ 处的函数值，$j = 1,\ 2,\ \cdots,\ N_i$；$i = 1,\ 2,\ \cdots,\ m$。

定义 $\boldsymbol{\varphi}_x^{(2)}$ 和 $\boldsymbol{\varphi}_y^{(2)}$ 在集合 Ω_N 上各离散点处的导数值分别为 $\boldsymbol{\psi}_{x,0}^{(2)} = \left(\boldsymbol{\varphi}_x^{(2)}\right)'(0) \in \mathbb{R}^{n_2\times 1}$，$\boldsymbol{\psi}_{y,0}^{(2)} = \left(\boldsymbol{\varphi}_y^{(2)}\right)'(0) \in \mathbb{R}^{l_2\times 1}$，$\boldsymbol{\psi}_{x,j,i}^{(2)} = \left(\boldsymbol{\varphi}_x^{(2)}\right)'(\theta_{j,i}) \in \mathbb{R}^{n_2\times 1}$，$\boldsymbol{\psi}_{y,j,i}^{(2)} = \left(\boldsymbol{\varphi}_y^{(2)}\right)'(\theta_{j,i}) \in \mathbb{R}^{l_2\times 1}$，$j = 1,\ 2,\ \cdots,\ N_i$；$i = 1,\ 2,\ \cdots,\ m$。分块向量 $\left[\boldsymbol{\psi}_x^{(2)}\right]_i \in \mathbb{R}^{N_i n_2\times 1}$ 和 $\left[\boldsymbol{\psi}_y^{(2)}\right]_i \in \mathbb{R}^{N_i l_2\times 1}$ 分别与 $\left[\boldsymbol{\varphi}_x^{(2)}\right]_i$ 和 $\left[\boldsymbol{\varphi}_y^{(2)}\right]_i$ 具有相同的结构，$i = 1,\ 2,\ \cdots,\ m$。

$$\begin{cases} \left[\boldsymbol{\psi}_x^{(2)}\right]_i = \left[\left(\boldsymbol{\psi}_{x,1,i}^{(2)}\right)^{\mathrm{T}},\ \left(\boldsymbol{\psi}_{x,2,i}^{(2)}\right)^{\mathrm{T}},\ \cdots,\ \left(\boldsymbol{\psi}_{x,N_i,i}^{(2)}\right)^{\mathrm{T}}\right]^{\mathrm{T}} \\ \left[\boldsymbol{\psi}_y^{(2)}\right]_i = \left[\left(\boldsymbol{\psi}_{y,1,i}^{(2)}\right)^{\mathrm{T}},\ \left(\boldsymbol{\psi}_{y,2,i}^{(2)}\right)^{\mathrm{T}},\ \cdots,\ \left(\boldsymbol{\psi}_{y,N_i,i}^{(2)}\right)^{\mathrm{T}}\right]^{\mathrm{T}} \end{cases} \tag{13.22}$$

对于非时滞状态变量 $\boldsymbol{\varphi}_x^{(1)}$ 和非时滞代数变量 $\boldsymbol{\varphi}_y^{(1)}$，定义 $\boldsymbol{\varphi}_{x,0}^{(1)} = \boldsymbol{\varphi}_x^{(1)}(0) \in \mathbb{R}^{n_1\times 1}$,$\boldsymbol{\varphi}_{y,0}^{(1)} = \boldsymbol{\varphi}_y^{(1)}(0) \in \mathbb{R}^{l_1\times 1}$,$\boldsymbol{\psi}_{x,0}^{(1)} = \left(\boldsymbol{\varphi}_x^{(1)}\right)'(0) \in \mathbb{R}^{n_1\times 1}$ 和 $\boldsymbol{\psi}_{y,0}^{(1)} = \left(\boldsymbol{\varphi}_y^{(1)}\right)'(0) \in \mathbb{R}^{l_1\times 1}$。

13.2.2 BDF 部分离散化矩阵

在时滞区间 $[-\tau_{\max},\ 0]$ 上，利用 LMS(BDF) 方法的迭代公式估计 $\theta_{0,1} = 0$ 点处系统增广状态变量 $\Delta\hat{\boldsymbol{x}}$ 的导数值以及非零离散点 $\theta_{j,i}$ $(j = 1,\ 2,\ \cdots,\ N_i;\ i = 1, 2, \cdots, m)$ 处系统增广时滞状态变量 $\Delta\hat{\boldsymbol{x}}^{(2)}$ 的导数值，可以推导得到无穷小生成元 $\mathcal{A}$ 的 BDF 部分离散化矩阵。

1. 在 $\theta_{0,1}$ 处函数 $\hat{\varphi}$ 导数的估计值

在 $\theta_{0,1} = 0$ 处,函数 $\hat{\varphi}$ 的导数 $\hat{\psi}_0 = \left[(\boldsymbol{\psi}_{x,0}^{(1)})^{\mathrm{T}},\ (\boldsymbol{\psi}_{x,0}^{(2)})^{\mathrm{T}},\ (\boldsymbol{\psi}_{y,0}^{(1)})^{\mathrm{T}},\ (\boldsymbol{\psi}_{y,0}^{(2)})^{\mathrm{T}}\right]^{\mathrm{T}} \in \mathbb{R}^{d\times 1}$ 可根据式 (12.22) 所示的拼接条件估计得到。

$$\begin{aligned} \boldsymbol{E}\hat{\boldsymbol{\psi}}_0 &\approx \boldsymbol{J}_0 \begin{bmatrix} \boldsymbol{\varphi}_{x,0}^{(1)} \\ \boldsymbol{\varphi}_{x,0}^{(2)} \\ \boldsymbol{\varphi}_{y,0}^{(1)} \\ \boldsymbol{\varphi}_{y,0}^{(2)} \end{bmatrix} + \sum_{i=1}^{m} \begin{bmatrix} \boldsymbol{J}_{x,i}^{(2)} & \boldsymbol{J}_{y,i}^{(2)} \end{bmatrix} \begin{bmatrix} \boldsymbol{\varphi}_{x,N_i,i}^{(2)} \\ \boldsymbol{\varphi}_{y,N_i,i}^{(2)} \end{bmatrix} \\ &= \begin{bmatrix} \boldsymbol{J}_0 & \sum\limits_{i=1}^{m} \tilde{\mathbf{e}}_i \otimes \boldsymbol{J}_{x,i}^{(2)} & \sum\limits_{i=1}^{m} \tilde{\mathbf{e}}_i \otimes \boldsymbol{J}_{y,i}^{(2)} \end{bmatrix} \bar{\boldsymbol{\Phi}} \end{aligned} \tag{13.23}$$

式中，$\bar{\boldsymbol{\Phi}} \in \mathbb{R}^{(d+Nd_2)\times 1}$；$\tilde{\mathbf{e}}_i$ $(i = 1,\ 2,\ \cdots,\ m) \in \mathbb{R}^{1\times N}$ 为单位向量，为式 (7.26) 中 $\mathbf{e}_i$ 的后 N 列，$N = \sum\limits_{i=1}^{m} N_i$。

$$\begin{aligned} \bar{\boldsymbol{\Phi}} = \Big[&\left(\boldsymbol{\varphi}_{x,0}^{(1)}\right)^{\mathrm{T}},\ \left(\boldsymbol{\varphi}_{x,0}^{(2)}\right)^{\mathrm{T}},\ \left(\boldsymbol{\varphi}_{y,0}^{(1)}\right)^{\mathrm{T}},\ \left(\boldsymbol{\varphi}_{y,0}^{(2)}\right)^{\mathrm{T}},\ \left[\boldsymbol{\varphi}_x^{(2)}\right]_1^{\mathrm{T}},\ \cdots,\ \left[\boldsymbol{\varphi}_x^{(2)}\right]_m^{\mathrm{T}}, \\ &\left[\boldsymbol{\varphi}_y^{(2)}\right]_1^{\mathrm{T}},\ \cdots,\ \left[\boldsymbol{\varphi}_y^{(2)}\right]_m^{\mathrm{T}}\Big]^{\mathrm{T}} \end{aligned} \tag{13.24}$$

$$\tilde{\mathbf{e}}_i=\begin{cases}[g_1,\ \cdots,\ g_j,\ 0], & i=1,\ 2,\ \cdots,\ m-1;\ j=1,\ 2,\ \cdots,\ N-1\\ [0,\ \ 0,\ \ \cdots,\ \ 1], & i=m\end{cases} \tag{13.25}$$

其中

$$g_j=\begin{cases}0, & j\neq\sum_{l=1}^{i}N_l\\ 1, & j=\sum_{l=1}^{i}N_l\end{cases} \tag{13.26}$$

2. 第 i 个时滞子区间 $[-\tau_i,\ -\tau_{i-1}]$ 上各离散点处函数 $\boldsymbol{\varphi}_x^{(2)}$ 和 $\boldsymbol{\varphi}_y^{(2)}$ 导数的估计值

在第 i $(i=1,\ 2,\ \cdots,\ m)$ 个时滞子区间 $[-\tau_i,\ -\tau_{i-1}]$ 上的离散点 $\theta_{j,i}$ $(j=1,\ 2,\ \cdots,\ N_i)$ 处，函数 $\boldsymbol{\varphi}_x^{(2)}$ 和 $\boldsymbol{\varphi}_y^{(2)}$ 的导数值 $\boldsymbol{\psi}_{x,j,i}^{(2)}$ 和 $\boldsymbol{\psi}_{y,j,i}^{(2)}$ 可以通过估计无穷小生成元 $\mathcal{A}$ 的定义得到：

$$\begin{cases}\boldsymbol{\psi}_{x,j,i}^{(2)}=\left(\boldsymbol{\varphi}_x^{(2)}\right)'(\theta_{j,i})=\left[\mathcal{A}\boldsymbol{\varphi}_x^{(2)}\right](\theta_{j,i})\\ \boldsymbol{\psi}_{y,j,i}^{(2)}=\left(\boldsymbol{\varphi}_y^{(2)}\right)'(\theta_{j,i})=\left[\mathcal{A}\boldsymbol{\varphi}_y^{(2)}\right](\theta_{j,i})\end{cases} \tag{13.27}$$

以 $\boldsymbol{\psi}_{x,j,i}^{(2)}$ 为例，采用式 (7.17) 相同的处理方式，利用 k 步 BDF 方法估计函数 $\boldsymbol{\varphi}_x^{(2)}$ 在离散点 $\theta_{j,i}$ $(i=1,\ 2,\ \cdots,\ m;\ j=1,\ 2,\ \cdots,\ N_i)$ 处的导数：

$$\boldsymbol{\psi}_{x,j,i}^{(2)}=\begin{cases}\sum_{l=0}^{k}\dfrac{\gamma_{j,l}\boldsymbol{\varphi}_{x,l,i}^{(2)}}{h_i\beta_k}, & j=1,\ 2,\ \cdots,\ k-1\\ \sum_{l=0}^{k}\dfrac{\alpha_l\boldsymbol{\varphi}_{x,j+l-k,i}^{(2)}}{h_i\beta_k}, & j=k,\ k+1,\ \cdots,\ N_i\end{cases} \tag{13.28}$$

式中，k 为 LMS(BDF) 法的步数；α_l $(l=0,\ 1,\ \cdots,\ k)$ 和 β_k 为 LMS (BDF) 法的系数；$\gamma_{j,l}$ 为未知、待求系数，$j=1,\ 2,\ \cdots,\ k-1$；$l=0,\ 1,\ \cdots,\ k$；$h_i=(\tau_i-\tau_{i-1})/N_i$，$i=1,\ 2,\ \cdots,\ m$。

与式 (7.19) ~ 式 (7.21) 类似，将式 (13.28) 应用于所有时滞区间 $[-\tau_i,\ -\tau_{i-1}]$ $(i=1,\ 2,\ \cdots,\ m)$ 上的离散点 $\theta_{j,i}$ $(j=1,\ 2,\ \cdots,\ N_i;\ i=1,\ 2,\ \cdots,\ m)$，然后写成矩阵形式，得

$$\begin{bmatrix} \left[\boldsymbol{\psi}_x^{(2)}\right]_1 \\ \left[\boldsymbol{\psi}_x^{(2)}\right]_2 \\ \vdots \\ \left[\boldsymbol{\psi}_x^{(2)}\right]_m \end{bmatrix} = \begin{bmatrix} \mathbf{0}_{Nn_2\times n_1} & \mathcal{B}_N \otimes \boldsymbol{I}_{n_2} \end{bmatrix} \begin{bmatrix} \boldsymbol{\varphi}_{x,0}^{(1)} \\ \boldsymbol{\varphi}_{x,0}^{(2)} \\ \left[\boldsymbol{\varphi}_x^{(2)}\right]_1 \\ \left[\boldsymbol{\varphi}_x^{(2)}\right]_2 \\ \vdots \\ \left[\boldsymbol{\varphi}_x^{(2)}\right]_m \end{bmatrix} \tag{13.29}$$

式中，$\mathcal{B}_N \in \mathbb{R}^{N\times(N+1)}$。

同理，对于函数 $\boldsymbol{\varphi}_y^{(2)}$，有

$$\begin{bmatrix} \left[\boldsymbol{\psi}_y^{(2)}\right]_1 \\ \left[\boldsymbol{\psi}_y^{(2)}\right]_2 \\ \vdots \\ \left[\boldsymbol{\psi}_y^{(2)}\right]_m \end{bmatrix} = \begin{bmatrix} \mathbf{0}_{Nl_2\times l_1} & \mathcal{B}_N \otimes \boldsymbol{I}_{l_2} \end{bmatrix} \begin{bmatrix} \boldsymbol{\varphi}_{y,0}^{(1)} \\ \boldsymbol{\varphi}_{y,0}^{(2)} \\ \left[\boldsymbol{\varphi}_y^{(2)}\right]_1 \\ \left[\boldsymbol{\varphi}_y^{(2)}\right]_2 \\ \vdots \\ \left[\boldsymbol{\varphi}_y^{(2)}\right]_m \end{bmatrix} \tag{13.30}$$

3. $\mathcal{A}$ 的 BDF 部分离散化矩阵

联立式 (13.23)、式 (13.29) 和式 (13.30)，可得如式 (12.20) 所示抽象柯西问题的离散化形式:

$$\begin{bmatrix} \boldsymbol{E} & \\ & \boldsymbol{I}_{Nd_2} \end{bmatrix} \begin{bmatrix} \hat{\psi}_0 \\ \left[\boldsymbol{\psi}_x^{(2)}\right]_1 \\ \vdots \\ \left[\boldsymbol{\psi}_x^{(2)}\right]_m \\ \left[\boldsymbol{\psi}_y^{(2)}\right]_1 \\ \vdots \\ \left[\boldsymbol{\psi}_y^{(2)}\right]_m \end{bmatrix} = \left[\begin{array}{c:c:c:c:c:c} \boldsymbol{A}_0^{(1)} & \boldsymbol{A}_0^{(2)} & \boldsymbol{B}_0^{(1)} & \boldsymbol{B}_0^{(2)} & \sum\limits_{i=1}^{m} \tilde{\mathbf{e}}_i \otimes \boldsymbol{A}_i^{(2)} & \sum\limits_{i=1}^{m} \tilde{\mathbf{e}}_i \otimes \boldsymbol{B}_i^{(2)} \\ \hdashline \boldsymbol{C}_0^{(1)} & \boldsymbol{C}_0^{(2)} & \boldsymbol{D}_0^{(1)} & \boldsymbol{D}_0^{(2)} & & \\ \hdashline & \mathcal{B}_{N,1} \otimes \boldsymbol{I}_{n_2} & & & \tilde{\mathcal{B}}_N \otimes \boldsymbol{I}_{n_2} & \\ \hdashline & & & \mathcal{B}_{N,1} \otimes \boldsymbol{I}_{l_2} & & \tilde{\mathcal{B}}_N \otimes \boldsymbol{I}_{l_2} \end{array}\right] \bar{\boldsymbol{\Phi}} \tag{13.31}$$

式中，$\mathcal{B}_{N,1} = \mathcal{B}_N(:,\ 1) \in \mathbb{R}^{N\times 1}$，$\tilde{\mathcal{B}}_N = \mathcal{B}_N(:,\ 2:N+1) \in \mathbb{R}^{N\times N}$。

至此，无穷小生成元 $\mathcal{A}$ 被转化为有限维 BDF 部分离散化矩阵束 $(\boldsymbol{E}_N,\ \mathcal{A}_{Nm})$，其中 $\boldsymbol{E}_N \in \mathbb{R}^{(d+Nd_2)\times(d+Nd_2)}$ 如式 (13.14) 第 1 式所示，$\mathcal{A}_{Nm} \in \mathbb{R}^{(d+Nd_2)\times 1}$。

$$
\mathcal{A}_{Nm}=\left[\begin{array}{c:c:c:c:c:c}
\boldsymbol{A}_0^{(1)} & \boldsymbol{A}_0^{(2)} & \boldsymbol{B}_0^{(1)} & \boldsymbol{B}_0^{(2)} & \displaystyle\sum_{i=1}^{m}\tilde{\mathbf{e}}_i\otimes\boldsymbol{A}_i^{(2)} & \displaystyle\sum_{i=1}^{m}\tilde{\mathbf{e}}_i\otimes\boldsymbol{B}_i^{(2)} \\ \hdashline
\boldsymbol{C}_0^{(1)} & \boldsymbol{C}_0^{(2)} & \boldsymbol{D}_0^{(1)} & \boldsymbol{D}_0^{(2)} & & \\ \hdashline
 & \mathcal{B}_{N,1}\otimes\boldsymbol{I}_{n_2} & & & \tilde{\mathcal{B}}_N\otimes\boldsymbol{I}_{n_2} & \\ \hdashline
 & & & \mathcal{B}_{N,1}\otimes\boldsymbol{I}_{l_2} & & \tilde{\mathcal{B}}_N\otimes\boldsymbol{I}_{l_2}
\end{array}\right] \tag{13.32}
$$

矩阵束 $(\boldsymbol{E}_N,\ \mathcal{A}_{Nm})$ 的特征值问题也被称为广义特征值问题，可转化为标准特征值问题求解。首先，考虑到矩阵 $\boldsymbol{E}$ 的结构，式 (13.31) 可改写为下列差分-代数方程组：

$$
\begin{cases}
\tilde{\boldsymbol{\Psi}}=\boldsymbol{A}_{Nm}\tilde{\boldsymbol{\Phi}}+\boldsymbol{B}_{Nm}\boldsymbol{\varphi}_{y,0} \\
\boldsymbol{0}=\boldsymbol{C}_{Nm}\tilde{\boldsymbol{\Phi}}+\boldsymbol{D}_{Nm}\boldsymbol{\varphi}_{y,0}
\end{cases} \tag{13.33}
$$

式中，离散化分块向量 $\tilde{\boldsymbol{\Phi}}\in\mathbb{R}^{(n+Nd_2)\times 1}$ 和 $\tilde{\boldsymbol{\Psi}}\in\mathbb{R}^{(n+Nd_2)\times 1}$ 分别包括系统非时滞状态变量 $\Delta\boldsymbol{x}^{(1)}$ 在 $\theta_{0,1}=0$ 处和系统增广时滞状态变量 $\Delta\hat{\boldsymbol{x}}^{(2)}$ 在所有离散点处的函数值和导数值；$\boldsymbol{\varphi}_{y,0}\in\mathbb{R}^{l\times 1}$ 由系统代数变量 $\Delta\boldsymbol{y}$ 在 $\theta_{0,1}=0$ 处的函数值组成；$\boldsymbol{A}_{Nm}\in\mathbb{R}^{(n+Nd_2)\times(n+Nd_2)}$，$\boldsymbol{B}_{Nm}\in\mathbb{R}^{(n+Nd_2)\times l}$，$\boldsymbol{C}_{Nm}\in\mathbb{R}^{l\times(n+Nd_2)}$，$\boldsymbol{D}_{Nm}\in\mathbb{R}^{l\times l}$。

$$
\begin{cases}
\tilde{\boldsymbol{\Psi}}=\left[\left(\boldsymbol{\psi}_{x,0}^{(1)}\right)^{\mathrm{T}},\ \left(\boldsymbol{\psi}_{x,0}^{(2)}\right)^{\mathrm{T}},\ \left[\boldsymbol{\psi}_{x}^{(2)}\right]_1^{\mathrm{T}},\ \left[\boldsymbol{\psi}_{y}^{(2)}\right]_1^{\mathrm{T}},\ \cdots,\ \left[\boldsymbol{\psi}_{x}^{(2)}\right]_m^{\mathrm{T}},\ \left[\boldsymbol{\psi}_{y}^{(2)}\right]_m^{\mathrm{T}}\right]^{\mathrm{T}} \\
\tilde{\boldsymbol{\Phi}}=\left[\left(\boldsymbol{\varphi}_{x,0}^{(1)}\right)^{\mathrm{T}},\ \left(\boldsymbol{\varphi}_{x,0}^{(2)}\right)^{\mathrm{T}},\ \left[\boldsymbol{\varphi}_{x}^{(2)}\right]_1^{\mathrm{T}},\ \left[\boldsymbol{\varphi}_{y}^{(2)}\right]_1^{\mathrm{T}},\ \cdots,\ \left[\boldsymbol{\varphi}_{x}^{(2)}\right]_m^{\mathrm{T}},\ \left[\boldsymbol{\varphi}_{y}^{(2)}\right]_m^{\mathrm{T}}\right]^{\mathrm{T}} \\
\boldsymbol{\varphi}_{y,0}=\left[\left(\boldsymbol{\varphi}_{y,0}^{(1)}\right)^{\mathrm{T}},\ \left(\boldsymbol{\varphi}_{y,0}^{(2)}\right)^{\mathrm{T}}\right]^{\mathrm{T}}
\end{cases} \tag{13.34}
$$

$$
\begin{cases}
\boldsymbol{A}_{Nm}=\left[\begin{array}{c:c}
\boldsymbol{A}_0 & \displaystyle\sum_{i=1}^{m}\tilde{\mathbf{e}}_i\otimes\left[\boldsymbol{A}_i^{(2)}\quad \boldsymbol{B}_i^{(2)}\right] \\ \hdashline
\boldsymbol{0}_{Nd_2\times n_1}\quad \mathcal{B}_{N,1}\otimes\begin{bmatrix}\boldsymbol{I}_{n_2}\\ \boldsymbol{0}_{l_2\times n_2}\end{bmatrix} & \tilde{\mathcal{B}}_N\otimes\boldsymbol{I}_{d_2}
\end{array}\right] \\
\boldsymbol{B}_{Nm}=\left[\begin{array}{c}
\boldsymbol{B}_0 \\ \hdashline
\boldsymbol{0}_{Nd_2\times l_1}\quad \mathcal{B}_{N,1}\otimes\begin{bmatrix}\boldsymbol{0}_{n_2\times l_2}\\ \boldsymbol{I}_{l_2}\end{bmatrix}
\end{array}\right] \\
\boldsymbol{C}_{Nm}=\left[\boldsymbol{C}_0\quad \boldsymbol{0}_{l\times Nd_2}\right],\ \boldsymbol{D}_{Nm}=\boldsymbol{D}_0
\end{cases} \tag{13.35}
$$

然后，消去式 (13.33) 中的 $\boldsymbol{\varphi}_{y,0}$，即可得到下列差分方程：

$$\tilde{\boldsymbol{\Psi}} = \hat{\mathcal{A}}_{Nm}\tilde{\boldsymbol{\Phi}} \tag{13.36}$$

式中，$\hat{\mathcal{A}}_{Nm} \in \mathbb{R}^{(n+Nd_2)\times(n+Nd_2)}$ 即为 $\mathcal{A}$ 的 BDF 部分离散化矩阵:

$$\hat{\mathcal{A}}_{Nm} = \boldsymbol{A}_{Nm} - \boldsymbol{B}_{Nm}\boldsymbol{D}_0^{-1}\boldsymbol{C}_{Nm} \tag{13.37}$$

13.3 PIGD-IRK 方法

13.3.1 离散化向量定义

利用 7.2.2 节中在时滞区间 $[-\tau_{\max},\ 0]$ 上定义的离散点集合 $\Omega_N = \{\theta_0 = 0\}\cup\{\theta_{j,i}-c_l h_i,\ j=0,\ 1,\ \cdots,\ N_i;\ i=1,\ 2,\ \cdots,\ m;\ l=1,\ 2,\ \cdots,\ s\}$，连续函数 $\boldsymbol{\varphi}_x^{(2)}$ 和 $\boldsymbol{\varphi}_y^{(2)}$ 分别被离散化为分块向量 $\boldsymbol{\Phi}_x^{(2)} \in \mathbb{R}^{(Ns+1)n_2\times 1}$ 和 $\boldsymbol{\Phi}_y^{(2)} \in \mathbb{R}^{(Ns+1)l_2\times 1}$。

$$\begin{cases} \boldsymbol{\Phi}_x^{(2)} = \left[\left(\boldsymbol{\varphi}_{x,0}^{(2)}\right)^{\mathrm{T}},\ \left[\boldsymbol{\varphi}_x^{(2)}\right]_1^{\mathrm{T}},\ \cdots,\ \left[\boldsymbol{\varphi}_x^{(2)}\right]_m^{\mathrm{T}}\right]^{\mathrm{T}} \\ \boldsymbol{\Phi}_y^{(2)} = \left[\left(\boldsymbol{\varphi}_{y,0}^{(2)}\right)^{\mathrm{T}},\ \left[\boldsymbol{\varphi}_y^{(2)}\right]_1^{\mathrm{T}},\ \cdots,\ \left[\boldsymbol{\varphi}_y^{(2)}\right]_m^{\mathrm{T}}\right]^{\mathrm{T}} \end{cases} \tag{13.38}$$

式中，$\boldsymbol{\varphi}_{x,0}^{(2)} = \boldsymbol{\varphi}_x^{(2)}(0) \in \mathbb{R}^{n_2\times 1}$，$\boldsymbol{\varphi}_{y,0}^{(2)} = \boldsymbol{\varphi}_y^{(2)}(0) \in \mathbb{R}^{l_2\times 1}$；$\left[\boldsymbol{\varphi}_x^{(2)}\right]_i \in \mathbb{R}^{N_i s n_2\times 1}$ 和 $\left[\boldsymbol{\varphi}_y^{(2)}\right]_i \in \mathbb{R}^{N_i s l_2\times 1}$ 分别对应于 $\boldsymbol{\varphi}_x^{(2)}$ 和 $\boldsymbol{\varphi}_y^{(2)}$ 在第 i 个时滞区间 $[-\tau_i, -\tau_{i-1}]$ 上各离散点处的函数值组成的分块向量，$i=1,\ 2,\ \cdots,\ m$。

$$\begin{cases} \left[\boldsymbol{\varphi}_x^{(2)}\right]_i = \left[\left[\boldsymbol{\varphi}_x^{(2)}\right]_{1,i}^{\mathrm{T}},\ \left[\boldsymbol{\varphi}_x^{(2)}\right]_{2,i}^{\mathrm{T}},\ \cdots,\ \left[\boldsymbol{\varphi}_x^{(2)}\right]_{N_i,i}^{\mathrm{T}}\right]^{\mathrm{T}} \\ \left[\boldsymbol{\varphi}_y^{(2)}\right]_i = \left[\left[\boldsymbol{\varphi}_y^{(2)}\right]_{1,i}^{\mathrm{T}},\ \left[\boldsymbol{\varphi}_y^{(2)}\right]_{2,i}^{\mathrm{T}},\ \cdots,\ \left[\boldsymbol{\varphi}_y^{(2)}\right]_{N_i,i}^{\mathrm{T}}\right]^{\mathrm{T}} \end{cases} \tag{13.39}$$

其中，$\left[\boldsymbol{\varphi}_x^{(2)}\right]_{j+1,i} \in \mathbb{R}^{sn_2\times 1}$ 和 $\left[\boldsymbol{\varphi}_y^{(2)}\right]_{j+1,i} \in \mathbb{R}^{sl_2\times 1}$ 分别对应于 $\boldsymbol{\varphi}_x^{(2)}$ 和 $\boldsymbol{\varphi}_y^{(2)}$ 在第 i 个时滞区间 $[-\tau_i,\ -\tau_{i-1}]$ 上 $[\theta_{j+1,i},\ \theta_{j,i}]$ 处的函数值的分块向量，$i=1,\ 2,\ \cdots,\ m$; $j=0,\ 1,\ \cdots,\ N_i-1$。

$$\left[\boldsymbol{\varphi}_x^{(2)}\right]_{j+1,i} = \begin{bmatrix} \boldsymbol{\varphi}_x^{(2)}(\theta_{j,i}-c_1h_i) \\ \boldsymbol{\varphi}_x^{(2)}(\theta_{j,i}-c_2h_i) \\ \vdots \\ \boldsymbol{\varphi}_x^{(2)}(\theta_{j,i}-c_sh_i) \end{bmatrix},\ \left[\boldsymbol{\varphi}_y^{(2)}\right]_{j+1,i} = \begin{bmatrix} \boldsymbol{\varphi}_y^{(2)}(\theta_{j,i}-c_1h_i) \\ \boldsymbol{\varphi}_y^{(2)}(\theta_{j,i}-c_2h_i) \\ \vdots \\ \boldsymbol{\varphi}_y^{(2)}(\theta_{j,i}-c_sh_i) \end{bmatrix} \tag{13.40}$$

对于区间 $[-\tau_i,\ -\tau_{i-1}]$ $(i=1,\ 2,\ \cdots,\ m)$ 上的离散点，由于所选取的 IRK 法参数 $c_s=1$，故有如下关系：

$$\begin{cases}\boldsymbol{\varphi}_x^{(2)}(\theta_{j-1,i}-c_s h_i)=\boldsymbol{\varphi}_x^{(2)}(\theta_{j,i})=\boldsymbol{\varphi}_{x,j,i}^{(2)}, & j=1,\ 2,\ \cdots,\ N_i\\ \boldsymbol{\varphi}_y^{(2)}(\theta_{j-1,i}-c_s h_i)=\boldsymbol{\varphi}_y^{(2)}(\theta_{j,i})=\boldsymbol{\varphi}_{y,j,i}^{(2)}, & j=1,\ 2,\ \cdots,\ N_i\end{cases} \tag{13.41}$$

此外，由于两个相邻区间 $[-\tau_{i+1},\ -\tau_i]$ 和 $[-\tau_i,\ -\tau_{i-1}]$ 的端点重合，故有

$$\boldsymbol{\varphi}_x^{(2)}(\theta_{0,i})=\boldsymbol{\varphi}_x^{(2)}(\theta_{N_i,i-1}),\ \boldsymbol{\varphi}_y^{(2)}(\theta_{0,i})=\boldsymbol{\varphi}_y^{(2)}(\theta_{N_i,i-1}),\quad i=1,\ 2,\ \cdots,\ m \tag{13.42}$$

定义 $\boldsymbol{\psi}_{x,0}^{(2)}=\left(\boldsymbol{\varphi}_x^{(2)}\right)'(0)$，$\boldsymbol{\psi}_{y,0}^{(2)}=\left(\boldsymbol{\varphi}_y^{(2)}\right)'(0)$。分块向量 $\left[\boldsymbol{\psi}_x^{(2)}\right]_i\in\mathbb{R}^{N_i s n_2\times 1}$ 和 $\left[\boldsymbol{\psi}_y^{(2)}\right]_i\in\mathbb{R}^{N_i s l_2\times 1}$ 分别与 $\left[\boldsymbol{\varphi}_x^{(2)}\right]_i$ 和 $\left[\boldsymbol{\varphi}_y^{(2)}\right]_i$ 具有相同的结构，$i=1,\ 2,\ \cdots,\ m$。

$$\begin{cases}\left[\boldsymbol{\psi}_x^{(2)}\right]_i=\left[\left[\boldsymbol{\psi}_x^{(2)}\right]_{1,i}^{\mathrm{T}},\ \left[\boldsymbol{\psi}_x^{(2)}\right]_{2,i}^{\mathrm{T}},\ \cdots,\ \left[\boldsymbol{\psi}_x^{(2)}\right]_{N_i,i}^{\mathrm{T}}\right]^{\mathrm{T}}\\ \left[\boldsymbol{\psi}_y^{(2)}\right]_i=\left[\left[\boldsymbol{\psi}_y^{(2)}\right]_{1,i}^{\mathrm{T}},\ \left[\boldsymbol{\psi}_y^{(2)}\right]_{2,i}^{\mathrm{T}},\ \cdots,\ \left[\boldsymbol{\psi}_y^{(2)}\right]_{N_i,i}^{\mathrm{T}}\right]^{\mathrm{T}}\end{cases} \tag{13.43}$$

式中，$\left[\boldsymbol{\psi}_x^{(2)}\right]_{j+1,i}\in\mathbb{R}^{s n_2\times 1}$，$\left[\boldsymbol{\psi}_y^{(2)}\right]_{j+1,i}\in\mathbb{R}^{s l_2\times 1}$，$j=0,\ 1,\ \cdots,\ N_i-1$；$i=1,\ 2,\ \cdots,\ m$。

$$[\boldsymbol{\psi}_x^{(2)}]_{j+1,i}=\begin{bmatrix}\boldsymbol{\psi}_x^{(2)}(\theta_{j,i}-c_1h_i)\\ \boldsymbol{\psi}_x^{(2)}(\theta_{j,i}-c_2h_i)\\ \vdots\\ \boldsymbol{\psi}_x^{(2)}(\theta_{j,i}-c_sh_i)\end{bmatrix},\ [\boldsymbol{\psi}_y^{(2)}]_{j+1,i}=\begin{bmatrix}\boldsymbol{\psi}_y^{(2)}(\theta_{j,i}-c_1h_i)\\ \boldsymbol{\psi}_y^{(2)}(\theta_{j,i}-c_2h_i)\\ \vdots\\ \boldsymbol{\psi}_y^{(2)}(\theta_{j,i}-c_sh_i)\end{bmatrix} \tag{13.44}$$

对于非时滞状态变量 $\boldsymbol{\varphi}_x^{(1)}$ 和非时滞代数变量 $\boldsymbol{\varphi}_y^{(1)}$，定义 $\boldsymbol{\varphi}_{x,0}^{(1)}=\boldsymbol{\varphi}_x^{(1)}(0)\in\mathbb{R}^{n_1\times 1}$，$\boldsymbol{\varphi}_{y,0}^{(1)}=\boldsymbol{\varphi}_y^{(1)}(0)\in\mathbb{R}^{l_1\times 1}$，$\boldsymbol{\psi}_{x,0}^{(1)}=\left(\boldsymbol{\varphi}_x^{(1)}\right)'(0)\in\mathbb{R}^{n_1\times 1}$ 和 $\boldsymbol{\psi}_{y,0}^{(1)}=\left(\boldsymbol{\varphi}_y^{(1)}\right)'(0)\in\mathbb{R}^{l_1\times 1}$。

13.3.2 Radau IIA 部分离散化矩阵

在时滞区间 $[-\tau_{\max},\ 0]$ 上，利用 IRK 法的 Radau IIA 方案估计 $\theta_0=0$ 点处系统增广状态变量 $\Delta\hat{\boldsymbol{x}}$ 的导数值以及非零离散点 $\theta_{j+1,i}-c_l h_i$ $(i=1,\ 2,\ \cdots,\ m;\ j=0,\ 1,\ \cdots,\ N_i-1;\ l=1,\ 2,\ \cdots,\ s)$ 处系统增广时滞状态变量 $\Delta\hat{\boldsymbol{x}}^{(2)}$ 的导数值，可以推导得到无穷小生成元 $\mathcal{A}$ 的 Radau IIA 部分离散化矩阵。

1. 在 θ_0 处函数 $\hat{\varphi}$ 导数的估计值

在 $\theta_0=0$ 处，函数 $\hat{\varphi}$ 的导数 $\hat{\boldsymbol{\psi}}_0=\left[\left(\boldsymbol{\psi}_{x,0}^{(1)}\right)^{\mathrm{T}},\ \left(\boldsymbol{\psi}_{x,0}^{(2)}\right)^{\mathrm{T}},\ \left(\boldsymbol{\psi}_{y,0}^{(1)}\right)^{\mathrm{T}},\ \left(\boldsymbol{\psi}_{y,0}^{(2)}\right)^{\mathrm{T}}\right]^{\mathrm{T}}\in\mathbb{R}^{d\times 1}$ 可根据式 (12.22) 估计得到。

$$\begin{aligned}\boldsymbol{E}\hat{\boldsymbol{\psi}}_0&\approx\boldsymbol{J}_0\begin{bmatrix}\boldsymbol{\varphi}_{x,0}^{(1)}\\ \boldsymbol{\varphi}_{x,0}^{(2)}\\ \boldsymbol{\varphi}_{y,0}^{(1)}\\ \boldsymbol{\varphi}_{y,0}^{(2)}\end{bmatrix}+\sum_{i=1}^{m}\begin{bmatrix}\boldsymbol{J}_{x,i}^{(2)} & \boldsymbol{J}_{y,i}^{(2)}\end{bmatrix}\begin{bmatrix}\boldsymbol{\varphi}_{x,N_i,i}^{(2)}\\ \boldsymbol{\varphi}_{y,N_i,i}^{(2)}\end{bmatrix}\\ &=\begin{bmatrix}\boldsymbol{J}_0 & \sum\limits_{i=1}^{m}\tilde{\mathbf{e}}_i'\otimes\boldsymbol{J}_{x,i}^{(2)} & \sum\limits_{i=1}^{m}\tilde{\mathbf{e}}_i'\otimes\boldsymbol{J}_{y,i}^{(2)}\end{bmatrix}\bar{\boldsymbol{\Phi}}\end{aligned}\tag{13.45}$$

式中，$\bar{\boldsymbol{\Phi}}\in\mathbb{R}^{(d+Nsd_2)\times 1}$；$\tilde{\mathbf{e}}_i'\in\mathbb{R}^{1\times Ns}$ $(i=1,\ 2,\ \cdots,\ m)$ 为单位向量，为式 (7.75) 中 $\mathbf{e}_i'$ 的后 Ns 列。

$$\begin{aligned}\bar{\boldsymbol{\Phi}}=&\left[\left(\boldsymbol{\varphi}_{x,0}^{(1)}\right)^{\mathrm{T}},\ \left(\boldsymbol{\varphi}_{x,0}^{(2)}\right)^{\mathrm{T}},\ \left(\boldsymbol{\varphi}_{y,0}^{(1)}\right)^{\mathrm{T}},\ \left(\boldsymbol{\varphi}_{y,0}^{(2)}\right)^{\mathrm{T}},\ \left[\boldsymbol{\varphi}_{x}^{(2)}\right]_1^{\mathrm{T}},\ \cdots,\ \left[\boldsymbol{\varphi}_{x}^{(2)}\right]_m^{\mathrm{T}},\right.\\ &\left.\left[\boldsymbol{\varphi}_{y}^{(2)}\right]_1^{\mathrm{T}},\ \cdots,\ \left[\boldsymbol{\varphi}_{y}^{(2)}\right]_m^{\mathrm{T}}\right]^{\mathrm{T}}\end{aligned}\tag{13.46}$$

$$\tilde{\mathbf{e}}_i'=\begin{cases}[g_1,\ \cdots,\ g_j,\ 0], & i=1,\ 2,\ \cdots,\ m-1;\ j=1,\ 2,\ \cdots,\ Ns-1\\ [0,\ 0,\ \cdots,\ 1], & i=m\end{cases}\tag{13.47}$$

其中

$$g_j=\begin{cases}0, & j\neq\sum\limits_{l=1}^{i}N_l s\\ 1, & j=\sum\limits_{l=1}^{i}N_l s\end{cases}\tag{13.48}$$

2. 第 i 个时滞子区间 $[-\tau_i,\ -\tau_{i-1}]$ 上离散点 $\theta_{j,i}-c_l h_i$ $(l=1,\ 2,\ \cdots,\ s)$ 处函数 $\boldsymbol{\varphi}_x^{(2)}$ 和 $\boldsymbol{\varphi}_y^{(2)}$ 导数的估计值

在第 i $(i=1,\ 2,\ \cdots,m)$ 个时滞子区间 $[-\tau_i,\ -\tau_{i-1}]$ 上，由式 (7.59) ~ 式 (7.69) 可知，在离散点 $\theta_{j+1,i}-c_l h_i$ $(j=0,\ 1,\ \cdots,\ N_i-1;\ l=1,\ 2,\ \cdots,\ s)$ 处，

导数值 $\left[\boldsymbol{\psi}_x^{(2)}\right]_{j+1,i}$ 可以直接由 IRK 法的迭代公式求解得到。

$$\left[\boldsymbol{\psi}_x^{(2)}\right]_{j+1,i}=\frac{1}{h_i}\left[\left(\boldsymbol{\omega}\otimes\boldsymbol{I}_{n_2}\right)\boldsymbol{\varphi}_{x,j,i}^{(2)}+\left(\boldsymbol{W}\otimes\boldsymbol{I}_{n_2}\right)\left[\boldsymbol{\varphi}_x^{(2)}\right]_{j+1,i}\right] \tag{13.49}$$

式中，$\boldsymbol{\omega}=\boldsymbol{A}^{-1}\mathbf{1}_s=[\omega_1,\ \cdots,\ \omega_s]^{\mathrm{T}}\in\mathbb{R}^{s\times1}$，其中 $\mathbf{1}_s=[1,\ \cdots,\ 1]^{\mathrm{T}}\in\mathbb{R}^{s\times1}$，$\boldsymbol{A}\in\mathbb{R}^{s\times s}$ 为 p 阶 s 级 IRK 法的系数矩阵；$\boldsymbol{W}=-\boldsymbol{A}^{-1}=[\boldsymbol{\omega}_1,\ \cdots,\ \boldsymbol{\omega}_s]^{\mathrm{T}}\in\mathbb{R}^{s\times s}$。

与式 (7.70) 和式 (7.71) 类似，将式 (13.49) 应用于所有时滞区间 $[-\tau_i,\ -\tau_{i-1}]$ $(i=1,\ 2,\ \cdots,\ m)$ 上的离散点 $\theta_{j+1,i}-c_l h_i$ $(j=0,\ 1,\ \cdots,\ N_i-1;\ l=1,\ 2,\ \cdots,\ s;\ i=1,\ 2,\ \cdots,\ m)$，然后写成矩阵形式，得

$$\begin{bmatrix}\left[\boldsymbol{\psi}_x^{(2)}\right]_1\\ \left[\boldsymbol{\psi}_x^{(2)}\right]_2\\ \vdots\\ \left[\boldsymbol{\psi}_x^{(2)}\right]_m\end{bmatrix}=\begin{bmatrix}\mathbf{0}_{Nsn_2\times n_1} & \mathcal{B}_{Ns}\otimes\boldsymbol{I}_{n_2}\end{bmatrix}\begin{bmatrix}\boldsymbol{\varphi}_{x,0}^{(1)}\\ \boldsymbol{\varphi}_{x,0}^{(2)}\\ \left[\boldsymbol{\varphi}_x^{(2)}\right]_1\\ \left[\boldsymbol{\varphi}_x^{(2)}\right]_2\\ \vdots\\ \left[\boldsymbol{\varphi}_x^{(2)}\right]_m\end{bmatrix} \tag{13.50}$$

式中，$\mathcal{B}_{Ns}\in\mathbb{R}^{Ns\times(Ns+1)}$。

同理，对于函数 $\boldsymbol{\varphi}_y^{(2)}$，有

$$\begin{bmatrix}\left[\boldsymbol{\psi}_y^{(2)}\right]_1\\ \left[\boldsymbol{\psi}_y^{(2)}\right]_2\\ \vdots\\ \left[\boldsymbol{\psi}_y^{(2)}\right]_m\end{bmatrix}=\begin{bmatrix}\mathbf{0}_{Nsl_2\times l_1} & \mathcal{B}_{Ns}\otimes\boldsymbol{I}_{l_2}\end{bmatrix}\begin{bmatrix}\boldsymbol{\varphi}_{y,0}^{(1)}\\ \boldsymbol{\varphi}_{y,0}^{(2)}\\ \left[\boldsymbol{\varphi}_y^{(2)}\right]_1\\ \left[\boldsymbol{\varphi}_y^{(2)}\right]_2\\ \vdots\\ \left[\boldsymbol{\varphi}_y^{(2)}\right]_m\end{bmatrix} \tag{13.51}$$

3. $\mathcal{A}$ 的 Radau IIA 部分离散化矩阵

联立式 (13.45)、式 (13.50) 和式 (13.51)，可得如式 (12.20) 所示抽象柯西问题的离散化形式：

$$\begin{bmatrix} \boldsymbol{E} & \\ & \boldsymbol{I}_{Nsd_2} \end{bmatrix} \begin{bmatrix} \boldsymbol{\psi}_{x,0} \\ \boldsymbol{\psi}_{y,0}^{(1)} \\ \boldsymbol{\psi}_{y,0}^{(2)} \\ \left[\boldsymbol{\psi}_x^{(2)}\right]_1 \\ \vdots \\ \left[\boldsymbol{\psi}_x^{(2)}\right]_m \\ \left[\boldsymbol{\psi}_y^{(2)}\right]_1 \\ \vdots \\ \left[\boldsymbol{\psi}_y^{(2)}\right]_m \end{bmatrix} = \left[\begin{array}{c:c:c:c:c:c} \boldsymbol{A}_0^{(1)} & \boldsymbol{A}_0^{(2)} & \boldsymbol{B}_0^{(1)} & \boldsymbol{B}_0^{(2)} & \sum\limits_{i=1}^{m} \tilde{\mathbf{e}}_i' \otimes \boldsymbol{A}_i^{(2)} & \sum\limits_{i=1}^{m} \tilde{\mathbf{e}}_i' \otimes \boldsymbol{B}_i^{(2)} \\ \hdashline \boldsymbol{C}_0^{(1)} & \boldsymbol{C}_0^{(2)} & \boldsymbol{D}_0^{(1)} & \boldsymbol{D}_0^{(2)} & & \\ \hdashline & \mathcal{B}_{Ns,1} \otimes \boldsymbol{I}_{n_2} & & & \tilde{\mathcal{B}}_{Ns} \otimes \boldsymbol{I}_{n_2} & \\ \hdashline & & & \mathcal{B}_{Ns,1} \otimes \boldsymbol{I}_{l_2} & & \tilde{\mathcal{B}}_{Ns} \otimes \boldsymbol{I}_{l_2} \end{array}\right] \bar{\boldsymbol{\Phi}} \tag{13.52}$$

式中，$\mathcal{B}_{Ns,1} = \mathcal{B}_{Ns}(:,\ 1) \in \mathbb{R}^{Ns\times 1}$，$\tilde{\mathcal{B}}_{Ns} = \mathcal{B}_{Ns}(:,\ 2:N+1) \in \mathbb{R}^{Ns\times Ns}$。

至此，无穷小生成元 $\mathcal{A}$ 被转化为有限维 Radau IIA 部分离散化矩阵束 ($\boldsymbol{E}_{Ns}$, $\mathcal{A}_{Ns}$)，其中 $\boldsymbol{E}_{Ns} \in \mathbb{R}^{(d+Nsd_2)\times(d+Nsd_2)}$ 为奇异矩阵，$\mathcal{A}_{Ns} \in \mathbb{R}^{(d+Nsd_2)\times(d+Nsd_2)}$。

$$\begin{cases} \boldsymbol{E}_{Ns} = \operatorname{diag}\{\boldsymbol{E},\ \boldsymbol{I}_{Nsd_2}\} \\ \mathcal{A}_{Ns} = \left[\begin{array}{c:c:c:c:c:c} \boldsymbol{A}_0^{(1)} & \boldsymbol{A}_0^{(2)} & \boldsymbol{B}_0^{(1)} & \boldsymbol{B}_0^{(2)} & \sum\limits_{i=1}^{m} \tilde{\mathbf{e}}_i' \otimes \boldsymbol{A}_i^{(2)} & \sum\limits_{i=1}^{m} \tilde{\mathbf{e}}_i' \otimes \boldsymbol{B}_i^{(2)} \\ \hdashline \boldsymbol{C}_0^{(1)} & \boldsymbol{C}_0^{(2)} & \boldsymbol{D}_0^{(1)} & \boldsymbol{D}_0^{(2)} & & \\ \hdashline & \mathcal{B}_{Ns,1} \otimes \boldsymbol{I}_{n_2} & & & \tilde{\mathcal{B}}_{Ns} \otimes \boldsymbol{I}_{n_2} & \\ \hdashline & & & \mathcal{B}_{Ns,1} \otimes \boldsymbol{I}_{l_2} & & \tilde{\mathcal{B}}_{Ns} \otimes \boldsymbol{I}_{l_2} \end{array}\right] \end{cases} \tag{13.53}$$

矩阵束 ($\boldsymbol{E}_N$, $\mathcal{A}_{Ns}$) 的特征值问题也被称为广义特征值问题，可转化为标准特征值问题求解。首先，考虑到矩阵 $\boldsymbol{E}$ 的结构，式 (13.52) 可改写为下列差分-代数方程组：

$$\begin{cases} \tilde{\boldsymbol{\Psi}} = \boldsymbol{A}_{Ns}\tilde{\boldsymbol{\Phi}} + \boldsymbol{B}_{Ns}\boldsymbol{\varphi}_{y,0} \\ \boldsymbol{0} = \boldsymbol{C}_{Ns}\tilde{\boldsymbol{\Phi}} + \boldsymbol{D}_{Ns}\boldsymbol{\varphi}_{y,0} \end{cases} \tag{13.54}$$

式中，离散化分块向量 $\tilde{\boldsymbol{\Phi}} \in \mathbb{R}^{(n+Nsd_2)\times 1}$ 和 $\tilde{\boldsymbol{\Psi}} \in \mathbb{R}^{(n+Nsd_2)\times 1}$ 分别由系统非时

滞状态变量 $\Delta\boldsymbol{x}^{(1)}$ 在 $\theta_0=0$ 处与系统增广时滞状态变量 $\Delta\hat{\boldsymbol{x}}^{(2)}$ 在所有离散点处的函数值和导数值组成；$\boldsymbol{\varphi}_{y,0}\in\mathbb{R}^{l\times 1}$ 由系统代数变量 $\Delta\boldsymbol{y}$ 在 $\theta_0=0$ 处的函数值组成；$\boldsymbol{A}_{Ns}\in\mathbb{R}^{(n+Nsd_2)\times(n+Nsd_2)}$，$\boldsymbol{B}_{Ns}\in\mathbb{R}^{(n+Nsd_2)\times l}$，$\boldsymbol{C}_{Ns}\in\mathbb{R}^{l\times(n+Nsd_2)}$，$\boldsymbol{D}_{Ns}\in\mathbb{R}^{l\times l}$。

$$
\begin{cases}
\tilde{\boldsymbol{\Psi}}=\left[\left(\boldsymbol{\psi}_{x,0}^{(1)}\right)^{\mathrm{T}},\ \left(\boldsymbol{\psi}_{x,0}^{(2)}\right)^{\mathrm{T}},\ \left[\boldsymbol{\psi}_{x}^{(2)}\right]_1^{\mathrm{T}},\ \left[\boldsymbol{\psi}_{y}^{(2)}\right]_1^{\mathrm{T}},\ \cdots,\ \left[\boldsymbol{\psi}_{x}^{(2)}\right]_m^{\mathrm{T}},\ \left[\boldsymbol{\psi}_{y}^{(2)}\right]_m^{\mathrm{T}}\right]^{\mathrm{T}}\\
\tilde{\boldsymbol{\Phi}}=\left[\left(\boldsymbol{\varphi}_{x,0}^{(1)}\right)^{\mathrm{T}},\ \left(\boldsymbol{\varphi}_{x,0}^{(2)}\right)^{\mathrm{T}},\ \left[\boldsymbol{\varphi}_{x}^{(2)}\right]_1^{\mathrm{T}},\ \left[\boldsymbol{\varphi}_{y}^{(2)}\right]_1^{\mathrm{T}},\ \cdots,\ \left[\boldsymbol{\varphi}_{x}^{(2)}\right]_m^{\mathrm{T}},\ \left[\boldsymbol{\varphi}_{y}^{(2)}\right]_m^{\mathrm{T}}\right]^{\mathrm{T}}\\
\boldsymbol{\varphi}_{y,0}=\left[\left(\boldsymbol{\varphi}_{y,0}^{(1)}\right)^{\mathrm{T}},\ \left(\boldsymbol{\varphi}_{y,0}^{(2)}\right)^{\mathrm{T}}\right]^{\mathrm{T}}
\end{cases}
\tag{13.55}
$$

$$
\begin{cases}
\boldsymbol{A}_{Ns}=\left[\begin{array}{c:c}\boldsymbol{A}_0 & \displaystyle\sum_{i=1}^{m}\tilde{\mathbf{e}}_i'\otimes\left[\boldsymbol{A}_i^{(2)}\quad \boldsymbol{B}_i^{(2)}\right]\\ \hdashline \mathbf{0}_{Nsd_2\times n_1}\quad \mathcal{B}_{Ns,1}\otimes\begin{bmatrix}\boldsymbol{I}_{n_2}\\ \mathbf{0}_{l_2\times n_2}\end{bmatrix} & \tilde{\mathcal{B}}_{Ns}\otimes\boldsymbol{I}_{d_2}\end{array}\right]\\
\boldsymbol{B}_{Ns}=\left[\begin{array}{c}\boldsymbol{B}_0\\ \hdashline \mathbf{0}_{Nsd_2\times l_1}\quad \mathcal{B}_{Ns,1}\otimes\begin{bmatrix}\mathbf{0}_{n_2\times l_2}\\ \boldsymbol{I}_{l_2}\end{bmatrix}\end{array}\right]\\
\boldsymbol{C}_{Ns}=\left[\boldsymbol{C}_0\quad \mathbf{0}_{l\times Nsd_2}\right],\ \boldsymbol{D}_{Ns}=\boldsymbol{D}_0
\end{cases}
\tag{13.56}
$$

然后，消去式 (13.54) 中的 $\boldsymbol{\varphi}_{y,0}$，即可得到下列差分方程：

$$
\tilde{\boldsymbol{\Psi}}=\hat{\mathcal{A}}_{Ns}\tilde{\boldsymbol{\Phi}}
\tag{13.57}
$$

式中，$\hat{\mathcal{A}}_{Ns}\in\mathbb{R}^{(n+Nsd_2)\times(n+Nsd_2)}$ 即为 $\mathcal{A}$ 的 Radau IIA 部分离散化矩阵。

$$
\hat{\mathcal{A}}_{Ns}=\boldsymbol{A}_{Ns}-\boldsymbol{B}_{Ns}\boldsymbol{D}_0^{-1}\boldsymbol{C}_{Ns}
\tag{13.58}
$$

13.4 大规模时滞电力系统特征值计算

13.4.1 位移–逆变换

1. 位移

位移操作后，矩阵 $\hat{\mathcal{A}}_N$、$\hat{\mathcal{A}}_{Nm}$ 和 $\hat{\mathcal{A}}_{Ns}$ 的分块结构没有发生改变。将式 (13.17)、式 (13.35) 和式 (13.56) 中的 $\boldsymbol{A}_0$、$\boldsymbol{A}_i^{(2)}$ 和 $\boldsymbol{B}_i^{(2)}$ $(i=1,\ 2,\ \cdots,\ m)$ 分别用式

(12.29) 和式 (12.30) 中的 $\boldsymbol{A}_0'$、$\boldsymbol{A}_i'^{(2)}$ 和 $\boldsymbol{B}_i'^{(2)}$ $(i=1,\ 2,\ \cdots,\ m)$ 替换，即可得到位移操作后的无穷小生成元部分离散化矩阵 $\hat{\mathcal{A}}_N' \in \mathbb{R}^{(n+Nd_2)\times(n+Nd_2)}$、$\hat{\mathcal{A}}_{Nm}' \in \mathbb{R}^{(n+Nd_2)\times(n+Nd_2)}$ 和 $\hat{\mathcal{A}}_{Ns}' \in \mathbb{R}^{(n+Nsd_2)\times(n+Nsd_2)}$。类似于 $\hat{\mathcal{A}}_N$、$\hat{\mathcal{A}}_{Nm}$ 和 $\hat{\mathcal{A}}_{Ns}$，$\hat{\mathcal{A}}_N'$、$\hat{\mathcal{A}}_{Nm}'$ 和 $\hat{\mathcal{A}}_{Ns}'$ 均可以显式地表示为 $\boldsymbol{D}_0$ 的 Schur 补，如式 (13.59) 所示。

$$\begin{cases}\hat{\mathcal{A}}_N' = \boldsymbol{A}_N' - \boldsymbol{B}_N\boldsymbol{D}_0^{-1}\boldsymbol{C}_N\\ \hat{\mathcal{A}}_{Nm}' = \boldsymbol{A}_{Nm}' - \boldsymbol{B}_{Nm}\boldsymbol{D}_0^{-1}\boldsymbol{C}_{Nm}\\ \hat{\mathcal{A}}_{Ns}' = \boldsymbol{A}_{Ns}' - \boldsymbol{B}_{Ns}\boldsymbol{D}_0^{-1}\boldsymbol{C}_{Ns}\end{cases}\tag{13.59}$$

式中，$\boldsymbol{A}_N'$，$\boldsymbol{A}_{Nm}' \in \mathbb{R}^{(n+Nd_2)\times(n+Nd_2)}$，$\boldsymbol{A}_{Ns}' \in \mathbb{R}^{(n+Nsd_2)\times(n+Nsd_2)}$。

$$\boldsymbol{A}_N' = \left[\begin{array}{c:c}\boldsymbol{A}_0' & \displaystyle\sum_{i=1}^{m}\tilde{\boldsymbol{\ell}}_i \otimes \left[\boldsymbol{A}_i'^{(2)} \quad \boldsymbol{B}_i'^{(2)}\right]\\ \hdashline \boldsymbol{0}_{Nd_2\times n_1} \quad \boldsymbol{D}_{N,1}\otimes\begin{bmatrix}\boldsymbol{I}_{n_2}\\ \boldsymbol{0}_{l_2\times n_2}\end{bmatrix} & \tilde{\boldsymbol{D}}_N\otimes\boldsymbol{I}_{d_2}\end{array}\right]\tag{13.60}$$

$$\boldsymbol{A}_{Nm}' = \left[\begin{array}{c:c}\boldsymbol{A}_0' & \displaystyle\sum_{i=1}^{m}\tilde{\mathbf{e}}_i \otimes \left[\boldsymbol{A}_i'^{(2)} \quad \boldsymbol{B}_i'^{(2)}\right]\\ \hdashline \boldsymbol{0}_{Nd_2\times n_1} \quad \mathcal{B}_{N,1}\otimes\begin{bmatrix}\boldsymbol{I}_{n_2}\\ \boldsymbol{0}_{l_2\times n_2}\end{bmatrix} & \tilde{\mathcal{B}}_N\otimes\boldsymbol{I}_{d_2}\end{array}\right]\tag{13.61}$$

$$\boldsymbol{A}_{Ns}' = \left[\begin{array}{c:c}\boldsymbol{A}_0' & \displaystyle\sum_{i=1}^{m}\tilde{\mathbf{e}}_i' \otimes \left[\boldsymbol{A}_i'^{(2)} \quad \boldsymbol{B}_i'^{(2)}\right]\\ \hdashline \boldsymbol{0}_{Nsd_2\times n_1} \quad \mathcal{B}_{Ns,1}\otimes\begin{bmatrix}\boldsymbol{I}_{n_2}\\ \boldsymbol{0}_{l_2\times n_2}\end{bmatrix} & \tilde{\mathcal{B}}_{Ns}\otimes\boldsymbol{I}_{d_2}\end{array}\right]\tag{13.62}$$

2. *求逆*

为了优先计算得到位移点附近的关键特征值，需要对 $\hat{\mathcal{A}}_N'$、$\hat{\mathcal{A}}_{Nm}'$ 和 $\hat{\mathcal{A}}_{Ns}'$ 进行求逆运算。由于 $\hat{\mathcal{A}}_N'$、$\hat{\mathcal{A}}_{Nm}'$ 和 $\hat{\mathcal{A}}_{Ns}'$ 都可以显式地表示为 $\boldsymbol{D}_0$ 的 Schur 补，利用矩阵之和的求逆公式 [203] 就可以计算得到 $(\hat{\mathcal{A}}_N')^{-1}$、$(\hat{\mathcal{A}}_{Nm}')^{-1}$ 和 $(\hat{\mathcal{A}}_{Ns}')^{-1}$，以避免显式形成矩阵 $\hat{\mathcal{A}}_N'$、$\hat{\mathcal{A}}_{Nm}'$ 和 $\hat{\mathcal{A}}_{Ns}'$。

13.4.2 稀疏特征值计算

1. IRA 算法的总体实现

本节利用 IRA 算法从位移-逆变换后的无穷小生成元部分离散化矩阵 $\hat{\mathcal{A}}'_N$、$\hat{\mathcal{A}}'_{Nm}$ 和 $\hat{\mathcal{A}}'_{Ns}$ 中计算模值递减的部分特征值。在 IRA 中，计算量最大的操作就是形成 Krylov 向量过程中的 MVP 运算。对于 PIGD-PS/LMS 和 PIGD-IRK，设第 j 个 Krylov 向量分别为 $\boldsymbol{q}_j \in \mathbb{R}^{(n+Nd_2)\times 1}$ 和 $\boldsymbol{q}_j \in \mathbb{R}^{(n+Nsd_2)\times 1}$，则第 $j+1$ 个 Krylov 向量 $\boldsymbol{q}_{j+1} \in \mathbb{R}^{(n+Nd_2)\times 1}$ 和 $\boldsymbol{q}_{j+1} \in \mathbb{R}^{(n+Nsd_2)\times 1}$ 可分别计算如下：

$$\boldsymbol{q}_{j+1} = \left(\hat{\mathcal{A}}'_N\right)^{-1}\boldsymbol{q}_j \tag{13.63}$$

$$\boldsymbol{q}_{j+1} = \left(\hat{\mathcal{A}}'_{Nm}\right)^{-1}\boldsymbol{q}_j \tag{13.64}$$

$$\boldsymbol{q}_{j+1} = \left(\hat{\mathcal{A}}'_{Ns}\right)^{-1}\boldsymbol{q}_j \tag{13.65}$$

采用 8.4.3 节高效实现式 (8.119) 相同的方法，充分利用系统增广状态矩阵 $\boldsymbol{A}_i$、$\boldsymbol{B}_i$ $(i=0,\ 1,\ \cdots,\ m)$、$\boldsymbol{C}_0$ 和 $\boldsymbol{D}_0$ 的稀疏特性，可以高效地求解上述 3 个 MIVP。具体实现步骤如下所述。

2. 式 (13.63) 的高效实现

1) 计算 $\boldsymbol{p} = \left(\boldsymbol{A}'_N\right)^{-1}\boldsymbol{q}_j \in \mathbb{C}^{(n+Nd_2)\times 1}$

$$\left[\ \tilde{\boldsymbol{L}}_1,\ \tilde{\boldsymbol{U}}_1,\ \tilde{\boldsymbol{P}}_1,\ \tilde{\boldsymbol{Q}}_1\ \right] = \mathrm{lu}\left(\boldsymbol{A}'_N\right) \tag{13.66}$$

$$\boldsymbol{p} = \tilde{\boldsymbol{Q}}_1\left(\tilde{\boldsymbol{U}}_1 \backslash \left(\tilde{\boldsymbol{L}}_1 \backslash \left(\tilde{\boldsymbol{P}}_1 \boldsymbol{q}_j\right)\right)\right) \tag{13.67}$$

2) 计算 $\boldsymbol{u} = -\boldsymbol{C}_N\boldsymbol{p} \in \mathbb{C}^{l\times 1}$

$$\boldsymbol{u} = -\boldsymbol{C}_N\boldsymbol{p} = -\left[\boldsymbol{C}_0 \ \vdots\ \boldsymbol{0}_{l\times Nd_2}\right]\boldsymbol{p} = -\boldsymbol{C}_0\boldsymbol{p}_0 \tag{13.68}$$

式中，$\boldsymbol{p}_0 = \boldsymbol{p}(1:n,\ 1) \in \mathbb{C}^{n\times 1}$。

3) 计算 $\boldsymbol{z} = (\boldsymbol{D}^*)^{-1}\boldsymbol{u} \in \mathbb{C}^{l\times 1}$

$$\boldsymbol{D}^* = \boldsymbol{D}_0 - \boldsymbol{C}_N\tilde{\boldsymbol{Q}}_1\left(\tilde{\boldsymbol{U}}_1 \backslash \left(\tilde{\boldsymbol{L}}_1 \backslash \left(\tilde{\boldsymbol{P}}_1 \boldsymbol{B}_N\right)\right)\right) \tag{13.69}$$

$$\left[\ \tilde{\boldsymbol{L}}_2,\ \tilde{\boldsymbol{U}}_2,\ \tilde{\boldsymbol{P}}_2,\ \tilde{\boldsymbol{Q}}_2\ \right] = \mathrm{lu}\left(\boldsymbol{D}^*\right) \tag{13.70}$$

$$\boldsymbol{z} = \tilde{\boldsymbol{Q}}_2\left(\tilde{\boldsymbol{U}}_2 \backslash \left(\tilde{\boldsymbol{L}}_2 \backslash \left(\tilde{\boldsymbol{P}}_2 \boldsymbol{u}\right)\right)\right) \tag{13.71}$$

4) 计算 $\boldsymbol{w} = \boldsymbol{B}_N \boldsymbol{z} \in \mathbb{C}^{(n+Nd_2)\times 1}$

$$\boldsymbol{w} = \boldsymbol{B}_N \boldsymbol{z} = \left[\begin{array}{c} \boldsymbol{B}_0 \boldsymbol{z} \\ \hdashline \left(\underline{\boldsymbol{D}}_{N,1} \otimes \begin{bmatrix} \boldsymbol{0}_{n_2\times l_2} \\ \boldsymbol{I}_{l_2} \end{bmatrix} \right) \boldsymbol{z}_1 \end{array}\right] = \left[\begin{array}{c} \boldsymbol{B}_0 \boldsymbol{z} \\ \hdashline \mathrm{vec}\left(\begin{bmatrix} \boldsymbol{0}_{n_2\times l_2} \\ \boldsymbol{I}_{l_2} \end{bmatrix} \boldsymbol{z}_1 \underline{\boldsymbol{D}}_{N,1}^{\mathrm{T}} \right) \end{array}\right] \tag{13.72}$$

式中，$\boldsymbol{z}_1 = \boldsymbol{z}(l_1+1:l,\ 1) \in \mathbb{C}^{l_2\times 1}$。

5) 计算 $\boldsymbol{q}_{j+1} = \left(\boldsymbol{A}'_N\right)^{-1}(\boldsymbol{q}_j - \boldsymbol{w}) \in \mathbb{C}^{(n+Nd_2)\times 1}$

$$\boldsymbol{q}_{j+1} = \left(\boldsymbol{A}'_N\right)^{-1}(\boldsymbol{q}_j - \boldsymbol{w}) = \tilde{\boldsymbol{Q}}_1\big(\tilde{\boldsymbol{U}}_1 \backslash \big(\tilde{\boldsymbol{L}}_1 \backslash \big(\tilde{\boldsymbol{P}}_1(\boldsymbol{q}_j - \boldsymbol{w})\big)\big)\big) \tag{13.73}$$

3. 式 (13.64) 的高效实现

1) 计算 $\boldsymbol{p} = \left(\boldsymbol{A}'_{Nm}\right)^{-1} \boldsymbol{q}_j \in \mathbb{C}^{(n+Nd_2)\times 1}$

$$\left[\ \tilde{\boldsymbol{L}}_1,\ \tilde{\boldsymbol{U}}_1,\ \tilde{\boldsymbol{P}}_1,\ \tilde{\boldsymbol{Q}}_1\ \right] = \mathrm{lu}\left(\boldsymbol{A}'_{Nm}\right) \tag{13.74}$$

$$\boldsymbol{p} = \tilde{\boldsymbol{Q}}_1\big(\tilde{\boldsymbol{U}}_1 \backslash \big(\tilde{\boldsymbol{L}}_1 \backslash \big(\tilde{\boldsymbol{P}}_1 \boldsymbol{q}_j\big)\big)\big) \tag{13.75}$$

2) 计算 $\boldsymbol{u} = -\boldsymbol{C}_{Nm} \boldsymbol{p} \in \mathbb{C}^{l\times 1}$

$$\boldsymbol{u} = -\boldsymbol{C}_{Nm} \boldsymbol{p} = -\left[\boldsymbol{C}_0 \ \vdots\ \boldsymbol{0}_{l\times Nd_2}\right] \boldsymbol{p} = -\boldsymbol{C}_0 \boldsymbol{p}_0 \tag{13.76}$$

3) 令 $\boldsymbol{D}^* \triangleq \boldsymbol{D}_0 - \boldsymbol{C}_{Nm}\left(\boldsymbol{A}'_{Nm}\right)^{-1} \boldsymbol{B}_{Nm}$，计算 $\boldsymbol{z} = (\boldsymbol{D}^*)^{-1} \boldsymbol{u} \in \mathbb{C}^{l\times 1}$

$$\boldsymbol{D}^* = \boldsymbol{D}_0 - \boldsymbol{C}_{Nm} \tilde{\boldsymbol{Q}}_1\big(\tilde{\boldsymbol{U}}_1 \backslash \big(\tilde{\boldsymbol{L}}_1 \backslash \big(\tilde{\boldsymbol{P}}_1 \boldsymbol{B}_{Nm}\big)\big)\big) \tag{13.77}$$

$$\left[\ \tilde{\boldsymbol{L}}_2,\ \tilde{\boldsymbol{U}}_2,\ \tilde{\boldsymbol{P}}_2,\ \tilde{\boldsymbol{Q}}_2\ \right] = \mathrm{lu}(\boldsymbol{D}^*) \tag{13.78}$$

$$\boldsymbol{z} = \tilde{\boldsymbol{Q}}_2\big(\tilde{\boldsymbol{U}}_2 \backslash \big(\tilde{\boldsymbol{L}}_2 \backslash \big(\tilde{\boldsymbol{P}}_2 \boldsymbol{u}\big)\big)\big) \tag{13.79}$$

4) 计算 $\boldsymbol{w} = \boldsymbol{B}_{Nm} \boldsymbol{z} \in \mathbb{C}^{(n+Nd_2)\times 1}$

$$\boldsymbol{w} = \boldsymbol{B}_{Nm} \boldsymbol{z} = \left[\begin{array}{c} \boldsymbol{B}_0 \boldsymbol{z} \\ \hdashline \left(\mathcal{B}_{N,1} \otimes \begin{bmatrix} \boldsymbol{0}_{n_2\times l_2} \\ \boldsymbol{I}_{l_2} \end{bmatrix} \right) \boldsymbol{z}_1 \end{array}\right] = \left[\begin{array}{c} \boldsymbol{B}_0 \boldsymbol{z} \\ \hdashline \mathrm{vec}\left(\begin{bmatrix} \boldsymbol{0}_{n_2\times l_2} \\ \boldsymbol{I}_{l_2} \end{bmatrix} \boldsymbol{z}_1 \mathcal{B}_{N,1}^{\mathrm{T}} \right) \end{array}\right] \tag{13.80}$$

5) 计算 $\boldsymbol{q}_{j+1} = \left(\boldsymbol{A}'_{Nm}\right)^{-1}(\boldsymbol{q}_j - \boldsymbol{w}) \in \mathbb{C}^{(n+Nd_2)\times 1}$

$$\boldsymbol{q}_{j+1} = \left(\boldsymbol{A}'_{Nm}\right)^{-1}(\boldsymbol{q}_j - \boldsymbol{w}) = \tilde{\boldsymbol{Q}}_1\big(\tilde{\boldsymbol{U}}_1 \backslash \big(\tilde{\boldsymbol{L}}_1 \backslash \big(\tilde{\boldsymbol{P}}_1(\boldsymbol{q}_j - \boldsymbol{w})\big)\big)\big) \tag{13.81}$$

4. 式 (13.65) 的高效实现

1) 计算 $\boldsymbol{p}=\left(\boldsymbol{A}_{Ns}'\right)^{-1}\boldsymbol{q}_j\in\mathbb{C}^{(n+Nsd_2)\times 1}$

$$\left[\ \tilde{\boldsymbol{L}}_1,\ \tilde{\boldsymbol{U}}_1,\ \tilde{\boldsymbol{P}}_1,\ \tilde{\boldsymbol{Q}}_1\ \right]=\mathrm{lu}\left(\boldsymbol{A}_{Ns}'\right)\tag{13.82}$$

$$\boldsymbol{p}=\tilde{\boldsymbol{Q}}_1\big(\tilde{\boldsymbol{U}}_1\backslash\big(\tilde{\boldsymbol{L}}_1\backslash\big(\tilde{\boldsymbol{P}}_1\boldsymbol{q}_j\big)\big)\big)\tag{13.83}$$

2) 计算 $\boldsymbol{u}=-\boldsymbol{C}_{Ns}\boldsymbol{p}\in\mathbb{C}^{l\times 1}$

$$\boldsymbol{u}=-\boldsymbol{C}_{Ns}\boldsymbol{p}=-\left[\boldsymbol{C}_0\ \vdots\ \boldsymbol{0}_{l\times Nd_2}\right]\boldsymbol{p}=-\boldsymbol{C}_0\boldsymbol{p}_0\tag{13.84}$$

3) 令 $\boldsymbol{D}^*\triangleq\boldsymbol{D}_0-\boldsymbol{C}_{Ns}\left(\boldsymbol{A}_{Ns}'\right)^{-1}\boldsymbol{B}_{Ns}$，计算 $\boldsymbol{z}=(\boldsymbol{D}^*)^{-1}\boldsymbol{u}\in\mathbb{C}^{l\times 1}$

$$\boldsymbol{D}^*=\boldsymbol{D}_0-\boldsymbol{C}_{Ns}\tilde{\boldsymbol{Q}}_1\big(\tilde{\boldsymbol{U}}_1\backslash\big(\tilde{\boldsymbol{L}}_1\backslash\big(\tilde{\boldsymbol{P}}_1\boldsymbol{B}_{Ns}\big)\big)\big)\tag{13.85}$$

$$\left[\ \tilde{\boldsymbol{L}}_2,\ \tilde{\boldsymbol{U}}_2,\ \tilde{\boldsymbol{P}}_2,\ \tilde{\boldsymbol{Q}}_2\ \right]=\mathrm{lu}\left(\boldsymbol{D}^*\right)\tag{13.86}$$

$$\boldsymbol{z}=\tilde{\boldsymbol{Q}}_2\big(\tilde{\boldsymbol{U}}_2\backslash\big(\tilde{\boldsymbol{L}}_2\backslash\big(\tilde{\boldsymbol{P}}_2\boldsymbol{u}\big)\big)\big)\tag{13.87}$$

4) 计算 $\boldsymbol{w}=\boldsymbol{B}_{Nm}\boldsymbol{z}\in\mathbb{C}^{(n+Nsd_2)\times 1}$

$$\boldsymbol{w}=\boldsymbol{B}_{Ns}\boldsymbol{z}=\begin{bmatrix}\boldsymbol{B}_0\boldsymbol{z}\\ \hdashline \left(\mathcal{B}_{Ns,1}\otimes\left[\boldsymbol{0}_{n_2\times l_2}\boldsymbol{I}_{l_2}\right]\right)\boldsymbol{z}_1\end{bmatrix}=\begin{bmatrix}\boldsymbol{B}_0\boldsymbol{z}\\ \hdashline \mathrm{vec}\left(\begin{bmatrix}\boldsymbol{0}_{n_2\times l_2}\\ \boldsymbol{I}_{l_2}\end{bmatrix}\boldsymbol{z}_1\mathcal{B}_{Ns,1}^{\mathrm{T}}\right)\end{bmatrix}\tag{13.88}$$

5) 计算 $\boldsymbol{q}_{j+1}=\left(\boldsymbol{A}_{Ns}'\right)^{-1}(\boldsymbol{q}_j-\boldsymbol{w})\in\mathbb{C}^{(n+Nsd_2)\times 1}$

$$\boldsymbol{q}_{j+1}=\left(\boldsymbol{A}_{Ns}'\right)^{-1}(\boldsymbol{q}_j-\boldsymbol{w})=\tilde{\boldsymbol{Q}}_1\big(\tilde{\boldsymbol{U}}_1\backslash\big(\tilde{\boldsymbol{L}}_1\backslash\big(\tilde{\boldsymbol{P}}_1(\boldsymbol{q}_j-\boldsymbol{w})\big)\big)\big)\tag{13.89}$$

设由 IRA 算法计算得到 $\left(\hat{\mathcal{A}}_N'\right)^{-1}$、$\left(\hat{\mathcal{A}}_{Nm}'\right)^{-1}$ 和 $\left(\hat{\mathcal{A}}_{Ns}'\right)^{-1}$ 的特征值为 λ''，则 $\hat{\mathcal{A}}_N$、$\hat{\mathcal{A}}_{Nm}$ 和 $\hat{\mathcal{A}}_{Ns}$ 的特征值的估计值可计算为

$$\hat{\lambda}=\lambda_{\mathrm{s}}+\frac{1}{\lambda''}=\lambda_{\mathrm{s}}+\lambda'\tag{13.90}$$

与 $\hat{\lambda}$ 对应的 Krylov 向量的前 n 个分量 $\hat{\boldsymbol{v}}$ 是精确特征值 λ 对应的特征向量 $\boldsymbol{v}$ 的良好的估计和近似。将 $\hat{\lambda}$ 和 $\hat{\boldsymbol{v}}$ 作牛顿法的初始值，通过迭代校正，可以得到时滞电力系统的精确特征值 λ 和特征向量 $\boldsymbol{v}$。

13.4.3 特性分析

通过与 IIGD 和 IGD-LMS/IRK 方法进行对比和分析，总结得到 PIGD-PS/LMS/IRK 的特性。

(1) 通过应用部分谱离散化思想，PIGD-PS/LMS/IRK 生成的无穷小生成元部分离散化矩阵 $\hat{\mathcal{A}}_N$、$\hat{\mathcal{A}}_{Nm}$ 和 $\hat{\mathcal{A}}_{Ns}$ 的维数得以显著降低，分别为 IIGD 和 IGD-IRK/LMS 生成的 $\mathcal{A}_N$、$\mathcal{A}_{Nm}$ 和 $\mathcal{A}_{Ns}$ 维数的 $\dfrac{n+Nd_2}{(N+1)n}$、$\dfrac{n+Nd_2}{(N+1)n}$ 和 $\dfrac{n+Nsd_2}{(Ns+1)n}$，如表 13.1 所示。考虑到大规模时滞电力系统总是满足 $n \gg d_2$，$\hat{\mathcal{A}}_N$、$\hat{\mathcal{A}}_{Nm}$ 和 $\hat{\mathcal{A}}_{Ns}$ 的维数接近系统状态变量的维数，且几乎不受 N 和 s 的影响，$R_{\rm dim}$ 接近于 $\dfrac{1}{N+1}$ 或 $\dfrac{1}{Ns+1}$。

表 13.1 PIGD-PS/LMS/IRK 与 IIGD 和 IGD-IRK/LMS 方法的离散化矩阵维数

方法	IIGD	PIGD-PS	IGD-LMS	PIGD-LMS	IGD-IRK	PIGD-IRK
离散化矩阵维数	$(N+1)n$	$n+Nd_2$	$(N+1)n$	$n+Nd_2$	$(Ns+1)n$	$n+Nsd_2$

(2) $\hat{\mathcal{A}}_N$、$\hat{\mathcal{A}}_{Nm}$ 和 $\hat{\mathcal{A}}_{Ns}$ 皆可表示为 $\boldsymbol{D}_0$ 的 Schur 补，如式 (13.19)、式 (13.37) 和式 (13.58) 所示。因此，在特征值计算过程中，能够充分利用系统增广状态矩阵 $\boldsymbol{A}_i$、$\boldsymbol{B}_i$ $(i=0, 1, \cdots, m)$、$\boldsymbol{C}_0$ 和 $\boldsymbol{D}_0$ 的稀疏特性，以直接、高效地求解 $\hat{\mathcal{A}}_N$、$\hat{\mathcal{A}}_{Nm}$ 和 $\hat{\mathcal{A}}_{Ns}$ 的 MIVP 运算，避免了 IIGD 和 IGD-IRK/LMS 方法中迭代求解无穷小生成元离散化矩阵 $\mathcal{A}_N$、$\mathcal{A}_{Nm}$ 和 $\mathcal{A}_{Ns}$ 的 MIVP 运算，计算量显著降低。

(3) 在求解相同数量特征值的情况下，PIGD-PS/LMS/IRK 方法的计算量与利用反幂法对无时滞电力系统进行特征值分析的计算量相当。

第 14 章　基于 PEIGD (PIGD-PS-II) 的特征值计算方法

基于 DDAE 的部分谱离散化特征值计算框架，本章提出了大规模时滞电力系统特征值准确、高效计算的 PEIGD (PIGD-PS-II) 方法。首先，采用与第 6 章 EIGD (IGD-PS-II) 相同的方法对基于 DDAE 的无穷小生成元进行部分离散化，推导得到低阶的无穷小生成元部分离散化矩阵；然后，通过谱变换和谱估计，高效地计算得到系统部分关键特征值；最后，将 PEIGD 分别与 EIGD 和 PIGD-PS/LMS/IRK 方法进行对比，总结得到方法的特性。

14.1　PEIGD 方法

14.1.1　基本原理

1. 离散化向量定义

利用第 6 章中定义的离散点集合 $\Omega_N = \{\theta_{N,j},\ j = 1,\ 2,\ \cdots,\ N+1\}$，连续函数 $\boldsymbol{\varphi}_x^{(2)}$ 和 $\boldsymbol{\varphi}_y^{(2)}$ 可分别被离散化为分块向量 $\boldsymbol{\Phi}_x^{(2)} \in \mathbb{R}^{(N+1)n_2\times 1}$ 和 $\boldsymbol{\Phi}_y^{(2)} \in \mathbb{R}^{(N+1)l_2\times 1}$。

$$\begin{cases} \boldsymbol{\Phi}_x^{(2)} = \left[\left(\boldsymbol{\varphi}_{x,1}^{(2)}\right)^{\mathrm{T}},\ \left(\boldsymbol{\varphi}_{x,2}^{(2)}\right)^{\mathrm{T}},\ \cdots,\ \left(\boldsymbol{\varphi}_{x,N+1}^{(2)}\right)^{\mathrm{T}}\right]^{\mathrm{T}} \\ \boldsymbol{\Phi}_y^{(2)} = \left[\left(\boldsymbol{\varphi}_{y,1}^{(2)}\right)^{\mathrm{T}},\ \left(\boldsymbol{\varphi}_{y,2}^{(2)}\right)^{\mathrm{T}},\ \cdots,\ \left(\boldsymbol{\varphi}_{y,N+1}^{(2)}\right)^{\mathrm{T}}\right]^{\mathrm{T}} \end{cases} \tag{14.1}$$

式中，$\boldsymbol{\varphi}_{x,k}^{(2)} = \boldsymbol{\varphi}_x^{(2)}(\theta_{N,k}) \in \mathbb{R}^{n_2\times 1}$ 和 $\boldsymbol{\varphi}_{y,k}^{(2)} = \boldsymbol{\varphi}_y^{(2)}(\theta_{N,k}) \in \mathbb{R}^{l_2\times 1}$ 分别为 $\boldsymbol{\varphi}_x^{(2)}$ 和 $\boldsymbol{\varphi}_y^{(2)}$ 在离散点 $\theta_{N,k}$ 处的函数值，$k = 1,\ 2,\ \cdots,\ N+1$。特别地，$\boldsymbol{\varphi}_{x,N+1}^{(2)} = \boldsymbol{\varphi}_x^{(2)}(0)$，$\boldsymbol{\varphi}_{y,N+1}^{(2)} = \boldsymbol{\varphi}_y^{(2)}(0)$。

定义 $\boldsymbol{\psi}_{x,k}^{(2)} \in \mathbb{R}^{n_2\times 1}$ 和 $\boldsymbol{\psi}_{y,k}^{(2)} \in \mathbb{R}^{l_2\times 1}$ 分别表示 $\boldsymbol{\varphi}_x^{(2)}$ 和 $\boldsymbol{\varphi}_y^{(2)}$ 的精确导数在点 $\theta_{N,k}$ 处的近似值，$k = 1,\ 2,\ \cdots,\ N+1$。对于非时滞状态变量 $\boldsymbol{\varphi}_x^{(1)}$ 和非时滞代数变量 $\boldsymbol{\varphi}_y^{(1)}$，有 $\boldsymbol{\varphi}_{x,N+1}^{(1)} = \boldsymbol{\varphi}_x^{(1)}(0) \in \mathbb{R}^{n_1\times 1}$，$\boldsymbol{\varphi}_{y,N+1}^{(1)} = \boldsymbol{\varphi}_y^{(1)}(0) \in \mathbb{R}^{l_1\times 1}$，$\boldsymbol{\psi}_{x,N+1}^{(1)} = \left(\boldsymbol{\varphi}_x^{(1)}\right)'(0) \in \mathbb{R}^{n_1\times 1}$ 和 $\boldsymbol{\psi}_{y,N+1}^{(1)} = \left(\boldsymbol{\varphi}_y^{(1)}\right)'(0) \in \mathbb{R}^{l_1\times 1}$。

2. 插值多项式

在时滞区间 $[-\tau_{\max}, 0]$ 上，设存在唯一的次数不超过 N 的拉格朗日插值多项式 $L_N\boldsymbol{\Phi}_x^{(2)}$ 和 $L_N\boldsymbol{\Phi}_y^{(2)}$，且满足 $L_N\boldsymbol{\Phi}_x^{(2)}(\theta_{N,k})=\boldsymbol{\varphi}_{x,k}^{(2)}$，$L_N\boldsymbol{\Phi}_y^{(2)}(\theta_{N,k})=\boldsymbol{\varphi}_{y,k}^{(2)}$，$k=1, 2, \cdots, N+1$。当它们的基取为阶数等于或小于 N 的第一类切比雪夫多项式 $T_j(\cdot)$ $(j=0, 1, \cdots, N)$ 时，有

$$
\begin{cases}
\boldsymbol{\varphi}_x^{(2)}(\theta)\approx\left(L_N\boldsymbol{\Phi}_x^{(2)}\right)(\theta)=\displaystyle\sum_{j=0}^{N}\boldsymbol{c}_{x,j}^{(2)}T_j\left(\frac{2\theta}{\tau_{\max}}+1\right)\\
\boldsymbol{\varphi}_y^{(2)}(\theta)\approx\left(L_N\boldsymbol{\Phi}_y^{(2)}\right)(\theta)=\displaystyle\sum_{j=0}^{N}\boldsymbol{c}_{y,j}^{(2)}T_j\left(\frac{2\theta}{\tau_{\max}}+1\right)
\end{cases}
\tag{14.2}
$$

式中，$\theta\in[-\tau_{\max}, 0]$；$\boldsymbol{c}_{x,j}^{(2)}\in\mathbb{C}^{n_2\times 1}$ 和 $\boldsymbol{c}_{y,j}^{(2)}\in\mathbb{C}^{l_2\times 1}$ 为常数向量，$j=0, 1, \cdots, N$。

14.1.2 伪谱部分离散化

无穷小生成元 $\mathcal{A}$ 的伪谱部分离散化包含两个部分：在离散点 $\theta_{N,N+1}=0$ 处，系统增广状态变量 $\Delta\hat{\boldsymbol{x}}$ 的导数值由式 (12.22) 所示的拼接条件决定；在其他非零离散点 $\theta_{N,k}$ $(k=1, 2, \cdots, N)$ 处，系统增广时滞状态变量 $\Delta\hat{\boldsymbol{x}}^{(2)}$ 的导数值通过对式 (14.2) 所示的多项式求导得到。

$$
\begin{cases}
\boldsymbol{E}\begin{bmatrix}\boldsymbol{\psi}_{x,N+1}^{(1)}\\ \boldsymbol{\psi}_{x,N+1}^{(2)}\\ \boldsymbol{\psi}_{y,N+1}^{(1)}\\ \boldsymbol{\psi}_{y,N+1}^{(2)}\end{bmatrix}=\boldsymbol{E}\begin{bmatrix}\left(\boldsymbol{\varphi}_{x,N+1}^{(1)}\right)'\\ \left(L_N\boldsymbol{\Phi}_x^{(2)}\right)'(0)\\ \left(\boldsymbol{\varphi}_{y,N+1}^{(1)}\right)'\\ \left(L_N\boldsymbol{\Phi}_y^{(2)}\right)'(0)\end{bmatrix}=\boldsymbol{J}_0\begin{bmatrix}\boldsymbol{\varphi}_{x,N+1}^{(1)}\\ \left(L_N\boldsymbol{\Phi}_x^{(2)}\right)(0)\\ \boldsymbol{\varphi}_{y,N+1}^{(1)}\\ \left(L_N\boldsymbol{\Phi}_y^{(2)}\right)(0)\end{bmatrix}\\
\qquad+\displaystyle\sum_{i=1}^{m}\boldsymbol{J}_{x,i}^{(2)}\left(L_N\boldsymbol{\Phi}_x^{(2)}\right)(-\tau_i)+\sum_{i=1}^{m}\boldsymbol{J}_{y,i}^{(2)}\left(L_N\boldsymbol{\Phi}_y^{(2)}\right)(-\tau_i)\\
\boldsymbol{\psi}_{x,k}^{(2)}\approx\left(\boldsymbol{\varphi}_x^{(2)}\right)'(\theta_{N,k})=\left(L_N\boldsymbol{\Phi}_x^{(2)}\right)'(\theta_{N,k}),\quad k=1, 2, \cdots, N\\
\boldsymbol{\psi}_{y,k}^{(2)}\approx\left(\boldsymbol{\varphi}_y^{(2)}\right)'(\theta_{N,k})=\left(L_N\boldsymbol{\Phi}_y^{(2)}\right)'(\theta_{N,k}),\quad k=1, 2, \cdots, N
\end{cases}
\tag{14.3}
$$

式 (14.3) 对应的特征方程为

$$
\left\{\begin{array}{l}
\lambda \boldsymbol{E}\begin{bmatrix}\boldsymbol{\varphi}_{x,N+1}^{(1)}\\ \left(L_N\boldsymbol{\Phi}_x^{(2)}\right)(0)\\ \boldsymbol{\varphi}_{y,N+1}^{(1)}\\ \left(L_N\boldsymbol{\Phi}_y^{(2)}\right)(0)\end{bmatrix} = \boldsymbol{J}_0\begin{bmatrix}\boldsymbol{\varphi}_{x,N+1}^{(1)}\\ \left(L_N\boldsymbol{\Phi}_x^{(2)}\right)(0)\\ \boldsymbol{\varphi}_{y,N+1}^{(1)}\\ \left(L_N\boldsymbol{\Phi}_y^{(2)}\right)(0)\end{bmatrix}\\
\qquad + \sum_{i=1}^{m}\boldsymbol{J}_{x,i}^{(2)}\left(L_N\boldsymbol{\Phi}_x^{(2)}\right)(-\tau_i) + \sum_{i=1}^{m}\boldsymbol{J}_{y,i}^{(2)}\left(L_N\boldsymbol{\Phi}_y^{(2)}\right)(-\tau_i)\\
\left(L_N\boldsymbol{\Phi}_x^{(2)}\right)'(\theta_{N,k}) = \lambda\left(L_N\boldsymbol{\Phi}_x^{(2)}\right)(\theta_{N,k}),\quad k=1,\ 2,\ \cdots,\ N\\
\left(L_N\boldsymbol{\Phi}_y^{(2)}\right)'(\theta_{N,k}) = \lambda\left(L_N\boldsymbol{\Phi}_y^{(2)}\right)(\theta_{N,k}),\quad k=1,\ 2,\ \cdots,\ N
\end{array}\right.
\tag{14.4}
$$

将式 (14.2) 代入式 (14.4)，并利用切比雪夫多项式的性质 $T_j'(t) = jU_{j-1}(t)$，得

$$
\left\{\begin{array}{l}
(\boldsymbol{J}_0 - \lambda\boldsymbol{E})\begin{bmatrix}\boldsymbol{c}_x^{(1)}\\ \sum\limits_{j=0}^{N}\boldsymbol{c}_{x,j}^{(2)}T_j(1)\\ \boldsymbol{c}_y^{(1)}\\ \sum\limits_{j=0}^{N}\boldsymbol{c}_{y,j}^{(2)}T_j(1)\end{bmatrix} + \sum_{i=1}^{m}\boldsymbol{J}_{x,i}^{(2)}\sum_{j=0}^{N}\boldsymbol{c}_{x,j}^{(2)}T_j(\beta_i)\\
\qquad + \sum_{i=1}^{m}\boldsymbol{J}_{y,i}^{(2)}\sum_{j=0}^{N}\boldsymbol{c}_{y,j}^{(2)}T_j(\beta_i) = \boldsymbol{0}\\
\sum\limits_{j=0}^{N}\boldsymbol{c}_{x,j}^{(2)}\dfrac{2j}{\tau_{\max}}U_{j-1}(\alpha_k) = \lambda\sum\limits_{j=0}^{N}\boldsymbol{c}_{x,j}^{(2)}T_j(\alpha_k),\quad k=1,\ 2,\ \cdots,\ N\\
\sum\limits_{j=0}^{N}\boldsymbol{c}_{y,j}^{(2)}\dfrac{2j}{\tau_{\max}}U_{j-1}(\alpha_k) = \lambda\sum\limits_{j=0}^{N}\boldsymbol{c}_{y,j}^{(2)}T_j(\alpha_k),\quad k=1,\ 2,\ \cdots,\ N
\end{array}\right.
\tag{14.5}
$$

式中，为了便于说明，定义常数向量 $\boldsymbol{c}_x^{(1)} = \boldsymbol{\varphi}_{x,N+1}^{(1)} \in \mathbb{C}^{n_1\times 1}$ 和 $\boldsymbol{c}_y^{(1)} = \boldsymbol{\varphi}_{y,N+1}^{(1)} \in \mathbb{C}^{l_1\times 1}$；$U_{j-1}(\cdot)$ 表示 $j-1$ 阶第二类切比雪夫多项式。

考虑到 $T_j(1)=1$、$T_0(t)=1$ 和 $U_{-1}(t)=0$，式 (14.5) 可改写为

$$
\begin{cases}
\boldsymbol{J}_0\begin{bmatrix}\boldsymbol{c}_x^{(1)}\\ \sum\limits_{j=0}^{N}\boldsymbol{c}_{x,j}^{(2)}\\ \boldsymbol{c}_y^{(1)}\\ \sum\limits_{j=0}^{N}\boldsymbol{c}_{y,j}^{(2)}\end{bmatrix}+\sum\limits_{i=1}^{m}\boldsymbol{J}_{x,i}^{(2)}\boldsymbol{c}_{x,0}^{(2)}+\sum\limits_{i=1}^{m}\boldsymbol{J}_{x,i}^{(2)}\sum\limits_{j=1}^{N}\boldsymbol{c}_{x,j}^{(2)}T_j(\beta_i)\\
\quad+\sum\limits_{i=1}^{m}\boldsymbol{J}_{y,i}^{(2)}\boldsymbol{c}_{y,0}^{(2)}+\sum\limits_{i=1}^{m}\boldsymbol{J}_{y,i}^{(2)}\sum\limits_{j=1}^{N}\boldsymbol{c}_{y,j}^{(2)}T_j(\beta_i)=\lambda\boldsymbol{E}\begin{bmatrix}\boldsymbol{c}_x^{(1)}\\ \sum\limits_{j=0}^{N}\boldsymbol{c}_{x,j}^{(2)}T_j(1)\\ \boldsymbol{c}_y^{(1)}\\ \sum\limits_{j=0}^{N}\boldsymbol{c}_{y,j}^{(2)}T_j(1)\end{bmatrix}\\
\sum\limits_{j=1}^{N}\boldsymbol{c}_{x,j}^{(2)}\dfrac{2j}{\tau_{\max}}U_{j-1}(\alpha_k)=\lambda\sum\limits_{j=1}^{N}\boldsymbol{c}_{x,j}^{(2)}T_j(\alpha_k)+\lambda\boldsymbol{c}_{x,0}^{(2)},\quad k=1,\ 2,\ \cdots,\ N\\
\sum\limits_{j=1}^{N}\boldsymbol{c}_{y,j}^{(2)}\dfrac{2j}{\tau_{\max}}U_{j-1}(\alpha_k),=\lambda\sum\limits_{j=1}^{N}\boldsymbol{c}_{y,j}^{(2)}T_j(\alpha_k)+\lambda\boldsymbol{c}_{y,0}^{(2)},\quad k=1,\ 2,\ \cdots,\ N
\end{cases}
\tag{14.6}
$$

将式 (14.6) 改写为矩阵形式，得

$$
\left[\begin{array}{c:c:c:c}
\boldsymbol{R}_x & \sum\limits_{i=0}^{m}\boldsymbol{\ell}_i^{\mathrm{T}}\otimes\boldsymbol{J}_{x,i}^{(2)} & \boldsymbol{R}_y & \sum\limits_{i=0}^{m}\boldsymbol{\ell}_i^{\mathrm{T}}\otimes\boldsymbol{J}_{y,i}^{(2)}\\ \hdashline
 & \boldsymbol{U}\otimes\boldsymbol{I}_{n_2} & & \\ \hdashline
 & & & \boldsymbol{U}\otimes\boldsymbol{I}_{l_2}
\end{array}\right]\bar{\boldsymbol{c}}=\lambda
\left[\begin{array}{c:c:c:c}
\boldsymbol{I}_{n_1} & & & \\
 & \boldsymbol{1}_{N+1}^{\mathrm{T}}\otimes\boldsymbol{I}_{n_2} & & \\
 & \boldsymbol{0}_{l\times(N+1)n_2} & & \\ \hdashline
 & \boldsymbol{\Gamma}\otimes\boldsymbol{I}_{n_2} & \boldsymbol{0}_{Nn_2\times l_1} & \\ \hdashline
 & & & \boldsymbol{\Gamma}\otimes\boldsymbol{I}_{l_2}
\end{array}\right]\bar{\boldsymbol{c}}
\tag{14.7}
$$

式中，$\boldsymbol{R}_x\in\mathbb{R}^{d\times n}$，$\boldsymbol{R}_y\in\mathbb{R}^{d\times l}$；$\boldsymbol{\ell}_i^{\mathrm{T}}\in\mathbb{R}^{1\times N}$ $(i=1,\ 2,\ \cdots,\ m)$；$\bar{\boldsymbol{c}}\in\mathbb{C}^{(d+Nd_2)\times 1}$；$\boldsymbol{1}_{N+1}=[1,\ 1,\ \cdots,\ 1]^{\mathrm{T}}\in\mathbb{R}^{(N+1)\times 1}$；$\boldsymbol{U}\in\mathbb{R}^{N\times N}$，$\boldsymbol{\Gamma}\in\mathbb{R}^{N\times(N+1)}$。

$$\boldsymbol{R}_x=\begin{bmatrix}\boldsymbol{J}_{x,0}^{(1)} & \sum_{i=0}^{m}\boldsymbol{J}_{x,i}^{(2)}\end{bmatrix}=\begin{bmatrix}\boldsymbol{A}_{11,0} & \sum_{i=0}^{m}\boldsymbol{A}_{12,i}\\ \boldsymbol{A}_{21,0} & \sum_{i=0}^{m}\boldsymbol{A}_{22,i}\\ \boldsymbol{C}_{11,0} & \boldsymbol{C}_{12,0}\\ \boldsymbol{C}_{21,0} & \boldsymbol{C}_{22,0}\end{bmatrix} \tag{14.8}$$

$$\boldsymbol{R}_y=\begin{bmatrix}\boldsymbol{J}_{y,0}^{(1)} & \sum_{i=0}^{m}\boldsymbol{J}_{y,i}^{(2)}\end{bmatrix}=\begin{bmatrix}\boldsymbol{B}_{11,0} & \sum_{i=0}^{m}\boldsymbol{B}_{12,i}\\ \boldsymbol{B}_{21,0} & \sum_{i=0}^{m}\boldsymbol{B}_{22,i}\\ \boldsymbol{D}_{11,0} & \boldsymbol{D}_{12,0}\\ \boldsymbol{D}_{21,0} & \boldsymbol{D}_{22,0}\end{bmatrix} \tag{14.9}$$

$$\begin{cases}\boldsymbol{\ell}_0^{\mathrm{T}}=\mathbf{1}_N^{\mathrm{T}}=[1,\ 1,\ \cdots,\ 1]\\ \boldsymbol{\ell}_i^{\mathrm{T}}=[T_1(\beta_i),\ T_2(\beta_i),\ \cdots,\ T_N(\beta_i)],\ \ i=1,\ 2,\ \cdots,\ m\end{cases} \tag{14.10}$$

$$\begin{aligned}\bar{\boldsymbol{c}}=\Big[&\left(\boldsymbol{c}_x^{(1)}\right)^{\mathrm{T}},\ \left(\boldsymbol{c}_{x,0}^{(2)}\right)^{\mathrm{T}},\ \left(\boldsymbol{c}_{x,1}^{(2)}\right)^{\mathrm{T}},\ \left(\boldsymbol{c}_{x,2}^{(2)}\right)^{\mathrm{T}},\ \cdots,\ \left(\boldsymbol{c}_{x,N}^{(2)}\right)^{\mathrm{T}},\\ &\left(\boldsymbol{c}_y^{(1)}\right)^{\mathrm{T}},\ \left(\boldsymbol{c}_{y,0}^{(2)}\right)^{\mathrm{T}},\ \left(\boldsymbol{c}_{y,1}^{(2)}\right)^{\mathrm{T}},\ \left(\boldsymbol{c}_{y,2}^{(2)}\right)^{\mathrm{T}},\ \cdots,\ \left(\boldsymbol{c}_{y,N}^{(2)}\right)^{\mathrm{T}}\Big]^{\mathrm{T}}\end{aligned} \tag{14.11}$$

$$\boldsymbol{U}=\frac{2}{\tau_{\max}}\begin{bmatrix}U_0(\alpha_1) & 2U_1(\alpha_1) & \cdots & NU_{N-1}(\alpha_1)\\ U_0(\alpha_2) & 2U_1(\alpha_2) & \cdots & NU_{N-1}(\alpha_2)\\ \vdots & \vdots & & \vdots\\ U_0(\alpha_N) & 2U_1(\alpha_N) & \cdots & NU_{N-1}(\alpha_N)\end{bmatrix} \tag{14.12}$$

$$\boldsymbol{\Gamma}=\begin{bmatrix}T_0(\alpha_1) & T_1(\alpha_1) & \cdots & T_N(\alpha_1)\\ T_0(\alpha_2) & T_1(\alpha_2) & \cdots & T_N(\alpha_2)\\ \vdots & \vdots & & \vdots\\ T_0(\alpha_N) & T_1(\alpha_N) & \cdots & T_N(\alpha_N)\end{bmatrix} \tag{14.13}$$

由切比雪夫多项式的性质可知，$\boldsymbol{U}$ 与 $\boldsymbol{\Gamma}$ 之间满足

$$\boldsymbol{\Gamma}=\boldsymbol{U}\boldsymbol{\Upsilon} \tag{14.14}$$

式中，$\boldsymbol{\Upsilon}\in\mathbb{R}^{N\times(N+1)}$。

$$\boldsymbol{\Upsilon}=\frac{\tau_{\max}}{4}\begin{bmatrix}2 & 0 & -1 & & & & \\ & \frac{1}{2} & 0 & -\frac{1}{2} & & & \\ & & \frac{1}{3} & 0 & \ddots & & \\ & & & \ddots & \ddots & -\frac{1}{N-2} & \\ & & & & \ddots & 0 & -\frac{1}{N-1} \\ & & & & & \frac{1}{N} & 0\end{bmatrix} \tag{14.15}$$

将式 (14.14) 代入式 (14.7) 中，可得如下广义特征值问题：

$$\begin{aligned}&\left[\begin{array}{c:c:c:c}\boldsymbol{R}_x & \sum\limits_{i=0}^{m}\boldsymbol{\ell}_i^{\mathrm{T}}\otimes\boldsymbol{J}_{x,i}^{(2)} & \boldsymbol{R}_y & \sum\limits_{i=0}^{m}\boldsymbol{\ell}_i^{\mathrm{T}}\otimes\boldsymbol{J}_{y,i}^{(2)} \\ \hdashline & \boldsymbol{I}_{Nn_2} & & \\ \hdashline & & & \boldsymbol{I}_{Nl_2}\end{array}\right]\bar{\boldsymbol{c}} \\ =&\lambda\left[\begin{array}{c:c:c:cc}\boldsymbol{I}_{n_1} & & & & \\ & \boldsymbol{I}_{n_2} & \boldsymbol{1}_N^{\mathrm{T}}\otimes\boldsymbol{I}_{n_2} & & \\ & \boldsymbol{0}_{l\times n_2} & \boldsymbol{0}_{l\times Nn_2} & & \\ \hdashline & \boldsymbol{\Upsilon}_1\otimes\boldsymbol{I}_{n_2} & \boldsymbol{\Upsilon}_N\otimes\boldsymbol{I}_{n_2} & \boldsymbol{0}_{Nn_2\times l_1} & \\ \hdashline & & & \boldsymbol{\Upsilon}_1\otimes\boldsymbol{I}_{l_2} & \boldsymbol{\Upsilon}_N\otimes\boldsymbol{I}_{l_2}\end{array}\right]\bar{\boldsymbol{c}}\end{aligned} \tag{14.16}$$

式中，$\boldsymbol{\Upsilon}_1=\boldsymbol{\Upsilon}(:,1)\in\mathbb{R}^{N\times 1}$ 表示矩阵 $\boldsymbol{\Upsilon}$ 的第一列，$\boldsymbol{\Upsilon}_N=\boldsymbol{\Upsilon}(:,2:N+1)\in\mathbb{R}^{N\times N}$ 表示矩阵 $\boldsymbol{\Upsilon}$ 的第 2 列到第 $N+1$ 列。

至此，无穷维的无穷小生成元 $\mathcal{A}$ 被转化为有限维的伪谱部分离散化近似矩阵束 $(\boldsymbol{E}_N,\ \mathcal{A}_N)$，其中 $\boldsymbol{E}_N\in\mathbb{R}^{(d+Nd_2)\times(d+Nd_2)}$ 为奇异矩阵，$\mathcal{A}_N\in\mathbb{R}^{(d+Nd_2)\times(d+Nd_2)}$ 为分块上三角矩阵。

$$\boldsymbol{E}_N=\left[\begin{array}{c:c:c:cc}\boldsymbol{I}_{n_1} & & & & \\ & \boldsymbol{I}_{n_2} & \boldsymbol{1}_N^{\mathrm{T}}\otimes\boldsymbol{I}_{n_2} & & \\ & \boldsymbol{0}_{l\times n_2} & \boldsymbol{0}_{l\times Nn_2} & & \\ \hdashline & \boldsymbol{\Upsilon}_1\otimes\boldsymbol{I}_{n_2} & \boldsymbol{\Upsilon}_N\otimes\boldsymbol{I}_{n_2} & \boldsymbol{0}_{Nn_2\times l_1} & \\ \hdashline & & & \boldsymbol{\Upsilon}_1\otimes\boldsymbol{I}_{l_2} & \boldsymbol{\Upsilon}_N\otimes\boldsymbol{I}_{l_2}\end{array}\right] \tag{14.17}$$

$$
\mathcal{A}_N = \left[\begin{array}{c:c:c:c} \boldsymbol{R}_x & \sum_{i=0}^{m} \boldsymbol{\ell}_i^{\mathrm{T}} \otimes \boldsymbol{J}_{x,i}^{(2)} & \boldsymbol{R}_y & \sum_{i=0}^{m} \boldsymbol{\ell}_i^{\mathrm{T}} \otimes \boldsymbol{J}_{y,i}^{(2)} \\ \hdashline & \boldsymbol{I}_{Nn_2} & & \\ \hdashline & & & \boldsymbol{I}_{Nl_2} \end{array}\right] \tag{14.18}
$$

矩阵束 $(\boldsymbol{E}_N, \mathcal{A}_N)$ 的特征值问题也被称为广义特征值问题，需转化为标准特征值问题求解。首先，对 $\boldsymbol{E}_N$ 和 $\mathcal{A}_N$ 进行初等行变换和初等列变换，即分别左乘变换矩阵 $\boldsymbol{P}_2 \in \mathbb{R}^{(d+Nd_2)\times(d+Nd_2)}$ 和右乘变换矩阵 $\boldsymbol{P}_1 \in \mathbb{R}^{(d+Nd_2)\times(d+Nd_2)}$。

$$
\boldsymbol{P}_1 = \left[\begin{array}{c:c:c} \boldsymbol{I}_{n+Nn_2} & & \\ \hdashline & & \boldsymbol{I}_l \\ \hdashline & \boldsymbol{I}_{Nl_2} & \end{array}\right], \ \boldsymbol{P}_2 = \left[\begin{array}{c:c:c} \boldsymbol{I}_n & & \\ \hdashline & & \boldsymbol{I}_{Nd_2} \\ \hdashline & \boldsymbol{I}_l & \end{array}\right] \tag{14.19}
$$

式 (14.16) 可改写为

$$
\begin{bmatrix} \boldsymbol{A}_N & \boldsymbol{B}_N \\ \boldsymbol{C}_N & \boldsymbol{D}_N \end{bmatrix} \begin{bmatrix} \bar{\boldsymbol{c}}_x \\ \bar{\boldsymbol{c}}_y \end{bmatrix} = \lambda \begin{bmatrix} \boldsymbol{E}_1 & \boldsymbol{E}_2 \\ \boldsymbol{0} & \boldsymbol{0} \end{bmatrix} \begin{bmatrix} \bar{\boldsymbol{c}}_x \\ \bar{\boldsymbol{c}}_y \end{bmatrix} \tag{14.20}
$$

式中，$\boldsymbol{A}_N \in \mathbb{R}^{(n+Nd_2)\times(n+Nd_2)}$ 为分块上三角矩阵，$\boldsymbol{B}_N \in \mathbb{R}^{(n+Nd_2)\times l}$，$\boldsymbol{C}_N \in \mathbb{R}^{l\times(n+Nd_2)}$，$\boldsymbol{D}_N \in \mathbb{R}^{l\times l}$，$\boldsymbol{E}_1 \in \mathbb{R}^{(n+Nd_2)\times(n+Nd_2)}$，$\boldsymbol{E}_2 \in \mathbb{R}^{(n+Nd_2)\times l}$；$\bar{\boldsymbol{c}}_x \in \mathbb{R}^{(n+Nd_2)\times 1}$，$\bar{\boldsymbol{c}}_y \in \mathbb{R}^{l\times 1}$。

$$
\boldsymbol{A}_N = \left[\begin{array}{c:cc} \sum_{i=0}^{m} \boldsymbol{A}_i & \sum_{i=0}^{m} \boldsymbol{\ell}_i^{\mathrm{T}} \otimes \boldsymbol{A}_i^{(2)} & \sum_{i=0}^{m} \boldsymbol{\ell}_i^{\mathrm{T}} \otimes \boldsymbol{B}_i^{(2)} \\ \hdashline \boldsymbol{0}_{Nd_2\times n} & \boldsymbol{I}_{Nd_2} & \end{array}\right] \tag{14.21}
$$

$$
\boldsymbol{B}_N = \left[\begin{array}{c} \sum_{i=0}^{m} \boldsymbol{B}_i \\ \hdashline \boldsymbol{0}_{Nd_2\times l} \end{array}\right] \tag{14.22}
$$

$$
\boldsymbol{C}_N = \left[\begin{array}{c:c:c} \boldsymbol{C}_0 & \boldsymbol{1}_N^{\mathrm{T}} \otimes \boldsymbol{C}_0^{(2)} & \boldsymbol{1}_N^{\mathrm{T}} \otimes \boldsymbol{D}_0^{(2)} \end{array}\right] \tag{14.23}
$$

$$
\boldsymbol{D}_N = \boldsymbol{D}_0 \tag{14.24}
$$

$$\boldsymbol{E}_1 = \left[\begin{array}{c|c|c} \boldsymbol{I}_{n_1} & \mathbf{1}_{N+1}^{\mathrm{T}} \otimes \boldsymbol{I}_{n_2} & \\ \hline & \boldsymbol{\Upsilon} \otimes \boldsymbol{I}_{n_2} & \\ \hline & & \boldsymbol{\Upsilon}_N \otimes \boldsymbol{I}_{l_2} \end{array}\right] \tag{14.25}$$

$$\boldsymbol{E}_2 = \left[\begin{array}{cc} \multicolumn{2}{c}{\mathbf{0}_{(n+Nn_2)\times l}} \\ \hline \mathbf{0}_{Nl_2\times l_1} & \boldsymbol{\Upsilon}_1 \otimes \boldsymbol{I}_{l_2} \end{array}\right] \tag{14.26}$$

$$\begin{aligned} \bar{\boldsymbol{c}}_x = \Bigg[&\left(\boldsymbol{c}_x^{(1)}\right)^{\mathrm{T}},\ \left(\boldsymbol{c}_{x,0}^{(2)}\right)^{\mathrm{T}},\ \left(\boldsymbol{c}_{x,1}^{(2)}\right)^{\mathrm{T}},\ \left(\boldsymbol{c}_{x,2}^{(2)}\right)^{\mathrm{T}},\ \cdots,\ \left(\boldsymbol{c}_{x,N}^{(2)}\right)^{\mathrm{T}}, \\ &\left(\boldsymbol{c}_{y,1}^{(2)}\right)^{\mathrm{T}},\ \left(\boldsymbol{c}_{y,2}^{(2)}\right)^{\mathrm{T}},\ \cdots,\ \left(\boldsymbol{c}_{y,N}^{(2)}\right)^{\mathrm{T}}\Bigg]^{\mathrm{T}} \end{aligned} \tag{14.27}$$

$$\bar{\boldsymbol{c}}_y = \left[\left(\boldsymbol{c}_{y,0}^{(1)}\right)^{\mathrm{T}},\ \left(\boldsymbol{c}_{y,0}^{(2)}\right)^{\mathrm{T}}\right]^{\mathrm{T}} \tag{14.28}$$

然后，消去式 (14.20) 中的 $\bar{\boldsymbol{c}}_y$，可将矩阵束 $(\boldsymbol{E}_N,\ \mathcal{A}_N)$ 转化为一个标准特征值问题。

$$\hat{\mathcal{A}}_N \bar{\boldsymbol{c}}_x = \lambda \bar{\boldsymbol{c}}_x \tag{14.29}$$

式中，$\hat{\mathcal{A}}_N = \hat{\boldsymbol{\Pi}}_N^{-1} \hat{\boldsymbol{\Sigma}}_N \in \mathbb{R}^{(n+Nd_2)\times(n+Nd_2)}$ 为 $\mathcal{A}$ 的伪谱部分离散化矩阵；$\hat{\boldsymbol{\Pi}}_N \in \mathbb{R}^{(n+Nd_2)\times(n+Nd_2)}$；$\hat{\boldsymbol{\Sigma}}_N \in \mathbb{R}^{(n+Nd_2)\times(n+Nd_2)}$ 为分块上三角矩阵。

$$\hat{\boldsymbol{\Sigma}}_N = \boldsymbol{A}_N - \boldsymbol{B}_N \boldsymbol{D}_0^{-1} \boldsymbol{C}_N = \left[\begin{array}{c|c} \boldsymbol{R}_0 & \hat{\boldsymbol{\Gamma}}_N \\ \hline & \boldsymbol{I}_{Nd_2} \end{array}\right] \tag{14.30}$$

$$\hat{\boldsymbol{\Pi}}_N = \boldsymbol{E}_1 - \boldsymbol{E}_2 \boldsymbol{D}_0^{-1} \boldsymbol{C}_N \tag{14.31}$$

其中，$\boldsymbol{R}_0 \in \mathbb{R}^{n\times n}$，$\hat{\boldsymbol{\Gamma}}_N \in \mathbb{R}^{n\times Nd_2}$。

$$\boldsymbol{R}_0 = \sum_{i=0}^{m} \boldsymbol{A}_i - \sum_{i=0}^{m} \boldsymbol{B}_i \boldsymbol{D}_0^{-1} \boldsymbol{C}_0 \tag{14.32}$$

$$\hat{\boldsymbol{\Gamma}}_N = \sum_{i=0}^{m} \left[\boldsymbol{\ell}_i^{\mathrm{T}} \otimes \boldsymbol{A}_i^{(2)} \quad \boldsymbol{\ell}_i^{\mathrm{T}} \otimes \boldsymbol{B}_i^{(2)}\right] - \sum_{i=0}^{m} \boldsymbol{B}_i \boldsymbol{D}_0^{-1} \left[\mathbf{1}_N^{\mathrm{T}} \otimes \boldsymbol{C}_0^{(2)} \quad \mathbf{1}_N^{\mathrm{T}} \otimes \boldsymbol{D}_0^{(2)}\right] \tag{14.33}$$

14.2 大规模时滞电力系统特征值计算

14.2.1 位移—逆变换

1. 位移

位移操作后，$\hat{\mathcal{A}}_N$ 的分块结构没有发生改变。将式 (14.32) 和式 (14.33) 中的 $\boldsymbol{A}_i$、$\boldsymbol{A}_i^{(2)}$、$\boldsymbol{B}_i$ 和 $\boldsymbol{B}_i^{(2)}(i=0,\ 1,\ \cdots,\ m)$ 分别用式 (12.29) 和式 (12.30) 中的 $\boldsymbol{A}'_i$、$\boldsymbol{A}_i'^{(2)}(i=0,\ 1,\ \cdots,\ m)$、$\boldsymbol{B}'_i$ 和 $\boldsymbol{B}_i'^{(2)}(i=1,\ 2,\ \cdots,\ m)$ 替换。从而，$\boldsymbol{A}_N$ 和 $\boldsymbol{B}_N$ 分别变为 $\boldsymbol{A}'_N$ 和 $\boldsymbol{B}'_N$，进而通过式 (14.34) 和式 (14.35) 得到位移操作后的无穷小生成元的离散化矩阵 $\hat{\mathcal{A}}'_N$，其特征值为 $\lambda'=\lambda-\lambda_{\mathrm{s}}$。

$$\hat{\mathcal{A}}'_N=\left(\hat{\boldsymbol{\Pi}}_N\right)^{-1}\hat{\boldsymbol{\Sigma}}'_N \tag{14.34}$$

式中，$\hat{\boldsymbol{\Sigma}}'_N\in\mathbb{C}^{(n+Nd_2)\times(n+Nd_2)}$。

$$\hat{\boldsymbol{\Sigma}}'_N=\boldsymbol{A}'_N-\boldsymbol{B}'_N\boldsymbol{D}_0^{-1}\boldsymbol{C}_N=\left[\begin{array}{c|c}\boldsymbol{R}'_0 & \hat{\boldsymbol{\Gamma}}'_N\\ \hline & \boldsymbol{I}_{Nd_2}\end{array}\right] \tag{14.35}$$

其中，$\boldsymbol{A}'_N\in\mathbb{C}^{(n+Nd_2)\times(n+Nd_2)}$，$\boldsymbol{B}'_N\in\mathbb{C}^{(n+Nd_2)\times l}$，$\boldsymbol{R}'_0\in\mathbb{C}^{n\times n}$，$\hat{\boldsymbol{\Gamma}}'_N\in\mathbb{C}^{n\times Nd_2}$。

$$\boldsymbol{A}'_N=\left[\begin{array}{c|cc}\sum\limits_{i=0}^{m}\boldsymbol{A}'_i & \sum\limits_{i=0}^{m}\boldsymbol{\ell}_i^{\mathrm{T}}\otimes\boldsymbol{A}_i'^{(2)} & \sum\limits_{i=0}^{m}\boldsymbol{\ell}_i^{\mathrm{T}}\otimes\boldsymbol{B}_i'^{(2)}\\ \hline \boldsymbol{0}_{Nd_2\times n} & \multicolumn{2}{c}{\boldsymbol{I}_{Nd_2}}\end{array}\right] \tag{14.36}$$

$$\boldsymbol{B}'_N=\left[\begin{array}{c}\sum\limits_{i=0}^{m}\boldsymbol{B}'_i\\ \hline \boldsymbol{0}_{Nd_2\times l}\end{array}\right] \tag{14.37}$$

$$\boldsymbol{R}'_0=\sum_{i=0}^{m}\boldsymbol{A}'_i-\sum_{i=0}^{m}\boldsymbol{B}'_i\boldsymbol{D}_0^{-1}\boldsymbol{C}_0 \tag{14.38}$$

$$\hat{\boldsymbol{\Gamma}}'_N=\sum_{i=0}^{m}\left[\boldsymbol{\ell}_i^{\mathrm{T}}\otimes\boldsymbol{A}_i'^{(2)}\quad \boldsymbol{\ell}_i^{\mathrm{T}}\otimes\boldsymbol{B}_i'^{(2)}\right]-\sum_{i=0}^{m}\boldsymbol{B}'_i\boldsymbol{D}_0^{-1}\left[\boldsymbol{1}_N^{\mathrm{T}}\otimes\boldsymbol{C}_0^{(2)}\quad \boldsymbol{1}_N^{\mathrm{T}}\otimes\boldsymbol{D}_0^{(2)}\right] \tag{14.39}$$

2. 求逆

对 $\hat{\mathcal{A}}'_N$ 进行求逆运算，得

$$\left(\hat{\mathcal{A}}'_N\right)^{-1} = \left(\hat{\boldsymbol{\Sigma}}'_N\right)^{-1}\hat{\boldsymbol{\Pi}}_N \tag{14.40}$$

式中，$\left(\hat{\boldsymbol{\Sigma}}'_N\right)^{-1}$ 具有显式表达特性，即

$$\left(\hat{\boldsymbol{\Sigma}}'_N\right)^{-1} = \begin{bmatrix} \left(\boldsymbol{R}'_0\right)^{-1}\begin{bmatrix}\boldsymbol{I}_n & -\hat{\boldsymbol{\Gamma}}'_N\end{bmatrix} \\ \hdashline \begin{bmatrix}\boldsymbol{0}_{Nd_2\times n} & \boldsymbol{I}_{Nd_2}\end{bmatrix} \end{bmatrix} \tag{14.41}$$

14.2.2 稀疏特征值计算

利用 IRA 算法可以实现高效计算 $\left(\hat{\mathcal{A}}'_N\right)^{-1}$ 模值递减的部分特征值，其中计算量最大的操作就是形成 Krylov 向量过程中的 MVP 运算。设第 j 个 Krylov 向量为 $\boldsymbol{p}_j \in \mathbb{C}^{(n+Nd_2)\times 1}$，则第 $j+1$ 个向量 $\boldsymbol{p}_{j+1}$ 可由矩阵 $\left(\hat{\mathcal{A}}'_N\right)^{-1}$ 与向量 $\boldsymbol{p}_j$ 的乘积运算得到。

$$\boldsymbol{p}_{j+1} = \left(\hat{\mathcal{A}}'_N\right)^{-1}\boldsymbol{p}_j = \left(\hat{\boldsymbol{\Sigma}}'_N\right)^{-1}\hat{\boldsymbol{\Pi}}_N\boldsymbol{p}_j \tag{14.42}$$

式 (14.42) 可以分解为以下两个主要步骤：

$$\boldsymbol{w} = \hat{\boldsymbol{\Pi}}_N\boldsymbol{p}_j \tag{14.43}$$

$$\boldsymbol{p}_{j+1} = \left(\hat{\boldsymbol{\Sigma}}'_N\right)^{-1}\boldsymbol{w} \tag{14.44}$$

式中，$\boldsymbol{w} \in \mathbb{C}^{(n+Nd_2)\times 1}$ 为中间向量。

1. 式 (14.43) 的高效实现

由于伴随子矩阵 $\boldsymbol{E}_1$ 与 $\boldsymbol{E}_2$ 高度稀疏，式 (14.43) 可以通过显式形成矩阵 $\hat{\boldsymbol{\Pi}}'_N$，进而执行一次 MVP 运算得到。

$$\begin{cases} [\,\boldsymbol{L}_1,\ \boldsymbol{U}_1,\ \boldsymbol{P}_1,\ \boldsymbol{Q}_1\,] = \mathrm{lu}(\boldsymbol{D}_0) \\ \hat{\boldsymbol{\Pi}}_N = \boldsymbol{E}_1 - \left(\boldsymbol{L}_1^{\mathrm{T}}\backslash\left(\boldsymbol{U}_1^{\mathrm{T}}\backslash\left(\boldsymbol{P}_1^{\mathrm{T}}\backslash\left(\boldsymbol{Q}_1^{\mathrm{T}}\backslash\boldsymbol{E}_2^{\mathrm{T}}\right)\right)\right)\right)^{\mathrm{T}}\boldsymbol{C}_N \\ \boldsymbol{w} = \hat{\boldsymbol{\Pi}}_N\boldsymbol{p}_j \end{cases} \tag{14.45}$$

2. 式 (14.44) 的高效实现

对比式 (14.35) 和式 (13.59) 第 1 式可知，$\hat{\boldsymbol{\Sigma}}'_N$ 和 PIGD-PS 方法生成的无穷小生成元部分离散化矩阵 $\hat{\mathcal{A}}_N$ 均为 $\boldsymbol{D}_0^{-1}$ 的 Schur 补。因此，在 13.4.2 节中式 (13.63) 所示 $\boldsymbol{q}_{j+1} = \left(\hat{\mathcal{A}}'_N\right)^{-1}\boldsymbol{q}_j$ 的高效实现中，将其中的矩阵 $\boldsymbol{A}'_N$、$\boldsymbol{B}_N$ 和 $\boldsymbol{C}_N$

分别用式 (14.36)、式 (14.37) 和式 (14.23) 所示的 $\boldsymbol{A}'_N$、$\boldsymbol{B}'_N$ 和 $\boldsymbol{C}_N$ 代替，即可实现高效求解式 (14.44)。

考虑到如式 (14.41) 所示的 $\left(\hat{\boldsymbol{\Sigma}}'_N\right)^{-1}$ 为分块上三角矩阵，式 (14.44) 还存在另一种高效的实现方法。首先，式 (14.44) 可进一步分解为以下三个主要步骤：

$$\boldsymbol{u}=\begin{bmatrix}\boldsymbol{I}_n & -\hat{\boldsymbol{\Gamma}}'_N\end{bmatrix}\boldsymbol{w} \tag{14.46}$$

$$\boldsymbol{p}_{j+1}(1:n)=\left(\boldsymbol{R}'_0\right)^{-1}\boldsymbol{u} \tag{14.47}$$

$$\boldsymbol{p}_{j+1}(n+1:n+Nd_2)=\boldsymbol{w}(n+1:n+Nd_2) \tag{14.48}$$

式中，$\boldsymbol{u}\in\mathbb{C}^{n\times 1}$ 为中间向量。

接着，参考 6.2.3 节实现高效求解式 (14.44)。需要说明的是，对于大规模时滞电力系统，式 (14.44) 的两种高效实现方法的计算量相当；对于中小规模时滞电力系统，第一种高效实现方法的计算量较少、计算效率更高。故在本书后续分析中，均采用第一种方法来实现式 (14.44) 的高效求解。

设由 IRA 算法计算得到 $\left(\hat{\mathcal{A}}'_N\right)^{-1}$ 的特征值为 λ''，则 $\hat{\mathcal{A}}_N$ 的特征值的估计值可计算为

$$\hat{\lambda}=\lambda_{\rm s}+\frac{1}{\lambda''}=\lambda_{\rm s}+\lambda' \tag{14.49}$$

与 $\hat{\lambda}$ 对应的 Krylov 向量的前 n 个分量 $\hat{\boldsymbol{v}}$ 是精确特征值 λ 对应的特征向量 $\boldsymbol{v}$ 的良好的估计和近似。将 $\hat{\lambda}$ 和 $\hat{\boldsymbol{v}}$ 作牛顿法的初始值，通过迭代校正，可以得到时滞电力系统的精确特征值 λ 和特征向量 $\boldsymbol{v}$。

14.2.3 特性分析

通过与 EIGD 和 PIGD-PS/LMS/IRK 方法进行对比和分析，总结得到 PEIGD 的特性。

(1) 通过应用部分谱离散化思想，PEIGD 方法生成的无穷小生成元部分离散化矩阵 $\hat{\mathcal{A}}_N$ 的维数远远小于 EIGD 生成的离散化矩阵 $\mathcal{A}_N$ 的维数，两者之比 $R_{\rm dim}=\dfrac{n+Nd_2}{(N+1)n}$。考虑到大规模时滞电力系统总是满足 $n\gg d_2$，$\hat{\mathcal{A}}_N$ 的维数接近于系统状态变量的维数，$R_{\rm dim}$ 接近于 $\dfrac{1}{N+1}$。

(2) $\hat{\mathcal{A}}_N$ 和 $\mathcal{A}_N$ 具有相同的逻辑结构，皆可表示为伴随矩阵的逆与分块上三角矩阵的乘积，即 $\hat{\mathcal{A}}_N=\left(\hat{\boldsymbol{\Pi}}_N\right)^{-1}\hat{\boldsymbol{\Sigma}}_N$ 和 $\mathcal{A}_N=\left(\boldsymbol{\Pi}_N\right)^{-1}\boldsymbol{\Sigma}_N$。其中，$\hat{\boldsymbol{\Sigma}}_N$ 和 $\boldsymbol{\Sigma}_N$ 的逻辑结构如图 14.1 所示，其非零元素于第 1 块行和主对角线上。在第 1 块行中，灰色部分的矩阵元素对应系统非时滞状态变量 $\Delta\boldsymbol{x}^{(1)}$，深灰色部分的矩阵元素对应系统增广时滞状态变量 $\Delta\hat{\boldsymbol{x}}^{(2)}$。

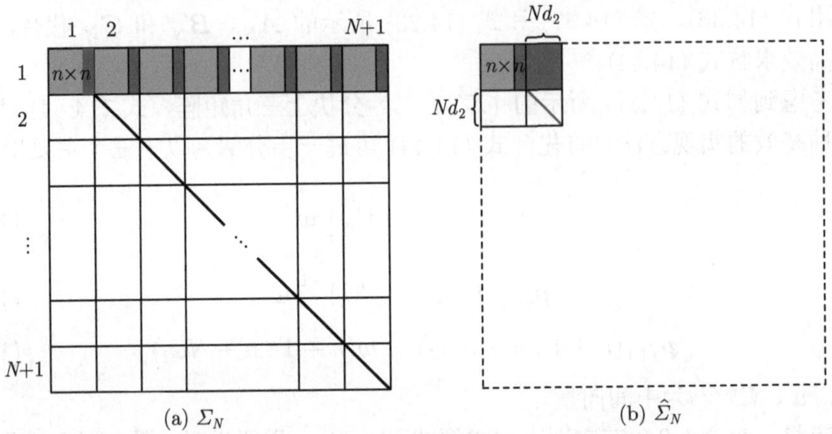

图 14.1 离散化子矩阵 $\boldsymbol{\Sigma}_N$ 和 $\hat{\boldsymbol{\Sigma}}_N$ 的逻辑结构

(3) 由于求解式 (14.43) 的计算量很小，PEIGD 方法形成每个 Krylov 向量的计算量由求解式 (14.44) 所示离散化子矩阵 $\hat{\boldsymbol{\Sigma}}_N$ 的 MIVP 的计算量决定。其中，$\hat{\boldsymbol{\Sigma}}_N$ 可以表示为 $\boldsymbol{D}_0$ 的 Schur 补。因此，与 PIGD-PS/LMS/IRK 方法相同，PEIGD 方法的计算量与利用反幂法对无时滞电力系统进行特征值分析的计算量相当 (求解得到的特征值数量相同)。

第 15 章　基于 PSOD-PS 的特征值计算方法

本章基于第 12 章的部分谱离散化特征值计算框架，对第 8 章 SOD-PS 方法进行改进，提出了大规模时滞电力系统关键特征值准确、高效计算的 PSOD-PS 方法。与 SOD-PS 方法相比，PSOD-PS 方法生成的解算子部分离散化矩阵维数低、特征值计算效率高。

15.1　PSOD-PS 方法的基本原理

15.1.1　区间 $[-\tau_{\max}，0]$ 上变量的离散化

利用 8.1.1 节定义的离散点集合 $\Omega_M = \{\theta_{M,i,j},\ i=1,\ 2,\ \cdots,\ Q;\ j=0,\ 1,\ \cdots,\ M\}$，将时滞区间 $[-\tau_{\max},\ 0]$ 上的连续函数 $\boldsymbol{\varphi}_x^{(2)}$ 和 $\boldsymbol{\varphi}_y^{(2)}$ 离散化为分块向量 $\boldsymbol{\Phi}_x^{(2)} \in \mathbb{R}^{(QM+1)n_2\times 1}$ 和 $\boldsymbol{\Phi}_y^{(2)} \in \mathbb{R}^{(QM+1)l_2\times 1}$：

$$
\begin{cases}
\boldsymbol{\Phi}_x^{(2)} = \left[\left(\boldsymbol{\varphi}_{x,1,0}^{(2)}\right)^{\mathrm{T}},\ \left(\boldsymbol{\varphi}_{x,1,1}^{(2)}\right)^{\mathrm{T}},\ \cdots,\ \left(\boldsymbol{\varphi}_{x,Q,M}^{(2)}\right)^{\mathrm{T}}\right]^{\mathrm{T}} \\
\boldsymbol{\Phi}_y^{(2)} = \left[\left(\boldsymbol{\varphi}_{y,1,0}^{(2)}\right)^{\mathrm{T}},\ \left(\boldsymbol{\varphi}_{y,1,1}^{(2)}\right)^{\mathrm{T}},\ \cdots,\ \left(\boldsymbol{\varphi}_{y,Q,M}^{(2)}\right)^{\mathrm{T}}\right]^{\mathrm{T}}
\end{cases}
\tag{15.1}
$$

式中，$\boldsymbol{\varphi}_{x,i,j}^{(2)} = \boldsymbol{\varphi}_x^{(2)}(\theta_{M,i,j}) \in \mathbb{R}^{n_2\times 1}$ 和 $\boldsymbol{\varphi}_{y,i,j}^{(2)} = \boldsymbol{\varphi}_y^{(2)}(\theta_{M,i,j}) \in \mathbb{R}^{l_2\times 1}$ 分别表示 $\boldsymbol{\varphi}_x^{(2)}$ 和 $\boldsymbol{\varphi}_y^{(2)}$ 在离散点 $\theta_{M,i,j}$ 处的函数值，$i=1,\ 2,\ \cdots,\ Q$；$j=0,\ 1,\ \cdots,\ M$。

令 $\boldsymbol{\varphi}_{x,1,0}^{(1)} = \boldsymbol{\varphi}_x^{(1)}(\theta_{M,1,0}) \in \mathbb{R}^{n_1\times 1}$ 和 $\boldsymbol{\varphi}_{y,1,0}^{(1)} = \boldsymbol{\varphi}_y^{(1)}(\theta_{M,1,0}) \in \mathbb{R}^{l_1\times 1}$ 分别表示 $\boldsymbol{\varphi}_x^{(1)}$ 和 $\boldsymbol{\varphi}_y^{(1)}$ 在零点 $\theta_{M,1,0}=0$ 处的函数值。结合 $\boldsymbol{\varphi}_{x,1,0}^{(1)}$ 和 $\boldsymbol{\varphi}_{x,1,0}^{(2)}$，$\boldsymbol{\varphi}_{y,1,0}^{(1)}$ 和 $\boldsymbol{\varphi}_{y,1,0}^{(2)}$，定义 $\boldsymbol{\varphi}_{x,1,0} \in \mathbb{R}^{n\times 1}$ 和 $\boldsymbol{\varphi}_{y,1,0} \in \mathbb{R}^{l\times 1}$：

$$
\boldsymbol{\varphi}_{x,1,0} = \left[\left(\boldsymbol{\varphi}_{x,1,0}^{(1)}\right)^{\mathrm{T}},\ \left(\boldsymbol{\varphi}_{x,1,0}^{(2)}\right)^{\mathrm{T}}\right]^{\mathrm{T}},\ \boldsymbol{\varphi}_{y,1,0} = \left[\left(\boldsymbol{\varphi}_{y,1,0}^{(1)}\right)^{\mathrm{T}},\ \left(\boldsymbol{\varphi}_{y,1,0}^{(2)}\right)^{\mathrm{T}}\right]^{\mathrm{T}}
\tag{15.2}
$$

接着，定义离散化分块向量 $\boldsymbol{\Phi} \in \mathbb{R}^{(n_1+(QM+1)d_2)\times 1}$，如式 (15.3) 所示。其中，各分量按照如下顺序依次排列：首先是零点处的非时滞状态变量，接着是第一个子区间 $(-h,\ 0]$ 上各离散点处的时滞状态变量和时滞代数变量，最后是第 $2\sim Q$ 个子区间 $[-\tau_{\max},\ -h]$ 上各离散点处的时滞状态变量和时滞代数变量。

$$\boldsymbol{\Phi} = \left[\left(\boldsymbol{\varphi}_{x,1,0}^{(1)}\right)^{\mathrm{T}},\ \left(\boldsymbol{\varphi}_{x,1,0}^{(2)}\right)^{\mathrm{T}}, \cdots, \left(\boldsymbol{\varphi}_{x,1,M-1}^{(2)}\right)^{\mathrm{T}}, \left(\boldsymbol{\varphi}_{y,1,0}^{(2)}\right)^{\mathrm{T}}, \cdots, \left(\boldsymbol{\varphi}_{y,1,M-1}^{(2)}\right)^{\mathrm{T}}, \right.$$
$$\left. \left(\boldsymbol{\varphi}_{x,2,0}^{(2)}\right)^{\mathrm{T}}, \cdots, \left(\boldsymbol{\varphi}_{x,Q,M}^{(2)}\right)^{\mathrm{T}}, \left(\boldsymbol{\varphi}_{y,2,0}^{(2)}\right)^{\mathrm{T}}, \cdots, \left(\boldsymbol{\varphi}_{y,Q,M}^{(2)}\right)^{\mathrm{T}} \right]^{\mathrm{T}} \tag{15.3}$$

定义延伸算子 P_M：

$$\left(P_M \boldsymbol{\Phi}_x^{(2)}\right)(\theta) = \sum_{j=0}^{M} \ell_{M,i,j}(\theta) \boldsymbol{\varphi}_{x,i,j}^{(2)},\quad \left(P_M \boldsymbol{\Phi}_y^{(2)}\right)(\theta) = \sum_{j=0}^{M} \ell_{M,i,j}(\theta) \boldsymbol{\varphi}_{y,i,j}^{(2)} \tag{15.4}$$

式中，$\theta \in [\theta_i,\ \theta_{i-1}]$，$i = 1,\ 2,\ \cdots,\ Q$；$\ell_{M,i,j}(\cdot)$ 为与离散点 $\theta_{M,i,j}$ 对应的拉格朗日插值系数，$i = 1,\ 2,\ \cdots,\ Q$；$j = 0,\ 1,\ \cdots,\ M$。

$$\ell_{M,i,j}(\theta) = \prod_{k=0,k\neq j}^{M} \frac{\theta - \theta_{M,i,k}}{\theta_{M,i,j} - \theta_{M,i,k}} \tag{15.5}$$

类似于式 (8.6)，定义约束算子 R_M：

$$R_M \hat{\boldsymbol{\varphi}} = \boldsymbol{\Phi},\ \ \boldsymbol{\Phi} \in \boldsymbol{X}_M \tag{15.6}$$

15.1.2 区间 [0, h] 上变量的离散化

定义 $\boldsymbol{z}(t) = \Delta \dot{\boldsymbol{x}}(t) \in \mathbb{R}^{n\times 1}$，$t \in [0,\ h]$。利用 8.1.2 节定义的离散点集合 $\Omega_N^+ = \{t_{N,j},\ j = 1,\ 2,\ \cdots,\ N\}$，将区间 $t \in [0,\ h]$ 上的连续函数 $\boldsymbol{z}(t)$ 离散化为分块向量 $\boldsymbol{Z} \in \mathbb{R}^{Nn\times 1}$：

$$\boldsymbol{Z} = \left[\boldsymbol{z}_1^{\mathrm{T}},\ \boldsymbol{z}_2^{\mathrm{T}},\ \cdots,\ \boldsymbol{z}_N^{\mathrm{T}}\right]^{\mathrm{T}} \tag{15.7}$$

式中，$\boldsymbol{z}_j = \left[\left(\boldsymbol{z}_j^{(1)}\right)^{\mathrm{T}},\ \left(\boldsymbol{z}_j^{(2)}\right)^{\mathrm{T}}\right]^{\mathrm{T}} = \boldsymbol{z}(t_{N,j}) \in \mathbb{R}^{n\times 1}$ 为 $\boldsymbol{z}$ 在离散点 $t_{N,j}$ 处的函数值，其中 $\boldsymbol{z}_j^{(1)} \in \mathbb{R}^{n_1\times 1}$，$\boldsymbol{z}_j^{(2)} \in \mathbb{R}^{n_2\times 1}$，$j = 1,\ 2,\ \cdots,\ N$。

同样地，定义 $\boldsymbol{w}(t) = \Delta \dot{\boldsymbol{y}}(t) \in \mathbb{R}^{l\times 1}$ $(t \in [0,\ h])$ 并将其离散化为分块向量 $\boldsymbol{W} \in \mathbb{R}^{Nl\times 1}$：

$$\boldsymbol{W} = \left[\boldsymbol{w}_1^{\mathrm{T}},\ \boldsymbol{w}_2^{\mathrm{T}},\ \cdots,\ \boldsymbol{w}_N^{\mathrm{T}}\right]^{\mathrm{T}} \tag{15.8}$$

式中，$\boldsymbol{w}_j = \left[\left(\boldsymbol{w}_j^{(1)}\right)^{\mathrm{T}},\ \left(\boldsymbol{w}_j^{(2)}\right)^{\mathrm{T}}\right]^{\mathrm{T}} = \boldsymbol{w}(t_{N,j}) \in \mathbb{R}^{l\times 1}$ 为 $\boldsymbol{w}(t)$ 在离散点 $t_{N,j}$ 处的函数值，其中 $\boldsymbol{w}_j^{(1)} \in \mathbb{R}^{l_1\times 1}$，$\boldsymbol{w}_j^{(2)} \in \mathbb{R}^{l_2\times 1}$，$j = 1,\ 2,\ \cdots,\ N$。

类似于式 (8.13) 和式 (8.14)，分别定义约束算子 R_N^+ 和延伸算子 P_N^+：

$$R_N^+ \boldsymbol{z} = \boldsymbol{Z},\ \ \left(P_N^+ \boldsymbol{Z}\right)(t) = \sum_{j=1}^{N} \ell_{N,j}^+(t) \boldsymbol{z}_j \tag{15.9}$$

$$R_N^+\boldsymbol{w}=\boldsymbol{W},\ \left(P_N^+\boldsymbol{W}\right)(t)=\sum_{j=1}^{N}\ell_{N,j}^+(t)\boldsymbol{w}_j \tag{15.10}$$

式中，$t\in[0,\ h]$；$\ell_{N,j}^+(\cdot)$ $(j=1,\ 2,\ \cdots,\ N)$ 为与离散点 $t_{N,j}$ 对应的拉格朗日插值系数。

$$\ell_{N,j}^+(t)=\prod_{i=1,i\neq j}^{N}\frac{t-t_{N,i}}{t_{N,j}-t_{N,i}} \tag{15.11}$$

15.1.3 解算子的显式表达式

本节首先定义线性算子 V_1 和 V_2，然后对式 (12.10) 所示基于 DDAE 的解算子表达式进行改写，为推导解算子部分伪谱离散化矩阵奠定模型基础。

1. 线性算子

首先，定义映射 $(V(\hat{\boldsymbol{\varphi}},\ \boldsymbol{z},\ \boldsymbol{w}))(\theta)$，用以表示式 (12.10) 所示的时滞系统的解。本质上，映射 V 表示将时滞系统在区间 $[-\tau_{\max},\ 0]$ 上的初始条件 $\hat{\boldsymbol{\varphi}}$ 映射到区间 $[-\tau_{\max}+h,\ h]$ 上时滞系统的解。

$$(V(\hat{\boldsymbol{\varphi}},\ \boldsymbol{z},\ \boldsymbol{w}))(\theta)=\Delta\hat{\boldsymbol{x}}(\theta)=\begin{cases}\hat{\boldsymbol{\varphi}}(0)+\displaystyle\int_0^\theta\begin{bmatrix}\boldsymbol{z}(s)\\ \boldsymbol{w}(s)\end{bmatrix}\mathrm{d}s, & \theta\in[0,\ h]\\ \hat{\boldsymbol{\varphi}}(\theta), & \theta\in[-\tau_{\max},\ 0]\end{cases} \tag{15.12}$$

将式 (15.12) 中的 $\boldsymbol{z}$ 和 $\boldsymbol{w}$ 均置为零，可以得到线性算子 V_1：

$$(V_1\hat{\boldsymbol{\varphi}})(\theta)=(V(\hat{\boldsymbol{\varphi}},\ \boldsymbol{0},\ \boldsymbol{0}))(\theta)=\begin{cases}\hat{\boldsymbol{\varphi}}(0), & \theta\in[0,\ h]\\ \hat{\boldsymbol{\varphi}}(\theta), & \theta\in[-\tau_{\max},\ 0]\end{cases} \tag{15.13}$$

类似地，将式 (15.12) 中的 $\hat{\boldsymbol{\varphi}}$ 置为零，可以得到线性算子 V_2：

$$\left(V_2\begin{bmatrix}\boldsymbol{z}\\ \boldsymbol{w}\end{bmatrix}\right)(\theta)=(V(\boldsymbol{0},\ \boldsymbol{z},\ \boldsymbol{w}))(\theta)=\begin{cases}\displaystyle\int_0^\theta\begin{bmatrix}\boldsymbol{z}(s)\\ \boldsymbol{w}(s)\end{bmatrix}\mathrm{d}s, & \theta\in[0,\ h]\\ \boldsymbol{0}, & \theta\in[-\tau_{\max},\ 0]\end{cases} \tag{15.14}$$

利用算子 V_1 和 V_2，可将映射 $V(\hat{\boldsymbol{\varphi}},\ \boldsymbol{z},\ \boldsymbol{w})$ 分解如下：

$$V(\hat{\boldsymbol{\varphi}},\ \boldsymbol{z},\ \boldsymbol{w})=V_1\hat{\boldsymbol{\varphi}}+V_2\begin{bmatrix}\boldsymbol{z}\\ \boldsymbol{w}\end{bmatrix} \tag{15.15}$$

2. 解算子 $\mathcal{T}(h)$ 的泛函表达

定义求导算子 F，用以表示式 (12.8) 中的 $\boldsymbol{z}(t)$ 和 $\boldsymbol{w}(t)$ $(t \geqslant 0)$。

$$F\Delta\boldsymbol{x}(t) = \boldsymbol{z}(t)$$

$$= [\boldsymbol{A}_0 \quad \boldsymbol{B}_0]\begin{bmatrix}\Delta\boldsymbol{x}(t)\\ \Delta\boldsymbol{y}(t)\end{bmatrix} + \sum_{i=1}^{m}\begin{bmatrix}\boldsymbol{A}_i^{(2)} & \boldsymbol{B}_i^{(2)}\end{bmatrix}\begin{bmatrix}\Delta\boldsymbol{x}^{(2)}(t-\tau_i)\\ \Delta\boldsymbol{y}^{(2)}(t-\tau_i)\end{bmatrix},\quad t \in [0,\ h] \tag{15.16}$$

$$F\Delta\boldsymbol{y}(t) = \boldsymbol{w}(t) = -\boldsymbol{D}_0^{-1}\boldsymbol{C}_0\boldsymbol{z}(t),\quad t \in [0,\ h] \tag{15.17}$$

利用求导算子 F 和映射 V，可将式 (12.10) 所示的解算子 $\mathcal{T}(h)$ 表示为

$$\mathcal{T}(h)\hat{\boldsymbol{\varphi}} = V\left(\hat{\boldsymbol{\varphi}},\ \boldsymbol{z}^*,\ \boldsymbol{w}^*\right)_h \tag{15.18}$$

式中，当且仅当式 (12.1) 所示的时滞系统在区间 $[0,\ h]$ 有解时，$\boldsymbol{z}^*$ 和 $\boldsymbol{w}^*$ 是下列不动点方程 (即配置方程) 的唯一解：

$$\begin{bmatrix}\boldsymbol{z}^*\\ \boldsymbol{w}^*\end{bmatrix} = FV\left(\hat{\boldsymbol{\varphi}},\ \boldsymbol{z}^*,\ \boldsymbol{w}^*\right) \tag{15.19}$$

将式 (15.15) 代入式 (15.19)，得

$$\begin{cases}\boldsymbol{z}^* = FV_1\boldsymbol{\varphi}_x + FV_2\boldsymbol{z}^*\\ \boldsymbol{w}^* = FV_1\boldsymbol{\varphi}_y + FV_2\boldsymbol{w}^*\end{cases} \tag{15.20}$$

将式 (15.17) 代入式 (15.20) 第 2 式，然后再将式 (15.23) 第 1 式代入，得

$$\boldsymbol{w}^* = FV_1\boldsymbol{\varphi}_y + FV_2\boldsymbol{w}^* = -\boldsymbol{D}_0^{-1}\boldsymbol{C}_0\left(FV_1\boldsymbol{\varphi}_x + FV_2\boldsymbol{z}^*\right) = -\boldsymbol{D}_0^{-1}\boldsymbol{C}_0\boldsymbol{z}^* \tag{15.21}$$

联立式 (15.20) 第 1 式和式 (15.21) 并改写为矩阵形式，得

$$\begin{bmatrix}\boldsymbol{I}_n & \\ \boldsymbol{C}_0 & \boldsymbol{D}_0\end{bmatrix}\begin{bmatrix}\boldsymbol{z}^*\\ \boldsymbol{w}^*\end{bmatrix} = \begin{bmatrix}FV_1\boldsymbol{\varphi}_x + FV_2\boldsymbol{z}^*\\ \boldsymbol{0}\end{bmatrix} \tag{15.22}$$

进而，可解得

$$\begin{bmatrix}\boldsymbol{z}^*\\ \boldsymbol{w}^*\end{bmatrix} = \begin{bmatrix}\boldsymbol{I}_n - FV_2 & \\ \boldsymbol{C}_0 & \boldsymbol{D}_0\end{bmatrix}^{-1}\begin{bmatrix}FV_1\boldsymbol{\varphi}_x\\ \boldsymbol{0}\end{bmatrix} \tag{15.23}$$

将式 (15.23) 代入式 (15.18)，从而可将解算子 $\mathcal{T}(h)\hat{\boldsymbol{\varphi}}$ 表示为关于 $\hat{\boldsymbol{\varphi}}$ 的泛函：

$$\mathcal{T}(h)\hat{\boldsymbol{\varphi}} = (V_1(\hat{\boldsymbol{\varphi}}))_h + \left(V_2\begin{bmatrix}\boldsymbol{I}_n - FV_2 & \\ \boldsymbol{C}_0 & \boldsymbol{D}_0\end{bmatrix}^{-1}\begin{bmatrix}FV_1\boldsymbol{\varphi}_x\\ \boldsymbol{0}\end{bmatrix}\right)_h \tag{15.24}$$

15.1.4 伪谱配置部分离散化

利用约束算子 R_M、R_N^+ 和延伸算子 P_M、P_N^+，可将解算子的表达式 (15.18) 和配置方程 (15.19) 转化为其相应的部分离散化形式。

$$\hat{\boldsymbol{T}}_{M,N}\boldsymbol{\Phi} = R_M V \left(\begin{bmatrix} \boldsymbol{\varphi}_{x,1,0}^{(1)} \\ P_M \boldsymbol{\Phi}_x^{(2)} \\ P_M \boldsymbol{\Phi}_y^{(2)} \end{bmatrix}, \ P_N^+ \boldsymbol{Z}^*, \ P_N^+ \boldsymbol{W}^* \right)_h \tag{15.25}$$

$$\begin{bmatrix} \boldsymbol{Z}^* \\ \boldsymbol{W}^* \end{bmatrix} = R_N^+ F V \left(\begin{bmatrix} \boldsymbol{\varphi}_{x,1,0}^{(1)} \\ P_M \boldsymbol{\Phi}_x^{(2)} \\ P_M \boldsymbol{\Phi}_y^{(2)} \end{bmatrix}, \ P_N^+ \boldsymbol{Z}^*, \ P_N^+ \boldsymbol{W}^* \right) \tag{15.26}$$

式中，$\hat{\boldsymbol{T}}_{M,N}$ 为解算子 $\mathcal{T}(h)$ 的伪谱配置部分离散化近似矩阵。

可以证明，$\begin{bmatrix} \boldsymbol{I}_{Nn} - R_N^+ F V_2 P_N^+ & \\ \boldsymbol{I}_N \otimes \boldsymbol{C}_0 & \boldsymbol{I}_N \otimes \boldsymbol{D}_0 \end{bmatrix}$ 可逆，从而可根据式 (15.23) 从式 (15.26) 中解得 $\begin{bmatrix} \boldsymbol{Z}^* \\ \boldsymbol{W}^* \end{bmatrix}$ 的显式表达式为

$$\begin{bmatrix} \boldsymbol{Z}^* \\ \boldsymbol{W}^* \end{bmatrix} = \begin{bmatrix} \boldsymbol{I}_{Nn} - R_N^+ F V_2 P_N^+ & \\ \boldsymbol{I}_N \otimes \boldsymbol{C}_0 & \boldsymbol{I}_N \otimes \boldsymbol{D}_0 \end{bmatrix}^{-1} \begin{bmatrix} R_N^+ F V_1 \begin{bmatrix} \boldsymbol{\varphi}_{x,1,0}^{(1)} \\ P_M \boldsymbol{\Phi}_x^{(2)} \end{bmatrix} \\ \boldsymbol{0}_{Nl\times 1} \end{bmatrix} \tag{15.27}$$

将式 (15.27) 代入式 (15.25) 中，可得解算子 $\mathcal{T}(h)$ 的伪谱配置部分离散化矩阵 $\hat{\boldsymbol{T}}_{M,N}$。

$$\hat{\boldsymbol{T}}_{M,N} = \hat{\boldsymbol{\Pi}}_M + \hat{\boldsymbol{\Pi}}_{M,N} \left(\begin{bmatrix} \boldsymbol{I}_{Nn} & \\ \boldsymbol{I}_N \otimes \boldsymbol{C}_0 & \boldsymbol{I}_N \otimes \boldsymbol{D}_0 \end{bmatrix} - \hat{\boldsymbol{\Sigma}}_N \right)^{-1} \hat{\boldsymbol{\Sigma}}_{M,N} \tag{15.28}$$

式中，$\hat{\boldsymbol{T}}_{M,N}$，$\hat{\boldsymbol{\Pi}}_M \in \mathbb{R}^{(n_1+(QM+1)d_2)\times(n_1+(QM+1)d_2)}$；$\hat{\boldsymbol{\Pi}}_{M,N} \in \mathbb{R}^{(n_1+(QM+1)d_2)\times Nd}$；$\hat{\boldsymbol{\Sigma}}_N \in \mathbb{R}^{Nd\times Nd}$；$\hat{\boldsymbol{\Sigma}}_{M,N} \in \mathbb{R}^{Nd\times(n_1+(QM+1)d_2)}$。利用算子 F、V_1、V_2、R_M、P_M、R_N^+ 和 P_N^+，这些矩阵可表述如下：

$$\hat{\boldsymbol{\Pi}}_M \boldsymbol{\Phi} = R_M \left(V_1 \begin{bmatrix} \boldsymbol{\varphi}_{x,1,0}^{(1)} \\ P_M \boldsymbol{\Phi}_x^{(2)} \\ P_M \boldsymbol{\Phi}_y^{(2)} \end{bmatrix} \right)_h \tag{15.29}$$

$$\hat{\boldsymbol{\Pi}}_{M,N} \begin{bmatrix} \boldsymbol{Z}^* \\ \boldsymbol{W}^* \end{bmatrix} = R_M \left(V_2 P_N^+ \begin{bmatrix} \boldsymbol{Z}^* \\ \boldsymbol{W}^* \end{bmatrix} \right)_h \tag{15.30}$$

$$\begin{bmatrix} \boldsymbol{Z}^* \\ \boldsymbol{W}^* \end{bmatrix} = \left(\begin{bmatrix} \boldsymbol{I}_{Nn} & \\ \boldsymbol{I}_N \otimes \boldsymbol{C}_0 & \boldsymbol{I}_N \otimes \boldsymbol{D}_0 \end{bmatrix} - \hat{\boldsymbol{\Sigma}}_N \right)^{-1} \hat{\boldsymbol{\Sigma}}_{M,N} \boldsymbol{\Phi} \tag{15.31}$$

$$\hat{\boldsymbol{\Sigma}}_{M,N} \boldsymbol{\Phi} = \begin{bmatrix} R_N^+ F V_1 \begin{bmatrix} \boldsymbol{\varphi}_{x,1,0}^{(1)} \\ P_M \boldsymbol{\Phi}_x^{(2)} \end{bmatrix} \\ \mathbf{0}_{Nl \times 1} \end{bmatrix} \tag{15.32}$$

$$\hat{\boldsymbol{\Sigma}}_N \begin{bmatrix} \boldsymbol{Z}^* \\ \boldsymbol{W}^* \end{bmatrix} = \begin{bmatrix} R_N^+ F V_2 P_N^+ & \\ & \mathbf{0}_{Nl} \end{bmatrix} \begin{bmatrix} \boldsymbol{Z}^* \\ \boldsymbol{W}^* \end{bmatrix} \tag{15.33}$$

15.2 伪谱配置部分离散化矩阵

本节将式 (15.29)、式 (15.30)、式 (15.32) 和式 (15.33) 等号右边展开，进而通过详细推导将它们改写为关于 $\boldsymbol{\Phi}$ 和 $\left[(\boldsymbol{Z}^*)^{\mathrm{T}}, (\boldsymbol{W}^*)^{\mathrm{T}} \right]^{\mathrm{T}}$ 的显式表达式，其系数即为矩阵 $\hat{\boldsymbol{\Pi}}_M$、$\hat{\boldsymbol{\Pi}}_{M,N}$、$\hat{\boldsymbol{\Sigma}}_{M,N}$ 和 $\hat{\boldsymbol{\Sigma}}_N$。

15.2.1 矩阵 $\hat{\boldsymbol{\Pi}}_M$

根据算子 V_1 的定义式 (15.13)，可将式 (15.29) 进一步写为

$$\left(V_1 \begin{bmatrix} \boldsymbol{\varphi}_{x,1,0}^{(1)} \\ P_M \boldsymbol{\Phi}_x^{(2)} \\ P_M \boldsymbol{\Phi}_y^{(2)} \end{bmatrix} \right)_h (\theta) = \begin{cases} \begin{bmatrix} \boldsymbol{\varphi}_{x,1,0}^{(1)} \\ \left(P_M \boldsymbol{\Phi}_x^{(2)} \right)(0) \\ \left(P_M \boldsymbol{\Phi}_y^{(2)} \right)(0) \end{bmatrix}, & \theta \in (-h,\ 0],\ h + \theta > 0 \\ \begin{bmatrix} \boldsymbol{\varphi}_{x,1,0}^{(1)} \\ \left(P_M \boldsymbol{\Phi}_x^{(2)} \right)(h+\theta) \\ \left(P_M \boldsymbol{\Phi}_y^{(2)} \right)(h+\theta) \end{bmatrix}, & \theta \in [-\tau_{\max},\ -h],\ h + \theta \leqslant 0 \end{cases} \tag{15.34}$$

应用算子 R_M 后，式 (15.34) 的第一个分段变为

$$\begin{cases} \left[R_M \left(V_1 \boldsymbol{\varphi}_{x,1,0}^{(1)} \right)_h \right]_{1,0} = \boldsymbol{\varphi}_{x,1,0}^{(1)} \\ \left[R_M \left(V_1 P_M \boldsymbol{\Phi}_x^{(2)} \right)_h \right]_{1,k} = \boldsymbol{\varphi}_{x,1,0}^{(2)} \\ \left[R_M \left(V_1 P_M \boldsymbol{\Phi}_y^{(2)} \right)_h \right]_{1,k} = \boldsymbol{\varphi}_{y,1,0}^{(2)} = -\left[\mathbf{0}_{l_2 \times l_1}\ \ \boldsymbol{I}_{l_2} \right] \boldsymbol{D}_0^{-1} \boldsymbol{C}_0 \boldsymbol{\varphi}_{x,1,0} \end{cases} \tag{15.35}$$

式中，$[\cdot]_{i,k}$ 与离散点 $\theta_{M,i,k}$ 中的 i 和 k 具有相同的含义，$i = 2,\ 3,\ \cdots,\ Q$；$k = 0,\ 1,\ \cdots,\ M-1$。

应用算子 R_M 后，式 (15.34) 的第二个分段变为

$$\begin{cases} \left[R_M\left(V_1 P_M \boldsymbol{\Phi}_x^{(2)}\right)_h\right]_{i,k} = \left(P_M \boldsymbol{\Phi}_x^{(2)}\right)(h+\theta_{M,i,k}) \\ \left[R_M\left(V_1 P_M \boldsymbol{\Phi}_y^{(2)}\right)_h\right]_{i,k} = \left(P_M \boldsymbol{\Phi}_y^{(2)}\right)(h+\theta_{M,i,k}) \end{cases} \tag{15.36}$$

式中，$i=2,\ 3,\ \cdots,\ Q$; $k=0,\ 1,\ \cdots,\ M$。

$h+\theta_{M,i,k}$ 必然位于区间 $[-\tau_{\max},\ 0]$ 上的第 $i-1$ 个子区间，即 $h+\theta_{M,i,k} \in [-(i-1)h,\ -(i-2)h]$ $(i=2,\ 3,\ \cdots,\ Q)$。利用式 (15.4)，将式 (15.36) 进一步写为

$$\begin{cases} \left(P_M \boldsymbol{\Phi}_x^{(2)}\right)(h+\theta_{M,i,k}) = \sum_{j=0}^{M} \ell_{M,i-1,j}(h+\theta_{M,i,k}) \boldsymbol{\varphi}_{x,i-1,j}^{(2)} \\ \left(P_M \boldsymbol{\Phi}_y^{(2)}\right)(h+\theta_{M,i,k}) = \sum_{j=0}^{M} \ell_{M,i-1,j}(h+\theta_{M,i,k}) \boldsymbol{\varphi}_{y,i-1,j}^{(2)} \end{cases} \tag{15.37}$$

下面分两种情况进一步分析式 (15.37)。

(1) 当 $i=2,\ 3,\ \cdots,\ Q-1$ 时，考虑到 $h+\theta_{M,i,k}=\theta_{M,i-1,k}$ $(k=0,\ 1,\ \cdots,\ M)$，则式 (15.37) 可进一步写为

$$\begin{cases} \left(P_M \boldsymbol{\Phi}_x^{(2)}\right)(h+\theta_{M,i,k}) = \sum_{j=0}^{M} \ell_{M,i-1,j}(\theta_{M,i-1,k}) \boldsymbol{\varphi}_{x,i-1,j}^{(2)} \\ \left(P_M \boldsymbol{\Phi}_y^{(2)}\right)(h+\theta_{M,i,k}) = \sum_{j=0}^{M} \ell_{M,i-1,j}(\theta_{M,i-1,k}) \boldsymbol{\varphi}_{y,i-1,j}^{(2)} \end{cases} \tag{15.38}$$

且有

$$t_{i,k,j} = \ell_{M,i-1,j}(\theta_{M,i-1,k}) = \begin{cases} 1, & k=j \\ 0, & k \neq j \end{cases} \tag{15.39}$$

(2) 当 $i=Q$ 时，$h+\theta_{M,i,k}$ $(k=0,\ 1,\ \cdots,\ M-1)$ 落入区间 $[-\tau_{\max},\ 0]$ 上的第 $Q-1$ 个子区间，即 $h+\theta_{M,i,k} \in [-(Q-1)h,\ -(Q-2)h]$。一般地，第 Q 个子区间的长度小于第 $Q-1$ 个子区间的长度，因此 $h+\theta_{M,Q,k}$ 与 $\theta_{M,Q-1,k}$ 并不重合，即 $h+\theta_{M,Q,k} \neq \theta_{M,Q-1,k}$ $(k=0,\ 1,\ \cdots,\ M)$。此时，需要计算式 (15.37) 中的拉格朗日插值系数 $\ell_{M,Q-1,j}(h+\theta_{M,Q,k})$，$j=0,\ 1,\ \cdots,\ M$; $k=0,\ 1,\ \cdots,\ M$。

$$t_{Q,k,j} = \ell_{M,Q-1,j}(h+\theta_{M,Q,k}) = \prod_{l=0,l\neq j}^{M} \frac{h+\theta_{M,Q,k}-\theta_{M,Q-1,l}}{\theta_{M,Q-1,j}-\theta_{M,Q-1,l}} \tag{15.40}$$

特别地，当第 Q 个子区间的长度等于第 $Q-1$ 个子区间的长度时，即 $h+\theta_{M,Q,k}=\theta_{M,Q-1,k}$，$k=0,\ 1,\ \cdots,\ M$。于是，有

$$t_{Q,k,j}=\ell_{M,Q-1,j}(h+\theta_{M,Q,k})=\begin{cases}1, & k=j\\ 0, & k\neq j\end{cases} \tag{15.41}$$

综合式 (15.35) ~ 式 (15.41),可得以 $\boldsymbol{\Phi}$ 为变量的 $R_M\Big(V_1\Big[\big(\boldsymbol{\varphi}_{x,1,0}^{(1)}\big)^{\mathrm{T}},\big(P_M\boldsymbol{\Phi}_x^{(2)}\big)^{\mathrm{T}},\big(P_M\boldsymbol{\Phi}_y^{(2)}\big)^{\mathrm{T}}\Big]^{\mathrm{T}}\Big)_h$ 的显式表达式,其系数矩阵 $\hat{\boldsymbol{\Pi}}_M\in\mathbb{R}^{(n_1+(QM+1)d_2)\times(n_1+(QM+1)d_2)}$。

$$\hat{\boldsymbol{\Pi}}_M=\left[\begin{array}{c}\tilde{\boldsymbol{\Pi}}_M\\ \hdashline \begin{bmatrix}\mathbf{0}_{Mn_2\times n_1} & \boldsymbol{I}_{Mn_2} & & & & \\ & & \boldsymbol{I}_{(Q-3)Mn_2} & & & \\ & & & \boldsymbol{U}_{Mn} & & \\ & \boldsymbol{I}_{Ml_2} & & & & \\ & & & & \boldsymbol{I}_{(Q-3)Ml_2} & \\ & & & & & \boldsymbol{U}_{Ml}\end{bmatrix}\end{array}\right] \tag{15.42}$$

式中，$\tilde{\boldsymbol{\Pi}}_M\in\mathbb{R}^{(n_1+Md_2)\times(n_1+(QM+1)d_2)}$；$\boldsymbol{U}_{Mn}\in\mathbb{R}^{(M+1)n_2\times(2M+1)n_2}$，$\boldsymbol{U}_{Ml}\in\mathbb{R}^{(M+1)l_2\times(2M+1)l_2}$。

$$\tilde{\boldsymbol{\Pi}}_M=\begin{bmatrix}\boldsymbol{I}_n\\ \mathbf{1}_{M-1}\otimes\begin{bmatrix}\mathbf{0}_{n_2\times n_1} & \boldsymbol{I}_{n_2}\end{bmatrix}\\ -\mathbf{1}_M\otimes\begin{bmatrix}\mathbf{0}_{l_2\times l_1} & \boldsymbol{I}_{l_2}\end{bmatrix}\boldsymbol{D}_0^{-1}\boldsymbol{C}_0\end{bmatrix} \tag{15.43}$$

$$\begin{cases}\boldsymbol{U}_{Mn}=\begin{bmatrix}\boldsymbol{U}'_M\otimes\boldsymbol{I}_{n_2} & \mathbf{0}_{(M+1)n_2\times Mn_2}\end{bmatrix}\\ \boldsymbol{U}_{Ml}=\begin{bmatrix}\boldsymbol{U}'_M\otimes\boldsymbol{I}_{l_2} & \mathbf{0}_{(M+1)l_2\times Ml_2}\end{bmatrix}\end{cases} \tag{15.44}$$

式中，$\mathbf{1}_M=[1,\ 1,\ \cdots,\ 1]^{\mathrm{T}}\in\mathbb{R}^{M\times 1}$，$\mathbf{1}_{M-1}=[1,\ 1,\ \cdots,\ 1]^{\mathrm{T}}\in\mathbb{R}^{(M-1)\times 1}$；$\boldsymbol{U}'_M\in\mathbb{R}^{(M+1)\times(M+1)}$，与式 (8.46) 相同。

15.2.2 矩阵 $\hat{\boldsymbol{\Pi}}_{M,N}$

根据算子 V_2 的定义式 (15.14),式 (15.30) 中的 $\Big(V_2P_N^{+}\Big[(\boldsymbol{Z}^*)^{\mathrm{T}},\ (\boldsymbol{W}^*)^{\mathrm{T}}\Big]^{\mathrm{T}}\Big)_h(\theta)$ 可进一步写为

$$\left(V_2 P_N^+ \begin{bmatrix} \boldsymbol{Z}^* \\ \boldsymbol{W}^* \end{bmatrix}\right)_h (\theta) = \left(V_2 P_N^+ \begin{bmatrix} \boldsymbol{Z}^* \\ \boldsymbol{W}^* \end{bmatrix}\right)(h+\theta)$$

$$= \begin{cases} \displaystyle\int_0^{h+\theta} \left(P_N^+ \begin{bmatrix} \boldsymbol{Z}^* \\ \boldsymbol{W}^* \end{bmatrix}\right)(s)\mathrm{d}s, & \theta \in (-h,\ 0],\ h+\theta > 0 \\ \mathbf{0}, & \theta \in [-\tau_{\max},\ -h],\ h+\theta \leqslant 0 \end{cases} \tag{15.45}$$

(1) 当 $i=1$ 时,即对第一个子区间 $(-h,\ 0]$ 上的离散点 $\theta_{M,i,k}$ $(k=0,\ 1,\ \cdots,\ M-1)$,有 $h+\theta_{M,i,k} \in (0,\ h]$。于是,应用算子 R_M 并考虑到式 (15.10) 后,式 (15.45) 的第一个分段变为

$$\begin{cases} \left[R_M\left(V_2 P_N^+ \boldsymbol{Z}^*\right)_h\right]_{1,0} = \displaystyle\sum_{j=1}^{N} \int_0^{h+\theta_{M,1,0}} \ell_{N,j}^+(s) \boldsymbol{z}_j^* \mathrm{d}s \\ \left[R_M\left(V_2 P_N^+ \boldsymbol{Z}^*\right)_h\right]_{1,k} = \displaystyle\sum_{j=1}^{N} \int_0^{h+\theta_{M,1,k}} \ell_{N,j}^+(s) \left(\boldsymbol{z}_j^{(2)}\right)^* \mathrm{d}s,\ k=1,\ 2,\ \cdots,\ M-1 \\ \left[R_M\left(V_2 P_N^+ \boldsymbol{W}^*\right)_h\right]_{1,k} = \displaystyle\sum_{j=1}^{N} \int_0^{h+\theta_{M,1,k}} \ell_{N,j}^+(s) \left(\boldsymbol{w}_j^{(2)}\right)^* \mathrm{d}s,\ k=0,\ 1,\ \cdots,\ M-1 \end{cases} \tag{15.46}$$

(2) 当 $i=2,\ 3,\ \cdots,\ Q$ 时,$h+\theta_{M,i,k}$ $(k=0,\ 1,\ \cdots,\ M)$ 落入第 $Q-1$ 个子区间 $[-(Q-1)h,\ -(Q-2)h]$。于是,应用算子 R_M 后,式 (15.45) 的第二个分段变为

$$\left[R_M\left(V_2 P_N^+ \boldsymbol{Z}^*\right)_h\right]_{i,k} = \mathbf{0}_{n_2\times n},\quad \left[R_M\left(V_2 P_N^+ \boldsymbol{W}^*\right)_h\right]_{i,k} = \mathbf{0}_{l_2\times l} \tag{15.47}$$

综合式 (15.46) 和式 (15.47),可以得到以 $\left[\left(\boldsymbol{Z}^*\right)^{\mathrm{T}},\ \left(\boldsymbol{W}^*\right)^{\mathrm{T}}\right]^{\mathrm{T}}$ 为变量的 $R_M\left(V_2 P_N^+\left[\left(\boldsymbol{Z}^*\right)^{\mathrm{T}},\ \left(\boldsymbol{W}^*\right)^{\mathrm{T}}\right]^{\mathrm{T}}\right)_h$ 显式表达,其系数矩阵 $\hat{\boldsymbol{\Pi}}_{M,N} \in \mathbb{R}^{(n_1+(QM+1)d_2)\times Nd}$。

$$\hat{\boldsymbol{\Pi}}_{M,N} = \left[\begin{array}{c} \begin{bmatrix} \bar{\boldsymbol{U}}_{M,N} \otimes \boldsymbol{I}_n & \\ \tilde{\boldsymbol{U}}_{M,N} \otimes \begin{bmatrix} \mathbf{0}_{n_2\times n_1} & \boldsymbol{I}_{n_2} \end{bmatrix} & \\ & \boldsymbol{U}_{M,N} \otimes \begin{bmatrix} \mathbf{0}_{l_2\times l_1} & \boldsymbol{I}_{l_2} \end{bmatrix} \end{bmatrix} \\ \hdashline \mathbf{0}_{((Q-1)M+1)d_2\times Nd} \end{array}\right] \triangleq \left[\begin{array}{c} \tilde{\boldsymbol{\Pi}}_{M,N} \\ \hdashline \mathbf{0}_{((Q-1)M+1)d_2\times Nd} \end{array}\right] \tag{15.48}$$

式中，$\tilde{\boldsymbol{\Pi}}_{M,N} \in \mathbb{R}^{(n_1+Md_2)\times Nd}$。

$$\tilde{\boldsymbol{\Pi}}_{M,N} = \begin{bmatrix} \bar{\boldsymbol{U}}_{M,N} \otimes \boldsymbol{I}_n & \\ \tilde{\boldsymbol{U}}_{M,N} \otimes \begin{bmatrix} \boldsymbol{0}_{n_2\times n_1} & \boldsymbol{I}_{n_2} \end{bmatrix} & \\ & \boldsymbol{U}_{M,N} \otimes \begin{bmatrix} \boldsymbol{0}_{l_2\times l_1} & \boldsymbol{I}_{l_2} \end{bmatrix} \end{bmatrix} \tag{15.49}$$

其中，$\boldsymbol{U}_{M,N} \in \mathbb{R}^{M\times N}$ 与式 (8.50) 中的 $\boldsymbol{U}'_{M,N}$ 相同，其元素 $E_{k+1,j}$ $(k=0,\ 1,\ \cdots,\ M-1;\ j=1,\ 2,\ \cdots,\ N)$ 由拉格朗日插值系数的积分计算得到，与式 (8.51) 相同；$\bar{\boldsymbol{U}}_{M,N} = \boldsymbol{U}_{M,N}(1,\ :)$，$\tilde{\boldsymbol{U}}_{M,N} = \boldsymbol{U}_{M,N}(2:M,\ :)$。

$$\boldsymbol{U}_{M,N} = \begin{bmatrix} E_{1,1} & E_{1,2} & \cdots & E_{1,N} \\ E_{2,1} & E_{2,2} & \cdots & E_{2,N} \\ \vdots & \vdots & & \vdots \\ E_{M,1} & E_{M,2} & \cdots & E_{M,N} \end{bmatrix} \tag{15.50}$$

15.2.3 矩阵 $\hat{\boldsymbol{\Sigma}}_{M,N}$

考虑到算子 F 的定义式 (15.16)，式 (15.32) 中 $R_N^+ F V_1 \left[\left(\boldsymbol{\varphi}_{x,1,0}^{(1)}\right)^{\mathrm{T}}, \left(P_M \boldsymbol{\Phi}_x^{(2)}\right)^{\mathrm{T}} \right]^{\mathrm{T}}$ 的第 j $(j=1,\ 2,\ \cdots,\ N)$ 个分量可写为

$$\begin{aligned} &\left[R_N^+ F V_1 \begin{bmatrix} \boldsymbol{\varphi}_{x,1,0}^{(1)} \\ P_M \boldsymbol{\Phi}_x^{(2)} \end{bmatrix} \right]_j,\quad j=1,\ 2,\ \cdots,\ N \\ &= [\boldsymbol{A}_0\ \ \boldsymbol{B}_0] \left(V_1 \begin{bmatrix} \boldsymbol{\varphi}_{x,1,0}^{(1)} \\ P_M \boldsymbol{\Phi}_x^{(2)} \\ \boldsymbol{\varphi}_{y,1,0}^{(1)} \\ P_M \boldsymbol{\Phi}_y^{(2)} \end{bmatrix} \right) (t_{N,j}) + \sum_{i=1}^{m} \begin{bmatrix} \boldsymbol{A}_i^{(2)} & \boldsymbol{B}_i^{(2)} \end{bmatrix} \left(V_1 P_M \begin{bmatrix} \boldsymbol{\Phi}_x^{(2)} \\ \boldsymbol{\Phi}_y^{(2)} \end{bmatrix} \right) (t_{N,j} - \tau_i) \end{aligned} \tag{15.51}$$

根据算子 V_1 的定义式 (15.13)，可知 $\left(V_1 P_M \boldsymbol{\Phi}_x^{(2)}\right)(t_{N,j}) = \boldsymbol{\varphi}_{x,1,0}^{(2)}$，$\left(V_1 P_M \boldsymbol{\Phi}_y^{(2)}\right)(t_{N,j}) = \boldsymbol{\varphi}_{y,1,0}^{(2)}$。令 $\hat{\varphi}_{1,0} = \left[(\boldsymbol{\varphi}_{x,1,0})^{\mathrm{T}},\ (\boldsymbol{\varphi}_{y,1,0})^{\mathrm{T}} \right]^{\mathrm{T}} \in \mathbb{R}^{d\times 1}$，则式 (15.51) 可进一步写为

$$\begin{aligned} &\left[R_N^+ F V_1 \begin{bmatrix} \boldsymbol{\varphi}_{x,1,0}^{(1)} \\ P_M \boldsymbol{\Phi}_x^{(2)} \end{bmatrix} \right]_j,\quad j=1,\ 2,\ \cdots,\ N \\ &= [\boldsymbol{A}_0\ \ \boldsymbol{B}_0]\, \hat{\varphi}_{1,0} + \sum_{i=1}^{m} \begin{bmatrix} \boldsymbol{A}_i^{(2)} & \boldsymbol{B}_i^{(2)} \end{bmatrix} \left(V_1 P_M \begin{bmatrix} \boldsymbol{\Phi}_x^{(2)} \\ \boldsymbol{\Phi}_y^{(2)} \end{bmatrix} \right) (t_{N,j} - \tau_i) \end{aligned}$$

$$=\tilde{\boldsymbol{A}}_0\boldsymbol{\varphi}_{x,1,0}+\sum_{i=1}^{m}\begin{bmatrix}\boldsymbol{A}_i^{(2)} & \boldsymbol{B}_i^{(2)}\end{bmatrix}\left(V_1P_M\begin{bmatrix}\boldsymbol{\Phi}_x^{(2)}\\ \boldsymbol{\Phi}_y^{(2)}\end{bmatrix}\right)(t_{N,j}-\tau_i) \tag{15.52}$$

需要说明的是，在实际系统中非时滞代数变量 $\Delta\boldsymbol{y}^{(1)}$ 的维数巨大，因此，式 (15.52) 中的 $\boldsymbol{\varphi}_{y,1,0}$ 被消去以降低解算子部分离散化矩阵的维数。

为了便于在后续推导中沿用第 8 章 SOD-PS 方法中式 (8.67) 和式 (8.72) 中的拉格朗日插值系数矩阵 $\boldsymbol{L}_{M,N}^{i}$ $(i=1,\ 2,\ \cdots,\ m)$ 和 $\boldsymbol{L}_{N}^{i}$ $(i=0,\ 1,\ \cdots,\ m)$，将式 (15.3) 所示 $\boldsymbol{\Phi}$ 的元素重新排列，从而得到离散化向量 $\bar{\boldsymbol{\Phi}}\in\mathbb{R}^{(n_1+(QM+1)d_2)\times 1}$。其中，首先是零点处的非时滞状态变量，然后是集合 Ω_M 上 $QM+1$ 个离散点处的增广时滞状态变量。

$$\bar{\boldsymbol{\Phi}}=\left[\left(\boldsymbol{\varphi}_{x,1,0}^{(1)}\right)^{\mathrm{T}},\ \left(\hat{\boldsymbol{\varphi}}_{1,0}^{(2)}\right)^{\mathrm{T}},\ \left(\hat{\boldsymbol{\varphi}}_{2,0}^{(2)}\right)^{\mathrm{T}},\ \cdots,\ \left(\hat{\boldsymbol{\varphi}}_{Q,M}^{(2)}\right)^{\mathrm{T}}\right]^{\mathrm{T}} \tag{15.53}$$

式中，$\hat{\boldsymbol{\varphi}}_{i,j}^{(2)}=\left[\left(\boldsymbol{\varphi}_{x,i,j}^{(2)}\right)^{\mathrm{T}},\ \left(\boldsymbol{\varphi}_{y,i,j}^{(2)}\right)^{\mathrm{T}}\right]^{\mathrm{T}}\in\mathbb{R}^{d_2\times 1}$，$i=1,\ 2,\ \cdots,\ Q$；$j=0,\ 1,\ \cdots,\ M$。

综合式 (15.52) 所示的全部 N 个分量，可将 $R_N^{+}FV_1\left[\left(\boldsymbol{\varphi}_{x,1,0}^{(1)}\right)^{\mathrm{T}},\ \left(P_M\boldsymbol{\Phi}_x^{(2)}\right)^{\mathrm{T}}\right]^{\mathrm{T}}$ 改写为以 $\bar{\boldsymbol{\Phi}}$ 为变量的表达式，其系数矩阵 $\bar{\boldsymbol{\Sigma}}_{M,N}\in\mathbb{R}^{Nn\times(n_1+(QM+1)d_2)}$ 可写为如下分块形式：

$$\bar{\boldsymbol{\Sigma}}_{M,N}=\begin{bmatrix}\boldsymbol{\Sigma}_{M,N}^{(1,1)} & \boldsymbol{\Sigma}_{M,N}^{(1,2)}\\ \boldsymbol{\Sigma}_{M,N}^{(2,1)} & \boldsymbol{\Sigma}_{M,N}^{(2,2)}\end{bmatrix} \tag{15.54}$$

式中，$\boldsymbol{\Sigma}_{M,N}^{(1,1)}\in\mathbb{R}^{\hat{N}n\times(n_1+((Q-1)M+1)d_2)}$；$\boldsymbol{\Sigma}_{M,N}^{(1,2)}\in\mathbb{R}^{\hat{N}n\times Md_2}$；$\boldsymbol{\Sigma}_{M,N}^{(2,2)}\in\mathbb{R}^{(N-\hat{N})n\times Md_2}$；$\boldsymbol{\Sigma}_{M,N}^{(2,1)}\in\mathbb{R}^{(N-\hat{N})n\times(n_1+((Q-1)M+1)d_2)}$。

$$\boldsymbol{\Sigma}_{M,N}^{(1,1)}=\begin{bmatrix}\boldsymbol{F}_{1,1,0} & \cdots & \boldsymbol{F}_{1,1,M-1} & \boldsymbol{F}_{1,2,0} & \cdots & \boldsymbol{F}_{1,Q,0}\\ \vdots & & \vdots & \vdots & & \vdots\\ \boldsymbol{F}_{\hat{N},1,0} & \cdots & \boldsymbol{F}_{\hat{N},1,M-1} & \boldsymbol{F}_{\hat{N},2,0} & \cdots & \boldsymbol{F}_{\hat{N},Q,0}\end{bmatrix} \tag{15.55}$$

$$\boldsymbol{\Sigma}_{M,N}^{(1,2)}=\begin{bmatrix}\boldsymbol{F}_{1,Q,1} & \cdots & \boldsymbol{F}_{1,Q,M-1} & \boldsymbol{F}_{1,Q,M}\\ \vdots & & \vdots & \vdots\\ \boldsymbol{F}_{\hat{N},Q,1} & \cdots & \boldsymbol{F}_{\hat{N},Q,M-1} & \boldsymbol{F}_{\hat{N},Q,M}\end{bmatrix} \tag{15.56}$$

$$\boldsymbol{\Sigma}_{M,N}^{(2,1)}=\begin{bmatrix}\boldsymbol{F}_{\hat{N}+1,1,0} & \cdots & \boldsymbol{F}_{\hat{N}+1,1,M-1} & \boldsymbol{F}_{\hat{N}+1,2,0} & \cdots & \boldsymbol{F}_{\hat{N}+1,Q,0}\\ \vdots & & \vdots & \vdots & & \vdots\\ \boldsymbol{F}_{N,1,0} & \cdots & \boldsymbol{F}_{N,1,M-1} & \boldsymbol{F}_{N,2,0} & \cdots & \boldsymbol{F}_{N,Q,0}\end{bmatrix} \tag{15.57}$$

$$\boldsymbol{\Sigma}_{M,N}^{(2,2)} = \begin{bmatrix} \mathbf{0} & \cdots & \mathbf{0} & \mathbf{0} \\ \vdots & & \vdots & \vdots \\ \mathbf{0} & \cdots & \mathbf{0} & \mathbf{0} \end{bmatrix} \tag{15.58}$$

下面根据式 (15.52)，分 4 种情况推导 $\bar{\boldsymbol{\Sigma}}_{M,N}$ 的 $QM+1$ 个列块的显式表达式，关键之处在于考虑集合 Ω_M 中相邻两个子区间的端点处离散点存在重叠关系。

1. 变量定义

在对式 (15.52) 做进一步推导时，需要首先判断 $t_{N,j}-\tau_i\ (i=1,\ 2,\ \cdots,\ m)$ 的正负性，然后根据算子 V_1 的定义式 (15.13) 确定 $\left(V_1 P_M\left[\left(\boldsymbol{\Phi}_x^{(2)}\right)^{\mathrm{T}},\ \left(\boldsymbol{\Phi}_y^{(2)}\right)^{\mathrm{T}}\right]^{\mathrm{T}}\right)$ $(t_{N,j}-\tau_i)$。

(1) 若 $t_{N,j}-\tau_i\ (i=1,\ 2,\ \cdots,\ m)$ 位于区间 $[0,\ h]$，则 $V_1 P_M\left[\left(\boldsymbol{\Phi}_x^{(2)}\right)^{\mathrm{T}},\ \left(\boldsymbol{\Phi}_y^{(2)}\right)^{\mathrm{T}}\right]^{\mathrm{T}}$ 恒等于 $\hat{\boldsymbol{\varphi}}_{1,0}^{(2)}$。

(2) 若 $t_{N,j}-\tau_i\ (i=1,\ 2,\ \cdots,\ m)$ 落入区间 $[-\tau_{\max},\ 0]$，则需进一步确定 $t_{N,j}-\tau_i\ (i=i(t)+1,\ i(t)+2,\ \cdots,\ m-1)$ 位于区间 $[-\tau_{\max},\ 0]$ 的哪一个子区间，以便利用相应子区间上离散点处 $\boldsymbol{\varphi}_x^{(2)}$ 和 $\boldsymbol{\varphi}_y^{(2)}$ 的函数值构造的拉格朗日插值多项式来估计 $\left(V_1 P_M\left[\left(\boldsymbol{\Phi}_x^{(2)}\right)^{\mathrm{T}},\ \left(\boldsymbol{\Phi}_y^{(2)}\right)^{\mathrm{T}}\right]^{\mathrm{T}}\right)(t_{N,j}-\tau_i)$。

为了推导上述两种情况下 $\left(V_1 P_M\left[\left(\boldsymbol{\Phi}_x^{(2)}\right)^{\mathrm{T}},\ \left(\boldsymbol{\Phi}_y^{(2)}\right)^{\mathrm{T}}\right]^{\mathrm{T}}\right)(t_{N,j}-\tau_i)$ 的表达式，需要定义变量 $i(t)$、$\hat{N}$、k_j 和 $t_{N,k,j}$。它们的详细定义和分析可参考 8.2.3 节。为了便于理解并节省篇幅，这里仅总结它们的含义。

(1) $i(t)$ 表示使 $t-\tau_i>0$ 成立的最大的 i，即满足 $t-\tau_{i(t)}\geqslant 0$；$t-\tau_{i(t)+1}<0$。例如，给定 $t_{N,j}\ (j=1,\ 2,\ \cdots,\ N)$，使 $t_{N,j}-\tau_i>0$ 的最大的 i，可记为 $i(t_{N,j})$。

(2) $\hat{N}\in\mathbb{N}$ 表示集合 $\Omega_N^+-\tau_{\max}$ 中落入第 Q 个子区间的离散点的个数，$0\leqslant\hat{N}\leqslant N$。

(3) $k_j\ (j=1,\ 2,\ \cdots,\ N)$ 表示 $t_{N,j}-\tau_{\max}$ 所在的子区间的序号。当 $j=1,\ 2,\ \cdots,\ \hat{N}$ 时，$k_j=Q$；当 $j=\hat{N}+1,\ \hat{N}+2,\ \cdots,\ N$ 时，$k_j=Q-1$。

(4) $t_{N,k,j}\ (j=1,\ 2,\ \cdots,\ N;\ k=0,\ 1,\ \cdots,\ k_j)$ 表示将集合 Ω_N^+ 中的离散点 $t_{N,j}\ (j=1,\ 2,\ \cdots,\ N)$ 向前转移 k 个步长后得到的离散点，即 $t_{N,k,j}=t_{N,j}+kh$。当 $k=0,\ 1,\ \cdots,\ k_j-1$ 时，$t_{N,k,j}=t_{N,j}+kh$；当 $k=k_j$ 时，$t_{N,k,j}=\tau_{\max}$。

2. 第 1 列块 $\boldsymbol{F}_{j,1,0}$

$\bar{\boldsymbol{\Sigma}}_{M,N}$ 的第 1 列块 $\boldsymbol{F}_{j,1,0}\in\mathbb{R}^{n\times(n_1+d_2)}\ (j=1,\ 2,\ \cdots,\ N)$ 的显式表达式为

$$\boldsymbol{F}_{j,1,0}=\left[\tilde{\boldsymbol{A}}_0^{(1)}\quad\left[\begin{array}{c}\left[\tilde{\boldsymbol{A}}_0^{(2)}\quad \mathbf{0}_{n\times l_2}\right]+\sum\limits_{i=1}^{i(t_{N,j})}\left[\boldsymbol{A}_i^{(2)}\quad \boldsymbol{B}_i^{(2)}\right]\\ +\sum\limits_{i=i(t_{N,j})+1}^{i(t_{N,1,j})}\ell_{M,1,0}(t_{N,j}-\tau_i)\left[\boldsymbol{A}_i^{(2)}\quad \boldsymbol{B}_i^{(2)}\right]\end{array}\right]\right] \tag{15.59}$$

式 (15.59) 等号右边中的 $\tilde{\boldsymbol{A}}_0$ 和 $\sum\limits_{i=1}^{i(t_{N,j})}\left[\boldsymbol{A}_i^{(2)}\quad \boldsymbol{B}_i^{(2)}\right]$ 对应式 (15.52) 中自变量 $t_{N,j}-\tau_i\in[0,\ h]$ 的情况；$\sum\limits_{i=i(t_{N,j})+1}^{i(t_{N,1,j})}\ell_{M,1,0}(t_{N,j}-\tau_i)\left[\boldsymbol{A}_i^{(2)}\quad \boldsymbol{B}_i^{(2)}\right]$ 表示使 $t_{N,j}-\tau_i$ 落入第一个子区间 $[-h,\ 0]$ 的时滞常数 τ_i 对应的增广时滞状态矩阵 $\left[\boldsymbol{A}_i^{(2)}\quad \boldsymbol{B}_i^{(2)}\right]$，乘以离散点 $\theta_{M,1,0}$ 对应的拉格朗日插值系数。

3. 第 $(k-1)M+1$ 列块 $\boldsymbol{F}_{j,k,0}$

第 $(k-1)M+1$ $(k=2,\ 3,\ \cdots,\ k_j)$ 列块 $\boldsymbol{F}_{j,k,0}\in\mathbb{R}^{n\times d_2}$ $(j=1,\ 2,\ \cdots,\ N)$ 的显式表达式为

$$\begin{aligned}\boldsymbol{F}_{j,k,0}=&\sum_{i=i(t_{N,k-2,j})+1}^{i(t_{N,k-1,j})}\left[\boldsymbol{A}_i^{(2)}\quad \boldsymbol{B}_i^{(2)}\right]\ell_{M,k-1,M}(t_{N,j}-\tau_i)+\\&\sum_{i=i(t_{N,k-1,j})+1}^{i(t_{N,k,j})}\left[\boldsymbol{A}_i^{(2)}\quad \boldsymbol{B}_i^{(2)}\right]\ell_{M,k,0}(t_{N,j}-\tau_i),\\&\qquad j=1,\ 2,\ \cdots,\ N;\ k=2,\ 3,\ \cdots,\ k_j\end{aligned} \tag{15.60}$$

式 (15.60) 等号右边第一项表示使 $t_{N,j}-\tau_i$ 落入第 $k-1$ 个子区间 $[-(k-1)h,-(k-2)h]$ 的时滞常数 τ_i 对应的增广时滞状态矩阵 $\left[\boldsymbol{A}_i^{(2)}\quad \boldsymbol{B}_i^{(2)}\right]$，乘以与离散点 $\theta_{M,k-1,M}$ 对应的拉格朗日插值系数；第二项表示使 $t_{N,j}-\tau_i$ 落入第 k 个子区间 $[-kh,\ -(k-1)h]$ 的时滞常数 τ_i 对应的矩阵 $\left[\boldsymbol{A}_i^{(2)}\quad \boldsymbol{B}_i^{(2)}\right]$，乘以与离散点 $\theta_{M,k,0}$ 对应的拉格朗日插值系数。考虑到 $\theta_{M,k-1,M}=\theta_{M,k,0}$ $(k=2,\ 3,\ \cdots,\ Q)$，两者系数的叠加就形成了 $\boldsymbol{F}_{j,k,0}$ $(j=1,\ 2,\ \cdots,\ N;\ k=2,\ 3,\ \cdots,\ k_j)$。

4. 第 $QM+1$ 列块 $\boldsymbol{F}_{j,Q,M}$

$\bar{\boldsymbol{\Sigma}}_{M,N}$ 的第 1 行 ~ 第 $\hat{N}$ 行、第 $QM+1$ 列块 $\boldsymbol{F}_{j,Q,M}\in\mathbb{R}^{n\times d_2}$ $(j=1,\ 2,\ \cdots,\ \hat{N})$ 的显式表达式为

$$\boldsymbol{F}_{j,Q,M} = \sum_{i=i(t_{N,Q-1,j})+1}^{m} \begin{bmatrix} \boldsymbol{A}_i^{(2)} & \boldsymbol{B}_i^{(2)} \end{bmatrix} \ell_{M,Q,M}(t_{N,j} - \tau_i) \tag{15.61}$$

给定 $t_{N,j}$ $(j=1,\ 2,\ \cdots,\ \hat{N})$，$\boldsymbol{F}_{j,Q,M}$ 表示使 $t_{N,j}-\tau_{\max}$ 中落入第 Q 个子区间 $[-\tau_{\max},\ -(Q-1)h]$ 的时滞常数 τ_i 对应的增广时滞状态矩阵 $\begin{bmatrix} \boldsymbol{A}_i^{(2)} & \boldsymbol{B}_i^{(2)} \end{bmatrix}$，乘以与离散点 $\theta_{M,Q,M}$ 对应的拉格朗日插值系数。

值得注意的是，当 $j=\hat{N}+1,\ \hat{N}+2,\ \cdots,\ N$ 时，$t_{N,j}-\tau_{\max}$ 中落入第 $Q-1$ 个子区间 $[-(Q-1)h,\ -(Q-2)h]$。此时，$\ell_{M,Q,M}(t_{N,j}-\tau_{\max})=0$，故 $\bar{\boldsymbol{\Sigma}}_{M,N}$ 的第 $\hat{N}+1$ 行 ~ 第 N 行、第 $QM+1$ 列分块 $\boldsymbol{F}_{j,Q,M}=\boldsymbol{0}_{n\times d_2}$，$j=\hat{N}+1,\ \hat{N}+2,\ \cdots,\ N$。

5. 第 $(Q-1)M+1$ 列块 $\boldsymbol{F}_{j,Q,0}$

$\bar{\boldsymbol{\Sigma}}_{M,N}$ 的第 $\hat{N}+1$ 行 ~ 第 N 行、第 $(Q-1)M+1$ 列块 $\boldsymbol{F}_{j,Q,0}\in\mathbb{R}^{n\times d_2}$ $(j=\hat{N}+1,\ \hat{N}+2,\ \cdots,\ N)$ 的显式表达式为

$$\boldsymbol{F}_{j,Q,0} = \sum_{i=i(t_{N,Q-2,j})+1}^{m} \begin{bmatrix} \boldsymbol{A}_i^{(2)} & \boldsymbol{B}_i^{(2)} \end{bmatrix} \ell_{M,Q-1,M}(t_{N,j} - \tau_i) \tag{15.62}$$

给定 $t_{N,j}$ $(j=\hat{N}+1,\ \hat{N}+2,\ \cdots,\ N)$，$\boldsymbol{F}_{j,Q,0}$ 表示使 $t_{N,j}-\tau_{\max}$ 中落入第 $Q-1$ 个子区间 $[-(Q-1)h,\ -(Q-2)h]$ 的时滞常数 τ_i 对应的增广时滞状态矩阵 $\begin{bmatrix} \boldsymbol{A}_i^{(2)} & \boldsymbol{B}_i^{(2)} \end{bmatrix}$，乘以与离散点 $\theta_{M,Q,0}$ 对应的拉格朗日插值系数。

值得注意的是，当 $j=1,\ 2,\ \cdots,\ \hat{N}$ 时，$t_{N,j}-\tau_i$ 中落入第 Q 个子区间 $[-\tau_{\max},\ -(Q-1)h]$。$\bar{\boldsymbol{\Sigma}}_{M,N}$ 的第 1 行 ~ 第 $\hat{N}$ 行、第 $(Q-1)M+1$ 列分块 $\boldsymbol{F}_{j,Q,0}$ $(j=1,\ 2,\ \cdots,\ \hat{N})$ 由式 (15.60) 计算得到。

6. 其余列块 $\boldsymbol{F}_{j,k,l}$

$\bar{\boldsymbol{\Sigma}}_{M,N}$ 其余列块 $\boldsymbol{F}_{j,k,l}\in\mathbb{R}^{n\times d_2}$ $(j=1,\ 2,\ \cdots,\ N;\ k=1,\ 2,\ \cdots,\ k_j;\ l=1,\ 2,\ \cdots,\ M-1)$ 的显式表达式为

$$\boldsymbol{F}_{j,k,l} = \sum_{i=i(t_{N,k-1,j})+1}^{i(t_{N,k,j})+1} \begin{bmatrix} \boldsymbol{A}_i^{(2)} & \boldsymbol{B}_i^{(2)} \end{bmatrix} \ell_{M,k,l}(t_{N,j} - \tau_i) \tag{15.63}$$

给定 $t_{N,j}$ $(j=1,\ 2,\ \cdots,\ N)$，$F_{j,k,l}$ 表示使 $t_{N,j}-\tau_i$ 中落入第 k 个时滞子区间 $[-kh,\ -(k-1)h]$ 的时滞常数 τ_i 对应的增广时滞状态矩阵 $\begin{bmatrix} \boldsymbol{A}_i^{(2)} & \boldsymbol{B}_i^{(2)} \end{bmatrix}$，乘以与离散点 $\theta_{M,k,l}$ 对应的拉格朗日插值系数。

7. 克罗内克积变换

综合式 (15.59) ~ 式 (15.63) 所示 $\boldsymbol{F}_{j,1,0}$、$\boldsymbol{F}_{j,k,0}$、$\boldsymbol{F}_{j,Q,M}$、$\boldsymbol{F}_{j,Q,0}$ 和 $\boldsymbol{F}_{j,k,l}$ 的显式表达式可知，$\bar{\boldsymbol{\Sigma}}_{M,N}$ 为与 $\tilde{\boldsymbol{A}}_0$、$\boldsymbol{A}_i^{(2)}$ 和 $\boldsymbol{B}_i^{(2)}$ $(i=1,\ 2,\ \cdots,\ m)$ 有关的稠密矩阵。其可以等价地变换为拉格朗日插值系数矩阵 $\boldsymbol{L}_{M,N}^i$ 和 $\tilde{\boldsymbol{A}}_0$、$\boldsymbol{A}_i^{(2)}$、$\boldsymbol{B}_i^{(2)}$ $(i=1,\ 2,\ \cdots,\ m)$ 的克罗内克积之和的形式，即

$$\bar{\boldsymbol{\Sigma}}_{M,N}=\left[\mathbf{1}_N\otimes\tilde{\boldsymbol{A}}_0^{(1)}\quad\left[\mathbf{1}_N\otimes\tilde{\boldsymbol{A}}_0^{(2)}\quad \mathbf{0}_{Nn\times(l_2+QMd_2)}\right]+\sum_{i=1}^{m}\boldsymbol{L}_{M,N}^i\otimes\left[\boldsymbol{A}_i^{(2)}\quad\boldsymbol{B}_i^{(2)}\right]\right]\tag{15.64}$$

式中，$\mathbf{1}_N=[1,1,\ \cdots,\ 1]^{\mathrm{T}}\in\mathbb{R}^{N\times1}$；$\boldsymbol{L}_{M,N}^i\in\mathbb{R}^{N\times(QM+1)}$ $(i=1,\ 2,\ \cdots,\ m)$，其元素通过对拉格朗日插值系数进行运算得到，与式 (8.67) 相同。

根据式 (15.64)，可将式 (15.32) 改写为以 $\boldsymbol{\varPhi}$ 为变量的表达式，并得到系数矩阵 $\hat{\boldsymbol{\Sigma}}_{M,N}\in\mathbb{R}^{Nd\times(n_1+(QM+1)d_2)}$。

$$\hat{\boldsymbol{\Sigma}}_{M,N}=\begin{bmatrix}\left[\mathbf{1}_N\otimes\tilde{\boldsymbol{A}}_0^{(1)}\quad\boldsymbol{M}_1\quad\boldsymbol{N}_1\quad\boldsymbol{M}_2\quad\boldsymbol{N}_2\right]\\ \hdashline \mathbf{0}_{Nl\times(n_1+(QM+1)d_2)}\end{bmatrix}\tag{15.65}$$

式中，$\boldsymbol{M}_2\in\mathbb{R}^{Nn\times((Q-1)M+1)n_2}$，$\boldsymbol{N}_2\in\mathbb{R}^{Nn\times((Q-1)M+1)l_2}$，$\boldsymbol{M}_1\in\mathbb{R}^{Nn\times Mn_2}$，$\boldsymbol{N}_1\in\mathbb{R}^{Nn\times Ml_2}$。

$$\begin{cases}\boldsymbol{M}_1=\left[\mathbf{1}_N\otimes\tilde{\boldsymbol{A}}_0^{(2)}\quad\mathbf{0}_{Nn\times(M-1)n_2}\right]+\displaystyle\sum_{i=1}^{m}\boldsymbol{L}_{M,N,1}^i\otimes\boldsymbol{A}_i^{(2)}\\ \boldsymbol{N}_1=\displaystyle\sum_{i=1}^{m}\boldsymbol{L}_{M,N,1}^i\otimes\boldsymbol{B}_i^{(2)}\\ \boldsymbol{M}_2=\displaystyle\sum_{i=1}^{m}\boldsymbol{L}_{M,N,2}^i\otimes\boldsymbol{A}_i^{(2)}\\ \boldsymbol{N}_2=\displaystyle\sum_{i=1}^{m}\boldsymbol{L}_{M,N,2}^i\otimes\boldsymbol{B}_i^{(2)}\end{cases}\tag{15.66}$$

其中，$\boldsymbol{L}_{M,N,1}^i=\boldsymbol{L}_{M,N}^i(:,\ 1:M)\in\mathbb{R}^{N\times M}$，$\boldsymbol{L}_{M,N,2}^i=\boldsymbol{L}_{M,N}^i(:,\ M+1:QM+1)\in\mathbb{R}^{N\times((Q-1)M+1)}$，$i=1,\ 2,\ \cdots,\ m$。

15.2.4 矩阵 $\hat{\boldsymbol{\Sigma}}_N$

考虑到算子 F 的定义式 (15.16) 及式 (15.14)，式 (15.33) 中 $R_N^+FV_2P_N^+\boldsymbol{Z}^*$

的第 j $(j=1,\ 2,\ \cdots,\ N)$ 个分量可写为

$$\begin{aligned}\left[R_N^+FV_2P_N^+\boldsymbol{Z}^*\right]_j=&[\boldsymbol{A}_0\ \ \boldsymbol{B}_0]\left(V_2P_N^+\begin{bmatrix}\boldsymbol{Z}^*\\ \boldsymbol{W}^*\end{bmatrix}\right)(t_{N,j})\\&+\sum_{i=1}^{m}\left[\boldsymbol{A}_i^{(2)}\ \ \boldsymbol{B}_i^{(2)}\right]\left(V_2P_N^+\begin{bmatrix}\boldsymbol{Z}^{(2)*}\\ \boldsymbol{W}^{(2)*}\end{bmatrix}\right)(t_{N,j}-\tau_i),\\&j=1,\ 2,\ \cdots,\ N\end{aligned}\tag{15.67}$$

考虑到算子 V_2 的定义式 (15.14) 包含两个分段，在对式 (15.67) 做进一步推导时，需要首先判断 $t_{N,j}-\tau_i$ $(i=0,\ 1,\ \cdots,\ m)$ 的正负性。如果 $t_{N,j}-\tau_i$ 位于区间 $[-\tau_{\max},\ 0]$，则 $\left(V_2P_N^+\left[\left(\boldsymbol{Z}^{(2)*}\right)^{\mathrm{T}},\ \left(\boldsymbol{W}^{(2)*}\right)^{\mathrm{T}}\right]^{\mathrm{T}}\right)(t_{N,j}-\tau_i)=\mathbf{0}$。如果 $t_{N,j}-\tau_i$ 位于区间 $[0,\ h]$，则利用该区间上离散点处 $\boldsymbol{z}^{(2)*}$ 和 $\boldsymbol{w}^{(2)*}$ 的函数值构造拉格朗日插值多项式，以估计 $\left(V_2P_N^+\left(\boldsymbol{Z}^{(2)*}\right)\right)(t_{N,j}-\tau_i)$ 和 $\left(V_2P_N^+\left(\boldsymbol{W}^{(2)*}\right)\right)(t_{N,j}-\tau_i)$。于是，式 (15.67) 可写为

$$\begin{aligned}\left[R_N^+FV_2P_N^+\boldsymbol{Z}^*\right]_j=&\sum_{k=1}^{N}[\boldsymbol{A}_0\ \ \boldsymbol{B}_0]\int_0^{t_{N,j}}\ell_{N,k}^+(t)\begin{bmatrix}\boldsymbol{z}_k^*\\ \boldsymbol{w}_k^*\end{bmatrix}\mathrm{d}t\\&+\sum_{k=1}^{N}\sum_{i=1}^{i(t_{N,j})}\left[\boldsymbol{A}_i^{(2)}\ \ \boldsymbol{B}_i^{(2)}\right]\int_0^{t_{N,j}-\tau_i}\ell_{N,k}^+(t)\begin{bmatrix}\boldsymbol{z}_k^{(2)*}\\ \boldsymbol{w}_k^{(2)*}\end{bmatrix}\mathrm{d}t,\\&j=1,\ 2,\ \cdots,\ N\end{aligned}\tag{15.68}$$

由式 (15.68) 可以推导得到以 $\boldsymbol{Z}^*$ 为变量的 $R_N^+FV_2P_N^+\boldsymbol{Z}^*$ 的显式表达式，其系数矩阵 $\hat{\boldsymbol{\Sigma}}_N\in\mathbb{R}^{Nd\times Nd}$：

$$\hat{\boldsymbol{\Sigma}}_N=\left[\begin{array}{c}\begin{bmatrix}\boldsymbol{G}_{1,1} & \boldsymbol{G}_{1,2} & \cdots & \boldsymbol{G}_{1,N} & \boldsymbol{H}_{1,1} & \boldsymbol{H}_{1,2} & \cdots & \boldsymbol{H}_{1,N}\\ \boldsymbol{G}_{2,1} & \boldsymbol{G}_{2,2} & \cdots & \boldsymbol{G}_{2,N} & \boldsymbol{H}_{2,1} & \boldsymbol{H}_{2,2} & \cdots & \boldsymbol{H}_{2,N}\\ \vdots & \vdots & & \vdots & \vdots & \vdots & & \vdots\\ \boldsymbol{G}_{N,1} & \boldsymbol{G}_{N,2} & \cdots & \boldsymbol{G}_{N,N} & \boldsymbol{H}_{N,1} & \boldsymbol{H}_{N,2} & \cdots & \boldsymbol{H}_{N,N}\end{bmatrix}\\ \hdashline \mathbf{0}_{Nl\times Nd}\end{array}\right]\tag{15.69}$$

式中，$\boldsymbol{G}_{j,k}\in\mathbb{R}^{n\times n}$，$\boldsymbol{H}_{j,k}\in\mathbb{R}^{n\times l}$，$j=1,\ 2,\ \cdots,\ N$；$k=1,\ 2,\ \cdots,\ N$。

$$\boldsymbol{G}_{j,k}=\left[\boldsymbol{A}_0^{(1)}\int_0^{t_{N,j}}\ell_{N,k}^+(t)\mathrm{d}t\quad\sum_{i=0}^{i(t_{N,j})}\boldsymbol{A}_i^{(2)}\int_0^{t_{N,j}-\tau_i}\ell_{N,k}^+(t)\mathrm{d}t\right]\tag{15.70}$$

$$\boldsymbol{H}_{j,k} = \left[\boldsymbol{B}_0^{(1)} \int_0^{t_{N,j}} \ell_{N,k}^+(t)\mathrm{d}t \quad \sum_{i=0}^{i(t_{N,j})} \boldsymbol{B}_i^{(2)} \int_0^{t_{N,j}-\tau_i} \ell_{N,k}^+(t)\mathrm{d}t\right] \tag{15.71}$$

矩阵 $\hat{\boldsymbol{\Sigma}}_N$ 实际上为与 $\boldsymbol{A}_i$ 和 $\boldsymbol{B}_i$ $(i=0,\ 1,\ \cdots,\ m)$ 有关的稠密矩阵，其可以等价地变换为拉格朗日插值系数矩阵 $\boldsymbol{L}_N^i$ 与矩阵 $\boldsymbol{A}_i$ 和 $\boldsymbol{B}_i$ 的克罗内克积之和的形式，即

$$\hat{\boldsymbol{\Sigma}}_N = \begin{bmatrix} \left[\sum_{i=0}^{m} \boldsymbol{L}_N^i \otimes \boldsymbol{A}_i \quad \sum_{i=0}^{m} \boldsymbol{L}_N^i \otimes \boldsymbol{B}_i\right] \\ \hdashline \boldsymbol{0}_{Nl\times Nd} \end{bmatrix} \tag{15.72}$$

式中，$\boldsymbol{L}_N^i \in \mathbb{R}^{N\times N}$ $(i=0,\ 1,\ \cdots,\ m)$ 中各元素通过对拉格朗日插值系数进行运算得到，与式 (8.72) 相同。

综合 15.2.1节 ~ 15.2.4 节的内容，便可得到解算子伪谱配置部分离散化矩阵 $\hat{\boldsymbol{T}}_{M,N}$ 的具体表达式，如式 (15.28) 所示。

15.3 结构化的解算子伪谱配置部分离散化矩阵

本节基于解算子 $\mathcal{T}(h)$ 的显式表达式 (12.23)，推导得到结构化的解算子 $\mathcal{T}(h)$ 伪谱配置部分离散化矩阵 $\hat{\boldsymbol{T}}_{M,N}$。$\hat{\boldsymbol{T}}_{M,N}$ 在逻辑结构上由两个块行组成，其中第二个块行是高度稀疏的矩阵。

15.3.1 $\mathcal{T}(h)$ 第一个解分段的部分离散化

1. 基本思路

解算子 $\mathcal{T}(h)$ 第一个解分段的部分离散化形式，可以通过估计 $\Delta\hat{\boldsymbol{x}}_h$ 在区间 $(-h,\ 0]$ 上的各个离散点 $\theta_{M,1,k}$ $(k=0,\ 1,\ \cdots,\ M-1)$ 处系统的增广状态值 $\Delta\hat{\boldsymbol{x}}_{1,1,k} \triangleq \Delta\hat{\boldsymbol{x}}_h(\theta_{M,1,k}) = \Delta\hat{\boldsymbol{x}}(h+\theta_{M,1,k}) \in \mathbb{R}^{d\times 1}$ 得到。

具体地，首先利用伪谱配置法求解式 (15.73)，求得区间 $[0,\ h]$ 上集合 Ω_N^+ 各个离散点 $t_{N,j}$ $(j=1,\ 2,\ \cdots,\ N)$ 处 $\boldsymbol{z}_j = \Delta\dot{\boldsymbol{x}}(t_{N,j})$ 和 $\boldsymbol{w}_j = \Delta\dot{\boldsymbol{y}}(t_{N,j})$ 的显式表达式；然后，以 $\boldsymbol{z}_j$ 和 $\boldsymbol{w}_j$ $(j=1,\ 2,\ \cdots,\ N)$ 为基函数，得到区间 $[0,\ h]$ 上的连续的导数函数 $\boldsymbol{z}$ 和 $\boldsymbol{w}$；最后，以 $\hat{\varphi}_{1,0}$ 为初值，对 $\left[\boldsymbol{z}^{\mathrm{T}},\ \boldsymbol{w}^{\mathrm{T}}\right]^{\mathrm{T}}$ 进行积分得到系统状态 $\Delta\hat{\boldsymbol{x}}_{1,1,k}$ $(k=0,\ 1,\ \cdots,\ M-1)$ 的估计值。

$$\begin{cases} \boldsymbol{z}_j = [\boldsymbol{A}_0 \quad \boldsymbol{B}_0]\,\Delta\hat{\boldsymbol{x}}_{N,j} + \sum_{i=1}^{m}\left[\boldsymbol{A}_i^{(2)} \quad \boldsymbol{B}_i^{(2)}\right]\Delta\hat{\boldsymbol{x}}^{(2)}(t_{N,j}-\tau_i), \\ \boldsymbol{0} = \boldsymbol{C}_0\boldsymbol{z}_j + \boldsymbol{D}_0\boldsymbol{w}_j,\quad j=1,\ 2,\ \cdots,\ N \end{cases} \tag{15.73}$$

式中，$\Delta\boldsymbol{x}_{N,j}=\Delta\boldsymbol{x}(t_{N,j})$ 和 $\Delta\boldsymbol{y}_{N,j}=\Delta\boldsymbol{y}(t_{N,j})$ 分别为 $\Delta\boldsymbol{x}$ 和 $\Delta\boldsymbol{y}$ 在集合 Ω_N^+ 的各离散点 $t_{N,j}$ $(j=1,\ 2,\ \cdots,\ N)$ 处的估计值。

2. 导数值 $\boldsymbol{z}_j$ 和 $\boldsymbol{w}_j$ $(j=1,\ 2,\ \cdots,\ N)$ 的显式表达式

首先，推导式 (15.73) 第 1 式的等号右边第一项。将 $\Delta\boldsymbol{x}_{N,j}$ 和 $\Delta\boldsymbol{y}_{N,j}$ 分别用以 $\boldsymbol{\varphi}_{x,1,0}$ 和 $\boldsymbol{\varphi}_{y,1,0}$ 为初值的积分代替，得

$$\begin{aligned}&[\boldsymbol{A}_0\ \ \boldsymbol{B}_0]\,\Delta\hat{\boldsymbol{x}}_{N,j}\\&=[\boldsymbol{A}_0\ \ \boldsymbol{B}_0]\begin{bmatrix}\boldsymbol{\varphi}_{x,1,0}\\\boldsymbol{\varphi}_{y,1,0}\end{bmatrix}+\int_0^{t_{N,j}}\sum_{k=1}^{N}\ell_{N,k}^+(s)\,[\boldsymbol{A}_0\ \ \boldsymbol{B}_0]\begin{bmatrix}\boldsymbol{z}_k\\\boldsymbol{w}_k\end{bmatrix}\mathrm{d}s\\&=\tilde{\boldsymbol{A}}_0\boldsymbol{\varphi}_{x,1,0}+\int_0^{t_{N,j}}\sum_{k=1}^{N}\ell_{N,k}^+(s)\,[\boldsymbol{A}_0\ \ \boldsymbol{B}_0]\begin{bmatrix}\boldsymbol{z}_k\\\boldsymbol{w}_k\end{bmatrix}\mathrm{d}s\end{aligned}\tag{15.74}$$

然后，推导式 (15.73) 第 1 式的等号右边第二项，其中 $\Delta\boldsymbol{x}^{(2)}(t_{N,j}-\tau_i)$ 和 $\Delta\boldsymbol{y}^{(2)}(t_{N,j}-\tau_i)$ 需要根据 $t_{N,j}-\tau_i$ $(i=1,\ 2,\ \cdots,\ m)$ 的正负性分别进行计算。

(1) 当 $i=1,\ 2,\ \cdots,\ i(t_{N,j})$，即 $t_{N,j}-\tau_i$ 位于区间 $(0,\ h]$ 时，将 $\Delta\boldsymbol{x}^{(2)}(t_{N,j}-\tau_i)$ 和 $\Delta\boldsymbol{y}^{(2)}(t_{N,j}-\tau_i)$ 分别用以 $\boldsymbol{\varphi}_{x,1,0}$ 和 $\boldsymbol{\varphi}_{y,1,0}$ 为初值的积分代替，得

$$\begin{aligned}&\sum_{i=1}^{i(t_{N,j})}\left[\boldsymbol{A}_i^{(2)}\ \ \boldsymbol{B}_i^{(2)}\right]\Delta\hat{\boldsymbol{x}}^{(2)}(t_{N,j}-\tau_i)\\&=\sum_{i=1}^{i(t_{N,j})}\left(\left[\boldsymbol{A}_i^{(2)}\ \ \boldsymbol{B}_i^{(2)}\right]\begin{bmatrix}\boldsymbol{\varphi}_{x,1,0}^{(2)}\\\boldsymbol{\varphi}_{y,1,0}^{(2)}\end{bmatrix}+\int_0^{t_{N,j}-\tau_i}\sum_{k=1}^{N}\ell_{N,k}^+(s)\left[\boldsymbol{A}_i^{(2)}\ \ \boldsymbol{B}_i^{(2)}\right]\begin{bmatrix}\boldsymbol{z}_k^{(2)}\\\boldsymbol{w}_k^{(2)}\end{bmatrix}\mathrm{d}s\right)\end{aligned}\tag{15.75}$$

(2) 当 $i=i(t_{N,j})+1,\ i(t_{N,j})+2,\ \cdots,\ m$ 时，$t_{N,j}-\tau_i$ 落入区间 $[-\tau_{\max},\ 0]$。若 $t_{N,j}-\tau_i$ 落入第 r $(r=1,\ 2,\ \cdots,\ Q)$ 个子区间，则利用第 r 个子区间上的延伸算子 P_M 来估计 $\Delta\boldsymbol{x}^{(2)}(t_{N,j}-\tau_i)$ 和 $\Delta\boldsymbol{y}^{(2)}(t_{N,j}-\tau_i)$。一般情况下，$Q$ 个子区间 $[-\tau_{\max},\ -(Q-1)h]$ 的长度小于第 $Q-1$ 个子区间 $[-(Q-1)h,\ -(Q-2)h]$ 的长度。此时，$t_{N,j}-\tau_{\max}$ $(j=1,\ 2,\ \cdots,\ \hat{N})$ 和 $t_{N,j}-\tau_{\max}$ $(j=\hat{N}+1,\ \hat{N}+2,\ \cdots,\ N)$ 分别会落入相邻的第 Q 个和第 $Q-1$ 个子区间。

当 $j=1,\ 2,\ \cdots,\ \hat{N}$ 时，有

$$\begin{aligned}&\sum_{i=i(t_{N,j})+1}^{m}\left[\boldsymbol{A}_i^{(2)}\ \ \boldsymbol{B}_i^{(2)}\right]\Delta\hat{\boldsymbol{x}}^{(2)}(t_{N,j}-\tau_i)\\&=\sum_{i=i(t_{N,j})+1}^{i(t_{N,1,j})}\left[\boldsymbol{A}_i^{(2)}\ \ \boldsymbol{B}_i^{(2)}\right]\sum_{k=0}^{M}\ell_{M,1,k}(t_{N,j}-\tau_i)\begin{bmatrix}\boldsymbol{\varphi}_{x,1,k}^{(2)}\\\boldsymbol{\varphi}_{y,1,k}^{(2)}\end{bmatrix}+\cdots\end{aligned}$$

$$+\sum_{i=i(t_{N,Q-2,j})+1}^{i(t_{N,Q-1,j})}\left[\boldsymbol{A}_i^{(2)}\quad\boldsymbol{B}_i^{(2)}\right]\sum_{k=0}^{M}\ell_{M,Q-1,k}(t_{N,j}-\tau_i)\begin{bmatrix}\boldsymbol{\varphi}_{x,Q-1,k}^{(2)}\\\boldsymbol{\varphi}_{y,Q-1,k}^{(2)}\end{bmatrix}$$

$$+\sum_{i=i(t_{N,Q-1,j})+1}^{m}\left[\boldsymbol{A}_i^{(2)}\quad\boldsymbol{B}_i^{(2)}\right]\sum_{k=0}^{M}\ell_{M,Q,k}(t_{N,j}-\tau_i)\begin{bmatrix}\boldsymbol{\varphi}_{x,Q,k}^{(2)}\\\boldsymbol{\varphi}_{y,Q,k}^{(2)}\end{bmatrix}\tag{15.76}$$

当 $j=\hat{N}+1,\ \hat{N}+2,\ \cdots,\ N$ 时，有

$$\begin{aligned}&\sum_{i=i(t_{N,j})+1}^{m}\left[\boldsymbol{A}_i^{(2)}\quad\boldsymbol{B}_i^{(2)}\right]\Delta\hat{\boldsymbol{x}}^{(2)}(t_{N,j}-\tau_i)\\=&\sum_{i=i(t_{N,j})+1}^{i(t_{N,1,j})}\left[\boldsymbol{A}_i^{(2)}\quad\boldsymbol{B}_i^{(2)}\right]\sum_{k=0}^{M}\ell_{M,1,k}(t_{N,j}-\tau_i)\begin{bmatrix}\boldsymbol{\varphi}_{x,1,k}^{(2)}\\\boldsymbol{\varphi}_{y,1,k}^{(2)}\end{bmatrix}+\cdots\\&+\sum_{i=i(t_{N,Q-2,j})+1}^{m}\left[\boldsymbol{A}_i^{(2)}\quad\boldsymbol{B}_i^{(2)}\right]\sum_{k=0}^{M}\ell_{M,Q-1,k}(t_{N,j}-\tau_i)\begin{bmatrix}\boldsymbol{\varphi}_{x,Q-1,k}^{(2)}\\\boldsymbol{\varphi}_{y,Q-1,k}^{(2)}\end{bmatrix}\end{aligned}\tag{15.77}$$

将式 (15.74) ~ 式 (15.77) 代入式 (15.73) 并移项，得

$$\begin{aligned}&\boldsymbol{z}_j-\int_0^{t_{N,j}}\sum_{k=1}^{N}\ell_{N,k}^{+}(s)\left[\boldsymbol{A}_0\quad\boldsymbol{B}_0\right]\begin{bmatrix}\boldsymbol{z}_k\\\boldsymbol{w}_k\end{bmatrix}\mathrm{d}s\\&-\sum_{i=1}^{i(t_{N,j})}\int_0^{t_{N,j}-\tau_i}\sum_{k=1}^{N}\ell_{N,k}^{+}(s)\left[\boldsymbol{A}_i^{(2)}\quad\boldsymbol{B}_i^{(2)}\right]\begin{bmatrix}\boldsymbol{z}_k^{(2)}\\\boldsymbol{w}_k^{(2)}\end{bmatrix}\mathrm{d}s\\=&\tilde{\boldsymbol{A}}_0\boldsymbol{\varphi}_{x,1,0}+\sum_{i=1}^{i(t_{N,j})}\left[\boldsymbol{A}_i^{(2)}\quad\boldsymbol{B}_i^{(2)}\right]\begin{bmatrix}\boldsymbol{\varphi}_{x,1,0}^{(2)}\\\boldsymbol{\varphi}_{y,1,0}^{(2)}\end{bmatrix}\\&+\sum_{i=i(t_{N,j})+1}^{i(t_{N,1,j})}\left[\boldsymbol{A}_i^{(2)}\quad\boldsymbol{B}_i^{(2)}\right]\sum_{k=0}^{M}\ell_{M,1,k}(t_{N,j}-\tau_i)\begin{bmatrix}\boldsymbol{\varphi}_{x,1,k}^{(2)}\\\boldsymbol{\varphi}_{y,1,k}^{(2)}\end{bmatrix}+\cdots\\&+\sum_{i=i(t_{N,Q-2,j})+1}^{i(t_{N,Q-1,j})}\left[\boldsymbol{A}_i^{(2)}\quad\boldsymbol{B}_i^{(2)}\right]\sum_{k=0}^{M}\ell_{M,Q-1,k}(t_{N,j}-\tau_i)\begin{bmatrix}\boldsymbol{\varphi}_{x,Q-1,k}^{(2)}\\\boldsymbol{\varphi}_{y,Q-1,k}^{(2)}\end{bmatrix}\\&+\sum_{i=i(t_{N,Q-1,j})+1}^{m}\left[\boldsymbol{A}_i^{(2)}\quad\boldsymbol{B}_i^{(2)}\right]\sum_{k=0}^{M}\ell_{M,Q,k}(t_{N,j}-\tau_i)\begin{bmatrix}\boldsymbol{\varphi}_{x,Q,k}^{(2)}\\\boldsymbol{\varphi}_{y,Q,k}^{(2)}\end{bmatrix},\\&\qquad j=1,\ 2,\ \cdots,\ \hat{N}\end{aligned}\tag{15.78}$$

及

$$
\begin{aligned}
&\boldsymbol{z}_j-\int_0^{t_{N,j}}\sum_{k=1}^{N}\ell_{N,k}^{+}(s)\left[\boldsymbol{A}_0\quad\boldsymbol{B}_0\right]\begin{bmatrix}\boldsymbol{z}_k\\ \boldsymbol{w}_k\end{bmatrix}\mathrm{d}s\\
&-\sum_{i=1}^{i(t_{N,j})}\int_0^{t_{N,j}-\tau_i}\sum_{k=1}^{N}\ell_{N,k}^{+}(s)\left[\boldsymbol{A}_i^{(2)}\quad\boldsymbol{B}_i^{(2)}\right]\begin{bmatrix}\boldsymbol{z}_k^{(2)}\\ \boldsymbol{w}_k^{(2)}\end{bmatrix}\mathrm{d}s\\
=&\tilde{\boldsymbol{A}}_0\boldsymbol{\varphi}_{x,1,0}+\sum_{i=1}^{i(t_{N,j})}\left[\boldsymbol{A}_i^{(2)}\quad\boldsymbol{B}_i^{(2)}\right]\begin{bmatrix}\boldsymbol{\varphi}_{x,1,0}^{(2)}\\ \boldsymbol{\varphi}_{y,1,0}^{(2)}\end{bmatrix}\\
&+\sum_{i=i(t_{N,j})+1}^{i(t_{N,1,j})}\left[\boldsymbol{A}_i^{(2)}\quad\boldsymbol{B}_i^{(2)}\right]\sum_{k=0}^{M}\ell_{M,1,k}(t_{N,j}-\tau_i)\begin{bmatrix}\boldsymbol{\varphi}_{x,1,k}^{(2)}\\ \boldsymbol{\varphi}_{y,1,k}^{(2)}\end{bmatrix}+\cdots\\
&+\sum_{i=i(t_{N,Q-2,j})+1}^{m}\left[\boldsymbol{A}_i^{(2)}\quad\boldsymbol{B}_i^{(2)}\right]\sum_{k=0}^{M}\ell_{M,Q-1,k}(t_{N,j}-\tau_i)\begin{bmatrix}\boldsymbol{\varphi}_{x,Q-1,k}^{(2)}\\ \boldsymbol{\varphi}_{y,Q-1,k}^{(2)}\end{bmatrix},\\
&\qquad\qquad j=\hat{N}+1,\ \hat{N}+2,\ \cdots,\ N
\end{aligned}\tag{15.79}
$$

下面对式 (15.78) 和式 (15.79) 进行整理。首先，参考 15.2.4 节将式 (15.78) 和式 (15.79) 等号左边改写为矩阵形式，得

$$
\left[\boldsymbol{I}_{Nn}-\sum_{i=0}^{m}\boldsymbol{L}_N^i\otimes\boldsymbol{A}_i\quad-\sum_{i=0}^{m}\boldsymbol{L}_N^i\otimes\boldsymbol{B}_i\right]\begin{bmatrix}\boldsymbol{Z}\\ \boldsymbol{W}\end{bmatrix}\tag{15.80}
$$

式中，$\boldsymbol{L}_N^i\in\mathbb{R}^{N\times N}\ (i=0,\ 1,\ \cdots,\ m)$。

然后，参考 15.2.3 节可将式 (15.78) 和式 (15.79) 等号右边改写为以 $\boldsymbol{\varPhi}$ 为变量的显式表达式，关键之处在于考虑集合 Ω_M 中相邻两个子区间的端点处离散点存在重叠关系。

$$
\left[\boldsymbol{1}_N\otimes\tilde{\boldsymbol{A}}_0^{(1)}\quad\boldsymbol{M}_1\quad\boldsymbol{N}_1\quad\boldsymbol{M}_2\quad\boldsymbol{N}_2\right]\boldsymbol{\varPhi}\tag{15.81}
$$

式中，$\boldsymbol{M}_2\in\mathbb{R}^{Nn\times((Q-1)M+1)n_2}$、$\boldsymbol{N}_2\in\mathbb{R}^{Nn\times((Q-1)M+1)l_2}$、$\boldsymbol{M}_1\in\mathbb{R}^{Nn\times Mn_2}$ 和 $\boldsymbol{N}_1\in\mathbb{R}^{Nn\times Ml_2}$ 的具体表达式见式 (15.66)。

联立式 (15.80)、式 (15.81) 以及式 (15.73) 的矩阵形式 $(\boldsymbol{I}_N\otimes\boldsymbol{C}_0)\boldsymbol{Z}+(\boldsymbol{I}_N\otimes\boldsymbol{D}_0)\boldsymbol{W}=\boldsymbol{0}$，得

$$
\begin{bmatrix}\boldsymbol{I}_{Nn}-\sum_{i=0}^{m}\boldsymbol{L}_N^i\otimes\boldsymbol{A}_i & -\sum_{i=0}^{m}\boldsymbol{L}_N^i\otimes\boldsymbol{B}_i\\ \boldsymbol{I}_N\otimes\boldsymbol{C}_0 & \boldsymbol{I}_N\otimes\boldsymbol{D}_0\end{bmatrix}\begin{bmatrix}\boldsymbol{Z}\\ \boldsymbol{W}\end{bmatrix}=\begin{bmatrix}\left[\boldsymbol{1}_N\otimes\tilde{\boldsymbol{A}}_0^{(1)}\ \boldsymbol{M}_1\ \boldsymbol{N}_1\ \boldsymbol{M}_2\ \boldsymbol{N}_2\right]\\ \boldsymbol{0}_{Nl\times(n_1+(QM+1)d_2)}\end{bmatrix}\boldsymbol{\varPhi}\tag{15.82}
$$

从而，以 $\boldsymbol{\Phi}$ 为变量，可将区间 $[0,\ h]$ 上连续的导数函数 $\left[\boldsymbol{z}^{\mathrm{T}},\ \boldsymbol{w}^{\mathrm{T}}\right]^{\mathrm{T}}$ 的离散化分块向量 $\left[\boldsymbol{Z}^{\mathrm{T}},\ \boldsymbol{W}^{\mathrm{T}}\right]^{\mathrm{T}}$ 显式表示为

$$\begin{bmatrix}\boldsymbol{Z}\\ \boldsymbol{W}\end{bmatrix}=\left(\begin{bmatrix}\boldsymbol{I}_{Nn} & \\ \boldsymbol{I}_N\otimes\boldsymbol{C}_0 & \boldsymbol{I}_N\otimes\boldsymbol{D}_0\end{bmatrix}-\hat{\boldsymbol{\Sigma}}_N\right)^{-1}\hat{\boldsymbol{\Sigma}}_{M,N}\boldsymbol{\Phi} \tag{15.83}$$

式中，$\hat{\boldsymbol{\Sigma}}_{M,N}\in\mathbb{R}^{Nd\times(n_1+(QM+1)d_2)}$ 和 $\hat{\boldsymbol{\Sigma}}_N\in\mathbb{R}^{Nd\times Nd}$ 的具体表达式分别见式 (15.65) 和式 (15.72)。

3. 状态值 $\Delta\boldsymbol{x}_{1,1,k}$，$\Delta\boldsymbol{y}_{1,1,k}$ $(k=0,\ 1,\ \cdots,\ M-1)$ 的估计值

利用延伸算子 P_N^+，以式 (15.83) 所示的 $\boldsymbol{z}_j$ 和 $\boldsymbol{w}_j$ $(j=1,\ 2,\ \cdots,\ N)$ 为基函数，可以拟合得到区间 $[0,\ h]$ 上的连续的导数函数 $\boldsymbol{z}$ 和 $\boldsymbol{w}$；然后，分别以 $\boldsymbol{\varphi}_{x,1,0}$ 和 $\boldsymbol{\varphi}_{y,1,0}$ 为初值，对 $\boldsymbol{z}$ 和 $\boldsymbol{w}$ 进行积分，便可得到系统状态 $\Delta\boldsymbol{x}_{1,1,k}=\Delta\boldsymbol{x}(h+\theta_{M,1,k})\in\mathbb{R}^{n\times 1}$ 和 $\Delta\boldsymbol{y}_{1,1,k}=\Delta\boldsymbol{y}(h+\theta_{M,1,k})\in\mathbb{R}^{l\times 1}$ 的估计值，$k=0,\ 1,\ \cdots,\ M-1$。

$$\Delta\boldsymbol{x}_{1,1,k}=\boldsymbol{\varphi}_{x,1,0}^{(0)}+\sum_{j=1}^{N}\int_0^{h+\theta_{M,1,k}}\ell_{N,j}^{+}(s)\boldsymbol{z}_j\mathrm{d}s \tag{15.84}$$

$$\begin{aligned}\Delta\boldsymbol{y}_{1,1,k}&=\boldsymbol{\varphi}_{y,1,0}^{(0)}+\sum_{j=1}^{N}\int_0^{h+\theta_{M,1,k}}\ell_{N,j}^{+}(s)\boldsymbol{w}_j\mathrm{d}s\\&=-\boldsymbol{D}_0^{-1}\boldsymbol{C}_0\boldsymbol{\varphi}_{x,1,0}^{(0)}+\sum_{j=1}^{N}\int_0^{h+\theta_{M,1,k}}\ell_{N,j}^{+}(s)\boldsymbol{w}_j\mathrm{d}s\end{aligned} \tag{15.85}$$

4. $\mathcal{T}(h)$ 第一个解分段的部分离散化表达式

如式 (15.83) ~ 式 (15.85) 所示，区间 $(-h,\ 0]$ 上增广状态变量 $\Delta\hat{\boldsymbol{x}}_h$ 的估计值 $\Delta\boldsymbol{x}_{1,1,k}$ 和 $\Delta\boldsymbol{y}_{1,1,k}$ $(k=0,\ 1,\ \cdots,\ M-1)$ 与非时滞增广状态变量 $\Delta\hat{\boldsymbol{x}}^{(1)}$ 在过去时刻的函数值以及非时滞代数变量 $\Delta\boldsymbol{y}^{(1)}$ 在当前时刻的函数值无关。因此，联立式 (15.84) 和式 (15.85)，并舍去估计值 $\Delta\boldsymbol{x}_{1,1,k}^{(1)}$ $(k=1,\ 2,\ \cdots,\ M-1)$ 和 $\Delta\boldsymbol{y}_{1,1,k}^{(1)}$ $(k=0,\ 1,\ \cdots,\ M-1)$，便可得到解算子 $\mathcal{T}(h)$ 第一个解分段部分离散化的表达式。

$$\bar{\boldsymbol{\Psi}}=\left(\tilde{\boldsymbol{\Pi}}_M+\tilde{\boldsymbol{\Pi}}_{M,N}\left(\begin{bmatrix}\boldsymbol{I}_{Nn} & \\ \boldsymbol{I}_N\otimes\boldsymbol{C}_0 & \boldsymbol{I}_N\otimes\boldsymbol{D}_0\end{bmatrix}-\hat{\boldsymbol{\Sigma}}_N\right)^{-1}\hat{\boldsymbol{\Sigma}}_{M,N}\right)\boldsymbol{\Phi} \tag{15.86}$$

式中，$\tilde{\boldsymbol{\Pi}}_M\in\mathbb{R}^{(n_1+Md_2)\times(n_1+(QM+1)d_2)}$ 和 $\tilde{\boldsymbol{\Pi}}_{M,N}\in\mathbb{R}^{(n_1+Md_2)\times Nd}$ 的具体表达式分别见式 (15.43) 和式 (15.49)；离散化向量 $\bar{\boldsymbol{\Psi}}\in\mathbb{R}^{(n_1+Md_2)\times 1}$ 包括零点处的非时

滞状态变量以及第一个子区间 $(-h,\ 0]$ 上各离散点处的时滞状态变量和时滞代数变量。

$$\begin{aligned}\bar{\boldsymbol{\Psi}} = \bigg[&\left(\Delta \boldsymbol{x}_{1,1,0}^{(1)}\right)^{\mathrm{T}},\ \left(\Delta \boldsymbol{x}_{1,1,0}^{(2)}\right)^{\mathrm{T}},\ \left(\Delta \boldsymbol{x}_{1,1,1}^{(2)}\right)^{\mathrm{T}},\ \cdots,\ \left(\Delta \boldsymbol{x}_{1,1,M-1}^{(2)}\right)^{\mathrm{T}},\\ &\left(\Delta \boldsymbol{y}_{1,1,0}^{(2)}\right)^{\mathrm{T}},\ \left(\Delta \boldsymbol{y}_{1,1,1}^{(2)}\right)^{\mathrm{T}},\ \cdots,\ \left(\Delta \boldsymbol{y}_{1,1,M-1}^{(2)}\right)^{\mathrm{T}}\bigg]^{\mathrm{T}}\end{aligned} \tag{15.87}$$

其中，$\Delta \boldsymbol{x}_{1,1,0}^{(1)} = \Delta \boldsymbol{x}^{(1)}(h+\theta_{M,1,0}) \in \mathbb{R}^{n_1 \times 1}$ 表示 $\Delta \boldsymbol{x}_h^{(1)}$ 在零点 $\theta_{M,1,0} = 0$ 处的函数值。$\Delta \boldsymbol{x}_{1,1,k}^{(2)} = \Delta \boldsymbol{x}^{(2)}(h+\theta_{M,1,k}) \in \mathbb{R}^{n_2 \times 1}$ 和 $\Delta \boldsymbol{y}_{1,1,k}^{(2)} = \Delta \boldsymbol{y}^{(2)}(h+\theta_{M,1,k}) \in \mathbb{R}^{l_2 \times 1}$ 分别表示区间 $(-h,\ 0]$ 上离散点 $\theta_{M,1,k}$ 处 $\Delta \boldsymbol{x}_h^{(2)}$ 和 $\Delta \boldsymbol{y}_h^{(2)}$ 的状态值，$k = 0,\ 1,\ \cdots,\ M-1$。

15.3.2　$\mathcal{T}(h)$ 第二个解分段的部分离散化

解算子 $\mathcal{T}(h)$ 第二个解分段 (转移) 的部分离散化，可以通过估计 $\Delta \boldsymbol{x}_h^{(2)}$ 和 $\Delta \boldsymbol{y}_h^{(2)}$ 在区间 $[-\tau_{\max},\ -h]$ 上的各个离散点 $\theta_{M,i,k}$ $(i=2,\ 3,\ \cdots,\ Q;\ k=0,\ 1,\ \cdots,\ M)$ 处的状态值 $\Delta \boldsymbol{x}_{1,i,k}^{(2)} \triangleq \Delta \boldsymbol{x}_h^{(2)}(\theta_{M,i,k}) = \Delta \boldsymbol{x}^{(2)}(h+\theta_{M,i,k})$ 和 $\Delta \boldsymbol{y}_{1,i,k}^{(2)} \triangleq \Delta \boldsymbol{y}_h^{(2)}(\theta_{M,i,k}) = \Delta \boldsymbol{y}^{(2)}(h+\theta_{M,i,k})$ 得到。

(1) 当 $i = 2,\ 3,\ \cdots,\ Q-1$ 时，存在以下关系：

$$\Delta \boldsymbol{x}_{1,i,k}^{(2)} = \boldsymbol{\varphi}_{x,i-1,k}^{(2)},\ \Delta \boldsymbol{y}_{1,i,k}^{(2)} = \boldsymbol{\varphi}_{y,i-1,k}^{(2)},\quad k = 0,\ 1,\ \cdots,\ M-1 \tag{15.88}$$

(2) 当 $i = Q$ 时，$h+\theta_{M,i,k}$ $(k=0,\ 1,\ \cdots,\ M)$ 落入区间 $[-\tau_{\max},\ 0]$ 上的第 $Q-1$ 个子区间，即 $h+\theta_{M,Q,k} \in [-(Q-1)h,\ -(Q-2)h]$。一般地，第 Q 个子区间的长度小于第 $Q-1$ 个子区间的长度，因此 $h+\theta_{M,Q,k}$ 和 $\theta_{M,Q-1,k}$ 并不重合，即 $h+\theta_{M,Q,k} \neq \theta_{M,Q-1,k}$，$k=0,\ 1,\ \cdots,\ M$。此时，需要通过拉格朗日插值方法得到 $\Delta \boldsymbol{x}_{1,Q,k}^{(2)}$ 和 $\Delta \boldsymbol{y}_{1,Q,k}^{(2)}$，$k = 0,\ 1,\ \cdots,\ M$。

$$\left\{\begin{aligned}\Delta \boldsymbol{x}_{1,Q,k}^{(2)} &= \sum_{j=0}^{M} \ell_{M,Q-1,j}(h+\theta_{M,Q,k})\boldsymbol{\varphi}_{x,Q-1,j}^{(2)}\\ \Delta \boldsymbol{y}_{1,Q,k}^{(2)} &= \sum_{j=0}^{M} \ell_{M,Q-1,j}(h+\theta_{M,Q,k})\boldsymbol{\varphi}_{y,Q-1,j}^{(2)}\end{aligned}\right. \tag{15.89}$$

综合式 (15.88) 和式 (15.89)，可以得到解算子 $\mathcal{T}(h)$ 第二个解分段的部分离散化形式：

$$\tilde{\boldsymbol{\Psi}} = \begin{bmatrix} \mathbf{0}_{Mn_2\times n_1} & \boldsymbol{I}_{Mn_2} & & & & & \\ & & & \boldsymbol{I}_{(Q-3)Mn_2} & & & \\ & & & & \boldsymbol{U}_{Mn} & & \\ & & \boldsymbol{I}_{Ml_2} & & & & \\ & & & & & \boldsymbol{I}_{(Q-3)Ml_2} & \\ & & & & & & \boldsymbol{U}_{Ml} \end{bmatrix} \boldsymbol{\Phi} \tag{15.90}$$

式中，$\boldsymbol{U}_{Mn} \in \mathbb{R}^{(M+1)n_2\times(2M+1)n_2}$ 和 $\boldsymbol{U}_{Ml} \in \mathbb{R}^{(M+1)l_2\times(2M+1)l_2}$ 的具体表达式见式 (15.43)；离散化向量 $\tilde{\boldsymbol{\Psi}} \in \mathbb{R}^{((Q-1)M+1)d_2\times 1}$ 包括第 $2\sim Q$ 个子区间，即时滞区间 $[-\tau_{\max},\ -h]$，上各离散点处的时滞状态变量和时滞代数变量。

$$\begin{aligned} \tilde{\boldsymbol{\Psi}} = \Big[& \left(\Delta\boldsymbol{x}_{1,2,0}^{(2)}\right)^{\mathrm{T}},\ \left(\Delta\boldsymbol{x}_{1,2,1}^{(2)}\right)^{\mathrm{T}},\ \cdots,\ \left(\Delta\boldsymbol{x}_{1,Q,M}^{(2)}\right)^{\mathrm{T}}, \\ & \left(\Delta\boldsymbol{y}_{1,2,0}^{(2)}\right)^{\mathrm{T}},\ \left(\Delta\boldsymbol{y}_{1,2,1}^{(2)}\right)^{\mathrm{T}},\ \cdots,\ \left(\Delta\boldsymbol{y}_{1,Q,M}^{(2)}\right)^{\mathrm{T}} \Big]^{\mathrm{T}} \end{aligned} \tag{15.91}$$

15.3.3 解算子伪谱配置部分离散化矩阵

结合式 (15.86) 和式 (15.90)，可得 $\boldsymbol{\Psi} = \left[\bar{\boldsymbol{\Psi}}^{\mathrm{T}},\ \tilde{\boldsymbol{\Psi}}^{\mathrm{T}}\right]^{\mathrm{T}} \in \mathbb{R}^{(n_1+(QM+1)d_2)\times 1}$ 和 $\boldsymbol{\Phi}$ 之间转移关系的显式表达式，其系数矩阵即为 $\mathcal{T}(h)$ 伪谱配置部分离散化矩阵 $\hat{\boldsymbol{T}}_{M,N} \in \mathbb{R}^{(n_1+(QM+1)d_2)\times(n_1+(QM+1)d_2)}$。

$$\hat{\boldsymbol{T}}_{M,N} = \left[\begin{array}{c} \tilde{\boldsymbol{\Pi}}_M + \tilde{\boldsymbol{\Pi}}_{M,N}\left(\begin{bmatrix} & \boldsymbol{I}_{Nn} \\ \boldsymbol{I}_N\otimes\boldsymbol{C}_0 & \boldsymbol{I}_N\otimes\boldsymbol{D}_0 \end{bmatrix} - \hat{\boldsymbol{\Sigma}}_N\right)^{-1}\hat{\boldsymbol{\Sigma}}_{M,N} \\ \hdashline \begin{bmatrix} \mathbf{0}_{Mn_2\times n_1} & \boldsymbol{I}_{Mn_2} & & & & & \\ & & & \boldsymbol{I}_{(Q-3)Mn_2} & & & \\ & & & & \boldsymbol{U}_{Mn} & & \\ & & \boldsymbol{I}_{Ml_2} & & & & \\ & & & & & \boldsymbol{I}_{(Q-3)Ml_2} & \\ & & & & & & \boldsymbol{U}_{Ml} \end{bmatrix} \end{array}\right] \tag{15.92}$$

式中，$\tilde{\boldsymbol{\Pi}}_M$ 和 $\tilde{\boldsymbol{\Pi}}_{M,N}$ 分别为 15.2 节矩阵 $\hat{\boldsymbol{\Pi}}_M$ 和 $\hat{\boldsymbol{\Pi}}_{M,N}$ 的前 n_1+Md_2 行形成的子矩阵。

需要说明的是，15.2 节和 15.3 节推导的解算子伪谱配置离散化矩阵虽然在形式上略有差异，但在数值上是完全相同的。因此，在后续的 15.4 节，将以 15.3 节得到的解算子部分离散化矩阵 $\hat{\boldsymbol{T}}_{M,N}$ 为对象，给出 PSOD-PS 方法应用于大规模时滞电力系统时特征值高效计算的实现方法。

15.4 大规模时滞电力系统特征值计算

15.4.1 旋转–放大预处理

这里采用 12.2.5 节给出的旋转–放大预处理第一种实现方法。首先，将预处理后的时滞区间 $[-\tau_{\max}/\alpha,\ 0]$ 重新划分为长度等于 h 的 $Q'=\lceil \tau_{\max}/(\alpha h)\rceil$ 个子区间。其次，将矩阵 $\boldsymbol{U}'_M$、$\boldsymbol{U}_{Mn}$ 和 $\boldsymbol{U}_{Ml}$ 重新分别形成为 $\boldsymbol{U}''_M\in\mathbb{R}^{(M+1)\times(M+1)}$、$\boldsymbol{U}'_{Mn}\in\mathbb{R}^{(M+1)n_2\times(2M+1)n_2}$ 和 $\boldsymbol{U}'_{Ml}\in\mathbb{R}^{(M+1)l_2\times(2M+1)l_2}$，将矩阵 $\boldsymbol{U}_{M,N}$、$\bar{\boldsymbol{U}}_{M,N}$ 和 $\tilde{\boldsymbol{U}}_{M,N}$ 重新分别形成为 $\boldsymbol{U}'_{M,N}\in\mathbb{R}^{M\times N}$(与式 (8.96) 中的 $\tilde{\boldsymbol{U}}''_{M,N}$ 相同)、$\bar{\boldsymbol{U}}'_{M,N}=\boldsymbol{U}'_{M,N}(1,\ :)\in\mathbb{R}^{1\times N}$ 和 $\tilde{\boldsymbol{U}}'_{M,N}=\boldsymbol{U}'_{M,N}(2:M,\ :)\in\mathbb{R}^{(M-1)\times N}$，将拉格朗日插值系数矩阵及其子矩阵 $\boldsymbol{L}^i_{M,N}$、$\boldsymbol{L}^i_{M,N,1}$、$\boldsymbol{L}^i_{M,N,2}$ 和 $\boldsymbol{L}^i_N$ 重新分别形成为 $\tilde{\boldsymbol{L}}^i_{M,N}\in\mathbb{R}^{N\times(Q'M+1)}$、$\tilde{\boldsymbol{L}}^i_{M,N,1}=\tilde{\boldsymbol{L}}^i_{M,N}(:,\ 1:M)\in\mathbb{R}^{N\times M}$、$\tilde{\boldsymbol{L}}^i_{M,N,2}=\tilde{\boldsymbol{L}}^i_{M,N}(:,\ M+1:Q'M+1)\in\mathbb{R}^{N\times((Q'-1)M+1)}$ 和 $(\tilde{\boldsymbol{L}}^i_N)'\in\mathbb{R}^{N\times N}$ $(i=0,\ 1,\ \cdots,\ m)$。接着，将 $\boldsymbol{A}_i$、$\boldsymbol{B}_i$、$\boldsymbol{A}_i^{(2)}$ 和 $\boldsymbol{B}_i^{(2)}(i=1,2,\cdots,m)$ 分别用式 (12.36) 和式 (12.37) 中的 $\boldsymbol{A}''_i$、$\boldsymbol{B}''_i$、$\boldsymbol{A}''^{(2)}_i$ 和 $\boldsymbol{B}''^{(2)}_i$ $(i=1,\ 2,\ \cdots,\ m)$ 替换。最终，得到旋转–放大预处理后的解算子伪谱部分离散化矩阵 $\hat{\boldsymbol{T}}'_{M,N}\in\mathbb{C}^{(n_1+(Q'M+1)d_2)\times(n_1+(Q'M+1)d_2)}$。

$$
\hat{\boldsymbol{T}}'_{M,N}=\left[\begin{array}{c}
\tilde{\boldsymbol{\Pi}}'_M+\tilde{\boldsymbol{\Pi}}'_{M,N}\left(\begin{bmatrix}\boldsymbol{I}_{Nn} & \\ \boldsymbol{I}_N\otimes\boldsymbol{C}_0 & \boldsymbol{I}_N\otimes\boldsymbol{D}_0\end{bmatrix}-\hat{\boldsymbol{\Sigma}}'_N\right)^{-1}\hat{\boldsymbol{\Sigma}}'_{M,N}\\
\hdashline
\begin{bmatrix}
\boldsymbol{0}_{Mn_2\times n_1} & \boldsymbol{I}_{Mn_2} & & & & & \\
 & & \boldsymbol{I}_{(Q'-3)Mn_2} & & & & \\
 & & & \boldsymbol{U}'_{Mn} & & & \\
 & \boldsymbol{I}_{Ml_2} & & & & & \\
 & & & & \boldsymbol{I}_{(Q'-3)Ml_2} & & \\
 & & & & & \boldsymbol{U}'_{Ml}
\end{bmatrix}
\end{array}\right]
\tag{15.93}
$$

式中，$\tilde{\boldsymbol{\Pi}}'_M\in\mathbb{R}^{(n_1+Md_2)\times(n_1+(Q'M+1)d_2)}$，$\tilde{\boldsymbol{\Pi}}'_{M,N}\in\mathbb{R}^{(n_1+Md_2)\times Nd}$，$\hat{\boldsymbol{\Sigma}}'_N\in\mathbb{C}^{Nd\times Nd}$，$\hat{\boldsymbol{\Sigma}}'_{M,N}\in\mathbb{C}^{Nd\times(n_1+(Q'M+1)d_2)}$。

$$\tilde{\boldsymbol{\Pi}}'_M = \left[\begin{array}{c:c} \left[\begin{array}{c} \boldsymbol{I}_n \\ \boldsymbol{1}_{M-1} \otimes \left[\boldsymbol{0}_{n_2 \times n_1} \quad \boldsymbol{I}_{n_2}\right] \\ -\boldsymbol{1}_M \otimes \left[\boldsymbol{0}_{l_2 \times l_1} \quad \boldsymbol{I}_{l_2}\right] \boldsymbol{D}_0^{-1} \boldsymbol{C}_0 \end{array}\right] & \boldsymbol{0}_{(n_1+Md_2)\times(l_2+Q'Md_2)} \end{array}\right] \tag{15.94}$$

$$\tilde{\boldsymbol{\Pi}}'_{M,N} = \begin{bmatrix} \bar{\boldsymbol{U}}'_{M,N} \otimes \boldsymbol{I}_n & \\ \tilde{\boldsymbol{U}}'_{M,N} \otimes \left[\boldsymbol{0}_{n_2 \times n_1} \quad \boldsymbol{I}_{n_2}\right] & \\ & \boldsymbol{U}'_{M,N} \otimes \left[\boldsymbol{0}_{l_2 \times l_1} \quad \boldsymbol{I}_{l_2}\right] \end{bmatrix} \tag{15.95}$$

$$\hat{\boldsymbol{\Sigma}}'_{M,N} = \left[\begin{array}{c} \left[\boldsymbol{1}_N \otimes \tilde{\boldsymbol{A}}_0^{\prime\prime(1)} \quad \boldsymbol{M}'_1 \quad \boldsymbol{N}'_1 \quad \boldsymbol{M}'_2 \quad \boldsymbol{N}'_2\right] \\ \hdashline \boldsymbol{0}_{Nl\times(n_1+(Q'M+1)d_2)} \end{array}\right] \tag{15.96}$$

$$\hat{\boldsymbol{\Sigma}}'_N = \left[\begin{array}{c} \left[\sum_{i=0}^{m} \left(\tilde{\boldsymbol{L}}_N^i\right)' \otimes \boldsymbol{A}''_i \quad \sum_{i=0}^{m} \left(\tilde{\boldsymbol{L}}_N^i\right)' \otimes \boldsymbol{B}''_i\right] \\ \hdashline \boldsymbol{0}_{Nl\times Nd} \end{array}\right] \tag{15.97}$$

式中，$\boldsymbol{M}'_2 \in \mathbb{C}^{Nn\times((Q'-1)M+1)n_2}$，$\boldsymbol{N}'_2 \in \mathbb{C}^{Nn\times((Q'-1)M+1)l_2}$，$\boldsymbol{M}'_1 \in \mathbb{C}^{Nn\times Mn_2}$，$\boldsymbol{N}'_1 \in \mathbb{C}^{Nn\times Ml_2}$。

$$\begin{cases} \boldsymbol{M}'_1 = \left[\boldsymbol{1}_N \otimes \tilde{\boldsymbol{A}}_0^{\prime\prime(2)} \quad \boldsymbol{0}_{Nn\times(M-1)n_2}\right] + \displaystyle\sum_{i=1}^{m} \tilde{\boldsymbol{L}}_{M,N,1}^i \otimes \boldsymbol{A}_i^{\prime\prime(2)} \\ \boldsymbol{N}'_1 = \displaystyle\sum_{i=1}^{m} \tilde{\boldsymbol{L}}_{M,N,1}^i \otimes \boldsymbol{B}_i^{\prime\prime(2)} \\ \boldsymbol{M}'_2 = \displaystyle\sum_{i=1}^{m} \tilde{\boldsymbol{L}}_{M,N,2}^i \otimes \boldsymbol{A}_i^{\prime\prime(2)} \\ \boldsymbol{N}'_2 = \displaystyle\sum_{i=1}^{m} \tilde{\boldsymbol{L}}_{M,N,2}^i \otimes \boldsymbol{B}_i^{\prime\prime(2)} \end{cases} \tag{15.98}$$

15.4.2 稀疏特征值计算

本节利用 IRA 算法从解算子部分离散化矩阵 $\hat{\boldsymbol{T}}'_{M,N}$ 中高效地计算得到模值递减的部分近似特征值 μ''。设第 j 个 Krylov 向量为 $\boldsymbol{q}_j \in \mathbb{C}^{(n_1+(Q'M+1)d_2)\times 1}$，则第 $j+1$ 个向量 $\boldsymbol{q}_{j+1} \in \mathbb{C}^{(n_1+(Q'M+1)d_2)\times 1}$ 可由矩阵 $\hat{\boldsymbol{T}}'_{M,N}$ 与向量 $\boldsymbol{q}_j$ 的乘积运算得到：

$$\boldsymbol{q}_{j+1} = \hat{\boldsymbol{T}}'_{M,N} \boldsymbol{q}_j \tag{15.99}$$

由于 $\hat{\boldsymbol{T}}'_{M,N}$ 的第二个行块矩阵高度稀疏，本节仅讨论 $\boldsymbol{q}_{j+1}$ 的前 n_1+Md_2 个元素的高效计算：

$$\boldsymbol{z}=\hat{\boldsymbol{\Sigma}}'_{M,N}\boldsymbol{q}_j \tag{15.100}$$

$$\boldsymbol{v}=\left(\begin{bmatrix}\boldsymbol{I}_{Nn} & \\ \boldsymbol{I}_N\otimes\boldsymbol{C}_0 & \boldsymbol{I}_N\otimes\boldsymbol{D}_0\end{bmatrix}-\hat{\boldsymbol{\Sigma}}'_N\right)^{-1}\boldsymbol{z} \tag{15.101}$$

$$\boldsymbol{q}_{j+1}(1:n_1+Md_2,\ 1)=\tilde{\boldsymbol{\Pi}}'_M\boldsymbol{q}_j+\tilde{\boldsymbol{\Pi}}'_{M,N}\boldsymbol{v} \tag{15.102}$$

式中，$\boldsymbol{v}$, $\boldsymbol{z}\in\mathbb{C}^{Nd\times1}$ 为中间向量。

1. 式 (15.100) 的稀疏实现

首先，从列的方向上将向量 $\boldsymbol{q}_j(n_1+1:\text{end},\ 1)$ 依次压缩为矩阵 $\boldsymbol{Q}_1\in\mathbb{C}^{n_2\times M}$、$\boldsymbol{Q}_2\in\mathbb{C}^{l_2\times M}$、$\boldsymbol{Q}_3\in\mathbb{C}^{n_2\times((Q'-1)M+1)}$ 和 $\boldsymbol{Q}_4\in\mathbb{C}^{l_2\times((Q'-1)M+1)}$。

$$\begin{cases}\text{vec}(\boldsymbol{Q}_1)=\boldsymbol{q}_j(n_1+1:n_1+Mn_2,\ 1)\\ \text{vec}(\boldsymbol{Q}_2)=\boldsymbol{q}_j(n_1+Mn_2+1:n_1+Md_2,\ 1)\\ \text{vec}(\boldsymbol{Q}_3)=\boldsymbol{q}_j\left(n_1+Md_2+1:n_1+(Q'M+1)\,n_2+Ml_2,\ 1\right)\\ \text{vec}(\boldsymbol{Q}_4)=\boldsymbol{q}_j\left(n_1+(Q'M+1)\,n_2+Ml_2+1:n_1+(Q'M+1)\,d_2,\ 1\right)\end{cases} \tag{15.103}$$

然后利用克罗内克积的性质，式 (15.100) 可高效计算为

$$\boldsymbol{z}=\hat{\boldsymbol{\Sigma}}'_{M,N}\begin{bmatrix}\boldsymbol{q}_j(1:n_1,\ 1)\\ \text{vec}(\boldsymbol{Q}_1)\\ \text{vec}(\boldsymbol{Q}_2)\\ \text{vec}(\boldsymbol{Q}_3)\\ \text{vec}(\boldsymbol{Q}_4)\end{bmatrix}=\left[\begin{array}{c}\text{vec}\left(\tilde{\boldsymbol{A}}''_0\boldsymbol{q}_j(1:n,\ 1)\boldsymbol{1}_N^{\text{T}}\right.\\ +\displaystyle\sum_{i=1}^{m}\left(\boldsymbol{A}_i''^{(2)}\boldsymbol{Q}_1+\boldsymbol{B}_i''^{(2)}\boldsymbol{Q}_2\right)\left(\tilde{\boldsymbol{L}}^i_{M,N,1}\right)^{\text{T}}\\ \left.+\displaystyle\sum_{i=1}^{m}\left(\boldsymbol{A}_i''^{(2)}\boldsymbol{Q}_3+\boldsymbol{B}_i''^{(2)}\boldsymbol{Q}_4\right)\left(\tilde{\boldsymbol{L}}^i_{M,N,2}\right)^{\text{T}}\right)\\ \hdashline \boldsymbol{0}_{Nl\times1}\end{array}\right] \tag{15.104}$$

2. 式 (15.101) 的稀疏实现

将式 (15.101) 中的矩阵定义为 $\boldsymbol{J}'_N\in\mathbb{C}^{Nd\times Nd}$：

$$\boldsymbol{J}'_N\triangleq\begin{bmatrix}\boldsymbol{A}'_N & \boldsymbol{B}'_N\\ \boldsymbol{C}_N & \boldsymbol{D}_N\end{bmatrix}=\begin{bmatrix}\boldsymbol{I}_{Nn} & \\ \boldsymbol{I}_N\otimes\boldsymbol{C}_0 & \boldsymbol{I}_N\otimes\boldsymbol{D}_0\end{bmatrix}-\hat{\boldsymbol{\Sigma}}'_N \tag{15.105}$$

式中，$\boldsymbol{A}_N' \in \mathbb{C}^{Nn\times Nn}$、$\boldsymbol{B}_N' \in \mathbb{C}^{Nn\times Nl}$、$\boldsymbol{C}_N \in \mathbb{R}^{Nl\times Nn}$ 和 $\boldsymbol{D}_N \in \mathbb{R}^{Nl\times Nl}$ 为 $\boldsymbol{A}_i''$、$\boldsymbol{B}_i''$、$\boldsymbol{C}_0$ 和 $\boldsymbol{D}_0$ $(i=0,\ 1,\ \cdots,\ m)$ 的克罗内克积，是高度稀疏的矩阵。

$$\begin{cases} \boldsymbol{A}_N' = \boldsymbol{I}_{Nn} - \sum\limits_{i=0}^{m} \left(\tilde{\boldsymbol{L}}_N^i\right)' \otimes \boldsymbol{A}_i'',\ \boldsymbol{B}_N' = -\sum\limits_{i=0}^{m} \left(\tilde{\boldsymbol{L}}_N^i\right)' \otimes \boldsymbol{B}_i'' \\ \boldsymbol{C}_N = \boldsymbol{I}_N \otimes \boldsymbol{C}_0,\ \boldsymbol{D}_N = \boldsymbol{I}_N \otimes \boldsymbol{D}_0 \end{cases} \tag{15.106}$$

考虑到 $\boldsymbol{A}_N'$、$\boldsymbol{B}_N'$、$\boldsymbol{C}_N$ 和 $\boldsymbol{D}_N$ 的高度稀疏特性，可以直接对 $\boldsymbol{J}_N'$ 进行 LU 分解，进而实现高效地求解式 (15.101)。

3. 式 (15.102) 的稀疏实现

将式 (15.94) 和式 (15.95) 代入式 (15.102)，得

$$\begin{aligned} &\boldsymbol{q}_{j+1}(1:n_1+Md_2,\ 1) = \tilde{\boldsymbol{\Pi}}'_M \boldsymbol{q}_j + \tilde{\boldsymbol{\Pi}}'_{M,N}\boldsymbol{v} \\ =&\begin{bmatrix} \boldsymbol{I}_n \\ \boldsymbol{1}_{M-1}\otimes\begin{bmatrix}\boldsymbol{0}_{n_2\times n_1} & \boldsymbol{I}_{n_2}\end{bmatrix} \\ -\boldsymbol{1}_M\otimes\begin{bmatrix}\boldsymbol{0}_{l_2\times l_1} & \boldsymbol{I}_{l_2}\end{bmatrix}\boldsymbol{D}_0^{-1}\boldsymbol{C}_0 \end{bmatrix}\boldsymbol{q}_j(1:n,\ 1) \\ &+\begin{bmatrix} \bar{\boldsymbol{U}}'_{M,N}\otimes\boldsymbol{I}_n & \\ \tilde{\boldsymbol{U}}'_{M,N}\otimes\begin{bmatrix}\boldsymbol{0}_{n_2\times n_1} & \boldsymbol{I}_{n_2}\end{bmatrix} & \\ & \boldsymbol{U}'_{M,N}\otimes\begin{bmatrix}\boldsymbol{0}_{l_2\times l_1} & \boldsymbol{I}_{l_2}\end{bmatrix} \end{bmatrix}\boldsymbol{v} \end{aligned} \tag{15.107}$$

4. 计算复杂性分析

在稀疏特征值计算过程中，形成第 $j+1$ 个 Krylov 向量 $\boldsymbol{q}_{j+1}$ 的关键在于求解 $\hat{\boldsymbol{\Sigma}}_{M,N}\boldsymbol{q}_j$ 和 $\boldsymbol{J}_N^{-1}\boldsymbol{z}$。它们的计算量大体上可以用稠密系统状态矩阵 $\tilde{\boldsymbol{A}}_0$ 与向量 $\boldsymbol{v}$ 的乘积次数来度量。

(1) 如式 (15.104) 所示，$\boldsymbol{A}_i^{(2)}$ 和 $\boldsymbol{B}_i^{(2)}$ $(i=1,\ 2,\ \cdots,\ m)$ 高度稀疏并分别有 n_2 和 l_2 列，故它们与 $\boldsymbol{Q}_j$ $(j=1,\ 2,\ 3,\ 4)$ 乘积运算的计算量可以忽略不计。因此，求解 $\hat{\boldsymbol{\Sigma}}_{M,N}\boldsymbol{q}_j$ 的计算量大约等于 1 次 $\tilde{\boldsymbol{A}}_0\boldsymbol{v}$ 运算的计算量。

(2) 如式 (15.105) 所示，$\boldsymbol{J}_N$ 的子矩阵 $\boldsymbol{A}_N$、$\boldsymbol{B}_N$、$\boldsymbol{C}_N$ 和 $\boldsymbol{D}_N$ 分别为 $\boldsymbol{A}_i$、$\boldsymbol{B}_i$、$\boldsymbol{C}_0$ 和 $\boldsymbol{D}_0$ $(i=0,\ 1,\ \cdots,\ m)$ 的克罗内克积。虽然前者的维数是后者的 N 倍，但具有更高的稀疏性。这为利用 LU 分解直接、高效地求取 $\boldsymbol{J}_N$ 的逆矩阵奠定了基础。因此，$\boldsymbol{J}_N^{-1}\boldsymbol{z}$ 的计算量和系统增广状态矩阵 $\boldsymbol{J}_0$ 的逆与向量 $\boldsymbol{v}$ 乘积的计算量相当。令 T 为求解 $\boldsymbol{J}_0^{-1}\boldsymbol{v}$ 的计算量与求解 $\tilde{\boldsymbol{A}}_0\boldsymbol{v}$ 计算量的比值，则求解 $\boldsymbol{J}_N^{-1}\boldsymbol{z}$ 大体上需要 T 次 $\tilde{\boldsymbol{A}}_0\boldsymbol{v}$ 运算。

总体来说，在计算相同数量特征值的情况下，PSOD-PS 方法的计算量大约等于利用幂法对无时滞电力系统进行特征值分析计算量的 $T+1$ 倍。

5. 牛顿校正

设由 IRA 算法计算得到 $\hat{\boldsymbol{T}}'_{M,N}$ 的特征值为 μ''，根据解算子的谱和时滞电力系统特征值之间的谱映射关系可以解得系统特征值的估计值 $\hat{\lambda}$ 为

$$\hat{\lambda}=\frac{1}{\alpha}\mathrm{e}^{\mathrm{j}\theta}\lambda''=\frac{1}{\alpha h}\mathrm{e}^{\mathrm{j}\theta}\ln\mu'' \tag{15.108}$$

以 $\hat{\lambda}$ 为初始值，采用牛顿法迭代可以得到时滞电力系统的精确特征值 λ。

15.4.3　特性分析

通过与 SOD-PS 方法对比和分析，总结得到 PSOD-PS 方法的特性。

(1) 通过应用部分谱离散化思想，PSOD-PS 方法生成的解算子部分离散化矩阵 $\hat{\boldsymbol{T}}_{M,N}$ 的维数得以显著降低，与 SOD-PS 的离散化矩阵 $\boldsymbol{T}_{M,N}$ 的维数之比为 $R_{\dim}=\dfrac{n_1+(QM+1)d_2}{(QM+1)n}$。考虑到大规模时滞电力系统总是满足 $n\gg d_2$，$R_{\dim}$ 接近于 $\dfrac{1}{QM+1}$。当离散化参数 Q 和 M 增大时，$R_{\dim}$ 减小，PSOD-PS 相对于 SOD-PS 的计算效率改善效果愈发明显。

(2) 在计算相同数量特征值的情况下，PSOD-PS 方法的计算量大约等于利用幂法对无时滞电力系统进行特征值分析计算量的 $T+1$ 倍。由 8.4.4 节已知，SOD-PS 方法的计算量大约等于利用幂法对无时滞电力系统进行特征值分析计算量的 $QM+R+1$ 倍。考虑到实际大规模系统总是满足 $T<R$，PSOD-PS 方法的计算效率远高于 SOD-PS。

第 16 章　基于 PSOD-PS-II 的特征值计算方法

本章基于第 12 章的部分谱离散化特征值计算框架，对第 9 章 SOD-PS-II 方法进行改进，提出了大规模时滞电力系统关键特征值准确、高效计算的 PSOD-PS-II 方法。与 SOD-PS-II 方法相比，PSOD-PS-II 方法生成的解算子部分离散化矩阵维数低、特征值计算效率高。

16.1　PSOD-PS-II 方法

16.1.1　基本原理

1. 离散化向量定义

利用 8.1.1 节定义的离散点集合 $\Omega_M = \{\theta_{M,i,j},\ i=1,\ 2,\ \cdots,\ Q;\ j=0,\ 1,\ \cdots,\ M\}$，可将系统时滞状态变量 $\Delta\boldsymbol{x}^{(2)}$ 和时滞代数变量 $\Delta\boldsymbol{y}^{(2)}$ 在第 i $(i=1,\ 2,\ \cdots,\ Q)$ 个时滞子区间 $[\theta_i,\ \theta_{i-1}]$ 上离散化为分块向量 $\Delta\boldsymbol{x}_{\delta,i}^{(2)} \in \mathbb{R}^{(M+1)n_2\times 1}$ 和 $\Delta\boldsymbol{y}_{\delta,i}^{(2)} \in \mathbb{R}^{(M+1)l_2\times 1}$ $(\delta=0,\ 1)$。

$$\begin{cases}\Delta\boldsymbol{x}_{\delta,i}^{(2)} = \left[\left(\Delta\boldsymbol{x}_{\delta,i,0}^{(2)}\right)^{\mathrm{T}},\ \left(\Delta\boldsymbol{x}_{\delta,i,1}^{(2)}\right)^{\mathrm{T}},\ \cdots,\ \left(\Delta\boldsymbol{x}_{\delta,i,M}^{(2)}\right)^{\mathrm{T}}\right]^{\mathrm{T}} \\ \Delta\boldsymbol{y}_{\delta,i}^{(2)} = \left[\left(\Delta\boldsymbol{y}_{\delta,i,0}^{(2)}\right)^{\mathrm{T}},\ \left(\Delta\boldsymbol{y}_{\delta,i,1}^{(2)}\right)^{\mathrm{T}},\ \cdots,\ \left(\Delta\boldsymbol{y}_{\delta,i,M}^{(2)}\right)^{\mathrm{T}}\right]^{\mathrm{T}}\end{cases} \tag{16.1}$$

式中，$\Delta\boldsymbol{x}_{\delta,i,j}^{(2)} \in \mathbb{R}^{n_2\times 1}$ 和 $\Delta\boldsymbol{y}_{\delta,i,j}^{(2)} \in \mathbb{R}^{l_2\times 1}$ 分别为 $\Delta\boldsymbol{x}^{(2)}$ 和 $\Delta\boldsymbol{y}^{(2)}$ 在离散点 $\delta h + \theta_{M,i,j}$ 处的函数值，即 $\Delta\boldsymbol{x}_{\delta,i,j}^{(2)} = \Delta\boldsymbol{x}^{(2)}(\delta h+\theta_{M,i,j})$ 和 $\Delta\boldsymbol{y}_{\delta,i,j}^{(2)} = \Delta\boldsymbol{y}^{(2)}(\delta h+\theta_{M,i,j})$，$\delta=0,\ 1;\ i=1,\ 2,\ \cdots,\ Q;\ j=0,\ 1,\ \cdots,\ M$。

定义系统非时滞状态变量 $\Delta\boldsymbol{x}^{(1)}$ 和非时滞代数变量 $\Delta\boldsymbol{y}^{(1)}$ 在第一个时滞子区间上的各离散点 $\theta_{M,1,j}$ 处的函数值分别为 $\Delta\boldsymbol{x}_{\delta,1,j}^{(1)} = \Delta\boldsymbol{x}^{(1)}(\delta h+\theta_{M,1,j}) \in \mathbb{R}^{n_1\times 1}$ 和 $\Delta\boldsymbol{y}_{\delta,1,j}^{(1)} = \Delta\boldsymbol{y}^{(1)}(\delta h+\theta_{M,1,j}) \in \mathbb{R}^{l_1\times 1}$，$\delta=0,\ 1;\ j=0,\ 1,\ \cdots,\ M$。结合 $\Delta\boldsymbol{x}_{\delta,1,j}^{(2)}$ 和 $\Delta\boldsymbol{y}_{\delta,1,j}^{(2)}$，进而定义 $\Delta\boldsymbol{x}_{\delta,1,j} \in \mathbb{R}^{n\times 1}$ 和 $\Delta\boldsymbol{y}_{\delta,1,j} \in \mathbb{R}^{l\times 1}$ $(\delta=0,\ 1;\ j=0,\ 1,\ \cdots,\ M)$：

$$\Delta\boldsymbol{x}_{\delta,1,j} = \left[\left(\Delta\boldsymbol{x}_{\delta,1,j}^{(1)}\right)^{\mathrm{T}}, \left(\Delta\boldsymbol{x}_{\delta,1,j}^{(2)}\right)^{\mathrm{T}}\right]^{\mathrm{T}},\ \Delta\boldsymbol{y}_{\delta,1,j} = \left[\left(\Delta\boldsymbol{y}_{\delta,1,j}^{(1)}\right)^{\mathrm{T}}, \left(\Delta\boldsymbol{y}_{\delta,1,j}^{(2)}\right)^{\mathrm{T}}\right]^{\mathrm{T}} \tag{16.2}$$

2. 拉格朗日插值多项式

在第 i ($i=1, 2, \cdots, Q$) 个时滞子区间 $[\theta_i, \theta_{i-1}]$ 上，设存在唯一的次数不超过 M 的拉格朗日插值多项式 $L_M\Delta\boldsymbol{x}_{\delta,i}^{(2)}$ 和 $L_M\Delta\boldsymbol{y}_{\delta,i}^{(2)}$，分别满足 $\left(L_M\Delta\boldsymbol{x}_{\delta,i}^{(2)}\right)(\theta_{M,i,j})=\Delta\boldsymbol{x}_{\delta,i,j}^{(2)}$ 和 $\left(L_M\Delta\boldsymbol{x}_{\delta,i}^{(2)}\right)(\theta_{M,i,j})=\Delta\boldsymbol{x}_{\delta,i,j}^{(2)}$，$\delta=0, 1$; $i=1, 2, \cdots, Q$; $j=0, 1, \cdots, M$。于是，$\Delta\boldsymbol{x}^{(2)}(\delta h+\theta)$ 和 $\Delta\boldsymbol{y}^{(2)}(\delta h+\theta)$ ($\theta\in[\theta_i, \theta_{i-1}]$, $i=1, 2, \cdots, Q$) 可分别被拟合为

$$\begin{cases}\Delta\boldsymbol{x}^{(2)}(\delta h+\theta)=\left(L_M\Delta\boldsymbol{x}_{\delta,i}^{(2)}\right)(\delta h+\theta)=\displaystyle\sum_{j=0}^{M}\ell_{M,i,j}(\delta h+\theta)\Delta\boldsymbol{x}_{\delta,i,j}^{(2)}\\ \Delta\boldsymbol{y}^{(2)}(\delta h+\theta)=\left(L_M\Delta\boldsymbol{y}_{\delta,i}^{(2)}\right)(\delta h+\theta)=\displaystyle\sum_{j=0}^{M}\ell_{M,i,j}(\delta h+\theta)\Delta\boldsymbol{y}_{\delta,i,j}^{(2)}\end{cases}\tag{16.3}$$

式中，$\ell_{M,i,j}$ 为与离散点 $\theta_{M,i,j}$ ($i=1, 2, \cdots, Q$; $j=0, 1, \cdots, M$) 对应的拉格朗日插值多项式系数，表达式见式 (9.3)。

类似地，定义拉格朗日插值多项式 $L_M\Delta\boldsymbol{x}_{\delta,1}$ 和 $L_M\Delta\boldsymbol{y}_{\delta,1}$ 拟合第一个时滞子区间 $[\theta_1, \theta_0]$ 上 $\Delta\boldsymbol{x}(\delta h+\theta)$ 和 $\Delta\boldsymbol{y}(\delta h+\theta)$ ($\delta=0, 1$)：

$$\begin{cases}\Delta\boldsymbol{x}(\delta h+\theta)=(L_M\Delta\boldsymbol{x}_{\delta,1})(\delta h+\theta)=\displaystyle\sum_{j=0}^{M}\ell_{M,1,j}(\delta h+\theta)\Delta\boldsymbol{x}_{\delta,1,j}\\ \Delta\boldsymbol{y}(\delta h+\theta)=(L_M\Delta\boldsymbol{y}_{\delta,1})(\delta h+\theta)=\displaystyle\sum_{j=0}^{M}\ell_{M,1,j}(\delta h+\theta)\Delta\boldsymbol{y}_{\delta,1,j}\end{cases}\tag{16.4}$$

3. 基本思路

基于 DDAE 的 PSOD-PS-II 方法的基本原理，就是建立表征时滞区间 $[-\tau_{\max}, 0]$ 上零点处的 $\Delta\hat{\boldsymbol{x}}_h$ 和非零离散点处的 $\Delta\hat{\boldsymbol{x}}_h^{(2)}$ 与 $\Delta\hat{\boldsymbol{x}}_0$ 之间关系的显式表达式，其系数矩阵即为解算子 $\mathcal{T}(h)$ 伪谱差分部分离散化矩阵 $\hat{\boldsymbol{T}}_M$。具体分为以下两个部分。

(1) $\mathcal{T}(h)$ 的第一个解分段的部分离散化，就是利用伪谱差分法求解下列隐式微分方程式，从而得到区间 $(-h, 0]$ 上各离散点 $\theta_{M,1,j}$ ($j=0, 1, \cdots, M-1$) 处系统增广状态变量 $\Delta\hat{\boldsymbol{x}}_h$ 的估计值，即 $\Delta\hat{\boldsymbol{x}}_{1,1,j}=\Delta\hat{\boldsymbol{x}}_h(\theta_{M,1,j})=\Delta\hat{\boldsymbol{x}}(h+\theta_{M,1,j})$。

$$\begin{cases}\boldsymbol{z}_j=[\boldsymbol{A}_0\ \ \boldsymbol{B}_0]\begin{bmatrix}\Delta\boldsymbol{x}_{1,1,j}\\ \Delta\boldsymbol{y}_{1,1,j}\end{bmatrix}+\displaystyle\sum_{i=1}^{m}\left[\boldsymbol{A}_i^{(2)}\ \ \ \boldsymbol{B}_i^{(2)}\right]\Delta\hat{\boldsymbol{x}}^{(2)}(h+\theta_{M,1,j}-\tau_i),\\ \boldsymbol{0}=[\boldsymbol{C}_0\ \ \boldsymbol{D}_0]\begin{bmatrix}\Delta\boldsymbol{x}_{1,1,j}\\ \Delta\boldsymbol{y}_{1,1,j}\end{bmatrix},\ \ j=0, 1, \cdots, M-1\end{cases}\tag{16.5}$$

式中，$\boldsymbol{z}_j=\Delta\dot{\boldsymbol{x}}_{1,1,j}=\Delta\dot{\boldsymbol{x}}(h+\theta_{M,1,j})$, $j=0, 1, \cdots, M-1$。

(2) $\mathcal{T}(h)$ 第二个解分段 (转移) 的部分离散化，通过直接估计区间 $[-\tau_{\max}, -h]$ 上各离散点 $\theta_{M,i,j}$ ($i=2, 3, \cdots, Q$; $j=0, 1, \cdots, M$) 处系统增广时滞状态变量 $\Delta\hat{\boldsymbol{x}}_h^{(2)}$ 的函数值得到，即 $\Delta\hat{\boldsymbol{x}}_{1,i,j}^{(2)}=\Delta\hat{\boldsymbol{x}}_h^{(2)}(\theta_{M,i,j})$。需要说明的是，PSOD-PS-II 和 PSOD-PS 在时滞区间 $[-\tau_{\max}, 0]$ 上定义了相同的离散点集合 Ω_M，故这两种方法中解算子 $\mathcal{T}(h)$ 第二个解分段的部分离散化是完全相同的。具体推导过程可参考 15.3.2 节，本章不再赘述。

16.1.2 解算子伪谱差分部分离散化矩阵

1. 式 (16.5) 第 1 式等号左边的矩阵形式

首先，根据式 (16.4)，$\boldsymbol{z}_j$ ($j=0, 1, \cdots, M-1$) 的近似值为

$$\boldsymbol{z}_j=(L_M\Delta\boldsymbol{x}_{1,1})'(h+\theta_{M,1,j})=\sum_{k=0}^{M}\ell'_{M,1,k}(h+\theta_{M,1,j})\Delta\boldsymbol{x}_{1,1,k} \tag{16.6}$$

式中，$\ell'_{M,1,k}(h+\theta_{M,1,j})$ ($k=0, 1, \cdots, M$; $j=0, 1, \cdots, M-1$) 的显式表达式如式 (9.6) 所示。

然后，将式 (16.6) 改写为矩阵形式，得

$$\begin{bmatrix}\boldsymbol{z}_0\\ \boldsymbol{z}_1\\ \vdots\\ \boldsymbol{z}_{M-1}\end{bmatrix}=\boldsymbol{D}_M\otimes\begin{bmatrix}\Delta\boldsymbol{x}_{1,1,0}\\ \Delta\boldsymbol{x}_{1,1,1}\\ \vdots\\ \Delta\boldsymbol{x}_{1,1,M}\end{bmatrix} \tag{16.7}$$

式中，差分矩阵 $\boldsymbol{D}_M\in\mathbb{R}^{M\times(M+1)}$ 的具体表达式见式 (9.8)。

考虑到 $\Delta\boldsymbol{x}_{1,1,M}=\Delta\boldsymbol{x}_{0,1,0}$，则式 (16.7) 等号右侧可进一步改写为

$$\tilde{\boldsymbol{D}}_M\otimes\Delta\bar{\boldsymbol{x}}_{1,1}+\boldsymbol{d}_M\otimes\Delta\boldsymbol{x}_{0,1,0} \tag{16.8}$$

式中，$\tilde{\boldsymbol{D}}_M=\boldsymbol{D}_M(:, 1:M)\in\mathbb{R}^{M\times M}$，$\boldsymbol{d}_M=\boldsymbol{D}_M(:, M+1)\in\mathbb{R}^{M\times 1}$；$\Delta\bar{\boldsymbol{x}}_{1,1}=\left[\Delta\boldsymbol{x}_{1,1,0}^{\mathrm{T}}, \Delta\boldsymbol{x}_{1,1,1}^{\mathrm{T}}, \cdots, \Delta\boldsymbol{x}_{1,1,M-1}^{\mathrm{T}}\right]^{\mathrm{T}}\in\mathbb{R}^{Mn\times 1}$。

2. 式 (16.5) 第 1 式等号右边的矩阵形式

将式 (16.5) 第 1 式等号右边改写为矩阵形式的关键在于确定时滞项 $\Delta\hat{\boldsymbol{x}}^{(2)}(h+\theta_{M,1,j}-\tau_i)$ ($i=1, 2, \cdots, m$; $j=0, 1, \cdots, M-1$) 的估计值。基本思路是：给定离散点 $\theta_{M,1,j}$ ($j=0, 1, \cdots, M-1$)，对于第 i ($i=1, 2, \cdots, m$) 个时滞常数 τ_i，首先判断 $h+\theta_{M,1,j}-\tau_i$ 位于区间 $(0, h]$ 还是位于 $[-\tau_{\max}, 0]$ 的哪一个

子区间，然后用相应子区间上离散点处 $\Delta\hat{\boldsymbol{x}}_h^{(2)}$ 的函数值构造的拉格朗日插值多项式来拟合 $\Delta\hat{\boldsymbol{x}}^{(2)}(h+\theta_{M,1,j}-\tau_i)$。

为了便于估计 $\Delta\hat{\boldsymbol{x}}^{(2)}(h+\theta_{M,1,j}-\tau_i)$ $(i=1,\ 2,\ \cdots,\ m;\ j=0,\ 1,\ \cdots,\ M-1)$，需要定义 $i(t_{M,j})$、$\hat{M}$、k_j 和 $t_{M,k,j}$ $(j=0,\ 1,\ \cdots,\ M-1;\ k=0,\ 1,\ \cdots,\ k_j)$。它们的详细定义和分析可参考 9.1.2 节。

(1) 令 $t_{M,j}=h+\theta_{M,1,j}$ $(j=0,\ 1,\ \cdots,\ M-1)$，$i(t_{M,j})$ 表示满足 $t_{M,j}-\tau_i>0$ 的最大的 i。

(2) $\hat{M}$ 表示 $t_{M,j}-\tau_{\max}$ 落入第 $Q-1$ 个子区间 $[-(Q-1)h,\ -(Q-2)h]$ 的离散点 $\theta_{M,1,j}$ $(j=0,\ 1,\ \cdots,\ M-1)$ 个数，$0\leqslant\hat{M}\leqslant M-1$。

(3) k_j $(j=0,\ 1,\ \cdots,\ M-1)$ 表示 $t_{M,j}-\tau_{\max}$ 所在的子区间的序号。当 $j=0,\ 1,\ \cdots,\ \hat{M}-1$ 时，$k_j=Q-1$；当 $j=\hat{M},\ \hat{M}+1,\ \cdots,\ M-1$ 时，$k_j=Q$。

(4) $t_{M,k,j}$ $(j=0,\ 1,\cdots,\ M-1;\ k=0,\ 1,\ \cdots,\ k_j)$ 表示将 $t_{M,j}$ $(j=0,\ 1,\ \cdots,\ M-1)$ 向前转移 k 个步长后得到的离散点，即 $t_{M,k,j}=t_{M,j}+kh$。当 $k=0,\ 1,\ \cdots,\ k_j-1$ 时，$t_{M,k,j}=t_{M,j}+kh$；当 $k=k_j$ 时，$t_{M,k,j}=\tau_{\max}$。

根据 $t_{M,j}-\tau_i(i=1,\ 2,\ \cdots,\ m;\ j=0,\ 1,\ \cdots,\ M-1)$ 的正负性，$\sum\limits_{i=1}^{m}\begin{bmatrix}\boldsymbol{A}_i^{(2)} & \boldsymbol{B}_i^{(2)}\end{bmatrix}\Delta\hat{\boldsymbol{x}}^{(2)}(t_{M,j}-\tau_i)$ 的估计值将分为以下两部分予以讨论。

(1) 当 $i=1,\ 2,\ \cdots,\ i(t_{M,j})$ 时，$t_{M,j}-\tau_i$ $(j=0,\ 1,\ \cdots,\ M-1)$ 位于区间 $(0,\ h]$。此时，由式 (16.3)，得

$$
\begin{aligned}
&\sum_{i=1}^{i(t_{M,j})}\begin{bmatrix}\boldsymbol{A}_i^{(2)} & \boldsymbol{B}_i^{(2)}\end{bmatrix}\Delta\hat{\boldsymbol{x}}^{(2)}(t_{M,j}-\tau_i)\\
=&\sum_{i=1}^{i(t_{M,j})}\sum_{k=0}^{M}\ell_{M,1,k}(t_{M,j}-\tau_i)\begin{bmatrix}\boldsymbol{A}_i^{(2)} & \boldsymbol{B}_i^{(2)}\end{bmatrix}\Delta\hat{\boldsymbol{x}}_{1,1,k}^{(2)},\quad j=0,\ 1,\ \cdots,\ M-1
\end{aligned}
\tag{16.9}
$$

(2) 当 $i=i(t_{M,j})+1,\ i(t_{M,j})+2,\ \cdots,\ m$ 时，$t_{M,j}-\tau_i$ $(j=0,\ 1,\ \cdots,\ M-1)$ 落入区间 $[-\tau_{\max},\ 0]$。若 $t_{M,j}-\tau_i$ 落入第 r $(r=1,\ 2,\ \cdots,\ Q)$ 个子区间，则需要利用该子区间上离散点处 $\Delta\hat{\boldsymbol{x}}^{(2)}$ 的函数值构造的拉格朗日插值多项式来估计 $\Delta\hat{\boldsymbol{x}}^{(2)}(t_{M,j}-\tau_i)$。一般情况下，第 Q 个子区间 $[-\tau_{\max},\ -(Q-1)h]$ 的长度小于第 $Q-1$ 个子区间 $[-(Q-1)h,\ -(Q-2)h]$ 的长度。此时，$t_{M,j}-\tau_{\max}$ $(j=0,\ 1,\ \cdots,\ \hat{M}-1)$ 和 $t_{M,j}-\tau_{\max}$ $(j=\hat{M},\ \hat{M}+1,\ \cdots,\ M-1)$ 分别落入第 $Q-1$ 个和第 Q 个子区间。

当 $j=0,\ 1,\ \cdots,\ \hat{M}-1$ 时，有

$$\begin{aligned}&\sum_{i=i(t_{M,j})+1}^{m}\left[\boldsymbol{A}_i^{(2)}\quad \boldsymbol{B}_i^{(2)}\right]\Delta\hat{\boldsymbol{x}}^{(2)}(t_{M,j}-\tau_i)\\&=\sum_{i=i(t_{M,j})+1}^{i(t_{M,1,j})}\sum_{k=0}^{M}\ell_{M,1,k}(t_{M,j}-\tau_i)\left[\boldsymbol{A}_i^{(2)}\quad \boldsymbol{B}_i^{(2)}\right]\Delta\hat{\boldsymbol{x}}_{1,1,k}^{(2)}+\cdots\\&\quad+\sum_{i=i(t_{M,Q-2,j})+1}^{m}\sum_{k=0}^{M}\ell_{M,Q-1,k}(t_{M,j}-\tau_i)\left[\boldsymbol{A}_i^{(2)}\quad \boldsymbol{B}_i^{(2)}\right]\Delta\hat{\boldsymbol{x}}_{1,Q-1,k}^{(2)}\end{aligned}\tag{16.10}$$

当 $j=\hat{M},\ \hat{M}+1,\ \cdots,\ M-1$ 时，有

$$\begin{aligned}&\sum_{i=i(t_{M,j})+1}^{m}\left[\boldsymbol{A}_i^{(2)}\quad \boldsymbol{B}_i^{(2)}\right]\Delta\hat{\boldsymbol{x}}^{(2)}(t_{M,j}-\tau_i)\\&=\sum_{i=i(t_{M,j})+1}^{i(t_{M,1,j})}\sum_{k=0}^{M}\ell_{M,1,k}(t_{M,j}-\tau_i)\left[\boldsymbol{A}_i^{(2)}\quad \boldsymbol{B}_i^{(2)}\right]\Delta\hat{\boldsymbol{x}}_{1,1,k}^{(2)}+\cdots\\&\quad+\sum_{i=i(t_{M,Q-2,j})+1}^{i(t_{M,Q-1,j})}\sum_{k=0}^{M}\ell_{M,Q-1,k}(t_{M,j}-\tau_i)\left[\boldsymbol{A}_i^{(2)}\quad \boldsymbol{B}_i^{(2)}\right]\Delta\hat{\boldsymbol{x}}_{1,Q-1,k}^{(2)}\\&\quad+\sum_{i=i(t_{M,Q-1,j})+1}^{m}\sum_{k=0}^{M}\ell_{M,Q,k}(t_{M,j}-\tau_i)\left[\boldsymbol{A}_i^{(2)}\quad \boldsymbol{B}_i^{(2)}\right]\Delta\hat{\boldsymbol{x}}_{1,Q,k}^{(2)}\end{aligned}\tag{16.11}$$

3. 式 (16.9) 的矩阵形式

将式 (16.9) 写成矩阵形式，得

$$\begin{bmatrix}\displaystyle\sum_{i=1}^{i(t_{M,0})}\left[\boldsymbol{A}_i^{(2)}\quad \boldsymbol{B}_i^{(2)}\right]\Delta\hat{\boldsymbol{x}}^{(2)}(t_{M,0}-\tau_i)\\\displaystyle\sum_{i=1}^{i(t_{M,1})}\left[\boldsymbol{A}_i^{(2)}\quad \boldsymbol{B}_i^{(2)}\right]\Delta\hat{\boldsymbol{x}}^{(2)}(t_{M,1}-\tau_i)\\\vdots\\\displaystyle\sum_{i=1}^{i(t_{M,M-1})}\left[\boldsymbol{A}_i^{(2)}\quad \boldsymbol{B}_i^{(2)}\right]\Delta\hat{\boldsymbol{x}}^{(2)}(t_{M,M-1}-\tau_i)\end{bmatrix}$$

$$
=\begin{bmatrix} \boldsymbol{E}_{0,0} & \boldsymbol{E}_{0,1} & \cdots & \boldsymbol{E}_{0,M} \\ \boldsymbol{E}_{1,0} & \boldsymbol{E}_{1,1} & \cdots & \boldsymbol{E}_{1,M} \\ \vdots & \vdots & & \vdots \\ \boldsymbol{E}_{M-1,0} & \boldsymbol{E}_{M-1,1} & \cdots & \boldsymbol{E}_{M-1,M} \end{bmatrix}\begin{bmatrix} \Delta\hat{\boldsymbol{x}}_{1,1,0}^{(2)} \\ \Delta\hat{\boldsymbol{x}}_{1,1,1}^{(2)} \\ \vdots \\ \Delta\hat{\boldsymbol{x}}_{1,1,M}^{(2)} \end{bmatrix} \tag{16.12}
$$

式中，$[\boldsymbol{E}_{j,l}]\in\mathbb{R}^{Mn\times(M+1)d_2}$，$j=0,\ 1,\ \cdots,\ M-1$；$l=0,\ 1,\ \cdots,\ M$。

给定 $\theta_{M,1,j}\ (j=0,\ 1,\ \cdots,\ M-1)$，$\boldsymbol{E}_{j,l}\in\mathbb{R}^{n\times d_2}$ 的含义为：使 $t_{M,j}-\tau_i>0$ 成立的时滞常数 $\tau_i\ (i=1,\ 2,\ \cdots,\ i(t_{M,j}))$ 对应的增广时滞状态矩阵 $\begin{bmatrix}\boldsymbol{A}_i^{(2)} & \boldsymbol{B}_i^{(2)}\end{bmatrix}$，与系统增广时滞状态变量 $\Delta\hat{\boldsymbol{x}}_{1,1,l}^{(2)}\ (l=0,\ 1,\ \cdots,\ M)$ 对应拉格朗日插值系数的乘积之和。

$$
\boldsymbol{E}_{j,l}=\sum_{i=1}^{i(t_{M,j})}\begin{bmatrix}\boldsymbol{A}_i^{(2)} & \boldsymbol{B}_i^{(2)}\end{bmatrix}\ell_{M,1,l}(t_{M,j}-\tau_i) \tag{16.13}
$$

将式 (16.12) 的系数矩阵 $[\boldsymbol{E}_{j,l}]$ 等价地变换为拉格朗日插值系数矩阵 $\boldsymbol{L}_M^i\in\mathbb{R}^{M\times M}$ 和 $\boldsymbol{l}_M^i\in\mathbb{R}^{M\times 1}$ 与增广时滞状态矩阵 $\begin{bmatrix}\boldsymbol{A}_i^{(2)} & \boldsymbol{B}_i^{(2)}\end{bmatrix}$ $(i=1,\ 2,\ \cdots,\ i(t_{M,0}))$ 的克罗内克积之和的形式，并考虑到 $\Delta\hat{\boldsymbol{x}}_{1,1,M}^{(2)}=\Delta\hat{\boldsymbol{x}}_{0,1,0}^{(2)}$，则式 (16.12) 等号右侧可进一步改写为

$$
\begin{aligned}
&\sum_{i=1}^{i(t_{M,0})}\left(\boldsymbol{L}_M^i\otimes\begin{bmatrix}\boldsymbol{A}_i^{(2)} & \boldsymbol{B}_i^{(2)}\end{bmatrix}\right)\Delta\bar{\hat{\boldsymbol{x}}}_{1,1}^{(2)}+\sum_{i=1}^{i(t_{M,0})}\left(\boldsymbol{l}_M^i\otimes\begin{bmatrix}\boldsymbol{A}_i^{(2)} & \boldsymbol{B}_i^{(2)}\end{bmatrix}\right)\Delta\hat{\boldsymbol{x}}_{0,1,0}^{(2)}\\
=&\sum_{i=1}^{i(t_{M,0})}\begin{bmatrix}\boldsymbol{L}_M^i\otimes\boldsymbol{A}_i^{(2)} & \boldsymbol{L}_M^i\otimes\boldsymbol{B}_i^{(2)}\end{bmatrix}\begin{bmatrix}\Delta\bar{\boldsymbol{x}}_{1,1}^{(2)}\\ \Delta\bar{\boldsymbol{y}}_{1,1}^{(2)}\end{bmatrix}\\
&+\sum_{i=1}^{i(t_{M,0})}\begin{bmatrix}\boldsymbol{l}_M^i\otimes\boldsymbol{A}_i^{(2)} & \boldsymbol{l}_M^i\otimes\boldsymbol{B}_i^{(2)}\end{bmatrix}\begin{bmatrix}\Delta\boldsymbol{x}_{0,1,0}^{(2)}\\ \Delta\boldsymbol{y}_{0,1,0}^{(2)}\end{bmatrix}
\end{aligned} \tag{16.14}
$$

式中，$\Delta\bar{\hat{\boldsymbol{x}}}_{1,1}^{(2)}\in\mathbb{R}^{Md_2\times 1}$，$\Delta\bar{\boldsymbol{x}}_{1,1}^{(2)}\in\mathbb{R}^{Mn_2\times 1}$，$\Delta\bar{\boldsymbol{y}}_{1,1}^{(2)}\in\mathbb{R}^{Ml_2\times 1}$。

$$
\begin{cases}
\Delta\bar{\hat{\boldsymbol{x}}}_{1,1}^{(2)}=\left[\left(\Delta\hat{\boldsymbol{x}}_{1,1,0}^{(2)}\right)^{\mathrm{T}},\ \left(\Delta\hat{\boldsymbol{x}}_{1,1,1}^{(2)}\right)^{\mathrm{T}}\ \cdots,\ \left(\Delta\hat{\boldsymbol{x}}_{1,1,M-1}^{(2)}\right)^{\mathrm{T}}\right]^{\mathrm{T}}\\
\Delta\bar{\boldsymbol{x}}_{1,1}^{(2)}=\left[\left(\Delta\boldsymbol{x}_{1,1,0}^{(2)}\right)^{\mathrm{T}},\ \left(\Delta\boldsymbol{x}_{1,1,1}^{(2)}\right)^{\mathrm{T}},\ \cdots,\ \left(\Delta\boldsymbol{x}_{1,1,M-1}^{(2)}\right)^{\mathrm{T}}\right]^{\mathrm{T}}\\
\Delta\bar{\boldsymbol{y}}_{1,1}^{(2)}=\left[\left(\Delta\boldsymbol{y}_{1,1,0}^{(2)}\right)^{\mathrm{T}},\ \left(\Delta\boldsymbol{y}_{1,1,1}^{(2)}\right)^{\mathrm{T}},\ \cdots,\ \left(\Delta\boldsymbol{y}_{1,1,M-1}^{(2)}\right)^{\mathrm{T}}\right]^{\mathrm{T}}
\end{cases} \tag{16.15}
$$

需要说明的是，式 (16.14) 求和的上限为 $i(t_{M,0})$。这是因为在所有的 $i(t_{M,j})$ ($j=0,\ 1,\ \cdots,\ M-1$) 中，$i(t_{M,0})$ 的值最大。

4. 式 (16.10) 和式 (16.11) 的矩阵形式

综合式 (16.10) 和式 (16.11)，然后写成矩阵形式，得

$$
\begin{bmatrix}
\sum\limits_{i=i(t_{M,0})+1}^{m} \left[\boldsymbol{A}_i^{(2)} \quad \boldsymbol{B}_i^{(2)}\right] \Delta\hat{\boldsymbol{x}}^{(2)}(t_{M,0}-\tau_i) \\
\sum\limits_{i=i(t_{M,1})+1}^{m} \left[\boldsymbol{A}_i^{(2)} \quad \boldsymbol{B}_i^{(2)}\right] \Delta\hat{\boldsymbol{x}}^{(2)}(t_{M,1}-\tau_i) \\
\vdots \\
\sum\limits_{i=i(t_{M,M-1})+1}^{m} \left[\boldsymbol{A}_i^{(2)} \quad \boldsymbol{B}_i^{(2)}\right] \Delta\hat{\boldsymbol{x}}^{(2)}(t_{M,M-1}-\tau_i)
\end{bmatrix}
$$

$$
= \begin{bmatrix}
\boldsymbol{F}_{0,1,0} & \boldsymbol{F}_{0,1,1} & \cdots & \boldsymbol{F}_{0,Q,0} & \boldsymbol{0} & \cdots & \boldsymbol{0} \\
\boldsymbol{F}_{1,1,0} & \boldsymbol{F}_{1,1,1} & \cdots & \boldsymbol{F}_{1,Q,0} & \boldsymbol{0} & \cdots & \boldsymbol{0} \\
\vdots & \vdots & & \vdots & & \vdots & \\
\boldsymbol{F}_{\hat{M}-1,1,0} & \boldsymbol{F}_{\hat{M}-1,1,1} & \cdots & \boldsymbol{F}_{\hat{M}-1,Q,0} & \boldsymbol{0} & \cdots & \boldsymbol{0} \\
\boldsymbol{F}_{\hat{M},1,0} & \boldsymbol{F}_{\hat{M},1,1} & \cdots & \boldsymbol{F}_{\hat{M},Q,0} & \boldsymbol{F}_{\hat{M},Q,1} & \cdots & \boldsymbol{F}_{\hat{M},Q,M} \\
\vdots & \vdots & & \vdots & \vdots & & \vdots \\
\boldsymbol{F}_{M-1,1,0} & \boldsymbol{F}_{M-1,1,1} & \cdots & \boldsymbol{F}_{M-1,Q,0} & \boldsymbol{F}_{M-1,Q,1} & \cdots & \boldsymbol{F}_{M-1,Q,M}
\end{bmatrix}
\begin{bmatrix}
\Delta\hat{\boldsymbol{x}}_{0,1,0}^{(2)} \\
\Delta\hat{\boldsymbol{x}}_{0,1,1}^{(2)} \\
\vdots \\
\Delta\hat{\boldsymbol{x}}_{0,Q,0}^{(2)} \\
\Delta\hat{\boldsymbol{x}}_{0,Q,1}^{(2)} \\
\vdots \\
\Delta\hat{\boldsymbol{x}}_{0,Q,M}^{(2)}
\end{bmatrix}
\tag{16.16}
$$

式中，$[\boldsymbol{F}_{j,r,l}] \in \mathbb{R}^{Mn\times(QM+1)d_2}$，$j=0,\ 1,\ \cdots,\ M-1$; $r=1,\ 2,\ \cdots,\ Q$; $l=0,\ 1,\ \cdots,\ M$。

5. 式 (16.16) 中系数矩阵元素 $\boldsymbol{F}_{j,r,l}$ 的推导

下面分析式 (16.16) 中系数矩阵元素 $\boldsymbol{F}_{j,r,l}$ ($j=0,\ 1,\ \cdots,\ M-1$; $r=1,\ 2,\ \cdots,\ Q$; $l=0,\ 1,\ \cdots,\ M$) 的显式表达式。

1) 第 $(k-1)M+1$ 列块 $\boldsymbol{F}_{j,k,0}$

第 $(k-1)M+1$ ($k=2,\ 3,\ \cdots,\ k_j$) 列块 $\boldsymbol{F}_{j,k,0}$ ($j=0,\ 1,\ \cdots,\ M-1$) 的显式表达式为

$$
\boldsymbol{F}_{j,k,0} = \sum_{i=i(t_{M,k-2,j})+1}^{i(t_{M,k-1,j})} \left[\boldsymbol{A}_i^{(2)} \quad \boldsymbol{B}_i^{(2)}\right] \ell_{M,k-1,M}(t_{M,j}-\tau_i)
$$

$$+\sum_{i=i(t_{M,k-1,j})+1}^{i(t_{M,k,j})}\begin{bmatrix}\boldsymbol{A}_i^{(2)} & \boldsymbol{B}_i^{(2)}\end{bmatrix}\ell_{M,k,0}(t_{M,j}-\tau_i), \tag{16.17}$$

$$j=0,\ 1,\ \cdots,\ M-1;\ k=2,\ 3,\ \cdots,\ k_j$$

式 (16.17) 等号右侧第一项表示使 $t_{M,j}-\tau_i$ 落入第 $k-1$ 个子区间 $[-(k-1)h,\ -(k-2)h]$ 的时滞常数 τ_i 对应的增广时滞状态矩阵 $\begin{bmatrix}\boldsymbol{A}_i^{(2)} & \boldsymbol{B}_i^{(2)}\end{bmatrix}$，与增广时滞状态向量 $\Delta\hat{\boldsymbol{x}}_{0,k-1,M}^{(2)}$ 对应拉格朗日插值系数的乘积之和；第二项表示使 $t_{M,j}-\tau_i$ 落入第 k 个子区间 $[-kh,\ -(k-1)h]$ 的时滞常数 τ_i 对应的增广时滞状态矩阵 $\begin{bmatrix}\boldsymbol{A}_i^{(2)} & \boldsymbol{B}_i^{(2)}\end{bmatrix}$，与增广时滞状态向量 $\Delta\hat{\boldsymbol{x}}_{0,k,0}^{(2)}$ 对应拉格朗日插值系数的乘积之和。由于 $\Delta\hat{\boldsymbol{x}}_{0,k-1,M}^{(2)}=\Delta\hat{\boldsymbol{x}}_{0,k,0}^{(2)}$ $(k=2,\ 3,\ \cdots,\ Q)$，所以两者系数的叠加就形成了 $\boldsymbol{F}_{j,k,0}$ $(j=0,\ 1,\ \cdots,\ M-1;\ k=2,\ 3,\ \cdots,\ k_j)$。

2) 第 $QM+1$ 列块 $\boldsymbol{F}_{j,Q,M}$

当 $j=0, 1,\ \cdots,\ \hat{M}-1$ 时，$t_{M,j}-\tau_{\max}$ 落入第 $Q-1$ 个子区间 $[-(Q-1)h,\ -(Q-2)h]$。此时，$\ell_{M,Q,M}(t_{M,j}-\tau_{\max})=0$，所以第 1 行 ~ 第 $\hat{M}$ 行、第 $QM+1$ 列分块 $\boldsymbol{F}_{j,Q,M}=\boldsymbol{0}_{n\times d_2}$，$j=0,\ 1,\ \cdots,\ \hat{M}-1$。

当 $j=\hat{M},\ \hat{M}+1,\ \cdots,\ M-1$ 时，$t_{M,j}-\tau_{\max}$ 落入第 Q 个子区间 $[-\tau_{\max},\ -(Q-1)h]$。此时，$\boldsymbol{F}_{j,Q,M}$ $(j=\hat{M},\ \hat{M}+1,\ \cdots,\ M-1)$ 的显式表达式为

$$\boldsymbol{F}_{j,Q,M}=\sum_{i=i(t_{M,Q-1,j})+1}^{m}\begin{bmatrix}\boldsymbol{A}_i^{(2)} & \boldsymbol{B}_i^{(2)}\end{bmatrix}\ell_{M,Q,M}(t_{M,j}-\tau_i), \tag{16.18}$$

$$j=\hat{M},\ \hat{M}+1,\ \cdots,\ M-1$$

给定 $t_{M,j}$ $(j=\hat{M},\ \hat{M}+1,\ \cdots,\ M-1)$，$\boldsymbol{F}_{j,Q,M}$ 表示使 $t_{M,j}-\tau_{\max}$ 中落入第 Q 个子区间 $[-\tau_{\max},\ -(Q-1)h]$ 的时滞常数 τ_i 对应的增广时滞状态矩阵 $\begin{bmatrix}\boldsymbol{A}_i^{(2)} & \boldsymbol{B}_i^{(2)}\end{bmatrix}$，与增广时滞状态向量 $\Delta\hat{\boldsymbol{x}}_{0,Q,M}^{(2)}$ 对应拉格朗日插值系数的乘积之和。

3) 第 $(Q-1)M+1$ 列块 $\boldsymbol{F}_{j,Q,0}$

当 $j=0,\ 1,\ \cdots,\ \hat{M}-1$ 时，第 $(Q-1)M+1$ 列块 $\boldsymbol{F}_{j,Q,0}$ 的显式表达式为

$$\boldsymbol{F}_{j,Q,0}=\sum_{i=i(t_{M,Q-2,j})+1}^{m}\begin{bmatrix}\boldsymbol{A}_i^{(2)} & \boldsymbol{B}_i^{(2)}\end{bmatrix}\ell_{M,Q-1,M}(t_{M,j}-\tau_i), \tag{16.19}$$

$$j=0,\ 1,\ \cdots,\ \hat{M}-1$$

给定 $t_{M,j}$ $(j=0,\ 1,\ \cdots,\ \hat{M}-1)$，$\boldsymbol{F}_{j,Q,0}$ 表示使 $t_{M,j}-\tau_{\max}$ 中落入第 $Q-1$ 个子区间 $[-(Q-1)h,\ -(Q-2)h]$ 的时滞常数 τ_i 对应的增广时滞状态矩阵 $\begin{bmatrix}\boldsymbol{A}_i^{(2)} & \boldsymbol{B}_i^{(2)}\end{bmatrix}$，与增广时滞状态向量 $\Delta\hat{\boldsymbol{x}}_{0,Q-1,M}^{(2)}$ 对应拉格朗日插值系数的乘积之和。

值得注意的是，当 $j=\hat{M},\ \hat{M}+1,\ \cdots,\ M-1$ 时，$t_{M,j}-\tau_{\max}$ 中落入第 Q 个子区间 $[-\tau_{\max},\ -(Q-1)h]$。此时，$\boldsymbol{F}_{j,Q,0}$ $(j=1,\ 2,\ \cdots,\ \hat{N})$ 由式 (16.18) 计算得到。

4) 其余列块 $\boldsymbol{F}_{j,k,l}$

其余列块 $\boldsymbol{F}_{j,k,l}$ $(j=0,\ 1,\ \cdots,\ M-1;\ k=1,\ 2,\ \cdots,\ k_j;\ l=0,\ 1,\ \cdots,\ M-1)$ 的显式表达式如下：

$$\boldsymbol{F}_{j,k,l}=\sum_{i=i(t_{M,k-1,j})+1}^{i=i(t_{M,k,j})}\begin{bmatrix}\boldsymbol{A}_i^{(2)} & \boldsymbol{B}_i^{(2)}\end{bmatrix}\ell_{M,k,l}(t_{M,j}-\tau_i) \tag{16.20}$$

给定 $t_{M,j}$ $(j=0,\ 1,\ \cdots,\ M-1)$，$\boldsymbol{F}_{j,k,l}$ 表示使 $t_{M,j}-\tau_i$ 落入第 k 个子区间 $[-kh,\ -(k-1)h]$ 的 τ_i 对应的增广时滞状态矩阵 $\begin{bmatrix}\boldsymbol{A}_i^{(2)} & \boldsymbol{B}_i^{(2)}\end{bmatrix}$，与增广时滞状态向量 $\Delta\hat{\boldsymbol{x}}_{0,k,l}^{(2)}$ 对应拉格朗日插值系数的乘积之和。

综合式 (16.17) ~ 式 (16.20)，可将式 (16.16) 的系数矩阵 $[\boldsymbol{F}_{j,r,l}]$ 等价变换为拉格朗日插值系数矩阵 $\boldsymbol{L}_{Q1}^i\in\mathbb{R}^{M\times M}$ 和 $\boldsymbol{L}_{Q2}^i\in\mathbb{R}^{M\times((Q-1)M+1)}$ 与 $\begin{bmatrix}\boldsymbol{A}_i^{(2)} & \boldsymbol{B}_i^{(2)}\end{bmatrix}$ 的克罗内克积之和的形式，$i=i(t_{M,M-1})+1,\ i(t_{M,M-1})+2,\ \cdots,\ m$。式 (16.16) 等号右侧可进一步改写为

$$\begin{aligned}&\sum_{i=i(t_{M,M-1})+1}^{m}\left(\boldsymbol{L}_{Q1}^i\otimes\begin{bmatrix}\boldsymbol{A}_i^{(2)} & \boldsymbol{B}_i^{(2)}\end{bmatrix}\right)\Delta\bar{\hat{\boldsymbol{x}}}_{0,1}^{(2)}+\left(\boldsymbol{L}_{Q2}^i\otimes\begin{bmatrix}\boldsymbol{A}_i^{(2)} & \boldsymbol{B}_i^{(2)}\end{bmatrix}\right)\Delta\hat{\boldsymbol{x}}_{0,2:Q}^{(2)}\\&=\sum_{i=i(t_{M,M-1})+1}^{m}\begin{bmatrix}\boldsymbol{L}_{Q1}^i\otimes\boldsymbol{A}_i^{(2)} & \boldsymbol{L}_{Q1}^i\otimes\boldsymbol{B}_i^{(2)}\end{bmatrix}\begin{bmatrix}\Delta\bar{\boldsymbol{x}}_{0,1}^{(2)}\\\Delta\bar{\boldsymbol{y}}_{0,1}^{(2)}\end{bmatrix}\\&\quad+\sum_{i=i(t_{M,M-1})+1}^{m}\begin{bmatrix}\boldsymbol{L}_{Q2}^i\otimes\boldsymbol{A}_i^{(2)} & \boldsymbol{L}_{Q2}^i\otimes\boldsymbol{B}_i^{(2)}\end{bmatrix}\begin{bmatrix}\Delta\boldsymbol{x}_{0,2:Q}^{(2)}\\\Delta\boldsymbol{y}_{0,2:Q}^{(2)}\end{bmatrix}\end{aligned} \tag{16.21}$$

式中，$\Delta\bar{\hat{\boldsymbol{x}}}_{0,1}^{(2)}\in\mathbb{R}^{Md_2\times1}$；$\Delta\hat{\boldsymbol{x}}_{0,2:Q}^{(2)}\in\mathbb{R}^{((Q-1)M+1)d_2\times1}$；$\Delta\bar{\boldsymbol{x}}_{0,1}^{(2)}\in\mathbb{R}^{Mn_2\times1}$，$\Delta\bar{\boldsymbol{y}}_{0,1}^{(2)}\in\mathbb{R}^{Ml_2\times1}$；$\Delta\boldsymbol{x}_{0,2:Q}^{(2)}\in\mathbb{R}^{((Q-1)M+1)n_2\times1}$，$\Delta\boldsymbol{y}_{0,2:Q}^{(2)}\in\mathbb{R}^{((Q-1)M+1)l_2\times1}$。

$$
\left\{\begin{array}{l}
\Delta\bar{\hat{\boldsymbol{x}}}_{0,1}^{(2)}=\left[\left(\Delta\hat{\boldsymbol{x}}_{0,1,0}^{(2)}\right)^{\mathrm{T}},\ \left(\Delta\hat{\boldsymbol{x}}_{0,1,1}^{(2)}\right)^{\mathrm{T}},\ \cdots,\ \left(\Delta\hat{\boldsymbol{x}}_{0,1,M-1}^{(2)}\right)^{\mathrm{T}}\right]^{\mathrm{T}} \\
\Delta\hat{\boldsymbol{x}}_{0,2:Q}^{(2)}=\left[\left(\Delta\hat{\boldsymbol{x}}_{0,2,0}^{(2)}\right)^{\mathrm{T}},\ \left(\Delta\hat{\boldsymbol{x}}_{0,2,1}^{(2)}\right)^{\mathrm{T}},\ \cdots,\ \left(\Delta\hat{\boldsymbol{x}}_{0,Q,M}^{(2)}\right)^{\mathrm{T}}\right]^{\mathrm{T}} \\
\Delta\bar{\boldsymbol{x}}_{0,1}^{(2)}=\left[\left(\Delta\boldsymbol{x}_{0,1,0}^{(2)}\right)^{\mathrm{T}},\ \left(\Delta\boldsymbol{x}_{0,1,1}^{(2)}\right)^{\mathrm{T}},\ \cdots,\ \left(\Delta\boldsymbol{x}_{0,1,M-1}^{(2)}\right)^{\mathrm{T}}\right]^{\mathrm{T}} \\
\Delta\bar{\boldsymbol{y}}_{0,1}^{(2)}=\left[\left(\Delta\boldsymbol{y}_{0,1,0}^{(2)}\right)^{\mathrm{T}},\ \left(\Delta\boldsymbol{y}_{0,1,1}^{(2)}\right)^{\mathrm{T}},\ \cdots,\ \left(\Delta\boldsymbol{y}_{0,1,M-1}^{(2)}\right)^{\mathrm{T}}\right]^{\mathrm{T}} \\
\Delta\boldsymbol{x}_{0,2:Q}^{(2)}=\left[\left(\Delta\boldsymbol{x}_{0,2,0}^{(2)}\right)^{\mathrm{T}},\ \left(\Delta\boldsymbol{x}_{0,2,1}^{(2)}\right)^{\mathrm{T}},\ \cdots,\ \left(\Delta\boldsymbol{x}_{0,Q,M}^{(2)}\right)^{\mathrm{T}}\right]^{\mathrm{T}} \\
\Delta\boldsymbol{y}_{0,2:Q}^{(2)}=\left[\left(\Delta\boldsymbol{y}_{0,2,0}^{(2)}\right)^{\mathrm{T}},\ \left(\Delta\boldsymbol{y}_{0,2,1}^{(2)}\right)^{\mathrm{T}},\ \cdots,\ \left(\Delta\boldsymbol{y}_{0,Q,M}^{(2)}\right)^{\mathrm{T}}\right]^{\mathrm{T}}
\end{array}\right. \tag{16.22}
$$

需要说明的是，PSOD-PS-II 方法的系数矩阵 $[\boldsymbol{F}_{j,r,l}]$ 和 PSOD-PS 方法的部分离散化子矩阵 $\bar{\boldsymbol{\Sigma}}_{M,N}$ 有 3 个主要差别，具体可参考 9.1.2 节。

6. $\mathcal{T}(h)$ 第一个解分段的离散化形式

将式 (16.8)、式 (16.14) 和式 (16.21) 代入式 (16.5) 的第 1 式，得

$$
\begin{aligned}
&\tilde{\boldsymbol{D}}_M\otimes\Delta\bar{\boldsymbol{x}}_{1,1}+\boldsymbol{d}_M\otimes\Delta\boldsymbol{x}_{0,1,0} \\
&=\begin{bmatrix}\boldsymbol{I}_M\otimes\boldsymbol{A}_0 & \boldsymbol{I}_M\otimes\boldsymbol{B}_0\end{bmatrix}\begin{bmatrix}\Delta\bar{\boldsymbol{x}}_{1,1}\\ \Delta\bar{\boldsymbol{y}}_{1,1}\end{bmatrix}+\sum_{i=1}^{i(t_{M,0})}\begin{bmatrix}\boldsymbol{L}_M^i\otimes\boldsymbol{A}_i^{(2)} & \boldsymbol{L}_M^i\otimes\boldsymbol{B}_i^{(2)}\end{bmatrix}\begin{bmatrix}\Delta\bar{\boldsymbol{x}}_{1,1}^{(2)}\\ \Delta\bar{\boldsymbol{y}}_{1,1}^{(2)}\end{bmatrix} \\
&\quad+\sum_{i=1}^{i(t_{M,0})}\begin{bmatrix}\boldsymbol{l}_M^i\otimes\boldsymbol{A}_i^{(2)} & \boldsymbol{l}_M^i\otimes\boldsymbol{B}_i^{(2)}\end{bmatrix}\begin{bmatrix}\Delta\boldsymbol{x}_{0,1,0}^{(2)}\\ \Delta\boldsymbol{y}_{0,1,0}^{(2)}\end{bmatrix} \\
&\quad+\sum_{i=i(t_{M,M-1})+1}^{m}\begin{bmatrix}\boldsymbol{L}_{Q1}^i\otimes\boldsymbol{A}_i^{(2)} & \boldsymbol{L}_{Q1}^i\otimes\boldsymbol{B}_i^{(2)}\end{bmatrix}\begin{bmatrix}\Delta\bar{\boldsymbol{x}}_{0,1}^{(2)}\\ \Delta\bar{\boldsymbol{y}}_{0,1}^{(2)}\end{bmatrix} \\
&\quad+\sum_{i=i(t_{M,M-1})+1}^{m}\begin{bmatrix}\boldsymbol{L}_{Q2}^i\otimes\boldsymbol{A}_i^{(2)} & \boldsymbol{L}_{Q2}^i\otimes\boldsymbol{B}_i^{(2)}\end{bmatrix}\begin{bmatrix}\Delta\boldsymbol{x}_{0,2:Q}^{(2)}\\ \Delta\boldsymbol{y}_{0,2:Q}^{(2)}\end{bmatrix}
\end{aligned} \tag{16.23}
$$

式中，$\Delta\bar{\boldsymbol{y}}_{1,1}=\left[\Delta\boldsymbol{y}_{1,1,0}^{\mathrm{T}},\ \Delta\boldsymbol{y}_{1,1,1}^{\mathrm{T}},\ \cdots,\ \Delta\boldsymbol{y}_{1,1,M-1}^{\mathrm{T}}\right]^{\mathrm{T}}\in\mathbb{R}^{Ml\times 1}$。

令 $\boldsymbol{L}_M^0=\boldsymbol{I}_M\in\mathbb{R}^{M\times M}$，并考虑到 $\boldsymbol{A}_i^{(1)}$ 和 $\boldsymbol{B}_i^{(1)}$ $(i=1,\ 2,\ \cdots,\ m)$ 为零矩阵，将式 (16.23) 等号右侧第一和第二项进行合并。然后，对其他项进行整理，得

$$
\begin{aligned}
&\tilde{\boldsymbol{D}}_M \otimes \Delta\bar{\boldsymbol{x}}_{1,1} + \boldsymbol{d}_M \otimes \begin{bmatrix} \Delta\boldsymbol{x}_{0,1,0}^{(1)} \\ \Delta\boldsymbol{x}_{0,1,0}^{(2)} \end{bmatrix} \\
&= \sum_{i=0}^{i(t_{M,0})} \begin{bmatrix} \boldsymbol{L}_M^i \otimes \boldsymbol{A}_i & \boldsymbol{L}_M^i \otimes \boldsymbol{B}_i \end{bmatrix} \begin{bmatrix} \Delta\bar{\boldsymbol{x}}_{1,1} \\ \Delta\bar{\boldsymbol{y}}_{1,1} \end{bmatrix} \\
&\quad + \sum_{i=1}^{i(t_{M,0})} \begin{bmatrix} \boldsymbol{l}_M^i \otimes \boldsymbol{A}_i^{(2)} & \boldsymbol{l}_M^i \otimes \boldsymbol{B}_i^{(2)} \end{bmatrix} \begin{bmatrix} \Delta\boldsymbol{x}_{0,1,0}^{(2)} \\ \Delta\boldsymbol{y}_{0,1,0}^{(2)} \end{bmatrix} \\
&\quad + \sum_{i=i(t_{M,M-1})+1}^{m} \begin{bmatrix} \boldsymbol{L}_{Q1}^i \otimes \boldsymbol{A}_i^{(2)} & \boldsymbol{L}_{Q1}^i \otimes \boldsymbol{B}_i^{(2)} \end{bmatrix} \begin{bmatrix} \Delta\bar{\boldsymbol{x}}_{0,1}^{(2)} \\ \Delta\bar{\boldsymbol{y}}_{0,1}^{(2)} \end{bmatrix} \\
&\quad + \sum_{i=i(t_{M,M-1})+1}^{m} \begin{bmatrix} \boldsymbol{L}_{Q2}^i \otimes \boldsymbol{A}_i^{(2)} & \boldsymbol{L}_{Q2}^i \otimes \boldsymbol{B}_i^{(2)} \end{bmatrix} \begin{bmatrix} \Delta\boldsymbol{x}_{0,2:Q}^{(2)} \\ \Delta\boldsymbol{y}_{0,2:Q}^{(2)} \end{bmatrix}
\end{aligned} \tag{16.24}
$$

联立式 (16.24) 和式 (16.5) 第 2 式的矩阵形式，得

$$
\begin{aligned}
&\left(\begin{bmatrix} \tilde{\boldsymbol{D}}_M \otimes \boldsymbol{I}_n & \\ \boldsymbol{I}_M \otimes \boldsymbol{C}_0 & \boldsymbol{I}_M \otimes \boldsymbol{D}_0 \end{bmatrix} - \sum_{i=0}^{i(t_{M,0})} \begin{bmatrix} \boldsymbol{L}_M^i \otimes \boldsymbol{A}_i & \boldsymbol{L}_M^i \otimes \boldsymbol{B}_i \\ & \boldsymbol{0}_{Ml} \end{bmatrix} \right) \begin{bmatrix} \Delta\bar{\boldsymbol{x}}_{1,1} \\ \Delta\bar{\boldsymbol{y}}_{1,1} \end{bmatrix} \\
&= \begin{bmatrix} \begin{bmatrix} -\boldsymbol{d}_M \otimes \begin{bmatrix} \boldsymbol{I}_{n_1} \\ \boldsymbol{0}_{n_2 \times n_1} \end{bmatrix} & \boldsymbol{M}_1 & \boldsymbol{N}_1 & \boldsymbol{M}_2 & \boldsymbol{N}_2 \end{bmatrix} \\ \hdashline \boldsymbol{0}_{Ml \times (n_1 + (QM+1)d_2)} \end{bmatrix} \Delta\hat{\boldsymbol{x}}_0
\end{aligned} \tag{16.25}
$$

式中，$\Delta\hat{\boldsymbol{x}}_0 \in \mathbb{R}^{(n_1+(QM+1)d_2)\times 1}$。

$$
\Delta\hat{\boldsymbol{x}}_0 = \left[\left(\Delta\boldsymbol{x}_{0,1,0}^{(1)}\right)^{\mathrm{T}}, \left(\Delta\bar{\boldsymbol{x}}_{0,1}^{(2)}\right)^{\mathrm{T}}, \left(\Delta\bar{\boldsymbol{y}}_{0,1}^{(2)}\right)^{\mathrm{T}}, \left(\Delta\boldsymbol{x}_{0,2:Q}^{(2)}\right)^{\mathrm{T}}, \left(\Delta\boldsymbol{y}_{0,2:Q}^{(2)}\right)^{\mathrm{T}} \right]^{\mathrm{T}} \tag{16.26}
$$

将式 (16.25) 等号左边的系数矩阵求逆，可解得区间 $(-h,\ 0]$ 上系统增广状态变量 $\Delta\hat{\boldsymbol{x}}_h$ 的估计值 $\left[\Delta\bar{\boldsymbol{x}}_{1,1}^{\mathrm{T}},\ \Delta\bar{\boldsymbol{y}}_{1,1}^{\mathrm{T}}\right]^{\mathrm{T}}$。

$$
\begin{bmatrix} \Delta\bar{\boldsymbol{x}}_{1,1} \\ \Delta\bar{\boldsymbol{y}}_{1,1} \end{bmatrix} = \hat{\boldsymbol{R}}_M^{-1} \hat{\boldsymbol{\Sigma}}_M \Delta\hat{\boldsymbol{x}}_0 \tag{16.27}
$$

式中，$\hat{\boldsymbol{R}}_M \in \mathbb{R}^{Md\times Md}$；$\hat{\boldsymbol{\Sigma}}_M \in \mathbb{R}^{Md\times(n_1+(QM+1)d_2)}$。

$$
\hat{\boldsymbol{R}}_M = \begin{bmatrix} \tilde{\boldsymbol{D}}_M \otimes \boldsymbol{I}_n & \\ \boldsymbol{I}_M \otimes \boldsymbol{C}_0 & \boldsymbol{I}_M \otimes \boldsymbol{D}_0 \end{bmatrix} - \sum_{i=0}^{i(t_{M,0})} \begin{bmatrix} \begin{bmatrix} \tilde{\boldsymbol{L}}_M^i \otimes \boldsymbol{A}_i & \tilde{\boldsymbol{L}}_M^i \otimes \boldsymbol{B}_i \end{bmatrix} \\ \hdashline \boldsymbol{0}_{Ml\times Md} \end{bmatrix}
$$

$$\triangleq \begin{bmatrix} \boldsymbol{A}_M & \boldsymbol{B}_M \\ \boldsymbol{C}_M & \boldsymbol{D}_M \end{bmatrix} \tag{16.28}$$

$$\hat{\boldsymbol{\Sigma}}_M = \left[\begin{array}{c} \left[-\boldsymbol{d}_M \otimes \begin{bmatrix} \boldsymbol{I}_{n_1} \\ \boldsymbol{0}_{n_2\times n_1} \end{bmatrix} \quad \boldsymbol{M}_1 \quad \boldsymbol{N}_1 \quad \boldsymbol{M}_2 \quad \boldsymbol{N}_2 \right] \\ \hdashline \boldsymbol{0}_{Ml\times(n_1+(QM+1)d_2)} \end{array}\right] \tag{16.29}$$

其中，$\boldsymbol{A}_M \in \mathbb{R}^{Mn\times Mn}$，$\boldsymbol{B}_M \in \mathbb{R}^{Mn\times Ml}$，$\boldsymbol{C}_M \in \mathbb{R}^{Ml\times Mn}$，$\boldsymbol{D}_M \in \mathbb{R}^{Ml\times Ml}$；$\boldsymbol{M}_2 \in \mathbb{R}^{Mn\times((Q-1)M+1)n_2}$，$\boldsymbol{N}_2 \in \mathbb{R}^{Mn\times((Q-1)M+1)l_2}$，$\boldsymbol{M}_1 \in \mathbb{R}^{Mn\times Mn_2}$，$\boldsymbol{N}_1 \in \mathbb{R}^{Mn\times Ml_2}$。

$$\begin{cases} \boldsymbol{M}_1 = \left[\displaystyle\sum_{i=1}^{i(t_{M,0})} \boldsymbol{l}_M^i \otimes \boldsymbol{A}_i^{(2)} - \boldsymbol{d}_M \otimes \begin{bmatrix} \boldsymbol{0}_{n_1\times n_2} \\ \boldsymbol{I}_{n_2} \end{bmatrix} \quad \boldsymbol{0}_{Mn\times(M-1)n_2} \right] \\ \qquad\quad + \displaystyle\sum_{i=i(t_{M,M-1})+1}^{m} \boldsymbol{L}_{Q1}^i \otimes \boldsymbol{A}_i^{(2)} \\ \boldsymbol{N}_1 = \left[\displaystyle\sum_{i=1}^{i(t_{M,0})} \boldsymbol{l}_M^i \otimes \boldsymbol{B}_i^{(2)} \quad \boldsymbol{0}_{Mn\times(M-1)l_2} \right] + \displaystyle\sum_{i=i(t_{M,M-1})+1}^{m} \boldsymbol{L}_{Q1}^i \otimes \boldsymbol{B}_i^{(2)} \\ \boldsymbol{M}_2 = \displaystyle\sum_{i=i(t_{M,M-1})+1}^{m} \boldsymbol{L}_{Q2}^i \otimes \boldsymbol{A}_i^{(2)} \\ \boldsymbol{N}_2 = \displaystyle\sum_{i=i(t_{M,M-1})+1}^{m} \boldsymbol{L}_{Q2}^i \otimes \boldsymbol{B}_i^{(2)} \end{cases} \tag{16.30}$$

7. $\mathcal{T}(h)$ 第一个解分段的部分离散化

如式 (16.27) 所示，系统增广状态变量 $\Delta\hat{\boldsymbol{x}}(t)$ 在未来时刻 $t \in (0,\ h]$ 上的估计值 $\left[\Delta\bar{\boldsymbol{x}}_{1,1}^{\mathrm{T}},\ \Delta\bar{\boldsymbol{y}}_{1,1}^{\mathrm{T}}\right]^{\mathrm{T}}$ 与非时滞增广状态变量 $\Delta\hat{\boldsymbol{x}}^{(1)}$ 在过去时刻 $t \in (-h,\ 0)$ 的函数值以及非时滞代数变量 $\Delta\boldsymbol{y}^{(1)}$ 在当前时刻 $t = 0$ 的函数值无关。因此，通过对式 (16.27) 左乘矩阵 $\boldsymbol{E}_M$，舍去估计值 $\Delta\boldsymbol{x}_{1,1,k}^{(1)}$ $(k = 1,\ 2,\ \cdots,\ M-1)$ 和 $\Delta\boldsymbol{y}_{1,1,k}^{(1)}$ $(k = 0,\ 1,\ \cdots,\ M-1)$，便可得到解算子 $\mathcal{T}(h)$ 第一个解分段的伪谱差分部分离散化形式。

$$\begin{bmatrix} \Delta\boldsymbol{x}_{1,1,0}^{(1)} \\ \Delta\bar{\boldsymbol{x}}_{1,1}^{(2)} \\ \Delta\bar{\boldsymbol{y}}_{1,1}^{(2)} \end{bmatrix} = \boldsymbol{E}_M \begin{bmatrix} \Delta\bar{\boldsymbol{x}}_{1,1} \\ \Delta\bar{\boldsymbol{y}}_{1,1} \end{bmatrix} = \boldsymbol{E}_M \hat{\boldsymbol{R}}_M^{-1} \hat{\boldsymbol{\Sigma}}_M \Delta\hat{\boldsymbol{x}}_0 \tag{16.31}$$

式中，$\boldsymbol{E}_M \in \mathbb{R}^{(n_1+Md_2)\times Md}$。

$$\boldsymbol{E}_M = \begin{bmatrix} \boldsymbol{I}_n & & \\ & \boldsymbol{I}_{M-1}\otimes\begin{bmatrix}\boldsymbol{0}_{n_2\times n_1} & \boldsymbol{I}_{n_2}\end{bmatrix} & \\ & & \boldsymbol{I}_M\otimes\begin{bmatrix}\boldsymbol{0}_{l_2\times l_1} & \boldsymbol{I}_{l_2}\end{bmatrix}\end{bmatrix} \tag{16.32}$$

8. $\mathcal{T}(h)$ 的伪谱差分部分离散化矩阵

对应式 (16.26)，定义分块向量 $\Delta\hat{\boldsymbol{x}}_1 \in \mathbb{R}^{(n_1+(QM+1)d_2)\times 1}$：

$$\Delta\hat{\boldsymbol{x}}_1 = \left[\left(\Delta\boldsymbol{x}_{1,1,0}^{(1)}\right)^{\mathrm{T}}, \left(\Delta\bar{\boldsymbol{x}}_{1,1}^{(2)}\right)^{\mathrm{T}}, \left(\Delta\bar{\boldsymbol{y}}_{1,1}^{(2)}\right)^{\mathrm{T}}, \left(\Delta\boldsymbol{x}_{1,2:Q}^{(2)}\right)^{\mathrm{T}}, \left(\Delta\boldsymbol{y}_{1,2:Q}^{(2)}\right)^{\mathrm{T}}\right]^{\mathrm{T}} \tag{16.33}$$

式中，$\Delta\boldsymbol{x}_{1,2:Q}^{(2)} \in \mathbb{R}^{((Q-1)M+1)n_2\times 1}$，$\Delta\boldsymbol{y}_{1,2:Q}^{(2)} \in \mathbb{R}^{((Q-1)M+1)l_2\times 1}$。

$$\begin{cases} \Delta\boldsymbol{x}_{1,2:Q}^{(2)} = \left[\left(\Delta\boldsymbol{x}_{1,2,0}^{(2)}\right)^{\mathrm{T}},\ \left(\Delta\boldsymbol{x}_{1,2,1}^{(2)}\right)^{\mathrm{T}},\ \cdots,\ \left(\Delta\boldsymbol{x}_{1,Q,M}^{(2)}\right)^{\mathrm{T}}\right]^{\mathrm{T}} \\ \Delta\boldsymbol{y}_{1,2:Q}^{(2)} = \left[\left(\Delta\boldsymbol{y}_{1,2,0}^{(2)}\right)^{\mathrm{T}},\ \left(\Delta\boldsymbol{y}_{1,2,1}^{(2)}\right)^{\mathrm{T}},\ \cdots,\ \left(\Delta\boldsymbol{y}_{1,Q,M}^{(2)}\right)^{\mathrm{T}}\right]^{\mathrm{T}} \end{cases} \tag{16.34}$$

联立式 (16.31) 和 $\mathcal{T}(h)$ 第二个解分段的部分离散化形式 (15.90) (详见 15.3.2 节)，可以得到 $\Delta\hat{\boldsymbol{x}}_1$ 与 $\Delta\hat{\boldsymbol{x}}_0$ 之间转移关系的显式表达式，其系数矩阵就是 $\mathcal{T}(h)$ 的伪谱差分部分离散化矩阵 $\hat{\boldsymbol{T}}_M \in \mathbb{R}^{(n_1+(QM+1)d_2)\times(n_1+(QM+1)d_2)}$。

$$\hat{\boldsymbol{T}}_M = \begin{bmatrix} \boldsymbol{E}_M\hat{\boldsymbol{R}}_M^{-1}\hat{\boldsymbol{\Sigma}}_M \\ \hline \begin{bmatrix} \boldsymbol{0}_{Mn_2\times n_1} & \boldsymbol{I}_{Mn_2} & & & & & \\ & & \boldsymbol{I}_{(Q-3)Mn_2} & & & & \\ & & & \boldsymbol{U}_{Mn} & & & \\ & & \boldsymbol{I}_{Ml_2} & & & & \\ & & & & & \boldsymbol{I}_{(Q-3)Ml_2} & \\ & & & & & & \boldsymbol{U}_{Ml} \end{bmatrix} \end{bmatrix} \tag{16.35}$$

式中，$\boldsymbol{U}_{Mn} \in \mathbb{R}^{(M+1)n_2\times(2M+1)n_2}$ 和 $\boldsymbol{U}_{Ml} \in \mathbb{R}^{(M+1)l_2\times(2M+1)l_2}$ 的具体表达式见式 (15.44)。

16.2　大规模时滞电力系统特征值计算

16.2.1　旋转–放大预处理

本节利用 4.4.3 节所述方法，构建旋转–放大预处理后解算子 $\mathcal{T}(h)$ 的伪谱差分部分离散化矩阵，以高效地计算解算子离散化矩阵的关键特征值。

在旋转–放大预处理第一种实现方法中，将区间 $[-\tau_{\max}/\alpha,\ 0]$ 重新划分为长度等于 h 的 Q' 个子区间，即 $Q'=\tau_{\max}/(\alpha h)$。然后，将拉格朗日插值相关的矩阵 $\boldsymbol{L}_M^i$、$\boldsymbol{l}_M^i$ $(i=1,\ 2,\ \cdots,\ i(t_{M,0}))$、$\boldsymbol{L}_{Q1}^i$ 和 $\boldsymbol{L}_{Q2}^i$ $(i=i(t_{M,M-1})+1,\ i(t_{M,M-1})+2,\ \cdots,\ m)$ 分别重新形成为 $\tilde{\boldsymbol{L}}_M^i\in\mathbb{R}^{M\times M}$、$\tilde{\boldsymbol{l}}_M^i\in\mathbb{R}^{M\times 1}$、$\tilde{\boldsymbol{L}}_{Q1}^i\in\mathbb{R}^{M\times M}$ 和 $\tilde{\boldsymbol{L}}_{Q2}^i\in\mathbb{R}^{M\times((Q'-1)M+1)}$；$\boldsymbol{U}_M'$ 重新形成为 $\boldsymbol{U}_M''\in\mathbb{R}^{(M+1)\times(M+1)}$，将 $\boldsymbol{U}_{Mn}$、$\boldsymbol{U}_{Ml}$ 分别替换为 $\boldsymbol{U}_{Mn}'\in\mathbb{R}^{(M+1)n_2\times(2M+1)n_2}$、$\boldsymbol{U}_{Ml}'\in\mathbb{R}^{(M+1)l_2\times(2M+1)l_2}$；将离散化矩阵中的 $\boldsymbol{A}_i$、$\boldsymbol{B}_i$、$\boldsymbol{A}_i^{(2)}$ 和 $\boldsymbol{B}_i^{(2)}$ 分别替换为 $\boldsymbol{A}_i''$、$\boldsymbol{B}_i''$、$\boldsymbol{A}_i''^{(2)}$ 和 $\boldsymbol{B}_i''^{(2)}$，$i=0,\ 1,\ \cdots,\ m$。最后，构建预处理后的解算子伪谱差分部分离散化矩阵 $\hat{\boldsymbol{T}}_M'\in\mathbb{C}^{(n_1+(Q'M+1)d_2)\times(n_1+(Q'M+1)d_2)}$。

$$
\hat{\boldsymbol{T}}_M'=\left[\begin{array}{c}
\boldsymbol{E}_M\left(\hat{\boldsymbol{R}}_M'\right)^{-1}\hat{\boldsymbol{\Sigma}}_M' \\
\hdashline
\begin{bmatrix}
\boldsymbol{0}_{Mn_2\times n_1} & \boldsymbol{I}_{Mn_2} & & & & & \\
 & & \boldsymbol{I}_{(Q'-3)Mn_2} & & & & \\
 & & & \boldsymbol{U}_{Mn}' & & & \\
 & \boldsymbol{I}_{Ml_2} & & & & & \\
 & & & & \boldsymbol{I}_{(Q'-3)Ml_2} & & \\
 & & & & & & \boldsymbol{U}_{Ml}'
\end{bmatrix}
\end{array}\right] \tag{16.36}
$$

式中，$\hat{\boldsymbol{R}}_M'\in\mathbb{C}^{Md\times Md}$；$\hat{\boldsymbol{\Sigma}}_M'\in\mathbb{C}^{Md\times(n_1+(Q'M+1)d_2)}$。

$$
\hat{\boldsymbol{R}}_M'=\begin{bmatrix}\boldsymbol{A}_M' & \boldsymbol{B}_M' \\ \boldsymbol{C}_M & \boldsymbol{D}_M\end{bmatrix} \tag{16.37}
$$

$$
\hat{\boldsymbol{\Sigma}}_M'=\left[\begin{array}{c}
\begin{bmatrix}-\boldsymbol{d}_M\otimes\begin{bmatrix}\boldsymbol{I}_{n_1}\\ \boldsymbol{0}_{n_2\times n_1}\end{bmatrix} & \boldsymbol{M}_1' & \boldsymbol{N}_1' & \boldsymbol{M}_2' & \boldsymbol{N}_2'\end{bmatrix} \\
\hdashline
\boldsymbol{0}_{Ml\times(n_1+(QM+1)d_2)}
\end{array}\right] \tag{16.38}
$$

其中，$\boldsymbol{A}_M'\in\mathbb{C}^{Mn\times Mn}$，$\boldsymbol{B}_M'\in\mathbb{C}^{Mn\times Ml}$；$\boldsymbol{M}_1'\in\mathbb{C}^{Mn\times Mn_2}$，$\boldsymbol{N}_1'\in\mathbb{C}^{Mn\times Ml_2}$，$\boldsymbol{M}_2'\in\mathbb{C}^{Mn\times((Q'-1)M+1)n_2}$，$\boldsymbol{N}_2'\in\mathbb{C}^{Mn\times((Q'-1)M+1)l_2}$。

$$\begin{cases} \boldsymbol{A}'_M = \tilde{\boldsymbol{D}}_M \otimes \boldsymbol{I}_n - \displaystyle\sum_{i=0}^{i(t_{M,0})} \tilde{\boldsymbol{L}}_M^i \otimes \boldsymbol{A}''_i, \quad \boldsymbol{B}'_M = -\displaystyle\sum_{i=0}^{i(t_{M,0})} \tilde{\boldsymbol{L}}_M^i \otimes \boldsymbol{B}''_i \\ \boldsymbol{M}'_1 = \left[\displaystyle\sum_{i=1}^{i(t_{M,0})} \tilde{\boldsymbol{l}}_M^i \otimes \boldsymbol{A}_i''^{(2)} - \boldsymbol{d}_M \otimes \begin{bmatrix} \boldsymbol{0}_{n_1 \times n_2} \\ \boldsymbol{I}_{n_2} \end{bmatrix} \quad \boldsymbol{0}_{Mn\times(M-1)n_2}\right] \\ \qquad + \displaystyle\sum_{i=i(t_{M,M-1})+1}^{m} \tilde{\boldsymbol{L}}_{Q1}^i \otimes \boldsymbol{A}_i''^{(2)} \\ \boldsymbol{N}'_1 = \left[\displaystyle\sum_{i=1}^{i(t_{M,0})} \tilde{\boldsymbol{l}}_M^i \otimes \boldsymbol{B}_i''^{(2)} \quad \boldsymbol{0}_{Mn\times(M-1)l_2}\right] + \displaystyle\sum_{i=i(t_{M,M-1})+1}^{m} \tilde{\boldsymbol{L}}_{Q1}^i \otimes \boldsymbol{B}_i''^{(2)} \\ \boldsymbol{M}'_2 = \displaystyle\sum_{i=i(t_{M,M-1})+1}^{m} \tilde{\boldsymbol{L}}_{Q2}^i \otimes \boldsymbol{A}_i''^{(2)}, \quad \boldsymbol{N}'_2 = \displaystyle\sum_{i=i(t_{M,M-1})+1}^{m} \tilde{\boldsymbol{L}}_{Q2}^i \otimes \boldsymbol{B}_i''^{(2)} \end{cases} \tag{16.39}$$

16.2.2 稀疏特征值计算

本节利用 IRA 算法计算 $\hat{\boldsymbol{T}}'_M$ 中模值最大的部分关键特征值 μ''。其中，计算量最大的操作是通过矩阵 $\hat{\boldsymbol{T}}'_M$ 与第 j 个 Krylov 向量 $\boldsymbol{q}_j \in \mathbb{C}^{(n_1+(Q'M+1)d_2)\times 1}$ 的乘积运算以形成第 $j+1$ 个 Krylov 向量 $\boldsymbol{q}_{j+1} = \hat{\boldsymbol{T}}'_M \boldsymbol{q}_j \in \mathbb{C}^{(n_1+(Q'M+1)d_2)\times 1}$。

由于 $\hat{\boldsymbol{T}}'_M$ 的第二个行块矩阵高度稀疏，本节仅讨论 $\boldsymbol{q}_{j+1}$ 的前 $n_1 + Md_2$ 个分量的高效求解：

$$\boldsymbol{r} = \hat{\boldsymbol{\Sigma}}'_M \boldsymbol{q}_j \tag{16.40}$$

$$\boldsymbol{u} = \left(\hat{\boldsymbol{R}}'_M\right)^{-1} \boldsymbol{r} \tag{16.41}$$

$$\boldsymbol{q}_{j+1}(1 : n_1 + Md_2,\ 1) = \boldsymbol{E}_M \boldsymbol{u} \tag{16.42}$$

式中，$\boldsymbol{u}$, $\boldsymbol{r} \in \mathbb{C}^{Md\times 1}$ 为中间向量。

由于矩阵 $\boldsymbol{E}_M$ 为近似初等变换矩阵,故接下来重点分析式 (16.40) 和式 (16.41) 的稀疏实现。

1. 式 (16.40) 的稀疏实现

从列的方向上将向量 $\boldsymbol{q}_j(n_1+1 : n_1+(Q'M+1)d_2,\ 1)$ 依次压缩为矩阵 $\boldsymbol{Q}_1 \in \mathbb{C}^{n_2\times M}$、$\boldsymbol{Q}_2 \in \mathbb{C}^{l_2\times M}$、$\boldsymbol{Q}_3 \in \mathbb{C}^{n_2\times((Q'-1)M+1)}$ 和 $\boldsymbol{Q}_4 \in \mathbb{C}^{l_2\times((Q'-1)M+1)}$，即

$$\begin{cases}\mathrm{vec}(\boldsymbol{Q}_1)=\boldsymbol{q}_j(n_1+1:n_1+Mn_2,\ 1)\\ \mathrm{vec}(\boldsymbol{Q}_2)=\boldsymbol{q}_j(n_1+Mn_2+1:n_1+Mn_2+Ml_2,\ 1)\\ \mathrm{vec}(\boldsymbol{Q}_3)=\boldsymbol{q}_j(n_1+Mn_2+Ml_2+1:n_1+(Q'M+1)n_2+Ml_2,\ 1)\\ \mathrm{vec}(\boldsymbol{Q}_4)=\boldsymbol{q}_j(n_1+(Q'M+1)n_2+Ml_2+1:n_1+(Q'M+1)d_2,\ 1)\end{cases} \tag{16.43}$$

利用克罗内克积的性质，式 (16.40) 可以改写为

$$\boldsymbol{r}=\boldsymbol{\varSigma}'_M\cdot\begin{bmatrix}\boldsymbol{q}_j(1:n_1,1)\\ \mathrm{vec}(\boldsymbol{Q}_1)\\ \mathrm{vec}(\boldsymbol{Q}_2)\\ \mathrm{vec}(\boldsymbol{Q}_3)\\ \mathrm{vec}(\boldsymbol{Q}_4)\end{bmatrix}$$

$$=\left[\begin{array}{c}-\boldsymbol{d}_M\otimes\boldsymbol{q}_j(1:n)+\displaystyle\sum_{i=1}^{i(t_{M,0})}\mathrm{vec}\left(\boldsymbol{A}_i''^{(2)}\boldsymbol{q}_j(n_1+1:n)\left(\tilde{\boldsymbol{l}}_M^i\right)^{\mathrm{T}}\right)\\ +\displaystyle\sum_{i=1}^{i(t_{M,0})}\mathrm{vec}\left(\boldsymbol{B}_i''^{(2)}\boldsymbol{q}_j(n_1+Mn_2+1:n_1+Mn_2+l_2)\left(\tilde{\boldsymbol{l}}_M^i\right)^{\mathrm{T}}\right)\\ +\displaystyle\sum_{i=i(t_{M,M-1})+1}^{m}\mathrm{vec}\left(\left(\boldsymbol{A}_i''^{(2)}\boldsymbol{Q}_1+\boldsymbol{B}_i''^{(2)}\boldsymbol{Q}_2\right)\left(\tilde{\boldsymbol{L}}_{Q1}^i\right)^{\mathrm{T}}\right)\\ +\displaystyle\sum_{i=i(t_{M,M-1})+1}^{m}\mathrm{vec}\left(\left(\boldsymbol{A}_i''^{(2)}\boldsymbol{Q}_3+\boldsymbol{B}_i''^{(2)}\boldsymbol{Q}_4\right)\left(\tilde{\boldsymbol{L}}_{Q2}^i\right)^{\mathrm{T}}\right)\\ \hdashline \boldsymbol{0}_{Ml\times 1}\end{array}\right] \tag{16.44}$$

2. 式 (16.41) 的稀疏实现

$\hat{\boldsymbol{R}}_M'$ 的各分块子矩阵 $\boldsymbol{A}_M'$、$\boldsymbol{B}_M'$、$\boldsymbol{C}_M$ 和 $\boldsymbol{D}_M$ 分别为 $\boldsymbol{A}_i$、$\boldsymbol{B}_i$、$\boldsymbol{C}_0$ 和 $\boldsymbol{D}_0$ $(i=0,\ 1,\ \cdots,\ m)$ 的克罗内克积，具有高度稀疏的特性。因此，可以直接对 $\hat{\boldsymbol{R}}_M'$ 进行 LU 分解，进而高效地求解式 (16.41)。

3. 计算复杂度分析

考虑到 $\hat{\boldsymbol{\varSigma}}_M$ 只与 $\boldsymbol{A}_i^{(2)}$ 和 $\boldsymbol{B}_i^{(2)}$ $(i=1,\ 2,\ \cdots,\ m)$ 相关，如式 (16.40) 所示，求解 $\hat{\boldsymbol{\varSigma}}_M\boldsymbol{q}_j$ 的计算量可以忽略不计。因此，在稀疏特征值计算的过程中，形成第 $j+1$ 个 Krylov 向量 $\boldsymbol{q}_{j+1}$ 的关键在于求解 $\hat{\boldsymbol{R}}_M^{-1}\boldsymbol{r}$，大体上可以用稠密系统状态矩阵 $\tilde{\boldsymbol{A}}_0$ 与向量 $\boldsymbol{v}$ 的乘积次数来度量。具体地，$\hat{\boldsymbol{R}}_M$ 的子矩阵 $\boldsymbol{A}_M$、$\boldsymbol{B}_M$、$\boldsymbol{C}_M$ 和 $\boldsymbol{D}_M$ 分别是 $\boldsymbol{A}_i$、$\boldsymbol{B}_i$ $(i=0,\ 1,\ \cdots,\ m)$、$\boldsymbol{C}_0$ 和 $\boldsymbol{D}_0$ 的克罗内克积。虽然前者的

维数是后者的 N 倍，但具有更高的稀疏性。这为利用 LU 分解直接、高效地求取 $\hat{\boldsymbol{R}}_M$ 的逆矩阵奠定了基础。因此，$\hat{\boldsymbol{R}}_M^{-1}\boldsymbol{r}$ 的计算量和系统增广状态矩阵 $\boldsymbol{J}_0$ 的逆与向量 $\boldsymbol{v}$ 乘积的计算量相当。令 T 为求解 $\boldsymbol{J}_0^{-1}\boldsymbol{v}$ 的计算量与求解 $\tilde{\boldsymbol{A}}_0\boldsymbol{v}$ 计算量的比值，则求解 $\hat{\boldsymbol{R}}_M^{-1}\boldsymbol{r}$ 大体上需要 T 次 $\tilde{\boldsymbol{A}}_0\boldsymbol{v}$ 运算。

总体来说，在求解相同数量特征值的情况下，PSOD-PS-II 方法的计算量大约等于利用幂法对无时滞电力系统进行特征值分析计算量的 T 倍。

4. 牛顿校正

设由 IRA 算法计算得到 $\hat{\boldsymbol{T}}_M'$ 的特征值为 μ''，根据解算子的谱和时滞电力系统特征值之间的谱映射关系可以解得系统特征值的估计值 $\hat{\lambda}$ 为

$$\hat{\lambda} = \frac{1}{\alpha}\mathrm{e}^{\mathrm{j}\theta}\lambda'' = \frac{1}{\alpha h}\mathrm{e}^{\mathrm{j}\theta}\ln\mu'' \tag{16.45}$$

以 $\hat{\lambda}$ 为初始值，采用牛顿法迭代可以得到时滞电力系统的精确特征值 λ。

16.2.3 特性分析

通过与 SOD-PS-II 和 PSOD-PS 方法进行对比和分析，总结得到 PSOD-PS-II 的特性。

(1) PSOD-PS-II 方法生成的解算子部分离散化矩阵 $\hat{\boldsymbol{T}}_M$ 的维数为 $n_1+(QM+1)d_2$，与 PSOD-PS 生成的离散化矩阵 $\hat{\boldsymbol{T}}_{M,N}$ 的维数相等。考虑到大规模时滞电力系统总是满足 $n \gg d_2$，$\hat{\boldsymbol{T}}_M$ 的维数非常接近于系统状态变量的维数，与 SOD-PS-II 生成的离散化矩阵 $\boldsymbol{T}_M$ 的维数之比 $R_{\rm dim}$ 接近于 $\dfrac{1}{QM+1}$。

(2) 在求解相同数量特征值的情况下，PSOD-PS-II 方法的计算量大约等于利用幂法对无时滞电力系统进行特征值分析计算量的 T 倍。由 15.4.3 节已知，PSOD-PS 方法的计算量为利用幂法对无时滞电力系统进行特征值分析计算量的 $T+1$ 倍。因此，PSOD-PS-II 方法的计算量在理论上略低于 PSOD-PS。

第 17 章 基于 PSOD-IRK 的特征值计算方法

本章基于第 12 章的部分谱离散化特征值计算框架，对第 11 章 SOD-IRK 方法进行改进，提出了大规模时滞电力系统关键特征值准确、高效计算的 PSOD-IRK 方法。与 SOD-IRK 方法相比，PSOD-IRK 方法生成的解算子部分离散化矩阵维数低、特征值计算效率高。

17.1 PSOD-IRK 方法

17.1.1 基本原理

1. 离散化向量定义

利用 11.1.1 节定义的离散点集合 $\Omega_{Ns}=\{\theta_j+c_qh,\ j=1,\ 2,\ \cdots,\ N;\ q=1,\ 2,\ \cdots,\ s\}$，将系统时滞状态变量 $\Delta\boldsymbol{x}^{(2)}$ 和时滞代数变量 $\Delta\boldsymbol{y}^{(2)}$ 在第 j ($i=1,\ 2,\ \cdots,\ N$) 个时滞子区间上分别离散化为分块向量 $\Delta\boldsymbol{x}_{\delta,j}^{(2)}\in\mathbb{R}^{sn_2\times 1}$ 和 $\Delta\boldsymbol{y}_{\delta,j}^{(2)}\in\mathbb{R}^{sl_2\times 1}$ ($\delta=0,\ 1$)。

$$\begin{cases}\Delta\boldsymbol{x}_{\delta,j}^{(2)}=\left[\left(\Delta\boldsymbol{x}_{\delta,j,1}^{(2)}\right)^{\mathrm{T}},\ \left(\Delta\boldsymbol{x}_{\delta,j,2}^{(2)}\right)^{\mathrm{T}},\ \cdots,\ \left(\Delta\boldsymbol{x}_{\delta,j,s}^{(2)}\right)^{\mathrm{T}}\right]^{\mathrm{T}}\\ \Delta\boldsymbol{y}_{\delta,j}^{(2)}=\left[\left(\Delta\boldsymbol{y}_{\delta,j,1}^{(2)}\right)^{\mathrm{T}},\ \left(\Delta\boldsymbol{y}_{\delta,j,2}^{(2)}\right)^{\mathrm{T}},\ \cdots,\ \left(\Delta\boldsymbol{y}_{\delta,j,s}^{(2)}\right)^{\mathrm{T}}\right]^{\mathrm{T}}\end{cases}\tag{17.1}$$

式中，$\Delta\boldsymbol{x}_{\delta,j,q}^{(2)}\in\mathbb{R}^{n_2\times 1}$ 和 $\Delta\boldsymbol{y}_{\delta,j,q}^{(2)}\in\mathbb{R}^{l_2\times 1}$ 分别为 $\Delta\boldsymbol{x}^{(2)}$ 和 $\Delta\boldsymbol{y}^{(2)}$ 在离散点 $\delta h+\theta_j+c_qh$ 处的函数值，即 $\Delta\boldsymbol{x}_{\delta,j,q}^{(2)}=\Delta\boldsymbol{x}^{(2)}(\delta h+\theta_j+c_qh)\in\mathbb{R}^{n_2\times 1}$ 和 $\Delta\boldsymbol{y}_{\delta,j,q}^{(2)}=\Delta\boldsymbol{y}^{(2)}(\delta h+\theta_j+c_qh)\in\mathbb{R}^{l_2\times 1}$，$\delta=0,\ 1;\ j=1,\ 2,\ \cdots,\ N;\ q=1,\ 2,\ \cdots,\ s$。

定义系统非时滞状态变量 $\Delta\boldsymbol{x}^{(1)}$ 和非时滞代数变量 $\Delta\boldsymbol{y}^{(1)}$ 在第一个时滞子区间上各离散点 θ_1+c_qh 处的函数值分别为 $\Delta\boldsymbol{x}_{\delta,1,q}^{(1)}=\Delta\boldsymbol{x}^{(1)}(\delta h+\theta_1+c_qh)\in\mathbb{R}^{n_1\times 1}$ 和 $\Delta\boldsymbol{y}_{\delta,1,j}^{(1)}=\Delta\boldsymbol{y}^{(1)}(\delta h+\theta_1+c_qh)\in\mathbb{R}^{l_1\times 1}$，$q=1,\ 2,\ \cdots,\ s$。结合 $\Delta\boldsymbol{x}_{\delta,1,q}^{(2)}$ 和 $\Delta\boldsymbol{y}_{\delta,1,q}^{(2)}$，进而定义 $\Delta\boldsymbol{x}_{\delta,1,q}\in\mathbb{R}^{n\times 1}$ 和 $\Delta\boldsymbol{y}_{\delta,1,q}\in\mathbb{R}^{l\times 1}$ ($\delta=0,\ 1;\ q=1,\ 2,\ \cdots,\ s$)：

$$\Delta\boldsymbol{x}_{\delta,1,q}=\left[\left(\Delta\boldsymbol{x}_{\delta,1,q}^{(1)}\right)^{\mathrm{T}},\left(\Delta\boldsymbol{x}_{\delta,1,q}^{(2)}\right)^{\mathrm{T}}\right]^{\mathrm{T}},\ \Delta\boldsymbol{y}_{\delta,1,q}=\left[\left(\Delta\boldsymbol{y}_{\delta,1,q}^{(1)}\right)^{\mathrm{T}},\left(\Delta\boldsymbol{y}_{\delta,1,q}^{(2)}\right)^{\mathrm{T}}\right]^{\mathrm{T}}\tag{17.2}$$

2. 基本思路

基于 DDAE 的 PSOD-IRK 方法的基本原理，就是建立表征时滞区间 $[-\tau_{\max}, 0]$ 上零点处的 $\Delta\hat{\boldsymbol{x}}_h$ 和非零离散点处的 $\Delta\hat{\boldsymbol{x}}_h^{(2)}$ 与 $\Delta\hat{\boldsymbol{x}}_0$ 之间关系的显式表达式，其系数矩阵即为解算子 $\mathcal{T}(h)$ 的 IRK 部分离散化矩阵 $\hat{\boldsymbol{T}}_{Ns}$。具体分为以下两个部分：

(1) $\mathcal{T}(h)$ 的第一个解分段的部分离散化：利用 IRK 法 (Radau IIA 方案) 求解隐式常微分方程式 (17.3)，从而得到区间 $(-h, 0]$ 上各离散点 $-h+c_q h\ (q=1, 2, \cdots, s)$ 处系统增广状态变量 $\Delta\hat{\boldsymbol{x}}_h$ 的估计值，即 $\left[\Delta\boldsymbol{x}_{1,1,q}^{\mathrm{T}}, \Delta\boldsymbol{y}_{1,1,q}^{\mathrm{T}}\right]^{\mathrm{T}}$。

$$\begin{cases} \boldsymbol{f}(-h+c_q h, \Delta\boldsymbol{x}_h) = \Delta\dot{\boldsymbol{x}}_{1,1,q} \\ = [\boldsymbol{A}_0 \ \ \boldsymbol{B}_0]\begin{bmatrix}\Delta\boldsymbol{x}_{1,1,q}\\ \Delta\boldsymbol{y}_{1,1,q}\end{bmatrix} + \sum\limits_{i=1}^{m}\left[\boldsymbol{A}_i^{(2)} \quad \boldsymbol{B}_i^{(2)}\right]\begin{bmatrix}\Delta\boldsymbol{x}^{(2)}(c_q h-\tau_i)\\ \Delta\boldsymbol{y}^{(2)}(c_q h-\tau_i)\end{bmatrix}, \\ \boldsymbol{0} = [\boldsymbol{C}_0 \ \ \boldsymbol{D}_0]\begin{bmatrix}\Delta\boldsymbol{x}_{1,1,q}\\ \Delta\boldsymbol{y}_{1,1,q}\end{bmatrix}, \quad q=1, 2, \cdots, s \end{cases} \tag{17.3}$$

(2) $\mathcal{T}(h)$ 的第二个解分段的部分离散化：利用解算子的转移特性，直接估计系统增广时滞状态变量 $\Delta\hat{\boldsymbol{x}}_h^{(2)}$ 在区间 $[-\tau_{\max}, -h]$ 的各离散点 $-jh+c_q h\ (j=2, 3, \cdots, N;\ q=1, 2, \cdots, s)$ 处的值，即 $\Delta\hat{\boldsymbol{x}}_{1,j,q}^{(2)}=\left[\left(\Delta\boldsymbol{x}_{1,j,q}^{(2)}\right)^{\mathrm{T}}, \left(\Delta\boldsymbol{y}_{1,j,q}^{(2)}\right)^{\mathrm{T}}\right]^{\mathrm{T}}$。

$$\Delta\boldsymbol{x}_{1,j,q}^{(2)} = \Delta\boldsymbol{x}_{0,j-1,q}^{(2)}, \ \Delta\boldsymbol{y}_{1,j,q}^{(2)} = \Delta\boldsymbol{y}_{0,j-1,q}^{(2)} \tag{17.4}$$

3. 拉格朗日插值多项式

求解式 (17.3) 第 1 式的关键在于确定时滞项 $\Delta\boldsymbol{x}^{(2)}(c_q h-\tau_i)$ 和 $\Delta\boldsymbol{y}^{(2)}(c_q h-\tau_i)\ (i=1, 2, \cdots, m;\ q=1, 2, \cdots, s)$ 的值。然而，在通常情况下，点集 $c_q h-\tau_i\ (q=1, 2, \cdots, s;\ i=1, 2, \cdots, m-1)$ 不属于离散点集合 $\delta h+\Omega_{Ns}\ (\delta=0, 1)$。因此，需要利用 $c_q h-\tau_i$ 附近的 $p+1$ 个点 $\theta_{\gamma_i-r}\ (r=1-\lceil p/2\rceil, 2-\lceil p/2\rceil, \cdots, \lceil p/2\rceil)$ 处的 $\Delta\boldsymbol{x}^{(2)}$ 和 $\Delta\boldsymbol{y}^{(2)}$ 进行拉格朗日插值，从而得到 $\Delta\boldsymbol{x}^{(2)}(c_q h-\tau_i)$ 和 $\Delta\boldsymbol{y}^{(2)}(c_q h-\tau_i)$ 的近似值。其中，$\lceil p/2\rceil$ 为大于或等于 $p/2$ 的最小整数，γ_i 为正整数且满足 $\theta_{\gamma_i}\leqslant c_q h-\tau_i<\theta_{\gamma_i-1}$。

令 $\boldsymbol{z}_{x,i,q}^{(2)}\in\mathbb{R}^{n_2\times 1}$ 和 $\boldsymbol{z}_{y,i,q}^{(2)}\in\mathbb{R}^{l_2\times 1}$ 分别表示通过拉格朗日插值所得到的 $\Delta\boldsymbol{x}^{(2)}(c_q h-\tau_i)$ 和 $\Delta\boldsymbol{y}^{(2)}(c_q h-\tau_i)\ (q=1, 2, \cdots, s;\ i=1, \cdots, m-1)$ 的近似值。考虑到 $\theta_{\gamma_i-r}=-(\gamma_i-r)h=-(\gamma_i-r+1)h+h=0\times h+\theta_{\gamma_i-r+1}+c_s h$，有

$$\begin{cases}\Delta\boldsymbol{x}^{(2)}(c_qh-\tau_i)\approx\boldsymbol{z}_{x,i,q}^{(2)}=\displaystyle\sum_{r=1-\lceil p/2\rceil}^{\lceil p/2\rceil}\ell_r(c_qh-\tau_i)\Delta\boldsymbol{x}_{0,\gamma_i-r+1,s}^{(2)}\\\Delta\boldsymbol{y}^{(2)}(c_qh-\tau_i)\approx\boldsymbol{z}_{y,i,q}^{(2)}=\displaystyle\sum_{r=1-\lceil p/2\rceil}^{\lceil p/2\rceil}\ell_r(c_qh-\tau_i)\Delta\boldsymbol{y}_{0,\gamma_i-r+1,s}^{(2)}\end{cases}\tag{17.5}$$

式中，$\ell_r(\cdot)$ 是由 $c_qh-\tau_i$ 附近的 $p+1$ 个离散点 θ_{γ_i-r} $(r=1-\lceil p/2\rceil$，$2-\lceil p/2\rceil$，$\cdots$，$\lceil p/2\rceil)$ 对应的拉格朗日插值系数。

将式 (17.5) 写成矩阵形式，得

$$\boldsymbol{z}_{x,i}^{(2)}\triangleq\boldsymbol{L}_i^{\mathrm{T}}\otimes\Delta\boldsymbol{x}_0^{(2)},\quad \boldsymbol{z}_{y,i}^{(2)}\triangleq\boldsymbol{L}_i^{\mathrm{T}}\otimes\Delta\boldsymbol{y}_0^{(2)}\tag{17.6}$$

式中，$\boldsymbol{z}_{x,i}^{(2)}\in\mathbb{R}^{sn_2\times1}$，$\boldsymbol{z}_{y,i}^{(2)}\in\mathbb{R}^{sl_2\times1}$ $(i=1,\ 2,\ \cdots,\ m-1)$；$\Delta\boldsymbol{x}_0^{(2)}\in\mathbb{R}^{Nsn_2\times1}$，$\Delta\boldsymbol{y}_0^{(2)}\in\mathbb{R}^{Nsl_2\times1}$；$\boldsymbol{L}_i\in\mathbb{R}^{Ns\times s}$ $(i=1,\ 2,\ \cdots,\ m-1)$ 为拉格朗日插值系数矩阵，具体表达式见式 (11.10)。

$$\begin{cases}\boldsymbol{z}_{x,i}^{(2)}=\left[\left(\boldsymbol{z}_{x,i,1}^{(2)}\right)^{\mathrm{T}},\ \left(\boldsymbol{z}_{x,i,2}^{(2)}\right)^{\mathrm{T}},\ \cdots,\ \left(\boldsymbol{z}_{x,i,s}^{(2)}\right)^{\mathrm{T}}\right]^{\mathrm{T}}\\\boldsymbol{z}_{y,i}^{(2)}=\left[\left(\boldsymbol{z}_{y,i,1}^{(2)}\right)^{\mathrm{T}},\ \left(\boldsymbol{z}_{y,i,2}^{(2)}\right)^{\mathrm{T}},\ \cdots,\ \left(\boldsymbol{z}_{y,i,s}^{(2)}\right)^{\mathrm{T}}\right]^{\mathrm{T}}\end{cases}\tag{17.7}$$

$$\begin{cases}\Delta\boldsymbol{x}_0^{(2)}=\left[\left(\Delta\boldsymbol{x}_{0,1}^{(2)}\right)^{\mathrm{T}},\ \left(\Delta\boldsymbol{x}_{0,2}^{(2)}\right)^{\mathrm{T}},\ \cdots,\ \left(\Delta\boldsymbol{x}_{0,N}^{(2)}\right)^{\mathrm{T}}\right]^{\mathrm{T}}\\\Delta\boldsymbol{y}_0^{(2)}=\left[\left(\Delta\boldsymbol{y}_{0,1}^{(2)}\right)^{\mathrm{T}},\ \left(\Delta\boldsymbol{y}_{0,2}^{(2)}\right)^{\mathrm{T}},\ \cdots,\ \left(\Delta\boldsymbol{y}_{0,N}^{(2)}\right)^{\mathrm{T}}\right]^{\mathrm{T}}\end{cases}\tag{17.8}$$

17.1.2　解算子 Radau IIA 部分离散化矩阵

1. $\mathcal{T}(h)$ 第一个解分段的部分离散化

将式 (17.3) 第 1 式代入 IRK 法的递推公式 (3.171)，$\mathcal{T}(h)$ 第一个解分段的 Radau IIA 部分离散化形式可展开为

$$\begin{aligned}\Delta\boldsymbol{x}_{1,1,q}=&\Delta\boldsymbol{x}_{1,2,s}+h\sum_{k=1}^{s}a_{q,k}\boldsymbol{f}(-h+c_kh,\ \Delta\boldsymbol{x}_h)\\=&\Delta\boldsymbol{x}_{1,2,s}+h\sum_{k=1}^{s}a_{q,k}\left[\boldsymbol{A}_0\quad\boldsymbol{B}_0\right]\begin{bmatrix}\Delta\boldsymbol{x}_{1,1,k}\\\Delta\boldsymbol{y}_{1,1,k}\end{bmatrix}\end{aligned}$$

$$+h\sum_{i=1}^{m}\sum_{k=1}^{s}a_{q,k}\begin{bmatrix}\boldsymbol{A}_i^{(2)} & \boldsymbol{B}_i^{(2)}\end{bmatrix}\begin{bmatrix}\Delta\boldsymbol{x}^{(2)}(c_kh-\tau_i)\\ \Delta\boldsymbol{y}^{(2)}(c_kh-\tau_i)\end{bmatrix},\quad q=1,\ 2,\ \cdots,\ s \tag{17.9}$$

将式 (17.4) 和式 (17.5) 代入式 (17.9)，得

$$\begin{aligned}\Delta\boldsymbol{x}_{1,1,q}=&\Delta\boldsymbol{x}_{1,2,s}+h\sum_{k=1}^{s}a_{q,k}\left[\boldsymbol{A}_0\quad\boldsymbol{B}_0\right]\begin{bmatrix}\Delta\boldsymbol{x}_{1,1,k}\\ \Delta\boldsymbol{y}_{1,1,k}\end{bmatrix}\\&+h\sum_{i=1}^{m-1}\sum_{k=1}^{s}a_{q,k}\begin{bmatrix}\boldsymbol{A}_i^{(2)} & \boldsymbol{B}_i^{(2)}\end{bmatrix}\begin{bmatrix}\boldsymbol{z}_{x,i,k}^{(2)}\\ \boldsymbol{z}_{y,i,k}^{(2)}\end{bmatrix}\\&+h\sum_{k=1}^{s}a_{q,k}\begin{bmatrix}\boldsymbol{A}_m^{(2)} & \boldsymbol{B}_m^{(2)}\end{bmatrix}\begin{bmatrix}\Delta\boldsymbol{x}_{0,N,k}^{(2)}\\ \Delta\boldsymbol{y}_{0,N,k}^{(2)}\end{bmatrix},\quad q=1,\ 2,\ \cdots,\ s\end{aligned} \tag{17.10}$$

下面对式 (17.10) 进一步推导和整理。首先，对式 (17.10) 进行移项并考虑到 $\Delta\boldsymbol{x}_{1,2,s}=\Delta\boldsymbol{x}_{0,1,s}$，得

$$\begin{aligned}&\Delta\boldsymbol{x}_{1,1,q}-h\sum_{k=1}^{s}a_{q,k}\left[\boldsymbol{A}_0\quad\boldsymbol{B}_0\right]\begin{bmatrix}\Delta\boldsymbol{x}_{1,1,k}\\ \Delta\boldsymbol{y}_{1,1,k}\end{bmatrix}\\=&\Delta\boldsymbol{x}_{0,1,s}+h\sum_{i=1}^{m-1}\sum_{k=1}^{s}a_{q,k}\begin{bmatrix}\boldsymbol{A}_i^{(2)} & \boldsymbol{B}_i^{(2)}\end{bmatrix}\begin{bmatrix}\boldsymbol{z}_{x,i,k}^{(2)}\\ \boldsymbol{z}_{y,i,k}^{(2)}\end{bmatrix}\\&+h\sum_{k=1}^{s}a_{q,k}\begin{bmatrix}\boldsymbol{A}_m^{(2)} & \boldsymbol{B}_m^{(2)}\end{bmatrix}\begin{bmatrix}\Delta\boldsymbol{x}_{0,N,k}^{(2)}\\ \Delta\boldsymbol{y}_{0,N,k}^{(2)}\end{bmatrix},\quad q=1,\ 2,\ \cdots,\ s\end{aligned} \tag{17.11}$$

其次，将式 (17.11) 等号左边写成矩阵形式，得

$$\begin{bmatrix}\boldsymbol{I}_{sn}-h\boldsymbol{A}\otimes\boldsymbol{A}_0 & -h\boldsymbol{A}\otimes\boldsymbol{B}_0\end{bmatrix}\begin{bmatrix}\Delta\boldsymbol{x}_{1,1}\\ \Delta\boldsymbol{y}_{1,1}\end{bmatrix} \tag{17.12}$$

式中，$\Delta\boldsymbol{x}_{1,1}=\left[(\Delta\boldsymbol{x}_{1,1,1})^{\mathrm{T}},\ (\Delta\boldsymbol{x}_{1,1,2})^{\mathrm{T}},\ \cdots,\ (\Delta\boldsymbol{x}_{1,1,s})^{\mathrm{T}}\right]^{\mathrm{T}}\in\mathbb{R}^{sn\times1}$，$\Delta\boldsymbol{y}_{1,1}=\left[(\Delta\boldsymbol{y}_{1,1,1})^{\mathrm{T}},\ (\Delta\boldsymbol{y}_{1,1,2})^{\mathrm{T}},\ \cdots,\ (\Delta\boldsymbol{y}_{1,1,s})^{\mathrm{T}}\right]^{\mathrm{T}}\in\mathbb{R}^{sl\times1}$；$\boldsymbol{A}=[a_{q,k}]\in\mathbb{R}^{s\times s}$ 为 s 级 Radau IIA 方法的系数矩阵，$q=1,\ 2,\ \cdots,\ s$；$k=1,\ 2,\ \cdots,\ s$。

再次，将式 (17.11) 等号右边写成矩阵形式，得

$$\begin{aligned}&\boldsymbol{1}_s\otimes\Delta\boldsymbol{x}_{0,1,s}+h\sum_{i=1}^{m-1}\begin{bmatrix}\boldsymbol{A}\otimes\boldsymbol{A}_i^{(2)} & \boldsymbol{A}\otimes\boldsymbol{B}_i^{(2)}\end{bmatrix}\begin{bmatrix}\boldsymbol{z}_{x,i}^{(2)}\\ \boldsymbol{z}_{y,i}^{(2)}\end{bmatrix}\\&+h\begin{bmatrix}\boldsymbol{A}\otimes\boldsymbol{A}_m^{(2)} & \boldsymbol{A}\otimes\boldsymbol{B}_m^{(2)}\end{bmatrix}\begin{bmatrix}\boldsymbol{x}_{0,N}^{(2)}\\ \boldsymbol{y}_{0,N}^{(2)}\end{bmatrix}\end{aligned} \tag{17.13}$$

式中，$\mathbf{1}_s=[1,\ 1,\ \cdots,\ 1]^{\mathrm{T}}\in\mathbb{R}^{s\times 1}$。

接下来，将式 (17.6) 代入式 (17.13)，并利用克罗内克积的性质，得

$$\begin{aligned}&\mathbf{1}_s\otimes\Delta\boldsymbol{x}_{0,1,s}+h\sum_{i=1}^{m}\left(\boldsymbol{A}\boldsymbol{L}_i^{\mathrm{T}}\otimes\boldsymbol{A}_i^{(2)}\right)\Delta\boldsymbol{x}_0^{(2)}+h\sum_{i=1}^{m}\left(\boldsymbol{A}\boldsymbol{L}_i^{\mathrm{T}}\otimes\boldsymbol{B}_i^{(2)}\right)\Delta\boldsymbol{y}_0^{(2)}\\&=\begin{bmatrix}\mathbf{1}_s\otimes\begin{bmatrix}\boldsymbol{I}_{n_1}\\\mathbf{0}_{n_2\times n_1}\end{bmatrix} & \boldsymbol{M}_1 & \boldsymbol{N}_1 & \boldsymbol{M}_2 & \boldsymbol{N}_2\end{bmatrix}\Delta\hat{\boldsymbol{x}}_0\end{aligned}\tag{17.14}$$

式中，$\boldsymbol{L}_m^{\mathrm{T}}=[\mathbf{0}_{s\times(N-1)s}\ \ \boldsymbol{I}_s]\in\mathbb{R}^{s\times Ns}$；$\boldsymbol{M}_1\in\mathbb{R}^{sn\times sn_2}$，$\boldsymbol{N}_1\in\mathbb{R}^{sn\times sl_2}$，$\boldsymbol{M}_2\in\mathbb{R}^{sn\times(N-1)sn_2}$，$\boldsymbol{N}_2\in\mathbb{R}^{sn\times(N-1)sl_2}$；$\Delta\hat{\boldsymbol{x}}_0\in\mathbb{R}^{(n_1+Nsd_2)\times 1}$。

$$\begin{cases}\boldsymbol{M}_1=h\boldsymbol{A}\displaystyle\sum_{i=1}^{m}\bar{\boldsymbol{L}}_i^{\mathrm{T}}\otimes\boldsymbol{A}_i^{(2)}+\begin{bmatrix}\mathbf{0}_{sn\times(s-1)n_2} & \mathbf{1}_s\otimes\begin{bmatrix}\mathbf{0}_{n_1\times n_2}\\\boldsymbol{I}_{n_2}\end{bmatrix}\end{bmatrix}\\\boldsymbol{N}_1=h\boldsymbol{A}\displaystyle\sum_{i=1}^{m}\bar{\boldsymbol{L}}_i^{\mathrm{T}}\otimes\boldsymbol{B}_i^{(2)},\ \boldsymbol{M}_2=h\boldsymbol{A}\sum_{i=1}^{m}\tilde{\boldsymbol{L}}_i^{\mathrm{T}}\otimes\boldsymbol{A}_i^{(2)},\ \boldsymbol{N}_2=h\boldsymbol{A}\sum_{i=1}^{m}\tilde{\boldsymbol{L}}_i^{\mathrm{T}}\otimes\boldsymbol{B}_i^{(2)}\end{cases}\tag{17.15}$$

$$\Delta\hat{\boldsymbol{x}}_0=\left[\left(\Delta\boldsymbol{x}_{0,1,s}^{(1)}\right)^{\mathrm{T}},\ \left(\Delta\boldsymbol{x}_{0,1}^{(2)}\right)^{\mathrm{T}},\ \left(\Delta\boldsymbol{y}_{0,1}^{(2)}\right)^{\mathrm{T}},\ \left(\Delta\boldsymbol{x}_{0,2:N}^{(2)}\right)^{\mathrm{T}},\ \left(\Delta\boldsymbol{y}_{0,2:N}^{(2)}\right)^{\mathrm{T}}\right]^{\mathrm{T}}\tag{17.16}$$

其中，$\bar{\boldsymbol{L}}_i^{\mathrm{T}}=\boldsymbol{L}_i^{\mathrm{T}}(:,\ 1:s)\in\mathbb{R}^{s\times s}$，$\tilde{\boldsymbol{L}}_i^{\mathrm{T}}=\boldsymbol{L}_i^{\mathrm{T}}(:,\ s+1:Ns)\in\mathbb{R}^{s\times(N-1)s}$，$i=1,\ 2,\ \cdots,\ m$。$\Delta\boldsymbol{x}_{0,2:N}\in\mathbb{R}^{(N-1)sn_2\times 1}$，$\Delta\boldsymbol{y}_{0,2:N}\in\mathbb{R}^{(N-1)sl_2\times 1}$。

$$\begin{cases}\Delta\boldsymbol{x}_{0,2:N}^{(2)}=\left[\left(\Delta\boldsymbol{x}_{0,2}^{(2)}\right)^{\mathrm{T}},\ \left(\Delta\boldsymbol{x}_{0,3}^{(2)}\right)^{\mathrm{T}},\ \cdots,\ \left(\Delta\boldsymbol{x}_{0,N}^{(2)}\right)^{\mathrm{T}}\right]^{\mathrm{T}}\\\Delta\boldsymbol{y}_{0,2:N}^{(2)}=\left[\left(\Delta\boldsymbol{y}_{0,2}^{(2)}\right)^{\mathrm{T}},\ \left(\Delta\boldsymbol{y}_{0,3}^{(2)}\right)^{\mathrm{T}},\ \cdots,\ \left(\Delta\boldsymbol{y}_{0,N}^{(2)}\right)^{\mathrm{T}}\right]^{\mathrm{T}}\end{cases}\tag{17.17}$$

联立式 (17.12) 和式 (17.14) 以及式 (17.3) 第 2 式的矩阵形式 $(\boldsymbol{I}_s\otimes\boldsymbol{C}_0)\Delta\boldsymbol{x}_{1,1}+(\boldsymbol{I}_s\otimes\boldsymbol{D}_0)\Delta\boldsymbol{y}_{1,1}=\mathbf{0}$，可以得到系统增广状态变量 $\Delta\hat{\boldsymbol{x}}_h$ 在区间 $(-h,\ 0]$ 上的估计值 $\left[\Delta\boldsymbol{x}_{1,1}^{\mathrm{T}},\ \Delta\boldsymbol{y}_{1,1}^{\mathrm{T}}\right]^{\mathrm{T}}$。

$$\begin{bmatrix}\Delta\boldsymbol{x}_{1,1}\\\Delta\boldsymbol{y}_{1,1}\end{bmatrix}=\hat{\boldsymbol{R}}_{Ns}^{-1}\hat{\boldsymbol{\Sigma}}_{Ns}\Delta\hat{\boldsymbol{x}}_0\tag{17.18}$$

式中，$\hat{\boldsymbol{R}}_{Ns}\in\mathbb{R}^{sd\times sd}$ 为非奇异矩阵；$\hat{\boldsymbol{\Sigma}}_{Ns}\in\mathbb{R}^{sd\times(n_1+Nsd_2)}$。

$$\hat{\boldsymbol{R}}_{Ns}=\begin{bmatrix}\boldsymbol{I}_{sn}-h\boldsymbol{A}\otimes\boldsymbol{A}_0 & -h\boldsymbol{A}\otimes\boldsymbol{B}_0\\\boldsymbol{I}_s\otimes\boldsymbol{C}_0 & \boldsymbol{I}_s\otimes\boldsymbol{D}_0\end{bmatrix}\triangleq\begin{bmatrix}\boldsymbol{A}_{Ns} & \boldsymbol{B}_{Ns}\\\boldsymbol{C}_{Ns} & \boldsymbol{D}_{Ns}\end{bmatrix}\tag{17.19}$$

式中，$\boldsymbol{A}_{Ns} \in \mathbb{R}^{sn\times sn}$，$\boldsymbol{B}_{Ns} \in \mathbb{R}^{sn\times sl}$，$\boldsymbol{C}_{Ns} \in \mathbb{C}^{sl\times sn}$，$\boldsymbol{D}_{Ns} \in \mathbb{R}^{sl\times sl}$。

$$\hat{\boldsymbol{\Sigma}}_{Ns} = \begin{bmatrix} \begin{bmatrix} \boldsymbol{1}_s \otimes \begin{bmatrix} \boldsymbol{I}_{n_1} \\ \boldsymbol{0}_{n_2\times n_1} \end{bmatrix} & \boldsymbol{M}_1 & \boldsymbol{N}_1 & \boldsymbol{M}_2 & \boldsymbol{N}_2 \end{bmatrix} \\ \hdashline \boldsymbol{0}_{sl\times(n_1+Nsd_2)} \end{bmatrix} \tag{17.20}$$

如式 (17.18) 所示，系统增广状态变量 $\Delta\hat{\boldsymbol{x}}(t)$ 在未来时刻 $t \in (0,\ h]$ 上的估计值 $\left[\Delta\boldsymbol{x}_{1,1}^{\mathrm{T}},\ \Delta\boldsymbol{y}_{1,1}^{\mathrm{T}}\right]^{\mathrm{T}}$ 与非时滞增广状态变量 $\Delta\hat{\boldsymbol{x}}^{(1)}$ 在过去时刻 $t \in (-h,\ 0)$ 的函数值以及非时滞代数变量 $\Delta\boldsymbol{y}^{(1)}$ 在当前时刻 $t = 0$ 的函数值无关。因此，通过对式 (17.18) 左乘矩阵 $\boldsymbol{E}_{Ns}$，舍去估计值 $\Delta\boldsymbol{x}_{1,1,q}^{(1)}$ $(q = 1,\ 2,\ \cdots,\ s-1)$ 和 $\Delta\boldsymbol{y}_{1,1,q}^{(1)}$ $(q = 1,\ 2,\ \cdots,\ s)$，便可得到解算子 $\mathcal{T}(h)$ 第一个解分段的 Radau IIA 部分离散化形式。

$$\begin{bmatrix} \Delta\boldsymbol{x}_{1,1,s}^{(1)} \\ \Delta\boldsymbol{x}_{1,1}^{(2)} \\ \Delta\boldsymbol{y}_{1,1}^{(2)} \end{bmatrix} = \boldsymbol{E}_{Ns} \begin{bmatrix} \Delta\boldsymbol{x}_{1,1} \\ \Delta\boldsymbol{y}_{1,1} \end{bmatrix} = \boldsymbol{E}_{Ns}\hat{\boldsymbol{R}}_{Ns}^{-1}\hat{\boldsymbol{\Sigma}}_{Ns}\Delta\hat{\boldsymbol{x}}_0 \tag{17.21}$$

式中，$\boldsymbol{E}_{Ns} \in \mathbb{R}^{(n_1+sd_2)\times sd}$。

$$\boldsymbol{E}_{Ns} = \begin{bmatrix} & \boldsymbol{I}_{n_1} & & \\ \boldsymbol{I}_{s-1} \otimes \begin{bmatrix} \boldsymbol{0}_{n_2\times n_1} & \boldsymbol{I}_{n_2} \end{bmatrix} & & & \\ & & \boldsymbol{I}_{n_2} & \\ & & & \boldsymbol{I}_s \otimes \begin{bmatrix} \boldsymbol{0}_{l_2\times l_1} & \boldsymbol{I}_{l_2} \end{bmatrix} \end{bmatrix} \tag{17.22}$$

2. $\mathcal{T}(h)$ 第二个解分段的部分离散化

根据式 (17.4)，区间 $[-\tau_{\max},\ -h]$ 上各离散点 $-jh+c_qh$ $(j = 2,\ 3,\ \cdots,\ N;\ q = 1,\ 2,\ \cdots,\ s)$ 处系统时滞状态变量 $\Delta\boldsymbol{x}_h^{(2)}$ 以及时滞代数变量 $\Delta\boldsymbol{y}_h^{(2)}$ 的估计值分别为

$$\Delta\boldsymbol{x}_{1,2:N} = \begin{bmatrix} \boldsymbol{I}_{(N-2)sn_2} & & \\ & \boldsymbol{I}_{sn_2} & \boldsymbol{0}_{sn_2} \end{bmatrix} \Delta\boldsymbol{x}_0^{(2)} \tag{17.23}$$

$$\Delta\boldsymbol{y}_{1,2:N} = \begin{bmatrix} \boldsymbol{I}_{(N-2)sl_2} & & \\ & \boldsymbol{I}_{sl_2} & \boldsymbol{0}_{sl_2} \end{bmatrix} \Delta\boldsymbol{y}_0^{(2)} \tag{17.24}$$

式中，$\Delta\boldsymbol{x}_{1,2:N} \in \mathbb{R}^{(N-1)sn_2\times 1}$，$\Delta\boldsymbol{y}_{1,2:N} \in \mathbb{R}^{(N-1)sl_2\times 1}$。

$$\begin{cases}\Delta\boldsymbol{x}_{1,2:N}^{(2)}=\left[\left(\Delta\boldsymbol{x}_{1,2}^{(2)}\right)^{\mathrm{T}},\ \left(\Delta\boldsymbol{x}_{1,3}^{(2)}\right)^{\mathrm{T}},\ \cdots,\ \left(\Delta\boldsymbol{x}_{1,N}^{(2)}\right)^{\mathrm{T}}\right]^{\mathrm{T}}\\ \Delta\boldsymbol{y}_{1,2:N}^{(2)}=\left[\left(\Delta\boldsymbol{y}_{1,2}^{(2)}\right)^{\mathrm{T}},\ \left(\Delta\boldsymbol{y}_{1,3}^{(2)}\right)^{\mathrm{T}},\ \cdots,\ \left(\Delta\boldsymbol{y}_{1,N}^{(2)}\right)^{\mathrm{T}}\right]^{\mathrm{T}}\end{cases} \tag{17.25}$$

3. $\mathcal{T}(h)$ 的 Radau IIA 部分离散化矩阵

对应式 (17.16)，定义分块向量 $\Delta\hat{\boldsymbol{x}}_1\in\mathbb{R}^{(n_1+Nsd_2)\times 1}$：

$$\Delta\hat{\boldsymbol{x}}_1=\left[\left(\Delta\boldsymbol{x}_{1,1,s}^{(1)}\right)^{\mathrm{T}},\ \left(\Delta\boldsymbol{x}_{1,1}^{(2)}\right)^{\mathrm{T}},\ \left(\Delta\boldsymbol{y}_{1,1}^{(2)}\right)^{\mathrm{T}},\ \left(\Delta\boldsymbol{x}_{1,2:N}^{(2)}\right)^{\mathrm{T}},\ \left(\Delta\boldsymbol{y}_{1,2:N}^{(2)}\right)^{\mathrm{T}}\right]^{\mathrm{T}} \tag{17.26}$$

联立式 (17.21)、式 (17.23) 和式 (17.24)，可以得到 $\Delta\hat{\boldsymbol{x}}_1$ 与 $\Delta\hat{\boldsymbol{x}}_0$ 之间转移关系的显式表达式:

$$\Delta\hat{\boldsymbol{x}}_1=\hat{\boldsymbol{T}}_{Ns}\Delta\hat{\boldsymbol{x}}_0 \tag{17.27}$$

式中，系数矩阵 $\hat{\boldsymbol{T}}_{Ns}\in\mathbb{R}^{(n_1+Nsd_2)\times(n_1+Nsd_2)}$ 就是解算子 $\mathcal{T}(h)$ 的 Radau IIA 部分离散化矩阵。

$$\hat{\boldsymbol{T}}_{Ns}=\left[\begin{array}{c}\boldsymbol{E}_{Ns}\hat{\boldsymbol{R}}_{Ns}^{-1}\hat{\boldsymbol{\Sigma}}_{Ns}\\ \hdashline \begin{bmatrix}\boldsymbol{0}_{sn_2\times n_1} & \boldsymbol{I}_{sn_2} & & & & & \\ & & \boldsymbol{I}_{(N-3)sn_2} & & & & \\ & & & \boldsymbol{I}_{sn_2} & \boldsymbol{0}_{sn_2} & & \\ & \boldsymbol{I}_{sl_2} & & & & & \\ & & & & & \boldsymbol{I}_{(N-3)sl_2} & \\ & & & & & & \boldsymbol{I}_{sl_2}\ \boldsymbol{0}_{sl_2}\end{bmatrix}\end{array}\right] \tag{17.28}$$

17.2 大规模时滞电力系统特征值计算

17.2.1 旋转–放大预处理

为了加快求解解算子离散化矩阵特征值的 IRA 算法的收敛速度，本节利用 4.4.3 节所述方法，构建旋转–放大预处理后的解算子 Radau IIA 部分离散化矩阵。

在旋转–放大预处理第一种实现方法中，将区间 $[-\tau_{\max}/\alpha,\ 0]$ 重新划分为长度等于 h 的 N' 个子区间，即 $N'=\lceil\tau_{\max}/(\alpha h)\rceil$。相应地，将拉格朗日插值相关的矩阵 $\boldsymbol{L}_i$、$\bar{\boldsymbol{L}}_i$ 和 $\tilde{\boldsymbol{L}}_i$ $(i=0,\ 1,\ \cdots,\ m)$ 分别重新形成为 $\boldsymbol{L}_i'\in\mathbb{R}^{N's\times s}$、$\bar{\boldsymbol{L}}_i'\in\mathbb{R}^{s\times s}$ 和 $\tilde{\boldsymbol{L}}_i'\in\mathbb{R}^{(N'-1)s\times s}$。此外，将 $\boldsymbol{A}_i$、$\boldsymbol{B}_i$、$\boldsymbol{A}_i^{(2)}$ 和 $\boldsymbol{B}_i^{(2)}$ 分别替换为 $\boldsymbol{A}_i''$、$\boldsymbol{B}_i''$、$\boldsymbol{A}_i''^{(2)}$

和 $\boldsymbol{B}_i''^{(2)}$, $i=0, 1, \cdots, m$。最终，可以得到旋转–放大预处理后的解算子 Radau IIA 部分离散化矩阵 $\hat{\boldsymbol{T}}'_{Ns} \in \mathbb{C}^{(n_1+N'sd_2)\times(n_1+N'sd_2)}$。

$$\hat{\boldsymbol{T}}'_{Ns} = \left[\begin{array}{c} \boldsymbol{E}_{Ns}\left(\hat{\boldsymbol{R}}'_{Ns}\right)^{-1}\hat{\boldsymbol{\Sigma}}'_{Ns} \\ \hdashline \begin{bmatrix} \boldsymbol{0}_{sn_2\times n_1} & \boldsymbol{I}_{sn_2} & & & & & & \\ & & \boldsymbol{I}_{(N'-3)sn_2} & & & & & \\ & & & \boldsymbol{I}_{sn_2} & \boldsymbol{0}_{sn_2} & & & \\ & \boldsymbol{I}_{sl_2} & & & & & & \\ & & & & & \boldsymbol{I}_{(N'-3)sl_2} & & \\ & & & & & & \boldsymbol{I}_{sl_2} & \boldsymbol{0}_{sl_2} \end{bmatrix} \end{array}\right] \tag{17.29}$$

式中，$\hat{\boldsymbol{R}}'_{Ns} \in \mathbb{C}^{sd\times sd}$，$\hat{\boldsymbol{\Sigma}}'_{Ns} \in \mathbb{C}^{sd\times(n_1+N'sd_2)}$。

$$\hat{\boldsymbol{R}}'_{Ns} = \begin{bmatrix} \boldsymbol{A}'_{Ns} & \boldsymbol{B}'_{Ns} \\ \boldsymbol{C}_{Ns} & \boldsymbol{D}_{Ns} \end{bmatrix} \tag{17.30}$$

$$\hat{\boldsymbol{\Sigma}}'_{Ns} = \left[\begin{array}{c} \begin{bmatrix} \boldsymbol{1}_s \otimes \begin{bmatrix} \boldsymbol{I}_{n_1} \\ \boldsymbol{0}_{n_2\times n_1} \end{bmatrix} & \boldsymbol{M}'_1 & \boldsymbol{N}'_1 & \boldsymbol{M}'_2 & \boldsymbol{N}'_2 \end{bmatrix} \\ \hdashline \boldsymbol{0}_{sl\times(n_1+N'sd_2)} \end{array}\right] \tag{17.31}$$

式中，$\boldsymbol{A}'_{Ns} \in \mathbb{C}^{sn\times sn}$，$\boldsymbol{B}'_{Ns} \in \mathbb{C}^{sn\times sl}$；$\boldsymbol{M}'_1 \in \mathbb{C}^{sn\times sn_2}$，$\boldsymbol{N}'_1 \in \mathbb{C}^{sn\times sl_2}$，$\boldsymbol{M}'_2 \in \mathbb{C}^{sn\times(N'-1)sn_2}$，$\boldsymbol{N}'_2 \in \mathbb{C}^{sn\times(N'-1)sl_2}$。

$$\begin{cases} \boldsymbol{A}'_{Ns} = \boldsymbol{I}_{sn} - h\left(\boldsymbol{A}\otimes\boldsymbol{A}'_0\right),\ \boldsymbol{B}'_{Ns} = -h\left(\boldsymbol{A}\otimes\boldsymbol{B}'_0\right) \\ \boldsymbol{M}'_1 = h\boldsymbol{A}\displaystyle\sum_{i=1}^{m}\left(\bar{\boldsymbol{L}}'_i\right)^{\mathrm{T}}\otimes\boldsymbol{A}_i'^{(2)} + \begin{bmatrix} \boldsymbol{0}_{sn\times(s-1)n_2} & \boldsymbol{1}_s\otimes\begin{bmatrix} \boldsymbol{0}_{n_1\times n_2} \\ \boldsymbol{I}_{n_2} \end{bmatrix} \end{bmatrix} \\ \boldsymbol{N}'_1 = h\boldsymbol{A}\displaystyle\sum_{i=1}^{m}\left(\bar{\boldsymbol{L}}'_i\right)^{\mathrm{T}}\otimes\boldsymbol{B}_i'^{(2)},\ \boldsymbol{M}'_2 = h\boldsymbol{A}\displaystyle\sum_{i=1}^{m}\left(\tilde{\boldsymbol{L}}'_i\right)^{\mathrm{T}}\otimes\boldsymbol{A}_i'^{(2)} \\ \boldsymbol{N}'_2 = h\boldsymbol{A}\displaystyle\sum_{i=1}^{m}\left(\tilde{\boldsymbol{L}}'_i\right)^{\mathrm{T}}\otimes\boldsymbol{B}_i'^{(2)} \end{cases} \tag{17.32}$$

17.2.2 稀疏特征值计算

本节利用 IRA 算法计算 $\hat{\boldsymbol{T}}'_{Ns}$ 中模值最大的部分关键特征值 μ''。其中，计算量最大的操作是通过矩阵 $\hat{\boldsymbol{T}}'_{Ns}$ 与第 j 个 Krylov 向量 $\boldsymbol{q}_j \in \mathbb{C}^{(n_1+N'sd_2)\times 1}$ 的乘积

运算以形成第 $j+1$ 个 Krylov 向量 $\boldsymbol{q}_{j+1}\in\mathbb{C}^{(n_1+N'sd_2)\times 1}$:

$$\boldsymbol{q}_{j+1}=\hat{\boldsymbol{T}}'_{Ns}\boldsymbol{q}_j \tag{17.33}$$

由于 $\hat{\boldsymbol{T}}'_{Ns}$ 的第二个分块为以单位阵为元素的高度稀疏矩阵，本节仅讨论 $\boldsymbol{q}_{j+1}$ 的前 n_1+sd_2 个分量的高效求解:

$$\boldsymbol{r}=\hat{\boldsymbol{\Sigma}}'_{Ns}\boldsymbol{q}_j \tag{17.34}$$

$$\boldsymbol{w}=\left(\hat{\boldsymbol{R}}'_{Ns}\right)^{-1}\boldsymbol{r} \tag{17.35}$$

$$\boldsymbol{q}_{j+1}(1:n_1+sd_2,\ 1)=\boldsymbol{E}_{Ns}\boldsymbol{w} \tag{17.36}$$

式中，$\boldsymbol{r},\ \boldsymbol{w}\in\mathbb{C}^{sd\times 1}$ 为中间向量。

1. 式 (17.34) 的稀疏实现

首先，从列的方向上将向量 $\boldsymbol{q}_j(n_1+1\ :\ n_1+N'sd_2,\ 1)$ 依次压缩为矩阵 $\boldsymbol{Q}_1\in\mathbb{C}^{n_2\times s}$、$\boldsymbol{Q}_2\in\mathbb{C}^{l_2\times s}$、$\boldsymbol{Q}_3\in\mathbb{C}^{n_2\times(N'-1)s}$ 和 $\boldsymbol{Q}_4\in\mathbb{C}^{l_2\times(N'-1)s}$，即

$$\begin{cases}\mathrm{vec}(\boldsymbol{Q}_1)=\boldsymbol{q}_j(n_1+1:n_1+sn_2,\ 1)\\ \mathrm{vec}(\boldsymbol{Q}_2)=\boldsymbol{q}_j(n_1+sn_2+1:n_1+sd_2,\ 1)\\ \mathrm{vec}(\boldsymbol{Q}_3)=\boldsymbol{q}_j\left(n_1+sd_2+1:n_1+N'sn_2+sl_2,\ 1\right)\\ \mathrm{vec}(\boldsymbol{Q}_4)=\boldsymbol{q}_j\left(n_1+N'sn_2+sl_2+1:n_1+N'sd_2,\ 1\right)\end{cases} \tag{17.37}$$

然后，利用克罗内克积的性质，式 (17.34) 可以高效地求解如下:

$$\boldsymbol{r}=\hat{\boldsymbol{\Sigma}}'_{Ns}\begin{bmatrix}\boldsymbol{q}_j(1:n_1,\ 1)\\ \mathrm{vec}(\boldsymbol{Q}_1)\\ \mathrm{vec}(\boldsymbol{Q}_2)\\ \mathrm{vec}(\boldsymbol{Q}_3)\\ \mathrm{vec}(\boldsymbol{Q}_4)\end{bmatrix}=\left[\begin{array}{c}\boldsymbol{1}_s\otimes\begin{bmatrix}\boldsymbol{q}_j(1:n_1,\ 1)\\ \boldsymbol{q}_j(n_1+(s-1)n_2+1:n_1+sn_2,\ 1)\end{bmatrix}\\ +h\cdot\mathrm{vec}\left(\left(\displaystyle\sum_{i=1}^{m}\left(\boldsymbol{A}_i^{\prime(2)}\boldsymbol{Q}_1+\boldsymbol{B}_i^{\prime(2)}\boldsymbol{Q}_2\right)\bar{\boldsymbol{L}}'_i\right.\right.\\ \left.\left.+\left(\boldsymbol{A}_i^{\prime(2)}\boldsymbol{Q}_3+\boldsymbol{B}_i^{\prime(2)}\boldsymbol{Q}_4\right)\tilde{\boldsymbol{L}}'_i\right)\boldsymbol{A}^{\mathrm{T}}\right)\\ \hdashline \boldsymbol{0}_{sl\times 1}\end{array}\right] \tag{17.38}$$

2. 式 (17.35) 的稀疏实现

$\hat{\boldsymbol{R}}_{Ns}^{'}$ 的各分块子矩阵 $\boldsymbol{A}_{Ns}^{'}$、$\boldsymbol{B}_{Ns}^{'}$、$\boldsymbol{C}_{Ns}$ 和 $\boldsymbol{D}_{Ns}$ 分别为 $\boldsymbol{A}_0^{'}$、$\boldsymbol{B}_0^{'}$、$\boldsymbol{C}_0$ 和 $\boldsymbol{D}_0$ 的克罗内克积，具有高度稀疏的特性。因此，可以直接对 $\hat{\boldsymbol{R}}_{Ns}^{'}$ 进行 LU 分解，进而高效地求解式 (17.35)。

3. 计算复杂度分析

考虑到 $\hat{\boldsymbol{\Sigma}}_{Ns}$ 只与 $\boldsymbol{A}_i^{(2)}$ 和 $\boldsymbol{B}_i^{(2)}$ $(i=1,\ 2,\ \cdots,\ m)$ 有关，求解 $\hat{\boldsymbol{\Sigma}}_{Ns}\boldsymbol{q}_j$ 的计算量可以忽略不计。因此，在稀疏特征值计算的过程中，形成第 $j+1$ 个 Krylov 向量 $\boldsymbol{q}_{j+1}$ 的关键在于求解 $\hat{\boldsymbol{R}}_{Ns}^{-1}\boldsymbol{r}$，大体上可以用稠密系统状态矩阵 $\tilde{\boldsymbol{A}}_0$ 与向量 $\boldsymbol{v}$ 的乘积次数来度量。$\hat{\boldsymbol{R}}_{Ns}$ 的子矩阵 $\boldsymbol{A}_{Ns}$、$\boldsymbol{B}_{Ns}$、$\boldsymbol{C}_{Ns}$ 和 $\boldsymbol{D}_{Ns}$ 分别是 $\boldsymbol{A}_0$、$\boldsymbol{B}_0$、$\boldsymbol{C}_0$ 和 $\boldsymbol{D}_0$ 的克罗内克积，虽然前者的维数是后者的 N 倍，但具有更高的稀疏性。这为利用 LU 分解直接、高效地求取 $\hat{\boldsymbol{R}}_{Ns}$ 的逆矩阵奠定了基础。因此，$\hat{\boldsymbol{R}}_{Ns}^{-1}\boldsymbol{r}$ 的计算量和系统增广状态矩阵 $\boldsymbol{J}_0$ 的逆与向量 $\boldsymbol{v}$ 乘积的计算量相当。令 T 为求解 $\boldsymbol{J}_0^{-1}\boldsymbol{v}$ 的计算量与求解 $\tilde{\boldsymbol{A}}_0\boldsymbol{v}$ 计算量的比值，则求解 $\hat{\boldsymbol{R}}_{Ns}^{-1}\boldsymbol{r}$ 大体上需要 T 次 $\tilde{\boldsymbol{A}}_0\boldsymbol{v}$ 运算。

总体来说，在计算相同数量特征值的情况下，PSOD-IRK 方法的计算量大约等于利用幂法对无时滞电力系统进行特征值分析计算量的 T 倍。

4. 牛顿校正

设由 IRA 算法计算得到 $\hat{\boldsymbol{T}}_{Ns}^{'}$ 的特征值为 μ''，根据解算子的谱和时滞电力系统特征值之间的谱映射关系可以解得系统特征值的估计值 $\hat{\lambda}$ 为

$$\hat{\lambda}=\frac{1}{\alpha}\mathrm{e}^{\mathrm{j}\theta}\lambda''=\frac{1}{\alpha h}\mathrm{e}^{\mathrm{j}\theta}\ln\mu'' \tag{17.39}$$

以 $\hat{\lambda}$ 为初始值，采用牛顿法迭代可以得到时滞电力系统的精确特征值 λ。

17.2.3 特性分析

通过与 SOD-IRK 和 PSOD-PS/PS-II 方法进行对比和分析，总结得到 PSOD-IRK 方法的特性。

(1) 通过应用部分谱离散化思想，PSOD-IRK 方法生成的解算子部分离散化矩阵 $\hat{\boldsymbol{T}}_{Ns}$ 的维数得以显著降低，与 SOD-IRK 生成的离散化矩阵 $\boldsymbol{T}_{Ns}$ 的维数之比 $R_{\rm dim}=\dfrac{n_1+Nsd_2}{Nsn}$。考虑到大规模时滞电力系统总是满足 $n\gg d_2$，$R_{\rm dim}$ 接近于 $\dfrac{1}{Ns}$。当离散化参数 N 和 s 增大时，$R_{\rm dim}$ 减小，PSOD-IRKS 相对于 SOD-IRK 的计算效率改善效果愈发明显。

(2) 在求解相同数量特征值的情况下，PSOD-IRK 方法的计算量与 PSOD-PS-II 相当，大约等于利用幂法对无时滞电力系统进行特征值分析计算量的 T 倍。

第 18 章　基于 PSOD-LMS 的特征值分析方法

本章基于第 12 章的部分谱离散化特征值计算框架，对第 10 章 SOD-LMS 方法进行改进，提出了大规模时滞电力系统关键特征值准确、高效计算的 PSOD-LMS 方法。与 SOD-LMS 方法相比，PSOD-LMS 方法生成的解算子部分离散化矩阵维数低、特征值计算效率高。

18.1 PSOD-LMS 方法

18.1.1 基本原理

1. 离散化向量定义

利用 10.1.1 节定义的离散点集合 $\Omega_N=\{\theta_j,\ j=0,\ 1,\ \cdots,\ N-1\}$，将系统非时滞状态变量 $\Delta\boldsymbol{x}^{(1)}$、非时滞代数变量 $\Delta\boldsymbol{y}^{(1)}$、时滞状态变量 $\Delta\boldsymbol{x}^{(2)}$ 和时滞代数变量 $\Delta\boldsymbol{y}^{(2)}$ 在时滞区间 $[-\tau_{\max},\ 0]$ 上进行离散化。令 $\Delta\boldsymbol{x}_{\delta,j}^{(1)}\in\mathbb{R}^{n_1\times 1}$、$\Delta\boldsymbol{y}_{\delta,j}^{(1)}\in\mathbb{R}^{l_1\times 1}$、$\Delta\boldsymbol{x}_{\delta,j}^{(2)}\in\mathbb{R}^{n_2\times 1}$ 和 $\Delta\boldsymbol{y}_{\delta,j}^{(2)}\in\mathbb{R}^{l_2\times 1}$ 分别表示 $\Delta\boldsymbol{x}^{(1)}$、$\Delta\boldsymbol{y}^{(1)}$、$\Delta\boldsymbol{x}^{(2)}$ 和 $\Delta\boldsymbol{y}^{(2)}$ 在离散点 $\delta h+\theta_j$ 处的函数值，即 $\Delta\boldsymbol{x}_{\delta,j}^{(1)}=\Delta\boldsymbol{x}^{(1)}(\delta h+\theta_j)$，$\Delta\boldsymbol{y}_{\delta,j}^{(1)}=\Delta\boldsymbol{y}^{(1)}(\delta h+\theta_j)$，$\Delta\boldsymbol{x}_{\delta,j}^{(2)}=\Delta\boldsymbol{x}^{(2)}(\delta h+\theta_j)$，$\Delta\boldsymbol{y}_{\delta,j}^{(2)}=\Delta\boldsymbol{y}^{(2)}(\delta h+\theta_j)$，$\delta=0,\ 1;\ j=0,\ 1,\ \cdots,\ N-1$。进而，分别结合 $\Delta\boldsymbol{x}_{\delta,j}^{(1)}$ 和 $\Delta\boldsymbol{x}_{\delta,j}^{(2)}$、$\Delta\boldsymbol{y}_{\delta,j}^{(1)}$ 和 $\Delta\boldsymbol{y}_{\delta,j}^{(2)}$，定义 $\Delta\boldsymbol{x}_{\delta,j}\in\mathbb{R}^{n\times 1}$ 和 $\Delta\boldsymbol{y}_{\delta,j}\in\mathbb{R}^{l\times 1}$，$\delta=0,\ 1;\ j=0,\ 1,\ \cdots,\ N-1$。

$$\Delta\boldsymbol{x}_{\delta,j}=\left[\left(\Delta\boldsymbol{x}_{\delta,j}^{(1)}\right)^{\mathrm{T}},\left(\Delta\boldsymbol{x}_{\delta,j}^{(2)}\right)^{\mathrm{T}}\right]^{\mathrm{T}},\ \Delta\boldsymbol{y}_{\delta,j}=\left[\left(\Delta\boldsymbol{y}_{\delta,j}^{(1)}\right)^{\mathrm{T}},\left(\Delta\boldsymbol{y}_{\delta,j}^{(2)}\right)^{\mathrm{T}}\right]^{\mathrm{T}}\tag{18.1}$$

2. 基本思路

基于 DDAE 的 PSOD-LMS 方法的基本原理，就是建立表征时滞区间 $[-\tau_{\max},\ 0]$ 上零点处的 $\Delta\hat{\boldsymbol{x}}_h$ 和非零离散点处的 $\Delta\hat{\boldsymbol{x}}_h^{(2)}$ 与 $\Delta\hat{\boldsymbol{x}}_0$ 之间关系的显式表达式，其系数矩阵即为解算子 $\mathcal{T}(h)$ 的 LMS 部分离散化矩阵 $\hat{\boldsymbol{T}}_N$。具体包括以下两个部分：

(1) $\mathcal{T}(h)$ 的第一个解分段的部分离散化：在当前时刻 $t=\theta_0$，利用 LMS 法求解隐式方程式 (18.2) 得到系统状态变量 $\Delta\hat{\boldsymbol{x}}_h(t)$ 的函数值 $\left[\Delta\boldsymbol{x}_{1,0}^{\mathrm{T}},\ \Delta\boldsymbol{y}_{1,0}^{\mathrm{T}}\right]^{\mathrm{T}}$。

$$\begin{cases}\boldsymbol{f}(t,\ \Delta\boldsymbol{x}_h)=\Delta\dot{\boldsymbol{x}}_h(t)=[\boldsymbol{A}_0\ \ \boldsymbol{B}_0]\begin{bmatrix}\Delta\boldsymbol{x}_h(t)\\ \Delta\boldsymbol{y}_h(t)\end{bmatrix}+\sum\limits_{i=1}^{m}\begin{bmatrix}\boldsymbol{A}_i^{(2)} & \boldsymbol{B}_i^{(2)}\end{bmatrix}\begin{bmatrix}\Delta\boldsymbol{x}_h^{(2)}(t-\tau_i)\\ \Delta\boldsymbol{y}_h^{(2)}(t-\tau_i)\end{bmatrix},\\ \boldsymbol{0}=[\boldsymbol{C}_0\ \ \boldsymbol{D}_0]\begin{bmatrix}\Delta\boldsymbol{x}_h(t)\\ \Delta\boldsymbol{y}_h(t)\end{bmatrix},\ t\in[-h,\ 0]\end{cases} \tag{18.2}$$

(2) $\mathcal{T}(h)$ 的第二个解分段的部分离散化：利用解算子的转移特性，在过去时刻 $t=\theta_j\ (j=1,\ 2,\ \cdots,\ k-1)$，$\Delta\boldsymbol{x}_h(t)$ 和 $\Delta\boldsymbol{y}_h(t)$ 的估计值 $\Delta\boldsymbol{x}_{1,j}$ 和 $\Delta\boldsymbol{y}_{1,j}$ 分别为

$$\Delta\boldsymbol{x}_{1,j}=\Delta\boldsymbol{x}_{0,j-1},\ \Delta\boldsymbol{y}_{1,j}=\Delta\boldsymbol{y}_{0,j-1},\quad j=1,\ 2,\ \cdots,\ k-1 \tag{18.3}$$

在过去时刻 $t=\theta_j\ (j=k,\ k+1,\ \cdots,\ N-1)$，时滞状态变量 $\Delta\boldsymbol{x}_h^{(2)}(t)$ 和时滞代数变量 $\Delta\boldsymbol{y}_h^{(2)}(t)$ 的估计值 $\Delta\boldsymbol{x}_{1,j}^{(2)}$ 和 $\Delta\boldsymbol{y}_{1,j}^{(2)}$ 分别为

$$\Delta\boldsymbol{x}_{1,j}^{(2)}=\Delta\boldsymbol{x}_{0,j-1}^{(2)},\ \Delta\boldsymbol{y}_{1,j}^{(2)}=\Delta\boldsymbol{y}_{0,j-1}^{(2)},\quad j=k,\ k+1,\ \cdots,\ N-1 \tag{18.4}$$

18.1.2 解算子 LMS 部分离散化矩阵

1. $\mathcal{T}(h)$ 第一个解分段的部分离散化

首先，对式 (18.2) 应用步长为 h 的线性 k 步法，得

$$\sum_{j=0}^{k}\alpha_j\Delta\boldsymbol{x}_{1,k-j}=h\sum_{j=0}^{k}\beta_j\boldsymbol{f}_{k-j} \tag{18.5}$$

式中，α_j、$\beta_j\ (j=0,\ 1,\ \cdots,\ k)$ 为线性 k 步法的系数；$\boldsymbol{f}_{k-j}\ (j=0,\ 1,\ \cdots,\ k)$ 为式 (18.2) 的离散化形式。

$$\begin{cases}\boldsymbol{f}_{k-j}=[\boldsymbol{A}_0\ \ \boldsymbol{B}_0]\begin{bmatrix}\Delta\boldsymbol{x}_{1,k-j}\\ \Delta\boldsymbol{y}_{1,k-j}\end{bmatrix}+\sum\limits_{i=1}^{m}\begin{bmatrix}\boldsymbol{A}_i^{(2)} & \boldsymbol{B}_i^{(2)}\end{bmatrix}\begin{bmatrix}\Delta\boldsymbol{x}^{(2)}(\theta_{k-j-1}-\tau_i)\\ \Delta\boldsymbol{y}^{(2)}(\theta_{k-j-1}-\tau_i)\end{bmatrix}\\ \boldsymbol{C}_0\Delta\boldsymbol{x}_{1,j}+\boldsymbol{D}_0\Delta\boldsymbol{y}_{1,j}=\boldsymbol{0}\end{cases} \tag{18.6}$$

然后，利用 Nordsieck 插值估计式 (18.6) 中的时滞项 $\Delta\boldsymbol{x}^{(2)}(\theta_{k-j-1}-\tau_i)$ 和 $\Delta\boldsymbol{y}^{(2)}(\theta_{k-j-1}-\tau_i)$，得

$$\sum_{j=0}^{k}\alpha_j\Delta\boldsymbol{x}_{1,k-j}=h\sum_{j=0}^{k}\beta_j\left([\boldsymbol{A}_0\ \ \boldsymbol{B}_0]\begin{bmatrix}\Delta\boldsymbol{x}_{1,k-j}\\ \Delta\boldsymbol{y}_{1,k-j}\end{bmatrix}\right.$$

$$+\sum_{i=1}^{m}\begin{bmatrix}\boldsymbol{A}_i^{(2)} & \boldsymbol{B}_i^{(2)}\end{bmatrix}\begin{bmatrix}\sum\limits_{l=-s_-}^{s_+}\ell_l(\varepsilon_i)\Delta\boldsymbol{x}_{0,\gamma_i+k-j-l-1}^{(2)}\\ \sum\limits_{l=-s_-}^{s_+}\ell_l(\varepsilon_i)\Delta\boldsymbol{y}_{0,\gamma_i+k-j-l-1}^{(2)}\end{bmatrix}\Bigg) \tag{18.7}$$

式中，$\gamma_i=\lceil\tau_i/h\rceil$, $\varepsilon_i=\gamma_i-\tau_i/h\in[0,\ 1)$, $i=1,\ 2,\ \cdots,\ m$; $\ell_l\ (l=-s_-,\ \cdots,\ s_+)$ 为拉格朗日插值的基函数，$s_-\leqslant s_+\leqslant s_-+2$。

$$\ell_l\left(\varepsilon_i\right)=\prod_{o=-s_-,o\neq l}^{s_+}\frac{\varepsilon_i-o}{l-o},\ \ \varepsilon_i\in[0,\ 1) \tag{18.8}$$

此外，为了避免用未来时刻的系统状态来估计过去时刻的系统状态，式 (18.7) 的 $\Delta\boldsymbol{x}_{0,\gamma_i+k-j-l-1}^{(2)}$ 和 $\Delta\boldsymbol{y}_{0,\gamma_i+k-j-l-1}^{(2)}$ 的下标须满足：$\gamma_i>s_+$。于是，有

$$\gamma_i h=\tau_i+\varepsilon_i h>s_+h\quad\Rightarrow\quad\tau_i>(s_+-\varepsilon_i)h,\ \ i=1,\ 2,\ \cdots,\ m \tag{18.9}$$

对式 (18.7) 进行移项和整理，然后将其写成矩阵形式，得

$$\begin{aligned}&\begin{bmatrix}\alpha_k\boldsymbol{I}_n-h\beta_k\boldsymbol{A}_0 & -h\beta_k\boldsymbol{B}_0\end{bmatrix}\begin{bmatrix}\Delta\boldsymbol{x}_{1,0}\\ \Delta\boldsymbol{y}_{1,0}\end{bmatrix}\\ =&\sum_{j=0}^{k-1}\begin{bmatrix}-\alpha_j\boldsymbol{I}_n+h\beta_j\boldsymbol{A}_0 & h\beta_j\boldsymbol{B}_0\end{bmatrix}\begin{bmatrix}\Delta\boldsymbol{x}_{1,k-j}\\ \Delta\boldsymbol{y}_{1,k-j}\end{bmatrix}\\ &+\sum_{j=0}^{k}\sum_{i=1}^{m}\sum_{l=-s_-}^{s_+}h\beta_j\ell_l(\varepsilon_i)\begin{bmatrix}\boldsymbol{A}_i^{(2)} & \boldsymbol{B}_i^{(2)}\end{bmatrix}\begin{bmatrix}\Delta\boldsymbol{x}_{0,\gamma_i+k-j-l-1}^{(2)}\\ \Delta\boldsymbol{y}_{0,\gamma_i+k-j-l-1}^{(2)}\end{bmatrix}\end{aligned} \tag{18.10}$$

在实际系统中非时滞代数变量 $\Delta\boldsymbol{y}^{(1)}$ 的维数巨大，因此利用式 (18.6) 的第 2 式消去式 (18.10) 中的 $\Delta\boldsymbol{y}_{1,k-j}\ (j=0,\ 1,\ \cdots,\ k-1)$，从而降低解算子部分离散化矩阵的维数。然后，将式 (18.3) 和式 (18.4) 代入式 (18.10)，得

$$\begin{aligned}&\begin{bmatrix}\alpha_k\boldsymbol{I}_n-h\beta_k\boldsymbol{A}_0 & -h\beta_k\boldsymbol{B}_0\\ \boldsymbol{C}_0 & \boldsymbol{D}_0\end{bmatrix}\begin{bmatrix}\Delta\boldsymbol{x}_{1,0}\\ \Delta\boldsymbol{y}_{1,0}\end{bmatrix}\\ =&\sum_{j=0}^{k-1}\begin{bmatrix}-\alpha_j\boldsymbol{I}_n+h\beta_j\tilde{\boldsymbol{A}}_0\\ \boldsymbol{0}_{l\times n}\end{bmatrix}\Delta\boldsymbol{x}_{0,k-j-1}\\ &+\sum_{j=0}^{k}\sum_{i=1}^{m}\sum_{l=-s_-}^{s_+}h\beta_j\ell_l(\varepsilon_i)\begin{bmatrix}\boldsymbol{A}_i^{(2)} & \boldsymbol{B}_i^{(2)}\\ \boldsymbol{0}_{l\times n_2} & \boldsymbol{0}_{l\times l_2}\end{bmatrix}\begin{bmatrix}\Delta\boldsymbol{x}_{0,\gamma_i+k-j-l-1}^{(2)}\\ \Delta\boldsymbol{y}_{0,\gamma_i+k-j-l-1}^{(2)}\end{bmatrix}\end{aligned} \tag{18.11}$$

由于式 (18.11) 等号左边的系数矩阵非奇异，从而可直接解得系统增广状态变量 $\Delta\hat{\boldsymbol{x}}_h$ 在 θ_0 处的估计值 $\left[\Delta\boldsymbol{x}_{1,0}^{\mathrm{T}},\ \Delta\boldsymbol{y}_{1,0}^{\mathrm{T}}\right]^{\mathrm{T}}$。

$$\begin{bmatrix}\Delta\boldsymbol{x}_{1,0}\\ \Delta\boldsymbol{y}_{1,0}\end{bmatrix}=\hat{\boldsymbol{R}}_N^{-1}\hat{\boldsymbol{\Sigma}}_N\Delta\hat{\boldsymbol{x}}_0 \tag{18.12}$$

式中，$\hat{\boldsymbol{R}}_N\in\mathbb{R}^{d\times d}$，$\hat{\boldsymbol{\Sigma}}_N\in\mathbb{R}^{d\times(kn_1+Nd_2)}$；$\Delta\hat{\boldsymbol{x}}_0\in\mathbb{R}^{(kn_1+Nd_2)\times 1}$：

$$\hat{\boldsymbol{R}}_N=\begin{bmatrix}\alpha_k\boldsymbol{I}_n-h\beta_k\boldsymbol{A}_0 & -h\beta_k\boldsymbol{B}_0\\ \boldsymbol{C}_0 & \boldsymbol{D}_0\end{bmatrix}\triangleq\begin{bmatrix}\boldsymbol{A}_N & \boldsymbol{B}_N\\ \boldsymbol{C}_0 & \boldsymbol{D}_0\end{bmatrix} \tag{18.13}$$

$$\hat{\boldsymbol{\Sigma}}_N=\left[\begin{array}{c}\left[\begin{bmatrix}\boldsymbol{\ell}_{m+1}^{\mathrm{T}}\otimes\left[\boldsymbol{I}_n\ \boldsymbol{0}_{n\times l_2}\right]+\boldsymbol{\ell}_{0l}^{\mathrm{T}}\otimes\left[\tilde{\boldsymbol{A}}_0\ \boldsymbol{0}_{n\times l_2}\right]\\ +\sum\limits_{i=1}^{m}\boldsymbol{\ell}_{il}^{\mathrm{T}}\otimes\left[\boldsymbol{A}_i\ \boldsymbol{B}_i^{(2)}\right]\end{bmatrix}\ \sum\limits_{i=1}^{m}\boldsymbol{\ell}_{ir}^{\mathrm{T}}\otimes\left[\boldsymbol{A}_i^{(2)}\ \boldsymbol{B}_i^{(2)}\right]\right]\\ \hdashline \boldsymbol{0}_{l\times(kn_1+Nd_2)}\end{array}\right] \tag{18.14}$$

$$\Delta\hat{\boldsymbol{x}}_0=\left[\left(\Delta\bar{\boldsymbol{x}}_{0,0}\right)^{\mathrm{T}},\ \left(\Delta\bar{\boldsymbol{x}}_{0,1}\right)^{\mathrm{T}},\ \cdots,\ \left(\Delta\bar{\boldsymbol{x}}_{0,k-1}\right)^{\mathrm{T}},\ \left(\Delta\hat{\boldsymbol{x}}_{0,k:N-1}^{(2)}\right)^{\mathrm{T}}\right]^{\mathrm{T}} \tag{18.15}$$

其中，$\boldsymbol{A}_N\in\mathbb{R}^{n\times n}$，$\boldsymbol{B}_N\in\mathbb{R}^{n\times l}$；$\boldsymbol{\ell}_{m+1}\in\mathbb{R}^{k\times 1}$ 为由 LMS 法的系数 α_j $(j=0,\ 1,\ \cdots,\ k)$ 决定的向量；$\boldsymbol{\ell}_{il}\in\mathbb{R}^{k\times 1}$ $(i=0,\ 1,\ \cdots,\ m)$ 和 $\boldsymbol{\ell}_{ir}\in\mathbb{R}^{(N-k)\times 1}$ $(i=1,\ 2,\ \cdots,\ m)$ 由拉格朗日插值系数和 LMS 法的系数 β_j $(j=0,\ 1,\ \cdots,\ k)$ 和步长 h 共同决定；$\Delta\bar{\boldsymbol{x}}_{0,j}\in\mathbb{R}^{(n+l_2)\times 1}$ $(j=0,\ 1,\ \cdots,\ k-1)$，$\Delta\hat{\boldsymbol{x}}_{0,k:N-1}^{(2)}\in\mathbb{R}^{(N-k)d_2\times 1}$。

$$\begin{cases}\Delta\bar{\boldsymbol{x}}_{0,j}=\left[\left(\Delta\boldsymbol{x}_{0,j}\right)^{\mathrm{T}},\ \left(\Delta\boldsymbol{y}_{0,j}^{(2)}\right)^{\mathrm{T}}\right]^{\mathrm{T}}\\ \Delta\hat{\boldsymbol{x}}_{0,k:N-1}^{(2)}=\left[\left(\Delta\boldsymbol{x}_{0,k}^{(2)}\right)^{\mathrm{T}},\ \left(\Delta\boldsymbol{y}_{0,k}^{(2)}\right)^{\mathrm{T}},\ \cdots,\ \left(\Delta\boldsymbol{x}_{0,N-1}^{(2)}\right)^{\mathrm{T}},\ \left(\Delta\boldsymbol{y}_{0,N-1}^{(2)}\right)^{\mathrm{T}}\right]^{\mathrm{T}}\end{cases} \tag{18.16}$$

最后，对式 (18.12) 左乘矩阵 $\boldsymbol{E}_N$，从而得到解算子 $\mathcal{T}(h)$ 第一个解分段的 LMS 部分离散化的表达式：

$$\begin{bmatrix}\Delta\boldsymbol{x}_{1,0}\\ \Delta\boldsymbol{y}_{1,0}^{(2)}\end{bmatrix}=\boldsymbol{E}_N\begin{bmatrix}\Delta\boldsymbol{x}_{1,0}\\ \Delta\boldsymbol{y}_{1,0}\end{bmatrix}=\boldsymbol{E}_N\hat{\boldsymbol{R}}_N^{-1}\hat{\boldsymbol{\Sigma}}_N\Delta\hat{\boldsymbol{x}}_0 \tag{18.17}$$

式中，$\boldsymbol{E}_N\in\mathbb{R}^{(n_1+d_2)\times d}$。

$$\boldsymbol{E}_N=\begin{bmatrix}\boldsymbol{I}_n & & \\ & \boldsymbol{0}_{l_2\times l_1} & \boldsymbol{I}_{l_2}\end{bmatrix} \tag{18.18}$$

2. $\mathcal{T}(h)$ 第二个解分段的部分离散化

如式 (18.11) ~ 式 (18.17) 所示，系统增广状态变量 $\Delta\hat{\boldsymbol{x}}(t)$ 在未来时刻 $t=\theta_0+h=h$ 的估计值 $\left[\Delta\boldsymbol{x}_{1,0}^{\mathrm{T}},\ \Delta\boldsymbol{y}_{1,0}^{\mathrm{T}}\right]^{\mathrm{T}}$ 与 $\Delta\boldsymbol{x}_{0,j}$ 和 $\Delta\boldsymbol{y}_{0,j}^{(2)}\ (j=0,\ 1,\ \cdots,\ k-1)$、$\Delta\boldsymbol{x}_{0,j}^{(2)}$ 和 $\Delta\boldsymbol{y}_{0,j}^{(2)}\ (j=k,\ k+1,\ \cdots,\ N-1)$ 有关。这是因为，LMS 法的基本思想是利用过去多个时刻的已知状态值求解将来时刻的未知状态值。因此，当利用 LMS 法对解算子进行部分离散化时，不仅需要对系统增广非时滞状态变量 $\Delta\hat{\boldsymbol{x}}^{(1)}$ 在零点处进行离散化，还需要对其在时滞区间 $[-(k-1)h,\ 0)$ 上非零离散点处进行离散化。这是 PSOD-LMS 方法与其他解算子部分谱离散化方法的不同之处。

根据式 (18.3)，在离散点 $\theta_j\ (j=1,\ 2,\ \cdots,\ k-1)$ 处系统状态变量 $\Delta\boldsymbol{x}_h$ 和时滞代数变量 $\Delta\boldsymbol{y}_h^{(2)}$ 的估计值 $\Delta\bar{\boldsymbol{x}}_{1,j}=\left[\left(\Delta\boldsymbol{x}_{1,j}\right)^{\mathrm{T}},\ \left(\Delta\boldsymbol{y}_{1,j}^{(2)}\right)^{\mathrm{T}}\right]^{\mathrm{T}}\in\mathbb{R}^{(n+l_2)\times 1}$ 为

$$\begin{bmatrix}\Delta\bar{\boldsymbol{x}}_{1,1}\\ \Delta\bar{\boldsymbol{x}}_{1,2}\\ \vdots\\ \Delta\bar{\boldsymbol{x}}_{1,k-1}\end{bmatrix}=\begin{bmatrix}\Delta\bar{\boldsymbol{x}}_{0,0}\\ \Delta\bar{\boldsymbol{x}}_{0,1}\\ \vdots\\ \Delta\bar{\boldsymbol{x}}_{0,k-2}\end{bmatrix}\tag{18.19}$$

根据式 (18.4)，在离散点 $\theta_j(j=k,\ k+1,\ \cdots,\ N-1)$ 处系统增广时滞状态变量 $\Delta\hat{\boldsymbol{x}}_h^{(2)}$ 的估计值 $\left[\left(\Delta\boldsymbol{x}_{1,j}^{(2)}\right)^{\mathrm{T}},\ \left(\Delta\boldsymbol{y}_{1,j}^{(2)}\right)^{\mathrm{T}}\right]^{\mathrm{T}}$ 为

$$\Delta\hat{\boldsymbol{x}}_{1,k:N-1}^{(2)}=\begin{bmatrix}\boldsymbol{I}_{(N-k)d_2} & \boldsymbol{0}_{(N-k)d_2\times d_2}\end{bmatrix}\begin{bmatrix}\Delta\boldsymbol{x}_{0,k-1}^{(2)}\\ \Delta\boldsymbol{y}_{0,k-1}^{(2)}\\ \Delta\hat{\boldsymbol{x}}_{0,k:N-1}^{(2)}\end{bmatrix}\tag{18.20}$$

式中，$\Delta\hat{\boldsymbol{x}}_{1,k:N-1}^{(2)}\in\mathbb{R}^{(N-k)d_2\times 1}$。

$$\Delta\hat{\boldsymbol{x}}_{1,k:N-1}^{(2)}=\left[\left(\Delta\boldsymbol{x}_{1,k}^{(2)}\right)^{\mathrm{T}},\ \left(\Delta\boldsymbol{y}_{1,k}^{(2)}\right)^{\mathrm{T}},\ \cdots,\ \left(\Delta\boldsymbol{x}_{1,N-1}^{(2)}\right)^{\mathrm{T}},\ \left(\Delta\boldsymbol{y}_{1,N-1}^{(2)}\right)^{\mathrm{T}}\right]^{\mathrm{T}}\tag{18.21}$$

3. 解算子 LMS 部分离散化矩阵

对应式 (18.15)，定义分块向量 $\Delta\hat{\boldsymbol{x}}_1\in\mathbb{R}^{(kn_1+Nd_2)\times 1}$：

$$\Delta\hat{\boldsymbol{x}}_1=\left[\left(\Delta\bar{\boldsymbol{x}}_{1,0}\right)^{\mathrm{T}},\ \left(\Delta\bar{\boldsymbol{x}}_{1,1}\right)^{\mathrm{T}},\ \cdots,\ \left(\Delta\bar{\boldsymbol{x}}_{1,k-1}\right)^{\mathrm{T}},\ \left(\Delta\hat{\boldsymbol{x}}_{1,k:N-1}^{(2)}\right)^{\mathrm{T}}\right]^{\mathrm{T}}\tag{18.22}$$

联立式 (18.17)、式 (18.19) 和式 (18.20)，可以得到表征 $\Delta\hat{\boldsymbol{x}}_1$ 与 $\Delta\hat{\boldsymbol{x}}_0$ 之间转移关系的显式表达式。

$$\Delta\hat{\boldsymbol{x}}_1=\hat{\boldsymbol{T}}_N\Delta\hat{\boldsymbol{x}}_0\tag{18.23}$$

式中，系数矩阵 $\hat{\boldsymbol{T}}_N \in \mathbb{R}^{(kn_1+Nd_2)\times(kn_1+Nd_2)}$ 即为解算子 $\mathcal{T}(h)$ 的 LMS 部分离散化矩阵。

$$\hat{\boldsymbol{T}}_N = \left[\begin{array}{c} \boldsymbol{E}_N \hat{\boldsymbol{R}}_N^{-1} \hat{\boldsymbol{\Sigma}}_N \\ \hdashline \begin{bmatrix} \boldsymbol{I}_{(k-1)(n_1+d_2)} & & & \\ & \boldsymbol{0}_{(N-k)d_2\times n_1} & \boldsymbol{I}_{(N-k)d_2} & \boldsymbol{0}_{(N-k)d_2\times d_2} \end{bmatrix} \end{array}\right] \tag{18.24}$$

18.2 大规模时滞电力系统特征值计算

18.2.1 旋转–放大预处理

本节利用 4.4.3 节所述方法，构建旋转–放大预处理后解算子 $\mathcal{T}(h)$ 的 LMS 部分离散化矩阵。在旋转–放大预处理第一种实现方法中，区间 $[-\tau_{\max}/\alpha,\ 0]$ 被重新划分为 N' 个子区间。相应地，拉格朗日插值相关的矩阵 $\boldsymbol{\ell}_{il}$ $(i=0,\ 1,\ \cdots,\ m)$、$\boldsymbol{\ell}_{ir}$ $(i=1,\ 2,\ \cdots,\ m)$ 和 $\boldsymbol{\ell}_{m+1}$ 分别重新形成为 $\boldsymbol{\ell}'_{il} \in \mathbb{R}^{k\times 1}$、$\boldsymbol{\ell}'_{ir} \in \mathbb{R}^{(N'-k)\times 1}$ 和 $\boldsymbol{\ell}'_{m+1} \in \mathbb{R}^{k\times 1}$。然后，将 $\tilde{\boldsymbol{A}}_i$、$\boldsymbol{A}_i$、$\boldsymbol{B}_i$、$\boldsymbol{A}_i^{(2)}$ 和 $\boldsymbol{B}_i^{(2)}$ 分别替换为 $\tilde{\boldsymbol{A}}''_i$、$\boldsymbol{A}''_i$、$\boldsymbol{B}''_i$、$\boldsymbol{A}_i''^{(2)}$ 和 $\boldsymbol{B}_i''^{(2)}$，$i=0,\ 1,\ \cdots,\ m$。最终，得到预处理后的解算子 LMS 部分离散化矩阵 $\hat{\boldsymbol{T}}'_N \in \mathbb{C}^{(kn_1+N'd_2)\times(kn_1+N'd_2)}$。

$$\hat{\boldsymbol{T}}'_N = \left[\begin{array}{c} \boldsymbol{E}_N \left(\hat{\boldsymbol{R}}'_N\right)^{-1} \hat{\boldsymbol{\Sigma}}'_N \\ \hdashline \begin{bmatrix} \boldsymbol{I}_{(k-1)(n_1+d_2)} & & & \\ & \boldsymbol{0}_{(N'-k)d_2\times n_1} & \boldsymbol{I}_{(N'-k)d_2} & \boldsymbol{0}_{(N'-k)d_2\times d_2} \end{bmatrix} \end{array}\right] \tag{18.25}$$

式中，$\hat{\boldsymbol{R}}'_N \in \mathbb{C}^{d\times d}$，$\hat{\boldsymbol{\Sigma}}'_N \in \mathbb{C}^{d\times(kn_1+N'd_2)}$。

$$\hat{\boldsymbol{R}}'_N = \begin{bmatrix} \boldsymbol{A}'_N & \boldsymbol{B}'_N \\ \boldsymbol{C}_0 & \boldsymbol{D}_0 \end{bmatrix} \tag{18.26}$$

$$\hat{\boldsymbol{\Sigma}}'_N = \left[\begin{array}{c} \left[\left[\begin{array}{c} \left(\boldsymbol{\ell}'_{m+1}\right)^{\mathrm{T}} \otimes \left[\boldsymbol{I}_n\ \boldsymbol{0}_{n\times l_2}\right] + \left(\boldsymbol{\ell}'_{0l}\right)^{\mathrm{T}} \otimes \\ \left[\tilde{\boldsymbol{A}}''_0\ \boldsymbol{0}_{n\times l_2}\right] + \sum\limits_{i=1}^{m} \left(\boldsymbol{\ell}'_{il}\right)^{\mathrm{T}} \otimes \left[\boldsymbol{A}''_i\ \boldsymbol{B}_i''^{(2)}\right] \end{array}\right] \sum\limits_{i=1}^{m} \left(\boldsymbol{\ell}'_{ir}\right)^{\mathrm{T}} \otimes \left[\boldsymbol{A}_i''^{(2)}\ \boldsymbol{B}_i''^{(2)}\right]\right] \\ \hdashline \boldsymbol{0}_{l\times(kn_1+N'd_2)} \end{array}\right] \tag{18.27}$$

其中，$\boldsymbol{A}'_N \in \mathbb{C}^{n\times n}$，$\boldsymbol{B}'_N \in \mathbb{C}^{n\times l}$。

$$\boldsymbol{A}'_N = \alpha_k \boldsymbol{I}_n - h\beta_k \boldsymbol{A}''_0,\ \boldsymbol{B}'_N = -h\beta_k \boldsymbol{B}''_0 \tag{18.28}$$

18.2.2 稀疏特征值计算

本节利用 IRA 算法计算 $\hat{\boldsymbol{T}}'_N$ 中模值最大的部分特征值 μ''。其中，最为关键的操作是通过矩阵 $\hat{\boldsymbol{T}}'_N$ 与第 j 个 Krylov 向量 $\boldsymbol{q}_j \in \mathbb{C}^{(kn_1+N'd_2)\times 1}$ 的乘积运算来形成第 $j+1$ 个 Krylov 向量 $\boldsymbol{q}_{j+1} = \hat{\boldsymbol{T}}'_N \boldsymbol{q}_j \in \mathbb{C}^{(kn_1+N'd_2)\times 1}$。

由于 $\hat{\boldsymbol{T}}'_N$ 的第二个分块为以单位阵为元素的高度稀疏矩阵，本节仅讨论 $\boldsymbol{q}_{j+1}$ 的前 n_1+d_2 个分量的高效求解：

$$\boldsymbol{r} = \hat{\boldsymbol{\Sigma}}'_N \boldsymbol{q}_j \tag{18.29}$$

$$\boldsymbol{w} = \left(\hat{\boldsymbol{R}}'_N\right)^{-1} \boldsymbol{r} \tag{18.30}$$

$$\boldsymbol{q}_{j+1}(1:n_1+d_2,\ 1) = \boldsymbol{E}_N \boldsymbol{w} \tag{18.31}$$

式中，$\boldsymbol{r}$，$\boldsymbol{w} \in \mathbb{C}^{d\times 1}$ 为中间向量。

1\. 式 (18.29) 的稀疏实现

首先，从列的方向上将 $\boldsymbol{q}_j$ 压缩为矩阵 $\boldsymbol{Q}_1 \in \mathbb{C}^{(n_1+d_2)\times k}$ 与 $\boldsymbol{Q}_2 \in \mathbb{C}^{d_2\times(N'-k)}$，即

$$\begin{cases} \operatorname{vec}(\boldsymbol{Q}_1) = \boldsymbol{q}_j(1:k(n_1+d_2),\ 1) \\ \operatorname{vec}(\boldsymbol{Q}_2) = \boldsymbol{q}_j\left(k(n_1+d_2)+1:kn_1+N'd_2,\ 1\right) \end{cases} \tag{18.32}$$

然后，利用克罗内克积的性质，式 (18.29) 可以高效地求解如下：

$$\boldsymbol{r} = \hat{\boldsymbol{\Sigma}}'_N \begin{bmatrix} \operatorname{vec}(\boldsymbol{Q}_1) \\ \operatorname{vec}(\boldsymbol{Q}_2) \end{bmatrix} = \left[\begin{array}{c} \begin{bmatrix} \boldsymbol{I}_n & \boldsymbol{0}_{n\times 1_2} \end{bmatrix} \boldsymbol{Q}_1 \boldsymbol{\ell}'_{m+1} + \begin{bmatrix} \tilde{\boldsymbol{A}}''_0 & \boldsymbol{0}_{n\times 1_2} \end{bmatrix} \boldsymbol{Q}_1 \boldsymbol{\ell}'_{0l} \\ +\sum\limits_{i=1}^{m} \begin{bmatrix} \boldsymbol{A}''_i & \boldsymbol{B}''^{(2)}_i \end{bmatrix} \boldsymbol{Q}_1 \boldsymbol{\ell}'_{il} + \begin{bmatrix} \boldsymbol{A}''^{(2)}_i & \boldsymbol{B}''^{(2)}_i \end{bmatrix} \boldsymbol{Q}_2 \boldsymbol{\ell}'_{ir} \\ \hdashline \boldsymbol{0}_{l\times 1} \end{array}\right] \tag{18.33}$$

2\. 式 (18.30) 的稀疏实现

考虑到 $\hat{\boldsymbol{R}}'_N$ 具有高度稀疏的特性，可以直接对 $\hat{\boldsymbol{R}}'_N$ 进行 LU 分解，进而高效地求解式 (18.30)。

3\. 计算复杂度分析

在稀疏特征值计算过程中，形成第 $j+1$ 个 Krylov 向量 $\boldsymbol{q}_{j+1}$ 的关键在于求解 $\hat{\boldsymbol{\Sigma}}_N \boldsymbol{q}_j$ 和 $\hat{\boldsymbol{R}}_N^{-1} \boldsymbol{r}$。它们的计算量大体上可以用稠密系统状态矩阵 $\tilde{\boldsymbol{A}}_0$ 与向量 $\boldsymbol{v}$ 的乘积次数来度量。

(1) 如式 (18.33) 所示，$\boldsymbol{A}_i^{(2)}$ 和 $\boldsymbol{B}_i^{(2)}$ ($i=1,\ 2,\ \cdots,\ m$) 高度稀疏并分别有 n_2 和 l_2 列，故它们与 $\boldsymbol{Q}_j$ ($j=1,\ 2$) 的乘积运算的计算量可以忽略不计。因此，求解 $\hat{\boldsymbol{\Sigma}}_N\boldsymbol{q}_j$ 的计算量大约等于 1 次 $\tilde{\boldsymbol{A}}_0\boldsymbol{v}$ 运算的计算量。

(2) 如式 (18.26) 所示，$\hat{\boldsymbol{R}}_N$ 具有和系统增广状态矩阵 $\boldsymbol{J}_0$ 相似的稀疏结构，可利用 LU 分解直接、高效地求取 $\hat{\boldsymbol{R}}_N$ 的逆矩阵。也就是说，求解 $\hat{\boldsymbol{R}}_N^{-1}\boldsymbol{r}$ 的计算量和求解系统增广状态矩阵 $\boldsymbol{J}_0$ 的逆与向量 $\boldsymbol{v}$ 乘积的计算量相当。令 T 为求解 $\boldsymbol{J}_0^{-1}\boldsymbol{v}$ 的计算量与求解 $\tilde{\boldsymbol{A}}_0\boldsymbol{v}$ 计算量的比值，则求解 $\hat{\boldsymbol{R}}_N^{-1}\boldsymbol{r}$ 大体上需要 T 次 $\tilde{\boldsymbol{A}}_0\boldsymbol{v}$ 运算。

总的来说，在求解相同数量特征值的情况下，PSOD-LMS 方法的计算量大约等于利用幂法对无时滞电力系统进行特征值分析计算量的 $T+1$ 倍。

4. 牛顿校正

设由 IRA 算法计算得到 $\hat{\boldsymbol{T}}_N'$ 的特征值为 μ''，根据解算子的谱和时滞电力系统特征值之间的谱映射关系可以解得系统特征值的估计值 $\hat{\lambda}$ 为

$$\hat{\lambda}=\frac{1}{\alpha}\mathrm{e}^{\mathrm{j}\theta}\lambda''=\frac{1}{\alpha h}\mathrm{e}^{\mathrm{j}\theta}\ln\mu'' \tag{18.34}$$

以 $\hat{\lambda}$ 为初始值，采用牛顿法迭代可以得到时滞电力系统的精确特征值 λ。

18.2.3 特性分析

(1) PSOD-LMS 方法生成的解算子部分离散化矩阵 $\hat{\boldsymbol{T}}_N$ 的维数为 kn_1+Nd_2。考虑到大规模时滞电力系统总是满足 $n\gg d_2$，$\hat{\boldsymbol{T}}_N$ 的维数约为系统状态变量维数的 k 倍，与 SOD-LMS 生成的离散化矩阵 $\boldsymbol{T}_N$ 的维数之比 $R_{\dim}$ 接近于 k/N。由于 k 的存在，与 PSOD-PS/PS-II/IRK 相比，PSOD-LMS 方法的降维效果较差。

(2) 在求解相同数量特征值的情况下，PSOD-LMS 方法的计算量大约等于利用幂法对无时滞电力系统进行特征值分析计算量的 $T+1$ 倍。在转移步长 h 取相同值 (即 PSOD-PS/PS-II 的 Q 和 PSOD-IRK/LMS 的 N 取相同值) 时，考虑到 PSOD-LMS 生成的解算子部分离散化矩阵的维数为系统状态变量维数的 k 倍并高于 PSOD-PS/PS-II/IRK 生成的离散化矩阵，前者的计算效率理论上低于后者。

测 试 篇

第 19 章　谱离散化方法在电力系统仿真分析软件中的实现

为了实现大规模时滞电力系统特征值计算和稳定性分析与控制，本章给出了基于谱离散化的时滞特征值计算方法在常用电力系统仿真分析软件 PSD-BPA、PSASP 和 PowerFactory 中的实现技术。

19.1　PSD-BPA

作者团队和中国电力科学研究院有限公司合作开发了国际首套、迄今唯一适用于万节点级大规模时滞电力系统特征值计算商用软件，即基于无穷小生成元部分显式离散化的时滞电力系统特征值计算软件 (SSAP-PEIGD)[240]，并集成到 PSD-BPA 中，处理规模、计算精度和求解效率等指标国际领先。本节首先介绍广域 PSS 的数据卡，然后给出利用 SSAP-PEIGD 软件进行时滞电力系统特征值计算的主要操作步骤。

19.1.1　广域 PSS 数据卡

1. 广域 PSS 模型

电力系统全过程动态仿真程序 PSD-FDS[241] 提供的广域 PSS 模型如图 19.1

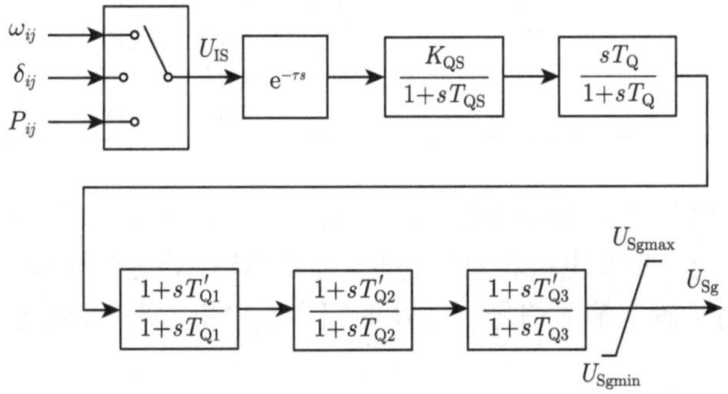

图 19.1　PSD-FSD 中的广域 PSS 模型

所示。广域 PSS 的输入信号 U_{IS} 为同步发电机相对功角、相对转速或联络线有功功率。广域 PSS 的输出信号 U_{Sg} 叠加本地 PSS 的输出信号 U_{Sl} 后，输入到同步发电机的励磁调节器。图中，$\mathrm{e}^{-\tau s}$ 表示广域信号的通信时滞。需要注意的是，目前暂态稳定仿真程序 PSD-ST 暂不支持该模型。

2. 数据卡说明

当广域 PSS 选取不同类型的输入信号时，需要填写的数据卡略有不同。

(1) 当输入信号 U_{IS} 为联络线功率时，需要填写 WPSS 卡。表 19.1 给出了 WPSS 卡的数据格式及说明。

表 19.1　WPSS 卡的数据格式及说明

开始列	结束列	数据格式	说明
1	4	A4	卡片标识：WPSS
6	13	A8	母线名
14	17	F4.0	基准电压 (kV)
18	18	A1	ID 识别码 (用于识别连在同一母线上的不同发电机)
19	23	F5.4	时滞常数 τ
24	27	F4.3	增益 K_{QS}
28	30	F3.3	时间常数 T_{QS}
31	34	F4.2	隔直时间常数 T_{Q}
35	38	F4.3	第 1 个滞后时间常数 T_{Q1}
39	42	F4.3	第 1 个超前时间常数 T'_{Q1}
43	46	F4.3	第 2 个滞后时间常数 T_{Q2}
47	50	F4.3	第 2 个超前时间常数 T'_{Q2}
51	54	F4.3	第 3 个滞后时间常数 T_{Q3}
55	58	F4.3	第 3 个超前时间常数 T'_{Q3}
59	62	F4.3	最大输出值 V_{Smax} (标幺值)
63	64	F2.2	最小输出值 V_{Smin} (标幺值)
65	68	F4.0	K_{QS} 的基准容量 (MVA)
69	76	A8	量测支路始端母线名
77	80	F4.0	量测支路始端基准电压 (kV)
81	88	A8	量测支路末端母线名
89	92	F4.0	量测支路末端基准电压 (kV)

(2) 当输入信号 U_{IS} 为同步发电机相对功角时，需要填写 WPSS 和 WPSA 卡；当输入信号为同步发电机相对转速时，需要填写 WPSS 和 WPSW 卡。WPSA 和 WPSW 卡用于确定输入信号所涉及的同步发电机，此时 WPSS 卡中的联络线信息失效。

WPSA 和 WPSW 卡的格式相同，如表 19.2 所示。值得注意的是，参考发电机的功角或转速取负值，相对发电机的功角或转速取正值。

表 19.2 WPSA/WPSW 卡的数据格式及说明

开始列	结束列	数据格式	说明
1	4	A4	卡片标识：WPSA 或 WPSW
6	13	A8	参考发电机母线名 (输入量取负)
14	17	F4.0	基准电压 (kV)
18	18	A1	ID 识别码
19	26	A8	相对发电机母线名 (输入量取正)
27	30	F4.0	基准电压 (kV)
31	31	A1	ID 识别码

最后，有必要对 WPSS/WPSA/WPSW 卡的数据格式作简要介绍。① “Ai”：字符串，其中 i 为字符串的长度。② “F$i.j$”：浮点数，其中 i 为输入数据占有的最大列数，j 为小数点后的位数。

19.1.2 SSAP-PEIGD 软件

SSAP-PEIGD 软件的界面如图 19.2 所示，其主要操作步骤如下。

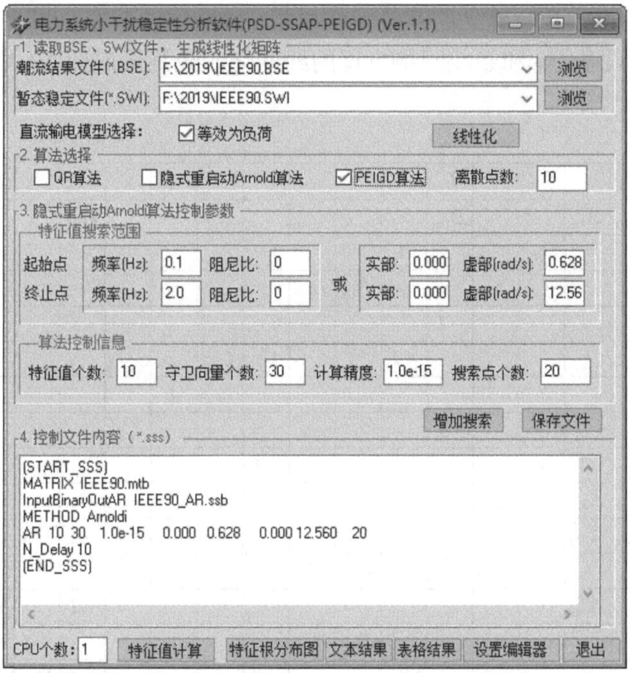

图 19.2 SSAP-PEIGD 软件界面

(1) 读取 PSD-BPA 潮流结果文件 (*.bse) 和稳定文件 (*.swi)，执行线性化操作，得到与稳定文件同名的线性化矩阵文件 (*.mtb)。

(2) 填写控制文件 (*.sss)，用于指定特征值计算的相关参数。其中，算法名称、特征值搜索范围、IRA 算法控制信息和灵敏度计算功能选择等参数，与适用于常规无时滞电力系统小干扰稳定性分析程序 PSD-SSAP[242] 完全一致。唯一额外需要设定的是 PEIGD 算法中离散点个数 N_Delay，其默认值等于 10。

(3) 利用线性化矩阵文件 (*.mtb)，形成系统增广状态矩阵和时滞增广状态矩阵。进而，利用 WPSS 卡中时滞信息和设定的离散点个数 N_Delay，构建基于 PEIGD 方法的无穷小生成元部分离散化矩阵 $\mathcal{A}_N$。

(4) 执行特征值计算功能，得到指定搜索范围内的特征值及对应的特征向量。

19.2 PSASP

19.2.1 线性化平台

中国电力科学研究院有限公司开发的 PSASP 软件提供了电力系统小干扰稳定性分析的线性化平台，能够自动地实现同步发电机固定模型、按用户自定义方式 (user defined，UD) 建立的其他元件模型 (如励磁调节器、调速器、PSS 以及各种 FACTS 设备等) 和系统网络方程的线性化，最终形成图 19.3 所示的全系统线性化 DAE[243, 244]。

$$
\begin{bmatrix}
\Delta\dot{\boldsymbol{\gamma}} \\ \Delta\dot{\boldsymbol{Z}} \\ \Delta\dot{\boldsymbol{X}}_{\mathrm{c}} \\ \Delta\dot{\boldsymbol{X}}_{\mathrm{d}} \\ \boldsymbol{0} \\ \boldsymbol{0} \\ \boldsymbol{0} \\ \boldsymbol{0} \\ \boldsymbol{0} \\ \boldsymbol{0} \\ \boldsymbol{0} \\ \boldsymbol{0} \\ \boldsymbol{0} \\ \boldsymbol{0} \\ \boldsymbol{0} \\ \boldsymbol{0}
\end{bmatrix}
=
\begin{bmatrix}
\boldsymbol{A}_{1\mathrm{r}} & & & & \boldsymbol{B}_{1\mathrm{rg}} & & & & & & & & \boldsymbol{D}_{1\mathrm{rg}} & & \boldsymbol{E}_{1\mathrm{rg}} & \\
\boldsymbol{A}_{1\mathrm{zr}} & \boldsymbol{A}_{1\mathrm{z}} & & & \boldsymbol{B}_{1\mathrm{zg}} & & & & & & & & \boldsymbol{D}_{1\mathrm{rz}} & & & \\
 & & \boldsymbol{A}_{1\mathrm{c}} & & & \boldsymbol{B}_{1\mathrm{c}} & & & & & & & & & & \\
 & & & \boldsymbol{A}_{1\mathrm{d}} & & & \boldsymbol{B}_{1\mathrm{d}} & \boldsymbol{B}_{1\mathrm{dt}} & & & & & & & & \\
 & & & & -\boldsymbol{I} & & & & \boldsymbol{C}_{2\mathrm{gc}} & & & & & & & \\
 & & & & & -\boldsymbol{I} & & & \boldsymbol{C}_{2\mathrm{c}} & \boldsymbol{C}_{2\mathrm{cg}} & & & & & & \\
 & & & & & & -\boldsymbol{I} & & & & \boldsymbol{I} & & & & & \\
 & & & & & & & -\boldsymbol{I} & & & & \boldsymbol{C}_{2\mathrm{t}} & & & & \\
 & & \boldsymbol{A}_{3\mathrm{c}} & & & \boldsymbol{B}_{3\mathrm{c}} & & & -\boldsymbol{I} & & & & & & & \\
\boldsymbol{A}_{3\mathrm{gr}} & \boldsymbol{A}_{3\mathrm{gz}} & & & & & & & & -\boldsymbol{I} & & & \boldsymbol{D}_{3\mathrm{g}} & & \boldsymbol{E}_{3\mathrm{g}} & \\
\boldsymbol{A}_{3\mathrm{dr}} & \boldsymbol{A}_{3\mathrm{dz}} & & & & & & & & & -\boldsymbol{I} & & \boldsymbol{D}_{3\mathrm{dg}} & & \boldsymbol{E}_{3\mathrm{dg}} & \boldsymbol{E}_{3\mathrm{d}} \\
 & & & \boldsymbol{A}_{3\mathrm{td}} & & & \boldsymbol{B}_{3\mathrm{td}} & \boldsymbol{B}_{3\mathrm{t}} & & & & -\boldsymbol{I} & & & & \\
\boldsymbol{A}_{4\mathrm{gr}} & \boldsymbol{A}_{4\mathrm{gz}} & & & & & & & & & & & -\boldsymbol{I} & & \boldsymbol{E}_{4\mathrm{g}} & \\
 & & & \boldsymbol{A}_{4\mathrm{d}} & & & \boldsymbol{B}_{4\mathrm{d}} & \boldsymbol{B}_{4\mathrm{dt}} & & & & & & -\boldsymbol{I} & \boldsymbol{E}_{4\mathrm{dg}} & \boldsymbol{E}_{4\mathrm{d}} \\
 & & & & & & & & & & & & -\boldsymbol{I} & \boldsymbol{D}_{5\mathrm{dg}} & \boldsymbol{Y}_{\mathrm{gg}} & \boldsymbol{Y}_{\mathrm{gn}} \\
 & & & & & & & & & & & & & \boldsymbol{D}_{5\mathrm{nd}} & \boldsymbol{Y}_{\mathrm{ng}} & \boldsymbol{Y}_{\mathrm{nn}}
\end{bmatrix}
\begin{bmatrix}
\Delta\boldsymbol{\gamma} \\ \Delta\boldsymbol{Z} \\ \Delta\boldsymbol{X}_{\mathrm{c}} \\ \Delta\boldsymbol{X}_{\mathrm{d}} \\ \Delta\boldsymbol{U}_{\mathrm{g}} \\ \Delta\boldsymbol{U}_{\mathrm{c}} \\ \Delta\boldsymbol{U}_{\mathrm{d}} \\ \Delta\boldsymbol{U}_{\mathrm{t}} \\ \Delta\boldsymbol{Y}_{\mathrm{c}} \\ \Delta\boldsymbol{Y}_{\mathrm{g}} \\ \Delta\boldsymbol{Y}_{\mathrm{d}} \\ \Delta\boldsymbol{Y}_{\mathrm{t}} \\ \Delta\boldsymbol{I}_{\mathrm{g}} \\ \Delta\boldsymbol{I}_{\mathrm{d}} \\ \Delta\boldsymbol{V}_{\mathrm{g}} \\ \Delta\boldsymbol{V}_{\mathrm{n}}
\end{bmatrix}
$$

图 19.3　PSASP 线性化平台得到的全系统线性化微分-代数方程

图 19.3 可简写为

$$\begin{bmatrix}\Delta\dot{\boldsymbol{x}}\\ \boldsymbol{0}\end{bmatrix}=\begin{bmatrix}\boldsymbol{A} & \boldsymbol{B}\\ \boldsymbol{C} & \boldsymbol{D}\end{bmatrix}\begin{bmatrix}\Delta\boldsymbol{x}\\ \Delta\boldsymbol{y}\end{bmatrix} \tag{19.1}$$

式中，$\boldsymbol{x}\in\mathbb{R}^{n\times 1}$ 为系统状态变量向量，$\boldsymbol{y}\in\mathbb{R}^{l\times 1}$ 为系统代数变量向量，n 和 l 分别为系统状态变量和代数变量的维数；$\boldsymbol{A}\in\mathbb{R}^{n\times n}$、$\boldsymbol{B}\in\mathbb{R}^{n\times l}$、$\boldsymbol{C}\in\mathbb{R}^{l\times n}$ 和 $\boldsymbol{D}\in\mathbb{R}^{l\times l}$ 为高度稀疏的系统增广状态矩阵。

如图 19.3 所示，系统的增广状态矩阵可划分为 16×16 个子矩阵，其中大部分为零矩阵。各个非零子矩阵输出为单独的文本文件，其中与发电机相关的子矩阵及向量文件的后缀为 GEN，与发电机调节系统和动态元件相关的子矩阵及向量文件的后缀为 MCD。节点导纳矩阵存储在文件 YGB.DAT 中，包含 $\boldsymbol{Y}_{\mathrm{gg}}$、$\boldsymbol{Y}_{\mathrm{gn}}$、$\boldsymbol{Y}_{\mathrm{ng}}$ 和 $\boldsymbol{Y}_{\mathrm{nn}}$ 4 个子矩阵的数据。

系统状态变量向量 $\boldsymbol{x}$ 分为 4 个子向量。

(1) $\boldsymbol{\gamma}$ 为同步发电机转速 ω 和功角 δ 子向量。

(2) $\boldsymbol{Z}$ 为同步发电机暂态和次暂态电势子向量，即 E_d'、E_q'、E_d'' 和 E_q''。

(3) $\boldsymbol{X}_{\mathrm{c}}$ 为同步发电机调节器 (包括励磁调节器、调速器和 PSS) 状态变量子向量。

(4) $\boldsymbol{X}_{\mathrm{d}}$ 为动态元件 (如 HVDC 和 FACTS 设备等) 状态变量子向量。

系统代数变量向量 $\boldsymbol{y}$ 分为 12 个子向量。

(1) $\boldsymbol{U}_{\mathrm{g}}$ 为同步发电机输入控制变量子向量，包括 E_{fq} 和 P_{m}。

(2) $\boldsymbol{U}_{\mathrm{c}}$ 为同步发电机调节器输入控制变量子向量。对于励磁调节器，其输入控制变量为同步发电机功率因数角 φ、q 轴电势 E_q、注入电流幅值 (自身标幺值) I_{ts}、机端电压幅值 V_{t} 和附加输入 U_{S} (即 PSS 输出)，其中前 4 个变量用于生成补偿电压 U_{C}，如式 (2.26) 所示；对于调速器，其输入控制变量为同步发电机转速 ω；对于 PSS，其输入控制变量为同步发电机转速 ω、电磁功率 P_{e} 或机端电压幅值 V_{t}。

(3) $\boldsymbol{U}_{\mathrm{d}}$ 为动态元件输入控制变量子向量，包括母线电压幅值 V_{t} 及其实部 $V_{x\mathrm{t}}$ 和虚部 $V_{y\mathrm{t}}$。

(4) $\boldsymbol{U}_{\mathrm{t}}$ 为动态元件输入临时交换变量子向量。

(5) $\boldsymbol{Y}_{\mathrm{c}}$ 为同步发电机调节器输出变量子向量，包括励磁调节器的输出 E_{fq}、调速器的输出 P_{m} 和 PSS 的输出 U_{S}。

(6) $\boldsymbol{Y}_{\mathrm{g}}$ 为同步发电机输出变量子向量，其作为同步发电机调节器的反馈输入变量。对于励磁调节器，其输入变量 (非输入控制变量，下同) 为同步发电机功率因数角 φ、q 轴电势 E_q、注入电流幅值 (自身标幺值) I_{ts} 和机端电压幅值 V_{t}；对于调速器，其输入变量为同步发电机转速 ω；对于 PSS，其输入变量为同步发电机转速 ω、电磁功率 $P_{\rm e}$ 和机端电压幅值 $V_{\rm t}$。

(7) $\boldsymbol{Y}_{\rm d}$ 为动态元件输出变量子向量。

(8) $\boldsymbol{Y}_{\rm t}$ 为动态元件输出临时交换变量子向量。

(9) $\boldsymbol{I}_{\rm g}$ 和 $\boldsymbol{I}_{\rm d}$ 分别为同步发电机和其他动态元件节点注入电流的实部和虚部子向量。

(10) $\boldsymbol{V}_{\rm g}$ 和 $\boldsymbol{V}_{\rm n}$ 分别为同步发电机节点和网络中其余节点电压的实部和虚部子向量。将它们重新排列后形成电压实部和虚部子向量 $\boldsymbol{U}_x$ 和 $\boldsymbol{U}_y$。

最后，给出子向量 $\boldsymbol{X}_{\rm c}$、$\boldsymbol{U}_{\rm c}$ 和 $\boldsymbol{Y}_{\rm c}$ 之间的关系。在形成 $\boldsymbol{Y}_{\rm c}$ 后，其与关联矩阵 $\boldsymbol{C}_{2\rm c}$ 相乘作为 $\boldsymbol{U}_{\rm c}$ 的一部分。其后，$\boldsymbol{U}_{\rm c}$ 与关联矩阵 $\boldsymbol{B}_{1\rm c}$ 相乘作为同步发电机调节器状态方程 (状态变量为 $\boldsymbol{X}_{\rm c}$) 的输入。$\boldsymbol{C}_{2\rm c}$ 和 $\boldsymbol{B}_{1\rm c}$ 中除了少量元素为 1 之外，其余元素皆为 0。

19.2.2 装设 WADC 后的系统线性化 DAE

下面针对广域 PSS 和广域 LQR 两种 WADC，基于 PSASP 线性化平台，根据 2.4.1 节和 2.4.5 节构建闭环系统增广状态矩阵和时滞增广状态矩阵，为基于谱离散化的大规模时滞电力系统特征值计算提供模型基础。

1. 广域 PSS

装设广域 PSS 后，会引入新的状态变量 $\boldsymbol{x}_{\rm W} \in \mathbb{R}^{4\times 1}$。相应地，闭环系统的增广状态矩阵增加一个块行和一个块列，如图 19.4 所示。其中，$\boldsymbol{A}_{\rm W}$ 为广域 PSS 的状态矩阵，即式 (2.144) 中的 $\boldsymbol{A}_{\rm c\mathit{m}}$；$\boldsymbol{A}_{\rm Wr}$ 和 $\boldsymbol{E}_{\rm Wr}$ 分别为广域 PSS 的状态输入矩阵和代数输入矩阵，对应式 (2.144) 中的 $\boldsymbol{B}_{\rm c\mathit{m}}$；$\boldsymbol{A}_{\rm Wc}$ 为广域 PSS 的输出矩阵，对应式 (2.144) 中的 $\boldsymbol{C}_{\rm c\mathit{m}}$。

(1) 根据广域反馈信号类型的不同，需要分别形成输入矩阵 $\boldsymbol{A}_{\rm Wr}$ 和 $\boldsymbol{E}_{\rm Wr}$，具体实现如下。

当广域 PSS 的反馈信号为发电机相对转速偏差 $\omega_{i,j}$ 或相对功角偏差 $\delta_{i,j}$ 时，$\boldsymbol{E}_{\rm Wr}$ 为零矩阵，$\boldsymbol{A}_{\rm Wr}$ 中非零元素所在列分别对应第 i、j 台发电机的转速 ω_i、ω_j 或功角 δ_i、δ_j。由文件 r.GEN 可知，这些非零列对应状态变量子向量 $\boldsymbol{\gamma}$ 的第 $2i-1$、$2j-1$ 个或第 $2i$、$2j$ 个元素。

当广域 PSS 的反馈信号为联络线有功功率偏差 $P_{i,j}$ 时，$\boldsymbol{A}_{\rm Wr}$ 为零矩阵，$\boldsymbol{E}_{\rm Wr}$ 为非零矩阵。① $\boldsymbol{E}_{\rm Wr}$ 中非零元素所在列对应节点 i 和节点 j 的电压 U_i 和 U_j 的实部和虚部，即 U_{xi}、U_{yi}、U_{xj} 和 U_{yj}。由文件 Vn.MCD 可知，这些非零列分别对应代数变量子向量 $\boldsymbol{V}_n$ 的第 $2i$、$2i-1$、$2j$ 和 $2j-1$ 个元素，具体可参考文献 [244]。② 对于 $\boldsymbol{E}_{\rm Wr}$ 中非零元素的值，由式 (2.138) 可知，$\boldsymbol{E}_{\rm Wr} = \boldsymbol{B}_{\rm c\mathit{m}}\boldsymbol{K}_{2m}$，其中 $\boldsymbol{K}_{2m}$ 的表达式详见式 (2.147)。其中，U_{xi}、U_{yi}、U_{xj} 和 U_{yj} 的值可由 PSASP 数据文

件夹下子文件夹 Temp 中潮流计算结果文件 Lf.lp1 确定。G_{ij} 为文件 YGB.DAT 的第 $2q+2(i'-1)+1$ 行、第 j' 列元素值，B_{ij} 为文件 YGB.DAT 的第 $2q+2i'$ 行、第 j' 列元素值。这里，i' 和 j' 分别表示经过优化后节点 i 和 j 的编号，可从文件 BUSNAME.INF 中确定，q 为同步发电机的总台数。

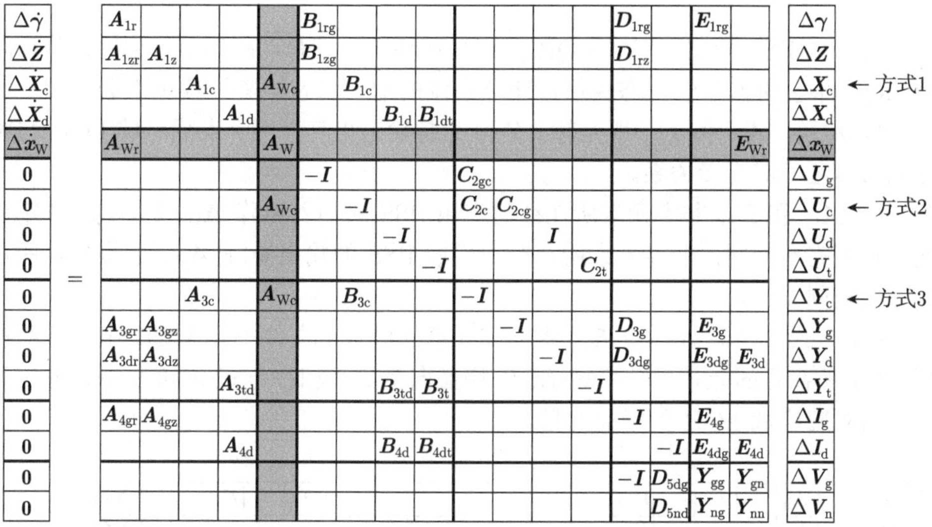

图 19.4 安装广域 PSS 后闭环系统的线性化 DAE (不考虑时滞)

(2) 广域 PSS 的输出变量 U_{Sg} 和本地 PSS 的输出变量 U_{Sl} 一起附加到励磁调节器，构成分散/分层架构的广域阻尼控制系统[17,19]。考虑到子向量 $\boldsymbol{X}_{\mathrm{c}}$、$\boldsymbol{U}_{\mathrm{c}}$ 和 $\boldsymbol{Y}_{\mathrm{c}}$ 之间的关系，输出矩阵 $\boldsymbol{A}_{\mathrm{Wc}}$ 有如下 3 种具体实现方式。

方式 1：U_{Sg} 直接附加到同步发电机励磁调节器 ($\boldsymbol{X}_{\mathrm{c}}$ 的一部分)。此时，$\boldsymbol{A}_{\mathrm{Wc}}$ 中非零元素所在行对应广域 PSS 所附加励磁调节器放大环节的状态变量 U_{R}。由于 PSASP 不对用户开放状态向量子向量 $\boldsymbol{X}_{\mathrm{c}}$ 的具体内容，U_{R} 在状态变量子向量 $\boldsymbol{X}_{\mathrm{c}}$ 中的位置只能由文件 A1c.MCD 或 B1c.MCD 推定。$\boldsymbol{A}_{\mathrm{Wc}}$ 中非零元素的值等于广域 PSS 所附加励磁调节器放大环节的放大倍数与时间常数的比值。由式 (2.39) 第 2 式可知，其与本地 PSS 的输出变量 U_{Sl} 的系数相同，可以读取文件 B1c.MCD 中 U_{R} 所在行、U_{Sl} 所在列对应的数值。U_{Sl} 在 $\boldsymbol{U}_{\mathrm{c}}$ 中的位置可由文件 Uc.MCD 确定。

方式 2：U_{Sg} 直接叠加到子向量 $\boldsymbol{U}_{\mathrm{c}}$ 中的 U_{Sl}。此时，$\boldsymbol{A}_{\mathrm{Wc}}$ 中非零元素所在行对应 $\boldsymbol{U}_{\mathrm{c}}$ 中励磁调节器的附加输入变量 U_{Sl}，相应的值为 1。

方式 3：U_{Sg} 直接叠加到子向量 $\boldsymbol{Y}_{\mathrm{c}}$ 中的 U_{Sl}。此时，$\boldsymbol{A}_{\mathrm{Wc}}$ 中非零元素所在行对应 $\boldsymbol{Y}_{\mathrm{c}}$ 中本地 PSS 的输出变量 U_{Sl}，非零元素的值为 1。该方式可行的前提

是，根据文件 C2c.MCD 读取关联矩阵 $\boldsymbol{C}_{2\mathrm{c}}$，$\boldsymbol{U}_\mathrm{c}$ 中本地 PSS 的输出 U_{Sl} 所在行、$\boldsymbol{Y}_\mathrm{c}$ 中励磁调节器的输入 U_{Sl} 所在列的值为 1。

上述 3 种实现方式所构建的输出矩阵 $\boldsymbol{A}_{\mathrm{Wc}}$ 中，非零元素所在列均对应广域 PSS 的状态变量 U_{Sg}。

2. 广域 LQR

与广域 PSS 相比，广域 LQR 只有直通环节，没有动态环节。因此，装设广域 LQR 不会引入新的状态变量，闭环系统的增广状态矩阵维数也不会增加。如图 19.5 所示，$\boldsymbol{A}_{\mathrm{cr}}$ 和 $\boldsymbol{E}_{\mathrm{cr}}$ 既是输入矩阵又是输出矩阵，用于表征广域 LQR 与励磁调节器之间的连接关系。

(1) $\boldsymbol{A}_{\mathrm{cr}}$ 和 $\boldsymbol{E}_{\mathrm{cr}}$ 非零元素所在列与广域 PSS 的输入矩阵 $\boldsymbol{A}_{\mathrm{Wr}}$ 和 $\boldsymbol{E}_{\mathrm{Wr}}$ 非零元素所在列完全相同，非零元素所在行与广域 PSS 的输出矩阵 $\boldsymbol{A}_{\mathrm{Wc}}$ 非零元素所在行完全相同。

(2) 方式 1 下，$\boldsymbol{A}_{\mathrm{cr}}$ 和 $\boldsymbol{E}_{\mathrm{cr}}$ 中非零元素的值等于文件 B1c.MCD 中 U_{Sl} 所在列、U_R 所在行的元素值与广域 LQR 增益向量的乘积；方式 2 和 3 下，非零元素的值对应广域 LQR 的增益向量。

$\Delta\dot{\gamma}$		$\boldsymbol{A}_{1\mathrm{r}}$				$\boldsymbol{B}_{1\mathrm{rg}}$								$\boldsymbol{D}_{1\mathrm{rg}}$		$\boldsymbol{E}_{1\mathrm{rg}}$		$\Delta\boldsymbol{\gamma}$	
$\Delta\dot{\boldsymbol{Z}}$		$\boldsymbol{A}_{1\mathrm{zr}}$	$\boldsymbol{A}_{1\mathrm{z}}$			$\boldsymbol{B}_{1\mathrm{zg}}$								$\boldsymbol{D}_{1\mathrm{rz}}$				$\Delta\boldsymbol{Z}$	
$\Delta\dot{\boldsymbol{X}}_\mathrm{c}$		$\boldsymbol{A}_{\mathrm{cr}}$		$\boldsymbol{A}_{1\mathrm{c}}$			$\boldsymbol{B}_{1\mathrm{c}}$										$\boldsymbol{E}_{\mathrm{cr}}$	$\Delta\boldsymbol{X}_\mathrm{c}$	← 方式1
$\Delta\dot{\boldsymbol{X}}_\mathrm{d}$					$\boldsymbol{A}_{1\mathrm{d}}$			$\boldsymbol{B}_{1\mathrm{d}}$	$\boldsymbol{B}_{1\mathrm{dt}}$									$\Delta\boldsymbol{X}_\mathrm{d}$	
0						$-\boldsymbol{I}$				$\boldsymbol{C}_{2\mathrm{gc}}$								$\Delta\boldsymbol{U}_\mathrm{g}$	
0		$\boldsymbol{A}_{\mathrm{cr}}$					$-\boldsymbol{I}$			$\boldsymbol{C}_{2\mathrm{c}}$	$\boldsymbol{C}_{2\mathrm{cg}}$						$\boldsymbol{E}_{\mathrm{cr}}$	$\Delta\boldsymbol{U}_\mathrm{c}$	← 方式2
0								$-\boldsymbol{I}$				$\boldsymbol{I}$						$\Delta\boldsymbol{U}_\mathrm{d}$	
0	=								$-\boldsymbol{I}$				$\boldsymbol{C}_{2\mathrm{t}}$					$\Delta\boldsymbol{U}_\mathrm{t}$	
0		$\boldsymbol{A}_{\mathrm{cr}}$		$\boldsymbol{A}_{3\mathrm{c}}$			$\boldsymbol{B}_{3\mathrm{c}}$			$-\boldsymbol{I}$							$\boldsymbol{E}_{\mathrm{cr}}$	$\Delta\boldsymbol{Y}_\mathrm{c}$	← 方式3
0		$\boldsymbol{A}_{3\mathrm{gr}}$	$\boldsymbol{A}_{3\mathrm{gz}}$								$-\boldsymbol{I}$			$\boldsymbol{D}_{3\mathrm{g}}$		$\boldsymbol{E}_{3\mathrm{g}}$		$\Delta\boldsymbol{Y}_\mathrm{g}$	
0		$\boldsymbol{A}_{3\mathrm{dr}}$	$\boldsymbol{A}_{3\mathrm{dz}}$									$-\boldsymbol{I}$		$\boldsymbol{D}_{3\mathrm{dg}}$		$\boldsymbol{E}_{3\mathrm{dg}}$	$\boldsymbol{E}_{3\mathrm{d}}$	$\Delta\boldsymbol{Y}_\mathrm{d}$	
0					$\boldsymbol{A}_{3\mathrm{td}}$			$\boldsymbol{B}_{3\mathrm{td}}$	$\boldsymbol{B}_{3\mathrm{t}}$				$-\boldsymbol{I}$					$\Delta\boldsymbol{Y}_\mathrm{t}$	
0		$\boldsymbol{A}_{4\mathrm{gr}}$	$\boldsymbol{A}_{4\mathrm{gz}}$											$-\boldsymbol{I}$		$\boldsymbol{E}_{4\mathrm{g}}$		$\Delta\boldsymbol{I}_\mathrm{g}$	
0					$\boldsymbol{A}_{4\mathrm{d}}$			$\boldsymbol{B}_{4\mathrm{d}}$	$\boldsymbol{B}_{4\mathrm{dt}}$						$-\boldsymbol{I}$	$\boldsymbol{E}_{4\mathrm{dg}}$	$\boldsymbol{E}_{4\mathrm{d}}$	$\Delta\boldsymbol{I}_\mathrm{d}$	
0														$-\boldsymbol{I}$	$\boldsymbol{D}_{5\mathrm{dg}}$	$\boldsymbol{Y}_{\mathrm{gg}}$	$\boldsymbol{Y}_{\mathrm{gn}}$	$\Delta\boldsymbol{V}_\mathrm{g}$	
0															$\boldsymbol{D}_{5\mathrm{nd}}$	$\boldsymbol{Y}_{\mathrm{ng}}$	$\boldsymbol{Y}_{\mathrm{nn}}$	$\Delta\boldsymbol{V}_\mathrm{n}$	

图 19.5　安装广域 LQR 后闭环系统的线性化 DAE

3. 时滞系统增广状态矩阵

考虑 WADC 的反馈时滞 τ_f 和控制时滞 τ_c 时，闭环系统的线性化 DAE 转化为 DDAE。相应地，WADC 的输入矩阵和输出矩阵成为系统时滞增广状态矩阵的子矩阵。下面分别针对广域 PSS 和广域 LQR，以实现方式 1 为例来说说明闭环系统状态矩阵和时滞增广状态矩阵的形成方法。

(1) 对于广域 PSS，有

$$\begin{aligned}\begin{bmatrix}\Delta\dot{\boldsymbol{x}}\\ \Delta\dot{\boldsymbol{x}}_{\mathrm{W}}\\ \boldsymbol{0}\end{bmatrix}=&\underbrace{\begin{bmatrix}\boldsymbol{A} & \boldsymbol{0}_{n\times 4} & \boldsymbol{B}\\ \boldsymbol{0}_{4\times n} & \boldsymbol{A}_{\mathrm{W}} & \boldsymbol{0}_{4\times l}\\ \boldsymbol{C} & \boldsymbol{0}_{l\times 4} & \boldsymbol{D}\end{bmatrix}}_{\boldsymbol{J}_0}\begin{bmatrix}\Delta\boldsymbol{x}\\ \Delta\boldsymbol{x}_{\mathrm{W}}\\ \Delta\boldsymbol{y}\end{bmatrix}\\ &+\underbrace{\begin{bmatrix}\boldsymbol{0}_{n\times(d+4)}\\ \begin{bmatrix}\boldsymbol{A}_{\mathrm{Wr}} & \boldsymbol{0}_{4\times(d+4-2q-2k)} & \boldsymbol{E}_{\mathrm{Wr}}\end{bmatrix}\\ \boldsymbol{0}_{l\times(d+4)}\end{bmatrix}}_{\boldsymbol{J}_{\mathrm{f}}}\begin{bmatrix}\Delta\boldsymbol{x}(t-\tau_{\mathrm{f}})\\ \Delta\boldsymbol{x}_{\mathrm{W}}(t-\tau_{\mathrm{f}})\\ \Delta\boldsymbol{y}(t-\tau_{\mathrm{f}})\end{bmatrix}\\ &+\underbrace{\begin{bmatrix}\boldsymbol{0}_{6q\times(d+4)}\\ \begin{bmatrix}\boldsymbol{0}_{n_{Xc}\times n} & \boldsymbol{A}_{\mathrm{Wc}} & \boldsymbol{0}_{n_{Xc}\times l}\end{bmatrix}\\ \boldsymbol{0}_{(d+4-6q-n_{Xc})\times(d+4)}\end{bmatrix}}_{\boldsymbol{J}_{\mathrm{c}}}\begin{bmatrix}\Delta\boldsymbol{x}(t-\tau_{\mathrm{c}})\\ \Delta\boldsymbol{x}_{\mathrm{W}}(t-\tau_{\mathrm{c}})\\ \Delta\boldsymbol{y}(t-\tau_{\mathrm{c}})\end{bmatrix}\end{aligned}\tag{19.2}$$

式中，n_{Xc} 为同步发电机调节器 (包括励磁调节器、调速器和 PSS) 状态变量子向量 $\boldsymbol{X}_{\mathrm{c}}$ 的维数；$\boldsymbol{J}_0\in\mathbb{R}^{(d+4)\times(d+4)}$ 为系统增广状态矩阵；$\boldsymbol{J}_{\mathrm{f}}$ 和 $\boldsymbol{J}_{\mathrm{c}}\in\mathbb{R}^{(d+4)\times(d+4)}$ 均为系统时滞增广状态矩阵，对应的时滞分别为 τ_{f} 和 τ_{c}。

(2) 对于广域 LQR，有

$$\begin{aligned}\begin{bmatrix}\Delta\dot{\boldsymbol{x}}\\ \boldsymbol{0}\end{bmatrix}=&\underbrace{\begin{bmatrix}\boldsymbol{A} & \boldsymbol{B}\\ \boldsymbol{C} & \boldsymbol{D}\end{bmatrix}}_{\boldsymbol{J}_0}\begin{bmatrix}\Delta\boldsymbol{x}\\ \Delta\boldsymbol{y}\end{bmatrix}\\ &+\underbrace{\begin{bmatrix}\boldsymbol{0}_{6q\times d}\\ \begin{bmatrix}\boldsymbol{A}_{\mathrm{cr}} & \boldsymbol{0}_{n_{Xc}\times(d-2q-2k)} & \boldsymbol{E}_{\mathrm{cr}}\end{bmatrix}\\ \boldsymbol{0}_{(d-6q-n_{Xc})\times d}\end{bmatrix}}_{\boldsymbol{J}_{\mathrm{fc}}}\begin{bmatrix}\Delta\boldsymbol{x}(t-\tau_{\mathrm{f}}-\tau_{\mathrm{c}})\\ \Delta\boldsymbol{y}(t-\tau_{\mathrm{f}}-\tau_{\mathrm{c}})\end{bmatrix}\end{aligned}\tag{19.3}$$

式中，$\boldsymbol{J}_0\in\mathbb{R}^{d\times d}$ 为系统增广状态矩阵；$\boldsymbol{J}_{\mathrm{fc}}\in\mathbb{R}^{d\times d}$ 为系统时滞增广状态矩阵，对应的时滞为 $\tau_{\mathrm{f}}+\tau_{\mathrm{c}}$。

19.3 PowerFactory

19.3.1 线性化 DAE

近年来，德国 DIgSILENT 公司开发的集成式可交互电力系统分析软件 PowerFactory[245] 在国内的应用逐渐增多。PowerFactory 构建的系统线性化 DAE 可写为

$$\boldsymbol{M}\begin{bmatrix}\Delta\dot{\boldsymbol{x}}\\ \Delta\dot{\boldsymbol{y}}\end{bmatrix}=\boldsymbol{J}\begin{bmatrix}\Delta\boldsymbol{x}\\ \Delta\boldsymbol{y}\end{bmatrix} \tag{19.4}$$

式中，$\boldsymbol{M}=\mathrm{diag}\{\boldsymbol{I}_n,\ \bar{\boldsymbol{M}}\}\in\mathbb{R}^{d\times d}$，通常情况下 $\bar{\boldsymbol{M}}\in\mathbb{R}^{l\times l}$ 为零矩阵；$\boldsymbol{J}$ 为高度稀疏的系统增广状态矩阵。

PowerFactory 的输出文件 M.mtl 和 Jacobian.mtl 中存储了矩阵 $\boldsymbol{M}$ 和 $\boldsymbol{J}$，文件 VariableToIdx_Jacobian.txt 则按顺序给出了系统增广状态变量向量 $\left[\boldsymbol{x}^{\mathrm{T}},\boldsymbol{y}^{\mathrm{T}}\right]^{\mathrm{T}}$ 中各变量的含义。

系统状态变量向量 $\boldsymbol{x}$ 按以下顺序排列了 3 个子向量。

(1) 以 UD 方式建立的同步发电机调节器 (*.ElmDsl) 的状态变量子向量 $\boldsymbol{X}_{\mathrm{c}}$，包括励磁调节器、调速器和 PSS。

(2) 同步发电机 (*.ElmSym) 磁链子向量，包括 d 轴阻尼绕组 D 和励磁绕组 f 的磁链 “psi1d” 和 “psifd”、q 轴阻尼绕组 g 和 Q 的磁链 “psi1q” 和 “psi2q”。

(3) 同步发电机功角和转子转速子向量，包括 “phi” 和 “speed”。

系统代数变量向量 $\boldsymbol{y}$ 按以下顺序排列了 4 个子向量。

(1) 交流母线 (*.ElmTerm) 的电压子向量，包括实部 “ur” 和虚部 “ui”。

(2) 同步发电机的输出电流子向量，包括实部 “ir:bus1” 和虚部 “ii:bus1”。

(3) 以 UD 方式建立的同步发电机调节器的输出子向量 $\boldsymbol{Y}_{\mathrm{c}}$。

(4) 同步发电机的输出子向量，包括：d 轴绕组磁链 “psid”、q 轴绕组磁链 “psiq”、滑差 “outofstep”，电磁转矩 “xme”、机械转矩 “xmt”、转子转速 “xspeed”、励磁电流 “ie”、电磁功率 “pgt”、功角 “xphi”、输出频率 “fe”、机端电压幅值 “ut”、机端电压实部 “utr”、机端电压虚部 “uti”、正序电流幅值 “cur1”、正序电流实部 “cur1r”、正序电流虚部 “cur1i”、正序有功功率 “P1”、正序有功功率 “Q1” 和功率因数角 “fipol”。

19.3.2 结合 Python 实现时滞电力系统特征值计算

PowerFactory 已经集成了 Python 脚本语言。利用 Python 脚本可以直接引用 PowerFactory 中电力系统的对象、变量和参数以及 PowerFactory 命令，实现电力系统计算任务的自动化或创建用户自定义计算命令 ComPython[246]。

PowerFactory 和 Python 结合，有两种方式：通过 Python 调用 PowerFactory 和在 PowerFactory 中运行 Python 命令 ComPython。第 1 种方式需要调用动态 Python 模块 PowerFactory.pyd 和应用程序接口 (application programming interface，API)；第 2 种方式在第 1 种方式的基础上，还需要在 PowerFactory 安装目录下安装 Python 解释器。

结合 PowerFactory 和 Python，本节介绍如何获取系统线性化 DAE、构建装设 WADC 后闭环系统的时滞增广状态矩阵、实现基于谱离散化的特征值计算，以及展示特征值计算结果，从而实现对大规模时滞电力系统小干扰稳定性的特征值分析。

(1) 执行 PowerFactory 中模态分析 ComMod 命令，输出文件 M.mtl、Jacobian.mtl 和 VariableToIdx_Jacobian.txt。

(2) 参考 19.2 节，构建装设 WADC 后闭环系统的时滞增广状态矩阵。这里强调两点：① WADC 输出矩阵的实现方式只有两种，即非零元素所在行对应子向量 $\boldsymbol{X}_{\mathrm{c}}$ 中 WADC 所附加励磁调节器放大环节的状态变量或子向量 $\boldsymbol{Y}_{\mathrm{c}}$ 中本地 PSS 的输出变量。② 若 WADC 的广域反馈信号为发电机相对转速偏差或相对功角偏差，其输入矩阵有两种实现方式，即非零元素所在列对应状态变量向量中转子转速 speed 和功角 phi，或代数变量向量同步发电机输出子向量中转子转速 xspeed 和功角 xphi。若 WADC 的广域反馈信号为联络线功率偏差，其输入矩阵只有 1 种实现方式，即非零元素所在列对应代数变量向量交流母线电压子向量中相应母线电压实部和虚部。

(3) 采用 Python 实现 PIGD 类或 PSOD 类时滞特征值计算方法时，通常调用高级科学计算库 SciPy 中的函数 scipy.sparse.linalg.eigs，其实质上是调用 IRA 算法的 Fortran 软件包 ARPACK 的接口函数，与 MATLAB 中 eigs 函数的作用相同。该函数的第一个参数为线性算子 scipy.sparse.linalg.LinearOperator，是实现 MIVP 或 MVP 的通用接口，相当于 MATLAB 中的函数句柄 (function handle)。例如，基于 PEIGD 方法的时滞特征值计算的实现代码为

```
LinOp = scipy.sparse.linalg.LinearOperator((r,r),matvec=SigmaInvPiV);
# r 表示想要计算得到的特征值的个数，SigmaInvPiV 表示式 (14.42) 所示 (Â'_N)^-1 和向量乘积的稀疏实现函数
eigenvalue,eigenvector = scipy.sparse.linalg.eigs(LinOp,r=20,tol=1E-6, which=`LM');
# LM 表示按照模值递减的顺序计算得到特征值，tol 表示 IRA 算法的收敛精度
```

(4) 特征值和特征向量计算结果可储存到 PowerFactory 中，并进一步调用函数 VisEigen、VisModbar 和 VisModephasor 进行展示。

第 20 章　谱离散化方法性能分析

本章针对第 5 ~ 11 章所述基于 DDE 的 IGD 类和 SOD 类特征值计算方法，以及第 13 ~ 18 章所述基于 DDAE 的 PIGD 类和 PSOD 类特征值计算方法，从特征值计算准确性、高效性和对大规模时滞电力系统的适应性 (scalability) 3 个方面深入揭示和对比它们的性能和特点。

20.1 理论分析

本节分析和总结基于 DDE 的谱离散化和基于 DDAE 的部分谱离散化特征值计算方法的性能和特点。

20.1.1 基于 DDE 的 IGD 类和 SOD 类方法

表 12.1 总结了第 5 ~ 11 章所述基于 DDE 的 IGD 类和 SOD 类特征值计算方法的主要参数、典型取值和性能指标。对比表中各种方法的性能指标，可以总结得到以下结论。

(1) EIGD 和 SOD-PS/PS-II/IRK/LMS 方法可以直接、高效地求解无穷小生成元离散化矩阵或解算子离散化子矩阵的 MIVP 运算，因此将这些方法归类为显式性质的谱离散化特征值计算方法，并将剩余的 IIGD 和 IGD-LMS/IRK 方法归类为迭代性质的谱离散化特征值计算方法。

(2) 对于大规模时滞电力系统，在稀疏特征值计算过程中，显式性质的 EIGD 和 SOD-PS/PS-II/IRK/LMS 方法求解单个 Krylov 向量的计算量相当。此外，考虑到解算子 $\mathcal{T}(h)$ 的特征值 μ 在单位圆附近密集地分布，在计算相同数量特征值的前提下，SOD 类方法所需的 IRA 迭代次数明显多于 IGD 类方法。因此，EIGD 方法的计算量小于这 4 种 SOD 类方法，是效率最高的谱离散化特征值计算方法。

(3) 在 3 种迭代性质的 IGD 方法中，IIGD 和 IGD-LMS 方法构建的无穷小生成元离散化矩阵的维数相等，并低于 IGD-IRK 方法构建的离散化矩阵的维数。同时，IGD-LMS/IRK 方法构建的无穷小生成元离散化矩阵的稀疏性优于 IIGD 方法。也就是说，假设求解单个 Krylov 向量所需的 IDR(s) 迭代次数相同，则 IIGD 方法所用的计算时间最长，IGD-IRK 方法次之，IGD-LMS 方法的计算耗时最少。

(4) 由于所有的配置方法实际上都是 IRK 法，基于 IRK 和 PS 的 IGD 类和 SOD 类方法在理论上具有相近的计算精度，且优于基于 LMS 的谱离散化方法。

20.1.2 基于 DDAE 的 PIGD 类和 PSOD 类方法

表 20.1 总结了第 13 ~ 18 章所述基于 DDAE 的 PIGD 类和 PSOD 类特征值计算方法的性能指标，包括部分离散化矩阵维数、方法性质和测度指标 N_{MVP}。其中，n、n_1 和 d_2 分别为系统状态变量 $\Delta\boldsymbol{x}$、非时滞状态变量 $\Delta\boldsymbol{x}^{(1)}$ 和增广时滞状态变量 $\Delta\hat{\boldsymbol{x}}^{(2)}$ 的维数；R 的含义同表 12.1，表示求解稠密的系统状态矩阵 $\tilde{\boldsymbol{A}}_0$ 的 MIVP 运算 (式 (4.130)) 和 MVP 运算 (式 (4.129)) 的计算量之比，$R \geqslant 10$；T 表示高度稀疏的系统增广状态矩阵 $\boldsymbol{J}_0$ 的 MIVP 运算与稠密的系统状态矩阵 $\tilde{\boldsymbol{A}}_0$ 的 MVP 运算的计算量之比，用于度量 PSOD 类方法所构建的解算子离散化子矩阵的 MIVP 运算的计算量，即 $\boldsymbol{J}_N^{-1}\boldsymbol{v}$ (式 (15.102))、$\hat{\boldsymbol{R}}_M^{-1}\boldsymbol{v}$ (式 (16.41))、$\hat{\boldsymbol{R}}_{Ns}^{-1}\boldsymbol{v}$ (式 (17.35)) 和 $\hat{\boldsymbol{R}}_N^{-1}\boldsymbol{v}$ (式 (18.30))。对于具有 1000 阶状态变量和 5000 阶代数变量级别的实际电力系统，测试结果表明 T 的值略大于 2。

表 20.1 基于 DDAE 的部分谱离散化方法特性指标

方法	部分谱离散化矩阵维数	方法性质	N_{MVP}
PIGD-PS	$n + Nd_2$	显式法	R
PIGD-LMS	$n + Nd_2$	显式法	R
PIGD-IRK	$n + Nsd_2$	显式法	R
PIGD-PS-II (PEIGD)	$n + Nd_2$	显式法	R
PSOD-PS	$n_1 + (QM+1)d_2$	显式法	$T+1$
PSOD-PS-II	$n_1 + (QM+1)d_2$	显式法	T
PSOD-IRK	$n_1 + Nsd_2$	显式法	T
PSOD-LMS	$kn_1 + Nd_2$	显式法	$T+1$

对比表 20.1 中基于 DDAE 的各 PIGD 类和 PSOD 类方法的性能指标，可以总结得到以下结论。

(1) 与 IGD 类和 SOD 类方法相比，采用部分谱离散化思想的 PIGD 类和 PSOD 类方法构建的部分谱离散化矩阵的维数得以显著降低。这是因为，实际电力系统只有少量的时滞状态和时滞代数变量且其余大部分变量与时滞无关，即 $d_2 \ll n$。除了 PSOD-LMS 方法构建的解算子部分离散化矩阵的维数还要考虑受 LMS 法步数 k 的影响，其余方法所构建的部分谱离散化矩阵的维数接近于系统实际状态变量维数 n。

(2) 由于 $d_2 \ll n$，离散化参数 N、Q、M 和 s 对 PIGD 类和 PSOD 类方法构建的离散化矩阵维数的影响可以忽略不计。

(3) 迭代性质的 IIGD 和 IGD-LMS/IRK 方法改进为显式性质的 PIGD-PS/LMS/IRK 方法，直接、高效地实现了无穷小生成元离散化矩阵的 MIVP 运算，避免了迭代求解 MIVP 时间长甚至不收敛的情况。

(4) PIGD 类和 PSOD 类方法的计算复杂度与广域反馈信号的类型无关。这是因为 DDAE 模型的应用避免了因消去时滞代数变量而引入大量伪时滞状态变量。

(5) 4 种 PIGD 方法构建的无穷小生成元部分离散化矩阵或子矩阵皆可表示为系统矩阵 $\boldsymbol{D}_0$ 的 Schur 补，故它们的计算效率与对相应无时滞电力系统进行特征值分析的计算效率相当。

(6) 4 种 PSOD 方法构建的解算子部分离散化矩阵结构具有相同的形式。第 1 块行中的子矩阵的 4 个分块分别是常数矩阵与 $\boldsymbol{A}_i$、$\boldsymbol{B}_i$ $(i=0, 1, \cdots, m)$、$\boldsymbol{C}_0$ 和 $\boldsymbol{D}_0$ 的克罗内克积，与系统增广状态矩阵 $\boldsymbol{J}_0$ 具有相似的稀疏结构。第 2 块行为特殊的上 Hessenberg 矩阵，非零元全为 1 且位于次对角线上。理论上，PSOD-PS-II/IRK 方法的计算效率略高于 PSOD-PS 方法，并远胜于离散化矩阵维数较高的 PSOD-LMS 方法。

20.2 算例系统

20.2.1 四机两区域系统

系统单线图如图 20.1 所示。在基本运行方式下，区域 1 向区域 2 输送的功率为 400MW。所有发电机均装设高增益晶闸管励磁系统，并附加以转速偏差 $\Delta\omega$ 为输入的 PSS。系统详细数据见文献 [131]。

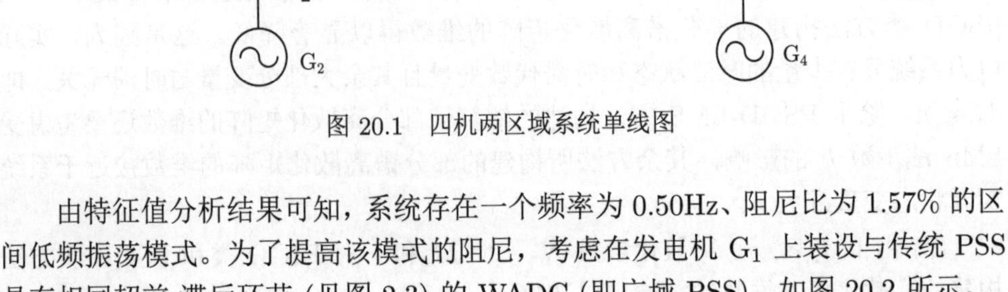

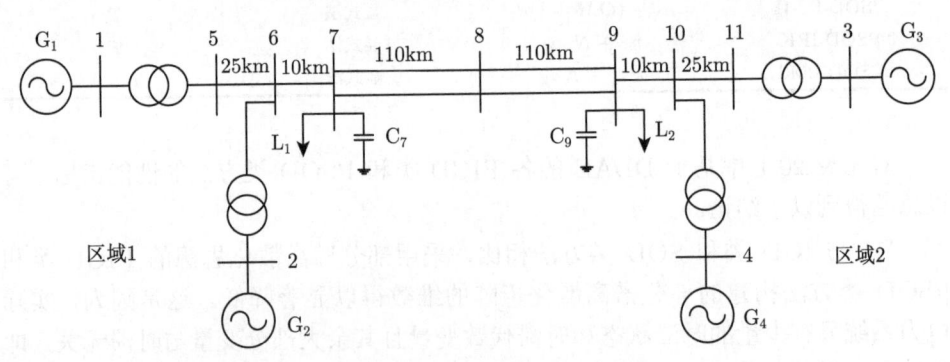

图 20.1 四机两区域系统单线图

由特征值分析结果可知，系统存在一个频率为 0.50Hz、阻尼比为 1.57% 的区间低频振荡模式。为了提高该模式的阻尼，考虑在发电机 G_1 上装设与传统 PSS 具有相同超前-滞后环节 (见图 2.3) 的 WADC (即广域 PSS)，如图 20.2 所示。

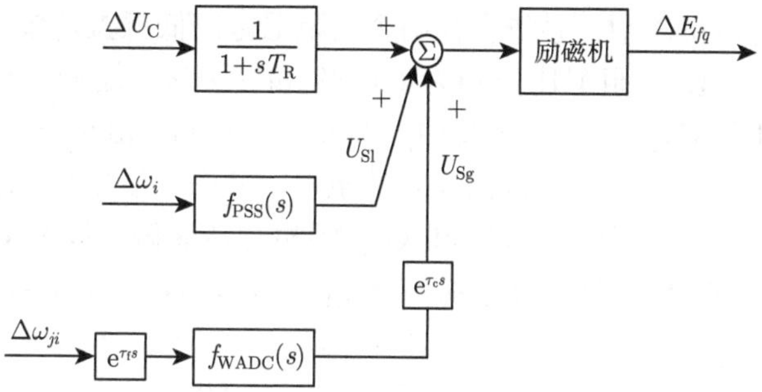

图 20.2 广域阻尼控制器结构

当广域 PSS 的反馈信号采用 G_3 和 G_1 之间的相对转速偏差 $\Delta\omega_3-\Delta\omega_1$ 时，广域 PSS 的参数为 $K_{\rm S}=20$，$T_{\rm W}=5{\rm s}$，T_1，$T_3=0.0824{\rm s}$，T_2，$T_4=0.0303{\rm s}$，$T_5=0.01{\rm s}$。广域反馈时滞和控制时滞分别为 $\tau_{\rm f}=120{\rm ms}$ 和 $\tau_{\rm c}=100{\rm ms}$。当选择母线 7 与 8 之间传输线上的有功功率偏差 ΔP_{7-8} 作为反馈信号时，广域 PSS 的参数为 $K_{\rm S}=4$，$T_{\rm W}=10{\rm s}$，T_1，$T_3=1.323{\rm s}$，T_2，$T_4=4{\rm s}$，$T_5=0.01{\rm s}$。广域反馈时滞 $\tau_{\rm f}=120{\rm ms}$，广域控制时滞 $\tau_{\rm c}=50{\rm ms}$。闭环系统的状态变量和代数变量维数分别为 $n=56$ 和 $l=22$。

20.2.2 16 机 68 节点系统

系统单线图如图 20.3 所示。所有发电机均采用 6 阶模型，其中发电机 $G_1\sim G_{12}$ 上均装设 IEEE DC1 励磁机和 PSS。系统详细数据参考文献 [247]。

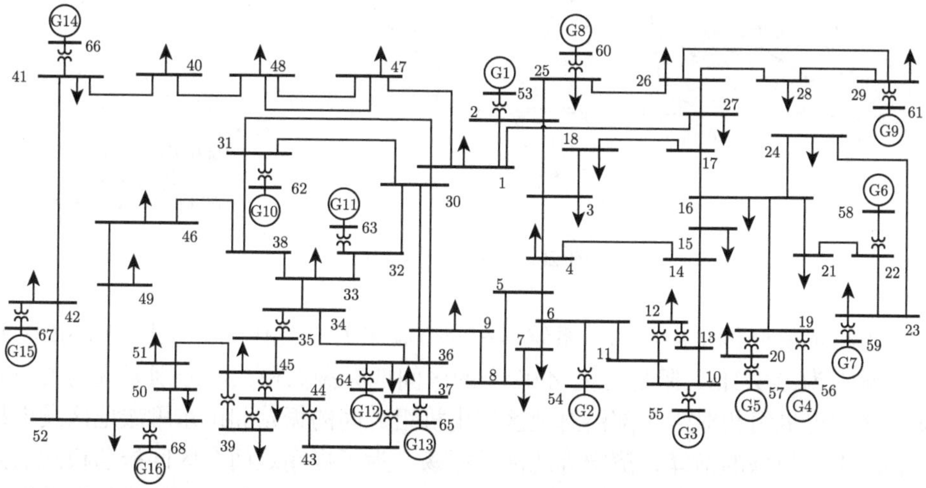

图 20.3 16 机 68 节点系统单线图

特征值分析结果表明，系统存在两个弱阻尼区间低频振荡模式，其频率分别为 0.43Hz 和 0.65Hz，阻尼比分别为 0.08% 和 1.21%。这两个模式分别表现为 $G_1 \sim G_{13}$ 相对于 $G_{12} \sim G_{16}$ 之间的振荡和 $G_1 \sim G_9$ 相对于 $G_{10} \sim G_{13}$ 之间的振荡。为了增强这两个区间振荡模式的阻尼，考虑在发电机 G_2 和 G_5 上装设广域 PSS，反馈信号分别取为 G_2 和 G_{15} 的相对转速偏差以及 G_5 和 G_{13} 的相对转速偏差。广域 PSS 的参数分别为 $K_{S,1}=20$，$T_{W,1}=10s$，$T_{1,1}=0.411s$，$T_{2,1}=0.479s$，$T_{3,1}=1.0s$，$T_{4,1}=0.155s$，$T_{5,1}=0.01s$；$K_{S,2}=20$，$T_{W,2}=10s$，$T_{1,2}=0.01s$，$T_{2,2}=0.54s$，$T_{3,2}=0.707s$，$T_{4,2}=0.081s$，$T_{5,2}=0.01s$。广域反馈时滞和控制时滞分别为 $\tau_{f1}=150ms$，$\tau_{c1}=90ms$，$\tau_{f2}=70ms$ 和 $\tau_{c2}=40ms$。闭环系统的状态变量和代数变量维数分别为 $n=200$ 和 $l=448$。

20.2.3　山东电网

某水平年山东电网的主网架如图 20.4 所示，包括 516 条母线，936 条变压器支路和输电线路，114 台同步发电机和 299 个负荷。

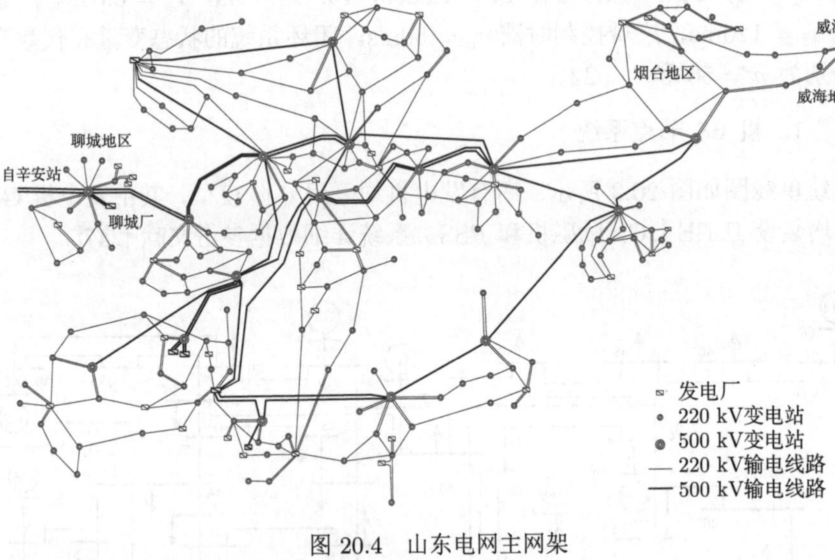

图 20.4　山东电网主网架

由特征值分析结果可知，系统存在一个频率为 0.78Hz、阻尼比为 6.49% 和一个频率为 0.97Hz、阻尼比为 4.08% 的区间低频振荡模式，分别表现为山东聊城地区发电机组相对于东部沿海地区发电机组之间的振荡和山东聊城地区发电机组相对于西南部的菏泽、济宁等地区的振荡。为了提高这两个区间振荡模式的阻尼，考虑在聊城厂 #1 和 #2 机组上装设广域 LQR[26]，反馈信号分别为威海厂 #3 机组相对于聊城厂 #1 和 #2 机组的转速偏差和功角偏差。两个广域 LQR 的参数完全相同，转速和功角增益分别为 40 和 0.125。假设两个广域 LQR 控制回路的综合时滞 (反馈 + 控制时滞) 分别为 $\tau_1 = 90\text{ms}$ 和 $\tau_2 = 100\text{ms}$。闭环系统的状态变量和代数变量维数分别为 $n = 1128$ 和 $l = 4637$。

进一步地，考虑广域反馈信号类型为代数变量的场景。将聊城厂 #1 和 #2 机组的广域反馈信号分别选取为青州-潍坊和济南-淄博 500kV 线路的有功功率偏差。设广域反馈时滞和控制时滞分别为 $\tau_{\text{f1}} = 120\text{ms}$，$\tau_{\text{c1}} = 100\text{ms}$，$\tau_{\text{f2}} = 100\text{ms}$ 和 $\tau_{\text{c2}} = 70\text{ms}$。此时，闭环系统的状态变量和代数变量维数分别为 $n = 1136$ 和 $l = 4637$。

20.2.4 华北–华中特高压互联电网

某水平年华北–华中特高压互联电网中各区域电网之间的连接关系，如图 20.5 所示。该互联电网有 33028 条母线、2405 台同步发电机、16 条 HVDC 线路和 3608 台感应电动机。在所有的发电机中，共装设 2287 套励磁系统、2117 套调速器和 1498 套 PSS。

特征值分析结果表明，该互联电网存在两个与华北电网机组强相关的弱阻尼区间振荡模式。模式 1 对应的特征值为 $\lambda_1 = -0.10319+\text{j}4.855$，其振荡频率和阻尼比分别为 0.7727Hz 和 2.12%。模式 2 对应的特征值为 $\lambda_2 = -0.088954+\text{j}2.976221$，其振荡频率和阻尼比分别为 0.4737Hz 和 2.99%。为了增强这两个模式的阻尼，考虑在蒙西电网岱海 #1 机组和山东电网东海 #7 机组上分别装设广域 PSS。第 1 个广域 PSS 的反馈信号为岱海 #1 机组相对于京-津-冀北电网高二 #1 机组的转速偏差，参数为 $K_{\text{S},1} = 20$，$T_{\text{W},1} = 10\text{s}$，$T_{1,1} = 0.9979\text{s}$，$T_{2,1} = 0.5391\text{s}$，$T_{3,1} = 0.9152\text{s}$，$T_{4,1} = 0.5270\text{s}$，$T_{5,1} = 0.01\text{s}$。第 2 个广域 PSS 的反馈信号为东海 #7 机组相对于山西电网河曲 #2 机组的转速偏差，参数为 $K_{\text{S},2} = 19.9779$，$T_{\text{W},2} = 10\text{s}$，$T_{1,2} = 0.5047\text{s}$，$T_{2,2} = 0.3882\text{s}$，$T_{3,2} = 0.6413\text{s}$，$T_{4,2} = 0.4366\text{s}$，$T_{5,2} = 0.01\text{s}$。两个广域阻尼控制回路的反馈时滞和控制时滞分别为 $\tau_{\text{f1}} = 120\text{ms}$，$\tau_{\text{c1}} = 100\text{ms}$，$\tau_{\text{f2}} = 100\text{ms}$ 和 $\tau_{\text{c2}} = 80\text{ms}$。闭环系统的状态变量和代数变量维数分别为 $n = 80577$ 和 $l = 162718$。

表 20.2 总结了本节 4 个算例系统的基本信息，包括系统母线条数、发电机总数、状态变量维数 n、代数变量维数 l、时滞个数 m、时滞状态变量维数 n_2、时滞代数变量维数 l_2、增广时滞状态变量维数 $d_2 = n_2 + l_2$，以及因消去时滞代数变量而引入的伪时滞状态变量维数 n_2'。以四机两区域系统为例，当广域 PSS 的反馈信号为相对转速偏差 $\Delta\omega_3 - \Delta\omega_1$ 时，时滞状态变量包括广域 PSS 的输出变量 ΔV_{Sg} 以及发电机 G_3 和 G_1 的转速 $\Delta\omega_3$ 和 $\Delta\omega_1$，故有 $n_2 = 3$，$l_2 = 0$。当广域反馈信号为线路有功功率偏差 ΔP_{7-8} 时，时滞状态变量为广域 PSS 的输出变量 ΔV_{Sg}，时滞代数变量为母线 7 和 8 电压的实部与虚部 ΔU_{x7}、ΔU_{y7}、ΔU_{x8} 和

ΔU_{y8}，故有 $n_2 = 1$，$l_2 = 4$。

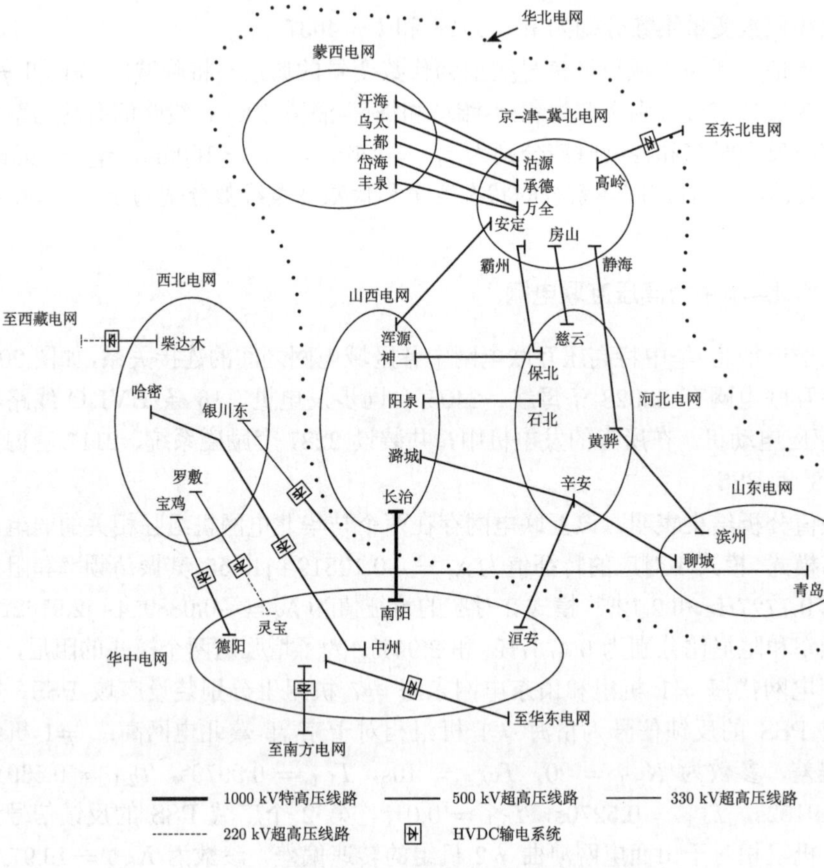

图 20.5　华北–华中特高压互联电网示意图

表 20.2　算例系统的基本信息

系统编号	系统名称	广域反馈信号类型	母线数/条	发电机数/台	m	n	l	n_2	l_2	d_2	n_2'
I	四机两区域系统	状态变量	11	4	2	56	22	3	0	3	0
		代数变量	11	4	2	56	22	1	4	5	13
II	16 机 68 节点系统	状态变量	68	16	2	200	484	6	0	6	0
III	山东电网	状态变量	516	114	2	1128	4637	5	0	5	0
		代数变量	516	114	4	1136	4637	2	8	10	459
IV	华北–华中特高压互联电网	状态变量	33028	2405	4	80577	162718	5	0	5	0

本章接下来的所有计算均在 Intel Core i5 4×3.4GHz 8GB RAM 个人计算机上和 MATLAB 中实现。在 IRA 算法中，假设要求计算的特征值个数为 r，守卫向量数为 $r+3$，迭代收敛精度为 10^{-6}。在牛顿法中，最大允许的迭代次数为 20，收敛精度为 10^{-6}。在 IDR(s) 算法中，"阴影"子空间的维数为 4，收敛精度为 10^{-6}。在本章的计算和分析中，若未加特别说明，广域反馈信号类型默认为状态变量。

20.3 EIGD 方法

本节针对计算效率最高的基于 DDE 的谱离散化特征值计算方法—EIGD 方法，首先从准确性、高效性和对大规模系统的适应性 3 个方面对其进行测试和分析，然后利用 EIGD 方法计算系统在不确定时滞下的阻尼比最小的特征值，分析时滞系统的稳定性随时滞变化而呈现出来的周期性。

1. $\mathcal{A}_N$ 对 $\mathcal{A}$ 的逼近能力分析

本节以四机两区域系统为例，计算并比较无穷小生成元 $\mathcal{A}$ 与其离散化矩阵 $\mathcal{A}_N$ 的特征值，以验证 $\mathcal{A}_N$ 逼近 $\mathcal{A}$ 的能力。

取 $N=50$，$\mathcal{A}_N$ 的维数为 $(N+1)n=2856$。首先，利用 QR 算法计算得到 $\mathcal{A}_N$ 的全部特征值 $\hat{\lambda}$；然后，将这些特征值估计值作为牛顿法的初值进行迭代校正，并将收敛后的特征值作为 $\mathcal{A}$ 的精确特征值 λ，如图 20.6 和表 20.3 第 2 列所示。

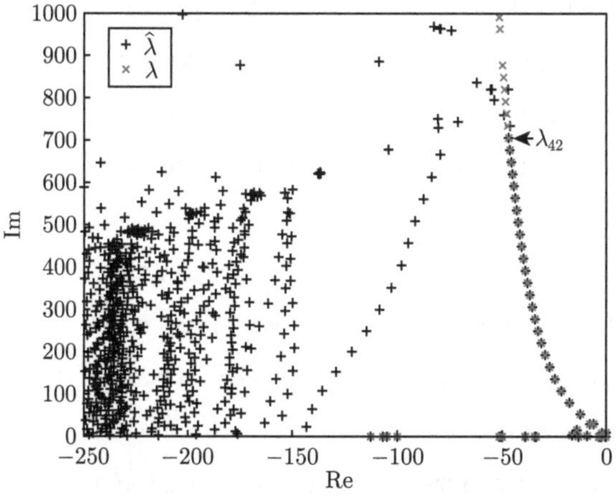

图 20.6　当 $N=50$ 时，$\mathcal{A}_N$ 的全部特征值 $\hat{\lambda}$

表 20.3　无穷小生成元 $\mathcal{A}$ 的部分特征值及其对时滞的灵敏度

i	λ_i	$\partial\lambda_i/\partial\tau$	迭代次数	
			QR	EIGD
1	$0.08050 \pm j9.83237$	$4.2871 \mp j17.1867$	0	0
2	-0.05458	0	1	1
3	$-0.19161 \pm j0.02203$	0	2	1
4	$-0.19319 \pm j0.01298$	-0.0002	1	2
5	$-0.19342 \pm j0.02126$	$-0.0004 \mp j0.0001$	1	1
6	-0.20000	0	0	0
7	$-0.78888 \pm j4.02094$	$0.4615 \pm j1.5736$	1	0
8	$-1.93616 \pm j8.64020$	$0.0307 \pm j0.0526$	0	0
9	-2.66454	0.0008	0	0
10	-3.27535	-0.0407	0	0
11	-3.39866	-0.1866	0	0
12	$-5.86950 \pm j30.10290$	$-6.2871 \mp j121.8437$	0	2
13	$-7.58264 \pm j29.88100$	$53.2527 \pm j29.0406$	0	0
14	$-8.94727 \pm j1.81282$	$3.8360 \mp j35.5715$	0	0
15	$-12.18168 \pm j53.06187$	$100.9119 \mp j207.0969$	0	2
16	$-13.86612 \pm j15.52311$	$-2.5214 \mp j4.4732$	0	2
17	$-16.14307 \pm j3.35572$	$0.0034 \pm j0.0063$	0	2
18	$-17.38583 \pm j79.84739$	$132.9250 \mp j336.0173$	0	2
19	$-21.32808 \pm j107.59562$	$154.3991 \mp j467.5712$	0	2
20	$-24.43720 \pm j135.72620$	$170.2070 \mp j599.1163$	1	2
21	$-26.98770 \pm j164.03156$	$182.7046 \mp j730.3461$	0	2
22	$-29.14462 \pm j192.42718$	$193.0453 \mp j861.2860$	1	2
23	$-31.01116 \pm j220.87376$	$201.8691 \mp j991.9941$	1	2
24	$-32.65530 \pm j249.35106$	$209.5682 \mp j1122.5206$	1	–
25	-33.55651	0	0	2
26	$-34.12391 \pm j277.84778$	$216.4001 \mp j1252.9044$	2	–

续表

i	λ_i	$\partial\lambda_i/\partial\tau$	迭代次数	
			QR	EIGD
27	$-35.45063 \pm j306.35727$	$222.5428 \mp j1383.1748$	2	–
28	$-36.66031 \pm j334.87538$	$228.1245 \mp j1513.3541$	2	–
29	$-37.77188 \pm j363.39946$	$233.2406 \mp j1643.4592$	2	–
30	-38.74571	-0.0003	1	2
31	$-38.80002 \pm j391.92775$	$237.9639 \mp j1773.5032$	2	–
32	$-39.75636 \pm j420.45905$	$242.3514 \mp j1903.4965$	2	–
33	$-40.65028 \pm j448.99251$	$246.4485 \mp j2033.4469$	2	–
34	$-41.48944 \pm j477.52755$	$250.2917 \mp j2163.3611$	2	–
35	$-42.28018 \pm j506.06374$	$253.9114 \mp j2293.2443$	2	–
36	$-43.02778 \pm j534.60076$	$257.3326 \mp j2423.1006$	2	–
37	$-43.73673 \pm j563.13840$	$260.5764 \mp j2552.9338$	2	–
38	$-44.41084 \pm j591.67647$	$263.6606 \mp j2682.7466$	2	–
39	$-45.05339 \pm j620.21486$	$266.6005 \mp j2812.5416$	3	–
40	$-45.66723 \pm j648.75345$	$269.4094 \mp j2942.3208$	3	–
41	$-46.25483 \pm j677.29218$	$272.0988 \mp j3072.0861$	3	–
42	$-46.81835 \pm j705.83099$	$274.6787 \mp j3201.8389$	4	–
43	$-47.35970 \pm j734.36985$	$277.1578 \mp j3331.5805$	4	–
44	$-47.88058 \pm j762.90870$	$279.5441 \mp j3461.3120$	5	–
45	$-48.38250 \pm j791.44755$	$281.8445 \mp j3591.0346$	6	–
46	$-48.86680 \pm j819.98635$	$284.0651 \mp j3720.7489$	5	–
47	-49.96897	0.0002	0	2
48	-50.73487	-0.0003	0	2
49	-51.43520	0	1	2
50	-100.00000	0	1	3
51	-112.70021	0	3	6

“–”表示不存在此项数据。

EIGD 方法计算得到的特征值估计值具有良好的精度。如图 20.6 所示，在 $\mathrm{Re} \in [-46.82, 0]$ 和 $\mathrm{Im} \in [0, 705.83]$ 围成的区域内 (精确特征值 λ_{42} 右下侧) 以及点 $(-100, 0)$ 附近，$\mathcal{A}_N$ 的特征值 $\hat{\lambda}$ 和 $\mathcal{A}$ 的特征值 λ 能够较好地吻合。牛顿校正不收敛的特征值估计值 $\hat{\lambda}$ 位于能够收敛的那部分精确特征值的左侧，故它们不会对系统的小干扰稳定性分析带来任何影响。如图 20.7 所示，$\mathcal{A}_N$ 能够准确地逼近系统最右侧的关键特征值，其中机电振荡模式对应特征值估计值 $\hat{\lambda}$ 的误差均小于 10^{-6}，不需要进行牛顿校正 (见表 20.3 中第 4 列)。此外，从表 20.3 中还可以发现，距离原点较远的特征值估计值 $\hat{\lambda}$ 需要较多的牛顿迭代次数才能收敛到各自的精确值，并且它们对时滞的灵敏度也非常大，表明他们与时滞强相关。

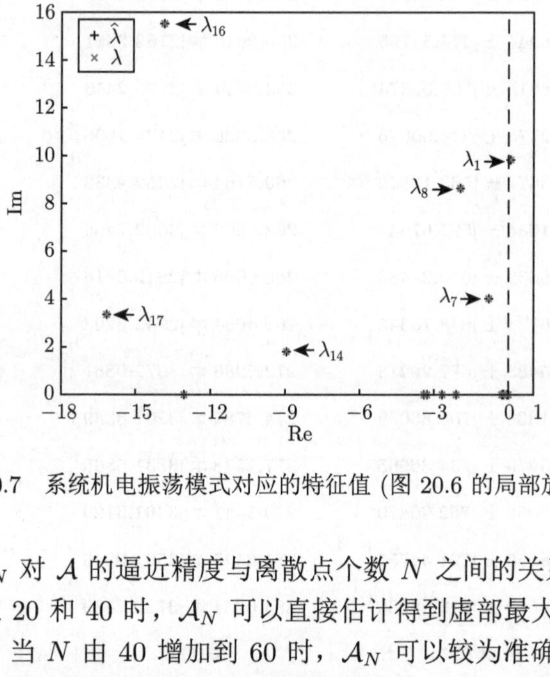

图 20.7 系统机电振荡模式对应的特征值 (图 20.6 的局部放大)

下面分析 $\mathcal{A}_N$ 对 $\mathcal{A}$ 的逼近精度与离散点个数 N 之间的关系。如图 20.8 所示，当 N 分别取 20 和 40 时，$\mathcal{A}_N$ 可以直接估计得到虚部最大的准确特征值分别为 λ_{24} 和 λ_{36}；当 N 由 40 增加到 60 时，$\mathcal{A}_N$ 可以较为准确地估计得到虚部比 λ_{36} 更高的 10 个特征值。由此可知，通过增大 N，$\mathcal{A}_N$ 可以以更高的精度逼近 $\mathcal{A}$，并估计和计算得到更多与时滞强相关的特征值。考虑到这部分特征值并不能提供与系统小干扰稳定性相关的更多信息，因此对于四机两区域系统和最大时滞 $\tau_{\max}$ 为 120ms 的场景来说，N 取 20 时 $\mathcal{A}_N$ 逼近 $\mathcal{A}$ 的精度已经足够。

2. 算法的效率分析

当 N 分别取 20、40、50 和 60 时，利用 IRA 算法计算 $\mathcal{A}_N$ 位于位移点 $\lambda_{\mathrm{s}} = \mathrm{j}0.05$ 附近的 $r = 200$ 个特征值，所需的 IRA 迭代次数 N_{IRA} 和计算时间列

于表 20.4 中。从表中可以看出，在各种情况下，N_{IRA} 均等于 2，EIGD 方法的计算耗时与离散点个数 N 大体上呈线性关系。这是因为在计算相同数量的特征值时，EIGD 方法的计算量主要取决于 $\mathcal{A}_N$ 的维数 $(N+1)n$。

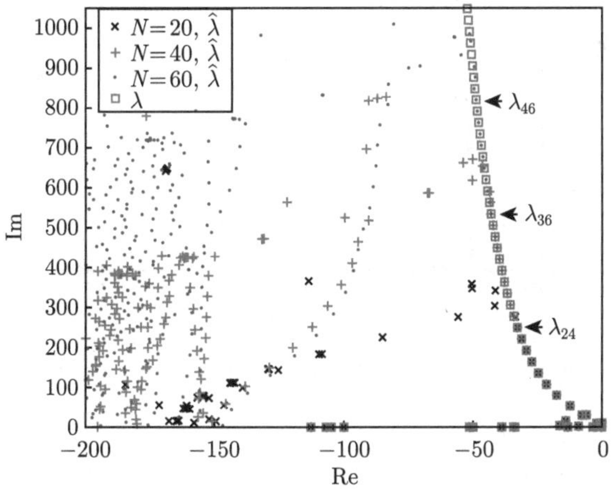

图 20.8 当 $N = 20, 40, 60$ 时，$\mathcal{A}_N$ 的全部特征值 $\hat{\lambda}$

表 20.4 当 N 取不同值时，EIGD 方法的计算效率

测试	N			
	20	40	50	60
N_{IRA}	2	2	2	2
时间/s	4.33	9.83	11.64	13.70

图 20.9 给出了 $N = 50$ 时 IRA 算法所计算得到的 200 个特征值估计值 $\hat{\lambda}$，可以发现，位于 λ_{23} 右下侧的那部分 $\hat{\lambda}$ 和精确特征值 λ 较好地吻合。由表 20.3 第 5 列可知，它们经过至多 2 次迭代均能够收敛到各自的准确值 λ。这再次印证，EIGD 方法计算得到的特征值估计值具有良好的精度。

3. 对大规模系统的适用性分析

本节利用山东电网来分析 EIGD 方法对大规模时滞电力系统的适用性。当 N 取 25 时，$\mathcal{A}_N$ 的维数为 $(N+1)n = 29328$。为了计算得到系统的机电振荡模式，利用 IRA 算法分别计算 $\mathcal{A}_N$ 位于位移点 $\lambda_s = \text{j}7, \text{j}13$ 附近的 $r = 50, 100, 200$ 个特征值。特征值计算结果如图 20.10 所示，所需的 IRA 算法迭代次数和计算时间列于表 20.5 中。

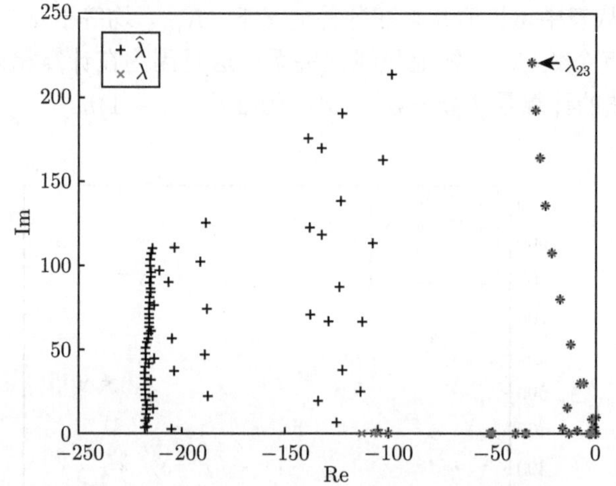

图 20.9　当 $N = 50$ 时，$\mathcal{A}_N$ 位于 $\lambda_s = \mathrm{j}0.05$ 附近的 $r = 200$ 个特征值 $\hat{\lambda}$

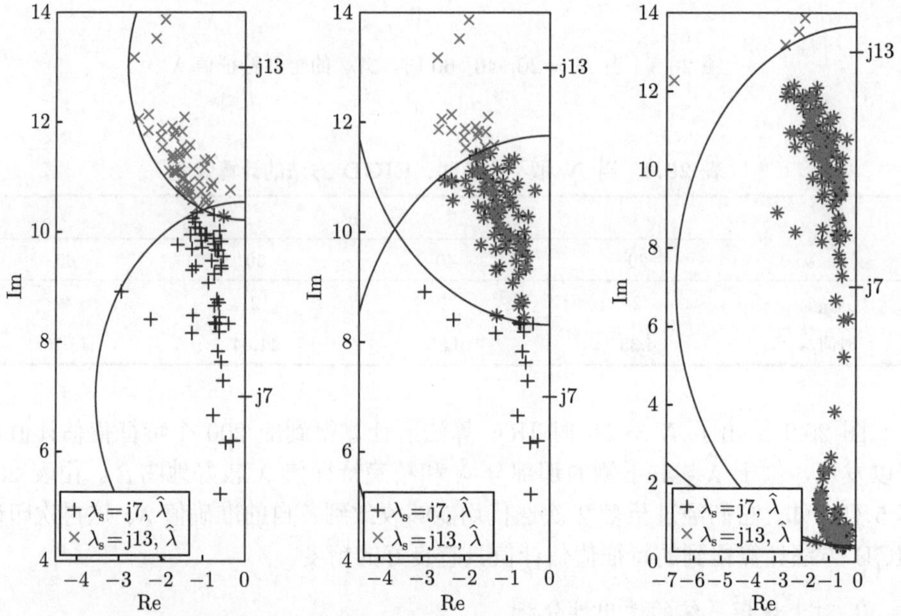

(a) $r=50$　　(b) $r=100$　　(c) $r=200$

图 20.10　当 $N = 25$ 时，$\mathcal{A}_N$ 位于 $\lambda_s = \mathrm{j}7$, j13 附近的 $r = 50$, 100, 200 个特征值 $\hat{\lambda}$

首先，如图 20.10(a) 所示，计算得到的两组 50 个特征值分别位于以位移点 j7 和 j13 为圆心、以 3.5501 和 2.7781 为半径的圆内。两个圆相交，且在重叠部分仅有一个特征值。在图 20.10(b) 中，两组 100 个特征值分别位于以 j7 和 j13 为圆心、以 4.7569 和 4.6845 为半径的圆内。在两个圆的重叠部分有 83 个特征值，在上、下圆内均另外有 17 个不同的特征值。在图 20.10(c) 中，两组 200 个特征值分别位于以 j7 和 j13 为圆心、以 6.6525 和 12.5892 为半径的圆内。在两个圆的重叠部分内，有 195 个特征值。因此，在图 20.10(c) 中共计有 205 个不同的特征值。

其次，EIGD 方法计算得到的特征值估计值 $\hat{\lambda}$ 具有高精度。将它们分别代入牛顿法的修正方程式 (4.139)，发现不平衡量 $\boldsymbol{f}'$ 的范数均小于收敛精度 10^{-6}。这表明它们无需牛顿法迭代校正而直接成为无穷小生成元 $\mathcal{A}$ 的特征值。在这些特征值中，对时滞的灵敏度最大的是 $\lambda = -0.34979 \pm \mathrm{j}10.76631$，相应的时滞灵敏度为 $2.8119 \mp \mathrm{j}0.7498$。因此，可以判定 $r = 50,\ 100,\ 200$ 这 3 种情况下，EIGD 计算得到的所有特征值几乎不受时滞的影响，或者说它们与时滞是非强相关的。

最后，从表 20.5 中可以发现，随着特征值计算数量 r 的增加，IRA 算法所生成的 Krylov 子空间的维数增加，EIGD 方法的计算时间随之增加。然而，IRA 迭代次数与位移点以及 r 之间并没有一般性规律。这是因为，IRA 算法的收敛速度与位移点 λ_{s} 附近的特征值分布有关，并取决于特征值模值比 $\dfrac{|\lambda_{r+1} - \lambda_{\mathrm{s}}|}{|\lambda_r - \lambda_{\mathrm{s}}|}$[224]。对于不同的 λ_{s}，其周围 $\mathcal{A}_N$ 的特征值分布是不同的，导致用于求取 $\mathcal{A}_N$ 特征值的 IRA 算法收敛速度迥异。

表 20.5 当 r 和 λ_{s} 取不同值时，EIGD 方法的计算效率 (N_{IRA}/(时间/s))

λ_{s}	r		
	50	100	200
j7	7 / 18.66	2 / 29.29	6 / 215.90
j13	4 / 12.78	2 / 25.59	12 / 397.65

4. 时滞不确定性分析

在实际广域测量系统中，广域通信时滞是不确定的。通常情况下，不确定时滞可以视为满足正态分布的随机变量[32,33]。为了研究不确定时滞对系统小干扰稳定性的影响，这里将两个广域 LQR 控制回路中的综合时滞 τ_1 和 τ_2 建模为均值为 250ms、方差为 70ms、相关系数为 0.9 的两个随机变量，如图 20.11 所示。图 20.12 记录了 1000 次 Monte Carlo 模拟中，系统阻尼比最小特征值的变化轨迹。

如图 20.11 所示，整个时滞空间可以分为“稳定-不稳定-稳定”三个区域，分别对应图 20.12 中特征值轨迹的“全部特征值位于复左半平面-有特征值越过虚轴，相应的阻尼比为负-全部特征值位于复左半平面”三个部分。具体地，当两个时滞按照图 20.11 中的 A → B → C ($\tau_1 = 175$ ms，$\tau_2 = 172$ ms) → D → N ($\tau_1 = 265$ ms，

$\tau_2 = 267\ \text{ms}) \to \text{E} \to \text{F}\ (\tau_1 = 371\ \text{ms},\ \tau_2 = 334\ \text{ms}) \to \text{G} \to \text{H}$ 的顺序增加时，相应地，图 20.12 中系统阻尼比最小特征值的轨迹为：$\text{A}' \to \text{B}' \to \text{C}'\ (\text{j}10.5514) \to \text{D}' \to \text{N}'\ (0.1420 + \text{j}10.1571) \to \text{E}' \to \text{F}'\ (\text{j}9.7254) \to \text{G}' \to \text{H}'$。究其原因在于，时滞系统特征方程中的指数项可以表示为三角函数，导致特征方程在本质上具有周期性。

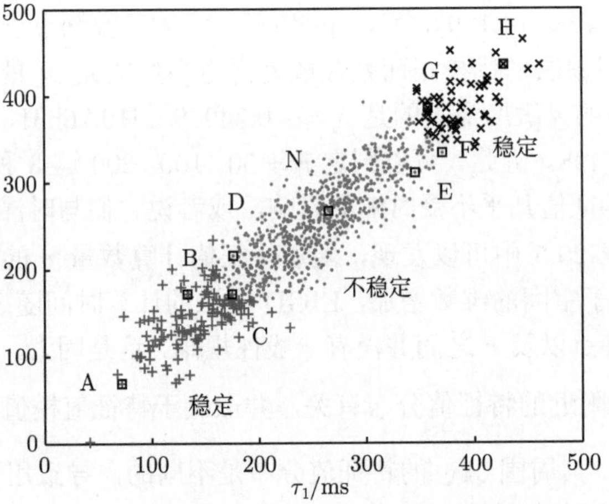

图 20.11　1000 组随机时滞分布

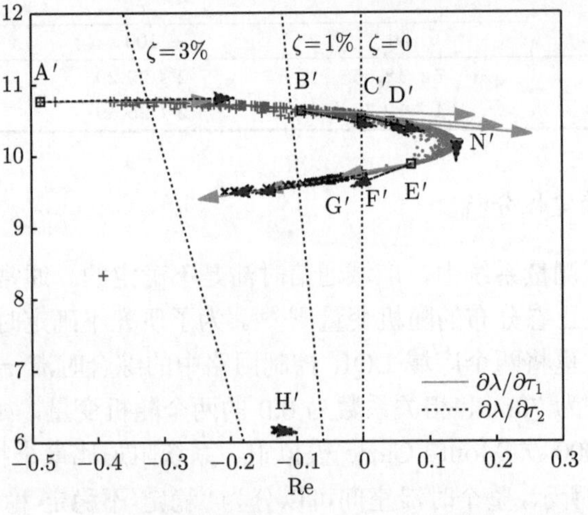

图 20.12　随机时滞下，系统阻尼比最小特征值的变化轨迹

此外，在图 20.12 中，特征值 $\lambda_{\text{A}'} \sim \lambda_{\text{H}'}$ 对两个时滞 τ_1 和 τ_2 的灵敏度分别

用实线和虚线的箭头表示。需要说明的是，为了清晰和美观，所有的特征值灵敏度均被除以 10。由图可知，特征值灵敏度与特征值随时滞变化的轨迹大体一致。

20.4 SOD-PS 方法

本节针对最具一般性的基于 DDE 的 SOD 类特征值计算方法—SOD-PS 方法，从准确性 (有/无预处理和大时滞情况)、高效性和对大规模系统的适应性 3 个方面进行测试和分析。

1. 无预处理时算法的准确性分析

SOD-PS 方法的基础是构建解算子 $\mathcal{T}(h)$ 的伪谱离散化矩阵 $\boldsymbol{T}_{M,N}$，因此验证其对 $\mathcal{T}(h)$ 的近似准确性尤为关键。为此，本节以 16 机 68 节点系统为例，对比 $\boldsymbol{T}_{M,N}$ 的特征值 $\hat{\mu}$ 和 $\mathcal{T}(h)$ 的特征值 μ。

选取参数 $M=N=3$ 和 $h=0.0153\text{s}$，可得时滞子区间的个数为 $Q=\lceil\tau_{\max}/h\rceil=10$，$\boldsymbol{T}_{M,N}$ 的维数为 $(QM+1)n=6200$。首先，采用 QR 算法计算 $\boldsymbol{T}_{M,N}$ 的全部特征值 $\hat{\mu}$；然后，根据 $\hat{\lambda}=\ln\hat{\mu}/h$ 得到相应的系统特征值的估计值 $\hat{\lambda}$；最后，通过牛顿迭代校正得到准确的系统特征值 λ。解算子 $\mathcal{T}(h)$ 的特征值估计值 $\hat{\mu}$ 与准确值 μ，以及系统的特征值估计值 $\hat{\lambda}$ 与准确值 λ，分别如图 20.13 和图 20.14 所示。

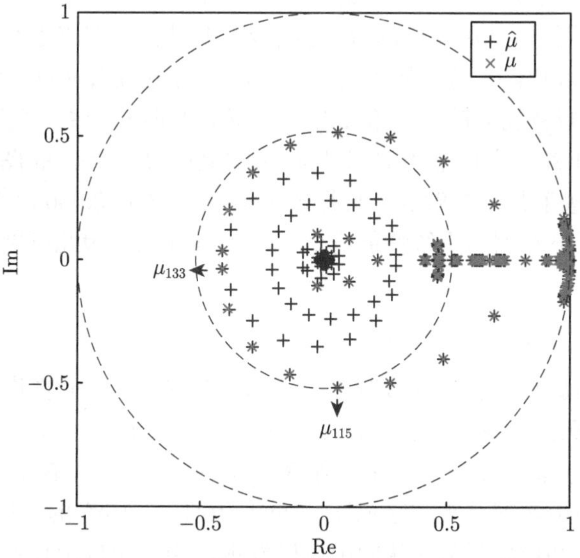

图 20.13 当 $M=N=3$ 和 $h=0.0153\text{s}$ 时，$\boldsymbol{T}_{M,N}$ 的全部特征值 $\hat{\mu}$ 和 $\mathcal{T}(h)$ 的部分特征值 μ

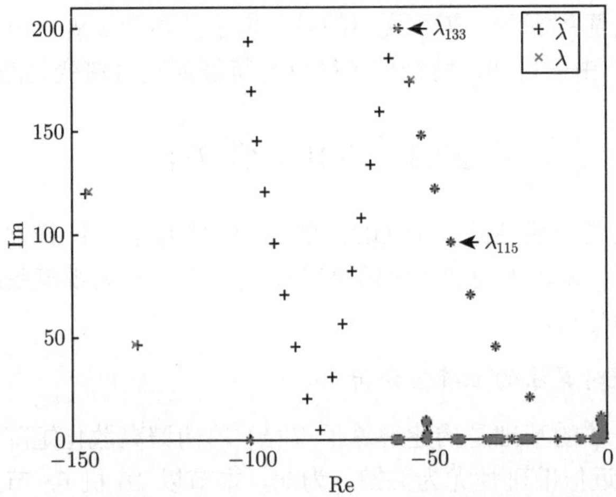

图 20.14 当 $M=N=3$ 和 $h=0.0153\text{s}$ 时，系统特征值的估计值 $\hat{\lambda}$ 及其精确值 λ

首先，如图 20.13 中环形区域所示，$\mathcal{T}(h)$ 中模值大于 $|\mu_{115}|=0.5196$ 的特征值 μ 可由 $\hat{\mu}$ 准确估计。相应地，图 20.14 中 λ_{115} 右下侧的系统特征值估计值 $\hat{\lambda}$ 与其精确值 λ 之间的误差小于收敛精度 10^{-6}，无需进行牛顿迭代校正。

其次，根据图 20.14 可以发现，除了在 $\text{Re}\in[-57.44,\ 0]$、$\text{Im}\in[0,\ 199.60]$ 围成的区域内的特征值估计值 $\hat{\lambda}$ 之外，$\text{Re}\in[-150,\ -100]$ 区域内的 3 个特征值估计值 $\hat{\lambda}$ 也可以收敛到相应的精确值 λ。也就是说，不同于图 20.6、图 20.8 和图 20.9 所示的四机两区域系统的特征值结果，16 机 68 节点系统存在两条特征值链。由 3.1.2 节可知，在远离原点的区域中，时滞电力系统的特征值 λ 趋近于有限条指数曲线 (即特征值链，式 (3.27))，其条数与时滞个数、时滞常数值有关。

最后，将图 20.14 和图 20.13 分别放大得到图 20.15(a) 和图 20.15(b)。从图 20.15 中可知，模值最大的解算子特征值 $\mu=0.9997+\text{j}0.0003$ 的模值小于 1，其对应的复平面上最右侧的系统特征值 λ 的实部小于 0，因此可判断此系统是小干扰稳定的。

2. 预处理后算法的准确性分析

下面对采用旋转–放大预处理后的 SOD-PS 方法的准确性进行分析，其中参数 M、N 与 h 保持不变。令放大倍数 $\alpha=2$，坐标旋转角度 $\theta=0°,\ 5.74°,\ 8.63°$，利用 IRA 算法求取解算子离散化矩阵 $\boldsymbol{T}''_{M,N}$ 中 $r=15$ 个模值最大的特征值 $\hat{\mu}$，其分别对应系统中实部最大和阻尼比 ζ 小于 10% 和 15% 的 15 个关键特征值的估计值 $\hat{\lambda}$，如图 20.16 所示。从图中可以发现，由于坐标旋转预处理需要对系统时滞作必要近似 (见式 (4.68))，与时滞强相关的特征值估计值 $\hat{\lambda}_{\text{A}}\sim\hat{\lambda}_{\text{G}}$ 和它们各自的准确值 $\lambda_{\text{A}}\sim\lambda_{\text{G}}$ 之间存在一定的偏差。

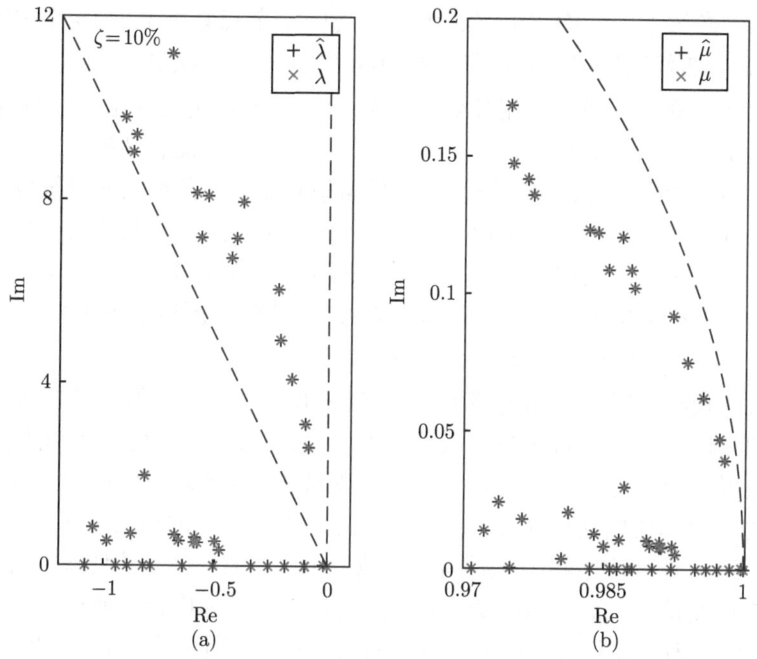

图 20.15 图 20.13 和图 20.14 的局部放大图

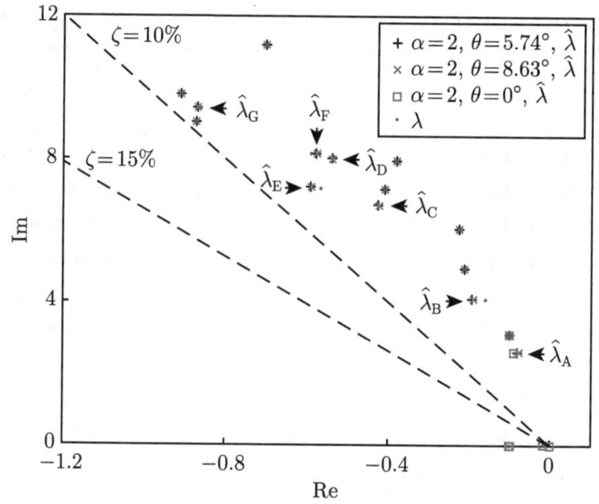

图 20.16 不同旋转角度 θ 下，系统特征值的估计值 $\hat{\lambda}$ 及其准确值 λ

3. 预处理对算法效率的改善作用分析

本节主要分析旋转–放大预处理对 SOD-PS 方法计算效率的改善作用。在不同的预处理参数下，SOD-PS 方法计算 16 机 68 节点系统 $r = 15$ 个关键特征值时所需 IRA 迭代次数和计算时间如表 20.6 中测试 1 ~ 测试 6 所示。

具体地，测试 1 没有应用预处理技术；测试 2 ~ 测试 6 应用了预处理技术，其中 $\alpha = 1, 2$，$\theta = 5.74°, 8.63°$。需要指出的是，由于旋转角度 $\theta = 0°$，测试 1 和测试 2 计算得到的 15 个特征值是复平面最右侧、实部最大的特征值，而测试 3 ~ 测试 6 计算得到的是阻尼比小于 10% 或 15% 的 15 个系统关键特征值。此外，为了方便比较，测试 1、测试 3 与测试 4 中离散点个数 M 取为 3，而测试 2、测试 5 与测试 6 中离散点个数 M 取为 6，此时各测试中 SOD-PS 方法生成的解算子离散化矩阵的维数都等于 6200。

通过比较和分析表 20.6 中测试 1 ~ 测试 6 的结果，可得到以下结论：① 坐标旋转预处理对于 SOD-PS 方法来说必不可少。由测试 1、测试 3 和测试 4 可知，如果不采用坐标旋转预处理，IRA 算法收敛困难，导致较多的迭代次数和计算时间；② 通过分别比较测试 3 和测试 5、测试 4 和测试 6 的结果可知，采用放大预处理后，IRA 迭代次数和计算时间可以减少一半左右；③ 采用旋转–放大预处理的测试 5 和测试 6 的计算效率最高，其次是只采用坐标旋转预处理的测试 3 和测试 4。因此，为了实现对时滞电力系统的高效特征值计算和分析，建议 SOD-PS 方法以及所有的 SOD 类方法采用旋转–放大预处理。

表 20.6 SOD-PS 和 EIGD 方法计算 16 机 68 节点系统部分关键特征值的效率

测试编号	τ_{f1}/s	τ_{f2}/s	M	N	h/s	α	θ/°	λ_s	维数	SOD-PS N_{IRA}	SOD-PS 时间/s	SOD-PS $\Delta\lambda_{max}$	EIGD N_{IRA}	EIGD 时间/s
1	0.15	0.07	3	3	0.0153	1	0	–	6200	1910	150.08	7.5835×10^{-6}	–	–
2	0.15	0.07	6	3	0.0153	2	0	–	6200	873	72.21	$-0.0015 + j0.0003$	–	–
3	0.15	0.07	3	3	0.0153	1	5.74	–	6200	29	4.55	$-0.0078 - j0.0602$	–	–
4	0.15	0.07	3	3	0.0153	1	8.63	–	6200	26	3.80	$-0.0140 - j0.0860$	–	–
5	0.15	0.07	6	3	0.0153	2	5.74	–	6200	12	1.94	$-0.0078 - j0.0603$	–	–
6	0.15	0.07	6	3	0.0153	2	8.63	–	6200	13	1.99	$-0.0140 - j0.0861$	–	–
7	0.57	0.73	6	3	0.08	2	5.74	–	6200	5	0.96	$0.1219 + j0.0637$	–	–
8	0.57	0.73	6	3	0.08	2	8.63	–	6200	5	0.85	$-0.1514 + j0.0399$	–	–
9	1.14	1.34	6	3	0.14	2	5.74	–	6200	4	0.80	$-0.0585 - j0.3739$	–	–
10	1.14	1.34	6	3	0.14	2	8.63	–	6200	4	0.73	$-0.1358 - j0.3552$	–	–
11	0.15	0.07	–	30	–	–	–	j7	6200	–	–	–	2	0.25
12	0.15	0.07	–	30	–	–	–	j13	6200	–	–	–	5	0.48
13	0.57	0.73	–	30	–	–	–	j7	6200	–	–	–	2	0.27
14	0.57	0.73	–	30	–	–	–	j13	6200	–	–	–	3	0.39
15	1.14	1.34	–	30	–	–	–	j7	6200	–	–	–	2	0.28
16	1.14	1.34	–	30	–	–	–	j13	6200	–	–	–	4	0.47

4. 大时滞情况下算法的有效性分析

本节将对时滞较大情况下 SOD-PS 方法的有效性进行分析。如表 20.6 中测试 7 ~ 测试 10 所示，考虑 16 机 68 节点系统中的两个广域阻尼控制回路分别存在较大的反馈时滞的场景，即 $\tau_{\rm f1} = 0.57{\rm s}, 1.14{\rm s}$ 和 $\tau_{\rm f2} = 0.73{\rm s}, 1.34{\rm s}$，控制时滞 $\tau_{\rm c1}$ 和 $\tau_{\rm c2}$ 保持不变。同时，M 取为 6，Q 取为 10 (转移步长 h 相应地调整)，以保证矩阵 $\boldsymbol{T}''_{M,N}$ 的维数与测试 1 ~ 测试 6 中的维数相等。

在测试 7 和测试 8 中，广域反馈时滞 $\tau_{\rm f1} = 0.57{\rm s}$，$\tau_{\rm f2} = 0.73{\rm s}$，通过 IRA 算法得到的 $r = 15$ 个特征值估计值 $\hat{\lambda}$ 经过少于 10 次的牛顿迭代均可收敛到各自的精确特征值 λ，如图 20.17(a) 所示。此时，$\mathcal{T}(h)$ 中特征值的模值最大值为 $|\mu|_{\max} = 1.0016$，对应阻尼比最小的系统特征值为 $\lambda = 0.0199 + {\rm j}4.1202$，这表明系统小干扰不稳定。

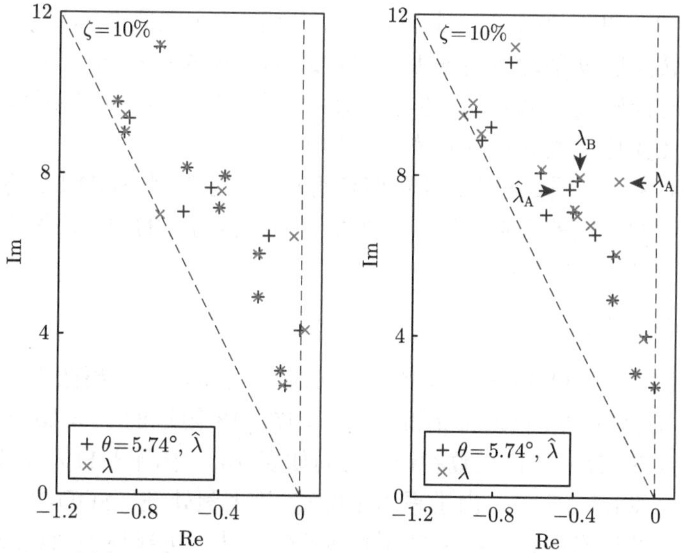

(a) $\tau_{\rm f1}=0.57$ s, $\tau_{\rm f2}=0.74$ s　　(b) $\tau_{\rm f1}=1.14$ s, $\tau_{\rm f2}=1.34$ s

图 20.17　大时滞情况下 (测试 7 和测试 9)，SOD-PS 方法计算得到的 $r = 15$ 个特征值估计值 $\hat{\lambda}$

在测试 9 和测试 10 中，两个广域反馈时滞继续增加至 $\tau_{\rm f1} = 1.14{\rm s}$，$\tau_{\rm f2} = 1.34{\rm s}$。需要说明的是，此时时滞已经远远超出各种通信链路的时滞置信水平[34]，在实际系统中一般不会出现这种情况。如图 20.17(b) 所示，通过 IRA 算法得到的 15 个特征值估计值 $\hat{\lambda}$ 经过少于 16 次的牛顿迭代均可收敛到各自的精确特征值 λ。此时，$\mathcal{T}(h)$ 的特征值中模值最大值为 $|\mu|_{\max} = 0.9996$，对应阻尼比最小的系统特征值 $\lambda = -0.0005 + {\rm j}2.7874$，这表明系统重新获得小干扰稳定性。从图 20.17(b) 中

还可以发现，有几个特征值估计值 $\hat{\lambda}$ 距离相应的准确值 λ 较远，但牛顿校正仍能够收敛。这是因为牛顿法的收敛性不仅取决于特征值估计值的准确度，也取决于特征向量估计值的准确度。以图中 $\hat{\lambda}_{\mathrm{A}}$ 为例，虽然其与 λ_{B} 距离更近，但由于特征向量估计值 $\hat{\boldsymbol{v}}_{\mathrm{A}}$ 与精确值 $\boldsymbol{v}_{\mathrm{A}}$ 之间的误差很小，所以经过牛顿法校正后 $\hat{\lambda}_{\mathrm{A}}$ 还是能够收敛到距离较远的 λ_{A} 而不是距离较近的 λ_{B}。

5. 时滞近似对 SOD-PS 方法准确性的影响分析

下面进一步研究坐标旋转预处理中时滞近似对 SOD-PS 方法准确性的影响，并利用特征值估计值的最大误差 $\Delta\lambda_{\max}=\max\limits_{i=1\sim 15}\left\{\hat{\lambda}_i-\lambda_i\right\}$ 对该影响进行量化，如表 20.6 第 12 列所示。

在不采用坐标旋转预处理的测试 1 和测试 2 中，$|\Delta\lambda_{\max}|$ 的量级分别为 10^{-6} 和 10^{-3}。在测试 3 ~ 测试 6 中，θ 取 5.74° 和 8.63° 时 $\Delta\lambda_{\max}$ 分别约为 $-0.0078-\mathrm{j}0.0602$ 和 $-0.0140-\mathrm{j}0.0860$。此时，$|\Delta\lambda_{\max}|$ 的大小主要由 $\Delta\lambda_{\max}$ 的虚部决定，并随坐标旋转角度 θ 的增大而增大。与测试 3 ~ 测试 6 不同，测试 7 ~ 测试 10 中广域反馈时滞较大，$|\Delta\lambda_{\max}|$ 也随之增大并由实部主导。这是因为，$\Delta\lambda_{\max}$ 不仅受时滞，还受特征值对时滞灵敏度的影响。

综上，坐标旋转预处理所带来的时滞近似确实会导致 SOD-PS 方法在估计系统特征值时产生一定的误差。该误差随时滞和旋转角度的增大而增大，并受特征值对时滞灵敏度大小的影响。

6. 算法的效率分析

本节对比分析 SOD-PS 和 EIGD 方法的计算效率。取离散点个数 $N=30$，利用 EIGD 方法计算不同时滞情况下 $\lambda_{\mathrm{s}}=\mathrm{j}7$, j13 附近的 $r=15$ 个系统关键特征值，所需要的 IRA 迭代次数和计算时间如表 20.6 中测试 11 ~ 测试 16 所示。

测试 5 ~ 测试 10 中，由于采用了旋转–放大预处理，SOD-PS 方法能在 2s 内计算得到系统所有的机电振荡模式的估计值，从而可靠地判别系统的小干扰稳定性。测试 11 ~ 测试 16 中，EIGD 方法在每个位移点 λ_{s} 的计算时间要远少于 SOD-PS 方法，大约为 SOD-PS 方法计算耗时的 1/4。

然而，在事先未掌握系统特征值分布的条件下，利用 EIGD 方法计算系统的全部关键特征值，需要选取不同的位移点进行多次计算。如图 20.18 所示，当 $\tau_{\mathrm{f1}}=0.57\mathrm{s}$，$\tau_{\mathrm{f2}}=0.73\mathrm{s}$ 时，利用 EIGD 方法在位移点 $\lambda_{\mathrm{s}}=\mathrm{j}7$, j13 处进行两次特征值计算 (测试 13 与测试 14) 之后，仍然不能得到全部的机电振荡模式的估计值，例如图中的 λ_{C}。相反地，采用旋转–放大预处理的 SOD-PS 方法能够通过 1 次计算 (测试 7) 得到系统阻尼比最小的关键特征值。

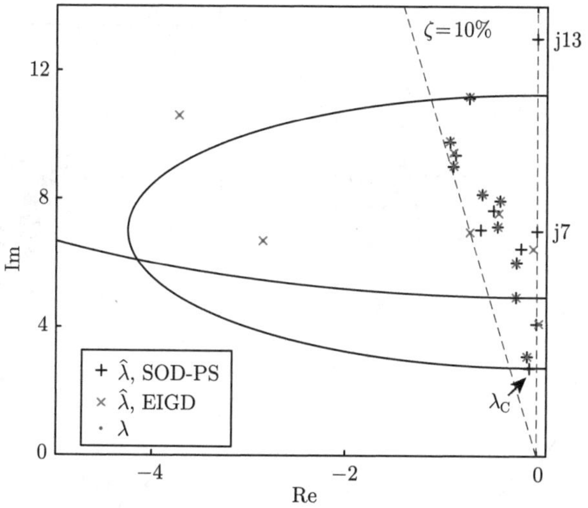

图 20.18 当 $\tau_{f1} = 0.57$s，$\tau_{f2} = 0.73$s 时，SOD-PS ($\theta = 5.74°$) 和 EIGD ($\lambda_s = $ j7 和 j13) 方法计算得到的特征值估计值 $\hat{\lambda}$

7. 虚假特征值问题

本节以山东电网为例，旨在研究 SOD-PS 方法的虚假特征值问题。其中，参数设置为：$M = 6$，$N = 3$，$h = 0.011$s，$\alpha = 2$ 和 $\theta = 17.46°$ ($\zeta = 30\%$)。

首先，利用 IRA 算法计算解算子离散化矩阵 $\boldsymbol{T}''_{M,N}$ 中 $r = 100$ 个模值最大的特征值 $\hat{\mu}$。然后，根据 $\hat{\lambda} = \ln \hat{\mu}/h$ 得到相应的系统特征值的估计值 $\hat{\lambda}$，其中有 95 个经过不超过 3 次牛顿迭代便可收敛到相应的准确特征值 λ。如图 20.19(a) 所示，这 95 个准确特征值 λ 位于虚线 AB 的右侧，阻尼比 ζ 均小于 30%。为了方便比较，图中还给出了 EIGD 方法 ($N = 30$) 计算得到的位移点 $\lambda_s = $ j7, j13 附近的两组 50 个系统特征值 λ。如图 20.19(a) 所示，在封闭曲线 GHQ 内有 8 个 SOD-PS 方法能够计算得到而 EIGD 方法不能计算得到的特征值。

然后，将 r 从 100 增加至 120，SOD-PS 方法可以计算得到另外 20 个系统特征值估计值 $\hat{\lambda}$，其中有 19 个收敛到相应的准确值 λ 并分布在图 20.19(b) 的虚线 AB 和 CD 之间的区域内。此时，由于虚线 CD 在零点的左侧，可以判定系统中所有阻尼比小于 30% 的特征值都被计算得到。同时，由于此时 SOD-PS 方法共计算得到 114 个准确特征值 λ，可以断定山东电网的 113 个机电振荡模式被全部计算得到。相比之下，EIGD 方法需要在位移点 $\lambda_s = $ j7, j13 处进行两次特征值计算且每次至少计算 80 个特征值才能得到这些机电振荡模式。此时，如表 20.7 中测试 5 ~ 测试 8 所示，EIGD 方法在每个位移点处的计算效率远高于 SOD-PS 方法。

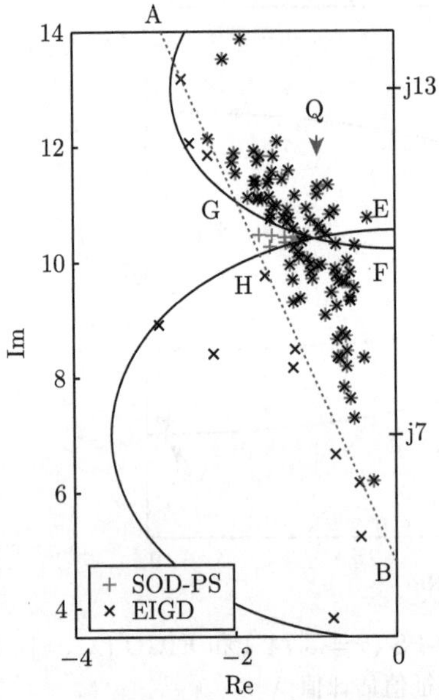

(a) $r=100$(SOD-PS), $r=50$(EIGD)

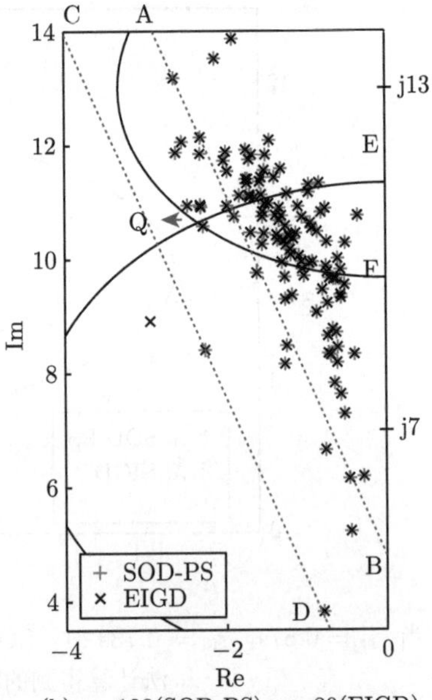

(b) $r=120$(SOD-PS), $r=80$(EIGD)

图 20.19　SOD-PS ($\theta = 17.46°$) 和 EIGD ($\lambda_s = $ j7, j13) 方法计算得到的准确特征值 λ

表 20.7　SOD-PS 和 EIGD 方法计算山东电网部分关键特征值的效率

测试编号	τ_1/s	τ_2/s	M	N	h/s	λ_s	α	θ/(°)	维数	r	SOD-PS		EIGD	
											N_{IRA}	时间/s	N_{IRA}	时间/s
1	0.09	0.10	6	3	0.011	–	2	17.46	34968	100	9	277.02	–	–
2	0.09	0.10	6	3	0.011	–	2	17.46	34968	120	7	304.63	–	–
3	0.09	0.10	6	3	0.011	–	2	2.87	34968	5	141	62.71	–	–
4	0.20	0.33	6	3	0.034	–	2	2.87	34968	5	137	53.80	–	–
5	0.09	0.10	–	30	–	j7	–	–	34968	50	–	–	7	29.70
6	0.09	0.10	–	30	–	j13	–	–	34968	50	–	–	4	44.25
7	0.09	0.10	–	30	–	j7	–	–	34968	80	–	–	4	44.56
8	0.09	0.10	–	30	–	j13	–	–	34968	80	–	–	2	23.93

实际上，当利用 SOD-PS 方法计算 $r = 100$ 个特征值时，除了能得到图 20.19(a) 所示的 95 个准确的系统特征值 λ，还能得到 5 个虚假特征值。如表 20.8 所示，$\hat{\lambda}_1$ 不能收敛，$\hat{\lambda}_2$ 收敛到一个时滞强相关的特征值且其虚部较大。当 $r = 120$ 时，SOD-PS 方法计算得到另外一个虚假特征值 $\hat{\lambda}_3$。与 $\hat{\lambda}_2$ 类似，$\hat{\lambda}_3$ 经过 3 次牛顿迭代后收敛到虚部较大的特征值 λ_3。为了更好地展示系统的机电振荡模式，这些虚假特征值并未在图 20.19 中画出。

虚假特征值的问题可以通过对 $\mathcal{T}(h)$ 采用更加密集的离散点以实现更加准确的逼近来解决，即增大 SOD-PS 方法中参数 Q、M 和 N 的取值。然而，这会显

著增加离散化矩阵 $\boldsymbol{T}_{M,N}$ 及其子矩阵的维数，并进一步导致 SOD-PS 方法计算量的大幅增加。因此，为了均衡计算精度和计算量的矛盾，需合理选择 Q、M 和 N 的值。

表 20.8 SOD-PS 方法计算得到的虚假特征值

r	i	$\hat{\lambda}_i$	λ_i	重数
100	1	$44.135099 - \mathrm{j}76.313646$	不收敛	2
	2	$47.773566 - \mathrm{j}110.837982$	$-35.632834 - \mathrm{j}114.651489$	3
120	1	$44.135099 - \mathrm{j}76.313646$	不收敛	2
	2	$47.773566 - \mathrm{j}110.837982$	$-35.632834 - \mathrm{j}114.651489$	3
	3	$-34.978801 + \mathrm{j}112.458771$	$-35.660930 + \mathrm{j}114.596664$	1

8. 大规模系统稳定性的快速判别

下面分析 SOD-PS 方法通过 1 次计算得到山东电网实部最大或阻尼比最小的部分关键特征值，以实现快速、可靠地判断系统小干扰稳定性的能力。如表 20.7 中测试 3 和测试 4 所示，取 $\theta = 2.87°$，利用 IRA 算法计算两种时滞情况下系统 $r = 5$ 个关键特征值 $\hat{\lambda}$，结果图 20.20 所示。此时，由于坐标旋转角度 θ 较小、特征值计算数量较少且分布较为密集，与测试 1 和测试 2 相比，IRA 算法需要进行较多次数的迭代 (分别为 141 次和 137 次) 才能收敛。

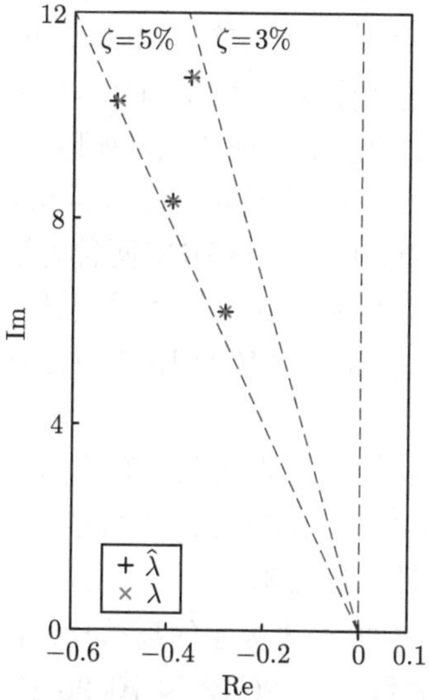

(a) $\tau_1 = 0.09$ s, $\tau_2 = 0.10$ s

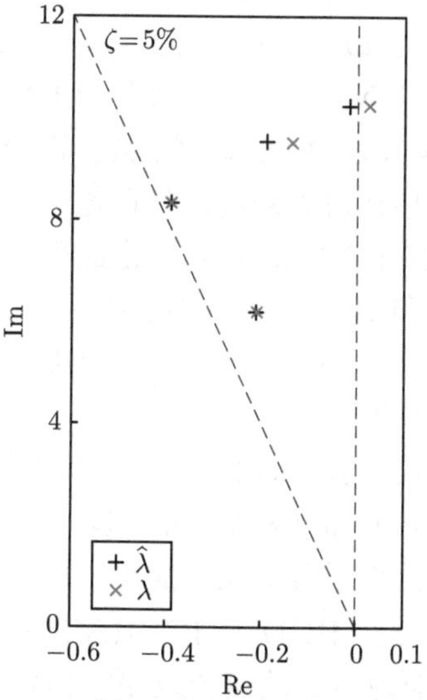

(b) $\tau_1 = 0.20$ s, $\tau_2 = 0.33$ s

图 20.20 当 $\theta = 2.87°$ 时，SOD-PS 方法计算得到的系统关键特征值

如图 20.20(a) 所示，表 20.7 中测试 3 计算得到并牛顿迭代收敛的 4 个准确特征值 λ 的阻尼比均大于 3% 且小于 5%，相应的解算子特征值 μ 的最大模值为 $|\mu|_{\max}=0.9969$，表明此时系统是小干扰稳定的。表 20.7 中测试 4 考虑较大时滞的情况，即 $\tau_1=0.20\text{s}$，$\tau_2=0.33\text{s}$，计算结果如图 20.20(b) 所示。此时，SOD-PS 方法计算得到的系统最右侧特征值为 $\lambda=0.0244+\text{j}10.2551$，对应的解算子特征值的模值为 $|\mu|=1.0008$，表明系统是小干扰不稳定的。

综上所述，利用 SOD-PS 方法 1 次计算极少量的关键特征值，便能快速、可靠地判断大规模时滞电力系统的小干扰稳定性。与 SOD-PS 方法相比，利用 EIGD 方法高效、可靠地计算系统关键特征值的前提是，预先掌握它们的分布范围并将位移点取在分布范围的多个关键位置进行多次计算。为此，需要进行额外的时域仿真和相关分析[199]。

20.5 其他 IGD 类方法

以 20.3 节所给出的 PEIGD 方法的计算结果为基准，本节对比分析 IIGD、IGD-LMS 与 IGD-IRK 3 种 IGD 类方法的准确性、计算效率和对大规模系统的适应能力。

1. 对 $\mathcal{A}$ 的逼近能力对比

以四机两区域系统为例，本节对比分析 IIGD 和 IGD-LMS/IRK 3 种方法构建的无穷小生成元离散化矩阵 $\mathcal{A}_N$ ($\mathcal{A}_{Ns}$) 对无穷小生成元 $\mathcal{A}$ 的逼近能力。

首先，当 $N=50$ 时，利用 QR 算法分别计算 IIGD、IGD-LMS ($k=2$) 和 IGD-IRK ($s=3$) 方法构建的 $\mathcal{A}_N$ 和 $\mathcal{A}_{Ns}$ 的全部特征值 $\hat{\lambda}$。如图 20.21 所示，3 种方法直接估计得到的精确特征值中虚部最大的分别为 $\lambda_{39}=-45.05+\text{j}620.21$，$\lambda_{15}=-12.18+\text{j}53.06$ 和 λ_{39}。由此可知，IIGD 和 IGD-IRK 两种方法构建的离散化矩阵 $\mathcal{A}_N$ 和 $\mathcal{A}_{Ns}$ 对无穷小生成元 $\mathcal{A}$ 的逼近能力相差不大，并远优于 IGD-LMS 方法。这是因为，PS 法本质上是 IRK 法，IIGD 和 IGD-IRK 方法在理论上具有相近的计算精度。

将图 20.21 进行局部放大，可得到图 20.22。由图可知，系统的 3 个机电振荡模式 λ_1、λ_7 和 λ_8 (见表 20.2) 皆可被 IIGD 和 IGD-LMS/IRK 3 种方法精确地计算得到，这对于分析系统的小干扰稳定性已经足够。

然后，分析 IIGD 与 IGD-LMS/IRK 3 种方法构建的离散化矩阵 $\mathcal{A}_N$ ($\mathcal{A}_{Ns}$) 逼近 $\mathcal{A}$ 的能力与离散点个数 N 之间的关系。图 20.23 ~ 图 20.25 分别给出了 N 取 20、40 和 50 时，利用 QR 算法计算得到的 IIGD、IGD-LMS ($k=2$) 和 IGD-IRK ($s=3$) 3 种方法构建的离散化矩阵的全部特征值 $\hat{\lambda}$。对于 IIGD 方法，

当 $N=20$ 时计算得到的精确特征值中虚部最大的是 $\lambda_{23}=-31.01+\mathrm{j}220.87$，如图 20.23 所示。当 N 从 20 增加到 40 和 50 时，可以分别得到另外 13 个和 16 个虚部更大的精确特征值。对于 IGD-LMS ($k=2$) 方法，如图 20.24 所示，当 N 从 20 增加到 40 和 50 时，离散化矩阵 $\mathcal{A}_N$ 对 $\mathcal{A}$ 的逼近能力提高非常有限。对于 IGD-IRK ($s=3$) 方法，当 N 取不同值时离散化矩阵 $\mathcal{A}_{Ns}$ 对 $\mathcal{A}$ 的逼近能力如图 20.25 所示，分析结果与 IIGD 方法类似。

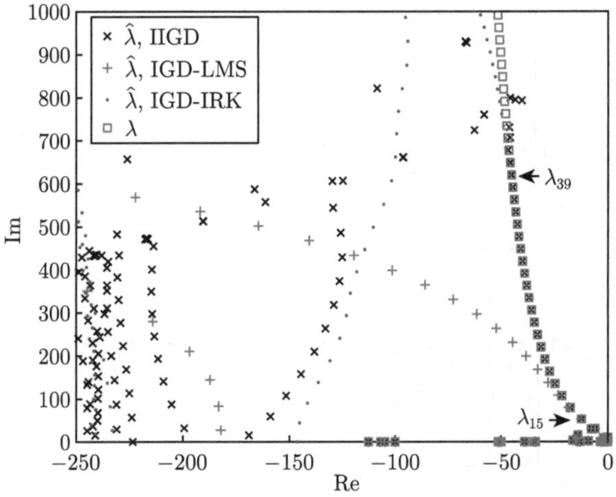

图 20.21 当 $N=50$ 时，IIGD、IGD-LMS ($k=2$) 和 IGD-IRK ($s=3$) 方法计算得到的系统特征值估计值 $\hat{\lambda}$

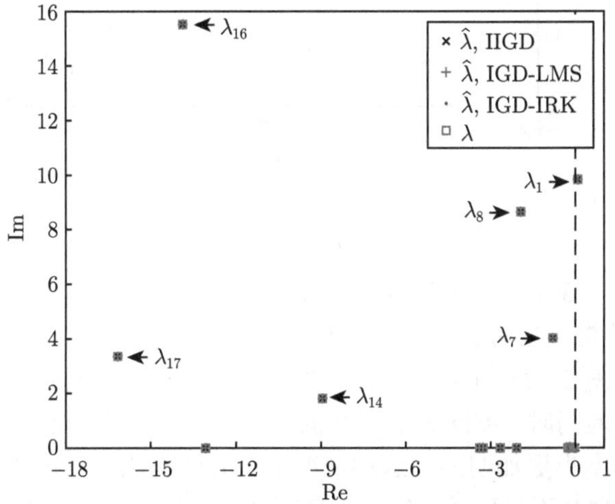

图 20.22 系统机电振荡模式对应的特征值 (图 20.21 的局部放大)

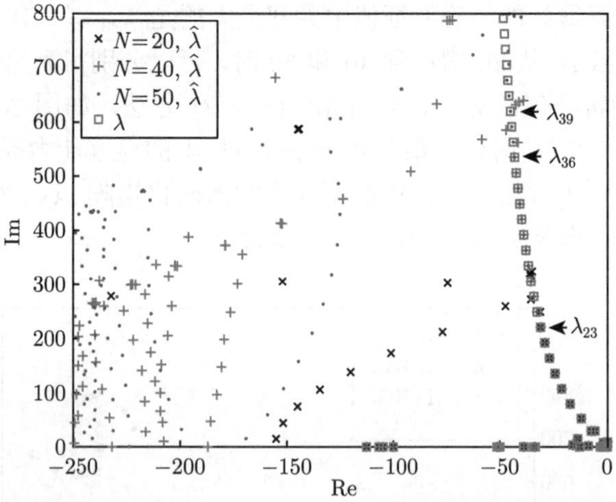

图 20.23 当 $N = 20, 40, 50$ 时，IIGD 方法计算得到的特征值估计值 $\hat{\lambda}$

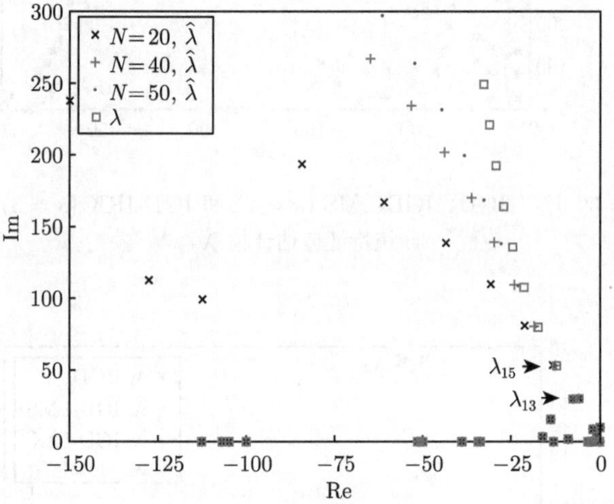

图 20.24 当 $N = 20, 40, 50$ 时，IGD-LMS ($k = 2$) 方法计算得到的特征值估计值 $\hat{\lambda}$

最后，令 $N = 50$，分析 IGD-LMS/IRK 方法构建的 $\mathcal{A}_N$ 和 $\mathcal{A}_{Ns}$ 逼近 $\mathcal{A}$ 的能力与步数 k 和级数 s 之间的关系。对于 IGD-LMS 方法，比较不同的 k 值下 $\mathcal{A}_N$ 的特征值 $\hat{\lambda}$。如图 20.26 所示，随着 k 由 2 增加到 4，$\hat{\lambda}$ 可以精确逼近虚部更大的 5 个特征值。但同时，虚部大于 150 的那部分 $\hat{\lambda}$ 偏离特征值链上的准确特征值并向右倾斜的程度也更加明显。这种情况下，时滞电力系统的稳定性可能会被误判，在实际应用时是不可取的。这种现象可能的原因是：随着 k 更增大，BDF 方法的绝对稳定域逐渐减小，只有 $k \leqslant 2$ 时才会覆盖整个左半平面。对于 IGD-IRK

方法，比较 $s=2$, 3 时 $\mathcal{A}_{Ns}$ 的特征值 $\hat{\lambda}$。如图 20.27 所示，$s=3$ 时 IGD-IRK 方法计算得到的虚部最高的精确特征值为 λ_{39}，相比于 $s=2$ 增加了 16 个。

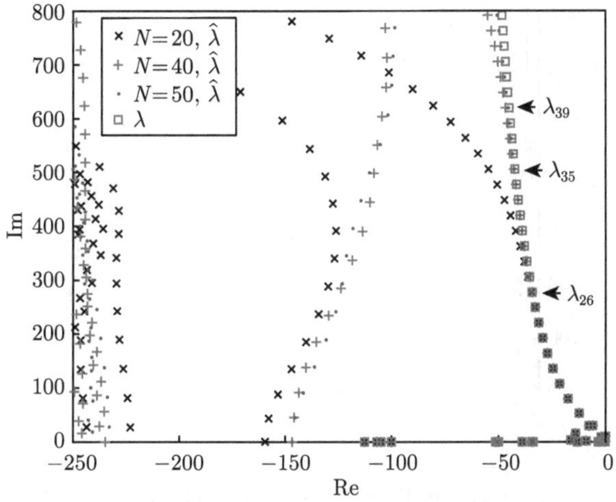

图 20.25 当 $N=20$, 40, 50 时，IGD-IRK ($s=3$) 方法计算得到的特征值估计值 $\hat{\lambda}$

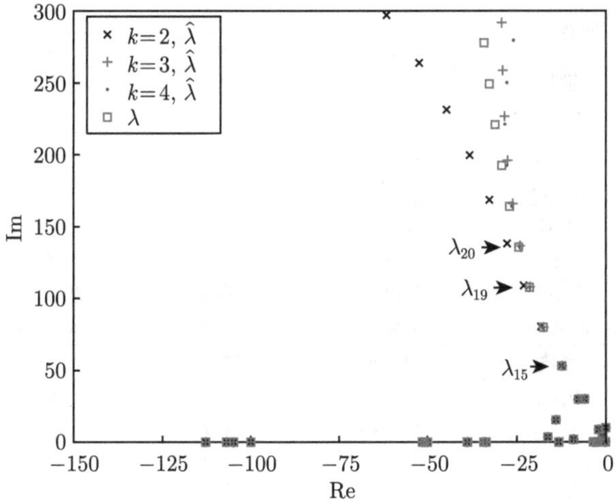

图 20.26 当 $k=2\sim4$ 时，IGD-LMS ($N=50$) 方法计算得到的特征值估计值 $\hat{\lambda}$

2. 算法的效率对比

以四机两区域系统为例，利用 EIGD、IIGD 和 IGD-LMS/IRK 4 种方法分别求解在 N、k 和 s 的不同取值下，位移点 $\lambda_{\rm s}=\rm j10$ 周围的 $r=20$ 个特征值。各方法的参数设置，以及所需的 IRA 迭代次数、IDR 迭代次数 ($N_{\rm IDR}$) 和计算时间如表 20.9 和表 20.10 所示。通过对比分析，可以得到如下结论。

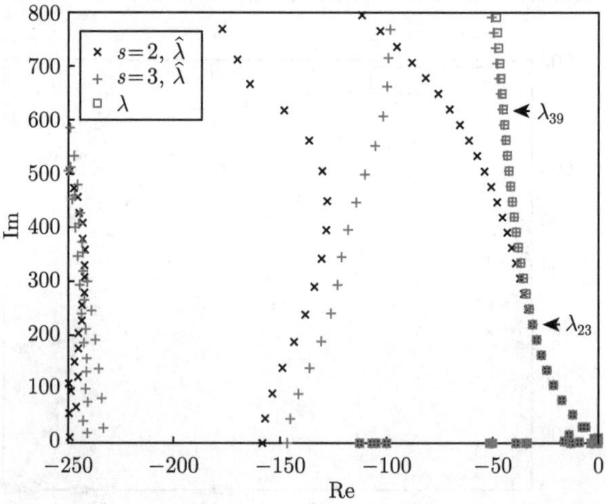

图 20.27 当 $s=2$, 3 时，IGD-IRK ($N=50$) 方法计算得到的特征值估计值 $\hat{\lambda}$

表 20.9 当 N 取不同值时，EIGD、IIGD 和 IGD-LMS/IRK 方法的计算效率比较

方法	性能指标	N			
		20	30	40	50
IGD-LMS	维数	1176	1736	2296	2856
	N_{IRA}	3	3	3	3
	N_{IDR}	119941	147419	167917	198623
	时间/s	22.38	33.43	75.50	103.35
IGD-IRK	维数	2296	3416	4536	5656
	N_{IRA}	3	3	3	3
	N_{IDR}	184653	286691	292886	347705
	时间/s	84.19	165.09	208.58	277.91
IIGD	维数	1176	1736	2296	2856
	N_{IRA}	3	3	3	3
	N_{IDR}	269464	411705	546108	708156
	时间/s	32.59	181.71	279.72	406.55
EIGD	维数	1176	1736	2296	2856
	N_{IRA}	3	3	3	3
	时间/s	0.15	0.24	0.35	0.40

(1) IIGD 和 IGD-LMS/IRK 方法的计算效率远逊于 EIGD 方法。具体地，当 $N=50$ 时，EIGD 方法的计算时间为 0.4s，比其他 3 种方法的计算时间分别减少了 1016、258 和 695 倍。这是因为，IIGD 和 IGD-LMS/IRK 3 种迭代性质的 IGD 类方法构建的无穷小生成元离散化矩阵的逆矩阵不具有显式表达特性，只能采用

诸如 IDR(s) 等迭代算法求解逆矩阵与向量的乘积运算，计算时间长、效率低。

(2) 当无穷小生成元离散化矩阵 $\mathcal{A}_N$ ($\mathcal{A}_{Ns}$) 的维数相同 (为 2296) 时，IGD-LMS/IRK 方法的计算效率大约是 IIGD 方法的 $3\sim4$ 倍。这是因为，不同于 IGD-LMS/IRK 方法，IIGD 方法构建的无穷小生成元离散化矩阵较为稠密，求解其逆矩阵与向量乘积时需要更多的 IDR(s) 迭代次数。如表 20.9 所示，当 $N=40$, 50 时，即使 IIGD 方法构建的 $\mathcal{A}_N$ 维数远小于 IGD-IRK 方法构建的 $\mathcal{A}_{Ns}$ 维数，前者的计算效率低于后者。

(3) 当 N 增加时，4 种 IGD 类方法构建的无穷小生成元离散化矩阵维数随之增加，导致更大的特征值计算量和更长的计算时间。由表 20.10 可知，对于 IGD-LMS 方法，当 k 增加时，虽然 $\mathcal{A}_N$ 的维数保持不变，但 IDR(s) 算法的迭代次数和特征值计算时间近似线性增加；对于 IGD-IRK 方法，当 s 从 2 增加到 3 时，$\mathcal{A}_N$ 的维数增加 1.5 倍，IDR(s) 算法的迭代次数和总计算时间也随之增加。

表 20.10 当 $N=50$ 时，IGD-LMS 和 IGD-IRK 方法的计算效率比较

方法	测试编号	k	s	维数	N_{IRA}	N_{IDR}	时间/s
IGD-LMS	1	2	–	2856	3	192678	93.75
	2	3	–	2856	3	264321	131.51
	3	4	–	2856	3	363295	188.08
IGD-IRK	4	–	2	5656	3	356992	273.70
	5	–	3	8456	3	539318	570.55

3. 对大规模系统的适用性对比

针对山东电网，利用 EIGD、IIGD 和 IGD-LMS/IRK 4 种方法分别计算位移点 $\lambda_{\mathrm{s}}=\mathrm{j}7$, j13 周围 $r=50$, 100 个特征值。其中，离散点个数 N 取为 25。对于 IGD-LMS 方法，选择 $k=2$ 来保证方法的稳定性和适应性；对于 IGD-IRK 方法，选择 $s=2$ 构建维数较低的离散化矩阵 $\mathcal{A}_{Ns}$，以减少特征值计算时间。特征值结果如图 20.28 所示，各方法构建的无穷小生成元离散化矩阵的维数、特征值计算过程中所需的 IRA 迭代次数、IDR 迭代次数和计算时间列于表 20.11。

通过对比分析，可以得到如下结论。

(1) 计算准确性方面，与 EIGD 方法相同，IIGD 和 IGD-LMS/IRK 方法都具有良好的精度。如图 20.28 所示，4 种 IGD 类方法计算得到的特征值估计值 $\hat{\lambda}$ 中，大部分无需牛顿校正而直接成为准确特征值 λ，剩余的 $\hat{\lambda}$ 经过最多两次牛顿迭代便可收敛到其精确值。具体地，IGD-LMS 计算得到的特征值估计值中，绝对误差 $|\hat{\lambda}-\lambda|$ 的最大值为 7.83×10^{-3}；IIGD 和 IGD-IRK 比 IGD-LMS 方法更准确，最大绝对误差分别为 8.22×10^{-5} 和 2.31×10^{-5}。

(2) 计算效率方面，由于不涉及数量巨大的 IDR(s) 迭代运算，EIGD 方法的效率总是最高的；在 3 种迭代性质的 IGD 类特征值计算方法中，IGD-LMS 方法的计算时间最短，其计算效率明显优于 IGD-IRK 和 IIGD 方法。此外，值得注意的是，由于不同位移点周围系统的特征值分布差别较大，导致同一种方法在不同位移点下的 IRA 迭代次数和计算时间相差很大。

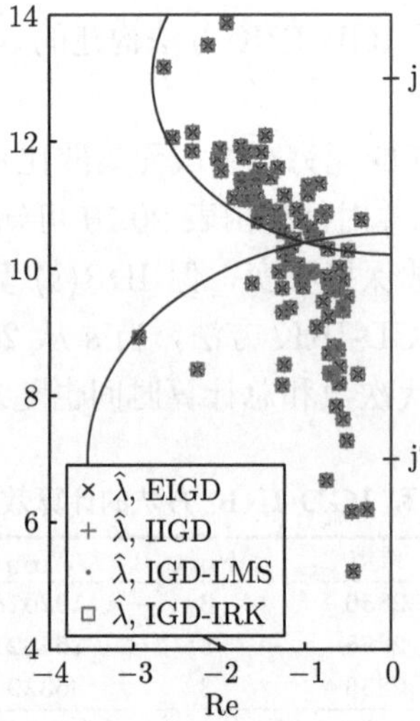

(a) $r=50$

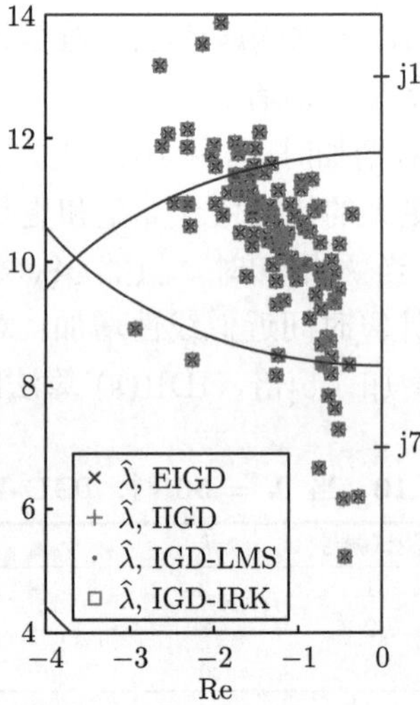

(b) $r=100$

图 20.28　EIGD、IIGD 与 IGD-LMS/IRK 4 种方法计算得到的位于 $\lambda_s = $ j7, j13 周围 $r = 50$, 100 个特征值估计值 $\hat{\lambda}$

表 20.11　当 $N = 25$ 时，EIGD、IIGD 和 IGD-LMS/IRK 方法的计算效率比较

方法	测试编号	r	λ_s	维数	N_{IRA}	N_{IDR}	时间/s
IGD-LMS	1	50	j7	30456	7	746695	2822.20
	2	50	j13	30456	4	164300	639.99
	3	100	j7	30456	2	878621	3580.29
	4	100	j13	30456	2	227669	909.37
IGD-IRK	5	50	j7	59784	7	2096274	16023.90
	6	50	j13	59784	4	437950	3634.55
	7	100	j7	59784	2	2473494	19019.54
	8	100	j13	59784	2	588266	4562.18
IIGD	9	50	j7	29328	7	3683568	13731.93
	10	50	j13	29328	4	572771	2128.83
	11	100	j7	29328	2	4280283	15421.19
	12	100	j13	29328	2	797762	2894.57
EIGD	13	50	j7	29328	7	–	19.20
	14	50	j13	29328	3	–	11.41
	15	100	j7	29328	2	–	29.21
	16	100	j13	29328	2	–	26.16

20.6 其他 SOD 类方法

以 20.4 节给出的 SOD-PS 方法的计算结果为基准，本节对比分析 SOD-LMS、SOD-IRK 和 SOD-PS-II 3 种 SOD 类方法的准确性、计算效率和对大规模系统的适应能力。

1. 对 $\mathcal{T}(h)$ 的逼近能力对比

以 16 机 68 节点系统为例，本节对比分析 SOD-LMS、SOD-IRK、SOD-PS-II 和 SOD-PS 4 种 SOD 类方法构建的解算子离散化矩阵 $\boldsymbol{T}_N$、$\boldsymbol{T}_{Ns}$、$\boldsymbol{T}_M$ 和 $\boldsymbol{T}_{M,N}$ 对解算子 $\mathcal{T}(h)$ 的逼近能力。其中，参数设置为：$h=0.0075\text{s}$，$\alpha=1$，$\theta=0°$。SOD-LMS 方法采用 BDF ($k=3$, $s_-=1$) 方案，SOD-IRK 方法采用 Radau IIA ($s=2$) 方案。4 种 SOD 类方法中变量 N 的定义是冲突的：SOD-LMS/IRK 方法中的变量 N 和 SOD-PS/PS-II 方法中变量 Q 的含义是相同的，代表时滞子区间的数量；SOD-PS/PS-II 方法中变量 N 代表时滞子区间 $[0,\ h]$ 上的离散化点的数量。具体地，SOD-LMS/IRK 方法中，$N=\tau_{\max}/h=20$；SOD-PS/PS-II 方法中，取 $M=N=3$，$Q=\tau_{\max}/h=20$。

首先，利用 QR 算法计算得到 $\boldsymbol{T}_N$、$\boldsymbol{T}_{Ns}$、$\boldsymbol{T}_M$ 和 $\boldsymbol{T}_{M,N}$ 的全部特征值 $\hat{\mu}$，结果如图 20.29 所示。由图 20.29(a)~(c) 可知，SOD-LMS/IRK/PS-II 3 种方法分别可以准确地计算出模值大于 0.8006、0.7249 和 0.6109 的解算子 $\mathcal{T}(h)$ 的特征值 μ。精度不足和不收敛的特征值估计值 $\hat{\mu}$ 的模值较小，位于准确特征值 μ 的内侧，即半径较小的虚线圆内。此外，对比图 20.29(c) 与图 20.29(d) 可知，SOD-PS 和 SOD-PS-II 两种方法构建的解算子离散化矩阵 $\boldsymbol{T}_{M,N}$ 和 $\boldsymbol{T}_M$ 的特征值分布较为相似。

其次，根据 $\hat{\lambda}=\ln\hat{\mu}/h$ 得到 SOD-LMS/IRK/PS-II 3 种方法求解的系统特征值的估计值 $\hat{\lambda}$，如图 20.30 所示。由图可知，SOD-IRK/PS-II 方法对 $\mathcal{T}(h)$ 的逼近能力较强，在 $\text{Re}\in[-57.44,\ 0]\cup[-200,-100]$ 区域内的特征值估计值 $\hat{\lambda}$ 经过至多 2 次牛顿迭代便可收敛到相应的准确特征值 λ。相比之下，SOD-LMS 方法能够直接估计得到的准确特征值中虚部最大的仅为 $-30.25+\text{j}45.04$，且无法得到 $\text{Re}\in[-200,\ 100]$ 区域内准确特征值链上的 4 个特征值。即便如此，在实际应用中，这部分特征值已经能够完全满足系统小干扰稳定性分析的要求。如图 20.30(b) 所示，系统的全部机电振荡模式皆可被 SOD-LMS/IRK/PS-II 3 种方法计算得到，并具有高精度。

然后，分析采用旋转–放大预处理后，SOD-LMS/IRK/PS-II 3 种方法的准确性。预处理参数为：$\alpha=2$，$\theta=8.63°$。利用 IRA 算法计算解算子离散化矩阵 $\boldsymbol{T}'_N$、$\boldsymbol{T}'_{Ns}$ 和 $\boldsymbol{T}'_M$ 中 $r=15$ 个模值最大的特征值。如图 20.31 所示，采用旋转–放大

预处理后的 SOD-LMS/IRK/PS-II 方法能够优先计算得到阻尼比小于 15% 的 15 个系统关键特征值，它们正好为系统的全部机电振荡模式。其中部分特征值估计值 $\hat{\lambda}$ 与精确特征值 λ 之间的偏差是由于坐标旋转后对时滞的近似处理 (式 (4.68)) 导致的，可以通过牛顿校正予以消除。

最后，研究不同的 LMS 离散化方案 (AB 法、AM 法和 BDF 法) 和不同步数 k 下 SOD-LMS 方法构建的解算子离散化矩阵 $\boldsymbol{T}_N$，以及不同的 IRK 离散化方案 (Radau IA 法、Radau IIA 法和 Gauss-Legendre 法) 和不同级数 s 下 SOD-IRK 方法构建的 $\boldsymbol{T}_{Ns}$ 逼近 $\mathcal{T}(h)$ 的能力。其他参数设置为：$h = 0.005\text{s}$，$\alpha = 2$，$\theta = 8.63°$，$r = 15$。由图 20.32(b) 可知，当 $k = 4$ 时，SOD-LMS (AB) 方法不能计算得到系统的任何特征值，而其他 SOD-LMS/IRK 方法能够较为准确地计算得到系统机电振荡模式的估计值 $\hat{\lambda}$。这是因为，k 的取值越大，LMS 法的绝对稳定域越小[139]。因此，为了保证 SOD-LMS 方法的适应性，建议不要选择显式积

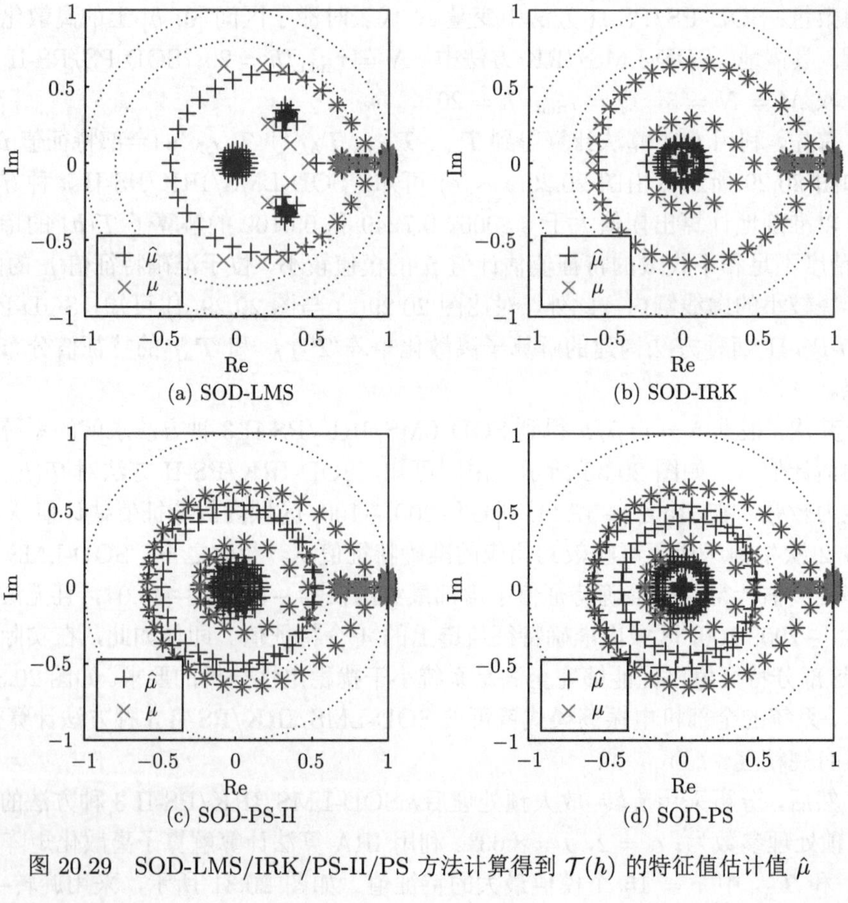

图 20.29　SOD-LMS/IRK/PS-II/PS 方法计算得到 $\mathcal{T}(h)$ 的特征值估计值 $\hat{\mu}$

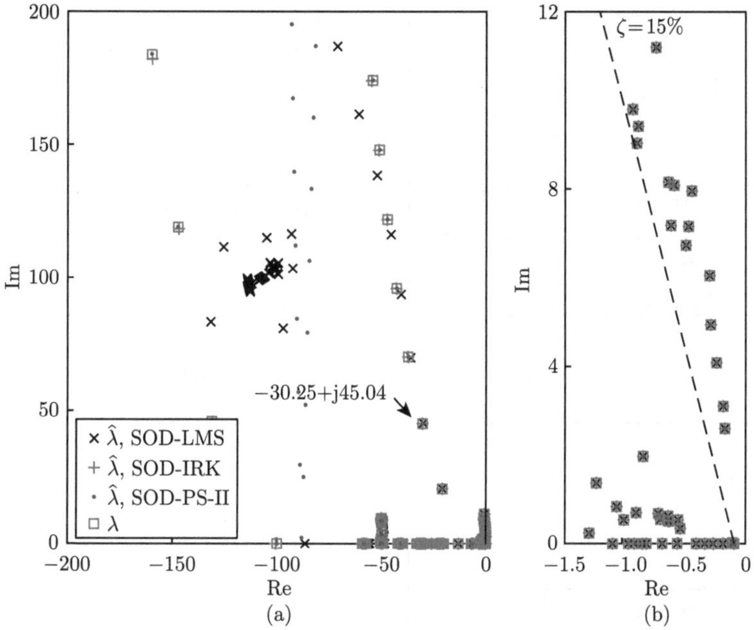

图 20.30　SOD-LMS/IRK/PS-II 方法计算得到系统的特征值估计值 $\hat{\lambda}$，其中子图 (b) 是 (a) 的局部放大图

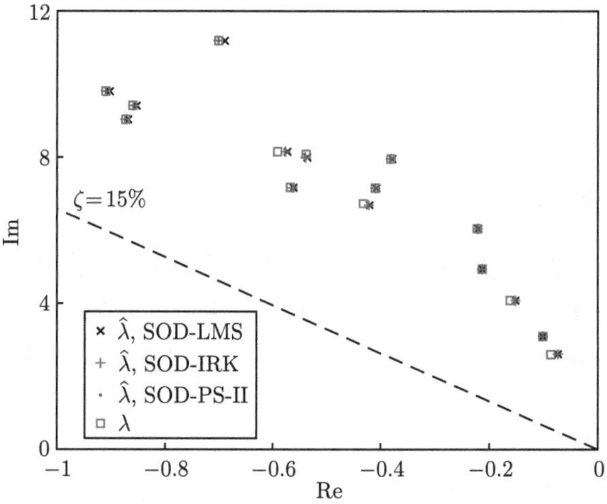

图 20.31　当 $\alpha = 2$ 和 $\theta = 8.63°$ 时，SOD-LMS/IRK/PS-II 方法计算得到系统机电振荡模式的估计值 $\hat{\lambda}$

分 (AB) 方法，而是选择绝对稳定域完全或基本包含整个左半复平面的隐式 LMS 法，即 BDF ($k = 2 \sim 4$) 方法。

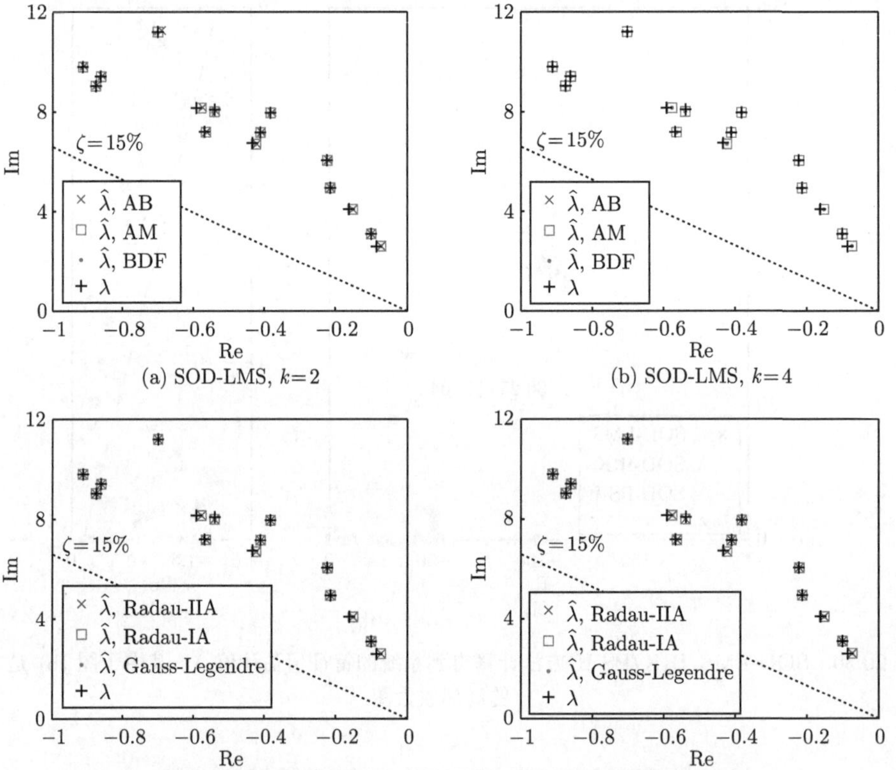

图 20.32　不同方案和参数情况下，SOD-LMS/IRK 方法计算得到系统机电振荡模式的估计值 $\hat{\lambda}$

2. 算法的效率对比

本节以 16 机 68 节点系统为例，对比分析 SOD-LMS/IRK/PS-II/PS 4 种 SOD 类特征值计算方法的计算效率。具体地，令 $h=0.005$s，$\alpha=2$ 和 $\theta=8.63°$，利用 IRA 算法分别求解解算子离散化矩阵 $\boldsymbol{T}'_N$、$\boldsymbol{T}'_{Ns}$、$\boldsymbol{T}'_M$ 和 $\boldsymbol{T}''_{M,N}$ 中 $r=15$ 个模值最大的特征值 $\hat{\mu}$。各方法的其他参数设置，以及所需的 IRA 迭代次数和计算时间，如表 20.12 所示。

在所有测试中，SOD-LMS 方法的计算效率是最高的，其计算时间小于 5.2s。这是因为，如表 20.12 第 8 列所示，SOD-LMS 方法构建的解算子离散化矩阵 $\boldsymbol{T}'_N$ 的维数是其他 3 种方法的一半甚至更低。在解算子离散化矩阵维数相当的情况下，SOD-IRK/PS-II/PS 方法的单次 IRA 迭代时间非常接近。此外，如表 20.12 第 9 列所示，所有的测试中 IRA 算法需要大约 40 次迭代才能收敛。这是由于转移步长 h 和旋转角度 θ 较小，解算子 $\mathcal{T}(h)$ 的特征值 μ 在单位圆附近密集分布导致的。

表 20.12 SOD-LMS/IRK/PS-II/PS 方法分析 16 机 68 节点系统的计算效率对比

方法	测试编号	LMS/IRK 方法	k	s	M	N	维数	N_{IRA}	时间/s	单次 IRA 迭代时间/s
SOD-LMS	1	BDF	2	—	—	—	3400	40	4.07	0.102
	2	BDF	3	—	—	—	3600	44	4.61	0.105
	3	BDF	4	—	—	—	3800	48	5.19	0.108
	4	AM	2	—	—	—	3400	40	4.11	0.103
	5	AM	3	—	—	—	3600	48	4.91	0.102
	6	AM	4	—	—	—	3800	40	4.47	0.112
	7	AB	2	—	—	—	3400	51	4.79	0.094
SOD-IRK	8	Radau IIA	—	2	—	—	6000	50	9.94	0.199
	9	Radau IIA	—	3	—	—	9000	48	11.10	0.231
	10	Radau IA	—	2	—	—	6200	45	8.36	0.186
	11	Radau IA	—	3	—	—	9200	42	10.22	0.243
	12	Gauss-Legendre	—	2	—	—	9000	47	10.86	0.231
	13	Gauss-Legendre	—	3	—	—	12000	46	14.17	0.308
SOD-PS-II	14	—	—	—	3	—	9200	43	10.22	0.238
	15	—	—	—	6	—	18200	40	17.35	0.434
SOD-PS	16	—	—	—	3	3	9200	40	10.04	0.251
	17	—	—	—	6	3	18200	45	19.75	0.439

3. 对大规模系统的适用性对比

本节以山东电网为例，对比分析 SOD-LMS、SOD-IRK 和 SOD-PS-II 3 种方法对于大规模时滞电力系统的适用性。令 $h = 0.005\text{s}$，$\alpha = 2$，其他参数的取值以及 LMS 和 IRK 离散化方案的选择见表 20.13。

首先，当 $\theta = 17.46^\circ$ ($\zeta = 30\%$)，$r = 120$ 时，利用 SOD-LMS (BDF, $k = 2$)、SOD-IRK (Radau IIA, $s = 2$) 和 SOD-PS-II ($M = 3$) 方法计算系统的所有机电振荡模式 (表 20.13 中测试 1、测试 5 和测试 9)，结果如图 20.33(a) 所示。图中，以各种方法最后计算出来的特征值估计值 $\hat{\lambda}$ 为点，以 $-\cot\theta$ 为斜率，可以得到一组等阻尼比线 $\zeta = \sin\theta$ 的平行线 (虚线)。其中，SOD-LMS 方法对应的等阻尼比平行线在虚轴上的截距最小，这是因为该方法能够计算得到靠近原点的 5 个特征值。相比之下，SOD-IRK 和 SOD-PS-II 方法分别计算得到 4 个和 5 个实部 $\text{Re} < -35$ 的虚假特征值，并不会对系统的小干扰稳定性判别产生任何影响。由图 20.33(b) 可知，当 $\theta = 2.87^\circ$ ($\zeta = 5\%$)，$r = 12$ 时，根据 SOD-LMS/IRK/PS-II 3 种方法求取的系统特征值 (表 20.13 中测试 3、测试 7 和测试 11) 所得到的等阻尼比平行线均位于原点左侧。此时，可以判定阻尼比小于 5% 的所有特征值已经

被 SOD-LMS/IRK/PS-II 3 种方法计算出来。

表 20.13　SOD-LMS/IRK/PS-II/PS 方法分析山东电网的计算效率对比

方法	测试	LMS/IRK 方法	k	s	M	N	维数	$\theta/°$	r	N_{IRA}	时间/s	单次 IRA 迭代时间/s
SOD-LMS	1	BDF	2	–	–	–	13536	17.46	120	18	241.78	13.432
	2	BDF	3	–	–	–	14664	17.46	120	15	225.40	15.027
	3	BDF	2	–	–	–	13536	2.87	12	757	136.90	0.181
	4	BDF	3	–	–	–	14664	2.87	12	688	132.38	0.192
SOD-IRK	5	Radau IIA	–	2	–	–	22560	17.46	120	13	302.80	23.292
	6	Radau IIA	–	3	–	–	33840	17.46	120	13	664.07	51.083
	7	Radau IIA	–	2	–	–	22560	2.87	12	914	265.64	0.291
	8	Radau IIA	–	3	–	–	33840	2.87	12	838	519.42	0.620
SOD-PS-II	9	–	–	–	3	–	34968	17.46	120	13	678.93	52.226
	10	–	–	–	6	–	68808	17.46	120	14	1271.99	90.857
	11	–	–	–	3	–	34968	2.87	12	425	311.01	0.732
	12	–	–	–	6	–	68808	2.87	12	677	841.34	1.243
SOD-PS	13	–	–	–	3	3	34968	17.46	120	13	656.94	50.534
	14	–	–	–	6	3	68808	17.46	120	13	1195.74	91.979
	15	–	–	–	3	3	34968	2.87	12	684	494.47	0.723
	16	–	–	–	6	3	68808	2.87	12	1075	1282.91	1.193

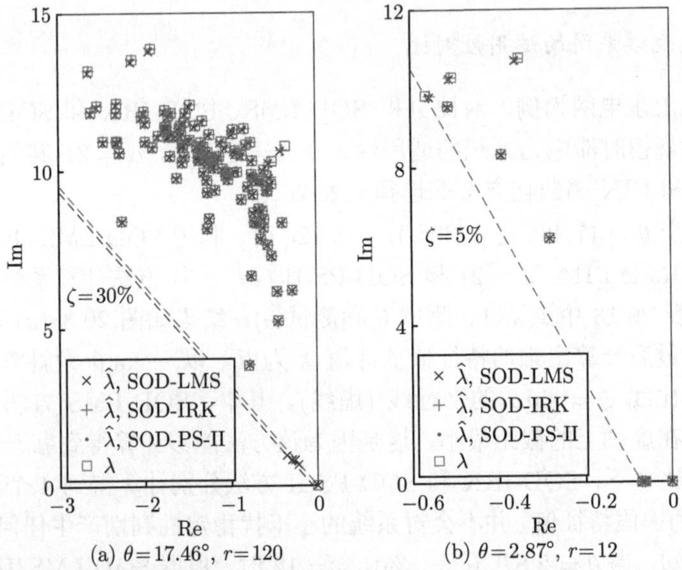

图 20.33　SOD-LMS (BDF, $k=2$)、SOD-IRK (Radau IIA, $s=2$) 和 SOD-PS-II ($M=3$) 方法计算得到的系统的特征值估计值 $\hat{\lambda}$

然后，图 20.34 给出了 AB ($k=2$) 和 AM ($k=4$) 离散化方案下利用 SOD-LMS 方法计算得到的 $r=120$ 个系统特征值的估计值 $\hat{\lambda}$，其中 $\theta=17.46°$ ($\zeta=30\%$)。由图可见，除了想要的系统机电振荡模式，SOD-LM 方法也计算得到一些位于复平面右侧的虚假特征值。因此，SOD-LMS 方法的 AB 和 AM 离散化方案并不适用于大规模时滞电力系统的小干扰稳定性分析。

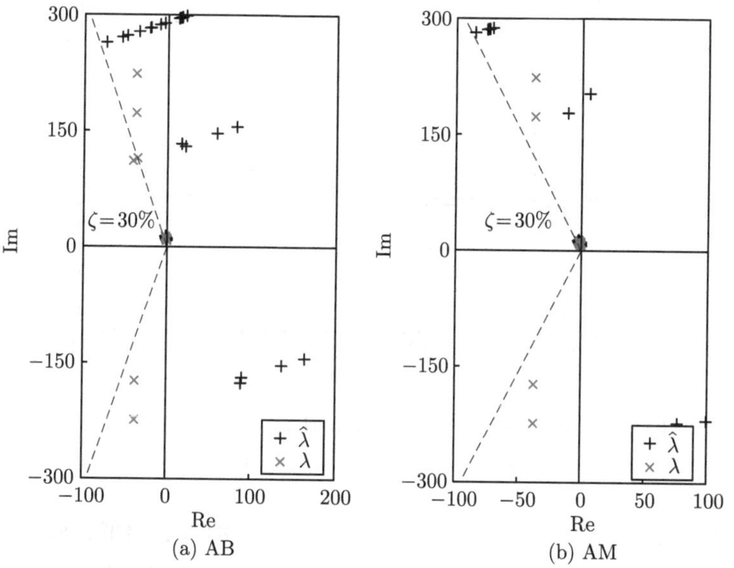

图 20.34 SOD-LMS (AB, $k=2$) 和 SOD-LMS (AM, $k=4$) 方法计算得到的系统的特征值估计值 $\hat{\lambda}$

最后，通过分析表 20.13 的最后 3 列可以发现，解算子离散化矩阵维数最低的 SOD-LMS 方法的计算效率最高，其次是 SOD-IRK 方法，SOD-PS-II 和 SOD-PS 方法的计算效率最低。

4. 对超大规模系统的适用性对比

下面以具有 80577 个状态变量的华北–华中特高压互联电网为例，进一步验证 SOD-LMS/IRK/PS-II/PS 4 种方法对超大规模时滞电力系统的适用性。令 $h=0.006$s，$\alpha=2$ 和 $\theta=2.87°$，采用 SOD-LMS (BDF, $k=3$)、SOD-IRK (Radau IIA, $s=2$)、SOD-PS-II ($M=3$) 和 SOD-PS ($M=N=3$) 方法分别计算阻尼比小于 5% 的 $r=20$ 个系统关键特征值。特征值计算结果如图 20.35 所示，所需的 IRA 迭代次数和计算时间如表 20.14 所示。

在计算得到的这些厂站模式和局部模式中，强相关机组主要是位于华中电网鄂西北地区的小水电机组，它们通过长距离输电线路与主网连接。由图 20.35 可知，在 Im > 15 的区域内，除了 SOD-LMS 以外，其他 3 种 SOD 方法得到的系统特征值的估计值 $\hat{\lambda}$ 较为一致，且与准确特征值 λ 基本吻合。此外，因对时滞的灵敏度较大，特征值估计值 $\hat{\lambda}_{\mathrm{A}}$ 与其相应的精确值 λ_{A} 之间的误差较为明显。

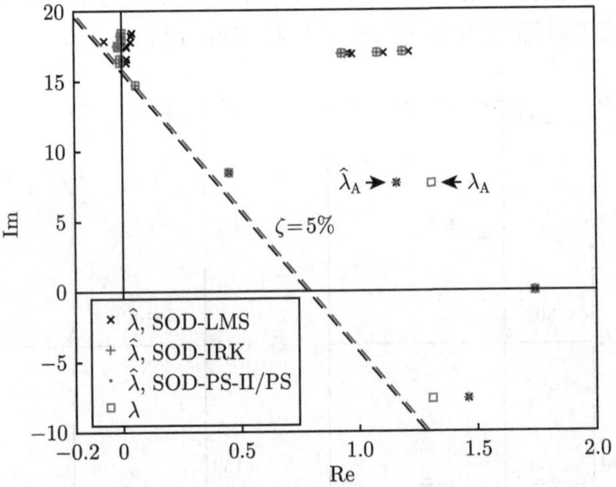

图 20.35 SOD-LMS (BDF)、SOD-IRK (Radau IIA)、SOD-PS-II 和 SOD-PS 方法计算得到的系统阻尼比最小的 $r = 20$ 特征值

由表 20.14 可知，由于解算子离散化矩阵 $\boldsymbol{T}'_N$ 的维数最低，SOD-LMS 方法的计算效率最高；由于解算子离散化矩阵 $\boldsymbol{T}''_{M,N}$、$\boldsymbol{T}'_M$ 及它们的子矩阵 $\boldsymbol{I}_{Nn} - \boldsymbol{\Sigma}''_N$ 和 $\boldsymbol{R}'_M$ 的维数较高，SOD-PS/PS-II 方法的执行单次 IRA 迭代的耗时最长、效率最低。此外，虽然 SOD-LMS 方法的精确度明显低于其他 3 种 SOD 方法，但是经过 61.691s 的牛顿校正后，这 20 个关键特征值估计值 $\hat{\lambda}$ 也可以收敛到各自的准确值 λ。

表 20.14 SOD-LMS/IRK/PS-II/PS 方法分析华北–华中特高压互联电网的计算效率对比

算法	维数	N_{IRA}	时间/s	单次 IRA 迭代时间/s
SOD-LMS	1047501	157	7507.83	47.821
SOD-IRK	1611540	190	14092.80	74.173
SOD-PS-II	2497887	156	19671.68	126.101
SOD-PS	2497887	153	20423.39	133.486

20.7 PIGD 类方法

本节将对比和分析 PIGD 类和 IGD 类特征值计算方法的准确性、计算效率和对大规模时滞电力系统的适应性。在计算效率分析部分，将重点指出在广域反馈信号为时滞代数变量情况下，基于 DDE 的 PEIGD 方法[237] 存在的伪时滞状态变量问题和由此导致的计算效率低问题。

1. 算法的准确性分析

构建无穷小生成元部分离散化矩阵 $\hat{\mathcal{A}}_N$ ($\hat{\mathcal{A}}_{Nm}$ 和 $\hat{\mathcal{A}}_{Ns}$) 是 PIGD 类特征值计算方法的基础，因此非常有必要分析部分谱离散化思想的应用是否会影响 $\hat{\mathcal{A}}_N$ ($\hat{\mathcal{A}}_{Nm}$ 和 $\hat{\mathcal{A}}_{Ns}$) 逼近无穷小生成元 $\mathcal{A}$ 的能力。为此，以四机两区域系统为例，本节依次对比和分析 PEIGD 和 EIGD 方法以及 PIGD-PS/LMS/IRK 和 IIGD、IGD-LMS/IRK 方法的准确性。

当 $N = 50$ 时，PEIGD 和 EIGD 方法构建的无穷小生成元离散化矩阵 $\hat{\mathcal{A}}_N$ 和 $\mathcal{A}_N$ 的维数分别为 $n + Nn_2 = 206$ 和 $(N+1)n = 2856$。利用 QR 算法分别计算 $\hat{\mathcal{A}}_N$ 和 $\mathcal{A}_N$ 的全部特征值 $\hat{\lambda}$，并将其作为牛顿法的初值进行迭代校正，从而得到 $\mathcal{A}$ 的准确特征值 λ，如图 20.36 所示。

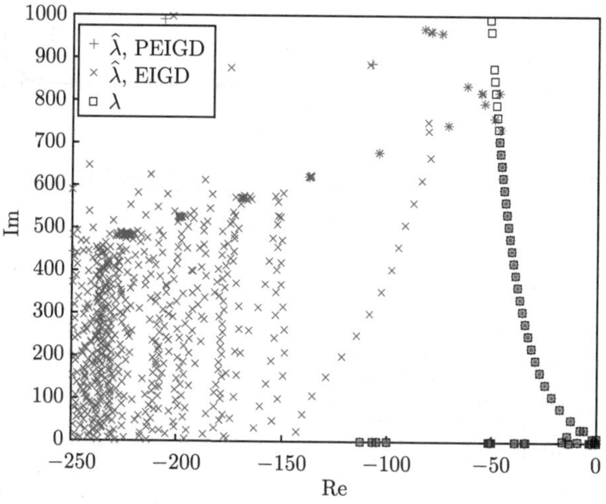

图 20.36 当 $N = 50$ 时，EIGD 和 PEIGD 方法构建的无穷小生成元离散化矩阵 $\hat{\mathcal{A}}_N$ 与 $\mathcal{A}_N$ 的全部特征值 $\hat{\lambda}$

由图 20.36 可见，在整个复平面上，$\hat{\mathcal{A}}_N$ 的特征值是 $\mathcal{A}_N$ 特征值的子集。一方面，$\hat{\mathcal{A}}_N$ 的特征值和 $\mathcal{A}_N$ 在复平面上最右侧的特征值 $\hat{\lambda}$ 完全重合。这些 $\hat{\lambda}$ 具有很高的精度，经过至多 2 次牛顿迭代就能收敛到各自的准确值 λ。以准确特征值 $\lambda_{42} = -46.818 + \mathrm{j}705.831$ 为例，其与 PEIGD 和 EIGD 两种方法计算得到的特征值估计值 $\hat{\lambda}_{42}$ 之间偏差的模值分别为 0.3965 和 0.2818。另一方面，由于时滞系统的准确特征值趋近于有限条特征值链[157] (见 3.1.2 节)，因此可以断定 $\hat{\mathcal{A}}_N$ 相比 $\mathcal{A}_N$ 减少的维数所对应的特征值皆为虚假特征值，不会对系统小干扰稳定性分析造成任何影响。

令 $N=50$，$k=2$ 和 $s=3$，利用 QR 算法分别计算 PIGD-PS/LMS/IRK 方法构建的 $\hat{\mathcal{A}}_N$、$\hat{\mathcal{A}}_{Nm}$ 和 $\hat{\mathcal{A}}_{Ns}$ 以及 IIGD 和 IGD-LMS/IRK 方法构建的 $\mathcal{A}_N$、$\mathcal{A}_{Nm}$ 和 $\mathcal{A}_{Ns}$ 的全部特征值 $\hat{\lambda}$，结果分别如图 20.37 ~ 图 20.39 所示。从图

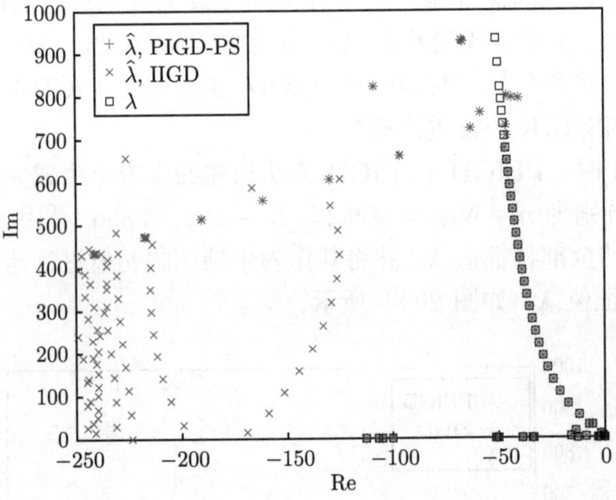

图 20.37　当 $N=50$ 时，IIGD 和 PIGD-PS 方法构建的无穷小生成元离散化矩阵 $\mathcal{A}_N$ 和 $\hat{\mathcal{A}}_N$ 的特征值 $\hat{\lambda}$

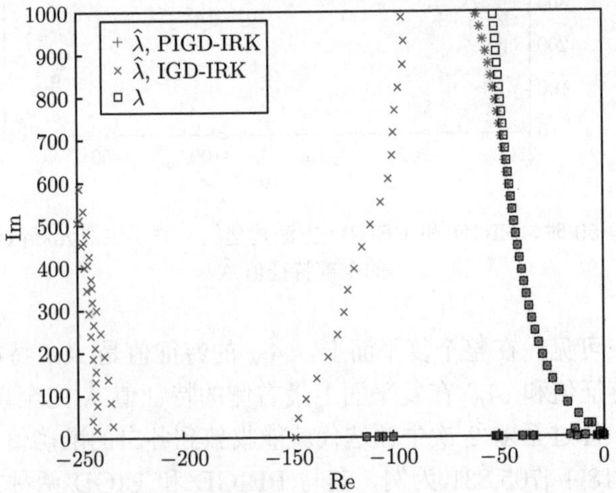

图 20.38　当 $N=50$ 和 $s=3$ 时，IGD-IRK 和 PIGD-IRK 方法构建的无穷小生成元离散化矩阵 $\mathcal{A}_{Nm}$ 与 $\hat{\mathcal{A}}_{Nm}$ 的特征值 $\hat{\lambda}$

中可以发现，IIGD 和 IGD-LMS/IRK 方法分别与各自的部分离散化版本，即 PIGD-PS/LMS/IRK 方法，计算得到的系统最右侧特征值完全一致。与 PIGD-PS/LMS/IRK 相比，IIGD 和 IGD-LMS/IRK 方法计算得到更多实部小于 -100 的虚假特征值。

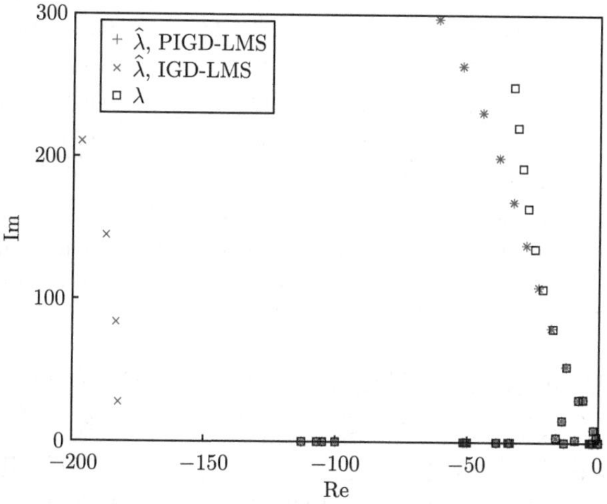

图 20.39 当 $N = 50$ 和 $k = 2$ 时，IGD-LMS 和 PIGD-LMS 方法构建的无穷小生成元离散化矩阵 $\mathcal{A}_{Ns}$ 与 $\hat{\mathcal{A}}_{Ns}$ 的特征值 $\hat{\lambda}$

综上可知，部分谱离散化思想的应用降低了 IGD 类方法构建的无穷小生成元离散化矩阵的维数，且不涉及任何简化。也就是说，PIGD 类和 IGD 类特征值计算方法具有相同的高计算精度。

2. PEIGD 方法的效率分析

本节通过比较 PEIGD 和 EIGD 两种方法的计算效率，分析部分谱离散化思想的应用对后者计算效率的改善效果。针对四机两区域系统 (系统 I) 和山东电网 (系统 III)，当 $N = 10$, 20, 40 时，利用 IRA 算法分别求解 PEIGD 和 EIGD 方法构建的无穷小生成元离散化矩阵 $\hat{\mathcal{A}}_N$ 和 $\mathcal{A}_N$ 位于 $\lambda_s = $ j7, j13 周围 $r = 20$ 个特征值。表 20.15 总结了 $\hat{\mathcal{A}}_N$ 和 $\mathcal{A}_N$ 的维数、所需的 IRA 迭代次数和计算时间。为了便于深入分析，表中第 11 ~ 13 列同时给出了利用 IRA 算法求解相应无时滞系统关键特征值的计算效率；表中第 10 列和第 14 列分别给出了“加速比”和“耗时比”指标，分别定义为 EIGD 和 PEIGD、PEIGD 和无时滞系统特征值算法中单次 IRA 迭代平均时间的比值。

通过对比分析表 20.15 中的结果，可以得到如下结论。

表 20.15 EIGD、PEIGD 和 PEIGD (DDE) 方法的计算效率比较 (时滞状态变量反馈)

系统	λ_s	N	EIGD			PEIGD			加速比	无时滞系统			耗时比	PEIGD (DDE)		
			维数	N_{IRA}	时间/s	维数	N_{IRA}	时间/s		维数	N_{IRA}	时间/s		维数	N_{IRA}	时间/s
I	j7	10	616	2	0.082	86	2	0.045	1.82	56	2	0.023	1.96	86	2	0.027
	j13	10	616	3	0.101	86	3	0.066	1.53	56	2	0.034	1.29	86	3	0.065
	j7	20	1176	2	0.103	116	2	0.043	2.40	56	2	0.023	1.87	116	2	0.050
	j13	20	1176	3	0.139	116	3	0.056	2.48	56	2	0.034	1.10	116	3	0.055
	j7	40	2296	2	0.210	176	2	0.041	5.12	56	2	0.023	1.78	176	2	0.044
	j13	40	2296	3	0.312	176	3	0.058	5.38	56	2	0.034	1.14	176	3	0.055
III	j7	10	12408	5	1.624	1188	5	0.173	9.39	1128	5	0.146	1.18	1188	5	0.182
	j13	10	12408	7	2.533	1188	7	0.254	9.97	1128	6	0.215	1.01	1188	6	0.229
	j7	20	23688	5	2.820	1248	4	0.152	14.84	1128	5	0.146	1.30	1248	5	0.192
	j13	20	23688	7	4.666	1248	6	0.258	15.50	1128	6	0.215	1.20	1248	7	0.273

(1) 与 EIGD 相比，基于部分谱离散化思想的 PEIGD 构建的无穷小生成元离散化矩阵的维数大幅降低，计算效率显著提升。当系统规模 n 和离散点个数 N 增加时，降维效果和加速比也随之增加。考虑到大规模时滞电力系统总是满足 $d_2 \ll n$，$\hat{\mathcal{A}}_N$ 与 $\mathcal{A}_N$ 的维数之比 R_{dim} 接近于 $1/N$。具体地，对于系统 I，当 N 从 10 增加到 40 时，R_{dim} 从 0.140 减少至 0.077，最小加速比从 1.53 增加至 5.12。对于规模较大的系统 III，当 $N = 10$ 时，R_{dim} 为 0.096，最大加速比达到 9.97；当 $N = 20$ 时，R_{dim} 为 0.053，最大加速比达到 15.50。

(2) 对于 EIGD，当增加 N 的取值以提高方法的计算精度时，$\mathcal{A}_N$ 的维数线性增加，导致其计算量明显增加。相比较而言，PEIGD 方法构建的离散化矩阵 $\hat{\mathcal{A}}_N$ 的维数和计算效率受 N 的影响可以忽略不计。也就是说，与 EIGD 相比，PEIGD 能够更好地均衡离散点个数 N 引发的计算精度与计算量之间的矛盾。

(3) 对于大规模时滞电力系统，$\hat{\mathcal{A}}_N$ 的维数接近于系统状态变量的维数。当计算相同数量的特征值时，PEIGD 方法的计算量和对相应无时滞系统进行特征值分析的计算量相当。具体地，对于系统 I，$\hat{\mathcal{A}}_N$ 的维数是系统状态变量维数 n 的 $1.54 \sim 4.57$ 倍，PEIGD 方法计算时间明显多于无时滞系统特征值算法；对于具有千节点级的系统 III，$\hat{\mathcal{A}}_N$ 的维数非常接近于 n，PEIGD 方法的计算效率略低于无时滞系统特征值算法的计算效率，耗时比介于 $1.01 \sim 1.30$。

3. PEIGD 方法对时滞代数变量反馈的适用性

本节将第 14 章中基于 DDAE 的 PEIGD 方法和文献 [237] 提出的基于 DDE 的 PEIGD 方法，即 PEIGD (DDE) 方法，进行对比，以说明前者对以时滞代数变量为广域反馈信号情况的适应性。

首先，分析在广域反馈信号为时滞状态变量情况下两种方法的计算效率。针对系统 I 和系统 III，令 $N = 10,\ 20,\ 40$，表 20.15 最后 3 列给出了 PEIGD (DDE) 方法求解位移点 $\lambda_s = \mathrm{j}7,\ \mathrm{j}13$ 周围的 $r = 20$ 个特征值的计算指标。对比表 20.15 第 9 列和第 17 列可知，PEIGD (DDE) 和 PEIGD 方法的计算效率非常接近。这是因为，当广域反馈信号为时滞状态变量时，这两种方法构建的无穷小生成元部分离散化矩阵在本质上是相同的，维数也相等，皆为 $n + Nn_2$。

其次，分析在广域反馈信号包含时滞代数变量情况下两种方法的计算效率。针对系统 I 和系统 III，表 20.16 总结了利用 EIGD、PEIGD (DDE) 和 PEIGD 方法求解 $r = 20$ 个关键特征值的计算指标，包括离散化矩阵的维数、IRA 迭代次数和计算时间。由表可知，PEIGD (DDE) 方法分析广域反馈信号为时滞代数变量的系统时的计算效率略高于 EIGD 方法，而远不及 PEIGD 方法。具体地，如表第 11 列和第 16 列所示，针对系统 I 和系统 III，PEIGD (DDE) 相对于 EIGD 的计算效率加速比介于 1.00 ~ 2.31，而 PEIGD 相对于 EIGD 的计算效率加速比可达 15.98。

表 20.16　EIGD、PEIGD (DDE) 和 PEIGD 方法的计算效率比较 (时滞代数变量反馈)

系统	λ_s	N	EIGD			PEIGD (DDE)				加速比	PEIGD				加速比
			维数	N_{IRA}	时间/s	n_2'	维数	N_{IRA}	时间/s		d_2	维数	N_{IRA}	时间/s	
I	j7	10	616	2	0.064	13	186	2	0.064	1.00	5	106	2	0.037	1.73
	j13	10	616	4	0.132	13	186	3	0.077	1.29	5	106	3	0.053	1.87
	j7	20	1176	2	0.092	13	316	2	0.066	1.39	5	156	2	0.039	2.36
	j13	20	1176	4	0.167	13	316	3	0.091	1.38	5	156	3	0.057	2.20
	j7	40	2296	2	0.218	13	576	2	0.097	2.25	5	256	2	0.048	4.54
	j13	40	2296	3	0.307	13	576	3	0.133	2.31	5	256	3	0.072	4.26
III	j7	10	12496	5	1.589	459	5726	4	0.736	1.73	10	1236	5	0.179	8.88
	j13	10	12496	5	2.149	459	5726	5	1.163	1.85	10	1236	5	0.259	8.30
	j7	20	23856	5	2.768	459	10316	4	1.252	1.77	10	1336	5	0.186	14.88
	j13	20	23856	6	4.252	459	10316	5	2.004	1.77	10	1336	6	0.266	15.98

在广域反馈信号包含时滞代数变量的情况下，PEIGD (DDE) 方法的计算效率逊于 PEIGD 方法的原因在于前者此时存在伪时滞状态变量问题。由式 (3.9) 和式 (2.72) 可知，通过消去时滞代数变量得到时滞系统 DDE 模型的过程中会引入大量的伪时滞状态变量，包括发电机的 δ、$\boldsymbol{E}_q''$ (或 $\boldsymbol{E}_q'$) 和 $\boldsymbol{E}_d''$ (或 $\boldsymbol{E}_d'$) 等。伪时滞状态变量的维数 $n_2' \geqslant 3n_{\mathrm{g}}$，其中 n_{g} 为系统中发电机的数量，如表 20.16 第 7 列所示。此时，PEIGD (DDE) 方法构建的无穷小生成元部分离散化矩阵维数为 $n + Nn_2'$，远高于 PEIGD 方法构建的离散化矩阵维数 $n + Nd_2$，导致方法的计算效率较低。

不同于 PEIGD (DDE) 方法，PEIGD 方法采用了 DDAE 模型，时滞增广状态变量是实际的时滞状态变量和时滞代数变量之和，故对广域反馈信号是时滞状态变量和时滞代数变量的情况均具有良好的适应性。

最后，分析和对比 PEIGD (DDE) 和 PEIGD 方法在广域反馈信号包含时滞代数变量情况下的计算精度。以系统 I 为例，令 $N = 50$，利用 QR 算法求解时 EIGD、PEIGD (DDE) 和 PEIGD 3 种方法构建的无穷小生成元离散化矩阵的全部特征值 $\hat{\lambda}$，并将它们作为牛顿法的初值进行迭代校正，最终得到 $\mathcal{A}$ 的准确特征值 λ，如图 20.40 所示。由图可知，PEIGD (DDE) 和 PEIGD 两种方法求解得到的复平面最右侧的特征值完全重合，且前者比后者计算得到更多实部小于 -150 的虚假特征值，对应于因消去时滞代数变量而引入的伪时滞状态变量。

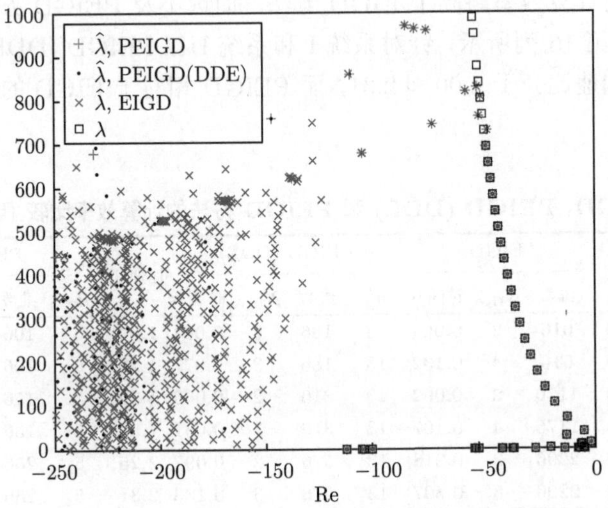

图 20.40 当 $N = 50$ 时，EIGD、PEIGD (DDE) 和 PEIGD 求解得到的广域反馈信号为时滞代数变量的四机两区域系统的特征值估计值 $\hat{\lambda}$

4. PIGD-PS/IRK/LMS 方法的效率分析

本节比较 PIGD-PS/IRK/LMS 和 IIGD、IGD-IRK/LMS 方法的计算效率，分析部分谱离散化思想和 DDAE 模型的应用对后者计算效率的改善效果。理论上，部分谱离散化显著降低了无穷小生成元离散化矩阵的维数，DDAE 模型实现了离散化矩阵 MIVP 运算的直接、高效求解。

针对系统 I 和系统 III，令 $N = 10, 20, 40$，$k = 2$ 和 $s = 2$，利用 PIGD-PS/IRK/LMS 和 IIGD、IGD-IRK/LMS 方法分别求解位移点 $\lambda_s = \mathrm{j}7$ 周围 $r = 20$ 个关键特征值。表 20.17 总结了各测试中无穷小生成元离散化矩阵 $\hat{\mathcal{A}}_N$、$\hat{\mathcal{A}}_{Nm}$ 和 $\hat{\mathcal{A}}_{Ns}$ 的维数、IRA 迭代次数、IDR 迭代次数和计算时间。

表 20.17 N 取不同值时，IIGD、IGD-IRK/LMS 和 PIGD-PS/IRK/LMS 方法的计算效率比较

方法	性能指标	系统 I			系统 III	
		$N=10$	$N=20$	$N=40$	$N=10$	$N=20$
IIGD	维数	616	1176	2296	12408	23688
	N_{IRA}	2	2	2	5	6
	N_{IDR}	166680	215548	439355	230297	1030234
	时间/s	20.02	76.20	220.39	382.41	3320.28
PIGD-PS	维数	86	116	176	1188	1248
	N_{IRA}	2	2	2	5	5
	时间/s	0.048	0.042	0.036	0.167	0.173
	加速比	417.08	1814.29	6121.94	2289.88	15993.64
IGD-IRK	维数	1176	2296	4536	23688	46248
	N_{IRA}	2	2	2	5	6
	N_{IDR}	109645	149603	230216	189392	563650
	时间/s	20.80	64.12	161.30	639.30	3444.73
PIGD-IRK	维数	116	176	296	1248	1368
	N_{IRA}	2	2	2	5	5
	时间/s	0.036	0.037	0.065	0.174	0.176
	加速比	577.78	1732.97	2481.54	3674.14	16310.27
IGD-LMS	维数	616	1176	2296	–	23688
	N_{IRA}	2	2	2	–	5
	N_{IDR}	108912	92656	121599	–	192349
	时间/s	17.79	18.15	60.96	–	650.37
PIGD-LMS	维数	86	116	176	–	1248
	N_{IRA}	2	2	2	–	5
	时间/s	0.036	0.039	0.038	–	0.184
	加速比	494.17	465.38	1604.21	–	3534.62

由表 20.17 可知，与 IIGD 和 IGD-IRK/LMS 相比，PIGD-PS/IRK/LMS 方法的计算效率提升了 $2\sim4$ 个数量级，且加速比随着 n 和 N 的增大而增大。在离散化矩阵维数相同的情况下，PIGD-PS 方法计算效率的加速效果最为突出。具体地，对于系统 I，当 N 取 10 和 40 时，加速比分别为 417.08 和 6121.94；对于系统 III，当 N 取 10 和 20 时，加速比分别为 2289.88 和 15993.64。

相比于 PEIGD 和 EIGD 方法，PIGD-PS/IRK/LMS 相对于 IIGD、IGD-IRK/LMS 方法的计算效率改善作用较为突出的原因有两点。其一，部分离散化导致的无穷小生成元离散化矩阵的维数显著降低。根据表 20.15 和表 20.16 可以推知，部分离散化对 IIGD 和 IGD-IRK/LMS 方法计算效率的提升作用也应该在一个数量级左右。其二，采用 DDAE 模型，使得 PIGD-PS/IRK/LMS 构建的

离散化矩阵 $\hat{\mathcal{A}}_N$、$\hat{\mathcal{A}}_{Nm}$ 和 $\hat{\mathcal{A}}_{Ns}$ 能够表示为 $\boldsymbol{D}_0$ 的 Schur 补形式，从而实现了特征值稀疏计算过程中能够直接、高效地求解无穷小生成元离散化矩阵的 MIVP 运算。对比表 20.17 第 5 行、第 13 行和第 21 行所示的 N_{IDR} 可知，IIGD 和 IGD-IRK/LMS 方法采用 IDR 算法求解离散化矩阵 MIVP 运算所需的迭代次数非常可观，导致计算量巨大。

5. 对大规模时滞电力系统的适应性

本节利用系统 III 和华北华中特高压互联电网 (系统 IV) 进一步验证并对比 PEIGD 和 PIGD-PS/IRK/LMS 4 种方法对大规模时滞电力系统的适用性。令 $N=20$、$k=2$ 和 $s=2$，表 20.18 总结了利用这 4 种 PIGD 类方法和无时滞系统特征值算法分别求解位移点 $\lambda_{\mathrm{s}}=\mathrm{j}7$ 周围 $r=20$, 50 个特征值，所需的 IRA 迭代次数、计算时间和单次 IRA 迭代平均时间。

表 20.18　4 种 PIGD 类方法分析大规模时滞电力系统的计算效率比较

方法	系统 III						系统 IV					
	$r=20$			$r=50$			$r=20$			$r=50$		
	N_{IRA}	时间/s	单次迭代时间/s	N_{IRA}	时间/s	单次迭代时间/s	N_{IRA}	时间/s	单次迭代时间/s	N_{IRA}	时间/s	单次迭代时间/s
PIGD-PS	5	0.173	0.035	7	1.474	0.211	7	19.301	2.757	5	55.155	11.031
PIGD-IRK	5	0.176	0.035	7	1.413	0.202	6	17.007	2.835	5	55.070	11.014
PIGD-LMS	5	0.184	0.037	7	1.283	0.183	6	17.267	2.878	5	56.715	11.343
PEIGD	4	0.152	0.038	7	1.270	0.181	7	18.027	2.575	5	53.851	10.770
无时滞系统	5	0.146	0.029	7	1.166	0.167	6	18.549	3.092	5	52.330	10.466

从表中可以发现，4 种 PIGD 类方法的单次 IRA 迭代平均时间非常接近，且略高于无时滞系统特征值算法。以 PEIGD 方法为例，计算系统 IV 指定位移点周围的 50 个关键特征值仅需要 53.851s，只比无时滞系统特征值算法多出 1.521s。这些方法在计算效率上的相近性源于两点：其一，PEIGD 和 PIGD-PS/IRK/LMS 方法进行单次 IRA 迭代的计算量分别由求解矩阵 $\hat{\boldsymbol{\Sigma}}_N$、$\hat{\mathcal{A}}_N$ 、$\hat{\mathcal{A}}_{Nm}$ 和 $\hat{\mathcal{A}}_{Ns}$ 的 MIVP 运算所决定；其二，上述各矩阵的维数接近于系统实际状态变量的维数。

20.8　PSOD 类方法

本节将对比和分析 PSOD 类和 SOD 类特征值计算方法的准确性、计算效率和对大规模时滞电力系统的适应性。在方法的准确性分析部分，将采用旋转–放大预处理的 PSOD 类方法与采用位移-逆变换和 Cayley 变换的 PIGD 类方法的特性进行了对比。

1. 对 $\mathcal{T}(h)$ 的逼近能力对比

本节通过对比 PSOD 类和 SOD 类方法的准确性，以分析部分谱离散化思想的应用是否会影响前者构建的解算子部分离散化矩阵逼近解算子 $\mathcal{T}(h)$ 的能力。为此，以四机两区域系统 (系统 I) 为例，本节依次对比和分析 PSOD-PS 和 SOD-PS 方法以及 PSOD-PS-II/IRK/LMS 和 SOD-PS-II/IRK/LMS 方法的准确性。

令 $h = 0.0125\text{s}$，$Q = 10$，$M = 4$，$N = 3$，$\alpha = 1$ 和 $\theta = 0°$。PSOD-PS 和 SOD-PS 方法构建的解算子伪谱离散化矩阵 $\hat{\boldsymbol{T}}_{M,N}$ 和 $\boldsymbol{T}_{M,N}$ 的维数分别为 $n + QMn_2 = 176$ 和 $(QM+1)n = 2296$。利用 QR 算法分别计算得到 $\hat{\boldsymbol{T}}_{M,N}$ 和 $\boldsymbol{T}_{M,N}$ 的全部特征值 $\hat{\mu}$，结果如图 20.41 所示。根据谱映射关系 $\hat{\lambda} = \ln\hat{\mu}/h$ 可以得到相应的系统特征值估计值 $\hat{\lambda}$，并通过牛顿校正进一步得到系统的准确特征值 λ，如图 20.42 所示。需要说明的是，图 20.41 中 $\mathcal{T}(h)$ 的准确特征值 μ 是根据谱映射关系 $\mu = \mathrm{e}^{\lambda h}$ 得到的。

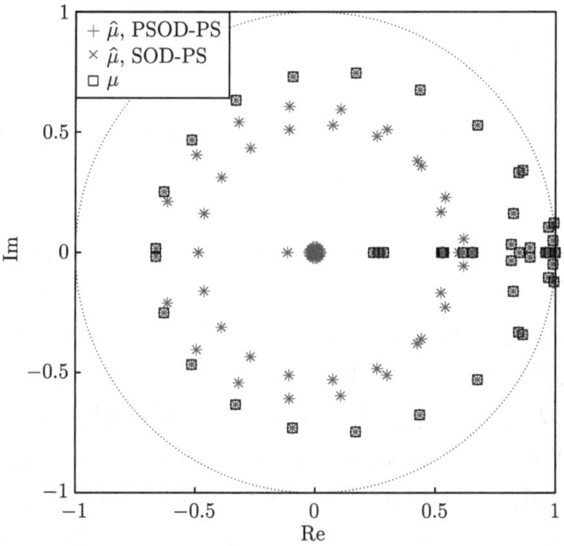

图 20.41　当 $M = 4$、$N = 3$ 和 $h = 0.0125\text{s}$ 时，$\hat{\boldsymbol{T}}_{M,N}$ 和 $\boldsymbol{T}_{M,N}$ 的全部特征值 $\hat{\mu}$ 以及 $\mathcal{T}(h)$ 的准确特征值 μ

由图 20.41 可知，相比于 $\hat{\boldsymbol{T}}_{M,N}$，$\boldsymbol{T}_{M,N}$ 存在更多原点附近的特征值 $\hat{\mu}$。根据谱映射关系，这些特征值 $\hat{\mu}$ 对应复平面左侧甚至无穷远处的系统特征值 $\hat{\lambda}$。如图 20.42 所示，它们不能提供与系统小干扰稳定性相关的有用信息。由图 20.42 还可以发现，在复平面上 $\text{Re} \in [-32.66,\ 0]$ 和 $\text{Im} \in [0,\ 249.35]$ 围成的区域内，SOD-PS 和 PSOD-PS 方法求解得到的系统特征值的估计值 $\hat{\lambda}$ 完全一致。这些 $\hat{\lambda}$

经过至多 3 次牛顿迭代均可收敛到相应的准确特征值 λ，对应着解算子 $\mathcal{T}(h)$ 中模值最大的那部分特征值 μ。其余不收敛的 $\hat{\lambda}$ 位于这部分收敛特征值的左侧。这说明，部分谱离散化思想不涉及任何简化，不会造成最右侧特征值准确度的降低，SOD-PS 和 PSOD-PS 方法具有相同的计算准确性。

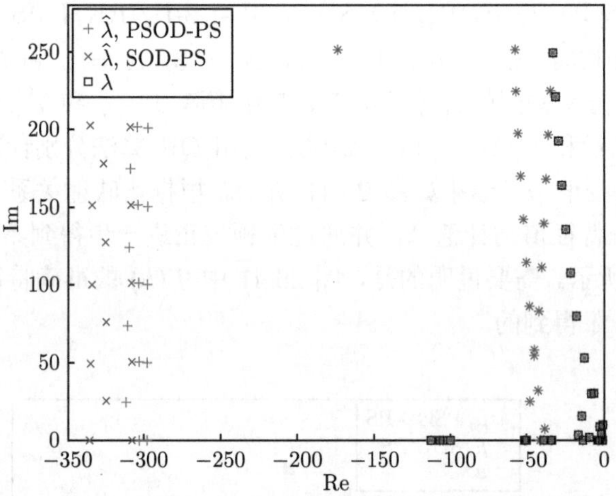

图 20.42 当 $M = 4$、$N = 3$ 和 $h = 0.0125\text{s}$ 时，SOD-PS 和 PSOD-PS 方法计算得到的系统特征值估计值

接着，分析 PSOD-PS-II/IRK/LMS 方法构建的解算子部分离散化矩阵 $\hat{\boldsymbol{T}}_M$、$\hat{\boldsymbol{T}}_{Ns}$ 和 $\hat{\boldsymbol{T}}_N$ 对解算子 $\mathcal{T}(h)$ 的逼近能力。具体地，令 $h = 0.012\text{s}$，$\alpha = 1$ 和 $\theta = 0°$。对于 PSOD-PS-II 方法，$Q = 10$，$M = 4$；对于 PSOD-IRK/LMS 方法，$N = 10$，分别采用 Radau IIA ($s = 2$) 和 BDF ($k = 3$，$s_- = 1$) 方案。解算子离散化矩阵 $\hat{\boldsymbol{T}}_M$ 和 $\boldsymbol{T}_M$、$\hat{\boldsymbol{T}}_{Ns}$ 和 $\boldsymbol{T}_{Ns}$、$\hat{\boldsymbol{T}}_N$ 和 $\boldsymbol{T}_N$ 的维数分别为 $n + QMn_2 = 176$ 和 $(QM + 1)n = 2296$、$n_1 + Nsd_2 = 113$ 和 $Nsn = 1120$、$kn_1 + Nd_2 = 251$ 和 $Nn = 784$。利用 QR 算法求解以上各离散化矩阵的全部特征值 $\hat{\mu}$，并根据谱映射关系得到相应的系统特征值估计值 $\hat{\lambda}$，结果分别如图 20.43 ~ 图 20.45 所示。

从图中可见，SOD-PS-II/IRK/LMS 方法分别和各自的部分离散化版本，即 PSOD-PS-II/IRK/LMS 方法，计算得到的系统最右侧的特征值估计值 $\hat{\lambda}$ 吻合。这再次证明，与全部离散化方案相比，解算子部分离散化方案不涉及任何简化，从而保证了 PSOD 类和 SOD 类方法具有相同的计算准确性。

此外，对比图 20.42 和图 20.43 ~ 图 20.45 可以发现，由于采用不同的离散化方案，PSOD-PS/PS-II/IRK/LMS 4 种方法求解得到的系统特征值估计值 $\hat{\lambda}$ 在复平面上 $\text{Re} = -50$ 附近区域内具有明显不同的分布特征。这部分特征值估计值 $\hat{\lambda}$ 为虚假特征值，无法收敛到系统的准确特征值 λ，因此不会对系统的稳定性分析造成任何影响。

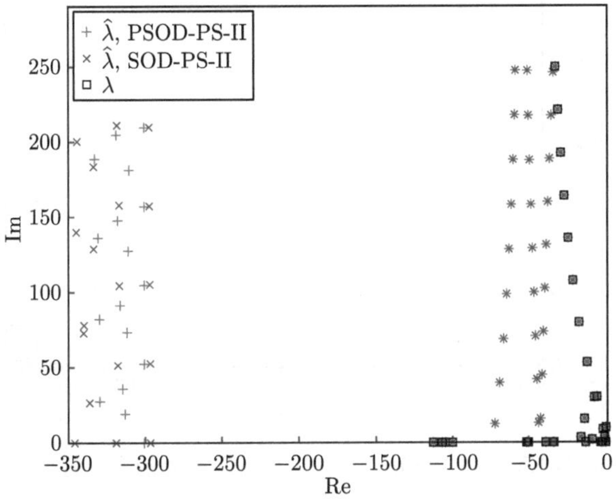

图 20.43 SOD-PS-II 和 PSOD-PS-II 方法计算得到的系统特征值的估计值 $\hat{\lambda}$

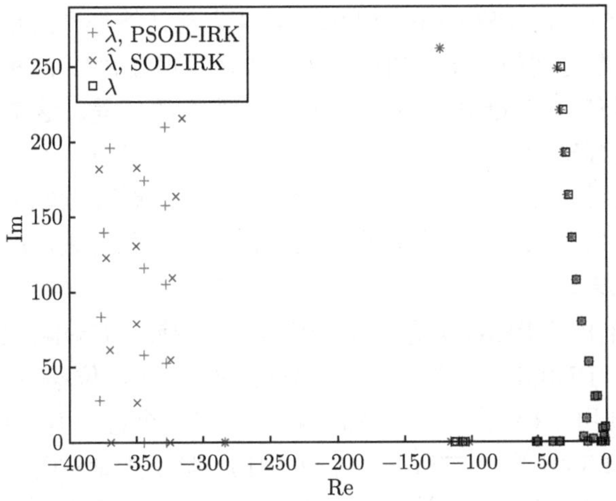

图 20.44 SOD-IRK 和 PSOD-IRK 方法计算得到的系统特征值的估计值 $\hat{\lambda}$

2. *准确计算关键特征值的能力*

首先，本节通过对比和分析 PSOD-PS 和 SOD-PS 方法，来说明 PSOD 类方法准确计算大规模时滞电力系统部分关键特征值的能力；接着，进一步将 PSOD 类方法与结合位移-逆变换和 Cayley 变换的 PIGD 类方法进行对比，以说明后者可以优先求解得到指定位移点处或者阻尼比最小的部分关键特征值。

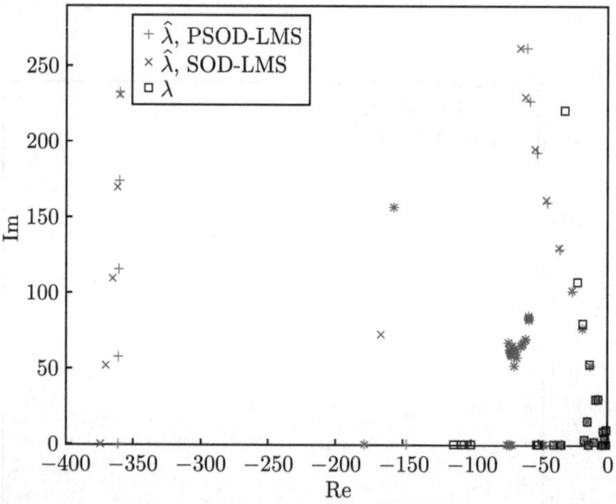

图 20.45 SOD-LMS 和 PSOD-LMS 方法计算得到的系统特征值的估计值 $\hat{\lambda}$

令 $h = 0.011\text{s}$，$Q = 10$，$M = N = 3$，$\alpha = 1$ 和 $\theta = 17.46°$，利用 IRA 算法计算山东电网 (系统 III) 阻尼比小于 30% 的 $r = 100$ 个关键特征值，结果如图 20.46 所示。由图可知，PSOD-PS 和 SOD-PS 方法计算得到的系统特征值估计值 $\hat{\lambda}$ 完全一致，两者之间相对误差的量级小于收敛精度 10^{-6}。两种方法计算得到的少量特征值估计值 $\hat{\lambda}$ 与准确值 λ 之间存在较明显的偏差。这是因为它们与时滞强相关，并由坐标轴旋转预处理中的时滞近似导致。然而，经过至多 3 次牛顿校正，这些偏差就可以被快速地消除。需要说明的是，时滞近似造成的特征值偏差仅与时滞、旋转角度的大小以及特征值对时滞的灵敏度有关，而与是否应用部分谱离散化思想无关。

图 20.46 给出了 PEIGD 方法结合位移-逆变换和 Cayley 变换的计算结果。图 20.46(a) 中，PEIGD 方法的离散点个数 $N = 20$，位移-逆变换中的位移点 $\lambda_s = \text{j}7, \text{j}13$。利用 IRA 算法计算得到两组 $r = 50$ 个特征值，它们位于以 j7 和 j13 为圆心、以 3.5501 和 2.7781 为半径的圆内。除了少量对时滞灵敏度大的特征值之外，它们与 PSOD-PS 方法计算得到的位于虚线 AB 右侧的特征值重合。

图 20.46(b) 中，PEIGD 方法的离散点个数仍然为 $N = 20$，Cayley 变换的位移点 $s_1 = -s_2 = 20$，坐标旋转角度 $\theta = 17.46°$。利用 IRA 算法计算得到 $r = 100$ 个特征值 $\hat{\lambda}$，他们位于虚弧线 CD 的右侧。相比较而言，PSOD-PS 方法计算得到的 $r = 100$ 个特征值估计值 $\hat{\lambda}$ 位于虚线 AB (平行于给定的阻尼比线) 的右侧。也就是说，虽然 PSOD 类方法和结合 Cayley 变换的 PIGD 类方法都可以通过 1 次计算得到系统中阻尼比小于给定值的关键特征值，但两者的收敛特性有所不同，具体可参考第 4 章。

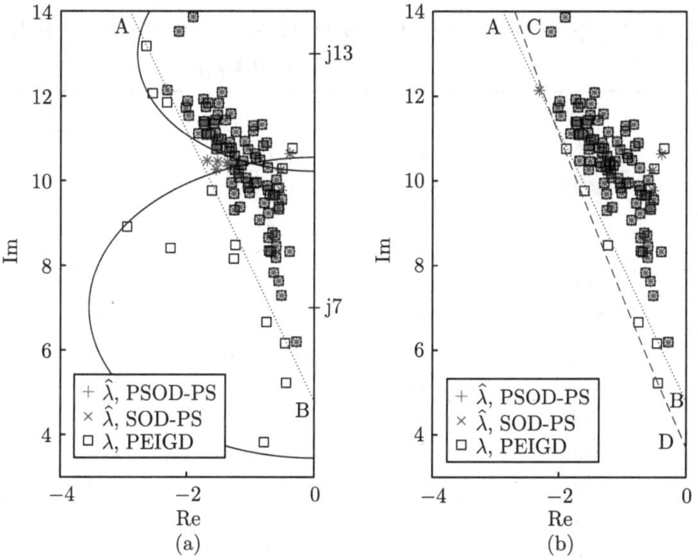

图 20.46 SOD-PS、PSOD-PS 和 PEIGD 方法计算得到的系统特征值估计值 $\hat{\lambda}$

3. 算法的效率分析

本节通过比较 PSOD 类和 SOD 类特征值方法的计算效率，分析部分谱离散化思想和 DDAE 模型的应用对后者计算效率的改善效果。其中，部分谱离散化显著降低了解算子离散化矩阵的维数，采用 DDAE 模型进一步实现了离散化矩阵 MIVP 运算的直接、高效求解。

针对系统 I 和系统 III，利用 PSOD 类和 SOD 类方法求解阻尼比小于 15% 的部分关键特征值，所需的 IRA 迭代次数和计算时间如表 20.19 和表 20.20 所示。

表 20.19 PSOD-PS 和 SOD-PS 方法的计算效率比较

系统	h/s	Q 或 N	M	N	r	SOD-PS			PSOD-PS			R_{dim}	加速比
						维数	N_{IRA}	时间/s	维数	N_{IRA}	时间/s		
I	0.0125	5	3	3	20	896	14	0.652	101	13	0.487	0.113	1.243
	0.0125	5	6	3	20	1736	16	1.323	146	13	0.331	0.084	3.248
	0.0125	5	12	3	20	3416	15	2.638	236	13	0.344	0.069	6.646
	0.006	10	3	3	20	1736	26	2.088	146	23	0.623	0.084	2.965
III	0.011	5	3	3	20	18048	199	98.939	1203	175	12.840	0.067	6.776
	0.011	5	3	3	50	18048	60	138.364	1203	64	20.132	0.067	7.331
	0.011	5	3	3	100	18048	24	205.427	1203	29	30.436	0.067	8.156
	0.011	5	6	3	20	34968	188	267.632	1378	203	15.103	0.039	19.134
	0.005	10	3	3	20	34968	326	473.484	1378	314	24.692	0.039	18.470

表 20.20　Q (或 N) 取不同值时，PSOD-PS-II/IRK/LMS 和 SOD-PS-II/IRK/LMS 方法的计算效率对比

方法	性能指标	系统 I		系统 III	
		5	10	5	10
SOD-PS-II	维数	896	1736	18048	34968
	N_{IRA}	11	26	177	353
	时间/s	0.530	2.182	101.801	533.124
PSOD-PS-II	维数	101	146	1218	1308
	N_{IRA}	10	23	190	323
	时间/s	0.234	0.641	10.534	23.594
	加速比	2.059	3.011	10.374	20.675
SOD-IRK	维数	560	1120	11280	22560
	N_{IRA}	7	22	226	300
	时间/s	0.246	1.154	79.242	215.093
PSOD-IRK	维数	83	113	1182	1242
	N_{IRA}	6	23	178	326
	时间/s	0.133	0.578	9.654	19.211
	加速比	1.585	2.087	6.465	12.167
SOD-LMS	维数	504	728	10152	13536
	N_{IRA}	9	19	247	435
	时间/s	0.290	0.757	66.000	174.966
PSOD-LMS	维数	186	198	3420	3438
	N_{IRA}	7	17	218	312
	时间/s	0.274	0.440	29.370	44.300
	加速比	0.823	1.539	1.983	2.833

在所有的测试中，旋转放大预处理的参数取为 $\alpha = 2$ 和 $\theta = 8.62°$。对于 PSOD-PS 和 SOD-PS 方法，取 $Q = 5,\ 10$，$M = 3,\ 6,\ 12$，$N = 3$；对于 PSOD-PS-II 和 SOD-PS-II 方法，取 $M = 3$；对于 PSOD-IRK 和 SOD-IRK 方法，取 $s = 2$；对于 PSOD-LMS 和 SOD-LMS 方法，取 $k = 2$。

通过对比分析表 20.19 和表 20.20 中的结果，可以得到如下结论。

(1) 由于大规模时滞电力系统总是满足 $d_2 \ll n$，PSOD-PS/PS-II/IRK/LMS 相对于 SOD-PS/PS-II/IRK/LMS 方法构建的解算子离散化矩阵的维数之比 R_{dim} 分别接近于 $1/(QM+1)$、$1/(QM+1)$、$1/Ns$ 和 k/N。由于 k 的存在，PSOD-PS/PS-II/IRK 的降维效果优于 PSOD-LMS 方法。

(2) 解算子离散化矩阵维数的降低显著提升了 PSOD 类方法的计算效率。以 PSOD-PS 和 SOD-PS 方法为例，对于系统 I，前者相对于后者的最小和最大加速比分别为 1.243 和 6.646；或者说，PSOD-PS 相比于 SOD-PS 的单次 IRA 迭代能够节省 20% ~ 85% 左右的计算时间。对于系统 III，PSOD-PS 相比于 SOD-PS 的最小和最大加速比分别为 6.776 和 19.134；或者说，前者相对于后者的单次 IRA 迭代能够节省 85% $\sim$ 95% 左右的计算时间。

由表 20.20 还可以发现，PSOD-LMS 方法计算效率的改善效果明显逊于其他 3 种 PSOD 类方法。对于系统 I 和系统 III，PSOD-LMS 相比于 SOD-LMS 的单次 IRA 迭代最大加速比分别仅为 1.539 和 2.833。究其原因有两点：其一，PSOD-LMS 构建的解算子部分离散化矩阵的维数约为 kn，相比于 SOD-PS/PS-II/IRK 方法降维效果差；其二，SOD-LMS 的计算效率高于 SOD-PS/PS-II/IRK，通过降维来提升计算效率的空间相对有限。

(3) 随着离散化参数 Q 或 N、M 和 s 的增大，PSOD-PS/PS-II/IRK/LMS 相对于 SOD-PS/PS-II/IRK/LMS 的解算子离散化矩阵降维效果明显增加，计算效率也随之提高。以 PSOD-PS 方法为例，如表 20.19 所示，当 Q 从 5 增大到 10 时，其相对于 SOD-PS 求解系统 I 和系统 III 部分关键特征值的加速比分别从 1.243 和 6.776 提高到 2.965 和 18.470；当 M 从 3 增大到 6 时，其相对于 SOD-PS 求解系统 I 和系统 III 部分关键特征值的加速比分别从 1.243 和 6.776 提高到 3.248 和 19.134。从表 20.19 还可以发现，相比于增加 M 和 s，增加 Q 或 N 相当于减小转移步长 h，这使得解算子的特征值更加密集地分布在 z 平面上单位圆附近，导致 PSOD 类方法的收敛性变差。

4. 对大规模时滞电力系统的适用性

本节利用华北华中特高压互联电网 (系统 IV) 进一步验证 PSOD-PS/PS-II/IRK/LMS 4 种方法对大规模时滞电力系统的适用性。表 20.21 总结了这 4 种 PSOD 类方法计算系统 IV 阻尼比最小的 $r = 10$ 个关键特征值所需要的 IRA 迭代次数、计算时间以及单次 IRA 迭代平均时间。其中，参数设置为：$h = 0.006\text{s}$，$k = 3$，$s = 2$，$\alpha = 2$，$\theta = 2.87°$ ($\zeta = 5\%$)。对于 PSOD-PS/PS-II 方法，取 $Q = 10$，$M = N = 3$；对于 PSOD-LMS/IRK 方法，取 $N = 10$。

表 20.21　4 种 PSOD 类方法分析大规模时滞电力系统的计算效率比较

方法	维数	N_{IRA}	时间/s	单次 IRA 迭代时间/s
PSOD-PS	80757	134	1168.82	8.723
PSOD-PS-II	80757	140	1073.00	7.664
PSOD-IRK	80691	142	1173.27	8.262
PSOD-LMS	322362	151	2425.28	16.061

如表 20.21 所示，PSOD-PS/PS-II/IRK 3 种方法构造的解算子部分离散化矩阵 $\hat{\boldsymbol{T}}'_{M,N}$、$\hat{\boldsymbol{T}}'_{M}$ 和 $\hat{\boldsymbol{T}}'_{Ns}$ 的维数非常接近于 n，并远低于 PSOD-LMS 构建的解算子部分离散化矩阵 $\hat{\boldsymbol{T}}'_{N}$ 的维数。PSOD-PS-II/IRK 方法的单次 IRA 迭代平均

时间最少并略低于 PSOD-PS，PSOD-LMS 方法的单次 IRA 迭代平均时间最长。这是因为，与 PSOD-PS-II/IRK 相比，PSOD-PS/LMS 在每次 IRA 迭代过程中需要多求解 1 次 $\tilde{\boldsymbol{A}}_0$ 的 MVP 运算。

从表 20.14 中已知，4 种 PSOD 类方法构建的解算子离散化矩阵的维数分别为系统状态变量维数的 31、31、20 和 13 倍。巨大的矩阵维数导致这些方法无法在 5000s 以内计算得到万节点级系统 IV 的任何关键特征值。然而，如表 20.21 所示，PSOD-PS 方法求解系统 IV 阻尼比小于 5% 的 20 个关键特征值需要 1168.82s，单次 IRA 迭代的平均时间仅为 SOD-PS 的 0.065 倍。

第 21 章　与其他方法的性能对比分析

时滞电力系统的小干扰稳定性分析方法各有其优缺点，有必要将基于部分谱离散化的特征值计算方法与其他方法进行对比研究。时滞依赖稳定性判据和 Padé 近似是研究中最常用的两种时滞系统稳定性分析方法。本章首先详细介绍单时滞和多重时滞稳定性依赖判据，以及利用 LMI 技术求解时滞稳定裕度的方法。然后，提出基于 Padé 近似的时滞系统特征值计算方法。最后，在四机两区域系统和实际山东电网上分别对时滞依赖稳定性判据、Padé 近似方法和 PEIGD 方法进行对比研究。

21.1　时滞系统稳定性判据

21.1.1　单时滞情况

1. 单时滞依赖稳定性判据

下面介绍文献 [85] 提出的单时滞系统时滞依赖稳定性判据。通过引入松散项，有效地降低了判据的保守性。

当系统仅含有单个时滞 τ 时，式 (3.8) 变为

$$\begin{cases} \Delta\dot{\boldsymbol{x}}(t) = \tilde{\boldsymbol{A}}_0\Delta\boldsymbol{x}(t) + \tilde{\boldsymbol{A}}_1\Delta\boldsymbol{x}(t-\tau), & t \geqslant 0 \\ \Delta\boldsymbol{x}(t) = \boldsymbol{\varphi}(t), & t \in [-\tau,\ 0] \end{cases} \tag{21.1}$$

式中，$\Delta\boldsymbol{x}(t) \in \mathbb{R}^{n\times 1}$ 为系统状态变量向量；$\tilde{\boldsymbol{A}}_0$ 和 $\tilde{\boldsymbol{A}}_1$ 分别为系统的状态矩阵和时滞状态矩阵；$\boldsymbol{\varphi}(t)$ 为系统初始条件。

定理 1　给定 $\bar{\tau} > 0$，若存在对称正定矩阵 $\boldsymbol{P} = \boldsymbol{P}^{\mathrm{T}} > 0$，$\boldsymbol{Q} = \boldsymbol{Q}^{\mathrm{T}} > 0$，$\boldsymbol{Z} = \boldsymbol{Z}^{\mathrm{T}} > 0$，以及适当维数的矩阵 $\boldsymbol{Y}$ 和 $\boldsymbol{W}$，使如下 LMI 成立，则对于任意的固定时滞 τ $(0 < \tau \leqslant \bar{\tau})$，式 (21.1) 表示的单时滞电力系统是渐近稳定的。

$$\begin{bmatrix} \boldsymbol{\Phi}_{11} & \boldsymbol{\Phi}_{12} & -\bar{\tau}\boldsymbol{Y} & \bar{\tau}\tilde{\boldsymbol{A}}_0^{\mathrm{T}}\boldsymbol{Z} \\ \boldsymbol{\Phi}_{12}^{\mathrm{T}} & \boldsymbol{\Phi}_{22} & -\bar{\tau}\boldsymbol{W} & \bar{\tau}\tilde{\boldsymbol{A}}_1^{\mathrm{T}}\boldsymbol{Z} \\ -\bar{\tau}\boldsymbol{Y}^{\mathrm{T}} & -\bar{\tau}\boldsymbol{W}^{\mathrm{T}} & -\bar{\tau}\boldsymbol{Z} & \boldsymbol{0} \\ \bar{\tau}\boldsymbol{Z}\tilde{\boldsymbol{A}}_0 & \bar{\tau}\boldsymbol{Z}\tilde{\boldsymbol{A}}_1 & \boldsymbol{0} & -\bar{\tau}\boldsymbol{Z} \end{bmatrix} < 0 \tag{21.2}$$

式中

$$\boldsymbol{\Phi}_{11}=\boldsymbol{P}\tilde{\boldsymbol{A}}_0+\tilde{\boldsymbol{A}}_0^{\mathrm{T}}\boldsymbol{P}+\boldsymbol{Y}+\boldsymbol{Y}^{\mathrm{T}}+\boldsymbol{Q} \tag{21.3}$$

$$\boldsymbol{\Phi}_{12}=\boldsymbol{P}\tilde{\boldsymbol{A}}_1-\boldsymbol{Y}+\boldsymbol{W}^{\mathrm{T}} \tag{21.4}$$

$$\boldsymbol{\Phi}_{22}=-\boldsymbol{Q}-\boldsymbol{W}-\boldsymbol{W}^{\mathrm{T}} \tag{21.5}$$

2. 时滞稳定性分析步骤

定理 1 给出了单时滞电力系统保持渐近稳定的充分性条件。借助于 MATLAB 的鲁棒控制工具箱提供的 LMI 处理方法以及 feasp 函数，通过检查矩阵 $\boldsymbol{P}$、$\boldsymbol{Q}$、$\boldsymbol{Z}$、$\boldsymbol{Y}$ 和 $\boldsymbol{W}$ 的存在性，可以求解得到系统在保持渐近稳定性前提下能够承受的最大时滞，即时滞稳定裕度 τ_{d}[248]。具体步骤如下。

(1) 构建不含 WADC 的开环电力系统小干扰稳定性分析模型。

(2) 利用 MATLAB 提供的 schurmr 函数对系统模型进行降阶，并通过对比降阶系统和原系统的频率响应曲线的一致程度来确定降阶系统的阶数。

(3) 建立 WADC 的状态空间表达式，然后与开环降阶系统模型进行连接，得到闭环时滞电力系统的小干扰稳定性分析模型。

(4) 利用 MATLAB 鲁棒控制工具箱提供的 feasp 函数，通过检验在给定时滞下稳定性判据的存在性，确定闭环时滞电力系统的渐近稳定性。

(5) 以手动方式小步长增大时滞 τ，然后重复步骤 (4)，直至得到系统的时滞稳定裕度 τ_{d}。

(6) 检验时滞稳定依赖判据的保守性。一方面，接步骤 (5)，选择一个稍大于 τ_{d} 的时滞 τ，然后利用时域仿真方法检验系统在该时滞下的稳定性。若系统稳定，即可证明时滞依赖稳定判据的保守性。另一方面，接步骤 (4)，以手动方式小步长增大时滞 τ，然后利用部分谱离散化方法计算系统最右侧的部分关键特征值，直至有特征值位于虚轴上。此时的时滞 τ 即准确的时滞稳定裕度 τ_{d}。对比步骤 (5) 和部分谱离散化方法得到的时滞稳定裕度计算结果，也可证明时滞依赖稳定性判据的保守性。

21.1.2　多重时滞情况

下面介绍文献 [91] 提出的基于自由权矩阵方法、保守性较小的多重时滞依赖稳定性判据。

1. 系统含有两个时滞

定理 2　在式 (3.8) 中，令 $m=2$。对于给定的时滞常数 $\tau_i\geqslant 0\ (i=1,\ 2)$，如果存在正定对称矩阵 $\boldsymbol{P}=\boldsymbol{P}^{\mathrm{T}}>0$，$\boldsymbol{Q}_i=\boldsymbol{Q}_i^{\mathrm{T}}\geqslant 0\ (i=1,\ 2)$，半正定对称矩阵

$\boldsymbol{W}_i = \boldsymbol{W}_i^{\mathrm{T}} \geqslant 0$，$\boldsymbol{X}_{ii} = \boldsymbol{X}_{ii}^{\mathrm{T}} \geqslant 0$，$\boldsymbol{Y}_{ii} = \boldsymbol{Y}_{ii}^{\mathrm{T}} \geqslant 0$，$\boldsymbol{Z}_{ii} = \boldsymbol{Z}_{ii}^{\mathrm{T}} \geqslant 0\ (i = 1,\ 2,\ 3)$，适当维数的矩阵 $\boldsymbol{N}_i$、$\boldsymbol{S}_i$、$\boldsymbol{T}_i\ (i = 1,\ 2,\ 3)$ 以及 $\boldsymbol{X}_{ij}$、$\boldsymbol{Y}_{ij}$、$\boldsymbol{Z}_{ij}\ (1 \leqslant i < j \leqslant 3)$，使下列 LMI 成立，则时滞系统是渐近稳定的。

$$\boldsymbol{\Phi} = \begin{bmatrix} \boldsymbol{\Phi}_{11} & \boldsymbol{\Phi}_{12} & \boldsymbol{\Phi}_{13} \\ \boldsymbol{\Phi}_{12}^{\mathrm{T}} & \boldsymbol{\Phi}_{22} & \boldsymbol{\Phi}_{23} \\ \boldsymbol{\Phi}_{13}^{\mathrm{T}} & \boldsymbol{\Phi}_{23}^{\mathrm{T}} & \boldsymbol{\Phi}_{33} \end{bmatrix} < 0 \tag{21.6}$$

$$\boldsymbol{\Psi}_1 = \begin{bmatrix} \boldsymbol{X}_{11} & \boldsymbol{X}_{12} & \boldsymbol{X}_{13} & \boldsymbol{N}_1 \\ \boldsymbol{X}_{12}^{\mathrm{T}} & \boldsymbol{X}_{22} & \boldsymbol{X}_{23} & \boldsymbol{N}_2 \\ \boldsymbol{X}_{13}^{\mathrm{T}} & \boldsymbol{X}_{23}^{\mathrm{T}} & \boldsymbol{X}_{33} & \boldsymbol{N}_3 \\ \boldsymbol{N}_1^{\mathrm{T}} & \boldsymbol{N}_2^{\mathrm{T}} & \boldsymbol{N}_3^{\mathrm{T}} & \boldsymbol{W}_1 \end{bmatrix} \geqslant 0 \tag{21.7}$$

$$\boldsymbol{\Psi}_2 = \begin{bmatrix} \boldsymbol{Y}_{11} & \boldsymbol{Y}_{12} & \boldsymbol{Y}_{13} & \boldsymbol{S}_1 \\ \boldsymbol{Y}_{12}^{\mathrm{T}} & \boldsymbol{Y}_{22} & \boldsymbol{Y}_{23} & \boldsymbol{S}_2 \\ \boldsymbol{Y}_{13}^{\mathrm{T}} & \boldsymbol{Y}_{23}^{\mathrm{T}} & \boldsymbol{Y}_{33} & \boldsymbol{S}_3 \\ \boldsymbol{S}_1^{\mathrm{T}} & \boldsymbol{S}_2^{\mathrm{T}} & \boldsymbol{S}_3^{\mathrm{T}} & \boldsymbol{W}_2 \end{bmatrix} \geqslant 0 \tag{21.8}$$

$$\boldsymbol{\Psi}_3 = \begin{bmatrix} \boldsymbol{Z}_{11} & \boldsymbol{Z}_{12} & \boldsymbol{Z}_{13} & k\boldsymbol{T}_1 \\ \boldsymbol{Z}_{12}^{\mathrm{T}} & \boldsymbol{Z}_{22} & \boldsymbol{Z}_{23} & k\boldsymbol{T}_2 \\ \boldsymbol{Z}_{13}^{\mathrm{T}} & \boldsymbol{Z}_{23}^{\mathrm{T}} & \boldsymbol{Z}_{33} & k\boldsymbol{T}_3 \\ k\boldsymbol{T}_1^{\mathrm{T}} & k\boldsymbol{T}_2^{\mathrm{T}} & k\boldsymbol{T}_3^{\mathrm{T}} & \boldsymbol{W}_3 \end{bmatrix} \geqslant 0 \tag{21.9}$$

式中

$$k = \begin{cases} 1, & \tau_1 \geqslant \tau_2 \\ -1, & \tau_1 < \tau_2 \end{cases} \tag{21.10}$$

$$\begin{aligned} \boldsymbol{\Phi}_{11} =& \boldsymbol{P}\tilde{\boldsymbol{A}}_0 + \tilde{\boldsymbol{A}}_0^{\mathrm{T}}\boldsymbol{P} + \boldsymbol{Q}_1 + \boldsymbol{Q}_2 + \boldsymbol{N}_1 + \boldsymbol{N}_1^{\mathrm{T}} + \boldsymbol{S}_1 + \boldsymbol{S}_1^{\mathrm{T}} + \tilde{\boldsymbol{A}}_0^{\mathrm{T}}\boldsymbol{H}\tilde{\boldsymbol{A}}_0 + \tau_1\boldsymbol{X}_{11} \\ &+ \tau_2\boldsymbol{Y}_{11} + |\tau_1 - \tau_2|\boldsymbol{Z}_{11} \end{aligned} \tag{21.11}$$

$$\boldsymbol{\Phi}_{12} = \boldsymbol{P}\tilde{\boldsymbol{A}}_1 - \boldsymbol{N}_1 + \boldsymbol{N}_2^{\mathrm{T}} + \boldsymbol{S}_2^{\mathrm{T}} - \boldsymbol{T}_1 + \tilde{\boldsymbol{A}}_0^{\mathrm{T}}\boldsymbol{H}\tilde{\boldsymbol{A}}_1 + \tau_1\boldsymbol{X}_{12} + h_2\boldsymbol{Y}_{12} + |\tau_1 - \tau_2|\boldsymbol{Z}_{12} \tag{21.12}$$

$$\boldsymbol{\Phi}_{13} = \boldsymbol{P}\tilde{\boldsymbol{A}}_2 + \boldsymbol{N}_3^{\mathrm{T}} + \boldsymbol{S}_3^{\mathrm{T}} - \boldsymbol{S}_1 + \boldsymbol{T}_1 + \tilde{\boldsymbol{A}}_0^{\mathrm{T}}\boldsymbol{H}\tilde{\boldsymbol{A}}_2 + \tau_1\boldsymbol{X}_{13} + h_2\boldsymbol{Y}_{13} + |\tau_1 - \tau_2|\boldsymbol{Z}_{13} \tag{21.13}$$

$$\boldsymbol{\Phi}_{22} = -\boldsymbol{Q}_1 - \boldsymbol{N}_2 - \boldsymbol{N}_2^{\mathrm{T}} - \boldsymbol{T}_2 - \boldsymbol{T}_2^{\mathrm{T}} + \tilde{\boldsymbol{A}}_1^{\mathrm{T}}\boldsymbol{H}\tilde{\boldsymbol{A}}_1 + \tau_1\boldsymbol{X}_{22} + h_2\boldsymbol{Y}_{22} + |\tau_1 - \tau_2|\boldsymbol{Z}_{22} \tag{21.14}$$

$$\boldsymbol{\Phi}_{23} = -\boldsymbol{N}_3 - \boldsymbol{S}_2 + \boldsymbol{T}_2 - \boldsymbol{T}_3^{\mathrm{T}} + \tilde{\boldsymbol{A}}_1^{\mathrm{T}}\boldsymbol{H}\tilde{\boldsymbol{A}}_2 + \tau_1\boldsymbol{X}_{23} + \tau_2\boldsymbol{Y}_{23} + |\tau_1 - \tau_2|\boldsymbol{Z}_{23} \tag{21.15}$$

$$\boldsymbol{\Phi}_{33} = -\boldsymbol{Q}_2 - \boldsymbol{S}_3 - \boldsymbol{S}_3^{\mathrm{T}} + \boldsymbol{T}_3 + \boldsymbol{T}_3^{\mathrm{T}} + \tilde{\boldsymbol{A}}_2^{\mathrm{T}}\boldsymbol{H}\tilde{\boldsymbol{A}}_2 + \tau_1\boldsymbol{X}_{33} + \tau_2\boldsymbol{Y}_{33} + |\tau_1 - \tau_2|\boldsymbol{Z}_{33} \tag{21.16}$$

$$\boldsymbol{H} = \tau_1\boldsymbol{W}_1 + \tau_2\boldsymbol{W}_2 + |\tau_1 - \tau_2|\boldsymbol{W}_3 \tag{21.17}$$

2. 系统含有多个时滞

定理 3　对于式 (3.8) 表示的时滞系统，给定时滞 $\tau_i \geqslant 0\ (i = 1,\ 2,\ \cdots,\ m)$。不失一般性地，假设 $\tau_1 \leqslant \tau_2 \leqslant \cdots \leqslant \tau_i \leqslant \cdots \leqslant \tau_m = \tau_{\max}$。如果存在正定对称矩阵 $\boldsymbol{P} = \boldsymbol{P}^{\mathrm{T}} \geqslant 0$，$\boldsymbol{Q}_i = \boldsymbol{Q}_i^{\mathrm{T}} \geqslant 0\ (i = 1,\ 2,\ \cdots,\ m)$，半正定对称矩阵 $\boldsymbol{X}^{(i,j)}$：

$$\boldsymbol{X}^{(i,j)} = \begin{bmatrix} \boldsymbol{X}_{0,0}^{(i,j)} & \boldsymbol{X}_{0,1}^{(i,j)} & \cdots & \boldsymbol{X}_{0,m}^{(i,j)} \\ \left(\boldsymbol{X}_{0,1}^{(i,j)}\right)^{\mathrm{T}} & \boldsymbol{X}_{1,1}^{(i,j)} & \cdots & \boldsymbol{X}_{1,m}^{(i,j)} \\ \vdots & \vdots & & \vdots \\ \left(\boldsymbol{X}_{0,m}^{(i,j)}\right)^{\mathrm{T}} & \left(\boldsymbol{X}_{1,m}^{(i,j)}\right)^{\mathrm{T}} & \cdots & \boldsymbol{X}_{m,m}^{(i,j)} \end{bmatrix} \geqslant 0,\quad 0 \leqslant i < j \leqslant m \tag{21.18}$$

和 $\boldsymbol{W}^{(i,j)} = \left(\boldsymbol{W}^{(i,j)}\right)^{\mathrm{T}} \geqslant 0\ (0 \leqslant i < j \leqslant m)$，以及适当维数的矩阵 $\boldsymbol{N}_l^{(i,j)}\ (l = 0,\ 1,\ \cdots,\ m;\ 0 \leqslant i < j \leqslant m)$，使下列 LMI 成立，则时滞系统是渐近稳定的。

$$\boldsymbol{\Xi} = \begin{bmatrix} \boldsymbol{\Xi}_{0,0} & \boldsymbol{\Xi}_{0,1} & \cdots & \boldsymbol{\Xi}_{0,m} \\ \boldsymbol{\Xi}_{0,1}^{\mathrm{T}} & \boldsymbol{\Xi}_{1,1} & \cdots & \boldsymbol{\Xi}_{1,m} \\ \vdots & \vdots & & \vdots \\ \boldsymbol{\Xi}_{0,m}^{\mathrm{T}} & \boldsymbol{\Xi}_{1,m}^{\mathrm{T}} & \cdots & \boldsymbol{\Xi}_{m,m} \end{bmatrix} < 0 \tag{21.19}$$

$$\boldsymbol{\Gamma}^{(i,j)} = \begin{bmatrix} \boldsymbol{X}_{0,0}^{(i,j)} & \boldsymbol{X}_{0,1}^{(i,j)} & \cdots & \boldsymbol{X}_{0,m}^{(i,j)} & \boldsymbol{N}_0^{(i,j)} \\ \left(\boldsymbol{X}_{0,1}^{(i,j)}\right)^{\mathrm{T}} & \boldsymbol{X}_{1,1}^{(i,j)} & \cdots & \boldsymbol{X}_{1,m}^{(i,j)} & \boldsymbol{N}_1^{(i,j)} \\ \vdots & \vdots & & \vdots & \vdots \\ \left(\boldsymbol{X}_{0,m}^{(i,j)}\right)^{\mathrm{T}} & \left(\boldsymbol{X}_{1,m}^{(i,j)}\right)^{\mathrm{T}} & \cdots & \boldsymbol{X}_{mm}^{(i,j)} & \boldsymbol{N}_m^{(i,j)} \\ \left(\boldsymbol{N}_0^{(i,j)}\right)^{\mathrm{T}} & \left(\boldsymbol{N}_1^{(i,j)}\right)^{\mathrm{T}} & \cdots & \left(\boldsymbol{N}_m^{(i,j)}\right)^{\mathrm{T}} & \boldsymbol{W}^{(i,j)} \end{bmatrix} \geqslant 0,\quad 0 \leqslant i < j \leqslant m \tag{21.20}$$

式中

$$\begin{aligned}\boldsymbol{\varXi}_{0,0} =&\boldsymbol{P}\tilde{\boldsymbol{A}}_0 + \tilde{\boldsymbol{A}}_0^{\mathrm{T}}\boldsymbol{P} + \sum_{i=1}^{m}\boldsymbol{Q}_i + \sum_{j=1}^{m}\left(\boldsymbol{N}_0^{(0,j)} + \left(\boldsymbol{N}_0^{(0,j)}\right)^{\mathrm{T}}\right)\\ &+ \tilde{\boldsymbol{A}}_0^{\mathrm{T}}\boldsymbol{G}\tilde{\boldsymbol{A}}_0 + \sum_{i=0}^{m}\sum_{j=i+1}^{m}(\tau_j - \tau_i)\boldsymbol{X}_{0,0}^{(i,j)}\end{aligned} \tag{21.21}$$

$$\begin{aligned}\boldsymbol{\varXi}_{0,k} =&\boldsymbol{P}\tilde{\boldsymbol{A}}_k - \sum_{i=0}^{k-1}\boldsymbol{N}_0^{(i,k)} + \sum_{i=1}^{m}\left(\boldsymbol{N}_k^{(0,i)}\right)^{\mathrm{T}} + \sum_{j=k+1}^{m}\boldsymbol{N}_0^{(k,j)} + \tilde{\boldsymbol{A}}_0^{\mathrm{T}}\boldsymbol{G}\tilde{\boldsymbol{A}}_k\\ &+ \sum_{i=0}^{m}\sum_{j=i+1}^{m}(\tau_j - \tau_i)\boldsymbol{X}_{0,k}^{(i,j)}, \quad k = 1,\ 2,\ \cdots,\ m\end{aligned} \tag{21.22}$$

$$\begin{aligned}\boldsymbol{\varXi}_{k,k} =& -\boldsymbol{Q}_k - \sum_{i=0}^{k-1}\left(\boldsymbol{N}_k^{(i,k)} + \left(\boldsymbol{N}_k^{(i,k)}\right)^{\mathrm{T}}\right) + \sum_{j=k+1}^{m}\left(\boldsymbol{N}_k^{(k,j)} + \left(\boldsymbol{N}_k^{(k,j)}\right)^{\mathrm{T}}\right)\\ &+ \tilde{\boldsymbol{A}}_k^{\mathrm{T}}\boldsymbol{G}\tilde{\boldsymbol{A}}_k + \sum_{i=0}^{m}\sum_{j=i+1}^{m}(\tau_j - \tau_i)\boldsymbol{X}_{k,k}^{(i,j)}, \quad k = 1,\ 2,\ \cdots,\ m\end{aligned} \tag{21.23}$$

$$\begin{aligned}\boldsymbol{\varXi}_{l,k} =& -\sum_{i=0}^{k-1}\boldsymbol{N}_l^{(i,k)} - \sum_{i=0}^{l-1}\left(\boldsymbol{N}_k^{(i,l)}\right)^{\mathrm{T}} + \sum_{j=k+1}^{m}\boldsymbol{N}_l^{(k,j)} + \sum_{j=l+1}^{m}\left(\boldsymbol{N}_k^{(l,j)}\right)^{\mathrm{T}}\\ &+ \tilde{\boldsymbol{A}}_l^{\mathrm{T}}\boldsymbol{G}\tilde{\boldsymbol{A}}_k + \sum_{i=0}^{m}\sum_{j=i+1}^{m}(\tau_j - \tau_i)\boldsymbol{X}_{l,k}^{(i,j)}, \quad l = 1,\ 2,\ \cdots,\ m;\ l < k \leqslant m\end{aligned} \tag{21.24}$$

$$\boldsymbol{G} = \sum_{i=0}^{m}\sum_{j=i+1}^{m}(\tau_j - \tau_i)\boldsymbol{W}^{(i,j)} \tag{21.25}$$

需要说明的是，文献 [86] 和 [249] 对上述定理进行了改进，减少了待求矩阵变量的个数，降低了多重时滞依赖稳定性判据的保守性，同时较大地提升了计算效率，这里不再赘述。

21.2 Padé 近似

21.2.1 Padé 近似

Padé 近似最初是数学上用有理多项式来逼近指数项的处理方法。时滞 τ 在频域可以表示成指数项 $\mathrm{e}^{-\tau s}$，因此 Padé 近似也被引入控制领域，用于简化时滞系统的分析。

具体地，将 $\mathrm{e}^{-\tau s}$ 进行泰勒级数展开并忽略高阶项，可得如下 Padé 近似公式[65,139,250]：

$$e^{-\tau s} \approx p^{[l,k]}(\tau s) = \frac{P_{l,k}(\tau s)}{Q_{l,k}(\tau s)} \tag{21.26}$$

式中，l 和 k 分别为分子和分母多项式的阶数；$s = \mathrm{j}\omega = \mathrm{j}2\pi f$。

$$P_{l,k}(\tau s) = \sum_{j=0}^{l} \frac{(l+k-j)!l!(-\tau s)^j}{j!(l-j)!} \tag{21.27}$$

$$Q_{l,k}(\tau s) = \sum_{j=0}^{k} \frac{(l+k-j)!k!(\tau s)^j}{j!(k-j)!} = P_{k,l}(-\tau s) \tag{21.28}$$

相应的余项误差为

$$e^{-\tau s} - p^{[l,k]}(\tau s) = (-1)^k \frac{k!l!}{(k+l)!(k+l+1)!}(-\tau s)^{k+l+1} + \mathcal{O}((-\tau s)^{k+l+2}) \tag{21.29}$$

表 21.1 给出了 $1 \sim 3$ 阶 Padé 近似有理多项式。

表 21.1　$e^{-\tau s}$ 的 (l, k) 阶 Padé 近似有理多项式

$(l,\ k)$	$l=1$	$l=2$	$l=3$
$k=1$	$\dfrac{1}{1}$	$\dfrac{1-\tau s}{1}$	$\dfrac{1-\tau s+\dfrac{(\tau s)^2}{2!}}{1}$
$k=2$	$\dfrac{1}{1+\tau s}$	$\dfrac{1-\dfrac{1}{2}\tau s}{1+\dfrac{1}{2}\tau s}$	$\dfrac{1-\dfrac{2}{3}\tau s+\dfrac{1}{3}\dfrac{(\tau s)^2}{2!}}{1+\dfrac{1}{3}\tau s}$
$k=3$	$\dfrac{1}{1+\tau s+\dfrac{(\tau s)^2}{2!}}$	$\dfrac{1-\dfrac{1}{3}\tau s}{1+\dfrac{2}{3}\tau s+\dfrac{1}{3}\dfrac{(\tau s)^2}{2!}}$	$\dfrac{1-\dfrac{1}{2}\tau s+\dfrac{1}{6}\dfrac{(\tau s)^2}{2!}}{1+\dfrac{1}{2}\tau s+\dfrac{1}{6}\dfrac{(\tau s)^2}{2!}}$
$k=4$	$\dfrac{1}{1+\tau s+\dfrac{(\tau s)^2}{2!}+\dfrac{(\tau s)^3}{3!}}$	$\dfrac{1-\dfrac{1}{4}\tau s}{1+\dfrac{3}{4}\tau s+\dfrac{1}{2}\dfrac{(\tau s)^2}{2!}+\dfrac{1}{4}\dfrac{(\tau s)^3}{3!}}$	$\dfrac{1-\dfrac{2}{5}\tau s+\dfrac{1}{10}\dfrac{(\tau s)^2}{2!}}{1+\dfrac{3}{5}\tau s+\dfrac{3}{10}\dfrac{(\tau s)^2}{2!}+\dfrac{1}{10}\dfrac{(\tau s)^3}{3!}}$

Padé 近似有理多项式 $p^{[l,k]}(\tau s)$ 具有如下特性。

(1) 一般令阶数 $l = k$，使得对于任意的 ω，都有 $|p(\omega)| = 1$。因此，$p(\tau s)$ 和 $e^{-\tau s}$ 具有相同的幅频特性。

(2) 在相频，$p(\tau s)$ 对 $e^{-\tau s}$ 相位逼近的准确性与阶数 k、时滞 τ、频率 f 的范围 (频带) 都有关。当 τ 一定时，阶数 k 越大，$p(\tau s)$ 越接近于 $e^{-\tau s}$；当 k 给定时，τ 越小，$p(\tau s)$ 与 $e^{-\tau s}$ 相位一致的区间越大，即频带越宽。因此，在应用 Padé 近似有理多项式来逼近广域通信时滞时，需要事先对时滞的大小和逼近的频带有充分了解，以正确选择多项式的阶数。

例如，当 $\tau = 0.15\text{s}$ 时，2 ~ 4 阶 $p(\tau s)$ 逼近 $e^{-\tau s}$ 相位的情况如图 21.1 所示。当 $f = 2.5\text{Hz}$ 时，相位逼近误差分别为 4.040°、0.180° 和 0.09°。因此，为了保证对电力系统低频振荡频率 0.1 ~ 2.5Hz 范围内相位逼近的准确性，建议取 k 大于或等于 3。

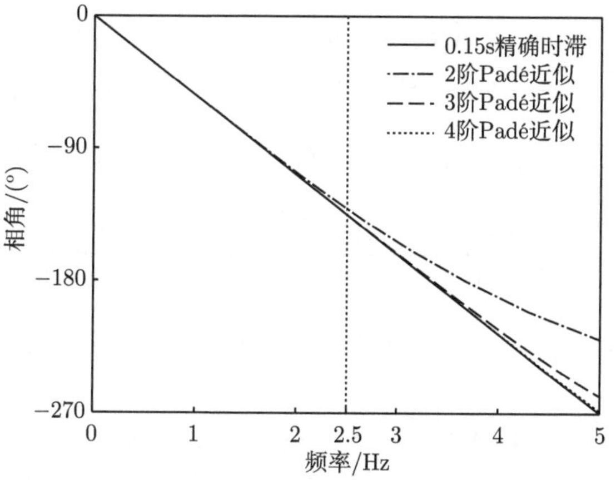

图 21.1 指数时滞项和 Padé 近似有理多项式 ($k = 2 \sim 4$) 的相频响应对比

又如，当 $\tau = 0.5\text{s}$ 时，利用 4 阶、6 阶和 9 阶 $p(\tau s)$ 分别逼近 $e^{-\tau s}$ 的相位，如图 21.2 所示。当 $f = 2.5\text{Hz}$ 时，相位逼近误差分别为 32.35°、1.16° 和 4.24×10^{-4}°。因此，为了保证对 0.1 ~ 2.5Hz 范围内相位逼近的准确性，建议取 k 大于或等于 6。

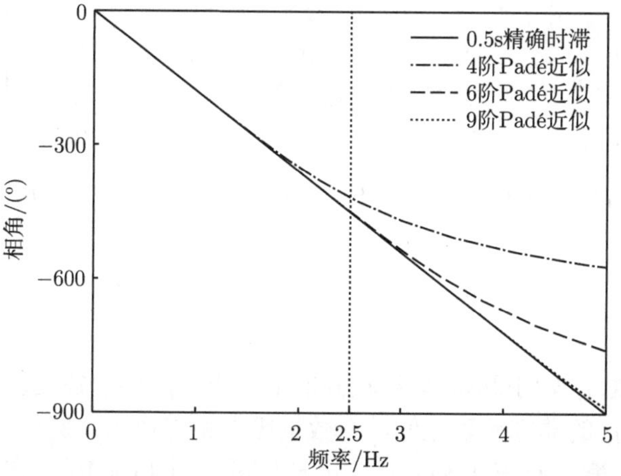

图 21.2 指数时滞项和 Padé 近似有理多项式 ($k = 4, 6, 9$) 的相频响应对比

(3) 在实际应用中应避免选择过高的阶数，如 $k > 10$。此时，Padé 近似有理多项式含有非常接近的极点簇 (clustered poles)，它们对参数的摄动非常敏感。

21.2.2 状态空间表达

根据式 (21.26), 对第 i 个时滞项 $\mathrm{e}^{-\tau_i s}$，有

$$\mathrm{e}^{-\tau_i s} \approx p(\tau_i s) = \frac{N_l(s)}{N_k(s)} = \frac{b_0 + b_1\tau_i s + \cdots + b_l(\tau_i s)^l}{a_0 + a_1\tau_i s + \cdots + a_k(\tau_i s)^k} \tag{21.30}$$

式中，系数 a_j ($j = 0, 1, \cdots, k$) 和 b_j ($j = 0, 1, \cdots, l$) 可以由式 (21.31) 求出：

$$a_j = \frac{(l+k-j)!k!}{j(k-j)!},\quad b_j = (-1)^j\frac{(l+k-j)!l!}{j!(l-j)!} \tag{21.31}$$

取 $l = k$，利用传递函数实现的一般性方法[251]，可得 $p(\tau_i s)$ 的状态空间表达式：

$$\begin{cases} \Delta\dot{\boldsymbol{x}}_{\mathrm{dfi}} = \tilde{\boldsymbol{A}}_{\mathrm{dfi}}\Delta\boldsymbol{x}_{\mathrm{dfi}} + \tilde{\boldsymbol{B}}_{\mathrm{dfi}}\Delta y_{\mathrm{fi}} \\ \Delta y_{\mathrm{dfi}} = \tilde{\boldsymbol{C}}_{\mathrm{dfi}}\Delta\boldsymbol{x}_{\mathrm{dfi}} + \tilde{D}_{\mathrm{dfi}}\Delta y_{\mathrm{fi}} \end{cases} \tag{21.32}$$

式中，$\Delta\boldsymbol{x}_{\mathrm{dfi}}$ 为第 i 个反馈时滞环节的状态变量，与式 (21.30) 中的各阶 s 对应；Δy_{fi} 为阻尼控制器的广域反馈信号；Δy_{dfi} 为考虑时滞后的反馈信号 (图 2.7)。符合能控标准型的系数矩阵具体可表示为[66]

$$\begin{cases} \tilde{\boldsymbol{A}}_{\mathrm{dfi}} = \begin{bmatrix} 0 & 1 & 0 & \cdots & 0 \\ 0 & 0 & 1 & \cdots & 0 \\ \vdots & \vdots & \vdots & \ddots & \vdots \\ 0 & 0 & 0 & 0 & 1 \\ \dfrac{-a_0{\tau_i}^{-k}}{a_k} & \dfrac{-a_1{\tau_i}^{-k+1}}{a_k} & \dfrac{-a_2{\tau_i}^{-k+2}}{a_k} & \cdots & \dfrac{-a_{k-1}{\tau_i}^{-1}}{a_k} \end{bmatrix},\quad \tilde{\boldsymbol{B}}_{\mathrm{dfi}} = \begin{bmatrix} 0 \\ 0 \\ 0 \\ \vdots \\ 1 \end{bmatrix} \\ \tilde{\boldsymbol{C}}_{\mathrm{dfi}} = \dfrac{1}{a_k^2}\left[(a_k b_0 - a_0 b_k)\tau_i^{-k},\ (a_k b_1 - a_1 b_k)\tau_i^{-k+1},\ \cdots,\ (a_k b_{k-1} - a_{k-1} b_k)\tau_i^{-1}\right] \\ \tilde{D}_{\mathrm{dfi}} = \dfrac{b_k}{a_k} \end{cases} \tag{21.33}$$

在时滞常数 τ_i 较小和阶数 k 较高的情况下，$p(\tau_i s)$ 各变量的系数之间，以及 $\tilde{\boldsymbol{A}}_{\mathrm{dfi}}$ 和 $\tilde{\boldsymbol{C}}_{\mathrm{dfi}}$ 的非零元素之间，在数量级上相差很大。例如，当 $\tau_i = 0.2\mathrm{s}$ 和 $k = 5$ 时，$\tilde{\boldsymbol{A}}_{\mathrm{dfi}}$ 第 k 行第 1 列元素 $-a_0\tau_i^{-k}/a_k = 9.45 \times 10^7$。在特征值计算过程中，这可能导致计算得到的特征值误差过大。考虑到从有理多项式转换得到的状

态空间表达式是不唯一的，可以对时滞环节的状态空间表达式的系数矩阵进行平衡化处理，减小时滞系统特征值对舍入误差的敏感程度。由于数值计算导致的特征系统误差与矩阵的欧几里德范数成正比，矩阵平衡化处理的思想就是利用相似变换将矩阵对应的行和列的范数变得相接近[132]。从而，在不改变特征值的前提下减小矩阵的总范数，降低特征值的计算误差。值得注意的是，平衡化处理后的系数矩阵仍然符合能控标准型：

$$\boldsymbol{A}_{\mathrm{df}i}=\boldsymbol{T}^{-1}\tilde{\boldsymbol{A}}_{\mathrm{df}i}\boldsymbol{T},\quad \boldsymbol{B}_{\mathrm{df}i}=\boldsymbol{T}^{-1}\tilde{\boldsymbol{B}}_{\mathrm{df}i},\quad \boldsymbol{C}_{\mathrm{df}i}=\tilde{\boldsymbol{C}}_{\mathrm{df}i}\boldsymbol{T},\quad D_{\mathrm{df}i}=\tilde{D}_{\mathrm{df}i} \tag{21.34}$$

式中，$\boldsymbol{T}$ 为对角变换矩阵。

21.2.3 闭环系统模型

第 2 章定理 3 已经表明，当反馈控制器为线性控制器时，控制回路中的时滞具有合并性质，可将反馈时滞和控制时滞合并为一个综合时滞进行考虑。因此，下面以控制回路仅存在反馈时滞这种情况为例，建立基于 Padé 近似的闭环时滞电力系统模型。

将第 i 个控制回路中，反馈时滞环节的状态变量 $\Delta\boldsymbol{x}_{\mathrm{df}i}$ 和控制器的状态变量 $\Delta\boldsymbol{x}_{\mathrm{c}i}$ 依次排列在开环电力系统状态变量 $\Delta\boldsymbol{x}$ 之后，从而得到闭环时滞电力系统的状态变量 $\Delta\boldsymbol{x}''$：

$$\Delta\boldsymbol{x}''=\left[\Delta\boldsymbol{x}^{\mathrm{T}}\;\vdots\;\cdots\;\vdots\;\Delta\boldsymbol{x}_{\mathrm{df}i}^{\mathrm{T}}\;\vdots\;\Delta\boldsymbol{x}_{\mathrm{c}i}^{\mathrm{T}}\;\vdots\;\cdots\right]^{\mathrm{T}} \tag{21.35}$$

将时滞环节模型式 (21.32) 和式 (21.34)、WADC 模型式 (2.117) 以及无时滞电力系统模型式 (2.115) 相联结，可得基于 Padé 近似的闭环时滞电力系统小干扰稳定性分析模型：

$$\begin{cases}\Delta\dot{\boldsymbol{x}}''=\boldsymbol{A}''\Delta\boldsymbol{x}''+\boldsymbol{B}''\Delta\boldsymbol{y}\\ \boldsymbol{0}=\boldsymbol{C}''\Delta\boldsymbol{x}''+\boldsymbol{D}''\Delta\boldsymbol{y}\end{cases} \tag{21.36}$$

式中

$$\boldsymbol{A}''=\left[\begin{array}{c:c:c:c:c}\boldsymbol{A}_0+\sum\limits_{i=1}^{m}\boldsymbol{E}_i\boldsymbol{D}_{\mathrm{c}i}\boldsymbol{D}_{\mathrm{df}i}\boldsymbol{K}_{1i} & \cdots & \boldsymbol{E}_i\boldsymbol{D}_{\mathrm{c}i}\boldsymbol{C}_{\mathrm{df}i} & \boldsymbol{E}_i\boldsymbol{C}_{\mathrm{c}i} & \cdots\\ \hdashline \vdots & \ddots & \boldsymbol{0} & \boldsymbol{0} & \boldsymbol{0}\\ \hdashline \boldsymbol{B}_{\mathrm{df}i}\boldsymbol{K}_{1i} & \boldsymbol{0} & \boldsymbol{A}_{\mathrm{df}i} & \boldsymbol{0} & \boldsymbol{0}\\ \hdashline \boldsymbol{B}_{\mathrm{c}i}\boldsymbol{D}_{\mathrm{df}i}\boldsymbol{K}_{1i} & \boldsymbol{0} & \boldsymbol{B}_{\mathrm{c}i}\boldsymbol{C}_{\mathrm{df}i} & \boldsymbol{A}_{\mathrm{c}i} & \boldsymbol{0}\\ \hdashline \vdots & \boldsymbol{0} & \boldsymbol{0} & \boldsymbol{0} & \ddots\end{array}\right] \tag{21.37}$$

$$
\boldsymbol{B}'' = \begin{bmatrix} \boldsymbol{B}_0 + \sum_{i=1}^{m} \boldsymbol{E}_i \boldsymbol{D}_{\mathrm{c}i} \boldsymbol{D}_{\mathrm{df}i} \boldsymbol{K}_{2i} \\ \hdashline \vdots \\ \hdashline \boldsymbol{B}_{\mathrm{df}i} \boldsymbol{K}_{2i} \\ \hdashline \boldsymbol{B}_{\mathrm{c}i} \boldsymbol{D}_{\mathrm{df}i} \boldsymbol{K}_{2i} \\ \hdashline \vdots \end{bmatrix} \tag{21.38}
$$

$$
\boldsymbol{C}'' = \left[\boldsymbol{C}_0 \,\vdots\, \cdots \,\vdots\, \boldsymbol{0} \,\vdots\, \boldsymbol{0} \,\vdots\, \cdots \right] \tag{21.39}
$$

$$
\boldsymbol{D}'' = \boldsymbol{D}_0 \tag{21.40}
$$

式中，$\boldsymbol{E}_i$ 由励磁调节器的放大环节确定，为稀疏矩阵。

21.2.4 特性分析

下面以具有超前-滞后环节的广域 PSS 为例，在考虑广域反馈时滞的情况下，分析基于 Padé 近似的闭环时滞电力系统线性化模型中各系数矩阵的特点。

(1) 若 WADC 中无直通环节，即 $\boldsymbol{D}_{\mathrm{c}i} = \boldsymbol{0}$，则 $\boldsymbol{E}_i\boldsymbol{D}_{\mathrm{c}i}\boldsymbol{C}_{\mathrm{df}i}$、$\boldsymbol{E}_i\boldsymbol{D}_{\mathrm{c}i}\boldsymbol{D}_{\mathrm{df}i}\boldsymbol{K}_{1i}$、$\boldsymbol{E}_i\boldsymbol{D}_{\mathrm{c}i}\boldsymbol{D}_{\mathrm{df}i}\boldsymbol{K}_{2i}$ 恒为零矩阵，$\boldsymbol{E}_i\boldsymbol{C}_{\mathrm{c}i}$ 中仅有一个非零元素。与 $\boldsymbol{C}_{\mathrm{c}i}$ 和 $\boldsymbol{D}_{\mathrm{c}i}$ 相同，$\boldsymbol{C}''$ 和 $\boldsymbol{D}''$ 均为分块稀疏矩阵。特别地，若采用 2.2.4 节中第二种形成 DAE 的方法，则 $\boldsymbol{D}''$ 为 2×2 分块稀疏矩阵。

(2)$\boldsymbol{A}''$、$\boldsymbol{B}''$ 与 $\boldsymbol{K}_{1i}$、$\boldsymbol{K}_{2i}$ 有关。例如，当广域反馈信号为两台发电机之间的相对转速偏差时，$\boldsymbol{B}_{\mathrm{df}i}\boldsymbol{K}_{1i}$ 中仅有两个非零元素，$\boldsymbol{B}_{\mathrm{c}i}\boldsymbol{D}_{\mathrm{df}i}\boldsymbol{K}_{1i}$ 中仅有两列非零元素，$\boldsymbol{K}_{2i}$ 为零矩阵，$\boldsymbol{B}'' = \left[\boldsymbol{B}^{\mathrm{T}},\ 0,\ 0,\ \cdots,\ 0\right]^{\mathrm{T}}$。若广域反馈信号中涉及的两台发电机组所在节点的编号相邻，并将两台机组、时滞环节和 WADC 相关的状态变量的系数矩阵作为一个子块，则 $\boldsymbol{A}''$ 仍然为分块对角阵。

当广域反馈信号为区域间联络线的有功功率偏差时，$\boldsymbol{B}_{\mathrm{df}i}\boldsymbol{K}_{2i}$ 中仅有四个非零元素，$\boldsymbol{B}_{\mathrm{c}i}\boldsymbol{D}_{\mathrm{df}i}\boldsymbol{K}_{2i}$ 中仅有四列非零元素，$\boldsymbol{K}_{1i}$ 为零矩阵。若将时滞环节和 WADC 相关的状态变量的系数矩阵作为一个子块或各作为一个子块，则 $\boldsymbol{A}''$ 为分块对角阵。

综上可知，用 Padé 近似有理多项式逼近时滞环节以后，包含时滞环节的闭环电力系统的线性化 DAE 的系数矩阵 $\boldsymbol{A}''$、$\boldsymbol{B}''$、$\boldsymbol{C}''$ 和 $\boldsymbol{D}''$ 与开环电力系统的线性化 DAE 的系数矩阵 $\boldsymbol{A}_0$、$\boldsymbol{B}_0$、$\boldsymbol{C}_0$ 和 $\boldsymbol{D}_0$ 具有完全相同的稀疏结构。因此，仍然可以利用稀疏特征值方法高效地计算系统的部分关键特征值。令 k_i 为第 i $(i=1,\ 2,\ \cdots,\ m)$ 个时滞环节 Padé 近似有理多项式的阶数，则与开环电力系统相比，基于 Padé 近似的闭环时滞电力系统状态变量的维数增加了 $\sum_{i=1}^{m} k_i$，即所有时滞环节的 Padé 近似有理多项式阶数之和。当 $\sum_{i=1}^{m} k_i \leqslant n$ (n 为开环电力系统的状态变量维数) 时，基于 Padé 近似的特征值计算方法的计算量与常规特征值计算方法相当。

21.3 理论对比

下面从计算精度、多重时滞处理能力、大规模电力系统适应能力和计算量 4 个方面，对时滞依赖稳定性判据、基于 Padé 近似的特征值计算方法和基于部分谱离散化的特征值计算方法进行定性比较，如表 21.2 所示。

表 21.2 三种时滞电力系统稳定性分析方法的定性比较

测度指标	时域法	Padé 近似	部分谱离散化方法
计算精度	存在固有保守性，且受模型降阶影响	较精确，精度随阶数 k 的增大而提高	具有谱精度，精度随区间 $[-\tau_{\max}, 0]$ 上离散点数 N 的增大而提高
多重时滞处理能力	难，且目前方法较少	中等	容易
大系统适应能力	难，需要进行模型降阶	容易	容易
状态变量维数	不能超过 100 阶	$n+\sum_{i=1}^{m} k_i$	约为 n
计算量	小	中等，$\sum_{i=1}^{m} k_i \ll n$ 时，与常规无时滞电力系统特征值分析的计算量相当	中等，与常规无时滞电力系统特征值分析的计算量相当

(1) 计算精度。时域法得到的时滞依赖稳定性判据仅为系统渐近稳定的充分条件。利用该方法进行时滞稳定性判别和计算时滞稳定裕度往往偏保守。当分析大规模电力系统时，该方法需要与模型降阶相结合，其计算精度进一步受到影响。Padé 近似是对指数时滞项的最优估计，其精度随近似阶数的增大而提高。部分谱离散化方法不对时滞进行近似处理，也不对系统模型进行降阶。尤其地，当采用伪部分谱离散化方案对无穷小生成元和解算子进行离散化时，得到的时滞电力系统的特征值具有谱精度。此外，该方法对特征值的估计精度随区间 $[-\tau_{\max}, 0]$ 上离散点数 N 的增大而提高。

(2) 多重时滞处理能力。目前大部分时滞依赖稳定性判据仅适用于单时滞情况，适用于多重时滞情况的稳定性判据还很少。Padé 近似与部分谱离散化方法都可以处理多重时滞的情况。Padé 近似方法得到的闭环时滞电力系统状态矩阵的阶数与时滞个数和有理多项式阶数相关。部分谱离散化方法得到无穷小生成元和解算子离散化矩阵的维数与离散点个数有关，与时滞个数无关。

(3) 大规模系统适应能力。时滞依赖稳定性判据因计算量过高而无法直接处理大规模时滞电力系统，因此必须对系统进行降阶至 100 阶左右。对于 Padé 近似方法得到的闭环时滞电力系统状态矩阵，可以利用其稀疏特性并应用位移-逆变换或凯莱变换，计算系统的部分关键特征值。对于部分谱离散化方法，采用位移-逆变换或旋转–放大预处理，并利用部分谱离散化矩阵和电力系统状态矩阵的稀疏特性，可以高效地计算得到系统的部分关键特征值。

(4) 状态变量维数。受限于鲁棒控制工具箱的处理能力，时滞依赖稳定性判据一般用于处理系统状态矩阵维数较小的情况。在基于 Padé 近似的特征值计算方法中，系统状态变量的维数为 $n+\sum_{i=1}^{m}k_i$。由表 20.1 可知，由于实际电力系统中大部分变量与时滞无关，部分谱离散化方法得到的无穷小生成元和解算子离散化矩阵的维数都接近于系统状态变量的维数 n。

(5) 计算量。时域法的计算量由 LMI 问题优化求解的计算量决定。由于降阶系统的状态变量的维数较小，时域法的计算量也较小。基于 Padé 近似的特征值计算方法的计算量与有理多项式阶数和时滞个数有关。当 $\sum_{i=1}^{m}k_i \ll n$ 时，该方法的计算量与常规无时滞电力系统特征值分析的计算量相当。由 20.1.2 节的分析可知，部分谱离散化方法的计算量接近于基于 Padé 近似的特征值计算方法的计算量，均与常规无时滞电力系统特征值分析的计算量相当。

21.4 算例分析

21.4.1 与 LKF 方法对比

本节在 11.2.1 节所述四机两区域系统上验证多重时滞依赖稳定性判据的保守性。开环电力系统的阶数为 56 阶。受限于 MATLAB 鲁棒控制工具箱的处理能力，这里采用 Schur 降阶方法对开环系统进行模型降阶，并在 0.1 ~ 2.5Hz 范围内对比降阶前后系统的频率响应，如图 21.3 所示。

由图 21.3 可知，当阶数取为 7 时，降阶系统与原始系统的幅频响应偏差较大。当降阶系统的阶数取为 8 或 9 时，其与原始系统在 0.1 ~ 2.5Hz 范围内的频率响应基本一致。因此，将降阶系统的阶数选择为 8 阶。

考虑在发电机 G_1 上装设广域 PSS，其结构和参数详见 20.2.1 节。广域控制回路的反馈时滞和输出时滞分别表示为 τ_1 和 τ_2。利用时滞依赖稳定性判据和部分谱离散化方法分别求解时滞稳定裕度，如表 21.3 所示，其中 $\theta=\arctan(\tau_2/\tau_1)$。由表 21.3 可知，基于时滞依赖稳定性判据得到时滞稳定裕度存在 3.86 % ~ 13.63 %

的保守性。

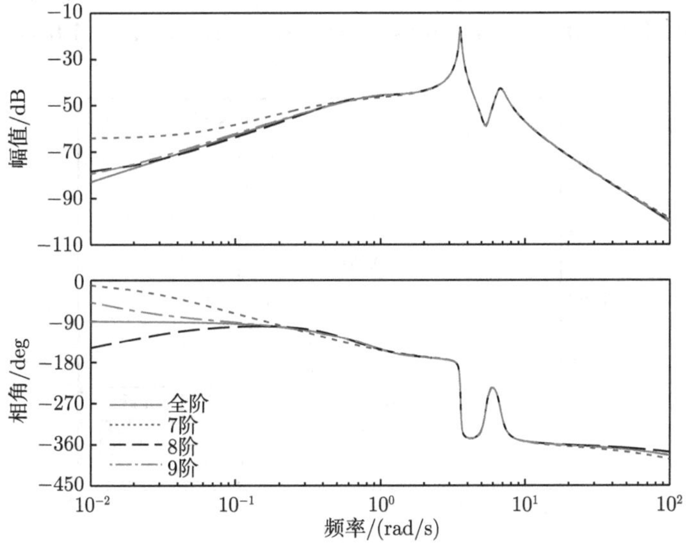

图 21.3 原始系统和降阶系统的频率响应

表 21.3 系统时滞稳定裕度计算结果

θ/°	时滞依赖稳定性判据		部分谱离散化方法		误差/%
	τ_1/s	τ_2/s	τ_1/s	τ_2/s	
0	0.2092	0	0.2176	0	3.86
10	0.1632	0.0287	0.1850	0.0326	11.78
20	0.1381	0.0503	0.1595	0.0581	13.42
30	0.1191	0.0688	0.1379	0.0796	13.63
40	0.1032	0.0866	0.1183	0.0993	12.76
50	0.0880	0.1049	0.0993	0.1183	11.39
60	0.0717	0.1242	0.0796	0.1379	9.92
70	0.0528	0.1451	0.0580	0.1594	8.97
80	0.0303	0.1718	0.0326	0.1849	7.06
90	0	0.2086	0	0.2176	4.14

21.4.2 与 Padé 近似对比

1. 四机两区域系统

本节利用四机两区域系统验证在大时滞情况下基于 Padé 近似的特征值计算方法的准确性。

系统的区间振荡模式及其估计值和局部振荡模式及其估计值随时滞变化的轨迹分别如图 21.4 和图 21.5 所示。图中，广域阻尼控制回路中的时滞 τ 依次取为 0.02s、0.05s、0.1s、0.2s、0.4s、0.6s、0.8s、1.0s、1.2s、1.4s、1.6s、1.8s 和 2.0s。

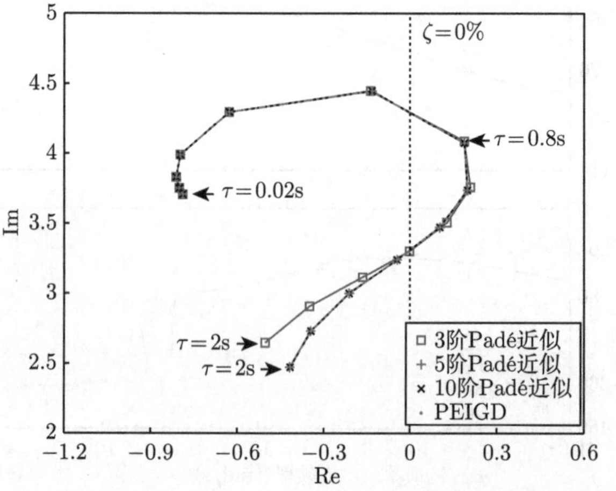

图 21.4　区间振荡模式及其估计值随时滞的变化轨迹

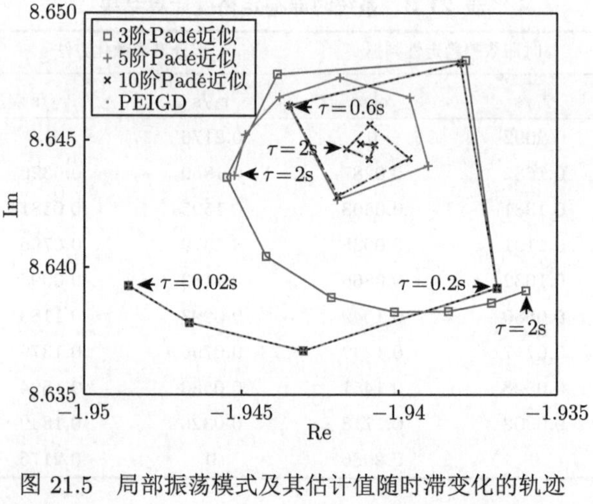

图 21.5　局部振荡模式及其估计值随时滞变化的轨迹

通过对比分析基于 PEIGD 和 Padé 近似的特征值计算方法的计算结果，可得如下两点。

(1) 当 $\tau > 0.8$s 时，3 阶 Padé 近似方法计算得到的区间振荡模式的估计值 $\hat{\lambda}$ 与 PEIGD 方法计算得到的准确特征值 λ 之间开始出现较为明显的分歧。相比较而言，当 τ 在 $0\sim2$s 范围内变化时，利用 5 阶 Padé 近似方法和 10 阶 Padé 近似方法计算得到的估计值 $\hat{\lambda}$ 与相应的精确值 λ 完全吻合。

(2) 3 阶 Padé 近似方法和 5 阶 Padé 近似方法计算得到的局部振荡模式的估计值 $\hat{\lambda}$ 与 PEIGD 方法计算得到的准确特征值 λ 之间开始出现较为明显的分歧时，对应的 τ 分别为 0.2s 和 0.6s。在上述全部 13 个时滞取值下，利用 10 阶 Padé 近似方法计算得到的估计值 $\hat{\lambda}$ 与相应的精确值 λ 基本吻合。

上述结果可以通过表 21.4 和表 21.5 所列区间振荡模式和局部振荡模式与 Padé 近似的估计误差相互印证。

表 21.4 不同时滞下，区间振荡模式及 Padé 近似的估计误差

τ/s	λ	绝对误差			相对误差/%		
		3 阶 Padé	5 阶 Padé	10 阶 Padé	3 阶 Padé	5 阶 Padé	10 阶 Padé
0.02	$-0.7893+\text{j}3.7064$	–	–	–	–	–	–
0.05	$-0.8013+\text{j}3.7519$	–	–	–	–	–	–
0.1	$-0.8117+\text{j}3.8302$	–	–	–	–	–	–
0.2	$-0.7972+\text{j}3.9894$	0.000001	–	–	0.000022	–	–
0.4	$-0.6285+\text{j}4.2971$	0.000200	–	–	0.004608	–	–
0.6	$-0.1325+\text{j}4.4473$	0.005170	0.000003	–	0.116200	0.000067	–
0.8	$0.1883+\text{j}4.0739$	0.012540	0.000017	–	0.307473	0.000412	–
1.0	$0.1990+\text{j}3.7370$	**0.023431**	0.000057	–	**0.626127**	0.001533	–
1.2	$0.1032+\text{j}3.4734$	**0.042254**	0.000169	–	**1.215963**	0.004874	–
1.4	$-0.0446+\text{j}3.2420$	**0.074808**	0.000443	–	**2.307212**	0.013667	–
1.6	$-0.2120+\text{j}2.9994$	**0.125785**	0.000923	–	**4.183230**	0.030681	–
1.8	$-0.3445+\text{j}2.7301$	**0.177760**	0.001290	–	**6.459885**	0.046877	0.000002
2.0	$-0.4161+\text{j}2.4733$	**0.195137**	0.001377	–	**7.780363**	0.054913	0.000001

因为局部振荡模式的频率高于区间振荡模式，由 21.2.1 节的分析可知，Padé 近似有理多项式对区间振荡模式相位逼近的准确性高于局部振荡模式。然而，对比表 21.4 和表 21.5 可知，在闭环情况下，由于时滞对区间振荡模式的影响大于局部振荡模式，基于 3 阶 Padé 近似的特征值计算方法对区间振荡模式的估计误差大于局部振荡模式。当阶数为 5 时，Padé 近似的特征值计算方法对区间振荡模式估计的绝对误差小于局部振荡模式，相对误差基本相当。

2. 山东电网

在山东电网上验证 100ms 和 500ms 量级时滞下基于 Padé 近似特征值计算方法的准确性。具体地，当广域 LQR 控制回路的时滞分别为 ① $\tau_1=90$ms，$\tau_2=100$ms；② $\tau_1=500$ms，$\tau_2=550$ms 时，利用 3 阶 Padé 近似方法、5 阶 Padé 近似方法和 PEIGD 方法分别计算位移点 $\lambda_s=\text{j}7,\ \text{j}13$ 附近的 $r=80$ 个特

征值，结果如图 21.6 和图 21.7 所示。

表 21.5　不同时滞下，局部振荡模式及 Padé 近似的估计误差

τ/s	λ	绝对误差			相对误差/%		
		3 阶 Padé	5 阶 Padé	10 阶 Padé	3 阶 Padé	5 阶 Padé	10 阶 Padé
0.02	$-1.9486+\text{j}8.6393$	–	–	–	–	–	–
0.05	$-1.9467+\text{j}8.6378$	–	–	–	–	–	–
0.1	$-1.9430+\text{j}8.6367$	–	–	–	–	–	–
0.2	$-1.9369+\text{j}8.6392$	0.000003	–	–	0.000039	–	–
0.4	$-1.9380+\text{j}8.6480$	**0.000200**	–	–	**0.002253**	–	–
0.6	$-1.9435+\text{j}8.6464$	**0.001301**	0.000015	–	**0.014679**	0.000170	–
0.8	$1.9419+\text{j}8.6428$	**0.003616**	**0.000154**	–	**0.040826**	**0.001743**	–
1.0	$1.9397+\text{j}8.6443$	**0.005966**	**0.000672**	–	**0.067344**	**0.007589**	–
1.2	$1.9409+\text{j}8.6456$	**0.006898**	**0.001647**	–	**0.077844**	**0.018585**	–
1.4	$-1.9417+\text{j}8.6447$	**0.006580**	**0.002820**	0.000001	**0.074262**	**0.031834**	0.000013
1.6	$-1.9409+\text{j}8.6442$	**0.006476**	**0.003757**	0.000007	**0.073095**	**0.042404**	0.000082
1.8	$-1.9407+\text{j}8.6448$	**0.007186**	**0.004165**	0.000031	**0.081104**	**0.047004**	0.000352
2.0	$-1.9411+\text{j}8.6449$	**0.007721**	**0.004288**	0.000096	**0.087148**	**0.048392**	0.001085

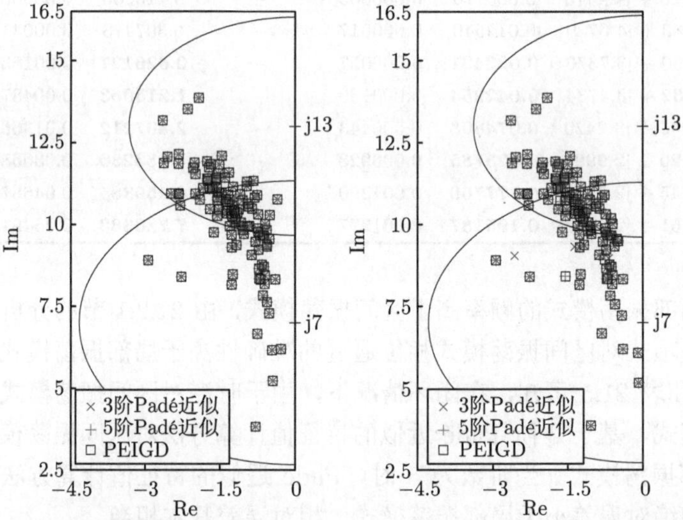

(a) $\tau_1=90$ ms, $\tau_2=100$ ms　　　(b) $\tau_1=500$ ms, $\tau_2=550$ ms

图 21.6　Padé 近似和 PEIGD 方法计算位移点 $\lambda_s=\text{j}7$, j13 附近的 $r=80$ 个特征值

由图 21.6(a) 可知，当控制回路时滞为 $\tau_1=90\text{ms}$，$\tau_2=100\text{ms}$ 时，基于 Padé 近似的特征值计算方法得到的计算结果与 PEIGD 方法完全吻合，其能够准确地计算得到系统的关键机电振荡模式。

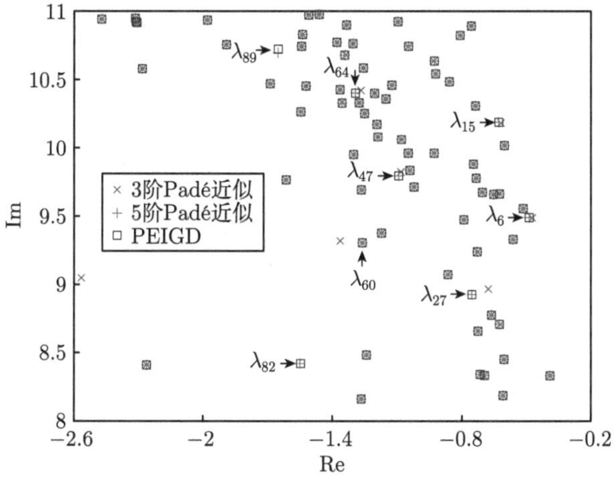

图 21.7 图 21.6(b) 的局部放大图

由图 21.6(b) 和图 21.7 可知，当控制回路时滞增加到 $\tau_1 = 500\text{ms}$，$\tau_2 = 550\text{ms}$ 时，基于 3 阶 Padé 近似的特征值计算方法在计算 λ_6、λ_{15}、λ_{47} 和 λ_{64} 时存在较小的误差。近似特征值 $\hat{\lambda}_{27} = -0.6763 + \text{j}8.966$ 的误差较大，在牛顿校正后，其收敛到准确特征值 $\lambda_{27} = -0.7537 + \text{j}8.925$。此外，基于 3 阶 Padé 近似的特征值计算方法未能得到精确特征值 $\lambda_{82} = -1.546 + \text{j}8.420$ 和 $\lambda_{89} = -1.650 + \text{j}10.723$ 的估计值。相反地，其计算得到两个虚假特征值 $-2.566+\text{j}9.049$ 和 $-1.363+\text{j}9.319$。以它们为牛顿迭代的初始值，它们最终收敛到 $\lambda_{118} = -2.939 + \text{j}8.912$ (图 21.7 中未给出) 和 $\lambda_{60} = -1.259 + \text{j}9.305$。

由上述分析可知，为了得到特征值 λ_{82} 和 λ_{89} 的估计值，需要 5 阶甚至更高阶数的 Padé 近似方法来逼近时滞。如图 21.6(b) 和图 21.7 所示，基于 5 阶 Padé 近似的特征值计算方法虽然不会得到虚假的特征值，但是其在估计 λ_{89} 时也存在明显的误差。

图 21.17 [illegible]

[illegible]

[illegible]

应 用 篇

第 22 章　基于不变子空间延拓的时滞电力系统特征值追踪

本章提出了基于不变子空间延拓的时滞电力系统特征值追踪方法[252]。首先，给出了参数和时滞变化时时滞电力系统的不变子空间方程；然后，给出了基于预测–校正的不变子空间求解方法；接着，将所提方法与基于摄动理论和牛顿校正的两种时滞电力系统特征值追踪方法进行了特性对比和分析；最后，利用 16 机 68 节点系统和山东电网验证了基于不变子空间延拓的时滞电力系统特征值追踪方法的有效性。

22.1　时滞电力系统特征值追踪的不变子空间延拓方法

22.1.1　不变子空间延拓的基本概念

利用不变子空间延拓 (continuation of invariant subspace，CIS) 技术，可以有效追踪电力系统关键特征值随参数变化的轨迹，进而用于确定系统的参数稳定裕度或优化控制器参数[253–256]。

对于系统状态矩阵 $\tilde{\boldsymbol{A}}(\boldsymbol{p}) \in \mathbb{R}^{n\times n}$，其 k 个特征向量 $\boldsymbol{v}_1$，$\boldsymbol{v}_2$，$\cdots$，$\boldsymbol{v}_k$ 可构成不变子空间 $\boldsymbol{\Phi}(\boldsymbol{p}) \in \mathbb{C}^{n\times k}$：

$$\tilde{\boldsymbol{A}}(\boldsymbol{p})\boldsymbol{\Phi}(\boldsymbol{p}) = \boldsymbol{\Phi}(\boldsymbol{p})\boldsymbol{\Lambda}(\boldsymbol{p}) \tag{22.1}$$

式中，$\boldsymbol{p} = \left[p_1,\ p_2,\ \cdots,\ p_{n_p}\right]^{\mathrm{T}} \in \mathbb{R}^{n_p\times 1}$ 为可变参数向量，n_p 为可变参数的个数；$\boldsymbol{\Lambda}(\boldsymbol{p}) \in \mathbb{C}^{k\times k}$ 为对角阵，其对角元素 λ_1，λ_2，$\cdots$，λ_k 为与 $\boldsymbol{\Phi}(\boldsymbol{p})$ 对应的特征值。

当 $\tilde{\boldsymbol{A}}(\boldsymbol{p})$ 随参数 $\boldsymbol{p}$ 连续变化时，不变子空间 $\boldsymbol{\Phi}(\boldsymbol{p})$ 也随之连续变化。因此，求解式 (22.1) 便能够可靠地追踪目标特征值 λ_1，λ_2，$\cdots$，λ_k 的变化轨迹。然而，式 (22.1) 中具有 $(n+1)\times k$ 个未知量，但却仅能展开 $n\times k$ 个方程。也就是说，由于方程数少于待求量个数，式 (22.1) 为欠定方程组。为了得到未知量的唯一解，需补充 k 个方程使之成为适定方程组。为此，可增加不变子空间 $\boldsymbol{\Phi}(\boldsymbol{p})$ 的归一化方程[200,257]：

$$\tilde{\boldsymbol{\Phi}}^{\mathrm{H}}\boldsymbol{\Phi}(\boldsymbol{p}) = \boldsymbol{I}_k \tag{22.2}$$

式中，$\tilde{\boldsymbol{\Phi}} \in \mathbb{C}^{n\times k}$ 为秩为 k 的常数矩阵。

22.1.2 不变子空间方程

令 $\boldsymbol{\tau}=[\tau_1,\ \tau_2,\ \cdots,\ \tau_m]^{\mathrm{T}}\in\mathbb{R}^{m\times 1}$ 表示可变时滞向量，当 $\boldsymbol{p}$ 和 $\boldsymbol{\tau}$ 变化时，时滞电力系统特征方程式 (3.10) 的系数矩阵可重写为

$$\tilde{\boldsymbol{A}}(\lambda,\ \boldsymbol{p},\ \boldsymbol{\tau})=\tilde{\boldsymbol{A}}_0(\boldsymbol{p})+\sum_{i=1}^{m}\tilde{\boldsymbol{A}}_i(\boldsymbol{p})\mathrm{e}^{-\lambda(\boldsymbol{p},\ \boldsymbol{\tau})\tau_i} \tag{22.3}$$

将 $\tilde{\boldsymbol{A}}(\lambda,\ \boldsymbol{p},\ \boldsymbol{\tau})$ 进一步展开为

$$\tilde{\boldsymbol{A}}(\lambda,\ \boldsymbol{p},\ \boldsymbol{\tau})=\boldsymbol{A}(\lambda,\ \boldsymbol{p},\ \boldsymbol{\tau})-\boldsymbol{B}(\lambda,\ \boldsymbol{p},\ \boldsymbol{\tau})\boldsymbol{D}^{-1}(\boldsymbol{p})\boldsymbol{C}(\boldsymbol{p}) \tag{22.4}$$

式中

$$\begin{cases}\boldsymbol{A}(\lambda,\ \boldsymbol{p},\ \boldsymbol{\tau})=\boldsymbol{A}_0(\boldsymbol{p})+\displaystyle\sum_{i=1}^{m}\boldsymbol{A}_i(\boldsymbol{p})\mathrm{e}^{-\lambda(\boldsymbol{p},\ \boldsymbol{\tau})\tau_i}\\ \boldsymbol{B}(\lambda,\ \boldsymbol{p},\ \boldsymbol{\tau})=\boldsymbol{B}_0(\boldsymbol{p})+\displaystyle\sum_{i=1}^{m}\boldsymbol{B}_i(\boldsymbol{p})\mathrm{e}^{-\lambda(\boldsymbol{p},\ \boldsymbol{\tau})\tau_i}\\ \boldsymbol{C}(\boldsymbol{p})=\boldsymbol{C}_0(\boldsymbol{p}),\ \boldsymbol{D}(\boldsymbol{p})=\boldsymbol{D}_0(\boldsymbol{p})\end{cases} \tag{22.5}$$

由于指数项的存在，$\tilde{\boldsymbol{A}}$ 不仅与 $\boldsymbol{p}$ 和 $\boldsymbol{\tau}$ 相关，还与 $(\boldsymbol{p},\ \boldsymbol{\tau})$ 处系统的特征值 λ 相关。在此情况下，可针对某个特征值 λ 构造一维不变子空间[252]：

$$\begin{cases}\tilde{\boldsymbol{A}}(\lambda,\ \boldsymbol{p},\ \boldsymbol{\tau})\boldsymbol{v}(\boldsymbol{p},\ \boldsymbol{\tau})=\lambda(\boldsymbol{p},\ \boldsymbol{\tau})\boldsymbol{v}(\boldsymbol{p},\ \boldsymbol{\tau})\\ \tilde{\boldsymbol{v}}^{\mathrm{H}}\boldsymbol{v}(\boldsymbol{p},\ \boldsymbol{\tau})=1\end{cases} \tag{22.6}$$

式中，$\boldsymbol{v}\in\mathbb{C}^{n\times 1}$ 为与 λ 对应的特征向量；$\tilde{\boldsymbol{v}}=[1,\ 0,\ \cdots,\ 0]^{\mathrm{T}}\in\mathbb{R}^{n\times 1}$。

22.1.3 预测–校正求解方法

本节采用预测–校正方法来求解式 (22.6) 中的 $\lambda(\boldsymbol{p},\ \boldsymbol{\tau})$ 和 $\boldsymbol{v}(\boldsymbol{p},\ \boldsymbol{\tau})$。其中，预测步根据一阶导数信息得到 $\lambda(\boldsymbol{p},\ \boldsymbol{\tau})$ 和 $\boldsymbol{v}(\boldsymbol{p},\ \boldsymbol{\tau})$ 的估计值；校正步以估计值为初值，通过迭代得到相应的精确值。

1. 预测步

在参数和时滞取初值，即 $(\boldsymbol{p},\ \boldsymbol{\tau})=(\boldsymbol{p}_0,\ \boldsymbol{\tau}_0)$ 处，式 (22.6) 的全微分为

$$\begin{cases}\tilde{\boldsymbol{A}}(\lambda_0,\ \boldsymbol{p}_0,\ \boldsymbol{\tau}_0)\dot{\boldsymbol{v}}_j(\boldsymbol{p}_0,\ \boldsymbol{\tau}_0)+\dot{\tilde{\boldsymbol{A}}}_j(\lambda_0,\ \boldsymbol{p}_0,\ \boldsymbol{\tau}_0)\boldsymbol{v}_0=\lambda_0\dot{\boldsymbol{v}}_j(\boldsymbol{p}_0,\ \boldsymbol{\tau}_0)+\dot{\lambda}_j(\boldsymbol{p}_0,\ \boldsymbol{\tau}_0)\boldsymbol{v}_0,\\ \tilde{\boldsymbol{v}}^{\mathrm{H}}\dot{\boldsymbol{v}}_j(\boldsymbol{p}_0,\ \boldsymbol{\tau}_0)=0,\ j=1,\ 2,\ \cdots,\ n_p,\ n_p+1,\ \cdots,\ n_p+m\end{cases} \tag{22.7}$$

式中，$\lambda_0=\lambda(\boldsymbol{p}_0,\ \boldsymbol{\tau}_0)$，$\boldsymbol{v}_0=\boldsymbol{v}(\boldsymbol{p}_0,\ \boldsymbol{\tau}_0)$；$\dot{\lambda}_j(\boldsymbol{p}_0,\ \boldsymbol{\tau}_0)$，$\dot{\boldsymbol{v}}_j(\boldsymbol{p}_0,\ \boldsymbol{\tau}_0)$ 和 $\dot{\tilde{\boldsymbol{A}}}_j(\lambda_0,\ \boldsymbol{p}_0,\ \boldsymbol{\tau}_0)$ 分别表示 $\lambda(\boldsymbol{p},\ \boldsymbol{\tau})$，$\boldsymbol{v}(\boldsymbol{p},\ \boldsymbol{\tau})$ 和 $\tilde{\boldsymbol{A}}(\lambda,\ \boldsymbol{p},\ \boldsymbol{\tau})$ 对参数 p_j $(j=1,\ 2,\ \cdots,\ n_p)$ 和时滞 τ_{j-n_p} $(j=n_p+1,\ n_p+2,\ \cdots,\ n_p+m)$ 的偏导数在 $(\boldsymbol{p}_0,\ \boldsymbol{\tau}_0)$ 处的值。

$$
\begin{cases}
\dot{\tilde{\boldsymbol{A}}}_j(\lambda_0,\ \boldsymbol{p}_0,\ \boldsymbol{\tau}_0)=\left.\dfrac{\partial\tilde{\boldsymbol{A}}(\lambda,\ \boldsymbol{p},\ \boldsymbol{\tau})}{\partial p_j}\right|_{\boldsymbol{p}=\boldsymbol{p}_0,\ \boldsymbol{\tau}=\boldsymbol{\tau}_0},\ j=1,\ 2,\ \cdots,\ n_p\\
\qquad=\dot{\tilde{\boldsymbol{A}}}_{0,j}(\boldsymbol{p}_0)+\displaystyle\sum_{i=1}^{m}\left(\dot{\tilde{\boldsymbol{A}}}_{i,j}(\boldsymbol{p}_0)\mathrm{e}^{-\lambda_0\tau_i}-\tilde{\boldsymbol{A}}_i(\boldsymbol{p}_0)\dot{\lambda}_j(\boldsymbol{p}_0,\ \boldsymbol{\tau}_0)\tau_i\mathrm{e}^{-\lambda_0\tau_i}\right)\\
\dot{\tilde{\boldsymbol{A}}}_j(\lambda_0,\ \boldsymbol{p}_0,\ \boldsymbol{\tau}_0)=\left.\dfrac{\partial\tilde{\boldsymbol{A}}(\lambda,\ \boldsymbol{p},\ \boldsymbol{\tau})}{\partial \tau_{j-n_p}}\right|_{\boldsymbol{p}=\boldsymbol{p}_0,\ \boldsymbol{\tau}=\boldsymbol{\tau}_0},\ j=n_p+1,\ n_p+2,\ \cdots,\ n_p+m\\
\qquad=-\displaystyle\sum_{i=1}^{m}\tilde{\boldsymbol{A}}_i(\boldsymbol{p}_0)\dot{\lambda}_j(\boldsymbol{p}_0,\ \boldsymbol{\tau}_0)\tau_i\mathrm{e}^{-\lambda_0\tau_i}-\tilde{\boldsymbol{A}}_j(\boldsymbol{p}_0)\lambda_0\mathrm{e}^{-\lambda_0\tau_{j-n_p}}
\end{cases}
\tag{22.8}
$$

其中，$\dot{\tilde{\boldsymbol{A}}}_{i,j}(\boldsymbol{p}_0)=\left.\frac{\partial\tilde{\boldsymbol{A}}_i(\boldsymbol{p})}{\partial p_j}\right|_{\boldsymbol{p}=\boldsymbol{p}_0}$，$i=0,\ 1,\ \cdots,\ m$；$j=1,\ 2,\ \cdots,\ n_p$。

令 $\varDelta_{0j}=\dot{\lambda}_j(\boldsymbol{p}_0,\ \boldsymbol{\tau}_0)\in\mathbb{C}$ 和 $\boldsymbol{H}_{0j}=\dot{\boldsymbol{v}}_j(\boldsymbol{p}_0,\ \boldsymbol{\tau}_0)\in\mathbb{C}^{n\times 1}$ $(j=1,\ 2,\ \cdots,\ n_p,\ n_p+1,\ \cdots,\ n_p+m)$，同时代入式 (22.8)，则式 (22.7) 可重写为如下的矩阵形式：

$$
\begin{bmatrix}\tilde{\boldsymbol{A}}(\lambda_0,\ \boldsymbol{p}_0,\ \boldsymbol{\tau}_0)\boldsymbol{H}_{0j}-\lambda_0\boldsymbol{H}_{0j}-\varDelta_{0j}\boldsymbol{K}(\lambda_0,\ \boldsymbol{p}_0,\ \boldsymbol{\tau}_0)\boldsymbol{v}_0\\ \tilde{\boldsymbol{v}}^{\mathrm{H}}\boldsymbol{H}_{0j}\end{bmatrix}=\begin{bmatrix}-\boldsymbol{R}_j(\lambda_0,\ \boldsymbol{p}_0,\ \boldsymbol{\tau}_0)\boldsymbol{v}_0\\ 0\end{bmatrix}
\tag{22.9}
$$

式中，$\boldsymbol{K}(\lambda_0,\ \boldsymbol{p}_0,\ \boldsymbol{\tau}_0)=\boldsymbol{I}_n+\sum\limits_{i=1}^{m}\tilde{\boldsymbol{A}}_i(\boldsymbol{p}_0)\tau_i\mathrm{e}^{-\lambda_0\tau_i}\in\mathbb{C}^{n\times n}$；$\boldsymbol{R}_j(\lambda_0,\ \boldsymbol{p}_0,\ \boldsymbol{\tau}_0)\in\mathbb{C}^{n\times n}$ 的表达式为

$$
\boldsymbol{R}_j(\lambda_0,\ \boldsymbol{p}_0,\ \boldsymbol{\tau}_0)=\begin{cases}\dot{\tilde{\boldsymbol{A}}}_{0,j}(\boldsymbol{p}_0)+\displaystyle\sum_{i=1}^{m}\dot{\tilde{\boldsymbol{A}}}_{i,j}(\boldsymbol{p}_0)\mathrm{e}^{-\lambda_0\tau_i},\quad j=1,\ 2,\ \cdots,\ n_p\\ \tilde{\boldsymbol{A}}_j(\boldsymbol{p}_0)\lambda_0\mathrm{e}^{-\lambda_0\tau_{j-n_p}},\quad j=n_p+1,\ n_p+2,\ \cdots,\ n_p+m\end{cases}
\tag{22.10}
$$

求解式 (22.9) 可以得到 $\varDelta_{0j}$ 和 $\boldsymbol{H}_{0j}$ $(j=1,\ 2,\ \cdots,\ n_p,\ n_p+1,\ \cdots,\ n_p+m)$，并可根据式 (22.11) 进一步得到参数 $\boldsymbol{p}$ 和时滞 $\boldsymbol{\tau}$ 变化后 $\lambda(\boldsymbol{p},\ \boldsymbol{\tau})$ 和 $\boldsymbol{v}(\boldsymbol{p},\ \boldsymbol{\tau})$ 的估

计值。

$$\begin{cases} \boldsymbol{p}=\boldsymbol{p}_0+\mathrm{d}\boldsymbol{p} \\ \boldsymbol{\tau}=\boldsymbol{\tau}_0+\mathrm{d}\boldsymbol{\tau} \\ \hat{\lambda}=\lambda_0+\sum\limits_{j=1}^{n_p}\mathrm{d}p_j\times\varDelta_{0j}+\sum\limits_{j=n_p+1}^{n_p+m}\mathrm{d}\tau_{j-n_p}\times\varDelta_{0j} \\ \hat{\boldsymbol{v}}=\boldsymbol{v}_0+\sum\limits_{j=1}^{n_p}\mathrm{d}p_j\times\boldsymbol{H}_{0j}+\sum\limits_{j=n_p+1}^{n_p+m}\mathrm{d}\tau_{j-n_p}\times\boldsymbol{H}_{0j} \end{cases} \tag{22.11}$$

式中，$\mathrm{d}\boldsymbol{p}=\left[\mathrm{d}p_1,\ \mathrm{d}p_2,\ \cdots,\ \mathrm{d}p_{n_p}\right]\in\mathbb{R}^{n_p\times 1}$ 和 $\mathrm{d}\boldsymbol{\tau}=\left[\mathrm{d}\tau_1,\ \mathrm{d}\tau_2,\ \cdots,\ \mathrm{d}\tau_m\right]\in\mathbb{R}^{m\times 1}$ 分别为参数和时滞的变化量。

2. 校正步

以 $(\hat{\lambda},\ \hat{\boldsymbol{v}})$ 为初值，可以采用牛顿法迭代得到参数 $\boldsymbol{p}$ 和时滞 $\boldsymbol{\tau}$ 变化后 $\lambda(\boldsymbol{p},\ \boldsymbol{\tau})$ 和 $\boldsymbol{v}(\boldsymbol{p},\ \boldsymbol{\tau})$ 的精确值。

将式 (22.6) 进行线性化，可得到牛顿法的修正方程式：

$$\begin{bmatrix}\tilde{\boldsymbol{A}}(\lambda^{(k)},\ \boldsymbol{p},\ \boldsymbol{\tau})\boldsymbol{v}^{(k+1)}-\lambda^{(k)}\boldsymbol{v}^{(k+1)}-\lambda^{(k+1)}\boldsymbol{v}^{(k)} \\ \tilde{\boldsymbol{v}}^{\mathrm{H}}\boldsymbol{v}^{(k+1)}\end{bmatrix}=\begin{bmatrix}-\lambda^{(k)}\boldsymbol{v}^{(k)} \\ 1\end{bmatrix} \tag{22.12}$$

式中，上标 (k) 和 $(k+1)$ 分别表示第 k 次和第 $k+1$ 次迭代，当 $k=0$ 时，有 $\lambda^{(0)}=\hat{\lambda}$ 和 $\boldsymbol{v}^{(0)}=\hat{\boldsymbol{v}}$；$\tilde{\boldsymbol{v}}=\hat{\boldsymbol{v}}$ 在迭代过程中保持不变。

给定收敛精度 ε，式 (22.12) 的收敛条件为

$$\max\left\{\left|\lambda^{(k+1)}-\lambda^{(k)}\right|,\ \left\|\boldsymbol{v}^{(k+1)}-\boldsymbol{v}^{(k)}\right\|\right\}\leqslant\varepsilon \tag{22.13}$$

22.1.4 高效稀疏实现

式 (22.9) 和式 (22.12) 均包含 $n+1$ 个未知量和方程，并具有以下形式：

$$\begin{bmatrix}\tilde{\boldsymbol{A}}-\lambda\boldsymbol{I}_n & -\boldsymbol{v} \\ \tilde{\boldsymbol{v}}^{\mathrm{H}} & 0\end{bmatrix}\begin{bmatrix}\boldsymbol{H} \\ \varDelta\end{bmatrix}=\begin{bmatrix}\boldsymbol{F} \\ G\end{bmatrix} \tag{22.14}$$

式中，$\tilde{\boldsymbol{A}}\in\mathbb{C}^{n\times n}$、$\varDelta\in\mathbb{C}$、$\boldsymbol{H}\in\mathbb{C}^{n\times 1}$、$\lambda\in\mathbb{C}$、$\boldsymbol{v}\in\mathbb{C}^{n\times 1}$、$\boldsymbol{F}\in\mathbb{C}^{n\times 1}$ 和 $G\in\mathbb{R}$ 在式 (22.9) 和式 (22.12) 中的对应关系如表 22.1 所示。

表 22.1 式 (22.14) 与式 (22.9) 和式 (22.12) 各矩阵的对应关系

	$\tilde{\boldsymbol{A}}$	Δ	$\boldsymbol{H}$	λ	$\boldsymbol{v}$	$\boldsymbol{F}$	G
式 (22.9)	$\tilde{\boldsymbol{A}}(\lambda_0,\ \boldsymbol{p}_0,\ \boldsymbol{\tau}_0)$	Δ_{0j}	$\boldsymbol{H}_{0j}$	λ_0	$\boldsymbol{K}(\lambda_0,\ \boldsymbol{p}_0,\ \boldsymbol{\tau}_0)\boldsymbol{v}_0$	$-\boldsymbol{R}_j(\lambda_0,\ \boldsymbol{p}_0,\ \boldsymbol{\tau}_0)\boldsymbol{v}_0$	0
式 (22.12)	$\tilde{\boldsymbol{A}}(\lambda^{(k)},\ \boldsymbol{p},\ \boldsymbol{\tau})$	$\lambda^{(k+1)}$	$\boldsymbol{v}^{(k+1)}$	$\lambda^{(k)}$	$\boldsymbol{v}^{(k)}$	$-\lambda^{(k)}\boldsymbol{v}^{(k)}$	1

实际大规模电力系统的状态矩阵 $\tilde{\boldsymbol{A}}$ 为稠密矩阵，直接求解式 (22.14) 的计算效率低。为此，定义 $\boldsymbol{L} = -\boldsymbol{D}^{-1}\boldsymbol{C}\boldsymbol{H} \in \mathbb{C}^{l\times 1}$，进而将式 (22.14) 可改写为如下的增广形式：

$$\begin{bmatrix} \boldsymbol{A}-\lambda\boldsymbol{I}_n & \boldsymbol{B} & -\boldsymbol{v} \\ \boldsymbol{C} & \boldsymbol{D} & \boldsymbol{0} \\ \tilde{\boldsymbol{v}}^{\mathrm{H}} & \boldsymbol{0} & 0 \end{bmatrix} \begin{bmatrix} \boldsymbol{H} \\ \boldsymbol{L} \\ \Delta \end{bmatrix} = \begin{bmatrix} \boldsymbol{F} \\ \boldsymbol{0} \\ G \end{bmatrix} \tag{22.15}$$

由于系统增广状态矩阵 $\boldsymbol{A}$、$\boldsymbol{B}$、$\boldsymbol{C}$ 和 $\boldsymbol{D}$ 高度稀疏，故可以直接对式 (22.15) 等号左侧的系数矩阵进行 LU 分解，进而高效地计算 Δ 和 $\boldsymbol{H}$。

22.1.5 算法流程

(1) 输入：给定时滞系统增广状态矩阵 $\boldsymbol{A}_i(\boldsymbol{p})$、$\boldsymbol{B}_i(\boldsymbol{p})$、$\boldsymbol{C}_0(\boldsymbol{p})$ 和 $\boldsymbol{D}_0(\boldsymbol{p})$ $(i = 0,\ 1,\ \cdots,\ m)$，初始参数 $\boldsymbol{p}_0$ 和时滞 $\boldsymbol{\tau}_0$，变化步长 $\mathrm{d}\boldsymbol{p}$ 和 $\mathrm{d}\boldsymbol{\tau}$，收敛精度 ε，参数变化总次数 N_{Track}，参数变化次数计数 $\ell = 0$。

(2) 初始化：利用 PIGD 类或 PSOD 类特征值计算方法计算得到所关注的目标特征值 λ_0 和相应的特征向量 $\boldsymbol{v}_0$。

(3) 构造不变子空间方程：根据式 (22.5) 形成矩阵 $\boldsymbol{A}(\lambda_0,\ \boldsymbol{p}_0,\ \boldsymbol{\tau}_0)$、$\boldsymbol{B}(\lambda_0,\ \boldsymbol{p}_0,\ \boldsymbol{\tau}_0)$、$\boldsymbol{C}(\boldsymbol{p}_0)$ 和 $\boldsymbol{D}(\boldsymbol{p}_0)$，进而构造参数和时滞变化时系统的不变子空间方程式 (22.6)，为基于预测–校正方法的特征值追踪奠定模型基础。

(4) 预测步：首先，构造预测步方程式 (22.9)，进而求解得到 Δ_{0j} 和 $\boldsymbol{H}_{0j}$ 的取值；然后，根据式 (22.11) 计算参数和时滞分别变化 $\mathrm{d}\boldsymbol{p}$ 和 $\mathrm{d}\boldsymbol{\tau}$ 后目标特征值 λ 和特征向量 $\boldsymbol{v}$ 的估计值，即 $\hat{\lambda}$ 和 $\hat{\boldsymbol{v}}$。

(5) 校正步：以 $(\hat{\lambda},\ \hat{\boldsymbol{v}})$ 为初值，通过迭代求解牛顿修正方程式 (22.12)，得到 $\boldsymbol{p}$ 和 $\boldsymbol{\tau}$ 分别变化 $\mathrm{d}\boldsymbol{p}$ 和 $\mathrm{d}\boldsymbol{\tau}$ 后 λ 和 $\boldsymbol{v}$ 的精确值，即 $\lambda(\boldsymbol{p}_0 + \mathrm{d}\boldsymbol{p},\ \boldsymbol{\tau}_0 + \mathrm{d}\boldsymbol{\tau})$ 和 $\boldsymbol{v}(\boldsymbol{p}_0 + \mathrm{d}\boldsymbol{p},\ \boldsymbol{\tau}_0 + \mathrm{d}\boldsymbol{\tau})$。

(6) 输出：输出特征值 $\lambda^{(\ell+1)} = \lambda(\boldsymbol{p}_0 + \mathrm{d}\boldsymbol{p},\ \boldsymbol{\tau}_0 + \mathrm{d}\boldsymbol{\tau})$ 和相应的特征向量 $\boldsymbol{v}^{(\ell+1)} = \boldsymbol{v}(\boldsymbol{p}_0 + \mathrm{d}\boldsymbol{p},\ \boldsymbol{\tau}_0 + \mathrm{d}\boldsymbol{\tau})$。

(7) 更新：将 $\boldsymbol{p}_0$ 和 $\boldsymbol{\tau}_0$ 分别更新为 $\boldsymbol{p}_0 + \mathrm{d}\boldsymbol{p}$ 和 $\boldsymbol{\tau}_0 + \mathrm{d}\boldsymbol{\tau}$，并将 λ_0、$\boldsymbol{v}_0$ 和 ℓ 分别更新为 $\lambda^{(\ell+1)}$、$\boldsymbol{v}^{(\ell+1)}$ 和 $\ell + 1$。若 $\ell \leqslant N_{\mathrm{Track}}$，返回步骤 (3)；否则，特征值追踪结束。

22.2　其他特征值追踪方法

22.2.1　基于摄动理论的特征值追踪

文献 [258] 提出了一种基于摄动理论的时滞电力系统特征值追踪方法。其解决的问题是：若第 $\ell+1$ ($\ell=0, 1, \cdots$) 次系统参数或时滞变化前后所关注的系统部分特征值 $\lambda^{(\ell)}$ 和 $\lambda^{(\ell+1)}$ 皆已由部分谱离散化特征值计算方法计算得到，如何建立这两组特征值之间的一一对应关系。基于摄动理论的时滞电力系统特征值追踪方法的步骤如下。

(1) 特征值估计：根据参数或时滞变化前时滞电力系统的目标特征值集合 $\lambda^{(\ell)}$ 及其对应的左、右特征向量 $\boldsymbol{u}^{(\ell)}$ 和 $\boldsymbol{v}^{(\ell)}$，由矩阵摄动理论计算得到参数或时滞变化后相应的时滞电力系统特征值 $\lambda^{(\ell+1)}$ 的估计值 $\hat{\lambda}^{(\ell+1)}$ (详见 3.1.5 节)。$\lambda^{(\ell)}$ 和 $\hat{\lambda}^{(\ell+1)}$ 之间的对应关系是明确的。

(2) 特征值匹配：针对参数或时滞变化后时滞电力系统的特征值估计值集合中的每一个 $\hat{\lambda}^{(\ell+1)}$，扫描其与精确特征值集合中所有特征值 $\lambda^{(\ell+1)}$ 之间的欧氏距离 $|\hat{\lambda}^{(\ell+1)}-\lambda^{(\ell+1)}|$，并将距离最小者作为与之对应的精确特征值，从而确定 $\lambda^{(\ell+1)}$ 和 $\hat{\lambda}^{(\ell+1)}$ 的对应关系。

(3) 以 $\hat{\lambda}^{(\ell+1)}$ 为中间纽带，建立第 $\ell+1$ ($\ell=0, 1, \cdots$) 次参数或时滞变化前和变化后所关注的系统部分特征值 $\lambda^{(\ell)}$ 和 $\lambda^{(\ell+1)}$ 之间的一一对应关系，从而实现了参数或时滞变化时对时滞电力系统特征值的追踪。

22.2.2　基于牛顿校正的特征值追踪

文献 [259] 提出了一种基于牛顿校正的时滞电力系统特征值追踪方法，其步骤如下。

(1) 将第 ℓ 次参数或时滞变化后追踪得到的系统特征值 $\lambda^{(\ell)}$ 和相应的特征向量 $\boldsymbol{v}^{(\ell)}$，作为第 $\ell+1$ 次参数或时滞变化时系统特征值和特征向量的初始估计值。

(2) 利用牛顿法求解如式 (22.12) 所示的修正方程式，得到系统的准确特征值 $\lambda^{(\ell+1)}$ 和相应的特征向量 $\boldsymbol{v}^{(\ell+1)}$，从而实现第 $\ell+1$ 次参数或时滞变化后对时滞电力系统特征值的追踪。

22.2.3　特性对比与分析

对比分析基于不变子空间延拓、摄动理论和牛顿校正的 3 种时滞电力系统特征值追踪方法的特性，可以得到以下结论。

(1) 基于不变子空间延拓的特征值跟踪方法包含预测步和校正步。由于预测步为校正步提供了良好的初值，基于不变子空间延拓的特征值跟踪方法的校正步能够快速、可靠地追踪到参数或时滞变化后的目标特征值和相应的特征向量。

(2) 基于摄动理论的特征值追踪方法中对目标特征值的摄动，与基于不变子空间延拓的特征值跟踪方法中的预测步的作用类似，可以视为一个预测步。基于牛顿校正的特征值追踪方法，与基于不变子空间延拓的特征值跟踪方法中校正步的作用相同，可以视为一个校正步。当采用相同的参数或时滞变化步长时，基于牛顿校正的特征值追踪方法在某些特殊情况下 (如模式谐振[260]) 的可靠性可能不及基于不变子空间延拓的特征值追踪方法。

(3) 基于摄动理论的特征值追踪方法的前提是已知参数或时滞变化前后系统目标特征值和相应的特征向量。或者说，每当参数或时滞变化后，基于摄动理论的特征值追踪方法需要重新计算特征值和对应的特征向量。对于基于不变子空间延拓和基于牛顿校正的特征值追踪方法，只需要在初始状态以及为了避免误差累积效应在某些特定参数/时滞点处重新计算系统的目标特征值和相应的特征向量。因此，与前者相比，后两种特征值追踪方法的效率更高。

22.3 算例分析

本节利用 16 机 68 节点系统和山东电网来验证基于不变子空间延拓的时滞电力系统特征值追踪方法，在 WADC 参数和广域通信时滞变化情况下的准确性和可靠性。

22.3.1 16 机 68 节点系统

16 机 68 节点系统所装设的两台 WADC 的初始参数相同，即 $K_{\mathrm{S}} = 30$、$T_{\mathrm{W}} = 10\mathrm{s}$、$T_1 = T_3 = 0.3\mathrm{s}$ 和 $T_2 = T_4 = 0.04\mathrm{s}$。广域阻尼控制回路的时滞分别为 $\tau_1 = 250\mathrm{ms}$ 和 $\tau_2 = 210\mathrm{ms}$。这里将 K_{S} 和 T_1 (T_3) 选为可变参数，将 τ_1 和 τ_2 选为可变时滞。

利用部分谱离散化特征值计算方法得到系统的 15 个机电振荡模式，进而分别计算它们对参数和时滞的灵敏度，如表 22.2 所示。可以发现：首先，参数 $T_{1,1}$ 和 $T_{3,1}$ 的特征值灵敏度相等，$T_{1,2}$ 和 $T_{3,2}$ 的灵敏度相等；其次，特征值对 T_1 和 T_3 的灵敏度显著地大于对 K_{S} 的灵敏度。因此，针对参数变化时的特征值追踪，需要对 T_1 和 T_3 选择较小的步长；最后，特征值对时滞 τ_1 和 τ_2 的灵敏度大于特征值对参数 T_1 和 T_3 的灵敏度，因此需要选择更小的变化步长。

1. WADC 参数变化时的特征值追踪

将参数 K_{S} 和 T_1 (T_3) 分别以 0.01s 和 0.005s 为步长连续增加 50 步。在此过程中，利用基于不变子空间延拓的时滞电力系统特征值追踪方法，得到系统的全部机电振荡模式，$\lambda_1 \sim \lambda_{15}$ 的变化轨迹，如图 22.1 所示。图中，λ_0 表示参数

表 22.2　初始参数和时滞下系统的机电振荡模式及其灵敏度

k	λ_k	特征值对 WADC 参数的灵敏度				特征值对时滞的灵敏度	
		$\frac{\partial\lambda_k}{\partial K_{S,1}}$	$\frac{\partial\lambda_k}{\partial T_{1,1}}, \frac{\partial\lambda_k}{\partial T_{3,1}}$	$\frac{\partial\lambda_k}{\partial K_{S,2}}$	$\frac{\partial\lambda_k}{\partial T_{1,2}}, \frac{\partial\lambda_k}{\partial T_{3,2}}$	$\frac{\partial\lambda_k}{\partial\tau_1}$	$\frac{\partial\lambda_k}{\partial\tau_2}$
1	−0.01±j2.52	−3.8E-4±j2.3E-3	0.12∓j0.06	−2.7E-4±j9.1E-3	0.44∓j0.31	−0.17∓j0.03	−0.68∓j0.02
2	−0.36±j3.74	0.01±j0.01	−0.28∓j1.31	3.1E-4±j6.1E-3	0.29∓j0.33	−1.22±j1.49	−0.63∓j0.03
3	−0.10±j3.09	4.3E-5±j3.8E-4	0.02∓j0.02	−1.8E-4±j3.0E-4	0.02∓j4.3E-3	−0.04±j3.2E-3	−0.03∓j0.02
4	−0.21±j4.94	−1.1E-5±j1.8E-5	2.0E-3∓j7.1E-4	4.8E-5±j3.5E-5	−2.1E-3∓j5.4E-3	−3.4E-3∓j2.2E-3	−5.2E-3±j7.1E-3
5	−0.38±j7.97	−2.7E-5∓j1.1E-4	−2.1E-3±j0.01	−9.0E-5∓j1.6E-4	2.3E-3±j0.02	0.03∓j5.3E-3	0.04∓j0.02
6	−0.41±j7.15	1.4E-5∓j2.8E-6	−1.3E-3∓j7.9E-4	2.3E-5±j1.1E-6	−2.4E-3∓j1.2E-3	−1.0E-3±j3.1E-3	−1.0E-3±j5.2E-3
7	−0.37±j6.05	2.3E-3∓j3.0E-3	−0.26±j0.13	4.3E-3∓j8.5E-4	−0.39∓j0.13	0.46±j0.36	0.11±j0.82
8	−0.48±j7.78	1.4E-5∓j4.1E-5	−3.2E-3±j3.1E-3	7.2E-6∓j9.5E-5	−4.2E-3±j0.01	9.3E-3±j4.2E-3	0.02±j3.2E-3
9	−0.70±j11.19	−3.4E-6∓j6.5E-6	1.3E-4±j7.0E-4	4.1E-7±j1.6E-7	−3.4E-5∓j2.7E-5	2.2E-3∓j1.2E-3	−6.3E-5±j1.3E-4
10	−0.59±j8.16	3.1E-4±j8.4E-5	−0.02∓j0.02	3.7E-4∓j3.5E-4	−0.05±j0.02	−0.03±j0.07	0.08±j0.10
11	−0.49±j6.43	3.2E-3±j1.0E-3	−0.23∓j0.23	4.2E-3±j5.2E-3	−0.07∓j0.60	−0.24±j0.64	−1.09±j0.64
12	−0.91±j9.80	−1.2E-5±j5.2E-5	3.0E-3∓j4.2E-3	−5.4E-6±j4.4E-6	6.4E-4∓j2.3E-4	−0.015∓j5.1E-3	−1.4E-3∓j2.3E-3
13	−1.19±j8.67	−0.02±j4.2E-3	2.17±j0.46	−0.01±j0.01	1.05∓j0.89	−0.20∓j5.92	−3.00∓j2.16
14	−1.87±j10.11	0.02∓j0.09	−4.60±j7.61	−7.3E-4∓j3.2E-4	0.060±j0.05	25.09±j10.62	0.14∓j0.21
15	−2.37±j8.80	−0.05∓j0.02	4.32±j3.65	0.09∓j0.02	−9.33∓j1.10	8.39∓j12.47	−0.20±j24.94

取初值时的特征值，λ_p 和 λ_c 分别表示参数变化后利用不变子空间延拓方法所得特征值的预测值和校正值。

首先，分析 WADC 参数变化过程中特征值追踪的准确性。将参数变化后特征值的精确值 λ 与预测值 λ_p 和校正值 λ_c 之间的绝对误差分别表示为 $\Delta\lambda_p = |\lambda - \lambda_p|$ 和 $\Delta\lambda_c = |\lambda - \lambda_c|$。如表 22.2 最后一行所示，由于模式 λ_{15} 对 WADC 参数的灵敏度最大，其对应的预测误差 $\Delta\lambda_p$ 最大，为 0.0245，其余模式对应的预测误差 $\Delta\lambda_p$ 均为 10^{-2} 量级。此外，模式 $\lambda_1 \sim \lambda_{15}$ 对应的校正误差 $\Delta\lambda_c$ 由给定收敛精度决定，均为 10^{-7} 量级，从而验证了基于不变子空间延拓的时滞电力系统特征值追踪方法在参数变化时追踪目标特征值的准确性。

其次，分析图 22.1 所示 WADC 参数变化时追踪得到的系统机电振荡模式的轨迹。随着参数的增加，模式 λ_{15} 和 λ_{14} 在复平面上的轨迹最长、变化最为显著。这是因为他们对 WADC 参数的灵敏度最大，如表 22.2 第 2 ∼ 6 列所示。轨迹变化较为明显的是模式 $\lambda_1 \sim \lambda_3$、λ_7、λ_{11} 和 λ_{13}。其中，模式 λ_1 在初始参数下位于复平面最右侧。其在参数第一次增加后便从左边复平面移动到右半复平面，系统因此而失稳，如图 22.1 的放大图 22.2(a) 所示。实际上，如表 22.2 第 4 和 6 列所示，在初始参数下模式 λ_1 对 WADC 时间常数 T_1 和 T_3 的灵敏度的实部均为正，且他们远大于第 3 和 5 列所示模式 λ_1 对 WADC 放大倍数 K_S 的灵敏度实部的绝对值。显然，随着 WADC 参数的增加，模式 λ_1 将向复平面右侧移动甚至导致系统失稳。图 22.1 中剩余模式 $\lambda_4 \sim \lambda_6$、λ_8、λ_9 和 λ_{12} 几乎不随参数而发生变化。由表 22.2 可知，他们对 WADC 的放大倍数和时间常数的灵敏度非常小，量级均为 10^{-3}。

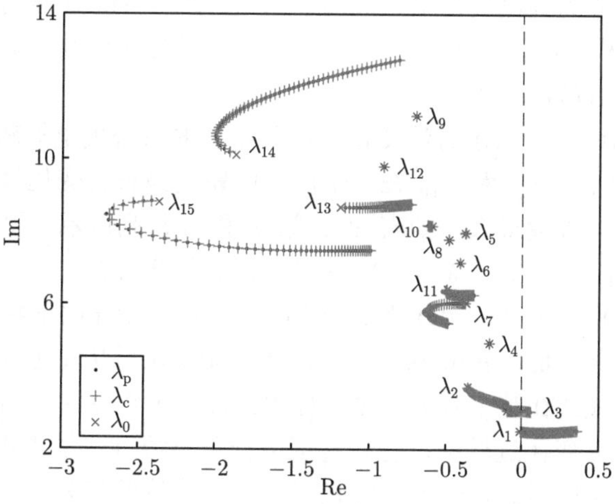

图 22.1 WADC 参数变化时 15 个系统机电振荡模式的追踪轨迹

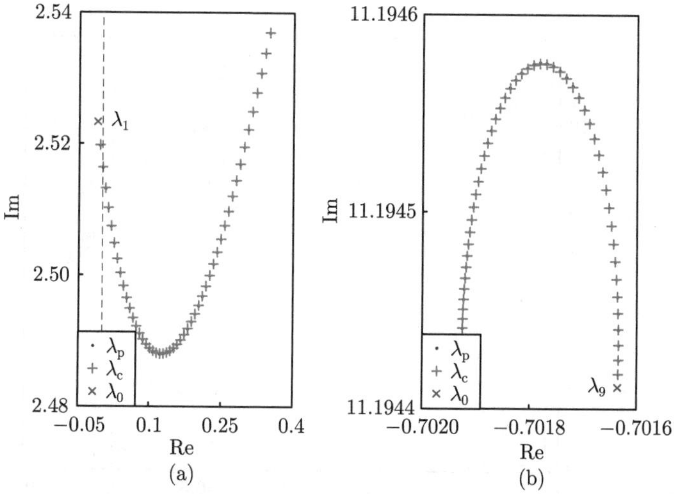

图 22.2 图 22.1 的局部放大图

2. 时滞变化时的特征值追踪

将时滞 τ_1 和 τ_2 分别以 10ms 和 8.4ms 为步长连续增加 50 步。在此过程中，利用基于不变子空间延拓的时滞系统特征值追踪方法所得到的 15 个系统机电振荡模式 $\lambda_1 \sim \lambda_{15}$ 的变化轨迹如图 22.3 所示。

首先，分析时滞变化过程中特征值追踪的准确性。在时滞变化时的特征值追踪过程中，特征值的预测误差 $\Delta\lambda_{\mathrm{p}}$ 和校正误差 $\Delta\lambda_{\mathrm{c}}$ 的最大值分别为 10^{-2} 量级和 10^{-7} 量级。从而，说明了基于不变子空间延拓的时滞电力系统特征值追踪方法在时滞变化时追踪目标特征值的准确性。

其次，分析图 22.3 所示时滞变化时追踪得到的系统机电振荡模式的轨迹。随着时滞的增加，模式 λ_{14} 和 λ_{15} 在复平面上的轨迹最长、变化最为显著。这是因为他们对时滞的灵敏度最大，如表 22.2 第 7 和第 8 列所示。轨迹变化较为明显的还有是模式 λ_1、λ_2、λ_5、λ_7 和 $\lambda_{10} \sim \lambda_{13}$。剩余模式 λ_3、λ_4、λ_6、λ_8 和 λ_9 几乎不随时滞的变化而变化。上述现象与 WADC 参数变化时的特征值轨迹变化结论一致。值得注意的是，模式 λ_5 在第 28 次时滞变化后从左边复平面移动到右半复平面，而其他模式在整个时滞变化过程中始终位于虚轴的左侧。

最后，在时滞变化过程中，有些特征值会距离很近，如模式 λ_5 和 λ_{13}、λ_{12} 和 λ_{15}，如图 22.4 所示。具体地，λ_5 的第 $1 \sim 7$ 次追踪值和 λ_{13} 的第 $20 \sim 50$ 次追踪值比较接近，λ_{12} 的第 $1 \sim 7$ 次追踪值和 λ_{15} 的第 $17 \sim 50$ 次追踪值比较接近。从而，基于不变子空间延拓的时滞电力系统特征值追踪方法的准确性和可靠性再次得到了验证。

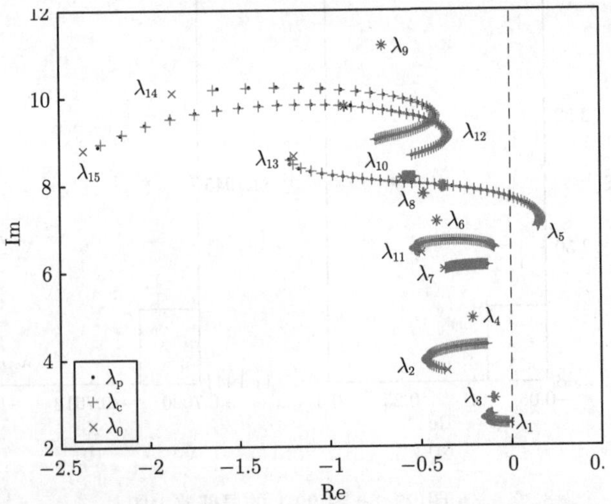

图 22.3　时滞变化时 15 个机电振荡模式的追踪轨迹

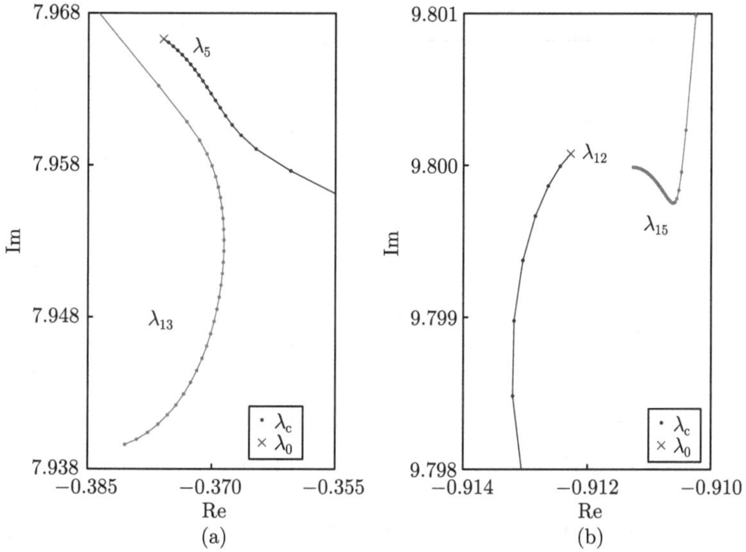

(a) (b)

图 22.4 图 22.3 的局部放大图

22.3.2 山东电网

本节以山东电网为例来验证基于不变子空间延拓的特征值追踪方法对大规模时滞电力系统的适用性。这里将 20.2.3 节中的山东电网所装设的广域 LQR 更改为广域 PSS，装设位置和反馈信号 (状态变量) 不变。他们的初始参数相同，即 $K_S=2$、$T_W=10s$、$T_1=T_3=0.1s$ 和 $T_2=T_4=0.05s$。广域阻尼控制回路的时滞分别为 $\tau_1=220ms$ 和 $\tau_2=170ms$。这里将 K_S 和 T_1 (T_3) 选为可变参数，将 τ_1 和 τ_2 选为可变时滞。

首先，将参数 K_S 和 T_1 (T_3) 分别以 0.1 和 0.05s 为步长连续增加 100 步，以分析 WADC 参数变化时特征值的追踪结果。利用基于不变子空间延拓的时滞电力系统特征值追踪方法所得两个区间振荡模式的变化轨迹如图 22.5 所示。在特征值追踪过程中，这两个模式的预测误差 $\Delta\lambda_p$ 和校正误差 $\Delta\lambda_c$ 的最大值分别为 10^{-3} 量级和 10^{-8} 量级。由图 22.5 还可以发现，相对于特征值追踪的前半程，两个模式在后半程中随 WADC 参数增加而变化的轨迹较短。换句话说，随着 WADC 参数的不断增大，控制器的作用趋于饱和。如图 22.5 所示，这两个模式分别从第 42 次和第 36 次参数变化开始到参数变化结束，他们对 WADC 参数的灵敏度的范数始终小于 10^{-2}。

其次，将时滞 τ_1 和 τ_2 分别以 22ms 和 17ms 为步长连续增加 100 步，以分析时滞变化时特征值的追踪结果。利用基于不变子空间延拓的时滞系统特征值追踪方法所得两个区间振荡模式的变化轨迹如图 22.6 所示。在特征值追踪过程中，

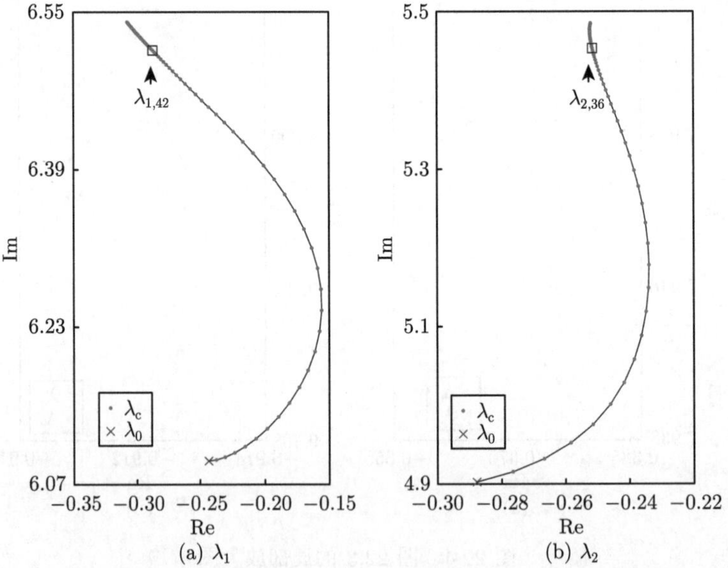

图 22.5 WADC 参数变化时两个区间振荡模式的追踪轨迹

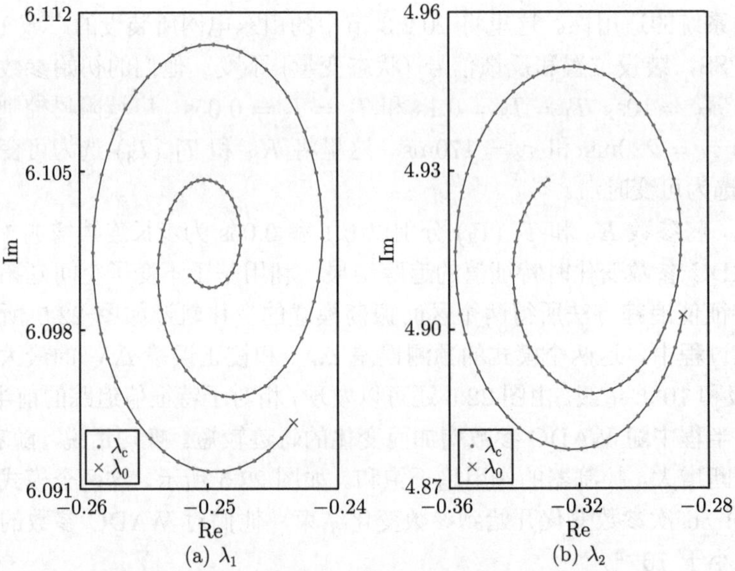

图 22.6 时滞变化时两个区间振荡模式的追踪轨迹

这两个模式的预测误差 $\Delta\lambda_{\mathrm{p}}$ 和校正误差 $\Delta\lambda_{\mathrm{c}}$ 的最大值分别为 10^{-4} 量级和 10^{-9} 量级。由图 22.6 可见，这两个模式随时滞的增加而在复平面上呈螺旋状轨迹。这是因为时滞电力系统的特征方程具有周期性特点，进而导致系统的稳定性随时滞增加而呈现稳定、失稳和稳定交替变化。这与 20.3 节给出的 Monte Carlo 模拟的结果相一致。

第 23 章　基于特征值优化的广域阻尼控制器参数整定

本章提出一种基于特征值优化的 WADC 的参数整定方法。首先，建立以多运行方式下目标区间振荡模式的最小阻尼比最大化为目标函数的 WADC 参数优化模型；然后，结合 Broyden-Fletcher-Goldfarb-Shanno (BFGS) 方法、梯度采样技术和弱 Wolfe 搜索准则求解该非凸、非光滑和非线性优化问题；最后，在四机两区域系统和山东电网上进行测试，验证了所提 WADC 参数优化整定方法的有效性。

23.1　WADC 参数优化问题建模

本节给出了 WADC 的控制性能指标和其参数优化问题的数学模型。该模型能够准确描述 WADC 的控制性能，避免潜在的“模式遮蔽”问题，从本质上保证了控制器能够达到最佳的阻尼特性。

23.1.1　模式遮蔽问题

WADC 旨在通过引入广域反馈信号和优化控制器安装地点，增强对区间振荡模式的可观性和可控性。正因如此，WADC 对本地和局部振荡模式的可控性较差。若 WADC 参数优化整定的目标函数为所有振荡模式最小阻尼比最大化，且最小阻尼比 ζ' 对应的模式为局部模式时 (如图 23.1(a) 所示)，就会出现“模式遮蔽”现象。此时，虽然目标区间振荡模式的阻尼比有进一步提升的空间，但是受限于所选取的目标函数，WADC 参数优化过程停滞，导致优化结果为次优解而非最优解。

因此，为了避免“模式遮蔽”问题并保证 WADC 达到最佳的控制性能，WADC 参数优化整定的目标函数应取为目标区间振荡模式而非所有振荡模式最小阻尼比的最大化。如图 23.1(b) 所示，目标区间振荡模式的最小阻尼比可以进一步优化至 ζ''，相应地 WADC 的参数取到最优值。

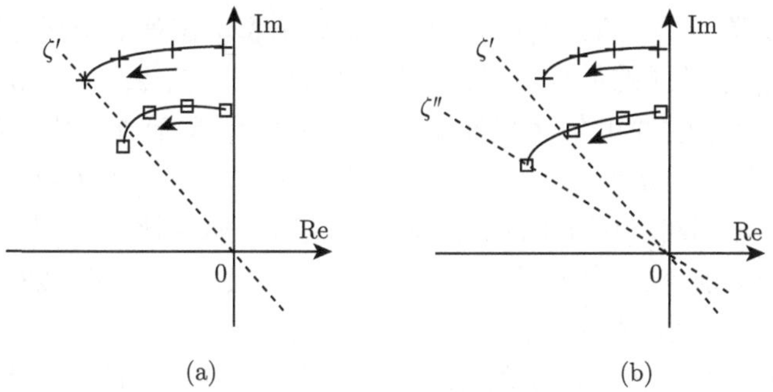

图 23.1 “模式遮蔽”问题示意图

23.1.2 WADC 参数优化的数学模型

首先，定义 ζ_{I} 为 n_{op} 个运行方式下目标区间振荡模式的最小阻尼比，该模式对应的振荡频率为 f_{I}。

$$\zeta_{\mathrm{I}} := \min\{\zeta(\lambda) : \lambda \in \mathbb{M}_{\mathrm{I}}\} \tag{23.1}$$

式中，$\mathbb{M}_{\mathrm{I}} = \{\mathbb{M}_{\mathrm{I}}^1,\ \mathbb{M}_{\mathrm{I}}^2,\ \cdots,\ \mathbb{M}_{\mathrm{I}}^{n_{\mathrm{op}}}\}$，其中 $\mathbb{M}_{\mathrm{I}}^i$ 为第 i 个运行方式下目标区间振荡模式集合，$i = 1,\ 2,\ \cdots,\ n_{\mathrm{op}}$。

然后，以广域 PSS 为例，将 WADC 的参数优化问题归结为以最大化 ζ_{I} 为目标函数、带特征值和参数约束的优化问题：

$$\max_{\boldsymbol{p}} \quad \zeta_{\mathrm{I}} \tag{23.2}$$

s.t.

$$\max(\mathrm{Re}(\lambda)) \leqslant -\alpha, \quad \lambda \in \mathbb{M}_{\mathrm{I}} \tag{23.3}$$

$$\min(\zeta(\lambda)) \geqslant \zeta_0^i, \quad \lambda \in \mathbb{M}_{\mathrm{R}}^i,\ i = 1,\ 2,\ \cdots,\ n_{\mathrm{op}} \tag{23.4}$$

$$\max(\mathrm{Re}(\lambda)) \leqslant -\alpha_0^i, \quad \lambda \in \mathbb{M}_{\mathrm{R}}^i,\ i = 1,\ 2,\ \cdots,\ n_{\mathrm{op}} \tag{23.5}$$

$$K_{\mathrm{S}}^{\min} \leqslant K_{\mathrm{S},j} \leqslant K_{\mathrm{S}}^{\max}, \quad j = 1,\ 2,\ \cdots,\ n_{\mathrm{c}} \tag{23.6}$$

$$T_i^{\min} \leqslant T_{i,j} \leqslant T_i^{\max}, \quad i = 1,\ 2,\ 3,\ 4;\ j = 1,\ 2,\ \cdots,\ n_{\mathrm{c}} \tag{23.7}$$

式中，$\boldsymbol{p} = [K_{\mathrm{S},1},\ K_{\mathrm{S},2},\ \cdots,\ K_{\mathrm{S},n_{\mathrm{c}}},\ T_{1,1},\ T_{1,2},\ \cdots,\ T_{1,n_{\mathrm{c}}},\ T_{2,1},\ \cdots,\ T_{4,n_{\mathrm{c}}}]^{\mathrm{T}} \in \mathbb{R}^{5n_{\mathrm{c}}\times 1}$ 为可变参数向量；n_{c} 表示参数待整定的 WADC 的数量；$\mathbb{M}_{\mathrm{R}}^i$ 表示系统在第 i $(i = 1,\ 2,\ \cdots,\ n_{\mathrm{op}})$ 个运行方式下除 $\mathbb{M}_{\mathrm{I}}^i$ 中模式之外其他模式的集合，且有

$\mathbb{M}_{\mathrm{R}}=\{\mathbb{M}_{\mathrm{R}}^{1},\ \mathbb{M}_{\mathrm{R}}^{2},\ \cdots,\ \mathbb{M}_{\mathrm{R}}^{n_{\mathrm{op}}}\}$；$\zeta_0^i$ 和 $-\alpha_0^i$ 分别表示在第 i 个运行方式下未安装 WADC 时 $\mathbb{M}_{\mathrm{R}}^i$ 中模式的最小阻尼比和最大实部，$i=1,\ 2,\ \cdots,\ n_{\mathrm{op}}$。

对优化模型中的约束条件解释如下。式 (23.3) 表示 $\mathbb{M}_{\mathrm{I}}$ 中目标区间振荡模式的实部小于等于给定值 $-\alpha$，α 可取典型值 0.05。式 (23.4) 和式 (23.5) 表示 WADC 不能恶化 $\mathbb{M}_{\mathrm{R}}^i$ 中的非目标区间振荡模式，阻尼比大于等于 (实部小于等于) WADC 安装前 $\mathbb{M}_{\mathrm{R}}^i$ 中模式的最小阻尼比 (最大实部)。式 (23.6) 和式 (23.7) 分别表示待优化放大倍数和时间常数的上下限约束。

式 (23.2) ~ 式 (23.7) 所示的 WADC 参数优化问题，是一个非凸、非光滑和非线性的特征值优化问题。采用数学规划方法进行求解时，须解决以下两个关键子问题：

(1) 追踪目标区间振荡模式集合 $\mathbb{M}_{\mathrm{I}}$：在优化求解过程中，每当 WADC 参数调整后，针对每一个运行方式，需要可靠地追踪给定的目标区间振荡模式以形成集合 $\mathbb{M}_{\mathrm{I}}$，进而构建式 (23.2) ~ 式 (23.7) 所示的 WADC 参数优化模型。这里采用第 22 章提出的基于不变子空间延拓的特征值追踪方法实现目标区间振荡模式的可靠追踪。

(2) 搜索不可微点处的优化方向：虽然系统特征值随 WADC 参数的变化是光滑变化，但是式 (23.3) ~ 式 (23.5) 中函数 min 和 max 的存在使得式 (23.2) 为参数的非光滑函数 [260~264]，其在参数空间并非处处可微。因此，需要搜索不可微点处的优化方向，以避免优化求解在参数不可微点处停滞。这将在 23.2 节详细介绍。

23.2 WADC 的参数优化方法

本节结合 BFGS 方法、梯度采样技术和弱 Wolfe 搜索准则求解最优化问题 (23.2) ~ (23.7)。其中，BFGS 方法和梯度采样技术分别用于搜索可微点处和不可微点处的优化方向，弱 Wolfe 准则用于搜索优化步长。

23.2.1 罚函数

将不等式约束式 (23.3) ~ 式 (23.7) 转化为目标函数式 (23.2) 的惩罚项，将原来带约束最优化问题的求解转化成无约束最优化问题的求解，并将其改写成如下的对偶形式：

$$\begin{aligned}\min_{\boldsymbol{p}}\quad J(\boldsymbol{p})=&-\zeta_{\mathrm{I}}+k_1\max_{\lambda_k\in\mathbb{M}_{\mathrm{I}}}\{0,\ \mathrm{Re}(\lambda_k)+\alpha\}\\&+\sum_{i=1}^{n_{\mathrm{op}}}k_{i+1}\max_{\lambda_k\in\mathbb{M}_{\mathrm{R}}^i}\left\{0,\ \zeta_0^i-\zeta(\lambda_k)\right\}\end{aligned}$$

$$
\begin{aligned}
&+\sum_{i=n_{\text{op}}+1}^{2n_{\text{op}}} k_{i+1} \max_{\lambda_k \in \mathbb{M}_{\text{R}}^i} \left\{0,\ \text{Re}(\lambda_k)+\alpha_0^i\right\} \\
&+\sum_{j=1}^{n_{\text{c}}} \omega_j \max\left\{0,\ K_{\text{S}}^{\min}-K_{\text{s},j},\ K_{\text{s},j}-K_{\text{S}}^{\max}\right\} \\
&+\sum_{j=1}^{n_{\text{c}}} \sum_{i=1}^{4} \omega_{4(j-1)+i+n_{\text{c}}} \max\left\{0,\ T_i^{\min}-T_{i,j},\ T_{i,j}-T_i^{\max}\right\}
\end{aligned} \tag{23.8}
$$

式中，$k_i\ (i=1,\ 2,\ \cdots,\ 2n_{\text{op}}+1)$ 和 $\omega_i\ (i=1,\ 2,\ \cdots,\ 5n_{\text{c}})$ 为罚因子。

23.2.2 最速下降方向

1. 可微点的最速下降方向

BFGS 算法是求解无约束非线性优化问题最有效的拟牛顿法[265]，当目标函数为光滑函数时具有超线性收敛特性。对于式 (23.8) 所示的 WADC 参数优化的目标函数，利用 BFGS 方法进行第 $\ell\ (\ell=1,\ 2,\ \cdots)$ 次参数调整时，最速下降方向 $\boldsymbol{d}^{(\ell)}$ 可以根据式 (23.9) 得到：

$$
\boldsymbol{d}^{(\ell)}=-\left(\boldsymbol{H}^{(\ell)}\right)^{-1}\nabla J\left(\boldsymbol{p}^{(\ell)}\right) \tag{23.9}
$$

式中，$\nabla J\left(\boldsymbol{p}^{(\ell)}\right)$ 和 $\boldsymbol{H}^{(\ell)}=\nabla^2 J\left(\boldsymbol{p}^{(\ell)}\right)$ 分别表示目标函数 $J(\boldsymbol{p})$ 的梯度向量和海森矩阵在 $\boldsymbol{p}=\boldsymbol{p}^{(\ell)}$ 时的值。

在计算 $\nabla J\left(\boldsymbol{p}^{(\ell)}\right)$ 的过程中，需要计算特征值 $\lambda^{(\ell)}$ 的阻尼比 $\zeta^{(\ell)}$ 和实部 $\text{Re}(\lambda^{(\ell)})$ 对参数 $\boldsymbol{p}^{(\ell)}$ 的导数。

$$
\left\{
\begin{aligned}
&\frac{\partial \zeta^{(\ell)}}{\partial \boldsymbol{p}^{(\ell)}}=\frac{\text{Re}\left(\lambda^{(\ell)}\right)\text{Im}\left(\lambda^{(\ell)}\right)\text{Im}\left(\dfrac{\partial \lambda^{(\ell)}}{\partial \boldsymbol{p}^{(\ell)}}\right)-\text{Im}\left(\lambda^{(\ell)}\right)^2\text{Re}\left(\dfrac{\partial \lambda^{(\ell)}}{\partial \boldsymbol{p}^{(\ell)}}\right)}{|\lambda^{(\ell)}|^3} \\
&\frac{\partial \text{Re}\left(\lambda^{(\ell)}\right)}{\partial \boldsymbol{p}^{(\ell)}}=\text{Re}\left(\frac{\partial \lambda^{(\ell)}}{\partial \boldsymbol{p}^{(\ell)}}\right)
\end{aligned}
\right. \tag{23.10}
$$

式中，$\dfrac{\partial \lambda^{(\ell)}}{\partial \boldsymbol{p}^{(\ell)}}$ 的具体表达式见式 (3.77)。

BFGS 方法根据目标函数梯度的变化得到海森矩阵 $\boldsymbol{H}^{(\ell)}\ (\ell=1,\ 2,\ \cdots)$ 的

近似，其迭代公式为

$$\begin{aligned}\boldsymbol{H}^{(\ell)}=&\left[\boldsymbol{I}_{5n_{\mathrm{c}}}-\frac{\boldsymbol{s}^{(\ell-1)}\left(\boldsymbol{y}^{(\ell-1)}\right)^{\mathrm{T}}}{\left(\boldsymbol{s}^{(\ell-1)}\right)^{\mathrm{T}}\boldsymbol{y}^{(\ell-1)}}\right]\boldsymbol{H}^{(\ell-1)}\left[\boldsymbol{I}_{5n_{\mathrm{c}}}-\frac{\boldsymbol{y}^{(\ell-1)}\left(\boldsymbol{s}^{(\ell-1)}\right)^{\mathrm{T}}}{\left(\boldsymbol{s}^{(\ell-1)}\right)^{\mathrm{T}}\boldsymbol{y}^{(\ell-1)}}\right]\\&+\frac{\boldsymbol{s}^{(\ell-1)}\left(\boldsymbol{s}^{(\ell-1)}\right)^{\mathrm{T}}}{\left(\boldsymbol{s}^{(\ell-1)}\right)^{\mathrm{T}}\boldsymbol{y}^{(\ell-1)}}\end{aligned}\tag{23.11}$$

式中，$\boldsymbol{H}^{(0)}=\boldsymbol{I}_{5n_{\mathrm{c}}}$；$\boldsymbol{s}^{(\ell-1)}$ 和 $\boldsymbol{y}^{(\ell-1)}$ 分别定义为第 $\ell-1$ 次参数调整量和梯度向量偏差。

$$\begin{cases}\boldsymbol{s}^{(\ell-1)}=\boldsymbol{p}^{(\ell)}-\boldsymbol{p}^{(\ell-1)}\\ \boldsymbol{y}^{(\ell-1)}=\nabla J\left(\boldsymbol{p}^{(\ell)}\right)-\nabla J\left(\boldsymbol{p}^{(\ell-1)}\right)\end{cases}\tag{23.12}$$

2. 不可微点处的最速下降方向

式 (23.8) 所示的罚函数为非光滑函数，这里利用梯度采样技术[262, 266] 计算非光滑最速下降方向，以避免在不可微点处优化停滞。

1) 梯度采样技术

梯度采样技术的核心是利用不可微点 $\boldsymbol{p}^{(\ell)}$ 附近的一组采样点的梯度集合构建梯度束。一般选为以 $\boldsymbol{p}^{(\ell)}$ 为圆心，以某个给定的小系数 ε 为半径的球体 (凸包)。当采样数量足够大时，该凸包的闭包就可以较好地近似该点的 Clarke 次微分或广义梯度[267]。

将不可微点 $\boldsymbol{p}^{(\ell)}$ 的 Clarke 次微分定义为 $\partial_{\mathrm{c}}J(\boldsymbol{p}^{(\ell)})$。理论上，$\partial_{\mathrm{c}}J(\boldsymbol{p}^{(\ell)})$ 表示目标函数 J 在一组采样点 $\mathcal{N}$ 处的梯度凸包，即

$$\partial_{\mathrm{c}}J\left(\boldsymbol{p}^{(\ell)}\right):=\operatorname{conv}\left\{\lim_{\boldsymbol{p}\to\boldsymbol{p}^{(\ell)}}\nabla J(\boldsymbol{p}):\boldsymbol{p}\in\mathcal{N}\right\}\tag{23.13}$$

式中，“conv” 表示凸包；$\mathcal{N}$ 表示不可微点 $\boldsymbol{p}^{(\ell)}$ 附近包括其他可微点在内的任意一组采样点集合。

非光滑最速下降方向 $\boldsymbol{d}^{(\ell)}$ 定义为与梯度凸包中向量 $\boldsymbol{z}$ 的欧几里得内积最小值最大化的向量的反方向，即

$$\arg\max_{||\boldsymbol{d}^{(\ell)}||\leqslant 1}\ \min_{\boldsymbol{z}\in\partial_{\mathrm{c}}J(\boldsymbol{p}^{(\ell)})}\left\langle -\boldsymbol{z},\ \boldsymbol{d}^{(\ell)}\right\rangle\tag{23.14}$$

式中，$\langle\cdot,\cdot\rangle$ 表示标准欧几里得内积。

非光滑最速下降方向 $\boldsymbol{d}^{(\ell)}$ 也表示 $\partial_{\mathrm{c}}J(\boldsymbol{p}^{(\ell)})$ 中最小范数对应的向量的反方向，并可通过二次规划计算得到：

$$\boldsymbol{d}^{(\ell)}:=-\arg\min_{\boldsymbol{z}\in\partial_{\mathrm{c}}J(\boldsymbol{p}^{(\ell)})}||\boldsymbol{z}||\tag{23.15}$$

2) 梯度采样技术求解非光滑最速下降方向图解[156]

图 23.2 根据光滑流形的相交构造了几种典型非光滑函数的轮廓线。图中，虚线向量表示流形在某一不可微点处的负梯度，它们的凸包可视为 Clarke 次微分的负值；实线向量表示非光滑最速下降方向。

如图 23.2(a) 所示，在光滑点处经梯度采样得到的非光滑最速下降方向和负梯度完全一致 (为便于观察将二者错开绘制)。图 23.2(b) 给出了三个流形相遇但梯度没有冲突的情形，此时非光滑点的直线将被简单地穿过，下降方向继续沿着最低流形即可。图 23.2(c) 给出了两个流形相遇，且梯度冲突形成脊线的情形。此时，经典的优化算法，如最速下降法的下降方向会在脊线上来回跳跃，且步长越来越小直至终止。图 23.2(d) 给出了存在非光滑局部最小值的情形，此时最速下降法同样会在到达非光滑点的脊线时终止搜索。

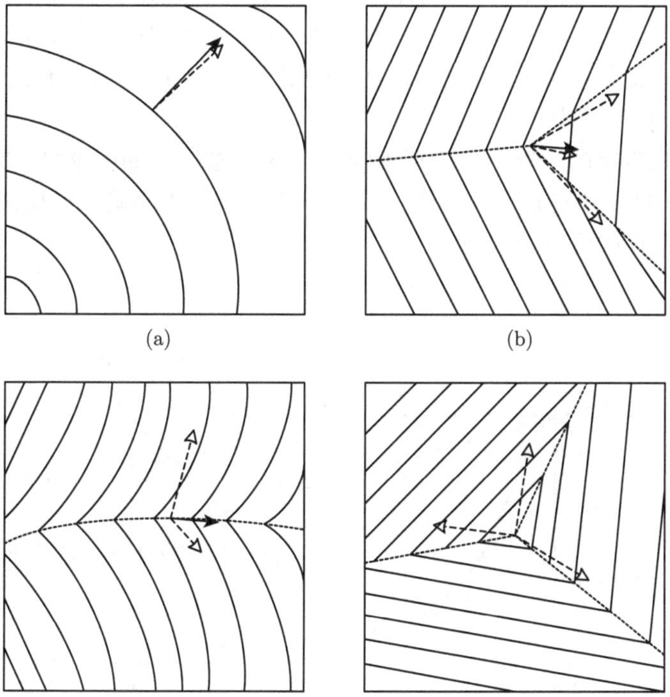

(a) (b) (c) (d)

图 23.2 非光滑函数示意图

在图 23.2(c) 所示情形下，利用梯度采样技术求解得到的非光滑最速下降方向与脊线相切。在此方向上，两个相遇流形的下降量相等，最终实现目标函数的最大下降。在图 23.2(d) 所示情形下，梯度采样技术可以实现目标函数沿着非光滑最速下降方向向非光滑局部最小值前进。在非光滑局部最小值处，Clarke 次微分凸包的闭包包含零向量，此时梯度采样技术求解得到的非光滑最速下降方向为零向量，搜索停止。

23.2.3 优化步长搜索

1. 一维不精确搜索的弱 Wolfe 准则

23.2.2 节已经得到最速下降方向 $\boldsymbol{d}^{(\ell)}$，本节采用一维搜索 (又称线搜索) 沿着该方向在直线上通过求目标函数的极小点得到下一个参数点 $\boldsymbol{p}^{(\ell+1)}$。一维搜索包括精确一维搜索和不精确一维搜索两种方法。精确一维搜索通过不断地缩减不定的区间宽度，使得最终的区间在预定的精度内，然后取区间的中点作为最佳步长的近似值。这种方法需要反复计算函数值，计算量大。相比较而言，不精确一维搜索不要求每次迭代都得到精确的最优步长。其基本思想为: 对于目标函数 $f(\boldsymbol{x})$，从迭代点 $\boldsymbol{x}^{(\ell)}$ 出发，沿着下降方向 $\boldsymbol{d}^{(\ell)}$ 的一个步长 t，使得目标函数在下一个迭代点 $\boldsymbol{x}^{(\ell+1)}=\boldsymbol{x}^{(\ell)}+t\boldsymbol{d}^{(\ell)}$ 处的值 $f(\boldsymbol{x}^{(\ell)}+t\boldsymbol{d}^{(\ell)})$ 与 $f(\boldsymbol{x}^{(\ell)})$ 相比有满意的下降量。此时，t 就是可接受步长。

下面介绍常用的一维不精确搜索的弱 Wolfe 准则。如图 23.3 所示，在区间 $L=[0,\ a]=\{t>0|f(\boldsymbol{x}^{(\ell)}+t\boldsymbol{d}^{(\ell)})<f(\boldsymbol{x}^{(\ell)})\}$ 上进行不精确一维搜索，以获取可接受步长 t 所在的可接受区间。

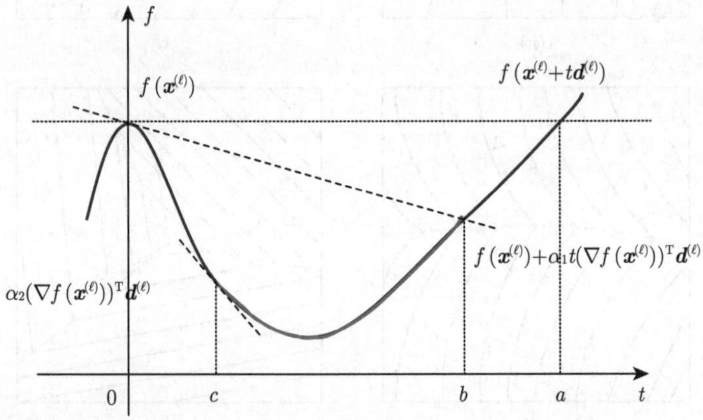

图 23.3 弱 Wolfe 准则选取可接受区间示意

为避免所选择的步长 t 太靠近区间 L 的右端点，要求满足式 (23.16) 所示的充分下降条件：

$$f(\boldsymbol{x}^{(\ell)}+t\boldsymbol{d}^{(\ell)})\leqslant f(\boldsymbol{x}^{(\ell)})+\alpha_1 t(\nabla f(\boldsymbol{x}^{(\ell)}))^{\mathrm{T}}\boldsymbol{d}^{(\ell)} \tag{23.16}$$

式中，$0 \leqslant \alpha_1 < \frac{1}{2}$。需要注意的是，$\alpha_1 < \frac{1}{2}$ 是必须的, 否则会影响采用此准则算法的超线性收敛[268]。

满足式 (23.16) 要求的 t 构成区间 $L_1 = [0,\ b]$。此时，可接受步长 t 很有可能会接近 0，使得目标函数只有较小的减少量，从而延缓了算法优化的进程。因此，为了避免出现 t 太小的情况，需按照式 (23.17) 进一步排除区间 L_1 左端点附近的点。

$$\nabla f(\boldsymbol{x}^{(\ell)} + t\boldsymbol{d}^{(\ell)})^{\mathrm{T}}\boldsymbol{d}^{(\ell)} \geqslant \alpha_2(\nabla f(\boldsymbol{x}^{(\ell)}))^{\mathrm{T}}\boldsymbol{d}^{(\ell)} \tag{23.17}$$

式中，α_2 的取值范围一般为 $0 \leqslant \alpha_1 < \alpha_2 < 1$。在实际使用中，为保证该准则对于非凸函数的适用性，通常取 $\alpha_1 = 0$ 和 $\alpha_2 = 0.5$[269]。

式 (23.17) 的几何解释为可接受点 $\boldsymbol{x}^{(\ell+1)}$ 处的切线斜率大于等于初始点 $\boldsymbol{x}^{(\ell)}$ 处斜率的 α_2 倍，又被称为曲率条件。此时，曲率条件式 (23.17) 和充分下降条件式 (23.16) 共同构成了弱 Wolfe 搜索准则，其步长可接受区间为图 23.2 中的 $L_3 = [c,\ b]$。

2. 弱 Wolfe 优化步长搜索

第 ℓ 次 WADC 参数调整的步长 $t^{(\ell)}$ 可以通过弱 Wolfe 准则迭代搜索得到。弱 Wolfe 搜索的下降准则包括目标函数单调下降且下降程度不是太小，即必须满足充分下降条件和曲率条件公式：

$$\begin{cases} J\left(\boldsymbol{p}^{(\ell)} + t^{(\ell)}\boldsymbol{d}^{(\ell)}\right) \leqslant J\left(\boldsymbol{p}^{(\ell)}\right) + \alpha_1 t^{(\ell)} \nabla J\left(\boldsymbol{p}^{(\ell)}\right)^{\mathrm{T}} \boldsymbol{d}^{(\ell)} \\ \nabla J\left(\boldsymbol{p}^{(\ell)} + t^{(\ell)}\boldsymbol{d}^{(\ell)}\right)^{\mathrm{T}} \boldsymbol{d}^{(\ell)} \geqslant \alpha_2 \nabla J\left(\boldsymbol{p}^{(\ell)}\right)^{\mathrm{T}} \boldsymbol{d}^{(\ell)} \end{cases} \tag{23.18}$$

因此，在第 ℓ 次参数调整后，WADC 的参数可表示为

$$\boldsymbol{p}^{(\ell+1)} = \boldsymbol{p}^{(\ell)} + t^{(\ell)}\boldsymbol{d}^{(\ell)} \tag{23.19}$$

23.2.4 算法流程和计算量分析

图 23.4 给出了 WADC 参数优化方法的流程。每步优化主要包括 3 部分：目标函数的计算，利用 BFGS 方法和梯度采样技术搜索最速下降方向，以及利用弱 Wolfe 准则确定优化步长。图中，ε_1 和 ε_2 分别表示给定门槛值，$k_{\max}$ 表示最大迭代次数。

WADC 参数优化方法的主要计算量为各参数点处特征值的计算量之和，包括利用梯度采样时形成的凸包中的各参数点和弱 Wolfe 迭代搜索过程中不同步长所对应的参数点。

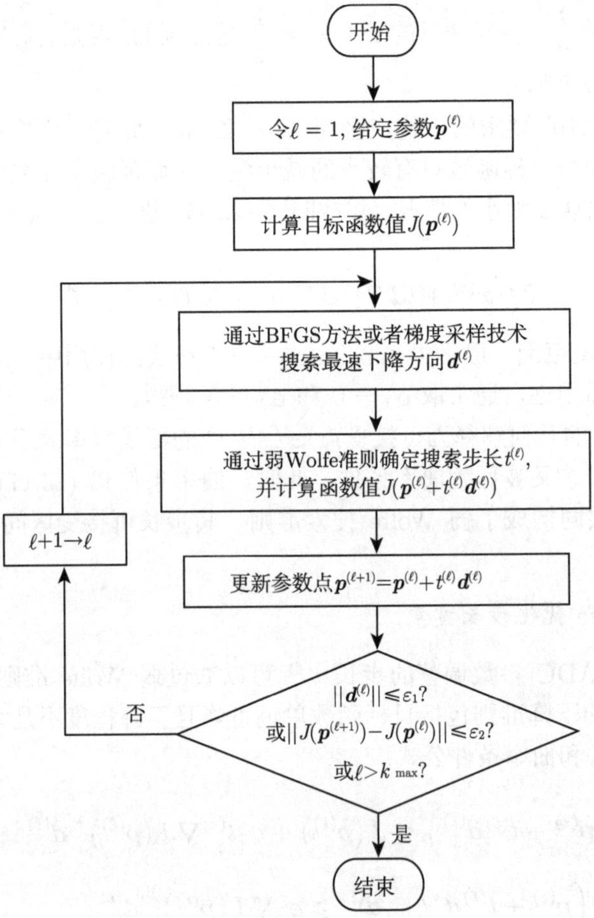

图 23.4　WADC 参数优化流程

23.3　算 例 分 析

本节采用四机两区域系统和山东电网，以验证本章提出的基于特征值优化的 WADC 参数优化方法的有效性。

23.3.1　四机两区域系统

考虑了 3 种运行方式：① 在基本运行方式 1 下，区域 1 到区域 2 的功率传输为 400 MW；② 在运行方式 2 下，区域 2 到区域 1 的功率传输为 44 MW；③ 运行方式 3 是在运行方式 2 的基础上断开母线 8 和母线 9 之间的一条联络线。集合 $\mathbb{M}_{\rm I}$ 包含发电机 G_1、G_2 相对于 G_3、G_4 的区间振荡模式。

系统装设一台广域 PSS，其反馈信号 (状态变量) 和装设位置详见 20.2.1 节。

WADC 的初始参数为 $T_W=10s$，$K_S=26$，$T_1=T_3=0.324s$，$T_2=T_4=0.212s$[81]，WADC 的输出 U_{Sg} 的上下限值为 ±0.15p.u.。反馈时滞和控制时滞分别为 $\tau_f=120ms$ 和 $\tau_c=70ms$。为减少参数优化的计算量，令 T_2 和 T_4 取固定值；$K_S^{\min}=0.01$，$K_S^{\max}=100$，$T_i^{\min}=0.2s$ 和 $T_i^{\max}=4.0s$ $(i=1, 3)$；罚因子均取为 10。

1. 模型的有效性

为验证本章提出的 WADC 参数优化模型的有效性，将该模型与文献 [270] 中以所有机电振荡模式最小阻尼比最大化为目标函数的模型进行对比。表 23.1 给出了单独考虑运行方式 1 ~ 3 和同时考虑 3 种运行方式时根据两种模型进行 WADC 参数优化后的系统区间振荡模式的频率 f_I 和阻尼比 ζ_I，其相应的最优参数组 1 ~ 4 列于表 23.2 中。为便于表述，表 23.1 中的 ζ_R 和 f_R 分别定义为集合 $\mathbb{M}_R$ 中阻尼比最小的模式的频率和阻尼比。

表 23.1 性能比较

运行方式	初始参数下的系统				本章方法				文献 [270] 方法			
	f_I/Hz	ζ_I/%	f_R/Hz	ζ_R/%	f_I/Hz	ζ_I/%	f_R/Hz	ζ_R/%	f_I/Hz	ζ_I/%	f_R/Hz	ζ_R/%
1	0.50	1.57	0.98	6.20	0.48	13.09	1.10	6.20	0.49	6.34	0.98	6.34
2	0.47	4.89	1.00	4.10	0.43	16.95	1.16	4.10	0.46	8.69	1.00	4.18
3	0.40	4.34	1.00	4.20	0.37	13.41	1.16	4.20	0.39	7.52	1.00	4.24
1~3	0.50	1.57	1.10	6.20	0.49	12.53	0.98	6.20	0.48	8.65	0.98	6.26
	0.47	4.89	1.00	4.10	0.47	10.85	1.00	4.20	0.46	8.69	1.00	4.18
	0.40	4.34	1.00	4.20	0.39	9.79	1.00	4.26	0.39	7.20	1.00	4.24

表 23.2 WADC 的优化参数

参数组	运行方式	本章方法				文献 [270] 方法				PSO 算法			
		K_S	T_1/s	T_3/s	迭代次数 / (时间/s)	K_S	T_1/s	T_3/s	迭代次数 / (时间/s)	K_S	T_1/s	T_3/s	迭代次数 / (时间/s)
1	1	56.77	4.00	0.69	92 / 47.64	25.94	1.76	1.76	11 / 16.98	56.85	4.00	0.69	200 / 217.23
2	2	100.0	4.00	0.78	73 / 57.13	26.06	2.18	2.18	7 / 10.51	100.0	4.00	0.78	200 / 220.30
3	3	100.0	4.00	0.75	62 / 83.63	26.01	2.36	2.36	7 / 11.10	100.0	4.00	0.75	200 / 235.82
4	1~3	67.20	3.97	0.50	81 / 70.35	26.05	2.18	2.18	8 / 14.14	66.77	4.00	0.50	200 / 267.11

首先，如表 23.1 所示，单独考虑运行方式 1~3 时，采用文献 [270] 所提出的目标函数进行 WADC 参数优化后，系统目标区间模式的阻尼比从 1.57%、4.89%

和 4.34% 分别提高到 6.34%、8.69% 和 7.52%。与之相比，本文所提出的参数优化模型所带来的目标模式的阻尼比改善效果更为明显，阻尼比分别提高到 13.09%、16.95% 和 13.41%。这是因为，本书所提出的 WADC 参数优化模型避免了“模式遮蔽”问题，从而保证 WADC 达到最佳的控制性能。然而，文献 [270] 方法的优化过程因局部模式 $\mathbb{M}_{\mathrm{R}}$ 而停滞，导致目标区间模式的阻尼比无法进一步改善。

其次，对于 WADC 最优参数组 4，如表 23.2 所示，能够同时保证在 3 种运行方式下系统的小干扰稳定性，目标区间振荡模式的阻尼比分别为 12.53%、10.85% 和 9.79%。此外，如表 23.2 所示，参数组 4 与参数组 1 较为接近且小于参数组 2 和 3。这是因为，考虑到运行方式 1 时的 ζ_{R} 大于运行方式 2 和 3 的 ζ_{R}，参数组 4 的优化过程中的约束条件式 (23.4) 和式 (23.5) 受运行方式 1 的限制。

最后，通过时域仿真进一步验证本章所提出的 WADC 参数优化模型的有效性。扰动设置为母线 7 上的负荷 L_1 在 $t=1.0\mathrm{s}$ 时增加 0.2p.u.，并在 $t=2.0\mathrm{s}$ 时恢复正常。3 种运行方式下 WADC 的输入信号 $\omega_{1\text{-}3}$ 如图 23.5 所示。可以发现，经过参数优化后的 WADC 能够有效地改善区间振荡模式的阻尼。3 种运行方式下 WADC 的输出信号 U_{Sg} 如图 23.6 所示。可知，在运行方式 2 和 3 下，参数组 4 距离各运行方式下的最优参数组 2 和 3 之间还有改善的空间。在运行方式 1 下，参数组 4 时 WADC 的输出信号 U_{Sg} 明显比最优参数组 1 时的 U_{Sg} 大。

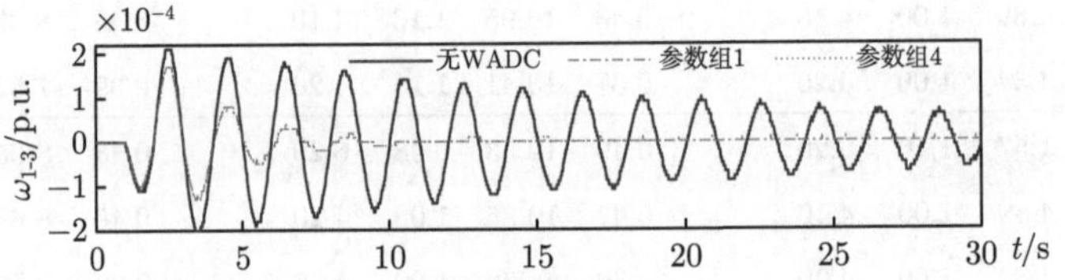

(a) 运行方式1

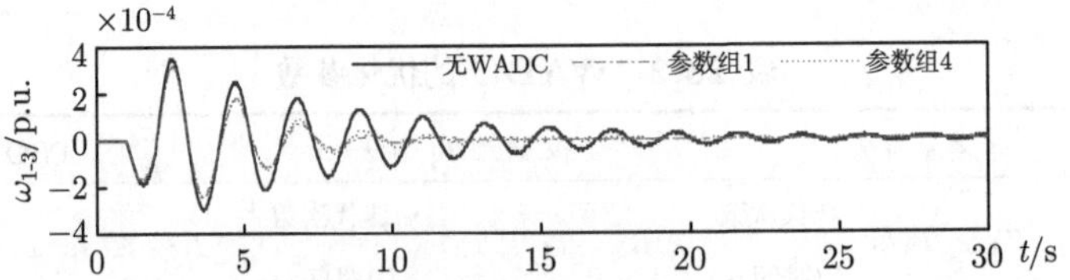

(b) 运行方式2

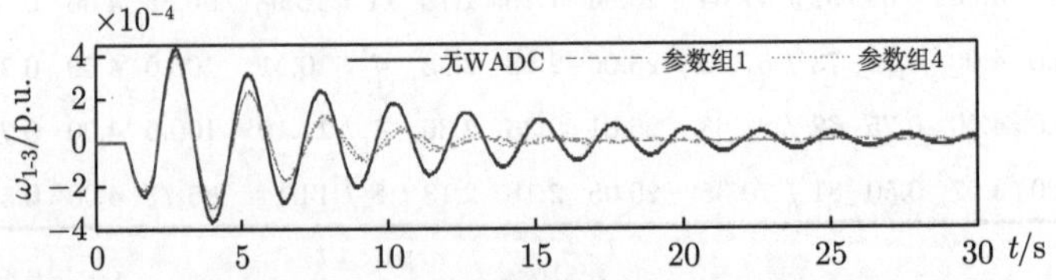

(c) 运行方式3

图 23.5　不同运行方式下发电机 G_1 和 G_3 的相对转速差 $\omega_{1\text{-}3}$

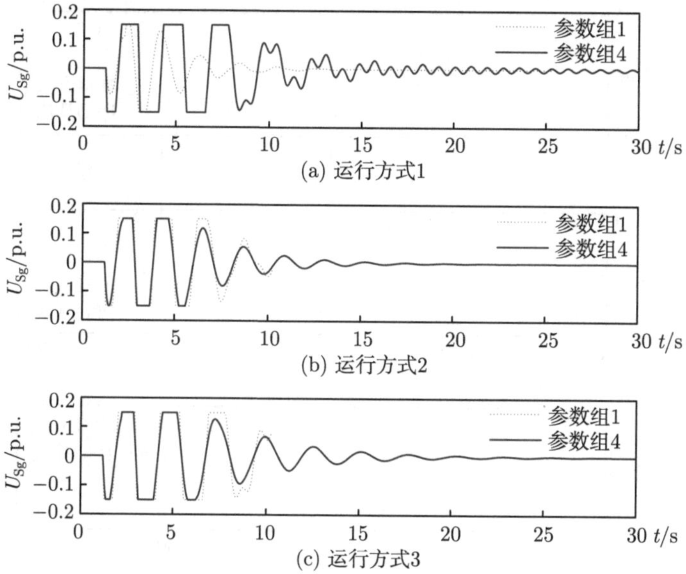

图 23.6 不同运行方式下安装于 G_1 的 WADC 输出信号 U_{Sg}

2. *求解方法的最优性*

首先，针对同样的 WADC 参数优化模型，本节将粒子群优化 (particle swarm optimization, PSO) 算法[271] 与本章所提出的结合 BFGS、梯度采样和弱 Wolfe 搜索的求解方法进行对比，以验证后者的最优性。将 PSO 算法的粒子数和迭代次数分别设为 50 和 200，表 23.2 给出了单独考虑运行方式 1~3 和同时考虑 3 种运行方式时利用此算法所得到的 WADC 优化参数以及所消耗的计算时间。可以发现，PSO 算法和本章方法所得到的 WADC 优化参数非常接近：对于 K_{S} 和 T_1，两者之间的绝对误差分别为 0.43 和 0.03；对于 T_3，两者完全一致。同时，以运行方式 1 为例，图 23.7 给出了这两种方法优化参数 K_{S}，T_1 和 T_3 时的收敛曲线。从图中可以看出，这两种方法虽然优化过程不同，但优化趋势是一致的。

其次，验证本章方法求解 WADC 参数优化问题的过程中，采用梯度采样技术求解不可微点处最速下降方向的必要性。图 23.8 给出了不同运行方式下采用本章方法对 WADC 参数进行优化时目标函数 J 和最小阻尼比 ζ_{I} 的优化曲线，其中“*”表示参数不可微点。以运行方式 3 为例，如图 23.8(a) 所示，目标函数 J 最终可以达到 −0.1341，但其第 17、52、60、62 次迭代时参数不可微。如果不采用梯度采样技术，目标函数 J 在第 17 次优化时就发生停滞，仅为 −0.0957。相应地，如图 23.8(b) 所示，系统目标振荡模式的最小阻尼比在第 17 次优化后增加到 10.13%，与最优阻尼比结果 13.41% 相比还有很大的改善空间。

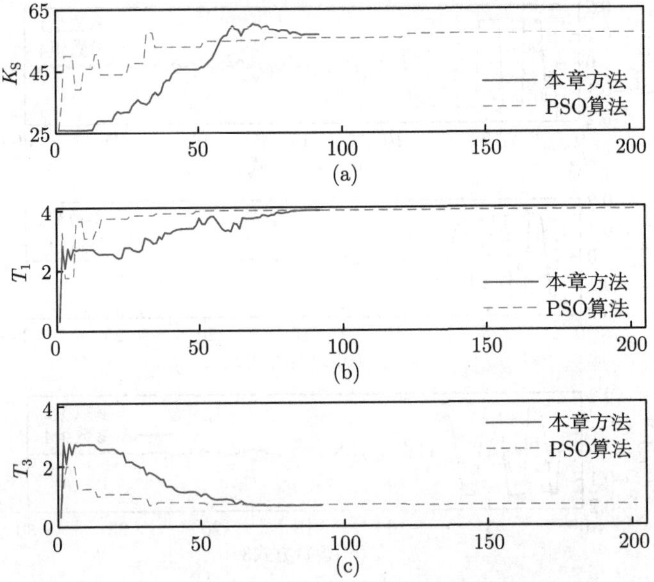

图 23.7　运行方式 1 下参数 K_S、T_1 和 T_3 的优化过程

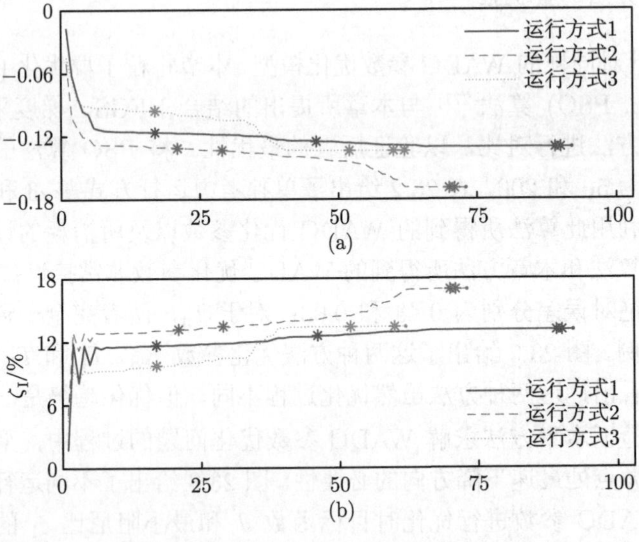

图 23.8　不同运行方式下目标函数 J 和最小阻尼比 ζ_I 的优化曲线

23.3.2　山东电网

本节以山东电网为例来进一步验证所提出的 WADC 参数优化方法对大规模时滞电力系统的适用性。表 23.3 给出了在运行方式 1 和 2 下，山东电网未装设

WADC 时的两个目标区间振荡模式和非目标模式集合中阻尼比最小的模式的阻尼特性，其中运行方式 2 是在运行方式 1 的基础上断开邹县-泰山 500kV 线路。

在山东电网中装设两个广域 PSS 以抑制弱阻尼区间低频振荡，其反馈信号(状态变量) 和装设位置参考 20.2.3 节。两个 WADC 的初始参数为 $T_{\mathrm{W}} = 10\mathrm{s}$，$K_{\mathrm{S}} = 2$，$T_1 = T_3 = 0.1\mathrm{s}$，$T_2 = T_4 = 0.05\mathrm{s}$，$U_{\mathrm{Sg}}$ 的上下限值为 ±0.15p.u.。反馈时滞和控制时滞分别为 $\tau_{\mathrm{f1}} = 120\mathrm{ms}$、$\tau_{\mathrm{c1}} = 100\mathrm{ms}$、$\tau_{\mathrm{f2}} = 100\mathrm{ms}$ 和 $\tau_{\mathrm{c2}} = 70\mathrm{ms}$。为减少参数整定的计算量，令 T_2 和 T_4 取固定值；$K_{\mathrm{S}}^{\min}$、$K_{\mathrm{S}}^{\max}$、$T_i^{\min}$ 和 $T_i^{\max}$ $(i = 1,\ 3)$ 与 23.3.1 节相同；罚因子均取为 2。

表 23.3 两种运行方式下系统的阻尼特性

运行方式	$N-1$ 断线	$\mathbb{M}_{\mathrm{I}}$				f_{R}/Hz	ζ_{R}/%
		f_1/Hz	ζ_1/%	f_2/Hz	ζ_2/%		
1	–	0.97	4.08	0.78	6.49	1.63	4.11
2	邹县–泰山	0.86	4.58	0.74	3.95	1.62	4.11

表 23.4 给出了单独考虑运行方式 1 和 2 以及同时考虑 2 种运行方式时，利用本章方法所得到的 WADC 最优参数组，和目标区间振荡模式以及非目标模式中阻尼比最小的模式的频率和阻尼比。从表中可以发现，参数组 1 和 2 均能明显改善两个目标模式在相应的运行方式下的阻尼比。具体地，运行方式 1 下，两个目标模式的阻尼比分别从 4.08% 和 6.49% 提高到 9.48% 和 10.87%；运行方式 2 下，两个目标模式的阻尼比分别提高到 10.82% 和 9.79%。对于同时考虑 2 种运行方式所得到的参数组 3，运行方式 1 下的模式 2 和运行方式 2 下的模式 1 的阻尼比分别提高到 20.99% 和 19.97%，远高于参数组 1 和 2 的优化效果。

表 23.4 不同运行方式下 WADC 的最优参数及阻尼特性

参数组	运行方式	WADC1			WADC2			$\mathbb{M}_{\mathrm{I}}$				f_{R}/Hz	ζ_{R}/%
		K_{S}	T_1/s	T_3/s	K_{S}	T_1/s	T_3/s	f_1/Hz	ζ_1/%	f_2/Hz	ζ_2/%		
1	1	13.23	0.12	0.09	28.92	0.27	0.30	0.98	9.48	0.87	10.87	2.04	4.11
2	2	36.08	0.07	0.05	17.36	0.14	0.61	0.82	10.82	0.71	9.79	1.32	4.61
3	1、2	16.01	0.12	0.09	7.74	0.72	0.28	0.96	7.72	**0.82**	**20.99**	1.58	4.11
								0.86	**19.97**	0.76	7.72	1.58	4.11

参考文献

[1] Alur R. Principles of Cyber-Physical Systems [M]. Boston: MIT Press, 2015.

[2] Roy S, Das S K. Principles of Cyber-Physical Systems: An Interdisciplinary Approach [M]. Cambridge: Cambridge University Press, 2020.

[3] Yu X, Xue Y. Smart grids: A cyber-physical systems perspective [J]. Proceedings of the IEEE, 2016, 104(5): 1058 – 1070.

[4] 秦元勋, 刘永清, 王联, 等. 带有时滞的动力系统的运动稳定性 [M]. 第 2 版. 北京: 科学出版社, 1983.

[5] Niculescu S-I. Delay Effects on Stability: A Robust Control Approach [M]. Heidelberg: Springer, 2001.

[6] Gu K, Kharitonov V L, Chen J. Stability of Time-Delay Systems [M]. Boston: Springer, 2003.

[7] Phadke A G, Thorp J S. Synchronized Phasor Measurements and Their Applications [M]. New York: Springer, 2008.

[8] Lu C, Shi B, Wu X, et al. Advancing China's smart grid: Phasor measurement units in a wide-area management system [J]. IEEE Power and Energy Magazine, 2015, 13(5): 60 – 71.

[9] The Department of Energy's Office of Electricity. Synchrophasor technologies and their deployment in the recovery act smart grid programs [R]. 2013.

[10] Ali I, Aftab M A, Hussain S M S. Performance comparison of IEC 61850-90-5 and IEEE C37.118.2 based wide area PMU communication networks [J]. Journal of Modern Power Systems and Clean Energy, 2016, 4(3): 487 – 495.

[11] 陆超, 张俊勃, 韩英铎. 电力系统广域动态稳定辨识与控制 [M]. 北京: 科学出版社, 2015.

[12] Karlsson D, Hemmingsson M, Lindahl S. Wide area system monitoring and control-terminology, phenomena, and solution implementation strategies [J]. IEEE Power and Energy Magazine, 2004, 2(5): 68 – 76.

[13] 江全元, 邹振宇, 曹一家, 等. 考虑时滞影响的电力系统稳定分析和广域控制研究进展 [J]. 电力系统自动化, 2005, 29(3): 1 – 7.

[14] Terzija V, Valverde G, Cai D, et al. Wide area monitoring, protection and control of future electric power networks [J]. Proceedings of the IEEE, 2011, 99(1): 80 – 93.

[15] 刘志雄, 孙元章, 黎雄, 等. 广域电力系统稳定器阻尼控制系统综述及工程应用展望 [J]. 电力系统自动化, 2014, 38(9): 152 – 159, 183.

[16] Pierre B J, Wilches-Bernal F, Schoenwald D A, et al. Design of the Pacific DC intertie wide area damping controller [J]. IEEE Transactions on Power Systems, 2019, 34(5): 3594–3604.

[17] Aboul-Ela M E, Sallam A A, McCalley J D, et al. Damping controller design for power system oscillations using global signals [J]. IEEE Transactions on Power Systems, 1996, 11(2): 767–773.

[18] Chow J H, Sanchez-Gasca J J, Ren H X, et al. Power system damping controller design-using multiple input signals [J]. IEEE Control Systems Magazine, 2000, 20(4): 82–90.

[19] Kamwa I, Grondin R, Hebert Y. Wide-area measurement based stabilizing control of large power systems - a decentralized/hierarchical approach [J]. IEEE Transactions on Power Systems, 2001, 16(1): 136–153.

[20] 谢小荣, 肖晋宇, 童陆园, 等. 采用广域测量信号的互联电网区间阻尼控制 [J]. 电力系统自动化, 2004, 28(2): 37–40.

[21] 韩英铎, 吴小辰, 吴京涛. 电力系统广域稳定控制技术及工程实验 [J]. 南方电网技术, 2007, 1(1): 1–8.

[22] 袁野, 程林, 孙元章. 采用广域测量信号的 2 级 PSS 控制策略 [J]. 电力系统自动化, 2006, 30(24): 11–16, 48.

[23] Dotta D, Silva A S e, Decker I C. Wide-area measurements-based two-level control design considering signal transmission delay [J]. IEEE Transactions on Power Systems, 2009, 24(1): 208–216.

[24] Li Y, Rehtanz C, Yang D, et al. Robust high-voltage direct current stabilising control using wide-area measurement and taking transmission time delay into consideration [J]. IET Generation, Transmission and Distribution, 2011, 5(3): 289–297.

[25] Weng H, Xu Z. WAMS based robust HVDC control considering model imprecision for AC/DC power systems using sliding mode control [J]. Electric Power Systems Research, 2013, 95: 38–46.

[26] Preece R, Milanovic J V, Almutairi A M, et al. Damping of inter-area oscillations in mixed AC/DC networks using WAMS based supplementary controller [J]. IEEE Transactions on Power Systems, 2013, 28(2): 1160–1169.

[27] He J, Lu C, Wu X, et al. Design and experiment of wide area HVDC supplementary damping controller considering time delay in China southern power grid [J]. IET Generation, Transmission and Distribution, 2009, 3(1): 17–25.

[28] 赵俊华, 文福拴, 薛禹胜, 等. 电力信息物理融合系统的建模分析与控制研究框架 [J]. 电力系统自动化, 2011, 35(16): 1–8.

[29] Wilches-Bernal F, Pierre B J, Elliott R T, et al. Time delay definitions and characterization in the pacific DC intertie wide area damping controller [C]. IEEE Power & Energy Society General Meeting, Chicago, 2017: 1–5.

[30] 胡志祥, 谢小荣, 肖晋宇, 等. 广域测量系统的延迟分析及其测试 [J]. 电力系统自动化, 2004, 28(15): 39–43.

[31] Cheng L, Chen G, Gao W, et al. Adaptive time delay compensator (ATDC) design for wide-area power system stabilizer [J]. IEEE Transactions on Smart Grid, 2014, 5(6): 2957–2966.

[32] Zhang F, Sun Y, Cheng L, et al. Measurement and modeling of delays in wide-area closed-loop control systems [J]. IEEE Transactions on Power Systems, 2015, 30(5): 2426–2433.

[33] Stahlhut J W, Browne T J, Heydt G T, et al. Latency viewed as a stochastic process and its impact on wide area power system control signals [J]. IEEE Transactions on Power Systems, 2008, 23(1): 84–91.

[34] Naduvathuparambil B, Valenti M C, Feliachi A. Communication delays in wide area measurement systems [C]. Proceedings of the 34th Southeastern Symposium on System Theory, Huntsville, 2002: 118–122.

[35] 李鹏, 吴小辰, 李立涅, 等. 南方电网广域阻尼控制系统及其运行分析 [J]. 电力系统自动化, 2009, 33(18): 52–56.

[36] Myrd P, Sternfeld S. Smart grid information sharing webcast: Synchrophasor communications infrastructure [EB/OL]. [2022-08-01]. https://smartgrid.epri.com/doc/Synchrophasor-Communications-Infrastructure.pdf.

[37] Sipahi R, Niculescu S-I, Abdallah C T, et al. Stability and stabilization of systems with time delay [J]. IEEE Control Systems Magazine, 2011, 31(1): 38–65.

[38] 徐政. 柔性直流输电系统 [M]. 第 2 版. 北京: 机械工业出版社, 2016.

[39] 郭春义, 王烨, 赵成勇. 直流输电系统的小信号稳定性 [M]. 北京: 科学出版社, 2019.

[40] 梁少华, 田杰, 曹冬明, 等. 柔性直流输电系统控制保护方案 [J]. 电力系统自动化, 2013, 37(15): 59–65.

[41] 曹靖洺, 董朝宇, 肖迁, 等. 考虑控制与通信多成分时滞的多端 MMC-HVDC 信息物理系统统一建模与互联稳定性分析 [J]. 中国电机工程学报, 2021, 41(10): 3547–3560.

[42] 汤广福, 贺之渊, 庞辉. 柔性直流输电工程技术研究、应用及发展 [J]. 电力系统自动化, 2013, 37(15): 3–14.

[43] 胡文旺, 唐志军, 林国栋, 等. 柔性直流控制保护系统方案及其工程应用 [J]. 电力系统自动化, 2016, 40(21): 27–33.

[44] 周谷庆, 张杰, 仲浩, 等. 柔性直流控制系统链路延时测量方法研究 [J]. 浙江电力, 2021, 40(2): 33–37.

[45] Zou C, Rao H, Xu S, et al. Analysis of resonance between a VSC-HVDC converter and the AC grid [J]. IEEE Transactions on Power Electronics, 2018, 33(12): 10157–10168.

[46] 王宇, 刘崇茹, 侯延琦, 等. 基于 FPGA 的模块化多电平换流器并行化控制器设计及实验验证 [J]. 电力自动化设备, 2022, 42(3): 90–96.

[47] Wang C, Xiao L, Jiang H, et al. Analysis and compensation of the system time delay in an MMC system [J]. IEEE Transactions on Power Electronics, 2018, 33(11): 9923–9936.

[48] 邹常跃, 陈俊, 许树楷, 等. 长控制链路延时特征下柔性直流输电系统动态性能改善方法 [J]. 电网技术, 2017, 41(10): 3216–3222.

[49] 冯俊杰, 邹常跃, 杨双飞, 等. 针对中高频谐振问题的柔性直流输电系统阻抗精确建模与特性分析 [J]. 中国电机工程学报, 2020, 40(15): 4805–4820.

[50] Walton K, Marshall J E. Direct method for TDS stability analysis [J]. IEE Proceedings D - Control Theory and Applications, 1987, 134(2): 101–107.

[51] Olgac N, Sipahi R. An exact method for the stability analysis of time-delayed linear time-invariant (LTI) systems [J]. IEEE Transactions on Automatic Control, 2002, 47(5): 793–797.

[52] Olgac N, Sipahi R. The cluster treatment of characteristic roots and the neutral type time-delayed systems [J]. Journal of Dynamic Systems, Measurement and Control, 2005, 127(1): 88–97.

[53] Ebenbauer C, Allgower F. Stability analysis for time-delay systems using Rekasius's substitution and sum of squares [C]. Proceedings of 45th IEEE Conference on Decision and Control, San Diego, 2006: 5376–5381.

[54] Liu Z, Zhu C, Jiang Q. Stability analysis of time delayed power system based on cluster treatment of characteristic roots method [C]. Proceedings of IEEE Power and Energy Society General Meeting, Pittsburgh, 2008: 1–6.

[55] 贾宏杰, 尚蕊, 张宝贵. 电力系统时滞稳定裕度求解方法 [J]. 电力系统自动化, 2007, 31(2): 5–11.

[56] 刘兆燕, 江全元, 徐立中, 等. 基于特征根聚类的电力系统时滞稳定域研究 [J]. 浙江大学学报 (工学版), 2009, 43(8): 1473–1479.

[57] Sonmez S, Ayasun S, Nwankpa C O. An exact method for computing delay margin for stability of load frequency control systems with constant communication delays [J]. IEEE Transactions on Power Systems, 2016, 31(1): 370–377.

[58] Cheng Y C, Hwang C. Use of the Lambert *W* function for time-domain analysis of feedback fractional delay systems [J]. IEE Proceedings - Control Theory and Applications, 2006, 153(2): 167–174.

[59] Jarlebring E, Damm T. The Lambert *W* function and the spectrum of some multidimensional time-delay systems [J]. Automatica, 2007, 43(12): 2124–2128.

[60] Yi S, Nelson P W, Ulsoy A G. Time-Delay Systems: Analysis and Control Using the Lambert *W* Function [M]. Singapore: World Scientific Publishing Company, 2010.

[61] 余晓丹, 董晓红, 贾宏杰, 等. 基于朗伯函数的时滞电力系统 ODB 与 OEB 判别方法 [J]. 电力系统自动化, 2014, 38(6): 33–37, 111.

[62] Wu H, Ni H, Heydt G T. The impact of time delay on control design in power systems [C]. Proceedings of IEEE Power and Energy Society Winter Meeting, New York, 2002: 1511–1516.

[63] Partington J R. Some frequency-domain approaches to the model reduction of delay systems [J]. Annual Reviews in Control, 2004, 28(1): 65–73.

[64] Yuan Y, Li G, Cheng L, et al. A phase compensator for SVC supplementary control to eliminate time delay by wide area signal input [J]. International Journal of Electrical Power and Energy Systems, 2010, 32(3): 163–169.

[65] Golub G H, Loan C F V. Matrix Computations [M]. 4th Edition. Baltimore: The Johns Hopkins University Press, 2012.

[66] 叶华, 霍健, 刘玉田. 基于 Padé 近似的时滞电力系统特征值计算方法 [J]. 电力系统自动化, 2013, 37(7): 25–30.

[67] Hassan F, Rifat S, Nejat O. Stability robustness analysis of multiple time-delayed systems using “Building Block” concept [J]. IEEE Transactions on Automatic Control, 2007, 52(5): 799–810.

[68] Sipahi R, Olgac N. Mastering Frequency Domain Techniques for the Stability Analysis of LTI Time Delay Systems [M]. Philadelphia: SIAM, 2019.

[69] Munz U, Ebenbauer C, Haag T, et al. Stability analysis of time-delay systems with incommensurate delays using positive polynomials [J]. IEEE Transactions on Automatic Control, 2009, 54(5): 1019–1024.

[70] Ke D P, Chung C Y, Xue Y. An eigenstructure-based performance index and its application to control design for damping inter-area oscillations in power systems [J]. IEEE Transactions on Power Systems, 2011, 26(4): 2371–2380.

[71] 戚军, 江全元, 曹一家. 基于系统辨识的广域时滞鲁棒阻尼控制 [J]. 电力系统自动化, 2008, 32(6): 35–40.

[72] 石颉, 王成山. 考虑广域信息时延影响的 H_∞ 阻尼控制器 [J]. 中国电机工程学报, 2008, 28(1): 30–34.

[73] 胡志坚, 赵义术. 计及广域测量系统时滞的互联电力系统鲁棒稳定控制 [J]. 中国电机工程学报, 2010, 30(19): 37–43.

[74] Zhang S, Vittal V. Design of wide-area power system damping controllers resilient to communication failures [J]. IEEE Transactions on Power Systems, 2013, 28(4): 4292–4300.

[75] 袁野, 程林, 孙元章. 考虑时延影响的互联电网区间阻尼控制 [J]. 电力系统自动化, 2007, 31(8): 12–16.

[76] Yao W, Jiang L, Wen J, et al. Wide-area damping controller of FACTS devices for inter-area oscillations considering communication time delays [J]. IEEE Transactions on Power Systems, 2014, 29(1): 318–329.

[77] Li J, Chen Z, Cai D, et al. Delay-dependent stability control for power system with multiple time-delays [J]. IEEE Transactions on Power Systems, 2016, 31(3): 2316-2326.

[78] Yu X, Tomsovic K. Application of linear matrix inequalities for load frequency control with communication delays [J]. IEEE Transactions on Power Systems, 2004, 19(3): 1508-1515.

[79] Zhang C-K, Jiang L, Wu Q H, et al. Delay-dependent robust load frequency control for time delay power systems [J]. IEEE Transactions on Power Systems, 2013, 28(3): 2192-2201.

[80] 江全元, 张鹏翔, 曹一家. 计及反馈信号时滞影响的广域 FACTS 阻尼控制 [J]. 中国电机工程学报, 2006, 26(7): 82-88.

[81] Yao W, Jiang L, Wu Q H, et al. Delay-dependent stability analysis of the power system with a wide-area damping controller embedded [J]. IEEE Transactions on Power Systems, 2011, 26(1): 233-240.

[82] 吴敏, 何勇. 时滞系统鲁棒控制——自由权矩阵方法 [M]. 北京: 科学出版社, 2008.

[83] 董朝宇, 贾宏杰, 姜懿郎. 含积分二次型的电力系统改进时滞稳定判据 [J]. 电力系统自动化, 2015, 39(24): 35-40.

[84] 孙国强, 屠越, 孙永辉, 等. 时变时滞电力系统鲁棒稳定性的改进型判据 [J]. 电力系统自动化, 2015, 39(3): 59-62.

[85] Xu S, Lam J. Improved delay-dependent stability criteria for time-delay systems [J]. IEEE Transactions on Automatic Control, 2005, 50(3): 384-387.

[86] 贾宏杰, 安海云, 余晓丹. 电力系统改进时滞依赖性稳定判据 [J]. 电力系统自动化, 2008, 32(19): 15-19, 24.

[87] 贾宏杰, 安海云, 余晓丹. 电力系统时滞依赖型鲁棒稳定判据及其应用 [J]. 电力系统自动化, 2010, 34(3): 6-11.

[88] 安海云. 基于自由权矩阵理论的电力系统时滞稳定性研究 [D]. 天津: 天津大学, 2011.

[89] Wang S, Meng X, Chen T. Wide-area control of power systems through delayed network communication [J]. IEEE Transactions on Control Systems Technology, 2012, 20(2): 495-503.

[90] Wu M, He Y, She J-H, et al. Delay-dependent criteria for robust stability of time-varying delay systems [J]. Automatica, 2004, 40(8): 1435-1439.

[91] He Y, Wu M, She J-H. Delay-dependent stability criteria for linear system with multiple time delays [J]. IEE Proceedings-Control Theory and Applications, 2006, 153(4): 447-452.

[92] 孙永辉, 李宁, 卫志农. 多时滞不确定电力系统的改进时滞依赖鲁棒稳定判据 [J]. 电力系统自动化, 2017, 41(16): 117-122.

[93] Seuret A, Gouaisbaut F. Wirtinger-based integral inequality: Application to time-delay systems [J]. Automatica, 2013, 49(9): 2860-2866.

[94] 李宁, 孙永辉, 卫志农, 等. 基于 Wirtinger 不等式的电力系统延时依赖稳定判据 [J]. 电力系统自动化, 2017, 41(2): 108–113.

[95] Yang F, He J, Pan Q. Further improvement on delay-dependent load frequency control of power systems via truncated B-L inequality [J]. IEEE Transactions on Power Systems, 2018, 33(5): 5062–5071.

[96] Yang F, He J, Wang D. New stability criteria of delayed load frequency control systems via infinite-series-based inequality [J]. IEEE Transactions on Industrial Informatics, 2018, 14(1): 231–240.

[97] Seuret A, Gouaisbaut F, Fridman E. Stability of discrete-time systems with time-varying delays via a novel summation inequality [J]. IEEE Transactions on Automatic Control, 2015, 60(10): 2740–2745.

[98] Zhang C, He Y, Jiang L, et al. Summation inequalities to bounded real lemmas of discrete-time systems with time-varying delay [J]. IEEE Transactions on Automatic Control, 2017, 62(5): 2582–2588.

[99] Luo H, Hiskens I A, Hu Z. Stability analysis of load frequency control systems with sampling and transmission delay [J]. IEEE Transactions on Power Systems, 2020, 35(5): 3603–3615.

[100] Luo H, Hu Z. Stability analysis of sampled-data load frequency control systems with multiple delays [J]. IEEE Transactions on Control Systems Technology, 2022, 30(1): 434–442.

[101] Zhong Q, Weiss G. A unified Smith predictor based on the spectral decomposition of the plant [J]. International Journal of Control, 2004, 77(15): 1362–1371.

[102] Chaudhuri B, Majumder R, Pal B C. Wide-area measurement-based stabilizing control of power system considering signal transmission delay [J]. IEEE Transactions on Power Systems, 2004, 19(4): 1971–1979.

[103] 王伟岸, 王俊, 蔡兴国. 基于史密斯预估器的互联电网区间阻尼控制 [J]. 电力系统自动化, 2008, 32(20): 37–41.

[104] Chaudhuri B, Majumder R, Pal B C. Application of multiple-model adaptive control strategy for robust damping of interarea oscillations in power system [J]. IEEE Transactions on Control Systems Technology, 2004, 12(5): 727–736.

[105] Majumder R, Chaudhuri B, Pal B C. A probabilistic approach to model-based adaptive control for damping of interarea oscillations [J]. IEEE Transactions on Power Systems, 2005, 20(1): 367–374.

[106] Yao W, Jiang L, Wen J, et al. Wide-area damping controller for power system interarea oscillations: A networked predictive control approach [J]. IEEE Transactions on Control Systems Technology, 2015, 23(1): 27–36.

[107] 胡志祥, 谢小荣, 童陆园. 广域阻尼控制延迟特性分析及其多项式拟合补偿 [J]. 电力系统自动化, 2005, 29(20): 29–34.

[108] 袁野, 程林, 孙元章, 等. 广域阻尼控制的时滞影响分析及其时滞补偿设计 [J]. 电力系统自动化, 2006, 30(14): 6–9.

[109] Chaudhuri N R, Ray S, Majumder R, et al. A new approach to continuous latency compensation with adaptive phasor power oscillation damping controller (POD) [J]. IEEE Transactions on Power Systems, 2010, 25(2): 939–946.

[110] Wang S, Gao W, Wang J, et al. Synchronized sampling technology-based compensation for network effects in WAMS communication [J]. IEEE Transactions on Smart Grid, 2012, 3(2): 837–845.

[111] Jacob K. Robust Stability and Convexcity: An Introduction [M]. Heidelberg: Springer, 1995.

[112] Zhou J, Shi P, Gan D, et al. Large-scale power system robust stability analysis based on value set approach [J]. IEEE Transactions on Power Systems, 2017, 32(5): 4012–4023.

[113] 周靖皓, 江崇熙, 甘德强, 等. 基于值集法对云南电网超低频振荡的稳定分析 [J]. 电网技术, 2017, 41(10): 3147–3152.

[114] Shi P, Zhou J, Gan D, et al. A rational fractional representation method for wind power integrated power system parametric stability analysis [J]. IEEE Transactions on Power Systems, 2018, 33(6): 7122–7131.

[115] 周靖皓, 石鹏, 甘德强, 等. 值集法在大电网鲁棒稳定性分析中的实现及与 μ 方法比较 [J]. 电力系统自动化, 2018, 42(1): 98–104.

[116] Zhou J, Zheng T, Gan D. Value-set-based power system robust stability analysis: Further results [J]. IEEE Transactions on Power Systems, 2019, 34(2): 1383–1392.

[117] 马静, 王上行, 王彤, 等. 基于保护映射理论的电力系统小扰动稳定域计算方法 [J]. 中国电机工程学报, 2014, 34(28): 4897–4905.

[118] Engelborghs K, Roose D. On stability of LMS methods and characteristic roots of delay differential equations [J]. SIAM Journal on Numerical Analysis, 2003, 40(2): 629–650.

[119] Schauss T, Peer A, Buss M. Parameter-space stability analysis of LTI time-delay systems with parametric uncertainties [J]. IEEE Transactions on Automatic Control, 2018, 63(11): 3927–3934.

[120] 周靖皓. 基于值集法的电力系统小干扰参数稳定性分析 [D]. 杭州: 浙江大学, 2018.

[121] Milano F, Dassios I, Liu M, et al. Eigenvalue Problems in Power Systems [M]. Boca Raton: CRC Press, 2021.

[122] 董存, 余晓丹, 贾宏杰. 一种电力系统时滞稳定裕度的简便求解方法 [J]. 电力系统自动化, 2008, 32(1): 6–10.

[123] 贾宏杰, 余晓丹. 2 种实际约束下的电力系统时滞稳定裕度 [J]. 电力系统自动化, 2008, 32(9): 7–10, 19.

[124] 余晓丹, 贾宏杰, 王成山. 时滞电力系统全特征谱追踪算法及其应用 [J]. 电力系统自动化, 2012, 36(24): 10–14, 38.

[125] 贾宏杰. 电力系统时滞稳定性 [M]. 北京：科学出版社, 2016.

[126] Milano F, Anghel M. Impact of time delays on power system stability [J]. IEEE Transactions on Circuit and Systems-I: Regular Papers, 2012, 59(4)：889 – 900.

[127] Liang H, Choi B J, Zhuang W, et al. Stability enhancement of decentralized inverter control through wireless communications in microgrids [J]. IEEE Transactions on Smart Grid, 2013, 4(1)：321 – 331.

[128] Kahrobaeian A, Mohamed Y A R I. Networked-based hybrid distributed power sharing and control for islanded microgrid systems [J]. IEEE Transactions on Power Electronics, 2015, 30(2)：603 – 617.

[129] Coelho E A A, Wu D, Guerrero J M, et al. Small-signal analysis of the microgrid secondary control considering a communication time delay [J]. IEEE Transactions on Industrial Electronics, 2016, 63(10)：6257 – 6269.

[130] 西安交通大学等合编. 电子数字计算机的应用——电力系统计算 [M]. 北京：水利电力出版社, 1978.

[131] Kundur P. Power System Stability and Control [M]. New York：McGraw-Hill, 1994.

[132] 王锡凡, 方万良, 杜正春. 现代电力系统分析 [M]. 北京：科学出版社, 2003.

[133] 夏道止. 电力系统分析 (下册) [M]. 北京：中国电力出版社, 1995.

[134] 倪以信, 陈寿孙, 张宝霖. 动态电力系统的理论和分析 [M]. 北京：清华大学出版社, 2002.

[135] 程时杰, 曹一家, 江全元. 电力系统次同步振荡的理论与方法 [M]. 北京：科学出版社, 2009.

[136] 鞠平. 电力系统建模理论与方法 [M]. 北京：科学出版社, 2010.

[137] Martins N. Efficient eigenvalue and frequency response methods applied to power system small-signal stability studies [J]. IEEE Transactions on Power Systems, 1986, 1(1)：217 – 224.

[138] Rommes J, Martins N. Exploiting structure in large-scale electrical circuit and power system problems [J]. Linear Algebra and its Applications, 2009, 431(3)：318 – 333.

[139] Hairer E, Wanner G. Solving Ordinary Differential Equations II. Stiff and Differential-Algebraic Problems [M]. 2nd Edition. Heidelberg：Springer, 1996.

[140] Meyer C D. Matrix Analysis and Applied Linear Algebra [M]. Philadelphia：SIAM, 2000.

[141] Jia H, Yu X, Yu Y, et al. Power system small signal stability region with time delay [J]. International Journal of Electrical Power and Energy Systems, 2008, 30(1)：16 – 22.

[142] Yu X, Jia H, Wang C. CTDAE & CTODE models and their applications to power system stability analysis with time delays [J]. Science China Technological Sciences, 2013, 56(5)：1213 – 1223.

[143] Ye H, Liu Y, Zhang P. Efficient eigen-analysis for large delayed cyber-physical power system using explicit infinitesimal generator discretization [J]. IEEE Transactions on Power Systems, 2016, 31(3)：2361 – 2370.

[144] Ye H, Mou Q, Liu Y. Enabling highly efficient spectral discretization-based eigen-analysis methods by Kronecker product [J]. IEEE Transactions on Power Systems, 2017, 32(5): 4148 – 4150.

[145] Ye H, Gao W, Mou Q, et al. Iterative infinitesimal generator discretization-based method for eigen-analysis of large delayed cyber-physical power system [J]. Electric Power Systems Research, 2017, 143(1): 389 – 399.

[146] Ye H, Mou Q, Liu Y. Calculation of critical oscillation modes for large delayed cyber-physical power system using pseudo-spectral discretization of solution operator [J]. IEEE Transactions on Power Systems, 2017, 32(6): 4464 – 4476.

[147] Ye H, Mou Q, Wang X, et al. Eigen-analysis of large delayed cyber-physical power system by time integration-based solution operator discretization methods [J]. IEEE Transactions on Power Systems, 2018, 33(6): 5968 – 5978.

[148] Milano F. Small-signal stability analysis of large power systems with inclusion of multiple delays [J]. IEEE Transactions on Power Systems, 2016, 31(4): 3257 – 3266.

[149] Ascher U M, Petzold L R. The numerical solution of delay-differential-algebraic equations of retarded and neutral type [J]. SIAM Journal on Numerical Analysis, 1995, 32(5): 1635 – 1657.

[150] Zhu W, Petzold L R. Asymptotic stability of Hessenberg delay differential-algebraic equations of retarded or neutral type [J]. Applied Numerical Mathematics, 1998, 27(3): 309 – 325.

[151] Venkatasubramanian V, Schattler H, Zaborszky J. A time-delay differential-algebraic phasor formulation of the large power system dynamics [C]. Proceedings of IEEE International Symposium on Circuits and Systems, London, 1994:49 – 52.

[152] Milano F, Dassios I. Small-signal stability analysis for non-index 1 Hessenberg form systems of delay differential-algebraic equations [J]. IEEE Transactions on Circuits and Systems-I: Regular Papers, 2016, 63(9): 1521 – 1530.

[153] Ye H, Liu K, Mou Q, et al. Modeling and formulation of delayed cyber-physical power system for small signal stability analysis and control [J]. IEEE Transactions on Power Systems, 2019, 34(3): 2419 – 2432.

[154] Hale J K, Lunel S M V. Introduction to Functional Differential Equations [M]. New York: Springer, 1991.

[155] Breda D. Numerical computation of characteristic roots for delay differential equations [D]. Veneto, Italy: Universitá degli Studi di Padova, 2004.

[156] Michiels W, Niculescu S-I. Stability, Control, and Computation for Time-Delay Systems: An Eigenvalue-Based Approach [M]. 2nd Edition. Philadelphia: SIAM, 2014.

[157] Vyhlidal T, Zitek P. Mapping based algorithm for large-scale computation of quasi-polynomial zeros [J]. IEEE Transactions on Automatic Control, 2009, 54(1): 171 – 177.

[158] Bellman R, Cooke K L. Differential-Difference Equation [M]. New York: Academic Press, 1963.

[159] Wilkinson J H. The Algebric Eigenvalue Problem [M]. Oxford: Oxford University Press, 1965.

[160] 威尔金森著, 石钟慈, 邓健新译. 代数特征值问题 [M]. 北京: 科学出版社, 2001.

[161] Trefethen L N, Embree M. Spectra and Pseudospectra: The Behavior of Nonnormal Matrices and Operators [M]. Princeton: Princeton University Press, 2005.

[162] 杜正春, 李崇涛. 基于伪谱理论分析电力系统的暂态增长 [J]. 系统科学与数学, 2002, 32(4): 386–395.

[163] Trefethen L N. Spectral Methods in MATLAB [M]. Philadelphia: SIAM, 2000.

[164] Ascher U M, Petzold L R. Computer Methods for Ordinary Differential Equations and Differential-algebraic Equations [M]. Philadelphia: SIAM, 1998.

[165] Mason J C, Handscomb D. Chebyshev Polynomials [M]. Boca Raton: CRC Press, 2003.

[166] Butcher J C. Numerical Methods for Ordinary Differential Equations [M]. 2nd Edition. New York: John Wiley & Sons, 2008.

[167] Hairer E, Nørsett S P, Wanner G. Solving Ordinary Differential Equations I: Nonstiff Problems [M]. 2nd Edition. Heidelberg: Springer, 1996.

[168] 蔺小林, 蒋耀林. 现代数值分析 [M]. 北京: 国防工业出版社, 2004.

[169] Ahmed N U. Semigroup Theory with Applications to Systems and Control [M]. Essex: Longman Scientific & Technical, 1991.

[170] Rynne B P, Youngson M A. Linear Functional Analysis [M]. 北京: 清华大学出版社, 2005.

[171] 韩崇昭. 应用泛函分析——自动控制的数学基础 [M]. 北京: 清华大学出版社, 2008.

[172] Diekmann O, Gils S A v, Lunel S M V, et al. Delay Equations: Functional, Complex, and Nonlinear Analysis [M]. New York: Springer, 1995.

[173] Michiels W, Jarlebring E, Meerbergen K. Krylov-based model order reduction of time-delay systems [J]. SIAM Journal on Matrix Analysis and Applications, 2011, 32(4): 1399–1421.

[174] Breda D, Maset S, Vermiglio R. Stability of Linear Delay Differential Equations: A Numerical Approach with MATLAB [M]. New York: Springer, 2015.

[175] Jarlebring E. The spectrum of delay-differential equations: Numerical methods, stability and perturbation [D]. Braunschweig: TU Braunschweig, 2008.

[176] Bellen A, Maset S. Numerical solution of constant coefficient linear delay differential equations as abstract Cauchy problems [J]. Numerische Mathematik, 2000, 84(3): 351–374.

[177] Maset S. Numerical solution of retarded functional differential equations as abstract Cauchy problems [J]. Journal of Computational and Applied Mathematics, 2003, 161(2): 259–282.

[178] 郑权. 强连续线性算子半群 [M]. 武汉：华中理工大学出版社, 1994.

[179] Angelidis G, Semlyen A. Improved methodologies for the calculation of critical eigenvalues in small signal stability analysis [J]. IEEE Transactions on Power Systems, 1996, 11(3): 1209 – 1217.

[180] Uchida N, Nagao T. A new eigen-analysis method of steady-state stability studies for large power systems: S matrix method [J]. IEEE Transactions on Power Systems, 1988, 3(2): 706 – 714.

[181] Engelborghs K, Roose D. Numerical computation of stability and detection of Hopf bifurcations of steady state solutions of delay differential equations [J]. Advances in Computational Mathematics, 1999, 10(3-4): 271 – 289.

[182] Breda D. The infinitesimal generator approach for the computation of characteristic roots for delay differential equations using BDF methods, Research Report UDMI17/2002/RR [R]. Udine, Italy: Universitá degli Studi di Udine, 2002.

[183] Breda D, Maset S, Vermiglio R. Computing the characteristic roots for delay differential equations [J]. IMA Journal of Numerical Analysis, 2004, 24(1): 1 – 19.

[184] Breda D, Maset S, Vermiglio R. Pseudospectral differencing methods for characteristic roots of delay differential equations [J]. SIAM Journal on Scientific Computing, 2005, 27(2): 482 – 495.

[185] Breda D, Maset S, Vermiglio R. Pseudospectral approximation of eigenvalues of derivative operators with non-local boundary conditions [J]. Applied Numerical Mathematics, 2006, 56(3-4): 318 – 331.

[186] Breda D, Maset S, Vermiglio R. TRACE-DDE: A Tool for Robust Analysis and Characteristic Equations for Delay Differential Equations [M]. Lecture Notes in Control Information Science (Series 388): Topics in Time-delay Systems. Heidelberg: Springer, 2009: 145 – 155.

[187] Breda D, Diekmann O, Gyllenberg M, et al. Pseudospectral discretization of nonlinear delay equations: New prospects for numerical bifurcation analysis [J]. SIAM Journal on Applied Dynamical Systems, 2016, 15(1): 1 – 23.

[188] Jarlebring E, Meerbergen K, Michiels W. A Krylov method for the delay eigenvalue problem [J]. SIAM Journal on Scientific Computing, 2010, 32(6): 3278 – 3300.

[189] Wu Z, Michiels W. Reliably computing all characteristic roots of delay differential equations in a given right half plane using a spectral method [J]. Journal of Computational & Applied Mathematics, 2012, 236(9): 2499 – 2514.

[190] Engelborghs K, Luzyanina T, Samaey G. DDE-BIFTOOL v.2.00: A MATLAB package for bifurcation analysis of delay differential equations [R]. Belgium: Katholieke Universiteit Leuven, 2001.

[191] Engelborghs K, Luzyanina T, Roose D. Numerical bifurcation analysis of delay differential equations using DDE-BIFTOOL [J]. ACM Transactions on Mathematical Software, 2002, 28(1): 1 – 21.

[192] Verheyden K, Luzyanina T, Roose D. Efficient computation of characteristic roots of delay differential equations using LMS methods [J]. Journal of Computational and Applied Mathematics, 2008, 214(1): 209–226.

[193] Breda D. Solution operator approximations for characteristic roots of delay differential equations [J]. Applied Numerical Mathematics, 2006, 56(3-4): 305–317.

[194] Breda D, Maset S, Vermiglio R. Approximation of eigenvalues of evolution operators for linear retarded functional differential equations [J]. SIAM Journal on Numerical Analysis, 2012, 50(3): 1456–1483.

[195] Gao W, Ye H, Liu Y, et al. Iterative infinitesimal generator discretization-based eigen-analysis of large power system considering wide-area communication delays [C]. IEEE PES Asia-Pacific Power and Energy Engineering Conference (APPEEC), Xi'an, 2016: 2438–2442.

[196] Ye H, Mou Q, Liu Y. MATLAB code for the SOD-PS algorithm [EB/OL]. [2022-08-01]. https://www.researchgate.net/publication/313399629_Matlab_code_for_the_SOD-PS_algorithm.

[197] Meerbergen K, Spence A, Roose D. Shift-invert and Cayley transforms for detection of rightmost eigenvalues of nonsymmetric matrices [J]. BIT Numerical Mathematics, 1994, 34(3): 409–423.

[198] Barrett R, Berry M, Chan T F, et al. Templates for the Solution of Linear Systems: Building Blocks for Iterative Methods [M]. 2nd Edition. Philadelphia: SIAM, 1994.

[199] Ye H, Liu Y, Niu X. Low frequency oscillation analysis and damping based on Prony method and sparse eigenvalue technique [C]. Proceedings of IEEE International Conference on Networking, Sensing and Control, Fort Lauderdale, 2006: 1006–1010.

[200] Yang D, Ajjarapu V. Critical eigenvalues tracing for power system analysis via continuation of invariant subspaces and projected Arnoldi method [J]. IEEE Transactions on Power Systems, 2007, 22(1): 324–332.

[201] 倪相生, 王克文, 王子琦, 等. 改进的精化 Cayley-Arnoldi 算法计算电力系统关键特征值 [J]. 电力系统自动化, 2009, 33(15): 13–17, 83.

[202] Horn R A, Johnson C R. Topics in Matrix Analysis [M]. Cambridge: Cambridge University Press, 1991.

[203] 张贤达. 矩阵分析与应用 [M]. 第 2 版. 北京: 清华大学出版社, 2013.

[204] Bai Z, Demmel J, Dongarra J, et al. Templates for the Solution of Algebraic Eigenvalue Problems: A Practical Guide [M]. Philadelphia: SIAM, 2000.

[205] Saad Y. Numerical Methods for Large Eigenvalue Problems (Second Edition) [M]. Philadelphia: SIAM, 2011.

[206] Wang L, Semlyen A. Application of sparse eigenvalue techniques to the small signal stability analysis of large power systems [J]. IEEE Transactions on Power Systems, 1990, 5(2): 635–642.

[207] 谷寒雨. 大型电力系统小信号稳定特征值分析方法研究 [D]. 上海: 上海交通大学, 1999.

[208] 谷寒雨, 陈陈. 一种新的大型电力系统低频机电模式计算方法 [J]. 中国电机工程学报, 2000, 20(9): 50–54.

[209] 杜正春, 刘伟, 方万良, 等. 大规模电力系统关键特征值计算的 Arnoldi-Chebyshev 方法 [J]. 西安交通大学学报, 2004, 38(10): 995–999.

[210] Chabane Y, Hellal A. An adaptive dynamic implicitly restarted Arnoldi method for the small signal stability eigen analysis of large power systems [J]. International Journal of Electrical Power and Energy Systems, 2014, 63(0): 331–335.

[211] Du Z, Liu W, Fang W. Calculation of electromechanical oscillation modes in large power systems using Jacobi-Davidson method [J]. IEE Proceedings - Generation Transmission and Distribution, 2005, 152(6): 913–918.

[212] Du Z, Liu W, Fang W. Calculation of rightmost eigenvalues in power systems using the Jacobi-Davidson method [J]. IEEE Transactions on Power Systems, 2006, 21(1): 234–239.

[213] Du Z, Li C, Cui Y. Computing critical eigenvalues of power systems using inexact two-sided Jacobi-Davidson [J]. IEEE Transactions on Power Systems, 2011, 26(4): 2015–2022.

[214] 李崇涛. 使用双边 Jacobi-Davidson 计算大规模电力系统的关键模态 [J]. 电力系统自动化, 2012, 36(12): 7–10.

[215] 杜正春, 李崇涛, 潘艳菲, 等. 一种求取大规模电力系统关键特征值的有效方法 [J]. 电力系统自动化, 2014, 38(2): 53–58.

[216] Li Y, Geng G, Jiang Q. An efficient parallel Krylov-Schur method for eigen-analysis of large-scale power systems [J]. IEEE Transactions on Power Systems, 2016, 31(2): 920–930.

[217] Di Napoli E, Polizzi E, Saad Y. Efficient estimation of eigenvalue counts in an interval [J]. Numerical Linear Algebra with Applications, 2016, 23(4): 674–692.

[218] Li Y, Geng G, Jiang Q. A parallel contour integral method for eigenvalue analysis of power systems [J]. IEEE Transactions on Power Systems, 2017, 32(1): 624–632.

[219] Gao S, Du Z, Li Y. Estimating number of critical eigenvalues of large-scale power system based on contour integral [J]. IEEE Transactions on Power Systems, 2021, 36(6): 5854–5862.

[220] Gao S, Du Z, Li Y. An improved contour-integral algorithm for calculating critical eigenvalues of power systems based on accurate number counting [J]. IEEE Transactions on Power Systems, 2023, 38(1): 549–558.

[221] Morgan R B. On restarting the Arnoldi method for large nonsymmetric eigenvalue problems [J]. Mathematics of Computation, 1996, 65(215): 1213–1230.

[222] Sorensen D C. Implicitly Restarted Arnoldi/Lanczos Methods for Large Scale Eigenvalue Calculations [M]. Dordrecht: Springer, 1997.

[223] Parlett B N, Le J. Forward instability of tridiagonal QR [J]. SIAM Journal on Matrix Analysis & Applications, 1993, 14(1): 279–316.

[224] Stewart G W. A Krylov-Schur algorithm for large eigenproblems [J]. SIAM Journal on Matrix Analysis & Applications, 2001, 23(3): 601–614.

[225] Semlyen A, Wang L. Sequential computation of the complete eigensystem for the study zone in small signal stability analysis of large power systems [J]. IEEE Transactions on Power Systems, 1988, 3(2): 715–725.

[226] Sonneveld P, Gijzen M B v. IDR(s): A family of simple and fast algorithms for solving large nonsymmetric systems of linear equations [J]. SIAM Journal on Scientific Computing, 2008, 31(2): 1035–1062.

[227] Boyd J P. Chebyshev and Fourier Spectral Methods [M]. 2nd Edition. New York: DOVER Publications, Inc, 2000.

[228] Ye H, Jia X, Liu M, et al. Partial solution operator discretization-based methods for efficiently computing least-damped eigenvalues of large time delayed power system [J]. CSEE Journal of Power and Energy Systems, To be published, 2022: 1–10.

[229] Berrut J-P, Trefethen L N. Barycentric Lagrange interpolation [J]. SIAM Review, 2004, 46(3): 501–517.

[230] 牟倩颖. 基于部分谱离散化的大规模时滞电力系统广域阻尼控制研究 [D]. 济南: 山东大学, 2019.

[231] Canuto C, Simoncini V, Verani M. On the decay of the inverse of matrices that are sum of Kronecker products [J]. Linear Algebra and its Applications, 2014, 452(1): 21–39.

[232] Kansal P, Bose A. Bandwidth and latency requirements for smart transmission grid applications [J]. IEEE Transactions on Smart Grid, 2012, 3(3): 1344–1352.

[233] Ye H, Li T, Liu Y. Time integration-based IGD methods for eigen-analysis of large delayed cyber-physical power system [J]. IEEE Transactions on Power Systems, 2020, 35(2): 1376–1388.

[234] 牟倩颖, 叶华, 刘玉田. 基于 SOD-IRK 的大规模时滞电力系统特征值计算方法 [J]. 电力系统自动化, 2018, 42(23): 33–39.

[235] Li C, Chen Y, Ding T, et al. A sparse and low-order implementation for discretization-based eigen-analysis of power systems with time-delays [J]. IEEE Transactions on Power Systems, 2019, 34(6): 5091–5094.

[236] Li C, Wu J, Duan C, et al. Development of an effective model for computing rightmost eigenvalues of power systems with inclusion of time delays [J]. IEEE Transactions on Power Systems, 2019, 34(6): 4216–4227.

[237] Mou Q, Ye H, Liu Y. Enabling highly efficient eigen-analysis of large delayed cyber-physical power systems by partial spectral discretization [J]. IEEE Transactions on Power Systems, 2020, 35(2): 1499–1508.

[238] Gumussoy S, Michiels W. Fixed-order H-infinity control for interconnected systems using delay differential algebraic equations [J]. SIAM Journal on Control and Optimization, 2011, 49(5): 2212 – 2238.

[239] Michiels W. Spectrum-based stability analysis and stabilisation of systems described by delay differential algebraic equations [J]. IET Control Theory and Applications, 2011, 5(16): 1829 – 1842.

[240] 中国电力科学研究院有限公司, 山东大学. 基于无穷小生成元部分显式离散化的时滞电力系统特征值计算软件 (SSAP-PEIGD) V1.0 [K]. 2019.

[241] 中国电力科学研究院有限公司. 电力系统全过程动态仿真程序用户手册 (2.12 版) [K]. 2022.

[242] 中国电力科学研究院有限公司. PSD-SSAP 小干扰稳定性分析程序用户手册 (2.5.5 版) [K]. 2022.

[243] Wu Z, Zhou X. Power System Analysis Software Package (PSASP)-an integrated power system analysis tool [C] . Proceedings of 1998 International Conference on Power System Technology (POWERCON '98), Beijing, 1998: 7 – 11.

[244] 中国电力科学研究院有限公司. 电力系统分析综合程序 PSASP (7.71 版) 小干扰计算用户手册 [K]. 2022.

[245] DIgSILENT. PowerFactory 2022 User Manual [K]. 2022.

[246] Gonzalez-Longatt F, Rueda J. Green Energy and Technology: Advanced Smart Grid Functionalities Based on Powerfactory [M]. Switzerland: Springer, 2018.

[247] Rogers G. Power System Oscillations [M]. New York: Kluwer Academic Publishers, 2000.

[248] Gao W, Ye H, Liu Y, et al. Comparison of three stability analysis methods for delayed cyber-physical power system [C]. 2016 China International Conference on Electricity Distribution (CICED), Xi'an, 2016: 1 – 5.

[249] Zhang C, Jiang L, Wu Q H, et al. Further results on delay-dependent stability of multi-area load frequency control [J]. IEEE Transactions on Power Systems, 2013, 28(4): 4465 – 4474.

[250] Varga R S. Matrix Iterative Analysis [M]. 2nd Edition. Heidelberg: Springer, 2000.

[251] 刘豹. 现代控制理论 [M]. 第 2 版. 北京: 机械工业出版社, 2000.

[252] Mou Q, Xu Y, Ye H, et al. An efficient eigenvalue tracking method for time-delayed power systems based on continuation of invariant subspaces [J]. IEEE Transactions on Power Systems, 2021, 36(4): 3176 – 3188.

[253] Luo C, Ajjarapu V. A new method of eigenvalue sensitivity calculation using continuation of invariant subspaces [J]. IEEE Transactions on Power Systems, 2011, 26(1): 479 – 480.

[254] Demmel J W, Dieci L, Friedman M J. Computing connecting orbits via an improved algorithm for continuing invariant subspaces [J]. SIAM Journal on Scientific Computing, 2000, 22(1): 81 – 94.

[255] Dieci L, Friedman M J. Continuation of invariant subspaces [J]. Numerical Linear Algebra with Applications, 2001, 8(5): 317–327.

[256] Wen X, Ajjarapu V. Application of a novel eigenvalue trajectory tracing method to identify both oscillatory stability margin and damping margin [J]. IEEE Transactions on Power Systems, 2006, 21(2): 817–824.

[257] Luo C, Ajjarapu V. Sensitivity-based efficient identification of oscillatory stability margin and damping margin using continuation of invariant subspaces [J]. IEEE Transactions on Power Systems, 2011, 26(3): 1484–1492.

[258] Mou Q, Ye H, Liu Y, et al. Applications of matrix perturbation theory to delayed cyber-physical power system [J]. International Journal of Electrical Power & Energy Systems, 2019, 107: 507–515.

[259] Li C, Li G, Wang C, et al. Eigenvalue sensitivity and eigenvalue tracing of power systems with inclusion of time delays [J]. IEEE Transactions on Power Systems, 2018, 33(4): 3711–3719.

[260] Dobson I, Zhang J, Greene S, et al. Is strong modal resonance a precursor to power system oscillations? [J]. IEEE Transactions on Circuits and Systems I: Fundamental Theory and Applications, 2001, 48(3): 340–349.

[261] Condren J, Gedra T W. Expected-security-cost optimal power flow with small-signal stability constraints [J]. IEEE Transactions on Power Systems, 2006, 21(4): 1736–1743.

[262] Vanbiervliet J, Verheyden K, Michiels V, et al. A nonsmooth optimization approach for the stabilization of time-delay systems [J]. ESAIM: Control, Optimisation and Calculus of Variations, 2008, 14(3): 478–493.

[263] Zárate-Minano R, Milano F, Conejo A J. An OPF methodology to ensure small-signal stability [J]. IEEE Transactions on Power Systems, 2011, 26(3): 1050–1061.

[264] Li P, Qi J, Wang J, et al. An SQP method combined with gradient sampling for small-signal stability constrained OPF [J]. IEEE Transactions on Power Systems, 2017, 32(3): 2372–2381.

[265] Nocedal J, Wright S J. Numerical Optimization [M]. New York: Springer-Verlag, 1999.

[266] Burke J V, Lewis A S, Overton M L. A robust gradient sampling algorithm for nonsmooth, nonconvex optimazaiton [J]. SIAM Journal on Optimization, 2005, 15(3): 751–779.

[267] Burke J, Lewis A, Overton M. Approximating subdifferentials by random sampling of gradients [J]. Mathematics of Operations Research, 2002, 27(3): 567–584.

[268] 袁亚湘. 最优化理论与方法 [M]. 北京: 科学出版社, 1997.

[269] Lewis A S, Overton M L. Nonsmooth optimization via quasi-Newton methods [J]. Mathematical Programming, 2013, 141(1): 135–163.

[270] Cai L, Erlich I. Simultaneous coordinated tuning of PSS and FACTS damping controllers in large power systems [J]. IEEE Transactions on Power Systems, 2005, 20(1): 294–300.

[271] Zhang W, Liu Y. Multi-objective reactive power and voltage control based on fuzzy optimization strategy and fuzzy adaptive particle swarm [J]. International Journal of Electrical Power & Energy Systems, 2008, 30(9): 525–532.

后　记

我国能源资源与电力负荷呈逆向分布的特点，自本世纪初开始实施“西电东送”战略以实现优化配置资源、促进能源结构调整以及推动社会经济协调发展。随着战略的不断推进，电网结构和形态发生重大变化，省级电网之间通过交流联网方式实现同步互联，形成了东北、华北、西北、华中、华东、南方六大区域电网，建成了当今世界上电压等级最高、规模最大的华北–华中 1000kV 特高压交流同步电网。目前，我国电网以 1000kV 特高压交流电网为骨干网架、500kV 超高压电网分层分区运行为电网的主要特性。然而，在远距离、大容量输电情况下，区域电网间低频功率振荡事件频发，严重威胁互联电网的安全稳定运行。与此同时，随着电力信息和通信技术不断发展，世界各国电网建成了以同步相量测量为基础的广域测量系统，为互联电力系统的安全稳定运行和控制提供了良好的信息平台。

至今，学术界开展了长达 20 多年的基于广域测量系统的电力系统振荡分析和阻尼控制研究。基于广域测量系统提供的同步相量信息，属于闭环控制性质的电力系统阻尼控制面临三个方面的关键问题：广域反馈/控制信号选取、控制器设计与参数优化和广域通信时滞影响分析。针对前两个关键问题，可以充分借鉴成熟的线性系统理论成果。对于第三个关键问题，我国南方电网于 2008 年建设的广域阻尼控制系统——“多直流协调控制系统”和美国西部电网于 2016 年建设的太平洋直流输电附加广域阻尼控制系统在闭环投运之前，都开展了大量的广域通信时滞影响研究。适用于大规模电力系统时滞影响分析的准确、高效方法，旨在回答如下问题：控制回路中的时滞对系统稳定性的不利影响到底有多大？工程上通常直接忽略数十毫秒内的时滞或采用惯性环节近似百毫秒内的时滞，这种时滞处理方式的适用性如何？如何在准确建模时滞的前提下，准确、高效地实现对大规模特高压电网的振荡分析与阻尼控制？

考虑到时滞电力系统的无穷维特性，时域中通常采用 Lyapunov 泛函方法对系统进行稳定性分析和控制研究，并可以方便地考虑时滞的变化率等信息。尽管已经采用了各种技术来降低这类方法固有的保守性和提高计算效率，仍无法有效处理多时滞情况和实际大规模电力系统。在频域中，最简单、最直接的时滞处理方式是直接将指数时滞项转化为 Padé 有理多项式，从而将时滞电力系统转化为传统的无时滞系统。然后，结合传统的特征值算法和牛顿校正，求解得到系统关键特征值的精确值。然而，Padé 近似有理多项式阶数的选取对时滞近似和特征值计算的精度影响甚大，高阶情况下甚至会出现病态矩阵问题。不同于 Padé 近似方法，本书提出和建立的频域中基于谱离散化的时滞电力系统特征值计算理论，其本质上利用各种谱方法，包括伪谱法、线性多步法和隐式龙格-库塔法，对时滞区间上系统的解函数进行拟合和求解。采用“连续 → 离散、无穷 → 有限、全维 → 部分”的思路，谱离散化理论将无穷维时滞电力系统的谱问题转化为有限维谱离散化矩阵的特征值问题，解决了时滞精确建模后导致的无穷维系统分析难题，计算得到的特征值具有高精度。其中，基于伪谱法和隐式龙格-库塔法的谱离散化特征值计算方法具有谱精度。基于谱离散化的时滞电力系统特征值计算理论具有完备的体系，包括 5 个方面：谱映射、谱离散化、谱变换、谱估计和谱校正，为考虑时滞影响的万节点级大规模电力系统小干扰稳定性分析和控制提供了一种全新的分析手段和工具。

在基于谱离散化的时滞电力系统特征值计算理论框架下，作者团队历时十余年，针对关键特征值计算的高效性和对大规模电力系统的适应性这两个目标，主要开展了以下创新性研究。

(1) 在时滞电力系统低复杂度高精度建模方面。① 提出了时滞合并定理。在不改变时滞电力系统模型精度的前提下，将同一个控制回路中的反馈时滞和控制时滞合并为一个综合时滞，显著地降低了时滞常数 (时滞空间) 的维数；② 提出了基于 DDAE 的谱离散化时滞电力系统特征值计算方法，不但避免了因消去时滞代数变量而引入大量的伪时滞状态变量，而且其所构建的谱离散化矩阵或关键子矩阵与系统增广状态矩阵具有相同的逻辑结构和相似的高度稀疏性，实现了直接、高效地求解其逆矩阵与向量的乘积运算；③ 提出了部分谱离散化思想，即仅对少量的增广时滞状态变量而不是全部系统状态变量进行离散化，进而提出了无穷小生成元部分离散化 (PIGD) 类和解算子部分离散化 (PSOD) 类共 8 种时滞电力系统特征值算法，所构建的谱离散化矩阵的维数较低并接近于系统状态变量的维数。上述 3 项技术，从建模的角度为大规模时滞电力系统特征值的高效求取奠定了良好的基础。

(2) 在时滞电力系统关键特征值高效求取方面。① 针对时滞电力系统的特征方程提出了适用于 PIGD 类方法的位移-逆变换和适用于 PSOD 类方法的旋转-放大预处理，增强了目标计算的那部分系统关键特征值分布的稀疏性，从而突破了大规模时滞电力系统特征值计算收敛困难瓶颈，实现快速计算出大规模时滞电力系统最右或阻尼比最小的关键特征值；② 提出了克罗内克积变换，将谱离散化矩阵或子矩阵变换为常数矩阵与系统状态矩阵的克罗内克积形式，突破了将稠密的谱离散化矩阵变换为高度稀疏的系统状态矩阵的技术瓶颈，为利用系统增广状态矩阵的固有稀疏性奠定了基础；③ 将常规电力系统特征值计算的牛顿法推广至时滞电力系统，实现高效计算得到系统的精确特征值和相应的特征向量。

谱离散化方法的计算量非常接近于传统无时滞电力系统的特征值计算量。当系统时滞趋近于零时，描述时滞电力系统动态的 DDAE 模型退化为传统无时滞电力系统的 DAE 模型，并具有连续性和一致性。总的来说，本书提出和建立的基于谱离散化的时滞电力系统特征值计算理论和方法，已经基本解决 20 多年以来围绕广域阻尼控制而引出的时滞对小干扰稳定性影响分析难题。该理论和方法的局限性在于依赖系统元件的详细参数和系统状态矩阵的稀疏特性。此外，PSOD 类特征值算法的预处理技术还有待进一步完善。

随着电力系统规模不断扩大，新能源发电占比不断增长以及新型电力系统的控制响应趋快，发输配用电装备、控制器执行机构以及信息通信过程中存在的时滞效应愈发显著，导致新型电力系统振荡事故频发。近年来，我国投运的基于 MMC 的柔性直流输电系统存在 150 ~ 500μs 的控制链路和通信时滞，多次诱发频率高达上千 Hz 的高频振荡事件，引起工程界和学术界的广泛关注。本书提出和建立的基于谱离散化的时滞电力系统特征值计算理论和方法，虽然能够为新型电力系统的稳定性分析与控制提供一定的理论支撑，但很多内容并未涉及，作者认为该领域的未来研究方向应该包含以下几个方面。

(1) 大规模电力系统的时滞稳定域计算。本书采用的电力系统动态模型仅考虑了时滞固定的情况，然而实际时滞具有随机性，且在大范围内具有时变性。在保持稳定性的前提下，系统能够承受的最大时滞即时滞裕度，是具有实际指导意义的一个重要指标。现有研究成果主要针对低阶 (100 阶以下)、低维 (2 ~ 3 维) 时滞电力系统，鲜见适用于大规模电力系统的时滞稳定裕度求取方法。然而，由于时滞系统的稳定性具有周期性变化特点，实际上控制系统的时滞不一定囿于时滞稳定裕度，可以落入时滞空间中任意的稳定域内。这就需要在较大的时滞范围内求取实际大规模电力系统的时滞稳定域并提出相应的时滞稳定裕度指标，以满足实际或工程需求。

(2) 新型电力系统的低复杂度动态建模。为了揭示新型电力系统的动态稳定机理和分析控制器的时滞影响，构建新型电力系统的低复杂度动态模型是基础和关键。新型电力系统在源网荷储各个环节都接入大量的电力电子装备，其动态行为取决于控制器动态。除了电力电子控制固有的采样-保持、多层嵌套、不对称序量控制等特性，新型电力系统的动态还呈现出多时间尺度、非线性、高阶、强耦合、切换等特征。不同于采用分散式控制的常规大容量同步发电机，采用分散-集中式控制的规模化新能源场站一般采用辨识或等值聚合模型，分布式新能源具有数量多、规模小、分布广等特点，愈发增加了构建新型电力系统动态模型难度和复杂性。

(3) 新型电力系统小干扰稳定性分析方法。目前工程上广泛应用基于频域理论的阻抗法，将整个系统划分为源侧 (或电源) 和负载侧 (或电网) 两个独立的子系统，然后根据从端口可量测的源侧和负载侧的输入输出阻抗比值，基于经典控制理论中的奈奎斯特判据来判别新型电力系统的稳定性。这种基于端口外特性的稳定性分析方法，关注的是系统的局部稳定性。然而，当研究多个异构型新能源发电 (双馈/永磁直驱风机、光伏/储能、跟网/构网型) 与电网的交互作用等问题和场景时，如新型电力系统的宽频振荡，需要分析较大范围电网或整个电网的全局稳定性。基于状态空间模型的特征值法，仍然是揭示新型电力系统动态稳定机理和稳定性量化分析的重要方法和手段。